THIS IS ITALIA

THIS IS ITALIA

초판 1쇄 발행 2010년 1월 4일
개정 14판 1쇄 발행 2024년 3월 15일
개정 14판 3쇄 발행 2024년 12월 5일

지은이 전혜진, 윤도영, 박기남

발행인 박성아
편집 김현신
디자인 & 지도 일러스트 the Cube
경영 기획·제작 총괄 홍사여리
마케팅·영업 총괄 유양현

펴낸 곳 테라(TERRA)
주소 03925 서울시 마포구 월드컵북로 400, 서울경제진흥원 2층(상암동)
전화 02 332 6976
팩스 02 332 6978
이메일 terra@terrabooks.co.kr
인스타그램 terrabooks
등록 제2009-000244호
ISBN 979-11-92767-15-4 13980
값 21,000원

THIS IS
디스이즈이탈리아
ITALIA

글·사진 전혜진 윤도영 박기남

TERRA

About <This is ITALIA>

- **알쏭달쏭한 이탈리아 여행의 궁금증을 한번에 해결해줄 FAQ**

  여행자가 정말 궁금한 질문만 앞부분에 따로 모은 FAQ가 여행자의 궁금증을 한 번에 해소해드립니다.

- **반드시 읽어야 할 여행준비편**

  여행자들이 꼭 알아야 할 핵심 내용만 모아서 간결하면서도 분명하게 설명했습니다(예: '유스호스텔증 발급받지 말자', '유레일패스 사지 말자' 등).

- **계획 1도 없이 떠나도 좋아! 완벽한 추천 일정**

  이 책에 소개된 5개의 이탈리아 베스트 코스와 도시별 추천 일정은 장소별 평균 소요 시간은 물론, 이동시간까지 꼼꼼히 계산된 것입니다. 어디부터 어떻게 가야할 지 감이 오지 않는 초보 여행자들에게 자신있게 권합니다.

- **더 이상의 방황은 없다! 한눈에 쏙 들어오는 친절한 교통 정보**

  교통 정보는 이 책에서 가장 심혈을 기울인 부분 중 하나입니다. 여행자가 가장 많이 이용하는 교통수단을 알기 쉬운 도표와 사진 위주로 보여줍니다. 또한 기차는 어느 방향으로 나가야 하는지, 지하철 출구, 원어로 된 행선지 안내판까지 세심하게 기록했습니다.

- **이탈리아 가이드북의 끝판왕! 안심되는 현지 실용 정보**

  각종 공항과 기차역, 버스터미널의 부대시설은 물론 화장실, 코인 로커, 관광 안내소, 슈퍼마켓, 통신사 대리점의 위치까지 사진과 함께 자세히 소개해 여행자의 시간을 최대한 아껴드립니다.

- **아는 만큼 보인다! 재밌고 풍부한 읽을거리**

  명소에 관한 재밌고 풍부한 이야깃거리를 곳곳에 실어 '읽는 즐거움'을 더했습니다. 비행기나 기차로 이동할 때, 숙소 등 언제 어디서든 가볍게 펼쳐보세요.

- **유럽 여행서 중 최고! 지도 앱보다 강력한 상세 지도**

  지도 앱에서 잘 보이지 않는 작은 길 하나까지도 놓치지 않고 정확하게 만든 <디스 이즈 이탈리아>의 상세 지도는 유럽 여행서 중 최고임을 자부합니다.

- **꾹 눌러 담은 이탈리아의 '찐' 맛집 대방출**

  세계인이 인정한 이탈리아의 식문화를 제대로 느낄 수 있도록, 이탈리아의 맛집과 음식 문화를 낱낱이 파헤쳐 소개했습니다.

일러두기

- 요금 및 운영시간, 스케줄, 교통 등의 정보는 시즌과 요일 또는 현지 사정에 따라 바뀔 수 있으니 방문 전 홈페이지 또는 현지에서 다시 한 번 확인하기를 권합니다.

- 교통 및 도보 소요 시간은 대략적으로 적었으며, 현지 사정에 따라 다를 수 있습니다.

- 이탈리아의 명소는 예약하지 않으면 관람객이 많아 입장하지 못할 수 있습니다. 17세 이하 어린이와 청소년 등 무료입장에 해당하는 경우에도 예약해야 하는 곳이 많으니 방문 예정인 명소의 홈페이지를 미리 꼼꼼하게 확인하기 바랍니다.

- 관광 명소의 요금 정보에서 '예약비'는 '온라인 예약 수수료'를, '예약 필수'는 '온라인 예약 필수'를 의미합니다. '예약 필수'인 곳은 현장에서 입장권을 구매할 수 없습니다. 간혹 예약 잔여분에 대해 매표소에서 입장권을 판매하는 곳도 있지만 예약하고 가는 것이 안전합니다.

- 외래어 표기는 국립국어원의 외래어 표기법에 따랐고, 우리에게 익숙하거나 이미 굳어진 지명과 인명, 관광지명, 상호 및 상품명 등은 관용적 표현을 사용함으로써 독자의 이해와 인터넷 검색을 도왔습니다.

- 이탈리아에서는 우리나라와 마찬가지로 생일을 기준으로 계산하는 '만 나이'를 사용하고 있습니다. 이 책에 수록된 나이 기준은 모두 만 나이입니다.

- 이 책에서 Ⓖ는 온라인 지도 서비스인 구글맵(www.google.co.kr/maps)의 검색 키워드를 의미합니다. 구글맵에서 장소를 찾을 때 그 장소의 현지어명과 도시명을 입력하면 쉽게 검색할 수 있으므로 이 책에서는 한글로 찾아지는 곳은 한글로, 그렇지 않은 곳은 구글맵에서 제공하는 '플러스 코드(Plus Code, ⁘)'로 표기했습니다. 플러스 코드는 'WF2M+98 로마'와 같이 알파벳(대소문자 구분 없음)과 숫자, '+' 기호, 도시명으로 이루어졌습니다. 현재 내 위치가 있는 도시에서 장소를 검색할 경우 도시명은 생략해도 됩니다.

- 구글맵에서 목적지를 검색할 때 대소문자는 구분하지 않으며, à, è/é/é, ì/í/î, ò/ó, ù/ú/û 등의 발음 구별 기호는 각각 a, e, i, o, u로 검색해도 됩니다.

- 이 책에서 Ⓜ은 맵북(별책부록)을 의미합니다.

- 이탈리아에서 날짜는 일/월/년 순으로 표기합니다. 예를 들어 2024년 8월 15일이라면, 15/08/2024이라고 적습니다.

- 이탈리아는 건물의 층수를 셀 때 '0'부터 시작합니다. 즉, 우리나라의 1층이 이탈리아에서는 0층, 우리나라의 2층이 이탈리아에서는 1층인 식입니다. 이 책에서는 우리나라식으로 표기했습니다.

- 이탈리아에서는 기차역이나 버스 정류장, 차내 등 사람이 많이 모이는 곳에서 종종 불심검문을 합니다. 신분증을 소지하지 않은 경우 벌금이 부과될 수 있으므로 여권을 항상 소지하고 있는 것이 좋습니다.

Contents

이탈리아 음식 & 쇼핑 탐구일기

아는 만큼 보인다! 이탈리아 기초 지식 05

ROMA

로마

NAPOLI

나폴리

FIRENZE
피렌체

MILANO
밀라노

VENEZIA
베네치아

BARI
바리

ITALIA Overview

강렬한 태양과 지중해의 시원한 바람, 수천 년 전 고대의 흔적이 생생히 살아 숨 쉬는 나라, 이탈리아. 전 세계 여행자들이 꼭 한번 가보고 싶은 나라로 손꼽는 이탈리아의 주요 도시들을 한눈에 살펴보자.

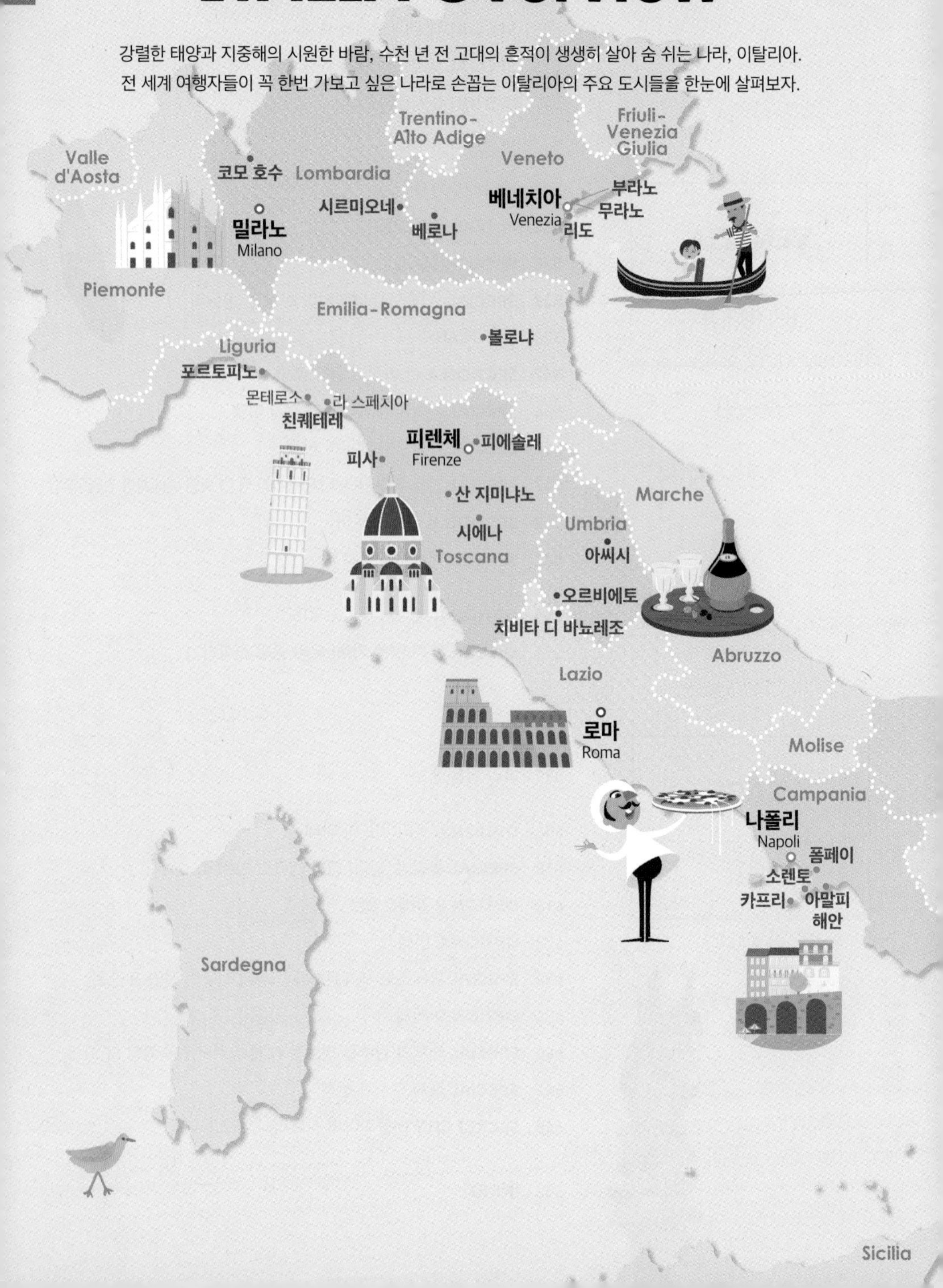

로마

‘모든 길은 로마로 통한다’, ‘로마는 하루 아침에 이루어지지 않았다’ 같은 명언과 숱한 이야기를 품은 도시. 장중한 고대 유적을 음미하면서 역사의 흔적을 찾아보자.

밀라노

세계 패션의 중심지이자 이탈리아 최대의 경제·금융·산업 도시. 13~16세기 레오나르도 다 빈치, 브라만테 같은 천재들을 등용해 르네상스를 주도한 문화·예술의 도시로도 알려졌다.

나폴리

물감을 풀어놓은 듯 새파란 지중해가 눈앞에 펼쳐지는 항구 도시. 우리에게도 잘 알려진 <산타 루치아>의 배경이 되는 산타 루치아 항이 노을에 조금씩 물드는 모습은 평생 기억에 남을 명장면이다.

베네치아

177개의 운하와 400여 개의 다리로 지탱되고 있는 ‘물의 도시’. 9~15세기에는 동·서양 문명의 합류점으로서 지중해를 장악했고, 오늘날에는 세계적인 관광도시로 발돋움하며 <오 솔레미오>의 노랫가락을 들려준다.

피렌체

미켈란젤로와 레오나르도 다빈치 등 르네상스의 대가들이 빠짐없이 거쳐간 도시. 수많은 소설과 영화의 단골 배경으로 손꼽히는 도시이기도 하다.

바리

풀리아주의 예쁜 소도시들로 향하는 거점이 되는 항구 도시. 이탈리아에서도 아름답기로 손꼽히는 해안 풍경부터 오랜 역사를 담은 독특한 마을과 다채로운 맛의 향연까지. 풀리아의 매력에 푹 빠진 여행자가 많다.

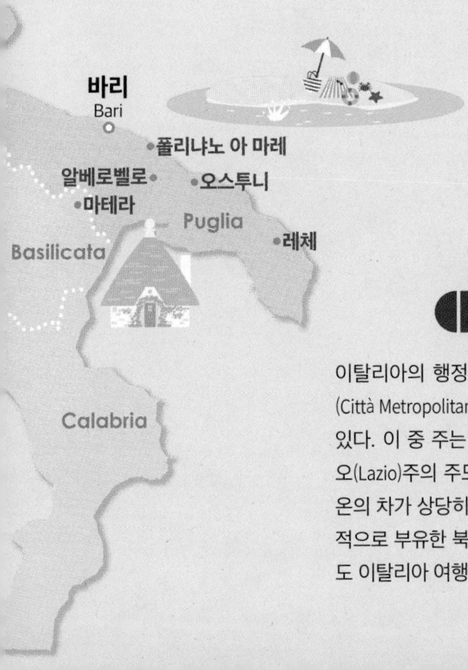

이탈리아의 행정구역

이탈리아의 행정구역은 20개의 주(Regione), 107개의 도(Province) 또는 대도시(Città Metropolitane), 7904개의 코무네(Comune, 주민 자치 공동체) 3단계로 이루어져 있다. 이 중 주는 우리나라로 치면 도에 해당하는 행정구역이며, 수도 로마는 라치오(Lazio)주의 주도이기도 하다. 부츠 모양의 긴 반도 국가인 이탈리아는 남북의 기온의 차가 상당히 큰 편이고 지역색이 매우 강하다. 일찍이 산업화가 이루어져 경제적으로 부유한 북부와 농업 중심인 남부 간의 확연히 다른 분위기를 비교해 보는 것도 이탈리아 여행의 묘미다.

자신 있게 소개하는 이탈리아 추천 명소 22선

Best Attractions 22

01

로마 콜로세오~팔라티노 언덕~포로 로마노

2000년 전 유럽 대륙을 지배한 로마제국의 영광을 상징하는 콜로세오, 그 역사가 시작된 팔라티노 언덕, 정치·경제·문화의 중심이었던 포로 로마노를 둘러보면 유럽의 뿌리가 보인다.

02 바티칸

전 세계 가톨릭의 중심 바티칸시국. 교황이 미사를 집전하는 산 피에트로 대성당, 시스티나 소성당의 천장화와 '최후의 심판'이 남아 있는 바티칸 박물관이 있다.

03 로마 트레비 분수

로마에서 가장 크고 화려하게 장식된 트레비 분수는 후기 바로크 양식의 걸작으로 꼽힌다. 분수를 등지고 동전을 던져 넣으면 로마를 다시 찾게 된다는 전설 때문에라도 여행자들이 꼭 한 번 들르는 명소 중의 명소다.

슬로 시티의 발상지 오르비에토 04

해발고도 약 300m의 옴브리아주 바위산 위에 건설돼 유럽에서 가장 극적인 도시로 손꼽히는 중세도시. '슬로 푸드' 힐링 음식과 '오르비에토 클라시코' 화이트와인을 맛볼 수 있다.

마음을 비우는 산책로 아씨시 05

발이 아닌 마음으로 걷는 도시 아씨시.
성 프란체스코가 태어난 곳이자, 그가 깨달음을 얻고 실천한 곳이다.
그의 경건함을 빼닮은 듯 차분한 분위기의 도시 산책은 힐링 그 자체다.

06 폼페이 화산이 삼킨 고대 도시

화산재에 묻힌 도시 폼페이. 마차 전용 도로와 수세식 화장실, 헬스 시설을 갖춘 사우나 시설까지…. 18세기의 본격적인 발굴로 드러난 폼페이의 모습은 2000년 전의 도시라고는 믿기 어려울 만큼 현대적이다.

07 카프리 코발트 블루빛 바다

코발트 블루빛 바다와 푸른 동굴로 대표되는 카프리의 절경은 그야말로 '죽기 전에 꼭 한 번은 봐야 할 장면'으로 꼽을 수 있을 만큼 환상적이다.

08 아말피 해안 지중해의 절경

깎아지른 듯한 절벽과 지중해를 향해 층층이 늘어선 중세풍 집들이 절경을 이루는 해안 도시. 유네스코 세계문화유산으로 지정된 그림 같은 아름다움을 사진에 담아보자.

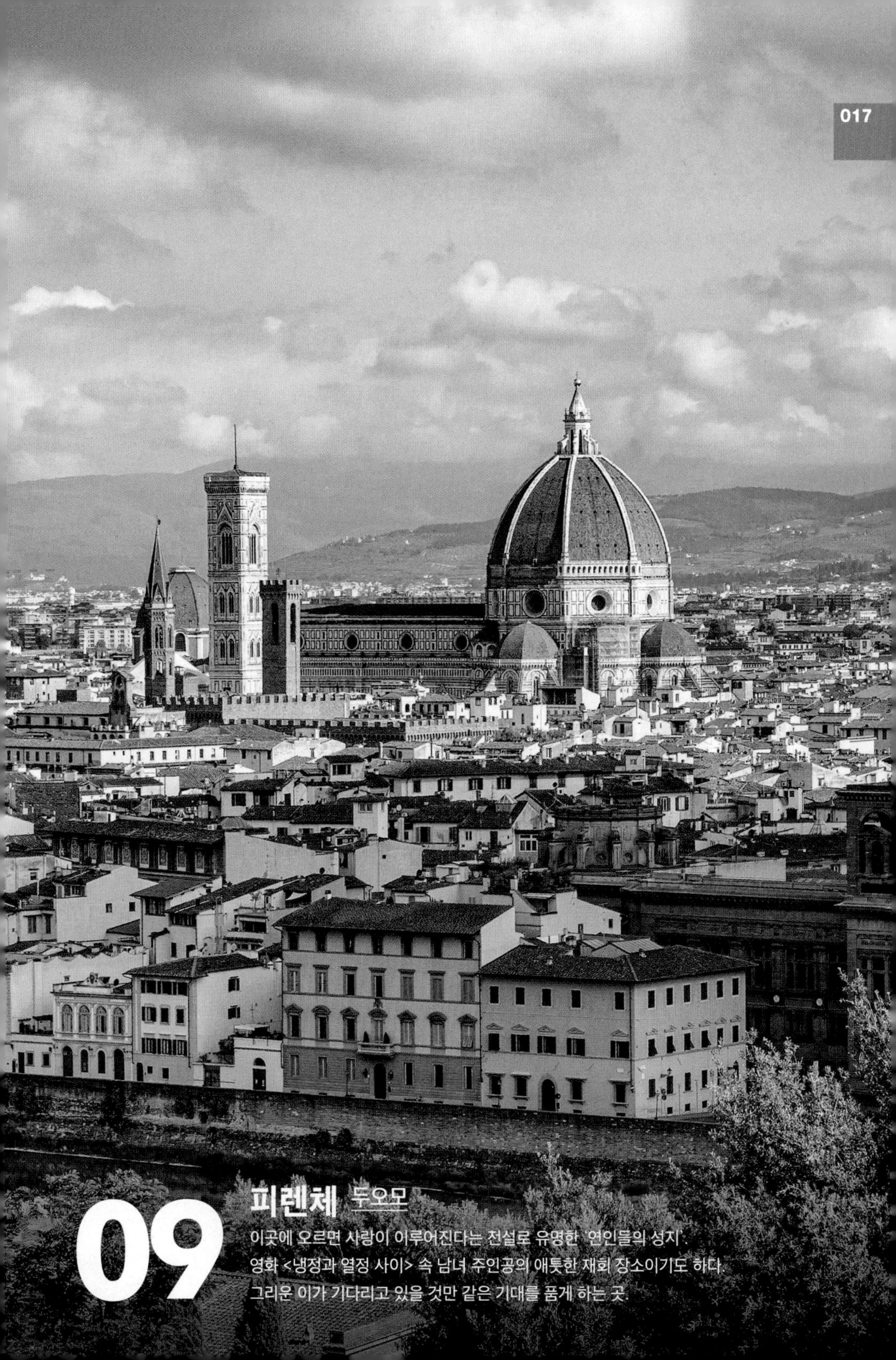

09

피렌체 두오모

이곳에 오르면 사랑이 이루어진다는 전설로 유명한 '연인들의 성지'.
영화 <냉정과 열정 사이> 속 남녀 주인공의 애틋한 재회 장소이기도 하다.
그리운 이가 기다리고 있을 것만 같은 기대를 품게 하는 곳.

10 피사 피사의 사탑

금방이라도 쓰러질 듯한 탑. 높이가 60m나 되며 갈릴레이가 자유낙하 실험을 했다고 전해지는 곳이다. 탑 앞은 이 기이한 모습을 직접 보기 위해 찾아온 전 세계 여행자들로 일 년 내내 붐빈다.

11 시에나 캄포 광장

판타지 영화 속 한 장면 같은 중세도시. 13세기 캄포 광장과 이를 중심으로 형성된 빛바랜 오렌지빛 건축물들이 절묘한 도시 풍광을 빚어낸다.

12 하이킹 친퀘테레

해안 절벽에 아담하게 자리 잡은 5개의 마을, 친퀘테레. 마을을 이어주는 하이킹 코스를 따라 걸으며 이탈리아의 숨은 보석들을 두 눈 가득 담아보자.

13 브라운 성 포르토피노

19세기 말부터 유럽 귀족들이 남몰래 찾던 매혹적인 지중해의 은신처. 할리우드 스타들이 한여름 밤의 꿈을 즐기던 성채의 테라스에서 내려다보는 항구의 풍경은 그 어떤 것과도 비교 불가다.

14 구시가 회랑 볼로냐

붉은 기둥이 끝없이 이어지는 '세계에서 가장 긴 회랑의 도시'. 높이 솟은 수십 개의 탑만큼이나 중세 대학의 탄생지이자 이탈리아 최고의 미식 도시라는 자부심이 하늘을 찌른다.

15 밀라노 두오모

고딕 양식으로 지은 성당 중 세계에서 가장 큰 밀라노 두오모.
135개의 첨탑과 3159개의 조각상이 하늘을 향해 뻗은 모습이 장관이다.
밀라노의 역사를 고스란히 담은 대표 건축물.

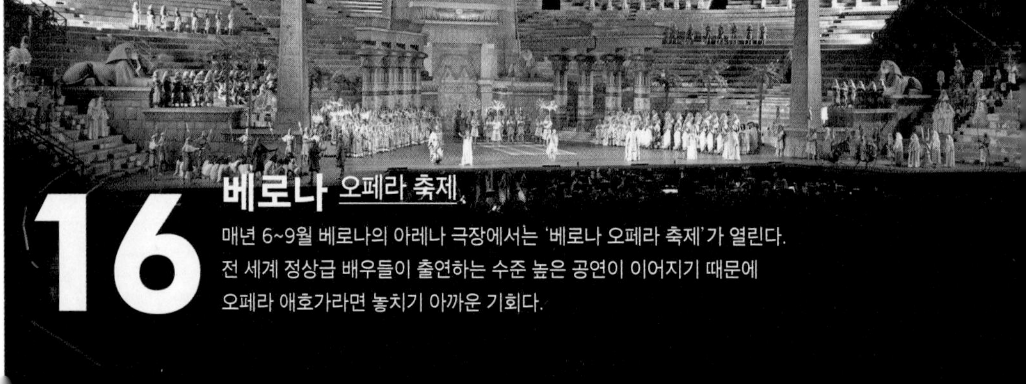

16 베로나 오페라 축제

매년 6~9월 베로나의 아레나 극장에서는 '베로나 오페라 축제'가 열린다.
전 세계 정상급 배우들이 출연하는 수준 높은 공연이 이어지기 때문에
오페라 애호가라면 놓치기 아까운 기회다.

17 시르미오네 구시가

괴테, 릴케 등 당대의 문호들이 낙원이라 노래한 이탈리아 최고의 온천 휴양 도시. 푸른 호수에 둘러싸인 구시가 골목이 낭만적이다.

18 베네치아 곤돌라

'물의 도시' 베네치아를 대표하는 독특한 교통수단.
연인과 함께 곤돌라를 타고 탄식의 다리를 지나면 사랑이 이루어진다는 낭만적인 전설이 내려온다.

19 부라노 운하길

운하를 따라 알록달록 귀여운 집들이 늘어선 어촌 마을.
화창한 날이면 작은 마을 전체가 야외 스튜디오로 변신하는 '인스타그래머블' 명소다.

20 마테라 사씨 지구

2000년 전 모습을 연상케 하는 인류 최초의 마을이다.
<패션 오브 크라이스트>부터 <007 노 타임 투 다이>까지 영화들의 단골 촬영지다.

21 폴리냐노 아 마레 라마 모나킬레 해변

절벽 틈새로 찰랑거리는 한없이 투명한 바다.
아찔한 낭떠러지에 줄지어 늘어선 하얀 집들이 절경이다.

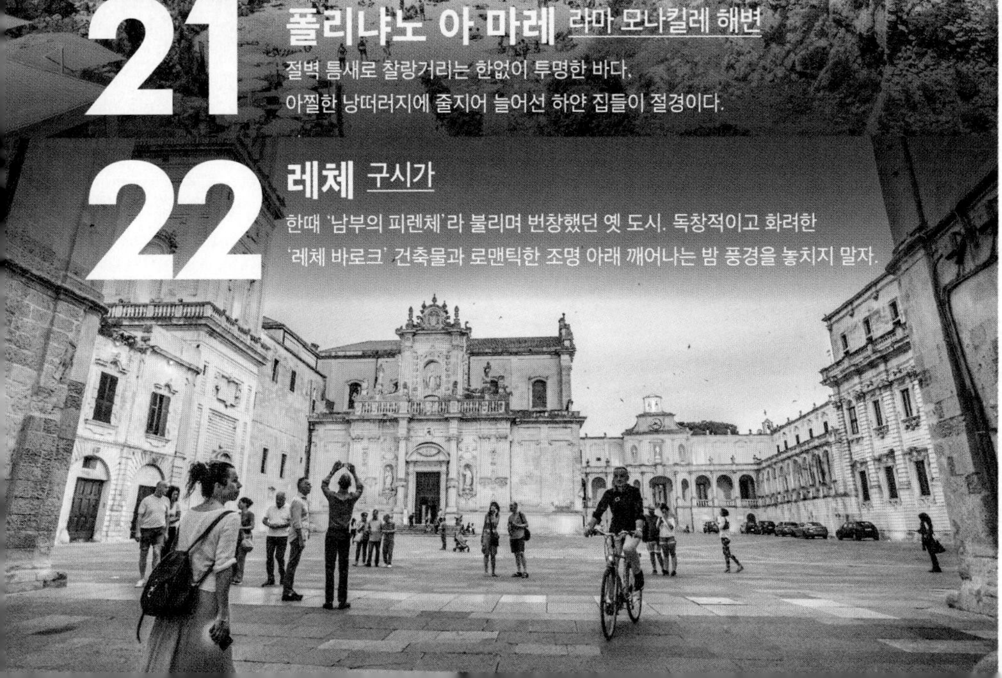

22 레체 구시가

한때 '남부의 피렌체'라 불리며 번창했던 옛 도시. 독창적이고 화려한
'레체 바로크' 건축물과 로맨틱한 조명 아래 깨어나는 밤 풍경을 놓치지 말자.

여행자가 가장 궁금해하는

17가지 유용한 정보와 알짜 여행 팁을 한자리에!

FAQ 17

FAQ 01

이탈리아 여행은 언제 가는 것이 좋죠?

◆ 가장 좋은 3~6월, 9~10월

봄과 가을에 해당하는 3~6월과 9~10월이 여행하기에 가장 좋은 시기다. 이 기간의 이탈리아는 날씨가 대체로 포근하고 비도 적게 오기 때문에 다니기 수월하다. 또한 이때는 도시별로 크고 작은 축제가 이어지고, 항공권과 숙소를 구하는 데 여유가 있다는 장점도 있다.

◆ 여행자가 가장 많이 떠나는 7~8월

여행자가 가장 많이 떠나는 시기는 휴가와 여름방학이 있는 7~8월이다. 그러나 이 기간의 이탈리아는 우리나라의 여름만큼 더운데다 1년 중 항공료와 숙박료가 가장 비싸고, 원하는 항공권을 구하는 것도 쉽지 않다. 또 이탈리아 역시 휴가철이라 현지인의 생활을 엿볼 기회가 적다는 점도 아쉽다. 그럼에도 현실적인 이유로 여행자가 가장 많이 몰리기 때문에 이 기간에 여행하려면 적어도 3개월 전부터 준비하는 것이 좋다.

◆ 이탈리아의 또 다른 매력을 찾아 떠나는 1~2월

최근에는 겨울 여행이 주는 한적함과 스키나 스노보드 같은 겨울 레포츠를 즐기기 위해 1~2월에 떠나는 여행자가 늘고 있다. 이 기간에는 여행자 수가 적기 때문에 박물관이나 유적지를 한가하게 관람할 수 있고 항공료와 숙박료도 저렴하지만 날씨가 춥고 비가 많이 오는 것이 단점이다. 또 비수기다 보니 박물관과 유적지의 문을 일찍 닫거나 보수하는 경우도 많다. 따라서 이 기간에 여행하려면 일정을 조금 여유 있게 짜는 것이 좋다.

이탈리아의 봄, 바티칸 박물관

이탈리아의 여름, 포지타노

이탈리아의 가을, 아씨시

이탈리아의 겨울, 피렌체

★

초겨울 베네치아 여행 시 침수 확인 필수!

바다 위에 인공적으로 떠 있는 도시인 베네치아는 비가 많이 내리는 늦가을과 초겨울이면 조수가 높아지는 '아쿠아 알타' 현상으로 시내가 자주 침수된다. 조수가 일정 수위를 넘으면 수상 버스가 운항을 중단하고 보행자 통행도 제한된다. 거리에 보행자용 임시 다리가 설치되지만 높은 장화 없이는 다니기 힘들다. 홍수가 심할 땐 상점과 식당 등이 임시 휴업하고 주요 관광지와 광장이 폐쇄되니 일정 변경도 염두에 두고 떠나는 것이 좋다.

★

이탈리아의 세일 시즌

매년 1~2월, 7~8월은 정기 세일 시즌이다. 이 때에는 명품 브랜드는 물론 아웃렛까지 세일에 참여한다. 세일 기간 초반에는 30%에서 시작해 막바지를 향해 가면서 할인폭이 커진다. 하지만 인기 아이템은 조기 품절될 확률이 높다. 특히 가방·지갑·액세서리를 구매하려면 서두르는 것이 좋다. 반면 사이즈가 크거나 작은 의류·구두·속옷은 세일 마지막까지 남아 있다. 체형이 작거나 큰 여행자는 세일 막바지를 노려보자.

FAQ 02

친구와 같이 가는데 다툼이 생기지는 않을까요? 경비는 어떻게 해야 하나요?

◆ 여행 중 다툼의 가장 큰 원인, 일정 문제

아무리 친한 친구라도 많은 시간을 함께 지내다 보면 갈등이 생길 수 있다. 갈등의 가장 큰 원인은 일정과 경비 부분이다. 아무리 사전 조사를 통해 꼼꼼히 계획을 세웠더라도, 막상 여행하다 보면 사소한 입장 차이로 문제가 발생할 수 있다. 특히 일정을 짤 때 '쇼핑에 할애할 시간'까지 친구와 미리 상의하고 출발할 것. 만약 현지에서 일정 때문에 의견 차가 생기면 각자 자유 시간을 갖는 것도 좋은 방법이다.

◆ 경비에 관한 규칙은 확실히 정하고 떠나자.

아무리 마음이 잘 맞는 친구와 여행을 간다고 하더라도 경비에 관한 부분은 조금 야박하다는 생각이 들 만큼 규칙을 명확하게 정해놓고 가야 한다. 그래야 현지에서 불필요한 마찰과 감정 싸움을 줄일 수 있다. 아래에 경비 사용에 대해 몇 가지 좋은 원칙들을 제시해보았으니 각자 상황에 맞게 적용해본다.

✚ 친구와 함께 여행할 때 지켜야 할 경비 사용의 원칙

❶ 숙박료, 교통비, 식사비, 입장료를 공동 경비로 정하고 예산을 계획한다.
❷ 경비 지출과 관리는 한 명이 담당한다.
❸ 계산은 그때그때 한다. '나중에 줄게'라는 말은 하지 않는다.
❹ 공동 경비와 개인 경비는 반드시 구분해서 쓴다.
❺ 매일 공동 가계부를 작성하고, 돌아와서 전체를 정산해 서로 공유한다. 일정이 길면 일주일에 한 번은 정산해 남은 예산에 대한 계획을 세운다.

하루 예산은 어느 정도가 적당한가요?

◆ 1일 기준 200€ 정도, 민박 대신 호텔 이용 시 300€는 필요

1일 기준 200€면 아주 넉넉하다고는 할 수 없지만 여행을 즐기기에는 충분하다. 여기에는 한인 민박의 도미토리와 하루 한 끼 정도의 레스토랑 이용, 1일 교통비와 대표적인 명소 입장료가 포함된다. 도미토리 같은 공용 객실 대신 3성급 호텔에 머물고 싶다면 1일 기준 최소 300€ 정도가 필요하다. 단, 밀라노와 베네치아는 호텔 숙박료가 비싼 편이므로 성수기가 아니라도 추가로 20~30€는 더 감안하는 것이 좋다.

◆ 전체 예산을 산출해보자.

전체 예산 = 하루 예산 X 여행 일수 + 도시 간 이동 비용(기차·버스 요금, 저비용 항공료 등) + 특별 관람료와 야외 레포츠 이용 요금(오페라 관람, 곤돌라, 푸른 동굴 투어 등) + 쇼핑·비상금 + 왕복 항공권

✚ 여행 타입별 하루 예산표(1인 기준)

	알뜰형	호텔형	럭셔리형
숙박비	일평균 60~80€	일평균 120~150€	일평균 200€
	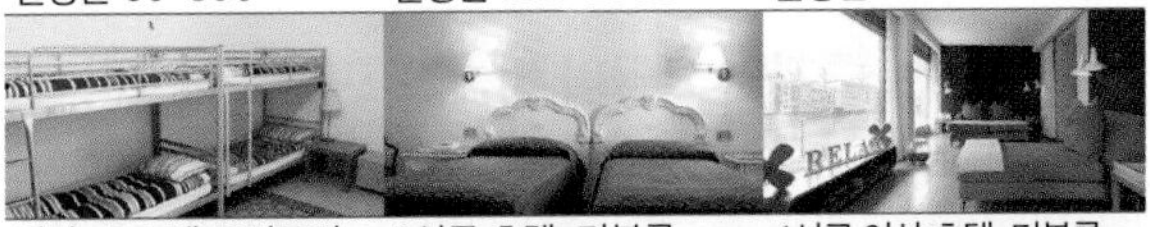		
	민박, 호스텔 도미토리	3성급 호텔, 더블룸	4성급 이상 호텔, 더블룸
식사비	일평균 60~70€	일평균 80~100€	일평균 150~180€

	아침 민박 제공 **점심** 간편식 또는 런치 세트 **저녁** 레스토랑 단품 메뉴	**아침** 호텔 제공 **점심** 레스토랑 단품 메뉴 **저녁** 레스토랑 단품 메뉴	**아침** 호텔 제공 **점심** 레스토랑 세트 메뉴 **저녁** 레스토랑 코스 메뉴
입장료	일평균 50€		

	박물관·유적지 등 기본 입장료		
시내 교통비와 잡비	일평균 20€		

	대중교통 이용료, 간식비, 숙소에서 즐길 주류나 먹거리 등		
하루 예산	일평균 190~220€	270~320€	420~450€ 이상

*호텔은 더블룸을 기준으로 1인당 경비를 산출했으므로 싱글룸을 이용할 경우에는 위 숙박비의 1.5~2배 정도임을 감안해야 한다.

★ **숙박할 때는 관광세! 베네치아 당일치기 여행자는 본섬 입장료!**

관광을 목적으로 방문하는 외국인에게 관광세를 받는 도시가 많다. 주로 숙박료에 부과되며, 도시마다 부과 기간과 금액이 다르다.

관광세는 숙박업소의 등급에 따라 최대 10박까지 1인 1박당 3~7€가 부과된다. 숙박 공유 플랫폼인 에어비앤비를 통해 예약한 민박 역시 관광세를 내야 한다. 투어 버스나 유람선, 가이드 투어 등 관광객 대상 프로그램 및 시설을 이용할 때는 1인당 1€의 관광세가 부과된다.

2024년 관광 성수기 동안 본섬 입장료를 시범적으로 운영했던 베네치아는 2025년에도 4월부터 주말과 공휴일 등 관광 성수기에 본섬 입장료(예약 시점에 따라 1인당 5~10€)를 부과할 예정이다. 자세한 내용은 p527 참고.

FAQ

04

항공권은 언제, 어디서 구매하는 것이 좋을까요?

◆ 최소 1개월 전, 성수기에는 3~4개월 전부터 준비하자.

항공권은 마감이 다가올수록 대부분 비싼 좌석만 남기 때문에 가능한 한 빨리 구매해야 한다. 최소 1개월 전에는 예약하는 것이 좋고, 성수기라면 적어도 3~4개월 전에는 구매해야 한다. 항공권은 온라인 여행사, 항공사 홈페이지, 오프라인 여행사를 통해 구매할 수 있다.

◆ 요금은 저렴하지만 서비스가 아쉬운 온라인 여행사

일반적으로 항공권은 오프라인 여행사보다는 온라인 여행사에서 구매하는 것이 저렴하다. 하지만 예약 변경, 취소, 분실 시 고객 대응이 늦다는 평이 많으므로 이를 감안해야 한다. 대표적인 온라인 여행사로는 인터파크 투어(tour.interpark.com), 온라인투어(www.onlinetour.co.kr), 와이페이모어(www.whypaymore.co.kr), 노랑풍선(air.ybtour.co.kr) 등이 있다. 여러 여행사의 정보를 취합해 제공하는 네이버 항공권(flight.naver.com)이나 스카이스캐너(www.skyscanner.com) 등에서 항공권 가격을 비교한 뒤 결정하는 것도 좋은 방법이다.

◆ 서비스는 좋지만 요금이 비싼 오프라인 여행사

출발일이 다가와도 항공권을 구하지 못했다면 오프라인 여행사를 찾아가 보자. 요금은 비싸지만 상대적으로 좌석을 구하기 쉽다. 오프라인 여행사의 또 다른 장점은 고객 서비스다. 담당자와 통화만 하면 업무가 처리되므로 편리하다. 대표적인 오프라인 여행사로는 하나투어(www.hanatour.com), 모두투어(www.modetour.com)가 있다. 업계 빅2에 해당하는 규모가 큰 여행사들이므로 신뢰할 만하다.

◆ 항공사의 특가 항공권을 이용하자.

이외에도 항공사에서 직접 판매하는 특가 항공권에도 관심을 가져보자. 특가 항공권은 항공사에서 자체적으로 저렴하게 판매하는 항공권으로 시중보다 요금이 저렴하거나 높은 마일리지, 좌석 업그레이드 등 혜택이 많다. 단, 언제 시작할지 예측할 수 없으며, 조건이 좋은 항공권은 시작과 동시에 매진되기 때문에 평소 몇몇 항공사를 정해두고 수시로 모니터링할 필요가 있다.

◆ 할인·특가 항공권은 유효기간을 확인하자.

항공권을 구매할 때는 항공권의 유효기간을 반드시 확인해야 한다. 일반적으로 이코노미 좌석을 정상적으로 구매한 경우에 유효기간은 1년이지만 할인·특가 항공권의 유효기간은 6개월, 3개월, 1개월, 15일, 7일로 다양하다. 날짜 변경이나 경유지 선택 등이 불가능할 수 있고, 취소·변경 시 항공권 요금에 맞먹는 수수료를 물어야 한다. 그렇기 때문에 할인·특가 항공권을 예약할 때는 일정을 확정하고 구매하는 것이 좋다. 또한, 마일리지 적립의 정도가 적거나 아예 안 되는 경우도 있다.

★
전자 항공권 e-티켓

e-티켓은 여정과 지불 내역 등의 승객 정보를 담고 있는 전자 항공권 확인증으로, 이메일로 받아 탑승 수속 시 제출한다. e-티켓을 분실했더라도 언제 어디서든 해당 항공사의 앱이나 발송된 이메일을 통해 재발행받을 수 있다. e-티켓을 출국 당일 해당 항공사의 공항 카운터에 보여주면 좌석 배정표인 보딩 패스를 받게 된다. 보딩 패스를 받은 후에는 출국 절차에 따라 수속하면 된다.

셀프 체크인 기기(키오스크)가 설치된 공항에서는 항공사 카운터에 방문하지 않고 직접 체크인할 수 있다. 모바일이나 웹 체크인도 점점 일반화되는 추세다. 수하물 위탁(Bag-drop) 역시 자동으로 처리할 수 있는 공항이 늘고 있다.

◆ 할인·특가 항공권은 취소 수수료를 확인하자.

할인·특가 항공권은 일반 항공권보다 요금이 저렴하다는 장점이 있지만 예약 변경이 어렵고 취소 수수료가 높다는 단점이 있다. 심한 경우 예약정보 기재 오류 등 단순 실수로 바로 취소해도 20~40%에 이르는 높은 수수료가 부과되기도 한다. 고객서비스 수준이 떨어지는 항공사는 취소·환불 과정 자체가 오래 걸리니 주의해야 한다.

따라서 항공권을 구매하기 전에 취소와 예약 변경 관련 규정을 꼼꼼히 살펴봐야 한다. 일정 변경 가능성이 있다면 요금이 조금 비싸더라도 예약 변경이 가능하고 취소 수수료가 저렴한 항공권을 구매한다.

◆ 유럽 현지에서 저비용 항공을 이용할 예정이라면?

유럽에서 저비용 항공을 이용할 때는 스카이스캐너(www.skyscanner.com), 카약(www.kayak.co.kr), 구글 플라이트 같은 항공권 가격비교 사이트에서 여러 항공사의 요금을 비교하고 항공사를 결정한 후 해당 저비용 항공사 홈페이지에서 구매하는 것이 가장 저렴하다. 저비용 항공에 관한 자세한 정보는 p068을 참고하자.

★

항공사 마일리지도 놓치지 마세요

마일리지는 항공편의 비행 거리에 따라 적립되며 일정 마일 이상이 되면 보너스 항공권과 좌석 승급, 쇼핑과 호텔·렌터카회사 등에서 할인, 초과 수하물 요금 공제 혜택 등을 받을 수 있다.

❶ **항공사의 마일리지 적립 카드** 각 항공사의 홈페이지·공항 내 항공사의 데스크에서 발급

❷ **마일리지 적립** 탑승 수속 시 카드에 적힌 회원 번호를 제시하거나 귀국 후 해당 항공사 홈페이지에서 처리할 수 있다. 이때 e-티켓과 보딩 패스 등 증빙 자료가 필요하다.

❸ 할인·특가 항공권은 적립이 안 될 수 있고, 대부분 티켓의 등급에 따라 적립률이 차등 적용된다.

❹ 제휴를 맺은 동맹 항공사의 항공편을 이용해도 마일리지를 적립할 수 있다. 예를 들어 스카이팀의 ITA항공(구 알이탈리아)을 이용하더라도 같은 스카이팀인 대한항공 마일리지로 적립할 수 있다.

★

2025년 내 ETIAS 도입 예정
European Travel Information and Authorization System

2025년부터(시행 시기 미정) 유럽을 여행하려는 대한민국 국민은 사전에 온라인으로 ETIAS를 신청해야 한다. ETIAS는 셍겐 협약 가입국에 비자 없이 입국하려는 외국인을 위한 전자여행허가 시스템으로, 한 번 허가를 받으면 ETIAS가 통용되는 유럽 국가에서 180일 안에 최장 90일 체류할 수 있다. ETIAS의 유효 기간은 3년이며, 발급 수수료는 7€(예정). 시행 일정이 계속 바뀌고 있으니 여행 전 홈페이지(www.etias.co.kr)에서 확인하자.

솅겐 협약국 그리스, 네덜란드,노르웨이, 덴마크, 독일, 라트비아, 루마니아, 룩셈부르크, 리투아니아, 리히텐슈타인, 몰타, 바티칸시티, 불가리아, 벨기에, 스위스, 스웨덴, 스페인, 슬로바키아, 슬로베니아, 아이슬란드, 에스토니아, 오스트리아, 이탈리아, 체코, 크로아티아, 포르투갈, 폴란드, 프랑스, 핀란드, 헝가리 (가나다순)

*2024년 11월 기준

*바티칸, 모나코, 산 마리노는 솅겐 조약 가입국은 아니지만 사실상 같은 효과를 갖는다.

★

항공 제휴 프로그램 정보

스타얼라이언스
WEB www.staralliance.com

스카이팀
WEB www.skyteam.com

아시아 마일즈
WEB www.asiamiles.com

FAQ 05

환전, 어디서 얼마나 해야 하죠?

◆ 대부분 경비는 카드로 결제 가능

여행 경비에서 큰 비중을 차지하는 숙박비와 장거리 교통비, 입장권 등은 대부분 카드를 이용해 사전 결제한다. 현지에서는 소규모 커피숍이나 거리 노점상, 간이음식점을 제외한 대부분 식당과 상점에서 카드를 쓸 수 있다. 기차역, 관광지 등에 설치된 자동판매기를 이용하거나 대중교통 앱을 이용할 때도 카드가 편리하다. 따라서 현금은 시내 교통비, 간식비, 비상금 정도면 충분하다.
단, 카드 분실과 복제에 주의하고 결제할 때는 단말기 앞에서 전 과정을 지켜봐야 한다. 또한 유로화가 아닌 원화로 결제하면 원화결제서비스 수수료(DCC)로 사용 금액의 3~8%가 추가 청구되니 주의. 출국하기 전에 카드사에 '해외원화결제 차단 서비스'를 신청하자.

◆ 트래블카드를 발급받자

요즘은 현금 환전이 어색할 만큼 해외여행에 특화된 체크카드 사용이 대세다. '트래블카드 전쟁'이라는 말이 나올 정도로 해외 결제 시장을 노리는 금융사들의 경쟁이 뜨거운데, 대표주자인 트래블월렛과 하나은행 트래블로그를 비롯해 토스뱅크와 신한은행, KB국민은행 등 해외 여행자를 겨냥한 전용 카드가 속속 출시되고 있다.
트래블카드는 환전·인출·결제 수수료가 없고 그때그때 필요한 만큼만 현금을 찾으면 돼서 현금 도난 및 분실 위험이 적다는 것이 가장 큰 매력. 지정 앱 또는 지정 통장에 유로화를 충전해 놓고 체크카드처럼 사용하며, 카드별로 'VISA' 또는 'Master' 마크가 있는 가맹점에서 결제하거나 ATM에서 현금을 인출할 수 있다. 하지만 세금 환급 등 충전식 체크카드를 사용할 수 없는 경우도 있으니 국제 브랜드가 다른 신용카드도 1~2개 챙겨가자.

★
컨택리스 카드인지 확인!

유럽에서는 IC칩을 카드 리더기에 꽂아서 결제하는 방식보다 컨택리스 단말기에 탭 하는 것만으로 결제가 진행되는 비접촉식 컨택리스 카드(Contactless Card)가 많이 사용된다. 해외에서 사용할 내 카드가 와이파이 마크가 있는 컨택리스 카드인지 확인하자. 이탈리아에서는 로마와 밀라노 지하철, 말펜사 공항버스 등에서 후불 교통 기능이 있는 컨택리스 카드를 시범 운영 중이다.

◆ 현금 인출은 현지 ATM에서, 국내 환전은 거래 은행에서

간식비나 비상금 등 소소한 현금은 이탈리아 곳곳에 설치된 ATM에서 편리하게 인출할 수 있다. 인출 수수료가 무료인 카드를 한도 내에서 사용하면 카드 수수료 걱정도 없다(현지 ATM 업체 수수료는 부과될 수 있다). 국내에서 미리 현금을 환전해 갈 경우에는 거래 은행 홈페이지나 앱에서 미리 환전 신청한 뒤 지정한 은행 지점(인천국제공항 지점 포함)에서 찾는 것이 가장 유리하다. 이 경우 최대 90%까지 환율 우대 혜택을 받을 수 있으며, 무료 여행자보험 가입이나 면세점 할인 쿠폰 등의 혜택도 제공한다.

★
체크·신용카드를 가져갈 때 꼭 확인하세요!

- 'VISA', 'Master' 등 국제브랜드 마크가 있는 해외 사용 카드인지 확인하자. ATM 기계 오류나 분실, 해외 가맹점에 따른 제한에 대비해 2가지 이상 다른 종류로 준비할 것.
- IC칩 카드라면 비밀번호 설정 여부를 확인하자. 단말기 결제 승인 시 6자리 비밀번호를 요구하면, 설정한 비밀번호 4자리 뒤에 '00'을 추가로 입력한다.
- 카드 영문 이름과 뒷면 사인이 여권과 같은지 확인한다.
- 결제계좌의 통장 잔액, 결제일, 해외 사용 한도 등을 확인한다.
- 카드 분실 시에는 국내 카드사의 고객 센터로 전화해 분실 신고를 한다. 여행 후에는 카드 일시 정지나 '해외 결제분 지급 정지 신청'을 해 해외에서 카드 번호 도용이나 복제를 통한 피해를 방지한다. 카드를 분실하지 않았더라도 귀국 후 신청하는 것이 좋다.

요즘 해외여행에 특화된 체크카드가 대세라던데요, 어떤 카드를 신청할까요?

◆ 환전·인출·결제 수수료 없는 체크카드

모든 은행이 해외에서 사용 가능한 체크카드를 발급하고 있다. 그중에서도 여행자가 가장 많이 찾는 카드는 환전·인출·결제 수수료가 없는 체크카드다. 카드별로 다른 외화 환전 한도, 외화 결제 한도, ATM 인출 한도는 미리 확인하자.

CHECK

가맹점에 따라 결제 제한이 생길 수 있으니 다른 국제 브랜드의 신용카드를 여분으로 챙기자. 스마트폰 분실이나 고장 등 충전이 불가능할 경우를 대비해 전통적인 방식의 출금 카드도 준비하자.

✚ 이탈리아에서 쓰기 좋은 인기 체크카드(트래블카드) 비교

구분	트래블월렛	트래블로그/트래블Go	토스뱅크 외화통장	신한 SOL 트래블
국제브랜드	VISA	Master, UnionPay/Visa	Master	Master
연동 앱	트래블월렛	하나머니	토스뱅크	신한 SOL 뱅크
연결계좌	모든 은행	모든 은행	토스뱅크 외화통장	신한은행 외화예금
환전 수수료	유로화 면제	유로화 면제	유로화 면제	유로화 면제
해외 가맹점 결제 수수료	면제	면제	면제	면제
해외 ATM 인출 수수료	월 US$500까지 무료, US$500 초과 시 이용 금액의 2%	면제	면제	면제
전월 실적 필요 여부	없음	없음	없음	없음
재환전 수수료	별도 수수료 있음	별도 수수료 있음	면제	50% 우대

*해외 ATM 인출 수수료 면제 조건이라도 기기에 따라 현지 ATM 업체 수수료가 부과될 수 있다.
*이외에도 여러 은행이 수수료 할인과 캐시백 등 다양한 서비스를 제공하고 있으니 카드 발급 시 참고하자.

✚ 현금 인출기 이용 방법(이용 시 비밀번호 노출과 소매치기 주의!)

❶ 'VISA', 'Master' 등 자신의 카드와 동일한 마크가 있는 현금 인출기를 찾는다.
❷ 카드 투입구에 카드를 넣고 'PIN' 또는 'Identification Number(비밀번호)'를 입력한다. 6자리의 'PIN'을 요구하더라도 4자리 를 입력한다. 만약 승인을 거절당하면 끝에 '00'을 붙여 다시 시도해본다.
❸ 'Withdrawal(현금 인출 서비스)'을 선택한다.
 – 잔액 조회(Balance Inquiry) 시 수수료를 청구하는 체크카드도 있으니 발급받을 때 확인한다.
❹ 'Saving(예금 계좌 인출)'을 선택한다.
❺ 인출할 금액을 유로화 단위로 입력한다.
❻ 영수증 발급 여부를 선택한다.
❼ 거래가 끝나고 카드를 받으면 현금이 나온다.

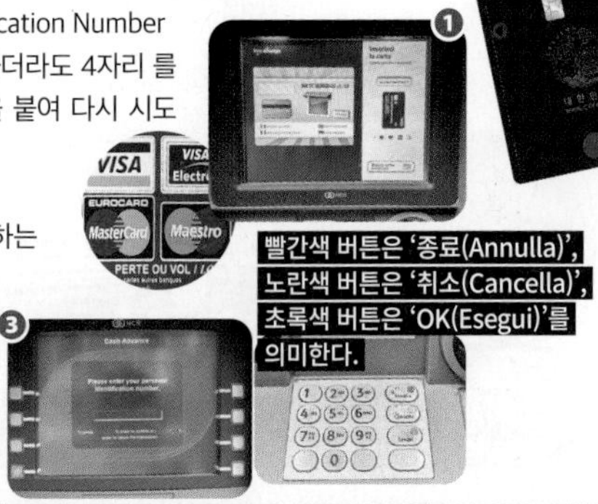
①
VISA
EUROCARD
MasterCard
Maestro
③
빨간색 버튼은 '종료(Annulla)',
노란색 버튼은 '취소(Cancella)',
초록색 버튼은 'OK(Esegui)'를
의미한다.

VISA

트래블로그 체크카드(마스터)

트래블월렛 체크카드(비자)

FAQ 07

성수기에는 반드시 숙소를 예약하라던데, 어떻게 해야 할까요?

◆ 성수기뿐만 아니라 비수기에도 예약하는 것이 좋다.

여행지에 도착해서 숙소를 찾는 일은 생각보다 번거롭다. 특히 현지에 도착하는 첫날은 현지의 상황과 지리에 익숙하지 않고, 떠나는 마지막 날도 일정이 변경될 여지가 거의 없으므로 미리 예약하는 것이 좋다. 열흘 정도의 여행이라면 중간에 일정이 변경될 가능성이 거의 없으므로 출발 전 모든 숙소를 예약하자.

인기 있는 숙소들은 당연히 일찍 마감되고, 호텔은 라스트 미닛 예약(속칭 땡처리)보다는 얼리버드 예약(1~3개월 전 예약) 이벤트가 훨씬 다양하고 혜택도 많다. 호텔 손님들 중에 가장 비싼 돈을 내는 사람들이 숙박 당일 예약 없이 오는 '워크 인' 손님들이란 것을 기억해 두자. 장기 여정 혹은 중간에 일정이 변경될 가능성이 있다면 첫날과 마지막 날은 미리 예약하고, 방문하려는 도시의 숙소에 대해 어느 정도 정보를 수집한 후 출발하는 것이 좋다.

★

예약 확인 메일이 오지 않습니다. 어떻게 해야 하나요?

호텔 홈페이지를 통해 직접 예약한 경우에는 예약 확인 메일이 필요하다. 현지에서 호텔 예약에 문제가 있을 때 출력해 간 예약 확인 메일을 보여주면 되기 때문이다.

보통 1~2일 안에 메일이 오는데, 메일이 도착하지 않으면 먼저 '스팸 메일함'을 확인하자. 해외에서 발송되는 메일은 스팸으로 처리되는 경우가 있기 때문이다. 스팸 메일함에도 없다면 호텔에 예약 확인 메일을 요청한다. 호텔에 요청해도 예약 확인 메일이 오지 않으면 예약 요청 메일과 카드 승인 내역서를 출력해서 가져간다.

◆ 온라인 예약 대행 사이트 vs 숙소 홈페이지 직접 예약

호텔의 경우 각 호텔의 홈페이지에서 직접 예약하거나, 부킹닷컴, 아고다, 호텔스닷컴, 익스피디아 같은 숙박 예약 대행 사이트를 통해 예약할 수 있다. 예약 대행 업체를 통하면 정상가 대비 할인된 가격으로 편리하게 예약할 수 있고, 우수회원 추가 할인, 적립금 제공, 최저가 보상제 등의 서비스를 추가로 제공하기도 하니 호텔 홈페이지와 예약 대행 사이트에서 판매하는 상품을 꼼꼼히 비교한 후 이용하는 것이 좋다. 특히 온라인 예약 대행 사이트에 내야 하는 수수료가 부담스러운 숙소에서는 홈페이지나 메일을 통한 직접 예약을 더 선호하며 예약 대행 사이트보다 저렴한 가격을 제시하는 경우도 있다.

호텔 예약을 할 때 가장 주의해야 할 점은 취소·변경 조건을 꼼꼼히 살펴보는 것이다. 호텔이든 호텔 예약 대행 사이트든 상세 페이지와 예약 과정에서 취소·변경 마감일을 알려준다. 이를 무심히 넘기고 예약했다가 취소할 때 위약금을 물어야 하는 일이 종종 있으므로 꼭 취소·변경을 무료로 할 수 있는 마감일을 따져보고 예약을 확정하도록 한다.

한인 민박은 민박 예약 대행 사이트에서 예약하거나 카톡 또는 홈페이지를 통해 직접 문의하면 된다. 보통 예약문의 후 1박(또는 일정 전체)의 숙박료를 입금하면 예약이 완료된다. 단, 오버부킹, 예약 누락 등의 문제가 발생하지 않도록 출국 전 다시 한번 확인하고, 원활한 체크인을 위해 숙소의 비상 연락 번호도 챙겨놓도록 하자.

초보 여행자가 즐겨찾는 한인 민박

외국인 친구를 사귈 수 있는 호스텔

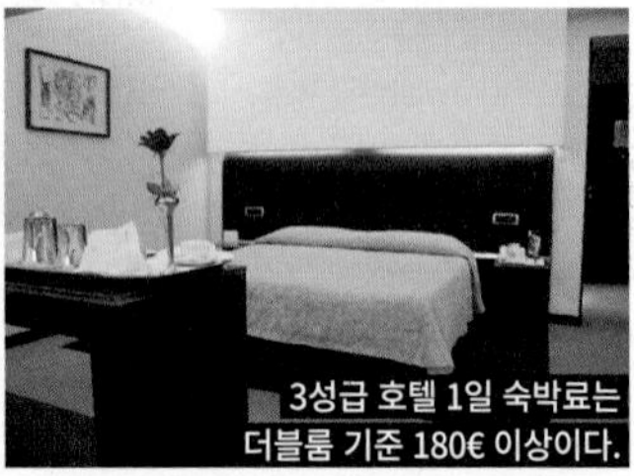
3성급 호텔 1일 숙박료는 더블룸 기준 180€ 이상이다.

◆ 여행자가 많이 이용하는 숙박 예약 대행 사이트

방문 국가의 숙소가 자주 이용하는 예약 플랫폼을 골라야 선택의 폭이 넓어진다. 지역별로 강세를 보이는 예약 사이트가 있는데, 이탈리아를 포함한 유럽은 부킹닷컷(Booking.com), 북미는 익스피디아(Expedia), 동남아는 아고다(Agoda)가 강세다.
등록된 숙소 개수만큼이나 중요한 것은 현지에서 문제 발생 시 대처하는 고객지원시스템이다. 예약 누락이나 오버부킹, 객실 불만 등의 문제가 생겼을 경우 예약 사이트의 중재나 보상 절차가 원활한지 고객 후기를 통해 확인하도록 하자.
특히 모든 예약 대행 사이트는 수수료 없이 예약을 취소할 수 있는 기간이 있다. 이 기간을 넘기면 전액 또는 일부 금액이 결제되므로 꼼꼼히 확인하자. 무료 취소 기한을 놓쳐서 숙박비를 날리는 사람이 생각보다 많다. 할인 폭이 클수록 예약 즉시 결제가 이루어지고 환불이 불가하니 주의하자.

✚ 숙박 예약 대행 사이트에서 예약하기

❶ 실시간 객실 검색하기
도시명, 체크인 날짜, 체크 아웃 날짜, 인원수를 입력한 후 검색한다.

❷ 원하는 호텔 선택하기
검색 결과 페이지로 넘어가면 나오는 호텔 목록과 평점, 예약 가능 객실, 금액, 무료 취소 마감일, 환불 가능 여부, 조식 포함 여부 등을 살펴보고 마음에 드는 호텔을 고른다.

❸ 예약하기
호텔 정보, 이용 후기, 교통편 등 상세 정보를 확인한 후 객실 수를 입력하고 예약한다. 이때 예약 조건과 금액을 꼼꼼히 확인한다.

❹ 결제하기
주소, 전화번호, 신용카드 정보를 입력하고 예약 조건과 이용 약관을 확인한 후 결제를 진행한다. 최종 결제할 때는 현지 통화인 '유로화'를 선택하는 것이 유리하다.

❺ 예약 확인증 출력 또는 저장하기
결제를 완료하면 이메일로 예약 확인증(바우처)을 보내준다. 체크인 날짜, 체크아웃 날짜, 무료 취소 마감일 등 상세 정보를 최종 확인한 뒤 출력하거나 스마트폰에 저장해둔다. 앱을 설치해 회원가입 후 예약하면 앱 내에 예약 확인증이 자동 저장돼 관리하기 편리하다.

❻ 호텔 체크인하기
호텔에 도착하면 예약 확인증과 여권을 제시하고 체크인한다. 4성급 이상의 호텔에서는 여권과 함께 보증금 즉, 디포짓(deposit)을 요청하며, 이때 본인 명의의 신용카드를 제시하면 된다. 보증금은 호텔 숙박비와 상관없이 손님이 호텔 투숙 중 유료 시설을 이용하고 대금을 지불하지 않거나 시설 파손 등에 대비해 받아두는 것이다. 체크아웃할 때 추가 시설 이용이 없거나 이용료를 지불하면 디포짓은 자동으로 소멸되니 걱정하지 말자.

★
호스텔 예약하기
호스텔은 온라인 예약 사이트를 이용하거나 호스텔에 직접 예약하면 된다. 대표적인 호스텔 예약 사이트는 호스텔월드와 공식유스호스텔 그룹 하이호스텔이 있다.

호스텔월드
WEB www.hostelworld.com

하이호스텔
WEB www.hihostels.com

★
개인이 운영하는 소규모 숙박시설 이용 시 주의할 점
에어비앤비 형태의 개인이 운영하는 소규모 숙박 시설은 리셉션을 따로 운영하지 않으므로 호스트와 체크인 시간을 미리 협의해야 한다. 현지에서 이메일이나 예약 앱을 통해 연락을 주고받을 수 있도록 준비해두자. 또한 호텔보다 체크인 가능 시간이 짧고 체크아웃 후 짐 보관이 어려울 수 있으니 상황에 따라 호텔이나 호스텔을 함께 고려하는 것이 좋다.

FAQ 08

유레일패스는 꼭 구매해야 하나요?

◆ 이탈리아만 여행한다면 구매할 필요가 없다.

유레일패스 소지자는 이탈리아 국영철도회사(철도청)인 트렌이탈리아의 열차를 모두 무료로 탑승할 수 있지만 별도의 좌석 예약료(고속열차 10~13€, 인터시티 3€, 유로시티 10~20.90€)를 내야 한다. 좌석 예약료가 없는 기차는 완행열차인 레조날레(R) 등 일부에 불과하므로 대도시 사이를 이동할 땐 예약료가 필수다. 게다가 이탈리아 민영 고속열차 이탈로(italo)는 유레일패스로 이용할 수 없다. 특히 이탈리아는 기차 요금이 저렴한 편이고 특가 프로모션도 많아서 패스를 구매하면 오히려 손해일 수 있다. 패스를 이용한 좌석 예약 방법이 계속 바뀌고 예약이 불편하다는 점도 유레일패스의 단점으로 꼽힌다. 현지 매표소에서 예약할 경우 성수기에는 1~2시간씩 줄을 서는 경우도 있으므로 레일플래너(Rail Planner) 앱 등을 통해 예약하는 방법을 숙지하자.

우리나라에는 없는 객실형 컴파트먼트 좌석

트렌이탈리아의 고속열차(FR)

트렌이탈리아의 고속열차(FR)와 함께 이탈리아 고속열차의 양대산맥으로 불리는 이탈로는 유레일패스로 이용할 수 없다.

고속열차 이탈로의 스마트석 내부

✚ 유레일패스 소지자와 일반 여행자의 교통 요금 비교

로마(3일) → 피렌체(1일) → 아씨시(1일, 하루 코스) → 베네치아(1일) → 밀라노(2일) →귀국

구간	유레일패스 이용자	일반 여행자
로마 → 피렌체(편도, FR·italo·IC)	13€	14.90~76€
피렌체 ⇆ 아씨시(왕복, R)	0€	15.80€
피렌체 → 베네치아(편도, FR·italo)	13€	14.90~57€
베네치아 → 밀라노(편도, FR·italo)	13€	9.90~49€
유레일 이탈리아패스 구매(유스, 2등석, 4일권)	170€	0€
총비용	**209€**	**55.50~197.80€**

*FR(Freccia)·italo 고속열차 / IC(Inter City) 급행열차 / R·RV(Regionale·Regionale Veloce) 완행열차

★

유레일패스 요금표
(유스 2등석 기준)

■ **유레일 글로벌 패스**

-유럽 33개국에서 정해진 기간 동안(연속식 패스) 또는 유효기간 내에 날짜를 선택해 정해진 날 수만큼(비연속식 패스) 무제한 기차 이용

15일 연속사용 357€
22일 연속사용 440€
1개월 연속사용 522€
2개월 연속사용 620€
1개월 내 4일 선택 212€
1개월 내 5일 선택 239€
1개월 내 7일 선택 286€
2개월 내 10일 335€
2개월 내 15일 선택 415€

■ **유레일 이탈리아 패스**

1개월 내 3일 선택 144€
1개월 내 4일 선택 170€
1개월 내 5일 선택 193€
1개월 내 6일 선택 214€
1개월 내 8일 선택 254€

*€ 유로화 기준, 정상 가격
*유스: 12~27세
성인: 28~29세
경로: 60세 이상

유레일패스 코리아
WEB eurail.com/ko

★

안전한 야간열차 이용법

야간열차 좌석은 침대형 좌석(Bed Compartment 또는 Couchette)과 일반 좌석으로 나뉜다. 침대형 좌석이 있는 차량은 승무원이 순찰을 다니고, 객실 내부에서 문을 잠글 수 있어 안전하다. 특히 여성 여행자는 여성 전용 칸이 있으니 참고하자. 반대로 예약할 때 '2nd class seats only' 등으로 표시되는 일반 좌석은 요금은 저렴하지만 불편한 자세로 자야 하는 데다 잠든 사이 소매치기를 당할 위험이 있어 가능하면 피하는 것이 좋다.

기차는 모두 예약해야 하나요? 어떻게 예약하나요?

◆ 지정석제로 운영되는 기차는 반드시 예약해야 한다.

중·장거리 기차의 대부분을 차지하는 고속열차(FR, italo)와 인터시티(IC)는 예약이 필수다. 반대로 완행열차인 레조날레(R, RV)는 자유석만 있으므로 출발 당일 현장에서 구매한다.

◆ 성수기와 장거리 구간은 예약을 서두르자.

성수기에는 좌석이 매진될 수 있으므로 최대한 빨리 예약하는 것이 좋다. 또한 밀라노·베네치아-로마, 로마-피사 구간처럼 인기 있는 구간이나 야간열차는 성수기가 아니더라도 서둘러 예약해 놓는다. 특히 장거리 구간은 예약을 서두를수록 요금이 저렴해지니 빨리 예약하는 것이 유리하다. 반대로 로마-오르비에토, 밀라노-코모 호수 등 일정에 따라 변동 가능성이 있는 단거리 구간은 출발 당일 현장에서 구매한다.

◆ 인터넷 예약은 트렌이탈리아나 이탈로 홈페이지를 이용

인터넷에서 기차를 예약하려면 이탈리아 철도청 트렌이탈리아 홈페이지(www.trenitalia.com)나 민간 고속열차 사업자인 이탈로 홈페이지(www.italotreno.it)를 통하면 된다(자세한 예약 방법은 p062~067 참고). 단, 결제 오류가 생길 때는 국내 발행 신용카드나 체크카드보다는 페이팔 결제 시스템을 이용하는 것이 좋다. 영어에 자신이 없다면 트렌이탈리아 판매처인 레일클릭 한국지사 홈페이지(italiatren.com/ko)나 이탈로 한국 공식 대리점 홈페이지(italo.bookingrails.com)를 이용하는 방법이 있다. 단, 발권 취소, 결제나 환불 방식 등에 차이가 있으니 관련 규정을 확인한다.

◆ 인터넷에서 예약한 기차표 사용하기

예약 확인 이메일에 첨부된 PDF 티켓을 출력하거나 스마트폰에 저장한 후 각인할 필요 없이 기차에서 검표원에게 출력 또는 저장한 PDF 티켓을 바로 보여주면 된다. 앱으로 예약한 경우 앱에서도 확인할 수 있다(데이터 연결 필요). 단, 트렌이탈리아 홈페이지나 앱에서 예매한 일반 열차의 티켓은 기차 탑승 전 온라인 체크인이 필수이니 확인 후 이용한다(자세한 내용은 p063 참고). 또 티켓의 PIN코드와 바코드, QR코드 등이 잘려 있거나 인쇄 상태가 불량하면 무효 처리될 수 있으니 주의한다.

◆ 현지에서는 자동판매기나 앱을 이용

현지에서는 기차역의 매표소와 자동판매기, 현지 여행사를 통해 예약할 수 있다. 가장 편리한 방법은 자동판매기를 이용하는 것. 기차역마다 여러 대가 준비돼 있어 대기 시간이 짧고, 영어 화면을 지원하므로 소통의 불편함을 피할 수 있다.
기차역에 갈 수 없다면 스마트폰 앱을 이용하자. 앱 이용 시 예약 조회·변경·환불을 간편하게 할 수 있다. 이탈로(italo) 앱은 한국에서부터 이용할 수 있으며, 트렌이탈리아(Trenitalia) 앱은 현지 심카드로 변경 후 구글 계정에 신규 가입해야 설치할 수 있다.

★
기차표 온라인 예약 노하우

요금이 비쌀수록 편안한 좌석과 더 좋은 서비스를 누릴 수 있지만 이탈리아에서는 도시 간 이동 시간이 길지 않아 경제적인 편을 택하는 것이 좋다. 할인율이 높을수록 변경이나 환불이 어려우므로 일정을 확정했다면 저렴한 특가 티켓을, 일정이 바뀔 가능성이 크다면 변경 수수료가 적은 티켓을 선택한다.
트렌이탈리아는 출발일 기준 약 3개월 전부터 최고의 할인율을 적용한 프로모션 티켓 판매를 시작한다. 단, 교환·환불은 안 된다. 이탈로 역시 예약이 빠를수록 초저가 프로모션 티켓을 구할 수 있으며, 교환·환불이 불가능하거나 변경 수수료가 높다.
프로모션 코드까지 활용해 기차를 예약하는 자세한 방법은 p062 <Planning My Travel 03 이탈리아 기차표 예약>을 참고하자.

FAQ 10

스마트폰 로밍과 심카드 중 어떤 게 낫죠? 유심(심카드)과 이심은 어떻게 다른가요?

◆ 스마트폰 데이터 서비스

숙소 주인과의 연락에서부터 대중교통 앱 이용까지 현지에서의 데이터 사용은 필수다. 가성비를 따지는 젊은층에서는 이심 사용이 늘고 있고, 가입 절차마저 귀찮은 장년층은 데이터 로밍을 선호하는 경향이 있다. 저마다 비용과 안정성에서 장단점이 있으니 필요에 따라 선택하자.

◆ 가입이 편리하고 안정적인 데이터 로밍

한국과의 전화 연락을 수시로 주고받아야 한다면 국내 통신사의 데이터 로밍 서비스를 추천한다. 통신사마다 한국과의 무제한 통화를 포함한 다양한 데이터 로밍 상품이 있다. 한국에서 사용하던 전화번호를 그대로 유지할 수 있고, 앱이나 고객센터를 통해 쉽게 가입 가능한 것이 장점. 한 날간 4GB 사용이 3만원 정도, 하루 1만원 정도면 데이터 무제한 상품을 이용할 수 있다.

★
무료 Wi-Fi 사용하기

이탈리아의 대부분 호텔과 식당에서는 무료 Wi-Fi 서비스를 제공한다. 단, 우리나라처럼 인터넷 속도가 빠르지 않아서 동영상처럼 용량이 큰 자료를 주고받는 데는 시간이 오래 걸린다. 석조로 된 오래된 호텔의 경우 객실에 따라 Wi-Fi가 잘 잡히지 않거나 속도가 매우 느린 곳도 있다.

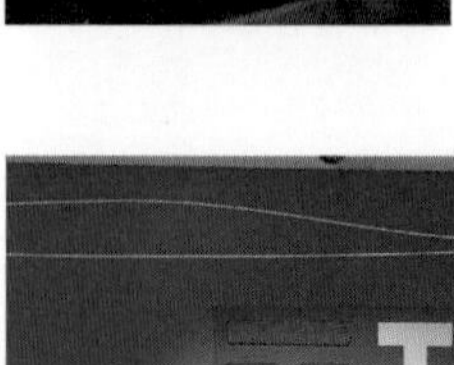

◆ 가상의 심카드를 하나 더 작동하는 이심(eSIM)

출고 때부터 이미 스마트폰에 내장돼 있던 칩에 가입자 정보를 내려받아 사용하는 디지털 심이다. 현지 통신사의 심카드를 바꿔 낄 필요가 없고 가격이 저렴한 것이 장점. 데이터 구매 후 이메일로 받은 QR코드를 촬영해 몇 가지 설정을 변경하면 된다. 기존 유심을 장착한 상태로 이심을 하나 더 설치하는 듀얼심 구성이 가능해서 국내용·해외용 등 용도를 구분해 활용하기 좋다. 단, 이심 기능이 탑재된 휴대폰 기종에서만 사용 가능(아이폰은 XS 이상, 갤럭시는 갤럭시Z4 이상).

◆ 전화번호가 바뀌는 현지 통신사의 심카드(SIM Card)

현지 통신사의 선불형 심카드(Prepaid SIM Card, 유심카드)를 기존 휴대폰의 심카드와 교체해서 데이터를 사용하는 방법이다. 통화·문자·데이터 등 옵션에 따라 여러 종류가 있으며, 통신사마다 요금과 서비스 체계가 다르다. 현지에서 심카드를 갈아 끼우기 때문에 교체 후에 전화번호가 바뀌어 한국 번호는 사용할 수 없게 되는 것이 단점. 장점은 현지 계정으로만 다운로드 가능한 앱을 사용할 수 있다는 것이다.

가장 인기 많은 통신사인 팀

윈드 트레

✚ 심카드 알아보기

❶ 종류

이탈리아 내 인지도가 높은 통신사는 윈드 트레(Wind Tre)와 팀(Tim)으로 외국인 여행자를 위한 다양한 선불 심카드를 판매하고 있다. 심카드는 크기에 따라 일반(Normal), 마이크로(Micro), 나노(Nano)로 구분되며, 이는 다시 구매자가 직접 등록할 수 있는 심카드와 판매처 직원의 도움이 필요한 심카드(영수증과 여권 필요)로 나뉜다. 복잡해 보이지만 통신사 대리점으로 직접 찾아가면 직원이 알아서 다 처리해준다.

❷ 가격

심카드는 국내보다 현지에서 구매하는 것이 조금 더 저렴하다. 로마의 테르미니역 등 주요 기차역은 물론 시내 곳곳에 매장이 있어서 사는 데 큰 어려움이 없다. 다만, 같은 통신사라 하더라도 매장마다 가격과 혜택의 차이가 크니 몇 군데 매장을 비교 후 구매하도록 한다. 특히 과도하게 비싼 요금제 위주로 판매하는 공항 입국장 주변의 매장은 피하는 것이 좋다. 구매한 심카드가 제대로 작동하는지 매장에서 직접 확인하는 것이 추후 분쟁을 대비해서 바람직하다.

❸ 구매 시 주의사항

심카드 구매 시에는 사용 일수, 데이터량, 소진 이후의 데이터 속도, 통화 시간, 문자 개수, 한국으로의 통화 가능 여부 등을 자신의 여행 스케줄에 맞춰 꼼꼼히 따져보자.
새로 구매한 심카드를 휴대폰에 끼웠다면 새로운 전화번호를 부여받은 것이다. 심카드 케이스에 적힌 새 휴대폰 번호를 기억해 두자. 또한 심카드마다 고유의 핀 번호가 케이스에 적혀 있는데, 휴대폰을 껐다 켜야 하는 경우나 심카드에 문제가 발생했을 때 입력이 필요하므로 따로 적어두거나 케이스를 버리지 않는 게 좋다.
대형 슈퍼마켓이나 서점에서도 심카드를 구매할 수 있다. 단, 이때 통신사 직원이 등록해줘야 하는 심카드로 잘못 선택했다간 해당 통신사 매장까지 또 찾아가야 하는 수고가 뒤따르니 주의하자. 이때에는 통신기기와 심카드는 물론 구매 영수증과 여권도 지참해야 한다. 심카드 케이스에 표시돼 있으니 잘 살펴보자.
선불한 요금에 해당하는 데이터 용량을 모두 소진한 이후 충전(Top-up)이 가능한 심카드도 있다. 이 경우 해당 통신사 대리점이나 홈페이지, 혹은 전화로 충전할 수 있다. 구매 전 충전 가능 여부와 방법에 대해서도 충분히 숙지해두자.

★

멀티 어댑터, 챙겨가세요!

이탈리아는 우리와는 다른 규격의 플러그를 사용한다. 영국과 프랑스 등도 이탈리아와 다르므로 멀티 어댑터를 챙겨가는 것이 좋다. 또 콘센트가 1~2개만 있는 숙소가 대부분이므로 멀티 콘센트도 함께 준비하면 좋다.

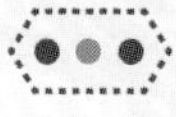
이탈리아 타입

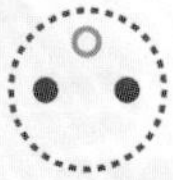
프랑스 타입

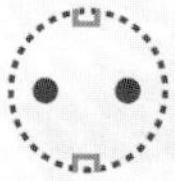
독일 타입

영국 타입

스위스 타입

여러 통신사 사무실이 모여있는 로마의 테르미니역

FAQ 11

여자 혼자 떠나는 여행, 정말 괜찮을까요? 소매치기가 많지 않나요?

거리 어디서나 쉽게 볼 수 있는 이탈리아 경찰(Polizia)

◆ 이탈리아의 치안은 생각보다 안전하다.

이탈리아를 여자 혼자 여행하는 것은 위험하다고 생각하는 여행자가 많다. 무질서하게 질주하는 오토바이와 거리의 부랑자들, 소매치기로 악명 높은 집시들 때문에 나쁜 이미지가 생긴 것이 아닐까 싶다. 하지만 치안 상황을 개선하고 불법 이민을 근절하기 위한 이탈리아 정부의 노력으로, 대부분 관광지마다 경찰들이 순찰을 돌면서 치안 상태가 예전보다 양호해졌다. 따라서 늘 조심하는 자세는 필요하지만 막연한 불안감을 가질 필요는 없다.

다만 밤늦게 혼자 다니는 것은 위험하니 야경을 보거나 늦은 시각 숙소로 귀가해야 할 때는 가능한 여럿이 같이 다니도록 하자. 또한, 각종 캠페인 서명을 해달라며 다가오는 사람들도 경계해야 한다. 종이에는 서명 후 기부금을 내겠다는 말이 적혀있는데, 유럽에서는 서명이 강력한 법적 효력을 발휘하므로 주의해야 한다.

✚ 이탈리아 도시별 위험 장소와 주의사항

혼자 여행할 때 도시별로 조심해야 할 지역과 주의사항은 다음과 같다.

도시	위험한 지역	주의해야 할 점	위험도
로마	테르미니역 주변, 트레비 분수, 스페인 광장, 지하철역 및 차량 안 등	소매치기가 많다. 특히 관광지에서는 사진 찍는 틈을 이용해 가방을 뒤지는 경우가 많으므로 주의한다.	★★
피렌체	중앙시장 주변의 좁은 골목	자기네끼리 싸우는 경우가 많은데, 그럴 때는 가까이 가지 않는다.	★★
베네치아	늦은 밤, 좁은 골목	길을 잃기 쉽다. 특히 늦은 밤에는 길을 찾기 매우 어렵고 위험할 수 있으므로 큰길로 다닌다.	★
밀라노	늦은 밤, 좁은 골목	반강제로 손가락에 색실을 묶거나 비둘기 사료를 손에 쥐어 주며 돈을 요구한다. 낯선 사람이 가까이 다가오면 처음부터 피하거나 거절 의사를 분명히 해야 한다.	★
나폴리	역 주변, 항구 주변, 역에서 항구 가는 길	이탈리아에서 치안이 좋지 않기로 소문난 곳이므로 여럿이 가는 경우가 아니면 일정에서 빼거나 택시로 이동한다.	★★★★
포시타노	늦은 밤, 물리니 광장과 그 윗마을	오토바이를 타고 다니며 짓궂은 장난을 하는 경우가 있다. 늦은 밤에는 혼자 다니지 않는다.	★
피사	역 주변, 버스 정류장 주변 및 차량 안	둘러싸고 소매치기를 하는 무리가 있다. 낯선 사람들이 가까이 다가오는 것을 경계한다.	★★★
시에나	늦은 밤, 캄포 광장 주변	술집이 많이 들어선 지역의 늦은 밤에는 취객이 많으므로 주의한다.	★
기타	계단이나 에스컬레이터를 오르내릴 때, 화장실을 다녀올 때, 옷 가게에서 옷을 갈아입을 때, 사진 찍을 때 특히 주의한다. 이 외에도 혼자 다니는 여성 여행자에게 과도한 친절을 베풀거나 말을 거는 남성이 많다. 약을 탄 음료나 약 묻힌 손수건을 건네는 경우도 있고 술을 사겠다거나 좋은 장소를 안다며 접근하는 경우도 있는데, 이런 식의 친절은 처음부터 단호하게 거절해야 한다.		

◆ 소지품 관리는 철저하게

소매치기는 늘 예고 없이 찾아온다. 해외에서 당하는 소매치기는 '한순간의 방심'의 대가치고는 심리적·시간적·경제적 손실이 너무 크다. 당황스럽고 막막하며, 준비해 간 여행 일정도 어긋나고, 경비도 이중으로 발생한다.

현금은 당일 예상 비용 정도만 소지하고, 여권은 여러 장 복사한 후 분산해 보관한다. 여분의 신용카드나 비상용 체크카드도 별도로 안전하게 보관해 둔다. 호텔의 안전 금고나 캐리어에 넣어 잠그고 다닌다. 이동할 때에는 크로스백을 앞으로 메고, 자물쇠나 옷핀으로 잠그고 다니는 것이 안전하다. 물론 자물쇠로 잠그더라도 역 주변, 지하철 안, 시장 등 소매치기가 많기로 유명한 장소에서는 항상 가방을 손에 쥐고 주변을 경계해야 한다.

✚ 핸드폰 분실 방지 5계명

❶ 사람이 붐비는 곳에서는 핸드폰을 꺼내지 않는다.
❷ 핸드폰을 뒷주머니에 넣지 않는다.
❸ 핸드폰을 식당 테이블 위에 놓지 않는다.
❹ 스마트폰 스트랩 케이스나 키링 연결줄 등을 활용해 가방이나 몸에 걸고 다닌다.
❺ 홈화면 잠금해제 암호를 설정하고 분실 시 통신사 로밍센터로 즉시 통보한다.

★
공항에서 명품 분실 주의!

이탈리아 국제공항 출국장에서 고가 면세품 도난 신고가 종종 접수되고 있다. 출국 수하물이 항공기로 옮겨지기 전 내용물을 검사하는 엑스레이 검사대에서 이러한 일이 발생하는 것으로 추정될 뿐 도난 방지를 위한 확실한 조치는 이루어지지 않고 있다. 따라서 고가품은 반드시 기내에 들고 타도록 하자.

★
민박이나 호스텔 이용 시 주의!

민박이나 호스텔처럼 여러 사람이 한 방을 이용할 때에는 현금, 노트북, 휴대전화, 카메라 등 소지품에 각별히 주의한다. 외출할 때는 물론 잠잘 때나 샤워할 때도 캐리어를 반드시 잠그도록 하고, 지갑이나 주요 소지품은 항상 곁에 두고 체크한다.

FAQ 12

유스호스텔증, 국제 학생증, 국제 교사증은 꼭 필요한가요?

◆ 이탈리아만 여행할 계획이라면 필요 없다.

이탈리아의 호스텔 대부분이 유스호스텔증이 없어도 예약할 수 있으며, 할인 혜택도 크지 않다. 국제 학생증(ISEC, ISIC)과 국제 교사증(ITIC)도 바티칸 박물관(25세 이하 국제 학생증 소지자 8~13€ 할인) 외에는 주요 관광지에서 받는 혜택이 한정돼 있어 발급비 1만7000원을 고려하면 발급받지 않는 게 더 경제적이다.

단, 프랑스·영국·독일 등 유럽의 다른 나라를 함께 여행할 계획이라면, ISIC 홈페이지(ww.isic.org)를 방문해 나라별 혜택 정보를 확인한 후 고려해보자.

★
국제 학생증·국제 교사증 발급처
KISES 강남점 및 종로점
TEL 1688 5578
WEB www.isic.co.kr

FAQ 13

영어를 잘 못해서 걱정입니다. 괜찮을까요?

◆ 여행에서 영어는 '필수 사항'이 아닌 '선택 사항'

영어를 잘하면 물론 좋겠지만 여행할 때 현지에서 영어를 써야 하는 경우는 의외로 적다. 영어가 필요한 경우는 입국 심사, 호텔, 식당, 쇼핑센터, 관광 안내소, 기차역 정도다. 하지만 이런 경우조차 목적이 분명하기 때문에 몇 가지 단어와 짧은 문장만으로도 충분히 의사소통이 가능하다. 그리고 현지인과의 의사소통은 영어 실력보다 자신감을 갖고 당당하게 이야기하는 자세가 무엇보다 중요하다.

◆ 여행자의 가장 큰 걱정거리, 입국 심사

영어에 자신 없는 여행자가 가장 염려하는 부분은 바로 까다로운 입국 심사다. 하지만 이탈리아에서라면 전혀 걱정할 필요가 없다. 관광을 목적으로 입국하는 여행자에게는 질문도 없이 여권만 확인하고 바로 입국을 허가해주기 때문이다. 게다가 다른 나라의 입국 심사장에서 흔히 볼 수 있는 고압적인 자세의 경찰관도 찾아보기 힘들다.

◆ 숙소, 식당, 기차역에서 영어가 필요할 때

호텔에서는 미리 발급받은 숙박권(바우처)이나 예약 확인 메일을 출력해서 보여주면 된다. 체크인 후 객실로 들어갈 때까지 'Reservation(예약)', 'Passport(여권)', 'Credit Card(신용카드)' 정도의 단어와 간단한 인사 외에는 특별한 영어가 필요하지 않다. 식당과 쇼핑센터에서도 마찬가지다.

관광 안내소나 기차역에서는 조금 긴 의사소통이 필요할 수 있는데, 미리 필요한 내용을 적어두고 보여주면 된다. 장소별로 필요한 기초 생활 영어와 이탈리아어는 별책부록(맵북) 참고.

신발은 어떤 것을 준비해야 할까요? 여행 중 빨래는 어떻게 하죠?

◆ 운동화가 가장 좋지만 플랫 슈즈나 캐주얼화도 괜찮다.

이탈리아를 포함해 유럽의 길은 대부분 돌로 만들었기 때문에 바닥이 푹신해야 하며, 걷는 시간이 길어 땀도 나므로 통풍이 잘되는 소재의 운동화가 가장 좋다. 최근에는 세련된 디자인의 경등산화를 신고 여행하는 사람이 늘었다.
자신만의 스타일을 원하는 여행자라면 스니커즈나 발의 피로가 적은 플랫 슈즈를 준비하는 것도 좋다. 조금 더 욕심을 부려서 샌들이나 하이힐을 신고 싶다면 반드시 여분의 신발을 준비해가자. 레스토랑에 갈 때는 스포츠 샌들류 대신 앞이 막힌 신발을 신는 게 현지 에티켓이다.

자신에게 맞고 편한 운동화를 준비하자.

◆ 민박에서는 세탁기, 호텔 및 호스텔에서는 빨래방 이용

민박에서는 숙소 내 세탁기를 이용하면 되며, 호텔이나 호스텔에서는 근처의 빨래방을 이용하는 것이 편리하다. 요금은 1회에 8~10€이며, 건조는 별도다. 호텔은 자체적으로 세탁실을 운영하는 곳도 있지만 요금을 한 벌당 계산해 비싸기 때문에 빨래방이 효율적이다. 빨래방 위치는 호텔 및 호스텔 리셉션에 문의하면 알려준다. 일부 호스텔에서는 자체 빨래방을 운영하기도 한다.
빨래방에는 세탁기와 건조기가 따로 있으며, 세탁에서 건조까지 1~2시간이 소요된다. 요금은 건조까지 하면 10~15€다. 일부 빨래방은 별도로 세제를 구매해야 하므로 가루 세제를 조금 가져가는 것이 좋다. 세제는 숙소에서 속옷이나 양말 등 간단한 손빨래를 할 때도 유용하므로 비닐 팩이나 작은 생수병에 준비해 간다. 휴대와 보관이 간편한 종이세제를 가져가도 좋다.

'Lavanderia' 간판을 찾자.

★

빨래방 - 코인 세탁기 이용 방법

❶ 필요한 세탁 용품을 구매한다.
1~2번은 섬유 유연제, 3~6번은 세제, 7~10번은 세탁이 끝난 후 담아 갈 비닐 봉투다. 각 번호 옆에 표시된 금액만큼 동전을 넣고, 오른쪽에 구매하고자 하는 물품의 번호를 누른다.

❷ 세탁기에 세탁물을 넣는다.
세탁물을 넣고, 세탁기 윗부분에 있는 세제 투입구에 세제와 섬유 유연제를 넣는다.

❸ 세탁기 이용 금액을 넣는다.
세탁기에 세탁기 번호와 이용 금액이 표시돼 있다.
표시된 금액만큼 동전을 넣고, 이용할 세탁기의 번호를 누른다.

❹ 시작(Start) 버튼을 누른다.
물 온도(보통 40℃)를 조절한 후, 'Start' 버튼을 누른다.

❺ 세탁물을 건조기로 옮겨 담는다.
세탁이 끝난 후 건조를 원하면, 세탁물을 건조기로 옮긴다.
건조기 사용법은 세탁기 사용법과 같다.

옆에 동전 교환기가 있다.

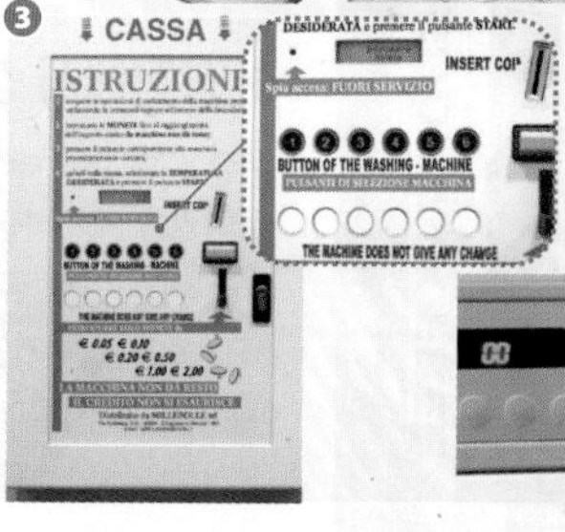

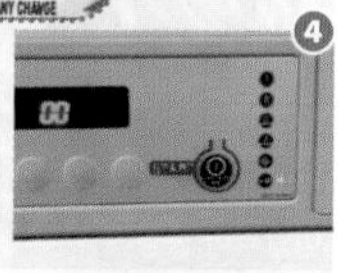

FAQ 15

세금 환급(Tax Refund), 어떻게 받아야 하나요?

TAX FREE SHOPPING

상점 앞 'Tax Free' 로고를 확인하자

◆ 세금 환급 절차 한눈에 보기

상점에서

- 이탈리아에서 구매한 경우 → 상품 구매(154.95€ 이상)
- 이탈리아 외 EU 국가에서 구매한 경우 → 상품 구매(각 나라별 기준 금액이상)

공통: 세금 환급 서류 작성(여권 지참 필수)
–현금, 신용카드 중 택일(현금은 서류당 수수료 3~11€ 공제함)
–성명, 여권 번호, 주소, 신용카드 번호 기재

공항에서

세관 방문, 세관 도장 날인
*구매한 물품을 보여달라는 경우가 많으니 물품 지참 필수

신용카드 환급 신청 시
세금 환급 키오스크에 여권, 항공권, 세금 환급 서류의 바코드 등을 등록한다.
*세무서 확인 후 신용카드 회사에서 처리, 2일~3개월 소요

현금 환급 신청 시
글로벌 블루, 플래닛 택스 프리 등 세금 환급 대행사 창구에 서류를 내고 현금과 영수증을 받는다.

신용카드 환급 신청 시
세금 환급 대행사 창구에 서류를 접수한다. 경우에 따라 서류를 우편으로 보낸다.
*세무서 확인 후 신용카드 회사에서 처리, 1주일~3개월 소요

*세금 환급 처리와 창구의 위치 및 오픈 시간은 공항마다 다르므로 마지막 출국하는 EU 공항의 정보에 대해 미리 알아두자. 공항 내 세금 환급 대행사 창구의 오픈 시간과 항공편 시간을 고려해 현금 환급을 결정한다.

★

시내에서 미리 환급받은 경우

이탈리아 내에서 상품을 구매하고 미리 환급받았다면 반드시 출국 공항에 서류를 제출하고 확인받아야 한다. 기한 내 처리하지 않으면 환급받은 금액이 다시 신용카드로 청구되어 빠져나가니 주의! 세관에 들를 필요 없이 바로 환급 대행사 창구 또는 키오스크로 가서 처리하면 된다.

★

세금 환급 대행 회사 정보

글로벌 블루
WEB www.global-blue.com

플래닛 택스 프리
WEB www.planetpayment.com

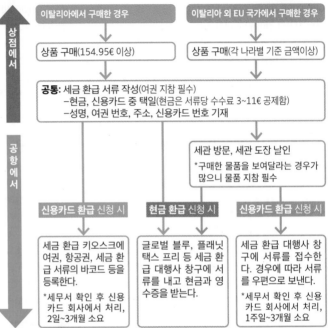

이탈리아 공항의 택스리펀 키오스크

◆ 이탈리아의 세금 환급 기준

세금 환급 기준은 나라별로 다르다. 이탈리아 내에서는 구매 품목 수에 상관없이 한 상점에서 구매한 금액이 154.95€가 넘으면 세금을 환급받을 수 있다. 돌려받는 금액은 구매한 상품과 구매량에 따라 다르지만 보통 구매 금액의 10~14%다.

◆ 상점에서 상품 구매 시-세금 환급 서류 작성

'택스 프리(Tax Free)'라고 써 있는 상점에서 세금 환급 기준에 맞게 쇼핑을 한 후 계산 시 여권을 제시하면 세금 환급 서류(Global Refund Cheque)를 작성해준다. 이 서류에 성명, 여권 번호, 주소, 환급 방법(현금 또는 신용카드 중 택일), 신용카드 번호(신용카드로 환급받을 경우)를 기입하면 된다. 이때, 신용카드 명의자와 제출 서류의 성명이 일치해야 한다. 또 서류에 바코드가 찍혀있는지 반드시 확인한다. 상점에서 받은 세금 환급 서류와 택스 프리 마크가 찍힌 규격 봉투를 받아 잘 보관한다.

◆ 마지막 EU 체류 국가에서 세금을 환급받자.

여러 EU 가입국에서 쇼핑을 했다면, 마지막 EU 체류 국가에서 출국할 때 한꺼번에 세금을 환급받는다. 스위스, 영국 등 EU에 가입하지 않은 나라에서는 해당 국가를 나갈 때 세금을 환급받는다.

'Customs' 또는 'VAT REFUND', 'DOGANA' 표지판을 따라간다.

◆ 로마·밀라노 공항에서 세금 환급 방법

❶ 세금 환급에 필요한 서류와 물건을 챙기자.

e-티켓, 여권, 세금 환급 서류, 구매한 물품이 필요하다. 담당 직원이 구매한 물건을 확인하는 경우도 있는데, 이때 물건이 없거나 포장을 뜯은 상태라면 환급받지 못하니 주의하자. 서류 제출 전에 이름, 여권 번호, 환급받을 신용카드 번호를 맞게 적었는지 다시 한번 확인한다. 세금 환급 서류와 구매 영수증은 사진을 찍어서 보관하면 추후 문제가 생겼을 때 서류에 기재된 'Doc-ID'로 추적할 수 있다.

로마 공항(터미널3)의 세관

❷ 위탁 수하물로 부칠지 기내에 가지고 탈지 결정하자.

구매한 물품을 위탁 수하물로 보낸다면 탑승 수속 전에, 기내 수하물로 가지고 탄다면 탑승 수속 후 출국 심사 전에 환급 처리를 한다. 특히 기내에 들고 가는 경우 세금 환급 신청을 하지 않고 무심결에 출국 심사를 마치지 않도록 주의하자. 보안 검색 후 출국 심사를 받기 전, 면세구역 내에 세관과 세금 환급 대행사가 있다.

밀라노 공항. 12번 구역(12 AREA)에 세금 환급 대행사가 모여 있다.

❸ 세금 환급 대행사 또는 세관을 찾아가자.

이탈리아에서 구매한 상품은 세관 도장을 받을 필요 없이 서류에 적힌 세금 환급 대행사의 창구(또는 키오스크)에서 처리하면 끝. 이탈리아 외의 EU 국가에서 구매한 물품은 세관을 찾아 도장을 받는다. '세금 환급(Tax Refunds, VAT Refund 또는 CUSTOMS)' 표지판을 따라가면 '세관(DOGANE-CUSTOMS)'이라고 적힌 창구가 있다. 세관에서 도장을 받은 후 안내에 따라 서류를 우편으로 보낸다.

밀라노 말펜사 공항의 키오스크

❹ 세금 환급 대행사별로 접수하자.

환급받을 회사의 창구에서 현금 환급과 카드 환급 중 선택해 서류를 접수한다. 현금 환급은 수수료를 제외한 금액을 그 자리에서 바로 돌려주고, 카드 환급은 세무서의 확인 후 신용카드 결제 계좌로 입금된다. 글로벌 블루(GLOBAL BLUE)와 플래닛 택스 프리(PLANET TAX FREE), 택스 리펀(TAXREFUND) 등 여러 곳에 접수해야 한다면 각각 줄을 서야 한다. 성수기에는 줄이 꽤 긴 편이니 여유 있게 도착하자.

세금 환급 서류를 받은 대행사별로 처리한다.

★

간편한 글로벌 블루 키오스크와 앱으로 실시간 확인!

글로벌 블루에서 카드 환급을 받는다면 키오스크가 빠르고 편리하다. ❶ 여권 스캔 → ❷ 환급 서류 스캔 → ❸ 항공권 스캔 → ❹ 환급 카드 입력(또는 컨택리스 카드 터치) → ❺ 전자 도장 발급 과정이 한국어로 안내된다. 탑승 4시간 전부터 가능.

글로벌 블루(Global blue) 앱에 여권과 신용카드 정보 등을 입력해 두면 실시간으로 환급 과정을 확인할 수 있다. 내 여권 정보로 신청한 세금 환급 정보와 환급 금액 조회도 가능.

SHOP TAX FREE
글로벌 블루 앱

기내 수하물로 들고 간다면, 보안 검색 후 'VAT REFUND' 표지판을 따라가 환급 처리를 한다.

FAQ 16

경유 시, 면세점에서 구매한 화장품을 기내에 반입할 수 있나요? 면세점은 어떻게 이용하나요? 면세점 물건을 못 찾았을 때는 어떡하나요?

◆ 화장품·술 등 액체류는 경유하는 공항 면세점에서 구매한 경우에만 기내 반입이 가능

화장품·술 등 액체류는 테러 방지를 위한 보안 검색 강화로 기내 반입이 금지되며, 경유하는 공항 면세점(또는 일반 면세점)에서 구매한 물품만 기내 반입이 허락된다. 그러므로 경유 항공을 이용할 때에는 우리나라 면세점이 아닌 경유 공항의 면세점에서 화장품·술 등 액체류를 구매해야 한다. 또한 면세점에서 포장해준 것을 뜯으면 기내 반입이 되지 않으니 주의하자.

◆ 면세점 종류

면세점은 일반 면세점(인터넷 면세점 포함), 공항 면세점, 기내 면세점으로 구분된다. 가격이 저렴하고, 브랜드별 보유 상품이 많기 때문에 쇼핑할 시간이 넉넉하다면 일반 면세점을 이용하는 것이 좋다. 반면, 쇼핑할 시간이 따로 없다면 비행기 대기시간과 탑승시간 동안 이용할 수 있는 공항 면세점과 기내 면세점이 편리하다.

❶ 일반 면세점

일반 면세점은 롯데, 신라, 신세계, 현대 면세점 등이 있다. 일반 면세점은 오프라인·온라인 면세점을 함께 운영한다. 결제 시 항공권과 여권이 필요하며, 구매한 물건은 출국 시 공항 안의 '면세품 인도장'에서 찾을 수 있다. 면세점별로 특가 상품, 카드사와 연동된 마일리지 적립, 할인 쿠폰 등이 다양하게 마련돼 있으니 쇼핑 전에 꼼꼼하게 따져보자. 개인적인 사정으로 출국 공항에서 물품을 인도받지 못했다면 면세점 홈페이지 또는 고객센터에서 구매 신청을 취소한다. 빠른 시일 내에 재출국할 계획이 있다면 출국 정보를 변경해 상품을 수령할 수도 있다.

❷ 공항 면세점과 기내 면세점

공항 면세점은 출국 심사 후에 이용할 수 있다. 결제 시 항공권과 여권이 필요하며, 구매한 물건은 바로 가져갈 수 있다. 기내 면세점은 기내 탑승 후 좌석에 준비된 카탈로그를 보고 승무원에게 주문하면 된다. 물건은 기내에서 바로 받을 수 있으며, 항공사 홈페이지에서도 미리 주문할 수 있다.

인천공항에는 입국장 면세점도 생겼다. 출국할 때 주류나 화장품 같은 무거운 면세품을 들고 다닐 필요가 없다는 것이 장점. 단, 총 면세 한도는 현행 $800(주류 면세 한도는 총 $400달러 이하, 2병, 2L 이하)로 유지되며, 담배, 과일, 축산가공품 등은 판매하지 않는다.

★

국제선 기내 수하물 규정

술·음료수·생수·향수를 포함한 모든 액체류 및 젤 형태의 화장품, 치약·샴푸 등 세면용품, 고추장·김치 등 액체가 포함되어 있거나 젤 형태의 음식물류, 에어로졸은 각 100mL 이하로 1L 이내 비닐 지퍼백(가로X세로=15cmX25cm 또는 20.5cmX20.5cm)에 밀봉해 휴대할 경우 기내 반입이 허용된다. 승객 1인당 1개만 반입할 수 있으며, 엑스레이를 통과할 때는 별도로 검사받아야 한다. 면세점에서 구매한 화장품이나 주류는 탑승 전 포장을 뜯거나 훼손했을 때 기내 반입이 금지된다. 라이터 역시 기내 반입 제한 품목으로 1인당 1개만 반입할 수 있다. 반대로 100~160wh 이하의 리튬 배터리는 기내 반입만 가능하다.

기내 반입 금지 품목

칼, 인화물질, 가스, 화학물질

*둥근 날을 가진 버터 칼, 안전날이 포함된 면도기, 안전 면도날, 전기면도기 및 항공사 소유 기내식 전용 나이프는 기내 반입 가능

반입이 제한되지 않는 물품

유아용 음식, 승객이 기내에서 사용해야 하는 의약품(사용할 만큼 용기에 덜어 1L 이내 비닐 지퍼백에 밀봉 후 휴대해야 함)

베네치아에 가서 곤돌라를 타고 싶은데, 많이 비싼가요?

◆ 배 한 척에 80~100€, 30분 정도 소요

베네치아 곤돌라는 정가제로 운영되고 있다. 08:00~19:00에는 기본 30분 80€, 19:00~08:00에는 기본 30분 100€다. 최대 5명까지 탈 수 있으며, 30분 정도 운항한다. 곤돌리에르(뱃사공)의 노래를 들으려면 추가 요금을 내야 한다. 탑승 후 노래를 신청하면 팁이 비싸지거나 사정상 지금은 안 된다는 곤돌리에르도 있으니 인터넷에서 검색해 노래를 불러주는 곤돌리에르를 찾아 예약하거나 탑승 전 흥정을 마치는 것이 좋다.

곤돌라 선착장은 리알토 다리, 산 마르코 광장 등 베네치아 곳곳에서 쉽게 찾을 수 있다. 최대 5명까지 탈 수 있다는 점을 이용한다면 1인당 16~20€까지 경비를 줄일 수 있어 민박이나 선착장 주변에서 우리나라 여행자를 찾아보는 것도 좋은 방법이다. 단, 해가 진 후에 타는 것은 비싸기도 하지만 사진도 잘 나오지 않아서 추천하지 않는다.

◆ 베네치아의 상징, 곤돌라

고대의 배 모양을 본떠 만든 곤돌라는 과거 귀족의 교통수단으로 제작 기간만 1년이 걸린다. 한때 1만 척에 달했지만 지금은 400척만 남아 주로 관광용이나 결혼·장례식 등 특별한 날에만 쓰이고 있다. 곤돌라를 모는 사람을 '곤돌리에르'라고 하는데, 단순한 뱃사공인 것 같지만 여행자들에게 베네치아를 소개할 수 있도록 영어·역사·문화 등 까다로운 자격시험을 통과한 사람에게만 자격이 주어지기 때문에 이들이 가지고 있는 자부심은 대단하다.

대부분 노래 솜씨가 뛰어나므로 추가 요금을 내더라도 꼭 한 번 노래를 들어보자. 곤돌라에 앉아 곤돌리에르의 노래를 들으며 바라보는 풍경은 여행 뒤에 베네치아를 기억할 때 가장 먼저 떠오르는 추억이 된다.

이탈리아 추천 일정

BEST COURSE 01

7박 9일

이탈리아의 핵심만 쏙쏙!

이탈리아 4대 도시 코스

짧은 기간에 로마·피렌체·베네치아·밀라노 등 4대 주요 도시의 핵심만 둘러보는 코스로, 이탈리아를 처음 방문하거나 유럽 여행의 일부로 이탈리아를 찾는 여행자에게 적합하다. 단, 각 도시에서 머무르는 시간이 짧기 때문에 철저하게 계획을 세워 여행을 준비하고 효율적인 동선도 고려해 일정을 짜야 한다.

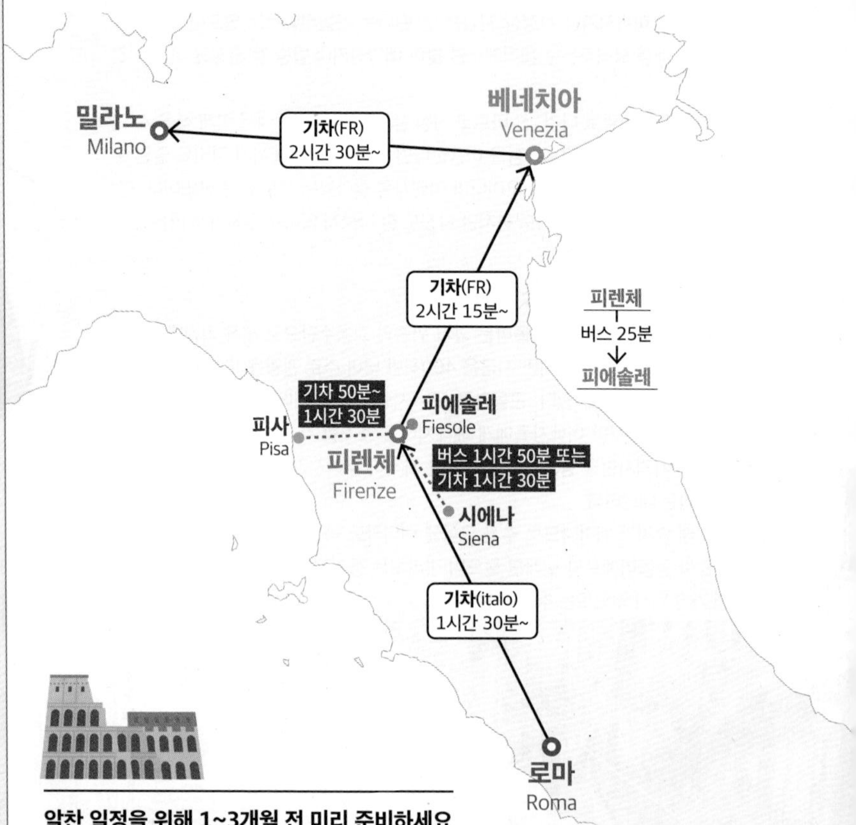

알찬 일정을 위해 1~3개월 전 미리 준비하세요

- **1일째** 콜로세오 입장권 예약
- **2일째** 바티칸 투어 또는 바티칸 박물관 입장권 예약
- **3일째** 로마–피렌체 구간 고속열차 예매
  두오모 쿠폴라 입장권 예약
- **4일째** 더몰행 투어버스 예약
  우피치 미술관 입장권 예약
- **5일째** 피렌체–베네치아 구간 고속열차 예매
- **6일째** 베네치아–밀라노 구간 고속열차 예매
  '최후의 만찬' 예약
- **7일째** 밀라노 두오모 지붕 입장권 예약

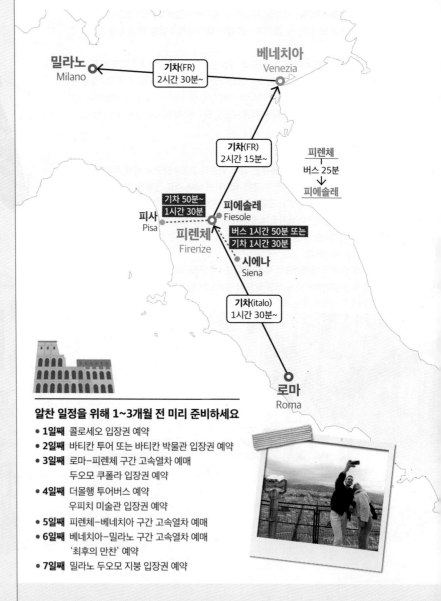

1일	로마
오전	콜로세오와 포로 로마노, 진실의 입 등 로마의 대표적인 명소를 돌아보며 여행 온 기분 만끽하기
오후	나보나 광장과 판테온, 트레비 분수, 스페인 광장 등 로마의 낭만 명소 둘러보기
로마 숙박	

2일	로마 / 바티칸 시국
종일	시스티나 예배당의 천장화, 피에타 등 이탈리아를 대표하는 명작들이 모여 있는 바티칸시국!
저녁	따스한 주황빛에 물든 로마 시내 야경 즐기기
로마 숙박	

3일	로마 → 피렌체
오전	피에솔레, 피사, 시에나 등 피렌체 근교 도시로 출발! *짐은 피렌체 숙소에 체크인하면서 맡기고 가볍게 출발하자.
오후	피렌체로 돌아와 사랑 고백을 부르는 연인들의 명소, 두오모 주변 둘러보기
피렌체 숙박	

4일	피렌체
오전	명품 아웃렛의 메카, 더몰 다녀오기
오후	르네상스 걸작들이 있는 우피치 미술관 관람
저녁	미켈란젤로 언덕에서 피렌체의 야경 감상하기
피렌체 숙박	

5일	피렌체 → 베네치아
오전	산 마르코 광장과 리알토 다리, 두칼레 궁전 등 베네치아 대표 명소 둘러보기
오후	알록달록 예쁜 포토 스폿! 부라노·무라노 섬 다녀오기
저녁	산 마르코 광장 주변에서 야경 즐기기
베네치아 숙박	

6일	베네치아 → 밀라노
오전	아카데미아 미술관 등 전날 못 간 베네치아의 빠진 명소 돌아보기
오후	밀라노로 이동해 레오나르도 다빈치의 '최후의 만찬' 관람하기
밀라노 숙박	

7일	밀라노 → 귀국
오전	두오모 주변을 돌아보고 쇼핑하기
오후	귀국 행 비행기 탑승 *귀국 항공편이 베네치아 아웃이라면 밀라노와 베네치아의 순서를 바꾸어 여행한다.

Photo by Spencer Davis on Unsplash

BEST COURSE

02

10박 12일

깔끔하게 끝내는 이탈리아 일주!

이탈리아 4대 도시+아말피 해안 코스

이탈리아 남부의 아말피 해안부터 북쪽 관문인 밀라노까지 주요 도시를 둘러보는 코스. 이탈리아를 알차게 일주하는 뿌듯함을 느낄 수 있다. 아말피 해안은 로마에서 투어를 이용한다면 하루 만에 다녀올 수 있지만 그보다는 소렌토나 아말피 해안에서 숙박한 후 피렌체로 이동하는 코스를 추천한다.

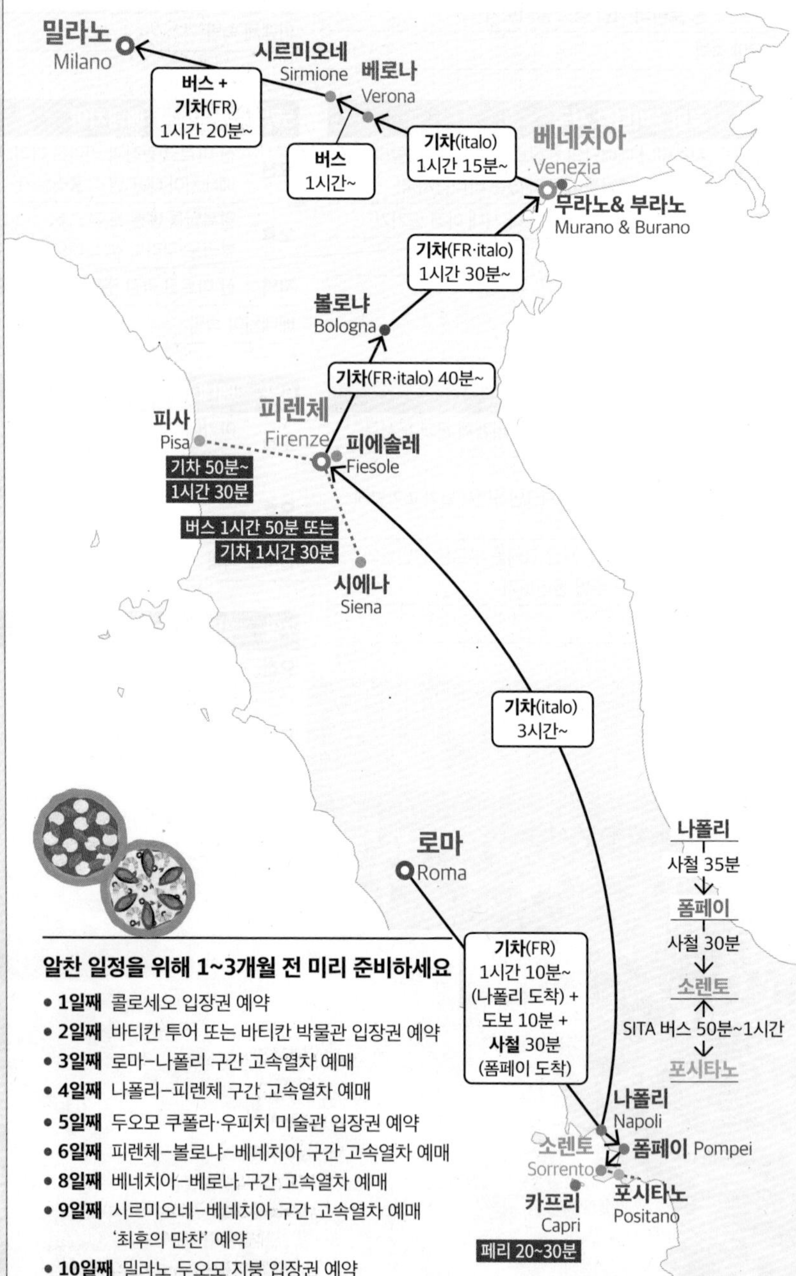

알찬 일정을 위해 1~3개월 전 미리 준비하세요

- **1일째** 콜로세오 입장권 예약
- **2일째** 바티칸 투어 또는 바티칸 박물관 입장권 예약
- **3일째** 로마–나폴리 구간 고속열차 예매
- **4일째** 나폴리–피렌체 구간 고속열차 예매
- **5일째** 두오모 쿠폴라·우피치 미술관 입장권 예약
- **6일째** 피렌체–볼로냐–베네치아 구간 고속열차 예매
- **8일째** 베네치아–베로나 구간 고속열차 예매
- **9일째** 시르미오네–베네치아 구간 고속열차 예매
  '최후의 만찬' 예약
- **10일째** 밀라노 두오모 지붕 입장권 예약

1일 로마

오전 콜로세오와 포로 로마노, 진실의 입 등 로마의 대표적인 명소를 돌아보며 여행 온 기분 만끽하기

오후 나보나 광장과 판테온, 트레비 분수, 스페인 광장 등 로마의 낭만 명소 둘러보기

로마 숙박

2일 로마 / 바티칸 시국

오전 오후 시스티나 예배당의 천장화, 피에타 등 이탈리아를 대표하는 명작들이 모여 있는 바티칸시국!

저녁 따스한 주황빛에 물든 로마 시내 야경 즐기기

로마 숙박

3일 로마 → 나폴리 → 폼페이 → 소렌토/포시타노

오전 나폴리를 거쳐 화산재에 묻힌 고대 도시 폼페이 유적을 돌아보고 소렌토로 이동!

오후 아말피 해안에서 가장 예쁜 마을 포시타노 다녀오기

소렌토 숙박

4일 소렌토 → 카프리 → 소렌토 → 피렌체

오전 코발트 블루빛 바다, 카프리 섬 다녀오기

*짐은 소렌토 호텔에 맡기고 출발하자.

오후 소렌토의 여유로운 휴양지 분위기 즐기기

저녁 나폴리를 거쳐 피렌체로 이동

피렌체 숙박

5일 피렌체

오전 명품 아웃렛의 메카, 더몰 다녀오기
미술 마니아라면 아웃렛 대신 우피치 미술관 관람

오후 사랑 고백을 부르는 연인들의 명소, 두오모 주변 둘러보기

저녁 미켈란젤로 언덕에서 피렌체의 야경 감상하기

피렌체 숙박

6일 피렌체 → 볼로냐 → 베네치아

오전 오후 미식의 도시 볼로냐에서 이탈리아 음식 본격 탐험 후 베네치아로 이동!

*볼로냐 대신 피사, 시에나 등 피렌체 근교 도시를 둘러 봐도 좋다.

*짐은 볼로냐역에 맡기고 돌아본다. 베네치아로 가는 길이라 이동이 효율적이다.

저녁 산 마르코 광장에서 야경 즐기기

베네치아 숙박

7일 베네치아

오전 산 마르코 광장과 리알토 다리, 두칼레 궁전 등 베네치아를 대표하는 명소 둘러보기

오후 아카데미아 미술관 등을 관람하거나 부라노·무라노 섬 다녀오기

베네치아 숙박

8일 베네치아 → 베로나 → 시르미오네

오전 <로미오와 줄리엣>의 도시 베로나. 소설 속 장소를 둘러본 후 시르미오네로 이동!

*짐은 베로나 기차역에 맡기고 둘러보자.

오후 마리아 칼라스가 사랑한 온천 휴양지 시르미오네에서 가르다 호수 바라보며 힐링하기

시르미오네 숙박

9일 시르미오네 → 밀라노

오전 느긋하게 시르미오네 호숫가 산책

오후 밀라노로 이동해 레오나르도 다빈치의 '최후의 만찬' 관람하기

저녁 스포르체스코 성과 그 주변에서 야경 즐기기

밀라노 숙박

10일 밀라노 → 귀국

오전 두오모 주변을 돌아보고 쇼핑하기

오후 귀국 행 비행기 탑승

*귀국 항공편이 로마 출발이라면 이동 시간을 고려해 계획을 잘 세우자.

BEST COURSE

03

9박 11일

이탈리아 소도시 여행 코스

작은 마을에서만 만날 수 있는 특별함!

이탈리아의 소소한 일상 속으로 들어가고 싶다면, 구석구석 숨어 있는 소도시로 눈길을 돌려보자. 오랜 시간 도시국가들로 나뉘었던 이탈리아야말로 파도 파도 계속 나오는 예쁜 소도시들의 천국이다. 바로 이어지는 교통편 없이 몇 번이고 갈아탈 때가 많으니 편도 2시간 정도라면 대도시를 베이스캠프로 삼고 짐 없이 가뿐하게 다녀올 것. 오가다 남는 시간에는 놓치기 아쉬운 대도시 명소도 살짝 들를 수 있다.

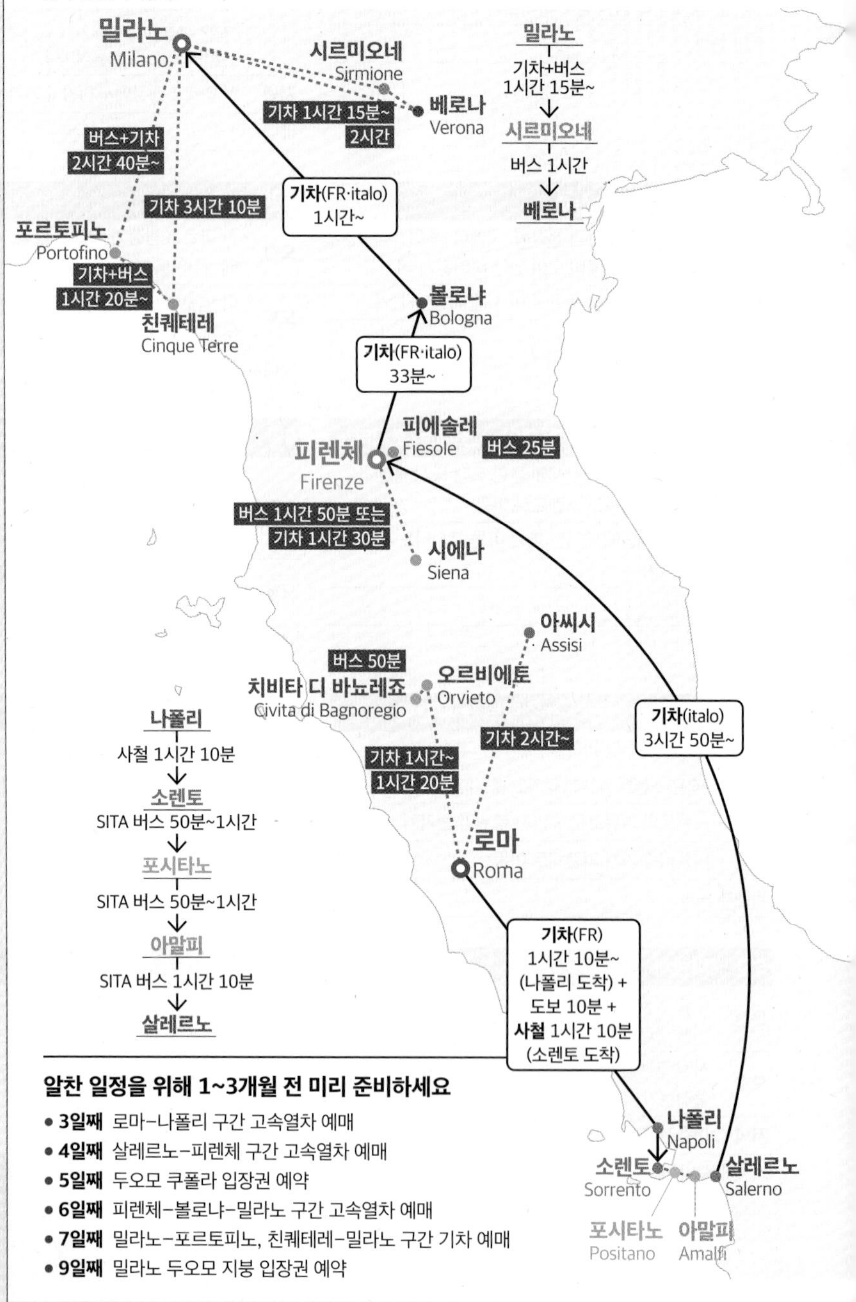

알찬 일정을 위해 1~3개월 전 미리 준비하세요

- **3일째** 로마-나폴리 구간 고속열차 예매
- **4일째** 살레르노-피렌체 구간 고속열차 예매
- **5일째** 두오모 쿠폴라 입장권 예약
- **6일째** 피렌체-볼로냐-밀라노 구간 고속열차 예매
- **7일째** 밀라노-포르토피노, 친퀘테레-밀라노 구간 기차 예매
- **9일째** 밀라노 두오모 지붕 입장권 예약

1일	로마
오전	콜로세오와 포로 로마노, 진실의 입 등 로마 대표 명소를 돌아보며 여행 온 기분 만끽하기
오후	산탄젤로 성에서 나보나 광장까지 이어지는 구시가 골목을 산책하며 진짜 로마인들의 일상 속으로!
로마 숙박	

2일	로마 → 오르비에토 → 치비타 디 바뇨레죠 → 로마
오전	슬로 시티의 발상지 오르비에토의 골목 느긋하게 구경하기
오후	하늘과 닿은 작은 마을, 치비타 디 바뇨레죠 다녀오기
로마 숙박	

또는

2일	로마 → 아씨시 → 로마
종일	성 프란체스코의 흔적을 따라 순례 여행하기
로마 숙박	

3일	로마 → 나폴리/소렌토 → 포시타노
오전	나폴리와 소렌토를 거쳐 포시타노로 이동
오후	아말피 해안에서 가장 예쁜 마을 포시타노에서 호젓한 전망 산책로 탐방
포시타노 숙박	

4일	포시타노 → 아말피/살레르노 → 피렌체
오전	중세의 해상왕국 아말피 마을 구경하기
오후	페리 타고 살레르노로 가서 피렌체로 이동
저녁	두오모와 시뇨리아 광장 야경 즐기기
피렌체 숙박	

5일	피렌체 → 시에나 → 피렌체
오전	토스카나의 매력 속으로 풍덩, 시에나 or 산 지미냐노 다녀오기
오후	두오모 광장에서 베키오 다리 건너 미켈란젤로 언덕까지! 그림처럼 펼쳐지는 피렌체 풍경 감상하기 색다른 선셋 포인트, 소박한 시골 마을 피에솔레에 다녀와도 좋다.
피렌체 숙박	

6일	피렌체 → 볼로냐 → 밀라노
오전	볼로냐로 이동해 에밀리아로마냐 전통 음식 맘껏 즐기기 *짐은 볼로냐 중앙역에 맡기고 둘러본다.
오후	볼로냐 구시가에서 느긋한 오후를 보내고 밀라노로 이동!
밀라노 숙박	

7일	밀라노 → 포르토피노 → 친퀘테레 → 밀라노
오전	동화처럼 사랑스러운 포르토피노 마을 구경하기
오후	친퀘테레의 5개 마을 중 끌리는 1~2곳 가보기 *밀라노에 늦게 도착하니 중앙역 근처 숙소 예약 필수!
밀라노 숙박	

8일	밀라노 → 시르미오네 → 베로나 → 밀라노
오전	마리아 칼라스가 사랑한 온천 휴양지 시르미오네 둘러본 후 베로나로 이동!
오후	<로미오와 줄리엣>의 도시 베로나. 소설 속 장소 둘러보기 *아침 일찍 서두르면 2곳 모두 하루 만에 다녀올 수 있다.
밀라노 숙박	

9일	밀라노 → 귀국
오전	두오모 주변을 돌아보고 쇼핑하기
오후	귀국 행 비행기 탑승

BEST COURSE
04
8박 10일

낭만 가득 허니문 코스

베네치아에서 친퀘테레까지!

달콤하고 나른한 신혼여행을 꿈꾸는 허니무너에게 추천하는 로맨틱 휴양 코스. 낭만의 대명사인 베네치아에서 시작해 이탈리아에서 가장 아름다운 호수와 해안가를 돌아본 후 밀라노에서 쇼핑을 즐기며 마무리한다.

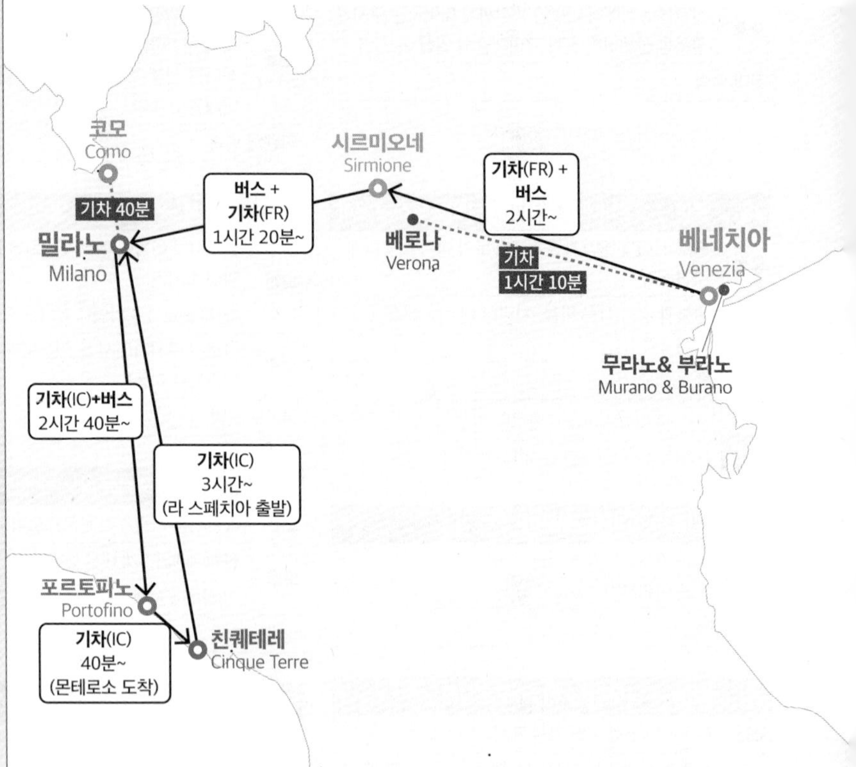

알찬 일정을 위해 1~3개월 전 미리 준비하세요

- **2일째** 베네치아–베로나 구간 고속열차 예매
- **3일째** 베네치아–시르미오네 구간 고속열차 예매
  시르미오네 온천 스파 예약
- **4일째** 밀라노–시르미오네 구간 기차 예매
  포르토피노 스페셜 숙소 예약
- **5일째** 포르토피노–친퀘테레 구간 기차 예매
- **6일째** 친퀘테레–밀라노 구간 기차 예매
- **7일째** 밀라노 아웃렛 투어버스 예매
- **8일째** 밀라노 두오모 지붕 입장권 예약
  '최후의 만찬' 예약

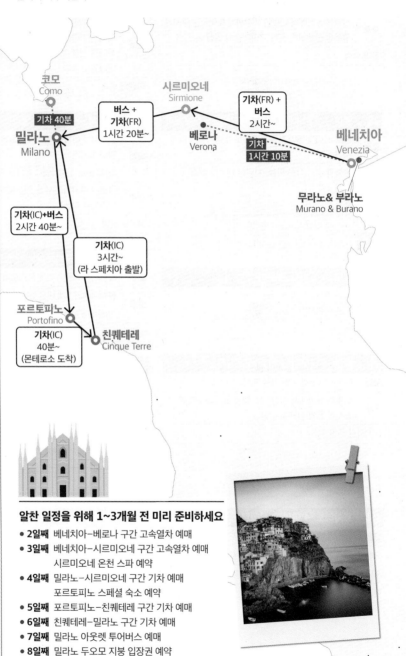

1일	베네치아
오전	인생 포토 스폿! 알록달록 예쁜 부라노 섬과 무라노 섬 다녀오기
오후	리알토 다리에서 베네치아 풍경 감상하기. 산 마르코 광장의 붉은 노을도 놓칠 수 없는 볼거리!
베네치아 숙박	

2일	베네치아 → 베로나 → 베네치아
오전	아카데미아 미술관 등 전날 미처 둘러보지 못한 베네치아의 명소 방문하기
오후	베로나 줄리엣의 집을 둘러보며 영원한 사랑을 약속하자.
베네치아 숙박	

3일	베네치아 → 시르미오네
오전	시르미오네로 이동해 가르다 호숫가 산책하기
오후	이보다 더 한가로울 순 없다! 온천 스파에서 느긋한 휴식 즐기기
시르미오네 숙박	

4일	시르미오네 → 밀라노 → 포르토피노
오전	밀라노를 거쳐 포르토피노로 이동
오후	포르토피노 항구 주변 마을 구경하기 *평생 잊지 못할 추억이 될 근사한 호텔에서 머물고 싶다면 포르토피노에서 하룻밤을 보내자.
포르토피노 숙박	

5일	시르미오네 → 친퀘테레
종일	친퀘테레로 이동 5개 마을 전체가 근사한 야외 스튜디오! 친퀘테레에서 인생샷 남기기 *마나롤라의 환상적인 노을과 함께 하루 마무리하기
친퀘테레 숙박	

6일	친퀘테레 → 밀라노 → 코모 호수 → 밀라노
종일	밀라노로 이동해 코모 호수 다녀오기. 유유자적 유람선 타고 코모의 숨은 매력을 발견해보자.
밀라노 숙박	

7일	밀라노
오전 오후	아웃렛 투어버스 타고 여행 기념품 쇼핑하러 다녀오기
저녁	두오모의 야경을 바라보며 로맨틱 디너!
밀라노 숙박	

8일	밀라노 → 귀국
오전	레오나르도 다빈치의 '최후의 만찬'을 보고 두오모 주변 둘러보기
오후	귀국 행 비행기 탑승

BEST COURSE 05

10박 12일

이탈리아 남부 지역 코스

아말피 해안에서 풀리아 지역까지!

당신의 특별한 두 번째 이탈리아 여행을 위해 이탈리아 남부 해안 마을을 구석구석 돌아보는 코스다. 일정의 절반은 마테라와 풀리아 지방을 둘러보고, 나머지 절반은 소렌토, 카프리 섬, 포시타노 등 경치가 아름다운 아말피 해안을 둘러본다. 이탈리아 북부 지역을 여행한 경험이 있거나 남들은 잘 모르는 소도시를 먼저 발견하는 기쁨을 누리고 싶은 여행자에게 추천한다.

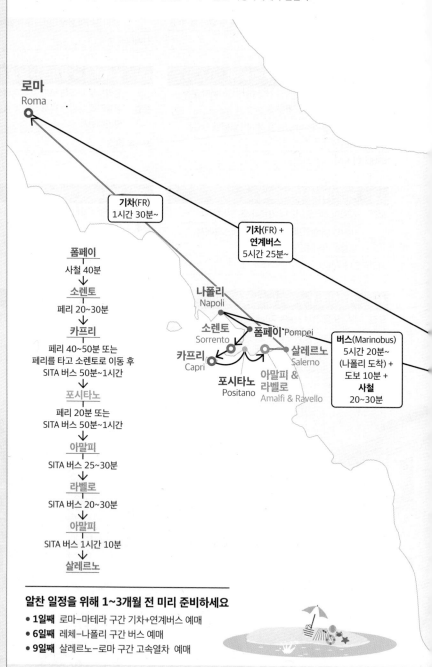

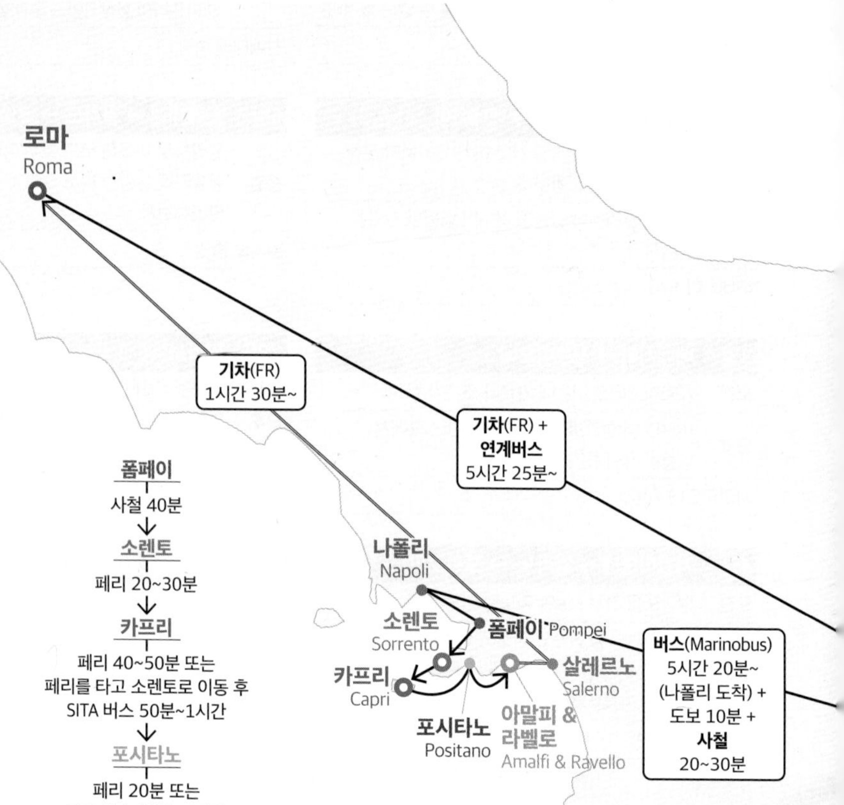

폼페이
사철 40분
↓
소렌토
페리 20~30분
↓
카프리
페리 40~50분 또는
페리를 타고 소렌토로 이동 후
SITA 버스 50분~1시간
↓
포시타노
페리 20분 또는
SITA 버스 50분~1시간
↓
아말피
SITA 버스 25~30분
↓
라벨로
SITA 버스 20~30분
↓
아말피
SITA 버스 1시간 10분
↓
살레르노

알찬 일정을 위해 1~3개월 전 미리 준비하세요

- **1일째** 로마–마테라 구간 기차+연계버스 예매
- **6일째** 레체–나폴리 구간 버스 예매
- **9일째** 살레르노–로마 구간 고속열차 예매

1일 로마 → 마테라

오전 로마에서 마테라로 이동!

오후 구석기 시대에 형성된 인류 최초의 마을을 둘러보고, 전망 포인트에서 근사한 노을과 야경 즐기기

마테라 숙박

2일 마테라 → 바리

오전 바위산 동굴 주거지와 깊은 협곡이 어우러진 마테라의 압도적인 풍경을 둘러본 후 바리로 이동!

오후 오랜 역사를 자랑하는 항구도시 바리의 구시가와 신시가 돌아보기

바리 숙박

3일 바리 근교

종일 폴리냐노 아 마레, 알베로벨로 등 가까운 바리 근교 도시 다녀오기

*아침 일찍 서두르면 2곳 모두 하루 만에 다녀올 수 있다. 여름철에는 2곳을 연결하는 FSE 버스도 운행!

바리 숙박

4일 바리 → 레체

오전 '남부의 피렌체'라고도 불리는 17세기 바로크 도시의 진수, 레체로 출발!

오후 늦은 시간까지 골목 곳곳에 현지인들이 가득한 매혹적인 밤 문화를 만날 수 있다.

레체 숙박

5일 레체 근교

종일 '이탈리아의 산토리니'로 불리는 백색 마을 오스투니로 떠나는 당일치기 여행!

레체 숙박

6일 레체 → 나폴리 → 폼페이 → 소렌토

오전 오후 나폴리를 거쳐 화산재에 묻힌 도시 폼페이를 둘러본 후 사철을 타고 소렌토로 이동!

저녁 탁 트인 바다가 내려다보이는 전망대에서 소렌토의 밤 즐기기

소렌토 숙박

7일 소렌토 → 카프리

종일 코발트블루빛 하늘과 보석처럼 빛나는 바다를 지닌 카프리 섬으로!

카프리 숙박

8일 카프리 → 포시타노 → 아말피

종일 <내셔널 지오그래픽>이 선정한 '죽기 전에 꼭 가봐야 할 50곳' 중 낙원 부분에서 당당히 1위로 꼽힌 곳, '아말피 해안'

아말피 숙박

9일 아말피 → 살레르노 → 로마

오전 아말피 숙소에 짐을 맡기고 음악의 도시 라벨로 다녀오기. 라임 나무가 우거진 정원에서 바그너의 음악을 들을 수 있다.

오후 살레르노를 거쳐 로마로 출발!

로마 숙박

10일 로마 → 귀국

쇼핑 거리를 둘러보며 여행을 마무리하자.

BEST COURSE 06

20박 22일

꽉 채운 이탈리아 일주 코스

아드리아해에서 알프스산맥까지!

책에서 소개하는 주요 도시들을 모두 순회하는 코스다. 3주가량의 긴 일정이 필요하지만 기왕 떠난 여행에서 이탈리아의 유명 도시들을 모두 둘러보고 가는 후회 없는 선택이다. 한 번에 이탈리아의 진수를 맛본다는 각오로 일정을 짠다.

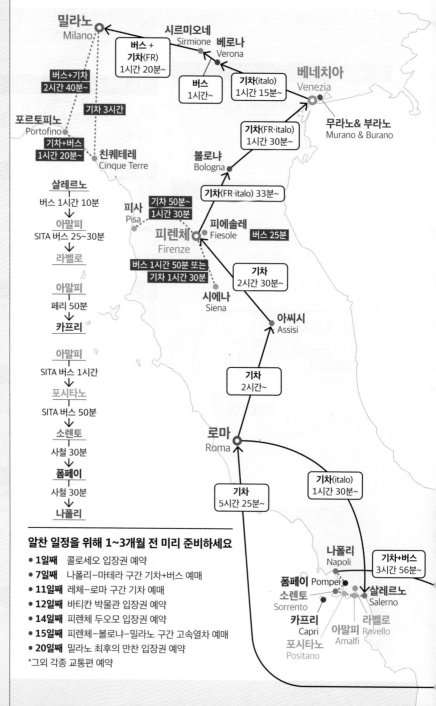

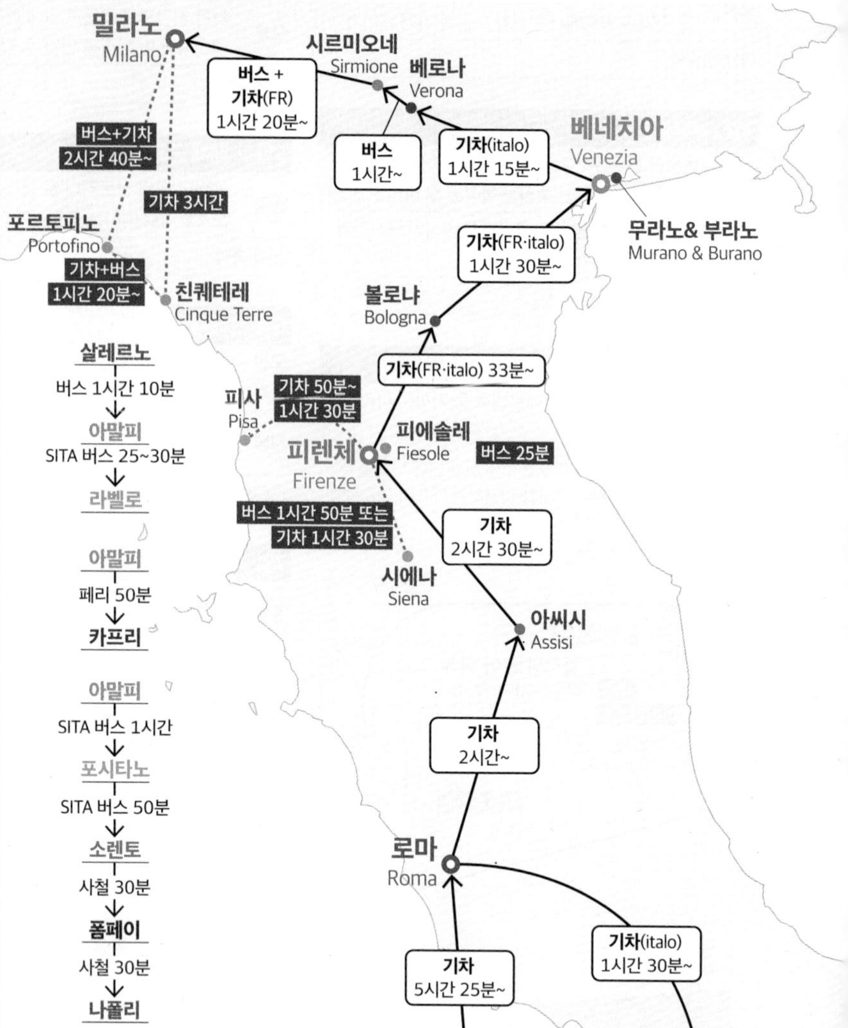

알찬 일정을 위해 1~3개월 전 미리 준비하세요

- **1일째** 콜로세오 입장권 예약
- **7일째** 나폴리-마테라 구간 기차+버스 예매
- **11일째** 레체-로마 구간 기차 예매
- **12일째** 바티칸 박물관 입장권 예약
- **14일째** 피렌체 두오모 입장권 예약
- **15일째** 피렌체-볼로냐-밀라노 구간 고속열차 예매
- **20일째** 밀라노 최후의 만찬 입장권 예약

*그외 각종 교통편 예약

1일 로마
오전 콜로세오 주변 명소
오후 스페인 광장 주변 명소
로마 숙박

2일 로마 근교 도시
오전 오르비에토 반나절 여행
오후 치비타 디 바뇨레죠 다녀오기
로마 숙박

3일 로마 → 살레르노 → 아말피
오전 살레르노 거쳐 아말피로 이동
오후 아말피 & 라벨로 마을 구경
아말피 숙박

4일 카프리
종일 카프리 섬 다녀오기
아말피 숙박

5일 아말피 → 포시타노 → 소렌토
오전 포시타노 마을 구경
오후 소렌트로 이동해 전망 즐기기
소렌토 숙박

6일 소렌토 → 폼페이 → 나폴리
오전 폼페이 구경 후 나폴리로 이동
오후 나폴리 항구 주변 명소
나폴리 숙박

7일 나폴리 → 마테라
오전 마테라로 이동
오후 마테라 마을 구경
마테라 숙박

8일 마테라 → 바리
오전 바리로 이동
오후 바리 항구와 구시가 구경
바리 숙박

9일 바리 근교
종일 폴리냐노 아 마레, 알베로벨로 등 당일 여행
바리 숙박

10일 레체
오전 레체로 이동
오후 레체 구시가 구경
레체 숙박

11일 레체 근교
오전 오스투니 등 당일 여행
오후 로마로 이동
로마 숙박

12일 로마
오전 바티칸 시국 구경
오후 로마 시내 야경 즐기기
로마 숙박

13일 로마 → 아씨시 → 피렌체
오전 아씨시 반나절 여행
오후 피렌체로 이동해 야경 감상
피렌체 숙박

14일 피렌체
오전 근교 도시 또는 미술관 방문
오후 두오모 주변 명소 구경
피렌체 숙박

15일 피렌체 → 볼로냐 → 베네치아
오전 볼로냐로 이동해 반나절 여행
오후 베네치아로 이동해 야경 즐기기
베네치아 숙박

16일 베네치아
오전 산 마르코 광장 주변 명소
오후 부라노·무라노 섬 다녀오기
베네치아 숙박

17일 베네치아 → 베로나 → 시르미오네
오전 베로나 둘러보고 시르미오네로
오후 시르미오네 호숫가 산책
시르미오네 숙박

18일 시르미오네 → 밀라노 → 친퀘테레
오전 밀라노 거쳐 친퀘테레로 이동
오후 5개 마을 중 골라서 구경
친퀘테레 숙박

19일 친퀘테레 → 포르토피노 → 밀라노
오전 포르토피노로 이동해 항구 주변 구경
오후 밀라노로 이동해 야경 감상
밀라노 숙박

20일 밀라노 → 귀국
오전 최후의 만찬 보고 두오모 주변 구경
오후 귀국 행 비행기 탑승

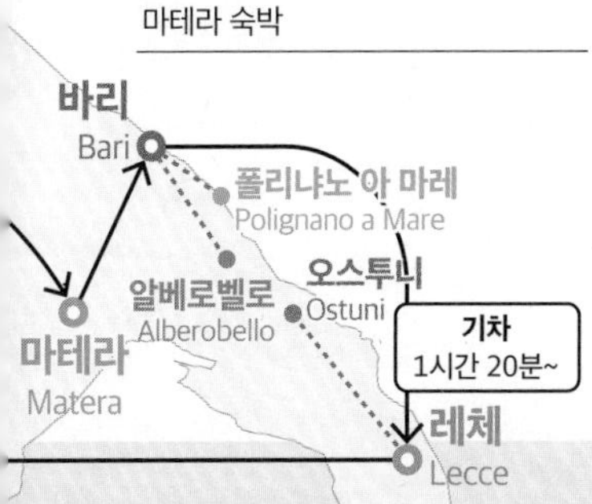

마테라 → 지역철도(FAL) 1시간 20분~ → 바리

바리 → 기차 25분 → 폴리냐노

바리 → 버스 1시간 5분 → 알베로벨로

레체 → 기차 42분~ → 오스투니

여행의 기본을 밟자!

따라만 하면 술술 풀리는 여행 준비 05

Planning My Travel 05

자유 여행 VS 패키지 여행 선택

◆ 자유 여행

숙소 예약에서 항공권까지 모든 여행 준비를 스스로 준비해야 한다. 고생스럽긴 하겠지만 여행 후에 느끼는 성취감도 가장 크다.

장점 나만을 위한 여행을 계획할 수 있다. 출발일은 물론 숙소, 식당 등을 취향에 맞게 고를 수 있고, 숙박료를 절약해서 쇼핑을 즐기는 등 예산 배분도 자유롭게 결정할 수 있다.

단점 정보를 수집하고, 여행 준비하는 데 많은 시간이 소요된다. 준비가 부족하면 현지에서 시행착오를 겪거나, 불필요한 경비가 많이 발생할 수 있다.

어울리는 여행자 해외여행을 자주 다녀온 여행자, 여행 준비 시간이 충분하고 성격이 꼼꼼한 여행자, 여행을 통해 성취감 또는 다양한 경험을 쌓고 싶은 여행자

◆ 패키지 여행

항공권 구매에서 호텔과 식당 예약은 물론 일정까지 모두 여행사에서 결정한 대로 따라다니면 되는 여행. 언제나 가이드가 동반하기 때문에 무척 편하다. 단 여행사 선택에 따라 만족도가 극과극으로 나뉘기 때문에 여행사를 잘 선택해야 한다.

장점 편하고 신경 쓸 일이 거의 없다. 또한 여행지나 작품에 대한 깊이 있는 설명을 들을 수 있어서 좋다.

단점 너무 편해서 자칫 지루할 수 있고, 늘 정한 일정 안에서만 움직여야 하는 단점이 있다. 여행의 잔재미를 느낄 수 없다는 것도 단점 중 하나다. 많이 없어졌지만 간혹, 계약과 달리 쇼핑이나 옵션 관광을 끼어 넣기도 한다.

어울리는 여행자 시간이 없거나 편한 여행을 선호하는 여행자

✚ 자유 여행 VS 패키지 여행

구분	자유 여행	패키지 여행
자유	★★★★★	☆☆☆☆☆
편리함	★☆☆☆☆	★★★★★
가이드	X	O
숙소	호텔·민박 등 자유	2~4성급 호텔. 상품에 따라 다름
식사 제공	조식(호텔은 옵션에 따라 다름)	조식·중식·석식
단체 쇼핑	X	O(도시별 1~2회)
출발 인원	자유	15~25명
기타 서비스 (여행사에 따라 다름)	–	도시 간 이동 경비(보통 대형 버스 제공), 주요 명소 입장료, 공항 이용료, 해외여행자보험
총 여행 경비	어떻게 계획을 세우느냐에 따라 경비를 가장 절약할 수 있다.	여행상품의 종류와 예약 시기, 포함 조건, 선택 관광 여부 등에 따라 달라진다.

Planning My Travel 02

여행 정보 수집

여행 정보는 책과 인터넷을 통해 얻을 수 있다. 인터넷 커뮤니티나 SNS 채널에서는 가장 최신의 정보를 얻을 수 있지만 보는 이에 따라 관점이 다른 데다 부정확한 정보가 공유되기 쉽기 때문에 맹신하지 않도록 주의하자. 따라서 먼저 여행서를 통해 기본 정보를 얻은 후 인터넷을 통해 보충하는 게 좋다. 여행지와 관련된 책이나 영화, 다큐멘터리를 보는 것도 좋은 방법이다.

◆ 유용한 웹사이트

● 이탈리아 관광청 www.italiantourism.com

이탈리아 관광청 공식 홈페이지. 이탈리아에서 개최하는 축제 정보와 각 도시를 여행할 때 유용한 정보를 제공한다.

● 주이탈리아 대한민국 대사관 ita.mofa.go.kr

여권 분실, 입국 심사 거부 등 여행자가 현지에서 겪게 될 상황에서의 대처법을 알려준다.

● 해외안전여행 www.0404.go.kr

해외여행 정보를 제공하는 외교부 홈페이지. 해외여행 시 주의할 점, 안전 정보, 재외공관의 영사 서비스 등을 안내한다.

● 유랑 cafe.naver.com/firenze

네이버 유럽 여행 카페 중 회원 수 1위. 명소, 호텔과 식당에 대한 최신 자료와 여행자 후기를 확인할 수 있다.

● 유빙 cafe.naver.com/eurodriving

유럽 자동차 여행 카페 중 회원 수 1위. 자동차 여행으로 특화돼 있지만 유럽 내 여행 정보나 교통편 정보 등도 풍부하게 얻을 수 있다.

● 트립어드바이저 www.tripadvisor.com

전 세계 호텔·식당·명소 등의 정보와 지도, 여행자 후기를 볼 수 있다.

● 이탈리아 철도청 www.trenitalia.com

이탈리아 철도청 트렌이탈리아의 출발·도착 시각과 요금을 조회하고 승차권도 예매할 수 있다. 앱은 현지 심카드를 사용해야 이용 가능.

◆ 유용한 앱 & 웹사이트

● **구글맵** Google 지도
www.google.com/maps
지도는 물론 길 찾기까지 한 번에 해결하는 앱 & 웹사이트. 출발지와 목적지를 선택하면 도보나 대중교통 등 최적의 이동 방법을 실시간으로 안내한다. 특정 지역의 지도를 미리 저장해 놓으면 오프라인 상태에서도 사용할 수 있다.

● **이탈로 트레노** Italo Treno
www.italotreno.it
이탈리아 고속열차 이탈로의 출발·도착 시각과 요금 조회는 물론, 승차권을 예매할 수 있다.

● **트렌잇!** Trenìt!
기차 시각, 요금, 탑승 플랫폼 등의 정보를 한 번에 조회할 수 있는 앱. 트렌이탈리아와 이탈로의 정보를 한 번에 비교할 수 있어 편리하다. 기차의 파업이나 지연 등 현지 정보도 확인할 수 있다.

● **오미오** Omio
기차, 버스, 항공 등 다양한 교통편을 한 번에 비교할 수 있는 앱. 한국어 서비스를 제공한다. 예매도 가능하며, 결제한 티켓은 앱 속에 자동 저장돼 언제든 꺼내 볼 수 있다. 단, 예약 수수료가 있다.

● **롬투리오** Rome2rio
www.rome2rio.com
이동 경로 검색 앱 & 웹사이트. 시내에서보다는 기차나 장거리 버스 이용 시 좀 더 유용하다. 예매도 가능하다.

● **프리 나우** FREE NOW(mytaxi)
BMW가 만든 택시 호출 앱. 유럽의 150개 도시에서 운영 중이며, 이탈리아에서는 로마와 밀라노에서 이용할 수 있다.

● **구글 번역** Google 번역
번역 앱. 식당, 상점, 숙소, 택시 등을 이용할 때 유용하다. 음성 입력을 통한 번역도 가능.

● **영사민원24** 영사민원24
consul.mofa.go.kr
재외국민을 위한 온라인 영사민원 서비스. 재외공관 방문 예약과 여권 재발급 등의 서비스가 유용하다.

◆ 편리한 대중교통 이용을 위한 필수 앱

● **드롭티켓** DropTicket
로마 버스와 지하철 티켓을 구매할 수 있는 앱. 회원가입이 필요 없어서 편리하다.

● **티켓어피** TicketAppy
로마의 버스와 지하철 티켓 구매 앱. 해외 계정은 다운로드 불가로, 현지 유심 구매 시에만 사용할 수 있다.

● **피렌체(토스카나) 대중교통 공식 앱** at Bus
피렌체의 시내 교통뿐 아니라 피사, 시에나, 산 지미냐노 등의 대중교통까지 이용할 수 있다.

● **밀라노 대중교통 공식 앱** ATM Milano
지하철, 버스, 트램 등 밀라노의 대중교통 티켓을 구매할 수 있다.

● **우니코 캄파니아** Unico Campania
나폴리를 포함해 SITA SUD 버스(소렌토-포시타노-아말피 구간 등)와 나폴리-소렌토 구간 사철 등에서 이용할 수 있다.

● **아리바 마이페이** Arriva MyPay
베로나-시르미오네-데센자노 델 가르델-브레시아 구간 등의 버스 티켓을 구매할 수 있다.

'at Bus' 앱으로 피렌체 시내 버스 티켓을 활성화한 화면

Planning My Travel 03

이탈리아 기차표 예약

◆ 이탈리아 철도청, 트렌이탈리아 Trenitalia

성수기나 인기 구간, 할인 요금은 조기에 매진될 수 있으니 예매를 서두르는 것이 좋다. 2~4개월 전부터 이탈리아 철도청 홈페이지를 통해 구매할 수 있다. 홈페이지 상단의 '고객 센터(Customer Area)'를 눌러 '회원가입(Register)' 후 예약을 진행하자. '택스 코드 없음(I do not have a Tax Code)'을 체크하고 국적은 'COREA DEL SUD'를 선택, 개인정보를 입력한 후 이메일 인증을 마치면 회원가입이 완료된다. 신분증이 없거나 탑승자 정보가 다르면 벌금이 부과될 수 있으니 기차 탑승 시 여권을 꼭 소지하자.

✚ 트렌이탈리아 홈페이지에서 예매하기

❶ 영어 화면으로 전환한다.
TRENITALIA PASS
EXPLORE ITALY BY TRAIN
CHOOSE YOUR PASS NOW
❷ 원하는 기차 정보를 입력한다.

❶ 트렌이탈리아에 접속하자.

트렌이탈리아(www.trenitalia.com)에 접속한 뒤 영어 화면으로 전환한다.

❷ 원하는 기차 정보를 입력하자.

회원가입 후 로그인하고 홈페이지 첫 화면에서 출발역(이탈리아어), 도착역(이탈리아어), 출발 일시, 인원수를 순서대로 입력한 후 'Search'를 누르자. 왕복 티켓을 검색하려면 날짜 위의 'Return'을 체크한다.

❸
더 보기

❸ 기차를 선택하자.

화면에 출발 시각 순으로 기차가 정렬된다. 출발역, 소요 시간, 도착역, 환승 횟수, 요금을 보고, 요금 옆의 '∨' 표시를 누른다.

❸-1 화면이 바뀌면 요금을 선택한 후 'CHOOSE SEATS(좌석 선택)'를 체크(없는 경우도 있음)하고 'Continue'를 누른다. 'CHOOSE SEATS'를 체크하지 않으면 좌석이 자동으로 지정된다.

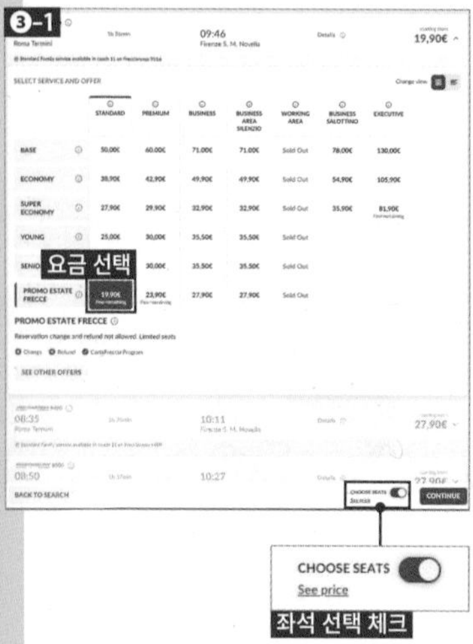

❸-1
요금 선택
CHOOSE SEATS
See price
좌석 선택 체크

❹ 좌석을 선택하자.

차량과 좌석을 선택한다. 녹색은 선택할 수 있는 좌석이고 회색은 매진된 좌석, 빨간색은 내가 선택한 좌석, 가로로 긴 회색은 테이블이다. 대부분 좌석이 4명이 테이블을 가운데 두고 마주 보고 앉는 형태다.

기차 진행 방향이 표시되는 경우도 있는데, 이탈리아를 비롯한 유럽의 기차는 역에 들를 때마다 진행 방향이 자주 바뀐다는 것을 알아두자. 좌석 선택을 마쳤다면 'Confirm'을 누르고 'Authentication(인증)' 팝업창이 뜨면 이메일 주소와 비밀번호를 입력한 후 'LOG IN'을 누른다.

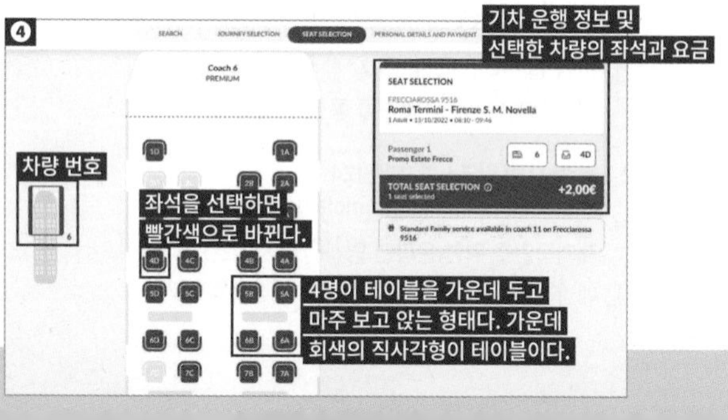

❹
기차 운행 정보 및 선택한 차량의 좌석과 요금
차량 번호
좌석을 선택하면 빨간색으로 바뀐다.
4명이 테이블을 가운데 두고 마주 보고 앉는 형태다. 가운데 회색의 직사각형이 테이블이다.

❺ 세부 정보를 입력하자.

❺-1 화면이 바뀌면 이름, 성, 이메일 주소, 이메일 주소 확인, 전화번호를 입력한다(로그인 상태면 자동 입력). 할인 프로모션 코드가 있다면 'ENTER DISCOUNT COUPON'을 누르고 입력한다.

❺-2 화면 하단의 'CHOOSE A PAYMENT METHOD'에서 결제 방법을 선택한다. 신용카드와 각종 페이 중 결제 수단을 선택하고, 아래의 'I accept the Carrier's Conditions of Carriage and have read the Privacy Policy' 항목에 체크한 후 'CONFIRM'을 누른다.

❺-3 편도/왕복을 확인하는 팝업창이 뜬다. 편도만 예약할 경우 'Purchase only one-way journey'를, 왕복권을 예약할 경우 'Select return journey'를 누른다.

❻ 결제 정보를 입력하자.

❻-1 페이팔을 선택한 경우 페이팔(PayPal) 결제 사이트로 연결된다. 페이팔 로그인 후 결제를 진행하자. 신용카드나 체크카드는 에러가 자주 발생하니 사전에 페이팔에 회원가입해서 결제하는 방법을 추천한다.

❻-2 신용카드를 선택한 경우 카드 정보를 입력한다. 카드 소지자의 'first name(이름)', 'last name(성)', Card number(카드 번호)', 'Expiration date(카드 유효기간)' 'Security code(보안 코드)'를 입력한 후 'CONTINUE'를 눌러 결제를 진행한다.

❼ 결제 확인서 Summary purchases를 받자.

결제를 완료하면 이메일로 PDF 티켓이 발송된다. 티켓 발송 오류에 대비해 결제 확인서 내역을 출력하거나 화면을 캡처해 두자.

★

온라인으로 구매한 기차표는 온라인 체크인 필수!

앱이나 웹사이트에서 구매한 트렌이탈리아 기차표(공항철도 포함) 중 온라인 체크인이 필요한 경우가 있다. 구매 완료 후 받은 이메일에 첨부된 PDF 티켓에 QR코드 없이 'NOT VALID FOR TRAVEL'이라고 적혀 있다면 이메일 하단에 있는 'CHECK-IN & BARCODE'를 클릭하고 몇 단계를 거쳐 QR코드가 표시된 티켓을 발급받는다. 이를 출력하거나 스마트폰에 저장한 후 차내에서 검표 시 승무원에게 보여주면 된다(탑승 전 개찰기에 티켓을 각인하는 과정은 생략). 이를 생략할 경우 벌금을 부과받게 되니 주의한다. 온라인 체크인 기간은 탑승일 0시부터 기차 출발 전까지며, 체크인 후에는 일정을 변경할 수 없다. 단, 기차표 구매 후 바로 QR코드가 생성된 티켓을 받았다면 온라인 체크인이 필요 없다.

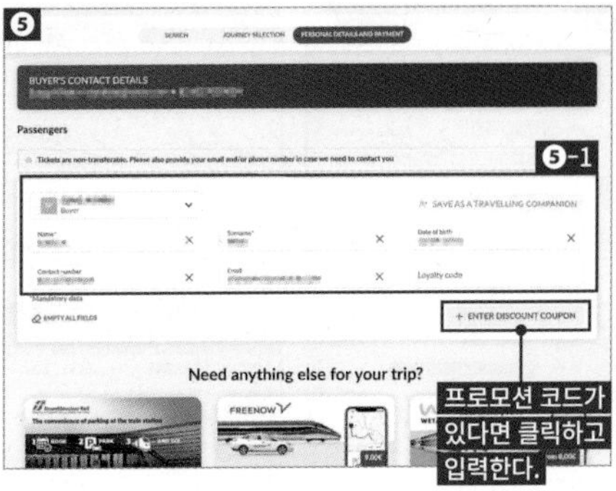

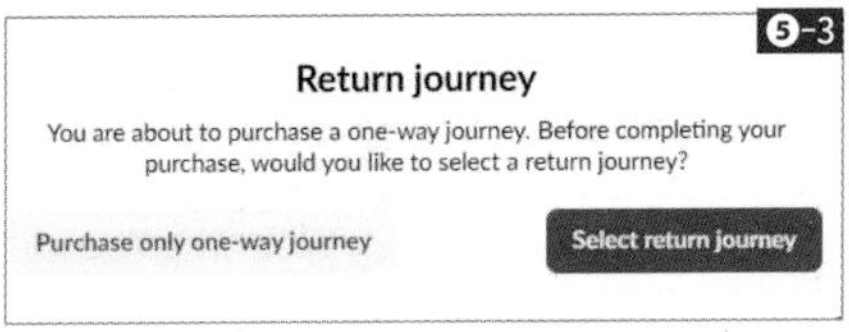

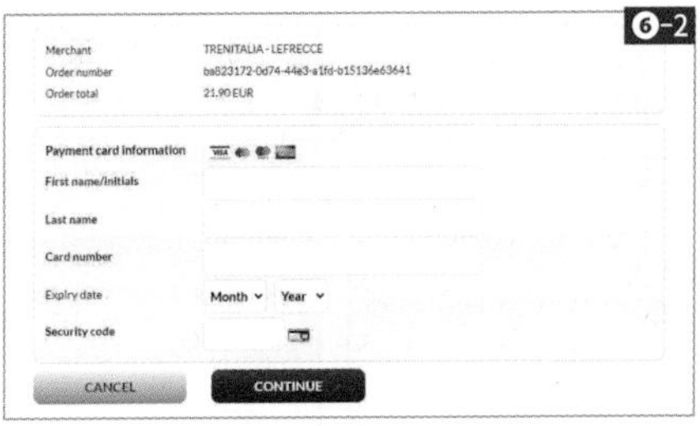

★

트렌이탈리아의 각종 프로모션

트렌이탈리아 공식 홈페이지의 메인 배너를 보면 다양한 프로모션을 진행하는 것을 알 수 있다. 최대 70% 할인 이벤트도 종종 열리니 홈페이지에서 예약할 때 잘 살펴보고 이용해 보자. 단, 이탈리아어(ITA)로 언어를 설정한 화면에서만 볼 수 있다.

✚ 현지에서 자동판매기로 예매하기

❶ 화면 하단의 영국 국기를 눌러 영어 화면으로 전환한다.

❷ 왼쪽 상단의 'BUY YOUR TICKET'을 선택한다.

❸ 도착역을 선택한다. 리스트에 목적지가 없다면 'Other Stations'을 눌러 역 이름을 직접 입력한다. 현재의 역에서 출발하지 않을 때는 오른쪽 상단의 'MODIFY DEPARTURE'를 눌러 출발역 이름을 입력한 후 도착역을 선택한다.

❹ 출발 날짜와 시간을 선택한다. 날짜를 바꾸고 싶으면 달력에서 다른 날짜를 선택한다.

❺ 화면에 출발 시각 순으로 열차편이 정렬된다. 'TRAINS'에서 기차 종류를, 'PRICE'에서 좌석 등급과 가격을 확인한 후 원하는 열차편의 오른쪽에 있는 '쇼핑카트' 모양의 버튼을 누른다. 다음 시간대를 보고 싶으면 오른쪽 하단의 'NEXT SOLUTIONS'를 누른다.

❻ 'BASE' 요금에 해당하는 좌석 등급과 요금이 표시된다. 할인 요금 좌석을 구매하려면 왼쪽 상단의 'PROMO'를 누른다.

❼ 할인 요금으로 구매할 수 있는 좌석 등급별 요금이 표시된다. 각 좌석 등급별로 상단에 표시되는 'A/R IN GIORNATA'는 당일 왕복 요금이라는 뜻이다. 당일 왕복이 아니면 하단의 'ECONOMY' 요금 중에서 선택한다.

❽ 기차 정보를 확인한 후 'CHOOSE SEATING'을 눌러 좌석을 지정한다. 자동으로 좌석을 배정받고 싶다면 오른쪽 하단의 'FORWARD'를 누른다.

❾ 좌석을 지정하는 화면이다. 왼쪽의 'SEAT'를 눌러 화면이 바뀌면 원하는 좌석을 선택한 후 오른쪽 하단의 'CONFIRM'을 눌러 좌석을 확정한다.

*일행이 있다면 'SEAT NEXT TO ANOTHER TRAVELLER'를 눌러 앞서 선택한 일행의 차량(COACH) 번호와 좌석 번호를 입력한다.

*좌석은 대개 테이블(의자 사이의 세로로 긴 막대)을 사이에 두고 4명이 마주 보고 앉는 형태다.

❿ 기차 출발 시각과 차량 번호, 좌석을 최종 확인한 후 오른쪽 하단의 'FORWARD'를 눌러 다음 단계로 넘어간다. 오른쪽의 'CHANGE SEATING'을 누르면 좌석을 변경할 수 있다.

⓫ 최종 요금을 포함한 화면이다. 꼼꼼히 확인하고 변경할 것이 없다면 오른쪽 하단의 'PURCHASE'를 누른다.

⓬ 투입 가능한 지폐와 동전 종류, 사용 가능한 카드 종류를 확인한 후 'CASH(현금)', 'CARDS(체크카드 또는 신용카드)' 중 하나를 선택한다. 카드 이용 시 비밀번호(PIN)가 필요하므로 출국 전 비밀번호를 확인한다. 결제 완료 후 기차표가 인쇄될 때까지 기다린다.

✚ 트렌이탈리아 요금별 조건

요금제	일정 변경	환불
베이스 Base	출발 전 무제한 무료 변경, 출발 후 1시간 이내 1회 무료 변경	출발 전 수수료 20%, 출발 후 불가 (10€ 이하는 환불 불가)
이코노미 Economy	출발 전 1회 가능	불가. 단, 'tiRimborso' 옵션 구매 시(이코노미 1€, 슈퍼 이코노미 2€) 출발 2일 전까지 수수료 10% 공제 후 크레딧 적립
슈퍼 이코노미 Super Economy	불가	

★

트렌이탈리아 좌석 등급
(요금이 비싼 순)

특실 Executive
1등실 비즈니스 1° Business
2등실 프리미엄 2° Premium
2등실 스탠다드 2° Standard

✚ 트렌이탈리아 기차 종류

❶ FR-프레차로사 Frecciarossa / 프레차르젠토 Frecciargento / 프레차비앙카Frecciabianca

트렌이탈리아가 운영하는 고속열차(Le Frecce). 프레차로사(300km/h) > 프레차르젠토(250km/h) > 프레차비앙카(200Km/h)의 순서로 빠르다. 좌석 예약 필수.

❷ IC-인터시티 Intercity

국내 도시를 연결하는 급행열차. 좌석 예약 필수.

❸ R-레조날레 Regionale / RV-레조날레 벨로체 Regionale Veloce

이탈리아 전역을 연결하는 완행열차. 속도가 느린 대신 요금이 저렴하고 예약 없이 자유롭게 앉아 갈 수 있다.

트랜이탈리아 티켓 자동판매기

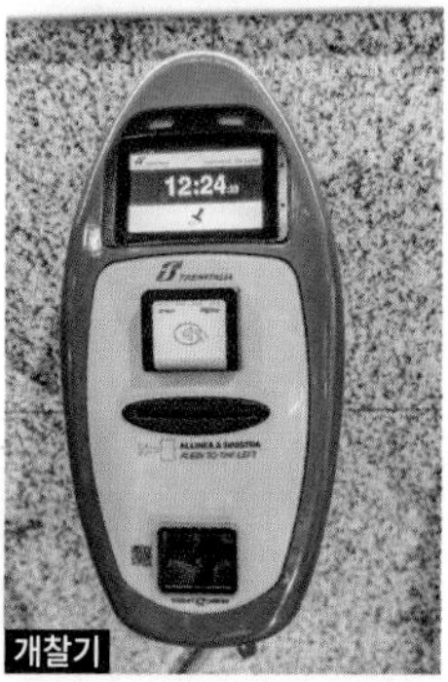

개찰기

★

역에서 기차표를 구매했다면 개찰 필수!

매표소나 자동판매기에서 구매한 기차표는 기차를 탈 때마다 개찰기에 각인해야 한다. 구매한 곳에 따라 기차표의 형태가 다양하지만 어떤 기차표든 개찰기 투입구의 왼쪽으로 붙여 넣어 개시한 날짜와 시각이 제대로 찍혀 나오게 해야 한다. 얇아서 인식이 안 되는 영수증 형태의 티켓은 여러 번 시도해보자. 매표소가 문 닫는 시간에는 자동판매기에서 기차표를 구매한다(잔돈 부족 시 신용카드만 사용 가능).

고속열차

다양한 레조날레 기차들

★
이탈로
WEB www.italotreno.it

★
이탈로 프로모션 코드 받기
이탈로 홈페이지 첫 화면에서 이탈리아어(IT)로 언어를 설정하면 프로모션 코드를 확인할 수 있다. 영어 설정에서는 확인 불가! 이탈로 공식 페이스북과 트위터, 회원에게 발송하는 뉴스레터에서도 목요일 자정 무렵 프로모션 코드를 공개한다. 단, 프로모션에 따라 적용 노선과 할인 폭이 다르다. 인기 구간일수록 저렴한 가격대부터 빠르게 매진되므로 예약을 서두르자.

◆ 빠르고 편리한 고속열차, 이탈로 italo

민영 철도 회사 이탈로가 운영하는 고속열차. 로마·피렌체·베네치아·나폴리 등 이탈리아의 51개 주요 도시와 58개 기차역을 연결하며, 최고 속도는 360km/h다. 대도시 중심으로 운행해 노선이 적지만 시설과 서비스가 훌륭해 이용객이 빠르게 늘고 있다. 여행자들에게 유용한 구간은 베네치아-베로나-밀라노, 베네치아-피렌체-로마-밀라노-로마-나폴리-살레르노, 밀라노-피렌체-로마-바리 등이다. 유레일패스는 사용할 수 없고, 좌석 예약은 필수다.

✚ 이탈로 좌석 등급

좌석 등급	좌석 배치	부가서비스
스마트 Smart	2X2열	전 등급 공통 서비스: 무료 Wi-Fi, 발 받침대, 전원 콘센트, 개인 테이블
프리마 Prima	2X1열	패스트트랙, 웰컴 드링크 & 스낵
클럽 이그제큐티브 Club Executive	2X1열 또는 4인실 컴파트먼트	패스트트랙, 음료 & 베이커리 등, 라운지 무료 이용

✚ 이탈로 요금별 조건

요금제	일정 변경	환불
플렉스 Flex	출발 3분 전까지 무제한 무료 변경	수수료 20%
이코노미 Economy	출발 3분 전까지 무제한, 수수료 20%+운임 차액 지급	수수료 40%
로코스트 Low Cost	출발 72시간 전까지, 수수료 50%+운임 차액 지급	불가

페라리가 디자인한 고속열차, 이탈로

1인석이 있는 프리마 등급

스마트 등급

✚ 이탈로 홈페이지에서 예매하기

❶ 이탈로 홈페이지에 접속하자.

홈페이지(www.italotreno.it)에 접속해서 영어 화면으로 전환한 후 오른쪽 상단의 'LOGIN' 버튼을 누른다.

❷ 회원가입 후 로그인하자.

팝업창이 뜨면 'Register'를 눌러 정보를 입력한다. 'Name(이름)', 'Surname(성)', 'Email (이메일)', 'Confirm email(이메일 확인)', 'Password(비밀번호)', 'Confirm password(비밀번호 확인)'을 적고 성별과 생일(일-월-년도 순) 등 별표(*) 표시한 필수항목을 모두 입력한 뒤 하단의 'SIGNUP(회원가입)' 버튼을 누른다.

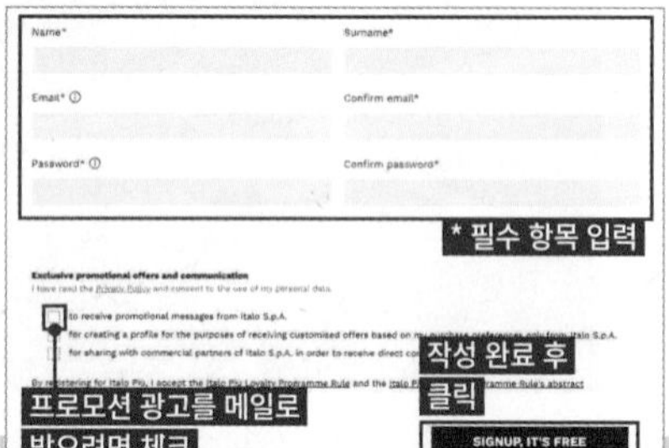

❸ 원하는 기차 정보를 입력하자.

로그인 후 홈페이지 첫 화면에서 순서대로 출발역, 도착역, 출발일, (왕복일 경우) 도착일, 인원수를 입력한 후 오른쪽의 'SEARCH'를 누른다. 프로모션 코드가 있다면 왼쪽 하단의 'Do you have a Promo Code?'를 눌러 입력한다.

❹ 원하는 기차를 선택하고 요금을 확인하자.

출발·도착 시각, 소요 시간, 요금 등을 확인한 후 원하는 기차 요금 옆의 '∨' 표시를 눌러 구매 가능한 좌석과 요금을 확인한다.

❺ 원하는 좌석 등급과 요금을 선택하자.

더 좋은 등급의 좌석을 더 저렴하게 판매하는 프로모션이 있는지 꼼꼼히 살펴보자. 좌석 등급과 요금을 선택한 후 'CONTINUE'를 누른다.

❻ 개인정보를 확인하자.

기차 운행 정보, 요금, 이름, 성, 이메일 주소, 전화번호, 회원 번호 등을 확인한 후 'PROCEED TO CHECKOUT'을 누른다.

❼ 결제를 진행하자.

좌석이 자동으로 지정되어 나온다. 좌석을 바꾸려면 'Choose seat'를 눌러 원하는 좌석으로 바꾼다. 스마트 클래스(좌석 등급)는 플렉스 요금제 이상, 컴포트 클래스는 이코노미 요금제 이상, 프리마 클래스 이상은 모든 요금제에서 좌석을 선택할 수 있다. 이후 카드나 페이팔 중 결제 방법을 선택하고 관련 정보 입력 후 'PURCHASE'를 누른다.

❽ 결제 완료 후 이메일을 확인하자.

등록한 이메일로 PDF 티켓이 첨부된 메일을 보내준다. PDF 티켓을 출력하거나 스마트폰에 저장해서 가져간다. 티켓은 각인할 필요 없이 검표할 때 승무원에게 보여주면 된다.

✚ 앱으로 예매하기

이탈로 앱을 스마트폰에 설치해 이용하면 더욱 편리하다. 홈페이지에서 회원가입 후 앱에 로그인하면 예매와 결제, 일정 변경, 환불, 검표까지 모두 처리할 수 있다. 단, 인터넷 연결 상태에 따라 앱 이용이 어려울 수 있으니 만일에 대비해 이메일로 받은 PDF 티켓을 출력하거나 스마트폰에 저장해가자.

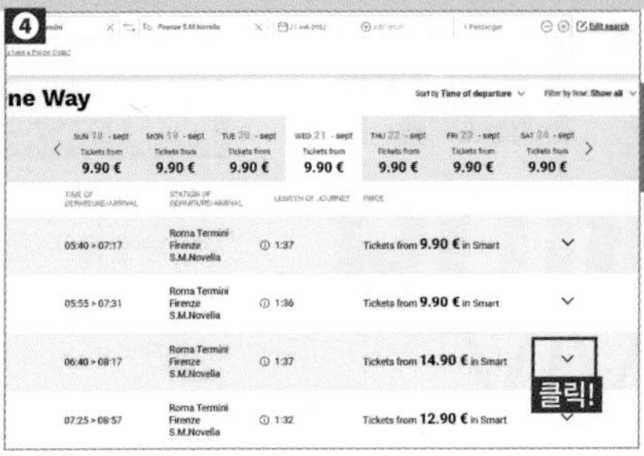

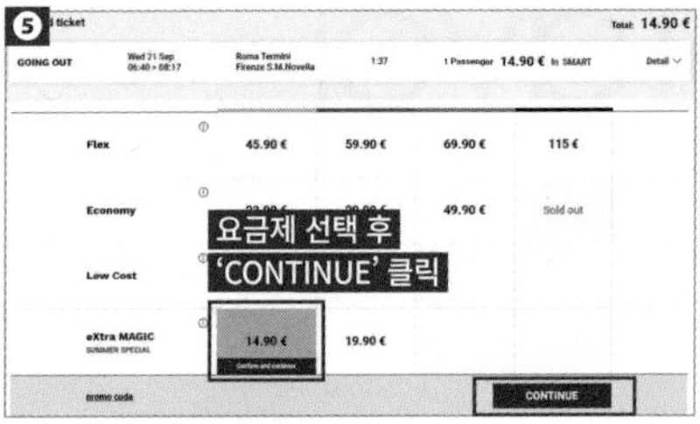

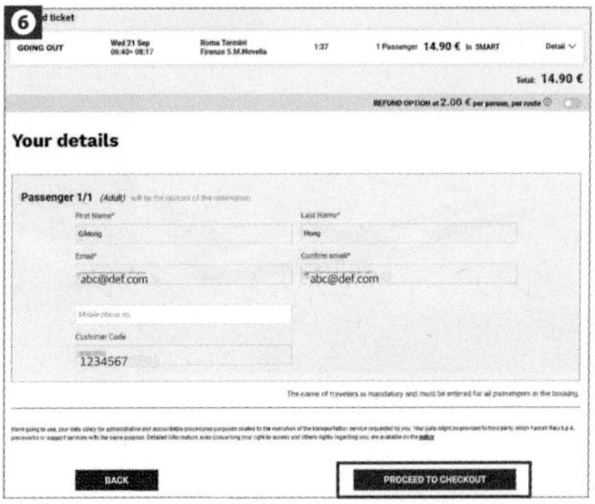

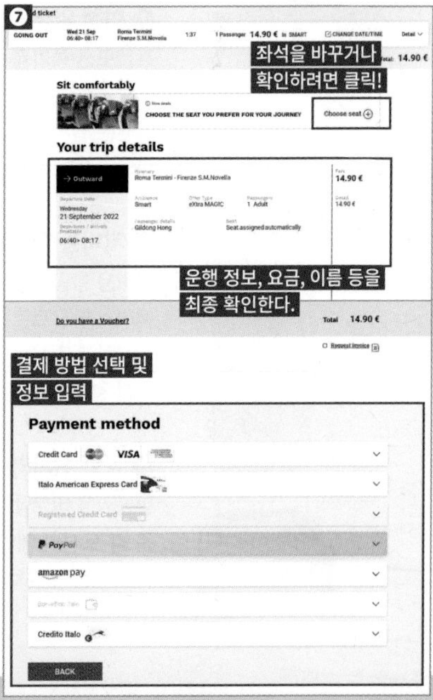

Planning My Travel 04

저비용 항공권 예약

저비용 항공은 출발일에 가까울수록 요금이 비싸지기 때문에 늦어도 한 달 전에는 예약해야 한다. 단, 저비용 항공권은 날짜 변경, 취소 등이 불가능하거나 항공권 가격과 비슷한 수준의 수수료가 부과되니 주의하자. 최근에는 스마트폰 앱으로 예약하면 온라인 체크인은 물론 모바일 티켓까지 발급하는 항공사도 많아졌다.

◆ 유럽의 대표적인 저비용 항공사

- **라이언에어** www.ryanair.com – 아일랜드를 기반으로 한 유럽 최대 규모의 저비용 항공사. 저렴한 요금을 무기로 내세우지만 도심에서 먼 공항에 취항하는 경우가 많으니 이를 염두에 두자.
- **이지젯** www.easyjet.com – 유럽 제2의 저비용 항공사. 취항 도시가 많고 메이저 공항을 주로 이용해 이용자가 많다.
- **부엘링** www.vueling.com – 스페인 바르셀로나를 거점으로 로마에도 허브 공항을 둔 저비용 항공사. 로마 피우미치노 공항에 취항해 특히 인기다.

라이언에어

이지젯

부엘링

◆ 저비용 항공사를 이용할 예정이라면

❶ 여행 일정을 모두 확정했다면 최대한 빨리 항공권을 구매하자.

프로모션 특가를 이용하면 기차 요금보다 저렴한 항공권을 구할 수 있다. 출발일에 가까울수록 요금이 비싸지므로 늦어도 한 달 전에는 예약하는 것이 좋다. 단, 특가 항공권은 날짜 변경, 취소 등이 불가능하거나 항공권 가격에 맞먹는 비싼 수수료가 부과되니 여행 스케줄이 모두 확정된 후 구매한다.

기내 반입용 수하물 부피 측정기

❷ 저비용 항공사는 모든 것이 돈이다!

저비용 항공사는 위탁 수하물, 좌석 선택, 기내식은 물론 담요와 슬리퍼, 물까지 모든 서비스를 유료로 제공한다. 특히 기내 수하물과 위탁 수하물의 크기와 개수, 무게를 철저하게 검사하므로 수하물 무게를 미리 가늠해서 초과되는 수하물 무게나 개수를 사전 결제하자. 공항에서 추가하면 훨씬 비싼 요금이 적용된다.

❸ 공항 위치와 시내까지 이동 시간을 고려하자.

항공권을 비교할 때 한 가지 더 고려해야 하는 것이 바로 도착 공항이다. 저비용 항공은 각 도시의 메인 공항이 아닌 근교의 소규모 공항을 이용하는 경우가 많기 때문에 이용 공항의 위치와 교통편도 꼼꼼히 살펴봐야 한다.

◆ 항공권 요금 비교하기

항공권은 전 세계 항공권 요금을 비교할 수 있는 가격 비교 사이트에서 정보를 검색한 후 해당 항공사 홈페이지에서 구매하는 것이 가장 저렴하다. 항공사 홈페이지에서 진행 중인 프로모션이 없는지 다시 한 번 확인하자.

✚ 항공권 요금 비교 예시

❶ 항공권 요금 비교 사이트에 접속한다. (예시 : 스카이스캐너 www.skyscanner.com)
❷ 출발지, 도착지, 가는 날, 오는 날, 좌석 등급 및 인원수 등을 선택한 후 '항공권 검색'을 누른다. 여행 기간이 확실히 결정된 게 아니라면 가는 날을 누른 뒤 달력 위에서 '한 달 전체'를 선택해 요금을 비교해 보는 것도 좋다.
❸ 전 세계 항공사의 노선과 요금을 비교하는 화면이 나온다. 추천·최저가·최단 여행 시간 순으로 정렬 순서를 바꿀 수 있다. 원하는 노선을 고른 뒤 '선택'을 누른다.
❹ 선택한 노선을 판매하는 사이트들을 확인할 수 있다. 오른쪽 '선택'을 누르면 해당 사이트로 연결된다.

★
전 세계 항공권 요금 비교 사이트

스카이스캐너
WEB www.skyscanner.co.kr

카약
WEB www.kayak.co.kr

◆ 온라인 체크인을 잊지 말자.

대부분 저비용 항공사들은 온라인 체크인이 필수다. 각 항공사가 정한 체크인 기한 안에 온라인 체크인을 하고 보딩 패스를 발급받지 않으면 추가 요금이 발생하거나 좌석이 취소될 수 있다. 체크인과 보딩 패스 발급은 스마트폰 앱을 이용하면 편리하다. 단, 노선과 이용 공항에 따라 온라인 체크인이 불가능한 곳도 있으니 이런 경우는 탑승 당일 체크인 카운터에서 수속을 밟는다.

라이언에어를 이용할 때는 온라인 체크인을 마친 후 체크인 카운터에서 비자 체크 도장을 받아야 한다. 공항 상황이나 직원의 규정 숙지 유무에 따라 생략하기도 하지만 원칙적으로는 출력한 티켓을 소지하고 보안 검사를 통과하기 전에 비자 체크 도장을 받아야 하니 공항에 여유 있게 도착하자.

★
온라인 체크인 기한
*좌석 미지정 시 기준

라이언에어
비행기 출발 시각 24시간~2시간 전(공항 카운터에서 추가 체크인 필요)

이지젯
비행기 출발 시각 30일~2시간 전

부엘링
비행기 출발 시각 7일~1시간 전

Planning My Travel 05

여행 준비물 & D-DAY 일정표

최근 유럽 여행의 일정이 짧아지고 도시 간 이동이 잦아졌기 때문에 짐은 최대한 가볍게 해서 다니는 것이 좋다. 모든 것을 다 챙겨 가기보다 정말 필요한 것만 챙기고, 나머지는 현지에서 필요할 때마다 구매하는 것이 현명하다. 놓치면 안 될 여행 준비물에는 어떤 것이 있는지 알아보고 차근차근 짐을 꾸려보자.

✚ 여행 준비물 체크 리스트

필수 준비물	내용	체크
여권	사진이 있는 부분을 복사해서 2~3장 따로 보관하고, 여권용 사진도 몇 장 챙긴디.	
항공권	'e-티켓'을 출력해서 준비해 가고 비상용으로 이메일이나 스마트폰에도 저장해둔다.	
여행 경비	환전한 유로화, 국제 신용·체크카드 등을 빠짐없이 준비한다.	
각종 증명서	국제 운전면허증 & 국내 운전면허증, 여행자보험 증명서, 국제학생증 등	
보조 가방	캐리어(또는 배낭)는 숙소에 두고 명소를 돌아다닐 때는 작은 가방에 기타 소지품을 넣어 다니면 편리하다.	
휴대용 타포린백	돌아올 때 쇼핑으로 인해 1인당 수하물 허용 무게를 초과할 때 유용하다. 무게가 나갈 만한 물건을 타포린백에 옮겨 담은 후 비행기에 들고 탑승하면 된다.	
복대(전대) & 자물쇠	소매치기가 많은 이탈리아 여행의 필수품. 자물쇠는 넉넉히 준비하는 것이 좋다. 자물쇠가 부담스럽다면 옷핀을 여러 개 준비하자. 와이어도 있으면 좋다.	
의류팩 & 워시팩	옷과 세면도구를 깔끔하게 정리할 수 있다.	
세면도구	평소 쓰던 샴푸, 린스, 샤워젤, 비누, 치약 등을 필요한 만큼 챙긴다. 현지에서도 구매할 수 있다.	
겉옷 & 신발	여행을 떠나는 계절에 맞춰 옷과 신발을 고른다. 도보 이동이 많기 때문에 운동화가 좋지만 플랫슈즈나 캐주얼화도 괜찮다. 숙소나 해변에서 편하게 신을 만한 슬리퍼도 준비해 간다.	
속옷 & 양말	짧은 일정이라면 빨래가 필요 없을 정도로 넉넉히 챙긴다.	
화장품	자신에게 잘 맞는 제품으로 작은 용기에 담아서 가져간다.	
스마트폰 & 충전기	스마트폰이 손에서 떨어지지 않도록 고리를 달면 좋다. 가방에 연결할 수 있는 안전 체인도 유용하다.	
카메라	현지에서는 메모리 카드, 배터리 등 소모품이 비싼 편이므로 우리나라에서 넉넉히 준비해 간다.	
선글라스	강한 햇빛으로부터 눈을 보호해준다.	
자외선 차단제	햇빛이 강한 편이기 때문에 피부가 쉽게 그을린다.	
비상약품	감기약, 소화제, 진통제, 지사제, 반창고, 연고 등 기본적인 약품을 준비한다. 현지 약국에서도 구매할 수 있지만 의사소통이 힘들기 때문에 간단한 구급약은 준비해 간다.	
멀티 콘센트	현지보다 우리나라에 사는 것이 저렴하다.	

있으면 좋은 준비물	내용	체크
모자	햇빛을 막는 데 유용하다.	
수영복 & 방수팩	여름철 해변, 수영장, 액티비티 용으로 준비한다.	
우산 & 양산	우기(10~2월)는 물론 한여름에도 소나기 등이 올 수 있으니 우산을 꼭 챙겨 간다. 현지에서 파는 우산은 비싼 데다 품질이 나쁘다. 양산은 한 여름에 햇빛을 가리는 데 매우 유용하다.	
캐리어 커버	가방을 보호하고 절도를 방지하며, 수하물을 찾을 때도 쉽게 발견할 수 있다.	
생리용품	자신에게 맞는 제품을 가져가면 편하다.	
물티슈	작은 것으로 준비해 두자. 급하게 쓸 일이 생길 수 있다.	

D-DAY 일정표

체크	언제	무엇을 해야 할까	상세 내용
	-80	어디로 갈까? 얼마나 다녀올 수 있을까?	유럽 여행은 현지에서 보내는 일정이 최소 7일은 되어야 한다. 비싼 돈 들여 비행기에서 보내는 시간만 왕복 하루가 넘기 때문에 '찍고 돌아오는 식'이라면 본전 생각이 나고 너무 아쉽다. 학생이라면 방학을 이용하면 되겠지만 직장인이라면 휴가를 얼마 동안 낼 수 있는지 확인해보자.
	-75	어떻게 갈까?	여행의 목적, 기간, 여행자의 성격에 따라 알맞은 여행법을 고르는 것이 중요하다. **▶ Planning My Travel 01(p059)**
	-70	여권 만들기	여권 신청에서 발급까지 4일(토·일요일·공휴일 제외) 정도 소요된다. 관광 목적으로 3개월 이내 유럽에 머무를 거라면 비자는 필요하지 않다. *여권 유효기간이 6개월 미만이면 여권을 재발급받아야 한다.
	-65	체크카드 & 신용카드 발급받기	해외에서 사용할 수 있는 체크카드나 신용카드를 발급받자. *카드 뒷면의 영문 이름과 사인은 여권과 일치해야 한다. **▶ FAQ 06(p031)**
	-60	항공권 구매하기	항공권 구매는 빠를수록 좋다. 일정에 맞춰 구매하는 것이 가장 좋겠지만 현실적으로 '구매할 수 있는 항공권'과 '여행 기간'에 따라 정해지기 때문에 항공권을 먼저 구매하고 그에 맞춰 일정을 정하는 것이 경비와 준비 시간을 줄일 수 있다. **▶ FAQ 04(p028)**
	-50	여행 정보 수집하기	여행 안내서, 인터넷 동호회 등을 통해 여행 정보를 수집하자. 아는 만큼 보인다는 말은 여행에서도 마찬가지다. 처음에는 어려워 보여도 자꾸 보다 보면 전문가로 변해가는 자신을 발견하게 된다. **▶ Best Attractions 22(p013) & ▶ Planning My Travel 02(p060)**
	-40	동선 & 이동 방법 결정	가고 싶은 도시와 일정을 선택한 후, 교통편을 결정해 동선을 만들어보자. 준비 단계 중 가장 재미있는 일이기도 하고, 여행의 즐거움도 미리 느낄 수 있다. 현지에 가서 일정이 바뀌는 경우도 많기 때문에 세세하게 정할 필요는 없다. **▶ Best Course 05(p046)**
	-35	구체적인 예산 정하기	숙박과 식비, 교통비, 입장료를 고려해 예산을 계획하자. 물가 인상을 고려해 여행책에서 나온 금액의 5~10%는 추가로 생각하는 것이 좋다. **▶ FAQ 03(027)**
	-30	숙소 예약하기	도시별로 머물 숙소를 정하고, 가능하다면 예약해두자. **▶ FAQ 07(p032)**
	-30	명소 예약하기	콜로세오(로마), 두오모 쿠폴라와 우피치 미술관(피렌체), 최후의 만찬(밀라노), 가이드 투어 등 예약해야 할 곳들은 반드시 예약해두자. 할인받을 수 있는 쿠폰이나 방법이 있는지도 알아보자.
	-30	저비용 항공 또는 기차 예약하기	저가 항공권과 기차·장거리 버스 승차권의 경우 예약을 서두르면 저렴하게 구매할 수 있다. 동선이 확정된 구간은 최소 1개월 전에 예약하자. 단, 이탈리아 일정이 많은 경우 유레일패스는 구매하지 않는 편이 낫다. **▶ Planning My Travel 03~04(p062~069)**
	-20	증명서 발급하기	국제 운전면허증, 국제 학생증, 유스호스텔 회원증 등 증명서를 발급받자. 단, 이탈리아에만 머무를 경우 국제 학생증과 유스호스텔 회원증은 굳이 필요하지 않다. **▶ FAQ 12(p040)**
	-17	중간 점검	여행 준비표를 참고해 이미 준비한 것들을 체크하고, 앞으로 해야 할 일들을 머릿속에 그려보자.
	-15	여행 준비물 쇼핑	책에 수록된 '여행 준비물 체크 리스트'를 참고해 여행에 필요한 준비물을 구매하자. 짐이 무거울수록 기동성이 떨어지니 꼭 필요한 물건만 준비하자. 배송 기간을 포함해 미리 주문하는 것이 좋다.
	-10	면세점 쇼핑	여권과 항공권을 들고 면세점을 방문하면 된다. 구매한 물건은 출발할 때 공항 '면세품 인도장'에서 받을 수 있다. **▶ FAQ 16(p044)**
	-7	환전과 여행자보험 가입하기	일반 창구보다 은행 모바일 앱을 이용한 사이버 환전이 더 유리하다. 주거래 은행에서 환전할 때 받을 수 있는 혜택이 있는지도 알아보자. **▶ FAQ 07(p030)**
	-5	휴대폰 관련 정보 알아보기	스마트폰 사용자는 통화 요금과 데이터 로밍 요금 등을 꼼꼼히 따져보고, 현지 심(SIM) 카드를 구매할 것인지 로밍을 할 것인지 결정해야 한다. 휴대폰 종류에 따라 컨트리 락(Country Lock)을 해지해야 해외 심카드 사용이 가능한 것도 있으니 통신사에 미리 문의한다. **▶ FAQ 10(p036)**
	-3	짐싸기	여행 준비물 목록을 보며 빠트린 것이 없는지 살펴보자. 혹시 빠트린 것을 발견하더라도 너무 당황하지말고 차근차근 하나씩 준비하자. **▶ Planning My Travel 05(p070)**
	-1	최종 점검하기	D-DAY 일정표와 여행 준비물 목록을 마지막으로 살펴본다. 여권, 항공권, 신용카드 & 체크카드, 현금 등을 다시 한 번 확인한 후 설레는 마음을 차분히 가라앉히고 일찍 잠자리에 들자.

이탈리아에 가기 전에 보면 좋은

영화 & 드라마 & 책

영화 **루카(2020년)**

감독 엔리코 카사로

두 명의 어린 바다 괴물이 육지로 올라와 겪는 모험과 우정을 그린 애니메이션. 산레모-제노바-라 스페치아에 이르는 이탈리아 리비에라 지역이 배경이다.

관련 명소 친퀘테레 외

영화/책 **콜 미 바이 유어 네임**

(2017년) 주연 티모시 살라메, 아미 해머, 마이클 스툴바그

영화는 뛰어난 영상미를, 책은 멋진 문장을 선사한다. 영화 속 고고학 발굴현장인 시르미오네의 로마 유적과 주변 호수는 열성 팬들이 성지순례처럼 들르는 곳이다.

관련 명소 시르미오네 카툴루스 유적

영화 **레터스 투 줄리엣**

(2010년) 주연 어맨다 사이프리드, 크리스토퍼 이건

베로나와 시에나를 배경으로 한 로맨틱 코미디. 작가 지망생인 소피가 베로나에 있는 줄리엣의 집에서 러브레터를 발견하면서 벌어지는 에피소드가 아름다운 풍경과 함께 잔잔하게 펼쳐진다.

관련 명소 베로나 줄리엣의 집, 시에나 푸블리코 궁전 외

영화 / 책

먹고 기도하고 사랑하라

(책 2006년/영화 2010년)

주연 줄리아 로버츠

진정 원하는 삶을 찾아 나선 여성 저널리스트의 이야기. 그녀의 첫 번째 목적지는 맛의 나라 이탈리아였다. 줄리아 로버츠의 웃음을 되찾게 해준 식당들은 지금도 여전히 사랑받는다.

관련 명소 산테우스타키오 일 카페 외

영화 / 책

다빈치 코드(책 2003년/영화 2006년)

천사와 악마(책 2000년/영화 2009년)

주연 톰 행크스, 오드레 토투, 장 르노, 이완 맥그리거

기독교와 미술, '일루미나티'라는 비밀 조직 등을 소재로 한 미스터리 시리즈물. <다빈치 코드>는 레오나르도 다빈치의 그림에 대한 독특한 해석이 돋보이며, <천사와 악마>에서는 로마의 주요 명소를 빠짐없이 볼 수 있다.

관련 명소 밀라노와 로마 전역 외

드라마 **로마(2005년)**

주연 케빈 맥키드, 레이 스티븐슨, 린제이 던컨

시저와 옥타비아누스 시절의 로마를 배경으로 한 역사 드라마. 가상의 인물도 등장하지만 철저한 고증을 통해 신전·가정집·매음굴 등 당시 사회의 모습을 완벽하게 재현했다는 평가를 받고 있다.

관련 명소 로마 포로 로마노 외

영화 / 책 **냉정과 열정 사이**

(책 1999년/영화 2001년)

작가 에쿠니 가오리/감독 나카에 이사무

이탈리아를 여행하기 전 꼭 봐야 할 작품. 피렌체의 아름다운 경치가 영화 곳곳에 담겨 있다.

관련 명소 피렌체 두오모 외

영화 **투스카니의 태양(2003년)**

주연 다이안 레인, 린제이 던컨, 라울 보바

아름다운 자연에 둘러싸인 이탈리아의 한 마을에서 제2의 인생을 꿈꾸는 로맨틱 코미디. 투스카니의 코르토나와 아말피 해안의 포시타노가 배경으로 등장한다.

관련 명소 포시타노 해변 외

영화 **글래디에이터(2000년)**

주연 러셀 크로, 호아킨 피닉스

로마제국 시대 검투사의 삶을 배경으로 한다. 탄탄한 스토리와 더불어 콜로세오의 과거 모습을 완벽하게 재현해 냈다.

관련 명소 로마 콜로세오

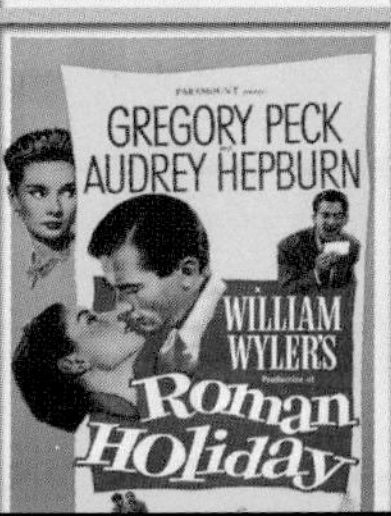

영화/책

리플리(책 1955년/영화 1999년)

주연 맷 데이먼, 주드 로, 기네스 펠트로

'리플리 증후군'이라는 단어가 만들어질 정도로 인기를 끈 알랭 드롱 주연의 영화 <태양은 가득히>(1960)의 리메이크 버전이다. 로마와 베네치아, 나폴리의 이스키아 섬, 남쪽 끝의 시칠리아 섬까지 이탈리아의 아름다운 명소들이 등장한다.

관련 명소 나폴리 해변, 베네치아 산 마르코 광장, 로마 공화국 광장·스페인 광장·나보나 광장 외

영화 **벤허(1959년)**

(감독 윌리엄 와일러)

고전 중의 고전 영화로 유대인 귀족 벤허의 일생을 다뤘다. 서기 26년 로마제국 시대의 유대인 탄압, 기독교의 전파 등 역사적 사실, 시대상과 함께 대전차 경기장의 모습을 엿볼 수 있다.

관련 명소 로마 대전차 경기장

영화 **로마의 휴일(1953년)**

(주연 오드리 헵번, 그레고리 펙)

로맨틱 코미디 영화의 걸작. 신분을 숨긴 공주와 기자가 로마에서 달콤한 사랑에 빠지는 이야기를 담고 있다. 영화 속에 나오는 1953년 로마의 모습은 현재와 크게 다를바 없다.

관련 명소 로마 스페인 계단, 진실의 입, 콜로세오

dal
TRATT

이탈리아 음식 & 쇼핑 탐구일기

Gourmet & Shopping

먹킷리스트!

이탈리아의 지역별 대표 음식

20개의 주(Regioni)로 이루어진 이탈리아는 지역마다 고유의 전통과 역사를 자랑하는 향토 음식들이 다채롭다. 그중 반드시 맛봐야 할 먹거리를 골라봤다.

롬바르디아 Lombardia

오소 부코(송아지 정강이 찜)
리소토
코톨레타 밀레네제
(송아지 고기 커틀릿)
폴렌타(옥수수죽)
파네토네(원통 모양의 부드러운 케이크)

토스카나 Toscana

피렌체식 티본스테이크
소 곱창 수프
곱창이나 포르케차를 넣은 샌드위치
카추코(해산물 스튜), 판차넬라(빵 샐러드)
밀레폴리에(밀푀유)
트러플 파스타 & 라사녜
스키아차타 파니니

라치오 Lazio

아티초크 찜과 튀김
스파게티 알라 카르보나라
피자 알 탈리오
(큼직한 사각 팬에 구워 잘라서 무게당 가격으로 파는 피자)
수플리(라사녜 크로켓), **마리토초**(크림빵)
카초 에 페페(로마식 파스타)
아마트리차타(매콤한 파스타)

캄파니아 Campania

피자 마르게리타, 해산물 스파게티
카프레세, 바바(럼을 넣은 설탕 시럽에 빵을 절인 디저트)
스폴랴텔라(치즈로 속을 채운 조개껍데기 모양의 크루아상)
리몬첼로 & 레몬 사탕

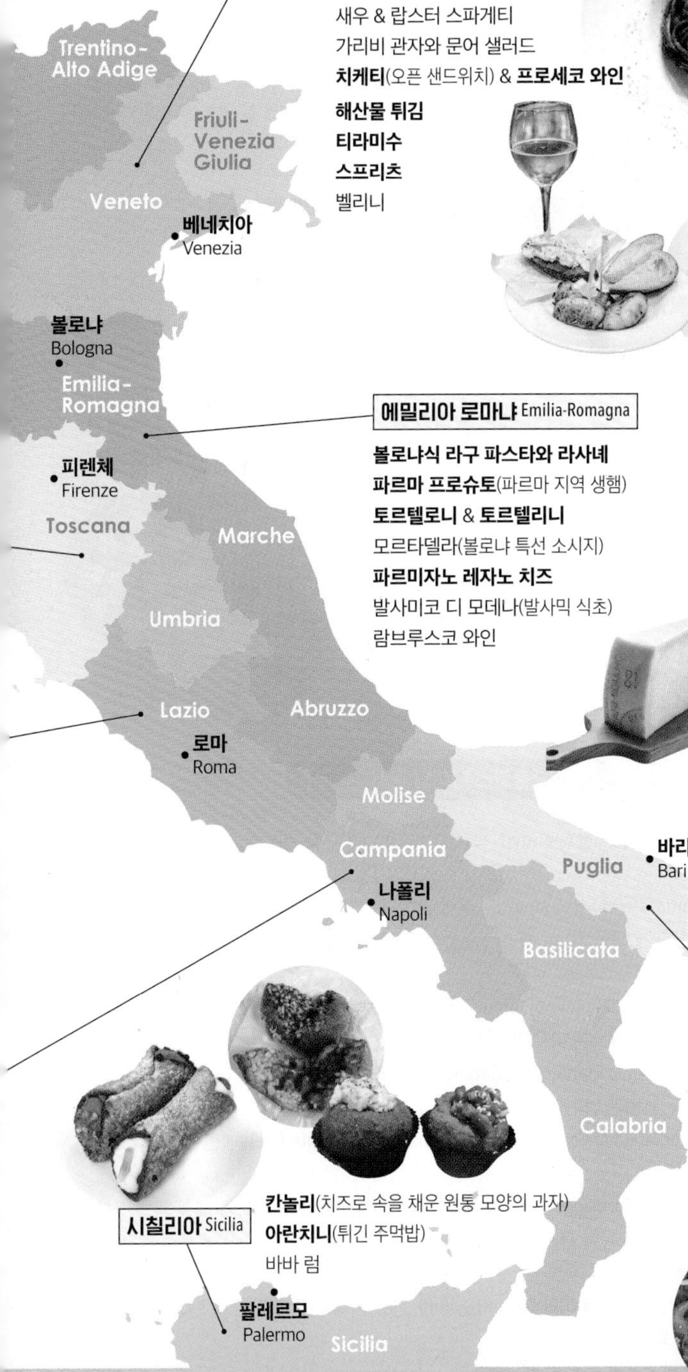

베네토 Veneto

오징어 먹물 스파게티와 리소토
새우 & 랍스터 스파게티
가리비 관자와 문어 샐러드
치케티(오픈 샌드위치) & **프로세코 와인**
해산물 튀김
티라미수
스프리츠
벨리니

에밀리아 로마냐 Emilia-Romagna

볼로냐식 라구 파스타와 라사녜
파르마 프로슈토(파르마 지역 생햄)
토르텔로니 & **토르텔리니**
모르타델라(볼로냐 특선 소시지)
파르미자노 레자노 치즈
발사미코 디 모데나(발사믹 식초)
람브루스코 와인

풀리아 Puglia

오레키에테
(동그랗고 오목한 조개 모양의 파스타 면)
부라타 치즈
문어 샐러드 & 문어 샌드위치
파스티초토(커스터드가 든 쇼트 브레드)

시칠리아 Sicilia

칸놀리(치즈로 속을 채운 원통 모양의 과자)
아란치니(튀긴 주먹밥)
바바 럼

이탈리아 음식 탐구일기

이탈리아 식당 중에는 영어 메뉴판이 준비되지 않은 곳이 많고, 같은 요리라도 식당마다 이름을 조금씩 다르게 적어놓기 때문에 주문하는 게 쉽지 않다. 아래의 주문 요령을 잘 익힌 후 이탈리아의 화려한 미식 세계로 자신 있게 입성하자.

이탈리아 코스 요리 입문자를 위한 기초 정보

1 코스 요리의 기본 구성

일반 식당의 코스 요리는 크게 4가지로 나뉜다. 전채 요리, 제1요리, 제2요리, 디저트 순인데, 각 메뉴판에서 하나씩 고르면 된다. 고급 레스토랑의 코스 요리는 이보다 많은 5~9가지가 제공된다.

2 배 터지는 코스 요리

이탈리아에서는 파스타가 제1요리에 속한다. 따라서 식사량이 적은 여행자라면 메인 요리인 제2요리를 먹기 전에 이미 배가 부를 수 있다. 요리를 단품으로 주문해도 되는 곳에서는 1명당 제1요리나 제2요리 중 1개씩 고르고, 2명당 안티파스토(전채 요리)나 샐러드 1개 정도를 추가하면 적당하다.

3 1인 1피자

피자는 이탈리아 코스 요리에 포함되지 않으며, 메뉴판에서도 '피자(Pizza)' 메뉴로 따로 표시된다. 이탈리아에서는 1인 1피자가 기본이다.

풀코스 다이닝 순서

❶ **아페리티보** Aperitivo(복수형 Aperitivi) 식전주. 올리브, 견과류, 치즈 등 간단한 안주와 함께 나온다.

❷ **안티파스토** Antipasto(복수형 Antipasti) 전채 요리(애피타이저). 식전에 입맛을 돋우는 먹거리에 해당한다. 대개 해산물이나 채소로 복잡한 조리과정 없이 간단하게 만든다.

❸ **주파** Zuppa(복수형 주페 Zuppe) 수프

❹ **프리모 피아토** Primo Piatto(복수형 Primo Piatti) 제1요리. 파스타, 리소토 등 탄수화물 요리가 주를 이룬다. 피자 메뉴는 따로 준비돼 있다.

❺ **세콘도 피아토** Secondo Piatto(복수형 Secondo Piatti) 제2요리. 육류 요리(Carne, 카르네)와 생선 요리(Pesce, 페셰)로 나뉜다.

❻ **콘토르노** Contorno(복수형 Contorni)·**인살라타** Insalata(복수형 Insalate) 메인 요리에 곁들이는 채소 요리·샐러드

❼ **포르마조 에 프루타** Formaggio e Frutta(복수형 Formaggi e Frutti) 치즈와 제철 과일. 식사 끝무렵에 메인 요리와 함께 즐긴다.

❽ **돌체** Dolce(복수형 Dolci) 디저트

❾ **베반데** Bevande·**카페** Caffè·**비라** Birra·**비노** Vino 음료·커피·맥주·와인

*메뉴판에는 복수형으로 표기됨

이탈리아 식당의 종류

1 리스토란테 Ristorante

□ 고급 음식점

주로 풀코스 메뉴가 기본이며, 피자나 파스타만 주문하거나 하나의 음식을 시켜서 여럿이서 나눠 먹는 것은 예의에 어긋난다. 가격도 비싸고 드레스 코드가 있는 곳도 많다. 보통 식사 시간은 2시간 정도 걸린다. 계산은 테이블에서 한다.

2 트라토리아 Trattoria

□ 대중음식점

리스트란테보다는 부담 없이 이용할 수 있는 곳. 이탈리아 가정식을 제공한다. 간혹 리스토란테만큼 격식과 가격을 갖춘 곳도 있다.

3 에노테카 Enoteca·오스테리아 Osteria

□ 와인 숍 & 바

와인 숍을 일컫는 에노테카에서는 정통 이탈리아식 안주와 와인을 함께 즐길 수 있다. 베네치아에서는 바카리(Bacari)라고 한다. 에노테카에서 발전해 간단한 음식을 즐길 수 있는 바나 소규모 트라토리아는 오스테리아라고 한다.

★

이탈리아식 팁 문화

- **Coperto 코페르토** 자릿세. 식당마다 다르지만 일반적으로 1인당 2~5€다. 자릿세를 받는 대신 빵을 무료로 제공하지만 간혹 빵값을 따로 청구하는 경우도 있다.

- **Servizio 세르비치오** 서비스 요금. 식당에 따라 음식값에 포함될 때도 있고, 음식값의 10~15%를 별도로 내야 할 때도 있다. 고급 식당일수록 대개 서비스 요금이 따로 청구된다.

4 타볼라 칼다 Tavola Calda

□ 셀프서비스 간이식당

고기나 채소 요리, 파스타 등을 진열해놓고 원하는 것을 고르면 그 자리에서 데워준다. 테이크아웃하면 매장에서 먹고 가는 것보다 저렴하다.

5 피체리아 Pizzeria

□ 피자 전문점

저렴하고 대중적인 외식 장소. 전문 피체리아에선 피자를 1인당 1판 단위로 판매하는데, 도우의 두께가 얇아서 한 끼 식사로 알맞은 양이다. 아침부터 저녁 늦게까지 문을 여는 피체리아는 대개 피자를 잘라서 조각당 또는 무게당 가격으로 판매하며, 전문 피체리아보다 맛이 조금 떨어진다.

6 바(바르) Bar

□ 일종의 커피숍

현지인이 가장 즐겨 찾는 곳. 출근길에 들러 에스프레소 한 잔과 빵으로 아침을 시작하는 직장인들을 많이 볼 수 있다. 테이블 이용 시 자릿세를 내야 하며, 야외 테이블일 경우엔 추가 요금이 붙으니 참고하자.

7 젤라테리아 Gelateria

□ 젤라토(Gelato) 전문점

매장에서 직접 만드는 수제 젤라토 판매점. 시내 어디서나 쉽게 찾을 수 있다. 아이스크림을 좋아하는 이탈리아인의 미각에 맞는 다양한 맛 조합이 있다.

코스별 대표 메뉴

맛있는 음식이 너무 많아서 행복한 고민에 빠지게 되는 이탈리아!
우리나라 여행자들이 '엄지 척' 하는 인기 메뉴를 모았다.

안티파스티 Antipasti
전채 요리

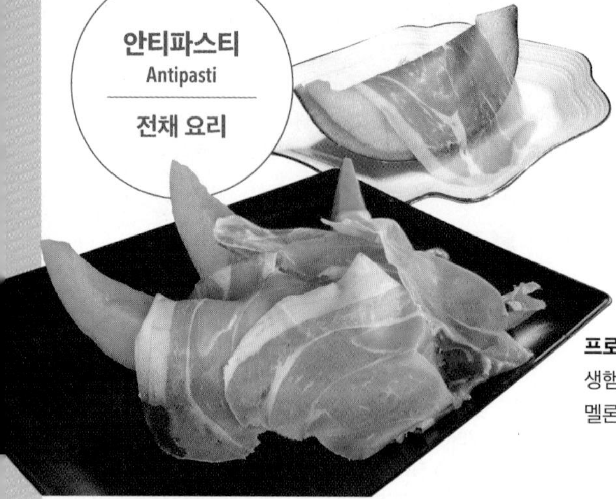

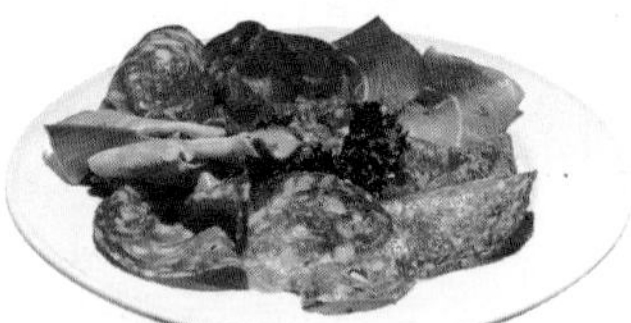

아페타티 미스티 Affettati Misti ★
이탈리아 전통 햄, 소시지 모둠

프로슈토 에 멜로네 Prosciutto e Melone ★★★
생햄(Prosciutto Crudo)과 멜론. 햄의 짠맛과
멜론의 달콤한 맛이 잘 어울린다.

카르파초 Carpaccio ★
얇게 썬 소고기 육회에 소스를
뿌리고 채소를 얹은 요리.
소고기 대신 문어나 관자,
생선회를 이용하기도 한다.

포르마지 디 부팔라
Formaggi di Bufala ★★★
촉촉한 버펄로 치즈와 신선한
토마토 또는 아보카도 등의
채소가 곁들여 나온다.

브루스케타 Bruschetta ★★
마늘을 발라 구운 바게트에 올리브유를
바르고 토마토, 햄, 새우, 버섯 등
다양한 재료를 얹어 먹는다.

수플리 Suppli ★★
주먹밥 모양의 튀김 요리. 안에는
미트 소스로 익힌 쌀과 치즈가 들어 있다.

카프레세 Caprese ★★★
토마토와 생 모차렐라 치즈를 번갈아 놓고
발사믹 드레싱과 올리브오일, 바질 잎을 올린
'카프리 섬의 샐러드(Insalata di Capri)'.

안티파스토 미스토 디 마레
Antipasto Misto di Mare ★
해산물 모둠 전채 요리. 각종 해산물에 올리브오일과 레몬을 첨가해 먹는다. 해산물 샐러드(Insalata di Mare)라고도 한다.

피오리 디 주카 Fiori di Zucca ★★★
치즈가 들어간 호박꽃 튀김

살모네 아푸미카토
Salmone Affumicato ★
훈제 연어. 우리나라 여행자들에게 가장 익숙한 전채 요리다.

크로스티니 Crostini ★★
오븐에 구운 빵을 작고 얇게 슬라이스해 다양한 토핑을 얹은 카나페

주페 Zuppe 수프

주파 디 치폴라
Zuppa di Cipolla ★★★
양파 수프

주파 디 파졸리
Zuppa di Fagioli ★
고소한 콩 수프

폴렌타 Polenta ★
옥수숫가루로 만든 곡물죽

미네스트로네 Minestrone ★★
토마토 채소 수프

콘토르니·인살라테 Contorni·Insalate 채소와 샐러드

인살라타 미스타 Insalata Mista ★★
토마토를 곁들인 채소 샐러드

파타테 알 포르노 Patate al Forno ★★
구운 감자

스포르마토 디 베르두레 Sformato di Verdure ★
여러 종류의 채소를 섞어 찐 요리. 요리 질감이 부드럽고 양이 적당해서 먹기에 좋다.

프리미 피아티
Primi Piatti
제1요리

파스타

스파게티 알 포모도로
Spaghetti al Pomodoro ★
토마토소스 스파게티.
가장 기본적이고 저렴한 메뉴다.

스파게티 알라 카르보나라 Spaghetti alla Carbonara ★★
관찰레(돼지 볼살로 만든 햄)나 판체타, 달걀, 치즈, 후추를 넣어 만든 파스타. 노른자가 익지 않도록 면을 살짝 식혀 섞는다. 크림을 넣는 우리나라식과 비교하면 수분이 훨씬 적고 짭조름하다.

카초 에 페페
Cacio e Pepe ★★
페코리노 치즈와 후추로만 맛을 낸 파스타.
로마를 상징하는 대표 파스타다.

스파게티 아이 프루티 디 마레/스파게티 알로 스콜리오
Spaghetti ai Frutti di Mare/Spaghetti allo Scoglio ★★★
토마토소스에 해산물을 듬뿍 얹은 스파게티

링귀니 알리(콘 글리) **스캄피**
Linguine agli(con gli) Scampi ★★★
납작한 링귀니 면 위에
커다란 가시발새우(스캄피)를 얹은 스파게티

파스타 알 페스토 Pasta al Pesto ★
볶은 바질 잎, 마늘, 파마산 치즈와 올리브오일을
갈아 만든 바질 페스토(Pesto alla Genovese)로 만드는
파스타. 칼로리가 적고 담백하다.

링귀니 파스타 알레 봉골레
Linguini Pasta alle Vongole ★★

조개(Vongole) 특유의 감칠맛과 탱글탱글한 링귀니 면발, 산뜻한 오일소스가 잘 어울리는 파스타. 스파게티 면을 사용하면 '스파게티 알레 봉골레(Spaghetti alle Vongole)'.

스파게티 콘 감베레티/감베리/감베로니
Spaghetti con Gamberetti/Gamberi/Gamberoni ★★★

작은/중간 크기/큰 새우 스파게티

부카티니 알라마트리차나
Bucatini all'Amatriciana ★★

토마토를 베이스로 판체타나 관찰레로 맛을 낸 아마트리차나 소스를 빨대 모양의 부카티니 면에 뿌린 다음 페코리노 치즈를 얹어 먹는다.

탈랴텔레 알 라구 알라 볼로녜세
Tagliatelle al Ragu alla Bolognese ★★★

다진 소고기, 채소, 토마토, 와인 등을 천천히 끓여 만드는 걸쭉한 고기소스 파스타. 탈랴텔레처럼 넓고 표면이 거친 면과 같이 먹어야 제맛이다.

펜네 알라라비아타 Penne all'Arrabbiata ★

고추를 넣은 매콤한 토마토소스와 통통한 펜네가 절묘하게 어우러진다.

스파게티/리소토 알 네로 디 세피아
Spaghetti/Risotto al Nero di Seppia ★★

오징어 먹물 스파게티/리소토. 베네치아에서 반드시 먹어야 할 별미다.

리소토 & 라사녜(라자냐) & 라비올리

라사녜 알라 볼로녜세
Lasagne alla Bolognese ★★★
넓게 편 밀가루 반죽에 고기와 우유,
파마산 치즈를 얹어 감싼 후 오븐에 구운 요리

라비올리 Ravioli ★★
소고기, 치즈, 달걀을 으깨어
넣은 이탈리아식 만두

라사냐 타르투포
Lasagna Tartufo ★★★
겹겹이 쌓인 라사녜 면에
더해진 베사멜소스와 치즈, 쫄깃한 버섯과
향긋한 트러플의 진한 풍미가 일품이다.

리소토 알라 밀라네세 Risotto alla Milanese ★
샤프란을 넣은 닭 육수에 쌀을 넣고 익혀
노란 빛깔을 띠는 밀라노식 리소토

카라멜레 디 파스타 프레스카 콘 페레 에 페코리노
Caramelle di Pasta Fresca con Pere e Pecorino ★
사탕처럼 생긴 이탈리아식 만두.
페코리노 치즈가 듬뿍 들어 있어 고소하다.

리소토 알라 밀라네세 콘 살시차
Risotto alla Milanese con Salsiccia ★
으깬 소시지를 넣은 리소토.
독특한 향과 맛이 난다.

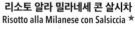

리소토 콘(알레)
카페산테 에 감브레리
Risotto con(alle)
Capesante e Gamberi ★★★
가리비 관자와 붉은 새우를
곁들인 리소토

알아두면 좋은 파스타 면 종류

이탈리아 파스타의 종류는 재료에 따라 150가지, 면의 길이와 모양에 따라 600가지가 넘을 정도로 다양하다. 주문 시 알아두면 편리한 대표적인 파스타 면들을 알아보자.

롱 파스타

스파게티 Spaghetti

푸실리 룽기 Fusilli Lunghi

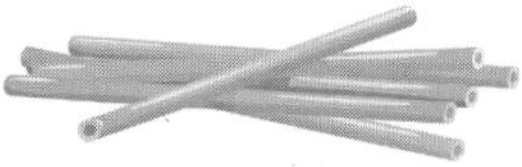

부카티니 Bucatini

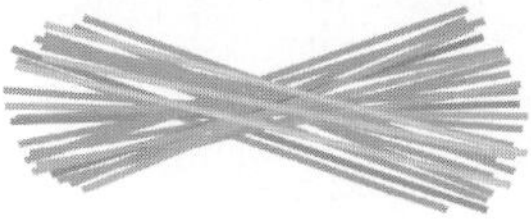

링귀네 Linguine

페투치네 Fettuccine

탈랴텔레 Tagliatelle

쇼트 파스타

푸실리
Fusilli

로티니
Rotini

리가토니
Rigatoni

펜네
Penne

파르팔레
Farfalle

로텔레
Rotelle

헷갈리는 해산물 용어 총정리

*메뉴판에 주로 쓰이는 대로 복수형으로 표기함

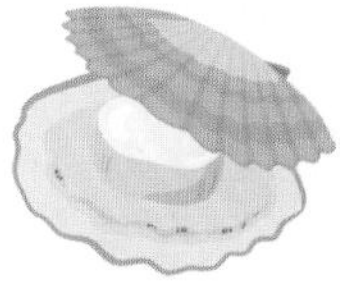

카페산테 Capesante
가리비

오스트리케 Ostriche
굴

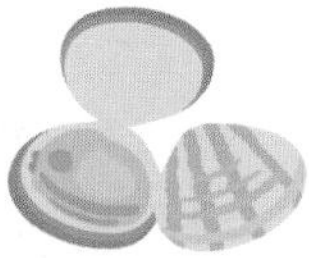

몰루스키 Molluschi/**봉골레** Vongole
대합/조개

폴피 Polpi/
피오브레 Piovre
문어

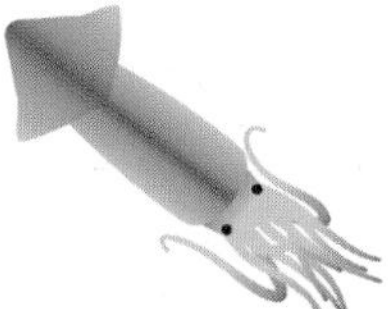

세피에 Séppie/
칼라마리 Calamari
오징어

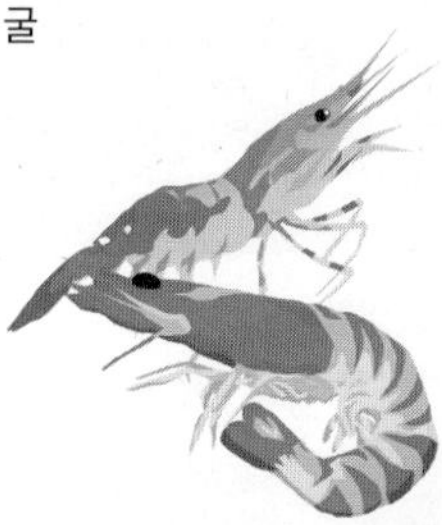

감베레티 Gamberetti/
감베리 Gamberi/
감베로니 Gamberoni
작은/중간 크기/큰 새우

마찬콜레 Mazzancolle 흰새우

스캄피 Scampi 가시발새우
(노르웨이 랍스터)

사르디니 Sardini
정어리

아추게 Acciughe/**알리치** Alici
멸치 또는 앤초비

코체 Cozze/
미틸리 Mìtili/
무스콜리 Muscoli
홍합

☗ 육류 요리

세콘디 피아티
Secondi Piatti

제2요리

비스테카 알라 피오렌티나
Bistecca alla Fiorentina ★★★

피렌체 전통 요리인 티본스테이크. T자 모양의 소의 허리뼈를 중심으로 한쪽에는 등심, 다른 한쪽에는 안심이 붙어 있어 2가지 부위를 맛볼 수 있다. 푸짐한 양에 놀라고, 고소한 맛에 또 한 번 놀란다.

필레토 알라 토스카나
Filetto alla Toscana ★

구운 스테이크를 자른 후 올리브 오일과 소스를 끼얹은 요리. 감자가 주로 곁들여 나온다.

비스테카 Bistecca ★★

그릴에 구운 스테이크

오소 부코 Osso Buco ★★

송아지 정강이 찜 요리. 젤리 형태의 골수를 스푼으로 떠먹는다. 대개 리소토 알라 밀라네세가 곁들여 나온다.

폴로 알라 그릴랴
Pollo alla Griglia ★★

그릴에 구운 닭 요리

코톨레타 알라 밀라네세 Cotoletta alla Milanese ★★★

뼈째 구운 밀라노식 송아지 고기 커틀릿. 송아지의 갈비나 등뼈에 붙은 살을 얇게 펴서 두드린 후 빵가루를 입혀 버터에 굽는다.

생선 요리

페셰 스파다 알라 그릴랴(피아스트라)
Pesce Spada alla Griglia(Piastra) ★★
황새치(페셰 스파다)를 토막 내 요리한 생선 스테이크. 쫄깃한 식감이 의외의 맛을 선사하며, 각종 허브와 오렌지, 레몬 등이 토핑돼 풍미를 더한다. 황새치 대신 참치(Tonno, 톤노)를 사용하기도 한다.

오라타 알라 그릴랴
Orata alla Griglia ★
도미 구이 요리

프리토 미스토 디 페셰/ 프리토 디 마레
Fritto Misto di Pesce/ Fritto di Mare ★★★
생선, 오징어 등 해산물 튀김 모둠 요리

칼라마로 리피에노
Calamaro Ripieno ★★
오징어 안에 다양한 재료를 넣은 요리. 건포도, 오징어, 빵가루, 채소 등 다양한 재료를 갈아 넣는다. 고소하고 짭짤해 식전 빵과 곁들이면 간이 딱 맞는다.

코체(주파 디 코체)
Cozze(Zuppa di Cozze) ★★
백포도주로 요리한 홍합 요리

칼라마리 프리티
Calamari Fritti ★★★
동글동글한 오징어 튀김. 한국에서 먹던 익숙한 맛이다.

아쿠아 파차 **Acqua Pazza** ★
해산물을 올리브오일과 마늘로 볶고 토마토, 파슬리, 화이트 와인 등을 넣어 해수로 끓여 만드는 이탈리아식 생선찜. 비슷한 요리로는 초피노(Cioppino), 카추코(Cacciucco), 구아체토(Guazzetto)가 있다.

피자
Pizza

피자의 본고장에서
만나는 정통 피자

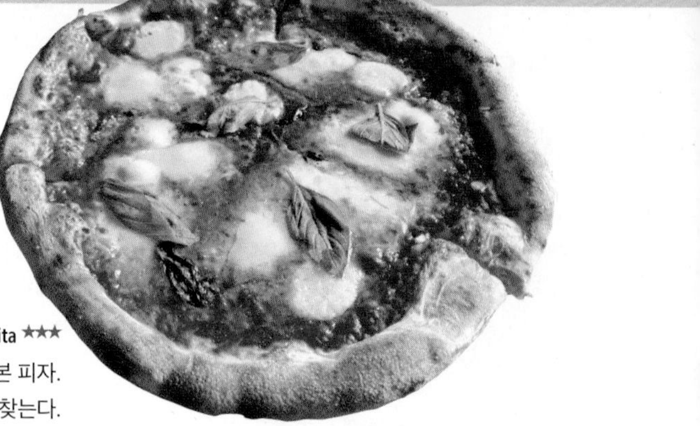

마르게리타 Margherita ★★★
주방장의 내공을 가늠할 수 있는 기본 피자.
가격도 저렴해서 여행자들이 가장 많이 찾는다.

프루티 디 마레
Frutti di Mare ★★★
홍합, 조개, 오징어 등 해산물이 들어간 피자. 비슷한 피자로는 '페스카토레(Pescatore, 해산물)'가 있다. 치즈를 올리지 않는 가게도 있다.

푼기 Funghi ★★
버섯을 올린 피자. 마르게리타 다음으로 우리나라 여행자들이 즐겨 먹는 피자다. 버섯은 여러 종류지만 주로 양송이 버섯을 쓴다.

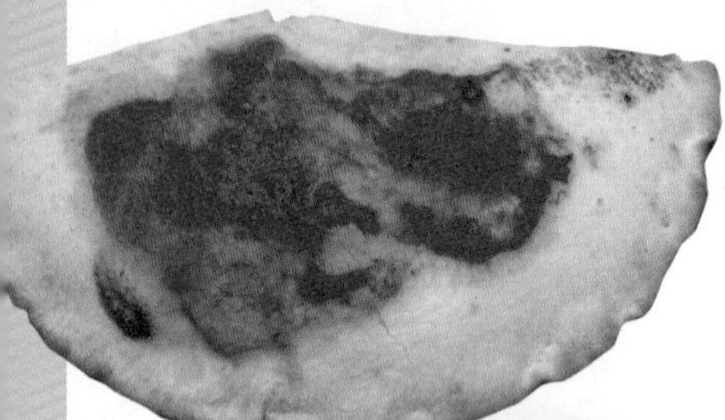

칼초네 Calzone ★★
반달 모양의 피자. 얇은 반죽 위에 버섯과 햄, 올리브, 치즈를 얹고 반으로 접어 구워낸다.

마리나라 Marinara ★
마르게리타와 함께 나폴리를 대표하는 피자. 토핑이라고는 토마토소스에 오레가노, 마늘이 전부인 전형적인 서민 음식으로, 토마토소스를 사용한 가장 오래된 스타일의 피자다.

멜란차네 Melanzane ★★★
토마토소스 위에 치즈와 가지를 얹어 구웠다.

판체로티 Panzerotti ★★
만두 형태의 튀김 피자

카프레세 Caprese ★★
토마토와 모차렐라 치즈,
바질 잎을 곁들여낸 피자

카프리초사 Capricciosa ★
'변덕스러운'이라는 뜻의 이름처럼
토마토, 훈제 햄, 올리브, 버섯,
모차렐라 치즈 등 제철 식재료를
푸짐하게 올린다.

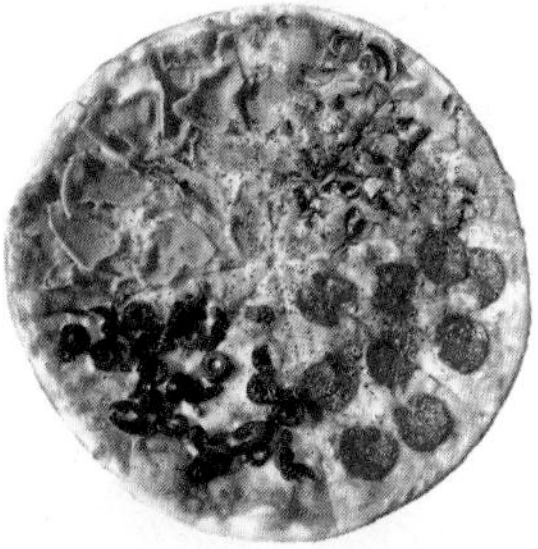

콰트로 스타조니 Quattro Stagioni ★
'사계'라는 뜻의 모둠 피자.
피자를 4등분해서 각기 다른 재료를
올리기 때문에 다양한 피자를
한번에 맛볼 수 있다.

로마나 Romana ★★
로마에서 시작된 피자로 둥근 모양의 피자는
도우가 얇고 크러스트가 크레커처럼 바삭하며,
주로 조각으로 잘라서 파는 네모난 모양의
피자는 포카차처럼 두껍다.
토핑을 자유롭게 선택할 수 있다.

★
이름만 보고 주문했다가 실패하기 쉬운 피자

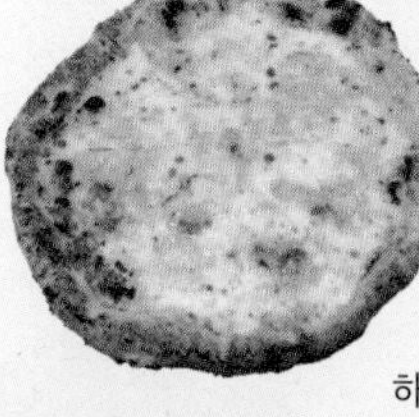

■ **콰트로 포르마지** Quattro Formaggi
4가지 치즈로 만든 피자. 이탈리아 전통 치즈를 정말 사랑하는 사람이 아니라면 한 조각 이상 먹기 힘들 정도로 짜니 신중하게 도전하자.

■ **나폴리타나** Napolitana
피자의 본고장 나폴리가 이름에 들어 있단 이유로 기대하고 주문했다가 크게 실망하는 피자 중 하나다. '피자 나폴리타나'는 나폴리에서 시작된 모든 피자를 뜻하지만 소금에 절인 생선인 앤초비를 처음 올린 곳이 나폴리다. 나폴리타나를 주문하면 앤초비가 올려져 나오는데, 비릿한 데다 짠맛이 강하다.

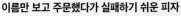

돌치
Dolci
디저트

티라미수 Tiramisu ★★★
커피에 적신 사보이아르디 쿠키와 마스카르포네 치즈 크림을 겹겹이 쌓은 후 코코아 파우더를 뿌린 전통 디저트. 냉장 보관해서 차게 먹어야 제맛!

토르타 초콜라토 콘 젤라토
Torta Cioccolato con Gelato ★
초콜릿 케이크와 젤라토

론도 코코 에 초콜라타
Rondo Cocco e Cioccolata ★★
초콜릿이 바닐라 맛 젤라토를 감싸고 있는 디저트

피콜라 파스티체리아
Piccola Pasticceria ★
조각 케이크. 식당마다 다양한 맛과 모양으로 만들어낸다.

토르타 알라 프루타
Torta alla Frutta ★
여러 과일로 맛과 모양을 낸 파이

크로스타타 디 프라골리네
Crostata di Fragoline ★★★
새콤달콤한 산딸기 타르트

바치 디 다마 Baci di Dama ★
'부인의 키스'라는 뜻을 가진 피에몬트 지방의 전통 헤이즐넛 쿠키. 안에는 초콜릿이 들어 있다.

그라니타 Granita ★★
딸기, 레몬, 라임 등의 과일에 설탕, 와인(샴페인), 얼음을 넣고 간 시칠리아식 슬러시

칸놀리(칸놀로) Cannoli(Cannolo) ★★★
속이 빈 튜브 모양 반죽을 튀겨 그 안에 치즈나 크림을 채워 넣은 시칠리아 전통 과자. 리코타 치즈에 단맛을 첨가하거나 커스터드 크림을 넣는다.

프라골라·프루타
Fragola·Frutta ★
딸기 또는 제철 과일

판나코타 Panna Cotta ★★
생크림에 설탕과 우유, 젤라틴을 넣어 만드는 달콤한 푸딩

아포가토 Affogato ★★
바닐라 아이스크림에 에스프레소나 리큐어, 홍차 등 다양한 음료를 부어 먹는 디저트

마리토초 Maritozzo ★★★
부드럽고 둥그런 브리오슈 안에 생크림을 채워 넣은 로마의 전통 디저트. 복수형은 'Maritozzi'

코파 젤라토 Coppa Gelato ★
컵에 담아주는 젤라토. 테이크아웃해서 콘으로 먹을 때보다 가격이 비싸다.

밀레폴리에 Millefoglie ★★★
커스터드 크림이 가득한 페이스트리 케이크. 프랑스 디저트인 밀푀유(Mille-Feuille)의 이탈리아식 버전이다.

베반데·카페·비라·비노 Bevande·Caffè·Birra·Vino

음료수·커피·맥주·와인

이탈리아에서는 술이나 음료, 커피 등을 바(Bar)에서 마실 경우 똑같은 것이라도 자리에 따라 값을 다르게 매기는 곳이 많다. 대개 서서 마시는 바 테이블, 실내 좌석, 거리의 테이블 순서로 가격이 비싸진다.

아콰 나투랄레(페트병)과 아콰 미네랄레(병). 각각 1/2L로, 500mL라고 표시하기도 한다.

아콰 나투랄레 Acqua Naturale
우리가 일반적으로 마시는 물. 1/4L, 1/2L, 1L 또는 병(1/2Bottiglia, 1Bottiglia) 단위로 판다.

아콰 미네랄레 Acqua Minerale
약탄산수. 레몬을 넣어 마시면 맛있다. 1/4L, 1/2L, 1L 또는 병(1/2Bottiglia, 1Bottiglia) 단위로 판다.

비라 Birra
맥주. 0.20L, 0.33L, 0.40L 등의 단위로 잔에 담아준다. 병 또는 캔 단위로 파는 곳에서는 맥주 브랜드가 적혀 있다.

비노 Vino
와인. 1잔 또는 1/4L, 1/2L, 1L 단위로 병에 담아 낸다.

카페 Caffè
커피. 고온·고압으로 빠르게 뽑아낸 에스프레소(Espresso)를 의미하기도 한다.

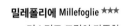

GOURMET 2

PANINO (PANINI)

이탈리아 길거리 음식의 꽃

파니노(파니니)

담백한 빵 사이에 치즈, 채소, 햄 등의 재료를 간단히 넣은 이탈리아식 샌드위치를 파니노('파니니'는 파니노의 복수형)라고 부른다. 우리나라에서는 그릴 팬으로 살짝 눌러 따끈하게 먹는 '그릴 파니니'가 일반적이지만 이탈리아에서는 차가운 파니노도 많이 먹으며, 육류와 생선뿐 아니라 과일, 초콜릿, 아이스크림 등 속재료가 다양하다.

별걸 다 넣는 샌드위치계 끝판왕

햄과 치즈는 물론, 인근 농가에서 생산한 싱싱한 제철 식재료를 십분 활용해 지역마다 다른 현지 식문화를 고스란히 엿볼 수 있다는 것이 파니노의 큰 장점 중 하나다. 성인 2명이 나눠 먹어도 될 정도로 양이 많다는 것도 인기 비결. 와인과 곁들여 먹을 수 있는 곳도 있다.

파니노 야무지게 주문하기

이탈리아 전통 햄 살루메와 소시지, 치즈, 채소, 소스를 입맛대로 골라 파니노를 만들거나 메뉴판에서 추천 조합을 골라 주문하면 된다. 재료 선택이 맛의 성패를 좌우하는데, 생햄이나 꼬릿한 숙성 치즈 향에 익숙하지 않다면 매콤한 살라미와 고소한 생치즈를 선택하자. 채소는 올리브유에 절인 선드라이드 토마토나 구운 가지가 무난하다. 여기에 매운맛 소스나 크림을 기호에 맞게 추가해 입맛에 맞는 인생 파니노를 만들어보자.

★

파니노 & 피자에 자주 쓰이는 용어

그레넬라 Granella 거칠게 다진
살레 Sale 소금
세키 Secchi 말린
스타조나토 Stagionato 숙성한
아로스토 Arrosto 구운
아푸미카타 Affumicata 훈제
크레마 Crema 크림
프레스코 Fresco 신선한
페페 Pepe 후추
피칸테/피칸티 Picante/Piccanti 매운

파니노 4대 빵

파니노는 '빵'을 뜻하는 '파네(pane)'에 '작고 귀여운 것'에 애칭처럼 사용되는 어미 '이노(ino)'를 붙인 것으로, 말 그대로 '작은 빵' '롤빵'을 의미한다. 우유, 달걀, 버터를 넣지 않아 담백한 맛이 난다.

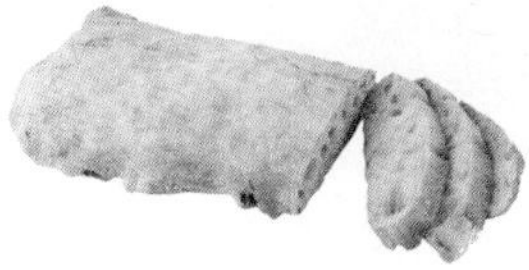

1 치아바타 Ciabatta

밀가루에 물, 이스트, 소금, 올리브오일만 넣은 넓적한 모양의 빵. 반죽이 빠르게 부풀어 커다란 기포가 생성되면서 겉은 바삭, 속은 촉촉하고 쫄깃해진다. '이탈리아 국민 빵'이라고 불릴 만큼 사랑받는다.

2 미케타 Michetta·로세타 Rosetta

반죽이 부풀어 속이 비어 있는 별(또는 장미) 모양의 빵. 딱딱한 껍질이 감싸고 있어 겉은 바삭하지만 속은 부드럽고 고소하다. 북부에서는 미케타, 중·남부에서는 로세타로 부른다.

3 포카차 Focaccia

밀가루와 이스트, 소금, 허브 등을 넣어 구운 납작한 모양의 빵. 지역마다 명칭과 맛, 모양이 다르지만 폭신폭신하고 구수한 맛이 특징이다. 바삭하게 구워서 토핑을 올리거나 반으로 갈라 속재료를 넣어 먹는다.

4 스키아차타 Schiacciata

토스카나식 포카차. 밀가루, 물, 이스트, 소금, 올리브오일을 넣어 반죽한 후 소금을 뿌리고 올리브오일을 발라 화덕에서 굽는다. 바삭하고 고소하며 짭짤해서 사이드 디시나 간식으로도 그만이다.

알아두면 주문이 쉬워지는 파니노 & 피자 인기 재료

베르두라
Verdura
채소

알리오 Aglio
마늘

치폴라 Cipolla
양파

멜란차나 Melanzana
가지

포모도리니 Pomodorini
방울 토마토

포모도로 Pomodoro
토마토

파타테 Patate
감자

스피나치 Spinaci
시금치

피스타키오 Pistachio
피스타치오

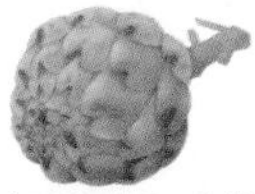

카르초피 Carciofi
아티초크

루콜라 Rucola
로켓 샐러드

바실리코 Basilico
바질

타르투포 Tartufo
트러플

푼기 Funghi
버섯

포르치니 Porcini
포르치니 버섯

주키네 Zucchine
서양 호박

살루메 Salame

생햄 & 베이컨

고기를 염장, 자연 건조, 발효, 숙성시켜 만드는 생햄 & 베이컨. 살루메는 단수형이며, 복수형은 살루미(Salumi)다.

판체타 Pancetta ★★

돼지 뱃살(삼겹살)로 만드는 이탈리아식 베이컨. 흑후추로 양념해 느끼한 맛이 덜하다.

브레사올라 Bresaola ★

지방이 거의 없는 소고기를 바싹 말려 매우 딱딱하게 만드는 햄

프로슈토 Prosciutto ★★★

살루메의 대명사격인 햄. 돼지 뒷다리 중 넓적다리 부분을 10~18개월 숙성시켜 만든다. 생햄(프로슈토 크루도 Prosciutto Crudo)과 익힌 햄(프로슈토 코토 Prosciutto Cotto)으로 나뉜다.

스펙 Speck ★★★

훈제 프로슈토

살라미·살시차·소시지 Salami·Salsiccia·Sausage

소시지류

살라미는 다진 고기를 매운 고추를 비롯한 매콤한 향신료로 양념해 자연 건조, 발효, 숙성시킨 생소시지를 말한다. 대개 얇게 썰어서 그대로 먹지만 팬에 구워 먹기도 한다. 살시차는 고기와 지방, 각종 향신료를 함께 갈아 천연 케이싱(소시지 껍질)에 넣은 뒤 익히지 않은 상태로 유통되는 이탈리아식 소시지를 총칭한다. 익혀 나와 바로 먹을 수 있는 일반적인 '소시지'와 구분해서 부르며, 지방 함유량이 높고 짠맛이 강하다.

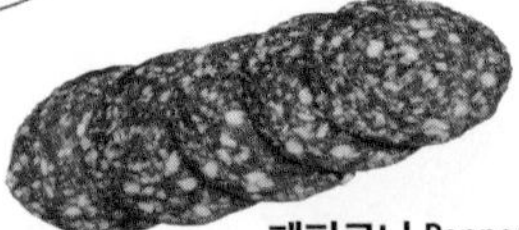

페퍼로니 Pepperoni ★★★

미국식 살라미 피칸테(Salami Picante, 매운 살라미)

엔두야(은두자) Nduja ★

잼처럼 발라 먹는 살라미. 주로 구운 빵 위에 발라 리코타 치즈나 부라타 치즈와 함께 먹는다.

모르타델라 Mortadella ★★★

곱게 간 돼지고기에 돼지 비계와 후추, 피스타치오 등을 섞어 굵게 만드는 소시지. 씹을수록 고소한 맛이 나고 식감이 부드럽다. 볼로냐의 특산물로, '볼로냐 소시지'로도 불린다.

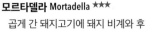

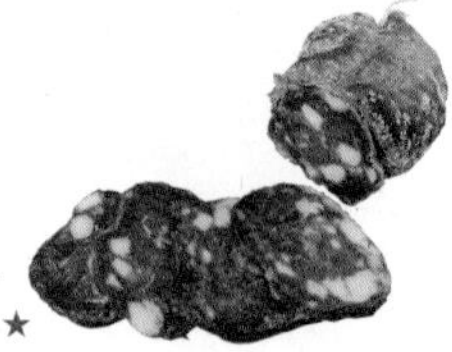

소프레사타 Soppressata ★

이탈리아 남부 칼라브리아주에서 즐겨 먹는 살라미. 지방의 눅진한 풍미와 각종 향신료의 감칠맛을 강하게 품고 있다. 토스카나주에서는 익히지 않은 상태의 살시차로 만든다.

포르마지
Formaggi

치즈

파르미자노 레자노
Parmigiano-Reggiano ★★★
'파마산 치즈'로 불리는 에밀리아 로마냐주 파르마 지역의 특산품. 특유의 풍미와 진한 맛으로 세계인의 입맛을 사로잡았다.

> ★
> **파르미자노 레자노 치즈 등급**
> 숙성 정도에 따라 아래 4가지로 분류한다.
> 조바네(Giovane): 1년 숙성
> 베키오(Vecchio): 2년 숙성
> 스트라베키오(Stravecchio): 3년 숙성
> 스트라베키오네(Stravecchione): 4년 이상 숙성

고르곤졸라 Gorgonzola ★
이탈리아 대표 블루 치즈. 톡 쏘는 향과 짠맛이 특징이다.

탈레조 Taleggio ★
은은한 감칠맛과 단맛, 약간의 신맛이 느껴지는 워시 타입 치즈. 숙성이 오래될수록 감칠맛이 진해진다.

페코리노 Pecorino ★★
양젖으로 만든 경성치즈. 꼬릿한 향이 나고 부드러우면서 진한 맛이 일품!

모차렐라 Mozzarella ★★★
수분 함유량이 높아 부드럽고 쫀득한 생치즈. 물소 젖으로 만들면 '모차렐라 디 부팔라(Mozzarella di Bufala)', 우유로 만들면 '(모차렐라) 피오르 디 라테((Mozzarella) Fior di Latte)'로 부르기도 한다.

폰티나 Fontina ★★
무살균 우유를 3달가량 숙성시켜 만드는 연질 치즈. 열을 가하면 부드럽게 녹는다. 견과류와 같은 고소한 맛과 단맛이 있다.

리코타 Ricotta ★★★
치즈를 만들 때 생기는 유청으로 만드는 생치즈. 고소하고 부드럽다.

프로볼로네 Provolone ★★
모차렐라를 숙성시켜 만든 쫀득하고 말랑말랑한 치즈. 우리가 아는 짭조름하고 고소한 치즈맛이 나며, 열을 가하면 실처럼 늘어난다. 우유로 만들어 부드럽고 단맛이 나는 돌체(Dolce), 양젖을 오래 숙성시켜 진한 풍미와 알싸함이 느껴지는 피칸테(Piccante)로 나뉜다.

부라타 Burrata ★★★
자르면 부드러운 속이 흘러나오는 공 모양의 생치즈

스카모르차 Scamorza ★★
모차렐라를 끈으로 묶어 숙성·건조시킨 눈사람 모양의 치즈

스트라키노 Stracchino ★★
우유로 만드는 크림 타입의 생치즈. 2주 정도 짧게 숙성하기도 한다.

이탈리아는 세계에서 와인을 가장 많이 생산하는 나라다. 나라 전체가 온통 포도밭이라는 말이 있을 정도로 전 국토에서 골고루 와인을 생산하고 있으며, 행정구역과 와인 산지를 일치시킬 정도로 와인에 진심이다. 국토가 남북으로 길다 보니 지역별로 토양과 기후가 달라 생산되는 와인의 향과 맛도 크게 다르다. 이탈리아 3대 스파클링 와인 프로세코를 베이스로 만드는 스프리츠는 이탈리아 식전주 문화를 대표하는 칵테일로, 매년 전 세계적으로 4억5000만 잔이 팔릴 정도로 대중적인 술이다.

이탈리아에서 와인 쉽게 사는 방법

1 숙소에서 가까운 슈퍼마켓을 찾아가자

이탈리아의 슈퍼마켓은 우리나라의 웬만한 와인 전문점 만큼이나 다양한 와인을 갖추고 있다. 3~20€의 저렴한 와인 위주로 갖추고 있어 부담 없이 와인을 고를 수 있다.

2 와인 병목을 살펴보자

와인 병목의 라벨은 이탈리아 와인 등급(D.O.C) 중 최상급인 'D.O.C.G' 등급 와인의 표식이다. 물론 'D.O.C.G' 등급에 속하지 않으면서도 맛과 향이 우수한 와인도 있지만 와인 초보자는 라벨이 붙은 와인 중 하나를 고르면 실패할 확률이 적다. 레드 와인은 와인 병목에 분홍색 라벨이 붙어 있고, 화이트 와인은 연두색 라벨이 붙어 있다.

3 그래도 고르기 어렵다면

레드 와인은 키안티(Chianti), 화이트 와인은 오르비에토(Orvieto)를 고르자. 'D.O.C.G' 등급의 와인 중 이탈리아에서 가장 유명한 와인이다. 키안티 와인 중 고급 와인에 속하는 키안티 클라시코(Chianti Classico)는 분홍색 라벨에 검은 수탉 그림이 그려져 있다.

이탈리아의 와인 등급

DOCG
(Denominazione di Origine Controllate e Garantita)
최상급 와인

DOC
(Denominazione di Origine Controllate)
상급 와인

IGT
(Indicazione Geografica Tipica)
중급 와인

VdT
(Vino da Tavola)
테이블 와인. 이탈리아 와인의 90%에 해당한다.

와인 라벨 보는 법

Rosso	레드
Bianco	화이트
Rosato	분홍빛(로제) 와인
Secco	단맛이 없는
Dolce	단맛이 매우 많은
Spumante	강한 탄산
Frizzante	약한 탄산
Tenuta	지역
Cantina	와이너리
Annata 또는 **Vendemmia**	포도 수확 해(빈티지)

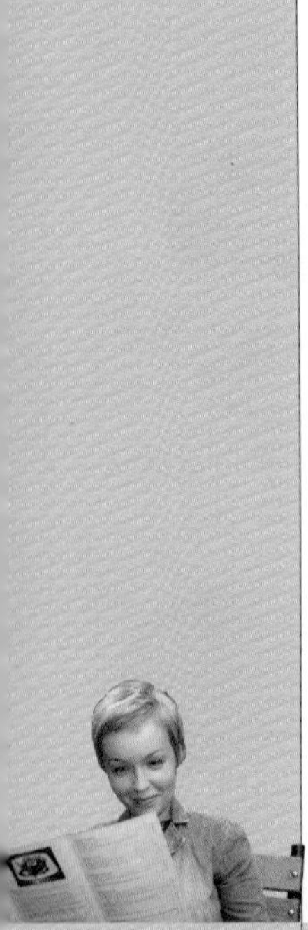

와인 칵테일, 스프리츠 Spritz

우리나라의 홈파티에서도 인기를 얻기 시작한 스프리츠는 '아페리티보(저녁 식사 전 간단한 주전부리와 함께 낮은 도수의 술을 즐기는 이탈리아 문화)'의 본고장 이탈리아의 대표적인 아페리티보 음료다. 빅사이즈 와인 잔에 얼음을 깔고 이탈리아 대표 스파클링 와인으로 통하는 프로세코(Prosecco)와 붉은색 계열의 비터(Bitters), 탄산수를 섞고 오렌지 슬라이스를 넣어 만드는 스프리츠는 톡 쏘는 청량감과 쌉쌀한 맛이 특징인 아이스 칵테일이다. 이탈리아 어느 레스토랑에서나 마실 수 있는데, 특히 베네치아에서는 얇게 썬 빵 위에 간단한 음식을 올린 핑거푸드 '치케티(Cicchetti)'와 찰떡궁합을 이루어 더욱 인기가 높다.

1 스프리츠 맛의 포인트, 비터

스프리츠는 19세기 합스부르크 제국에서 파견 나온 군인들이 베네토 지방의 와인이 독하다며 물을 타서 마시면서 생겨난 음료다. 20세기 들어 여기에 비터(쓴맛 계열의 리큐어)를 넣어 쌉쌀한 맛과 허브 향을 추가하면서 지금의 조합이 형성되었다. 스프리츠에는 수십 가지의 허브를 넣어 특유의 쌉쌀한 맛이 나고 과일 향이 진한 선홍색의 비터, 캄파리(Campari)나 아페롤(Aperol)을 주로 사용한다.

2 레시피는 동네마다 가지각색!

국제 바텐더 협회 공인 비율은 프로세코 3, 비터 2, 탄산수 한두 방울이지만 실제로 그 비율은 동네마다 가게마다 다르다. 이탈리아 바에서 애용하는 레시피는 아페롤 또는 캄파리 1/3 + 프로세코 1/3 + 탄산수 또는 소다 1/3 의 비율. 오렌지 슬라이스 대신 올리브를 넣는 곳도 있다. 다양하게 마셔보고 취향에 맞는 나만의 조합을 찾아보자.

와인과 스프리츠의 단짝 친구, 치케티 Cicchetti

베네치아의 전통 안주인 치케티는 바싹하게 구운 바게트 위에 연어와 새우, 문어, 가재, 프로슈토, 올리브, 삶은 달걀 등 다양한 토핑을 얹고 이쑤시개에 꽂아 한 접시에 담는 오픈 샌드위치다. 스페인의 타파스나 핀초처럼 시간에 상관없이 전채나 간식, 간단한 끼니 대용으로 먹는다. 바카리(Bàcari)나 오스테리아(Osteria)라 불리는 작은 바에서 와인이나 스프리츠에 곁들여 먹으며, 가격도 2~3€ 정도로 저렴해 부담이 없다.

이탈리아 추천 와인 리스트

❶ 키안티 Chianti

이탈리아를 대표하는 와인. 경쾌한 맛과 저렴한 가격으로 대중적인 사랑을 받고 있다. 분홍색 라벨에 검은 수탉이 그려진 키안티 클라시코가 최상급으로 꼽힌다.

지역 / 품종 토스카나주(피렌체와 근교) / 산조베제
등급 D.O.C.G
당도 ●●◐○○
특징 신맛이 도드라지고 경쾌함
어울리는 음식 피자, 그릴 요리, 브뤼 치즈 등

❷ 브루넬로 디 몬탈치노 Brunello di Montalcino

토스카나를 대표하는 고급 와인. 국내에서 100만 원을 호가하는 와인이 있을 정도로 빈티지와 와이너리에 따라 가격 차이가 크다.

지역 / 품종 토스카나주(피렌체와 근교) / 산조베제
등급 D.O.C.G
당도 ●●○○○
특징 단단하고 견고한 맛. 밝은 오렌지빛과 심홍색을 띤다.
어울리는 음식 등심구이, 버섯 요리, 파마산 치즈 등

❸ 오르비에토 Orvieto

화이트 와인. 교황이 즐겨 마시는 것으로 유명하다. 우리나라에서 가장 인기 있는 종류는 'Campogrande, Orvieto Classico'이니 선물 구매 시 참고하자.

지역 / 품종 라치오주(로마 근교) / 프로카니코, 그레케토, 베르델로 등
등급 D.O.C.G
당도 ●●○○○
특징 밝은 노란빛과 창백한 초록빛이 어우러진 아름다운 화이트 와인
어울리는 음식 샌드위치, 전채 요리, 살짝 데친 해산물 요리 등

Rasena, Orvieto Classico Amabilb

❹ 프란차코르타 Franciacorta

코모 호수 주변에서 만들어지는 스파클링 와인(샴페인). 롬바르디아주 사람들은 샴페인을 프란차코르타라고 할 만큼 이 와인에 대한 자부심이 높다.

지역 / 품종 롬바르디아주(밀라노 근교) / 샤르도네, 피노 비안코, 피노 네로
등급 D.O.C.G
당도 ●●●●○
특징 샴페인처럼 톡 쏘면서 단맛이 강하다.
어울리는 음식 디저트 와인, 샐러드, 해산물 요리

★

식당에서는 하우스 와인을 주문하자

식당에서는 이것저것 고민할 필요 없이 하우스 와인을 주문하면 된다. 하우스 와인은 가볍게 한두 잔 마시고자 하는 손님을 위해 식당에서 항상 비치해놓는 와인으로 메뉴판에는 이탈리아어로 'Vino della Casa'라고 써 있다. 고기 요리에는 주로 레드 와인(Rosso)을, 해산물 요리에는 화이트 와인(Bianco)을 주문한다. 와인 양은 1잔(Bicchiere), 1/4L, 1/2L, 1L 단위로 판매하며, 1인당 1잔씩 또는 2인당 1/4L를 주문하면 적당하다.

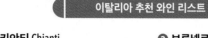

★

와인 가게용 간단 이탈리아어

- **비앙코**(Bianco): 화이트
- **로소**(Rosso): 레드
- **로자토**(Rosato): 로제
- **트란퀼로**(Tranquillo): 일반 와인
- **프리찬테**(Frizzante): 저압성 스파클링 와인
- **스푸만테**(Spumante): 고압성 스파클링 와인
- **프로세코**(Prosecco): 베네토주와 프리울리베네치아줄리아주에서 생산한 스파클링 와인
- **글레라**(Glera): 프로세코를 만드는 청포도 품종
- **비노 다 타볼라**(Vino Da Tavola): 테이블 와인
- **아이 리트로**(Ai Litro): 리터당
- **보틸리에**(Bottiglie): 보틀/병
- **비키에리**(Bicchieri): 글라스/잔

❺ 소아베 Soave

아스티, 오르비에토와 함께 이탈리아 3대 화이트 와인으로 꼽힌다. 'Recioto di Soave, Amabile'가 가장 유명하다.

지역 / 품종 롬바르디아주 / 가르가네, 피노 비안코, 샤르도네, 트레비아노 디 소아베
등급 D.O.C.G
당도 ●●●●○
특징 스파클링 와인, 드라이 와인, 디저트 와인 등 종류가 다양하다.
어울리는 음식 디저트 케이크, 아이스크림 등

❻ 마르살라 Marsala

시칠리아 마르살라(Marsala)에서 포트와인(발효 중 브랜디를 넣은 주정 와인)으로 제조된 와인으로 대부분 요리주로 쓰인다.

지역 / 품종 시칠리아(마르살라) / 포트와인
등급 D.O.C.G~VdT
당도 ●●●●○
특징 향이 강하고 달아서 비린내와 풋내를 잡아준다. 디저트 와인으로도 즐긴다.
어울리는 음식 케이크, 쿠키 등(시음용)

❼ 모스카토 Moscato

시칠리아의 포도 품종인 모스카토는 여러 지역에 유입돼 다양한 와인으로 만들어졌다. 디저트 와인으로 모스카토 다스티(Moscato d'Asti), 모스카토 디 노토(Moscato di Noto), 모스카토 디 판텔레리아(Moscato di Pantelleria) 등이 유명하다.

지역 / 품종 피에몬테주(아스티), 시칠리아(노토, 판텔레리아) / 모스카토
등급 D.O.C
당도 ●●●●○
특징 약한 발포성 와인
어울리는 음식 케이크, 쿠키 등

❽ 에트나 Etna

시칠리아 동부의 활화산 에트나(Etna) 주변에서 생산되는 강렬한 맛의 와인. 레드 와인은 에트나 로소(Etna Rosso), 화이트 와인은 에트나 비안코(Etna Bianco)로 불린다.

지역 / 품종 시칠리아(에트나 산 근교) / 카리칸테, 네렐로, 카타라토
등급 D.O.C
당도 ●○○○○
특징 알싸한 맛이 강하다.
어울리는 음식 스테이크, 바비큐, 해산물 요리 등

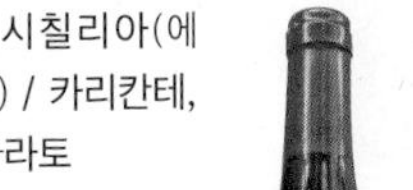

❾ 로소 델 콘테 Rosso del Conte

시칠리아 최고 품종 네로 다볼라(Nero d'Avola) 로 만들어진 와인. 드라이한 맛과 선명한 붉은색이 특징으로 시칠리아 와인의 고급화를 이끌었다.

지역 / 품종 시칠리아 / 네로 다볼라
등급 D.O.C
당도 ●●○○○
특징 풍부한 과일 향과 꽃 향이 가득한 우수한 밸런스의 와인
어울리는 음식 스테이크, 치즈 등

젤라토

1일 1젤라토는 '국룰'

이탈리아에서 시작된 젤라토는 과일과 견과류 등 천연 재료를 넣어 만든 수제 아이스크림이다. 특유의 쫀득한 식감과 깊고 풍성한 젤라토 맛은 역시 본토를 따라갈 수가 없다.

젤라토 Best 20

❶ 리소 Riso : **쌀**
인기 No.1 젤라토. 쫀득함과 부드러움으로 취향 저격!

❷ 프라골라 Fragola : **딸기**
새콤달콤한 딸기 맛이 제대로 느껴진다.

❸ 피스타키오 Pistachio : **피스타치오.**
고소한 젤라토의 최강자!

❹ 앙구리아 Anguria : **수박**
시원한 수박 맛 젤라토. 수박씨처럼 콕 박힌 것은 초콜릿이다.

❺ 크레마 Crema : **크림**
마음까지 사르르 녹이는 부드러움

❻ 아마레나 Amarena : **체리와 우유**
달콤한 체리와 부드러운 우유의 절묘한 만남

❼ 피오르 디 라테 Fior di Latte : **우유**
담백하고 깔끔한 맛을 좋아한다면 놓칠 수 없다.

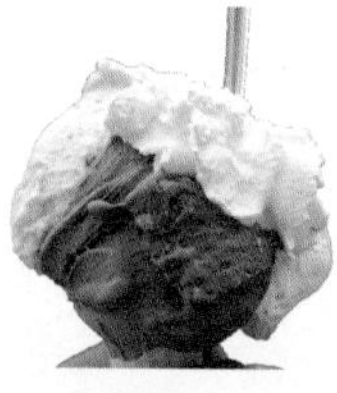

❽ 초콜라토 Ciocolatto : **초콜릿**
에너지 충전엔 역시 진하고 달콤한 초콜릿이 정답!

❾ 아나나스 Ananas : **파인애플**
여름에 인기! 상큼함이 폭발하는 젤라토

⑩ 티라미수 Tiramisu :
치즈·초콜릿
젤라토로 완벽하게 변신한
티라미수

⑪ 크레마 리모네 Crema Limone :
레몬 크림
레몬의 성지, 남부 해안도시들이
자랑하는 맛

⑫ 카페 Caffè : **커피**
이탈리아의 두 가지 자부심,
젤라토와 커피가 만났다.

⑬ 마넷 Manet : **피스타치오·**
헤이즐넛 초콜릿
고소함과 단짠단짠의
기막힌 조화

⑭ 망고 Mango : **망고**
달달한 열대과일과 쫀득한 젤라토는
찰떡궁합이다.

⑮ 요구르트 Yogurt : **플레인 요거트**
여성 여행자들에게 특히 사랑받는
요거트 맛 젤라토

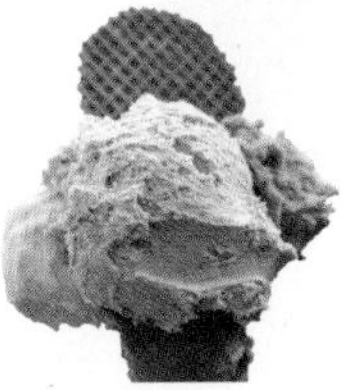

⑯ 노촐라 Nocciola : **헤이즐넛**
깊고 고소한 헤이즐넛의 풍미가
고스란히 느껴진다.

⑰ 스트라차텔라
Stracciatella : **초코칩**
바삭바삭 씹히는
초코칩에 기분 업!

⑱ 바닐랴 Vaniglia :
바닐라
정통 젤라토의 품격이란
이런 것!

⑲ 멜로네 Melone :
멜론
멜론의 향과 부드러움을
품었다.

⑳ 판나코타 Panna Cotta :
크림·우유·젤라틴
이탈리아어로
'요리한 크림'이란 뜻.
혀에 닿자마자 '순삭'

젤라토 주문 요령

'카사(Cassa)'라고 써 있는 계산대에서 사이즈와 콘(Cono) 또는 컵(Coppetta)을 선택해 계산한다. 사이즈는 상점마다 조금씩 다르지만 2가지 맛을 고를 수 있는 2.50~4€의 사이즈가 적당하다. 콘과 컵은 취향에 따라 고르면 되는데, 젤라토는 빨리 녹기 때문에 처음 먹는 여행자에게는 컵이 더 편리하다. 계산한 후 젤라토 앞의 종업원에게 영수증을 보여주고 젤라토를 고르면 된다. 사람이 많으면 종업원은 눈이 마주친 손님부터 상대하기 때문에 따로 줄이 없다. 눈치껏 영수증을 내미는 방법밖에 없으니 참고하자.

에스프레소와 카푸치노의 발상지 이탈리아에서 커피 투어를 빼놓을 수 없다. 지중해의 햇살을 듬뿍 받은 노천카페에 앉아 세상에서 가장 맛있는 커피 한 잔을 즐겨보자. 참고로 이탈리아 사람들은 우유가 든 커피를 아침 식사 대용으로 생각하기 때문에 아침 식사 이후에 카페 라테나 카푸치노를 마시면 조금 의아하게 여긴다.

원두 맛이 제대로네, 에스프레소 Caffè Espresso

이탈리아에서 '카페(Caffè)'는 보통 에스프레소를 의미한다. 에스프레소는 에스프레소 머신을 이용해 뜨거운 물과 높은 압력으로 '빠르게 추출(espresso)'한 커피로, 한 잔을 추출하는 데 20~30초가 걸린다. 풍부하고 강한 맛이 특징이며, 드립 커피보다 카페인 함유량이 적다. 에스프레소 머신은 이탈리아 북부 출신인 안젤로 모리온도가 1884년에 발명하고 특허를 받았지만 수 세기 전부터 커피 원액을 즐겨온 나폴리의 에스프레소 문화를 그 역사의 출발점으로 본다.

1 그 유명한 에스프레소는 어디서 마시나요?

에스프레소 원조 국가답게 오늘날 이탈리아에서는 에스프레소가 하루 3천만 잔 이상 소비되고 있다. 에스프레소 바는 이탈리아에서 가장 흔한 매장 형태로, 의자도 없는 작은 매장에서 커피를 주문한 뒤 선 채로 마시고 가게를 나가는 것이 이탈리아식 커피 문화다.

2 진한 쓴맛과 단맛, 그 사이 어딘가

에소프레소는 높은 압력을 가해 급속도로 추출한 만큼 산화가 빠르다. 세 모금 안에 모두 마시는 게 가장 이상적인 방법! 잘 뽑아낸 에스프레소에는 황금빛 크레마가 두껍게 생기는데, 보통 설탕을 넣었을 때 바로 가라앉지 않고 3초 이상 지탱해야 '훌륭한 에스프레소'라 할 수 있다. 현지인들은 설탕을 넣은 다음 젓지 않고 쓴맛부터 즐기다가 바닥의 설탕이 눅진히 녹은 에스프레소로 달콤함을 느끼며 마무리하기도 한다.

3 에스프레소 주문 요령

에스프레소 바에 들어서면 먼저 바리스타와 눈을 마주친 뒤 "본조르노(Buongiorno, 오전·오후 인사)" 또는 "부오나세라(Buonasera, 저녁 인사)"하고 인사를 건네고 바로 "운 까페, 빼르 파보레(Un caffè, per favore, 에스프레소 한 잔 주세요)"라며 주문한다. 에스프레소를 다 마시면 "꽌또 꼬스따?(Quanto costa?, 얼마예요?)"라고 물어본 후 계산한다. 카운터가 따로 마련된 곳은 계산부터 하고 영수증을 바리스타에게 전달한다. 가게를 나설 땐 "그라치에(Grazie, 고마워요), 챠오, 챠오(Ciao ciao, 안녕~)"라고 인사한다.

★

알아두면 주문이 쉬워지는 이탈리아어

솔로 Solo 7g의 가루로 30mL 정도를 추출한 에스프레소 싱글샷
도피오 Doppio 14g의 가루로 60mL를 추출한 더블샷
"콘 카페 도피오 con caffè doppio" 더블로 주세요
라테 Latte 우유
칼도 Caldo 뜨거운 / **프레도 Freddo** 차가운

부드럽고 고소해, 우유가 든 커피

1 우유는 조금, 우유 거품을 많이 넣으면 카푸치노 Cappuccino

진한 에스프레소와 부드러운 우유 거품이 어우러진 카푸치노는 에스프레소 다음으로 이탈리아에서 인기 있는 커피. 에스프레소와 우유의 비율은 1:3 정도다. 카푸치노의 기준이 매우 까다로운 이탈리아에서는 다음과 같은 규정을 지켜 카푸치노를 제조한다.

1. 에스프레소 20mL + 거품 우유 150mL를 도자기 잔에 담아 내야 한다.
2. 액체보다 거품이 더 많아야 하고, 단숨에 마실 수 있어야 한다.
3. 다 마신 컵 바닥에는 우유 자국이 남아 있어야 하고, 우유와 커피가 완전히 섞여서 옅은 갈색이 되어서는 안 된다.
4. 마신 뒤 입에 콧수염 모양의 우유 거품 자국이 남아야 한다.

2 우유 거품보다 우유가 많으면 카페 라테 Caffè Latte

'거품이 없는 카푸치노'라고도 하며, 만드는 방법이 간단해 '카푸치노는 사 먹는 커피, 라테는 집에서 마시는 커피'로 구분하기도 한다. 에스프레소와 우유의 비율은 1:4 정도로 카푸치노보다 우유 함유량이 많아 연한 커피를 좋아하는 여행자에게 추천한다.

3 에스프레소에 우유 거품을 살짝만 얹으면 카페 마키아토 Caffè Macchiato

마키아토란 이탈리아어로 '점을 찍는다'는 뜻. 커피 위에 우유 거품을 흔적이 남을 정도로만 살짝 얹기 때문에 붙여진 이름이다.

4 우유 거품에 에스프레소로 갈색 점을 찍으면 라테 마키아토 Latte Macchiato

우유 거품을 먼저 따르고 에스프레소를 부어 흔적을 만든 커피. 하얀 우유 위에 갈색 점이 찍히게 된다.

이탈리아의 아침을 여는 빵, 브리오슈 & 코르네토

이탈리아인은 대개 코르네토(Cornetto: 작은 뿔이란 뜻)나 브리오슈(Brioche) 한 쪽과 카푸치노로 간단히 아침을 때운다. 브리오슈와 코르네토는 크루아상 모양과 비슷하지만 버터는 더 적게, 설탕은 더 많이 들어 부드럽다. 아무것도 넣지 않은 것(오리지널)부터 빵 위에 설탕(Zucchero)이나 슈거 파우더(Zucchero Sofficissimo)를 뿌린 것, 크림(Crema)을 넣은 것, 살구 잼(Marmellata)을 넣은 것, 누텔라를 넣은 것까지 종류가 다양한데, 피스타치오 크림빵이 가장 빨리 동난다.

그밖에 알아두면 좋은 이탈리아 커피의 종류

카페 콘 판나
Caffè con Panna

크림을 곁들인 커피. 보통 에스프레소 싱글샷이나 더블샷에 크림을 올린 것을 말한다. 간혹 크림을 따로 담아 내주는 경우도 있는데, 원하는 만큼 크림을 올려 마시면 된다.

카페 프레도
Caffè Freddo

이탈리아식 아이스커피. 아이스라고 해도 뜨거운 에스프레소에 얼음 2~3조각만 넣어주는 정도여서 커피를 받지마자 얼음은 다 녹고 미지근하다.

카페 아메리카노
Caffè Americano

에스프레소에 물을 넣어 옅게 만든 커피. 우리나라에서 마시는 아메리카노보다 커피 맛이 진한 편이다.

샤케라토
Shakerato

에스프레소에 얼음과 설탕을 넣고 충분히 흔들어 풍성한 거품을 만드는 아이스커피의 일종이다.

그라니타 디 카페
Granita di Caffè

커피 셔벗에 생크림을 얹는다.

카페 코레토
Caffè Corretto

에스프레소에 독한 식후주인 그라파(Grappa)나 삼부카(Sam Bucca), 브랜디를 부어주는 알코올성 커피

카페 데카페이나
Caffè Decaffeina

디카페인 커피

이탈리아 식당 갈라테오(Galateo, 에티켓)

1 드레스 코드

◆옷차림이 곧 그 사람의 품격이라고 생각하는 이탈리아에서는 옷을 잘 갖춰 입을수록 대우를 더 잘 받는 경향이 있다. 따라서 식당을 방문할 땐 최대한 깔끔하게 차려입는 게 좋다.

2 입구에서

◆식당 입구에서 직원이 맞이할 때까지 기다렸다가 인원이 몇 명인지 얘기하고 자리를 안내받는다.

◆음료만 마시는 손님과 식사하는 손님을 구분해 자리를 배정하는 식당이 많다. 빈자리가 있는데도 자리가 없다거나 서비스 시간이 아니라고 말한다면 테이블 구분을 까다롭게 하는 곳일 뿐 사람을 차별하는 것이 아니니 기분 나빠하지 말자.

3 주문할 때

◆스태프를 소리 내어 부르거나 손짓하지 말고 눈이 마주칠 때까지 기다린다. 손가락 튕기기는 금물!

◆이탈리아인들은 로컬 푸드를 좋아한다. 메뉴를 정했더라도 스태프에게 추천을 의뢰하자. 웬만한 스태프들은 손님과의 교감을 보람으로 생각한다.

◆식사 중에는 물과 와인만 곁들인다. 저녁 식사는 특히 그러하다. 우유나 소다, 주스는 아페리티보용이므로 식사에는 주문하지 않는다. 물론 커피는 맨 나중이다.

◆맥주나 콜라는 피자나 햄버거 가게에서 마시자.

◆카푸치노나 카페 라테는 아침에만 마신다.

◆주문받은 직원은 다시 나타나지 않는다. 음식을 가져다준 스태프가 그 테이블 담당이다.

4 주문 후

◆테이블 위에 팔꿈치를 올리지 않고, 손을 테이블 아래에 두는 것도 삼가자. 손목과 팔꿈치 사이를 테이블 가장자리에 살짝 기대는 정도가 적당하다.

◆음식이 나오기까지 정말 오래 걸리니 주문한 음료를 마시며 느긋하게 기다리자. 이탈리아 사람들은 대화를 나누러 식당에 온다고 생각하는 경향이 있다. 너무 일찍 음식을 내오면 대화 시간이 줄어든다고 생각해 느긋하게 준비한다.

5 식사하기

◆씹는 소리는 내지 않는다. 이탈리아에서는 면치기를 하지 않는다.

◆포크와 나이프를 바꿔 잡지 않는다. 즉, 오른손의 칼로 고기를 썰었으면 왼손의 포크로 고기를 집는다.

◆숟가락은 수프를 먹을 때만 사용한다.

◆파스타를 먹을 때 숟가락으로 포크를 받치지 않는다. 포크만 써서 면을 감는다.

◆스테이크든 면이든 포크에 찍거나 감은 것은 한 번에 입에 다 넣는다.

◆소스를 빵에 묻힐 때는 찍어 먹는 정도여야 한다. 빵으로 접시를 닦지 않는다.

◆이탈리아인들은 피자에 파마산 치즈 가루(미국식 가공 치즈)를 뿌리지 않는다.

◆포크나 나이프를 떨어뜨렸다면 줍지 말고 새것을 갖다 달라고 요청한다.

◆포크와 나이프를 접시 오른쪽 옆에 평행하게 두면 다 먹었다는 뜻. 포크의 끝이 아래를 향해야 한다. 포크나 나이프를 접시 위에 걸쳐두거나 접시 좌우에 두면 접시를 치우지 않는다.

6 계산하기

◆계산은 테이블에서 한다.

◆계산서를 달라고 할 때는 "꼰또, 뻬르 파보레(Conto, per favore)"라고 말한다.

◆계산서를 가져오면 검토하는 시간을 갖자. 결제는 천천히 해도 뭐라 하지 않는다.

◆신용카드로 계산할 땐 계산서 위에 카드를 올려놓으면 직원이 결제 단말기를 들고 온다. 컨택리스 카드를 태그하는 것이 가장 일반적이며, IC칩 카드를 사용할 수도 있다.

7 팁

◆의무는 아니다. 서비스에 대한 감사를 표시하고 싶다면 보통 청구된 금액을 반올림해 지폐 단위로 지불한다. 예를 들어 계산서에 23€가 적혀있다면 테이블에 25€를 둔다. 동전은 남기지 않는다.

◆스태프와 손님의 공간이 구분돼 있는 패스트푸드점이나 카페에서는 팁을 주지 않는다.

SHOPPING

1

SOUVENIR

이 맛에 쇼핑합니다

이탈리아 추천 기념품

이탈리아 쇼핑 탐구일기

쇼핑의 천국 이탈리아. 세계적인 명품 브랜드 외에도 가죽 제품, 유리, 실크 등 독특한 지역 특산품이 여행자의 눈길을 끈다. 도시별로 놓치지 말아야 할 쇼핑 리스트 대공개!

로마

이탈리아의 수도다운 화려한 쇼핑 거리, 각 도시를 대표하는 기념품 상점이 모여 있어 쇼핑을 즐기기에 좋다. 또한 외곽 지역에는 버버리, 페라가모 등이 입점한 명품 아웃렛도 있다. 밀라노나 피렌체의 아웃렛보다 교통이 불편하지만 규모는 결코 뒤지지 않는다. 또 커피로 유명한 타차도로나 산테우스타키오 일 카페 등에서 원두나 캡슐 구매도 추천한다.

명품 브랜드 본점 막스 마라(Max Mara), 불가리(Bvlgari), 펜디(Fendi)

아웃렛 소렐레 아다몰리(Sorelle Adamoli) – 로마 시내에 있는 주방 용품 상설 아웃렛
카스텔로마노(Castelromano) – 로마 근교의 명품 브랜드 아웃렛

기념품 바티칸시국의 성물. 그 외 명소 주변에는 각 도시를 대표하는 기념품 상점이 들어서 있다.

에스프레소의 나라답게 다양한 디자인의 모카 포트가 많다.

오르비에토

'슬로 시티'의 원조인 만큼 과일, 태양 등을 문양으로 장식한 패브릭 소품이나 나무로 만든 공예품 등 자연친화적인 기념품의 인기가 높다.

기념품 패브릭 소품, 나무 수공예품

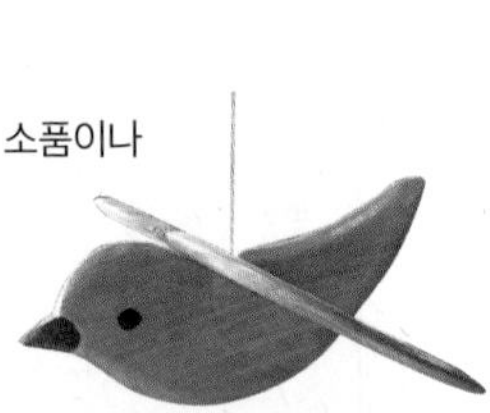

각종 패브릭 소품

아씨시

성 프란체스코가 태어난 도시로 성물의 종류가 다양하다. 그 외 아기자기한 기념품도 많다.

기념품 성물, 인테리어 소품들

소렌토~카프리~아말피 해안 도시들

이탈리아의 대표적인 레몬 생산지. 레몬으로 만든 술 '리몬첼로'를 비롯해 레몬 사탕, 레몬 파이, 레몬 비누까지 다양한 레몬 관련 기념품들을 구매할 수 있다.

기념품 레몬 관련 상품, 알록달록한 도자기 제품 등

피렌체

이탈리아의 쇼핑 천국. 명품, 가죽 제품, 종이 문구류 쇼핑은 피렌체에서 즐기자. 특히 근교의 아웃렛 매장은 제품이 다양하고 이탈리아에서 가장 저렴하기로 소문났다. 버스로 한번에 다녀올 수 있어 교통도 편리하다.

명품 브랜드 본점 구찌(Gucci), 살바토레 페라가모(Salvatore Ferragamo)
아웃렛 더몰(The Mall), 프라다 스페이스(Prada Space)
기념품 가죽 제품, 종이 문구류

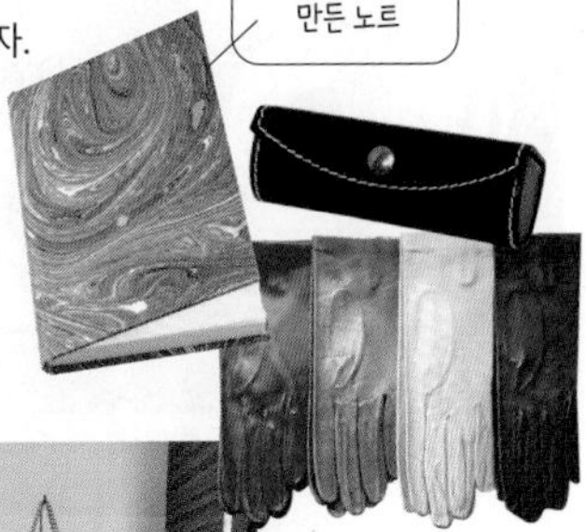

더몰 아웃렛에서 가장 인기 많은 구찌 매장

친퀘테레

아말피 해안, 소렌토에 가지 않을 여행자는 이곳에서 레몬 제품을 구매하자.

기념품 레몬 관련 기념품

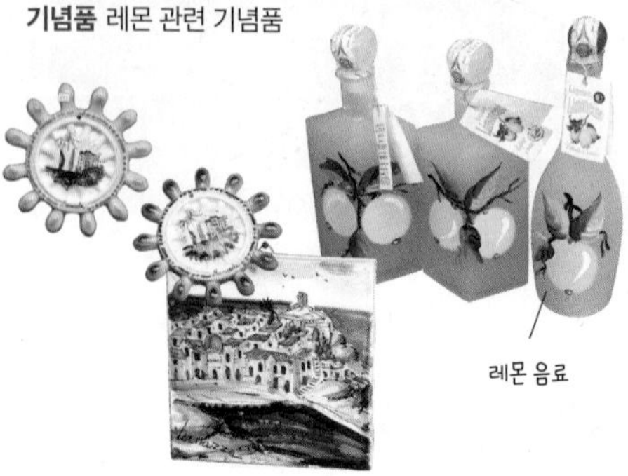

피사

기념품 피사의 사탑 기념품

밀라노

패션의 도시답게 이탈리아에서 가장 큰 쇼핑 거리와 백화점을 갖추고 있다. 근교 아웃렛에는 명품 브랜드 외에도 유아복, 스포츠 웨어 등 다양한 브랜드가 입점해 있어 온 가족이 함께 쇼핑을 즐기기에 좋다.

명품 브랜드 본점 프라다(Prada), 에트로(Etro), 조르지오 아르마니(Giorgio Armani), 미우미우(Miu Miu), 지아니 베르사체(Gianni Versace), 돌체앤가바나(Dolce & Gabbana)

아웃렛 세라발레 아웃렛(Serravalle Designer Outlet) – 디자이너 제품이 많은 아웃렛

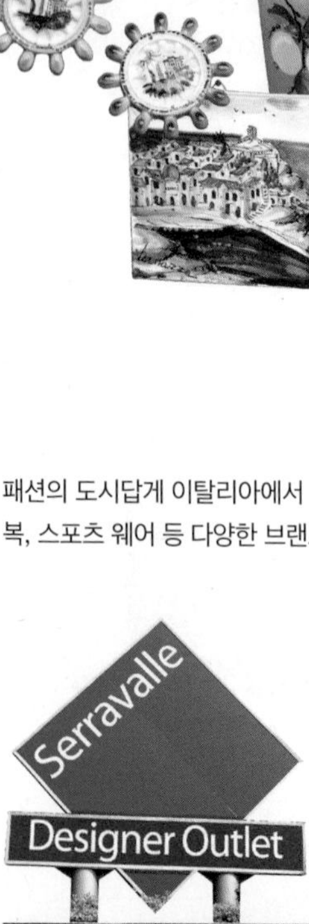

미우미우 본점

프라다 본점

베로나

기념품 <로미오와 줄리엣>을 연상시키는 아기자기한 소품들

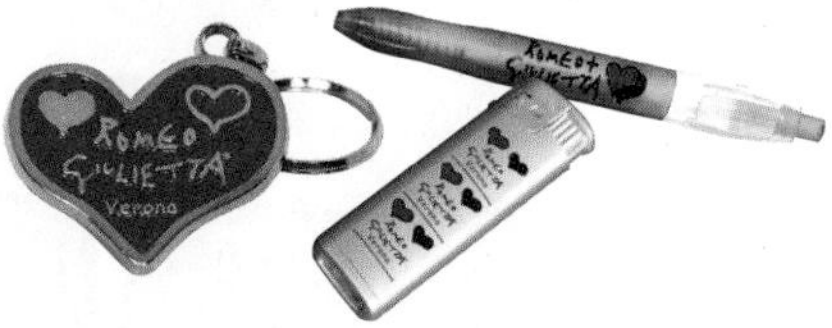

베네치아

유리, 레이스, 가면 등 전통 수공예품이 화려한 색감의 기념품을 볼 수 있다.

기념품 유리 공예품(무라노), 레이스 공예품(부라노), 가면 공예품 등
아웃렛 노벤타 아웃렛(Noventa di Piave Designer Outlet)

마도로스 모자와 곤돌라 모형

유리 공예품

카니발 가면

레이스 소품들

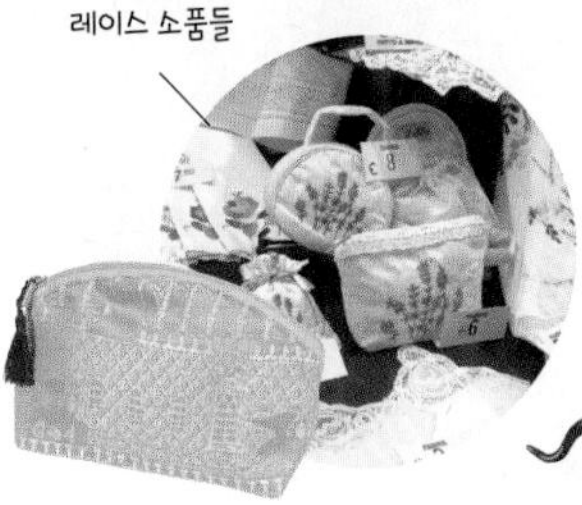

각종 유리 공예품

★
브랜드별 추천 아웃렛

- 구찌, 페라가모, 아르마니, 토즈, 펜디, 베르사체 → 피렌체 더몰(p386)
- 프라다, 미우미우 등 프라다 계열 → 피렌체 프라다 스페이스(p388)
- 에트로, 온 가족 쇼핑 → 밀라노 세라발레 아웃렛(p493)
- 로마에만 머무를 경우 → 로마 카스텔로마노(p247)
- 구찌와 프라다, 폴로 랄프로렌, 디젤 등 명품과 캐주얼 쇼핑을 동시에 → 베네치아 노벤타 아웃렛(p529)

단돈 만원이면 살 수 있는 알찬 기념품. 가격도 착하지만 부피도 작아서 선물용으로 제격이다.

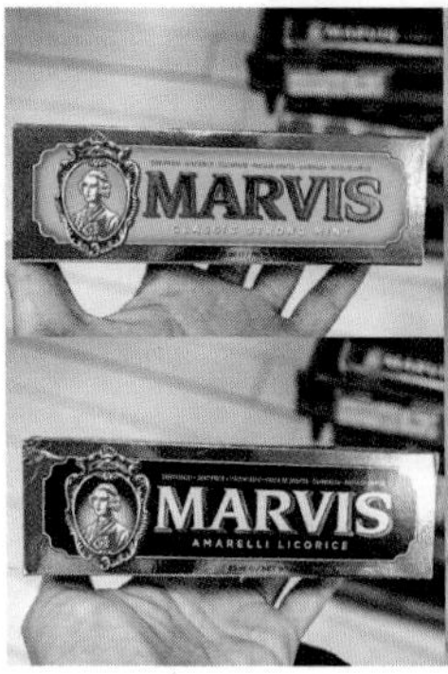

청량함이 터지는 치약
마르비스 Marvis

1958년 피렌체에서 런칭해 '치약계의 샤넬'로 불리는 마성의 치약이다. 총 7가지 향 중 초록색-스트롱 민트 클래식이 가장 인기. 주로 약국에서 판매하며 일부 슈퍼마켓에서도 만날 수 있다.

초콜릿 안에 에스프레소 한 잔
포켓 커피 Pocket Coffee

초콜릿을 깨물면 에스프레소 농축액이 가득 들어 있다. 쉽게 녹는 초콜릿의 특성상 겨울철 방문자들의 인기 선물템. 여름 한정 버전은 커피 농축액을 섞은 걸쭉한 초콜릿 소스를 플라스틱 케이스에 넣는다.

눈송이를 닮은 초콜릿
라파엘로 Raffaello

눈처럼 하얀 코코넛 가루로 덮인 페레로로쉐의 화이트 버전 제품. 넛츠 안에도 화이트초콜릿 크림이 잔뜩 들었다. 비주얼이 예뻐서 이탈리아에서도 선물용으로 인기인데, 우리나라에서는 오프라인 유통이 되지 않는다.

향긋한 장미수 토너
로버츠 로제 Roberts Rose

향기 좋은 장미수 토너. 가격도 저렴하고 피렌체 산타 마리아 노벨라 화장품의 장미수 토너와 비견할만한 성능까지 갖추고 있어 슈퍼마켓 할인 행사 때면 금세 동나고 만다.

이탈리아 국민 화장품
키코 Kiko

'이탈리아의 미샤'로 불리는 국민 코스메틱 브랜드. 발색력이 뛰어난 매니큐어와 립스틱이 초대박 히트의 비결이다. 립스틱은 세일을 자주 해 2€ 미만으로도 구매할 수 있다.

명품 방향제
밀레피오리 Millefiori

천연 재료로 만든 방향제로 나무 스틱을 꽂아 쓰는 디퓨저와 향초가 인기다. 자동차용 디퓨저는 향은 물론 디자인도 빼어나 선물용으로 사랑받는다. 백화점이나 디자인 용품점에서 판매한다.

파바로티의 목캔디

골리아 Golia

파바로티가 공연 전에 챙겨 먹었다 해서 '파바로티 캔디'로도 불리는 약초 사탕. 시나몬, 감초, 페퍼민트, 아니스 등 목 건강에 좋은 허브가 가득 들었다.

달달한 꿀 사탕

암브로졸리 Ambrosoli

이탈리아 사람들의 최애 사탕. 천연 꿀이 23%나 함유돼 있다. 클래식 꿀맛(Classiche al Miele)이 제일 인기 있지만 고소한 맛을 좋아한다면 우유 꿀맛(Latte Miele)을 추천.

천연 재료로 만든 사탕

레오네 Leone

1857년부터 사보이 왕가에 납품했던 디저트 명가의 사탕. 천연 재료로 색을 내고 은은하게 단맛이 퍼지는 전통 스타일이다. 특히 앤티크한 디자인이 돋보이는 틴케이스 제품은 선물용으로 인기가 높다.

왕실의 초콜릿

바라티 & 밀라노 Baratti & Milano

사보이 왕가가 선택한 초콜릿. 1857년 토리노에서 시작한 초콜릿 브랜드다. 최근 우리나라에도 일부 들여오기 시작했는데, 가격을 비교해보면 쇼핑 욕구가 마구 올라간다.

천연 비누

네스티 단테 Nesti Dante

피렌체 메디치 가문의 비누 제조법으로 만든 천연 비누다. 특히 유기농 재료만을 사용한 푸리시모(Il Purissimo) 비누는 무향 무취에 민감성 피부에 좋다. 백화점, 기념품 상점, 오거닉 제품만 취급하는 에르보리스테리아(Erboristeria) 등에서 판매한다.

트러플 소스 & 트러플 오일

살사 타르투포 Salsa Tartufo & 올리오 디 올리바 알 타르투포 Olio di Oliva al Tartufo

프랑스와 함께 송로버섯(트러플) 산지로 손꼽히는 이탈리아에는 송로버섯 가공식품이 다양하다. 간 송로버섯에 올리브오일과 각종 버섯을 추가한 꼬마 병 소스는 여행 중 휴대하기에도 좋다.

'요잘알'의 필수품

페페론치노 Peperoncino

요리를 좋아하는 이들에게 환영받는 말린 페페론치노 가루. 파스타를 만들어 먹거나 올리브유로 새우 요리 만들어 먹을 때 두루두루 사용하기 좋다. 들고 가기 편한 크기와 무게도 장점.

SHOPPING
3
SUPERMARKET

쟁여라!

슈퍼마켓 추천 쇼핑 리스트

이탈리아의 슈퍼마켓에서는 5~7€면 든든하게 한 끼를 해결할 수 있고, 식재료를 구경하는 재미도 쏠쏠하다. 파스타 면, 초콜릿, 오일, 커피 등 여행 기념품으로 그만인 것들이 넘쳐난다

푸짐한 도시락 메뉴들

규모가 큰 슈퍼마켓에서는 다양한 조리 식품을 판매한다.

샐러드와 치킨은 물론 초밥을 판매하는 곳도 있다.

저렴하고 다양한 음료들

타바키(Tabacchi)나 바에서 물은 1€, 음료는 2€ 이상이므로 슈퍼마켓에서 넉넉히 구매해두자.

나투랄레

탄산이 없는 물. 우리가 평소에 마시는 물이다.

아쿠아 미네랄레

탄산수. 프리찬테(Frizzante) 라고도 표시돼 있다.

환타 오리지널

오렌지 과즙을 12% 넣는 이탈리아 특제 환타. 방부제도 색소도 넣지 않는다.

아란차타

오렌지 과즙을 넣은 탄산음료

리모나타

레몬 과즙을 넣은 탄산음료

여행자의 비타민! 새콤달콤 과일들

★

슈퍼마켓, 어디에 있을까?

이탈리아의 관광 명소 주변에는 타바키(Tabacchi)라고 하는 담뱃가게가 우리나라의 편의점 기능을 대신하고 있다. 규모가 큰 슈퍼마켓은 역과 호텔 주변이나 시내 외곽 지역에 있다. 타바키에서도 음료와 주류, 빵, 과일 등 간단한 먹을거리를 판매하지만 가격이 슈퍼마켓보다 2~5배 비싸기 때문에 하루 일정을 시작하기 전에 슈퍼마켓에 들러 필요한 것을 미리 구매해두는 것이 좋다.

달콤한 군것질거리들

누텔라 과자류

헤이즐넛으로 만든 초콜릿 잼,
누텔라가 비스킷 속에 듬뿍~

이네센스 감자칩

트러플과 히말라야 솔트 맛이 시그니처인
스페인산 프리미엄 감자칩

노비 노촐라토 잔두야 초콜릿

통째로 넣은 헤이즐넛이 오독오독
씹히는 피에몬테 지방의 명물

스폴랴티네 글라사테

누네띠네의 원조!
여러 회사에서 나온다.

바라티 & 밀라노 사탕 & 과일 젤리

살짝 씁쓸한 스프리츠 칵테일 맛이
그대로 느껴지는 스프리츠 맛을 추천.

시원한 맥주 한 잔이 생각날 때

페로니

1846년부터 생산한 이탈리아 맥주. 이탈리아 라거 맥주 시장에서 가장 많이 팔리는 제품이다. 부드럽고 순한 맛

페로니 나스트로 아추로

깔끔하고 청량한 맛이 매력적인 이탈리아의 프리미엄 필스너. 1960년대부터 로마의 페로니 양조장에서 생산됐다.

모레티

1859년 탄생한 해외에서 가장 유명한 이탈리아의 대표적인 페일 라거. 톡 쏘는 청량감이 일품이다. 피자와 어울리는 알싸한 맛

그 밖의 추천 기념품

일리 & 라바짜 커피

우리나라에서
인기 있는 이탈리아
커피 브랜드

파스타

크기도 모양도
가지각색!

안티파스토 디 베르두레

올리브·피망·오이 등
다양한 채소 절임이 있다.

이탈리아산 치즈

유통기한은 보통 제조일로부터
1개월 정도다.
(기내 반입 시 액체류 취급)

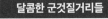

올리브오일

'Extra Vergine di Oliva'라고 적힌
프리미엄 오일을 고른다.
송로버섯이 들어간 오일도 추천!

아는 만큼 보인다!
이탈리아 기초 지식 05

ABOUT ITALIA 05

About Italia 01
이탈리아 역사

이탈리아의 로마제국은 유럽 대륙을 지배하며 법률·건축·종교 등 유럽 문화의 뿌리를 형성했다. 이탈리아의 역사를 이해하고 나면 유럽의 역사를 이해하는 것은 조금은 수월하다. 아는 만큼 보인다는 사실을 잊지 말자.

#로마의 건국 이야기(기원전 8세기~)

기원전 8세기 무렵 이탈리아 북부의 알바룽가라는 나라에서 반란이 일어나 누미토르 왕과 실비아 공주가 쫓겨났다. 쫓겨난 공주와 전쟁의 신 마르스 사이에서 태어난 쌍둥이 형제가 바로 로마의 시조 로물루스와 레무스다. 쌍둥이 형제는 왕가의 핏줄이 태어난 것을 염려한 반란군에 의해 태어나자마자 강가에 버려졌으나, 늑대의 젖을 먹고 성장해 반란군을 무찌르고, 외할아버지의 왕위를 되찾아 주었다.
그 후 쌍둥이 형제는 남쪽으로 내려와 로마의 7개 언덕 위에 새로운 나라를 세우기로 결심했다. 두 형제는 서로 왕이 되고 싶어 했으나, 시합에서 이긴 로물루스가 왕이 됐고, 그의 이름을 딴 '로마'라는 나라를 세웠다. 이때부터 공화정이 들어서기 전까지의 시대를 '로마의 왕정' 라고 한다.

로마, 비미날레 광장의 분수. 늑대의 젖을 먹고 있는 로물루스와 레무스

로마, 팔라티노 언덕의 로물루스 집

피사, 두오모 광장. 로물루스와 레무스 조각상

이탈리아

B.C. 8세기경
로물루스와 레무스가 늑대의 젖을 먹고 자람

초기 7왕조 시대
(B.C. 753~509년)

우리나라 **고조선**(B.C. 2333~108년)

B.C. 24세기경
웅녀, 쑥과 마늘을 먹고 여인이 되다

B.C. 1000년경
청동기 문화 전개

[그 무렵! 우리나라에서는] 단군 왕검이 고조선 건국!

천제의 아들인 환웅이 풍백, 우사, 운사와 3000여 명의 무리를 거느리고 세상에 내려와 사람들을 다스렸다. 어느 날 곰 1마리와 호랑이 1마리가 찾아와 사람이 되게 해달라고 간청했다. 환웅은 쑥과 마늘만 먹으며 100일 동안 햇빛을 받지 않으면 사람이 될 수 있다고 일러주었다. 곰과 호랑이는 함께 동굴로 들어갔지만 호랑이는 참지 못했고, 곰은 고난의 시간을 견뎌내고 웅녀라는 여인이 됐다. 환웅은 웅녀와 혼인해 단군 왕검을 낳았는데, 단군 왕검이 성장해 기원전 2333년에 '조선'이라는 나라를 세웠다.
현재 학자들은 단군 왕검의 조선을 후대의 조선과 구분하기 위해 '고조선'이라 하고, 이 이야기를 하늘, 곰, 호랑이를 숭배한 3개의 부족 간의 갈등을 담은 내용으로 해석하고 있다.

★

로마의 언덕

늑대의 젖을 먹고 자란 로물루스가 3000여 년 전에 로마의 7개 언덕에 나라를 세웠다. 그후 로마인은 이 언덕들을 매우 신성한 곳으로 여겨, 이 지역에 아름다운 건축물을 짓거나 광장 또는 공원을 조성했다. 그 흔적은 지금까지 남아 중요한 유적지로 보존되고 있으며, 일부 언덕에는 대통령궁, 시청, 공원 등이 들어서서 현재 이탈리아 정치·문화의 상징이 됐다.

1. **팔라티노 언덕** Monte Palatino
2. **캄피돌리오 언덕** Monte Campidoglio
3. **에스퀼리노 언덕** Monte Esquilino
4. **퀴리날레 언덕** Monte Quirinale
5. **비미날레 언덕** Monte Viminale
6. **아벤티노 언덕** Monte Aventino
7. **첼리오 언덕** Monte Celio

#로마의 공화정 시대(기원전 6세기~27년)

왕정 시대의 말기 무렵, 루크레티아라는 한 귀부인이 왕의 아들에게 능욕당한 후 자살을 하는 사건이 발생했다. 이 소식이 알려지자 그렇지 않아도 당시 정치에 불만이 많던 로마 시민이 크게 분노해 반란을 일으켰다. 그 결과 왕이 쫓겨나고, 2명의 집정관과 귀족으로 구성된 원로원, 평민으로 구성된 평민회가 이끄는 공화정 시대가 열리게 됐다.

그 후 작은 도시 국가였던 로마는 3차례에 걸친 포에니 전쟁을 거치면서 지중해의 패권을 장악하고 대제국으로 성장했다. 원로원이 중심이 된 로마의 공화정 체제는 대제국을 다스리기에는 비효율적이었고, 갑작스러운 성장으로 빈부의 격차가 심해지자 평민의 불만은 점점 쌓였다. 이러한 어수선한 분위기를 수습한 것은 로마 최고의 장군이자 정치가인 카이사르였다. 카이사르는 쿠테타를 일으켜 권력을 잡은 후 민생을 안정시키고, 대제국을 다스리기 위한 제도를 마련해 많은 시민의 지지를 얻어냈다.

그러나 카이사르는 반대파 귀족들에 의해 암살당했고, 이 소식을 듣고 성난 시민들이 반란을 일으켜 카이사르의 후계자 옥타비아누스가 황제의 자리에 오르게 된다. 이로써 로마의 공화정 시대는 막을 내리고, 제정 시대가 시작됐다.

티치아노 '타르퀴니우스와 루크레티아'

로마, 포로 로마노. 원로원 건물인 쿠리아

로마, 포로 로마노. 카이사르의 화장터

이탈리아

로마공화정 시대 (B.C. 509~27년)

- B.C. 264~146년 카르타고와 포에니 전쟁. 한니발(카르타고의 장군)의 대활약에도 불구하고 전쟁은 로마의 승리로 끝난다.
- B.C. 133년 그라쿠스 형제의 개혁

우리나라

- B.C. 300년경 철기 문화 보급
- B.C. 108년 고조선 멸망

[그 무렵! 우리나라에서는] 한반도, 철기 문화를 꽃피우다!

기원전 4세기경 한반도에 철이 보급되면서 기원전 1세기경에는 철기 문화가 꽃을 피웠다. 삽·괭이·낫 등의 철제 농기구를 사용하면서 쌀 생산량이 늘고, 인구수도 크게 증가했다. 인구가 늘면서 부족 간의 전쟁이 잦아지자 철을 잘 다루는 부족은 칼, 창, 화살촉 등 철제 무기를 만들어 세력을 키워 나갔다. 이렇게 성장한 부족들은 고조선 말기에 이르러 부여·고구려·옥저·예·삼한 등의 나라를 세웠다.

#로마의 제정 시대(기원전 27년~서기 476년)

카이사르의 후계자 옥타비아누스는 '아우구스투스(존엄한 자)'라는 칭호를 받고, 로마의 첫 번째 황제가 됐다. 이후 로마는 아시아·아프리카·유럽에 걸친 대제국을 건설하고 약 200년 동안 전성기를 누렸는데, 이 기간을 '팍스 로마나(Pax Romana)'라고 한다.
넓은 제국을 효과적으로 다스리기 위해 로마는 정복한 지역의 다양한 문화를 흡수해 실용적인 문화를 발전시켰다. 어디에서나 보편적으로 통하는 법률을 만들고, 수로를 정비했으며 도로를 건설했다. 또한 시민에게 자부심을 심어주기 위해 개선문, 신전, 원형 경기장 등의 공공 건축물도 지었다. 그뿐만 아니라 정복 지역 주민에게도 로마 시민권을 주고, 정복지에도 이러한 공공 건축물을 지어 똑같은 혜택을 누릴 수 있도록 했다.
3세기 무렵에는 내전으로 일시적 위기가 찾아왔으나 콘스탄티누스 황제가 기독교를 공인해 제국의 정신적인 통일을 꾀했다. 기독교는 공인된 지 80년 후에 로마제국의 국교가 됐고, 로마의 실용적인 문화와 함께 유럽 문화의 뿌리가 됐다.

폼페이(79년), 로마의 도시 모습을 그대로 간직하고 있다.

로마, 콜로세오(80년)

로마, 코스탄티노 개선문(315년)

로마제정 시대
(B.C. 27~A.D. 476년)

313년
밀라노 칙령
(기독교 공인)

375년
게르만족의 이동

395년
동·서 분열

476년
서로마제국 멸망

삼국시대
(B.C. 37~A.D. 668년)

313년
고구려
낙랑군 몰아냄

414년
광개토대왕릉비

[그 무렵! 우리나라에서는] 삼국시대. 고구려 광개토 대왕의 중국 대륙 지배!

당시 한반도는 고구려, 백제, 신라로 나뉘어 있었다. 삼국은 왕권 강화와 영토 확장을 통해 중앙 집권 국가로 성장하고 있었는데, 이 중에서도 고구려의 광개토 대왕은 영토를 가장 넓힌 왕으로 지금까지 그 이름을 남기고 있다. 즉위 초부터 백제의 여러 성을 함락해 한강 이북의 땅을 차지했고, 신라 내물왕의 요청을 받아 신라 영토에 침입한 왜구를 격퇴했다. 또한 서쪽으로 요동 지역을 확보해 만주의 주인공으로 등장했다. 이런 그의 업적은 아들인 장수왕이 세운 광개토대왕릉비에 자세히 쓰여 있다.

#제국의 분열, 중세의 시작(395년~)

황제 한 명이 통치하는 제국은 오래갈 수 없었다. 영토 확장이 멈추면서 성장이 둔화되자 나라는 혼란해졌다. 395년에 이르러 콘스탄티누스 대제가 수도를 비잔티움(현 이스탄불)으로 옮기고 제국을 동서로 나눠 2명의 황제와 2명의 부제가 제국을 다스리면서 서로마는 사실상 제국의 변방이 되었다. 지속적으로 세력이 약해지던 서로마는 476년에 멸망했다. 이후 이탈리아반도에는 북방 이민족들이 세운 작은 왕국들이 난립했으며 독일 지역에서는 '신성로마제국'이라 자칭하는 세력도 생겼다.

이 시기는 이탈리아뿐만 아니라 유럽 전역이 게르만족·노르만족 등 이민족의 침입으로 큰 혼란을 겪었다. 문화재도 심하게 훼손되고 역사적 기록도 거의 찾기 힘들어 이 시기를 가리켜 '유럽 문화의 암흑기', 또는 로마제국과 르네상스 시대의 가운데라는 의미에서 '중세'라고 한다.

혼란스러운 사회 속에서 사람들은 더욱 종교에 의지할 수밖에 없었다. 그 결과 기독교가 전 유럽을 지배했고, 그 열망이 십자군 전쟁으로 표출되었다. 영주와 기사를 중심으로 한 봉건 제도가 정착됐으며, 요새적인 성격의 로마네스크 양식도 나타났다.

베네치아, 산 마르코 대성당.
비잔틴 양식의 대표작 중 하나

피사, 두오모.
로마네스크 양식의 대표작

밀라노, 두오모.
고딕 양식의 대표작

암흑 시대
(6~11세기)

533년
비잔틴 제국
북아프리카와 이탈리아 지배

726년
성상 파괴령

793년
노르만족(바이킹)의
침입

800년
프랑크 왕국
카를루스 대제, 서로마 황제 대관

신라 발해 시대
(676~935년)

527년
신라
불교 공인

660년
백제 멸망

668년
고구려 멸망

676년
신라
당군 몰아내고 삼국 통일

698년
옛 고구려 땅에 발해 건국

926년
발해 멸망

935년
신라 멸망

936년
고려
후삼국 통일

[그 무렵! 우리나라에서는] 불교 문화의 꽃을 피운 통일 신라

통일 신라는 삼국의 문화를 통합하고 당의 문화를 받아들여 불교 문화의 꽃을 피웠다. 이 시기를 대표하는 사원 건축으로는 석굴암이 있다. 석굴암은 토함산 언덕의 암벽에 터를 닦고 그 터 위에 화강암으로 조립해 만든 인공 석굴 건축물이다. 석굴암에는 총 40여 구의 조각상이 좌우 대칭을 이루고, 내부의 모든 부분은 수학적 수치와 비례에 의해 설계됐다. 이렇듯 조화로운 균형미와 아름다운 비례를 지닌 석굴암은 전 세계 어디에 내놓아도 부끄럽지 않을 우리의 소중한 문화재다.

도시국가의 형성과 르네상스(11~19세기)

십자군 전쟁은 실패에 실패를 거듭했지만 역설적으로 이탈리아의 상공업자들은 지중해 무역으로 부를 쌓을 수 있었다. 점점 세력이 커진 상공업자는 정치적인 자치권을 갖게 됐고, 피렌체, 밀라노, 베네치아, 나폴리 같은 도시 국가들이 성장해 교황령과 대등한 세력을 겨루게 되었다.

도시 국가들은 영토나 경제뿐만 아니라 문화적으로도 치열하게 경쟁했고, 덕분에 눈부신 문화 발전을 이루었다. 학자와 예술가는 신이 아닌 인간의 본성에 관심을 갖기 시작했고, 중세 시대 때 파괴된 그리스와 로마 문화를 되살리기 위해 노력했다. 이때 이룩한 문화적 업적을 사람들은 '르네상스'라고 한다.

르네상스 시대에는 교황도 예술을 후원해 성당 안팎을 화려하게 장식했다. 그러나 성당의 사치가 점점 심해지면서 부족한 돈을 마련하기 위해 '면죄부'를 돈을 받고 파는 지경에 이르렀다. 면죄부 판매를 반대해 일어난 것이 바로 루터·칼뱅의 종교 개혁 운동이며, 이로 인해 개신교가 탄생했다. 종교 개혁 운동과 이를 저지하려던 반종교 개혁 운동 사이의 첨예한 대립으로 유럽은 다시금 혼란에 빠졌고 이탈리아반도는 그 혼란의 전쟁터가 되었다. 영국, 프랑스, 스페인, 네덜란드 등이 신대륙과 아시아에 진출하고 오토만 제국이 중동을 휩쓰는 동안 이탈리아는 지중해 안에 갇혀 쇠락해 갔다.

로마, 바티칸 박물관.
미켈란젤로의 '최후의 심판'.
종교 개혁 운동으로 가톨릭과
개신교의 갈등이 첨예하던
시기에 그린 그림이다.

로마, 캄피돌리오 광장.
미켈란젤로가 설계한
르네상스의 대표작

로마, 산 피에트로 인
몬토리오 성당의 템피에토.
완벽하게 균형잡힌 아름다움

1517년
루터·칼뱅의
종교 개혁 운동

도시국가의 형성
(11~13세기)

르네상스 형성
(14~18세기)

고려
(936~1392년)

조선
(1394~1909년)

1237~1248년
팔만대장경 간행

1372~1377년
직지심체요절 간행

1446년
훈민정음 반포

[그 무렵! 우리나라에서는] 고려 시대. 팔만대장경과 직지심체요절

고려 시대는 거란이나 몽고 등 외적의 침입에 유달리 시달렸으나 우리 민족은 줄기찬 항쟁으로 이를 극복할 수 있었다. 또한 항쟁 과정에서 불교의 힘을 빌려 외적을 방어하기 위해 16년에 걸쳐 팔만대장경을 조판했다. 팔만대장경은 8만 장이 넘는 목판으로 방대한 불교 교리를 담았으면서도 잘못된 글자나 빠진 글자가 거의 없을 정도로 세밀하게 만들었다. 또한 글씨까지 아름다워 세계에서 가장 우수한 대장경으로 꼽힌다.

고려 시대에는 이런 목판 인쇄술과 함께 금속 활자 인쇄술도 발달했다. 1372년에 만든 직지심체요절은 독일의 구텐베르크보다 70여 년이나 앞선 것으로 세계에서 가장 오래된 금속 활자본이다.

#통일 국가 수립과 그 이후(19세기~)

19세기 무렵까지 이탈리아는 작은 도시 국가로 나누어져 있었으나 프랑스 혁명을 계기로 유럽 전역에 퍼진 민족주의 운동의 영향을 받아 이탈리아에서도 통일 운동이 시작됐다.

1859년 사르데냐 왕국의 비토리오 에마누엘레 2세가 이탈리아 북부를 통일했고, 그 후 주세페 가리발디가 이탈리아 남부를 통일해 비토리오 에마누엘레 2세에게 바치면서 1861년 이탈리아 왕국이 통일됐다.

이탈리아는 통일 후 꾸준히 성장해 제1차 세계 대전 때 연합국의 일원으로 참전해 승전국이 됐지만 별다른 소득 없이 물가와 실업률만 계속해서 치솟았다. 이러한 혼란의 시기에 등장한 무솔리니는 결속이라는 뜻의 '파쇼' 군대를 결성해 로마로 진군하여 비토리오 에마누엘레 3세에게서 총리직을 얻어냈다. 그후 무솔리니는 독일, 일본과 손잡고 제2차 세계대전을 일으켰으나 연합군에게 패해 처형됐고 국왕도 해외로 추방됐다. 왕가가 쫓겨난 후 1946년에 공화정이 수립되었고 수많은 선거를 거치면서 좌파·우파·포퓰리스트 등이 다양한 조합으로 연립 정부를 구성해 다방면에서의 전진을 꾀하고 있다.

로마, 테르미니역. 무솔리니의 지시로 1951년에 지었다. 현대적인 기능과 고전미를 갖춘 합리주의 건축의 대표작이다.

로마, 포리 임페리알리 거리. 무솔리니가 군사 퍼레이드를 위해 황제의 포룸을 양분하며 건설했다.

1861~1870년 이탈리아 통일

1924~1944년 파시즘 정권 수립

도시국가의 몰락 (16~19세기)

이탈리아 통일 국가

다양한 조합의 연립 정부시대 (1948~1994년)

대한민국 정부 수립 (1948년~)

1592년 사천 해전에서 거북선이 처음으로 사용 됨

1725년 탕평책 실시

1910~1945년 국권피탈

1945년 대한민국 독립

[그 무렵! 우리나라에서는] 일제 시대의 아픔과 대한민국 독립

조선은 19세기 후반부터 문호를 개방하고 근대화를 위해 노력했으나 성공하지 못하고 일제의 식민 통치를 받게 됐다. 국권을 탈취한 후 일제는 강압적인 식민 통치로 우리나라를 지배했으며, 우리의 경제는 물론 민족의 정신까지 말살시키려 했다. 이에 맞서 우리 민족은 국내외에서 무장 독립 투쟁, 민족 실력 양성 운동, 독립 외교 활동 등을 벌여 일제에 줄기차게 저항했고, 우리 전통과 문화를 지키기 위해 노력했다.

이러한 우리 민족의 투쟁과 더불어 연합군이 제2차 세계대전에서 승리해 1945년 8월 15일 광복을 맞이할 수 있었다.

About Italia 02

이탈리아 건축

이탈리아에는 콜로세오, 산 피에트로 대성당 등 세계적으로 유명한 건축물이 많다. 그러다 보니 가이드 투어를 받거나 여행 가이드북을 읽다 보면 르네상스 양식, 고딕 양식 등 양식이라는 표현이 끊임없이 나온다. 이때 양식이란 한 시대의 건축물, 예술품이 지니는 독특한 성질이나 형식을 뜻한다. 그러나 그 용어가 어렵고 종류가 많다 보니 건축을 전공하지 않은 여행자에게는 생소하게 들릴 수밖에 없다.
게다가 이탈리아는 도시별로 지역색이 강하고 고딕-로마네스크, 비잔틴-고딕 등 혼합된 건축 양식이 많아 혼란스럽다. 그래서 이탈리아 여행에서 가장 자주 보게 될 6가지 건축 양식의 대표적인 특징을 간추려보았다.

#ROMAN EMPIRE

#위대한 로마 #아치 #기원전 27년~서기 4세기

로마시대에는 인류 역사상 건축 기술에서 가장 위대한 발전을 이룩했는데, 이후에 생긴 모든 서양 건축물은 이때의 건축물을 모델로 하여 발전, 변형된 것이라 해도 틀린 말이 아니다. 이러한 로마시대 건축 양식의 가장 큰 특징은 '아치'다. 아치를 활용한 대표적인 건축물로는 콜로세오, 개선문, 수로교 등이 있다. 또한 로마인은 아치를 확장해 반구형 지붕(돔)을 지을 수 있었고, 덕분에 '천사의 디자인'이라 불리는 판테온과 같은 건축물이 탄생했다.
한편 로마 시기에는 바실리카라고 하는 직사각형 모양의 공공 건축물도 지었는데, 이러한 건축 모양은 후에 성당 건축 양식의 기본이 됐다.

대표 건축물 로마 콜로세오, 코스탄티노 개선문, 포로 로마노, 황제의 포룸 등

로마 콜로세오. 수백 개의 아치로 장식돼 있다.

로마 판테온. 돔 천장

중세 시대 예술과 성당

기독교적인 가치관이 중세 유럽을 지배하고 있었다. 이민족의 침입이 수그러들자 유럽 곳곳에서는 수도원과 성당을 지었는데, 그 성당들은 금빛 찬란하거나(비잔틴), 요새처럼 생겼거나(로마네스크), 하늘을 찌르는 모양(고딕)이었다.

베네치아 산 마르코 대성당. 건물 외관은 로마네스크 양식이 혼합돼 있다.

로마 산타 마리아 인 트라스테베레 성당

#BYZANTINE

#비잔틴 #돔의 확장 #금빛 찬란한 모자이크 #6~15세기

로마가 동서로 분열되고 서로마는 이민족의 침입으로 476년 멸망했지만 동로마는 비잔틴 제국으로 1000년 동안 찬란한 문화를 꽃피웠다. 이 시기에 이탈리아는 비잔틴 제국의 영향 아래 있었기 때문에, 지금도 비잔틴 양식의 흔적이 곳곳에 남아 있다. 비잔틴 양식의 특징은 황금빛 모자이크다. 대표적인 건축물로는 베네치아의 산 마르코 대성당을 꼽을 수 있다. 성당 내부 벽면 전체를 황금, 대리석, 진주, 석류석, 자수정, 에메랄드와 같은 보석으로 화려하게 꾸몄다. 반면 외관은 평범한데, 로마의 바실리카 양식을 본떠 직사각형 구조를 기본으로 하고, 한쪽 벽면에 움푹 파인 반원형 공간(앱스)을 만들어둔 것이 특징이다.

대표 건축물 베네치아 산 마르코 대성당/로마 산타 마리아 인 트라스테베레 성당 등

#ROMANESQUE

#로마네스크 #강력한 요새 #작은 창문 #십자가형 구조 #10~13세기

서로마 멸망 후 전 유럽이 이민족의 침입에 시달렸다. 다행히 중요한 예술품들은 남았지만 그래도 많은 것이 사라졌다. 11세기에 들어 유럽이 조금씩 안정을 찾자, 곳곳에 건축물이 다시 들어섰고, 이때의 건축가들은 로마의 건축물들을 재현해내는 데 열을 올렸다. 그래서 19세기 평론가들은 이때의 양식을 로마적이라는 뜻의 로마네스크라고 부르기 시작했다.

로마네스크 양식이 로마의 영향을 받은 흔적으로는 반아치 모양의 입구, 로마의 성당을 떠올리게 하는 기하학적인 문양, 바실리카의 구조를 응용한 십자가형 건축 구조 등을 꼽을 수 있다. 또한 이민족의 침입이 많던 시기다 보니 건축 벽면은 두껍게, 창문은 작게 지어서 요새처럼 보이는 것도 특징이다. 이탈리아의 로마네스크 양식은 고딕 양식, 비잔틴 양식과 섞여 지역마다 독특한 색깔을 띠고 있다.

피렌체 베키오 궁전의 종탑

대표 건축물 피사 두오모/피렌체 베키오 궁전의 종탑 등

#GOTHIC

#고딕 #더 높게 #더 밝게 #첨탑 #장미창 #13~16세기

고딕 양식은 중세 시대 프랑스를 비롯한 유럽 전반에서 유행한 양식으로 하늘에 닿고자 한 인간의 열망을 담고 있다. 대표적인 특징은 높은 첨탑과 대리석 조각상으로 장식한 외관, 장미창, 뾰족한 모양의 아치(첨두 아치), 스테인드글라스(색유리로 그림을 그려놓은 유리창)다. 고딕 양식은 건축사적 의미에서 굉장히 창의적인 양식이지만 이탈리아인은 고딕 양식을 좋아하지 않았다. 북유럽의 이민족이 로마의 것을 파괴하고 지은 것이 바로 고딕 양식의 건축물이었기 때문이다. 그래서 고딕이라는 용어도 16세기 이탈리아 평론가들에 의해 '야만적이다'라는 의미에서 지어졌다. 그럼에도 이탈리아에서도 첨탑과 첨두 아치와 같은 고딕 양식의 흔적을 곳곳에서 발견할 수 있다.

대표 건축물 밀라노 두오모/베네치아 두칼레 궁전/오르비에토 두오모

밀라노 두오모.
이탈리아 고딕 양식의 대표작.
화려한 스테인드글라스와
첨탑을 감상할 수 있다.

오르비에토의 두오모

#RENAISSANCE

#르네상스 #조화로운 아름다움 #균형미 #14~16세기

이탈리아에서 시작되어 전 유럽으로 퍼진 르네상스는 로마의 부활을 외치던 사회 전반에 걸친 문예 부흥 운동이었다. 이 시대에 유행한 르네상스 건축 양식의 특징은 크게 3가지로 정리되는데, '로마(Rome)', '이성(Reason)', '규칙성(Regularity)'이다. 예를 들면 로마시대의 판테온과 같은 신전을 연구해 커다란 돔형식의 지붕을 지었고, 자극적인 아름다움보다는 균형미, 간결함, 감정의 절제를 추구했으며, 건축가들이 수학적인 비례를 규칙으로 만들어 이를 엄격히 준수했다.

대표 건축물 피렌체 두오모, 세례당, 산 로렌초 성당/로마 산 피에트로 인 몬토리오 성당 내 템피에토, 캄피돌리오 광장 등

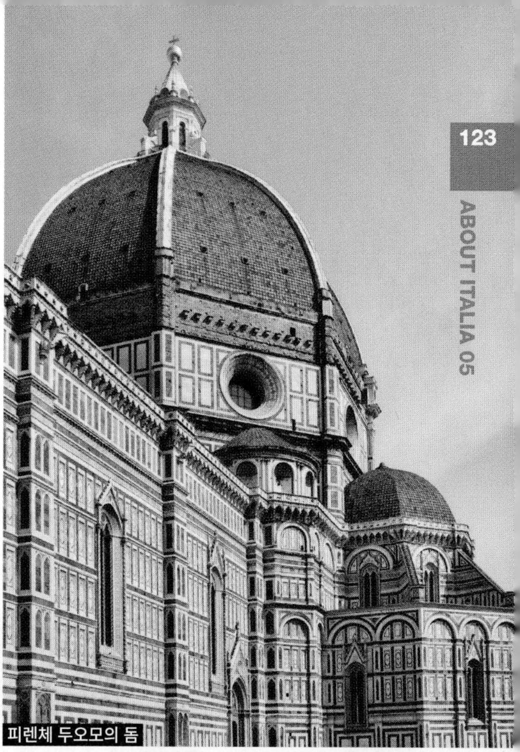
피렌체 두오모의 돔

로마 캄피돌리오 광장. 규칙성·대칭성·비례성이 돋보인다.

로마 산 피에트로 인 몬트리오 성당. 산 피에트로 대성당의 모델이 됐다.

#BAROQUE

#바로크 #뒤틀림 #극적인 소용돌이 #17~18세기

바로크라는 이름은 '찌그러진 진주'라는 의미의 포르투갈어 '바로코(Barocco)'에서 유래했다. 르네상스 양식의 차가운 이성에 반대해 일어난 바로크 양식은 거대한 규모, 나선형 송곳처럼 뒤틀리고 물결치는 장식이 특징이다. 종교 개혁 이후 성직자들은 이러한 바로크 양식으로 성당을 더욱 화려하게 꾸며 기독교의 권위를 되찾고, 신도의 신앙심을 고취시키고자 했다.

바로크 양식은 로마에서 시작해 유럽 전역으로 퍼져나갔다. 바티칸의 산 피에트로 광장과 트레비 분수를 비롯해 로마 곳곳에는 바로크 양식의 건축물과 분수, 조각이 남아 있다.

대표 건축물 바티칸 산 피에트로 광장, 산 피에트로 대성당의 발다키노/로마 트레비 분수, 나보나 광장 등

로마 트레비 분수. 후기 바로크 양식의 걸작이다.

바티칸 산 피에트로 성당과 산 피에트로 광장

로마 나보나 광장

About Italia 03

이탈리아 예술

“이탈리아 미술의 역사를 이해하면 서양 미술사의 2/3를 이해한 것이나 다름없다.”라는 말이 있을 정도로 이탈리아 미술은 방대하고, 그만큼 역사가 깊다. 미술 역시 건축과 마찬가지로 다양한 양식으로 구분되지만 그 종류가 많고 구분이 모호해서 일반인이 그 차이를 구분하기는 쉽지 않다. 따라서 아래의 작품들을 보고 시대적 흐름을 이해해보자. 작품의 상세 설명은 작품이 속한 지역의 해당 페이지를 참고하면 된다.

#ANCIENT GREEK ART

#고대 그리스 시대 #엄숙하고 #절제된

‘카피톨리노의 비너스’

‘벨베데레의 아폴로’

‘카피톨리노의 비너스’(기원전 4세기경)

- 로마, 카피톨리니 미술관

로마인은 그리스 시대 조각의 모작품을 많이 남겼다. 그중 하나로 목욕을 끝낸 비너스 여신의 수줍은 자태를 형상화했다. p181

‘벨베데레의 아폴로’(기원전 4세기경)

- 로마, 바티칸 박물관

로마시대의 모작품. 궁술의 신, 아폴로가 활을 쏜 직후 날아가는 화살을 응시하는 모습을 형상화했다. p196

#HELLENISTIC ART

#헬레니즘 시대 #화려하고 #극적인

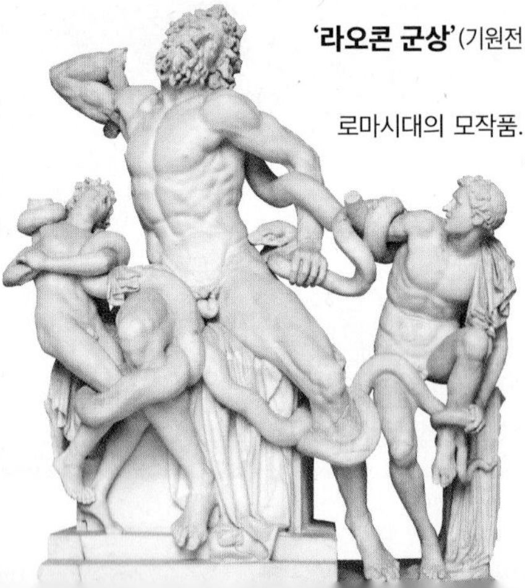

‘라오콘 군상’(기원전 2세기경)

- 로마, 바티칸 박물관

로마시대의 모작품. 이길 수 없는 싸움을 하는 인간의 처절한 노력과 고통을 형상화했다. p197

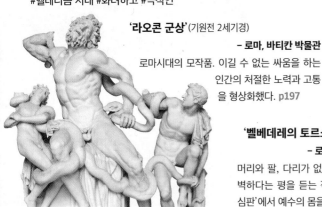

‘벨베데레의 토르소’(기원전 1세기경)

- 로마, 바티칸 박물관

머리와 팔, 다리가 없지만 그 자체로 완벽하다는 평을 듣는 작품. 미켈란젤로가 ‘최후의 심판’에서 예수의 몸을 그릴 때 이 작품을 참고했다. p197

#ROMAN EMPIRE~BYZANTINE

#로마시대부터 #비잔틴 # 모자이크 #앱스

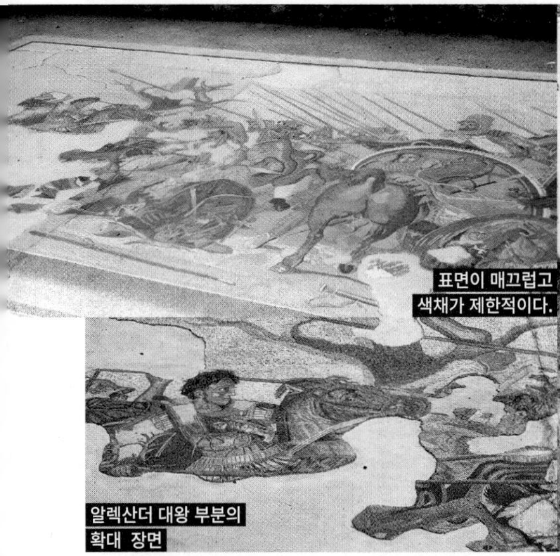

표면이 매끄럽고
색채가 제한적이다.

알렉산더 대왕 부분의
확대 장면

'이수스 전투'(1세기경)

- 폼페이, 폼페이 유적지(진품은 나폴리 고고학 박물관)

로마시대에는 모자이크로 주택의 바닥과 벽을 장식했다. 주로 목욕 장면, 운동 경기 등 실생활이 주제가 됐고, 불투명한 대리석 조각을 사용했다. p279

카타콤베 미술(4세기경) **- 로마, 도미틸라 카타콤베**

기독교 박해 시절 신자들은 지하 무덤에서 은밀히 예배를 올렸다. 또한 신자들만 알아볼 수 있는 상징어로 벽과 천장에 예수의 영원과 구원을 의미하는 많은 벽화를 남겼다. p245

'황금의 제단'

산 마르코 대성당 벽화

'몬레알레 두오모의 벽화'

'황금의 제단'(10~14세기)

- 베네치아, 산 마르코 대성당

비잔틴 시대에는 황금빛 모자이크로 성당 벽면을 장식했다. 종교적인 장면이 주를 이루고, 반짝이는 보석이나 유리 조각을 사용했다. p551

'몬레알레 두오모의 벽화'(12세기)

- 팔레르모, 몬레알레 두오모

시칠리아 곳곳에 남아 있는 아랍-노르만 양식의 대표작. 구약과 신약 이야기를 담은 황금빛 벽화는 기본적으로 비잔틴 양식을 따르고 있다.

#RENAISSANCE

#르네상스 #인물에 대한 #생생한 묘사 #원근법

'성 프란체스코의 일생'(조토, 1299)

- 아씨시, 산 프란체스코 성당

'서양 회화의 아버지'라 불리는 조토의 작품. 성 프란체스코의 일생을 그린 28개의 프레스코화다. p265

'마에스타'(두초, 1311)

- 시에나, 두오모 오페라 박물관

예수를 안고 있는 성모 마리아가 천사들에 둘러싸인 그림. 인물들의 내면을 섬세하게 묘사했다는 평을 받고 있다.p413

'선한 정부 악한 정부'(로렌체티, 1340)

- 시에나, 시립 박물관

시에나 화풍의 창시자 로렌체티의 그림. 당시 시에나의 모습을 선한 정부로 묘사했는데, 이를 통해 시에나가 가진 자부심이 대단했음을 엿볼 수 있다. p410

'삼위일체'(마사초, 1427)

- 피렌체, 산타 마리아 노벨라 성당

투시 원근법(선 원근법)으로 그린 최초의 회화. 그림 속 상단과 하단의 배경에 나오는 선을 연장하면 정확하게 하나의 소실점으로 이어진다. p343

'마리아 막달레나'(도나텔로, 1455)

- 피렌체, 두오모 오페라 박물관

예수의 유일한 여제자 마리아 막달레나. 예수가 죽은 뒤 사막에서 검소한 삶을 살던 시기의 모습을 형상화했다. p352

'라 프리마베라'(보티첼리, 1482)

- 피렌체, 우피치 미술관

이탈리아어로 봄을 뜻하는 그림. 피렌체의 문화·정치·경제 부활을 상징하며 르네상스의 서막을 알리는 작품으로 꼽힌다. p366

'비너스의 탄생'(보티첼리, 1485)

- 피렌체, 우피치 미술관

미의 여신 비너스가 바다의 물거품에서 탄생하는 장면을 그린 그림. 르네상스 시대 최초의 누드화다. p367

'성 프란체스코의 일생'

'마에스타'

'선한 정부 악한 정부'

'삼위일체'

'마리아 막달레나'

'라 프리마베라'

'비너스의 탄생'

'최후의 만찬'(레오나르도 다빈치, 1498)

- 밀라노, 산타 마리아 델레 그라치에 성당

예수가 12제자 중 1명이 자신을 배반할 것이라고 이야기하는 순간을 그린 그림. 12제자의 심리와 성격을 가장 완벽하게 묘사한 작품으로 평가받는다. **p481**

'피에타'(미켈란젤로, 1499)

- 로마, 산 피에트로 대성당

미켈란젤로의 3대 조각상. 예수의 어머니 성모 마리아가 십자가에서 내려진 예수를 끌어안고 슬퍼하는 모습을 형상화했다. **p205**

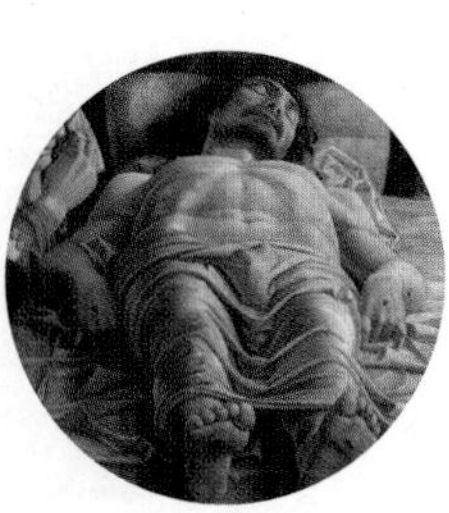

'죽은 그리스도'(만테냐, 1500)

- 밀라노, 브레라 미술관

인체에 원근법을 도입한 최초의 그림. 예수를 전지전능한 신의 모습이 아닌, 지치고 병든 인간의 모습으로 묘사했다. **p478**

'다비드'(미켈란젤로, 1504)

- 피렌체, 아카데미아 미술관

미켈란제로의 3대 조각상 중 하나. 5m가 넘는 대리석 조각상으로 매년 150만의 여행자가 '다비드'를 보기 위해 아카데미아 미술관을 찾는다. **p353**

'마리아 막달레나'

(루카 시뇨렐리, 1504)

- 오르비에토, 오페라 델 두오모 박물관

예수의 유일한 여제자, 마리아 막달레나가 개종한 후의 모습을 그린 그림. '긴 머리카락'과 '향유 단지'는 그녀의 상징물이다. **p254**

'모세'(미켈란젤로, 1504)

- 로마, 산 피에트로 인 빈콜리 성당

미켈란젤로의 3대 조각상 중 하나. 모세가 십계명을 들고 막 일어서려는 순간을 생생하게 형상화했다. **p245**

'아테네 학당'(라파엘로, 1511)

- 로마, 바티칸 박물관

완벽한 원근법을 확립한 라파엘로의 작품. 신학·철학·수학·예술 등 각 분야를 대표하는 54명의 학자가 그려져 있다. **p198**

'천지창조'(미켈란젤로, 1512)

- 로마, 바티칸 박물관

미켈란젤로를 당대 최고의 화가로 만들어준 작품. 하느님이 자연과 인류를 탄생시키는 9장면과 성경 속 인물 340여 명이 그려져 있다. **p200**

'신성한 사랑과 세속적인 사랑'(티치아노, 1514)

– 로마, 보르게세 미술관

티치아노에게 당대 최고의 화가라는 명성을 안겨다준 작품. 결혼 생활에는 육체와 정신적 사랑이 조화를 이루어야 한다는 주제를 담고 있다. **p238**

'의자의 성모'(라파엘로, 1513)

– 피렌체, 피티 궁전

성모 마리아와 아기 예수를 그린 그림. 안정된 구도와 부드러운 색감으로 같은 주제의 그림 중 가장 큰 위안을 주는 작품이다. **p375**

'성모 승천'(티치아노, 1518)

– 베네치아, 산타 마리아 글로리오사 데이 프라리 성당

색채의 마술사라 불리는 티치아노의 대표작. 강렬한 색채와 자연스러운 인물 묘사가 돋보인다. **p575**

'라 포르나리나'(라파엘로, 1520)

– 로마, 국립 고전 미술관 (바르베리니 궁전)

라파엘로의 연인을 그린 그림. 왼손에는 라파엘로의 이름을 새긴 팔찌가 그려져 있다. **p235**

'우르비노의 비너스'(티치아노, 1528)

– 피렌체, 우피치 미술관

여성의 아름다움을 가장 완벽하게 표현한 그림. 이후 많은 화가가 여성 누드를 그릴 때 참고했다. 대표적인 그림으로는 앵그르의 '대오달리스크'가 있다. **p368**

'최후의 심판'(미켈란젤로, 1541)

– 로마, 바티칸 박물관

예수가 혼란한 세상에서 선인을 구원하고, 악인을 심판하는 장면을 그린 그림. 그림 속 성인들의 모습을 모두 벌거벗은 것으로 그려서 끊임없는 외설 논란에 시달렸다. **p199**

'천국'(틴토레토, 1594)

– 베네치아, 두칼레 궁전

세계에서 가장 큰 그림. 700여 명에 이르는 천사의 계보가 상세하게 묘사돼 있다. **p556**

#BAROQUE

#바로크 #웅장함 #화려함 #감성적이고 #극적

'성 바오로의 개종'(카라바조, 1601) **- 로마, 산타 마리아 델 포폴로 성당**

한줄기 빛으로 하느님의 은총을 표현한 작품. 그러나 작품 공개 당시 크고 상세한 말의 엉덩이와 마부 때문에 신성한 주제를 훼손했다는 거센 비난을 받았다. p223

'홀로페르네스의 목을 베는 유디트'(아르테미시아 젠틸레스키, 1620)

- 피렌체, 우피치 미술관

최초의 페미니스트 화가, 아르테미시아는 아버지 오라치오와 함께 바로크 시대를 대표하는 화가다. 조국을 구하기 위해 적장의 목을 베는 '유디트'를 능동적이고 강인한 여인의 모습으로 그렸다. p367

성 마태오 연작(카라바조, 1602) **- 로마, 산 루이지 데이 프란체시 성당**

복음서의 저자 성 마태오의 일생을 담은 그림 3편. 나란히 걸린 3개 연작 중에서 예수가 마태오를 지목한 순간을 그린 '성 마태오의 소명'이 가장 유명하다. p215

'페르세포네를 납치하는 하데스'(베르니니, 1622) **- 로마, 보르게세 미술관**

바로크 시대의 대표적인 건축가이자 조각가인 베르니니의 작품. 지하세계 신 하데스에게 납치된 대지 여신의 딸 페르세포네가 필사적으로 도망치는 찰나를 포착했다. p239

'교황 인노켄티우스 10세의 초상화'

(벨라스케스, 1650) **- 로마, 도리아 팜필리 미술관**

스페인의 천재 화가 '벨라스케스'의 작품. 교황의 성품과 권위를 잘 드러냈다. 미술사에서 가장 위대한 초상화 중 하나로 꼽힌다. p179

'예수의 이름으로 거둔 승리'(바치차, 1684)

- 로마, 제수 성당

강렬한 명암 대비와 그림 속 인물들이 천당의 틀을 부수고 나올 것 같은 생생한 묘사가 압권이다. p179

'페르세포네를 납치하는 하데스'

*그리스 헬레니즘 시대 작품과 '교황 인노켄티우스 10세의 초상화'를 제외하고는 이탈리아 여행에서 만날 수 있는 대표적인 미술 작품은 모두 이탈리아 출신의 예술가가 남긴 작품이다.

'성 바오로의 개종'

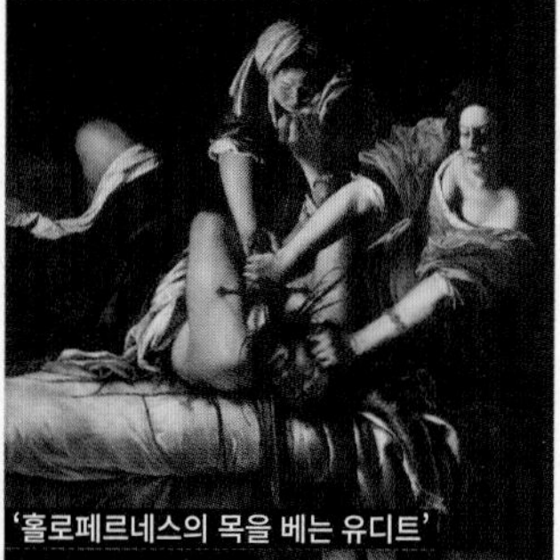
'홀로페르네스의 목을 베는 유디트'

'성 마태오의 소명'

'교황 인노켄티우스 10세의 초상화'

'예수의 이름으로 거둔 승리'

About Italia 04

이탈리아 국가 정보

정치·역사적으로 험난한 길을 걸어온 이탈리아는 1950년대 이후 엄청난 경제 발전을 이루었고, 세계 8위의 경제 대국으로 성장했다. 현재 이탈리아는 서방 7개 선진국의 모임인 G7과 경제협력개발기구(OECD)의 가입국이다.

✚ 세계 8위의 경제 대국

(2023년 GDP 기준)

1	미국 USA
2	중국 CHINA
3	일본 JAPAN
4	독일 GERMANY
5	인도 INDIA
6	영국 BRITAIN
7	프랑스 FRANCE
8	**이탈리아** ITALY
9	캐나다 Canada
10	브라질 BRAZIL
11	러시아 RUSSIA
12	**대한민국** SOUTH KOREA
13	호주 AUSTRALIA
14	멕시코 MEXICO
15	스페인 SPAIN

*출처: 국제통화기금(IMF)

- 축구로 자국은 물론 세계 각국 축구 마니아들의 사랑을 한 몸에 받고 있다.
- 패션의 나라. 구찌, 프라다, 아르마니, 페라가모, D&G 등 수없이 많은 세계적인 명품 브랜드를 지닌 나라
- 전 세계 와인의 약 20%를 생산하는 와인 생산량 1위 나라
- 꿈의 스포츠카라는 페라리·람보르기니·마세라티를 만드는 수퍼카의 제조국
- 유네스코 세계문화유산을 가장 많이 보유한 세계 최고의 문화 강국
- 베로나 오페라 축제, 베니스 비엔날레와 영화제 등 현대 문화와 예술의 중심지

그.러.나.…

- 마피아의 이권 다툼과 정부의 관리 소홀로 사라지는 미항, 나폴리의 쓸쓸한 모습
- 소매치기와 집시들… 치안 문제와 인권 문제
- 부패인식지수 세계 42위의 오명(2023년 기준, 우리나라는 32위, 1위는 덴마크)
- 경제 둔화와 정치 혼란으로 EU의 골칫거리

1990년대 초 이탈리아 경찰과 검찰은 부패와의 전쟁을 벌여 수많은 정치인과 기업인을 감옥에 보내기도 했다.

국가명	이탈리아 공화국(La Repubblica Italiana)	정치 제도	민주 공화제
수도	로마(Roma)	위치	유럽 중남부
면적	30만1277km² (한반도의 1.36배)	기후	온화한 지중해성 기후-우리나라와 비슷하다. 기후만 고려했을 때 여행 적기는 5~6월, 9~10월
시차	-8시간 서머타임(3월 마지막 일요일~10월 마지막 일요일) 기간에는 -7시간	인구	약 6000만 명
언어	이탈리아어	종교	가톨릭 85%
통화/환율	유로(Euro, EUR,€) 1€=약 1465원 (매매기준율, 2024년 11월 매매기준율)	국가 번호	39
전압	220V, 50Hz(우리나라에서 사용하던 전기 제품을 그대로 사용할 수 있다)	콘센트	2개 핀. 단, 우리나라보다 핀 간격이 좁기 때문에 별도의 어댑터가 필요하다.
영업시간	**상점** 08:00~13:00, 15:30~19:00 (소규모 상정은 일요일에 쉬는 곳이 많다.) **식당** 11:00~15:00, 19:00~22:00 (대도시는 자정이나 늦은 새벽까지) **은행** 월~금요일 08:30~13:30, 14:30~16:30 (지역 및 은행마다 조금씩 다름)	공식 국경일 & 공휴일	1월 1일 신년 1월 6일 주현절 3월 31일·4월 1일 부활절과 다음 월요일★ (2024년 기준) 4월 25일 해방 기념일 5월 1일 노동절 6월 2일 공화국선포일 6월 29일 성 베드로와 성 바오로 축일 8월 15일 성모 승천일 11월 1일 만성절 12월 8일 성모 수태일 12월 25일 성탄절 12월 26일 성 스테파노 축일 ★는 매년 날짜가 바뀜 *그 외 지역별로 추가 공휴일이 있다.

✚ 서울 vs 로마 물가 비교(2024년 11월 기준)

품목	우리나라(서울)	이탈리아(로마)
지하철 요금-1회권(현찰)	1400원(카드)	1.50€(약 2200원)
택시 기본 요금(서울 평일 낮기준)	4800원	4.25€(약 6230원)
맥도날드 빅맥 세트(맥밀)	8000원	10€(약 1만4650원)
담배(말보로 기준)	4500원	6€(약 8790원)
우유 1L(마트)	3000원	1.55€(약 2270원)
생수 1.5L(마트)	1500원	0.40€(약 590원)

*출처: numbeo.com, 환율 1465원 기준
*가격은 상점 및 상품에 따라 조금씩 다를 수 있음

About Italia 05

이탈리아 기후

이탈리아의 면적은 대한민국의 약 3배이며, 지형은 남북으로 길게 뻗은 모양이다.
남과 북의 기온의 차가 상당히 큰 편이고, 위도상 위치가 우리나라와 비슷해서 계절도 닮은 형태를 보이지만
스위스와 국경을 접하고 있는 북서부 지역을 제외하고는 겨울에 영하로 떨어지는 일은 거의 없다.
한여름의 강한 햇살에 대비해 모자와 선글라스, 선크림은 필수다. 로마는 10~12월에 비가 비교적 많이
내리고 베네치아의 가을과 겨울은 비가 많이 와서 운하 수위가 상승하는 경우가 잦으니 우산과 장화를 준비하자.

*기온과 강우량·강우일은 1991~2022년 평균임

평균 최고 온도 / 평균 최저 온도 / 평균 강우량

◆ 로마 월평균 기온과 강우량·강우일

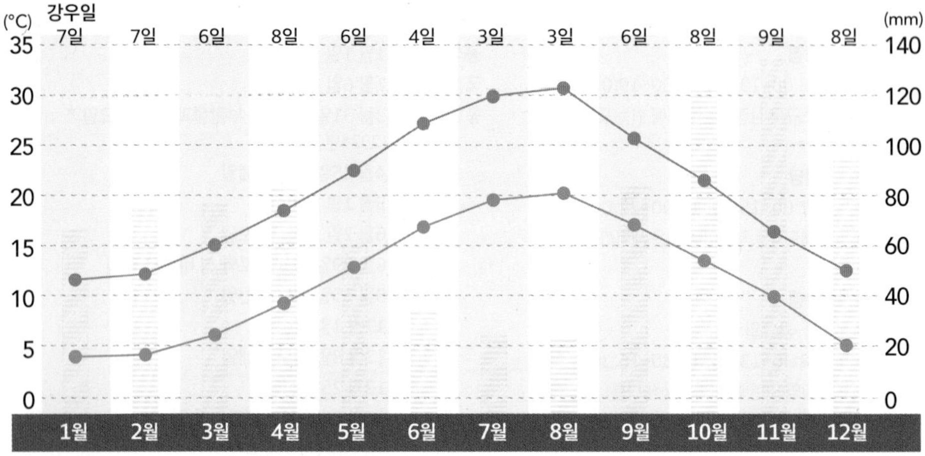

◆ 나폴리 월평균 기온과 강우량·강우일

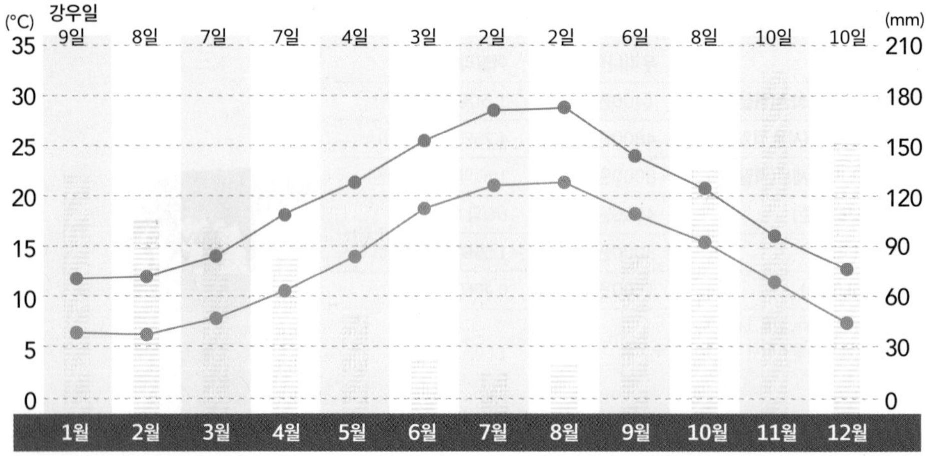

한여름에는 에메랄드빛 바다를 즐길 준비 필수!

운하가 범람해 물에 잠긴 베네치아. 산 마르코 광장 주변으로 간이 다리가 놓이기도 한다.

◆ 밀라노 월평균 기온과 강우량·강우일

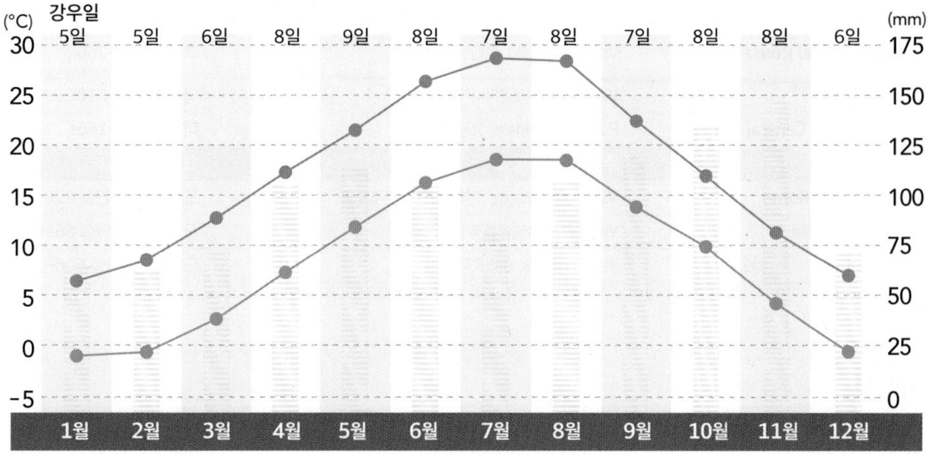

◆ 베네치아 월평균 기온과 강우량·강우일

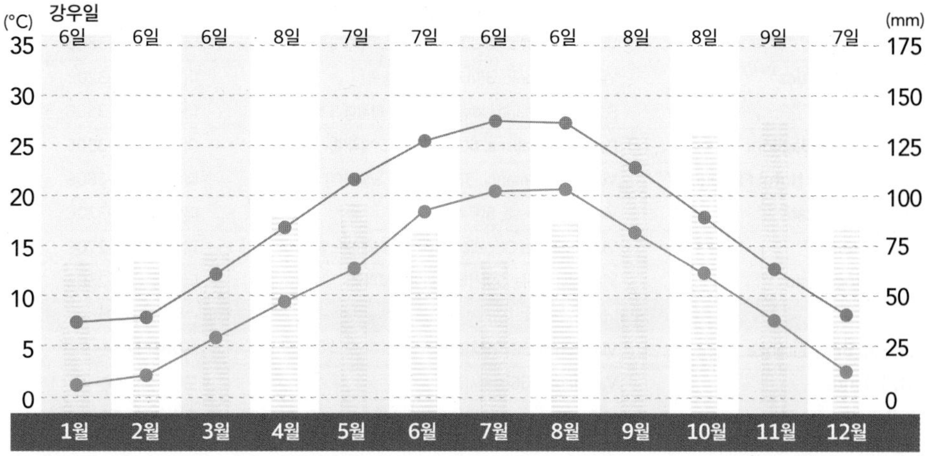

이탈리아 4대 도시 추천 숙소

*더블룸 1박당 300€대 이하에서 선정/호텔은 2인, 도미토리는 1인당 요금

로마

호텔	주소(가까운 명소)	요금
The Indipendent Hotel****	Via Volturno, 48(테르미니역)	더블룸 200~280€
Albergo Etico Roma***	Via Giuseppe Pisanelli, 39(포폴로 광장)	더블룸 200~250€
Sophie Terrace Hotel***	Via Principe Amedeo, 6(테르미니역)	더블룸 270~320€
Hotel Canada***	Via Vicenza, 58(테르미니역)	더블룸 195~240€
iQ Hotel Roma****	Via Firenze, 8(테르미니역)	더블룸 210~260€
Hotel Grifo***	Via del Boschetto, 144(콜로세오)	더블룸 250~400€
Hotel Diocleziano****	Via Gaeta, 71(테르미니역)	더블룸 250~330€
Vanity Hotel Navona**	Via Giuseppe Zanardelli, 36(나보나 광장)	더블룸 180~250€
Camplus Hotel Roma Centro***	Via Montebello, 8(테르미니역)	더블룸 200~260€
Hotel Balilla***	Via Balilla, 1(테르미니역)	더블룸 170~210€
Hotel Mosaic Central Rome*	P.za del Viminale, 5(공화국 광장)	더블룸 130~160€
호스텔	**주소(가까운 명소)**	**요금**
Free Hostels Roma	Via Luigi Luzzatti, 3(에스퀼리노 재래시장)	도미토리 10인실 65€~
The RomeHello	Via Torino, 45(공화국 광장)	도미토리 10인실 66€~
The Beehive	Via Marghera, 8(테르미니역)	도미토리 6인실 60€~

피렌체

호텔	주소(가까운 명소)	요금
Hotel Spadai****	Via dei Martelli, 10(두오모)	더블룸 380~450€
Milu Hotel****	Via Tornabuoni, 8(토르나부오니 거리)	더블룸 350~400€
Globus Urban Hotel****	Via S. Antonino, 24(산 로렌초 성당)	더블룸 270~320€
Hotel David***	Viale Michelangiolo, 1(미켈란젤로 광장)	더블룸 260~320€
Hotel Rapallo****	Via Santa Caterina d'Alessandria, 7(아카데미아 미술관)	더블룸 300~380€
Room Mate Luca****	Via XXVII Aprile, 3(아카데미아 미술관)	더블룸 270~320€
Hotel Roma****	P.za Santa Maria Novella, 8(산타 마리아 노벨라성당)	더블룸 300~350€
Grand Hotel Baglioni****	P.za Unità Italiana, 6(산타 마리아 노벨라역)	더블룸 310~350€
Ambasciatori Hotel Florence****	Via Luigi Alamanni, 3(산타 마리아 노벨라역)	더블룸 215~280€
Hotel Davanzati***	Via Porta Rossa, 5(우피치 미술관)	더블룸 240~310€
Joy Hotel****	Via Degli Orti Oricellari, 30(산타 마리아 노벨라역)	더블룸 210~270€
Hotel Boccaccio***	Via della Scala, 59(산타 마리아 노벨라역)	더블룸 170~250€
호스텔	**주소(가까운 명소)**	**요금**
Ostello Bello Firenze	Via Faenza, 56(중앙시장)	도미토리 65€~
My Friends	Via Faenza, 66(중앙시장)	도미토리 70€~
Yellow Square Florence	Viale Francesco Redi, 19(산타 마리아 노벨라역)	도미토리 65€~

홈페이지	교통	♥좋아요
independenthotel.it	테르미니역 도보 3분	#테르미니역 #신혼여행 #루프탑조식
albergoeticoroma.it	M A선 Flaminio 역 도보 6분	#지속가능숙소 #리모델링
sophieterracehotel.com	테르미니역 도보 3분	#테르미니역 #스마트티비
hotelcanadaroma.com	M B·B1선 Castro Pretorio 역 도보 2분	#유럽식인테리어
iqhotelroma.it	테르미니역 도보 6분	#테르미니역 #편의시설 #보안좋음
hotelgrifo.com	M B·B1선 Cavour 역 도보 5분	#직원친절 #조식뷔페
hoteldiocleziano.it	테르미니역 도보 5분	#테르미니역 #깨끗 #테라스뷰
vanityhotelnavona.it	BUS 70번 Zanardelli 정류장 도보 1분	#위치최고
camplus.it/en/city/rome/camplus-hotel-roma-centro	테르미니역 도보 6분	#모던
hotelbalillaroma.com	테르미니역 도보 11분	#가성비 #깔끔
hotelmosaiccentral.com	테르미니역 도보 8분	#테르미니역 #직원친절

홈페이지	교통	♥좋아요
free-hostels.com	M A선 Maznoni 역 도보 5분	#기차역에서지하철2정거장 #파씨근처
theromehello.com	테르미니역 도보 10분	#공화국광장 #신상호스텔
the-beehive.com	테르미니역 도보 5분	#테르미니역5분거리 #친절따뜻

홈페이지	교통	♥좋아요
hotelspadai.it	산타 마리아 노벨라역 도보 11분	#청결 #미니바무료
hotelmilu.com	산타 마리아 노벨라역 도보 9분	#직원친절 #조식굿
hotelglobus.com	산타 마리아 노벨라역 도보 7분	#조식굿 #무료간식
hoteldavid.com	BUS C4번 Michelangiolo Bastioni 정류장 도보 1분	#직원친절 #해피아워
hotelrapallofirenze.it	산타 마리아 노벨라역 도보 12분	#조용한방 #테라스방
room-matehotels.com/en/luca	산타 마리아 노벨라역 도보 12분	#조식뷔페 #직원친절
hotelromaflorence.com	산타 마리아 노벨라역 도보 6분	#성당뷰
hotelbaglioni.it	산타 마리아 노벨라역 도보 5분	#테라스뷰 #앤티크
hotelambasciatori.net	산타 마리아 노벨라역 도보 2분	#역앞
hoteldavanzati.it	산타 마리아 노벨라역 도보 12분	#직원친절 #청결
joyhotelfirenze.it	산타 마리아 노벨라역 도보 3분	#역근처 #청결
boccaccio.hotelinfirenze.com	산타 마리아 노벨라역 도보 3분	#역앞 #가성비

홈페이지	교통	♥좋아요
ostellobello.com/it/hostel/firenze	산타 마리아 노벨라역 도보 5분	#직원친절 #넓은객실
myfriendsflorence.com	산타 마리아 노벨라역 도보 5분	#직원친절 #깨끗
yellowsquare.it/florence	Tram T2 Redi 정류장 도보 1분	#야외수영장 #청결

밀라노

호텔	주소(가까운 명소)	요금
INNSiDE by Melia Milano Torre GalFa★★★★	Via Gustavo Fara, 41(중앙역)	더블룸 215~320€
Hotel Gran Duca Di York★★★	Via Moneta, 1(두오모)	더블룸 200~240€
21 House of Stories, Milano Città Studi★★★	Via Enrico Nöe, 24(중앙역)	더블룸 160~200€
iQ Hotel Milano★★★★	Via G. B. Pirelli, 5(중앙역)	더블룸 160~200€
43 Station Hotel★★★	Via Fabio Filzi, 43(중앙역)	더블룸 160~200€
Hotel Lancaster★★★	Via Abbondio Sangiorgio, 16(스포르체스코 성)	더블룸 190~280€
Teco Hotel★★★	Via Spallanzani, 27(중앙역)	더블룸 130~180€
B&B Hotel Milano Central Station★★★	Via Napo Torriani, 9(중앙역)	더블룸 165~210€

호스텔	주소(가까운 명소)	요금
Ostello Bello Milano Duomo	Via Medici, 4(다빈치 과학 기술 박물관)	도미토리 65€~
Combo Milano	Ripa di Porta Ticinese, 83(다빈치 과학 기술 박물관)	도미토리 58€~

베네치아

호텔	주소(가까운 명소)	요금
Relais Venezia★★★	Calle de la Casselleria, 5285(산 마르코)	더블룸 290~380€
Carnival Palace★★★★	Canale di Cannaregio, 929(산타 루치아역)	더블룸 250~310€
Hotel ai Cavalieri di Venezia★★★★	Calle Borgolocco, 6108(리알토 다리)	더블룸 380~500€
Hotel Moresco★★★★	Fondamenta del Passamonte, 3499(산 로코 학교)	더블룸 260~370€
Hotel Le Isole★★★	Campo San Provolo Castello, 4661(산 마르코)	더블룸 280~350€
Arcadia Boutique Hotel★★★	Rio Terà San Leonardo, 1333(산타 루치아역)	더블룸 190~250€
Hotel Palazzo Abadessa★★★★	Calle Priuli, Cannaregio, 4011(카 도로)	더블룸 205~320€
Venice Times Hotel★★★★	Calle Priuli dei Cavalletti, 99/D(산타 루치아역)	더블룸 200~260€
Hotel Antiche Figure★★★	Santa Croce 687, Santa Croce(산타 루치아역)	더블룸 200~310€
Hotel A La Commedia★★★★	San Marco 4596(산 마르코)	더블룸 200~280€
Hotel Firenze★★★	Corte Foscara, 1490(산 마르코)	더블룸 180~270€
Hotel Tiziano★★★	Calle Riello Dorsoduro, 1873 (아카데미아 미술관)	더블룸 170~250€
Hotel Al Codega★★★★	Corte del Forno Vecchio, 4435(산 마르코)	더블룸 180~260€
Hotel Olimpia Venice★★★	Fondamenta delle Burchielle, 395(산타 루치아역)	더블룸 170~300€
Alloggi Ai Tessitori★★	Strada Nova, 4185(카 도로)	더블룸 120~200€

호스텔	주소(가까운 명소)	요금
Combo Venezia	Campo Dei Gesuiti Cannaregio, 4878(카 도로)	트윈룸 130~220€
Ostello Santa Fosca	Cannaregio, 2372(산타 루치아역)	도미토리 57€~
Anda Venice Hostel	Via Ortigara, 10(베네치아 메스트레역)	도미토리 37€~

홈페이지	교통	♥좋아요
www3.melia.com/en/hotels/italy/milan/innside-milano-torre-galfa	밀라노 중앙역 도보 5분	#중앙역근처 #모던 #시티뷰
ducadiyork.com	M 1선 Cordusio 역 도보 4분	#두오모도보5분
21houseofstories.com	M 2선 Piola역 도보 7분	#스타일리시 #cowork_space
iqhotelmilano.it	밀라노 중앙역 도보 2분	#중앙역앞 #깨끗 #루프탑바
43stationhotel.com	밀라노 중앙역 도보 3분	#중앙역앞 #깔끔
lancasterhotel.it	M 5선 Domodossola FN 역 도보 11분	#직원친절
hotelteco.it	M 1선 Lima 역 도보 4분	#좋은위치 #편안함
hotel-bb.com/it/citta/hotel-milano	밀라노 중앙역 도보 7분	#중앙역근처 #깨끗

홈페이지	교통	♥좋아요
ostellobello.com/it/hostel/milano-duomo	M 3선 Missori 역 도보 8분	#1층바 #음식무료
thisiscombo.com/location/milano	M 2선 P.TA Genova FS 역 도보 6분	#깨끗 #조식굿

홈페이지	교통	♥좋아요
relaisvenezia.com	V 1선 Rialto 승선장 도보 6분	#직원친절 #시설깔끔
carnivalpalace.com	산타 루치아역 도보 10분	#기차역도보가능 #안락함
hotelaicavalieri.com	V 1선 Rialto 승선장 도보 7분	#발코니 #좋은침구
hotelmorescovenice.com	산타 루치아역 도보 9분	#운하뷰 #직원친절
hotel-leisole.it	V 2선 S. Marco-San Zaccaria 승선장 도보 3분	#승선장가까움
hotelarcadia.net	산타 루치아역 도보 6분	#기차역도보가능
abadessa.com	V 2선 S. Marcuola-Casino 승선장 도보 10분	#아름다운정원
venicetimeshotel.com	산타 루치아역 도보 6분	#기차역앞 #시설깔끔
hotelantichefigure.it	산타 루치아역 도보 4분	#기차역도보가능 #운하뷰 #직원친절 #야외조식
commediahotel.com	V 1선 Rialto 승선장 도보 2분	#청결 #고급어메니티
hotel-firenze.com	V 1선 Rialto 승선장 도보 7분	#테라스전망 #직원친절
hoteltizianovenezia.it	V 4.1선 S.Marta 승선장 도보 7분	#조용한지역 #넉넉한방크기
hotelalcodega.com	V 1선 Rialto 승선장 도보 5분	#조식굿 #직원친절
hotel-olimpia.com	산타 루치아역 도보 7분	#기차역도보가능 #조식굿
alloggiaitessitorivenezia.com	V 1선 Ca' d'Oro 승선장 도보 1분	#가성비

홈페이지	교통	♥좋아요
thisiscombo.com/location/venezia	V 1선 Ca' d'Oro 승선장 도보 7분	#수도원건물
ostellosantafosca.it	V 2선 S. Marcuola-Casino 승선장 도보 6분	#파스타재료무료
andavenice.com	Venezia Mestre 역 도보 2분	#메스트레지역 #모던 #조식굿

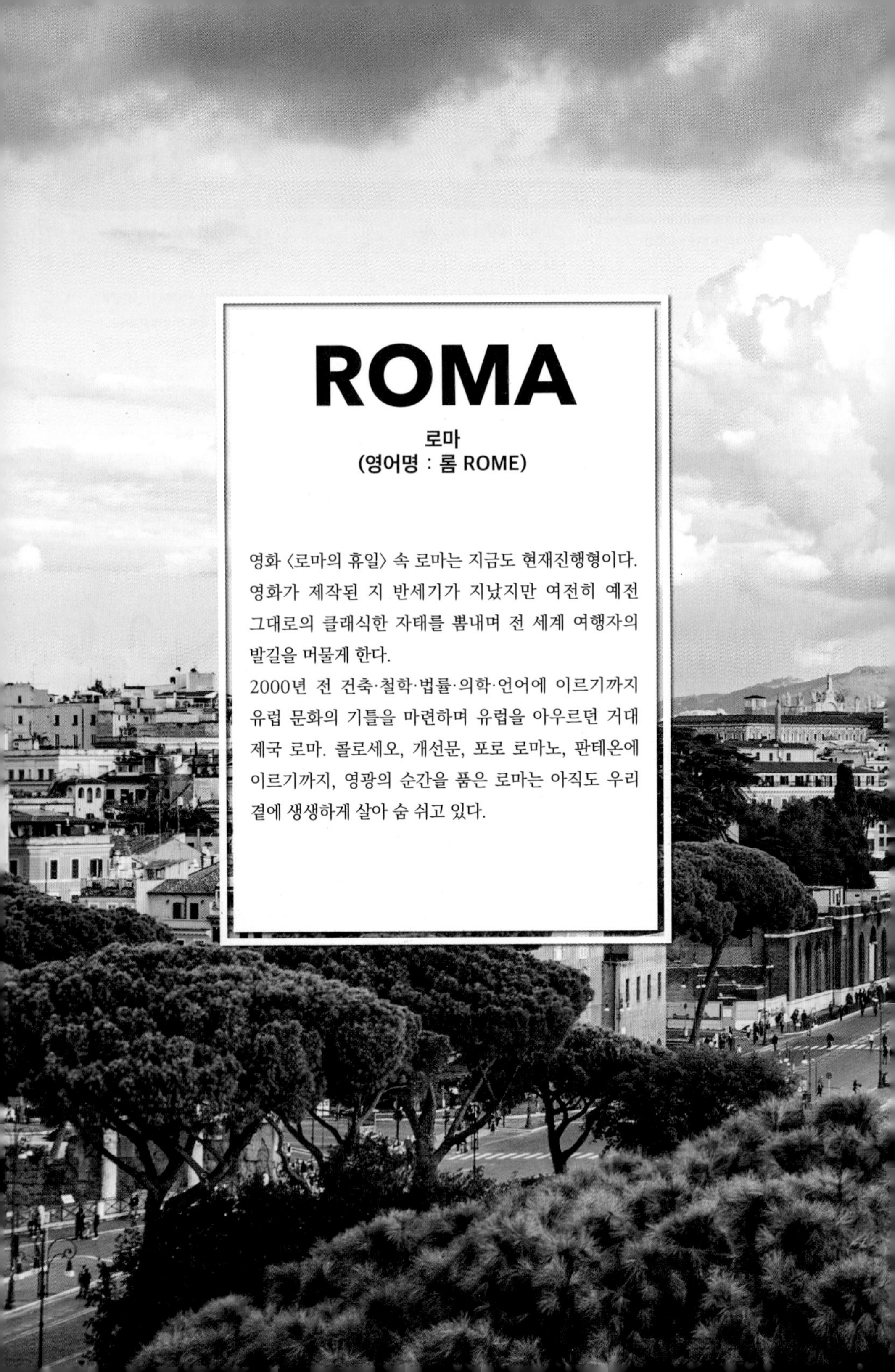

ROMA

로마
(영어명 : 롬 ROME)

영화 〈로마의 휴일〉 속 로마는 지금도 현재진행형이다. 영화가 제작된 지 반세기가 지났지만 여전히 예전 그대로의 클래식한 자태를 뽐내며 전 세계 여행자의 발길을 머물게 한다.

2000년 전 건축·철학·법률·의학·언어에 이르기까지 유럽 문화의 기틀을 마련하며 유럽을 아우르던 거대 제국 로마. 콜로세오, 개선문, 포로 로마노, 판테온에 이르기까지, 영광의 순간을 품은 로마는 아직도 우리 곁에 생생하게 살아 숨 쉬고 있다.

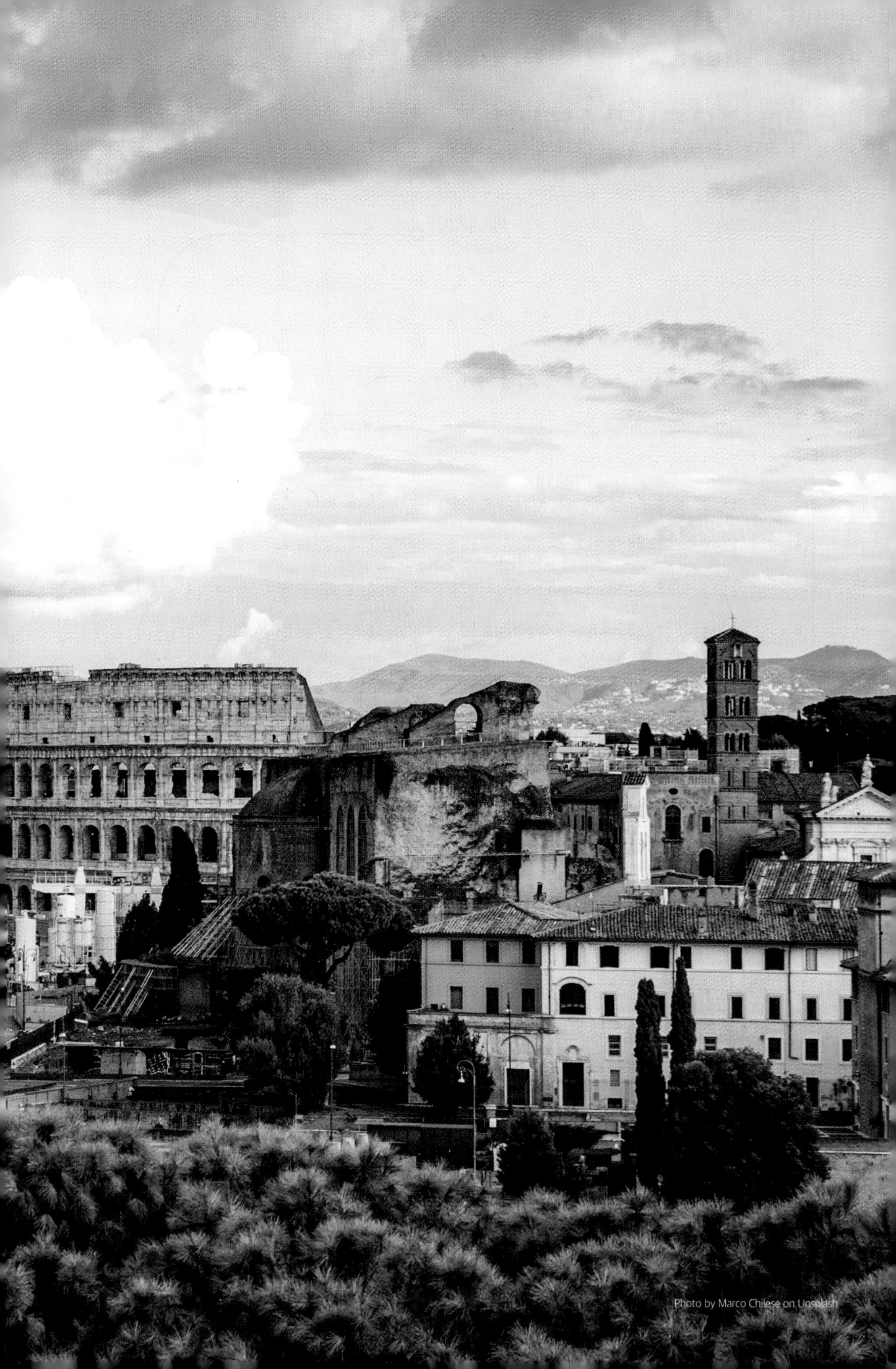

Photo by Marco Chilese on Unsplash

¤ 로마~주요 도시 간 소요 시간

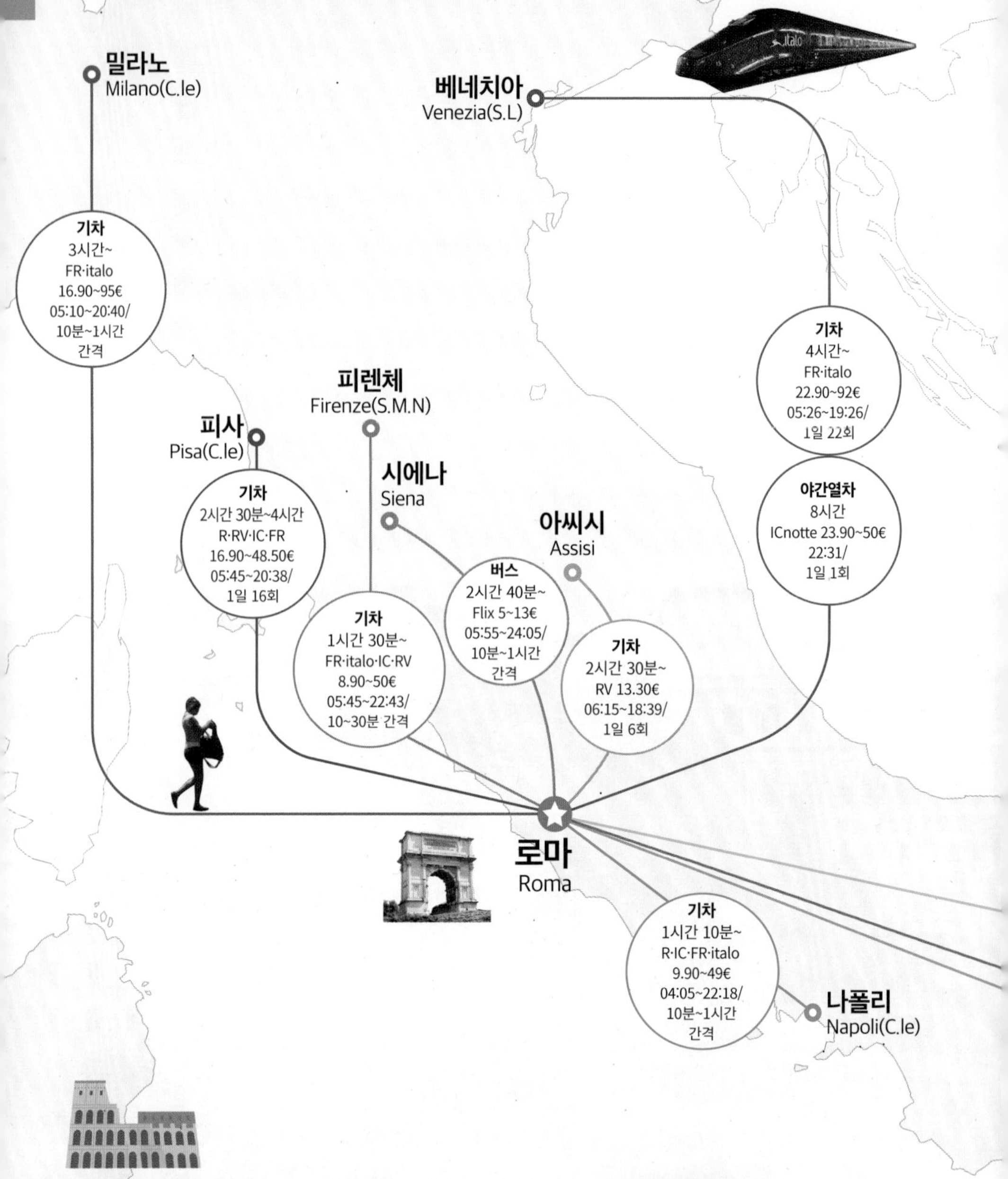

- 기차는 성인 2등석, 직행, 인터넷 최저가 기준으로 미리 예매할수록 저렴하다.
- FR(Freccia)·italo 고속열차 / IC(Inter City) 급행열차 / R·RV(Regionale·Regionale Veloce) 완행열차 / ICnotte 야간열차
- 기차는 현지 상황에 따라, 버스는 요일과 계절에 따라 운행 시간이 유동적이다.
- 온라인 구매한 트레이탈리아 기차표는 탑승 전 온라인 체크인 필수! (p063 참고)

우리나라에서 로마 가기

우리나라의 여행자들은 대부분 대한항공·아시아나항공·티웨이항공 직항편이나 유럽·중동·중국을 경유하는 항공편을 이용해 로마로 들어간다. 프랑스, 영국, 스페인, 터키 등에서 로마로 바로 가는 저비용 항공을 이용하는 것도 좋은 방법이다.

★
로마 피우미치노 국제공항
WEB www.adr.it

★
내가 탄 비행기, 어디에 내리나?

피우미치노 국제공항은 터미널 1(T1)과 터미널 3(T3)을 사용하고 있다. 두 터미널은 실내를 통해 도보 10분 정도면 이동 가능하다. 레오나르도 익스프레스 승강장까지 이어지는 구름다리도 중간에서 만나게 된다.

T1 라이언에어, 루프트한자, 부엘링, 스위스항공, 오스트리아항공, 에어로이탈리아, 에어유로파, 에어프랑스, 이베리아, 이지젯(일부), 핀에어, ITA(구 알리탈리아), KLM네덜란드항공, LOT폴란드항공 등

T3 대한항공, 아시아나항공, 티웨이항공, 싱가포르항공, 에미레이트항공, 에티하드항공, 영국항공, 이지젯(일부), 중국국제항공, 중국동방항공, 카타르항공, 캐세이퍼시픽, 타이항공, 터키항공 등

* 유럽 및 자국 출발 항공편 기준
* 현지 상황에 따라 변경 가능

1. 인천국제공항에서 로마까지

인천국제공항에서 로마 피우미치노 국제공항(FCO)까지 직항편은 13시간 30분~14시간, 경유편은 17시간 이상 소요된다. 대한항공과 국내 저비용항공사인 티웨이항공이 각각 주 3회, 아시아나항공이 주 4회 직항편을 운항한다(2024년 12월 기준). 경유편은 루프트한자, 에어프랑스, 핀에어, KLM네덜란드항공, LOT폴란드항공, 에미레이트항공, 에티하드항공, 카타르항공, 터키항공 등의 다양한 항공사가 운항하고 있다. 경유편을 이용하면 경유지에서 대기하는 시간이 길수록 체력 소모가 크다. 경유지에서 숙박하는 일정이 아니라면 공항 대기시간이 4시간을 넘지 않도록 항공편을 선택하는 것이 중요하다.

◆ 피우미치노 국제공항 Fiumicino Aeroporto(FCO)

레오나르도 다빈치(Leonardo da Vinci) 공항이라고도 하며, 로마 시내 중심에서 서쪽으로 약 32km 떨어져 있다. 밀라노 말펜사 공항과 함께 언제나 이용객이 많은 이탈리아의 대표 관문이다. 우리나라에서 출발한 대한항공과 아시아나항공 직항편은 주로 터미널 3(T3)에 도착한다. 이 두 항공사가 주로 사용하는 게이트(E31~44)에서는 터미널 건물까지 셔틀 트레인 '피플 무버'를 타고 한 정거장만 가면 된다.

터미널 3을 기준으로 입국 심사를 마친 후 수하물을 찾아 도착 로비로 나오면 오른쪽 2번 출구(Gate 2) 옆에 관광 안내소가 있다. 여기서 오른쪽으로 더 가면 심카드를 구매할 수 있는 TIM 매장과 환전소, 카페 등의 편의 시설이 나온다. 단, 공항 환전소는 환율이 좋지 않고 심카드 역시 시내보다 비싸므로 급한 용무가 아니면 가급적 이용하지 않는 것이 좋다.

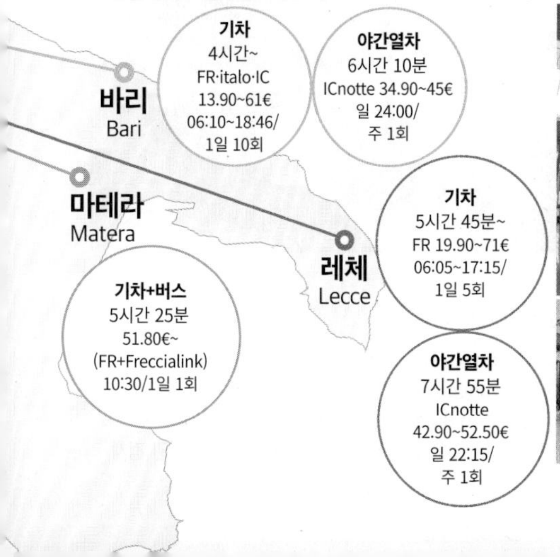

다빈치 조형물이 설치된 국제공항 내부

E31~44 게이트의 셔틀 트레인 탑승장

공항의 관광 안내소, 번호표를 뽑고 대기한다.

★

자동출입국심사로 빠르게 입국!

전자 여권을 소지한 만 14세 이상의 대한민국 국민이라면 로마·밀라노·베네치아 공항에서 자동출입국심사(Automated Border Control, 'E-gates'로 표시됨)를 이용할 수 있다. 우리나라를 포함해 몇 개 국가만 이용 가능. 별도의 사전등록 없이 여권 스캔과 얼굴 촬영으로 빠르게 통과할 수 있어 대기 줄도 빨리 줄어든다.

자동출입국심사대 앞의 대기 줄은 빨리 줄어든다.

여권을 스캔하고 얼굴을 촬영하면 통과! 나가는 길에 입국 도장을 찍어준다.

★

이탈리아 입국 시 면세 범위
(비 EU 회원국 출발·IATA 기준)

- **담배** 200개비(시가는 50개비, 담뱃잎 250g)/17세 이상만 가능
- **알코올** 22° 이상인 술은 1L, 22° 이하인 술·스파클링 와인·리큐어 와인은 2L, 일반 와인은 4L, 맥주는 16L/17세 이상만 가능
- **기타 물품 항공입국** 430€(14세 이하는 150€)까지 면세
- **통화 신고 범위** 1만 유로를 초과할 경우(은행환어음과 수표 포함)

2. 입국 심사

우리나라에서 출발한 직항편이나 솅겐 협약국 외 국가를 경유하는 항공편을 타고 왔다면 공항에 도착해 입국 심사를 받는다. 솅겐 협약국을 경유한 항공편에 탔다면 경유 도시 공항에서 입국 심사를 받고 이탈리아 공항에서는 별도의 절차를 밟지 않는다(테러 등 안보상 위협이 발생할 때는 예외).

입국 심사는 대부분 별다른 질문 없이 여권만 확인한 후 도장을 찍어 준다. 관광을 목적으로 3개월 이내 머문다면 비자가 필요 없고 출입국 카드와 세관 신고서도 작성하지 않는다. 입국 심사 후 세관 검사를 하긴 하지만 자진 신고제이므로 신고할 물품이 없다면 그냥 지나가면 된다.

자동출입국심사는 왼쪽으로!

자동출입국심사 조건에 해당하지 않거나, 이용 불가능한 시간에는 'All Passports'를 따라간다.

입국 심사 후 수하물 찾는 곳(Ritiro Bagagli) 표지판을 따라간다.

입국장 안의 기차표 자동판매기

★

공항에서 알아두면 편리한 이탈리아어(영어)

Uscita(Exit) 출구	**Transiti**(Transters) 환승
Imbarchi(Gates) 탑승구	**Immigrazione**(immigration) 입국 심사
Arrivi(Arrivals) 도착	**Ritiro Bagagli**(Baggage Claim) 수하물 찾는 곳
Partenze(Departures) 출발	**Controllo Doganale**(Customs Control) 세관 검사

3. 공항에서 시내까지

가장 많이 이용하는 교통수단은 공항과 시내를 연결하는 고속열차 레오나르도 익스프레스다. 시내 중심에 있는 테르미니역까지 논스톱으로 가장 빠르고 안전하게 이동할 수 있기 때문.
짐이 무겁거나 많다면 공항버스를 이용하는 것이 좋다. 공항버스는 레오나르도 익스프레스에 비해 가격이 저렴하고 심야 시간에도 운행한다. 입국장을 빠져나오자마자 정류장이 있어 짐을 들고 이동하는 거리도 짧은 편이다.

도착은 0층(우리나라의 1층),
출발은 1층(우리나라의 2층)이다.

◆ 레오나르도 익스프레스 Leonardo Express

공항과 연결된 피우미치노 아에로포르토(Fiumicino Aeroporto)역에서 테르미니(Roma Termini)역까지 32분 소요되며, 요금은 14€다. 이용 방법은 p144~145의 '레오나르도 익스프레스 타는 법'을 참고하자. 이탈리아 철도청 트렌이탈리아가 운영하며, 유레일패스 1등석 소지자는 패스를 개시하면 무료로 탑승할 수 있다. 기차표를 온라인으로 구매했다면 탑승 전 온라인 체크인을 잊지 말자(p063 참고).

짐을 찾아 나가기 전,
종합 교통 안내 전광판을 확인하자.
공항철도와 공항버스 등에 관한 실시간 정보를 확인할 수 있다.

✚ 레오나르도 익스프레스 운행 정보

출발지	피우미치노 공항과 연결된 피우미치노 아에로포르토역의 플랫폼
요금	14€, 성인 승객 1명당 11세 이하 1명 무료, 3세 이하 무료
소요 시간	32분
운행 시간	05:38~23:53(15~30분 간격)
홈페이지	www.trenitalia.com

레오나르도 익스프레스

일반 기차도 같은 플랫폼을 사용한다.
'Leonardo Express'를 꼭 확인하고 탑승하자.

★
공항에 짐이 도착하지 않았다면?!

수하물 분실신고센터에 체크인할 때 발급받은 수하물보관 증서(Baggage Claim Tag)를 제시하면 수하물 위치를 추적할 수 있다. 사고가 확인되면 수하물 사고 신고서(Property Irregularity Report)를 작성한다. 찾은 수하물은 빠르면 1~2일, 늦으면 일주일 정도 뒤에 신고서에 적은 호텔 주소로 보내준다. 수하물이 도착할 때까지 구매한 세면도구, 속옷 등 일용품은 영수증을 증빙하면 추후 환급해주거나 지연보상비를 지급한다.
수하물을 찾지 못한 경우 신고서에 기재한 물품 명세와 가격을 기준으로 손해배상청구서를 작성한다. 탑승 노선의 적용 협약에 따라 일정 한도 내에서 보상받을 수 있지만 피해 금액에 대한 증빙서류(영수증, 구매 증명서 등)를 까다롭게 요구한다. 고가품은 체크인 시 추가 요금을 내고 보험에 가입하거나 비행기에 직접 가지고 탄다. 수하물 파손 시에도 항공사가 책임지는 것이 원칙이나, 잠금장치는 제외다.

★
택시 호객 주의!

기차역으로 가는 길에 기차가 고장 났거나 파업 중이라며 사설 택시 탑승을 유도하는 호객꾼을 만날 수 있다. 이는 십중팔구 허가받지 않은 택시로 바가지를 쓸 가능성이 크다. 기차 운행과 관련한 돌발 상황은 역사 내 전광판이나 역무원에게 확인하자.

#CHECK

레오나르도 익스프레스 타는 법

❶ 기차역 피우미치노 아에로포르토(Fiumicino Aeroporto)를 찾아가자.

터미널 3의 입국장을 나가 '기차(Train)' 표지판을 따라간다.
플랫폼까지는 다음의 2가지 방법으로 갈 수 있다.

ⓐ 도착 로비 4번 출구 옆의 에스컬레이터를 타고 내려가자. 지름길인 대신 무빙워크와 에스컬레이터를 여러 번 갈아타게 된다.

ⓑ 도착 로비에서 2층으로 올라가면 기차역까지 연결되는 구름다리가 있다. 조금 돌아가긴 하지만 평탄한 무빙워크가 이어진다.

ⓐ 지름길의 첫 관문인 에스컬레이터

ⓑ 편하게 가려면 2층으로 올라가 구름다리를 건넌다.

❷ 기차표를 구매하자.

역내 자동판매기를 이용하는 것이 제일 편하다. 역 안에 '트레인 티켓(Train Ticket)'이라고 적힌 부스에서도 구매 가능. 자동판매기에서 구매할 때는 목적지를 '로마 테르미니(Roma Termini)'로 설정하고 '레오나르도 익스프레스(Leonardo Express)'인지 꼭 확인한다.

기차표 판매 부스 또는 자동판매기를 찾는다.

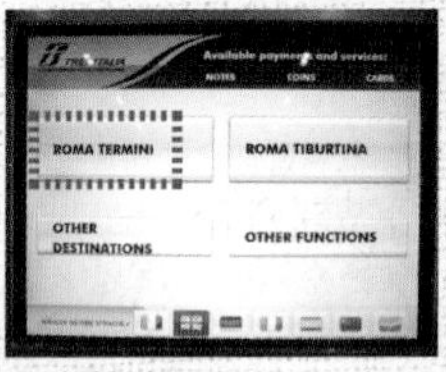

목적지를 'Roma Termini'로 선택한다.

열차시간과 'Leonardo Express', 요금을 확인한 후 장바구니 버튼을 누르고 결제한다.

전광판에서 플랫폼 번호를 확인한다.

❸ 전광판에서 출발 시각과 플랫폼 번호를 확인하자.

전광판에서 테르미니역(Roma Termini)행 기차의 출발 시각(Orario)과 플랫폼 번호(BIN.)를 확인한다.
각 플랫폼에도 목적지와 출발 시각, 기차 편명을 표시하는 전광판이 있으니 다시 한번 확인한다.

❹ 개찰구를 통과하자.

플랫폼으로 들어가는 개찰구의 오른쪽 기계에 기차표의 QR코드를 인식시키면 개찰구가 자동으로 열린다.

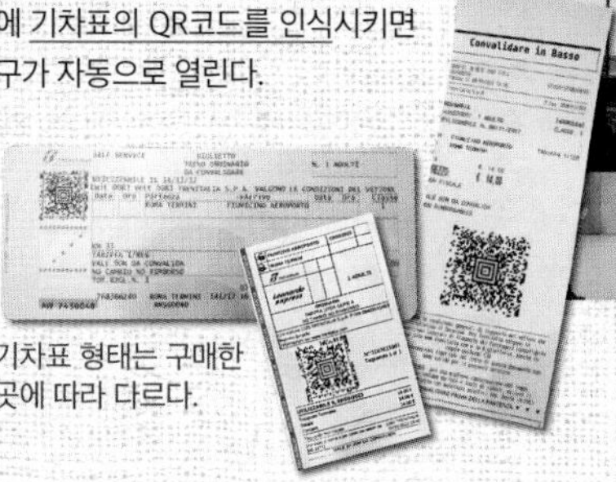
기차표 형태는 구매한 곳에 따라 다르다.

아에로포르토(공항)역에서 하차 후 나갈 때도 QR코드를 인식한다.

❺ 기차표를 각인하자.

탑승하기 전에 플랫폼 입구에 있는 타원형 개찰기에 기차표를 넣어 탑승일시를 각인한다. 자동판매기에서 구매한 기차표는 각인이 필수. 부스에서 구매한 영수증 형태의 기차표는 발급 시간을 곧 개시 시간으로 간주하므로 각인을 생략해도 되지만 간혹 문제 삼는 경우도 있으니 각인해 두면 안전하다.
테르미니역에서 공항으로 갈 때 역시 자동판매기나 매표소에서 구매한 기차표는 승차 전 각인이 필수. 아에로포르토(공항)에서 하차 후 나갈 때 QR코드를 인식하기도 하니 기차표를 끝까지 잘 보관하자.

*기차표를 온라인으로 구매했다면 각인 대신 온라인 체크인한다.

❻ 기차에 오르자.

지정 좌석제가 아니므로 원하는 자리에 앉는다.
가는 도중에 검표원이 기차표를 확인하니 잘 보관해둔다.

레오나르도 익스프레스

차량 중간중간에 캐리어를 실을 수 있는 공간이 있다.

◆ 공항버스 Bus

공항버스는 피우미치노 공항과 테르미니역 사이를 오가는 가장 저렴한 교통 수단이다. 레오나르도 익스프레스 요금의 절반 가까운 가격으로 다양한 회사들이 로마 시내까지 가는 셔틀버스를 운행한다. 레오나르도 익스프레스가 운행하지 않는 심야 시간에도 운행하므로 야간에 도착한 여행자들에게 특히 유용하다. 현장에서 편도로 구매하는 경우 회사별 요금이 대동소이하니 대기시간이 짧은 버스를 골라 타면 된다. 홈페이지에서 예약하거나 왕복으로 구매하면 약간의 할인 혜택이 있다.

★

공항버스 정류장까지 가는 법

터미널 3(T3)의 입국장을 나가 'Bus'라고 쓴 표지판을 따라 오른쪽으로 가다 4번 출구로 나간다. 여기서 길을 건너지 말고 'Bus' 표지판을 따라 오른쪽 끝까지 가면 'Bus Station'이라고 적혀 있는 간판이 보인다. 버스 회사별로 정류장이 다르니 매표소에서 확인 후 버스에 탑승한다. 매표소는 정류장이 시작되기 전 오른쪽에 있다.

✚ 공항버스 운행 정보

버스 회사	**로마 에어포트 버스**	**T.A.M.**
출발지	15번 정류장	13번 정류장
도착지	테르미니역 24번 플랫폼 방향 출구 밖 졸리티 거리(Via Giolitti, 34~38)	
요금	편도 5.90€~	편도 6€~
소요 시간	50분~1시간	40~50분
운행 시간	05:40~~다음 날 00:05 (30분~1시간 간격)	05:40~다음 날 02:30 (25분~2시간 간격)
홈페이지	www.romeairportbus.com	www.tambus.it

버스 회사	**테라비전**	**SIT 버스셔틀**
출발지	14번 정류장	12번 정류장
도착지	테르미니역 24번 플랫폼 방향 출구 밖 졸리티 거리(Via Giolitti, 34~38)	바티칸 근처(Via Crescenzio, 19) → 테르미니역 앞 500인 광장 근처의 마르살라 거리(Via Marsala, 5)
요금	편도 5.90€~	편도 7€~
소요 시간	50분~1시간	50분~1시간
운행 시간	08:00~다음 날 00:30 (40분~1시간 10분 간격)	07:45~다음 날 01:15 (35분~1시간 간격)
홈페이지	www.terravision.eu	www.sitbusshuttle.it

★

가방 분실 사고 주의!

공항버스를 이용할 때는 주의해야 할 점이 있다. 정차 시 짐칸을 열어두는 경우가 많고 중간 정류장에서 승객들이 우르르 가방을 가져가다 보니 간혹 가방 분실 사고가 일어나는 것. 가방을 실을 때 별도의 보관증을 작성하지 않아 짐이 유실되더라도 버스 회사에서 보상하지 않는다. 짐칸에 짐을 실을 때는 출발 직전까지 가방을 최대한 지켜보고 내릴 때도 가방부터 야무지게 챙기자.

'버스(Bus)' 표지판을 따라 청사 밖 외부통로를 따라 오른쪽으로 간다.

공항버스 매표소. 회사별로 부스가 따로 있다.

터미널 3 청사 밖으로 나가자마자 오른쪽 끝까지 가면 버스 정류장이 나온다.

버스마다 승차장이 다르다.

◆ 택시 Taxi

택시 요금은 공항에서 로마 시내 중심가 어디를 가든 50€ 정액제다. 공인된 흰색 택시만 정액제로 운영되므로 지정된 택시 승차장에서 탑승한다. 승차장 앞에는 택시요금 안내판도 있으며, 승차하기 전에 요금과 추가 요금 여부를 기사에게 다시 한번 확인한다. 거스름돈을 제대로 주지 않을 때를 대비해 가능한 잔돈을 미리 준비해둔다.

✚ 택시 운행 정보

출발지	터미널 3(T3) 3번 출구 앞
도착지	로마 시내 중심가
요금	50€(3인 기준)
소요 시간	40분~
운행 시간	24시간

공인된 흰색 택시

택시 요금 안내판을 확인한다.

4. 로마 시내에서 피우미치노 국제공항까지

테르미니역에서 피우미치노 국제공항으로 가는 레오나르도 익스프레스와 공항버스가 출발한다. 공항버스는 레오나르도 익스프레스에 비해 저렴하다는 것이 장점이지만 교통 체증이나 짐 분실 등의 위험을 피하고 싶다면 조금 더 비싸더라도 레오나르도 익스프레스를 이용하는 것이 좋다.

◆ 레오나르도 익스프레스

테르미니역에서 탑승한다. 기차표는 역 안 트렌이탈리아 자동판매기나 매표소, 담배가게(Tabacchi, 타바키), 트렌이탈리아 홈페이지에서 구매할 수 있다. 피우미치노 공항행 레오나르토 익스프레스는 테르미니역 23번, 24번 플랫폼에서 출발한다. 자동판매기나 매표소에서 구매한 기차표는 승차 전 개찰기에 넣어 개찰한다. 하차 후 플랫폼을 나갈 때도 기차표가 필요하니 잘 챙겨두자. 당일 유효한 유레일패스 1등석 소지자는 무료로 탑승할 수 있다. 출발 10분 전까지는 역에 도착하는 것이 좋다.

◆ 공항버스

피우미치노 공항행 로마 에어포트 버스, T.A.M, 테라비전 버스가 테르미니역 남쪽, 졸리티 거리를 따라 형성된 통로 아래에서 출발한다. 역 안에서 갈 땐 24번 플랫폼 방향 출구로 나간다. 버스 회사별로 정류장이 다르며, 승차권은 버스 앞에 서 있는 직원에게 구매한다. SIT 버스셔틀은 테르미니역 앞 500인 광장 근처의 마르살라 거리(Via Marsala, 5)에서 출발한다.

★
공인 택시 승차장까지 가는 법

터미널 3(T3)의 입국장을 나가 '택시(Taxi)'라고 쓴 표지판을 따라 오른쪽으로 가다 3번 출구로 나간다. 출구 바로 앞 도로변에 택시 요금 안내판이 있는 곳이 공인 택시 승차장이다.

★
사설 택시의 바가지요금

공항 내에서 호객하는 사설 택시는 요금 시비가 자주 붙는다. 택시 1대당 부과하는 정액제 요금을 1인당 요금이라고 주장하기도 하며, 택시비로 낸 고액권을 소액권과 바꿔치기 하는 사례도 흔하다. 제일 좋은 방법은 공인된 흰색 택시만 이용하는 것. 엉겁결에 사설 택시에 탑승했다면 요금을 지불할 때 소액권을 한 장 한 장 서로 확인해가며 기사에게 건네준다.

피우미치노 공항행
레오나르도 익스프레스는
23·24번 플랫폼을 이용한다.

피우미치노 공항행 버스.
T.A.M 버스는 심야에도 운행한다.

유럽에서 로마 가기

유럽 각국에서 출발한 장거리 국제열차가 로마 테르미니역으로 도착한다. 밀라노, 베네치아, 피렌체 등 이탈리아의 주요 도시들과도 초특급 열차로 연결된다. 기차 대신 라이언에어, 이지젯 등 저비용 항공을 이용하는 여행자도 많다. 기차와 항공권 모두 시간을 두고 여유 있게 예약할수록 요금이 저렴해진다.

1. 기차

로마로 들어오고 나가는 대부분 기차는 테르미니(Termini)역을 거친다. 테르미니역은 시내 중심에 있고 역 주변에 숙소와 여행자 편의 시설이 모여 있어 로마 여행의 시작점이라 할 수 있다.

◆ 테르미니역 Stazione di Roma Termini

로마 여행의 시작점으로, 지하철 A·B선이 교차하고 거의 모든 시내버스가 정차하는 로마 시내 교통의 중심이다. 역 안에 수하물 보관소와 우체국을 비롯해 레스토랑, 커피숍, 슈퍼마켓, 푸드코트 등 편의 시설이 중앙통로를 따라 쇼핑몰처럼 이어진다.

여행자에게 친근한 '24번 플랫폼 방향 출구'는 중앙통로에서 유리 차단문을 등지고 왼쪽에 보이는 출입구이며, 오른쪽으로는 '1번 플랫폼 방향 출구'가 있다. 지하철을 타려면 에스컬레이터를 이용해 지하로 내려가야 한다. 1층에서 'Terminal Bus' 표시를 따라 역 정면 밖으로 나가면 버스 정류장이 모여 있는 500인 광장과 만난다.

기차를 탈 때는 승차권 검사를 받고 유리 차단문을 통과해 플랫폼 안으로 들어간다. 테르미니역은 플랫폼 사이의 이동 거리가 길기 때문에 여유를 두고 역에 도착하는 것이 좋고, 탑승하고자 하는 기차의 플랫폼(Binario) 번호가 불시에 변경되기도 하니 출발 전에 전광판에서 플랫폼 번호를 다시 한 번 확인한다. 공항행 레오나르도 익스프레스는 23·24번 플랫폼에서 탑승하며, 오르비에토 등 근교행 레조날레(R)는 메인 플랫폼에서 멀리 떨어진 1–2 Est. 플랫폼을 이용한다. 기차를 타기 전 플랫폼 앞의 개찰기에 기차표를 넣고 탑승일시를 각인하는 것도 잊지 말자.

로마의 관문, 테르미니역

유리 차단문을 통과해야 플랫폼이 나온다.

★

로마의 국영 기차역

▪테르미니역 Termini

국영 철도의 국제선·국내선과 지하철 A·B선이 교차하는 곳으로, 로마의 중심 역.

WEB www.romatermini.com

▪티부르티나역 Tiburtina

지하철 B선 티부르티나역과 연결되며 테르미니역까지 8분 소요. 국철 티부르티나역은 밀라노나 베네치아행 열차가 주로 발착해 이용 빈도가 높다.

WEB www.stazioneromatiburtina.it

▪투스콜라나역 Tuscolana

피우미치노 공항에서 역까지 레조날레 기차로 40분 정도 소요. 지하철 A선 폰테 루노역과 연결되며(도보 7분), 테르미니역까지 15분 소요.

▪오스티엔세역 Ostiense

피우미치노 공항에서 역까지 레조날레 기차로 30분 정도 소요. 지하철 B선 피라미데역까지 지하보도로 연결되며(도보 6분), 테르미니역까지 10분 소요.

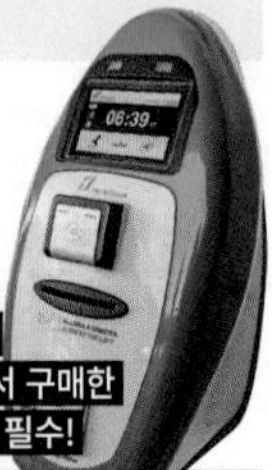

현지 매표소나 자동판매기에서 구매한 기차표는 개찰 필수!

★

기차역에서 꼭 필요한 이탈리아어

Entrata 입구
Uscita 출구
Partenze 출발
Arrivo 도착
Chiuso 닫힘(폐쇄)
Binario 플랫폼
Biglietteria 매표소
Deposito Bagagli 수하물 보관소

Zoom in 로마 테르미니역

❶ 수하물 보관소 Ki point

줄이 긴 편이라 짐 보관과 찾기에 넉넉한 시간을 잡아야 한다. 시간이 없다면 패스트 라인(EXPRESS service)을 이용해보자.

OPEN 07:00~21:00
PRICE 6€/4시간, 4시간 초과 시 1€/1시간, 12시간 초과 시 0.50€/1시간
WALK 24번 플랫폼 방향 출구로 나가 좌회전해 통로를 따라 직진, 'Deposito bagagli'라고 쓰인 표지판이 있는 문 안으로 들어가 오른쪽으로 간다.

❶ 수하물 보관소. 입구에서 업무별로 번호표를 뽑고 기다린다.

❷ 우체국 Poste Italiane

OPEN 08:20~19:05(토요일 ~12:35)
CLOSE 일요일
WALK 1번 플랫폼 방향 출구로 나가 우회전해 130m 정도 가면 티그레(Tigre) 슈퍼마켓을 지나 있다.
WEB www.poste.it/bancoposta

❷ 우체국 밖에는 ATM도 있다.

❸ 화장실 Servizi igienci

테르미니역 지하 1층에 있는 유료 화장실(1€). 지하철 개찰기처럼 컨택리스 카드로도 결제할 수 있어서 편리하다.

OPEN 06:00~24:00
WALK 테르미니역 지하 1층. 슈퍼마켓 사포리& 딘토르니 코나드 옆에 있다.

❸ 화장실 입구. 요금은 1€, 컨택리스 카드도 사용 가능

❹ 슈퍼마켓 사포리 & 딘토르니 코나드 Sapori & Dintorni Conad

OPEN 05:30~23:30
WALK 테르미니역 지하 1층. 1번 플랫폼 방향 출구로 나가기 전에 있는 에스컬레이터를 타고 내려간다.

❹ 슈퍼마켓 사포리 & 딘토르니 코나드

❺ 커피숍 모카 Moka

OPEN 24번 플랫폼 옆 04:30~22:00
WALK 24번 플랫폼 방향 출구 옆, 공항버스 정류장 앞 등에 있다.

❺ 커피숍 모카

❻ 약국 Farmacia Farmacrimi

여행자들이 많이 찾는 마비스 치약이나 화장품 종류를 중점적으로 판매하는 역내 약국이다. 일정 금액 이상 구매하면 택스 리펀 서류도 발급해준다.

OPEN 07:00~21:00
WALK 1번 플랫폼 방향 출구로 나가 우회전하면 바로 오른쪽에 있다.

여행자들의 이용이 많은 역 내의 맥도널드

통신사 매장은 1층과 지하 1층에 있다.

❻ 프로모션 행사 상품이 많다.

★
치암피노 공항
WEB www.adr.it/ciampino

★
치암피노 에어링크
Ciampino Airlink
공항 내 자동판매기에서 티켓을 구매한 뒤 공항 청사 밖 7번 정류장에서 버스를 타고 치암피노역에 내려 테르미니행 기차로 갈아탄다. 공항으로 돌아갈 때는 치임피노역에서 내려 기차역 앞의 버스 정류장에서 공항행 버스로 갈아탄다. 총 소요 시간은 32~52분(버스 약 12분, 기차 약 15분 소요), 요금은 2.70€. 트렌이탈리아 홈페이지, 역내 자동판매기 등에서 예매 가능.

2. 저비용 항공

짧은 일정으로 유럽을 찾는 여행자가 많아지면서 장거리 구간의 저비용 항공 이용자가 급증하고 있다. 저비용 항공은 이동시간을 줄일 수 있을 뿐 아니라 프로모션을 잘만 활용하면 저렴한 가격에 이동할 수 있다. 단, 도심에서 멀리 떨어진 공항을 이용하는 경우가 많으니 예약 전 출발 공항과 도착 공항을 반드시 확인한다. 또한 공항까지의 이동시간, 교통 요금, 수하물에 대한 추가 요금도 함께 따져보도록 한다. 유럽의 대표적인 저비용 항공사인 이지젯(Easyjet), 라이언에어(Ryanair), 부엘링(Vueling) 등이 피우미치노 국제공항까지 항공편을 운항하며, 로마 시내와 좀 더 가까운 치암피노 공항을 이용하는 경우도 있다. 저비용 항공 예약 방법에 대한 자세한 내용은 p068을 참고하자.

▶ 치암피노 공항에서 시내까지

치암피노 공항(Ciampino Airport, CIA)에서 시내까지는 공항버스를 이용하는 것이 가장 편리하다. 테르미니역까지 35분 정도 소요된다. 트렌이탈리아가 운영하는 치암피노 에어링크(Ciampino Airlink) 버스를 타고 치암피노역에서 내려 기차로 환승하는 저렴한 방법도 있으니 자신의 상황에 맞춰 선택하자.

▶ 테르미니역에서 치암피노 공항까지

로마 에어포트 버스와 테라비전은 테르미니역 건물 남쪽, 24번 플랫폼 방향 출구와 연결되는 졸리티 거리(Via Giolitti)의 정류장에서 출발한다. SIT 버스셔틀은 테르미니역 앞 500인 광장 근처의 정류장(Via Marsala, 5)을 이용한다. 티켓은 버스 기사나 버스 앞에 서 있는 직원에게 구매한다.

✚ 테르미니역행 공항버스 운행 정보(공항 출발기준)

버스 회사	테라비전	SIT 버스셔틀	로마 에어포트 버스
요금	편도 6€~	편도 6€~	편도 6.90€~
운행 시간	08:15~22:30(25~50분 간격)	09:20~16:30(1일 4회)	03:25~22:30(30분~2시간 간격)
홈페이지	www.terravision.eu	www.sitbusshuttle.it	www.romeairportbus.com

★
플릭스버스
WEB global.flixbus.com

이타부스
WEB www.itabus.it

코트랄 버스
WEB www.cotralspa.it

3. 시외버스

다국적 저가 장거리 버스인 플릭스버스(Flixbus)와 이탈리아 전역을 운행하는 신생 버스회사 이타부스(Itabus)가 이탈리아 내 장거리 노선의 양대산맥이다. 모두 홈페이지와 앱에서 편리하게 예약할 수 있다. 그밖에 이탈리아 내 대표주자로 마로치(Marozzi), 마리노(Marino) 등이 꼽힌다. 로마 근교행 노선은 코트랄(Cotral)이 운행한다. 로마에서는 기차를 이용하는 것이 일반적이지만 직행열차가 없는 지역이나 기차 파업 시에는 시외버스를 이용한다.

✚ 로마~근교 도시 간 시외버스 운행 정보

도시	편도요금	소요 시간	버스 정류장	버스 회사
시에나 Siena	6~18€	2시간 40분~	지하철 B선 티부르티나(Tiburtina)역 근처 버스 터미널	플릭스

로마 시내 교통

로마에서는 지하철과 버스, 트램 모두 같은 승차권을 쓰기 때문에 편리하다. 승차권은 지하철역 매표소, 자동판매기, 타바키(Tabacchi) 등에서 구매할 수 있으며, 승차권의 유효시간 안에 지하철·버스·트램을 무제한 이용할 수 있다. 단, 지하철은 한번 나가면 다시 이용할 수 없다.

★ **로마 시내 교통 정보**

WEB www.atac.roma.it

1. 지하철 Metro

로마의 지하철은 A선(오렌지색)과 B·B1선(파란색), C선(초록색)의 3개 노선뿐이다. 도시 곳곳에 묻힌 유물을 보존하기 위해 토목공사를 엄격하게 규제하기 때문. 현재 지하철 C선을 포리 임페리알리(콜로세오)까지 연장하는 공사를 2025년 완공 계획으로 진행 중이다. 여행자들이 주로 이용하는 A선(바티칸, 스페인 광장 등)과 B선(콜로세오 등)은 테르미니역에서 교차한다. 이 구간은 관광객이 몰리는 만큼 소매치기도 많으니 각별한 주의가 필요하다.

승차권은 매표소 또는 자동판매기에서 구매하며, 컨택리스 카드를 터치해 교통카드처럼 사용할 수도 있다(1회권 요금으로 자동 결제). 지하철역 자동판매기에서 구매 시 충전형 종이 카드(Card Ricaricabile) 발급비 0.50€가 추가된다(2024년 12월 현재 3회권 이상은 발급비 면제 프로모션 중). 지하철이 움직이는 방향은 각 노선의 종점 이름을 기준으로 하니 목적지 역뿐 아니라 가는 방향의 종점 이름도 알아두자.

컨택리스 카드는 상단 리더기에 터치한다.

충전형 종이 카드는 노란색 원에 터치한다.

마그네틱 선이 있는 비충전식 1회용 종이 티켓은 노란색 홈에 넣는다.

✚ 로마 지하철 운행 정보

노선	서쪽 종점	동쪽 종점	여행자에게 유용한 역(주요 관광지)
Linea A	Battistini	Anagnina	Ottaviano(바티칸), Spagna(스페인 광장)
Linea B	Laurentina	Rebibbia/Jonio(B1선)	Colosseo(콜로세오)
Linea C	San Giovanni	Monte Compatri–Pantano	–

*운행 시간 05:30~23:30(금·토요일 ~다음 날 01:30)

컨택리스 전용 장치를 갖춘 로마 메트로 개찰구

개찰기 상단에 컨택리스 카드 리더기가 있다.

문이 안 열릴 때는 녹색 버튼을 누른다.

★ **테르미니역에서 지하철 타기**

'Metro'나 빨간색 M 표지판, 오렌지색 A선, 파란색 B선 표지판 등을 따라 지하로 계속 내려가면 매표소를 지나 플랫폼이 나온다. B선에서 A선으로 갈아탈 때는 노선 방향에 따라 환승 통로가 복잡해지므로 종점 방향의 표지판을 잘 따라가도록 하자.

✚ 로마 지하철 요금(버스·트램 요금도 동일)

종류	이탈리아어 표기	요금(2024년/2025년)	유효시간
1회권	BIT	1.50€/2€	개찰 후 100분
로마 24시간권	Roma24H	7€/9.30€	개찰 후 24시간
로마 48시간권	Roma48H	12.50€/16.70€	개찰 후 48시간
로마 72시간권	Roma72H	18€/24€	개찰 후 72시간
일주일권	CIS	24€/32€	개찰 후 7일째 24:00까지

*2025년 1월부터 로마 대중교통 요금이 인상될 예정이다(관광객 추가 부담에 대한 논의도 진행 중).

#CHECK

지하철 승차권 자동판매기를 이용하자

현금 전용, 카드 전용, 컨택리스 카드도 사용 가능한 신형 등 다양한 종류의 자동판매기가 있다.

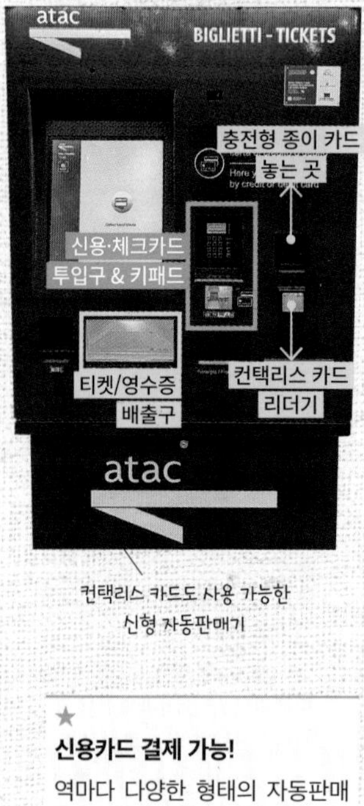

컨택리스 카드도 사용 가능한 신형 자동판매기

★

신용카드 결제 가능!

역마다 다양한 형태의 자동판매기가 있다. 현금 또는 카드만 사용할 수 있는 것도 있고, 컨택리스 터치 장치가 있는 신형 기계도 있다. 컨택리스 카드 결제 시 한국보다 통신 시간이 더 오래 걸리는 편. 카드를 삽입해서 결제할 때는 비밀번호를 입력해야 하며, 모니터 화면이 아니라 키패드를 사용해 진행한다.

❶ 지하철 승차권 자동판매기를 찾자.

'Biglietteria Automatica'라고 쓰여 있다. 여기서는 컨택리스 카드도 사용 가능한 신형 자동판매기를 기준으로 설명한다.

❷ 영국 국기 모양을 터치해 영어 화면으로 바꾸자.

티켓을 처음 구매하면 'Buy Travel Tickets'을, 소지하고 있는 티켓(카드)에 충전하려면 'Consult and Reload the Card'를 누른다. 첫 화면이 많이 구매하는 티켓의 종류로 구성돼 있다. 원하는 티켓이 있다면 바로 선택 가능.

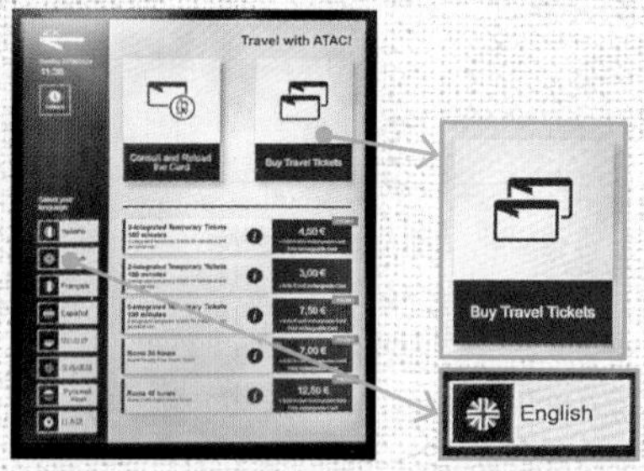

❸ 승차권 종류를 선택하자.

1회권은 'Integrated Temporary Ticket 100 minute'를 선택한다.
24시간권은 'Roma 24 hours'을, 48시간권은 'Roma 48 hours'을 누르면 된다.

❹ 구매 매수를 선택하자.

'+' '–' 버튼을 눌러 구매 매수를 수정한다.

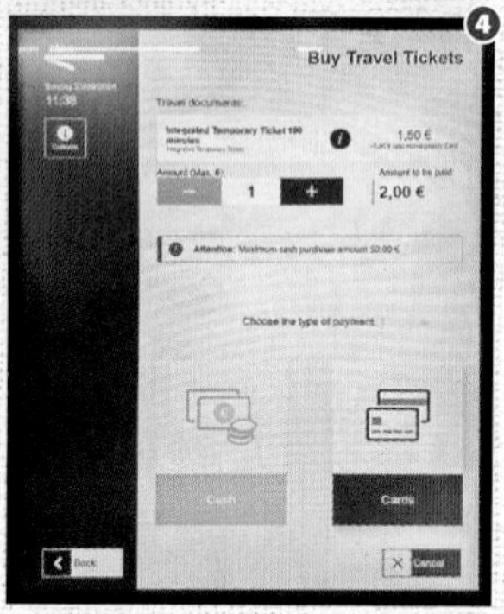

❺ 카드로 계산하자.

화면에 표시된 금액만큼 계산한다.
충전형 종이 카드 발급비로 1매당 0.50€가 추가되니 확인한다(티켓 종류에 따라 발급비 면제 프로모션 진행 중).
'Card'을 눌러 결제를 진행한다.
카드를 터치(컨택리스 카드) 또는 삽입한다.

*현금 전용 자동판매기를 사용할 경우 전면 상단에 'Only Loose Change Accepted'라고 적혀있으면 동전만 사용 가능하며, 'Maximum Change in Coins €**.00'라고 적혀있으면 잔돈을 **.00€까지만 돌려받을 수 있다는 뜻이다.

❻ 승차권이 인쇄될 때까지 기다리자.

잠시 기다리면 승차권이 나온다.

재충전해서 사용할 수 있는 충전형 종이 카드 (발급비 0.5€)

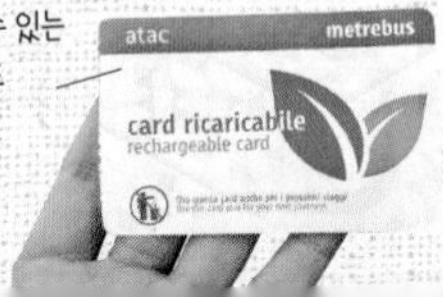

비충전식 1회용 종이 티켓. 발급비가 없으며 타바키 등에서 구매한다.

로마 지하철 & 주요 철도 노선도

*보수공사로 역을 폐쇄하거나 운행 시간이나 노선 변동이 많으니 현지에서 확인 후 이용한다.

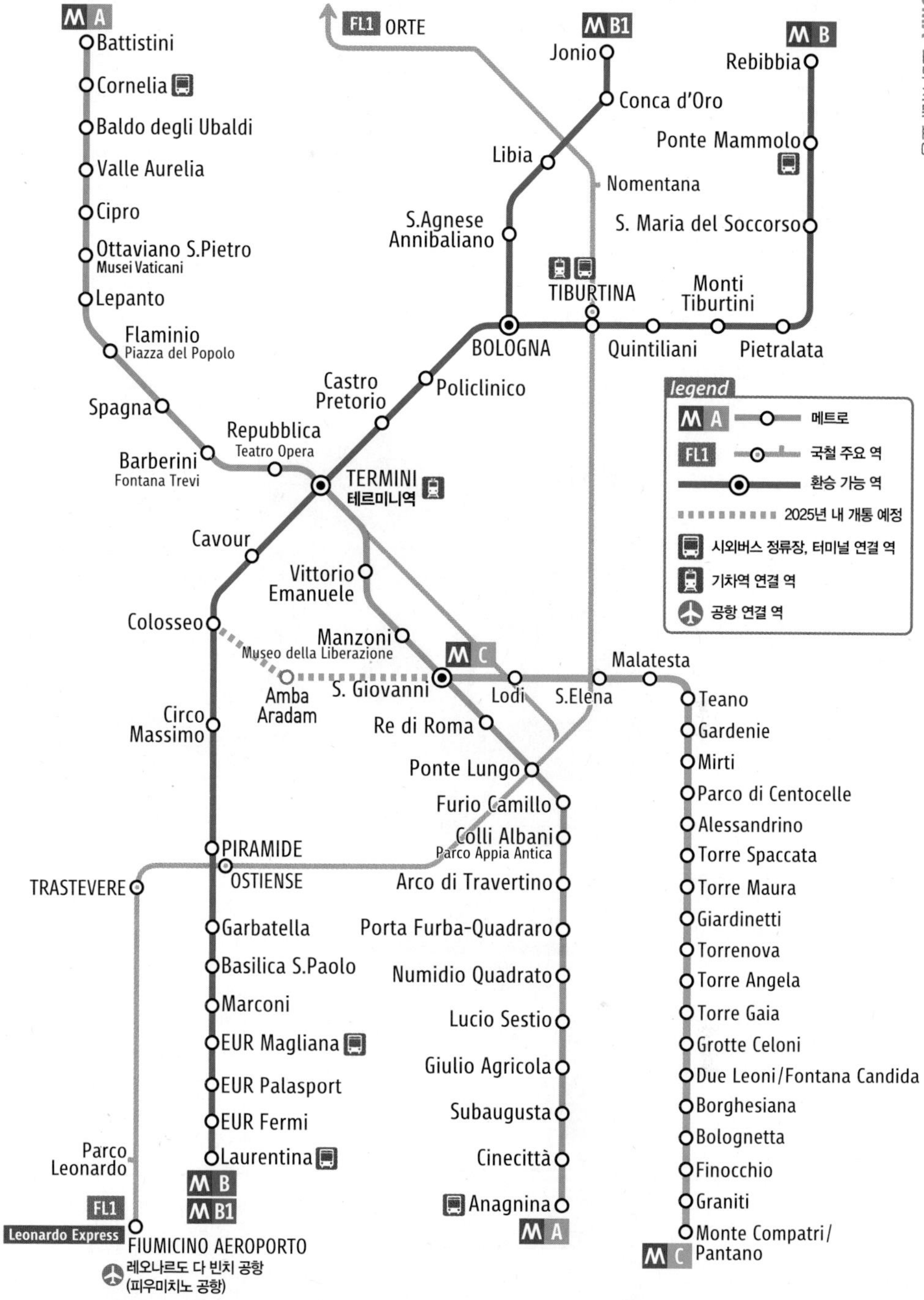
A
Battistini
Cornelia
Baldo degli Ubaldi
Valle Aurelia
Cipro
Ottaviano S.Pietro
Musei Vaticani
Lepanto
Flaminio
Piazza del Popolo
Spagna
Barberini
Fontana Trevi
Repubblica
Teatro Opera
TERMINI
테르미니역
Cavour
Colosseo
Circo Massimo
PIRAMIDE
OSTIENSE
Garbatella
Basilica S.Paolo
Marconi
EUR Magliana
EUR Palasport
EUR Fermi
Laurentina
B
B1
FL1
ORTE
B1
Jonio
Conca d'Oro
Libia
S.Agnese
Annibaliano
B
Rebibbia
Ponte Mammolo
Nomentana
S. Maria del Soccorso
TIBURTINA
Monti
Tiburtini
BOLOGNA
Quintiliani
Pietralata
Castro
Pretorio
Policlinico
legend
A
메트로
FL1
국철 주요 역
환승 가능 역
2025년 내 개통 예정
시외버스 정류장, 터미널 연결 역
기차역 연결 역
공항 연결 역
Vittorio
Emanuele
Manzoni
Museo della Liberazione
Amba
Aradam
C
S. Giovanni
Lodi
S.Elena
Malatesta
Re di Roma
Ponte Lungo
Furio Camillo
Colli Albani
Parco Appia Antica
Arco di Travertino
Porta Furba-Quadraro
Numidio Quadrato
Lucio Sestio
Giulio Agricola
Subaugusta
Cinecittà
Anagnina
A
Teano
Gardenie
Mirti
Parco di Centocelle
Alessandrino
Torre Spaccata
Torre Maura
Giardinetti
Torrenova
Torre Angela
Torre Gaia
Grotte Celoni
Due Leoni/Fontana Candida
Borghesiana
Bolognetta
Finocchio
Graniti
Monte Compatri/
Pantano
C
TRASTEVERE
Parco
Leonardo
FL1
Leonardo Express
FIUMICINO AEROPORTO
레오나르도 다 빈치 공항
(피우미치노 공항)

★

주요 버스 노선

40번(급행) 테르미니역~공화국 광장~베네치아 광장~아르젠티나~산탄젤로 성

62번 산탄젤로 성~나보나 광장(코르소 비토리오 에마누엘레)~아르젠티나~베네치아 광장~트레비 분수~바르베리니 광장~공화국 광장~티부르티나역

64번 테르미니역~공화국 광장~베네치아 광장~아르젠티나~나보나 광장(코르소 비토리오 에마누엘레)~바티칸

81번 바티칸 박물관~나보나 광장(리나시멘토)~베네치아 광장~진실의 입~대전차 경기장(치르코 마시모)~콜로세오

85번 테르미니역~공화국 광장~바르베리니 광장~트레비 분수~캄피돌리오 언덕~콜로세오

★

버스로만 갈 수 있는 주요 관광 명소

보르게세 미술관, 판테온, 나보나 광장, 베네치아 광장 등

★

버스에서 내릴 정류장은 어떻게 아나요?

대부분 버스에는 다음 정류장을 안내하는 전광판이 설치돼 있다. 전광판이 없거나 안내 방송이 들리지 않더라도 목적지에 내리는 것은 생각보다 어렵지 않다. 로마의 유적지는 규모가 커서 버스 안에서도 잘 보이고 주요 유적지는 내리는 사람이 많으니 물어보고 따라 내리면 된다. 내려야 할 정류장을 지나쳐도 정류장 간 거리가 가까워 금세 걸어갈 수 있다. 그래도 걱정된다면 정류장 표지판이 잘 보이는 버스 오른쪽에 앉자.

2. 버스 Autobus

로마 시내에는 주요 관광지를 연결하는 300여 개의 버스 노선이 있다. 버스는 '페르마타(Fermata)'라고 표시된 버스 정류장에서 탑승하며, 여행자들이 자주 이용하는 곳은 테르미니역과 베네치아 광장의 정류장이다. 노선에 따라 다르지만 대체로 05:30~24:00에 10~20분 간격으로 운행한다. 승차권 및 요금은 지하철과 같으며, 유효시간 내에 무료로 환승할 수 있다. 정류장 근처의 타바키나 상점, 지하철역의 자동판매기와 매표소 등에서 구매할 수 있다.

지하철과 마찬가지로 컨택리스 카드로 요금을 결제할 수 있지만 버스 안의 전용 리더기가 고장 나거나 꺼져 있는 경우가 있다. 리더기 고장이나 오류, 컨택리스 카드 결제 지연 등과 상관없이 유효한 승차권을 소지하지 않았을 때 검표원을 만나면 높은 벌금을 물게 되므로 종이 승차권을 이용하는 것이 안전하다. 비충전식 1회권 개찰기는 보통 버스 앞쪽에, 컨택리스 카드 리더기는 버스 가운데에 있으니 버스에 오르자마자 각인하거나 터치하자. 충전형 종이 카드도 컨택리스 카드 리더기에 터치한다.

테르미니역 앞 500인 광장의 버스 정류장. 버스 노선에 따라 플랫폼이 다르다.

500인 광장 옆 매표소

컨택리스 카드와 충전형 종이 카드 리더기

비충전식 1회용 종이 티켓은 위쪽 투입구에 넣어 각인한다.

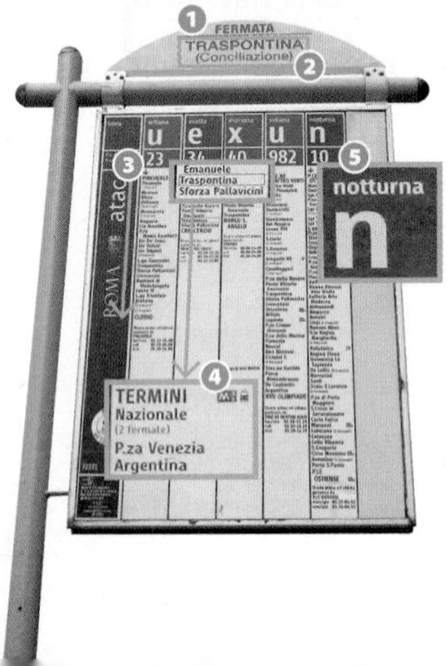

+ 버스 표지판 읽는법

① 버스 정류장(FERMATA) 표지판을 찾자.

② 현재의 정류장 이름을 확인하자. 노선 운행 목록에도 네모 칸으로 표시돼 있다.

③ 원하는 목적지가 있는지 살펴보자.

④ 노선 운행 정보를 확인하고 현재 정류장에서 몇 번째 후에 하차하는지 알아두자.

⑤ 야간 버스(notturna). 지하철 운행이 끝나는 24:00~다음 날 05:30에 30분~2시간 간격으로 운행한다. 버스 노선 번호 앞에 'n(notturna)'이라고 쓰여 있다.

@ 정류장 이름 옆의 'M'은 지하철 환승 가능, 정류장 이름 아래 괄호 안의 '숫자+fermata'는 그 거리에 정차하는 정류장의 개수를 뜻한다.

3. 트램 Tram

1895년부터 운행을 시작한 로마의 트램

트램(노면전차)은 주로 로마 외곽 지역을 운행해 여행자가 이용할 일은 드물다. 우리나라에서는 볼 수 없는 교통수단이라 한 번쯤 이용해보고 싶다면 '콜로세오~트라스테베레' 구간을 운행하는 3번 트램을 타보자. 승차권은 버스, 지하철과 공용이며 승차 방법은 버스와 같다.

✚ 3번 트램 노선(양 방향 운행)

Valle Giulia(기·종점) … Piazza di Porta Maggiore … Colosseo/Salvi N.(콜로세오 근처) ⇌ Parco Celio(산 조반니 에 파올로 성당 근처) ⇌ Aventino/Circo Massimo(대전차 경기장 근처) ⇌ Aventino/Albania ⇌ Porta S. Paolo ⇌ Marmorata/Galvani ⇌ Marmorata/Vanvitelli ⇌ Emporio ⇌ Porta Portese(포르타 포르테세 벼룩시장 근처) … Stazione Trastevere(기·종점)

4. 택시 Taxi

호텔(또는 민박집)에 요청하면 원하는 시간에 택시를 불러준다. 호텔 밖에서 이용할 때는 전화로 택시를 부르거나 역과 터미널, 관광지 등 시내 곳곳에 있는 택시 승차장으로 가서 탑승한다. 요금은 거리 기준으로 서울보다 2배 정도 비싸다고 생각하면 된다. 미터기를 이용해 정해진 요금만 받는 기사도 있지만 외국인 여행자에게는 미터기를 사용하지 않고 과한 요금을 흥정하려는 기사가 많다. 콜택시(전화 060609)나 '프리 나우' 같은 택시 호출 앱을 사용하면 이런 불편을 줄일 수 있다.

✚ 로마 택시 요금

기본요금	평일 3€, 휴일 5€, 야간(22:00~다음 날 06:00) 7€
추가 요금	총액 11€까지 1.14€/1km, 11~13€ 1.35€/1km, 13€ 이상 1.66€/1km (로마 시내 대부분의 관광지·유적지 이동은 15~20€ 이내), 가방 추가 1€/1개, 전화 호출 4€
시내에서 공항까지 요금	피우미치노 국제공항 50€, 치암피노 공항 31€

★
스마트하게 택시를 부르자! 프리 나우 FREE NOW

현지 유심을 사용한다면 프리 나우(구 마이 택시) 앱을 통해 택시를 호출할 수 있다. 로마에 도착해 유심을 교체한 후 회원가입을 하고 결제 수단과 프로모션 코드를 등록하면 준비 완료! 출발지와 도착지, 출발 시각, 택시 유형 등을 선택한 뒤 호출하면 예상 요금과 도착 시각, 담당 기사의 정보 등을 파악할 수 있다. 목적지에 도착해 기사가 미터기에 표시된 금액을 앱에 전송하면 이용자가 결제 수단과 팁 여부를 선택해 결제할 수 있다. 밀라노에서도 이용할 수 있다.

5. 시티 투어 버스 City Tour Bus

로마의 대표 명소를 순환하는 2층 버스다. 요금은 24시간권이 33€, 48시간권이 39€, 72시간권이 49€ 정도(15세 이하는 할인)이며, 해당 시간 동안 무제한으로 이용할 수 있다. 원하는 명소에 내려서 둘러본 후 버스 정류장으로 가서 다음 버스를 타고 이동하면 되므로 명소를 찾아 헤맬 일이 없어 편리하다. 대표적인 시티 투어 버스는 시티 사이트싱 로마와 빅 버스 투어다. 승차권은 500인 광장 옆 매표소나 운전기사에게 구매할 수 있고 홈페이지에서도 예매할 수 있다.

★
시티 사이트싱 로마

WEB city-sightseeing.it/rome

빅 버스 투어

WEB bigbustours.com/en/rome/rome-bus-tours

시티 사이트싱 로마

빅 버스 투어

로마 실용 정보

여행자를 위한 주요 편의 시설은 테르미니역 근처에 모여 있다. 여행 중에 어려움에 처했다면 관광 안내소를 찾아가 도움을 구하는 것도 좋은 방법이다. 예전에 비하면 역 주변 환경이 크게 개선됐으나, 여행자들이 많이 모이는 곳인 만큼 이를 노리는 사건사고가 많은 곳이니 항상 주의를 기울이자.

★

관광 안내 부스
Tourist Infopoint

로마 시내 곳곳에 관광 안내 부스가 마련돼 있다. 조금은 허술하지만 로마 여행과 관련한 다양한 정보를 얻을 수 있고, 일부 부스에서는 로마 패스 구매하거나 수령도 할 수 있다.

코르소 대로

ADD Via Marco Minghetti(트레비 분수 근처)
OPEN 09:30~19:00

산탄젤로 성

ADD Piazza Pia
OPEN 08:30~18:00

치암피노 공항

ADD 국제선 도착 로비
OPEN 08:30~18:00

피우미치노 공항

ADD 터미널 3 도착 로비
OPEN 08:30~20:00

❶ 포리 임페리알리 관광 안내소 Tourist Infopoint Fori Imperiali

포리 임페리알리 거리의 포로 로마노 매표소 건너편에 있는 관광 안내소. 작지만 쉬어갈 수 있는 야외 카페테리아와 유료 화장실(1€)이 있어서 편리하다. 로마 패스는 물론 로마 관련 자료와 기념품도 판매한다.

ADD Via dei Fori Imperiali, 1 **OPEN** 09:30~19:00
METRO B선 콜로세오역(Colosseo)에서 포리 임페리알리 거리(Via dei Fori Imperiali)를 따라 콜로세오 반대 방향으로 직진하면 포로 로마노 매표소가 있는 길 건너편의 황토색 성벽 안에 있다.

❷ 사포리 & 딘토르니 코나드 Sapori & Dintorni Conad : 슈퍼마켓

이탈리아의 대표적인 슈퍼마켓 체인. 슈퍼마켓, 편의점, 하이퍼마켓(식품 중심) 등 3가지 유형의 소매점 형태로 운영된다. 사포리 & 딘토르니 코나드는 현지 음식과 우수한 와인 등을 공급하는 코나드의 상위 브랜드다. 테르미니역 지하 1층의 사포리 & 딘토르니 코나드는 이른 아침부터 자정까지 문을 열며, 스낵 코너가 있고 여행자들이 즐겨 찾는 제품을 선물하기 좋게끔 포장해 놓기도 해 인기가 많다.

OPEN 테르미니역 지점 05:30~23:30

사포리 & 딘토르니 코나드

❸ 우체국 Poste

로마 시내에서 여행자가 가장 많이 이용하는 우체국은 테르미니역 1번 플랫폼 방향에 있는 우체국과 바티칸시국의 우체국(p191)이다. 로마 시내에 있는 우체국이 우편 요금은 더 저렴하지만 간혹 우편물이 분실되기도 하므로 바티칸시국의 우체국을 이용하는 것이 더 안전하다. 단, 로마에서 구매한 우표는 로마에서만, 바티칸에서 구매한 우표는 바티칸에서만 사용할 수 있다.

★

우체국

WEB www.poste.it

바티칸시국의 우체국

❹ 통신사 매장

여행자용 단기 심카드를 판매하는 통신사 중 이탈리아에서 가장 인지도 높은 브랜드는 팀(Tim)과 윈드 트레(Wind Tre)다. 테르미니역 안에 여러 곳의 매장이 있으며, 시내 곳곳에도 매장이 많다. 같은 회사라도 매장에 따라서 판매하는 옵션 조건과 요금이 모두 다르니 꼭 비교해보고 구매하자.

✚ 테르미니역의 통신사 매장

팀 Tim

위치	테르미니역 1층 부스(14번 플랫폼 앞의 중앙통로 내) 테르미니역 지하 1층(사포리 & 딘토르니 코나드 부근)
오픈	08:00~20:00/일요일 휴무

윈드 트레 Wind Tre

위치	테르미니역 1층(19번 플랫폼 앞의 중앙홀 내), 테르미니역 지하 1층(팀 맞은편)
오픈	08:00~21:00

❺ 티그레 Tigre : 슈퍼마켓

로마의 주요 관광지 근처에 많은 지점을 둔 이탈리아 슈퍼마켓 체인. 백화점으로 성공한 가브리엘리 그룹이 로마의 쿱 슈퍼마켓 50여 개를 통째로 인수한 덕분에 여행자 접근성이 높은 관광 동선을 따라 자리 잡고 있다.

ADD Via Marsala, 35(테르미니역 내)/Via Giovanni Giolitti, 64(테르미니역 공항버스 정류장 근처), Via Gioberti, 30/E(한인민박 밀집 지역)/ Via del Pozzetto, 119(트레비 분수 근처) 등
OPEN 08:00~20:30(상점마다 조금씩 다름)
WEB www.oasitigre.it

❻ 엘리테 Elite : 슈퍼마켓

우수한 품질의 상품만 엄선해 판매하는 고급 슈퍼마켓으로, 선물용 포장의 초콜릿이나 사탕, 송로버섯소스 등 우수한 상품이 많다. 자체적으로 구워내는 빵이 맛있기로 유명하고, 다른 슈퍼마켓에는 없는 수입 맥주도 다양하게 갖췄다.

ADD Via Cavour, 230-236
OPEN 08:30~21:00(일요일 ~13:00)
METRO 콜로세오에서 도보 8분
WEB www.superelite.it

❼ 한국식품 Alimentari Coreani : 슈퍼마켓

웬만한 한국 식품은 모두 살 수 있는 한국 식품 전문 슈퍼마켓이다. 라면 종류도 다양하고 고추장, 김, 햇반 등 해외여행 도중 입맛을 북돋워 줄 인스턴트 식품과 식재료를 비교적 충실하게 갖추고 있다. 라면과 과자 가격은 한국의 2~3배 정도.

ADD Via Cavour, 84
OPEN 09:30~19:30
WALK 산타 마리아 마조레 성당 뒤쪽에 있다. 성당 정면에서 도보 2분

★
휴대폰이 안 되는 비상상황, 공중전화 이용하기

사용할 일은 거의 없지만 휴대폰을 분실했거나 방전됐을 때 요긴하게 쓸 수 있다.

수화기를 들고 동전을 넣는다.
시내전화는 최소 0.20€며, 0.50~1€를 넣어야 충분히 통화할 수 있다.
↓
지역 번호(로마는 06) 또는 휴대폰 국번(338, 335, 339, 347, 393 등)을 포함한 상대방 전화번호를 누른다.
06+123 4567,
338+123 4567
↓
OK 버튼을 누르면 상대방 전화 착신음이 들린다.
OK 버튼은 보통 번호 버튼 아래 쪽에 있다.

★
알아두면 좋은 이탈리아 공공시설 전화번호

의료·경찰·소방 총괄 112
응급 의료 서비스(Emergenza Sanitaria) 118
경찰(Polizia Stradale) 113
소방서(Vigili del Fuoco) 115

엘리테

#CHECK

로마 패스, 자주 묻는 질문 Best 3

★

로마 패스

로마 패스 72시간권

로마 패스 48시간권

PRICE 72시간권 58.50€, 48시간권 36.50€
WEB www.romapass.it
(로마 패스를 사용할 수 있는 장소가 상세히 나와 있으니 여행 계획을 세울 때 참고하자.)

로마 패스를 판매하는 관광 안내소

★

로마 패스 알차게 사용하기

로마 패스는 본인이 원할 때 개시할 수 있기 때문에 도착한 날 미리 사두는 것이 좋다. 교통권을 처음 개찰하거나 박물관·유적지에 처음 입장하는 순간부터 자동 개시된다. 로마 시내 관광은 도보로도 가능하지만 로마 패스를 구매했다면 대중교통을 이용하는 동선을 짜는 것이 효율적이다.

❶ 로마 패스는 어떤 경우에 구매하나요?

72시간권은 로마에서 3박 이상을 연속해서 머물며 대중교통을 이용해 로마 유적지와 박물관을 최대한 많이 방문할 때 유용한 패스다. 로마 방문자에게 인기가 높은 바티칸 박물관은 로마 패스에서 제외되며, 콜로세오나 보르게세 미술관, 바르베리니 미술관(토·일요일·공휴일)에 무료로 입장하려면 반드시 예약해야 한다. 48시간권은 로마에서 2박 이상 연속해서 머물며 대중교통을 이용해 여러 박물관을 방문할 때 유리하다.
버스나 지하철에서 사용할 때는 우리나라의 교통카드처럼 전용 단말기에 카드를 대어 인식시킨 후 탑승한다. 관광지에 입장할 때는 바코드 인식기를 통과시키거나 관리인에게 보여주는 방법, 현장에서 실물티켓으로 교환하는 방법이 모두 사용되고 있다. 예약이 필수인 곳이 늘고 있으니 구매 전에 사용 방법과 휴관일 등을 확인하고 꼼꼼히 비교해 보자.

❷ 어떤 혜택이 있나요?

ⓐ 첫 각인 후 각각 48시간/72시간 동안 로마 시내 대중교통을 무제한 이용할 수 있다. 단, 피우미치노 공항을 오가는 열차와 버스는 포함되지 않는다.
ⓑ 처음 방문하는 유적지와 명소 2곳(48시간권은 1곳)까지는 무료로 입장할 수 있다. 이후부터는 할인 혜택만 받을 수 있는데, 매표소에 패스를 보여주면 10~50% 할인을 적용해준다. 따라서 콜로세오(18€), 보르게세 미술관(13€), 산탄젤로 성(15€), 카피톨리니 미술관(16€) 등 입장료가 비싼 곳을 먼저 다녀오는 것이 현명한 방법이다(콜로세오·팔라티노 언덕·포로 로마노 입장은 통합권으로 1곳으로 간주된다).
ⓒ 무료입장으로 산탄젤로 성이나 카피톨리니 미술관을 선택했다면 매표소에서 줄을 서지 않고 바로 입장할 수 있다. 단, 콜로세오나 보르게세 미술관처럼 예약 필수인 곳에 입장하려면 사전에 지정된 방식으로 예약을 진행해야 한다.
ⓓ 대전차 경기장에서 AR 뷰어 체험(Circo Maximo Experience), 지정 화장실(pstop.it) 무료 이용 등

❸ 어디서 구매하나요?

로마 패스 홈페이지 등 온라인 판매처를 비롯해 로마 시내 모든 관광 안내소와 로마 패스를 사용할 수 있는 유적지나 박물관의 매표소, 주요 지하철역 매표소(Termini, Ottaviano 등), 기차역 안 트렌이탈리아 매표소, 시내 타바키(일부)에서 구매할 수 있다. 단, 온라인으로 구매한 경우 실물 패스의 수령 장소와 수령 가능 시간을 꼭 확인할 것!

✚ 로마 패스 이용자 vs 일반 여행자 경비 비교(로마 3일 일정, 2024년 12월 기준)

첫째 날 콜로세오+팔라티노 언덕+포로 로마노(예약 필수)
둘째 날 보르게세 미술관, 바르베리니 미술관 **셋째 날** 산탄젤로 성

경비 내역	로마 패스 이용자	일반 여행자
로마 패스 72시간권 구매비	58.50€	-
콜로세오+팔라티노 언덕+포로 로마노 입장료	-	18€
보르게세 미술관	2€(예약비)	13€+2€(예약비)
바르베리니 미술관	6€(50% 할인)	12€
산탄젤로 성	6.50€(50% 할인)	13€
대중교통 72시간권	-	18€(2025년 24€ 예정)
합계	**73€**	**76€**(2025년 82€ 예정)

#CHECK

로마의 소매치기 유형별 대처 방법

❶ 혼잡한 지하철·버스 안을 노리는 유형

유형 여행자가 가장 많이 당하는 유형으로, 복잡한 지하철이나 버스를 타고 내릴 때 혼잡한 틈을 노려 주머니나 가방을 뒤진다.

대처 방법 절대 서두르지 말자! 급하게 타기보다는 차라리 다음 차를 타는 것이 좋다. 지하철은 사람이 적은 첫 칸과 마지막 칸을, 버스는 가운데를 이용하는 것이 안전하다. 지하철이나 버스를 탈 때는 마지막에 오르고, 차내에서는 가방을 앞으로 메거나 바닥에 내려놓고 다리 사이에 두는 것이 좋다.

혼잡한 버스 정류장

❷ 친절을 베풀며 기회를 노리는 유형

유형 노부부 또는 가족(2~3명)으로 가장해 여행자를 안심시킨다. 그런 다음 일부러 음료수를 흘린 후 옷을 닦아주거나 기차를 탈 때 짐을 들어주면서 가방이나 주머니를 뒤진다.

대처 방법 낯선 사람의 도움은 정중하게 거절하자. 특히 경황이 없을 때일수록 주의해야 한다.

❸ 무턱대고 주머니와 가방을 뒤지는 유형

유형 어린이나 여자 집시가 많다. 쇼윈도를 들여다보거나, 관광 명소에서 사진을 찍을 때 은근슬쩍 주머니와 가방을 뒤진다.

대처 방법 거리에 어린이나 여자 집시가 있으면 일단 경계한다. 다가와서 가방이나 옷을 만지면 크게 소리를 질러 쫓는다.

길거리에서 불법으로 기념품을 파는 모습

❹ 사복 경찰을 가장해 당당하게 지갑을 요구하는 유형

유형 2~3명이 함께 다닌다. 1명이 길을 묻거나 말을 걸면 다른 사람이 사복 경찰이라고 신분을 밝히며 여권을 요구한다. 이때 처음에 말을 건 사람이 놀란 척 여권을 꺼내며 분위기를 유도한다.

대처 방법 사복 경찰이 여행자를 검문하는 일은 없으므로, 여권을 꺼내거나 가방을 열어서는 절대 안 된다. 여권을 숙소에 두고 나왔다고 하거나, 경찰서에 가서 보여주겠다고 이야기한다.

500인 광장에 있는 경찰차. 경찰은 항상 정복을 입고 있다.

❺ 기념품으로 현혹하는 유형

유형 2~3명이 함께 다닌다. 1명이 기념품을 팔면서 여행자를 현혹하고 1~2명은 물건을 고르는 척하면서 가방이나 주머니를 뒤진다.

대처 방법 길거리에서 물건을 구매할 때는 불편하더라도 가방을 앞으로 메는 것이 좋다. 주변에 갑자기 사람이 많아지면 쇼핑을 멈추거나 가방에 주의를 기울인다.

❻ 친근감을 보이며 접근하는 유형

유형 지하철 매표소나 자동판매기 앞에 줄을 서 있을 때 접근해 뜬금없이 자신의 신발이나 옷의 브랜드를 가리키거나 옷 또는 신발이 어느 브랜드냐고 물으면서 주의를 끈다.

대처 방법 대부분 친근하게 접근한 뒤 도움을 주는 척하면서 주머니나 가방을 뒤지므로 처음부터 도움을 거절하거나 아예 다른 곳으로 자리를 피하는 것이 가장 좋은 방법이다.

Section C p212
Section B p190
산타 마리아 델 포폴로 성당
25
Flaminio - Piazza del Popolo
포폴로 문
핀치오 언덕
24
포폴로 광장
오벨리스크
산타 마리아 디 몬테산토 성당
산타 마리아 데이 미라콜리 성당
아우구스투스 영묘
Via Tomacelli
S. Lorenzo in Lucina
Via dei Prefetti
국회의사
알템프스 궁전 국립박물관
넵튠 분수
20
산 루이지 데이 프란체시 성당
나보나 광장
19
피우미 분수
산타녜세 인 아고네 성당
모로 분수
21
판테온
산타 마리아 소프라 미네르 성당
바라코 박물관
아르젠티나 정류장
파르네세 궁전
스파다 궁전
빌라 파르시나
코르시니 궁전
티베리나 섬
Isola Tiberina
손니노/산 갈리카노 정류장
산타 마리아 인 트라스테베레 성당
템피에토
산 피에트로 인 몬토리오 성당
자니콜로 테라스
신탄젤로 성
18
산탄젤로 다리
Palazzo di Giustizia
Piazza Cavour
Piazza Adriana
Lepanto
Ottaviano
Piazza del Risorgimento
입구
15
바티칸 박물관
회화관
피나 정원
바티칸 시국
State della Citta del Vaticano
시스티나 예배당
16
산 피에트로 대성당
17
산 피에트로 광장
작은 터널
Piazza Pio X II
Piazza Santa Maria
크로치피소 정류장
TEVERE
테베레 강
Viale Giulio Cesare
Via Cola di Rienzo
Via Crescenzio
Via della Conciliazione
Borgo Sant'Angelo
Corso Vittorio Emanuele II
Corso del Rinascimento
Lungotevere
Via Garibaldi
Viale di Trastevere
Via Aurelia Antica
Piazza Giuseppe Gioachino Belli
Piazza Sidney Sonnino
Piazza di San Cosimato
Piazza Mastai
S. Maria dell'Orto
S. Maria della Scala
San Francesco a Ripa
Palazzo degli Esami
Ministero della Pubblica Istruzione
0
200m

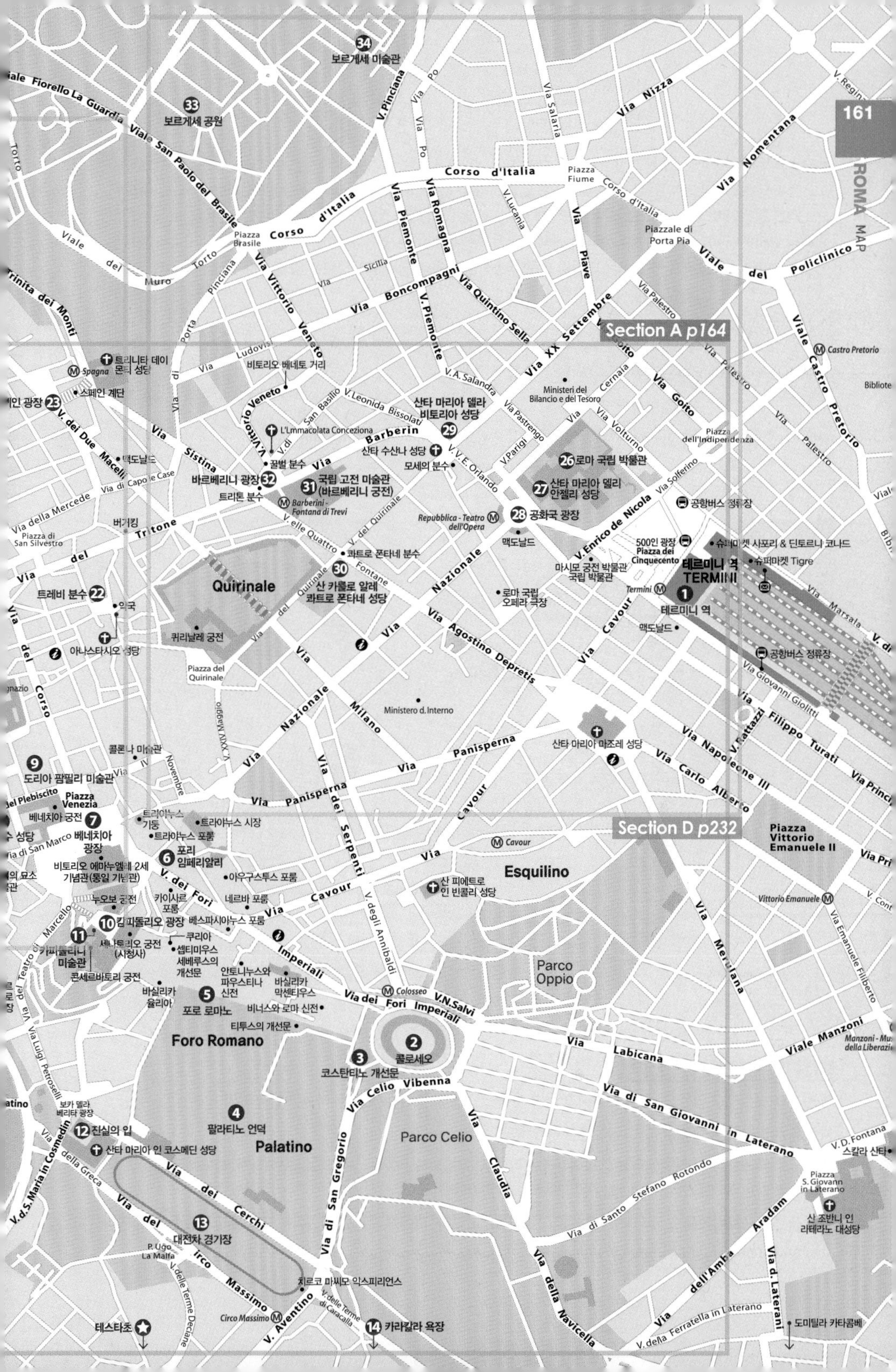
Section A p164
Section D p232
34 보르게세 미술관
33 보르게세 공원
Viale Fiorello La Guardia
Viale San Paolo del Brasile
Piazza Brasile
Corso d'Italia
Piazza Fiume
Piazzale di Porta Pia
Viale del Policlinico
Via Nomentana
Via Nizza
Via Salaria
V. Pinciana
Via Po
Via Piemonte
Via Romagna
Via Piave
V. Lucania
Via Boncompagni
Via Quintino Sella
Via XX Settembre
Via Vittorio Veneto
Viale del Muro Torto
Trinita dei Monti
Via Ludovisi
Via Sicilia
Via Palestro
Viale Castro Pretorio
Castro Pretorio
트리니타 데이 몬티 성당
Spagna
스페인 계단
스페인 광장 23
V. dei Due Macelli
비토리오 베네토 거리
V. A. Salandra
V. Leonida Bissolati
산타 마리아 델라 비토리아 성당 29
L'Lmmacolata Conceziona
꿀벌 분수
산타 수산나 성당
모세의 분수
Via Barberini
Via Sistina
맥도날드
바르베리니 광장 32
트리톤 분수
31 국립 고전 미술관 (바르베리니 궁전)
Barberini - Fontana di Trevi
Via di Capo le Case
Via della Mercede
버거킹
Piazza di San Silvestro
Via del Tritone
Ministeri del Bilancio e del Tesoro
Via Goito
Via Cernaia
Via Volturno
Via Pastrengo
V. Parigi
V.V.E. Orlando
26 로마 국립 박물관
27 산타 마리아 델리 안젤리 성당
Via Solferino
Piazza dell'Indipendenza
공항버스 정류장
Repubblica - Teatro dell'Opera
28 공화국 광장
맥도날드
V. Enrico de Nicola
500인 광장 Piazza dei Cinquecento
슈퍼마켓 사포리 & 딘토르니 코나드
슈퍼마켓 Tigre
테르미니 역 TERMINI
마시모 궁전 박물관 국립 박물관
Termini
1 테르미니 역
맥도날드
Via Marsala
공항버스 정류장
Via Giovanni Giolitti
V. elle Quattro Fontane
V. del Quirinale
콰트로 폰타네 분수
30 산 카를로 알레 콰트로 폰타네 성당
Quirinale
퀴리날레 궁전
Piazza del Quirinale
트레비 분수 22
약국
아나스타시오 성당
Via del Corso
로마 국립 오페라 극장
Via Nazionale
Via Agostino Depretis
Via Cavour
Ministero d. Interno
Via Milano
V. XXIV Maggio
Via Panisperna
Via dei Serpenti
산타 마리아 마조레 성당
Via Napoleone III
Via Carlo Alberto
Via Filippo Turati
V. Rattazzi
콜론나 미술관
Via IV Novembre
9 도리아 팜필리 미술관
Piazza Venezia
베네치아 궁전
7 베네치아 광장
Via di San Marco
트라야누스 기둥
트라야누스 시장
트라야누스 포룸
6 포리 임페리알리
비토리오 에마누엘레 2세 기념관(통일 기념관)
아우구스투스 포룸
V. dei Fori
네르바 포룸
카이사르 포룸
베스파시아누스 포룸
누오보 궁전
10 캄피돌리오 광장
11 카피톨리니 미술관
세나토리오 궁전 (시청사)
쿠리아
셉티미우스 세베루스의 개선문
안토니누스와 파우스티나 신전
바실리카 막센티우스
콘세르바토리 궁전
바실리카 율리아
5 포로 로마노
비너스와 로마 신전
티투스의 개선문
Foro Romano
Via dei Fori Imperiali
Colosseo
V.N.Salvi
2 콜로세오
3 코스탄티노 개선문
Cavour
Esquilino
산 피에트로 인 빈콜리 성당
V. degli Annibaldi
Parco Oppio
Via Merulana
Piazza Vittorio Emanuele II
Vittorio Emanuele
Via Emanuele Filiberto
Viale Manzoni
Manzoni - Museo della Liberazione
Via Labicana
Via di San Giovanni in Laterano
Via Celio Vibenna
Via Claudia
Parco Celio
V. D. Fontana
스칼라 산타
Piazza S. Giovanni in Laterano
산 조반니 인 라테라노 대성당
Via di Santo Stefano Rotondo
Via dell'Amba Aradam
Via d. Laterani
V. della Ferratella in Laterano
도미틸라 카타콤베
Via della Navicella
Via di San Gregorio
Via Luigi Petroselli
Via del Teatro di Marcello
보카 델라 베리타 광장
12 진실의 입
4 팔라티노 언덕
Palatino
산타 마리아 인 코스메딘 성당
V.d.S. Maria in Cosmedin
Via della Greca
Via dei Cerchi
Via del Circo Massimo
13 대전차 경기장
P. Ugo La Malfa
V. delle Terme Deciane
치르코 마씨모 익스피리언스
Circo Massimo
V. Aventino
V. delle Terme di Caracalla
14 카라칼라 욕장
테스타초

DAY PLANS

섹션 A~C의 코스는 콜로세오(콜로세움)와 트레비 분수 등 로마에서 빼놓아서는 안 될 대표적인 명소로 구성한 추천 일정이다. 섹션별 소요 시간은 어떻게 보내느냐에 따라 다르겠지만 섹션 A·C·D는 각각 반나절씩 소요된다. 일정상 로마에서 머무르는 시간이 짧아서 내부 관람을 생략하고 바쁘게 돌아본다면 하루 동안 섹션 A·C·D를 모두 돌아볼 수 있으니 참고하자. 섹션 B는 바티칸 박물관 소장품의 양이 워낙 방대하므로 다 둘러보는 데 반나절은 든다.

알찬 일정을 위해 준비해두세요

섹션 A·D 콜로세오 입장 예약 필수. 유적지 탐방 시 선크림 & 물 준비. 보르게세 미술관 입장 예약 필수

섹션 B 바티칸 박물관 입장 예약. 복장은 단정하게

Tip. 하루에 여러 섹션을 둘러볼 예정이라면 로마 대중교통 승차권 24시간권(7€)을 구매하자. 하루에 한 두 섹션만 돌아본다면 꼭 필요한 구간의 1회권을 구매하는 것이 더 경제적이다.

로마 옵션 A 오르비에토 오르비에토 기차역에 짐을 맡기고 로마~피렌체 구간을 이동하는 도중에 잠시 들를 수도 있다.

로마 옵션 B 아씨시 로마~피렌체 구간을 이동하는 도중에 들르는 것이 좋다.

Section A p164
콜로세오에서 진실의 입까지

1 **테르미니역**
↓ 지하철 B선 Colosseo 하차
2 **콜로세오**
↓ 도보 1분
3 **코스탄티노 개선문**
↓ 도보 3분
4 **팔라티노 언덕**
↓ 도보 1분
5 **포로 로마노**
Option 6 **포리 임페리알리**
↓ 도보 1분
7 **베네치아 광장**
↓ 도보 1분
Option 8 **제수 성당**
Option 9 **도리아 팜필리 미술관**
↓ 도보 1분
10 **캄피돌리오 광장**
11 **카피톨리니 미술관**
↓ 도보 8분
12 **진실의 입**
Option 13 **대전차 경기장**
Option 14 **카라칼라 욕장**

Section B p190
바티칸시국

1 **테르미니역**
↓ 지하철 A선 Ottaviano 하차
15 **바티칸 박물관**
↓ 도보 2분
16 **산 피에트로 대성당**
17 **산 피에트로 광장**
↓ 도보 8분
18 **산탄젤로 성**

Section C p212
나보나 광장에서 포폴로 광장까지

1 **테르미니역**
↓ 64번 버스 Navona 하차
19 **나보나 광장**
Option 20 **산 루이지 데이 프란체시 성당**
↓ 도보 5분
21 **판테온**
↓ 도보 8분
22 **트레비 분수**
↓ 도보 8분
23 **스페인 광장**
↓ 도보 8분
24 **포폴로 광장**
Option 25 **산타 마리아 델 포폴로 성당**

Section D p232
테르미니역에서 보르게세 공원까지

1 **테르미니역**
↓ 도보 5분
26 **로마 국립 박물관**
↓ 도보 5분
27 **산타 마리아 델리 안젤리 성당**
↓ 도보 1분
28 **공화국 광장**
↓ 도보 4분
29 **산타 마리아 델라 비토리아 성당**
Option 30 **산 카를로 알레 콰트로 폰타네 성당**
↓ 도보 8분
31 **국립 고전 미술관**(바르베리니 궁전)
↓ 도보 5분
32 **바르베리니 광장**
Option 33 **보르게세 공원**
↓ 도보 10분
34 **보르게세 미술관**

Roma Option A p250
오르비에토

테르미니역
↓ 기차로 1시간 20분~1시간 40분 소요
● **오르비에토**

Roma Option B p260
아씨시

테르미니역
↓ 기차로 2~3시간 소요
● **아씨시**

SECTION A

콜로세오에서 진실의 입까지

❶ 테르미니역 → 지하철 B선(파란색)을 타고 콜로세오(Colosseo) 역에서 하차 → **❷ 콜로세오** → 도보 1분 → **❸ 코스탄티노 개선문** → 도보 3분 → **❹ 팔라티노 언덕** → 도보 1분 → **❺ 포로 로마노** [Option **❻ 포리 임페리알리**] → 도보 6분 → **❼ 베네치아 광장** → [Option **❽ 제수 성당** → **❾ 도리아 팜필리 미술관**] → 도보 1분 → **❿ 캄피돌리오 광장** → **⓫ 카피톨리니 미술관** → 도보 8분 → **⓬ 진실의 입** [Option **⓭ 대전차 경기장** → **⓮ 카라칼라 욕장**] → 지하철 B선 → **❶ 테르미니역**

01 로마 여행의 시작과 끝
테르미니역 STAZIONE CENTRALE DI TERMINI

로마행 기차의 종착역이자 이탈리아와 유럽 주요 도시로 향하는 출발점 역할을 한다. 역 안에는 관광 안내소, 유인 수하물 보관소, 슈퍼마켓, 카페, 우체국 등 여행자에게 필요한 편의 시설을 모두 갖추고 있으며, 역 주변에는 한인 민박을 비롯해 다양한 등급의 호텔이 모여 있다. 기차역 플랫폼에는 유리 차단문이 설치돼 있어서 승차권을 소지한 사람만 드나들 수 있다. 기차에서 내려 유리 차단문을 통과한 후 정면 방향 출구로 나가면 바로 500인 광장이 나온다. 바티칸 박물관과 스페인 광장에 갈 때 주로 이용하는 지하철 A·B선도 기차역 지하에서 교차한다.

이탈리아 최대 규모의 기차역

G WG22+GJ 로마 M MAP ❷-D
METRO A·B선 테르미니(Termini)역 하차

유레일패스가 아닌 기차표는 자동판매기를 이용한다.

◆ 500인 광장 Piazza dei Cinquecento

테르미니역 앞에 있는 광장으로, 1887년 에티오피아와 치른 전쟁에서 전사한 500명의 병사를 추모하기 위해 조성했다. 지금은 로마의 시내버스 터미널로 사용하고 있다.

로마 시내를 순회하는 대부분 버스가 정차한다.

500인 광장에 있는 버스 티켓 매표소

콜로세오 지하 모습

02 로마인의 함성 소리가 들려오네
콜로세오(콜로세움) Colosseo

서기 80년에 베스파시아누스(69년 황제가 되어 플라비안 왕조를 세운 직업군인)의 명령으로 세운 4층 구조의 타원형 경기장이다. 처음에는 '플라비우스 원형극장'라 이름 붙였으나 거대하다는 뜻의 라틴어 '콜로살레(Colossale)'라는 별명이 굳어져 지금의 정식 명칭이 되었다. 전체적으로 로마식 아치 구조와 그리스의 기둥 양식(1층-도리아식을 변형한 양식, 2층-이오니아식, 3·4층-코린트식)이 결합된 독특한 구조를 띠고 있다.

콜로세오는 황제나 귀족은 물론 자유민, 여성, 노예도 이용할 수 있는 문화·스포츠 공간으로, 맹수 시합, 검투사 경기, 서커스, 연극 등이 개최됐다. 5만5000명까지 수용 가능한 거대한 건축물을 황궁이나 신전이 아닌 공공 건축물로 지었다는 점도 놀랍고, 2000년 전에 지었다고는 도무지 믿기 어려운 뛰어난 시설도 감탄을 자아낸다. 공연이 끝나면 아치문 80여 개를 통해 15분이면 모든 관객이 빠져나갈 수 있었으며, 동물 전용 엘리베이터와 비나 햇빛을 피하기 위한 개폐형 천막지붕(Velarium, 벨라리움)도 갖추고 있었다.

안타까운 사실은 과거의 모습 그대로 보존되지 못하고 1/3 정도만 남아 있다는 것. 16세기 무렵 르네상스 건축 붐이 일면서 로마 귀족들이 기둥과 장식을 떼어 자신들의 궁전을 장식했기 때문이다. 원래 모습은 <글래디에이터>나 <로마>와 같은 영화와 드라마를 통해 상상해볼 수 있다.

콜로세움? 콜로세오?

고대 로마제국 당시에는 라틴어 표기에 따라 '콜로세움(Colosseum)'으로 불렸지만 현재는 이탈리아어 표기법인 '콜로세오'로 불린다.

Ⓖ 로마 콜로세움 Ⓜ MAP ⑤-C

ADD Piazza del Colosseo

OPEN 08:30~19:15(3월 ~17:30, 10월 ~18:30, 11~2월 ~16:30)/폐장 1시간 전까지 입장

CLOSE 1월 1일, 12월 25일

PRICE 콜로세오+포로 로마노+팔라티노 언덕 통합권 18€(24시간 유효), 17세 이하 무료, 매월 첫째 일요일 무료입장/예약 필수/ 로마 패스

METRO B선 콜로세오(Colosseo)역에서 내리면 바로

BUS 500인 광장에서 75번을 타고 콜로세오 정류장에서 하차

WEB www.colosseo.it(VPN 우회 필요)
예약: ticketing.colosseo.it/en/

콜로세오 입장 노하우

❶ 통합권 구매

콜로세오·팔라티노 언덕·포로 로마노는 통합권 1장으로 개시 후 24시간 이내에 한 번씩 입장할 수 있다. 단, 팔라티노 언덕과 포로 로마노는 다른 곳이지만 일단 들어가면 한 번에 2곳을 다 둘러봐야 한다.

❷ 예약 필수

콜로세오 공식 예매 사이트(ticketing.colosseo.it/en/)에서 원하는 티켓을 고른 후 방문일과 입장 시각을 지정하고 방문자 정보를 입력하여 예매한다. 보통 방문 예정일 30일 전에 입장 시간대별로 한 타임씩 티켓을 오픈한다. 콜로세오+포로 로마노+팔라티노 언덕 통합권은 성수기가 아니라면 비인기 시간대는 입장 전에도 예약할 수 있을 정도로 여유 있는 편이지만 인기 있는 체험 입장권은 수량이 적어 예매가 시작되자마자 초고속 매진되는 '광클 대란'이 벌어진다.

❸ 예약 바우처 챙기기

결제 완료 후 이메일로 전송받은 QR코드가 있는 티켓(PDF 파일)을 프린트하거나 스마트폰에 저장해서 입장할 때 현지 검표원에게 보여준다. 예약자는 코스탄티노 개선문 근처의 입구(Sperone Valadier)로 지정한 시각에 입장할 수 있다.

❹ 입장 시각 엄수

예매할 때 지정한 콜로세오 입장 시각이 지나면 티켓은 무효가 된다. 보안 검색 및 다른 돌발 변수를 고려해 입장 시각 30분 전까지 전용 게이트에 도착하자.

❺ 로마 패스로 입장권 예약하기

로마 패스 소지자와 일반 입장객에게 할당된 입장권의 개수가 다르다. 일반 입장권은 마감된 경우에도 로마 패스 소지자용 입장권은 남아 있을 수 있으니 확인해 보자.

로마 패스 소지자도 예약!

로마 패스 소지자는 무료지만 콜로세오에 입장하려면 반드시 예약해야 한다. 콜로세오 예매 사이트 접속 후 티켓별 방문일과 입장 시각을 지정하는 페이지의 하단부에서 'For holders of the Rome Pass, View if available HERE'의 빨간 글자를 클릭하면 로마 패스 전용 예약 창이 열린다. 여기서 무료 적용 여부와 인원수 등을 선택해 예약한다. 콜로세오 방문 시 PDF 티켓과 로마 패스를 모두 지참해야 하며, 패스가 없으면 예약이 무효로 간주되어 입장할 수 없으니 주의한다.

체험 입장권 종류

아래 ❶~❸ 체험 입장권(Full Experience)은 콜로세오, 포로 로마노, 팔라티노 언덕(SUPER sites-복원 유적지 & 전시실 내부 관람)을 포함한다.

❶ 지하 & 아레나 체험 입장권
Full Experience-Underground Levels and Arena

6세기부터 땅속에 묻혀 있다 19세기에 처음 발견된 콜로세오의 지하 공간이 복원 작업을 마치고 2021년 대중에 공개됐다. 총 1만5천㎡ 규모(축구장 2개 면적)에 검투사 대기소와 맹수 우리, 통로가 미로처럼 얽혀 있다. 직원과 함께 입장해 15분가량 지하 공간을 둘러본다. 2일간 유효, 24€.

❷ 최상층 다락 입장권
Full Experience Attic Visits with the Panoramic Lift

일반 입장권으로는 접근할 수 없는 3~5층을 방문할 수 있다. 3층까지 전망 엘리베이터를 타고 이동한 후 콜로세오 최상층의 다락(Attic)까지 계단을 올라간다. 2일간 유효, 24€.

❸ 아레나 체험 입장권
Full Experience Ticket with entry to the Arena of the Colosseum

검투사의 전투 무대인 아레나를 방문할 수 있다. 2일간 유효, 24€.

무료입장 꼼꼼하게 챙기기

17세 이하 무료입장권은 시간 지정 없이 방문 날짜만 선택해서 예약(무료)한다. 매월 첫째 일요일 무료입장은 온라인 예약 없이 매표소에서 선착순 배부한다. 긴 줄은 각오하자.

MORE

콜로세오에 대한 오해와 궁금증

콜로세오에서 가장 인기 있는 종목은 검투사 경기였다. 검투사 경기는 영화나 소설 속에서 피에 굶주린 관중을 위해 노예를 희생시키는 잔인한 경기로 묘사된다. 하지만 검투사가 모두 노예 출신으로 구성된 것은 아니었다. 위험한 만큼 높은 보수와 명성이 따랐기 때문에 나중에는 자유민 출신의 검투사가 1/3에 달했으며, 심지어 코모두스 황제(재위 177~192년, 로마제국 쇠퇴기의 황제)처럼 검투사 경기에 직접 나서는 황제나 귀족도 있었다. 게다가 훈련받은 검투사들은 몸값이 무척 비쌌기 때문에 영화에서처럼 경기 때마다 반드시 한쪽이 죽는 것도 아니었다. 때로는 귀부인들의 유혹을 받을 만큼 인기가 높았으며, 후반에는 스포츠 영웅처럼 추앙받았다.

여긴! 몰랐지?!
콜로세오 포토 포인트 4

벽면에는 건설 및 보수 작업 때 비계용 목재를 삽입했던 구멍이 뚫려 있다.

Point 1 콜로세오 내부

면적이 3000㎡(약 900평)인 콜로세오 바닥은 지하로 자연광과 공기가 잘 통하도록 하나씩 접고 펼 수 있는 수백 개의 나무판으로 덮여 있었다. 하지만 19세기 고고학자들이 바닥을 들어내고 경기장 밑 구조물을 발굴한 뒤 복원하지 않은 탓에 현재는 뻥 뚫려 있다.

Point 2 팔라티노 언덕 Monte Palatino

콜로세오 바로 옆, 포로 로마노와 이어지는 팔라티노 언덕은 전망이 매우 탁월하다. 언덕 끝까지 올라가면 탁 트인 전망대가 나오고, 포로 로마노와 콜로세오의 전경이 파노라마처럼 펼쳐진다.

아니발디 다리에서 바라본 콜로세오 전경

Point 3 아니발디 다리 Ponte degli Annibaldi

최근 주목받는 로마의 '힙플레이스', 몬티 지구(Rione Monti) 언덕 초입에 놓인 보행자 전용 다리다. 다리 아래 가운데 축을 따라 콜로세오를 향해 뻗은 일방통행로 덕분에 그 시선의 끝에 가 닿는 콜로세오가 더욱 장대하게 바라보인다.

아니발디 다리

Point 4 니콜라 살비 거리 Via Nicola Salvi

오피오 언덕(Colle Oppio) 아래에 조성된 완만한 오르막길. 돌을 쌓아 올린 도로 난간에 걸터앉으면 콜로세오를 배경으로 멋진 사진을 남길 수 있는 '인스타 핫플'이다.

MORE
콘스탄티누스 황제 관련 명소와 작품

포로 로마노의 바실리카 막센티우스(p176), 산 조반니 인 라테라노 대성당(p244), 프란체스카의 '콘스탄티누스의 꿈'(1466, 아레초, 성 프란치스코 성당)

03 파리 개선문의 효시

콘스탄티노 개선문

Arco di Costantino

콜로세오에서 나오면 바로 옆에 3개의 아치가 있는 커다란 건축물이 보인다. 로마에서 가장 큰 개선문(높이 21m, 너비 25m)으로 콘스탄티누스 황제(재위 306~337년, 기독교를 공인하고 수도를 비잔티움(지금의 이스탄불)으로 옮김)가 '밀비우스 다리 전투'에서 승리한 것을 기념하기 위해 315년에 세운 것이다. 이 개선문은 19세기에 나폴레옹의 명령으로 파리로 옮겨질 뻔했지만 다행히 기술적인 문제로 실행되지는 않았다. 대신 이 개선문을 본떠 파리 샹젤리제 거리의 개선문과 루브르 박물관 앞의 카루젤 개선문을 만들었다.

Ⓖ 콘스탄티누스 개선문 Ⓜ MAP ⑤-C
METRO B선 콜로세오(Colosseo)역 밖으로 나오면 정면 200m 앞에 있다. 도보 2분

밀비우스 다리 전투(312년)

콘스탄티누스 황제가 막센티우스 황제에게 승리하고 서로마제국의 단독 황제가 되어 로마를 재건한 계기가 된 전쟁. 콘스탄티누스 황제가 꿈속에서 본 십자가 형상을 무기와 깃발에 새겨 넣어 승리했다는 일화가 유명하다.

황궁의 스타디움(Stadio Palatino)

04 위풍당당 로마가 시작된 곳
팔라티노 언덕
Monte Palatino

콜로세오와 포로 로마노 사이에 있는 언덕. 건국 신화에 따르면 로마의 시조 로물루스가 팔라티노 언덕의 동굴에서 동생과 함께 늑대의 젖을 먹고 자랐다고 한다. 기원전 2세기부터는 고급 주택지로 이용됐는데, 로마의 황제들도 이곳에 궁전을 지어 로물루스의 정통성을 이어받고자 했다. 언덕을 오르다 보면 황궁의 스타디움, 로물루스의 집, 아우구스투스 황제(재위 BC 27년~AD 14년, 로마 제정 시대의 첫 번째 황제)의 궁터, 도미티아누스 황제(재위 81~96년, 콜로세오를 완공한 티투스 황제의 동생) 궁전의 스타디움 등의 볼거리가 있지만 무엇보다 여기서 내려다보는 대전차 경기장과 포로 로마노의 탁 트인 전망이 인상적이다.

MORE

로마를 세운 이들이 태어난 신화 속 동굴

로물루스와 레무스 형제가 늑대의 젖을 먹고 자란 장소로 알려진 루페르칼레 동굴로 추정되는 유적지가 2007년에 발견됐다. 아우구스투스 황제 궁터 지하 16m 지점에서 발견됐는데, 붕괴 우려 때문에 내부 모습은 공개하지 않는다.

Ⓖ 팔라티노 언덕 Ⓜ MAP ⑤-C

ADD Via di S. Gregorio, 30

OPEN & CLOSE 콜로세오와 동일

PRICE 콜로세오와 동일

WALK 콜로세오 출구에서 코스탄티노 개선문을 왼쪽에 두고 서면 정면에 보이는 골목(Via Sacra)으로 도보 2분. 포로 로마노와 연결돼 있다./코스탄티노 개선문에서 남쪽으로 도보 4분 거리에도 입구가 있다.

아우구스투스 황제의 궁터(Domus Augustana)

도미티아누스 황제의 궁터 중 일부인 플라비아 궁터(Domus Flavia)

05 고대 로마의 살아 있는 역사 교과서

포로 로마노

Foro Romano

포로 로마노(라틴어 이름은 Forum Romanum)는 팔라티노 언덕과 캄피돌리오 언덕 사이에 자리 잡고 있어 동쪽으로 가면 콜로세오, 서쪽으로 가면 테베레 강에 이른다. 기원전 8세기부터 1000년 이상 로마제국의 정치·사회·경제·종교의 중심지였으나 로마제국 몰락 후 테베레 강이 범람하면서 흙 속에 묻혔다. 18세기부터 발굴 작업을 시작했으며, 현재까지도 발굴하고 있다. 세베루스의 개선문과 로물루스의 신전 등 비교적 보존 상태가 양호한 것도 있지만 기둥과 초석만 남은 곳도 있어 길을 찾기가 쉽지만은 않다. 팔라티노 언덕과 포로 로마노는 한 번에 다 둘러봐야 하며, 한 곳만 보고 밖으로 나갔다 다른 입구로 들어갈 경우 재입장할 수 없으니 주의하자.

Ⓖ 포로 로마노 Ⓜ MAP ⑤-A·C

ADD Piazza di Santa Maria Nova, 53
OPEN 콜로세오와 동일
CLOSE 1월 1일, 5월 1일, 12월 25일
PRICE 콜로세오와 동일
WALK 콜로세오에서 도보 2분/팔라티노 언덕과 연결/베네치아 광장에서 포리 임페리알리 거리(Via dei Fori Imperiali)로 도보 5분/캄피돌리오 광장에서 시청사(세나토리오 궁전)를 바라보고 왼쪽 골목으로 내려가 포리 임페리알리 거리가 나오면 우회전. 매표소까지 도보 7분
WEB 예약 coopculture.it/en/poi/colosseum/

포리 임페리알리를 둘로 나누며 콜로세오와 베네치아 광장을 잇는 포리 임페리알리 거리

캄피돌리오 언덕에서 바라본 포로 로마노

콜로세오에서 바라본 포로 로마노

포로 로마노란?

포로 로마노는 '로마인의 광장'이란 뜻으로, 고대 로마인이 모여 생활하던 중심지다. 포로(Foro)는 영어 '포럼'의 기원이 된 라틴어 '포룸(Forum)'의 이탈리아어로 공공 집회 장소를 뜻하며, 원로원 의사당과 신전 등 공공 기구와 일상에 필요한 시설을 갖춘 곳이었다.

포로 로마노는 위에서 내려다볼 것!

포로 로마노를 제대로 둘러보려면 먼저 팔라티노 언덕이나 캄피돌리오 언덕에서 포로 로마노를 전체적으로 바라보는 것이 가장 좋다. 언덕에서는 폐허로 남은 신전, 바실리카, 승리의 개선문 등이 한눈에 내려다보이며, 승전 행진과 종교 행진을 하며 유피테르(제우스) 신전에 참배하기 위해 포로 로마노를 통과한 사크라 거리(신성한 길)도 볼 수 있다.

트라야누스 기둥. 다키아를 상대로 한 정복 과정을 표현한 대리석 기둥이다.

트라야누스 시장

Option **06**

황제들의 포룸

포리 임페리알리 Fori Imperiali

공화정이 무너지고 로마제국이 탄생하면서 황제의 이름으로 건설된 포룸(Forum)이 등장하기 시작했다. 기원전 46년부터 서기 113년까지 약 150년에 걸쳐 카이사르와 4명의 황제는 자신들의 업적을 자랑하기 위해 포룸을 하나씩 지었는데, 과거에는 5개의 포룸이 하나의 구역으로 묶여 있었지만 파시즘으로 승승장구하던 무솔리니가 군사 퍼레이드를 벌이기 위해 1932년에 베네치아 광장에서 콜로세오에 이르는 대로, 포리 임페리알리 거리(Via dei Fori Imperiali)를 건설하면서 지금처럼 남북으로 나뉘었다. 포리 임페리알리 거리 북쪽에는 아우구스투스 황제의 포룸(Foro di Cesare)과 트라야누스 황제의 포룸(Foro di Traiano)이, 포로 로마노가 있는 남쪽에는 카이사르의 포룸(Foro di Cesare)과 베스파시아누스 황제의 포룸(Tempio della Pace 또는 Foro della Pace)이 있고, 네르바 황제의 포룸(Foro di Nerva)이 길 양쪽에 걸쳐 있다. 밖에서도 잘 보이지만 로마 제국이 최대의 영토 확장을 누린 시기에 건립된 트라야누스 시장은 둘러볼 만하다. 콜로세오 통합권에 포함돼 있으니 유효기간 내에 한 번 방문해보자.

Ⓖ 황제들의 포룸 Ⓜ MAP ❺-A·C

ADD Via dei Fori Imperiali

OPEN 09:00~19:15(3월 ~17:30, 9월 ~19:00, 10월 ~18:30, 11~2월 ~16:30)/매년 날짜가 조금씩 다름

CLOSE 1월 1일, 12월 25일

PRICE 포리 임페리알리 단독 입장 5€/콜로세오 통합권에 포함

WALK 포리 임페리알리 거리 방향에 있는 포로 로마노 매표소에서 도보 5분/베네치아 광장에서 도보 1분

WEB 예약 coopculture.it/en/poi/colosseum/

MORE

포리 임페리알리의 핵심 명소

▪ 트라야누스 시장 Mercati di Traiano

113년 트라야누스 포룸에 개관한 6층 건물. 150여 개의 상점과 사무실을 갖춘 세계 최초의 복합쇼핑몰로 알려졌지만 트라야누스 행정부의 종합청사였다는 주장도 있다. 현재 포룸에서 출토된 유물들을 전시한 박물관(Museo dei Fori Imperiali)으로 사용되고 있다.

WEB www.mercatiditraiano.it

▪ 트라야누스 기둥 Colonna Traiana

트라야누스 황제의 다키아(현재의 루마니아) 원정기를 부조로 새긴 대리석 기둥. 트라야누스 부부의 유골이 기둥 바닥에 안장돼 있다.

Zoom In & Out
포로 로마노

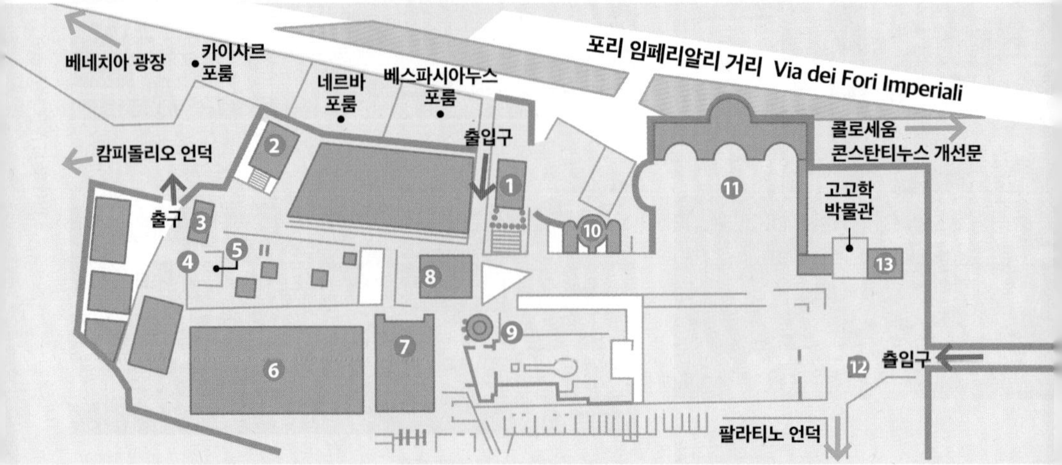

❶ 안토니누스와 파우스티나 신전 Tempio Antonino e Faustina

입구 왼쪽에 십자가가 있는 건물로 안토니누스 황제(재위 138~161년, 5현제 중 네 번째 황제)가 그의 아내 파우스티나 황비를 위해 141년에 지은 신전이다. 포로 로마노에서 가장 오래된 건물 중 하나로 11세기부터 산 로렌초 미란다 성당으로 이용되며, 보존 상태가 비교적 좋다.

로마의 5현제

로마제국의 전성기를 이끈 5명의 훌륭한 황제. 이때 황제는 세습되는 것이 아니라 원로원에 의해 선출됐다.

5현제 네르바(재위 96~98년)
트라야누스(재위 98~117년)
하드리아누스(재위 117~138년)
안토니누스 피우스(재위 138~161년)
마르쿠스 아우렐리우스(재위 161~180년)

❶ 안토니누스와 파우스티나 신전. 황비에 대한 황제의 사랑과 존중을 엿볼 수 있다.

❷ 쿠리아. 깔끔하게 복원된 외부

❷ 쿠리아 내부

❷ 쿠리아 Curia

오늘날의 국회와 같은 역할을 한 원로원 건물. 화재로 소실됐으나 무솔리니의 지시로 그대로 복원됐다. 내부에는 트라야누스 황제(재위 98~117년, 5현제 중 두 번째 황제)를 묘사한 것으로 추정되는 대리석상과 황제의 업적을 기록한 대리석 부조가 있다. 트라야누스 황제는 가장 넓은 영토를 확보해 우리나라의 광개토대왕과 비교되기도 한다.

공화제

공화제는 왕 또는 황제가 권력을 독점하는 '군주제'의 반대 개념으로서 일반 '대중'을 권력의 원천에 두는 국가 체제다. 카이사르가 죽기 전까지 로마의 정치 체제는 공화제였는데, 귀족들로 구성된 원로원과 이를 견제하기 위해 시민에 의해 선출된 호민관이 사회를 이끌어 갔다. 지금도 로마 곳곳에서 볼 수 있는 'SPQR'이란 단어는 '로마의 원로원과 시민(Senatus Populusque Romanus)'의 약자로, 로마의 공화정을 상징한다.

로마 거리 곳곳에는 'SPQR'이 새겨져 있다.

❸ 셉티미우스 세베루스의 개선문 Arco di Settimo Severo

포로 로마노에서 가장 눈에 띄는 건물로, 셉티미우스 세베루스 황제(재위 193~211년)가 오늘날의 중동 지방인 파르티아를 정복한 것을 기념하기 위해 203년에 지은 건축물이다. 아치 벽면에는 전쟁 장면과 개선 행렬이 묘사돼 있다. 중세에는 반쯤 땅에 묻혀 부서지기도 하고 이발소로도 이용됐다고 한다.

❹ 사투르누스 신전 Tempio di Saturno

포로 로마노와 캄피돌리오 언덕을 구분하는 가장 유명한 건물로, 유피테르(제우스)의 아버지이자 농업의 신 사투르누스(새턴)을 모시기 위해 지은 것이다. 기원전 5세기경 지은 후 여러 번 재건되어 지금 남아 있는 것은 기원전 4세기경에 만든 것이다. 매년 12월 17일부터 약 1주일 동안 사투르누스를 기리는 축제가 열렸는데, 시민들은 밤새 횃불을 밝히고 선물을 주고받으며 연회를 즐겼다고 한다. 이 축제는 기독교가 공인된 후 성탄절로 흡수됐다.

❹ 사투르누스 신전. 신전 뒤쪽에 출구가 있다.

❺ 로스트룸 Rostri

유명한 정치가들이 연설하던 단으로, '로스트라'라는 배의 이름에서 유래했다. 카이사르가 죽은 뒤 안토니우스가 추모 연설을 한 곳이기도 하다.

❸ 셉티미우스 세베루스의 개선문. 높이 21m, 너비 25m, 3개의 아치로 구성된 개선문이다.

❺ 로스트룸. 셉티미우스 세베루스의 개선문 옆에 있다.

★
바실리카Basilica란?

집회 시설, 상점, 법원이 있던 커다란 직사각형의 공공 건축물. 귀족이 이름을 알리기 위해 자신 또는 가문의 이름을 붙여 기증한 건물이다. 중세 이후에는 교회 건축 양식의 하나로 발전해 지금은 규모가 큰 성당을 가리켜 바실리카라고 한다.

⑥ 바실리카 율리아 Basilica Julia

기원전 54년 카이사르가 지은 바실리카로, 로마 공화정 시대에는 가장 큰 법원이 있었다. 바실리카 앞에는 카이사르 동상이 있다.

⑦ 카스토르와 폴룩스(폴리데우키스) 신전 Tempio di Castore e Polluce

유피테르(제우스)의 쌍둥이 아들인 카스토르와 폴룩스(폴리데우키스)를 위해 기원전 484년에 지은 신전이다. 쌍둥이 형제는 전쟁 중 로마를 도왔다는 전설 때문에 로마인에게 인기가 높다. 신전 앞에는 말에서 내린 쌍둥이 형제의 조각상이 있었는데, 지금은 캄피돌리오 광장 계단 위에 장식돼 있다.

⑧ 카이사르의 신전 Tempio del Divo Giulio

카이사르가 화장된 자리에 양아들이었던 아우구스투스 황제가 세운 신전. 2000년이 지난 지금까지도 카이사르를 그리워하는 추모의 행렬이 끊이지 않는다.

⑨ 베스타 신전 Tempio di Vesta

기원전 6세기에 지은 신전. 불과 화로의 여신 베스타를 모시는 신전으로, 로마 공화국의 안위를 위해 1000년 동안 성화를 꺼뜨리지 않았다. 베스탈레라고도 하는 6명의 사제가 성화를 지켰는데, 이들과 눈이 마주치면 사형수라 할지라도 죄를 사면받을 수 있었다.

⑩ 로물루스 신전 Tempio di Romolo

로마 건국 신화에 나오는 로물루스를 모시는 신전이 아니라 막센티우스 황제가 자신보다 먼저 죽은 아들 로물루스를 위해 세운 신전이다.

⑪ 바실리카 막센티우스 Basilica di Massenzio

막센티우스 황제(재위 306~312년, 콘스탄티누스 황제의 경쟁자)가 지은 바실리카. 막센티우스가 '밀비우스 다리 전투'에서 패해 사망하자, 콘스탄티누스 황제가 312년에 완성해 바실리카 콘스탄티누스라고도 한다. 미켈란젤로와 브라만테가 산 피에트로 대성당을 설계하면서 이 바실리카를 연구했다고 한다.

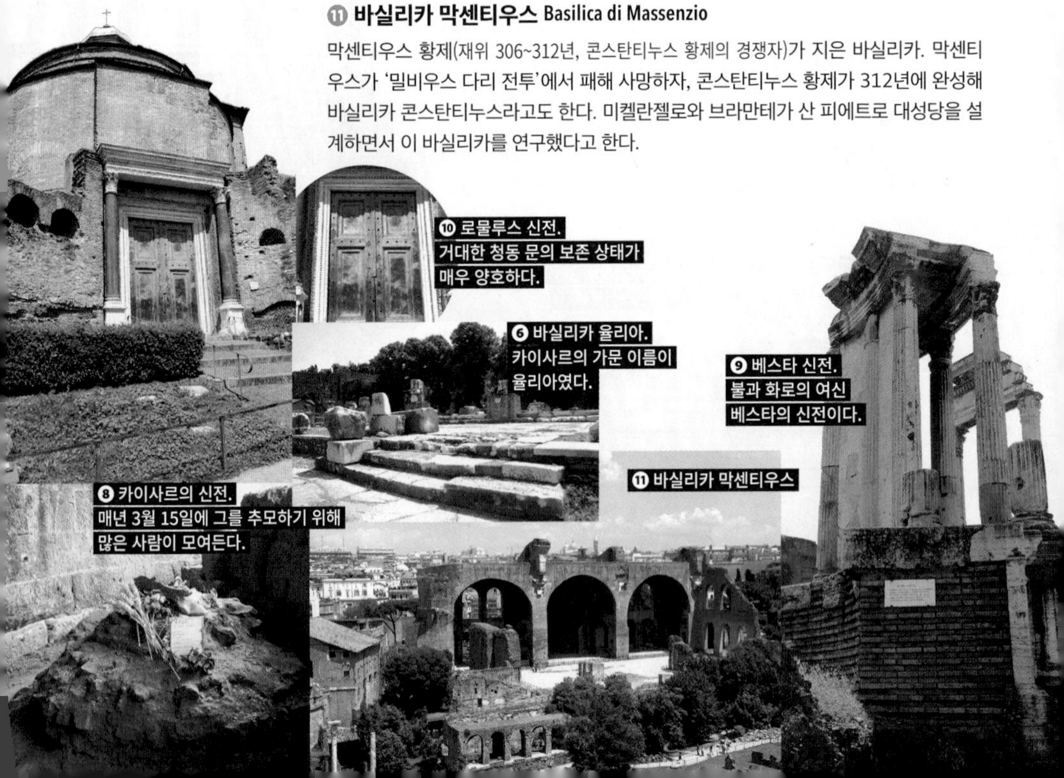

⑩ 로물루스 신전. 거대한 청동 문의 보존 상태가 매우 양호하다.

⑥ 바실리카 율리아. 카이사르의 가문 이름이 율리아였다.

⑨ 베스타 신전. 불과 화로의 여신 베스타의 신전이다.

⑪ 바실리카 막센티우스

⑧ 카이사르의 신전. 매년 3월 15일에 그를 추모하기 위해 많은 사람이 모여든다.

⓬ 티투스의 개선문 Arco di Tito

로마에서 가장 오래된 개선문. 티투스 황제(재위 79~81년, 콜로세오를 완성한 황제)가 장군이었을 당시(71년) 예루살렘을 정복한 것을 기념해 서기 81년에 세웠다. 아치 내부는 원형 그대로이며, 외부는 복원된 것이다. 피돌리오 광장 계단 위에 장식돼 있다.

⓭ 비너스와 로마 신전 Tempio di Venere e Roma

행운의 여신 '비너스 펠릭스(Venus Felix)'와 영원의 도시를 상징하는 여신 '로마 에트레나(Roma Aeterna)'에게 헌정된, 포로 로마노에서 가장 큰 신전. 121년 하드리아누스 황제(재위 117 138년, <회상록>의 주인공)가 지금은 사라진 벨리아 언덕과 팔라티노 언덕 사이에 짓기 시작해 141년 완공되었다.

★

팍스 로마나 Pax Romana

'평화의 로마'라고도 하는 기간으로, 기원전 1세기 아우구스투스 황제 때부터 '5현제 시대(92~180년)'까지 200여 년 동안을 일컫는다. 강력한 군사력을 바탕으로 정치가 안정되고 경제가 발전하면서 로마는 인류 역사상 최고의 강대국으로 성장했다.

MORE

포로 로마노에서는 어떤 일들이 벌어졌을까?

❶ 공화정 시대에서 제정 시대로-
카이사르 Gaius Julius Caesar(기원전 100~44년)

"주사위는 던져졌다." "왔노라, 보았노라, 이겼노라."라는 유명한 말을 남긴 카이사르는 뛰어난 정치가이자 여러 전쟁에서 승리를 거둔 용감한 장군이었으며, 공화정 시대를 청산하고 제정 시대를 연 주인공이다.

몇몇 귀족에게 권력이 집중된 당시의 공화정 체제로는 급격히 팽창한 로마를 다스리는 데 한계가 있었다. 이를 간파한 카이사르는 내전을 수습하고 황제와 다름없는 권력을 행사하며 개혁 정책을 펼쳐 새로운 세상을 열 준비를 했다. 결국 공화정파 귀족들에게 암살당했지만 그의 계획은 차질 없이 진행됐다. 카이사르의 양아들 옥타비아누스(아우구스투스)가 첫 번째 황제에 올랐으며, 이후 '팍스 로마나(Pax Romana)'라고 하는 로마의 전성기가 열렸다.

관련 유적 ❻ 바실리카 율리아 ❽ 카이사르의 신전

❷ 정치가들의 연설-안토니우스의 카이사르 추모 연설

기원전 44년 3월에 카이사르가 죽자, 그의 충복 안토니우스는 로마 시민에게 재산을 상속한다는 내용이 담긴 카이사르의 유서를 공개하며 추모 연설을 했다. 이 연설을 계기로 카이사르를 암살한 공화정파 귀족들은 카이사르를 사랑한 성난 시민에게 쫓기는 신세가 됐다. 이렇듯 로마의 정치가들에게 연설은 권력을 얻거나 시민의 마음을 움직이는 중요한 수단이었다.

관련 유적 ❺ 로스트룸

❸ 제국의 영광을 상징하는 개선 행진-개선문

전쟁에서 승리를 거둔 로마 군은 노예와 전리품을 실은 수레를 앞세우고 개선문과 포로 로마노를 거쳐 캄피돌리오 언덕에 있는 신전을 향해 개선 행진을 했다.

관련 유적 ❸ 셉티미우스 세베루스의 개선문
⓾ 티투스의 개선문

⓭ 비너스와 로마 신전.
건물 제일 안쪽의 앱스는
흔적이 잘 남아있다.
❼ 카스토르와
폴룩스(폴리데우키스)
신전
⓬ 티투스의 개선문.
높이 15.4m, 너비 13.5m,
1개의 아치가 있는 개선문

07 모든 길은 이 광장으로 통한다
베네치아 광장 Piazza Venezia

테르미니역과 함께 교통의 중심지 역할을 하며 로마 관광의 핵심이 되는 곳이다. 버스를 타거나 포로 로마노, 캄피돌리오 광장 등 다른 명소를 찾아가다 보면 자연스레 지나치게 된다. 광장에 들어서면 흰색의 커다란 대리석 건물로 시선이 가는데, 1400년 만에 이탈리아를 통일(1870년)한 ❶ '비토리오 에마누엘레 2세(Vittorio Emanuele II)'를 기리기 위해 1911~1935년에 지은 통일 기념관이다. 웅장한 모습이 인상적이지만 주위 경관과 어울리지 않는 색깔과 규모 때문에 '케이크 덩어리' 또는 '타자기'라는 비난을 받기도 했다. 리모델링 후 옥상을 전망 테라스(Terrazza delle Quadrighe)로 개방했는데, 로마 시내를 360˚로 감상할 수 있는 탁 트인 전망 덕분에 로마의 신 명소로 떠올랐다. 기념관을 등지고 광장을 바라보면 왼쪽 모서리에 광장 이름의 유래가 된 베네치아 궁전(Palazzo di Venezia)이 있다.

Ⓖ 베네치아 광장 로마 Ⓜ MAP ❺-A

BUS 500인 광장에서 40·64·70·H번을 타고 베네치아 광장(Piazza Venezia) 정류장 하차
WALK 포로 로마노에서 매표소가 있는 입구 쪽 도로(Via dei Fori Imperiali)를 따라 콜로세오 반대편으로 도보 6분

통일 기념관 Museo Centrale del Risorgimento + 전망 테라스
OPEN 09:30~19:30
CLOSE 12월 25일
PRICE 17€(베네치아 궁전 박물관 포함), 18~25세 4€, 17세 이하 무료/ 7일간 유효, 각 1회 입장

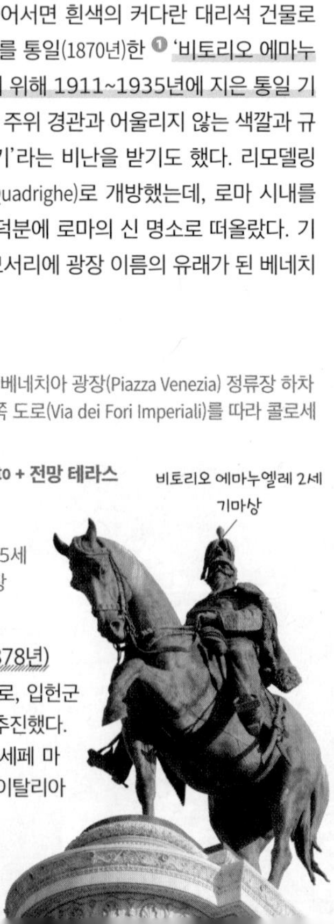
비토리오 에마누엘레 2세 기마상

비토리오 에마누엘 2세(재위 1861~1878년)

사르데냐 왕이자 통일 이탈리아의 국왕으로, 입헌군주제를 도입해 행정과 재정의 근대화를 추진했다. 카밀로 디 카부르와 주세페 가리발디, 주세페 마치니와 함께 이탈리아를 통일하고 통일 이탈리아의 초대 국왕이 됐다.

MORE

노을 배경 인생샷 맛집! 통일 기념관의 전망 테라스
Terrazza delle Quadrighe

전망 엘리베이터를 타고 옥상으로 올라가면 로마의 멋진 파노라마가 기다린다. 특히 해 질 무렵이면 최고의 선셋 포인트! 테라스 이름은 옥상 좌우를 장식하는 청동 콰드리가(로마 시대 전차 경주 때 사용된 4마리 말이 끄는 두 바퀴의 전차)에서 따온 것인데, 각각 이탈리아의 통합(Quadriga dell'Unità)과 자유(Quadriga della Libertà)를 상징한다.
테라스에 입장하려면 통일 기념관과 베네치아 궁전 박물관을 모두 포함한 통합권을 구매해야 한다. 무솔리니의 집무실이었던 베네치아 궁전 박물관에는 베르니니가 모로 분수를 고안하면서 만든 테라코타 조각, 17~18세기의 이탈리아 회화 등 방대한 작품을 소장하고 있다.

통일 기념관의 전망 테라스

①

미술관 입구

①

베이컨의 '교황 인노켄티우스 10세의 초상화 습작'(1952)

Option

08 살아 움직이는 듯 생생한 천장화
제수 성당
Chiesa del Gesù

서강대학교와 광주가톨릭대학교를 설립한 예수회의 본거지로 1584년에 지은 성당이다. 바치차(Baciccia, 가울리라고도 한다)가 그린 바로크 양식의 중앙 천장화 ① '예수의 이름으로 거둔 승리'(1683)를 볼 수 있는 곳으로 유명하다. 이 작품은 바로크 양식의 대표적 특징인 강렬한 명암대비와 살아 움직이는 듯한 착시 효과를 잘 보여주는 작품으로 꼽힌다. 특히 그림 속 인물들이 천당의 틀을 부수고 튀어나올 것 같은 생생한 묘사로 당대 최고라는 평가를 받는다. 그림 가운데에 묘사된 천당 부분에는 예수회를 상징하는 'IHS'라는 단어가 새겨져 있다. 거울을 통해 천장화를 감상할 수 있다.

VFWH+9P 로마 **M MAP** ⑤-A

ADD Via degli Astalli, 16(입구는 Piazza del Gesu에 위치)
OPEN 07:30~12:30(일요일 07:45~13:00), 16:00~19:30/7·8월 07:30~12:00, 17:00~19:30(일요일 07:45~12:30, 17:00~20:00)
PRICE 무료(약간의 헌금)
WALK 통일 기념관을 등지고 베네치아 궁전 왼쪽(서쪽) 건물

예수회

성 로욜라(St.Ignatius of Loyola)가 1540년 창립한 가톨릭의 수도회로 교육과 학문을 통한 해외 선교 사업에 중점을 두었다. 16세기 루터의 종교개혁 운동 당시 교황을 도와 반종교개혁 운동을 벌였다.

예수회를 상징하는 마크

Option

09 세계 최고의 초상화가 이곳에?!
도리아 팜필리 미술관
Galleria Doria Pamphilj

스페인의 천재 화가 벨라스케스의 작품을 비롯한 400여 점의 회화가 전시된 곳. 벨라스케스가 그린 ① '교황 인노켄티우스 10세의 초상화'(1650)는 라파엘로의 '교황 율리우스 2세의 초상화'와 함께 세계 최고의 초상화로 손꼽힌다. 매서운 눈매와 단호한 표정으로 '일벌레'라는 별명으로도 불린 교황의 성품을 사실적으로 묘사했고, 작품 전체를 지배하는 붉은 색감으로 교황의 권위를 강조했다. 이 작품은 영국의 표현주의 화가 베이컨이 50여 점을 모사해 더욱 유명해졌다. 그중 한 작품은 2007년 소더비 경매에서 약 650억원에 팔리기도 했다. 벨라스케스는 '선'을 이용한 세밀한 묘사를 강조한 당시 화가들과 달리 특징적인 인상을 포착해 '붓놀림'과 '조화로운 색채'를 통한 자연스러운 표현으로 후에 인상파와 피카소, 달리 등 후대 화가들에게 큰 영향을 끼쳤다.

도리아 팜필리 **M MAP** ⑤-A

ADD Piazza Grazioli, 5(입구는 Via del Corso, 305)
OPEN 09:00~19:00(금~일요일 10:00~20:00)
CLOSE 매월 셋째 수요일, 1월 1일, 부활절, 12월 25일
PRICE 16€(영어 오디오 가이드 포함)/예약비 1€
WALK 통일 기념관을 등지고 정면에 코르소 거리로 도보 1분(왼쪽)
WEB www.doriapamphilj.it

MORE

그 외 도리아 팜필리 미술관의 대표적인 소장품

티치아노의 '홀로페르네스의 목을 베는 유디트', 카라바조의 '참회하는 마리아 막달레나', '이집트로 피신하는 도중의 휴식' 등

정면의 시청사 건물 오른쪽 옆으로 가면
포로 로마노가 한눈에 펼쳐지는 전망대가 나온다.

10 미켈란젤로의 놀라운 걸작
캄피돌리오 광장
Piazza del Campidoglio

①

①

르네상스 건축의 대표작으로 꼽히는 광장. 고대 로마가 세운 7개의 언덕 중 규모는 제일 작지만 로마인의 사랑을 듬뿍 받고 있는 캄피돌리오 언덕에 자리한다. 1537년 미켈란젤로가 설계한 광장은 콜로세오나 판테온의 아치와 기둥을 모방해 규칙성·대칭성·비례성을 강조한 것이 특징으로 조화롭고 절제미가 느껴진다. 광장 정면에는 시청사(세나토리오 궁전)가 있고, 양쪽에 있는 콘세르바토리 궁전과 누오보 궁전은 시청사를 중심으로 정확히 대칭을 이룬다.

건물 양쪽에서 이어지는 ❶ 코르도나타(Cordonata) 계단은 미켈란젤로가 의도한 착시 효과로 유명하다. 일반적으로 높은 계단을 아래에서 올려다보면 원근법에 의해 윗부분이 거의 보이지 않을 정도로 상당히 좁은 사다리꼴로 보이는데, 이 계단은 실제 높이에 비해 덜 좁아 보인다. 이는 위로 갈수록 계단의 폭을 넓게 만들었기 때문이다. 그뿐만 아니라 아래에서 올려다보면 높은 계단이지만 올라가서 아래를 내려다보면 나지막한 언덕처럼 보인다.

포로 로마노에서 옮겨온 제우스의 쌍둥이 아들 ❷ 카스토르와 폴룩스(폴리데우키스)의 조각상과 3개의 건물로 둘러싸인 광장은 타원형으로 솟아오른 돔처럼 보인다. 그 중심에는 ❸ 아우렐리우스 황제의 기마상의 복제품이 놓여 있는데, 원본은 카피톨리니 미술관에 있다.

②

②

Ⓖ 캄피돌리오 Ⓜ **MAP** ❺-A

WALK 통일 기념관을 바라보고 기념관 오른쪽 도로로 도보 2분(기념관 뒤쪽에 위치)/포리 임페리알리 거리(Via dei Fori Imperiali)에서 트라야누스 시장 건너편 언덕길로 도보 4분

③

마르쿠스 아우렐리우스(재위 161~180년)

로마제국의 제16대 황제. 5현제 중 마지막 황제이자 후기 스토아 학파의 철학자. 영화 <글래디에이터>에서 친아들 코모두스 대신 주인공 막시무스 장군에게 황위를 물려주려던 인물이다. 그가 죽은 후 로마제국은 쇠퇴했다.

포로 로마노가 한눈에 내려다보이는 전망 포인트

★
기발한 광장 건축 아이디어

처음 광장에는 정면에 있는 세나토리오 궁전과 오른쪽에 있는 콘세르바토리 궁전만 있었다고 한다. 이들은 83˚로 마주 보고 있었는데, 왼쪽에 콘세르바토리 궁전과 똑같은 각도로 누오보 궁전을 지으면서 사다리꼴 모양으로 정리됐다. 또 기마상을 중앙에 놓고 바닥 패턴을 원형이 아닌 타원형으로 만들어 시선이 자연스럽게 서쪽(바티칸)으로 향하게 하는 효과를 냈는데, 이 모든 것이 미켈란젤로의 아이디어였다고 한다.

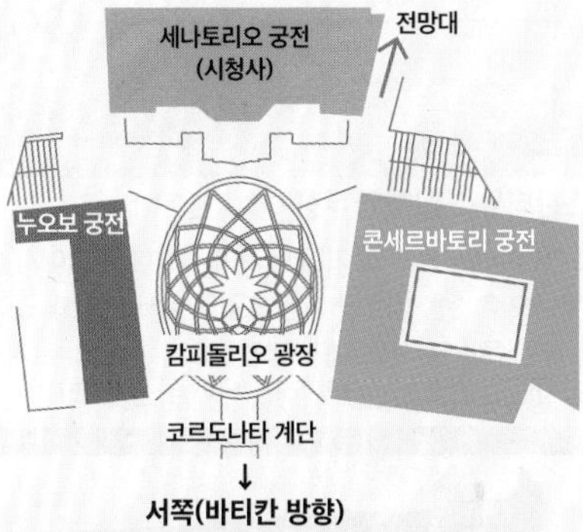

MORE
산타 마리아 인 아라코엘리 성당
Santa Maria in Aracoeli

캄피돌리오 광장 옆 성당으로, '하늘 위에 있는 성당'이란 뜻이다. 예전에는 화폐를 만들던 곳인데, 1350년에 조성한 124개의 계단을 오르면 로또에 당첨된다는 속설이 있다. 성당에 이르는 아라코엘리 계단은 바로 옆의 코르도나타 계단에 비해 엄청나게 길어 보이지만 실제 길이는 동일하다. 이 또한 미켈란젤로의 아이디어로, 착시 효과를 정확히 계산한 놀라운 작품이다.

❶

❷

누오보 궁전 정원 분수의 '마르포리오' 조각상

11 세계에서 가장 오래된 공공 미술관
카피톨리니 미술관
Musei Capitolini

캄피돌리오 광장의 ❶ 누오보 궁전(Palazzo Nuovo)과 ❷ 콘세르바토리 궁전(Palazzo dei Conservatori)을 합쳐 '카피톨리니 미술관'이라고 하는데, 두 궁전은 지하로 연결돼 있다. 15~18세기에 교황들이 수집한 작품, 특히 고대 로마 시대의 조각품을 다수 소장하고 있기로 유명한 곳이니 조각에 관심이 많은 여행자라면 놓치지 말자. 가장 유명한 작품은 '카피톨리노의 비너스'로, 목욕을 막 끝낸 비너스 여신의 수줍은 자태를 묘사했다. 그리스 조각품을 모각한 것으로, 원본에 가장 충실한 작품으로 인정되어 비슷한 자세를 취한 비너스 상은 모두 '카피톨리노의 비너스'라고 한다. 콘세르바토리 궁전 2층의 회화 갤러리(Pinacoteca)에는 베로네세, 틴토레토, 귀도 레니 등 이탈리아 거장들의 작품이 전시돼 있으니 함께 들러보자.

Ⓖ 카피톨리노 박물관 Ⓜ MAP ❺-A
ADD Piazza del Campidoglio, 1
OPEN 09:30~19:30(12월 24·31일 ~14:00, 1월 1일 11:00~20:00)/폐장 1시간 전까지 입장
CLOSE 5월 1일, 12월 25일
PRICE 13€, 6~25세 9.50€/특별전 진행 시 입장료 추가/ 로마 패스
WALK 캄피돌리오 광장 정면에 있는 양쪽 건물
WEB www.museicapitolini.org

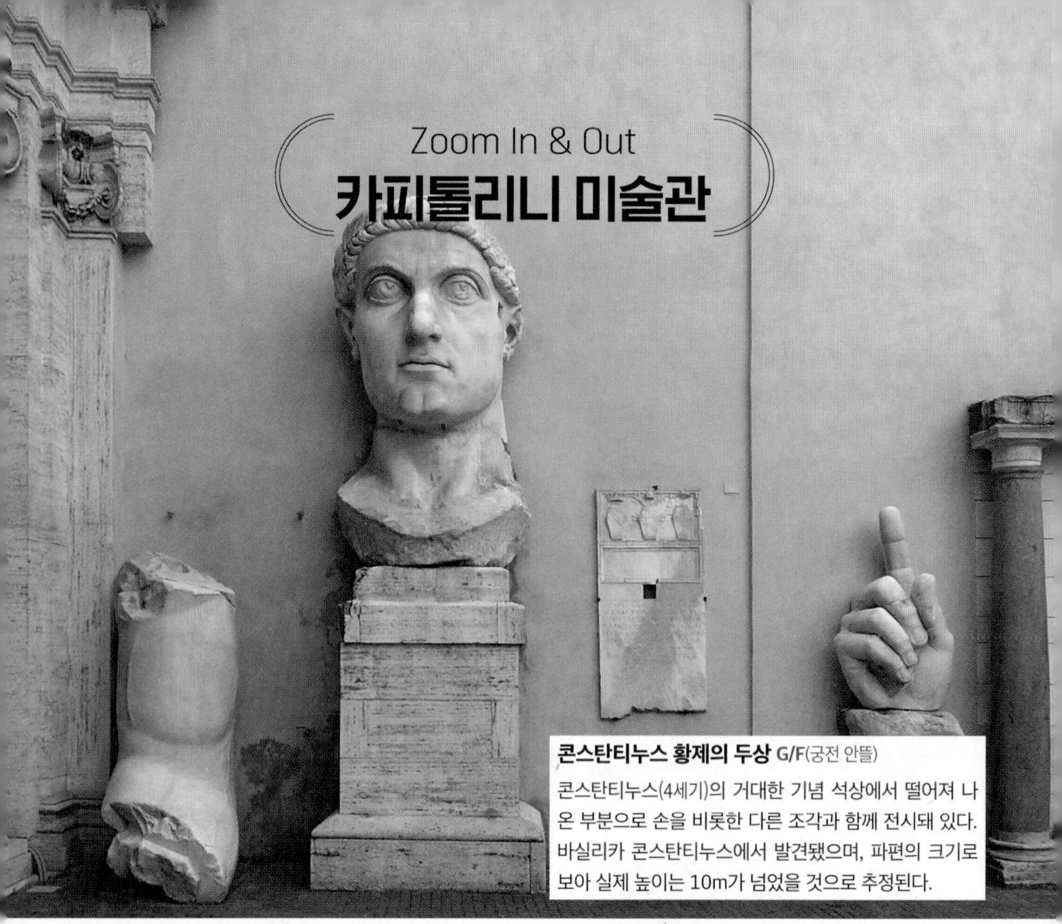

Zoom In & Out

카피톨리니 미술관

콘스탄티누스 황제의 두상 G/F(궁전 안뜰)

콘스탄티누스(4세기)의 거대한 기념 석상에서 떨어져 나온 부분으로 손을 비롯한 다른 조각과 함께 전시돼 있다. 바실리카 콘스탄티누스에서 발견됐으며, 파편의 크기로 보아 실제 높이는 10m가 넘었을 것으로 추정된다.

● 콘세르바토리 궁전

1471년에 설립한 세계에서 가장 오래된 박물관이다. 중요한 고대 조각을 비롯해 콘스탄티누스 2세의 거대한 조각상 파편, 마르쿠스 아우렐리우스 황제를 위해 제작한 계단, 거대한 프레스코화로 꾸민 홀 등을 볼 수 있다.

카피톨리노의 암늑대
1F 9실(Hall of the She-wolf)

로마의 건국 신화를 표현한 것으로 알려진 이 작품은 기원전 5세기경에 만든 것으로, 처음에는 평범한 암늑대 한 마리에 불과했다. 교황 식스투스 4세(재임 1414~1484년)가 이 청동상을 기증할 당시에는 궁전 정면에 세워져 있었으나, 미켈란젤로의 지휘로 건축되기 시작되면서 내부로 옮겨갔다. 전설적인 쌍둥이 로물루스와 레무스의 청동상을 그 아래 함께 놓으면서부터 '로마 기원의 상징'이 됐다.

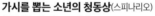

가시를 뽑는 소년의 청동상(스피나리오)
1F 8실(Hall of Triumphs)

그리스 시대에 제작한 원본 작품이거나 기원전 1세기경에 만든 모사품으로 추정되는 작품이다. 발에 박힌 가시를 빼내는 소년의 모습이 너무 정교하고 사실적으로 묘사되어 보는 이로 하여금 감탄을 금치 못하게 한다.

마르쿠스 아우렐리우스 황제의 기마상 1F 16실(Exedra of Marcus Aurelius)

2세기에 제작한 기마상으로, 캄피돌리오 광장에 있는 것을 옮겨왔다(광장에 있는 것은 복제품이다). 마르쿠스 아우렐리우스는 로마 역사상 가장 존경받는 황제로 평가되는데, 전쟁에서 이기고 돌아오는 당당하고 평화로운 기마상의 모습과 달리, 그는 통치 기간 내내 끊임없이 전쟁에 시달렸다.

카피톨리노의 비너스
1F 61실(Cabinet of Venus)

그리스의 청동 원본을 2세기 중엽에 대리석으로 복제한 작품. 제의를 위해 목욕을 준비하는 사랑의 여신이 낯선 시선을 의식하고 몸을 움츠리는 순간을 재현했다.

● 누오보 궁전

2층으로 이루어진 박물관에는 15~18세기 교황들의 소장품, 그리스와 로마 시대의 유명한 작품이 다수 전시돼 있다.

빈사의 갈리아인 1F 66실(Hall of Gaul)

헬레니즘 시대인 기원전 3세기경에 만든 원작을 로마 시대에 복제한 작품. 페르가몬(터키의 고대 그리스 도시)의 왕 아탈루스 1세가 갈리아인과 벌인 전쟁에서 승리한 것을 기념해 만들었다. 갈리아(Gallia)는 현재의 프랑스 땅에 있던 부족국가로, 카이사르도 8년간 갈리아 정벌 길에 올랐었다.

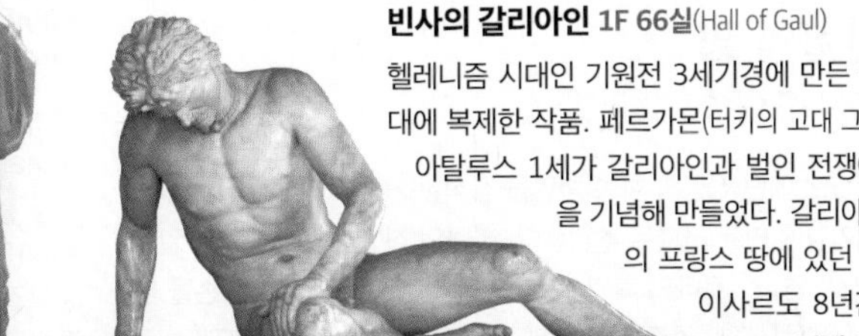

황제의 방 1F 62실(Hall of Emperors)

상당수가 평범한 시민의 초상이었으나, 후대에 황제와 철학자의 초상으로 변조됐다. 역대 황제와 황후의 흉상 64개는 고대 부유층의 정원과 집에 장식돼 있던 조각의 로마식 복제품이다.

대형 홀 1F 59실(Gallery/Salone)

'늙은 켄타우로스'와 '젊은 켄타우로스'의 검은 대리석 조각 등 수준 높은 조각들이 전시돼 있다.

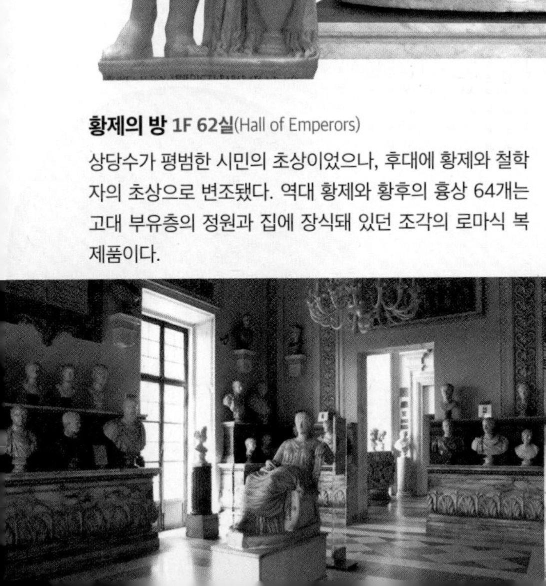

산타 마리아 인 코스메딘 성당

성 발렌타인의 유골이 안치된 성당 내부

12 내게 진실만을 말해주세요
진실의 입
Bocca della Verita

산타 마리아 인 코스메딘 성당의 한쪽 벽면을 장식한 지름 1.5m의 대리석 조각. 기원전 4세기경에 만든 것으로 추정된다. 바다의 신 넵튠(포세이돈)의 얼굴을 조각한 것으로, 영화 <로마의 휴일>에서 신문기자 '조'가 이곳에 손을 넣고 물린 척 장난을 쳐서 '앤' 공주를 놀라게 하는 장면 덕분에 유명해졌다. 로마 시대에는 가축 시장의 하수도 뚜껑으로 사용됐다고도 한다.

'진실의 입'이란 이름은 중세 때 사람들을 심문할 때 진실을 말하지 않으면 손이 잘려도 좋다고 서약하게 한 데서 유래했다. 만약 진실을 말하더라도 심문자의 마음에 들지 않으면 손을 자르기도 했고 정치적으로도 악용됐다. 성당 앞에 있는 '보카 델라 베리타(Bocca della Verita)' 광장 이름 중 '보카'는 '입', '베리타'는 '진실'을 뜻하는 것으로 진실의 입에서 이름이 유래됐다. 성당의 부속시설이므로 단정한 옷차림이 필요하다.

Ⓖ 진실의 입 로마 Ⓜ MAP ⑤-C

ADD Piazza Bocca della Verita, 18

OPEN 09:30~17:50

PRICE 무료(사진 촬영 시 약간의 기부금)

WALK 캄피돌리오 광장에서 시청사 오른쪽 길로 내려와 도보 4분, 콘솔라치오네 광장(Piazza della Consolazione)에서 산 조반니 데콜리아토 거리(Via San Giovanni Decoliato)를 따라 도보 4분. 전체 도보 8분

BUS 500인 광장에서 170번을 타고 보카 델라 베리타 광장(Piazza Bocca della Verita) 정류장 하차. 광장 정면에 있는 산타 마리아 인 코스메딘 성당 입구에서 왼쪽 벽을 따라가자.

MORE

산타 마리아 인 코스메딘 성당
Basilica di Santa Maria in Cosmedin

현대 '밸런타인 데이'의 유래가 된 성 발렌티노(San Valentino)의 유골이 있는 성당이다. 성 발렌티노는 3세기에 기독교 박해로 순교한 성인으로, 순교일인 2월 14일에 새들이 둥지를 틀고 사랑을 나누기 시작한다고 생각해 중세부터 연인들의 수호 성인으로 여겼다.

OPEN 09:30~18:00(겨울철 ~17:00)

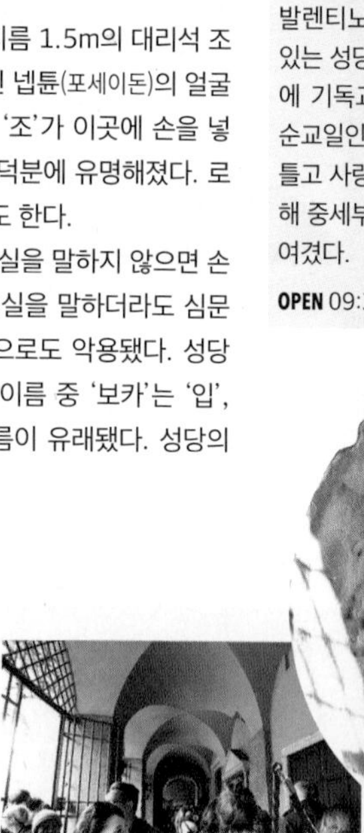

대기 시간은 최소 20~30분!

드론으로 촬영한 대전차 경기장.
오른쪽이 팔라티노 언덕이다.

Option 13

말 달리자 ♪

대전차 경기장

Circo Massimo

팔라티노 언덕과 아벤티노 언덕 사이에 움푹 파인 거대한 타원형 광장으로, 고대 로마제국에서 가장 큰 전차 경기장이었다. 서기 4세기에 말과 전차가 빠른 속도로 달리는 것을 고려해 긴 타원형으로 만들었으며, 이후 549년까지 사륜마차 경기, 경마, 야수 싸움, 운동경기 등이 열렸다. 약 25만 명까지 수용할 수 있는 엄청난 규모의 경기장은 현재 수풀이 우거진 넓은 공터 정도로만 남았는데, 예전에는 관중석이 자리 잡았을 비탈에 서서 경기장을 바라보면 영화 <벤허>의 대전차 경기 장면이 떠오르기도 한다(영화는 이곳이 아니라 로마 근교의 세트장에서 촬영됐다).

현재 포폴로 광장(p222) 중앙에 서 있는 오벨리스크는 기원전 10년 아우구스투스가, 산 조반니 인 라테라노 광장의 오벨리스크는 서기 4세기 콘스탄티누스 2세가 이집트에서 가져와 대전차 경기장의 스피나(중앙분리대) 용도로 설치했던 것을 옮겨간 것이다. 지금은 특별한 것 없이 버려진 공터처럼 보이지만 이탈리아가 월드컵에서 우승한 날에는 밤새도록 축제가 열리기도 했다.

G 키르쿠스 막시무스 M MAP 5-C

WALK 산타 마리아 인 코스메딘 성당 정문을 바라보고 성당 뒤쪽으로 도보 1분

METRO B선 치르코 마시모(Circo Massimo)역 하차

Option 14

2000년 전 로마인의 짜릿한 일탈

카라칼라 욕장

Terme di Caracalla

로마제국 후기의 황제 카라칼라(재위 211~217년, 로마제국 속주의 모든 자유민에게 로마 시민권을 주었다.)가 민심을 얻기 위해 216년 완공한 고대 로마의 공중목욕탕. 테르미니역 근처의 디오클레치아노 욕장이 만들어지기 전까지 로마에서 규모가 가장 큰 욕장으로, 한 번에 1600명을 수용할 수 있었다. 냉탕과 온탕으로 아름답게 꾸며진 욕장은 로마 시민이라면 누구나 무료로 이용할 수 있었고 강연장, 예배당, 체육관까지 들어선 사교의 장이었다. 욕장 입구에 들어서면 드넓은 야외 정원이 펼쳐지고 수도 시설과 도서관 터도 보인다.

카라칼라 욕장에서는 여름철에 야외 오페라 무대가 자주 열리며, 9월 전후로 일주일에 1~2회씩 특별 야간 개장도 실시된다. 야간 개장은 15분 단위로 한 번에 최대 30명만 입장할 수 있으니 관심이 있다면 홈페이지의 이벤트 공지를 참고해 예약하도록 하자.

G 카라칼라 욕장

ADD Terme di Caracalla, 52

OPEN 09:00~19:15(봄·가을 ~19:00 또는 ~18:30, 겨울 ~16:30)/폐장 1시간 전까지 입장, 야간개장 20:00~23:00(9월 전후 부정기적)

CLOSE 월요일, 1월 1일, 12월 25일

PRICE 8€/예약비 2€/ 로마 패스 /야간개장 20€

METRO B선 치르코 마시모(Circo Massimo)역에서 도보 5분

WEB www.soprintendenzaspecialeroma.it

예약 www.coopculture.it/it/poi/terme-di-caracalla/

꽃처럼 어여쁜 '겉바속촉' 샌드위치

◉ 지아 로세타

Zia Rosetta

빵 사이즈는 미니와 클라시카(Classica) 중 선택한다.

당근+사과+파인애플 =바치나(Baccina, 5€)

장미꽃을 닮아 그렇게 이름 붙여진 로마 전통 빵 로세타(Rosetta)로 만든 샌드위치를 만나볼 수 있는 곳. 속은 부드럽고 겉은 바삭한 식감을 자랑하는 두툼한 로세타를 반으로 갈라 30여 가지 식재료로 속을 채운 20여 개 메뉴를 선보인다. 아보카도와 토마토를 곁들여 신선한 닭가슴살 로세타는 건강식 마니아들의 단골 메뉴. 오믈렛에 바삭한 베이컨과 구운 감자까지 차곡차곡 쌓아 기름지고 고소하게 즐길 수도 있다. 미트볼에 토마토소스의 진한 풍미를 더한 로마 전통의 맛도 꾸준한 인기를 얻고 있다. 디저트도 티라미수나 리코타치즈, 사워 체리 잼 등을 넣은 미니 로세타는 디저트로 해결 가능. 실내에 좌석이 몇 개뿐이라 테이크아웃해 가는 사람이 많다.

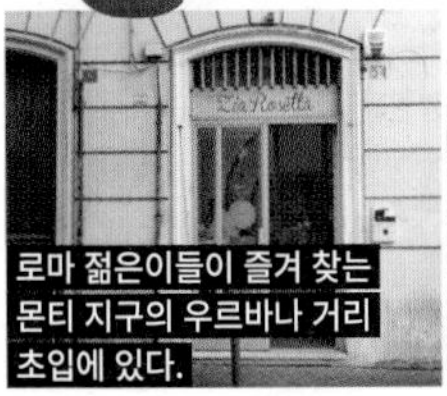

로마 젊은이들이 즐겨 찾는 몬티 지구의 우르바나 거리 초입에 있다.

케이터링과 배달 주문도 인기!

Ⓖ VFWV+59 로마 Ⓜ MAP ❺-A

ADD Via Urbana, 54

OPEN 11:00~16:30(금요일 ~16:00, 토요일 ~17:00)

CLOSE 일요일

MENU 로세타 미니 2.50~3€, 클라시카 6~7€, 건강주스 5€

WALK 콜로세오에서 도보 10분

WEB www.ziarosetta.com

내 얼굴보다 작은 피자 한 판

◉ 트리에스테

Trieste

사이드로 추가하면 좋은 수플리

마르게리타(2.50€), 페퍼로니(4.10€)

주변에 식당이 마땅치 않은 콜로세오를 방문했을 때 들를 만한 피자 가게. 1950년대 페스카라 해변에서 시작한 피자 가게여서 가판대를 메고 다니는 점원도, 바닷가에 놀러 온 사람들도 부담 없도록 손바닥만 한 크기의 피자를 만들어 파는 게 특색 있다. 주요 고객층은 가볍게 피자를 즐기려는 젊은 여성들. 토마토소스에 치즈만 얹은 기본형 피자가 2.50€이니, 콜라보다 저렴한 피자 한 판이라 할 수 있다.

Ⓖ VFWV+GJ 로마 Ⓜ MAP ❺-A

ADD Via Urbana, 112

OPEN 11:00~22:30(토요일 ~23:00)

MENU 피자(소) 2.50€~, 피자(대) 7€~, 음료 3.50€~

METRO B선 카부르(Cavour)역에서 도보 4분

WEB www.trieste.pizza

오렌지 과즙을 12% 넣는 이탈리아 특제 환타(3.50€). 방부제도 색소도 넣지 않는다.

찰지게 뽑아낸 생면 파스타

◉ 알42 바이 파스타 셰프
al42 by Pasta Chef(Rione Monti)

매일 직접 뽑은 생면 파스타를 저렴하게 맛볼 수 있는 파스타 맛집이다. 추천 메뉴는 큼직한 새우와 체리 토마토를 넣은 생면 파스타(Tagliolini Gamberoni e Pomodorini, 16€). 새우의 감칠맛과 칼칼한 마늘 향을 더한 토마토소스의 조합은 이탈리아에서 맛본 파스타 중 손에 꼽을 정도다. 10·20대 학생이 많이 찾는 동네 특징을 100% 반영한 경쾌한 분위기와 부담 없는 가격도 장점. 테이블이 몇 개 되지 않는 작은 식당이라 식사 시간에는 대기 줄이 길어지는 편이다.

VFVQ+WW 로마 **M MAP 5-A**
ADD Via Baccina, 42
OPEN 12:30~15:30, 19:00~21:30
CLOSE 화요일
MENU 파스타 8.50~12€, 샐러드 6.50~11€, 메인 요리 12~18€
WALK 콜로세오에서 도보 7분
WEB www.pastachef.com

흔한 젤라토 말고 이것!

◉ 파타모르가나 몬티점
Fatamorgana Monti

참신한 가게들이 속속 생겨나는 몬티 지구(Rione Monti)에서 인기를 끄는 젤라테리아다. 담뱃잎을 가미한 초콜릿, 장미꽃을 더한 흑미, 와사비를 첨가한 초콜릿 등 기발한 맛이 많다. 초콜릿 마니아에게는 진하디진한 마다가스카르 초콜릿을 추천. 코끝이 찡할 정도로 상큼한 믹스 베리나 부드러운 아보카도 & 레몬 젤라토도 괜찮은 선택이다. 단, 쇼케이스에 놓인 젤라토는 그날그날 다르다.

VFWV+78 로마 **M MAP 5-A**
ADD Piazza degli Zingari, 5
OPEN 13:30~21:00(금·토요일 ~21:30)
MENU 젤라토 3~5.50€
WALK 콜로세오에서 도보 10분
WEB www.gelateriafatamorgana.com

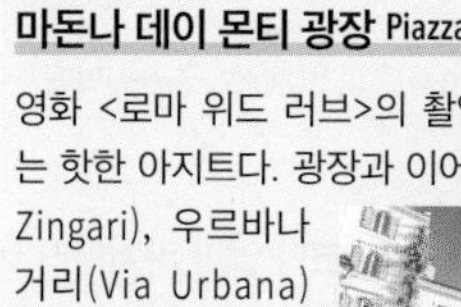
젤라토마다 글루텐·설탕·유제품 첨가 여부를 표시해 놓았다.

MORE

마돈나 데이 몬티 광장 Piazza della Madonna dei Monti

영화 <로마 위드 러브>의 촬영지로, 젊은이들이 모여드는 핫한 아지트다. 광장과 이어지는 진가리 거리(Via degli Zingari), 우르바나 거리(Via Urbana) 등 예스러운 골목 사이사이에 트렌디한 레스토랑과 카페, 숍들이 포진해 있다.

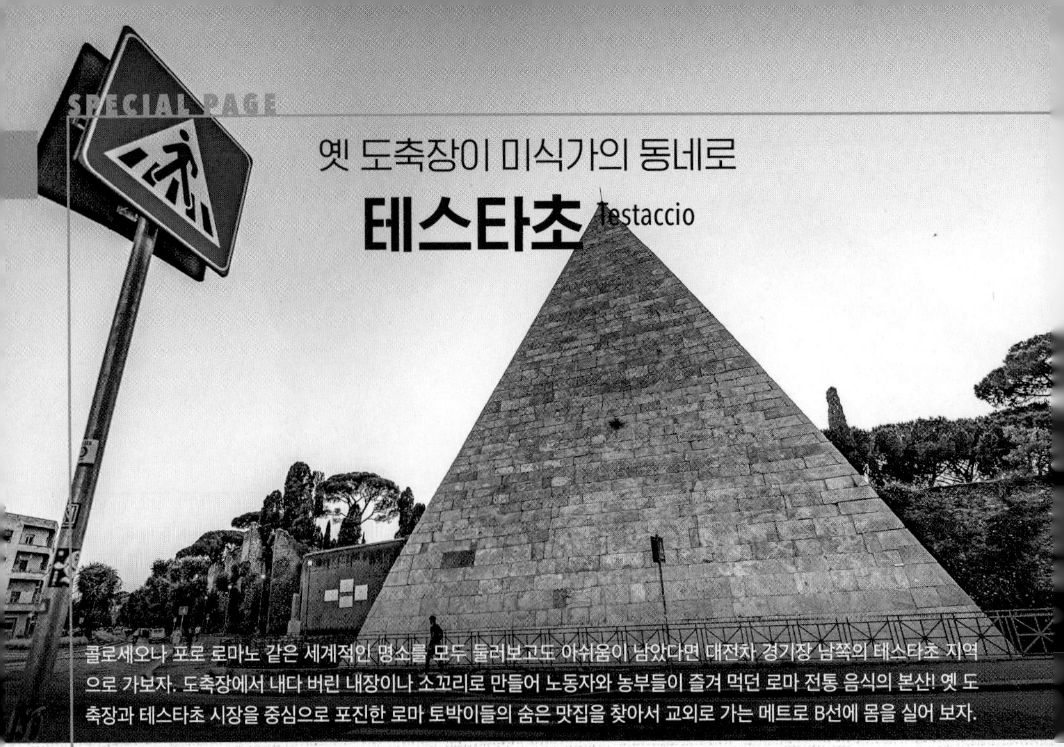

옛 도축장이 미식가의 동네로

테스타초 Testaccio

콜로세오나 포로 로마노 같은 세계적인 명소를 모두 둘러보고도 아쉬움이 남았다면 대전차 경기장 남쪽의 테스타초 지역으로 가보자. 도축장에서 내다 버린 내장이나 소꼬리로 만들어 노동자와 농부들이 즐겨 먹던 로마 전통 음식의 본산! 옛 도축장과 테스타초 시장을 중심으로 포진한 로마 토박이들의 숨은 맛집을 찾아서 교외로 가는 메트로 B선에 몸을 실어 보자.

로마에 웬 피라미드?

세스티우스의 피라미드 Piramide di Caio Cestio

이집트를 정복한 로마가 기원전 18~12년에 건축한 피라미드. 당시 유력 정치가였던 가이우스 세스티우스의 무덤으로, 높이 37m짜리 사각추 모양의 벽돌을 쌓고 하얀 대리석 판을 덮었다. 프레스코화로 장식한 내부는 2015년 한 일본 기업가의 후원에 힘입어 대대적으로 복원했는데, 특별 행사 때만 공개한다.

세스티우스의 피라미드
ADD Via Raffaele Persichetti
METRO B선 피라미데(Piramide)역에서 도보 3분

VFGJ+MH 로마
ADD Piazza Ostiense **METRO** B선 피라미데(Piramide)역에서 도보 3분

사도 바울이 항구를 오가던 길

성 바울의 문 Porta San Paolo

로마 성벽 중에서 가장 크고 잘 보존된 문. 로마 제국 시절 로마와 오스티아 항구를 연결했던 오스티엔세 거리(Via Ostiense)의 북쪽 끝에 자리한다. 이 길을 따라 남쪽으로 더 내려가면 로마를 떠나 다마스쿠스로 가던 길에 회심한 사도 바울을 가둔 지하 감옥(Chiesa di San Paolo al Martirio)과 참수된 자리(Abbazia delle Tre Fontane), 그의 무덤 위에 세운 성 바울 대성전(Basilica Papale San Paolo Fuori le Mura)이 있다.

MORE

테스타초의 특산 소꼬리 스튜, 코다 알라 바치나라 Coda alla Vaccinara

고대 로마에서는 소를 도축하면 가장 좋은 부위 순서대로 귀족, 성직자, 상인, 군인 등에게 팔았다. 코다 알라 바치나라는 이들에게 외면받아 팔지 못한 내장과 소꼬리를 토마토소스에 넣어 만든 스튜로, 몇 시간 동안 푹 끓여 입안에서 살살 녹는다.

요게 바로 진짜 로마의 맛!

펠리체 Felice a Testaccio

로마 토박이들의 파스타 취향이 고스란히 묻어난 식당. 거의 모든 테이블에 올라가 있는 인기 메뉴는 이름처럼 치즈와 후추만으로 승부하는 카초 에 페페(Cacio e Pepe, 16€)로, 꾸불꾸불하고 탄력 있는 면발에 페코리노 로마노 치즈와 파르미자노 레자노 치즈를 7:3 비율로 갈아 얹는 레시피를 1936년부터 고수해오고 있다. 뜨거울 때 잘 비벼 먹으면 짭조름한 치즈의 감칠맛이 폭발! 또 다른 대표 메뉴는 이탈리아식 베이컨인 관찰레(Guanciale)로 맛을 더한 아마트리차나(Bucatini all'Amatriciana, 13€). 청국장에 버금갈 만큼 꼬리한 치즈 풍미의 토마토소스가 구멍이 뚫린 면 속에 쏙쏙 들었는데, 중독성이 강해서 자꾸만 손이 간다. 예약 필수(1인당 보증금 15€).

Ⓖ VFHG+CX 로마
ADD Via Mastro Giorgio, 29
OPEN 12:30~15:30, 19:00~23:30
MENU 전채 7~13€, 파스타 13~16€, 메인 요리 21~26€
METRO B선 피라미데(Piramide)역에서 도보 3분
WEB www.feliceatestaccio.com

카초 에 페페

발효 풍미를 안다면 바로 단골 각!
아마트리차나

MORE
파스타의 어머니, 카초 에 페페 Cacio e Pepe

치즈와 후추로만 맛을 내는 카초 에 페페는 이탈리아 파스타의 기본! 카초 에 페페에 돼지 볼살로 만든 이탈리아식 베이컨 관찰레를 더하면 그리차(Gricia), 여기에 달걀까지 더하면 카르보나라, 달걀 대신 토마토를 넣으면 아마트리차나(Amatriciana)가 된다.

트라피치노

테스타초의 '신박한' 길거리 간식

트라피치노 Trapizzino

백년 식당들이 늘어선 테스타초에 젊음의 생기를 더하는 테이크아웃 간식 가게. 삼각형의 전통 샌드위치(Trammezzino)와 미니 피자(Pizzino)를 합친 신개발 간식, 트라피치노가 대표 메뉴다. 겉을 바삭하게 구운 도우에 토마토소스로 버무린 미트볼이나 후추로 양념한 닭고기처럼 짭조름하고 따뜻한 요리를 토핑해 먹는다. 추천 토핑은 뭉근하게 끓인 소꼬리 스튜를 넣은 코다 알라 바치나라(Coda alla Vaccinara). 고로케와 비슷한 로마 전통 간식 수플리(Supplì)도 인기다. 본점을 비롯해 로마에만 6개 매장을 열고 공격적으로 확장 중이다.

Ⓖ VFHF+RF 로마
ADD Via Giovanni Branca, 88
OPEN 12:00~24:00(금·토요일 ~다음 날 01:00)
MENU 트라피치노 5€, 수플리 2€
METRO B선 피라미데(Piramide)역에서 도보 16분
WEB www.trapizzino.it

크기는 미니 미니해도 맛은 굿!

파스티체리아 바르베리니 Pasticceria Barberini

1925년부터 명성을 쌓아온 제과점. 리모델링해 한층 깔끔해진 내부에 반짝반짝 빛을 내는 미니 케이크들이 잔뜩 진열돼 있다. 시그니처 케이크는 새빨간 와인 글레이즈가 유난히 눈길을 사로잡는 바르베리니(Barberini). 달콤한 초콜릿 무스와 고소한 헤이즐넛 비스코티 사이에 짭조름한 캐러멜이 듬뿍 들었다. 껍질이 바사삭 부서지는 조개빵(Aragostina), 향긋하게 잘 구운 칸놀로(Canlolo), 럼을 넣은 시럽에 푹 적신 바바(Babà) 등 남부식 디저트도 인기가 높다.

테이크아웃하면 종이 접시에 담아준다.

Ⓖ VFHH+HF 로마
ADD Via Marmorata, 41
OPEN 06:00~21:00
MENU 미니 케이크 1.30€(테이블에서 먹으면 2.30€)
METRO B선 피라미데(Piramide)역에서 도보 9분
WEB www.pasticceriabarberini.it

SECTION

B 바티칸시국

❶ **테르미니역** → 지하철 A선 오타비아노역에서 하차 → ⓯ **바티칸 박물관** → 도보 2분 → ⓰ **산 피에트로 대성당** → ⓱ **산 피에트로 광장** → 도보 8분 → ⓲ **산탄젤로 성** → 테르미니역까지 지하철 A선 → ❶ **테르미니역**

바티칸시국 Stato della Città del Vaticano

유럽에서 가장 작은 국가인 바티칸시국은 로마 시내에 있다. 전 세계 가톨릭 성당의 최고 통치 기관인 교황청과 수장인 교황이 있는 곳으로, 1929년 라테란(라테라노) 조약으로 주권을 인정받은 독립 국가다. 세계 가톨릭 성당의 총본산으로서 전 세계에 막강한 영향력을 행사하며, 매년 전 세계에서 온 수많은 순례자와 관광객의 발길이 끊이지 않는다.

현재 산 피에트로 대성당과 그 앞에 있는 산 피에트로 광장, 바티칸 박물관, 이탈리아 국내에 산재한 바티칸 소속의 몇몇 성당(라테라노 대성당, 마조레 성당 등)은 일반인에게 공개하고 있다.

✚ 바티칸시국 기본 정보

면적 0.44km²
위치 이탈리아 로마 시내
인구 약 800명
공식 언어 라틴어, 이탈리아어
통화 유로(Euro, Eur, €)
원수 교황 프란체스코 1세
WEB www.vaticanstate.va

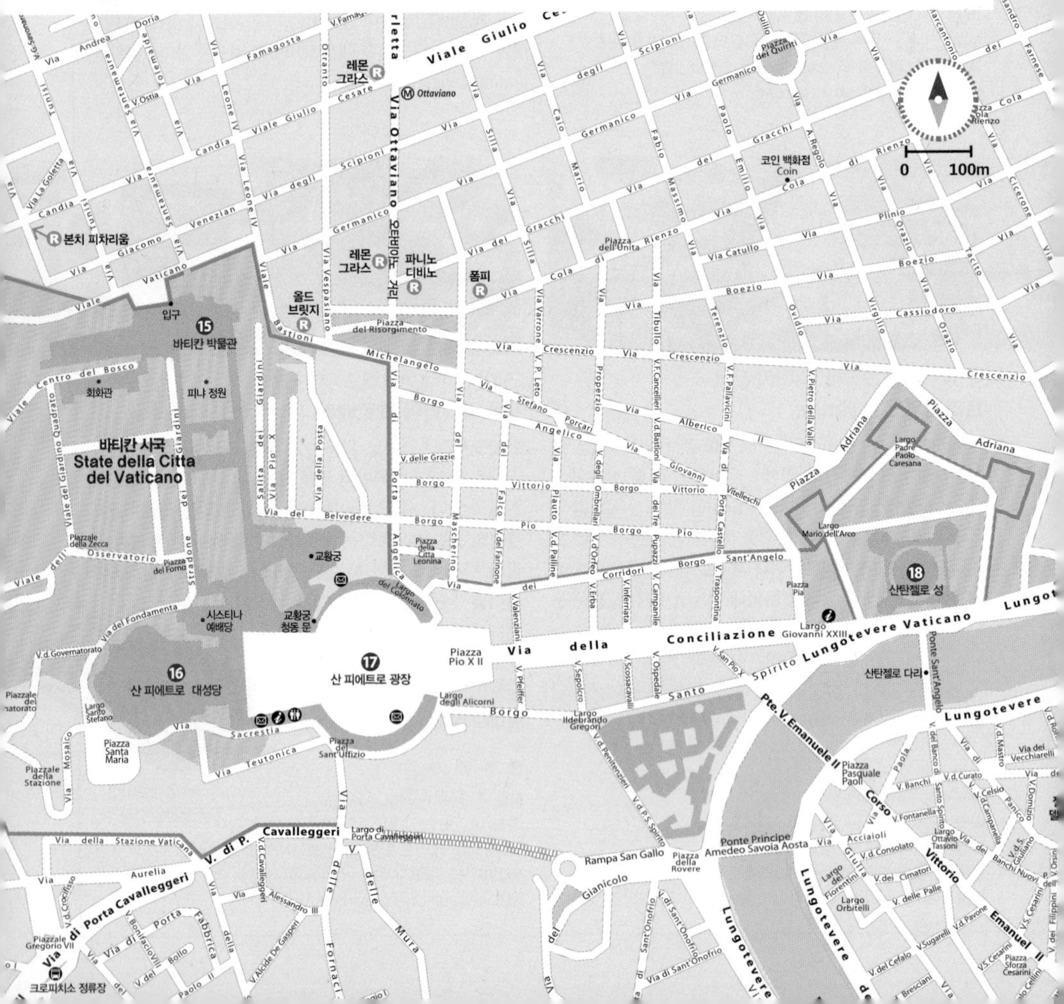

#CHECK

바티칸시국으로 떠나기 전에

❶ 성당 내 드레스 코드

바티칸시국 내 모든 성당에서는 입장객의 복장을 제한한다. 어깨가 드러나는 민소매 차림으로는 입장할 수 없으니 얇은 카디건이나 스카프를 준비해서 노출된 부분을 가리도록 하자. 슬리퍼를 신는 것도 금지되며, 삼각대나 셀카봉, 휴대용 칼 등 날카롭거나 뾰족한 물건은 반입할 수 없다.

❷ 산 피에트로 광장의 잦은 통행로 변경

바티칸의 행사 일정과 현지 상황에 따라 관람객 통행로와 출입구가 자주 바뀐다. 특히 산 피에트로 대성당 앞에 행사 장비를 설치한 날에는 우체국이나 안내소 방향으로 출입하지 못할 수 있다. 산 피에트로 광장에서 성당 안으로 들어가려면 검색대를 반드시 거쳐야 하니 직원의 안내를 따르도록 한다.

성당 입장 대기줄과 보안 검색대

❷ 우체국 Vatican Post

OPEN 08:30~18:00(토요일 ~13:00)
CLOSE 일요일
WALK 산 피에트로 광장에서 대성당을 바라보고 왼쪽 앞(건물 안)과 왼쪽 끝(부스)에 있다./ 산 피에트로 대성당을 바라보고 오른쪽 회랑 뒤에 있다.

바티칸에서 엽서 보내기

바티칸 대성당의 우체국 안으로 들어가면 엽서와 우표, 기념품 등을 파는 창구가 있고 엽서를 쓸 수 있는 공간이 있다. 엽서는 직접 고른 뒤 계산하고 우표를 살 때는 배송지와 구매 개수를 이야기한다. 우리나라로 보내는 우표는 장당 2.40€로 직원에게는 '스탬프(Stamp)'라고 해야 알아듣는다. 광장 내에 마련된 우체국 부스에도 엽서와 우표, 기념품을 파는 창구가 있지만 내부가 매우 좁다. 우체국 안에서 사진 촬영은 금지된다.

엽서 작성 방법은 어렵지 않으니 아래의 예를 참고하자. 작성한 엽서를 우체국 밖에 있는 노란색 우체통에 넣거나 우체국 부스 안에 있는 메일 박스에 넣으면 7~10일 후에 받을 수 있다.

산 피에트로 광장의 우체국.
입구 양쪽에 노란색 우체통이 있다.

요금

엽서 0.50~3€
우표 아시아·아프리카·아메리카 2.30€~, 이탈리아 0.95€~

친구에게

한국으로 보내는 항공 우편이라는 표현. 눈에 띄는 곳에 이대로 쓴다.

'Par avion'
'South Korea'

주소와 내용은 한글로 쓴다.

To.

From.

바티칸에서

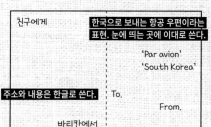

산 피에트로 광장에 설치된 우체국 부스

1932년 주세페 모모가 설계한 나선형 계단

박물관 입구

보안 검색대

지하철이나 버스에서 내려 사람들을 따라가다 보면 벽을 따라 늘어선 줄이 보인다.

15 교황들의 보물창고 바티칸 박물관 Musei Vaticani

역대 교황의 수집품을 소장해 '교황들의 보고(寶庫)'라고 불리는 박물관. 총 24개의 미술관을 가득 채우고도 모자랄 만큼 방대한 양의 미술품을 소장해 하루 종일 돌아봐도 다 감상하기 힘든 세계 최대 박물관 중 하나다. 미켈란젤로의 '천지창조'가 있는 시스티나 소성당과 라파엘로의 방을 비롯해 브라만테가 교황 인노켄티우스 8세를 위해 만든 벨베데레 궁전과 피냐의 안뜰(일명 '솔방울 정원'), 레오나르도 다빈치의 작품 등 르네상스 양식의 예술과 헬레니즘 시대와 고대 로마 시대의 조각에서 세계 제일의 전시품 양과 수준을 자랑한다.

지금의 건물은 70년간의 '아비뇽 유수'(1309~1377년)를 마치고 로마로 돌아온 교황이 실추된 권위를 회복하기 위해 산 피에트로 대성당과 함께 궁전을 정비하기 시작하면서 만들어졌다. 1506년, 면죄부를 팔아 돈을 모은 교황 율리우스 2세는 궁전의 증·개축을 시작했고 이후 교황 클레멘스 14세와 피우스 6세의 후원을 거쳐 1790년에 지금과 같은 거대한 궁전의 모습을 갖췄다. 엄청난 규모와 화려함은 프랑스의 베르사유 궁전을 능가한다.

Ⓖ 바티칸 미술관 Ⓜ MAP ❸-C

ADD Viale Vaticano, 100

OPEN 08:00~19:00(3월~12월 금·토요일 ~20:00, 12월 24·31일 08:00~15:00), 매월 마지막 일요일 무료입장 09:00~14:00/폐장 2시간 전(무료입장일에는 1시간 30분 전)까지 입장

CLOSE 일요일(매월 마지막 일요일은 제외), 1월 1·6일, 3월 19일, 부활절 다음 월요일(매년 날짜가 바뀜, 2024년은 4월 1일), 6월 29일, 8월 14·15일, 11월 1일, 12월 25·26일

PRICE 20€, 25세 이하 학생·6~18세 8€/예약비 5€/오디오 가이드 7~8€/매월 마지막 일요일 무료

METRO A선 오타비아노(Ottaviano)역 하차 후 오타비아노 거리(Via Ottaviano) 방향 출구로 나가 'Musei Vaticani' 표지판을 따라 도보 7분

WEB www.museivaticani.va

Zoom In & Out
바티칸 박물관

상층

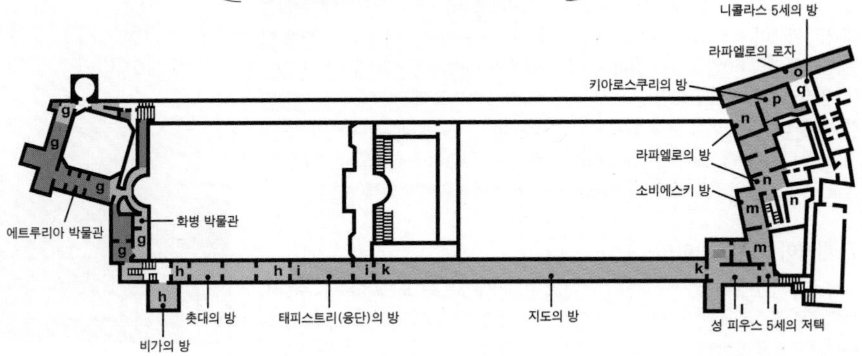

하층

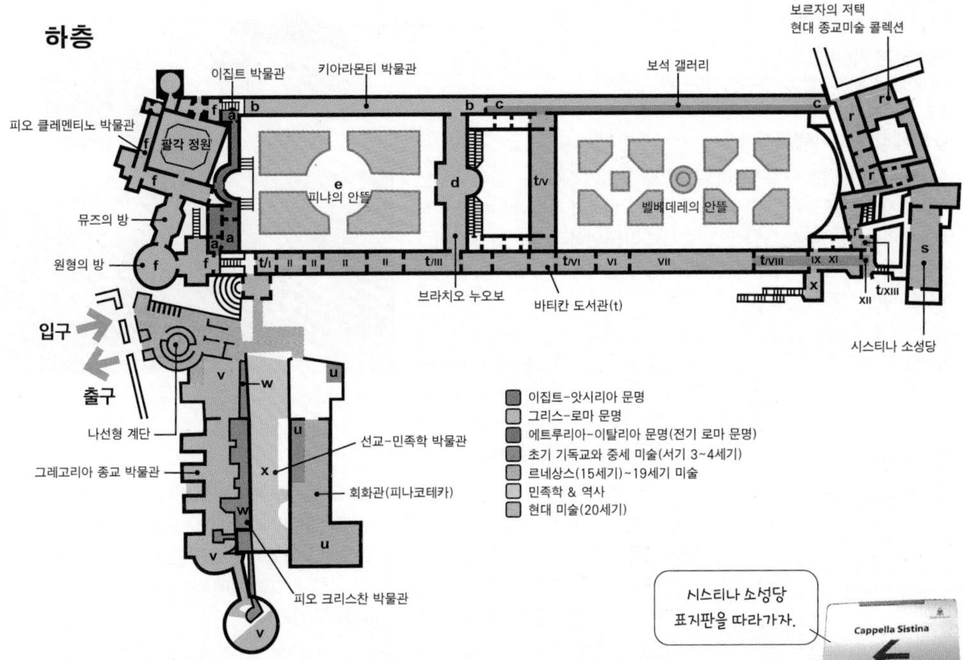

관람 시간이 부족한 여행자를 위한 퀵 코스

바티칸 박물관에서 절대 놓칠 수 없는 라파엘로의 '아테네 학당', 미켈란젤로의 '천지창조' 와 '최후의 심판'을 보러 가는 코스다. 순서대로 따라가면서 대표 작품을 중심으로 관람하자.

● 추천 관람 순서(예상 소요 시간 약 4시간)

회화관(Pinacoteca) → 피냐의 안뜰(Cortile della Pigna) → 피오 클레멘티노 박물관(Museo Pio Clementino 또는 Antichita Classiche) → 라파엘로의 방(Stanze di Raffaello) → 시스티나 소성당(Cappella Sistina)

● 추천 관람 순서 따라가는 방법

개찰기를 통과한 후 나선형 계단을 오르면 본격적인 관람이 시작된다. 계단 오른쪽은 회화관, 왼쪽은 피냐의 안뜰인데, 회화관을 먼저 관람한 후 피냐의 안뜰로 나가자. 피냐의 안뜰부터는 '시스티나 소성당(Cappella Sistina)' 표지판을 따라가면 된다.

◆ 바티칸 박물관을 제대로 둘러보기 위한 팁

❶ 예약하고 가자!

박물관은 세계 각지에서 몰려든 여행자로 늘 붐비므로 최소 2~3시간은 기다릴 각오를 해야 한다. 예약비가 추가되더라도 예약하고 가는 것이 안전한데, 온라인 예약도 경쟁이 치열해 일찌감치 매진되므로 서둘러 준비하는 것이 좋다. **보통 방문일 기준 대략 60일 전부터 원하는 방문일과 입장 시각을 선택해 예약할 수 있는데, 입장권 예약이 오픈되면 인기 시간대부터 빠른 속도로 매진된다. 오픈 예정일에 '광클 대기'는 필수!** 결제 후 이메일로 받은 바우처를 출력하거나 스마트폰에 저장해서 입장한다. 예약하지 않았다면 오픈 1시간 전까지 도착하도록 서두른다. 줄을 서 있는 동안 소매치기나 기념품 상인들의 호객 행위에 주의해야 한다.

오디오 가이드 대여소. 에스컬레이터를 타고 올라가면 왼쪽에 있다.

❷ 한국어 오디오 가이드

아직은 부족한 점이 많지만 혼자 감상하는 여행자에게는 큰 도움이 된다. 수량이 적으므로 성수기에 대여하려면 서둘러야 한다. 입장권을 예약할 때 가능한 한 오디오 가이드를 포함한 옵션으로 선택하도록 하자. 오디오 가이드 대여 시 여권 등 신분증이 필요하며, 신청한 인원수만큼 이어폰을 개별적으로 준비해 가야 한다.

PRICE 8€/온라인 예약 시 7€
WALK 개찰기를 통과한 후 계단을 오르면 바로 보인다.

❸ 피체리아 & 카페테리아

바티칸 박물관은 한번 나가면 다시 들어올 수 없기 때문에 관람객 대부분이 여기서 식사를 한다. 로마 시내의 식당에 비하면 가격이 비싸고 음식 맛이 떨어진다는 악평을 받지만 그럭저럭 먹을 만하다. 피자와 샌드위치 등을 판매하는 피체리아와 간단한 요리를 판매하는 카페테리아, 간식과 음료를 파는 카페 등이 있다.

WALK 회화관 입구 쪽에 있다. 'Pizzeria' 'Caffetteria' 표지판을 따라가자.
MENU 조각 피자+음료 세트 6.50€~, 메인 요리 8~14€, 커피 1€~, 음료 1.30€~

피체리아

카페테리아

I 회화관 Pinacoteca

11~19세기 회화 작품을 전시하는 곳이다. 18개의 방에 조토, 라파엘로, 레오나르도 다빈치, 카라바조 등 이탈리아를 대표하는 화가들의 작품이 전시돼 있다.

❶ 조토의 '삼단 제단화'(1320)

회화관을 둘러보다 s보면 이 그림을 기준으로 이전과 이후의 그림이 확연히 다름을 알 수 있는데, 이는 바로 서양 회화의 아버지 조토의 작품이다. 조토는 평면적이고 추상적인 비잔틴 양식의 틀을 깨고 최초로 입체적이고 자연스럽게 인물을 묘사한 화가로 이후 르네상스 화가들에게 큰 영향을 미쳤다. 그림 속에 나오는 인물들에 대한 자세한 설명은 '예수의 12제자 이야기'(p481)를 참고하자.

중앙 예수와 그림의 주문자 스테파네스키 추기경. 추기경은 예수 앞에 무릎을 꿇고 있다.

왼쪽 성 베드로의 십자가 책형 장면 성 베드로는 초대 교황으로 천국의 열쇠 또는 십자가를 들고 있다. 뒷면의 중앙에도 그려져 있다.

오른쪽 성 바오로(바울)의 참수 장면 성 바오로는 큰 검으로 참수되는 순교를 했기 때문에 종종 긴 검을 들고 있는 인물로 그려진다. 뒷면의 왼쪽 두 번째 인물로도 그려져 있다.

❶

회화관을 둘러보면 조토 이전과 이후의 그림이 확연히 다름을 알 수 있다.

2

3

회화관 입구

라파엘로의 그림 3점이 전시돼 있는 Ⅷ실

4

5

6

❷ 멜로초 다포를리의 '음악 천사'(1480?)

로마의 산티 아포스톨리 성당을 장식한 천장화의 일부였으나, 1711년 성당을 증축할 때 떼어내면서 바티칸으로 가져왔다. 멜로초 다포를리 작품의 특징인 밝은 색채와 명확한 형태, 대담한 단축법이 잘 나타나 있다.

❸ 라파엘로의 '그리스도의 변용'(1520)

1520년 4월 26일 열병으로 세상을 떠난 라파엘로의 마지막 작품이다. 라파엘로가 그린 밑그림을 바탕으로 후에 제자 줄리오 로마노가 하단 부분을 완성했다. <신약성서> '마태복음' 17장의 두 장면을 그린 작품으로, 상단부에는 그리스도가 하늘로 승천하는 장면이 묘사돼 있다. 하단부에는 귀신 들린 소년이 치료받기 위해 사도들 앞에 이끌려 나오는 장면이 묘사돼 있다.

❹ 레오나르도 다빈치의 '성 히에로니무스'(1482)

성 히에로니무스(347~420)는 광야에서 라틴어 성서(불가타 성서)를 처음 만든 사람이다. 레오나르도 다빈치는 성자를 그리면서 인체의 구조와 생김새를 깊이 연구했는데, 이 작품에서도 돌멩이로 가슴을 치려는 동작을 취한 성자의 모습을 과학적으로 재현했다.

❺ 오라치오 젠틸레스키의 '홀로페르네스의 목을 들고 있는 유디트와 하녀'(1610?)

유디트는 유대인 귀족 출신의 과부로, 위급한 상황에서 나라를 구하기 위해 아시리아 군의 진지로 들어가 적장 홀로페르네스를 살해할 계획을 세운다. 홀로페르네스는 유디트의 아름다움에 반해 그녀를 자신의 침소로 끌어들였고, 유디트는 홀로페르네스가 술에 취해 잠든 사이 그의 목을 잘랐다고 <외경> '유딧기' 13장에 기록돼 있다. 오라치오의 딸 아르테미시아가 그린 '홀로페르네스의 목을 베는 유디트'는 피렌체 우피치 미술관에서 볼 수 있다.

❻ 카라바조의 '예수 입관'(1604)

'인간의 모습을 한 종교'를 구현하려 한 바로크 회화의 거장 카라바조의 대표작이다. 그림에서 시신의 두 발을 모아 들고 있는 사람이 니고데모, 상체를 떠받치고 있는 건 요셉이다. 성모 마리아는 아들의 시신을 내려다보고 있고, 다른 두 마리아는 눈물을 훔치거나 두 팔을 쳐들고 있다. 그림을 가만히 들여다보면 니고데모가 관람자를 내려다보며 무슨 말을 하는 듯이 느껴지기도 한다.

II 피냐의 안뜰 Cortile della Pigna

거대한 솔방울 분수가 있어 '솔방울 정원'이라고도 한다. 볼거리도 다양하지만 여기서부터 시스티나 소성당까지는 앉거나 쉴 만한 공간이 없으므로 이곳에서 충분히 휴식을 취하자.

❶ 솔방울 분수

고대 로마를 상징하는 소나무의 원천, 솔방울

❷ 천체 속의 천체(1990)

이탈리아 조각가 아르날도 포모도로(Arnaldo Pomodoro)의 작품. 지구의 환경오염을 경고하는 메시지를 담고 있다.

III 피오 클레멘티노 박물관 Museo Pio Clementino

❶ '벨베데레의 아폴로'(기원전 4세기, 그리스 조각상의 로마 모작품)
팔각 정원

그리스·로마 신화에서 가장 이상적인 남성상으로 꼽히는 아폴로 신의 조각상. 음악·지혜·예언·궁술의 신으로 불리는 아폴로는 잘생긴 외모와 뛰어난 활 솜씨로 유명하다. 그래서 그를 표현한 조각상에는 언제나 활이 등장하는데, 이 작품은 아폴로가 활을 쏜 직후 날아가는 화살을 응시하는 모습을 표현했다.

❷ '라오콘 군상'(기원전 2세기, 헬레니즘 시대 작품의 로마 모작품) **팔각 정원**

라오콘은 아폴로 신을 모시던 트로이의 신관으로, 트로이와 그리스의 전쟁이 막바지에 이르렀을 무렵, 그리스인이 놓고 간 '트로이의 목마'에 군사가 매복해 있다는 비밀을 누설해 트로이가 멸망하길 바라던 신들의 노여움을 산다. 화가 난 신들은 바다뱀을 보내 라오콘과 아들들을 질식시켰다. 라오콘 군상은 그 찰나의 순간을 표현한 작품으로 이길 수 없는 싸움을 하는 인간의 처절한 노력과 고통을 그리고 있다. 아버지에게 도움을 구하는 눈길을 보내는 아들들은 유난히 왜소하게 만들어 라오콘의 고통을 강조했다. 결국 이들의 희생에도 트로이 시민은 예언을 무시해 '신의 뜻대로' 멸망하게 된다. 산타 마리아 마조레 성당 인근에서 발견되어 현재의 바티칸 박물관에 전시하기 시작했는데, 이 조각상의 전시로 바티칸 박물관이 설립됐다.

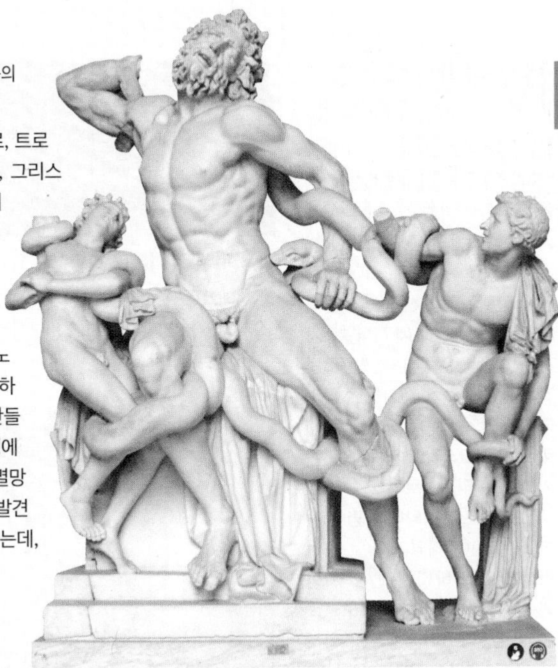

❸ '벨베데레의 토르소'(기원전 1세기) **뮤즈의 방**

머리와 팔다리가 없는 형태로 발견된 이 작품은 아이아스 장군이 자결하는 모습으로 추정된다. 미켈란젤로는 이 작품을 특히 좋아했는데, 조각상의 나머지 부분을 완성해달라는 의뢰가 들어오자 '이것만으로도 완벽한 작품'이라며 거절한 일화가 유명하다. 아이아스 장군은 그리스·로마 신화에 나오는 영웅으로, 아테네(미네르바) 여신의 농간으로 적군 대신 양 떼를 몰살하는 실수를 하자 수치심을 느껴 자결했다.

피오 클레멘티노 박물관을 지나 시스티나 소성당으로 가는 길에 있는 원형의 방. 네로의 욕조가 있다.

MORE

지도의 방

Le Galleria delle Mappe

(1580~1583)

황금빛 천장이 특히 아름다운 복도로, 길이 120m, 너비 6m다. 교황이 지배하는 성당 40개가 있는 지역을 중심으로 그린 지도를 통해 당시 역사와 지도 작성법을 볼 수 있다.

IV 라파엘로의 방 Stanze di Raffaello

교황 율리우스 2세를 위해 만든 방이다. 자신의 사저에 맞는 그림을 그려줄 사람을 찾던 율리우스 2세는 바티칸의 예술 고문인 브라만테를 통해 당시 20대 중반의 라파엘로를 추천받았다. 율리우스는 '서명에 방'에 라파엘로가 그린 작품에 감명받아 1508년 라파엘로와 그의 제자들로 하여금 4개 방의 벽화를 다 지우고 새로 그림을 그리라고 명했다. 기존의 벽화는 라파엘로의 스승인 페루지노를 포함한 당대 유명 예술가들이 그린 것이었다.

라파엘로는 바티칸에서 '서명의 방'(1505~12), '엘리오도르의 방'(1512~14), '보르고 화재의 방'(1514~17), 마지막으로 '콘스탄티누스의 방'을 그리다가 1520년에 사망했고, 나머지는 그의 제자들이 완성했다. 라파엘로는 이 작품으로 당시 시스티나 소성당 천장화를 맡은 미켈란젤로에게 버금가는 명성을 얻었다.

● **라파엘로 '아테네 학당'**(1511) **서명의 방**

산 피에트로 대성당을 떠올리게 하는 학당에서 신학·철학·수학·예술 등 각 학문을 대표하는 54명의 학자가 모여 토론하는 모습을 그렸다. 우리에게도 익숙한 유명인들을 한 명씩 짚어보자.

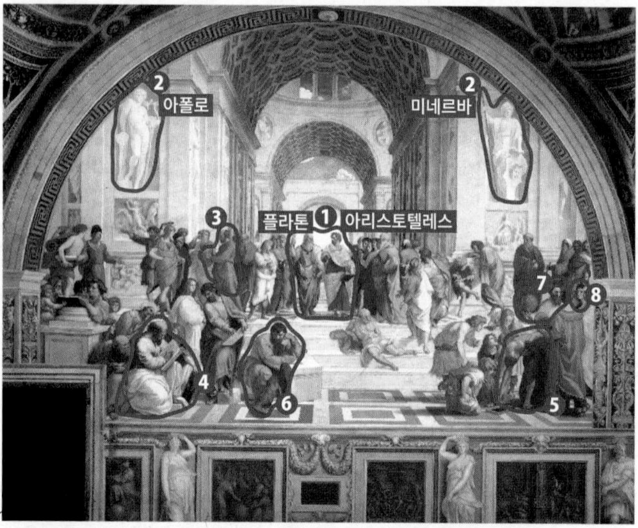

라파엘로 특유의 고전적인 품격과 부드럽고 감미로운 색감을 느낄 수 있는 대작이다.

❶ **플라톤과 아리스토텔레스** 정신세계를 중시한 플라톤은 이데아를 상징하는 하늘을 손으로 가리키고 있으며, 반면 현실 세계를 중시한 아리스토텔레스는 눈으로 보고 판단할 수 있는 지상, 즉 땅을 손으로 가리키고 있다.

❷ **아폴로와 아테네(미네르바)** 아폴로는 벨베데레 정원에서 본 시·음악·예언의 신이다. 아테네는 로마 신화에서 미네르바에 해당하며, 전쟁과 의술, 지혜, 음악의 신이다.

❸ **소크라테스** "너 자신을 알라"라는 명언을 남긴 철학자로, 플라톤의 스승이다.

❹ **피타고라스** 이름에서 알 수 있듯이 중학교 때 배운 '$a^2 + b^2 = c^2$'라는 피타고라스 정리를 증명한 수학자이자 철학자다.

❺ **유클리드** "수학(기하학)에는 왕도가 없다"라는 명언을 남겼으며, 기하학을 집대성했다. 그림 속에서 컴퍼스를 들고 자신의 기하학 이론을 설명하고 있다.

❻ **데모크리토스** 천문학자 데모크리토스로 추정되는 이 인물은 미켈란젤로를 모델로 삼은 것으로 알려졌다. 기억해두었다가 '최후의 심판' 속 미켈란젤로가 그린 자화상과 비교해보자.

❼ **조로아스터** 손에 지구의를 들고 있으며 조로아스터교의 창시자이자 천문학자다. '조로아스터'는 오늘날 예언자로 불리는 자라투스트라의 영어명으로, 조로아스터교는 유일신인 아후라 마즈다를 숭배하며, 이원론적인 세계관이 특징이다.

❽ **라파엘로** 라파엘로의 자화상이다.

● 미켈란젤로 '최후의 심판'(1541)

'최후의 심판'은 종말이 오면 예수가 심판해 선인을 구원하고 악인을 벌한다는 성서의 내용을 표현한 그림이다. '천지창조'와 달리 주제도 무겁고 전체적인 분위기가 크게 다른 이유는 '최후의 심판'을 그린 당시 타락한 성당과 마르틴 루터의 종교개혁으로 혼란에 빠진 유럽의 시대상을 반영했기 때문이다. 미켈란젤로는 혼란한 세상에서 심판자 예수는 단호하고 엄격한 모습으로, 400여 명의 벌거벗은 인간은 두려움을 느껴 기절하거나 떨고 있는 참담한 모습으로 그렸다.

❶ **예수와 성모 마리아** 예수의 육체는 '벨베데레의 토르소'를 참고해 그렸다.

❷ **십자가** 천사들이 예수의 십자가 책형 때 쓰인 십자가를 하늘로 옮기고 있다.

❸ **성 베드로** 최초의 성당 수장으로, 그를 상징하는 황금 열쇠를 들고 있다.

❹ **성 바르톨로메오** 12제자 중 1명으로, 산 채로 피부가 벗겨지는 고문을 당하고 순교했다. 그래서 자신의 가죽을 들고 있는데, 미켈란젤로는 이 가죽에 자신의 얼굴을 그려 넣었다.

❺ **운명의 책을 든 천사들** 왼쪽의 천사가 들고 있는 작은 책에는 천국으로 갈 사람들의 이름이 적혀 있으며, 오른쪽의 천사가 들고 있는 큰 책에는 지옥으로 가는 사람들이 적혀 있다.

❻ **구원을 기다리는 이들** 두 사람이 천사들의 손에 이끌려 하늘로 오르고 있다. 오르는 도중 천국행과 지옥행으로 나뉘기 때문에 아직 구원 여부가 결정된 것은 아니다.

❼ **지옥에서 고통받는 이들** 미켈란젤로가 그림을 그리고 있을 때 교황의 의전관인 체세나가 불경한 그림이라며 비난했다. 화가 난 미켈란젤로는 체세나를 지옥의 수문장 '미노스'로 표현했다.

V 시스티나 소성당 Cappella Sistina

미켈란젤로의 '천지창조'와 '최후의 심판'을 보기 위해 세계 각지에서 모여든 사람들로 언제나 붐빈다. 영화나 책에 자주 소개되어 익숙한 그림들이지만 이곳에 들어서면 상상 이상의 규모와 선명함에 압도되어 말없이 천장만 바라보게 된다.

천장과 예배당 정면 그림이 각각 '천지창조'와 '최후의 심판'이며, 옆 벽면에는 보티첼리, 페루지노 등 미켈란젤로 전 시대를 풍미한 이탈리아 화가들의 작품이 있다. '최후의 심판'을 바라보고 오른쪽 벽면에는 예수의 일생, 왼쪽 벽면에는 모세의 일생이 그려져 있다. 예배당 벽면을 향한 의자가 마련돼 있으니 앉아서 천천히 감상해 보자.

★

'최후의 심판' 속 성인들에게 가리개를 씌운 사연

원래 '최후의 심판' 속 성인과 성녀는 모두 벌거벗은 모습으로 묘사됐다. 그림을 주문한 바오로 3세의 지지와 당대 최고의 화가인 미켈란젤로의 명성 때문에 그림에 함부로 손을 댈 수는 없었지만 외설 논란은 끊이지 않았다. 결국 그림이 완성되고 23년이 지나 트렌티노 공의회는 그림 속 나체에 가리개를 씌우기로 결정했다. 미켈란젤로가 89세의 나이로 죽기 1개월 전에 결정된 이 작업은 미켈란젤로의 제자 볼테라가 맡았고, 그는 스승의 작품을 훼손하지 않도록 최소한의 부분만 수정했다. 이 일로 볼테라는 평생 '브라게토니(가리개 귀신)'라는 놀림을 받아야 했다.

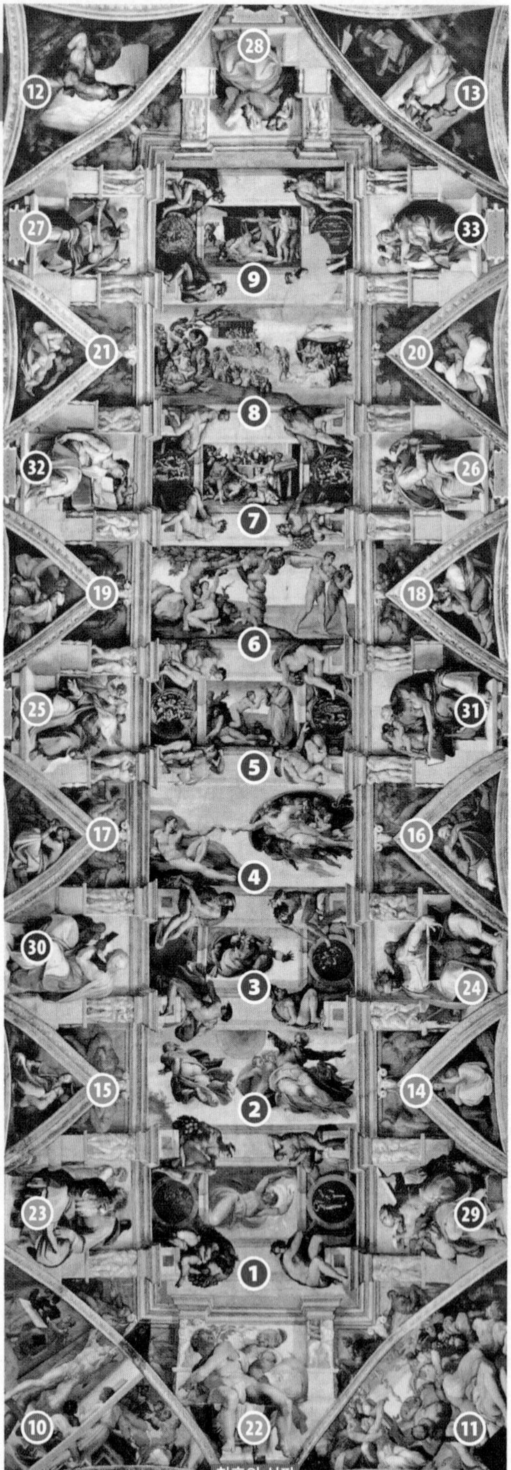

● **미켈란젤로 '천지창조'**(1512)

교황 율리우스 2세(재위 1503~1513년, 로마를 르네상스 문화의 중심지로 만든 인물)의 명으로 그린 작품. <구약성서>에서 따온 하느님이 자연과 인류를 탄생시키는 장면 9개와 예수의 조상, 예언자, 영웅 등 340명이 넘는 인물이 등장한다. 조각가인 미켈란젤로의 작품답게 뒤틀린 인체가 채색된 조각처럼 묘사돼 있다.

미켈란젤로는 작품의 완성도를 높이기 위해 조수도 없이 혼자 이 작품을 4년(1508~1512)에 걸쳐 그렸다. 천장 아래 설치된 좁은 공간에 누워서 떨어지는 안료를 맞으며 그림을 그려야 했던 그는 척추가 휘고 눈병과 관절염에 걸려 심한 육체적인 고통을 죽을 때까지 느껴야 했다. 1512년 천장화가 완성되었을 때 규모와 색감, 역동적인 인물과 유기적인 내용에 교황청 사람들은 놀라움을 금치 못했다고 한다. 다양한 인물을 묘사했는데, 그리스도의 조상을 묘사한 부분은 예수의 직계 조상 중 정확히 누구를 그린 것인지 밝혀지지 않아 추정만 하고 있다.

시스티나 소성당 관람 후 나가는 방향

'최후의 심판'을 바라보고 왼쪽 출구로 나가면 산 피에트로 대성당으로, 오른쪽 출구로 나가면 박물관 밖으로 나갈 수 있다.

❶ 하느님(중앙)이 빛과 어둠을 가르다.

❷ 하느님이 왼손으로 달을, 오른손으로 해를 만드는 모습.

❸ 하느님이 땅과 물을 갈라 물이 드러나게 하는 모습.

❹ 하느님이 진흙으로 빚은 아담에게 영혼을 불어넣는 순간을 묘사하고 있다. 하느님과 아담의 손끝은 생명을 불어넣는 시작점을 상징하며 관람자들의 시선을 화면 가운데로 집중시킨다. 아담은 깊은 잠에서 깨어난 듯 하느님을 물끄러미 응시하고, 하느님은 금세 하늘에서 내려온 듯 표현돼 있다.

❺ 하느님이 아담의 갈비뼈로 이브를 탄생시키는 장면이다.

❻ 왼쪽에는 아담과 이브가 뱀의 유혹에 넘어가 선악과를 따 먹는 모습이, 오른쪽에는 그 벌로 에덴동산에서 추방되는 모습이 그려져 있다.

❼ 대홍수에서 살아남은 노아가 하느님께 제를 지내는 장면이다. 8번 뒤에 와야 할 그림이지만 크게 그리기 위해 이곳에 먼저 그렸다.

❽ 하느님이 큰 비를 내려 세상을 벌하는 장면이다. 미켈란젤로가 가장 먼저 그린 그림으로, 인물을 너무 조밀하게 그리는 실수를 했다. 이후의 그림은 이러한 단점을 보완하기 위해 더 함축적인 구성으로 인물을 크게 그렸다.

❾ 인류는 농사를 지으면서 포도를 경작해 포도주를 만들었다. 문밖에 농사짓는 모습과 노아가 만취해 잠든 모습이 그려져 있다.

● <구약 성서>의 구원 장면

⑩ 하만을 벌함
⑪ 모세와 뱀
⑫ 다윗과 골리앗
⑬ 홀로페르네스의 목을 베는 유디트

● 그리스도의 조상(추정)

⑭ 이새·다윗·솔로몬 중 1명
⑮ 솔로몬·보아스·오뱃 중 1명
⑯ 아사·여호사밧·여호람 중 1명
⑰ 르호보암·아비야 중 1명
⑱ 히스기야·므낫세·아몬 중 1명
⑲ 우치야·요담·아하즈 중 1명
⑳ 요시야·히스기야·스알디엘 중 1명
㉑ 스룹바벨·아비훗·엘리야김 중 1명

● 예언자

㉒ 요나
㉓ 예레미야
㉔ 다니엘
㉕ 에스델(에스겔)
㉖ 이사야
㉗ 요엘
㉘ 즈가리야(스가랴)

● 유대인 외의 예언자

㉙ 리비아의 예언자
㉚ 페르시아의 예언자
㉛ 쿠마엔의 예언자
㉜ 엘리트레아의 예언자
㉝ 델피의 예언자

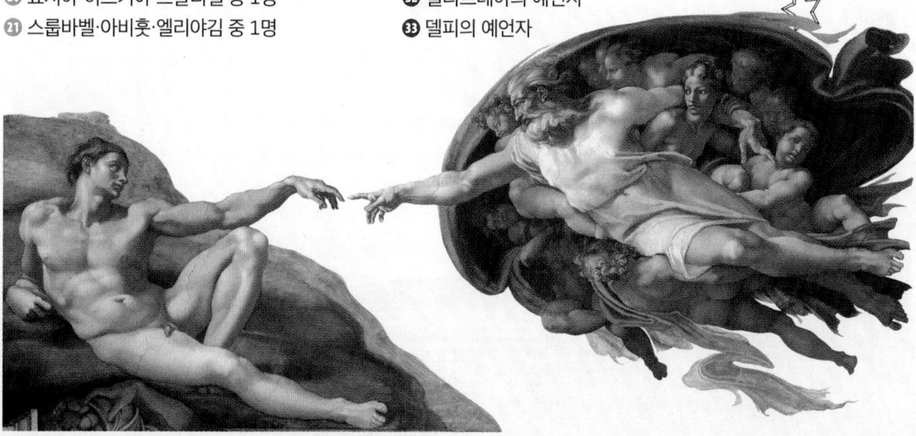

16 전 세계 가톨릭의 총본산
산 피에트로 대성당
Basilica Papale di San Pietro

"너는 베드로라. 내가 이 반석 위에 내 교회를 세울 터인 즉 죽음의 힘이 감히 그것을 누르지 못할 것이다.('마태오 복음' 16장)." 원래 어부였던 시몬은 어느날 그에게 찾아온 예수에게 '반석'이라는 의미의 '베드로'라는 이름과 '천국의 열쇠'를 받았고, 세월이 흐른 뒤 첫 교황이 됐다.

세계 가톨릭의 중심인 산 피에트로 대성당은 성서의 글귀처럼 성 베드로의 무덤 위에 세워졌다. 서기 90년, 성 베드로가 묻힌 곳으로 추정되는 무덤이 발견됐고 로마제국 전체에 기독교를 공인한 콘스탄티누스 황제가 319~333년 지금의 이름으로 성당을 지었다.

16세기에 교황 율리우스 2세(재위 1503~1513년, 로마를 르네상스 문화의 중심지로 만든 인물로, 특히 라파엘로를 총애했다)가 건물을 완전히 허물고 새로운 성전을 세울 것을 명령했다. 그때부터 라파엘로, 미켈란젤로, 베르니니 등 10명이 넘는 예술가가 120년간 작업한 끝에 1626년 11월 28일, 비로소 지금의 산 피에트로 대성당의 모습을 갖췄다. 길이 187m에 달하는 내부는 화려한 대리석으로 장식돼 있고 11개의 예배당과 45개의 제단에는 귀중한 예술품들이 보관돼 있다. 베르니니의 설계로 제작한 높이 29m의 발다키노는 주위를 둘러싼 성자들의 조각과 미켈란젤로가 만든 거대한 쿠폴라와 완벽한 조화를 이룬다.

Ⓖ 성 베드로 대성전 Ⓜ MAP ③-C

ADD Piazza San Pietro
OPEN 성당 07:00~19:10,
쿠폴라(돔형 지붕)07:30~18:00(10~3월 ~17:00)
CLOSE 성당 행사 진행 시 유동적 휴무
PRICE 성당 무료, 쿠폴라 8€/엘리베이터 이용 시 10€(엘리베이터를 타도 중간에 내려 계단 320개를 걸어 올라가야 한다. 계단은 총 551개다.)
WALK 바티칸 박물관의 시스티나 소성당과 연결

★
교황청을 지키는 스위스 근위대

스위스 근위대는 1506년 교황 율리우스 2세 때 창단됐다. 용맹하고 충성스러운 스위스 근위대는 1527년 5월 6일 신성로마제국이 로마를 함락시켰을 때 그 명성을 세상에 알렸다. 목숨을 부지하기에 급급해 모두 도망칠 때 스위스 근위병만 남아 거의 몰살에 가까운 희생을 치르면서도 교황 클레멘스 7세(재위 1523~1534년)를 지켜낸 것이다. 이 일로 교황의 신임을 얻은 스위스 근위대는 500년이 지난 지금까지 교황청의 근위대로서 위엄을 더해가고 있다.

스위스 근위대. 이들이 입은 삼색 옷은 미켈란젤로가 디자인한 것이다.

스위스 근위대는 스위스 시민권을 가진 가톨릭 신자로 키 174cm 이상인 18~30세 미혼 남성만 지원할 수 있다. 연봉은 1만5600€(약 2000만 원, 숙식 제공) 수준으로 박한 편이지만 사회적 명성과 자부심은 세계 어느 군대에 비할 바가 아니라고 한다.

쿠폴라에서 바라본
산 피에트로 광장 전경

17 이게 바로, 바로크 건축!
산 피에트로 광장
Piazza San Pietro

베르니니가 설계한 광장. 바로크 건축의 특징인 거대한 규모, 화려한 장식, 과장되고 극적인 느낌을 잘 살렸다. 미켈란젤로가 설계한 르네상스 건축의 대표작 캄피돌리오 광장의 차분하고 정적인 느낌과 비교해보면 그 차이를 분명하게 알 수 있다.

베르니니는 산 피에트로 대성당이 두 팔을 벌려 광장에 모인 사람들을 감싸 안는 느낌이 들도록 설계했다. 양팔 역할을 하는 회랑은 284개의 원기둥과 베르니니가 직접 제작한 140개의 성인 상으로 구성된다. 광장 가운데에 있는 ❶ 오벨리스크의 양옆에 ❷ 분수가 있는데, 분수 주변 바닥의 타원형 표식(Centro del Colonnato)에서 바라보면 ❸ 4줄로 늘어선 회랑의 원기둥이 하나로 겹쳐 보인다. 이는 광장이 화려함 속에서도 통일성을 갖도록 한 베르니니의 의도다.

Ⓖ 성 베드로 광장 Ⓜ MAP ❸-C
ADD Piazza San Pietro
WALK 산 피에트로 대성당 앞
METRO A선 오타비아노(Ottaviano)역 하차 후 오타비아노 거리(Via Ottaviano) 방향 출구로 나가 직진, 리소르지멘토 광장(Piazza Risorgimento)이 나오면 직진. 도보 10분

❶ 오벨리스크.
높이 25.50m로 서기 27년
이집트에서 가져온 것이다.

❷ 광장 안에 있는 2개의 분수 중 오른쪽은
17세기 초 대리석 조각가 카를로 마데르노의
작품(1613)이며, 다른 하나는 광장을 설계한
베르니니의 작품(1675)이다.

❸

Zoom In & Out
산 피에트로 대성당

★
산 피에트로 대성당의 역사

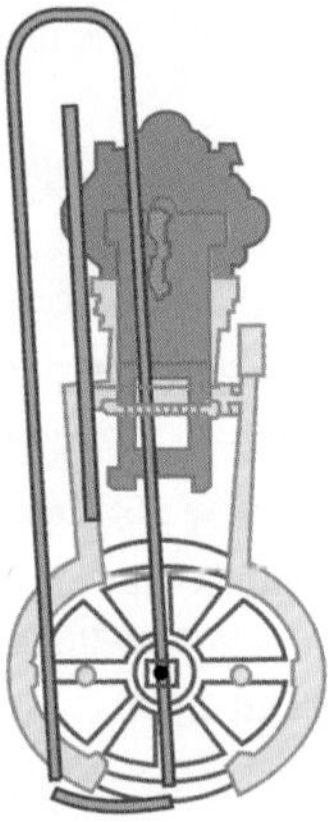

- ■ 성 베드로의 무덤으로 추정되는 자리. 서기 200년, 이 자리에 성 베드로의 무덤임을 표시하는 제단을 설립함
- ■ 1세기, 전차 경기광으로 알려진 네로 황제가 만든 대전차 경기장
- ■ 4세기, 콘스탄티누스 황제가 바실리카를 세울 당시의 규모
- ■ 르네상스 시대에 추가됨
- ■ 바로크 시대에 추가됨

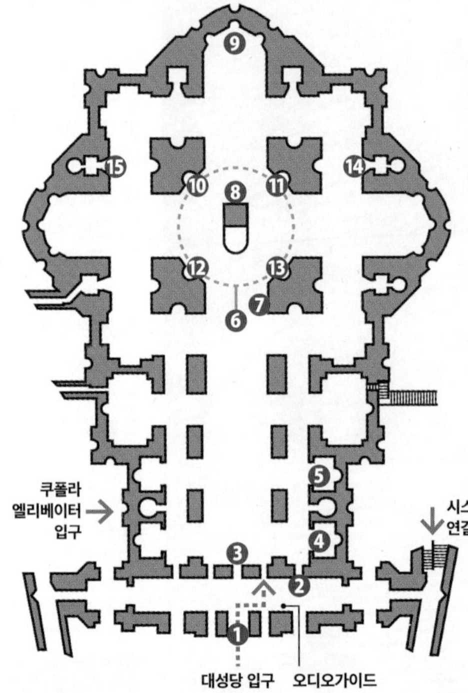

❶ **강복의 발코니**(2층) 매년 1월 1일과 부활절 등에 교황이 각국 언어로 축복을 내리는 장소로, 베르니니가 설계했다. 발코니 아래 부조는 예수가 성 베드로에게 황금 열쇠를 내리는 모습을 표현했다. 일요일마다 교황의 음성을 스피커로 들을 수 있다.

❷ **거룩한 문** 정문을 바라보고 가장 오른쪽에 있는 청동 문으로, 25년에 한 번씩 열린다. 교황을 따라 이 문을 지나 고백성사를 하면 죄를 사면받아 천국으로 갈 수 있다는 이야기가 있다.

❸ **바닥의 표지물** 입구로 들어가면 중앙 정문 쪽 바닥에 산 피에트로 대성당이 세계에서 가장 큰 성당이라는 표시가 있고 그 앞쪽으로는 전 세계의 대규모 성당이 크기순으로 적혀 있다.

❶

❷ 가장 최근에 열린 것은 2000년으로, 오는 2025년에 열릴 예정이다.

❸ 중앙 정문 뒤쪽에 있다.

모든 가톨릭 성당 중 가장 크고 웅장한 대성당 내부

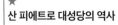

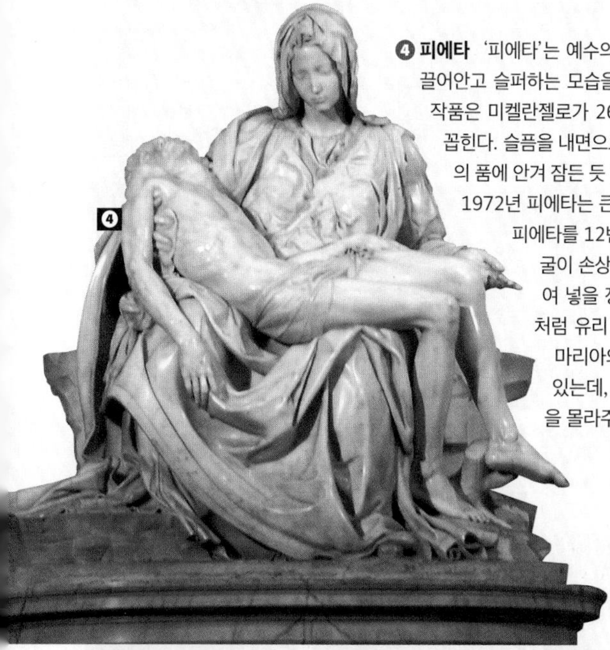

❹ 피에타 '피에타'는 예수의 어머니 성모 마리아가 십자가에서 내린 예수를 끌어안고 슬퍼하는 모습을 담은 그림이나 조각 등을 통칭하는 단어다. 이 작품은 미켈란젤로가 26세에 만든 것으로, 미켈란젤로의 3대 걸작으로 꼽힌다. 슬픔을 내면으로 승화하는 성모 마리아의 처연한 모습과 어머니의 품에 안겨 잠든 듯 편안해 보이는 예수의 모습이 깊은 감동을 준다. 1972년 피에타는 큰 수난을 겪었다. 미켈란젤로를 시기한 한 청년이 피에타를 12번이나 망치로 내리찍어 성모 마리아의 왼팔과 얼굴이 손상된 것. 바닥에 떨어진 미세한 가루까지 찾아내 붙여 넣을 정도로 거의 완벽하게 복원했지만 이후에는 현재처럼 유리 막 너머로만 작품을 바라볼 수 있게 됐다. 성모 마리아의 왼쪽 어깨 띠에는 미켈란젤로의 친필 서명이 있는데, 사람들이 이 작품을 자신이 만든 것이라는 사실을 몰라주자 미켈란젤로가 직접 새겨 넣었다고 한다.

미켈란젤로의 3대 조각상

'피에타'(1499) – 로마, 산 피에트로 대성당

'모세'(1504) – 로마, 산 피에트로 인 빈콜리 성당(p245)

'다비드'(1504) – 피렌체, 아카데미아 미술관 (p353)

❺ 인노켄티우스 11세의 무덤

❻ 쿠폴라 발코니에서 바라본 바티칸시국 전경

❻ 둘레의 금박 테두리에는 "너는 베드로(반석)라, 내가 이 반석 위에 내 교회를 세우고... 천국 열쇠를 네게 주리니"라는 글귀가 있다.

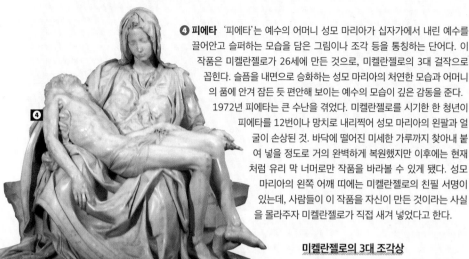

❺ 성 세바스티아노 제단 제단 아래에는 인노켄티우스 11세(재위 1676~1689년)의 시신이 있다. 인노켄티우스 11세는 17세기 교황 중 신앙심과 도덕심이 가장 뛰어난 인물로 평가받는다. 기독교는 부활을 믿는 종교이기 때문에 교황이나 성인처럼 존경받는 이들의 시신을 성당에 보존하는 것이 일반적이다.

❻ 쿠폴라(돔) 미켈란젤로가 설계했으나 그가 죽은 지 23년이 지난 후 제자들이 완성했다. 쿠폴라의 거대하고 우아한 외관은 프랑스 앵발리드, 미국 국회의사당, 영국 세인트폴 대성당에 영향을 주었다. 계단(또는 엘리베이터+계단)을 통해 쿠폴라의 발코니까지 올라갈 수 있으며, 발코니에 오르면 바티칸시국의 전경을 감상할 수 있다.

❼ 성 베드로의 청동상 12세기에 완성한 아르놀포 디 캄비오(Arnolfo di Cambio)의 작품으로, 발에 손을 대거나 입을 맞추면 소원이 이루어진다는 전설이 있다. 납작하게 닳은 발은 그간 얼마나 많은 이들이 다녀갔는지 짐작게 한다.

❽ 발다키노. 아래에는 은으로 된 작은 상자가 있는데, 바로 성 베드로의 유골함이다.

❾ 성 베드로의 의자. 성당 제일 안쪽, 발다키노 뒤에 있으며, 출입이 제한된 구역이라 멀찍이서 봐야 한다.

⓮ 클레멘스 13세 기념비

⓯ 교황 알렉산더 7세 기념비

❿ 성 베로니카

⓫ 성 헬레나

⓬ 성 안드레아

⓭ 성 론지노

❽ **발다키노** 교황의 제단으로, 오직 교황만이 이곳에서 미사를 집전할 수 있다. 바르베리니가(家) 출신인 교황 우르바누스 8세(재위 1623~1644년, 산 피에트로 대성당을 완성함)의 지시로 만들어 바르베리니 가문의 문장인 꿀벌이 새겨져 있다. 산 피에트로 광장을 설계한 베르니니의 대표작으로, 29m에 이르는 높이와 4명의 천사에 의해 하늘로 오를 듯한 극적인 디자인으로 극찬을 받는 작품이다. 설계는 베르니니가 했지만 실제 제작은 그의 제자이자 앙숙이었던 보로미니가 했는데, 보로미니 특유의 곡선을 이용한 제작 방식이 기둥에 잘 나타나 있다. 판테온에 붙어 있던 청동판을 뜯어 만들었다고 엄청난 비난을 받았는데, 사실 판테온에서 뜯어낸 청동판의 대부분은 대포를 만드는 데 쓰였고, 여기에 사용된 것은 베네치아에서 공수해 왔다고 한다.

❾ **성 베드로의 의자** 베드로가 로마에서 선교 활동할 때 앉았던 나무 의자의 조각들을 모아 만든 것으로 전해진다. 베르니니가 제작한 화려한 조각품으로 둘러싸여 있으며, 성령을 상징하는 비둘기가 빛을 타고 내려오는 장면이 새겨진 타원형 창이 의자 뒤를 비추며 경이로움을 자아낸다.

❿ **성 베로니카** 십자가를 지고 골고다 언덕을 오르는 예수의 얼굴을 닦아주는 베로니카의 모습을 표현했다.

⓫ **성 헬레나** 로마 황제 콘스탄티누스 1세의 어머니, 헬레나가 예수가 못 박혔던 십자가를 발견하여 들고 있는 장면을 표현했다.

⓬ **성 안드레아** 예수 그리스도의 12제자 중 한 사람으로, 베드로의 동생이며, 'X'자형 나무 십자가에서 순교했다.

⓭ **성 론지노** 빌라도(예수에게 십자가형 처형을 내린 총독)의 지시를 받고 예수의 옆구리를 찌른 창을 들고 있는 론지노를 표현한 베르니니의 작품. 후에 개종하여 성인으로 추앙받고 있다.

⓮ **클레멘스 13세 기념비** 1792년 안토니오 카노바가 만든 작품으로, 신고전주의 양식의 걸작으로 꼽힌다. 클레멘스 13세는 제248대 교황으로 절대 군주에 맞서 예수회 수호에 힘썼으며, 니콜로 살비에게 의뢰해 지금의 트레비 분수를 만들었다.

⓯ **교황 알렉산더 7세 기념비** 교황 알렉산더 7세(재위 1655~1667)의 대리석 조각으로, 여신상 4개에 둘러싸여 있다. 젖을 먹이는 여신은 사랑, 그 위의 여신은 진리, 비둘기를 안고 있는 여신은 정의, 그 위의 여신은 신중을 상징한다. 1678년 완성됐으며, 베르니니의 마지막 작품으로 알려져 있다.

영원한 슈퍼스타
교황을 알현하자

여행 중 교황을 알현하고 싶다면 교황 집전 미사, 일반 알현, 일요일 삼종기도 등을 공략하자. 교황궁 홈페이지(www.vatican.va)에서 영어 화면으로 바꾼 후 'Calendar'를 누르면 월별로 정리된 상세 스케줄을 확인할 수 있다. 단, 모든 행사는 교황이 바티칸에 머물 때만 이루어지며, 교황의 해외 순방 기간이나 여름 휴가 기간에는 일정이 취소된다. 보통 1년 일정이 사전에 공개된다.

① 교황 집전 미사 Papal Mass

가톨릭교도의 영광인 산 피에트로 대성당 교황 집전 미사에 참석하려면 교황궁에서 발급하는 입장권이 필요하다. 입장권은 교황궁 청동문 앞 스위스 근위대에게 미사 3일 전부터(여름철 08:00~20:00, 겨울철 08:00~19:00) 1인당 6장까지 받을 수 있다. 지정석이 아닌 선착순 입장이므로 최소 1~3시간 전에는 도착해야 좋은 자리를 맡을 수 있다. 산 피에트로 광장에서 열리는 미사는 입장권 없이 광장 주변에 서서 참여할 수도 있다. 단, 크리스마스나 부활절 미사는 사전 신청이 필요하며, 2~6개월 전에는 예약해야 한다.

콘딜리아치오네 거리에서 바라본 산 피에트로 대성당

② 일반 알현 Papal Audiences

봄부터 가을까지 수요일 오전(보통 09:15~11:00, 시즌마다 다름) 교황이 직접 광장으로 나와 신자들을 만나는 일반 알현. 겨울에는 대성당 남쪽에 마련된 알현실(Aula Paolo VI)에서 진행한다. 입장권은 광장 중앙 좌석에 앉을 때만 스위스 근위대에게 선착순으로 받는다(전날 15:00~19:00(겨울철 ~18:00)/당일 07:00~08:30). 교황궁을 통해 사전 신청도 가능하다.

산 피에트로 광장을 가득 메운 사람들

③ 일요일 삼종기도 Angelus

일요일 삼종기도는 매주 일요일 정오에 산 피에트로 광장에서 열린다. 입장권은 필요 없지만 교황궁 건물 맨 위층 창문(오른쪽에서 두 번째)에서 기도를 진행하므로 가까이에서 교황을 알현할 순 없다. 보통 15분 정도 걸리며, 삼종기도 후 여러 언어로 강복을 해주며 마무리한다.

교황 프란체스코 1세

● **교황궁**(교황 집전 미사·일반 알현 사전 신청)

ADD Prefecture of the Papal Household 00120 Vatican City State
TEL +39 06 6988 3865, +39 06 6988 5863(팩스)
WALK 산 피에트로 광장 오른쪽의 보안 검색대를 통과하면 광장의 둥근 회랑이 끝나는 지점에 교황궁(Palazzo Apostolico)의 청동 문이 있다. 그 앞의 스위스 근위대에게 입장권을 문의한다.
WEB www.vatican.va

사전 신청 방법 교황 알현 신청 홈페이지(www.papalaudience.org)에서 신청서(MS 워드)를 다운받아 작성한 후 팩스나 우편 또는 이메일로 보낸다(이메일 주소는 다운받은 양식에 적혀 있다). 신청서에 기재한 팩스 번호나 주소로 보내주는 회신을 꼭 챙겨 둔다.

입장권 수령 입장권은 무료이며, 교황 집전 미사는 전날 09:00~19:00에, 일반 알현은 전날 15:00~19:00(겨울에는 ~18:00) 또는 일반 알현 당일 07:00부터 교황궁의 청동문 앞에 있는 스위스 근위대에게 문의하고 받는다.

스위스 근위대

산탄젤로 성에서 내려다본 산탄젤로 다리

성 지붕 위의 거대한 미카엘 조각상은 18세기 페터 베르샤펠트의 작품

18 교황을 지켜준 든든한 요새 산탄젤로 성 Castel Sant'Angelo

6세기 후반 로마에 흑사병이 창궐했을 때 대천사 미카엘이 이곳에 나타나 병을 물리쳤다는 전설로 '성 천사(산탄젤로)'라는 이름이 붙여졌다. 2세기 하드리아누스 황제의 묘로 만들었으며, 그 후 황제들의 납골당으로 이용됐다. 교황의 피난처로도 사용됐는데, 신성로마제국이 로마를 함락시켰을 때 스위스 근위대의 도움을 받아 교황 클레멘스 7세가 피신한 장소다. 지금은 박물관으로 이용되고 있으며, 르네상스 시대 교황의 방을 비롯해 50여 개에 이르는 무기 전시실, 도서관, 황제의 방, 지하 감옥 등의 볼거리가 있다.

G 성천사성 M MAP 3-C

ADD Lungotevere Castello, 50
OPEN 09:00~19:30/폐장 1시간 전까지 입장
CLOSE 1월 1일, 5월 1일, 12월 25일
PRICE 13€, 17세 이하 무료/예약비 1€/매월 첫째 일요일 무료입장/특별전 진행 시 요금 추가/주말은 예약 권장/ 로마 패스
WALK 산 피에트로 광장을 나와 정면의 콘칠리아치오네 거리(Via della Conciliazione)를 따라 도보 8분
METRO A선 오타비아노(Ottaviano)역 하차 후 오타비아노 거리(Via Ottaviano) 방향 출구로 나가 도보 10분
WEB 예약 www.gebart.it/musei/museo-nazionale-di-castel-santangelo/

★

교황은 우리가 지킨다!

위험에 처한 교황을 피신시키기 위해 13세기에 바티칸 박물관과 바티칸 궁전, 산탄젤로 성을 연결하는 길을 만들었다. 17세기에는 산탄젤로 성 주위에 오각형의 요새를 만들어 방어를 더욱 강화했다.

◆ 산탄젤로 다리 Ponte Sant'Angelo

로마에서 가장 우아하고 낭만적인 다리로, 바티칸시국과 로마 시내를 연결한다. 베르니니와 그의 아들이 만든 천사상인 '가시면류관을 든 천사'와 '두루마리를 든 천사'의 복제품과 베르니니의 제자들이 만든 8개의 천사상이 신비로운 분위기를 뽐낸다. 베르니니와 아들의 천사상 진품은 트레비 분수 근처의 산탄드레아 델레 프라테 성당(Sant'Andrea delle Fratte, 무료입장)에서 볼 수 있다.

움베르토 1세 다리(Ponte Umberto I)에서 바라본 산탄젤로 다리의 야경

가시면류관을 든 천사

두루마리를 든 천사

여기 아니면 못 먹지! 인생 파니니

◉ 파니노 디비노
Panino Divino

이탈리아에서 가장 맛있는 파니노를 맛볼 수 있다. 달콤하면서도 알싸한 홈메이드 칠리 잼이 그 맛의 비법. 이탈리아 현지 음식에 낯선 한국인의 입맛까지 사로잡은 이 집의 칠리 잼(Marmellata di Peperoncino)은 따로 판매할 만큼 인기가 많다. 가게 벽면 가득 붙어 있는 메뉴 중에서는 치로(Ciro, 8€)를 강력 추천한다. 흑돼지 볼살로 만든 기름진 햄과 햇빛에 말린 새콤한 토마토에 마법 재료인 칠리 잼이 더해져 몇 번이고 찾게 되는 중독성을 지녔다.

Ⓖ WF45+Q9 로마 Ⓜ MAP ❸-C
ADD Via dei Gracchi, 11/a
OPEN 10:00~17:00
CLOSE 일요일
MENU 파니노(파니니) 6~8€, 햄 & 치즈 플레이트 15~25€
WALK 산 피에트로 광장 또는 바티칸 박물관 입구에서 각각 도보 6분
WEB www.paninodivino.it

천장에 햄이 주렁주렁~
좌석은 바 석 몇 개뿐이다.

가게 문이 작아 지나치기 쉽다.

카르보나라 수플리가 탄생한 곳

◉ 본치 피차리움
Bonci Pizzarium

피자의 격을 한 단계 높였다고 평가받는 유명 셰프 본치의 피자 가게. 창의적인 재료 조합으로 현지 방송에도 여러 차례 소개됐다. 늘 넣던 리소토 대신 로마의 대표 파스타인 카르보나라를 채운 수플리(Suppli)는 이제 모두가 따라 하는 콜럼버스의 달걀. 카운터에 진열된 수십 가지 피자에는 각각 1kg당 가격만 적혀 있으니 재료부터 빠르게 스캔하고 원하는 크기만큼 주문하자. 본치 셰프처럼 모험을 할지, 안전 위주의 토핑으로 갈지는 당신의 선택에 맡긴다.

Ⓖ WC4W+MM 로마
ADD Via della Meloria, 43
OPEN 11:00~22:00
(일요일 11:00~15:00, 17:00~22:00)
CLOSE 월요일
MENU 피자 28~45€/1kg, 수플리 2.50~5€ /1개
WALK 바티칸 박물관 입구에서 도보 12분
METRO A선 Cipro 역에서 도보 1분

푸짐한 토핑만큼이나 가격도 비싼 편

입구에서 번호표부터 뽑자!

'클라스'가 다른 본점

◉ 올드 브릿지
Old Bridge

테르미니역 근처 파시와 함께 우리나라 여행자에게 잘 알려진 젤라테리아다. 그 인기에 서울에도 지점을 열었지만 아무래도 현지의 우유와 제철 과일로 만든 로마 본점의 맛이 더 특별하게 느껴진다. 시내에서 찾아가기엔 다소 멀고 바티칸 박물관에 온 김에 들르기 딱 좋은 위치. 작은 크기도 3가지 맛을 고를 수 있는 게 장점이다. 잘 나가는 맛이 궁금하다면 쌀로 만든 리소(Riso)와 상큼한 맛이 일품인 딸기(Fragola), 피스타치오(Pistachio), 바닐라(Vaniglia)를 선택해 보자.

생크림을 얹은 콘

Ⓖ 올드브릿지 젤라또 Ⓜ MAP ❸-C
ADD Viale Bastioni di Michelangelo, 5
OPEN 10:00~다음 날 02:00(일요일 14:30~)/시즌마다 다름
MENU 젤라토 2.50€~
WALK 산 피에트로 광장에서 도보 5분

젤라토 맛집, 여기 어때~

◉ 레몬그라스
Lemongrass

바티칸 주민들이 올드 브릿지보다 더 추천하는 젤라테리아다. 단순한 과일 맛의 젤라토에 만족하지 않고 농후한 맛의 젤라토를 찾는다면 들러볼 만한 곳이다. 산 피에트로 광장과 지하철역을 연결하는 거리에 있어 찾아가기 쉽고, 자릿세 없이 앉아서 먹을 수 있는 공간이 마련돼 있다는 것이 최고의 장점. 거리에 작은 테라스석도 있다. 치즈케이크와 딸기를 섞은 젤라토나 달콤 짭짤한 솔티드 캐러멜 젤라토처럼 진하고 크리미한 맛이 강세.

Ⓖ WF45+V3 로마 Ⓜ MAP ❸-A
ADD Via Ottaviano, 29
OPEN 07:00~23:00(금·토요일 ~24:00)
MENU 젤라토 2.50€~, 커피 1€~
METRO A선 Ottaviano 역에서 Via Ottaviano 방향 출구로 나가 직진, 3번째 블록의 중간쯤 오른쪽에 있다. 도보 3분/Ottaviano 역에서 나와 길 건너편에도 매장이 있다.
WEB lemongrass.it

색다른 젤라토 종류가 많다.

SPECIAL PAGE

놀멍쉬멍 마을 여행

트라스테베레 Trastevere

'강 건너 마을'이라는 뜻의 트라스테베레는 고대 로마 시대부터 기독교도가 모여 살던 바티칸시국의 남서쪽 지역이다. 오랫동안 서민들의 보금자리였던 이곳에는 저렴하고 맛있는 피체리아와 카페가 많아 현지 젊은이와 여행자가 즐겨 찾는다.

◆ 트라스테베레 지역의 랜드마크, 산타 마리아 인 트라스테베레 성당 Basilica di Santa Maria in Trastevere

중세 분위기를 느낄 수 있는 성당. 3세기경 교황 칼릭투스 1세가 설립해 12세기경 재건됐으며, 이후 18세기 바로크 양식이 첨가됐다. 내부의 기둥 22개는 고대 로마 건축물에서 가져온 화강암이다. 입구와 내부 예배당의 모자이크는 화려하고 추상적인 황금빛 배경과 평면적인 인물 묘사가 특징인 비잔틴 양식으로, 베네치아의 산 마르코 대성당과 비슷하다. 건물 정면의 12~13세기 모자이크는 아기 예수에게 젖을 먹이는 성모 마리아와 등불을 든 10명의 처녀를 표현한 것. 그 앞 난간에 있는 4인의 교황 조각상과 성당 앞 팔각 분수는 산 피에트로 광장 오른쪽에 있는 분수를 만든 카를로 마데르노의 17세기 작품이다.

성 프란체스코 조각상. 소원을 담은 편지가 쌓여 있다.

Ⓖ VFQ9+QW 로마 Ⓜ MAP ❹-D

ADD Piazza Santa Maria in Trastevere, 24-26

OPEN 07:30~20:30(종교행사 진행 시에는 입장 제한)

PRICE 무료(약간의 헌금)

BUS 500인 광장에서 H번을 타고 손니노/산 갈리카노(Sonnino/S. Gallicano) 정류장에서 내리면 관광 안내소가 보인다. 관광 안내소를 바라보고 오른쪽 룬가레타 거리(Via Della Lungaretta)를 따라 5분 정도 가면 분수가 있는 광장이 나온다.

◆ 로마에서 가장 큰 벼룩시장, 포르타 포르테세 벼룩시장 Porta Portese

이탈리아 벼룩시장의 대표 주자. 매주 일요일 아침이면 제철 채소와 과일, 치즈, 와인 등 먹거리는 물론, 그림·공예품·골동품 등이 쏟아져 나온다. 규모가 점점 커지면서 상업성을 많이 띠게 되긴 했지만 그래도 여전히 현지인의 일상을 가까이에서 들여다볼 수 있는 흥미로운 장소다. 가장 붐비는 시간대는 10:00~11:00. 늦어도 09:00 이전에 도착하는 것이 좋다. 소매치기가 많으므로 짐을 줄이고 최소한의 현금만 소지하자.

Ⓖ VFMF+GJ 로마

Ⓜ MAP ❹-D

SECTION C

나보나 광장에서 포폴로 광장까지

1 테르미니역 → 500인 광장에서 64번 버스를 타고 코르소 비토리오 에마누엘레 대로(Navona) 정류장에서 하차 → **19 나보나 광장** [Option 20 산 루이지 데이 프란체시 성당] → 도보 5분 → **21 판테온** → 도보 8분 → **22 트레비 분수** → 도보 8분 → **23 스페인 광장** → 도보 8분 → **24 포폴로 광장** [Option 25 산타 마리아 델 포폴로 성당] → 테르미니역까지 지하철 A선 → **1 테르미니역**

19 로마에서 가장 아름답고 낭만적인 광장
나보나 광장 Piazza Navona

로마에서 가장 아름다운 경관을 자랑하는 광장. 응접실처럼 아늑한 분위기와 100년 이상된 카페들, 거리를 빛내는 음악가와 화가로 언제나 활기가 넘친다. 광장은 로마 최초의 상설 경기장(1세기에 건설)이 있던 자리에 만들어졌다. 17세기에 교황 인노켄티우스 10세가 성당과 궁전, 분수를 건설하면서부터 현재의 모습을 갖추었는데, 남북으로 길쭉하게 생긴 이유는 경기장의 형태를 그대로 살렸기 때문이다.

광장 중앙의 ❶ 4대 강 분수(Fontana dei Quattro Fiumi)는 바로크 건축의 거장 베르니니가 제작한 것으로, 나일 강(아프리카), 라플라타 강(남미), 갠지스 강(아시아), 다뉴브 강(유럽) 등 4개 대륙을 상징하는 조각물로 장식돼 있다. 광장 남쪽 ❷ 모로 분수의 무어인 동상 중 가운데 조각물과 광장 서쪽 한가운데 있는 산타녜세 인 아고네(Sant'Agnese in Agone) 성당은 바로크 건축의 아버지라 불리는 보로미니(Borromini)가 설계한 것이다. 두 거장은 라이벌 관계로 유명했는데, 덕분에 베르니니의 나일 강 조각상은 보로미니의 성당이 보기 싫어 보자기로 눈을 가리고, 라플라타 강 조각상은 성당이 무너질까 봐 놀라는 모습으로 묘사했다는 재미있는 낭설도 생겨났다. 하지만 베르니니가 보로미니를 제치고 분수의 디자인을 따낸 것은 보로미니가 성당 공사를 맡기도 전에 있었던 일! 사실 보로미니는 성당을 설계할 때 베르니니가 세운 분수와 완벽하게 조화를 이룰 수 있도록 배려해 아름다운 파사드를 만들어냈다.

Ⓖ 나보나 광장 Ⓜ MAP ❸-D & ❹-B

BUS 500인 광장에서 64번을 타고 Corso Vittorio Emanuele II: Navona 정류장 하차 후 도보 3분/70번을 타고 Rinascimento 정류장 하차 후 도보 2분/40번을 타고 Argentina 정류장 하차 후 도보 6분

북쪽의 넵튠 (포세이돈) 분수

❶ 노천시장이었던 광장을 재정비하면서 만든 4대 강 분수. 오벨리스크를 받치고 있다.

❷ 모로 분수

산타녜세 인 아고네 성당. 성녀 아녜스를 위해 지은 것으로 쿠폴라(돔)와 종탑이 인상적이다.

보로미니의 돔

◆ 산타녜세 인 아고네 성당 Chiesa di Sant'Agnese in Agone

17세기 이탈리아 바로크 양식의 전형으로 평가받는 건물로, 1653년 교황 인노켄티우스 10세의 의뢰로 베르니니와 앙숙이던 보로미니가 설계를 맡았다. 그의 건축물답게 탑의 1층은 정방형이고 2층은 원형으로 비대칭적 형태를 띠지만 신기하게도 건물 전체의 분위기와 잘 어울린다. 산 피에트로 대성당 이후 가장 뛰어나다고 평가받는 돔은 움푹 들어간 건물의 정면 때문에 오히려 부각된다. 내부는 금과 보석으로 화려하게 치장했는데, 이것은 예배를 보러 온 신자들에게 하늘의 영광을 느끼게 하려는 의도였다고 한다.

성당은 순결을 상징하는 성녀 아녜스(Santa Agnes)의 전설이 깃든 장소에 세워졌다. 당시 아녜스는 그녀의 신앙을 포기시키려는 사람들에 의해 발가벗겨진 채 묶여 있었는데, 갑자기 머리가 자라나 알몸을 덮는 기적이 일어났다고 전해진다.

성녀 아녜스(4세기)

그녀와 관련된 전설이 여러 가지가 있는데, 그중 로마의 어느 정치가가 자신의 아들과 결혼시키려다 거절당하자 그녀가 기독교도임을 고발했다는 설이 유력하다. 당시 법으로 처녀는 처형할 수 없었기 때문에 그녀는 발가벗겨진 채 매춘굴에 버려졌는데, 기도를 하자 머리카락이 자라 몸을 가렸고 무사히 하루를 넘겼다고 한다. 기독교 박해가 심했던 시기였기 때문에 결국 화형을 선고 받았는데, 나무에 불이 붙지 않아 칼로 찔려 죽임을 당했다고 한다. 순교 후에 어린 양을 안고 장례식장에 나타났다는 전설 때문에 그림과 조각에 어린 양과 함께 묘사된다. 진실에 대한 논쟁은 끊임 없지만 13세의 어린 나이에 순교했다는 것만은 확실하다고 한다.

관련 작품 안드레아 델 사르토 '성 아녜스'(1524, 피사 두오모)

❶ '성 마태오의 소명'

❷ '성 마태오와 천사'

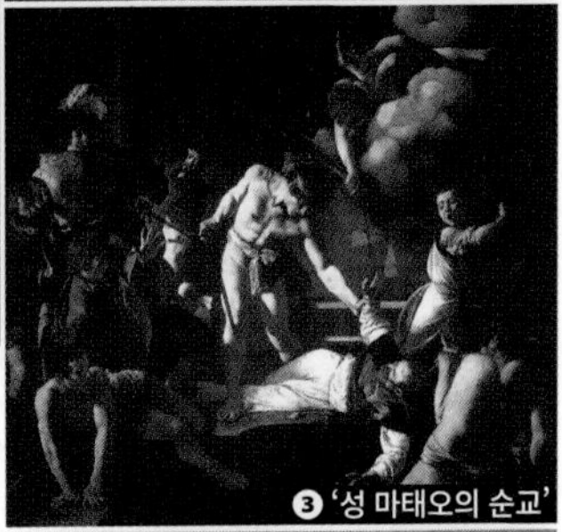
❸ '성 마태오의 순교'

Option 20
카라바조의 연작 3편을 탐구할 시간
산 루이지 데이 프란체시 성당
Chiesa di San Luigi dei Francesi

프랑스 정부가 16세기에 로마에 세운 성당으로, 성 마태오 예배당(Cappella San Matteo)을 장식한 카라바조(Michelangelo Merisi da Caravaggio, 1571~1610년)의 '성 마태오 연작'이 유명하다. '성 마태오 연작'은 ❶ '성 마태오의 소명'(1599~1600), ❷ '성 마태오와 천사'(1602), ❸ '성 마태오의 순교'(1599~1600) 총 3편으로 돼 있으며, '마태오(마태)복음'의 저자인 성 마태오와 관련된 일화를 그렸다.

가장 유명한 그림은 마태오가 예수의 부름을 받는 순간을 그린 '성 마태오의 소명'이다. 누가 예수의 지목을 받은 마태오인지 논란이 끊이지 않았는데, 그림 속의 예수를 X-선 사진기로 찍어보니 중앙 제단 작품이 교체될 때마다 예수의 오른팔 방향이 3번이나 바뀌었던 것으로 밝혀졌다. 연극 무대처럼 어두운 배경과 인물들에게 집중되는 조명, 두 인물의 불안정한 구도는 관람자로 하여금 그들의 영적 교감에 집중하게 만든다. 그림 속 인물들이 어떤 이야기를 나누는지 상상하면서 자연스럽게 그림에 몰입하게 되는데, 이러한 기법은 카라바조 그림의 특징이다.

Ⓖ 루이지 데이 프란체시 Ⓜ MAP ❸-D & ❹-B

ADD Via Santa Giovanna d'Arco, 5

OPEN 09:30~12:45(토요일 ~12:15, 일요일 11:30~12:45), 14:30~18:30(토·일요일 ~18:45)

PRICE 무료(카라바조의 연작이 있는 예배당은 요금함에 동전을 넣으면 조명이 켜진다.)

WALK 나보나 광장에서 도보 2분

WEB www.saintlouis-rome.net

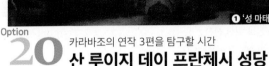

★
카라바조는 어떤 화가?
16세기 르네상스에 이어 17세기 바로크 시대를 연 이탈리아의 천재 화가. 폭행·도피·살인 등 광기로 점철된 삶을 살았지만 작품을 통해 진정한 구원과 종교적 성찰을 추구했다. 카라바조는 '감상자'로만 취급하던 관람자를 그림 안으로 끌어들이려고 한 최초의 화가로 미술사에 한 획을 그은 인물로 평가받는다.

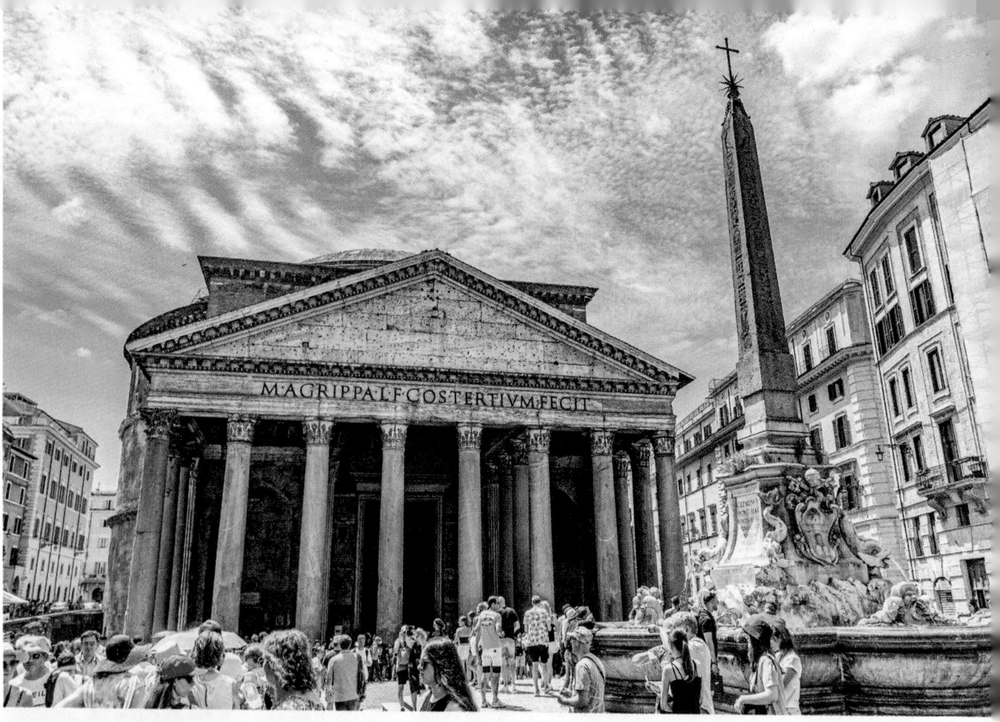

판테온의 내부

❶ 비토리오 에마누엘레 2세의 묘

❷ 움베르토 1세의 무덤

21 모든 신을 위한 신전 **판테온** Pantheon

'모든 신을 위한 신전(=만신전=판테온)'으로 불리는 곳. 기원전 27년 아그리파가 지은 건축물로, 118년 하드리아누스 황제 때 지금의 모습으로 바뀌었다. 2000년 전에 지은 판테온의 지붕은 지름 43.3m로 19세기까지 가장 폭이 넓었다. 건물의 조화와 균형미를 위해 천장의 최고 높이와 돔의 지름이 정확히 일치하게 만들었다. 천장에 있는 유일한 구멍인 지름 9m의 오쿨루스를 통해 들어오는 햇빛과 달빛이 청동 벽면에 반사되어 만드는 영롱한 모습을 두고, 미켈란젤로나 라파엘로 같은 르네상스 거장들은 '천사의 디자인'이라고 극찬했다.

로마제국에 기독교가 번성하면서 판테온은 버림받아 더럽혀졌으나, 609년 동로마(지금의 이스탄불)에 거주하던 포카스 황제가 당시의 교황 보니파키우스 4세(재위 550~615년)에게 판테온을 양도하면서 새로운 운명을 맞았다. 교황은 카타콤에 묻혀있던 순교자들의 유골 상당수를 이곳에 이장하고, 그 위에 '성모 마리아와 모든 순교자들을 위한 성당'이라는 이름으로 개축했다. 르네상스 시대를 지나면서 판테온은 본격적으로 묘지로 사용되기 시작했다. 내부에는 이탈리아 1대 국왕 ❶ 비토리오 에마누엘레 2세, 그의 뒤를 이은 ❷ 움베르토 1세와 그의 아내, ❸ 라파엘로 등 이탈리아 명사들의 무덤이 있다. 1624년 이곳의 청동을 뜯어 대포를 만들거나 산 피에트로 대성당의 발다키노를 만드는데 사용하는 등 판테온을 장식하고 있던 청동 부조물들은 17세기에 대부분 뜯겨나갔다. 현재의 모습은 18~19세기에 재정비된 것이다.

Ⓖ 판테온 로마 Ⓜ **MAP** ❸-D & ❹-B

ADD Piazza della Rotonda, 12
OPEN 09:00~19:00/폐장 30분 전까지 입장/종교행사 시 유동적 휴무
CLOSE 1월 1일, 8월 15일, 12월 25일
PRICE 5€, 18~25세 2€, 17세 이하 무료/예약 권장
WALK 나보나 광장에서 도보 5분
WEB 예약 www.museiitaliani.it
*회원가입이 필수며, 방문일과 입장 시각을 지정한다.

❸ 라파엘로의 묘

◆ 판테온의 창문, 오쿨루스 Oculus

❹ 판테온의 돔(오쿨루스)은 현존하는 로마 건축물 중 가장 오래됐고 보존이 잘된 것으로, 이탈리아 전역에서 그 모습을 볼 수 있다. 돔의 내부 장식은 무게를 줄이기 위해 속이 빈 장식용 우물반자로 만들고 돌과 석회를 섞은 콘크리트를 사용했다. 거대한 오쿨루스는 현관에 가려지므로 내부에서 보는 것이 실제 규모와 아름다움을 제대로 느낄 수 있다.

◆ 라파엘로(1483~1520년)의 묘

르네상스를 대표하는 화가 라파엘로는 죽은 뒤 그의 바람대로 판테온에 안치됐다. 묘비는 성모자 상 아래에 있으며, 왼쪽에 그의 흉상이 있다. 묘비에는 추기경 벰보가 쓴 다음와 같은 글귀가 새겨져 있는데, 그가 당시 화가로서 얼마나 많은 사랑을 받았는지 짐작할 수 있다. "여기는 생전에 대자연이 그에게 정복될까 두려워 떨게 만든 라파엘로의 무덤이다. 이제 그가 죽었으니 그와 함께 자연 또한 죽을까 두려워하노라."

★

라파엘로와 라 포르나리나

르네상스 시대에 활동하던 예술가들의 전기 <미술가 열전>(1550년)을 펴내면서 미술사학의 아버지라 불리는 조르조 바사리는 라 포르나리나(La Fornarina)가 라파엘로의 모델이며 정부로, 라파엘로가 죽을 때까지 사랑한 여인이라고 했다. 그러나 정작 라파엘로의 무덤 오른쪽에는 라 포르나리나 대신 라파엘로의 약혼녀이자 추기경의 조카인 마리아 비비에나(Maria Bibbiena)의 무덤이 있다는 사실. 라파엘로와 라 포르나리나의 이야기는 이후 많은 예술가의 상상력을 자극했으며, 앵그르와 피카소가 그림의 소재로도 사용했다.

MORE

로마의 건축 기술, '아치'

'아치'는 한쪽이 얇고 뾰족한 쐐기모양의 돌을 하나하나 쌓아 올리는, 대단히 혁신적인 건축 기술이다. 쐐기 모양의 돌이 서로 받쳐주기 때문에 기둥으로 천장을 세우는 사각 구조의 건축물보다 더 높고 넓게 지을 수 있었다. 로마의 건축가들은 아치를 이용해 개선문·다리·수로 등 거대한 토목공사를 했을 뿐만 아니라 웅장하고 아름다운 돔 형식의 천장을 만들 수 있었다.

❹ 오쿨루스(지름 9m)

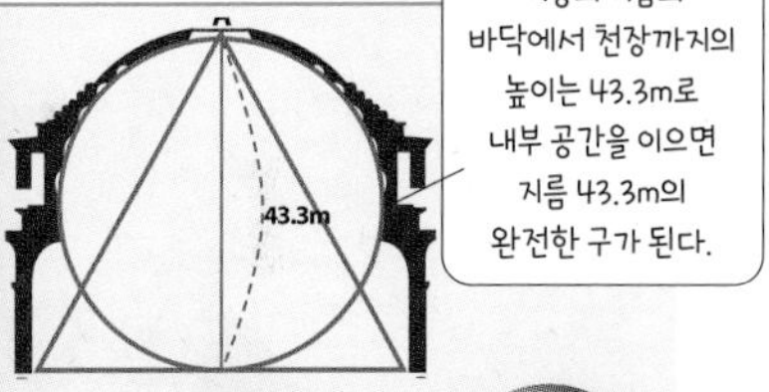
43.3m
지붕의 지름과
바닥에서 천장까지의
높이는 43.3m로
내부 공간을 이으면
지름 43.3m의
완전한 구가 된다.

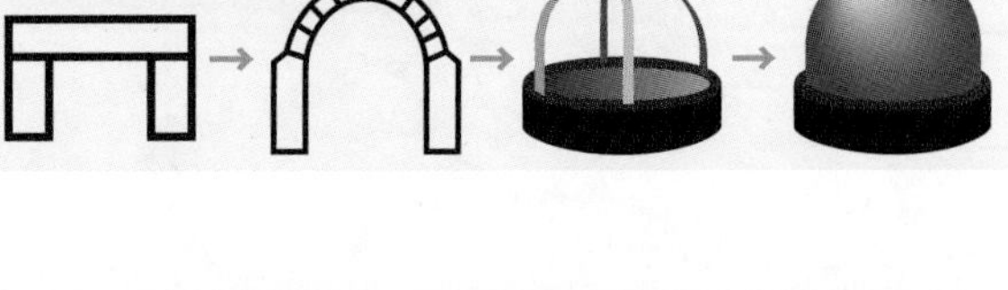

22 퐁당퐁당 소원 동전 던지기
트레비 분수
Fontana di Trevi

궁전의 한쪽 벽면을 모두 차지할 만큼 거대한 분수. 예술적 가치가 뛰어나 후기 바로크 양식의 걸작으로 손꼽힌다. 니콜로 살비가 설계해 1762년에 완성했으며, 바로크 양식의 특징인 화려하고 역동적인 조각으로 여행자의 눈길을 끈다.

분수 윗면에는 '처녀 수로(Aqvam Virginem)'라는 글귀가 새겨져 있는데, 이는 트레비 분수에 물을 공급하는 수로 이름이다. 글귀 아래에는 수로를 만드는 과정과 처녀가 물이 샘솟는 지점을 가리키는 장면이 조각돼 있다. 또 중앙에는 바다의 신 넵튠(포세이돈)이 전차를 타고 있고, 양옆에 풍요와 건강을 상징하는 여신의 조각상이 있어 넵튠 상을 중심으로 대칭을 이룬다. 아래 양쪽에는 넵튠의 아들인 트리톤 조각상이 있다.

이곳에 가면 분수를 등진 채 동전을 던지는 사람들을 쉽게 볼 수 있다. 동전 하나를 던져 들어가면 로마로 다시 돌아오고, 두 번째 동전이 들어가면 운명의 상대를 만나게 되며, 세 번째 동전이 들어가면 그 사람과 결혼하게 된다는 이야기가 전해지기 때문이다. 항상 사람이 붐비는 트레비 분수를 보고 조금 실망했다면 해가 뜨기 시작하는 이른 아침에 다시 들러보자. 고즈넉한 분위기와 힘차게 떨어지는 물소리를 듣고 있노라면 고대 도시 로마에 왔다는 감동을 제대로 느낄 수 있다.

분수 주변에서는 음식물 섭취나 낙서, 분수 안에 들어가는 행위가 금지돼 있다. 적발 시 수백 유로의 벌금을 내야 하니 주의하자.

트레비 분수에 동전을 던지는 모습. 이렇게 쌓인 동전이 매년 150만 유로 이상이나 된다고. 모인 동전은 이탈리아 가톨릭 자선단체인 '카리타스(Caritas)'에 기부된다.

Ⓖ 트레비 분수
Ⓜ MAP ❷-C
ADD Piazza di Trevi
WALK 판테온 또는 스페인 광장에서 각각 도보 8분

바다의 신 넵튠 조각상

★
처녀 수로

황제 아우구스투스(재위 기원전 27~서기 14년, 로마제국 최초의 황제) 때 지은 수로다. 수로의 수맥을 찾던 병사들이 더위로 쓰러지자 한 처녀가 나타나 물이 솟는 지점을 가르쳐주고 사라졌다는 전설 때문에 '처녀 수로'라는 이름이 붙었다. 이 수로 덕분에 로마인들은 매일 10만t의 물을 공급받을 수 있었으며, 이 수로는 2000여 년이 지난 지금까지 사용되고 있다.

❷ 계단에 앉거나 음식물 섭취는 금지!

❶ 스페인 대사관 앞 성모의 기둥. 매년 성모 축일에 화환을 걸고 교황이 미사를 주재한다.

❸ 베르니니의 아버지 피에트로 베르니니가 만든 조각배 분수

23 '스페인 계단'에 폴짝 올라서 볼까?
스페인 광장 Piazza di Spagna

❶ 바티칸 주재 스페인 대사관이 있어 스페인 광장이라 불리는 이곳은 세계 각지에서 모인 사람들로 언제나 붐빈다. 영화 <로마의 휴일>에서 앤 공주가 젤라토를 먹으며 거니는 장면으로 유명해진 바로 그 '스페인 계단'이 있는 곳이다. 정식 명칭은 ❷ 삼위일체 계단(Scalinata di Trinità dei Monti)으로, 이름처럼 135개의 계단이 3개의 테라스로 구분돼 있다. 프랑스 외교관의 유산으로 18세기에 지어졌으며, 당시에는 모델 지망생들이 화가에게 발탁되길 바라며 모여들던 장소이기도 했다.

계단 위로는 트리니타 데이 몬티 성당(삼위일체 성당)이, 아래에는 ❸ 조각배 분수가 있고, 분수 앞에는 샤넬, 구찌, 프라다, 루이비통 등 명품 브랜드 매장이 모인 콘도티 거리가 있다. 이 때문에 광장은 일행끼리 헤어져 쇼핑한 후 다시 모이는 약속 장소로도 애용된다.

Ⓖ 로마 스페인 광장
Ⓜ MAP ❷-A & ❸-B
ADD Piazza di Spagna
WALK 트레비 분수에서 도보 8분
METRO A선 스파냐(Spagna)역에서 나와 왼쪽을 보면 조각배 분수가 보인다.

계단 아래로 명품 쇼핑가가 펼쳐진다.

MORE
트리니타 데이 몬티 성당
Chiesa della Trinità dei Monti

스페인 계단 맨 위에 자리한 프랑스 소유의 성당. 15세기 프랑스인이 제작해서인지 로마에서는 보기 드문 2개의 종탑과 오벨리스크가 이채롭다. 성당 입구에 놓인 난간에 서면 스페인 광장과 코르소 거리는 물론, 로마 시내 일부까지 한눈에 들어온다. 성당 안 볼거리는 이탈리아 화가 다니엘 다 볼테라의 회화 2점. 그는 원래 올 누드화였던 시스티나 소성당의 '최후의 심판'에 가리개를 덧그려야 했던 비운의 화가다.

볼테라의 '성모 마리아 승천'

내 쇼핑 타입은 어느 쪽?

콘도티 거리 vs 코르소 거리

1. 스와로브스키 Swarovski
2. 마이클 코어스 Michael Kors
3. 알베르타 페레티 Alberta Ferretti
4. 터치 호이어 TAG Heuer
5. 셀린 Celine
6. 막스마라 Max Mara
7. 루이비통 Louis Vuitton
8. 불가리 Bvlgari
9. 구찌 Gucci
10. 디올 Dior
11. 막스앤코 Max & Co.
12. 돌체앤가바나 Dolce&Gabbana
13. 토즈 Tod's
14. 티파니 Tiffani
15. 보테가 베네타 Bottega Veneta
16. ⑲ 살바토레 페라가모 Salvatore Ferragamo
17. 에르메스 Hermès
18. 몽블랑 Mont Blanc
20. 조르지오 아르마니 Giorgio Armani
21. 까르띠에 Cartier
22. 카페 그레코 Caffe Greco
23. 프라다 Prada
24. 몽클레어 Moncler

따끈한 신상 찾기! 명품 쇼핑족을 위한

콘도티 거리 Via dei Condotti

구찌, 프라다, 루이비통 등 세계적인 명품 브랜드 매장이 모여 있는 이탈리아 쇼핑 1번지다. 패션에 관심이 많다면 쇼윈도에 진열된 최신 패션 아이템들을 구경하는 것만으로도 지루할 틈이 없다. 신상품 교체 시기가 우리나라보다 한두 시즌 빠른데다 제품군도 더욱 다양하게 선보인다.

ADD Via dei Condotti
OPEN 10:00~19:00
CLOSE 일요일 휴무(상점마다 조금씩 다름)
WALK 스페인 계단 밑의 조각배 분수 앞으로 이어지는 거리가 콘도티 거리다.

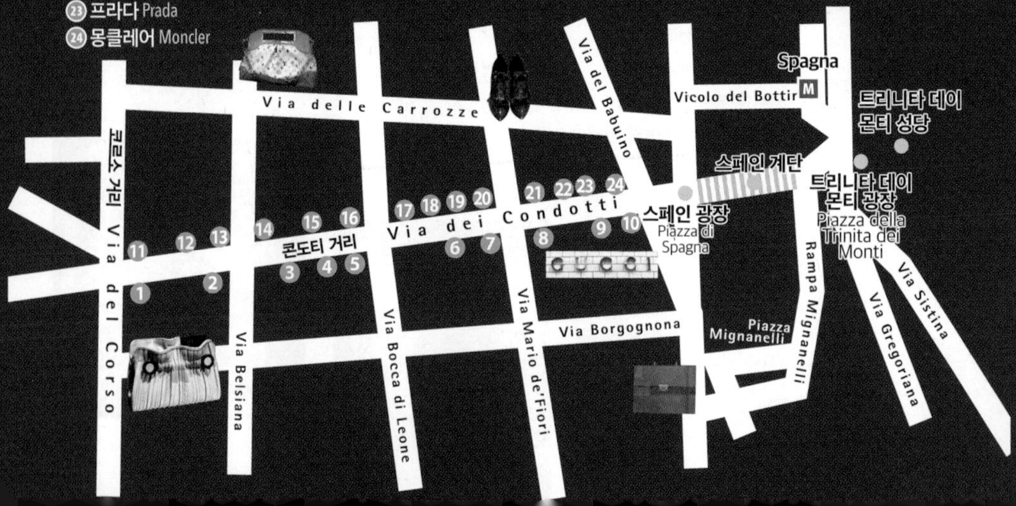

힙한 아이템 찾기! 실속파 쇼핑족을 위한

코르소 거리 Via del Corso

캐주얼 브랜드와 보세 매장이 늘어선 활기찬 거리다. 현지 젊은이들의 패션 트렌드를 읽을 수 있어서 콘도티 거리를 걷는 것과는 또 다른 즐거움이 있다. 여행 중 입을 만한 저렴한 옷이나 기념품을 구매하기에도 좋은 곳. 단, 우리나라에서도 쉽게 볼 수 있는 상품이 많으니 너무 큰 기대는 하지 말자.

ADD Via del Corso
OPEN 10:00~19:00
CLOSE 일요일(상점마다 조금씩 다름)
WALK 포폴로 광장에서 쌍둥이 성당 사이로 보이는 큰길이 코르소 거리다./콘도티 거리에서 스페인 광장 반대편으로 걸어가면 만난다.

1. 미스터 부츠 Mr. Boots
2. 노스페이스 North Face
3. 키코 Kiko
4. 세포라 Sephora
5. 나이키 NIKE
6. 풋로커 Foot Locker
7. H&M
8. 펜디 Fendi
9. 게스 Guess
10. 인티미시미 Intimissimi
11. 러쉬 Lush
12. 반스 Vans
13. 닥터 마틴 Dr. Martens
14. 아디다스 Adidas
15. 인티미시미 Intimissimi Uomo
16. 폴로 Polo
17. 디즈니 스토어 The Disney Store
18. 망고 Mango
19. 자라 Zara
20. 갈레리아 알베르토 소르디 Galleria Alberto Sordi

코르소·콘도티 거리와 함께
쇼핑 삼각지대를 이루는
바부이노 거리
(Via del Babuino)

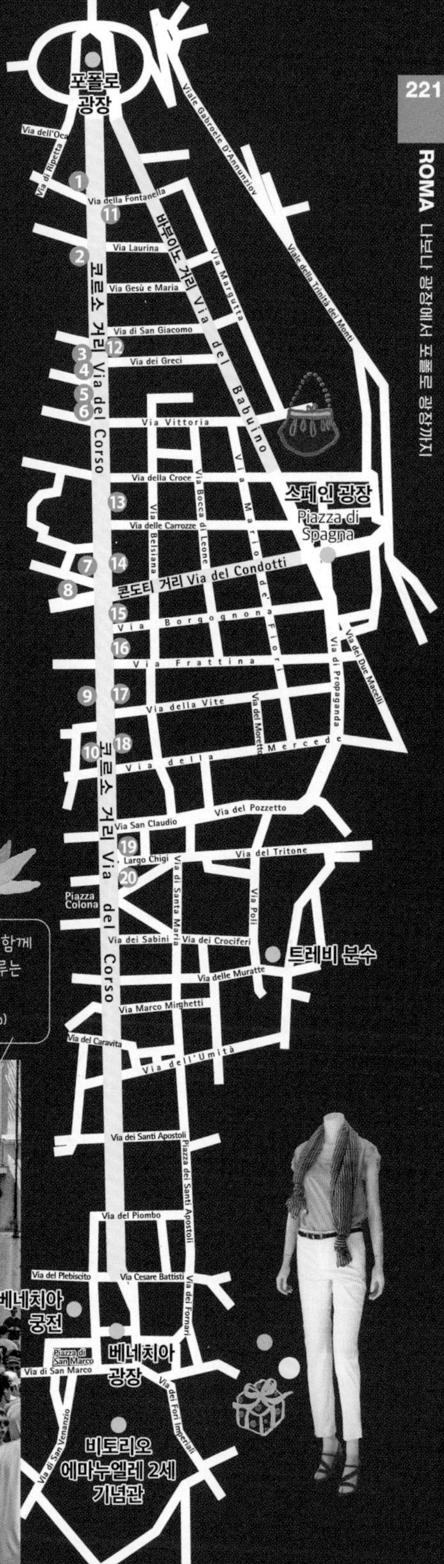

핀초 언덕에서 내려다본 포폴로 광장. 우리나라의 시청 앞 광장처럼 행사가 많이 열린다.

광장 내 분수 뒤로 핀초 언덕이 보인다.

아기자기한 산책로가 조성된 핀초 언덕

24 로마의 옛 관문이자, 민중의 광장

포폴로 광장

Piazza del Popolo

핀초 언덕(Passeggiata del Pincio)과 테베레 강 사이에 있는 넓은 광장이다. ''민중의 광장'이라는 뜻을 가진 우아한 타원형 광장으로, 야외 전시회나 공연, 축제, 집회가 열리는 장소로 애용된다. 광장 한가운데는 황제 아우구스투스가 기원전 1세기에 이집트를 정복한 것을 기념해 가져온 36m 높이의 ❶ 오벨리스크가 세워져 있고 사자상 분수와 각종 조형물이 정갈하게 놓여 있다.

남쪽으로는 코르소 거리, 바부이노 거리, 리페타 거리가 세 갈래로 뻗어 나가며, 그 입구에는 ❷ 쌍둥이 성당 '산타 마리아 데이 미라콜리'와 '산타 마리아 인 몬테산토'가 나란히 서 있다.

광장 북쪽에 있는 포폴로 문(Porta del Popolo)은 교황 피우스 4세가 16세기에 건설했으며, 100년 후 스웨덴 여왕 크리스티나를 맞기 위해 베르니니가 새롭게 장식했다. 크리스티나 여왕은 스웨덴의 예술과 학문을 부흥한 인물이었으나, 왕좌를 사촌 동생에게 넘기고 루터교에서 가톨릭으로 개종해 로마에 정착했다. 이는 루터와 칼뱅의 종교개혁으로 교황청의 권위가 떨어지던 시기였기에 가톨릭을 홍보하는 데 큰 도움이 됐다.

포폴로 문은 테르미니역이 완성되기 전까지 로마로 들어오는 사람이 가장 먼저 거쳐야 하는 관문이었는데, 실제로 기원전 220년경 만들어진 플라미니아 가도(Via Flaminia, 로마와 329km 떨어진 리미니를 잇는 고대 도로)의 출입구였다. 플라미니아 가도는 포로 로마노까지 직선으로 이어졌는데, 이는 현재 코르소 거리로 바뀌었다. 크리스티나 여왕뿐 아니라 몽테뉴, 괴테 등 유럽의 명사들도 이 문을 거쳐 로마를 방문했다.

MORE

쌍둥이 성당

❷

산타 마리아 인 몬테산토(St. Maria in Montesanto, 왼쪽), 산타 마리아 데이 미라콜리(St. Maria dei Miracoli, 오른쪽)는 바로크 건축가인 라이날디가 포폴로 광장에 포인트를 주기 위해 일부러 대칭적인 형태로 설계했다. 산타 마리아 데이 미라콜리는 둥근 돔, 산타 마리아 인 몬테산토는 타원형의 돔을 얹어 왼쪽을 오른쪽보다 좁게 설계했다. 실제 크기가 다른 두 성당이 똑같아 보이는 이유는 광장에서 보이는 부분을 같은 크기로 건축했기 때문이다.

Ⓖ 포폴로 광장 Ⓜ MAP ❸-B

ADD Piazza del Popolo
WALK 스페인 광장에서 도보 8분/트레비 분수에서 도보 17분
METRO A선 플라미노(Flamino)역에서 포폴로 광장(P.del Popolo) 방향 출구로 나가면 포폴로 문이 보인다.

❶ 오벨리스크 뒤쪽으로 보이는 문이 포폴로 문이다.

❶

카라바조의
'성 베드로의 십자가형'

❷

Option

25 구석구석 볼거리가 꽉 찬 '작은 박물관'
산타 마리아 델 포폴로 성당
Basilica di Santa Maria del Popolo

17세기 키지 예배당 앞에 추가된
'무릎 꿇은 해골' 모자이크

1472년 교황 식스투스 4세가 의뢰해 안드레아 브레뇨와 핀투리키오 등이 지은 로마 최초의 르네상스 양식 건물이다. 후에 교황 알렉산데르 7세의 요구에 따라 베르니니가 좀 더 근대적인 바로크 양식의 성당으로 바꾸었다. '작은 박물관'이라 불릴 만큼 뛰어난 예술품을 많이 소장하고 있는데, 특히 중앙 제단 바로 왼쪽의 체라시 예배당에 있는 카라바조의 ❶ '성 바오로의 개종'(1601)이 유명하다. 이 작품은 성 바오로가 기독교도를 박해하러 가는 길에 말에서 떨어지면서 하늘의 빛을 보고 눈이 먼 일화를 묘사하고 있다.

당시의 다른 화가들은 카라바조가 가장 신경 써서 그려야 하는 하늘의 빛을 구석진 곳에 희미하게 그려 넣고, 지저분한 말의 엉덩이와 마부를 너무 크고 자세히 묘사해 신성한 주제를 훼손했다며 비난했다. 카라바조는 "성 바오로의 개종은 극히 내면적인 사건이었기에 어둠 속 한 줄기 빛만으로도 하느님의 은총을 충만하게 표현할 수 있었다"라며 항변했다. 후대에 이르러 말에서 떨어진 바오로의 연약한 모습을 통해 권력을 잃은 인간이 느끼는 무기력함을, 주인을 밟지 않으려 허둥대는 말을 통해 인간보다 나은 동물의 배려심을 묘사한 작품으로 해석되어 혁신적인 종교화라는 높은 평가를 받았다.

바티칸 시스티나 소성당의
벽화 제작에도 참여한 핀투리키오의
프레스코화가 있는 델라 로베레 예배당

라파엘로가 그의 최대 후원자 아고스티노 키지를 위해 만든 ❷ 키지 예배당(Chapelle Chigi)은 후에 베르니니와 로렌체토가 <구약성서>의 예언자 다니엘과 하바꾹(하박국)의 조각상을 추가해 매우 역동적인 모습으로 변모했다.

Ⓖ 산타 마리아 델 포폴로 성당 Ⓜ MAP ❸-B

ADD Piazza del Popolo, 12
OPEN 2024년 10월(예정)까지 복원공사로 임시 휴무
PRICE 무료(약간의 헌금)
WALK 포폴로 광장 내, 포폴로 문을 바라보고 오른쪽

Eating & Drinking

로마 뒷골목에서 만난 스페인

◉ 판디비노
PanDIvino

소박한 동네 주점이지만 음식에 들이는 정성만큼은 여느 고급 레스토랑에 뒤지지 않는다. 올리브를 넣은 빵과 포카차부터 티라미수까지 모두 직접 만드는 곳. 동네 사람들끼리 모여 두런두런 이야기꽃을 피우는 소박한 분위기도 매력적이다. 스페인 살라망카 출신인 부인 덕분에 이 집의 대표 메뉴는 스페인식 타파스와 핀초다. 가장 인기 메뉴인 감자 오믈렛을 얹은 핀초(Pincho de Tortilla de Patatas)와 티라미수는 하루 한 판씩만 준비하므로 조금만 늦어도 품절이다. 수제 살라미와 치즈, 채소 절임을 넣은 샌드위치, 파니니(Panini)와 포카치아(Focaccia)도 맛있다. 음료는 스페인식 와인 칵테일 상그리아(Sangria, 4€)를 추천. 참고로 화장실은 없다.

Ⓖ VFWF+HC 로마 Ⓜ MAP ④-B
ADD Via del Paradiso, 39
OPEN 11:00~20:00
CLOSE 월·화요일
MENU 타파스 4€~, 파니니 6€~, 포카치아 8€~, 티라미수 5€, 햄 & 치즈 플레이트 24€~
WALK 나보나 광장에서 도보 3분

브루스케타에 수제 맥주 한 잔!

◉ 바게테리아 델 피코
Baguetteria del Fico

맛있는 빵과 품질 좋은 햄을 안주 삼아 독특한 수제 맥주를 마실 수 있는 가게. 벽면 가득 수제 맥주병이 가득하고, 라이트·과일 향·스위트·사워·다크 중 취향을 말하면 어울리는 맥주를 추천해준다. 간단한 식사 겸 안주로는 이탈리아식 샌드위치인 파니노나 이 집의 특기인 다양한 종류의 브루스케타(Bruschette)가 좋다. 현지인처럼 전통 햄과 치즈 맛을 제대로 맛보고 싶다면 플레이트에 도전해보자.

Ⓖ VFXC+J8 로마 Ⓜ MAP ③-D & ④-B
ADD Via della Fossa, 12
OPEN 12:00~23:00
CLOSE 월·화요일
MENU 파니니 8~13€, 브루스케타 7~10€/2개, 햄 & 치즈 플레이트 26€/1인, 와인 21€~/1병
WALK 나보나 광장에서 도보 3분

벽면 가득 다양한 맥주가 진열돼 있다.

조용한 뒷골목에 자리했다.

광장의 활기를 담은 한 끼

칸티나 쿠치나
Cantina e Cucina

젊은 층이 즐겨찾는 캐주얼 레스토랑. 나보나 광장 근처의 활기찬 분위기에 아늑한 인테리어가 매력 포인트다. 한글 메뉴판이 따로 준비돼 있을 정도로 우리나라 여행자들에게도 인기다. 카르보나라(14€), 스테이크(Tagliata di Manzo, 26€) 등 음식값은 합리적이나, 음료와 주류 가격이 비싼 편이다. 간은 전반적으로 짭짤하니 싱겁게 먹는 사람은 주문할 때 미리 얘기하자. 로즈마리와 오일을 뿌려서 구운 식전 빵(Pan per Focaccia, 7.50€)은 별도 계산된다. 식사 때 가면 웨이팅이 필요하다.

VFXC+5M 로마 MAP ❸-D & ❹-B
ADD Via del Governo Vecchio, 87
OPEN 11:00~23:30
MENU 제1요리 12.50~18.50€, 제2요리 20~26€, 디저트 7~8€
WALK 나보나 광장에서 도보 2분
WEB cantinaecucina.it

구운 감자를 곁들인 스테이크

토핑 옵션이 다양한 피자(11.50~18€)도 인기

복잡한 관광지 속 여유로운 분위기가 장점!

푸짐한 런치에 반해버렸네

라 타베르네타 48
La Tavernetta 48

나보나 광장과 판테온에서 북쪽으로 도보 4분 거리, 조용하고 깔끔한 골목 안쪽에 있는 작은 레스토랑이다. 20€에 제1요리, 제2요리, 디저트, 와인, 물까지 푸짐하게 제공되는 런치 메뉴가 여행자들 사이에서 호평을 받고 있다. 제1요리는 2가지 종류의 스파게티와 리소토, 제2요리는 돼지고기, 생선, 채소 요리 중 각각 1개씩 선택해 주문한다. 맛은 전체적으로 무난하며, 해산물 파스타의 평이 좋다.

WF2G+F6 로마 MAP ❸-D & ❹-B
ADD Via degli Spagnoli, 48
OPEN 12:00~23:00
MENU 런치 메뉴 20€, 전채 14~25€, 제1요리 20~25€, 제2요리 25~30€
WALK 나보나 광장에서 도보 4분

판테온 옆에서 살루미 구경

◉ 안티카 살루메리아
Antica Salumeria

판테온 옆에 자리 잡은 오래된 살루미 가게. 햄과 치즈는 물론이고 올리브유, 각종 소스, 저장식품이 천장과 벽을 가득 채운 이탈리아 식재료 전문점으로, 이탈리아 음식을 소개하는 미디어마다 극찬을 아끼지 않는 다양한 햄과 치즈 문화를 엿볼 수 있다. 안쪽으로 깊숙하게 들어가면 생햄을 맛볼 수 있는 간이식당도 마련돼 있는데, 특별한 취향이 없다면 인원수대로 만들어주는 살루메 & 치즈 플레이트가 무난하다. 초보자도 부담 없는 모르타델라 햄이나 생치즈의 일종인 부라타 치즈를 비롯해 특이한 식재료를 섞어서 맛볼 수 있을 뿐 아니라 빵 바구니까지 넉넉하게 곁들여 준다. 맛있는 빵에다 이것저것 발라 먹고 올려 먹으면 여유로운 오후의 식사가 완성! 다만, 관광지 한복판이라 일회용 식기류에 담아내는 모양새에 비해 가격대가 꽤 높은 편이다.

Ⓖ VFXG+MH 로마
Ⓜ MAP ❸-D & ❹-B
ADD Piazza della Rotonda, 4
OPEN 09:00~다음 날 02:00
MENU 살루메 & 치즈 플레이트 1인 20€, 와인 7€~/1잔, 스프리츠 8€
WALK 판테온을 등지고 바로 왼쪽 건물의 1층, 판테온에서 도보 1분
WEB anticasalumeriapantheon.business.site

살루메 & 치즈 플레이트(40€/2인분), 와인(7€~/1잔)

면도 소스도 내 맘대로 휙휙

◉ 웍 투 워크
Wok to Walk

네덜란드에서 시작한 중국식 볶음국수 체인점. 가성비 좋은 식당 찾기가 쉽지 않은 나보나 광장 근처라서 더욱더 반갑고, 캄포 데 피오리 시장(p246) 바로 앞이라 로컬 분위기까지 느낄 수 있다.
기본 면과 채소에 토핑을 추가하는 방식으로, 아시안 핫소스 & 데리야키소스를 조합하면 떡볶이 생각을 가시게 할 얼얼함도 맛볼 수 있다. 면은 탱글탱글한 에그 누들이나 부드러운 라이스 누들을 추천. 여기에 새우와 버섯 토핑을 추가하면 밸런스 좋은 한 끼가 완성된다.

VFWC+7W 로마 MAP ④-B
ADD Campo de' Fiori, 38
OPEN 12:00~23:30
CLOSE 월요일
MENU 볶음국수 기본(면+채소) 5.50€~, 새우 토핑(Gamberetti) 2.60€, 버섯 토핑 1.30€
WALK 나보나 광장에서 도보 4분

웍질로 내는 불 맛이 핵심!

자릿세가 없어 저렴하다.

새우 & 버섯 볶음국수(9.40€~)

시칠리아에서 건너온 전통 디저트

◉ 이 돌치 디 논나 빈첸차
I Dolci di Nonna Vincenza

빈첸차 할머니의 비법이 담긴, 시칠리아의 전통 디저트 전문점. 나보나 광장의 남쪽, 테베레 강변 주택가에서 예쁜 비주얼과 달콤한 맛으로 여행자를 유혹한다. 대표 메뉴는 대롱 모양의 바삭한 과자 안에 달달한 리코타 치즈크림을 가득 채운 칸놀로(Cannolo)와 하얀 반지 상자를 닮은 카사타(Casatta)로, 시칠리아에 들를 예정이 없다면 꼭 맛보자. 시칠리아 본점을 비롯해 밀라노, 볼로냐 등 이탈리아 전역에 지점이 있다.

VFVF+J6 로마 MAP ④-B
ADD Via dell'Arco del Monte, 98/A/B
OPEN 07:30~19:00(토·일요일 08:00~)
CLOSE 월요일
MENU 칸놀로(소) 1.40€~, 카사타(소) 1.50€~
WALK 나보나 광장에서 도보 8분

시칠리아 대표 디저트, 칸놀로

시칠리아 대표 간식, 카사타

단맛 챌린지! 과일 모양 쿠키, 마르토라나

최저가를 자랑하는
에스프레소(1.20€)

그라니타 디 카페 콘 판나.
떠먹으면 '에스프레소 콘 판나' 맛, 섞어 먹으면 '카페 라테' 맛!

모닝커피와 찰떡궁합인
마리토초

커피 덕후들의 일타 카페

◉ 라 카사 델 카페 타차도로
La Casa del Caffè Tazza d'Oro

설명이 필요 없을 정도로 유명한 로마의 대표 카페. 국내 커피 애호가들 사이에서 조금씩 알려지기 시작하더니, 이제는 로마 여행자들의 방문 1순위가 됐다. 이 집만의 부드럽고도 진한 커피 맛을 그대로 느껴보고 싶다면 에스프레소를, 쓴맛을 그다지 좋아하지 않는다면 진하고 달콤한 커피 셔벗에 생크림을 듬뿍 올린 그라니타 디 카페 콘 판나(Granita di Caffè con Panna, 4€)를 주문하자. 카운터에서 계산 후 바리스타에게 영수증을 건네면 커피를 준다. 커피 맛에 반해 원두를 사 가는 여행자들도 많은데, 다양한 포장의 원두와 네스프레소 캡슐은 선물용으로 제격이다. 서울 강남에도 지점이 있다.

Ⓖ 타짜 도로 커피 로마 Ⓜ **MAP** ❸-D & ❹-B
ADD Via degli Orfani, 84
OPEN 07:00~20:00(일요일 10:00~19:00)
MENU 에스프레소 1.20€, 카푸치노 1.50€, 그라니타 디 카페 콘 판나 4€(바 가격 기준)
WALK 판테온을 등지고 2시 방향 오른쪽에 있는 골목의 코너 건물. 도보 1분

이탈리아어로 '황금 잔'이라는 뜻의 '타차도로'

바에 서서 빠르게 마시고 가는 분위기다.

다양한 포장의 원두는 선물용으로 최고 인기!

타차도로 굿즈도 판매한다.

여기 아니면 안 되는 에스프레소

◉ 산테우스타키오 일 카페
Sant'Eustachio Il Caffè

뉴욕타임스가 '진짜 에스프레소는 여기에만 있다'며 극찬한 카페. 스푼으로 떠먹을 만큼 크레마가 풍성한 에스프레소와 그보다 더 두툼한 크레마를 자랑하는 에스프레소 그랑 카페(Gran Caffè, 3.20€)가 시그니처 메뉴다. 풍부한 거품이 오래 지속되는 크레마 레시피는 비공개로 부산 기장점에선 맛볼 수 없다. 생크림을 얹은 커피 무스(Mousse con Panna, 4.30€)와 다크 초콜릿을 입힌 커피콩 초콜릿(Chicchi di Caffè, 2€/25g)도 현지 단골들의 초이스! 테이블에서 마시면 바에 서서 마시는 것보다 3~5€ 비싸다. 설탕 없이 마시고 싶다면 주문할 때 "센차 주케로(Senza Zucchero: 설탕 빼고)"라고 말하자.

Ⓖ 산트 유스타치오 더 커피 Ⓜ **MAP** ❸-D & ❹-B
ADD Piazza di Sant'Eustachio, 82
OPEN 07:30~24:00
MENU 그랑 카페 3.20€(테이블에서 마시면 6.20€)
WALK 판테온에서 도보 2분
WEB www.santeustachioilcaffe.it

진한 커피에 설탕, 달걀, 휘핑 크림을 섞어 만든 무스 알 카페에 생크림을 얹은 무스 콘 판나(Mousse con Panna, 4.30€~)

칵테일 셰이커에 얼음과 함께 넣고 흔들어서 만든 샤케라토

황금비율의 원두는 물론 커피 관련 용품도 판매한다.

망고 라스베리 티라미수

피나 콜라다 티라미수

티라미수, 어디까지 먹어봤니?

◉ 미스터 100 티라미수
Mr. 100 Tiramisù

이탈리아의 대표 디저트 티라미수의 변신은 끝이 없다. 이름 그대로 백 가지 티라미수를 만날 수 있는 가게로, 1~100번까지 빼곡한 메뉴를 보는 것만도 한참 걸린다. 정통 클래식 티라미수는 1번, 그 외는 기본 티라미수를 잘라 즉석에서 토핑을 더 해준다. 티라미수가 너무 달다고 느낀다면 망고와 라즈베리, 패션프루트, 라임 껍질로 새콤한 과일 맛을 더한 티라미수(T. Mango, Lampone, Passion Fruit e Lime)를 추천. 진짜 술을 사용하는 티라미수(85~100번)처럼 색다른 시도도 재미있다. 코코넛 리큐어를 적신 핑거 쿠키와 파인애플을 쌓아 만든 피나 콜라다 티라미수(T. Pina Colada)는 제법 칵테일 맛이 난다.

Ⓖ VFXF+4V 로마 Ⓜ **MAP** ❸-D & ❹-B
ADD Via dei Sediari, 11/12
OPEN 12:00~23:00
MENU 티라미수 5€(포장)~
WALK 나보나 광장에서 도보 2분

투명 컵에 담아 먹는 티라미수

◉ 투 사이즈
Two Sizes

로마 티라미수계의 1인자, 폼피의 굳건한 아성에 도전하는 티라미수 전문점이다. 가게 이름처럼 스몰과 빅 2가지 사이즈가 있는데, 이왕이면 스몰 사이즈로 여러 가지 맛을 즐기길 추천한다. 인기 메뉴는 캐러멜(Caramello), 땅콩버터(Burro di Arachidi), 피스타치오(Pistachio) 등이다. 쿠키 층보다 월등히 두꺼운 크림 층이 장점이라 진한 무스 케이크를 좋아한다면 분명 마음에 들 것이다.

Ⓖ VFXC+6J 로마 Ⓜ **MAP** ❸-D & ❹-B
ADD Via del Governo Vecchio, 88
OPEN 11:00~22:00/월요일 휴무
MENU 스몰 2.50€~, 빅 3.50€~
WALK 나보나 광장에서 도보 2분

종류별로 출동 대기 중! 냉장고 속 티라미수

톡톡 초콜릿 속 젤라토가 쏘옥~

◉ 프리지다리움
Frigidarium

나보나 광장 근처에서 핫플레이스로 떠오른 젤라테리아다. 차가운 젤라토를 화이트초콜릿이나 밀크초콜릿으로 코팅해 주는 것이 특징. 젤라토의 냉기에 굳은 초콜릿을 톡톡 깨트려 먹는 맛은 또 다른 재미다. 가장 완벽한 조합은 달콤한 초콜릿 코팅과 상반되는 상큼한 과일 젤라토를 고르는 것. 망고와 딸기 등 과일 셔벗 종류는 원재료인 과일 함량이 높아서 맛이 아주 진하다.

Ⓖ VFXC+75 로마 Ⓜ **MAP** ❸-D & ❹-B
ADD Via del Governo Vecchio, 112
OPEN 11:00~다음 날 00:30(금·토요일 ~01:00, 일요일 ~24:00)
MENU 젤라토 2.50€~
WALK 나보나 광장에서 도보 4분
WEB www.frigidarium-gelateria.com

테이크아웃만 되는 작은 매장

젤라토 손에 들고 예쁘게 찰칵!

◉ 젤라테리아 델 테아트로
Gelateria del Teatro

가격에 비해 양은 적지만 재료의 신선함이 고스란히 느껴지는 명품 젤라토를 맛볼 수 있다. 유리창을 통해 젤라토 만드는 과정을 공개하는 자신감 두둑한 맛집이다. 허브향과 꿀이 어우러진 로즈마리 & 미엘레(Rosemary & Miele), 생강맛 젠제로(Zenzero) 등 상큼함이 남다르다. 바로 옆 작은 공터에는 담쟁이가 곱게 감싼 돌계단이 있는데, 고풍스러운 로마의 골목길을 배경 삼아 사진도 찍고 시원한 그늘에서 젤라토를 먹으며 잠시 쉬어 가기 좋다.

Ⓖ WF29+5Q 로마 Ⓜ MAP ❸-D & ❹-B
ADD Via dei Coronari, 65
OPEN 12:00~21:00
MENU 젤라토(콘/컵) 3.50€~
WALK 나보나 광장에서 도보 4분

진하디 진한 리얼 초콜릿 끝판왕

◉ 벤키
Venchi

로마뿐만 아니라 우리나라를 비롯해 전 세계에 여러 지점을 두고 있는 140년 전통의 초콜릿 전문점. 젤라토, 음료, 케이크 등 초콜릿으로 만들 수 있는 갖가지 디저트가 많아 초콜릿 마니아에게는 천국 같은 곳이다. 젤라토 역시 놀랍도록 진하고 풍성한 맛을 자랑한다. 골라 담을 수 있는 예쁜 초콜릿은 선물용으로 좋고, 카카오 향기가 풍부한 핫초코라테는 추운 겨울에 방한 음료로 추천. 테르미니역 안, 판테온 근처 등 로마에 여러 지점이 있다.

Ⓖ WF4J+G2 로마 Ⓜ MAP ❸-D
ADD Via della Croce, 25
OPEN 10:00~23:30(금·토요일 ~24:00)
MENU 젤라토(콘) 3.60~5.80€
WALK 스페인 광장에서 도보 3분
WEB www.venchi.com

젤라토만 120년째입니다만

◉ 졸리티
Giolitti

4대째 내려오는 젤라토 맛집이다. 제철 과일로 만들어내는 젤라토 구성이 시즌마다 바뀌며, 그중 여름 한정 수박과 복숭아는 절대 놓치지 말아야 할 맛이다. 현지인이 추천하는 피스타치오, 헤이즐넛, 초콜릿 맛도 좋지만 과육을 그대로 느낄 수 있는 딸기와 사과, 진한 다크초콜릿, 부드럽고 달콤한 리소(쌀), 새콤하고 시원한 레몬도 한 스쿱 떠보자. 빨리 고르길 재촉하는 점원의 태도가 불만 요소로 꼽히기도 하니 참고하자.

Ⓖ 지올리띠 로마 Ⓜ MAP ❸-D & ❹-B
ADD Via Uffici de Vicario, 40
OPEN 07:30~24:00
MENU 젤라토(콘/컵) 3.50~6€
WALK 판테온에서 도보 8분
WEB www.giolitti.it

입구에서 계산하고 받은 영수증을 카운터에 제출하며 맛을 고른다.

SECTION

D

테르미니역에서 보르게세 공원까지

❶ **테르미니역** → 도보 5분 → ㉖ **로마 국립 박물관** → 도보 5분 → ㉗ **산타 마리아 델리 안젤리 성당** → 도보 1분 → ㉘ **공화국 광장** → 도보 4분 → ㉙ **산타 마리아 델라 비토리아 성당** [Option ㉚ 산 카를로 알레 콰트로 폰타네 성당] → 도보 8분 → ㉛ **국립 미술관(바르베리니 궁전)** → 도보 5분 → ㉜ **비토리오 베네토 거리** [Option ㉝ 보르게세 공원] → 도보 10분 → ㉞ **보르게세 미술관** → 테르미니역까지 910번 버스 → ❶ **테르미니역**

욕장 유적을 그대로 살려 박물관으로 사용한다.

청동 문의
독특한 장식들 ❶

26 로마에서 가장 방대한 고고학 박물관
로마 국립 박물관
Museo Nazionale Romano

로마에서 가장 방대한 고고학 박물관으로, 디오클레치아노 욕장 국립 박물관, 마시모 궁전 국립 박물관, 알템프스 궁전 국립 박물관, 발비의 묘소 국립 박물관 등 4개의 박물관으로 구분돼 있다. 이 중 여행자가 가장 많이 찾는 곳은 디오클레치아노 욕장 국립 박물관으로, 황제 디오클레티아누스(재위 284~308년, 천민 출신으로 황제의 권한을 강화함)가 지은 고대 목욕탕 터다. 원래는 테르미니역 주변까지 포함된 거대한 목욕탕이었으나, 지금은 일부만 남아 박물관으로 이용된다. 잔디밭과 분수로 꾸민 정원 안에는 조각품이 전시돼 있으며, 곳곳에 목욕탕의 벽과 터가 남아 있다. 심하게 훼손되어 과거의 화려했던 모습을 엿보긴 어렵지만 오히려 곧 허물어질 듯한 모습이 더 매력적이다.

디오클레치아노 욕장 유적지에서 발굴된 유물은 마시모 궁전(Palazzo Massimo) 국립 박물관에 보관돼 있다. 대표적인 소장품은 미론의 '원반 던지는 사람', 황제들의 두상, 고대 지도, 동전, 황실 유물 등이다. 알 만한 작품은 대부분 마시모 궁전에 있으므로 시간이 부족하다면 알템프스 궁전과 발비의 묘소 국립 박물관은 지나쳐도 좋다.

디오클레치아노 욕장 박물관 Terme di Diocleziano

Ⓖ WF3X+6C 로마 Ⓜ MAP ❷-D

ADD Viale Enrico de Nicola, 78

OPEN 11:00~18:00(여름철 ~19:00)/폐장 1시간 전까지 입장

CLOSE 월요일 휴무, 12월25일·1월1일 단축 운영(매년 다름)

PRICE 14€(디오클레치아노 욕장+마시모 궁전+알템프스 궁전+발비의 묘소, 7일간 유효, 각 유적 1회씩 입장), 각 박물관 개별 입장권 10€/특별전 진행 시 요금 추가 **로마 패스**

WALK 테르미니역 앞 500인 광장에서 역을 등지고 정면으로 걸어가 큰길을 건넌 후 정원을 통과해 안쪽으로 들어가면 입구와 매표소가 있다.

WEB www.museonazionaleromano.beniculturali.it

디오클레치아노 욕장 박물관.
입구와 매표소는 노란색 건물에 있다.

마시모 궁전 국립 박물관

27 미켈란젤로가 설계한 성당
산타 마리아 델리 안젤리 성당
Basilica S. Maria degli Angeli e dei Martiri

고대 로마 목욕탕, 디오클레치아노의 욕장 건물 자재를 활용해 미켈란젤로가 지은 성당으로, 지금의 모습은 1749년 건축가 반비텔리(Vanvitelli)가 완성했다. 비교적 뒤늦게 건축해 현대적인 감각의 장식과 1700여 년 전에 만든 허물어질 듯한 외관 벽면이 묘한 조화를 이룬다. 청동 문을 장식한 독특한 조각과 파리 팡테옹을 연상케 하는 파스텔 톤의 창문, ❶ 붕대를 감은 거대한 두상, 붉은 화강암으로 만든 원기둥 등 볼거리가 다양하므로 꼭 한번 둘러보자.

Ⓖ 산타 마리아 델리 안젤리 성당 로마 Ⓜ MAP ❷-D

ADD Piazza della Repubblica

OPEN 08:00~13:00(토·일요일 10:00~), 16:00~19:00/종교행사 진행 시 입장 제한

PRICE 무료(약간의 헌금)

WALK 디오클레치아노 욕장 박물관에서 도보 5분

허물어진 유적처럼
보이는 성당 입구

파리에 있는 팡테옹과
비슷한 형태의 천장

①

①

주데발도 아바티니의 극적인 프레스코화, '성모 마리아의 대관식'

28 야경이 아름다운 광장
공화국 광장
Piazza della Repubblica

이탈리아의 통일을 기념하기 위해 조성한 광장이다. 광장 가운데에는 호수·강·바다·지하수의 요정 4명을 조각한 ① 나이아디 분수(Fontana delle Naiadi)가 있다. 마리오 루텔리가 1901년 완성했으며, 밤에 조명을 받으면 특히 아름답다. 광장 남쪽에는 로마 국립 오페라 극장이 있는데, 외관은 평범하지만 이탈리아 7대 극장 중 하나로도 꼽힐 만큼 수준 높은 공연을 선보인다. 특히 음향 효과 시설이 뛰어나 음반 녹음을 많이 하는 극장으로도 유명하다.

Ⓖ WF3W+3F 로마 Ⓜ MAP ②-D
ADD Piazza della Repubblica, 12
WALK 산타 마리아 델리 안젤리 성당 바로 앞
METRO A선 레푸블리카(Repubblica)역 하차

◆ 로마 국립 오페라 극장
Teatro dell' Opera di Roma

ADD Piazza Beniamino Gigli
WEB www.operaroma.it

29 베르니니의 조각상 '성 테레사의 환희'가 있는 곳
산타 마리아 델라 비토리아 성당
Chiesa Santa Maria della Vittoria

평범해 보이는 이 작은 성당이 널리 알려진 이유는 ① 베르니니의 '성 테레사의 환희'(1652)때문이다. 베르니니는 화려함과 역동성을 추구한 바로크 시대를 대표하는 예술가로, 건축, 그림, 조각, 무대 디자인은 물론 오페라 각본까지 쓴 다재다능한 천재였다. '성 테레사의 환희'는 베르니니의 대표작으로 성녀 테레사(Teresa de Avila, 1515~1582년)가 꿈에서 천사가 쏜 화살을 맞고 고통과 함께 환희를 느꼈다는 신비한 체험을 묘사했다.
고통과 환희를 느끼는 성녀의 표정은 사실적으로 묘사됐고 천사는 조심스럽게 다가온다. 두 인물은 공중에 떠 있으며 옷 주름은 바람에 펄럭이는 모습으로 생생하게 표현됐다. 게다가 천장화에서 시작되는 빛줄기와 발코니에서 조각상을 관람하는 듯한 관객을 표현한 부조는 성당 전체가 이 조각품을 위한 무대처럼 보이게 한다.
'성 테레사의 환희'는 지나치게 관능적이라는 지적을 받고 있는데, 이는 신자들을 인도하고자 성녀가 느낀 종교적인 기쁨을 의도적으로 강조한 것이라고 해석하기도 한다.

Ⓖ 산타 마리아 델라 비토리아 성당 Ⓜ MAP ②-C
ADD Via Venti Settembre, 17
OPEN 06:45~12:00(일요일 09:00~), 16:00~19:00/종교행사 진행 시 입장 제한
PRICE 무료(약간의 헌금)
WALK 산타 마리아 델리 안젤리 성당을 오른쪽에, 공화국 광장의 나이아디 분수를 왼쪽에 두고 정면에 보이는 세인트 레지스 호텔('Le Grand Hotel'이라고 표시된 건물) 왼쪽 길로 직진, 도보 4분/테르미니역에서 도보 12분

거북의 등 모양의 천장 돔

❶ 테베리누스의 분수

❷ 디아나의 분수

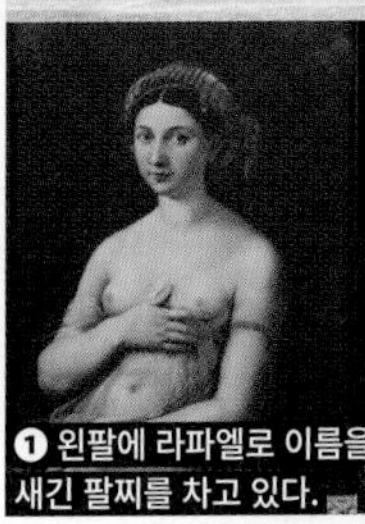

❶ 왼팔에 라파엘로 이름을 새긴 팔찌를 차고 있다.

카라바조의 '홀로페르네스의 목을 베는 유디트'

Option

30 손으로 빚은 보로미니의 역작 산 카를로 알레 콰트로 폰타네 성당 Chiesa di San Carlo alle Quattro Fontane

고전적 바로크에서 전성기 바로크로 전환하는 계기가 된 성당으로, 베르니니와 함께 이탈리아 바로크의 양대 거장으로 꼽히는 보로미니의 작품이다. 다른 성당들과 달리 타원형으로 만들어 좁은 내부 공간이 넓어 보이며, 벽은 물이 굽이치며 흐르는 듯 꾸며놓았다. 거북의 등같이 생긴 돔은 쭉 잡아당겼다가 놓으면 원 상태로 돌아갈 것 같은 탄력감이 느껴진다.

Ⓖ 콰트로 폰타네 성당 Ⓜ MAP ❷-C
ADD Via del Quirinale, 23
OPEN 10:00~13:00/종교행사 진행 시 입장 제한
CLOSE 일요일
PRICE 무료(약간의 헌금)
WALK 산타 마리아 델라 비토리아 성당에서 도보 4분
METRO A선 바르베리니(Barberini)역에서 콰트로 폰타네 거리(Via delle Quatrro Fontane)로 도보 3분

◆ 콰트로 폰타네 분수 Le Quattro Fontane

콰트로 폰타네 거리와 벤티 세템브레 거리 교차로의 네 모퉁이를 차지한 분수로, 그중 하나는 산 카를로 성당의 한쪽 면을 장식하고 있다. 1593년에 바로크 양식으로 만든 이 분수의 남성상은 강의 신인 ❶ 티베리누스와 나일을, 여성상은 여신들의 여왕 유노(헤라)와 수렵의 신 ❷ 디아나(아르테미스)를 상징한다.

31 라파엘로의 '라 포르나리나'를 소장한 미술관 국립 고전 미술관(바르베리니 궁전) Galleria Nazionale d'Arte Antica in Palazzo Barberini

산 피에트로 대성당을 완성한 교황 우르바누스 8세(재위 1623~1644년)가 교황으로 선출된 후 가족을 위해 지은 궁전. 현재는 국립 고전 미술관으로 이용되는데, 프라 필리포 리피, 라파엘로, 티치아노, 카라바조 등 이탈리아를 대표하는 화가들의 작품을 소장하고 있다. 가장 유명한 작품은 ❶ 라파엘로의 '라 포르나리나'(1520)다. 그림 속 여인은 라파엘로의 연인 '마르게리타 루티'로, 아버지가 제빵사였기 때문에 '라 포르나리나(제빵사의 딸)'라고 불렸다. 두 사람은 12년 동안 함께했지만 신분 차이와 얽매이기 싫어한 라파엘로의 성품 탓에 결혼은 하지 않은 것으로 알려졌다. 그러나 라파엘로는 그녀에게 유산의 일부를 남겼고 그녀는 그가 죽자 수도원으로 들어간 것으로 전해져 두 사람이 보통 관계가 아니었을 거라고 추측된다. 그녀는 이 그림 외에도 피렌체 피티 궁의 '베일을 쓴 여인'(1516)과 '의자의 성모' 상(1516) 등에도 등장한다.

Ⓖ WF3R+72 로마 Ⓜ MAP ❷-C
ADD Via delle Quattro Fontane, 13
OPEN 10:00~19:00/폐장 1시간 전까지 입장
CLOSE 월요일, 1월 1일, 12월 25일
PRICE 12€, 17세 이하 무료/코르시니 미술관(Galleria Corsini) 입장료 포함(20일간 유효)/매월 첫째 일요일 무료입장 로마 패스
WALK 산 카를로 알레 콰트로 폰타네 성당에서 도보 2분
METRO A선 바르베리니(Barberini-Fontana di Trevi)역에서 도보 5분
WEB www.barberinicorsini.org

그 외 대표적인 소장품

카라바조의 '홀로페르네스의 목을 베는 유디트', '나르키소스', 필리포 리피의 '수태고지', 바치차의 '잔 로렌초 베르니니의 초상화', 칸토폴리 기네브라의 '베아트리체 첸지'

바르베리니 광장의 '트리톤 분수'.
하반신이 물고기인 트리톤은 넵튠의 아들이다.

베네토 거리 입구의 '꿀벌 분수'

정식 명칭은
'빌라 움베르토 프리모'다.

32 잠시 멈춰 차 한잔 마시고 싶은 길
바르베리니 광장
Piazza Barberini

로마 여행이 시작되는 곳이 테르미니역이면 바르베리니 광장은 로마 여행의 주요 도로가 만나는 곳이다. 북쪽으로는 시스티나 거리와 비토리오 베네토 거리, 남쪽으로는 산 카를로 알레 콰트로 폰타네 성당, 서쪽으로는 트리토네 거리가 코르소 거리와 만난다.

광장 중앙에는 '트리톤 분수(Fontana del Tritone, 1643년)'가 있고, 광장에서 비토리오 베네토 거리로 들어서면 오른쪽 입구에 조개 모양의 '꿀벌 분수(Fontana delle Api, 1644년)'가 있다. 모두 베르니니의 작품으로, 두 분수 밑 부분에 있는 꿀벌은 베르니니의 최대 후원자이자 교황 우르바누스 3세를 배출한 바르베리니 가문을 상징한다.

Ⓖ WF3Q+GF 로마 Ⓜ MAP ❷-A
WALK 바르베리니 궁전에서 도보 3분
METRO A선 바르베리니(Barberini)역에서 도보 1분

MORE
비토리오 베네토 거리 Via Vittorio Veneto

싱그러운 초록빛의 가로수 아래 예쁜 카페가 늘어서 있고 그 안에서 웃고 이야기하며 오후의 나른함을 즐길 수 있는 곳. 화려한 고급 호텔, 대형 출판사, 노천카페가 즐비해 무작정 걷다 차 한잔 마시고 싶은 거리다. 이 거리가 명성을 얻기 시작한 것은 1950년대에 미국의 영화 배급사들이 로마로 몰려들면서부터였다. 페데리코 펠리니 감독의 <달콤한 인생(La Dolce Vita)>(1959)을 비롯해 당시 이 거리를 배경으로 제작된 영화가 많다. 바르베리니 광장에서 이 길을 따라 북쪽으로 올라가면 보르게세 공원이 나온다.

Option
33 번잡함으로부터 기분 좋은 탈출
보르게세 공원
Villa Borghese

보고 느끼고 감탄할 것이 많은 로마는 매력적인 도시임에 틀림없지만 그래도 대도시의 번잡함만은 피할 수 없다. 테르미니역에서 도보 20분 거리에 있는 보르게세 공원은 이런 번잡함을 피하기에 좋은 곳이다.

로마에서 가장 큰 공원으로, 공원 곳곳에서 편안한 모습으로 시간을 보내는 많은 사람의 모습에서 로마인의 사랑을 듬뿍 받는 곳임을 쉽게 느낄 수 있다. 이처럼 로마에서 오후의 한가함을 즐기기에 한없이 좋은 곳이지만 일정이 빡빡하다면 주변에 보르게세 미술관이나 포폴로 광장에 갈 때 잠시 들렀다 가라고 권하고 싶다. 음식 가격까지 부담이 없으면 좋겠지만 아쉽게도 이곳의 먹거리는 다른 곳보다 20% 정도 비싼 편이니 염두에 두자.

Ⓖ WF6P+VR 로마 Ⓜ MAP ❷-A
WALK 바르베리니 광장에서 비토리오 베네토 거리로 들어선 후 비토리오 베네토 거리 끝까지 도보 10분. 성벽(Porta Pinciana)을 지나면 바로 공원 입구가 보인다.
METRO A선 바르베리니(Barberini)역에서 도보 10분

34 티치아노와 베르니니의 걸작을 볼 수 있는 곳

보르게세 미술관

Galleria Borghese

회화만 놓고 보면 로마에서 바티칸 박물관 다음으로 소장품이 많아 로마 미술관의 자존심이라 불리는 곳이다. 베르니니, 카라바조, 티치아노, 레오나르도 다빈치 등 이름만으로도 고개를 끄덕이게 할 만한 이들의 작품을 소장하고 있다. 1613년 베르니니의 최대 후원자이자 당시의 교황인 바오로 5세의 조카로서 추기경에 임명되어 막대한 부를 쌓은 시피오네 보르게세가 만들었으나 1891년 보르게세 가문이 파산하자 정부에서 이를 사들여 일반에게 공개했다.

꼭 봐야 할 작품은 티치아노의 '신성한 사랑과 세속적인 사랑'(1514)이다. 이는 베네치아 귀족이 신부에게 줄 결혼 선물로 주문한 것으로, 티치아노에게 당대 최고의 화가라는 명성을 안겨준 작품이다.

티치아노의 '신성한 사랑과 세속적인 사랑'

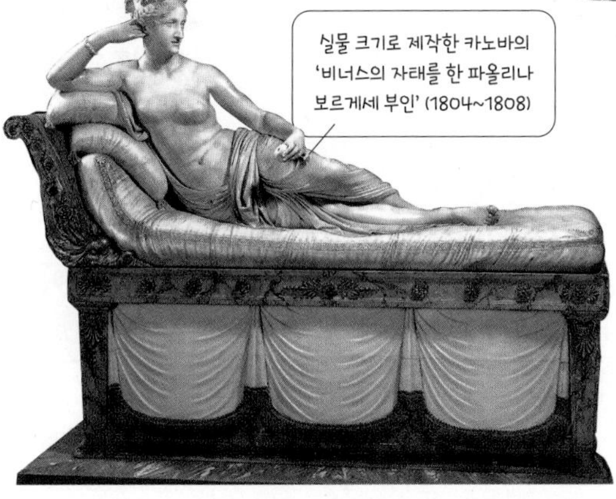

실물 크기로 제작한 카노바의 '비너스의 자태를 한 파올리나 보르게세 부인' (1804~1808)

★

예약하고 가자!

보르게세 미술관은 하루 10번, 한 번에 180명씩 예매한 사람만 입장할 수 있다. 대략 방문 예정일 2~3개월 전부터 홈페이지를 통해 입장권을 예매할 수 있으며, 예매할 때 방문 날짜와 입장 시각을 지정해야 한다. 기본 입장권부터 매진되기 시작해 요금이 비싼 가이드 투어 입장권이나 비선호 시간대만 남는다. 결제를 마친 후 이메일로 받은 바우처를 방문 당일 매표소에서 실물 티켓으로 교환해서 사용한다.

로마 패스 소지자도 무료입장하려면 예약해야 한다. 로마 패스 소지자 전용 예약 사이트(www.romapass.ticketone.it, 서비스 수수료 2€ 별도) 또는 이메일(romapass@tosc.it, 수수료 없음)을 통해 예약할 수 있다. 로마 패스를 구매하기 전에도 예약할 수 있는데, 방문할 때 반드시 로마 패스를 지참해야 한다.

Ⓖ 보르게세 미술관 Ⓜ MAP ❷-A

ADD Piazzale Scipione Borghese, 5

OPEN 09:00~19:00(성수기 목요일 ~22:00)/1시간 간격 입장(마지막 입장 17:45)/관람 시간 2시간 제한/예약 필수

CLOSE 월요일, 1월 1일, 12월 25일

PRICE 15€(마지막 입장은 10€, 예약비 2€ 포함), 17세 이하 무료/특별전 진행 시 요금 추가/매월 첫째 일요일 무료입장(예약비 별도)

WALK 보르게세 공원에서 'Galleria Borghese' 이정표를 따라 도보 10분

BUS 500인 광장에서 92번·223번·360번·910번을 타고 핀차나(Pinciana~Museo Borghese) 정류장에서 하차하면 왼쪽에 공원 입구가 보인다.

WEB galleriaborghese.beniculturali.it(VPN 우회 필요)
예약 www.tosc.it

Zoom In & Out
보르게세 미술관

티치아노의 '신성한 사랑과 세속적인 사랑'(1514)

언뜻 보기에 옷을 벗고 있는 여인의 모습이 세속적인 사랑을 표현하는 것 같지만 반대로 이해해야 한다. 고대 로마 시대부터 나체는 오랫동안 '순수'와 '신성함'의 상징이었기 때문이다. 왼쪽의 드레스를 입은 여인은 결혼, 다산을 상징하는 '육체적인 사랑'을 의미한다. 티치아노는 이 작품 속에서 결혼 생활에서는 육체적인 사랑과 정신적인 사랑이 서로 어우러져야 한다는 사실을 특유의 은유적 기법으로 표현했다. 들춰보고 싶은 유혹에 빠져든다는 평을 듣는 재미있는 작품이다.

❶ 흰색 드레스, 장갑, 늘어뜨린 머리카락은 결혼과 다산을 상징한다.
❷ 나체와 램프는 비너스 여신처럼 영원하고 신성한 존재임을 암시한다.
❸ 두 여인 사이에서 물을 젓고 있는 큐피드는 두 사랑이 조화를 이루어야 함을 뜻한다.
❹ 드레스를 입은 여인의 뒤쪽에는 다산을 상징하는 토끼가 그려져 있다.
❺ 나체의 여인 뒤쪽에는 변함없는 자연이 펼쳐져 있다.

카라바조의 '과일바구니를 든 소년'
(1593~1594)

카라바조의 '다비드'(1609~1610)

카라바조가 말년에 그린 작품 중 하나. 골리앗의 잘린 머리를 내려다보며 칼날에 묻은 핏자국을 바지에 문질러 닦는 다비드의 모습을 표현했다. 카라바조는 거인 골리앗의 모습을 통해 현재 자신의 모습을, 소년 다비드의 모습을 통해 순수했던 어릴 적 자신의 모습을 나타내려고 했다. 동료 라누치오를 살해한 후 오랜 도피 생활로 지친 몸과 마음, 자신의 과거에 대한 후회를 엿볼 수 있다.

카라바조의 '글을 쓰는 성 제롬'
(1605~1606)

베르니니의 '아폴로와 다프네'(1622~1625)

베르니니의 초기 걸작으로, 보르게세 미술관의 미술품 중에 가장 화려하고 아름답다. 현명하고 아름다우며 궁수의 신이기도 한 아폴로는 어느 신보다 크고 아름다운 황금빛 활을 가지고 있었다. 어느 날 아폴로는 큐피드의 작은 활과 화살을 비웃으며 놀려댔는데, 자존심이 상한 큐피드는 복수를 한다. 큐피드는 사랑에 빠지게 하는 황금 화살과 함께 상대방에게서 영원히 달아나게 만드는 납 화살을 가지고 있었는데, 아폴로에게는 황금 화살을, 아름다운 숲 속의 요정 다프네에게는 납 화살을 쏘았다. 다프네에게 격렬한 사랑을 느낀 아폴로는 숲 속에서 다프네를 쫓았으나, 납 화살을 맞은 다프네는 필사적으로 도망쳤다. 마침내 아폴로의 손이 그녀에게 닿으려는 순간 다프네는 아버지 페네오스 강에 호소해 월계수로 변해버리고 만다. 이 작품은 바로 이 비극적인 순간, 아폴로의 손이 닿자 다프네가 월계수로 변하기 시작하는 순간을 포착한 것으로 끔찍할 만큼 뛰어난 역동성이 돋보인다. 만지면 부서질 것처럼 창백하고 생각 외로 커서 더욱 놀랍다.

베르니니의
'페르세포네를 납치하는 하데스'
(1621~1622)

베르니니의
'다비드'
(1623~1624)

라파엘로의 '예수를 십자가에서 내림'
(1507)

베로네세의 '세례 요한'
(1562)

★
그 외 대표적인 소장품

카라바조의 '병든 바쿠스', 파르미자니노의 '남자의 초상', 페루지노의 '성 모자상', 코레조의 '다나에', 티치아노의 '큐피드에게 눈가리개를 하는 비너스' 등

Eating & Drinking

맛있는 건 다 있는 푸드코트

◉ 메르카토 첸트랄레
Mercato Centrale

부라타 치즈를 통째로 넣은 파니니

테르미니역에서 배가 고플 땐 멀리 갈 필요 없이 역내 푸드코트를 이용해보자. '중앙시장'이라는 뜻을 가진 재래시장 콘셉트의 푸드코트에서는 즉석에서 구워내는 피자와 생면 파스타, 햄버거, 트러플 요리, 신선한 샐러드와 해산물 요리 등 다양한 먹거리를 맛볼 수 있고, 햄·치즈·와인·빵·젤라토 가게도 입점해 있다. 식사때마다 인근 직장인들이 몰려드는 핫플레이스. 테이블에 앉으면 음료 주문을 담당하는 직원이 온다.

로마의 대표 간식, 수플리

G WG22+GJ 로마 M MAP ❷-D & ❺-B

ADD Roma Termini, Via Giovanni Giolitti, 36

OPEN 07:30~24:00

MENU 아란치노 4€, 샌드위치 5€~, 치킨버거 10€, 트러플 파스타 12~20€, 조각 케이크 6.80€

WALK 테르미니역에서 24번 플랫폼 방향 출구로 나가 관광 안내소 표지판이 가리키는 문 안으로 들어간다. 도보 2분

WEB www.mercatocentrale.it

미니 피자, 피체테(Pizette)

잘라서 판매하는 로마식 피자

MORE

로마인이 최애하는 식재료 아티초크 Artichoke

아티초크는 고대 로마 시절부터 사랑받아온 이탈리아의 대표적인 전채 요리 재료다. 생감자와 비슷한 식감에 쌉싸래하면서도 소박한 단맛을 지닌 아티초크는 그 자체로는 그다지 특별한 맛이 없지만 다음 차례에 나오는 음식을 한층 달콤하게 만들어주는 역할을 한다. 대개 버터에 가볍게 굽거나 튀긴 후 올리브유를 듬뿍 뿌려 레몬을 곁들여 먹는다.

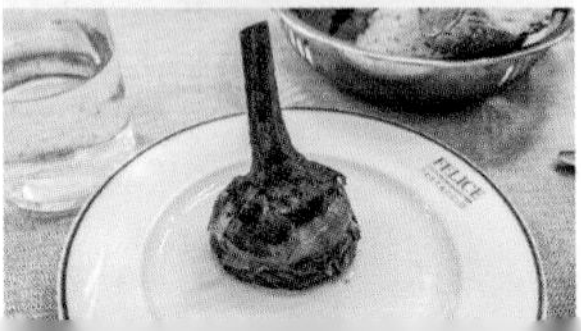

젤라토 '본캐' 등장이오!

라 로마나
La Romana

로마 최고의 젤라테리아를 물었을 때, 현지인들이 1초의 망설임도 없이 추천하는 젤라테리아. 관광지에서는 접근성이 좋지 않지만 일부러라도 찾아갈 가치가 충분한 곳이다. 창업 연도부터 꾸준히 사랑받아온 크림 젤라토(Crema dal 1947)를 비롯해 하나만 고르기 괴로울 만큼 특별한 맛의 젤라토가 가득하다. 매번 개발하는 실험적인 젤라토 중에서는 헤이즐넛이 들어간 이탈리안 머랭 젤라토(Meringa alla Nicciole)를 강력 추천한다. 생크림처럼 부드러우면서도 흐물거리지 않고 쫀쫀한 젤라토의 질감이 단연 챔피언 감이다.

WF5X+4H 로마 MAP 2-B
ADD Via Venti Settembre, 60
OPEN 12:00~24:00
MENU 2가지 맛 3€, 3가지 맛 3.50€, 4가지 맛 4€
WALK 산타 마리아 델라 비토리아 성당 정면을 바라보고 오른쪽으로 도보 7분/테르미니역에서 도보 13분
WEB www.gelateriaromana.com

새콤한 과일 향을 가미한 노란 크림 젤라토와 가볍고 깔끔한 맛의 레몬 젤라토

한적한 주택가에 숨어 있는 가게

최상의 상태를 유지하기 위해 뚜껑을 덮어 보관한다.

피자를 고르면 화덕에서 구워준다. 진열대에 없는 것은 메뉴판을 보고 주문한다.

로마 힙쟁이들의 피자 맛집

핀세레
Pinsere

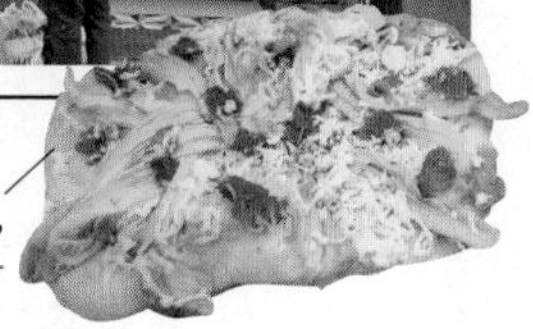

시즌 한정, 호박꽃을 올린 피자

빵처럼 폭신하고 도톰한 도우에 갖가지 토핑을 풍성하게 올린 피자를 주문 즉시 화덕에서 구워 따끈하게 맛볼 수 있다. 모양도 맛도 독특해 현지 미디어에도 자주 소개되는 피체리아다. 토핑은 눈으로 보며 취향껏 선택할 수 있는데, 색다른 맛을 원한다면 호박꽃이 예쁘게 올라간 피자를 골라보자. 제철 한정인 달콤한 호박꽃이 입맛을 돋운다. 내부는 간단히 서서 먹는 스탠딩 테이블만 있다.

핀세레 로마 MAP 2-B
ADD Via Flavia, 98
OPEN 10:00~21:00
CLOSE 토·일요일
MENU 피자 5~7.50€, 음료 2.50€~, 맥주 3.50€~
WALK 산타 마리아 델라 비토리아 성당에서 도보 6분
WEB www.facebook.com/Pinsere

조금 멀지만 먹으러 가고 싶어

로마 No.1 디저트숍

무적의 로마 명물 크림빵 맛집

◉ 레골리
Regoli Pasticceria

달콤한 마리토초와 향긋한 카푸치노로 로마의 아침을 깨우는 100년 전통의 베이커리. 모두의 커피잔 옆에는 부드러운 브리오슈에 생크림을 듬뿍 채운 로마 명물 크림빵 마리토초(Maritozzo con Panna, 2.50€~)가 놓여 있다. 반으로 가른 빵 위에 생크림으로 산을 만들었지만 보기보다 느끼하지 않다. 그 외 버터 향 가득한 타르트에 야생딸기와 크림을 가득 올린 산딸기 토르티네(Tortine Fragoline di Bosco, 7€)도 인기이고, 시칠리아 전통 간식 칸놀리(Cannoli, 3.50€) 등 다양한 빵과 디저트가 있다. 테이크아웃 전문이지만 바로 옆 동명의 카페로 가면 베이커리에서 주문한 빵과 디저트를 커피와 함께 먹을 수 있다.

Ⓖ VGV2+W9 로마 Ⓜ MAP ⑤-B
ADD Via dello Statuto, 60
OPEN 07:00~19:00
CLOSE 화요일, 7월 중순~9월 초
MENU 마리토초 2.50€~, 산딸기 토르티네 7€
WALK 산타 마리아 마조레 성당에서 도보 5분/테르미니역 24번 플랫폼 방향 출구에서 도보 10분
WEB www.pasticceriaregoli.com

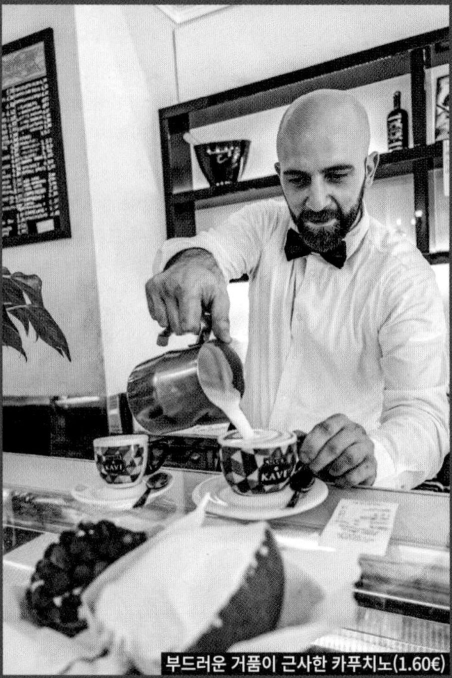
부드러운 거품이 근사한 카푸치노(1.60€)

산딸기 토르티네와 마리토초

시칠리아 전통 간식 칸놀리(Cannoli, 3.50€) 등 다양한 빵과 디저트가 포진해 있다.

카페 테이블이 5개 정도라 보통 카페의 바에 서서 먹는다.

이탈리아 티라미수의 본진

폼피(본점)
Pompi

줄 서서 먹는 로마 최고의 티라미수 가게, 폼피의 본점. 분위기 있는 야외 테이블에서 예쁜 접시에 담아 먹어도 테이크아웃과 같은 가격인 데다, 저녁이면 칵테일을 즐기러 온 현지 젊은이들까지 가세해 활기가 넘친다. 오리지널 티라미수인 클라시코 외에도 망고, 복숭아, 피스타치오, 솔티 캐러멜, 피나콜라나 등 변화무쌍한 티라미수를 맛볼 수 있으며, 딸기와 부드러운 크림이 환상적인 딸기 티라미수(5€)도 추천. 트레비 분수(좌석 있음)와 스페인 광장 근처(테이크아웃), 바티칸(테이크아웃) 등에도 지점이 있다.

Ⓖ VGJ7+5F 로마
ADD Via Albalonga, 7b
OPEN 07:00~23:45(금·토요일 ~다음 날 01:00)
CLOSE 7~8월 중 약 2주간
MENU 티라미수 5€~, 칵테일 6€~
METRO A선 Re di Roma 역에서 왼쪽 출구로 나가 길을 건넌다. 오른쪽에 있는 조각 피자 가게를 끼고 우회전 후 조금 더 가면 왼쪽에 보인다. 도보 2분
WEB www.barpompi.it

프로세코+엘더플라드 시럽+라임+민트 조합의 휴고와 스프리츠(6€). 칵테일에는 푸짐한 안주가 곁들여 나온다.

딸기+베리 티라미수(Tiramisu Frutti di Bosco, 5€). 코코아 파우더 대신 베리 시럽을 뿌려준다.

망고와 복숭아, 피스타치오, 솔티 캐러멜, 피나 콜라다까지. 티라미수는 무한 변신 중!

리소+피스타치오+초콜릿 젤라토

한국 여행자들이 픽한 젤라테리아

파시
Fassi

1880년 문을 열어 이탈리아 젤라테리아 중 가장 긴 역사를 자랑한다. 안으로 들어서면 140년이 넘는 전통을 증명하는 오랜 신문 기사와 수상 경력이 벽면을 가득 채우고 있다. 우리나라 여행자가 즐겨 찾는 메뉴는 리소(Riso)와 피스타치오(Pistachio). 쌀로 만든 리소의 달콤하고 부드러운 맛과 피스타치오의 쫄깃하고 고소한 맛이 일품이다. 주변에 한인 민박이 많아 숙소 주인장들이 즐겨 추천하고 상대적으로 가격이 저렴한 것도 유명세에 한몫한다. 우리나라에 10여 개의 지점이 있다.

Ⓖ VGV5+C6 로마 Ⓜ MAP ❺-B
ADD Via Principe Eugenio, 65
OPEN 12:00~21:00(금·토요일 ~24:00)
CLOSE 월요일(여름철에는 오픈)
MENU 젤라토(콘/컵) 2~4.50€
WALK 테르미니역에서 24번 플랫폼 방향 출구에서 도보 15분
WEB www.gelateriafassi.com

콘과 컵뿐 아니라 젤라토바, 케이크 등으로도 제공한다.

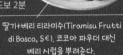

눈길 가는 여행지

로마 성지순례

한 여름 내린 눈 위에 지은 성당

산타 마리아 마조레 성당 Basilica di Santa Maria Maggiore

"8월 5일, 눈이 내릴 것이니, 그곳에 나를 위한 성당을 세우라."
4세기 무렵, 교황 리베리우스 1세(재위 325~366년)의 꿈에 성모 마리아가 나타나 이 같은 예언을 했다. 한여름이었지만 예언대로 에스퀼리노 언덕 위에 눈이 내렸고, 교황은 성모 마리아를 위해 성당을 지었다. 그래서 이 성당에서는 매년 8월 5일 미사에서 눈을 상징하는 하얀 꽃을 뿌린다. 이후 여러 번 증축 공사를 해 1743년에 이르러 지금의 모습을 갖췄다. 성당 안에는 예수가 태어난 말구유가 있으며, 15세기에 콜럼버스가 신대륙에서 처음 가져온 금으로 만든 격자무늬 천장 장식이 장관을 연출한다. 성당 정면에 있는 오벨리스크는 1614년에 포로 로마노의 바실리카 막센티우스에 있던 기둥을 옮겨온 것. 성당 후면에는 교황 식스투스 5세가 1587년 이집트에서 가져온 오벨리스크가 있다.

발다키노(교황의 제단).
아래에는 예수가 탄생한 말구유와
추기경 로드리게스의 무덤이 있다.

Ⓖ 산타마리아마조레 로마
Ⓜ MAP ❷-D & ❺-B
ADD Piazza di Santa Maria Maggiore
OPEN 07:00~19:00/종교행사 진행 시 입장 제한
PRICE 무료/보물관 3€, 유적 5€, 로지아+모자이크 5€
WALK 테르미니역 24번 플랫폼 방향 출구에서 도보 5분

라테라노 광장. 왼쪽이 대성당이고
오른쪽은 라테라노 궁전이다.

Ⓖ 산조반니인라테라노 Ⓜ MAP ❺-D
ADD Piazza San Giovanni in Laterano, 4
OPEN 07:00~18:30
PRICE 무료(약간의 헌금)
METRO A선 산 조반니(San Giovanni)역에서 도보 3분

교황이 머물던 세계 최초의 성당

산 조반니 인 라테라노 대성당 Basilica di San Giovanni in Laterano

콘스탄티누스 황제가 기독교를 공인한 313년부터 로마 주교가 머물면서 성당으로 사용한, 세계 최초의 성당. 산 피에트로 대성당, 산타 마리아 마조레 성당와 함께 로마의 3대 성당으로 꼽히는 곳으로, 아비뇽 유수(1309~1377년에 7대에 걸쳐 교황청이 프랑스 아비뇽으로 이전한 사건) 전까지 약 1000년간 교황이 머물렀다. 수많은 순례자가 이곳을 찾는 이유는 예수가 십자가 형을 선고받은 재판에서 밟고 올라간 계단인 '스칼라 산타(Scala Santa)' 때문. 스칼라 산타는 원래 예루살렘에 있었는데, 콘스탄티누스 황제의 어머니인 헬레나가 로마로 옮겨왔다. 신성한 장소인 만큼 무릎으로만 오를 수 있다. 그밖에 50년에 한 번 대희년에만 열리는 성스러운 문과 교황만이 미사를 집전할 수 있는 교황의 제단, 예수가 최후의 만찬 때 사용했다고 전해지는 테이블의 일부(매년 부활절 일요일에만 공개) 등이 있어 기독교인이라면 한 번쯤 들러볼 만하다.

성 베드로의 쇠사슬.
중앙 제단 아래에 있는 성물함에 보관돼 있다.

미켈란젤로의 '모세' 상

미켈란젤로의 3대 조각상이 있는 곳

산 피에트로 인 빈콜리 성당 Basilica di San Pietro in Vincoli

성 베드로가 예루살렘 감옥에 있을 때 사용된 쇠사슬을 보관하기 위해 황제 발렌티니아누스 3세(재위 432~442년) 때 지은 건물. '빈콜리'는 쇠사슬이라는 뜻이다. 이 성당의 또 다른 볼거리는 미켈란젤로의 3대 조각상으로 꼽히는 '모세' 상이다. 머리에 뿔이 있는 2.35m 높이의 이 조각상은 모세가 하느님에게서 받은 십계명을 들고 막 일어서는 순간을 생생하게 표현했다. <구약성서>에 "모세의 얼굴에서 빛이 났다"는 문구가 있는데, '빛(cornatum)'이라는 그리스어가 뿔(cornatus)이라는 라틴어로 잘못 번역돼 12~16세기에 제작된 모세 상에는 머리에 뿔이 달려 있다.

G 쇠사슬의 성 베드로 성당 M MAP 5-A

ADD Piazza San Pietro in Vincoli, 4A
OPEN 08:00~12:30, 15:00~19:00(10~3월 ~18:00)
PRICE 무료(약간의 헌금)
METRO B선 카부르(Cavour)역에서 도보 3분

초기 기독교 정신을 느낄 수 있는 곳

도미틸라 카타콤베 Catacombe di Domitilla

카타콤베는 기독교도의 지하 공동묘지를 뜻한다. 초기에는 성인의 시신을 안치하기 위해 마련했으나 점차 일반인도 여기에 묻히길 원해 로마에만 크고 작은 카타콤베가 60곳 이상 생겼다. 현재 일반인에게 공개하는 카타콤베는 총 5곳이며, 그중 하나가 도미틸라 카타콤베다.

안으로 들어가면 좁은 길을 따라 좌우에 침대만한 무덤이 층층이 들어서 있다. 크기가 작은 것은 어린이의 무덤이며, 방처럼 넓은 공간은 가족 묘지다. 석관은 일부 부유층의 무덤이며, 일반인들은 관 없이 헝겊으로 감은 후 올리브오일을 바른 채 안치했다. 양옆으로 미라가 펼쳐지는 광경이 상상되겠지만 화학 처리를 하지 않고 5세기 이전에 안치했기 때문에 바스러진 뼈 조각 또는 한 줌의 흙으로만 남아 있다. 기독교가 박해받던 시절에는 신자들의 은밀한 예배 장소로 이용되기도 했다. '주여, 어디로 가시나이까'라는 말로 유명한 쿼바디스 성당도 도보로 15분 거리에 있다.

G 도미틸라 카타콤베

ADD Via delle Sette Chiese, 282
OPEN 09:00~12:00, 14:00~17:00/개별 여행자는 카타콤베 신부님들의 가이드를 받아야 입장할 수 있다(가이드 비용은 입장료에 포함). 홈페이지를 통해 방문 전 예약한다.
CLOSE 화요일, 1월 1일, 12월 25일, 11~2월 사이에 근처의 카타콤베와 돌아가면서 1달 정도 휴관
PRICE 10€, 15세 이하 학생 7€, 5세 이하 무료
BUS 500인 광장에서 714번 또는 또는 베네치아 광장에서 30번·160번을 타고 나비가토리 광장(Piazza Navigatori) 정류장에서 하차 후 도보 10분
WEB www.catacombedomitilla.it

Shopping & Walking

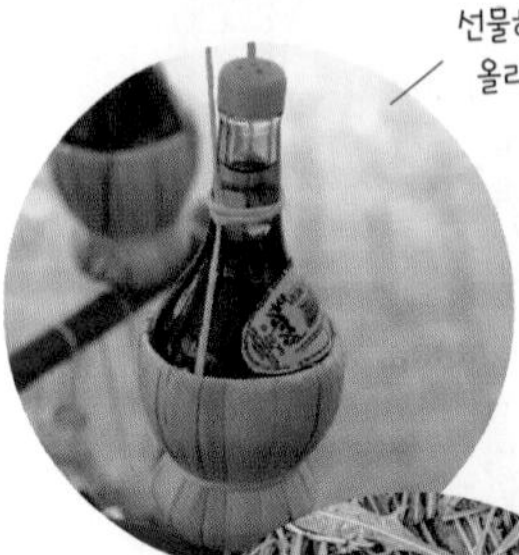

나보나 광장에서 가까워요

◈ 캄포 데 피오리 시장
Campo de' Fiori

분수와 오벨리스크가 있는 광장에 들어선 시장. 알록달록한 꽃, 신선한 과일과 생선, 치즈와 와인 등 로컬들의 먹거리로 꽉 채워진 노점상이 죽 늘어서 있다. 올리브오일, 리몬첼로, 유리 공예품 등 다른 도시의 특산품도 엿볼 수 있어서 생과일 주스 한 잔이나 조각 과일을 맛보며 가볍게 구경하기 좋은 곳이다. 여행자들에게 제일 인기 있는 쇼핑 아이템은 선물하기 좋도록 예쁘게 포장된 각종 식자재다.

Ⓖ 캄포 데 피오리 로마 Ⓜ MAP ❹-B
ADD Campo de' Fiori
OPEN 07:00~14:00
CLOSE 일요일
WALK 나보나 광장에서 도보 5분

아빠가 만들고 딸이 파는 레몬주

◈ 라 부티크 델 리몬첼로
La Boutique del Limoncello

나보나 광장을 오가며 들르기 좋은 리몬첼로 전문점. 반도의 남쪽 끝, 돌체앤가바나의 향수 원료로 사용될 만큼 향기로운 칼라브리아산 레몬으로 아빠가 만든 술을 관광객이 많은 로마의 목 좋은 자리에서 딸이 판매한다. 리몬첼로는 병 크기가 다양하고 샘플을 마셔 본 후에 구매할 수 있어서 좋다. 리몬첼로 맛 사탕과 칼라브리아 지역의 과일로 만든 잼(Marmellate), 초콜릿, 소스 등도 판매한다.

Ⓖ VFXC+6G 로마 Ⓜ MAP ❸-D & ❹-B
ADD Via del Governo Vecchio, 94
OPEN 11:00~20:00
PRICE 리몬첼로 3.50€~, 리몬첼로 맛 사탕 4€~
WALK 나보나 광장에서 도보 3분
WEB la-boutique-del-limoncello.business.site

여행자가 많이 다니는 골목의 아주 작은 가게다.

'먹부림'을 부르는 프리미엄 마켓

◈ 이탈리
Eataly

'더 잘 먹고 더 잘 살자(Eat Better Live Better)'는 모토로 이탈리아에서 오픈한 신개념 복합 음식문화 공간. 식품점과 레스토랑이 함께 있는 대형 푸드 마켓이라고 생각하면 된다. 이탈리아에서 생산한 제철 식자재를 판매·요리하며, 특히 와인이나 치즈, 햄, 주방 도구에 관심이 많다면 다녀올 만하다. 곳곳에 포진한 셀프 레스토랑에서 뷔페처럼 골라 먹을 수 있어 다양한 입맛의 여행자들이 찾기에도 좋다. 우리나라(판교, 여의도)에서도 만날 수 있다.

Ⓖ VFCP+FJ 로마
ADD Piazzale 12 Ottobre 1492
OPEN 09:00~24:00
METRO B선 Piramide 역 하차 후 이탈리 입구까지 이어지는 보행자용 터널을 따라간다. 도보 10분
WEB www.eataly.it

존재감 넘치는 로마 대표 아웃렛

◈ 카스텔로마노
Designer Outlet Castelromano McArthurGlen

피렌체에 '더몰'이 있다면 로마에는 '카스텔로마노'가 있다. 에트로, 페라가모, 제냐, 코치, 훌라, 휴고 보스 등 고급 브랜드에서 주방용품과 유아용품 매장 등 전문 매장까지 150여 개가 넘는 브랜드를 30~50% 저렴한 가격에 구매할 수 있다. 단, 구찌와 프라다 매장은 없고 로마 외곽에 있어 교통편이 불편하다는 점을 참고하자. 셔틀버스(Navetta)를 이용하는 것이 가장 편하며, 그 외의 시간에는 기차를 타고 포메치아(Pomezia)역에서 내려 택시를 타고 가는 방법밖에 없다(약 20분, 20€).

Ⓖ PC8V+PQ 로마
ADD Via del Ponte di Piscina Cupa, 64(로마 외곽)
OPEN 10:00~20:00
CLOSE 1월 1일, 12월 25·26일
SHUTTLE BUS 로마 시내에서 25km. 메트로 B선 EUR Fermi 역에서 출발하는 셔틀버스를 이용한다. 왕복 10€/1인(9세 이하 무료)
시내 출발: 10:00, 11:00, 13:00, 15:00, 17:00(하루 5회)
아웃렛 출발: 12:00, 14:00, 16:00, 19:00(하루 5회)
WEB www.mcarthurglen.com/en/outlets/it/designer-outlet-castel-romano

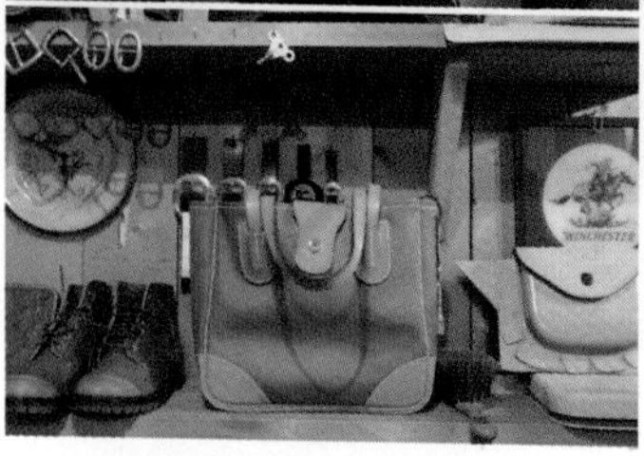

가죽 장인의 작업 공간 엿보기

◈ 페데리코 폴리도리
Federico Polidori

각계 유명인사들의 러브콜을 받는 로마 최고의 가죽 장인 페데리코 폴리도리가 가게 안에서 직접 가죽을 손질하고 만드는 모습을 볼 수 있다. 명품 브랜드 이상의 가치를 지닌 최고의 수제 가죽 가방을 찾는 사람이라면 꼭 한번 들러보자. 가방 200€~.

Ⓖ VFXH+3H 로마 Ⓜ **MAP** ❸-D & ❹-B
ADD Via del Piè di Marmo, 7/8
OPEN 09:00~13:00, 14:30~19:00(월요일 14:30~)
CLOSE 일요일, 월요일 오전
WALK 판테온에서 도보 3분
WEB federicopolidori.com

커피 애호가의 필수템!

◈ 비알레티
Bialetti

이탈리아 국민 모카 포트 비알레티의 로마 공식 매장. 이탈리아 여행 머스트 해브 아이템으로 자리 잡은 팔각형 모양의 알루미늄 모카 포트는 에스프레소 맛을 균일하게 뽑아내는 우수한 성능 덕에 인기가 높다. 착한 가격에 구매 욕구는 더욱 상승! 시즌마다 다양한 디자인을 선보이며, 매장 안에는 우리나라에서 볼 수 없는 독특한 디자인도 많다. 에스프레소 잔, 원두 보관용 통 등 각종 커피 도구와 세련된 주방용품도 그냥 지나치기 힘들다.

Ⓖ WF2J+Q9 로마 Ⓜ **MAP** ❸-D
ADD Largo Chigi, 5
OPEN 10:00~20:00
WALK 트레비 분수에서 도보 4분
WEB www.bialettigroup.it

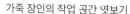

오직 이탈리아에서만 이 가격!

◈ 산타 마리아 노벨라 화장품
Farmaceutica di Santa Maria Novella

이탈리아를 대표하는 프리미엄 화장품 브랜드. 13세기에 피렌체 도미니크회 수도사들이 천연 재료로 만들던 약에서 발전해 지금은 전 세계에 지점을 둘 정도로 유명해졌다. 이탈리아 매장에서는 한국보다 훨씬 저렴하게 구매할 수 있고, 한글 설명서와 한국어를 하는 직원도 있어서 우리나라 여행자들이 즐겨찾는다. 매장 규모는 피렌체보다 작지만 제품 가격은 동일하다. 154.95€ 이상 구매 시 세금 환급 가능.

Ⓖ VFXF+FG 로마 Ⓜ MAP ❸-D & ❹-B
ADD Corso del Rinascimento, 47
OPEN 10:00~19:30
CLOSE 1월 1일, 12월 25·26일
WALK 나보나 광장에서 도보 2분
WEB www.smnovella.com

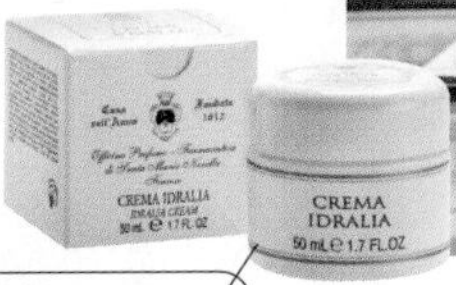

인기 No. 1 이드랄리아 크림(Crema Idralia)

올리브로 만든 비누(6€)

내 피부엔 순한 것만 주고 싶어

◈ 에르보리스테리아 바르베리니 레르볼라리오
Erboristeria Barberini L'Erbolario

이탈리아에서는 천연 재료만을 사용해 만든 생활용품 판매점을 '에르보리스테리아'라고 한다. 주로 허브를 이용한 비누, 샴푸, 화장품 등 뷰티 제품을 판매하며, 매장에서 간단한 피부 테스트도 해볼 수 있다. 아토피성 피부에 좋은 저자극 올리브 비누(Sapone)는 개당 6€ 정도. 탈모 및 두피 케어 제품은 10€대부터 다양한 가격대가 형성돼 있다. 참고로 이탈리아에서는 정부가 탈모를 '국민병'으로 지정하고 지원을 아끼지 않기 때문에 탈모 제품의 질이 뛰어난 편이다.

Ⓖ 에르보리스테리아 Ⓜ MAP ❷-C
ADD Via della Panetteria, 8
OPEN 11:00~19:30
WALK 트레비 분수에서 도보 3분
WEB erboristeriabarberini.com

01

UMBRIA

오르비에토

ORVIETO

소박하면서도 은은한 멋이 있는 오르비에토는 이탈리아에서 시작된 '슬로시티 운동'의 발상지다. 중세 분위기로 가득한 골목 사이사이를 느릿느릿 거닐며 '느림의 철학'을 실천하려는 여행자들의 발걸음이 끊이지 않는 곳. 교황들이 즐겨 마시던 질 좋은 와인 생산지이기도 하니 작은 바에 들러 달콤한 화이트 와인 한잔을 맛보는 여유도 놓칠 수 없다.

오르비에토 가기

오르비에토까지는 로마 테르미니역에서 기차로 1시간 남짓 소요된다. 오르비에토는 산 위에 있는 작은 마을이라서 반나절이면 주요 명소를 충분히 둘러볼 수 있다. 두오모를 시작으로 마을을 둘러본 후에는 카페나 바에서 시원한 특산 화이트 와인을 마셔보자.

기차

오르비에토까지는 로마 테르미니역에서 출발하는 기차를 이용하는 것이 가장 편리하다. 단, 오르비에토행 기차가 출발하는 플랫폼은 메인 플래폼과 멀리 떨어져 있어 이동 시간이 꽤 걸리니 여유 있게 도착하는 것이 좋다.

◆ 오르비에토역 Orvieto Stazione

매표소와 자동판매기만 있는 작은 역이다. 기차역 정문으로 나가면 정면에는 푸니콜라레 정류장, 왼쪽에는 택시 승차장이 있다. 역 안에는 버스 매표소를 겸하는 카페테리아가 있다. 짐은 역 뒤쪽 주차장에 있는 인포포인트(Infopoint, 성수기 09:00~18:00, 5€/4시간, 15€/24시간)에 맡길 수 있다. 인포포인트는 플랫폼에서 지하 통로로 내려가 왼쪽으로 나가면 계단 아래쪽에 있다. 성수기에만 운영하니 참고하자.

짐 보관소를 함께 운영하는 인포포인트

역 안 카페테리아 (버스 매표소)

▶ 오르비에토역에서 마을 가기

오르비에토 기차역에서 산 위에 있는 마을까지 가려면 푸니콜라레(Funicolare)라는 등산열차를 타야 한다. 역에서 나오자마자 정면에 푸니콜라레 정류장이 있으며, 푸니콜라레 매표소나 기차역의 카페테리아에서 푸니콜라레+버스 1회권(90분간 유효, 1.30€)을 구매하고 탑승한다. 푸니콜라레는 평일 07:15~20:30에 10분 간격(휴일 08:00부터 15분 간격)으로 운행한다. 언덕 위의 마을에는 매표소가 따로 없으니 올라가는 표를 살 때 내려오는 표까지 미리 사두자. 푸니콜라레에서 하차한 후 마을 중심인 두오모 광장(Piazza Duomo)까지는 도보 15분 거리의 언덕길이므로 출구 바로 앞의 카엔 광장(Piazza Cahen)에서 버스를 타자.

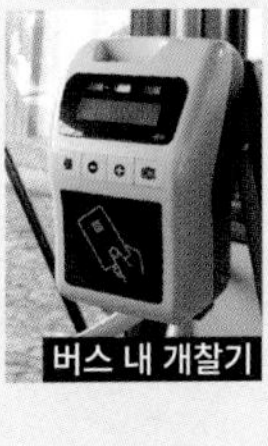
버스 내 개찰기

✚ 두오모행 순환 버스 A(Circolare A) 운행 시간

카엔 광장 → 두오모 07:06~18:21(10~15분 간격)+막차 20:36
일요일·공휴일 08:00~20:36(15분 간격)

두오모 → 카엔 광장 07:10~18:25(10~15분 간격)+막차 20:40,
일요일·공휴일 08:05~20:40(15~20분 간격)

로마 Roma(TE.)
↓
기차 1시간~1시간 20분, 9.45~9.90€(R·RV·IC)
06:06~21:50/1일 17회
↓
오르비에토 Orvieto

*R·RV–Regionale·Regionale Veloce(완행열차) / IC–Intercity(급행열차)
*오르비에토 → 로마
04:30~23:25/약 50분 간격 운행
*운행 시간은 시즌·요일에 따라 유동적
*온라인 구매한 트렌이탈리아 기차표는 탑승 전 온라인 체크인 필수!

★
슬로 시티(Slow City) 운동

'맛의 세계화, 표준화'를 거부하고 각국 고유의 음식을 지키자는 슬로 푸드(Slow Food) 캠페인에서 확대된 운동. 1986년 로마의 스페인 광장에 맥도날드가 문을 연 것이 발단이 돼 시작됐다. 과거로의 회귀가 아닌, 느리게 살면서 삶의 가치를 향상시키자는 개념의 운동이다. 1999년 오르비에토를 중심으로 한 이탈리아의 4개 도시에서 시작돼 현재 전 세계 300여 개 도시가 참여하고 있다. 우리나라에서도 담양과 장흥, 완도, 신안군 등 4개 도시가 아시아에서는 가장 먼저 '슬로 시티'에 가입했고, 지금은 17개 시·군이 참여하고 있다.

푸니콜라레 정류장의 개찰기와 매표소. 개찰기 위쪽으로 티켓을 넣으면 탑승시각이 기록된다.

푸니콜라레역

★

오르비에토 카드(Carta Unica Orvieto), 꼭 구매해야 할까?

오르비에토 카드는 두오모 박물관, 지하 도시 등 오르비에토의 모든 명소를 관람할 수 있는 통합 관람권이다. 기차역에서 마을까지 푸니콜라레+버스를 1회 왕복할 수 있으며, 기차역 뒤쪽 주차장의 인포포인트에서도 살 수 있다. 하지만 오르비에토의 명소를 하나도 빼놓지 않고 이용할 계획이 아니라면 사지 않는 것이 좋다.

PRICE 25€, 학생 또는 65세 이상 20€
WEB www.cartaunica.it

● 두오모 광장 관광 안내소
Ufficio Informazioni

ADD Piazza Duomo, 24
TEL (0763)3417 72
OPEN 임시 휴업 중
WALK 두오모 광장 안, 두오모를 등지고 왼쪽 구석에 있다.
WEB www.orvietoviva.com

● 오르비에토 카드·지하 도시 매표소
Biglietteria/Underground Ticket Office Carta Unica

지하 도시로 가는 가이드 투어를 신청하는 장소. 오르비에토 카드도 이곳에서 살 수 있다.

ADD Piazza Duomo, 23
OPEN 10:30~12:30, 15:30~17:30
WALK 두오모 광장 안, 두오모를 등지고 왼쪽 구석에 있다.

OPTION A 오르비에토

두오모 버스 정류장 → 도보 1분 → **❶ 두오모** → 도보 1분 → **❷ 오페라 델 두오모 박물관** → 도보 1분 → **❸ 지하 도시** → 버스로 이동 후 도보 3분 → **❹ 산 파트리치오 우물**

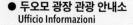

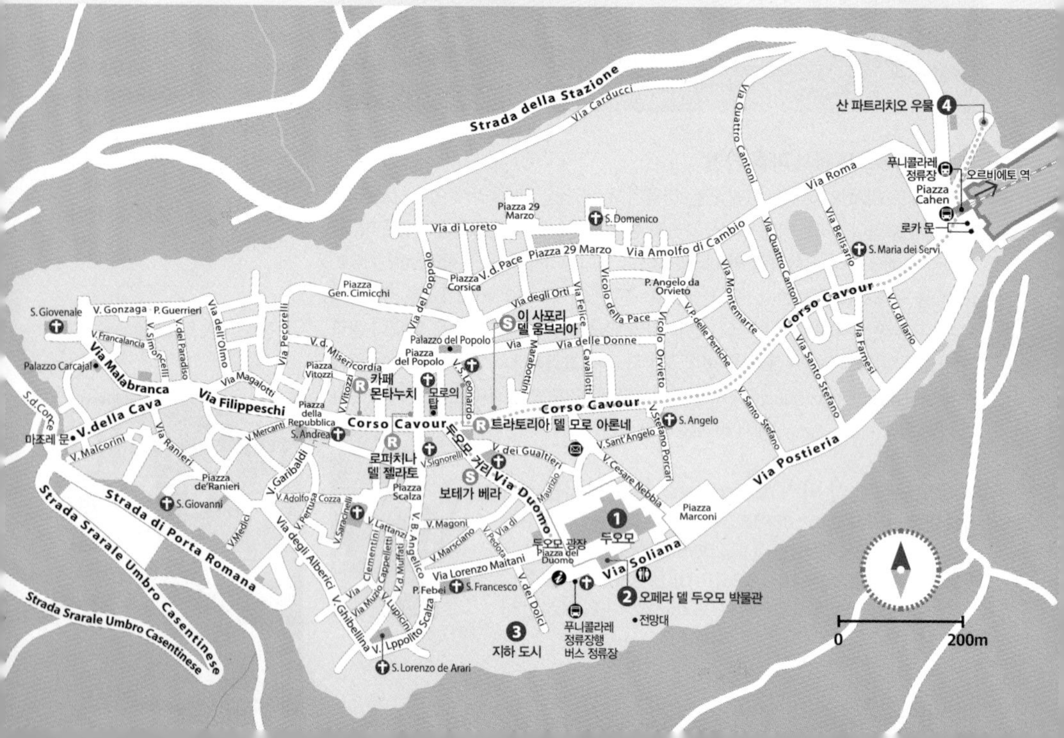

정면의 모자이크화
장식이 독특하다.

두오모 내부

❶ 악마의 모습을
생생하게 표현했다.

❷

01 오르비에토의 자존심
두오모 Duomo di Orvieto

크기만 놓고 보면 밀라노의 두오모(대성당)에 이어 이탈리아에서 두 번째로 큰 두오모. 작은 마을에 있다고는 믿기 어려운 화려함과 거대함을 지닌 14세기 건축물로, 이탈리아의 대표적인 로마네스크 고딕 양식을 따랐다. 높고 뾰족한 첨탑과 화려한 장미창이 고딕 양식의 특징을 추구하면서도 반아치형 문과 정면을 장식하는 모자이크 등이 전통적인 로마 양식을 버리지 않고 있다. 안으로 들어가면 볼세나(Bolsena)의 기적을 일으킨 '성체포'와 초기 르네상스 시대를 대표하는 화가 루카 시뇨렐리(Luca Signorelli, p254)가 ❶ '최후의 심판'을 그린 ❷ 산 브리치오 예배당을 볼 수 있다. 미켈란젤로의 '최후의 심판'보다 인물 묘사가 자연스럽지 못하지만 생생하고 소름 돋는 악마를 독창적으로 표현했다는 평가를 받는다.

Ⓖ 오르비에토 성당

ADD Piazza del Duomo, 26
OPEN 09:30~19:00(11~2월 ~17:00(일요일·공휴일 13:00~16:30), 3·10월 ~18:00(일요일·공휴일 13:00~17:30))/폐장 30분 전까지 입장
PRICE 두오모+산 브리치오 예배당+오페라 델 두오모 박물관 5€/ **오르비에토 카드**
WALK 카엔 광장의 푸니콜라레역에서 도보 15분. 두오모 광장 내

MORE
볼세나의 기적

1263년 볼세나에서 미사를 집전하던 신부가 예수에 대해 의심을 하자 성체에서 피가 흘러내려 성체포(예수의 몸과 피를 상징하는 빵과 포도주를 올려둔 흰색의 사각 천)가 피로 젖는 일이 일어났다. 당시 이 사건은 '볼세나의 기적'으로 불리게 됐고, 피 묻은 성체포를 모시려는 목적으로 두오모가 지어졌다. 오르비에토의 두오모에서 이 성체포를 볼 수 있다.

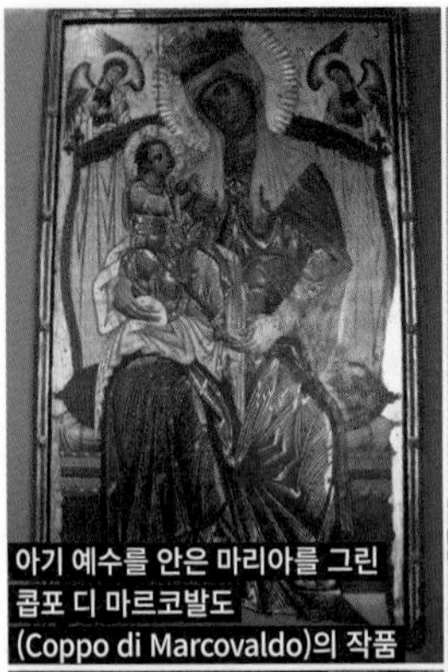

아기 예수를 안은 마리아를 그린 콥포 디 마르코발도 (Coppo di Marcovaldo)의 작품

아기 예수를 안은 마리아와 천사들의 모습을 나타낸 로렌초 마이타니의 작품

솔리아노 궁전. 1층은 에밀리오 그레코 박물관(Museo Emilio Greco)이다.

①

②

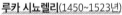

02 '마리아 막달레나'를 만나다
오페라 델 두오모 박물관
Museo dell' Opera del Duomo(Museo MODO)

두오모 옆의 솔리아노 궁전(Palazzo Soliano)과 교황궁(Palazzi Papali)을 사용하며, 초기 르네상스 시대의 작품이 주로 전시돼 있다. 놓치지 말아야 할 작품은 ❶ 루카 시뇨렐리(Luca Signorelli)의 '마리아 막달레나(막달라 마리아)'(1504). 성 노동자였던 막달레나는 예수 앞에 눈물로 회개했는데, 그때 흘린 눈물이 예수의 발을 적시자 자신의 긴 머리카락으로 발을 닦고 향유를 부었다. 이 사건 이후 막달레나는 개종해 예수의 유일한 여제자가 되었고, 이로 인해 긴 머리카락과 향유 단지는 '마리아 막달레나'의 상징이 되었다. 서양 미술 작품에서 긴 머리카락과 향유 단지를 든 여성은 대부분 마리아 막달레나라고 보면 된다. 이외에도 조반니 란프란코의 '성모 마리아의 대관식'과 ❷ 시모네 마르티니의 '성모자상'도 놓치지 말자.

P487+G6 오르비에토
ADD Piazza del Duomo, 26
OPEN 두오모와 동일/폐장 30분 전까지 입장
PRICE 두오모와 동일/ 오르비에토 카드
WALK 두오모 오른쪽 작은 광장으로 들어가면 안내문이 보인다.
WEB www.opsm.it

루카 시뇨렐리(1450~1523년)

이탈리아 초기 르네상스 시대의 화가로, 아레초의 코르토나에서 태어났다. 피에로 델라 프란체스카에게서 공간의 투시도법과 인체의 단축법을, 피렌체파 화가들에게서 인체의 동적 표현을 익혀 자신의 것으로 발전시켰다. 대표작으로는 오르비에토 두오모 산 브리치오 예배당의 벽화 '최후의 심판', '세계의 종말'과 밀라노 브레라 미술관의 '그리스도의 채찍질', 바티칸 시스티나 소성당의 '모세의 십계' 등이 있다. 굵고 강인한 선과 생생한 인물 묘사, 격정적인 나체 묘사는 미켈란젤로에게 많은 영향을 주었다.

지하 도시 입구 / 와인을 저장하던 장소 / 3000년 전 사람들이 살던 곳

위에서 내려다본 모습 / 밑에서 올려다본 모습

03 그들은 왜 땅속으로 갔을까
지하 도시
Orvieto Underground

약 3000년 전 사람들이 모여 살았던 지하 도시. 지상의 구시가지보다 넓은 면적에 수많은 동굴과 통로가 미로처럼 뻗어 있다. 아직 연구를 진행하고 있기 때문에 정확히 어떤 목적으로 이곳에 도시를 건설했는지는 밝혀지지 않았다. 현재는 비둘기 사육장과 와인 저장고 등 몇몇 장소만 파악이 된 상태. 지금도 일부는 와인 저장고로 사용되고 있다. 내부는 신청한 인원에 따라 유동적으로 진행되는 가이드 투어로 둘러볼 수 있고, 입장권은 두오모 광장 관광 안내소 왼쪽에 있는 '빌레테리아(Biglietteria)'라고 써 있는 사무실에서 판매한다. 투어는 영어, 이탈리아어 등으로 진행되며, 1시간 정도 소요된다.

Ⓖ P487+G6 오르비에토
ADD Piazza del Duomo, 23(지하 도시 매표소)
OPEN 가이드 투어 11:00, 12:15, 16:00, 17:15(계절과 방문자 수에 따라 유동적, 성수기에는 추가 운영)
CLOSE 12월 25일
PRICE 8€, 학생 6€/ 오르비에토 카드
WALK 지하 도시 매표소에서 집합 후 출발한다.
WEB www.orvietounderground.it

지하 도시 투어는 지하 도시 매표소에 모여 진행한다. 매표소는 관광 안내소 왼쪽에 있다.

04 등골이 오싹! 우물 탐험
산 파트리치오 우물
Pozzo di San Patrizio

오르비에토는 적의 침입을 막기 위해 도시 전체를 요새화한 도시다. 산 파트리치오 우물은 적의 공격을 받았을 때 물을 확보하기 위해 교황 클레멘스 7세(재위 1523~1534년)가 만들었다. 겉에서 보면 우물이라기보다는 지하 감옥처럼 생겼는데, 깊이만 62m에 이르러 내려다보면 현기증을 느낄 정도다.
내부는 총 248개의 계단으로 이루어져 있으며, 72개의 채광창은 조명과 환기구 역할을 한다. 2개의 나선형 구조 계단은 내려가는 길과 올라가는 길이 서로 달라서 유사시에 물을 빨리 길어 올릴 수 있도록 설계됐다.
올라올 때 힘들기 때문에 내려갈지 말지 신중하게 결정해야 한다. 밑바닥에 차 있는 물은 사람들이 던진 동전들과 자연 부식물로 깨끗하지 않다.

Ⓖ P4CC+X5 오르비에토
ADD Piazza Cahen, 5B
OPEN 09:00~20:00(3·4·9·10월 ~18:45, 11~2월 10:00~16:45)
PRICE 5€, 학생 및 65세 이상 3.50€/ 오르비에토 카드
WALK 카엔 광장 푸니콜라레 정류장에서 정류장을 뒤로한 채 오른쪽 '포초 디 산 파트리치오(Pozzo di San Patrizio)' 이정표를 따라 도보 3분

'새 둥지'라는 뜻의 파스타 니디

안쪽 홀은 꽤 널찍하다.

'치즈와 꿀'이라는 꿀조합!

트라토리아 델 모로 아론네
Trattoria del Moro Aronne

미슐랭 리스트에 꾸준히 이름을 올려 온 오르비에토의 대표 레스토랑이다. 주말에는 예약 없이 테이블 잡기가 힘들 정도로 인기가 많다. 현지인에게는 멧돼지 고기소스를 얹은 파파델레 파스타(Pappardelle with Wild Boar Ragu)가 인기지만 우리 입맛에는 특선 파스타 니디(Nidi, 12€)가 잘 맞는다. 넓적한 생면에 페코리노 치즈를 가득 올리고 새 둥지처럼 돌돌 말아 구운 뒤 달콤한 꿀을 얹어서 낸다. 진한 치즈와 부드러운 면이 어우러져 오르비에토 클라시코와 함께 즐기기에 딱 좋다.

오르비에토 클라시코

좁은 골목 안, 그보다 더 작은 식당 입구

P496+GF 오르비에토
ADD Via S. Leonardo, 7
OPEN 12:30~14:30, 19:30~22:30
CLOSE 화요일
MENU 전채 5~12€, 제1요리 12~13€,, 제2요리 12~17€, 와인 4€~/1잔, 자릿세 2€/1인
WALK 두오모에서 도보 4분
WEB www.trattoriadelmoro.info

백 년 식당의 일급 레시피

카페 몬타누치
Caffè Montanucci

100년 넘게 한자리를 지켜온 전통 있는 카페. 오르비에토 마을의 중심가(Corso Cavour)에 있어 접근성이 좋다. 테이블 공간이 가게 안쪽까지 넓게 마련됐고, 빵 종류 외에도 진열장에 만들어 놓은 파스타, 라사녜, 샐러드 등을 골라 담을 수 있다. 빵과 케이크는 오래된 레시피를 고수해 조금 투박한 편. 초콜릿으로 유명한 가게이기도 하니 멋스럽게 포장된 초콜릿을 선물용으로 골라보자.

P495+CM 오르비에토
ADD Corso Cavour, 23
OPEN 07:00~24:00(금·토요일 ~02:00)
MENU 커피 2€~, 페이스트리 2€~
WALK 두오모에서 도보 4분
WEB www.barmontanucci.com

고깔 모양의 초콜릿이 시그니처다.

카푸치노(2.50€)와 페이스트리로 간단한 아침!

마을 사람들의 젤라토 방앗간

로피치나 델 젤라토
L'Officina del Gelato

모로의 탑 바로 옆에 자리한 젤라테리아. 마을 토박이들이 즐겨 찾는 곳이라 젤라토 구성도 전통적인 맛 위주로, 헤이즐넛(Nocciola)이나 피스타치오(Pistacchio) 같은 클래식 젤라토가 이 집의 대표 메뉴다. 오렌지나 레몬 껍질에 통째로 채워 넣은 시즌 한정 오렌지 & 레몬 셔벗(2.50€~)도 상큼하다.

P496+95 오르비에토
ADD Corso Cavour, 81
OPEN 08:00~20:00
(성수기에는 연장 영업)
CLOSE 겨울철 부정기 휴무
MENU 젤라토 2~4€
WALK 두오모에서 도보 3분

와인을 마실 수 있는 테이블 공간

인생 화이트 와인을 찾아서

◈ 이 사포리 델 움브리아
I Sapori dell Umbria

오르비에토의 대표 특산품인 화이트 와인을 비롯한 각종 로컬 식재료를 판매하는 상점. 사실 오르비에토에서는 도시 전체에서 화이트 와인을 쉽게 구매할 수 있는데다 가격이나 서비스 차이도 거의 없기 때문에 어느 가게든 마음이 끌리는 곳을 찾아 들어가도 좋다. 와인 1병 6€~, 치즈 6€~.

Ⓖ P496+CM 오르비에토
ADD Corso Cavour, 119
OPEN 09:30~18:30
CLOSE 화요일
WALK 두오모에서 도보 4분

와인 시음, 햄 시식, 다 됩니다!

◈ 보테가 베라
Bottega Vèra

1938년부터 3대째 이어 온 식자재 전문점이다. 매장에 시식용 테이블까지 있어 더욱 인기! 디스펜서에서 뽑아주는 글라스 와인(5€~)과 4가지 다른 와인을 맛볼 수 있는 테이스팅 메뉴(12€)도 있다. 안주로 곁들일 살루메 & 치즈 플래터는 7~14€. 22~30€의 푸짐한 2~4인용 플래터는 트러플소스를 얹은 빵이나 돼지고기, 전통 소시지, 치즈, 햄 등이 제공된다. 다양한 콜렉션의 와인은 물론 가게에서 맛본 후 마음에 드는 빵과 육가공품, 트러플 제품과 소스·오일류 등을 사갈 수 있다.

Ⓖ P496+4G 오르비에토
ADD Via del Duomo, 36-38
OPEN 10:00~22:00(금·토요일 ~23:00)
WALK 두오모에서도보 2분
WEB www.bottegaveraorvieto.it

저렴하게 세트 구성으로도 판매한다.

★
오르비에토 쇼핑 정보

두오모 광장에서 두오모를 바라보고 왼쪽 시계탑이 있는 골목(Via Duomo)에서는 현지 주민들이 직접 만든 갖가지 수공예품을 만나볼 수 있다. 특히 풍년을 빌며 만든 자기 제품, 나무 수공예품, 알록달록한 과일을 수 놓은 패브릭 제품이 눈길을 끈다.

MORE
오르비에토 와인

교황이 즐겨 마시는 것으로 유명한 오르비에토 클라시코(Orvieto Classico)는 오르비에토 화이트 와인의 대표주자로, 밝은 노란빛과 옅은 초록빛이 난다. 풍부하면서도 부드러운 과일향과 혀끝에 부드럽게 감기는 보디감이 훌륭한 조화를 이룬다. 가격도 부담스럽지 않아 선물용으로도 좋고 숙소에서 마실 만한 와인으로도 그만이다.

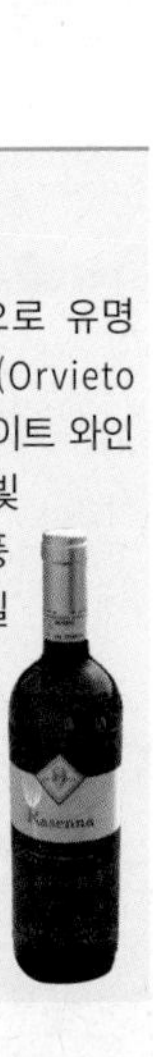

SECRET CITY

별명이 '천공의 성'인 바로 그곳

치비타 디 바뇨레조 Civita di Bagnoregio

부지런한 여행자라면 오르비에토를 찾은 김에 치비타 디 바뇨레조까지 들러보자. 2500년 전, 하늘을 향해 불쑥 솟아오른 듯한 모습으로 형성된 마을이 애니메이션 <천공의 성 라퓨타>를 떠올리게 할 만큼 드라마틱하다. 17세기 말 대지진 이후 지반이 침식되는 바람에 '죽어가는 도시(La Città Che Muore)'라고도 불리는 이곳. 언제 사라질지 모르는 도시이기에 더 특별하게 느껴진다.

■ 치비타 디 바뇨레조 가기

오르비에토역 안의 카페테리아에서 바뇨레조행 코트랄(Cotral) 버스 왕복 승차권을 구매한 후 푸니콜라레역 옆의 버스 정류장에서 버스를 타고 약 50분 후 종점에서 내린다. 시간표는 코트랄 버스 앱에서 확인할 수 있으며(출발 정류장: Orvieto Scalo, 도착 정류장: Bagnoregio), 일요일에는 버스가 운행하지 않는다. 바뇨레조에서 오르비에토로 돌아올 때도 내린 곳에서 디면 된다.

버스에서 내려 치비타 마을이 보이는 전망대(Belvedere)까지 도보로 15~20분, 해발 약 400m에 위치한 치비타 마을의 입구인 산타 마리아 성문까지는 도보로 30분 이상 걸린다. 정류장 앞 주차장에 있는 인포포인트와 전망대 사이를 운행하는 미니 셔틀버스를 이용해 체력을 비축해두는 것도 좋은 방법이다(기사에게 승차권 구매 시 2€).

걸어간다면 전망대까지 직선으로 이어진 바뇨레조 마을의 중심 거리(Via Roma, Corso Giuseppe Mazzini)를 따라간다. 길 끝에 전망대와 카페가 있는 작은 공원에서 오른쪽 계단을 내려가 5분 정도 더 가면 다리 입구에 매표소가 있다.

코트랄 버스

산타 마리아 성문

■코트랄 버스 운행 정보

운행 **오르비에토 → 바뇨레조** 06:30~18:35(토요일 막차 18:30)/1일 8~9회 운행/일요일 운휴/약 50분 소요
바뇨레조 → 오르비에토 05:20~17:30(토요일 막차 17:25)/1일 9~14회 운행/일요일 운휴/약 50분 소요

PRICE 편도 1.30€

WEB www.servizi.cotralspa.it(코트랄 버스 홈페이지)

*운행 시간은 현지 상황에 따라 자주 바뀐다. 현장에서 재확인 필수!

다리를 건너는 데는 체력이 필요하다.

◈ 치비타 마을 Civita

성처럼 우뚝 솟은 마을이 치비타, 치비타가 속한 도시가 바뇨레조다. 바뇨레조에서 치비타 마을로 들어가는 다리를 건너는 것부터가 흥미로운 경험이다. 치비타 마을 입구인 산타 마리아 성문(Porta Santa Maria)까지 놓인 다리는 경사가 꽤 심하고, 건너기까지 10~15분이 걸리는 난코스. 따라서 고소공포증이 있거나 다리가 아픈 사람은 굳이 다리를 건너지 말고 바뇨레조 전망대만 들렀다 돌아오는 것도 괜찮은 선택이다.
치비타 마을은 끝에서 끝까지 걷는데 10분이 채 걸리지 않을 만큼 규모가 작다. 산 도나토 성당(Chiesa di San Donato)이 있는 마을 광장 주위에 식당과 가게 대부분이 모여 있고 예쁜 골목도 구경할 수 있다. 바뇨레조의 전망대에서 언덕 위에 우뚝 솟은 치비타 마을을 바라봤다면, 치비타에서는 심한 풍화작용으로 깎여 나간 주변 지형을 감상할 수 있다. 골목 끝마다 아찔한 절벽 끝에 서서 주변 풍광을 바라볼 수 있다.

산 도나토 성당

치비타 디 바뇨레조
OPEN 08:00~20:00 **PRICE** 5€

성 안 골목 풍경

치비타 마을의 전망대에서 바라본 주변 풍광

바뇨레조의 전망대에서 바라본 치비타 마을

02

PERUGIA

아씨시

ASSISI

발이 아니라 마음으로 걷는 도시 아씨시는 '성 프란체스코'가 태어난 곳이자, 깨달음을 얻고 실천한 곳이다. 도시 전체가 그의 경건함을 닮은 듯 차분한 분위기로, 이곳에 들어서면 어쩐지 옷매무새를 가다듬어야 할 것 같은 기분마저 든다.

키 낮은 담장과 사이사이 이어진 골목길을 따라 걸으며 지나온 삶을 되돌아보는 여유를 가져보는 건 어떨까. 일 년 내내 수많은 여행자와 순례객이 성 프란체스코의 발자취를 좇고 특별한 울림을 느끼고 싶어 이곳으로 모여든다.

아씨시 가기

아씨시는 로마와 피렌체의 중간에 있다. 산 프란체스코 성당과 코무네 광장을 중심으로 명소가 몰려 있지만 옵션(Option) 명소까지 이동하려면 15~20분 더 가야 한다. 따라서 모든 명소를 둘러보려면 하루 정도 예상해야 하며, 1박을 하는 것도 추천한다.

1. 기차

피렌체와 로마, 어느 도시에서 출발하든 기차로 2~3시간 정도 걸린다. 피렌체~로마 구간을 이동하는 도중에 들를 예정이라면 아침 일찍 출발하는 기차표를 예매해두자.

◆ 아씨시역 Stazione di Assisi

매표소와 화장실 정도만 있는 작은 역이다. 역 건물 좌우에 있는 신문 판매소와 역 안 카페에서 버스 승차권을 판매한다. 정식 수하물 보관소는 없지만 역내 신문 판매소에 짐을 맡길 수 있다. 요금은 1개당 4~5€ 정도. 신문 판매소가 문을 닫았을 경우 역 안 카페에서도 비슷한 요금으로 짐을 맡아준다. 영업 시간에 한해 이용 가능하니 문 닫는 시간을 미리 확인하고, 짐을 맡길 때 받은 보관증도 잘 보관한다. 역 앞으로 나오면 정면에 택시 승차장이 있고 왼쪽에 버스 정류장이 있다.

아씨시 역

역 안 매표소

짐을 맡길 수 있는 신문 판매소

▶ 아씨시역에서 구시가 언덕 가기

아씨시역 앞 버스 정류장에서 마테오티 광장(Piazza Matteotti)행 C번 버스를 탄다. 산 프란체스코 성당 아래의 우니타 디탈리아 광장(Piazza Unita d'Italia)의 S.Francesco Assisi 정류장까지 약 10분 소요되며, 요금은 1.30€(90분간 유효)이다. 티켓은 역 안 카페나 신문 판매소에서 왕복용으로 1회권 2장을 구매해둔다. 버스 탑승 후 승차권을 노란색 개표기 위쪽 홈에 밀어 넣어 탑승일시를 각인하자.

2. 시외버스

시에나에서 출발할 경우 직행열차가 없기 때문에 아씨시까지 바로 가는 시외버스를 이용하는 것이 편리하다. 플릭스버스가 아씨시 출발-시에나 도착, 시에나 출발-아씨시 도착편을 각각 하루 1대 운행한다.

로마 Roma(TE.)
↓
기차 2~3시간,
13.30€~(RV·IC),
08:02~19:55/1일 5회

피렌체 Firenze(S.M.N)
↓
기차 2시간 30분~3시간,
15.75€~(RV·IC),
08:02~21:52/1일 6회

시에나 Siena
↓
버스
1시간 45분,
Flixbus 10.99€~,
14:45/1일 1회
*아씨시 → 시에나 10:01/1일 1회

아씨시 Assisi

*FR–Freccia(고속열차)
IC–Inter City(급행열차)
RV–Regionale Veloce(완행열차)
*시에나에서 출발하는 버스는 노선에 따라 승하차 위치가 다르다.
*운행 시간은 시즌·요일에 따라 유동적
*온라인 구매한 트렌이탈리아 기차표는 탑승 전 온라인 체크인 필수!

★
트렌이탈리아
WEB www.trenitalia.com

★
플릭스버스
WEB www.flixbus.it

★
출발·도착 정류장 확인!
플릭스버스는 노선에 따라 아씨시에서 출발·도착하는 정류장이 다르다. 정류장 이름(Santa Maria Degli Angeli)이 얼핏 비슷해 보여도 전혀 다른 곳일 수 있으니 예매할 때 승·하차 위치를 꼼꼼히 확인하자.

OPTION

B

아 씨 시

아씨시 역 → 시내버스 10분 → **❶ 산 프란체스코 성당** → 도보 15분 → **❷ 코무네 광장** → 도보 5분 → **❸ 산타 키아라 성당** → 도보 5분 → **❹ 산 루피노 성당** → [Option **❺ 로카 마조레**] → 도보 15분 → **산 프란체스코 거리와 마치니 거리** → [Option **❻ 산 다미아노 수도원**] → 시내버스 10분 → **❼ 산타 마리아 델리 안젤리 성당**

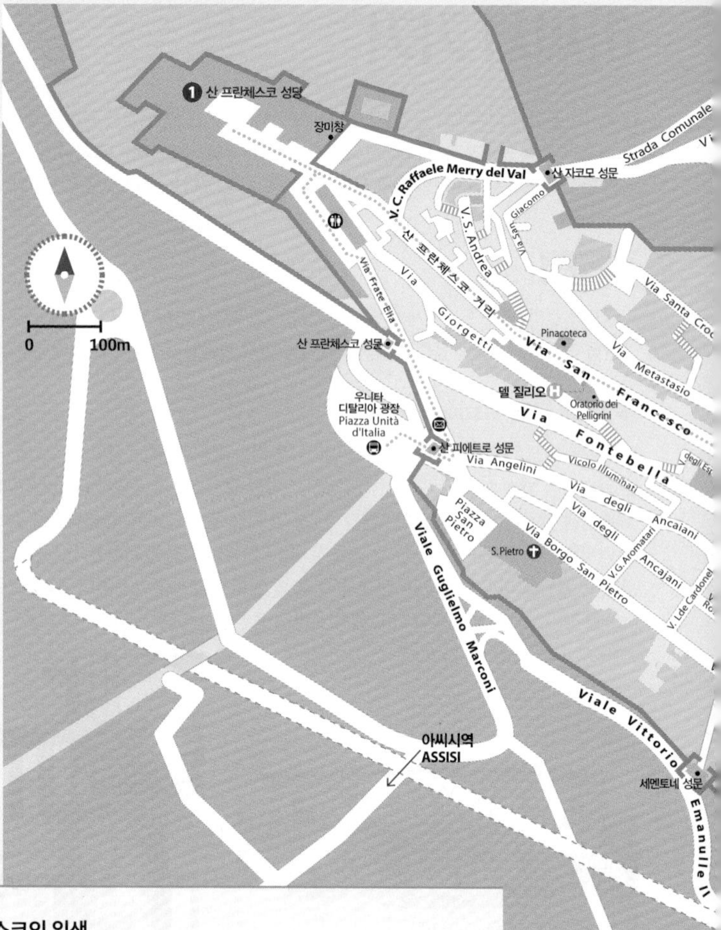

★

이탈리아의 수호성인, 성 프란체스코의 일생

'주여, 나를 평화의 도구로 써주소서'라는 평화의 기도문으로 유명한 성 프란체스코(San Francesco, 1182~1226년)는 프란체스코 수도회의 창시자이자 이탈리아의 수호성인이다. 그의 청빈한 삶과 신앙은 가톨릭 신자에게 많은 감명을 주었으며, 10월 4일은 그를 기념하는 가톨릭 축일로 지켜지고 있다.

아씨시의 부유한 귀족의 아들로 태어난 성 프란체스코는 방탕한 젊은 시절을 보내다가 전쟁에서 포로로 잡혀 1년간 고통의 시간을 보낸다. 어렵게 마을로 돌아온 그는 예전의 삶에 더 이상 흥미를 느끼지 못하고 여러 가지 종교적인 환시를 경험하며 깨달음을 얻게 된다.

결국 성 프란체스코는 세속적인 모든 부와 명예를 미련 없이 버리고 기도, 청빈, 순결, 복종을 중시하는 프란체스코 수도회를 창립해 하느님의 말씀을 따르는 삶을 살았다. 그는 가난하고 병든 자들에게 사랑을 베풀며 여러 기적을 행해 마침내 후대에 성인으로 추앙받는다. 또 아씨시의 성녀 키아라(클라라)에게 권유해 여신도 수녀회(키아라회)를 설립케 했으며, 만년인 1224년에는 자신의 몸에 성흔을 받기도 했다.

그가 살아온 길은 산 프란체스코 성당 벽화에 자세히 그려져 있다. 이 책에 제시된 순서와 설명을 참고해 순서대로 벽화를 보며 성 프란체스코의 일생을 따라가보자. 그림 속 성 프란체스코는 성인을 의미하는 후광이 표시돼 있으며, 수도회 창립 후에는 갈색 수도복에 삭발한 모습으로 표현돼 있다.

★
아씨시의 중세 축제, 칼렌디마조 Calendimaggio

매년 5월 첫째 주 목요일부터 토요일까지 3일간 아씨시에서 벌어지는 축제. 중세와 르네상스 시대 복장을 한 사람들이 봄이 시작되는 것을 축하하며 행사를 벌인다. 연극, 콘서트, 댄스, 행진, 석궁 등 각종 행사가 열리며, 거리 곳곳을 수놓는 화려한 꽃과 깃발, 횃불, 촛불 장식이 볼만하다. 이 기간에 여행 중이라면 놓치지 말자.

WEB www.calendimaggiodiassisi.it

©Gunnar Bach Pedersen

소박한 멋이 있는
아씨시의 쇼핑가

산 프란체스코 성당과 코무네 광장을 연결하는 산 프란체스코 거리(Via San Francesco), 코무네 광장과 포르타 누오보를 연결하는 마치니 거리(Corso Mazzini)에는 여행자의 눈길을 사로잡을 만한 아기자기한 기념품점이 많다. 산 프란체스코 거리에는 성물이 주를 이루며, 마치니 거리에는 패브릭 제품, 그릇, 올리브 나무 장식품 등 움브리아주의 특산품점이 늘어서 있다.

❖ 마치니 거리의 액세서리 상점

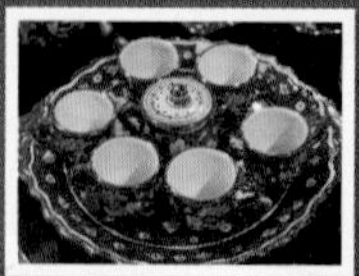

★
아씨시에서 성물 구매하기

유명한 순례지답게 성당이나 거리에 성물 상점이 많지만 그중 산타 마리아 델리 안젤리 성당 안에 있는 성물 상점이 종류도 많고 가격도 저렴하다. 성 프란체스코가 생을 마감한 성당에서 구매한 성물은 가톨릭 신자에게 뜻깊은 선물이 될 것이다.

❖ 산 프란체스코 거리의 성물 상점

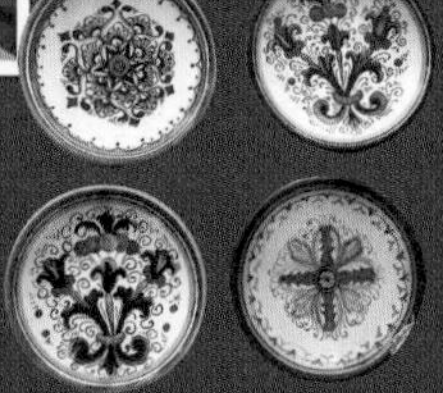

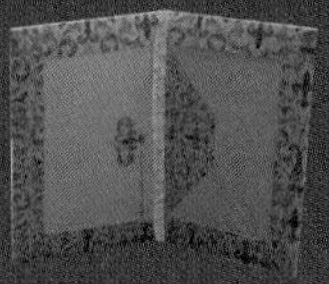
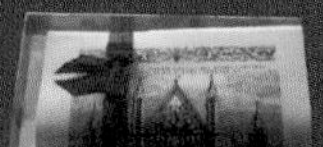

1층 주랑이 있는 마당의 모습
©Carlo Raso

01 나를 이끄는 성스러운 프레스코화
산 프란체스코 성당
Basilica Papale di San Francesco

성 프란체스코를 기리며 그의 유해와 유품을 안치한 성당이다. 로렌체티, 치마부에 등 당대의 유명 예술가들의 그림이 있는 하부 성당을 지나 상부 성당에 들어서자마자 사람들의 시선을 사로잡는 것은 사방을 장식한 조토의 '성 프란체스코의 생애'(1299)다. 평면적인 그림에 공간감과 부피감을 느낄 수 있도록 시도한 최초의 화가로 꼽히는 조토의 대표작으로, 총 28점의 프레스코화를 통해 성 프란체스코의 일생과 예수의 고난을 묘사했다. 성당이 있던 자리는 본래 '죽음의 언덕'이라 불리던 공동묘지였는데, '이곳에 나를 묻어 달라'는 성 프란체스코의 유언에 따라 그가 안장된 후인 1228년부터 성당을 건축하기 시작했다.

상부와 하부로 나뉘는 2층 구조로 건축된 성당의 상부는 엄숙한 분위기로 천장까지 뻗어 나간 벽과 프레스코화가 시원스럽고, 다소 어두운 하부는 상부에 비해 낮고 둥근 천장의 엄숙한 분위기 속에서 화려한 내부 장식이 돋보인다. 상부 성당 정면에는 ❶ 초기 이탈리아 고딕 양식의 전형인 원형의 '장미창'이 있다. 하부 성당 지하에는 성 프란체스코의 무덤이 있고 그 앞에서 기도하는 순례자들의 모습을 항상 볼 수 있다. 하부 성당은 2~4월에 특별 행사 등으로 관광객들의 입장이 제한되는 경우가 있으니 참고하자.

입장할 때 지켜주세요
이탈리아의 모든 성당이 그렇지만 아씨시에서는 더욱 엄격하게 민소매나 반바지 차림을 금지한다. 또 사진이나 동영상 등 일절의 촬영을 금지하니 참고하자.

프레스코화로 뒤덮힌 상부 성당 내부

❶

Ⓖ 성 프란체스코 성당 아시시
ADD Piazza Inferiore di S. Francesco, 2
OPEN 상부 성당 08:30~18:45(토·일요일 13:00~, 10월 말~3월 말 ~17:45), 하부 성당 06:00~18:30(수요일 ~18:00, 토요일 ~19:00)/ 시기별로 유동적/특별 행사 진행 시 휴무
PRICE 무료(약간의 헌금)
WALK 역에서 C번 버스를 타고 사람들이 가장 많이 내리는 곳에서 따라 내리면 우니타 디탈리아 광장(Piazza Unita d'Italia)이다. 이곳에서 도보 7분
WEB www.sanfrancescoassisi.org

Zoom In & Out

산 프란체스코 성당

■ 상부 성당 Chiesa Superiore

상부 성당의 날렵하면서도 선이 살아 있는 내부 고딕 양식은 성 프란체스코의 거룩한 영광을 상징하며, 13세기 프란체스코 수도회 성당 양식에 큰 영향을 주었다.

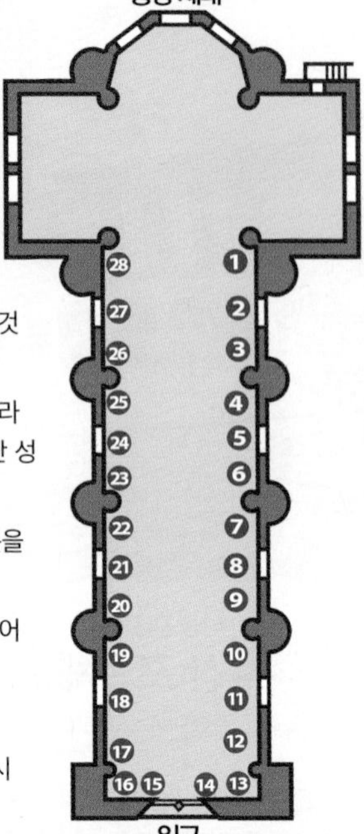

● 산 프란체스코 벽화의 순서와 의미

❶ 어느 날 한 청년이 성 프란체스코 앞에 나타나 훗날 모든 성당의 존경을 받을 것이라는 예언을 한다.

❷ 자신의 옷을 벗어 가난한 이에게 주는 성 프란체스코

❸ 성 프란체스코는 꿈에 십자가가 새겨진 갑옷으로 가득 찬 궁전을 보았다. 이 모든 것이 성 프란체스코와 그를 따르는 기사들의 것이라는 하늘의 말이 들려왔다.

❹ 성 프란체스코가 산 다미아노 성당에서 기도 중에 "쓰러져가는 성당을 일으켜라"라는 하느님의 말씀을 듣는다. 여기서 성당이란 당시의 가톨릭 종교 자체를 뜻하지만 성 프란체스코는 산 다미아노 성당을 보수하라는 뜻으로 이해했다.

❺ 부자였던 아버지의 재산 상속권과 세속의 영화를 포기한 성 프란체스코. 모든 옷을 벗어 아버지에게 준다.

❻ 프란체스코 수도회의 설립 허락을 망설이던 교황 인노켄티우스 3세는 꿈에 허물어져가던 교황청을 프란체스코가 떠받치고 있는 모습을 보았다.

❼ 성 프란체스코 수도회 설립이 허락됐다.

❽ 성 프란체스코 수도회 수도사들이 성 프란체스코와 떨어져 있을 때 불마차의 환시를 보게 된다.

❾ 성 프란체스코의 한 수도사가 하늘에 걸려 있는 의자의 환시를 보았는데, 가장 크고 화려한 것이 성 프란체스코를 위해 마련해둔 것이라는 목소리를 들었다.

❿ 아레초 지방에서 마귀를 쫓아내는 성 프란체스코

⓫ 술탄 앞에 그의 신앙을 증명해 보이는 성 프란체스코

⓬ 기도를 하던 성 프란체스코가 공중 부양하는 모습

⓭ 성 프란체스코가 그레초(Greccio)에서 은둔 생활을 하며 만든 첫 구유

⓮ 성 프란체스코가 무릎을 꿇고 기도하자 바위에서 물이 솟아났다.

조토의 프레스코화 '성 프란체스코의 생애'

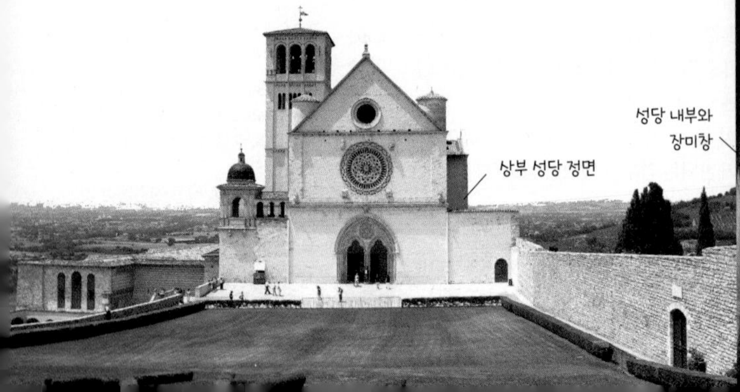
상부 성당 정면

성당 내부와 장미창

⑮ 새들에게도 설교하는 성 프란체스코

⑯ 첼라노 기사가 성 프란체스코 앞에서 고백성사를 한 후 편안히 죽음을 맞이했다.

⑰ 교황 앞에서도 두려움 없이 설교하는 성 프란체스코

⑱ 성 안토니오의 설교에 나타나 축복을 내리는 성 프란체스코

⑲ 성흔(聖痕 : 예수가 십자가에 못박혀 죽을 때에 양손, 양발, 옆구리에 입은 5군데의 상처)을 입은 성 프란체스코

⑳ 성 프란체스코의 죽음. 성 프란체스코의 영혼이 흰 구름을 타고 하늘로 올라간다.

㉑ 아고스티노 수도사가 임종했을 때 나타난 성 프란체스코

㉒ 의사이면서 문학가인 제로니모가 성 프란체스코의 관을 열고 성흔을 확인했다.

㉓ 성 프란체스코의 죽음을 슬퍼하는 성녀 키아라와 수도회의 수녀들

㉔ 교황 그레고리우스 9세가 성 프란체스코를 성인으로 추대하다.

㉕ 교황 그레고리우스 9세가 성 프란체스코의 성흔을 의심하자 꿈에 나타나 옆구리에서 흘러나오는 피를 병에 채워 보여주었다.

㉖ 죽을 병에 걸린 환자를 치유해주는 성 프란체스코

㉗ 성 프란체스코가 한 부인을 소생시켜 고백성사를 한 후 다시 잠들게 했다.

㉘ 성 프란체스코가 회개한 이단자를 감옥에서 해방시킨다.

하부 성당

로렌체티의 '예수의 강하'

하부 성당

시모네 마르티니의
'성 마르틴의 생애'

성당 지하

⑮ 새들에게도 설교하는
성 프란체스코

■ 하부 성당 Chiesa Inferiore

하부 성당의 예배당들은 13세기 늘어나는 순례자들을 맞이하기 위해서 지은 것이다. 대담한 구성이 돋보이는 로렌체티의 '예수의 강하'(1323), 치마부에의 '성모자와 성 프란체스코', 시에나 출신의 화가 시모네 마르티니의 '성 마르틴의 생애'(1315) 등의 프레스코화가 있다.

■ 성당 지하

예배당으로 사용하고 있으며, 성 프란체스코의 무덤이 있다.

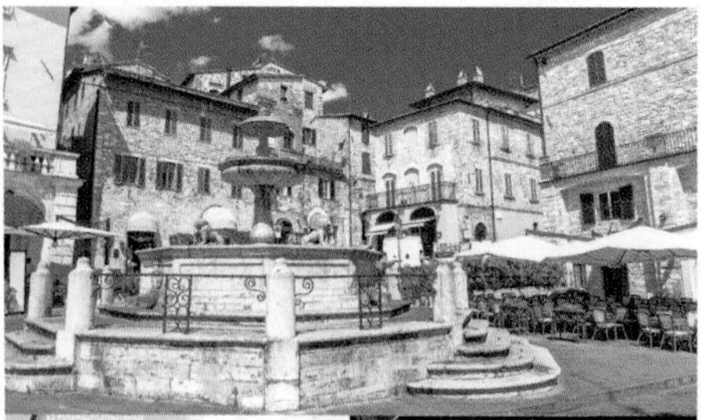

① 광장의 미네르바 신전

17세기에 바로크 양식으로 개조한 미네르바 성당 내부

02 아씨시를 지키는 심장
코무네 광장
Piazza del Comune

산 프란체스코 성당, 산타 키아라 성당, 산 루피노 성당으로 가는 길이 교차하는 광장. 표지판 안내가 잘돼 있으므로 길을 잃었다 싶을 땐 일단 이곳으로 가면 된다.

광장 한쪽에는 기원전 1세기에 지은 지혜의 여신 ❶ 미네르바의 신전(Tempio di Minerva)이 있다. 1539년부터 성당(Santa Maria Sopra Minerva)으로 쓰이고 있다.

광장 아래쪽 골목에는 성 프란체스코의 생가이자 그가 숨을 거둔 곳으로 추정되는 장소에 지어진 ❷ 누오바 성당(Chiesa Nuova)이 있다. 아름다운 후기 르네상스 양식의 이 성당이 완공된 것은 1615년으로, 아씨시에서 가장 나중에 건립됐다 하여 '새 성당'이라는 뜻의 이름이 붙었다. 십자가를 이루는 수직선과 수평선의 길이가 동일한 그리스식 십자가 형태로 지은 점이 특이하며, 두 선의 교차점에 위치한 중앙 제단은 성 프란체스코의 방이 있던 자리로 추정된다. 그밖에 성 프란체스코가 옷을 팔던 상점과 아버지에 의해 감금됐던 계단통 등이 보존돼 있다.

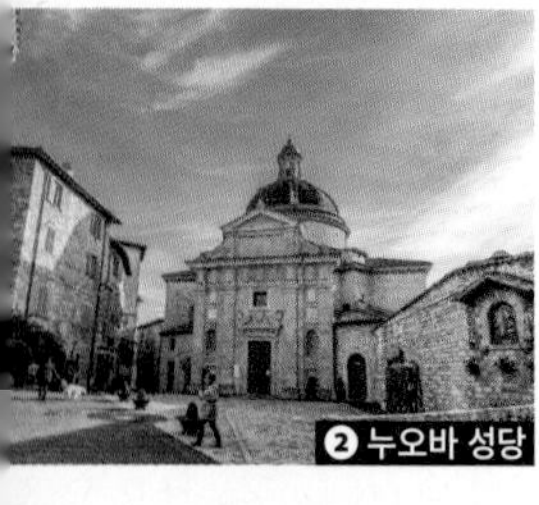

② 누오바 성당

Ⓖ 아시시 코뮤네광장
ADD Piazza del Comune, 1
WALK 산 프란체스코 성당에서 도보 15분

① 성당 중앙의 '산 다미아노의 십자가'

지하에는 성녀 키아라의 유해가 있다.

03 '산 다미아노의 십자가'가 궁금해
산타 키아라 성당
Basilica Santa Chiara

아씨시의 또 다른 성인 성녀 키아라를 기리기 위해 지은 성당. 흰색과 장밋빛 대리석과 부드러운 곡선을 이용해 소박함과 단정함, 여성스러움을 강조했다. 성당 안에는 성녀 키아라의 유해와 유물, 젊은 시절 성 프란체스코가 기도 중 "쓰러져가는 성당을 일으켜라"라는 계시를 받은 예수의 십자가상이 있다. 당시 십자가가 있던 곳은 ❶ '산 다미아노'라는 작은 성당이었는데, 지금은 키아라 성당으로 옮겨져 '산 다미아노의 십자가'로 불리게 됐다.

Ⓖ 산타 키아라 성당 아시시
ADD Piazza Santa Chiara, 1
OPEN 09:00~12:00, 14:00~19:00(10월 말~3월 말 ~18:00)
PRICE 무료
WALK 코무네 광장에서 도보 5분

성녀 키아라(1194~1253년)

영어식 이름 성녀 클라라(Clara) 또는 성녀 글라라로도 알려졌는데, '밝음'을 뜻하는 라틴어 '클라룸(Clarum)'에서 유래했다. 귀족의 딸로 태어나 성 프란체스코의 설교에 감동해 18세에 집을 나와 그의 첫 제자가 됐으며, 이후 검소한 키아라 수녀회를 설립했다. 그녀의 상징물로는 사라센 군사를 몰아낼 때 이용한 백합과 십자가, 그녀의 이름에서 비롯된 등불과 초롱불 등이 있다.

탑에서 바라본 전망

중세 시대 무기를 전시한다.

04 아씨시에서 가장 오래된 성당
산 루피노 성당
Cattedrale di San Rufino

성 프란체스코와 성녀 키아라가 세례를 받은 성당으로, 당시 그들이 ❶ 세례를 받았던 제단이 보존돼 있다. 루피노라는 이름은 아씨시의 첫 번째 주교인 '성 루피노 주교'의 이름에서 따왔으며, 산 프란체스코 성당 벽화 중 성 프란체스코가 입고 있던 옷을 벗어 아버지의 상속을 거부하는 장면(5번)의 배경이 되는 장소이다. 그림의 배경은 야외지만 실제는 두오모 내부에서 있었던 일로 전해진다. 산 프란체스코 성당보다 잘 알려지지는 않았지만 11세기에 지어진 이 성당은 아씨시에서 가장 오래된 성당이다. 지하 박물관(10:00~13:00, 14:00~17:00(토요일 10:00~ 17:00, 일요일 11:00~17:00, 수요일 휴무))에서 다양한 작품들과 유적, 로마 시대에 사용한 저수조 등을 볼 수 있다.

Ⓖ 산 루피노 대성당 아시시
ADD Piazza San Rufino, 3
OPEN 07:30~19:00/폐장 30분 전까지 입장
PRICE 성당 무료, 지하 박물관 3.50€(14~18세 2.50€, 8~13세 1.50€, 7세 이하 무료)
WALK 코무네 광장에서 도보 5분
WEB assisimuseodiocesano.it

❶

움브리아 지방의 성당 중
가장 아름다운
로마네스크 양식의 정면

Option
05 여기가 바로 전망 맛집
로카 마조레
Rocca Maggiore

12세기까지 군사 요새였던 곳. 규모가 크진 않지만 성채 일부를 복원해 중세 시대의 가구와 갑옷, 무기 등을 전시하고 있어 구경하는 재미가 있다. 무엇보다 이곳의 진짜 매력은 아씨시에서 가장 높은 요새에 올라 마을 풍경을 바라보는 일이다. 103개의 나선형 계단을 힘겹게 올라가야 하지만 탁 트인 시야로 시원하게 펼쳐지는 풍경이 무척이나 아름답다. 성채에 들어가지 않더라도 성벽 앞쪽의 언덕에서 바라보는 풍경 역시 근사하다.

Ⓖ 로카 마조레 아시시
ADD Via della Rocca
OPEN 10:00~17:00/폐장 45분 전까지 입장
PRICE 6€
WALK 산 루피노 성당 입구를 보고 왼쪽 포르타 페를리치 거리(Via Porta Perlici)를 따라 도보 2분, 왼쪽에 보이는 긴 계단을 오른 후 언덕 위로 끝까지 올라가자. 전체 도보 20분

언덕의 전망대에서 바라본 풍경

장미 정원

Option

06 마음을 비우는 수도원 산책
산 다미아노 수도원
Santuario di San Damiano

성녀 키아라가 평생 수도하다가 생을 마감한 장소다. 그녀가 정성껏 가꾸던 정원과 즐겨 걷던 산책로 곳곳에서는 이른 새벽부터 성녀의 발자취를 따라가며 명상에 잠긴 여행자들을 쉽게 찾아볼 수 있다. 산책로를 따라 걷다 보면 자연스레 마음이 차분해진다는 훈훈한 경험담이 끊임없이 전해져 내려오는 곳이다.

Ⓖ 산 다미아노 수도원 아시시

ADD Via San Damiano, 7
OPEN 10:00~12:00, 14:00~18:00(11~3월 ~16:30)
PRICE 무료
BUS 코무네 광장에서 B번 탑승, B 주차장(Parcheggio B Assisi) 하차 후 도보 20분
WEB santuariosandamiano.org

07 아씨시의 기적을 볼 수 있는 곳
산타 마리아 델리 안젤리 성당
Basilica di Santa Maria degli Angeli

성당 안에 또 다른 성당이 들어서 있는 곳. 성 프란체스코가 머물던 포르치운콜라(Porziuncola)라는 작은 성당이 있는데, 이 성당을 허물지 않고 그 위에 더 큰 규모로 지금의 성당을 세웠다. 포르치운콜라 뒤에 있는 소성당은 성 프란체스코가 생을 마감한 장소로, 가톨릭 신자에게는 의미가 깊다.

이 성당은 '아씨시의 기적'으로도 유명하다. 과거 성 프란체스코는 욕망을 이기고자 가시덤불 속으로 몸을 던졌는데, 그 후로 이곳에선 가시가 없는 장미만 자란다고 한다. 가시 없는 장미는 성물실(Sacristy)을 지나면 나오는 장미 정원에서 볼 수 있다. 이 밖에 무려 700년째 대를 이어가며 성 프란체스코의 조각상을 떠나지 않는다는 흰 비둘기 한 쌍 또한 불가사의한 기적으로 알려졌다.

Ⓖ 3H5H+7W Santa Maria degli Angeli

ADD Piazza Porziuncola, 1
OPEN 06:15~12:30(일요일·공휴일 06:45~12:45), 14:30~19:30/박물관 09:00~13:00, 14:30~17:00/폐장 15분 전까지 입장
PRICE 무료
WALK 기차역에서 도보 8분
WEB porziuncola.org

성 프란체스코
조각상과 비둘기

베이컨과 감자구이를 곁들인
돼지 등심 스테이크

Eating & Drinking

잊지 못할 송로버섯 라사녜의 맛

◉ 트라토리아 델리 움브리
Trattoria degli Umbri

움브리아주의 특산품인 트러플(송로버섯) 요리 전문점이다. 점심시간에는 현지인들로 북적이는 로컬 맛집. 야들야들하게 구워서 저민 로스트비프에 와인소스를 곁들이는 송아지 요리(Tagliata di Vitellone agli Umbri, 15€)와 트러플 파스타(Tagliatelline con truffle, 16€)가 이 집의 대표 메뉴다. 바삭한 베이컨과 감자구이를 곁들인 돼지 등심 스테이크(Filetto di Maiale, 18€)도 추천! 달큼하게 절인 붉은 양파소스가 고기와 찰떡궁합이다.

★
비수기에는 쉽니다
아씨시는 성수기와 비수기의 차이가 큰 도시다. 비수기인 가을과 겨울에는 많은 레스토랑이 문을 닫아 도시 전체가 썰렁한 분위기다.

Ⓖ 3JC8+C5 아시시
ADD Piazza del Comune, 40
OPEN 12:00~14:45, 19:00~23:00
CLOSE 목요일
MENU 전체 7~18€, 제1요리 10~16€, 제2요리 15~23€, 맥주 4€~, 자릿세 2€/1인
WALK 코무네 광장에서 도보 1분

점심시간 인기 메뉴인
짭조름한 버섯 라사녜(10€)

초콜릿 아이스크림을
곁들인 브라우니

야외 테라스

맛 보장! 이탈리아 모던 퀴진

◉ 라 피아체타 델레르베
La Piazzetta dell'Erbe

아담하고 소박한 분위기에 세련된 플레이팅이 돋보이는 레스토랑. 큰길에서 살짝 떨어져 있는데도 합리적인 가격에 근사한 한 끼를 즐기려는 손님들로 식사 때마다 대기 줄이 제법 길다. 아씨시가 속한 움브리아주의 전통 레시피를 따르면서도 독특하고 창의적인 재료로 맛의 즐거움을 더한 곳. 날씨가 좋은 날엔 야외 테이블이 특히 인기가 높다. 메뉴는 시즌마다 달라지며, 양은 다소 적은 편이다.

Ⓖ 3JC8+8G 아시시
ADD Via san Gabriele dell'Addolorata, 15
OPEN 12:30~14:30, 19:30~22:00
CLOSE 월요일(식당 사정에 따라 다름)
MENU 전체 13~15€, 제1요리 14~17€, 제2요리 21~22€, 자릿세 3€/1인
WALK 코무네 광장에서 도보 2분
WEB osteriapiazzettadellerba.it

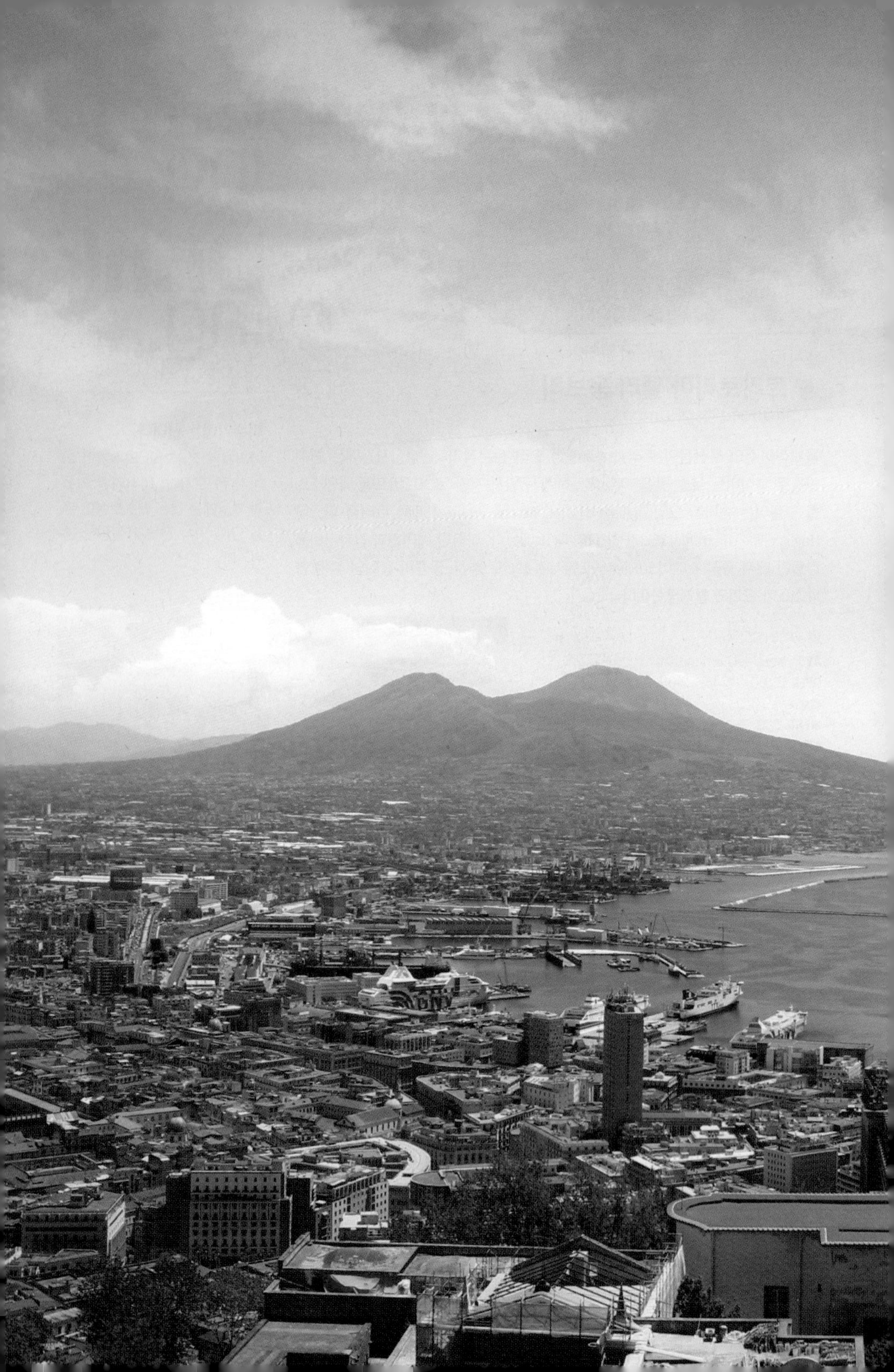

NAPOLI

나폴리
(영어명 : 네이플스 NAPLES)

세계 3대 미항 중 하나인 산타 루치아 항과 아름다운 카프리, 신비로운 폼페이……. 이름만 들어도 설레는 명소들을 품은 나폴리는 〈내셔널 지오그래픽〉에서 선정한 '죽기 전에 꼭 가봐야 할 50곳' 중 한 곳으로 전 세계 여행자들을 유혹한다.

그러나 이러한 명성과 동시에 나폴리는 높은 범죄율과 난폭운전의 도시라는 오명이 뒤따르는 곳이기도 하다. 소매치기와 교통사고 등 각종 사건·사고에 여행자들의 각별한 주의가 필요하지만 과거보다는 한결 발전한 모습으로 새 단장을 하고 있다. 예술, 피자, 유적 등 나폴리 사람들만이 가진 보물을 통해 2000년 역사를 다시 이야기하는 나폴리의 진면목을 만나보자.

☼ 나폴리~주요 도시 간 소요 시간

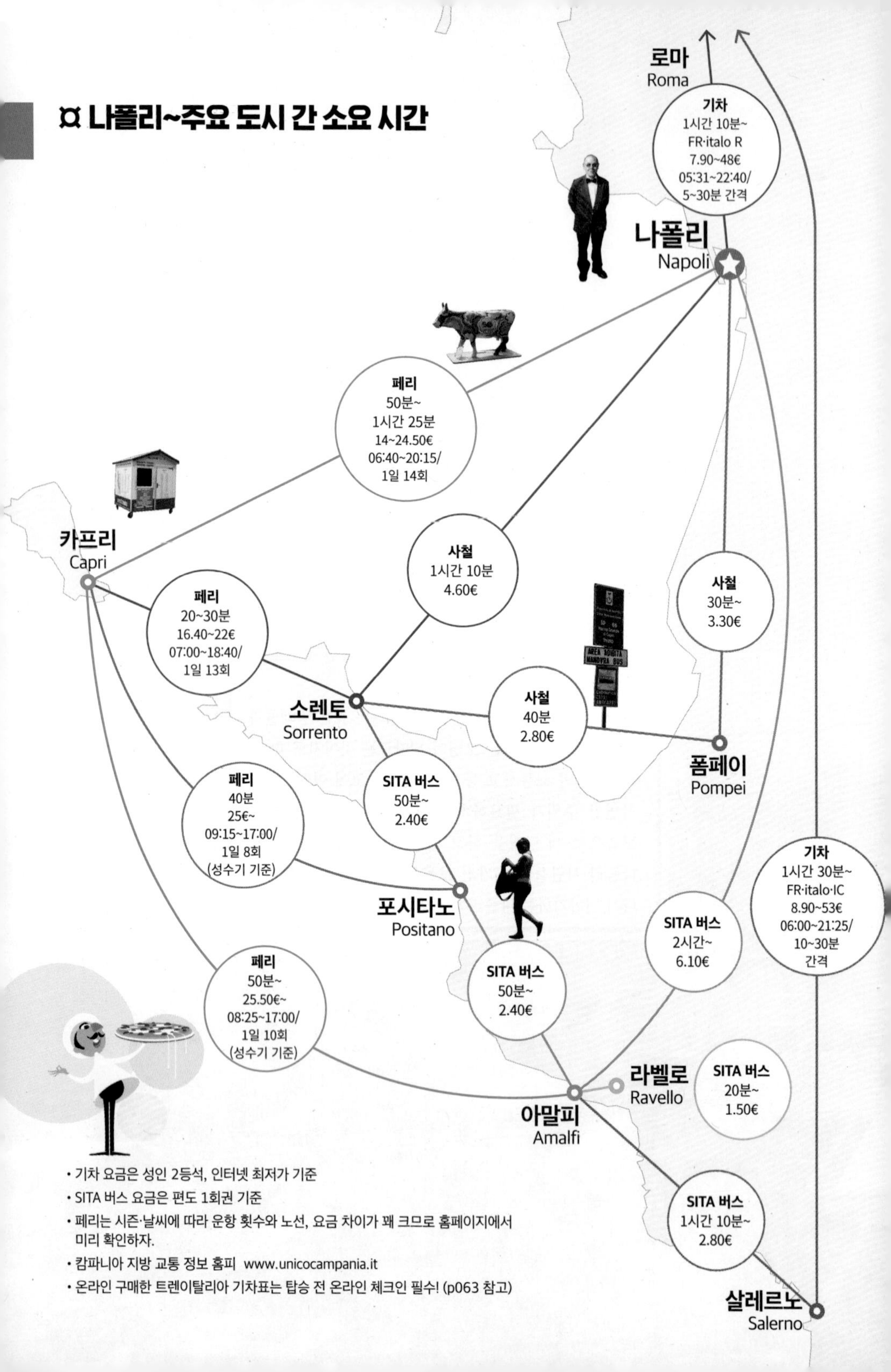

- 기차 요금은 성인 2등석, 인터넷 최저가 기준
- SITA 버스 요금은 편도 1회권 기준
- 페리는 시즌·날씨에 따라 운항 횟수와 노선, 요금 차이가 꽤 크므로 홈페이지에서 미리 확인하자.
- 캄파니아 지방 교통 정보 홈피 www.unicocampania.it
- 온라인 구매한 트레이탈리아 기차표는 탑승 전 온라인 체크인 필수! (p063 참고)

나폴리 가기

나폴리의 주요 볼거리는 반나절 정도면 볼 수 있다. 나폴리만 본다면 로마에서 당일치기로 여행하는 것도 가능하지만 폼페이, 소렌토, 카프리, 아말피 해안 등 이탈리아 남부 여행을 하기 위해 나폴리에서 숙박하게 되는 경우도 적지 않다. 안전하고 편리한 관광 인프라를 누리고 싶다면 물가가 상대적으로 낮고 안전한 소렌토에서 묵는 편을 권한다.

1. 기차

나폴리 중앙역(Napoli Centrale)은 대도시를 연결하는 노선뿐 아니라 남부 도시를 연결하는 노선들이 모이는 곳이다. 중앙역에 도착하기 전에 나폴리 아프라골라(Napoli Afragola)역을 거쳐가는 노선도 있으니 내릴 때 주의해야 한다. 대도시 간의 연결 노선은 고속열차(FR, italo)를 중심으로 운행하고 있어 로마에서 당일 코스로 다녀오는 것도 큰 부담이 없다. 트렌이탈리아 홈페이지 또는 앱에서 구매한 기차표는 탑승 전 온라인 체크인을 잊지 말자.

◆ 나폴리 중앙역 Stazione di Napoli Centrale

이탈리아 주요 도시를 오가는 열차가 이용하는 나폴리의 핵심 기차역이다. 쾌적하고 세련되게 탈바꿈한 중앙역은 관광 안내소와 수하물 보관소 등의 기본 시설은 물론 약국, 쇼핑 아케이드, 푸드코트까지 갖추고 있다. 단, 기차역 주변 치안은 그리 좋지 않으니 소지품 관리에 주의한다.

중앙역 건물 지상에는 트렌이탈리아와 이탈로(italo) 노선이 사용하는 플랫폼이 있고, 지하에는 지하철 가리발디(Garibaldi)역과 사철(Circumvesuviana) 가리발디역이 들어서 있다. 역 앞 가리발디 광장(Piazza Garibaldi)에서는 나폴리 시내로 가는 모든 버스와 일부 트램이 정차하며, 택시 승차장도 있다. 중앙역에서 숙소나 관광지까지는 지하철이나 택시 이용을 추천한다.

★ **트렌이탈리아**
WEB www.trenitalia.com

이탈로
WEB www.italotreno.it

★ **관광 안내소**
OPEN 09:00~18:00
WALK 중앙역 1층, 트렌이탈리아 매표소를 바라보고 오른쪽

수하물 보관소 KiPoint
OPEN 08:00~20:00
PRICE 6€/4시간, 4시간 초과 시 1€/1시간, 12시간 초과 시 0.50€/1시간
WALK 5번 플랫폼 근처

나폴리 중앙역.
시내 모든 교통의 집결지다.

트렌이탈리아 매표소. 창구를
이용하려면 번호표를 뽑는다.

이탈로 매표소

◆ 나폴리 가리발디 사철역 Stazione di Napoli Garibaldi

나폴리 중앙역 지하에 있는 사철역으로, 폼페이와 소렌토를 오갈 때 이용한다. 중앙역 1층에 있는 에스컬레이터를 타고 지하로 내려간 후 '치르쿰베수비아나(Circumvesuviana)'라고 쓴 표지판을 따라가면 지하 통로 왼쪽에 사철역 매표소와 개찰구가 있다. 단, 늦은 시간 소렌토-나폴리 구간의 사철 이용은 가급적 피하자.

'Circumvesuviana(사철)'
표지판을 따라가자!

★ **나폴리 지역 사철 EAV S.R.L.**
WEB www.eavsrl.it

2. 항공

이탈리아 북부 도시나 다른 국가에서 바로 갈 경우 항공편은 괜찮은 대안일 수 있다. 공항과 시내가 멀지 않고 연계 교통편 또한 잘 발달해 있는 편이다.

◆ 나폴리 카포디치노 공항 Aeroporto di Napoli-Capodichino "Ugo Niutta"(NAP)

나폴리 시내에서 약 6km 떨어져 있는 작은 공항이지만 이탈리아 국내선은 물론 이지젯, 라이언에어, 위즈에어 등 국제선이 수시로 드나드는 남부 지역의 중심 공항이다.

▶ 공항에서 시내까지, 시내에서 공항까지

나폴리 공식 공항버스인 알리버스(Alibus)를 이용한다. 공항 청사에서 나와 정면의 단기 주차장을 통과하면 오른쪽에 버스 정류장이 있다(도보 2분 소요). 요금은 편도 5€(자동판매기나 버스 기사에게 구매). 공항에서 출발한 알리버스는 약 15분 후 나폴리 중앙역이 있는 가리발디 광장에 정차한다. 공항으로 갈 때 역시 나폴리 중앙역의 정문 바로 앞에 있는 알리버스 정류장을 이용한다. 운행 시간은 공항 출발편 05:30~24:00(15분 간격), 나폴리 중앙역 출발편 05:10~23:30(15분 간격)이다. 목적지에 따라 고정요금으로 운행하는 공항택시를 이용할 경우 중앙역과 구시가까지 18€, 국립고고학 박물관·몰로 베베렐로·산 카를로 극장까지 21€다.

3. 페리

주로 카프리를 오갈 때 이용한다. 노선에 따라 몰로 베베렐로(Molo Beverello) 또는 칼라타 포르타 디 마사(Calata Porta di Massa) 선착장을 이용한다. 두 선착장은 멀리 떨어져 있으니(도보 15분 거리) 출발 선착장을 꼭 확인하자!

◆ 나폴리 항 Porto di Napoli

'산타 루치아 항구'로도 불리는 나폴리 항은 세계 3대 미항 중 하나. 중앙역 남쪽 바닷가에서 시작해 해안 산책로(Lungomare)가 있는 델로보 성 일대까지 서쪽으로 이어진 나폴리 만(灣) 전체가 모두 나폴리 항이다. 항구 내에는 부두(몰로·Molo)가 여럿 있는데, 걸어서 5~8분 거리로 각각 떨어져 있다. 여객선이 입·출항하는 부두는 누오보 성 뒤편의 3곳뿐이며, 다른 부두는 화물선이 이용한다.

● 몰로 베베렐로 Molo Beverello

소렌토(Sorrento)·포추올리(Pozzuoli)·카프리(Capri)·이스키아(Ischia) 등을 연결하는 페리가 이용한다. 나폴리 중앙역에서 부두까지는 중앙역 지하의 가리발디(Garibaldi)역에서 지하철 1호선(Piscinola 방면)을 타고 무니치피오(Municipio)역에서 내려 무빙워크를 이용해 2분 정도 걸어가거나, 역 바로 앞에서 택시(고정요금 13€)를 타고 10분 정도 이동한다. 나폴리 공항에서 택시를 이용할 경우 요금은 21€(고정요금)다.

4. SITA 버스

나폴리와 아말피, 살레르노 등을 연결하는 버스. 나폴리 중앙역 남쪽에 있는 페라리스 갈릴레오 거리(Via Ferraris Galileo)의 정류장에서 탑승한다. 아말피 해안의 중심 도시인 아말피까지 약 2시간 소요.

★
나폴리 카포디치노 공항
WEB www.aeroportodinapoli.it

공항버스 Alibus
www.anm.it

★
나폴리 항
WEB porto.napoli.it

소렌토·카프리·포추올리·이스키아 페리 검색
WEB www.traghetti-ischia.info
www.alilauro.it
www.capri.net
www.naplesbayferry.com

★
택시 이용, 어렵지 않아요!

나폴리에서는 택시가 가장 안전하고 편리한 대중교통수단이다. 운전이 거칠고 간혹 요금 시비도 일어나지만 나폴리 시에서 정한 요금이 운전석 뒤쪽에 게시돼 있어 조금만 주의를 기울이면 무리 없이 이용할 수 있다. 공항, 항구, 기차역 등에서 출발할 때는 고정요금으로 운행하며, 미터기를 사용할 때는 최소요금(4.50€)과 추가 요금이 정해져 있다. 요금 시비를 줄이려면 거스름돈을 못 받을 때를 대비해 잔돈을 준비해 가고, 고액권은 한 장씩 서로 확인하며 건넨다.

기본요금 3.50€, 일요일·공휴일 & 평일 야간(22:00~06:00) 6.50€
주행 요금 주행거리 48m & 주행시간 8초당 0.50€ 추가
추가 요금 가방 1개당 0.50€, 호출비 1.50€, 공항 출발 5€, 공항행 4€ 등

★
SITA 버스
WEB www.sitasudtrasporti.it

나폴리 시내 교통

나폴리 시내를 걸어서 돌아보기는 넓지만 다니다 보면 어느새 하루 종일 걷고 있게 되는 도시이기도 하다. 대중교통을 이용할 경우 소매치기 등 범죄가 자주 발생하는 버스나 트램보다는 지하철이나 택시를 이용하는 것을 추천한다.

1. 지하철

시내 관광에 주로 이용하는 노선은 나폴리 교통공사 ANM에서 운영하는 1호선이다. ANM의 모든 지하철 및 트램, 버스에서 사용할 수 있는 1회권 또는 1일권을 지하철역 안의 자동판매기나 매표소에서 구매해서 이용한다. 트렌이탈리아에서 운영하는 2호선은 국철로 분류되어 별도의 티켓을 쓰며, ANM의 티켓을 사용할 수 없다.

★
나폴리 교통공사 ANM
WEB www.anm.it

✚ 지하철 1호선 운행 정보

서쪽 종점	동쪽 종점	여행자들에게 유용한 역
Garibaldi	Piscinola	Museo(고고학 박물관), Dante(제수 누오바 성당, 스파카나폴리), Toledo(톨레도 거리, 플레비시토 광장 주변, 산타 루치아 지역), Universita(산타 루치아 항 내)

*__운행 시간__ 가리발디역 출발 06:20~23:02(토요일은 ~다음 날 01:32), 피쉬놀라역 출발 06:00~22:30(토요일은 ~다음 날 01:04)/ 14~20분 간격

나폴리에서 가장 번화한 쇼핑거리인 톨레도 거리(Via Toledo)의 지하철역 입구

2. 버스 & 트램 & 푸니콜라레

나폴리에는 수십여 개의 버스와 트램 노선이 복잡하게 얽혀있지만 길도 좁고 교통이 워낙 혼잡해서 편의성은 떨어지는 편이다. 한가한 시간대라면 시내 대부분의 명소를 촘촘하게 연결하는 R2번 버스를 이용해 볼만한데, 관광객이 많이 이용하는 노선인 만큼 소매치기들이 극성을 부리고 있어 각별한 주의가 필요하다.
등산열차 푸니콜라레(Funicolare)는 여행자가 이용할 일은 별로 없지만 산텔모 성과 산 마르티노 국립 박물관이 있는 보메로(Vomero) 언덕에 갈 때 이용할 만하다.

관광지 대부분을 커버하는 R2번 버스

★
R2번 버스 노선
P.Garibaldi(중앙역) ⇄ C.Umberto I ⇄ P.Bovio(우니베르시타역) ⇄ V.Depretis ⇄ P.Municipio(몰로 베베렐로) ⇄ V.San Carlo(플레비시토 광장) ⇄ P.Trieste e Trento ⇄ P.Municipio ⇄ V.Medina ⇄ V.Sanfelice ⇄ C.Umberto I ⇄ P.Garibaldi

✚ 나폴리 시내 교통 요금(지하철·트램·버스 공용)

종류	원어 표기	요금	유효시간
1회권	Biglietto Corsa Singola	1.30€	1회만 사용 가능
1일권	Biglietto Giornaliero	4.50€	개시한 날 24:00까지

*승차권은 탑승 후 반드시 각인해서 사용하며, 지하철을 탈 때를 제외하고 최초 한 번만 각인하면 된다. 승차권 검사를 자주 하는 편이므로 내릴 때까지 티켓을 잘 보관한다.
*나폴리 외에 소렌토, 아말피 해안 등을 여행할 계획이라면 캄파니아 아르테카드(p278)도 고려해 보자.

SECTION

A 나폴리

나폴리 중앙역 → 국철 5분+도보 5분 → **❶ 국립 고고학 박물관** → 도보 5분 → **❷ 스파카나폴리** [Option **❸ 제수 누오보 성당** → Option **❹ 산 도메니코 마조레 성당** → Option **❺ 산세베로 예배당**] → 도보 20분 또는 버스 10분 → **❻ 플레비시토 광장** → 도보 7분 → **❼ 누오보 성** → 도보 10분 → **❽ 산타 루치아 항** → 도보 7분 → **❾ 델로보 성**

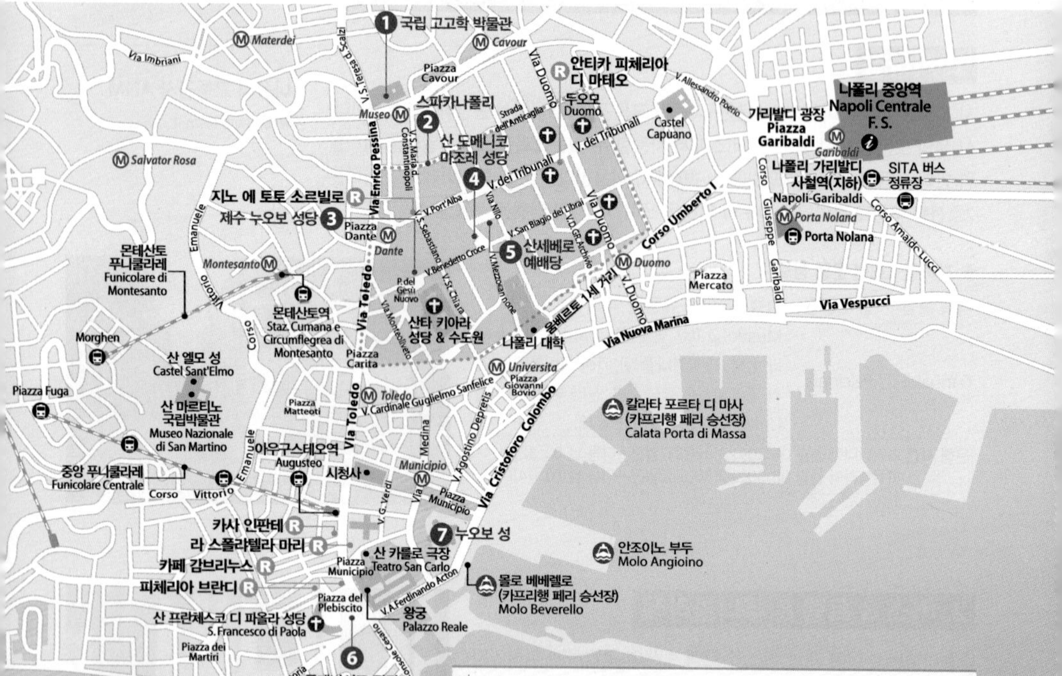

★

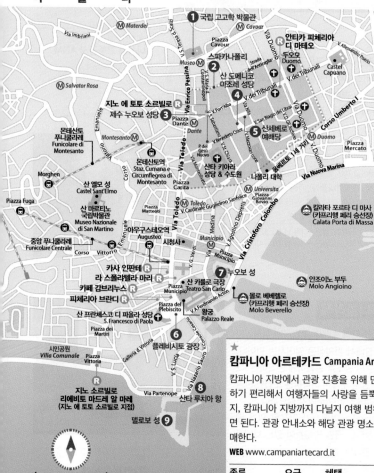

캄파니아 아르테카드 Campania Arte Card

캄파니아 지방에서 관광 진흥을 위해 만든 카드로, 혜택이 좋고 사용하기 편리해서 여행자들의 사랑을 듬뿍 받고 있다. 나폴리만 여행할지, 캄파니아 지방까지 다닐지 여행 범위에 따라 카드 종류를 선택하면 된다. 관광 안내소와 해당 관광 명소, 아르테카드 홈페이지에서 판매한다.

WEB www.campaniartecard.it

종류	요금	혜택
나폴리 3일권 Naples 3 days	27€, 18~25세 16€	나폴리 시내 명소 21곳 중 처음 3곳 무료, 그 외 10~50% 할인 나폴리 시내 대중교통 무료
캄파니아 3일권 Campania 3 days	41€, 18~25세 30€	나폴리, 폼페이(일부 유적 제외), 라벨로 등 캄파니아의 명소 중 처음 2곳 무료, 그 외 10~50% 할인(라벨로 명소 4곳은 1곳으로 간주-빌라 루폴로, 두오모 박물관 등) 나폴리+캄파니아 지방 대중교통 무료(제외 구간: 알리버스, 소렌토~포시타노~아말피 구간 SITA 버스, 폼페이~베수비우스 구간 Eav 버스, 캄파니아 익스프레스)

❶ 폼페이에서 발굴된 알렉산더 대왕의 '이수스 전투' 모자이크(기원전100년)

가장 큰 메리디아나의 방(Salone della Meridiana)은 조각실로 사용되고 있다.

폼페이에서 발굴된 모자이크

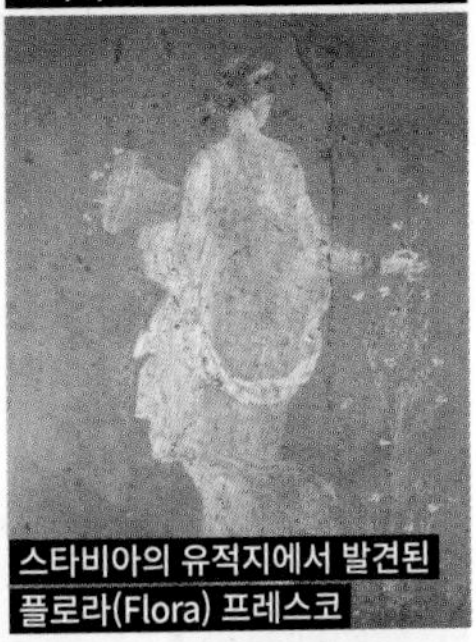

스타비아의 유적지에서 발견된 플로라(Flora) 프레스코

01 사라져버린 고대 도시로의 시간여행
국립 고고학 박물관
Museo Archeologico Nazionale

세계에서 가장 중요한 고고학 박물관 중 하나다. 주로 폼페이와 스타비아(Stabia), 헤르쿨라네움(Herculaneum) 등 베수비오 화산 폭발로 사라진 고대 도시의 유물들과 파르네세(Farnese) 가문이 수집한 고대 예술품을 소장하고 있다. 특히 폼페이에서는 볼 수 없었던 훌륭한 모자이크와 벽화 원본들을 감상하는 묘미가 있는데, 이중 모자이크 ❶ '이수스 전투'를 놓치지 말자. 폼페이에서 가져온 선정적인 유물들을 모아놓은 65번 전시실, 비밀의 방(Gabinetto Segreto)도 흥미롭다.

박물관은 총 4층 구조로, 지하에는 이집트 유물, 1층에는 파르네세 수집품과 폼페이·헤르쿨라네움·캄파니아 지방의 조각, 2층에는 폼페이의 모자이크와 비밀의 방, 3층에는 벽화와 소품 등이 있다. 전시품이 워낙 방대하니 입장 시 구조도를 챙겨 관심 있는 전시관부터 관람하자. 중앙역에서 많은 버스와 트램이 운행하지만 택시나 지하철을 이용하는 게 좋다.

Ⓖ 나폴리 국립 고고학 박물관

ADD Piazza Museo, 19

OPEN 09:00~19:30/폐장 30분 전까지 입장

CLOSE 화요일, 1월 1일, 12월 25일

PRICE 22€(2일간 연속 유효), 17세 이하 무료/10~3월 첫째 일요일 무료입장/특별전 진행 시 요금 추가/ 아르테카드 할인

METRO 중앙역 지하 가리발디역에서 2선(트렌이탈리아) 탑승, 카부르(Cavour)역 하차 후 연결 통로를 이용해 1선 무세오(Museo)역 출구로 나간다. 또는 가리발디역에서 1선(ANM) 탑승, 무세오(Museo)역 하차

WEB mann-napoli.it

고대 예술의 보물 창고인 나폴리 국립 고고학 박물관

02 나폴리에서는 일상이 보물이다
스파카나폴리
Spaccanapoli

나폴리 서민의 삶을 생생히 볼 수 있는 지역으로, 베네데토 크로체 거리(Via Benedetto Croce)와 산 비아조 리브라이 거리(Via S. Biagio dei Librai)가 연결되면서 나폴리를 동서로 가로지른다. 나폴리에서 가장 아름다운 르네상스 시대의 기념비와 작지만 중요한 조각과 회화 등이 있는 성당들, 오랜 전통을 자랑하는 음식점 등이 빼곡히 들어서 있다. 시간에 여유가 있다면 단테 광장(Piazza Dante)에서 도보 10분 거리에 있는 몬테산토역(Staz. Montesanto)에서 푸니콜라리를 타고 보메로 언덕에 올라 풍경을 감상하고 산텔모 성(Castel Sant'Elmo)과 나폴리 예술품과 역사 자료 등을 전시한 산 마르티노 국립 박물관(Museo Nazionale di San Martino)에도 들러보자.

R7W2+WP 나폴리(제수 누오보 성당)
WALK 국립 고고학 박물관에서 도보 5분
METRO 1선 단테(Dante)역 하차

Option
03 예수의 재림을 상징하는 곳
제수 누오보 성당
Chiesa del Gesù Nuovo

산세베로 궁전(Palazzo Sansevero)을 17세기에 개조한 성당. 특이한 벽돌 무늬 정면과 성당 안 현관 위를 장식하고 있는 솔리메나의 프레스코화 '성전에서 쫓겨나는 헬리오도루스'(1725), 내부의 대리석 조각들, 라바스키에리 예배당(Cappella Ravaschieri)에 있는 금박을 입힌 72개의 흉상 등이 볼 만하다. 성당 앞에는 성모 마리아에게 천사가 나타나 예수를 낳을 것을 알리는 장면(수태고지)을 묘사한 ❶ '성 처녀 마리아 첨탑(Guglia dell'Immacolata)'이 있다. 역병으로부터 성모 마리아가 도시를 지켜주기를 기원하며 17~18세기에 건립한 것으로, 나폴리의 풍부한 예술성을 잘 보여주는 작품이다.

제수 누오보 광장을 사이에 두고 성당 맞은편에는 14세기에 건립된 산타 키아라 성당과 수도원(Basilica & Monastero di Santa Chiara)이 있다. 제단 가운데 있는 섬세하고 정교한 조각으로 장식된 로베르토 앙주(Roberto d'Angiò)의 무덤과 제단 양쪽의 그의 아내와 아들의 무덤, ❷ 마졸리카(이탈리아의 화려한 도자기) 타일로 장식한 수도원의 의자가 볼만한 곳이다.

R7W2+XQ 나폴리
ADD Piazza del Gesù Nuovo, 2
OPEN 08:00~13:00, 16:00~ 19:30
WALK 국립 고고학 박물관에서 도보 12분
METRO 1선 단테(Dante)역에서 도보 5분

입구가 작아
지나치기 쉽다.

1

Option
04 어딜 둘러봐도 예술품 천지
산 도메니코 마조레 성당
Chiesa di San Domenico Maggiore

산 도메니코 광장에 있는 고딕 양식의 성당. 10세기에 지어져 13~14세기에 재건됐다. 1272년 성 토마스 아퀴나스(Tommaso d'Aquino)가 신학교로 사용했고 그가 죽은 지 50년 후 성인으로 서품을 받은 성당이다.

성당 내부는 많은 예배당으로 이루어져 있고 조각과 회화 작품으로 가득하다. 그중에서도 티노 다 카마이노(Tino da Camaino)의 '두라초의 존의 무덤석판', 성구실에 있는 솔리메나의 18세기 프레스코 천장화가 유명하다. 로마의 산타 체실리아 인 트라스테베레 성당에 '최후의 심판'을 그렸던 카발리니(Pietro Cavallini)가 브란카치오 예배당(Cappella Brancaccio)에 남긴 프레스코화도 놓치지 말자.

성당 앞 작은 광장에는 우아한 오벨리스크가 세워져 있는데, 이는 제수 누오보 성당 앞에 있는 '성 처녀 마리아 첨탑'과 산타 키아라 수도원의 마졸리카 장식 의자를 제작한 안토니오 바카로가 1737년에 만든 작품이다.

R7X3+HQ 나폴리

ADD Piazza San Domenico Maggiore, 8a

OPEN 10:00~18:00

PRICE 성당 무료, 박물관 가이드 투어(성구 보관실·보물실·토마스 아퀴나스의 방 관람) 8€~

WALK 제수 누오보 성당에서 도보 4분

WEB 박물관 투어 예약 domasandomenicomaggiore.it/biglietteria/

ⓒCarlo Raso

Option
05 작지만 파워풀한 예술의 전당
산세베로 예배당
Museo Cappella Sansevero

16세기 말에 지은 바로크 양식의 성당. 수많은 전설이 전해지는 곳이다. 잦은 개조와 공사로 외관은 거의 변형됐지만 내부는 당시의 모습을 간직하고 있다.

특히 이곳은 18세기 주세페 산마르티노(Giuseppe Sanmartino)가 제작한 조각 1 '베일에 덮인 예수'로 유명하다. 당시 산세베로의 왕자 라이몬도가 주문해 제작한 것으로, 묘사가 너무 사실적이어서 작가이자 연금술사였던 라이몬도가 연금술을 이용해 실제 인물을 돌로 바꾸었다는 의심을 받기도 했다. 이밖에 18세기의 아름다운 조각들이 많은데, 안토니오 코라디니(Antonio Corradini)의 '수줍음'과 예수의 부활을 의미하는 '왕자의 부활'(작가 미상) 등도 놓치지 말자. 지하에는 끔찍한 인체 실험으로 유명했던 라이몬도 왕자의 연금술 관련 도구가 전시되어 있다.

R7X3+PX 나폴리

ADD Via de Sanctis Francesco, 19/21

OPEN 09:00~19:00/폐장 30분 전까지 입장

CLOSE 화요일

PRICE 10€, 10~25세 7€, 9세 이하 무료/예약 필수

WALK 산 도메니코 마조레 성당에서 도보 2분/국립 고고학 박물관에서 도보 10분

METRO 1선 단테(Dante)역에서 도보 7분

WEB museosansevero.it

❶ 톨레도 거리

개선문의 부조

06 나폴리 역사의 화려한 한 페이지
플레비시토 광장
Piazza del Plebiscito

자가용이나 스쿠터도, 버스나 트램도 다니지 않는, 나폴리에서 가장 화려하면서 조용한 광장. 광장 서쪽에는 산 프란체스코 디 파올라 성당이 있고 그 맞은편에는 왕궁이 있다. 16세기 말부터 행진과 연회를 위한 장소로 이용되던 전통이 지금까지 이어져 내려오고 있다. 19세기 초 광장과 궁전 정비를 시작할 당시 1863년 나폴리를 통일 이탈리아에 가입시키기로 한 투표 '플레비시토'를 기념해 지금의 이름이 붙여졌다. 그러나 아이러니하게도 광장 중앙에는 플레비시토 이전에 나폴리를 통치하던 프랑스계 스페인 왕족 페르디난도(페란테 1세)와 카를로 3세의 상이 있다. 광장에서 북쪽의 트리에스테 에 트렌토 광장(Piazza Trieste e Trento)으로 빠져나가면 나폴리 최대의 쇼핑가 ❶ 톨레도 거리(Via Toledo)가 시작된다.

Ⓖ R6PX+8C 나폴리
WALK 스파카나폴리에서 도보 20분
BUS 중앙역에서 R2번 탑승, 산 카를로-트리에스테 & 트렌토(San Carlo-Trieste & Trento) 하차

07 남작들의 원혼이 서린 성
누오보 성
Castel Nuovo

'새로운 성'이란 뜻의 프랑스풍 성이다. 1282년 프랑스 앙주 왕가의 샤를이 세웠다. 15세기에 앙주 가문을 격파한 스페인의 아라곤 왕국이 이 성을 개축하면서 탑을 1개 더 세워 5개로 만들고 2개의 탑 사이에 문을 만들어 생기 발랄한 부조로 장식했는데, 그 바람에 누오보 성의 입구는 마치 개선문처럼 웅장한 느낌을 준다.

안뜰로 들어서서 왼쪽에 보이는 계단으로 올라가면 꽃 모양의 천장 장식으로 아름답게 꾸민 남작들의 방(Sala dei Baroni)이 나온다. 우아한 모습과는 달리 이 방은 아라곤 왕가의 페란테 1세에게 반역을 모의하던 남작들을 왕족의 결혼식 축하연을 구실 삼아 유인한 뒤 체포해 처형했던 끔찍한 장소다. 페란테 1세는 이들의 시체를 방부 처리한 후 옷을 입혀 이곳을 방문하는 사람들이 볼 수 있게 전시했다고 한다. 성안의 지하 감옥에는 아직도 그 당시 처형된 네 명의 해골이 남아 있다. 그밖에 팔라티노 예배당에 있는 시립 미술관(Museo Civico)에는 14~15세기 프레스코화 조각품들이 전시되어 있다.

Ⓖ 누오보 성 나폴리
ADD Via Vittorio Emanuele III, 80133
OPEN 08:30~18:30(11~3월 ~17:30)
CLOSE 일요일
PRICE 6€/ 아르테카드 할인
WALK 플레비시토 광장에서 도보 7분

Zoom In & Out

플레비시토 광장

❶ 산 프란체스코 디 파올라 성당 Basilica di San Francesco di Paola

프랑스 부르봉 왕가의 페르디난도 왕이 당시 나폴레옹 지배하에 있던 나폴리를 되찾은 것을 기리기 위해 지었다. 스위스의 건축가 피에트로 비안키가 로마의 판테온과 산 피에트로 광장의 열주를 본떠 1846년 완공됐다.

❶ 로마의 판테온을 본떠 만든 산 프란체스코 디 파올라 성당

❷ 왕궁 Palazzo Reale

17세기 초 도메니코 폰타나가 지은 것으로, 스페인 총독과 부르봉 왕가 사람들이 나폴리 통치 시절 살았던 곳이다. 왕궁의 전면에 있는 8개의 조각상은 노르만인들의 지배 때부터 나폴리를 통치했던 왕들과 그 시조들을 표현한 것이다. 궁전 내부에는 나폴리 역대 왕들을 묘사한 천장화와 프레스코화, 태피스트리(벽걸이 양탄자), 세련된 가구들, 당대의 예술가들에게 헌정된 방 등이 있다. 특히 고대와 중세의 고서를 소장한 국제 도서관이 유명하다.

Ⓖ R6PX+FQ 나폴리

OPEN 09:00~20:00/폐장 1시간 전까지 입장
CLOSE 수요일, 1월 1일, 5월 1일, 12월 25일
PRICE 10€, 17세 이하 무료/ 아르테카드

❷ 왕궁의 정면 모습

❸ 산 카를로 극장 Teatro San Carlo

<적과 흑>의 작가 스탕달(Stendhal, 1783~1842년)이 이 극장의 완성을 놓고 "왕과 시민 사이에 훨씬 강력한 결속력을 창조해낸 하나의 쿠데타"라고 말했을 만큼 나폴리인들에게 중요한 곳이다. 19세기에는 로시니와 도니체티 등 당대 최고 작곡가들의 작품이 초연되기도 한 이탈리아 3대 오페라 극장 중 하나로, 1737년 카를로 3세의 명령으로 건설됐다. 영어나 이탈리아어로 진행하는 가이드 투어로 내부를 볼 수 있다.

Ⓖ R6PX+XV 나폴리

ADD Via San Carlo, 98
OPEN 가이드 투어 1일 6회(영어 투어 11:30 15:30, 30분 소요)/공연에 따라 유동적
PRICE 가이드 투어 9€

❸

❸

❹ 움베르토 1세 갈레리아 Galleria Umberto I

1880년대 후반 당시로서는 첨단 소재인 철과 유리로 지은 움베르토 1세 갈레리아는 밀라노에 있는 비토리오 에마누엘레 2세 갈레리아와 함께 세계에서 가장 아름다운 아케이드로 알려져 있다. 중앙에 서면 산 카를로 극장의 전면을 가장 잘 볼 수 있다.

❹

❹

❹

19세기 후반에 완공한 움베르토 1세 갈레리아의 화려한 내부

델로보 성에서 바라본
산타 루치아 항의 풍경

성이 밟고 서 있는 암석, 투파(Tufa)가
성의 건축 재료로 사용됐다.

한때 세계 3대 미항으로
손꼽혔던 산타 루치아 항

08 지중해가 선물한 나폴리의 별
산타 루치아 항
Porto di Santa Lucia

해안가를 따라 고급 호텔과 레스토랑이 즐비한 관광 지구다. 세계 3대 미항이라는 명성과 달리 실제 모습은 그리 특별하지 않아 실망하는 이들이 많은데, 사실 산타 루치아 항은 항구에 서서 바라볼 때보다 배를 타고 바다에서 육지로 들어오며 바라볼 때 가장 아름답다. 복잡한 몰로 베베렐로 쪽보다는 해안 산책로(Lungomare)가 길게 이어지는 델로보 성 일대를 걸으며 항구의 정취를 느껴보는 것을 추천.

한적한 곳에서 여유로운 시간을 즐기고 싶다면 델로보 성을 바라보고 오른쪽의 파르테노페 거리(Via Partenope)를 따라 서쪽으로 가보자. 해안가를 따라 조금만 걸어가면 길게 뻗어있는 시민공원 빌라 코무날레(Villa Comunale)가 나온다. 17세기 말 스페인 총독 메디나코엘리가 가로수를 심고 수십 개의 분수를 만든 것을 시작으로 지금은 수많은 조각상과 분수, 19세기 말에 철과 유리로 지은 야외 음악당, 신 고전풍의 빌라, 수족관이 들어서 있다. 공원 앞의 카파촐로 거리(Via Caracciolo)는 일요일마다 교통이 통제되어 가족이나 연인과 함께 산책 나온 나폴리인들로 매우 붐빈다.

R7J2+M9 나폴리

WALK 누오보 성에서 도보 10분/플레비시토 광장에서 도보 5분
BUS 가리발디 광장에서 151번 탑승, 악톤(Acton) 하차
METRO 1선 무니치피오(Municipio)역에서 도보 7분

09 비밀을 간직한 '달걀 성'
델로보 성
Castel dell'Ovo

바다 위에 솟아오른 희미한 황금빛 성. 나폴리에서 제일 오래된 성답게 수많은 전설과 이야기가 전해내려온다. 성의 이름을 달걀이라는 뜻의 '오보(Ovo)'로 지은 것은 성 밑에 있는 달걀이 깨지면 재앙이 내려온다는 전설 때문이라고. 또 아름다운 목소리로 선원들을 유혹해 바다에 뛰어들게 한 세이렌 중 하나인 파르테노페의 무덤이 이곳에 있다는 전설도 있다.

성에는 나폴리가 그리스 식민 도시일 때의 흔적이 곳곳에 남아 있다. 한때는 로마인들의 별장으로 사용했다가, 13세기에 나폴리를 정복한 프랑스의 앙주 왕가는 감옥과 관저로 사용했으며, 200년에 걸친 스페인의 통치 기간 중엔 대포를 설치해 전투용으로 사용했다. 12세기에 지어진 후 많은 양식이 혼합되어 고대 로마식 원주와 고딕 양식, 중세 프레스코 벽화 등을 볼 수 있으며, 테라스에 서면 카프리 섬과 이스키아 섬, 프로시다 섬이 어우러진 지중해가 눈부시게 펼쳐진다. 보수공사로 2024년 2월 현재 내부 관람은 불가능하다.

델로보 성

ADD Via Eldorado, 3
OPEN 보수공사로 임시 휴관
PRICE 무료
WALK 산타 루치아 항의 서쪽 끝 지점에서 도보 7분

Eating & Drinking

마르게리타 피자가 태어난 집

피체리아 브란디

Pizzeria Brandi

'나폴리 피자의 고향'으로 불리는 브란디는 이탈리아 피자의 기본인 마르게리타를 처음으로 만든 원조 피체리아다. 1780년 문을 연 이래 전 세계 유명 인사들의 발길이 끊이질 않아 마치 관광 명소처럼 대접받는다.

명성 자자한 원조의 맛을 느껴보고 싶다면 마르게리타(Margherita)를 주문해보자. 도우가 쫄깃해 식감이 뛰어나며, 전체적인 맛도 짜지 않고 고소하다. 토마토소스, 모차렐라 치즈, 바질 잎만을 사용하는 마르게리타 피자는 이탈리아 국기 속 3가지 색깔을 형상화한 애국심 강한 피자로, 움베르토 1세와 함께 나폴리를 방문한 마르게리타 왕비에게 대접하기 위해 1889년 만들어졌다. 반드시 손으로 반죽해야 하고, 두께는 2cm 이하(중앙 부분은 0.3cm 이하)의 고른 도우를 만들어야 하며, 다른 부재료는 일절 넣지 않는 등 조건이 까다로운데, 브란디 피자는 이 조건을 100년이 넘도록 완벽하게 유지하고 있어서 이탈리아 요리를 공부하는 이들에겐 선망의 유학지로 손꼽힌다.

모짜렐라치즈, 토마토, 바질의 하모니, 마르게리타 피자 7€

G R6PW+MP 나폴리
ADD Salita S. Anna di Palazzo, 1/2
OPEN 12:30~15:30, 19:30~23:30
CLOSE 월요일
MENU 피자 6~13€, 음료 2.50€~, 자릿세 2€/1인
WALK 플레비시토 광장에서 도보 3분
WEB pizzeriabrandi.com

피자 유학 온 브란디의 주방보조들

마르게리타 피자

차양 때문에 가게 이름이 잘 안 보일 땐 사람이 많이 모여 있는 곳을 찾으면 된다.

이 가격에 이 맛, 실화인가?

지노 에 토토 소르빌로
Gino e Toto Sorbillo

나폴리 3대 피체리아로 손꼽히는 맛집. 마르게리타(Margheritta) 1판에 단돈 5.90€라는 저렴한 가격이 최고의 인기 비결이다. 화덕에서 제대로 구워내 불 맛은 기본이고 짭짤해서 식사 대용으로도 그만이다. 대기 줄이 엄청나니 도착하면 대기자 명단에 이름부터 올리자. 바로 옆에 같은 이름의 피체리아가 여행자들을 혼동시키니 주의하자. 델로보 성 근처 지점(Via Partenope, 1)에서는 바다가 시원하게 펼쳐지는 풍경을 바라보며 식사할 수 있다.

V724+54 나폴리
ADD Via dei Tribunali, 32
OPEN 12:00~15:30, 19:00~23:30
CLOSE 일요일, 8월 중 약 2주간 휴무
MENU 피자 4.50~10€, 음료 2.50€~, 자릿세 2€/1인
WALK 산세베로 예배당에서 도보 2분
WEB www.sorbillo.it

소리 질러! 나폴리 피자계의 슈퍼스타

안티카 피체리아 디 마테오
Antica Pizzeria di Matteo

내로라하는 나폴리 피자 맛집 중에서도 단연 최고의 인기와 맛을 자랑하는 곳. 클린턴 대통령이 방문해 화제가 되기도 했고, 2015년 프란치스코 교황이 나폴리에서 자동차 행진을 할 때 달려나가 직접 피자를 드리면서 또다시 유명해졌다. 관광객뿐 아니라 동네 사람도 사랑해 마지 않는 피체리아인지라 식당 안은 늘 왁자지껄한 분위기지만 피자 맛은 그야말로 최고다. 무엇을 주문해도 실패 확률이 적지만 고민하기 싫다면 마르게리타 피자에 물소 치즈를 얹은 마르게리타 콘 부팔라(Margherita con Bufala, 7€)가 무난하다.

V725+G5 나폴리
ADD Via dei Tribunali, 94
OPEN 10:00~23:00
CLOSE 일요일
MENU 피자 3.50~8€, 음료 2€~, 서비스 요금 15%
METRO 산세베로 예배당에서 도보 5분/두오모(나폴리 대성당)에서 도보 3분
WEB anticapizzeriadimatteo.it

마르게리타 콘 부팔라

음식도 늦게 나오고 시끄럽지만
나폴리 현지인의 일상을 엿볼 수 있다.

조개 모양의 바삭한 빵
스폴랴텔라(2€)

과일, 생크림을 넣은
판타지아 리모네 바바(3.50€)

조개 빵은 무조건 여기서 먹는걸로

◉ 라 스폴랴텔라 마리
La Sfogliatella Mary

움베르토 1세 갈레리아 정문 입구에 있는 작은 베이커리. 조개 모양의 나폴리 전통 빵 스폴랴텔라와 술빵 바바(Baba)를 맛있게 구워 현지인, 여행자 할 것 없이 인기 초절정을 과시한다. '여러 겹의 잎'이라는 뜻의 스폴랴텔라는 조개 무늬 결마다 얇은 빵을 겹겹이 쌓고 달콤한 리코타 치즈크림을 넣은 바삭한 빵이다. 럼주에 담가 촉촉한 바바는 빵에 술이 가득 배어 씹을 때마다 술 향기와 달콤한 빵 맛이 어우러진다. 과일이나 생크림을 넣은 바바도 있다.

R6QX+9F 나폴리
ADD Via Toledo, 214
OPEN 08:00~20:30
CLOSE 화요일
MENU 스폴랴텔라 2€~, 바바 2€~
WALK 플레시비토 광장에서 도보 5분

나폴리의 자랑! 명물 카페

◉ 그란 카페 감브리누스
Gran Caffè Gambrinus

자타공인 나폴리를 대표하는 카페. 플레시비토 광장 근처에 자리 잡고 있다. 19세기 말~20세기 초 나폴리 사교계의 중심으로 가리발디, 오스카 와일드 등이 이곳에 족적을 남긴 것으로도 유명하다. 현재도 고풍스러운 인테리어와 세련된 서비스, 뛰어난 커피 맛을 자랑하며 나폴리의 명물로 사랑받고 있다. 특히 설탕을 탄 에스프레소에 카카오 가루를 잔뜩 뿌린 카페 스트라파차토(Caffè Strappazzato)가 인기다.

R6PX+P9 나폴리
ADD Via Chiaia, 1/2
OPEN 07:00~24:00
MENU 에스프레소 1.20€~(테이블 이용 시 4.50€)
WALK 플레시비토 광장에서 도보 1분
WEB www.grancaffegambrinus.com

견과류 가득한 노촐레
프랄리나테 강추!

젤라토도, 빵도 다 먹어버릴 기세

◉ 카사 인판테
Casa Infante

나폴리를 대표하는 베이커리 겸 젤라테리아다. 젤라토 중에서는 남부 이탈리아 전통 술빵을 넣어 독특한 맛이 나는 바바(Baba) 젤라토와 시칠리아 케이크 카사타(Cassata)로 만든 젤라토, 헤이즐넛·아몬드·피스타치오·땅콩 등 견과류를 아낌없이 넣은 노촐레 프랄리나테(Nocciole Pralinate)가 인기다. 조개 모양의 나폴리 전통 빵 스폴랴텔라(Sfogliatella, 2€)도 이 집의 명물로 꼽힌다.

R6QX+F8 나폴리
ADD Via Toledo, 258
OPEN 10:30~22:00(월요일 13:00~21:00, 금~일요일 ~23:00)
MENU 젤라토 콘/컵 2.50~4.50€
WALK 플레시비토 광장에서 도보 5분
WEB www.casainfante.it

01

CAMPANIA

폼페이

POMPEI

서기 79년 8월 넷째 주, 베수비오(Vesuvio) 화산이 폭발했다. 이 폭발로 귀족들의 휴양지로 전성기를 누리고 있던 폼페이는 순식간에 '재의 도시'로 바뀌어버렸다. 찬란했던 도시 문명을 비롯한 땅 위의 모든 것이 화산재 아래로 묻혀버렸다.

1748년부터 시작된 본격적인 발굴로 모습을 드러낸 폼페이는 2000년 전 만들어졌다고는 믿기 어려울 만큼 현대적인 도시였다. 마차 전용 도로와 수세식 화장실, 헬스 시설을 갖춘 사우나 시설까지……. 무심코 바라보면 폐허에 지나지 않지만 찬찬히 들여다보면 놀라움을 넘어 경이로움까지 느껴지는 곳, 그곳이 폼페이다.

폼페이 가기

폼페이로 가려면 나폴리 중앙역이 아닌 사철역에서 출발하는 기차를 이용한다. 나폴리와 폼페이를 연결하는 기차는 시설이 좋지 않은 편이다. 또한 이 구간은 관광객으로 붐비는 구간이라 소매치기도 많으니 소지품 보관에 더 주의를 기울여야 한다.

◆ 폼페이 스카비-빌라 데이 미스테리역 Pompei Scavi-Villa dei Misteri

폼페이 유적지와 가장 가까운 사철역. 역 안에 편의 시설은 많지 않지만 입구 옆에 유인 수하물 보관소가 있다(크기에 따라 3~5€). 역 밖으로 나가 오른쪽으로 조금만 걸어가면 왼쪽에 폼페이 유적지 입구가 있다. 입구의 매표소 옆에 무료로 짐을 맡길 수 있는 수하물 보관소가 있으니 입장 전에 이용하도록 하자. 참고로, 폼페이를 'Pompeii'라고 표기하기도 하는데, 이는 폼페이의 고대 로마시대 명칭이다.

아담한 규모의 폼페이 사철역

사철 내부. 좌석이 좁고 딱딱하다.

사철

● 폼페이 유적지 수하물 보관소

OPEN 09:00~18:45 (11~3월 ~16:45)
PRICE 무료

나폴리 중앙역 Napoli(C.le)
↓
도보 10분('Circumvesuviana' 표지판을 따라 간다.)
↓
나폴리 가리발디역 Napoli Garibaldi
↓
사철 30~35분, 3.30€/ 캄파니아 아르테카드
06:11~21:47/20~30분 간격

소렌토 Sorrento
↓
사철 30~40분, 2.80€/ 캄파니아 아르테카드
06:01~21:37/20~30분 간격

폼페이 스카비-빌라 데이 미스테리역 Pompei Scavi-Villa dei Misteri

*운행 시간은 시즌·요일에 따라 유동적

★
사철 EAV S.R.L.
WEB www.eavsrl.it

OPTION A 폼페이

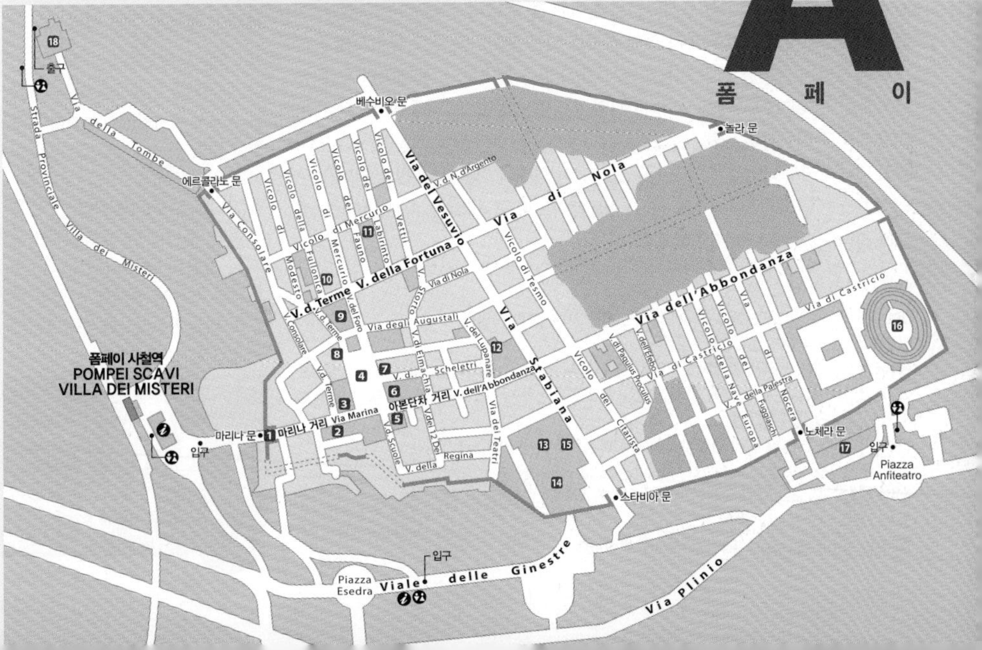

폐허가 된 폼페이 유적과 베수비오 화산

2000년 전 지은 도시라고 믿을 수 있을까?

폼페이 유적지 Scavi di Pompei

2000년 전에 세운 도시. 해안가에 위치한 지리적 특성을 살려 물고기 모양으로 만들었다는 사실에서 옛사람들의 지혜를 엿볼 수 있다. 안으로 들어가보면 오늘날 신도시처럼 도시 전체를 바둑판처럼 반듯하게 나눠놓았고 마차가 다니는 길과 인도를 구분했으며, 그 아래에는 완벽한 하수도 시설까지 갖추고 있다. 대형 극장과 경기장, 목욕탕, 상점은 물론 허가 받은 매춘 업소까지 있었다고 하니 당시 폼페이가 얼마나 번성한 도시였는지 짐작해 볼 수 있다.

전체를 돌아보려면 꼬박 하루가 걸릴 정도로 넓은 곳이기에 주요 유적지를 중심으로 추천하는 동선을 따라 이동하면서 그 주변을 돌아보자. 폼페이의 모든 유적지에는 'REG(지구)·VII·INS(번지)·III'처럼 주소를 써놓았다. 주요 유적지에는 오디오 가이드 이용자를 위해 '17 Casa del Fauno'와 같이 원어 이름이 쓰여 있고 관광 안내소에서 나눠주는 지도에도 표시되어 있으니 이동할 때 참고한다. 입구와 매표소는 마리나 문(Porta Marina), 안피테아트로 광장(Piazza Anfiteatro), 에세드라 광장(Piazza Esedra) 3곳에 있다.

Ⓖ 폼페이의 고고학공원

OPEN 09:00~19:00(11~3월 ~17:00)/폐장 1시간 30분 전까지 입장

CLOSE 1월 1일, 5월 1일, 12월 25일

PRICE 폼페이 익스프레스(폼페이 도시유적) 18€, 폼페이 플러스(폼페이 도시유적+빌라 유적군 포함) 22€, 17세 이하 무료/매월 첫째 일요일 무료입장(온라인 또는 매표소를 통해 무료입장권 예약 필수)/ **캄파니아 아르테카드**

*빌라 유적군: 신비의 빌라(Villa dei Misteri)+디오메데 빌라(Villa di Diomede)+레지나 빌라(Villa Regina a Boscoreale con Antiquarium)

WALK 사철역 밖으로 나가 오른쪽으로 직진하면 왼쪽에 보인다. 도보 1분

WEB pompeiisites.org | 예약 www.ticketone.it

곳곳에 복원된 대형 조각상들이 놓여있다.

MORE

폼페이 유적지 주변 식당

음식점은 유적 입구 주변에 모여 있다. 렌터카를 이용하는 여행자에게는 식당의 주차장을 이용하라며 호객을 많이 하는데, 주차만 하고 식당을 이용하지 않으면 터무니없는 주차비를 요구하기도 한다.

사철역 주변에는 생과일주스를 파는 상점이 늘어서 있는데, 오렌지와 레몬을 즉석에서 갈아 주스로 만들어준다. 가격은 1잔에 3~3.50€.

폼페이와 그 주변 도시는 오렌지와 레몬 산지로도 유명하다.

빨간색에 가까운 이탈리아 오렌지를 갈아 만든 주스

Zoom In & Out
폼페이 유적지

1 마리나 문 Porta Marina

'마리나'라는 이름에서 연상할 수 있듯 '항구로 통하는 문'이란 뜻이다. 과거에는 언덕이 시작되는 왼쪽에 항구가 있었다고 한다. 언덕길을 올라가면 마을로 들어설 수 있는데, 왼쪽의 작은 문은 사람이 다니는 길이었고 오른쪽의 큰 문은 마차가 다니는 길이었다.

주소 표지판

마리나 거리와 아본단차 거리 Via Marina & Via dell' Abondanza

마리나 문에서 시 외곽 지역까지 직선으로 연결하는 거리. 인도와 차도로 구분되어 있으며, 어두운 밤에도 이용할 수 있도록 도로 곳곳에 달빛에 반사가 잘 되는 돌을 박아두었다.

야광석. 달빛에 반사되어 밤에도 마차가 다니는 길임을 알려주었다.

인도와 차도가 구분된 거리

2 바실리카 Basilica

직사각형 회랑 모양의 건축물. 정면의 2층 건물에서는 재판을 했고, 28개의 커다란 기둥이 남아 있는 광장에서는 집회를 열거나 물건을 사고 팔았다. 바실리카의 건물 구조는 중세 이후 성당의 건축 양식으로 자리 잡았고, 그 결과 지금은 규모가 큰 성당을 바실리카라고 한다.

3 아폴로 신전 Tempio di Apollo

아폴로(아폴론)와 그의 쌍둥이 여동생 디아나(아르테미스)를 모시는 신전. 정면에 흰색 제단과 14개의 계단이 보이는데, 계단 위에는 총 28개의 기둥이 건물 지붕을 받치고 있었다. 지붕과 기둥은 모두 손실됐고 지금은 정면에 있는 2개의 기둥만 복원됐다.
계단을 등지고 왼쪽에 있는 궁수의 신 아폴로 상은 활을 쏘는 자세를 취하고 있다. 아폴로 상 맞은편에는 사냥의 여신 디아나 상이 전시돼 있다. 둘 다 모조품이며, 진품은 나폴리 국립 고고학 박물관에 소장되어 있다.

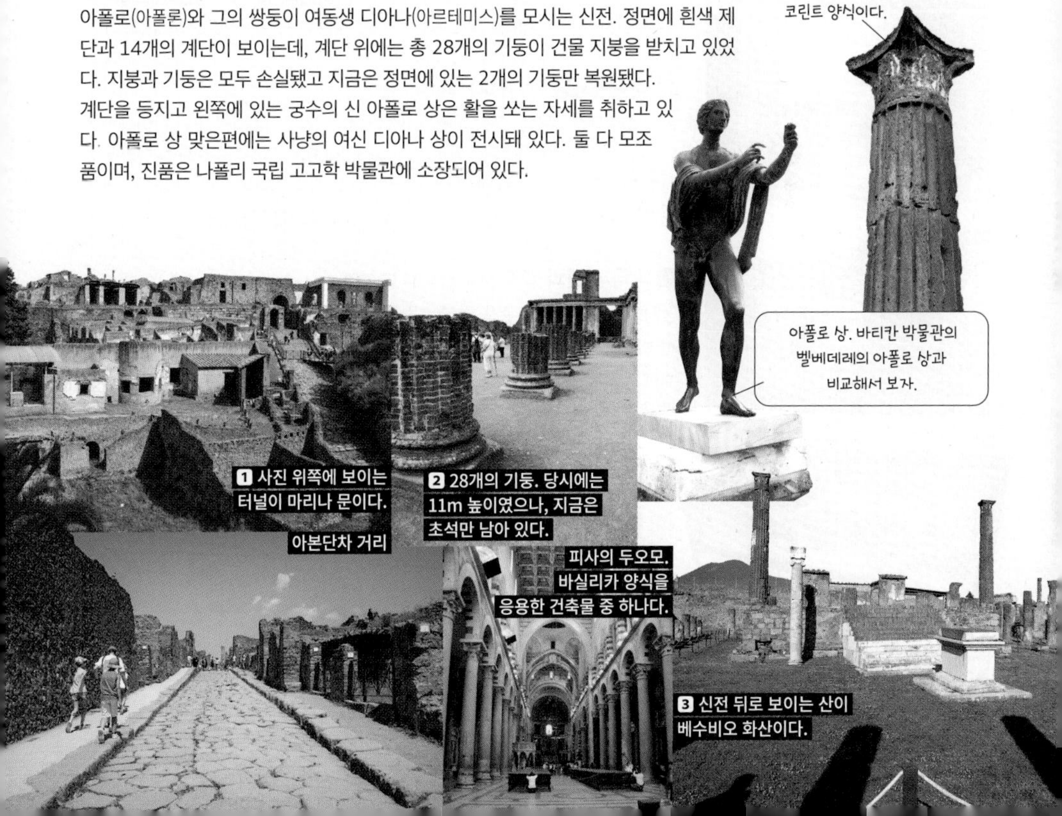

기둥은 화려한 코린트 양식이다.

아폴로 상. 바티칸 박물관의 벨베데레의 아폴로 상과 비교해서 보자.

1 사진 위쪽에 보이는 터널이 마리나 문이다.

아본단차 거리

2 28개의 기둥. 당시에는 11m 높이였으나, 지금은 초석만 남아 있다.

피사의 두오모. 바실리카 양식을 응용한 건축물 중 하나다.

3 신전 뒤로 보이는 산이 베수비오 화산이다.

❹ 포룸 Forum

직사각형 모양의 광장. 주피터 신전, 시장, 목욕탕 등의 공공 건축물로 둘러싸인 폼페이의 중심지다. 광장 정면에는 주피터(제우스), 유노(헤라), 미네르바(아테나) 신의 제사를 지낸 주피터 신전(Tempio di Giove)이 있다.

❺ 지역 평의회 Comitium ed Edifici Municipali

로마의 공화제를 상징하는 3개의 건물이 나란히 서 있다. 오른쪽에서 왼쪽으로 호민관, 원로원, 집정관이 있던 자리다.

❻ 에우마키아 빌딩 Edifici di Eumachia

염색 공장과 포목 장터가 있던 곳. 이곳에선 다양한 색깔의 천을 만들어냈는데, 가장 가격이 비싼 천은 조개껍데기로 색을 낸 보라색 천이었다. 부유한 사람, 즉 귀족만 보라색 천으로 만든 값비싼 옷을 입을 수 있었기 때문에 당시 보라색은 귀족을 상징하는 색이었다.

❼ 베스파시아누스 신전 Tempio di Vespasiano

네로 황제 축출 후에 이어진 혼란기를 수습한 베스파시아누스 황제의 신전. 신전 가운데 대리석 제단이 있다. 제단 앞부분에는 황제의 승리를 기념하기 위해 황소를 제물로 바치는 장면을 묘사해놓았다.

❽ 곡물 창고 Granai del Foro

예전에는 곡물 창고였으나 지금은 발굴된 유물을 임시로 보관하는 장소로 이용된다. 전시된 유물 중에는 화산 폭발로 죽은 사람과 동물의 석고 본도 있다.

❾ 대중목욕탕 Terme del Foro

폼페이의 대중목욕탕. 온탕과 사우나실은 물론 요즘으로 치면 와인 탕이나 녹차탕 같은 다양한 종류의 기능탕까지 갖추어 2000년 전에 만든 목욕탕이라는 사실이 믿기지 않는다. 대리석 욕조가 놓여 있고 지붕에 구멍이 난 곳이 온탕인데, 지붕의 구멍은 열기로 생긴 수증기를 다시 물로 바꾸는 역할을 했다.

❿ 비극 시인의 집 Casa del Poeta Tragico

당시 중산층의 생활수준을 알 수 있는 곳. '비극 시인의 집'이라는 명칭은 정원에서 비극 시인을 묘사한 모자이크가 발견됐기 때문이다. 현관 입구 바닥을 보면 귀와 발톱을 바짝 세운 개의 그림과 라틴어로 '개조심(Cave Canem)'이라는 경고문이 쓰여 있어 당시 폼페이인의 지혜와 위트를 느낄 수 있다.

❹ 포룸 앞에 서면 베수비오 산이 가장 잘 보인다.

❹ 그리스·로마 신화에서 가장 높은 신인 주피터의 신전

❺ 'Comitium'이라고 표기하기도 한다.

❻

❼ 베스파시아누스 황제는 콜로세움도 지었다.

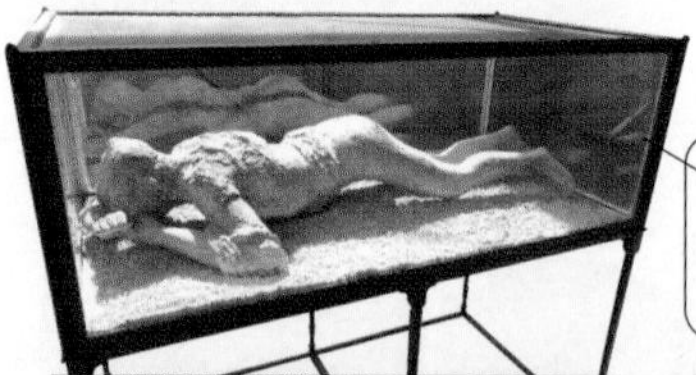
중앙 광장 근처의 창고 안에서 발견된 죽어가는 임산부 (임신 5~6개월)의 주조물

❽ 호흡이 곤란해져 고통스러워하는 모습이 안쓰럽다.

❾ 온탕의 대리석 욕조

❿ 흰색과 검은색 모자이크로 만든 개 조심 경고문

파우노의 상

11 파우노의 집 Casa del Fauno

당시 귀족의 저택. 춤추는 파우노(판)의 상이 발견되어 '파우노의 집'이라 불린다. 목신인 파우노는 춤과 음악을 좋아하고 여성을 밝히는 호색한으로 유명하다. 입구에 'Have'라고 쓰여 있는데, 라틴어로 '어서 오세요' 정도의 뜻을 담고 있는 말로 '아베'라고 읽는다.

11 거실 바닥. 발굴된 벽화는 나폴리 국립 고고학 박물관에 소장되어 있다.

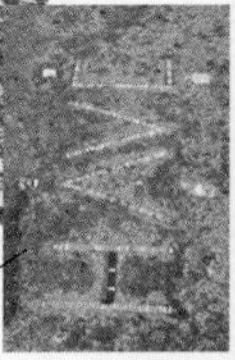

입구에 환영 인사를 뜻하는 라틴어 '아베(Have)'가 새겨져 있다.

12 홍등가 Vicolo del Lupanare

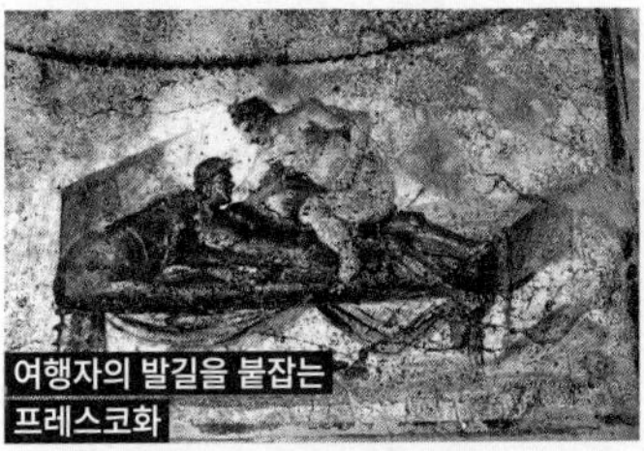

여행자의 발길을 붙잡는 프레스코화

가장 많은 사람이 모이는 곳. 좁은 골목에 건물들이 촘촘이 들어선 이곳은 과거 '홍등가'였다. 성수기에는 5분 정도 서야 들어갈 수 있을 만큼 사람이 많이 몰리는 이유는 '성행위를 묘사한 벽화'가 있기 때문이다. 이곳이 항구도시였기 때문에 외국인도 자주 찾았고, 말이 통하지 않는 그들을 위해 다양한 체위를 그림으로 그려 그중에서 고르도록 하기 위한 것으로 추정된다. 사실적인 수준을 넘어 노골적이기는 하지만 너무 큰 기대는 하지 말자.

13 14 15 대극장 & 회랑 & 오데온 극장
Teatro Grande & Quadriportico dei Teatri & Teatro Piccolo

그리스식으로 지은 반원형 극장. 5000여 명을 수용할 수 있다. 대극장 정면에는 관중이 공연을 기다리던 넓은 회랑이 있고, 대극장 옆에는 음악 공연이 열린 소극장 '오데온 극장'이 있다.

13 5000명을 수용할 수 있는 대극장

14 대기 장소였던 회랑

16 17 원형 극장 Anfiteatro과 그 주변

로마의 콜로세움과 같은 원형 극장. 보존 상태가 좋고 극장 주변으로 수목이 늘어선 산책로와 언덕이 있다. 사철역과 30분 정도 떨어진 거리에 있으므로 일정을 짤 때 미리 염두해 두는 것이 좋다.

16 아담한 원형 경기장

17 산책로와 언덕

18 신비의 빌라 Villa dei Misteri(폼페이 플러스 입장 구역)

90여 개의 방과 와인 양조장까지 갖췄던 대부호의 별장. 당시 금지된 종교였던 디오니소스(바쿠스)를 숭배하는 신비주의교에 젊은 여성이 입문하는 과정을 그린 세로 3m, 가로 17m의 프레스코화로 장식된 방이 유명하다. 붉은색을 배경으로 인물들을 실물 크기로 그린 프레스코화는 기원전 60~70년경 제작된 것으로 추정되며, 베일에 쌓여 있던 디오니소스교의 종교의식에 대한 중요한 자료라는 평가를 받고 있다. 폼페이 유적의 서쪽 끝, 폼페이 스카비-빌라 데이 미스터리역까지 도보 8분 거리에 있다.

18 신비의 별장

02

CAMPANIA

카프리

CAPRI

소렌토에서 페리로 20~30분 거리에 있는 작은 섬 카프리. 코발트 블루빛 바다와 깎아지른 듯한 절벽, 푸른 동굴로 대표되는 카프리의 절경은 '죽기 전에 꼭 봐야 할 장면'이라 할 수 있을 정도로 아름답다. 누구나 한 번쯤 꿈꿔봤을 환상적인 여행지, 카프리. '부자의 휴양지'로 알려진 만큼, 섬을 제대로 즐기기 위해서는 예산을 넉넉히 잡는 게 좋다

카프리 가기

당일치기로 카프리를 둘러보려면 섬에서 가장 큰 마을인 카프리를 중심으로 돌아보는 것이 좋다. 카프리의 바다와 하늘이 만들어내는 경치를 즐기면서 깨끗하고 고급스러운 명품 쇼핑가를 걷다 보면 어느새 반나절이 훌쩍 지나간다.

페리

나폴리, 소렌토, 포시타노에서 카프리까지 고속 페리로 20분~1시간 소요된다. 일반 페리는 요금이 30% 정도 저렴하지만 하루 2~3편만 운항하므로 시간을 잘 맞춰야 한다. 카프리를 오가는 페리 요금과 섬 내 교통 요금은 수시로 인상된다. 따라서 예산을 넉넉히 잡고 움직여야 차질 없이 다녀올 수 있다.

페리 티켓은 왕복으로 구매하거나 섬에 도착하자마자 매표소에서 돌아가는 승선권을 구매하는 것이 좋다. 페리에서 내려 바다를 등지고 오른쪽으로 5분 정도 걸어가면 매표소가 있다. 성수기에는 인파가 몰려 매진될 수 있으니 홈페이지에서 예매하고 가는 것이 안전하다.

페리에서 바라본 카프리 항구 모습

▶ 각 도시에서 카프리행 승선장까지

나폴리 중앙역에서 카프리행 페리가 출발하는 선착장(몰로 베베렐로 또는 칼라타 포르타 디 마사)까지 도보 25~40분 정도로 걸어갈 수 있지만, 소매치기나 시비를 거는 사람이 종종 있으니 택시나 지하철을 이용하는 것이 좋다. 택시 요금은 13€(고정요금).

소렌토는 소렌토 마리나 피콜라 항구에서 페리를 이용한다. 기차역이나 타소 광장에서 마리나 피콜라 포르토(Marina Piccola Porto)행 버스(요금 1.30€)를 타고 종점에서 내리면 항구에 도착할 수 있다. 포시타노는 해변가에 있는 승선장을 이용한다.

▶ 항구에서 시내까지

페리가 정박하는 곳은 마리나 그란데(Marina Grande) 항구다. 항구에서 카프리 마을까지는 등산열차 푸니콜라레(Funicolare)를 타야 한다. 페리에서 내려 오른쪽으로 2분 정도 걸어가면 왼쪽에 푸니콜라레역이 있다. 편도 요금은 2.40€이며, 06:15~21:20에 15~20분 간격으로 운행한다. 푸니콜라레 탑승 줄이 너무 길 경우 버스를 이용한다. 항구에서는 푸니콜라레 정류장 내 매표소에서, 마을에서는 정류장을 바라보고 오른쪽에 있는 간이 서점에서 승차권을 구매할 수 있다. 편도 요금 2.40€. 카프리 섬 내에서는 캄파니아 아르테카드의 교통권을 사용할 수 없다.

나폴리 항구(몰로 베베렐로/칼라타 포르타 디 마사)
Molo Beverello/Calata Porta di Massa
↓
페리 50분~1시간 25분
19~28.50€
05:35~20:00/1일 24회
(성수기 기준)

소렌토 마리나 피콜라 항구
Sorrento Marina Piccola
↓
페리 20~30분
18.90~26€
07:15~19:25/1일 27회
(성수기 기준)

포시타노 Positano
↓
페리 40~50분
23.50~28€
08:50~17:00/1일 10회
(성수기 기준)

↓

카프리 마리나 그란데 항구
Capri Marina Grande

*시즌과 요일, 날씨에 따라 운항 시간이 유동적이니 이용하기 전 확인한다.

★
카프리 페리 정보

WEB www.capri.net
www.naplesbayferry.com

항구와 카프리 마을을 연결하는 푸니콜라레

카프리 실용 정보

겨울은 비수기이기 때문에 섬 전체가 휴식을 취하는 것처럼 한산해진다. 문을 연 식당이나 호텔도 거의 없고 그나마 보수공사를 하는 곳이 많으므로 겨울에는 찾지 않는 것이 좋다.

★

카프리 여행자를 위한 유용한 사이트

페리 운항 시간표, 호텔·관광명소·식당·상점의 정보와 위치 등 카프리 여행 정보가 소개되어 있으니 방문해보자. 홈페이지의 모든 내용은 영어로 제공된다.

WEB www.capri.net

★

짐 없이 가볍게 카프리 여행하기

카프리는 경사가 심한 산 위에 있고 계단이 많으니 가능한 가벼운 옷차림으로 여행하자. 'Deposito Bagagli'라고 쓴 표지판이 있는 선착장 주변 기념품 가게에서 유료로 짐을 보관해주기도 한다. 단, 정식 보관소는 아니며, 가게 문을 여는 동안에만 이용할 수 있다. 불안하다면 출발 전 기차역이나 숙소에 짐을 맡기고 떠나자.

● 마리나 그란데 항구 근처 슈퍼마켓 Salumeria da Aldo

카프리에서 물을 가장 저렴하게 살 수 있다. 프로슈토와 모차렐라 치즈를 넣은 샌드위치(6€~) 같은 간식거리도 함께 구매할 수 있다. 물가 높은 카프리섬에서 간단하게 한 끼 해결하려는 배낭여행자들의 단골집이다.

H64Q+9Q 카프리

ADD Via Cristoforo Colombo, 23 **OPEN** 07:00~21:00
CLOSE 일요일 **WALK** 마리나 그란데 항구 한가운데 있다.

★

막 구워낸 바삭한 콘과 젤라토, 부오노코레 Buonocore

즉석에서 구운 콘에 젤라토를 얹은 튤리파노(Tulipano, 4.50€~)로 인기를 끌고 있는 집. 붕어빵이나 와플을 만들듯 밀가루 반죽을 틀에 넣어 30초 정도 구워내면 얇고 바삭한 콘이 완성된다. 그 모습이 신기해 발걸음을 멈추는 여행자가 은근히 많다. 조각 피자와 리소토, 샐러드 등을 포장해주기도 하는데, 미리 조리한 음식을 데워주기 때문에 음식 맛은 그다지 좋지 않지만 물가가 비싼 카프리에서 간단히 점심을 때우기에는 좋다.

ADD Via Vittorio Emanuele, 35
OPEN 08:00~23:00
CLOSE 화요일, 겨울철 비정기 휴무
MENU 젤라토 2가지 맛 4.50€~, 커피 1.50€~ 샌드위치 4.50~6€
WALK 움베르토 1세 광장에서 도보 8분

컵 모양으로 콘을 만든 후 젤라토를 얹은 튤리파노

조각 피자

콘 만드는 틀

산 위에 있는 카프리 마을

몬테 솔라로에서 내려다본 카프리 풍경

OPTION **B** 카프리

마리나 그란데 항구 → 페리 → **❶ 푸른 동굴** → 마리나 그란데 항구에서 도보 3분 → 푸니콜라레 → **❷ 움베르토 1세 광장** → 도보 8분 → **❸ 아우구스토 정원**

◇ 카프리의 두 마을, 카프리 Capri와 아나카프리 Anacapri

카프리에는 카프리와 아나카프리, 2개의 마을이 있다. 카프리 마을은 예쁜 공원이 있고 번화한 느낌이 드는 마을이고, 아나카프리 마을은 아기자기한 골목이 많고 몬테 솔라로에 올라 경치를 감상하기 좋은 곳이다. 하루 동안 모두 둘러보기에는 빠듯하므로 2곳 중 1곳만 선택해서 다녀오는 것이 좋다.

아나카프리 마을은 항구의 페리 매표소 옆 또는 움베르토 1세 광장에서 아나카프리행 버스를 타고 비토리아 광장(Piazza Vittoria)에서 내리면 된다. 요금은 2.40€, 소요 시간은 15분 정도다. 단, 카프리 마을행 버스가 3번 정도 올 때 아나카프리 마을행 버스는 1번 올 만큼 드물다.

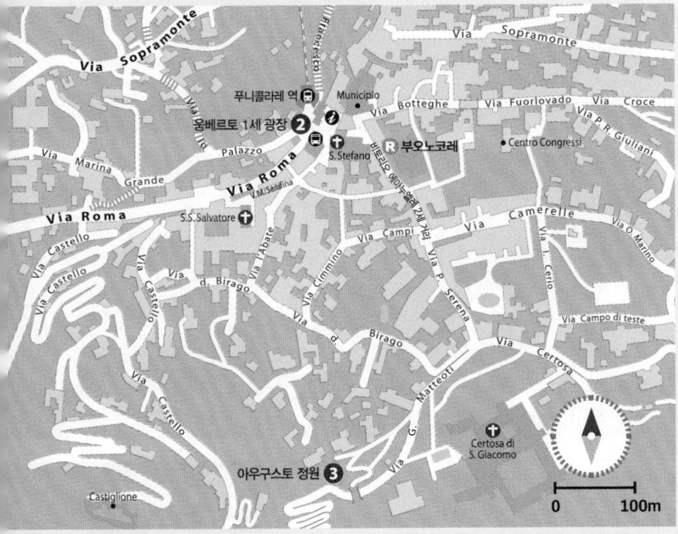

아나카프리의 대표적인 볼거리

산 미켈레 성당(Chiesa di San Michele),
빌라 산 미켈레(Villa San Michele),
몬테 솔라로(Monte Solaro)

몬테 솔라로행 1인 리프트 탑승장

1인 리프트

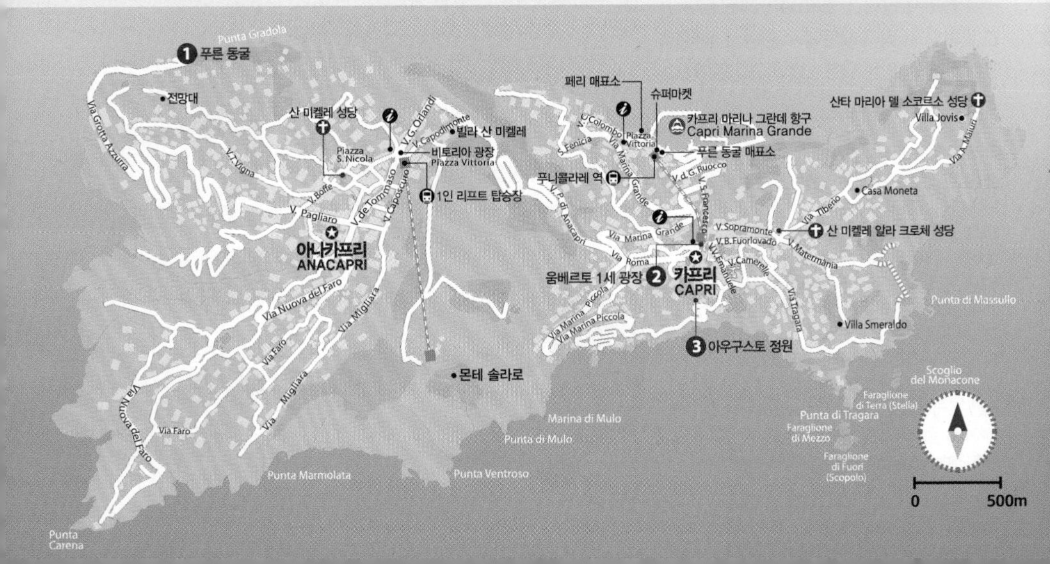

01 마법처럼 나를 홀리는 비경
푸른 동굴
Grotta Azzurra

수천 년간 계속된 침식 작용으로 형성된 천연 동굴. 파도가 잔잔한 날에는 바닷물이 햇빛에 반사되어 에메랄드 빛, 은빛, 코발드 블루빛 등으로 다채롭게 변한다. 바닥까지 보일 만큼 맑은 바닷물과 다채로운 색의 변화가 감탄을 넘어 신비함마저 느끼게 할 만큼 아름답다.

푸른 동굴까지는 모터보트와 버스로 갈 수 있다. 모터보트는 푸른 동굴 입구까지만 왕복하는 노선(약 1시간 소요)과 푸른 동굴을 포함해 카프리 섬 해안을 돌아보는 노선(약 2시간 소요) 등이 있다. 푸른 동굴에 도착하면 동굴 입구에 정박한 수상 매표소에 입장료를 지불하고 최대 4인까지 동승 가능한 소형 노 젓는 배로 갈아타야 한다. 성수기에는 동굴 입구에서 작은 보트로 갈아탈 때 대기 시간이 꽤 길고, 땡볕 아래에서 뱃멀미가 나서 어려움을 겪을 수 있으니 참고하자. 시간 여유가 있다면 아나 카프리에서 푸른 동굴행 버스를 타고 가서 절벽 그늘에서 대기하다 작은 보트로 갈아타는 방법을 이용해보자.

동굴이 가장 아름다운 시간은 오후 12시에서 2시 사이이다. 흐린 날에는 바다 색깔이 예쁘지 않으니 찾지 않는 것이 좋다. 동굴 입구가 좁아서 날씨가 좋고 파도가 잔잔해야만 들어갈 수 있기 때문에 푸른 동굴 내부를 제대로 볼 수 있는 날은 1년 중 100일 정도라는 것도 알아두자.

H664+96 아나카프리

OPEN 3월 15일~10월 09:00~17:00/날씨와 파도에 따라 유동적

PRICE 푸른 동굴행 모터보트 23€~, 푸른 동굴 입장료+보트 18€, 5세 이하 무료

WALK 마리나 그란데 항구에서 모터보트를 이용한다. 매표소는 바다를 바라보고 왼쪽으로 도보 2분, 방파제 쪽에 있다.

BUS 마리나 그란데 항구에서 버스를 타고 아나카프리(06:34~21:10/15분~1시간 간격, 2.40€)로 가서 푸른 동굴행 버스(06:30~22:30/30분~1시간 간격, 2.40€)로 갈아탄다.

WEB lasercapri.com I motoscafisticapri.com

신비로운 푸른빛을 띠는 바나

작은 보트로 갈아타고 들어간다.

버스를 타고 왔다면 절벽 아래에서 대기한다.

★
카프리의 흔한 바가지요금

'돈 먹는 동굴'이라는 말이 생겼을 만큼 요금에 비해 동굴 안에 머물 수 있는 시간이 짧고, 노 젓는 사람이 누군지에 따라 동굴 구경의 만족도가 달라질 수 있다. 입장료에 보트 승선료가 포함되어 있지만 안으로 들어가면 노골적으로 팁을 요구하니 5~10€쯤은 미리 준비해두는 것이 좋다. 모르고 가면 얼굴을 붉히는 일도 많으니 약간의 팁과 함께 넓은 아량도 챙겨가도록 하자.

아나카프리에서 푸른 동굴로 가는 버스

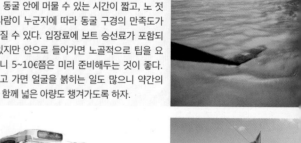

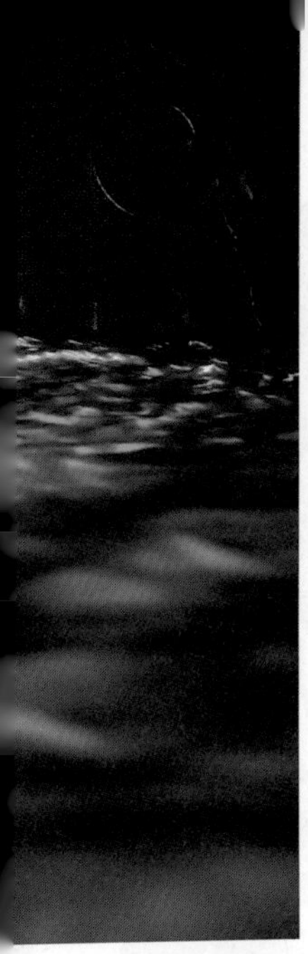

광장에서 내려다본
카프리 섬

02 카프리의 활기를 품은 광장
움베르토 1세 광장
Piazza Umberto I

카프리 마을에서 가장 번화한 곳. 꽃으로 둘러싸인 아담한 광장 안에는 카페가 오밀조밀하게 들어서 있고 작은 골목이 나뭇가지처럼 광장과 이어져 있다. 골목 안에는 소박한 느낌의 액세서리점과 맛집뿐 아니라 예상치 못한 명품 숍까지 들어서서 걷는 즐거움을 느낄 수 있다.
움베르토 1세 광장에서 아우구스토 정원으로 가는 비토리오 에마누엘레 2세 거리(Via Vittorio Emanuele II)까지는 구찌, 페라가모, 샤넬 등의 명품 브랜드 매장이 늘어서 있다. 매장 규모는 작지만 전 세계 부호들이 즐겨 찾는 카프리에 있는 상점인 만큼 가장 빠르게 신제품을 구비해놓는 놓는다. 레몬, 도자기, 조개 등으로 만든 아기자기한 기념품도 많다.

H62V+73 카프리
ADD Piazza Umberto I
WALK 마리나 그란데 항구에서 푸니콜라레를 타고 올라간다. 푸니콜라레 정류장(Via Cristoforo Colombo, 14)은 선착장에서 도보로 2분 거리에 있다.

광장 한쪽에
있는 서점

아우구스토 정원으로
내려가는 길

카프리의 바다를
그린 자석들

레몬 사탕

해변으로 내려가는 길.
다녀오려면 넉넉히 2시간은
걸린다.

03 물감을 풀어놓은 듯 어여쁜 전망대
아우구스토 정원
Giardini di Augusto

카프리 마을에서 가장 아름다운 전망을 자랑하는 곳. 시간이 된다면 아나카프리 마을에서 1인 리프트(Seggiovia, 왕복 14€)를 타고 몬테 솔라로(Monte Solaro)에 오르는 것도 좋지만 이곳에서 보는 경치도 그에 못지않다. 경치뿐 아니라 광장에서 정원까지 내려가는 산책로와 중간에 있는 산 자코모 수도원의 모습도 쉴 새 없이 카메라를 들이대야 할 만큼 아름답다. 특히 질 좋은 물감을 풀어놓은 듯 선명한 색감의 꽃으로 가득한 정원은 카프리에 온 보람을 느끼게 할 정도로 매혹적이다. 정원에서 꼬불꼬불한 길을 따라 30분 정도 걸어가면 카프리 바닷물에 몸을 적실 수 있는 작은 해수욕장 '마리나 피콜라(Marina Piccola)'가 나온다. 단, 무척 좁은 데다 자갈 바닥이어서 걷기가 불편하니 무리하지 말자.

G6WV+W7 카프리
ADD Via Matteotti, 2
PRICE 2.50€
OPEN 09:00~19:30(11~3월 ~17:00)
WALK 움베르토 1세 광장에서 도보 8분

독일의 군수 산업 재벌
알프레드 크루프가
20세기 초에 조성한 정원

산 자코모 수도원
(Certosa di San Giacomo).
무료로 개방한다.

형형색색의 꽃으로
장식되어 있다.

03

CAMPANIA

소렌토

SORRENTO

<오디세이>의 영웅, 율리시스의 전설이 전해지는 곳. 옛날옛적 소렌토에는 얼굴은 사람이고 몸은 새의 모습을 한 여신 시레나(Sirena)가 있었다. 그녀의 목소리는 너무 아름다워서 많은 선원들이 그 노랫소리에 넋이 나가 바다에 빠져 죽었는데, 때마침 이곳을 지나가던 율리시스는 그녀의 노래를 듣고 싶은 욕심에 선원들의 귀를 밀랍으로 막고 스스로 돛대에 몸을 묶은 채 시레나의 노래를 들었다고 한다. 율리시스도 반해버린 시레나의 맑은 목소리처럼 사랑스러운 도시, 소렌토의 매력에 푹 빠져보자.

나폴리 Napoli(C.le)
↓
도보 10분~(역 지하 1층에서 'Circumvesuviana' 표지판을 따라 간다.)
↓
나폴리 가리발디역
Napoli Garibaldi
↓
사철 1시간 10분, 4.60€, 06:11~21:47/20~30분 간격

폼페이 스카비
Pompei Scavi
↓
사철 30분, 2.80€

아말피 Amalfi
↓
SITA 버스 1시간 50분~, 3.40€, 06:20~19:00/30분~2시간 간격(비수기 기준)

포시타노 Positano
↓
SITA 버스 50분~, 2.40€

소렌토 Sorrento

카프리 마리나 그란데 항구
Capri Marina Grande
↓
페리 20~30분, 16.40~21€ 07:00~18:40/1일 30회 (성수기 기준)

소렌토 마리나 피콜라 항구
Sorrento Marina Piccola

*시즌에 따라 운행 시간이 유동적이니 홈페이지에서 미리 확인하자.

*나폴리-소렌토 구간의 사철과 SITA 버스는 캄파니아 아르테카드 사용 가능

★
사철
WEB www.eavsrl.it

소렌토 가기

소렌토에는 역사적인 유적지는 없지만 바다가 내려다보이는 광장과 공원이 많아 탁 트인 바다를 보며 여유로운 시간을 즐길 수 있다. 마을 전체를 둘러보는 데 반나절 정도면 충분하다. 소렌토까지는 나폴리에서 사철로 1시간 10분 정도 소요된다. 나폴리보다 치안이 잘되어 있어 안전하므로 폼페이, 카프리, 아말피 해안 등을 다녀오는 거점으로 삼는 것도 좋다.

1. 사철

나폴리 중앙역 지하에 있는 나폴리 가리발디역에서 사철을 타고 종착역인 소렌토에서 내린다. 1시간 10분 정도 소요되며, 편도 요금은 4.60€.

◆ 소렌토 사철역 Stazione di Sorrento

사철에서 내리는 곳은 역의 2층이며, 매표소는 개찰구를 나가면 오른쪽에 있다. 역에서 관광 중심지인 타소 광장(Piazza Tasso)까지는 걸어서 5분 거리다. 역을 등지고 정면의 계단으로 내려가 직진하다가 사거리에서 좌회전해 코르소 이탈리아(Corso Italia)를 따라 계속 가면 소렌토 시내 중심인 타소 광장이 나온다.

나폴리~폼페이~소렌토를 연결하는 사철

소렌토의 사철역

소렌토역 매표소. 사철 승차권만 판매한다.

탑승 전 승차권을 통과시키고, 내릴 때는 그냥 나간다.

★
소렌토에서 기차표 구매하기

소렌토 사철역의 매표소에서는 사철 티켓만 살 수 있다. 나폴리~로마, 살레르노~로마~피렌체 등 장거리 기차표를 예매해야 한다면 홈페이지나 앱을 이용한다. 예약과 결제를 마치면 이메일로 e-티켓을 받을 수 있다.

트렌이탈리아 www.trenitalia.com
이탈로 www.italotreno.it

2. SITA 버스

소렌토에서 포시타노, 아말피로 갈 때 이용한다. 소렌토에서 포시타노까지 50분~1시간, 다시 50분~1시간을 더 가면 아말피에 도착한다. 편도 요금은 포시타노까지 2.40€(AC2), 아말피까지 3.40€(AC4)다(SITA 버스 요금 체계는 p311 참고). 승차권은 사철역 1층에 있는 신문 판매소에서 판매한다. 스마트폰 앱(Unico Campania)에서 구매했다면 버스 탑승 직전에 활성화한다. 버스 정류장은 사철역에서 나가 정면에 있는 계단으로 내려가면 오른쪽에 있다.

★
SITA 버스
WEB www.sitasudtrasporti.it
(스케줄 확인만 가능)

버스표를 구매할 수 있는 'Unico Campania' 앱

SITA 버스. 신형과 구형을 함께 운행한다.

SITA 버스 승차권을 판매하는 역 1층의 신문 판매소

포시타노·아말피행 버스 정류장. 시즌마다 바뀌는 시간표부터 확인한다.

3. 페리

카프리를 오갈 때 주로 이용한다. 일반 페리(16.40~18.90€)로는 30분 정도, 고속 페리(19~28€)로는 20분 정도 소요된다. 비수기 기준 각각 하루 4회, 8회 정도 운항하며, 여름 성수기에 운항 횟수가 급격히 증가한다. 단, 날씨에 따라 운항이 취소되기도 하니 충분한 시간을 두고 여유롭게 움직이자. 성수기(5~10월)에는 소렌토~포시타노~아말피를 잇는 페리도 운항한다. 온라인 예약 시 예약 플랫폼을 이용하면 수수료가 추가되므로 페리 스케줄 검색 후 각 페리회사 홈페이지에서 예약하는 것이 좋다. 사철역에서 마리나 피콜라 포르토(Marina Piccola Porto)행 버스를 타면 항구까지 10분 정도 소요된다. 요금은 1.30€. 승차권은 사철역 1층의 신문 판매소(역을 바라보고 오른쪽)에서 구매할 수 있다.

★
페리
WEB www.capri.net(예약 플랫폼)
www.naplesbayferry.com(예약 플랫폼)

사철역과 항구를 오가는 버스

사철역 화장실 앞 항구행 버스 정류장

페리 티켓을 파는 항구의 매표소

페리 선착장

★
소렌토 리프트 운행 정보

OPEN 07:30~23:00(5월 ~24:00, 6~9월 ~다음 날 01:00, 11~3월 ~20:30)
PRICE 편도 1.10€, 왕복 2€
WALK 빌라 코무날레 공원 안 왼쪽 구석에 있다.
WEB sorrentolift.it

항구까지 걸어가려면 'porto' 방향으로, 리프트를 타려면 'Lift to the Beach' 방향으로 가자.

▶ 소렌토 시내에서 항구 가기

소렌토는 항구를 제외한 모든 시설이 절벽 위에 있다. 시내에서 절벽 아래의 마리나 피콜라 항구까지 내려가는 가장 쉬운 방법은 엘리베이터 모양의 리프트를 타는 것. 시내 쪽 리프트는 절벽 위인 빌라 코무날레 공원 안에 있다. 리프트를 타고 내려가 절벽 아래 개찰구를 통과하면 바로 앞에 바다가 펼쳐지고, 방갈로 뒤쪽으로 난 길을 따라 5분 정도 걸으면 항구가 나온다. 반대로 항구에서 시내로 올라갈 땐 'Lift to Centro' 이정표를 따라간다.

완만한 길을 따라 경치를 감상하며 걸어 내려가는 방법도 있다. 타소 광장에서 빌라 코무날레 공원으로 가는 도중 산 안토니노 광장(Piazza Sant'Antonino)을 만나면 그 북쪽에서 시작되는 뤼지 데 마이오 거리(Via Luigi de Maio)를 따라 구불구불 내려가자. 도보로 약 15분이면 항구까지 닿을 수 있다. 타소 광장 바로 북쪽에도 뤼지 데 마이오 거리로 내려가는 작은 계단이 있다.

빌라 코무날레 안의 소렌토 리프트

절벽 아래 개찰구와 매표소

리프트를 이용하지 않을 땐 계단이 지름길이다.

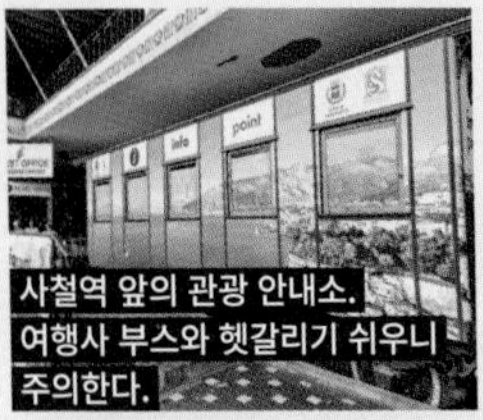

사철역 앞의 관광 안내소. 여행사 부스와 헷갈리기 쉬우니 주의한다.

● 관광 안내소 Infopoint

지도와 사철, SITA 버스, 페리 운항 시간표 등을 받을 수 있다.

Ⓖ J9GH+8Q 소렌토
ADD Piazza Giovan Battista de Curtis
OPEN 08:30~18:00(토요일 09:00~13:00)/시즌에 따라 유동적
CLOSE 일요일
WALK 사철역 하차 후 아래층으로 내려가면 기차 객실 모양의 부스가 있다.

주차장 간이 짐 보관소

● 주차장 간이 짐 보관소

소렌토 역 앞 지하 주차장에 비공식적으로 짐을 맡길 수 있다. 정식으로 운영하는 보관소는 아니지만 당일치기 여행자에게 유용하다. 1개 1€~/1시간.

ADD Via Ernesto de Curtis
OPEN 07:00~23:00/시즌에 따라 유동적
PRICE 짐 1개당 1€/1시간
WALK 사철역에서 계단을 내려와 직진하면 오른쪽에 지하 주차장으로 들어가는 입구가 있다.

사철역 1층의 공중화장실

타소 광장의 공중화장실 (Via Correale, 5)

● 화장실

사철역 건물을 바라보고 1층 왼쪽 구석과 타소 광장 근처에 공중화장실이 있다. 이용료는 각각 0.50€.

★

꼬마기차 타고 시원하게 달려보자

사철역 북쪽의 안젤리나 라우로 광장(Piazza Angelina Lauro) 한쪽에는 기차 모양의 오픈 버스가 서 있는데, 멋진 전망대와 항구, 유서 깊은 골목 등을 한 바퀴 돌아볼 수 있다. 30~35분 소요.

OPEN 09:00~21:00(5~9월 ~24:00, 10월 ~22:00, 11~12월 및 3월 주말 10:00~18:00)
CLOSE 1~2월
PRICE 7.50€, 어린이 5€
WEB www.sorrentotraintour.com/en/

버스 투어는 광장의 부스에서 신청한다.

OPTION
C
소 렌 토

소렌토 사철역 → 도보 5분 → ❶ **타소 광장** → 도보 1분 → ❷ **산 체사레오 거리** → 도보 5~7분 → ❸ **빌라 코무날레 & 비토리아 광장**

오른쪽에 보이는 노란 건물이 카르미네 성당이다.

레몬 모양의 사탕과 초콜릿, 비누 등 기념품이 가득하다.

다양한 크기의 리몬첼로. 생각보다 매우 독하다.

01 소렌토의 중심은 여기! 타소 광장 Piazza Tasso

16세기 소렌토 출신의 시인 토르콰토 타소(Torquato Tasso)의 이름을 붙인 소렌토의 중심 광장. 마을 규모만큼이나 소박한 카르미네 성당(Chiesa del Carmine)과 카페가 광장을 둥글게 둘러싸고 있으며, 그 안에는 4층 건물 높이의 야자수가 늘어서 있다. 광장에서 바다가 보이는 쪽을 바라보고 정면으로 걸어가면 페리 선착장, 오른쪽으로 걸어가면 사철역으로 가는 길이다.

J9GG+F7X 소렌토
ADD Piazza Tasso
WALK 사철역에서 도보 5분

소렌토의 수호성인 성 안토니오 아바테의 동상

02 특산품 구경 실컷 해볼까 산 체사레오 거리 Via San Cesareo

소렌토 최대의 번화가 타소 광장과 서쪽으로 이어지는 산 체사레오 거리는 리몬첼로, 레몬 사탕, 타일 장식품 등 소렌토 특산품을 파는 상점이 모여 있는 쇼핑가다. 아기자기하고 고풍스러운 골목을 구경하는 것만으로도 재미나니 꼭 한번 들러보자. 소렌토와 카프리, 아말피 해안 지역의 기념품은 대부분 레몬을 테마로 한 비슷한 제품들로 눈에 띄었을 때 사두는 것도 좋다.

J9GF+FM3 소렌토
ADD Via S.Cesareo
OPEN 10:00~22:00(상점마다 조금씩 다름)
WALK 타소 광장에서 시계탑을 바라보고 오른쪽 골목으로 직진

MORE
과자부터 술까지, 온통 레몬레몬해 리모노로-파브리카 리쿼리Limonoro-Fabbrica Liquori

4대에 걸쳐 레몬 초콜릿과 쿠키, 술 등을 만들어온 유명한 레몬 장인의 가게. 체사레오 거리에서 제일 오래된 상점이다. 대표 상품은 상큼한 레몬 술인 리몬첼로(Limoncelo, 15€~). 레몬 술에 부드러운 크림을 더한 크레마 디 리모니(Crema di Limoni), 달콤한 멜론 맛이 매력적인 크레마 디 멜로네(Crema di Melone)도 인기다. 부담 없이 시음한 후 고를 수 있으며, 선물용 제품도 다양하다.

J9GF+FP 소렌토
ADD Via S. Cesareo, 49/53
OPEN 09:00~19:00(성수기에는 연장 영업)
WEB ninoandfriends.it

대표 상품인 리몬첼로

빌라 코무날레에서 바라본 항구

03 환상의 전망 포인트 모아보기
빌라 코무날레 & 비토리아 광장
Villa Comunale & Piazza della Vittoria

절벽 위 탁 트인 풍경이 인상적인 전망 포인트. 작고 아담한 공원 빌라 코무날레 입구에는 ❶ 새와 대화를 나누는 성 프란체스코 조각상과 ❷ 산 프란체스코 성당(Chiesa di San Francesco)이 있다. 공원 안쪽에는 해변과 항구가 내려다보이는 전망대와 카페, 절벽 아래로 내려갈 수 있는 계단과 리프트 등이 있다. 비토리아 광장 앞의 전망대도 빼놓을 수 없는 명소. 전망대 왼쪽에 있는 시레네 호텔(Hotel de la Syrene) 야외 바 역시 최고의 전망 포인트로 손꼽힌다.

빌라 코무날레: J9HF+53 소렌토/ 비토리아 광장: 비토리아 광장 소렌토

WALK 타소 광장에서 빌라 코무날레까지 도보 3분, 빌라 코무날레에서 비토리아 광장까지 도보 3분

❶

MORE
숨은 전망 명소, 코레알레 디 테라노바 박물관 Museo Correale di Terranova 옆 산책로

남들이 잘 안 가는 산책로에서 한적한 시간을 보내고 싶다면 타소 광장에서 코레알레 거리(Via Correale)를 따라 걸어보자. 코레알레 디 테라노바 박물관은 타소 광장 이름의 주인공이자 소렌토 출신 시인 타소의 유품이 전시된 곳으로, 박물관을 바라보고 왼쪽 길을 따라가면 아주 멋진 전망대가 나타난다.

바다를 향해 벤치가 놓여있다.

비토리아 광장 앞 전망대에서 바라본 항구

시레네 호텔 야외 바

❷

Eating & Drinking

천장에는 각종 생햄(프로슈토)이 주렁주렁 매달려 있다.

큼직한 프라이팬에 담겨 나와 더 먹음직스러운 스파게티

새우 & 오징어튀김

절대 들키고 싶지 않은 로컬 맛집

◉ 라 칸티나차 델 포폴로
La Cantinaccia del Popolo

신짜 소렌토 사람들의 식탁을 엿보고 싶다면 조금 멀지만 이곳을 찾아가 보자. 현지인의 선택은 천장 가득 매달아 놓은 생햄을 툭툭 잘라서 치즈나 과일을 곁들여 내주는 전채 요리. 점심에는 저렴한 파스타 종류로 식사를 해결하는 사람이 많다. 둘이서 방문했다면 파스타에 새우 & 오징어튀김이나 새우 & 오징어구이도 곁들여 보자. 피렌체식 티본스테이크(Bistecca alla Fiorentina, 40€/1kg)나 등심 스테이크(Filetto alla Brace, 60€/1kg)처럼 큼직하게 구워내는 스테이크도 인기다.

Ⓖ J9HM+2J 소렌토
ADD Vico Terzo Rota, 6/8
OPEN 12:00~15:00, 19:00~23:00(일요일 12:00~15:00)
CLOSE 겨울철 비정기 휴무
MENU 전채 10~25€, 파스타 9~15€, 제2요리(육류) 10~60€, 제2요리(해산물) 13~18€
WALK 소렌토 사철역에서 도보 7분/타소 광장에서 도보 10분

살살 녹는 해산물이 다했다!

◉ 레오네 로소
Il Leone Rosso

소렌토 사철역 바로 옆, 항상 사람들로 붐비는 식당이다. 식당들이 문을 닫는 늦은 저녁에도 영업을 한다는 것이 장점이다. 우리나라 여행자들에게는 새우와 오징어, 홍합 등을 넣은 해산물 리소토(Risotto alla Pescatora, 16€)와 봉골레 스파게티(15€) 등 해산물 요리에 대한 평이 좋다. 음식에 곁들일 와인 리스트도 충실하다.

Ⓖ J9GH+8C 소렌토
ADD Via Marziale, 25
OPEN 12:00~23:30
CLOSE 겨울철 비정기 휴무
MENU 피자 7~11€, 제1요리(파스타) 10~23€, 제2요리(해산물, 육류) 10~22€
WALK 사철역 정문으로 나가자마자 좌회전해 끝 지점에서 우회전한다. 도보 1분
WEB www.illeonerosso.it

이탈리아식 홍합 수프 (Zuppa Cozze, 9€)

싸고 맛있는 케밥은 언제나 옳다

◉ 케밥 치암파
Kebab Ciampa

저렴하면서도 맛있는 한 끼로 여행자들에게 뜨거운 사랑을 받는 케밥 가게. 큼직한 피타 빵에 잘 구운 소고기나 닭고기, 각종 채소를 듬뿍 끼워준다. 빵 대신 샐러드를 곁들이는 플레이트도 가능! 소스는 칠리와 바비큐를 추천한다.

Ⓖ J9GF+7P 소렌토
ADD Via S. Maria Pietà, 23
OPEN 17:00~다음 날 02:00
CLOSE 수요일
MENU 케밥 피타 10€~, 케밥 플레이트 13€~, 소스·빵 추가 1€
WALK 타소 광장에서 도보 1분

혼밥 말고 '혼피' 할래요

◉ 다 프랑코
Da Franco

소렌토 주민들이 사랑방처럼 들르는 피체리아. 단골 장사를 하는 곳이라 여행자들에게 특별히 친절하지는 않다. 기름종이 위에 갓 구운 피자를 올리고 쟁반 채로 건네는 서빙 방법이 독특한데, 동그란 1인용 피자 외에 토핑을 2가지 주문할 수 있는 길쭉한 2인용 피자도 있다. 사람이 몰리는 시간대에는 커다란 나무 테이블에 3~4팀이 합석한다.

Ⓖ J9GJ+MC 소렌토
ADD Corso Italia, 265
OPEN 11:00~다음 날 06:00
MENU 피자 7~20€, 음료 2.50€~, 맥주 3€~
WALK 사철역 앞 계단으로 내려가 도보 2분

2인용, 마르게리타 피자와 나폴리타나 피자를 한방에!

1인용, 다 프랑코 피자
(Da Franco Pizza, 8€)

04

CAMPANIA

아말피 해안

COSTIERA AMALFITANA

(영어명 : AMALFI COAST)

아말피 해안은 <내셔널 지오그래픽>에서 선정한 '죽기 전에 꼭 가봐야 할 50곳(50 places of a lifetime)' 중 낙원 부문에서 당당히 1위로 꼽힌 곳이다. 소렌토에서 아말피를 거쳐 살레르노에 이르는 50km 남짓한 도로에서 바라본 푸른 바다와 깎아지른 듯한 절벽은 상상할 수 없을 만큼 아름답다.
해안을 따라 이어지는 작은 마을들은 이탈리아에서 손에 꼽을 정도로 깨끗하고 소박한 정취를 지녀서 여성 여행자들에게 특히 인기가 높다.

아말피 해안 가기

아말피 해안을 여행하는 가장 일반적인 루트는 소렌토에서 버스를 타고 남쪽 해안을 따라 포시타노, 아말피를 거쳐 살레르노(Salerno)까지 이동하거나 반대로 살레르노에서 아말피, 포시타노로 여행하는 두 가지 방법이 있다. 성수기에는 버스 대신 해안 마을 사이를 운항하는 페리를 이용하는 것도 색다른 경험이 될 수 있다. 숙소와 동선을 고려하여 이동 방법을 결정하자.

1. 사철 + SITA 버스

나폴리 중앙역에서 사철을 타고 종착역인 소렌토역에 내린 후 역 앞의 버스 정류장에서 아말피행 SITA 버스를 타고 중간에 포시타노에서 내리는 것이 가장 일반적인 방법이다. 로마로 돌아갈 때는 역순으로 되돌아가거나, 아말피에서 살레르노까지 이동한 후 기차로 갈아탈 수도 있다.

SITA 버스는 아말피 해안을 여행하는 가장 저렴한 이동 수단이다. 시내버스처럼 선착순으로 탑승하므로 여행자들로 늘 북적이지만 이동거리에 비해 요금이 저렴하다는 것이 장점이다. 소렌토부터 살레르노까지 한 번에 연결하는 노선은 없고, 소렌토~포시타노~아말피, 아말피~라벨로, 아말피~살레르노 등 아말피 해안을 달리는 총 7개 노선으로 이루어져 있다. 승차권은 소렌토 사철역 1층의 신문 판매소나 각 버스 정류장 근처의 매표소 등에서 판매한다. 정류장에 승차권 판매원이 나와 있는 경우도 있다. 스마트폰 앱(Unico Campania, 문자 인증을 통한 회원가입 및 카드등록 필요)을 이용한다면 탑승 구간에 적합한 티켓을 잘 선택해서 구매한 후 버스 탑승 직전에 활성화한다. 소렌토에서 출발할 경우 버스 진행 방향의 오른쪽이 경치가 더 좋으니 가능한 오른쪽 좌석을 확보하자.

✚ SITA 버스 운행 정보 (성수기 기준)

	운행 시간	소요 시간	1회 요금
소렌토 → 포시타노	06:30~21:30/ 15분~1시간 간격	키에사 누오바 50분 스폰다 1시간	2.40€(AC2)
포시타노 → 아말피	06:15~21:55/ 15분~1시간 간격	키에사 누오바 1시간 스폰다 50분	2.40€(AC2)
아말피 → 라벨로	06:30~22:00/ 15분~1시간 간격	25~30분	1.50€(AC1)
아말피 → 살레르노	05:15·07:00~22:00/ 15분~1시간 간격	1시간 15분	2.80€(AC3)

*양방향으로 운행

★
SITA 버스 승차권 종류

- **1회권(Corsa Singola)** 버스를 한 번만 이용할 수 있다(환승 불가). AC1부터 AC7까지 7개 구간으로 나누어 요금을 다르게 적용한다.
- **24시간 패스(COSTIERASITA 24 hours)** 소렌토에서 살레르노까지 전 구간을 패스 개시 후 24시간 무제한 이용할 수 있다. 패스에 표시된 공간에 이름과 생년월일을 적어야 하며, 버스에 처음 탑승할 때만 패스를 각인하고 2회째 탑승부터는 운전기사에게 보여주기만 하면 된다. 요금은 10€, 포시타노의 마을버스까지 포함할 경우 12€.

★
SITA 버스

WEB www.sitasudtrasporti.it
(스케줄 확인만 가능)
APP Unico Campania
(티켓 구매 및 사용)

다양한 모양과 색상의 버스를 운행한다.

★
잊지 말자, 승차권 각인!

종이 승차권은 버스에 타자마자 개표기에 넣어 탑승 시각을 찍는다(1일권 및 패스는 첫 탑승 시 한 번만 각인). 버스마다 개표기의 모양과 작동 방식이 조금씩 다른데, 신형 개표기는 티켓을 위쪽으로, 구형 개표기는 앞면 중앙에 넣으면 2~3초 후 개표 시간이 찍혀 나온다. 직원이 손으로 찢어서 사용 여부를 표시하기도 한다.

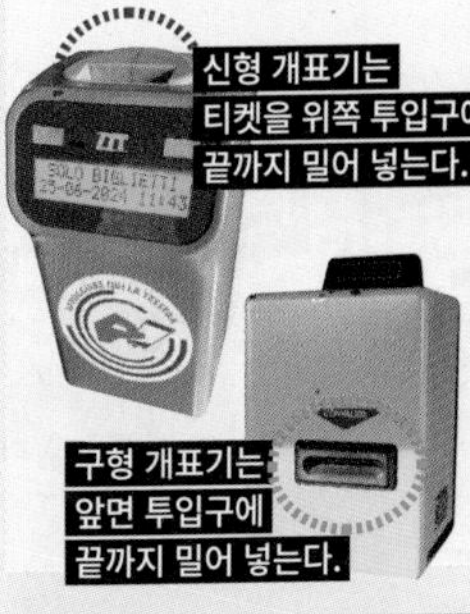
신형 개표기는 티켓을 위쪽 투입구에 끝까지 밀어 넣는다.
구형 개표기는 앞면 투입구에 끝까지 밀어 넣는다.

★
버스 시간표 읽는 법

버스 정류장에 부착된 시간표는 평일·휴일·매일 등의 운행 시간이 섞여 있어서 헷갈리기 쉽다. 시간표 제일 위의 대문자 표시를 다시 한번 확인하자.

F 월~토요일 운행
H 일요일·공휴일만 운행
G 매일 운행
L 월~금요일 운행
S 통학 버스

절벽을 깎아 좁게 만든 도로가 많아
종종 등골이 오싹해진다.

2. 렌터카

아말피 해안에서는 낭만적인 해안 드라이브를 꿈꾸며 렌터카 여행을 고려하는 여행자가 많지만 이곳에서의 운전은 신중하게 결정해야 한다. 가파른 절벽을 따라 굴곡진 도로가 끊임없이 이어지며, 돌발적인 갓길 주차 차량과 여기저기서 느닷없이 튀어나오는 오토바이 때문에 연달아 가슴을 쓸어내리게 된다. 특히 포시타노~아말피~라벨로 구간은 주로 왕복 1차선밖에 안 되는 좁은 도로다. 마주 오는 차를 옆에 두고 아슬아슬 곡예 운전을 해야 하고 막히는 구간도 많아 초보 운전자에게는 추천하지 않는다.

페리는 시원한 2층 데크가 인기!

3. 페리

4~10월이면 포시타노~아말피~살레르노 구간에서 페리가 운항한다. 조금 비싸지만 바다 경치를 즐기며 쾌적하게 이동할 수 있어 여행자들에게 인기가 많다. 요금이 부담스럽다면 제일 저렴한 포시타노~아말피 구간만이라도 꼭 이용해보자. 아말피~포시타노~카프리를 연결하는 페리도 있다. 자세한 정보는 각 도시 참고.

★

페리

WEB www.naplesbayferry.com(예약 플랫폼)
트래블마르 www.travelmar.it
NLG www.nlg.it/en/

*예약 플랫폼을 이용해 예약하면 수수료가 추가되므로 페리 스케줄 검색 후 페리회사 홈페이지에서 예약하자.

살레르노 기차역 앞의
아말피행 SITA 버스 정류장

★

아말피 여행 시작점으로, 살레르노 Salerno

치안이 좋지 않고 붐비는 나폴리 대신 살레르노에서 아말피 해안 여행을 시작하는 여행자가 점점 늘고 있다. 살레르노 역시 고속열차로 로마, 피렌체 등의 대도시와 편리하게 연결되며, 4~10월에는 아말피(편도 10€, 35분 소요)와 포시타노(편도 15€, 70분 소요)로 향하는 트래블마르(Travelmar) 페리가 운항하는 등 나폴리 못지않게 캄파니아 지방을 여행하는 관문 역할을 톡톡히 하고 있다. 페리 선착장은 살레르노 기차역을 빠져나와 직진하다가 콘코르디아 광장(Piazza Concordia)을 통과하면 나온다(도보 10분 소요).
살레르노역 앞에서 아말피까지 SITA 버스도 자주 운행한다. 살레르노 기차역 앞 광장(Piazza V. Veneto)에서 출발한 버스는 아말피까지 갔다가 살레르노의 콘코르디아 광장으로 돌아온다(종점은 조금 더 가서 Via Vinciprova에 있다). 버스 기사가 콘코르디아 광장을 "기차역(Treno Stazione)"이라고 알려줄 정도로 두 곳은 가깝다.

★

아말피 해안의 숙소

포시타노
마을 중심과 가까운 숙소는 시설에 비해 가격이 비싸다. 반대로 멋진 전망을 내세우는 숙소는 반드시 위치를 확인할 것. 외곽에 있는 숙소는 찾아가기도 힘들고 가는 길에 계단이 많아 고생할 수 있다.

아말피
아말피 해안의 중심지답게 숙소가 많고 저렴한 곳도 찾기 쉽지만 편리한 부대시설과 쾌적하고 편안한 객실을 기대하기는 어렵다. 대중교통을 이용해 여행한다면 SITA 버스 정류장과 가까운 곳에 숙소를 잡자. 큰 짐을 옮기기 힘든 곳에 숙소가 있다면 짐 운반 서비스를 이용하는 것도 괜찮다.

◇ 포시타노 Positano

아말피 해안 마을 중에서 가장 뜨거운 인기를 누리는 곳이다. 매일같이 SNS를 장식하는 '바로 그 사진'을 찍기 위해 마을 곳곳을 누비는 여행자들을 만날 수 있다. 2~3시간이면 다 돌아볼 만큼 작은 마을이지만 골목 사이사이로 소박하게 자리한 아기자기한 상점들이 걷는 재미를 준다. 대신 성수기의 물가는 비싼 편이다.

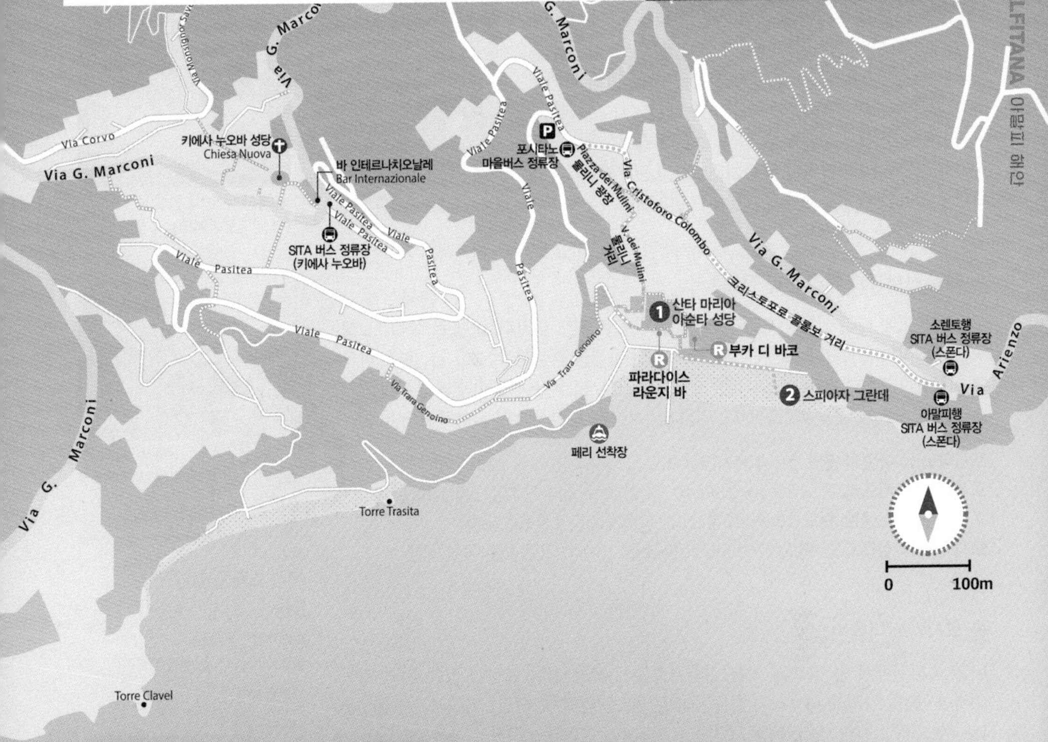

★

당일치기 여행자의 소렌토행 버스 타기

포시타노에서 소렌토로 돌아가는 SITA 버스는 성수기뿐만 아니라 비수기에도 거의 만석이다. 중간 정류장인 포시타노에서는 탑승하지 못할 가능성이 매우 크므로 종점인 아말피에서 소렌토행 버스를 타는 것이 안전하다. 소렌토에서 출발하는 당일치기 여행자는 소렌토 → 포시타노 → 아말피 → 소렌토 순서로 일정을 짜자. 택시를 이용할 경우 포시타노에서 소렌토까지 요금은 80~120€. 포시타노 정류장의 줄이 길 땐 사람을 모아서 소렌토까지 가는 합승택시나 밴도 종종 등장한다. 8명 기준 1인당 15~20€. 불법 영업행위이긴 하지만 유용하다.

버스 정류장 앞에 길게 늘어선 줄

#CHECK

포시타노 실용 정보

◈ 포시타노 SITA 버스 정류장

포시타노의 SITA 버스 정류장은 마을 동쪽 언덕에 위치한 스폰다(Sponda)와 서쪽 언덕 위의 키에사 누오바(Chiesa Nuova) 2곳이다. 마을의 중심인 물리니 광장(Piazza dei Mulini)까지 키에사 누오바 정류장에서는 도보 20분, 스폰다 정류장에서는 도보 10분 정도 걸린다. 티켓은 마을 안의 타바키나 키에사 누오바 정류장 근처의 바 인테르나치오날레(Bar Internazionale)에서 구매할 수 있다. 스폰다 정류장에는 매표소가 따로 없으니 미리 왕복용 승차권 2장을 준비해두거나 스마트폰 앱(Unico Campania)을 이용하면 편리하다.

스폰다 정류장

바 인테르나치오날레

키에사 누오바 정류장
(바 인테르나치오날레 앞)

◈ 페리 선착장과 페리 운항 정보

해변 오른쪽에 페리 선착장이 있다. 4~10월에는 카프리, 아말피, 소렌토, 살레르노를 오가는 페리가 운항한다. 요금은 조금 비싸지만 풍경을 감상할 수 있고 편리하기 때문에 이용하기 복잡한 SITA 버스의 대안으로도 인기다. 단, 시즌과 날씨에 따라 운항 스케줄이 자주 바뀌며, 운항 취소도 잦다. 여름 성수기에는 운항 횟수가 급격히 늘어난다.

포시타노 ⇄ 아말피 편도 10~13€, 25분 소요, 성수기 기준 1일 19회 운항
포시타노 ⇄ 카프리 편도 23.50~28€, 40~50분 소요, 성수기 기준 1일 10회 운항
포시타노 ⇄ 소렌토 편도 18€~, 40분 소요, 성수기 기준 1일 6회 운항
포시타노 ⇄ 살레르노 편도 12~15€, 70분 소요, 성수기 기준 1일 13회 운항

해변 오른쪽, 선착장 입구

페리 매표소

★
페리 스케줄 확인

WEB www.naplesbayferry.com(예약 플랫폼)
www.capri.net(예약 플랫폼)
www.travelmar.it

◈ 포시타노 마을버스

마을 중심부에서 먼 숙소에 묵는 여행자들에게 유용하다. 계단이 많은 언덕 지형이라 큰 짐을 가지고 이동하기 힘들기 때문. 버스 앞에 '인테르노 포시타노(Interno Positano)'라고 적혀 있다. 운행 시간이 유동적이니 정류장의 시간표를 확인하자. 성수기에는 연장 운행하며, 배차 간격도 짧아진다.

노선 물리니 광장~C. 콜롬보 거리~스폰다 정류장~키에사 누오바 정류장~파시테아 거리~물리니 광장
요금 1.30€(버스 기사에게 구매 시 1.80€), 짐 1개당 1.50€
운행 시간 07:40~21:00(30분~1시간 20분 간격, 12월 24·25·31일은 단축 운행)

탑승 후 개표기에 티켓을 넣어 탑승시각을 각인한다.

◈ 물리니 광장의 타바키

버스 승차권 판매소. 매표소가 없는 스폰다 정류장으로 내려가기 전 미리 구매해두자. 단, 판매를 중단하거나 요금을 올려 받을 때가 종종 있다.

★
화장실은 어디에?

해변에 있는 공중 화장실은 비수기에 문을 닫는 경우가 많다. 이럴 때는 물리니 광장 북쪽의 주차장 지하에 있는 화장실을 이용하자. 0.50€.

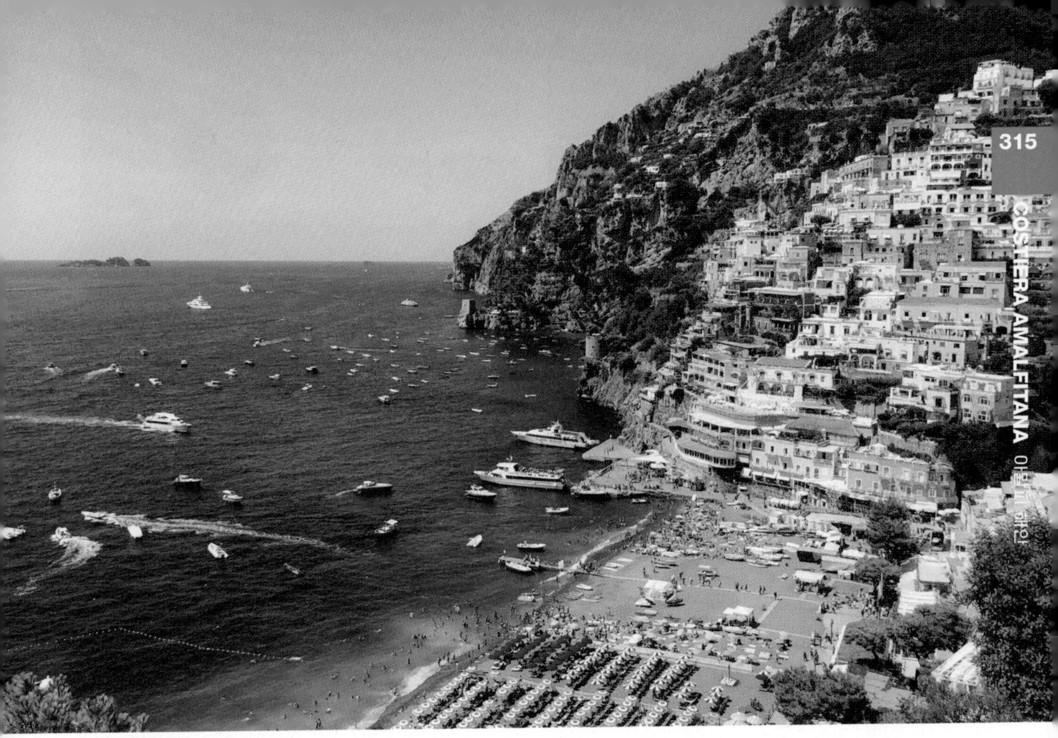

MORE

크리스토포로 콜롬보 거리 vs 파시테아 거리

포시타노의 SITA 버스 정류장들은 각각 손에 꼽히는 바다 전망 산책로의 시작점이다. 스폰다 정류장에서 내리면 바다를 곁에 둔 감성적인 마을을 구경하며 크리스토포로 콜롬보 거리(Via Cristoforo Colombo)를 걷는다. 한편 키에사 누오바 정류장에서 내리면 바다와 절벽이 압도하는 웅장한 풍경의 파시테아 거리(Viale Pasitea)를 걸을 수 있다. 단, 중간중간 보이는 계단을 적절히 이용해야 체력을 아낄 수 있다.

C. 콜롬보 거리. 'Centro' 이정표를 따라간다.

파시테아 거리

★

포시타노의 쇼핑 거리, 물리니 거리 Via dei Mulini

특별한 쇼핑 아이템은 없지만 스치듯 지나치며 구경하는 것만으로 은근히 재미있는 거리. 골목과 조화를 이루며 오밀조밀 들어선 상점 풍경이 걷는 내내 시선을 끈다. 대부분 상점은 물리니 광장에서 해변으로 이르는 골목에 들어서 있으며, 레몬 특산품과 수공예 도자기, 비치 용품이 주를 이룬다.

물리니 거리 풍경

거대한 레몬 초.
레몬 향기가 코끝을 찌른다.

자석 기념품

레몬을 그려 넣은 도자기

두오모라고도 부른다.

01 포시타노 마을의 중심
산타 마리아 아순타 성당
Chiesa di Santa Maria Assunta

버스에서 내려 크리스토포로 콜롬보 거리를 따라 걸으면 마을버스의 출발점인 물리니 광장(Piazza Mulini)이 나온다. 여기서 물리니 거리를 따라 내려오면 포시타노 관광의 중심이라 할 수 있는 산타 마리아 아순타 성당이 나타난다. 푸른 하늘과 더할 나위 없이 잘 어울리는 시계탑은 멋진 촬영 포인트. 성당 앞 작은 광장의 테라스에서 바라보는 바다 풍경도 근사하다. 광장 앞의 계단을 내려가면 좁은 골목 가득 카페와 식당이 모여 있어 흥겨운 분위기다.

JFHP+9Q 포시타노
ADD Piazza Flavio Gioia
OPEN 09:30~12:00, 16:00~20:00
WALK SITA 버스 스폰다 정류장에서 바다를 왼쪽에 두고 C. 콜롬보 거리(Via C. Colombo)를 따라 도보 10분

휴식처로 사랑받는
성당 앞 테라스

마을의 편의 시설이
모여 있는 물리니 광장

02 해안의 스타 해수욕장
스피아자 그란데
Spiaggia Grande

검은색 자갈로 이루어진 바닥이 투명한 바다 색과 대조를 이루며 맑은 느낌을 더해주는 해수욕장. 해수욕장만 놓고 보면 작고 별다를 것 없어 보이지만 맞춤 정장처럼 주변 풍경과 조화를 이루는 모습이 포시타노와 잘 어울린다. 아말피 해안에서 가장 인기 있는 해수욕장으로 여름에는 선탠과 수영을 즐기는 여행자들로 북적거린다. 무료입장.

JFHP+5WJ 포시타노
ADD Grande Spiaggia
WALK 산타 마리아 아순타 성당 앞 계단으로 내려가서 좌회전해 도보 2분

바다를 바라보고
오른쪽에 있는
트라시타 탑과 클라벨 탑

Eat ing & Drink ing

해변에서 제일 목 좋은 자리를 지킨 지 100년!

2층 레스토랑 입구는 계단 위에 있다.

전망만 봐도 배가 부르네

부카 디 바코 Buca di Bacco

1916년부터 영업해 온 포시타노의 터줏대감이다. 해변에서 제일 눈에 띄는 큰 건물로, 2층 레스토랑에서 바라보는 바다 풍경이 압권이다. 대단한 맛집은 아니라서 조개나 해산물, 랍스터를 넣은 파스타(18~36€)에 오징어 튀김이나 해산물 모둠 구이(24~36€)를 추가하는 정도가 무난하다. 가능한 2층 창가 자리를 선택하자.

JFHP+6X 포시타노
ADD Piazza Amerigo Vespucci
OPEN 12:00~15:00, 18:30~22:00
CLOSE 겨울철 비수기
MENU 전채 18~30€, 파스타 18~36€, 리소토 25~30€, 샐러드 8~20€
WALK 스피아자 그란데에서 성당 방향으로 해변을 따라가면 바로 보인다.
WEB www.bucadibacco.it

1층은 캐주얼한 피체리아다.

해변에서 바라보면 셰 블랙(Chez·Black) 식당 바로 위에 있다.

저렴하게 즐기는 전망 카페

파라다이스 라운지 바 Paradise Lounge Bar

높은 물가로 악명을 떨치는 포시타노에서 가장 저렴하게 바다 전망을 즐길 수 있는 카페. 셀프서비스라 자릿세가 없고 비수기에도 문을 여는 고마운 곳이다. 주종목이 카페와 베이커리이기에 커피 한 잔과 크루아상 한 개로도 멋진 바다 전망 테이블을 차지할 수 있다. 맛은 대체로 평범하다.

JFHP+7Q 포시타노
ADD Via del Saracino, 32
OPEN 07:30~19:30(토·일요일 ~20:30)
MENU 커피 1.50~4€, 조각피자 4.50€~/1조각, 칵테일 7~13€
WALK 산타 마리아 아순타 성당 앞 계단으로 내려가 다시 왼쪽 계단으로 내려간 후 골목으로 들어가면 오른쪽에 있다.

커피 한잔으로
차지하는 테라스

MORE

맛보다 전망!

포시타노의 식당들은 훌륭한 전망을 자랑하지만 맛에 대한 평가가 그다지 좋지 않다. 그러니 맛보다는 멋진 전망을 즐기는 데 만족하자. 바다를 가까이에서 느끼고 싶다면 해변의 식당을, 절벽과 어우러진 풍경을 감상하고 싶다면 언덕 위쪽의 식당을 추천한다.

언제나 인기 있는 바닷가 식당

언덕 위쪽의 경치 좋은 식당

◇ 아말피 Amalfi

아말피 해안의 중심 마을. 교통이 편리하고 숙박료가 비교적 저렴해서 아말피 해안 여행의 거점으로 삼기에 좋다. 반나절이면 다 돌아볼 만큼 작은 마을이지만 경치가 아름답고 해수욕을 즐기기에도 좋다. 두오모 광장 주변에는 식당과 상점이 모여 있는데, 레몬과 관련된 기념품 상점이 많으니 천천히 구경해보자. 3~4시간이면 여유롭게 마을 전체를 돌아볼 수 있다.

라벨로행 정류장

★

아말피의 SITA 버스 정류장

아말피는 소렌토, 포시타노, 라벨로, 살레르노 등을 연결하는 SITA 버스의 출발점이자 종점으로, 아말피 해안에서 교통이 가장 편리한 곳이다. 정류장은 두오모와 페리 선착장 사이의 해안가에 위치한 플라보 조이아 광장(Piazza Flavio Gioia)에 있다. 소렌토·포시타노·살레르노행은 바다를 바라보고 오른쪽에 정류장이 있고, 라벨로행 버스는 광장 왼쪽 구석에 마련된 별도의 정류장을 이용한다. 승차권은 버스 탑승 전 정류장 근처 매표소나 티켓 판매원에게 구매한다.

#CHECK

아말피 실용 정보

◈ 페리 선착장과 페리 운항 정보

플라보 조이아 광장에서 SITA 버스 정류장을 지나 조금 더 가면 페리 매표소가 늘어서 있고 제방 주변에 선착장이 있다. 4~10월에 운항하지만 시즌과 날씨에 따라 스케줄이 자주 변경되며, 날씨가 조금이라도 좋지 않은 날은 운항하지 않는다. 비수기에는 운항 횟수가 급격하게 줄어든다.

아말피 ⇌ 포시타노 편도 10~13€, 20분 소요, 여름 성수기 기준 1일 15회 운항
아말피 ⇌ 카프리 편도 25.50~28€, 50분 소요, 여름 성수기 기준 1일 10회 운항
아말피 ⇌ 소렌토 편도 17.50~19€, 1시간 소요, 여름 성수기 기준 1일 7회 운항
아말피 ⇌ 살레르노 편도 10~15€, 35분 소요, 여름 성수기 기준 1일 15회 운항

페리 매표소

★
페리 스케줄 확인

WEB www.naplesbayferry.com(예약 플랫폼)
www.capri.net(예약 플랫폼)
www.travelmar.it

★
짐 운반 서비스

언덕 위 숙소를 예약했다면 유용한 서비스다. 가방 1개 10~20€.

◈ SITA 버스 매표소

플라보 조이아 광장 북쪽에 있는 타바키(Camera Gaetano)에서 SITA 버스 승차권을 판매한다. 불투명한 계산과 짧은 영업시간 등 서비스 관련 불만이 높은 곳이니 전용 앱을 사용하는 것이 여러모로 편리하다.

우니코 캄파니아 앱

Ⓖ JJM3+H4 아말피
OPEN 08:30~13:00, 16:00~20:30(성수기 기준)
WALK 광장에서 아말피 구시가로 들어가는 길목의 오른쪽 건물 코너에 있다.

◈ 관광 안내소 infopoint

성수기에는 페리 매표소 가운데 부스 하나를 안내소로 운영하며 페리 정보 등을 제공한다.

Ⓖ JJM2+8H 아말피
ADD Via Lungomare dei Cavalieri, 74
OPEN 09:00~18:00(시즌에 따라 유동적)
WALK SITA 버스에서 내려 바다를 등지고 왼쪽에 있는 페리 선착장의 매표소 중에 있다. 도보 1분
WEB www.amalfitouristoffice.it

페리 선착장의 안내소 부스

◈ 데코 슈퍼마켓 Supermercati Decò

물이나 간식 등을 저렴하게 판매하는 마을 주민들의 단골 슈퍼마켓이다.

Ⓖ JJP2+2W 아말피
ADD Via Dei Curiali, 6
OPEN 07:30~13:30, 16:30~20:30
CLOSE 일요일
WALK 두오모에서 도보 2분

'Supermercato Deco' 표지판을 따라 골목 안으로 들어간다.

01 아말피 두오모

아말피의 두오모엔 뭔가 특별한 게 있다?!

Duomo di Amalfi

두오모는 이탈리아 어디서든 쉽게 볼 수 있는 데다 모양도 비슷비슷해서 구별이 잘 안되지만 아말피의 두오모는 조금 특별하다. 딱히 어느 양식이라고 콕 집어 말할 수 없는 복잡하고 독특한 외관이 특징인데, 9세기에 지어진 후 로마네스크, 비잔틴, 아랍-노르만, 고딕 등 다양한 건축 양식으로 증·개축했기 때문이다. 성당 전체를 둘러싼 그림과 조각상의 주인공은 예수의 12제자 중 한 명인 '성 안드레아'로, 성당 안에는 그의 유해가 안치돼 있다. 어부였던 성 안드레아는 종종 물고기와 함께 그려지며, 예수와 마찬가지로 십자가형을 당했다 하여 'X자형 십자가'가 함께 등장하기도 한다.

Ⓖ JJM3+Q5 아말피
ADD Piazza Duomo 1
OPEN 09:00~18:45(7~9월 ~19:45, 11~2월 10:00~13:00, 14:30~16:30)
PRICE 3€(기도하려는 신자는 07:30~10:00, 17:00~19:30에 본당 무료입장)
WALK SITA 버스에서 내려 마을 안쪽으로 도보 2분

★
정문으로는 못 들어가요!
단순 관람객은 정문으로 들어갈 수 없고 유료입장이다. 두오모 정면을 바라보고 왼쪽으로 가면 나오는 천국의 회랑(Il Chiostro del Paradiso)을 통해 입장한다.

두오모 광장의
성 안드레아 조각상

02 아말피 해변

그림 같은 풍경을 두 눈 가득 담아가요

Costa Amalfitana

아말피에 방문한 여행자들의 눈길을 단번에 사로잡는 해변이다. 맑고 투명한 바다를 향해 길게 뻗은 방파제도, 해변을 따라 이어지는 산책로도 모두 놓칠 수 없는 촬영 포인트다. 해변에 늘어선 레스토랑이나 바에 한자리 차지하고 앉는다면 더욱더 휴양지에 온 기분을 제대로 즐길 수 있는 곳. 입장료는 없지만 파라솔과 샤워 시설을 이용하려면 2인 기준 15~20€를 내야 한다.

Ⓖ JJM3+85 아말피
ADD Costiera Amalfitana
WALK SITA 버스에서 내리면 바다가 보인다.

03 묘지 전망대

아는 사람만 안다는 전망 맛집

Belvedere Cimitero Monumentale

아말피 해변과 마을을 한눈에 내려다볼 수 있는 전망 포인트. 공동묘지 앞에 있는 테라스인 데다 가는 길목이 눈에 잘 띄지 않아서 아는 사람만 찾아가는 숨은 명소다. 이곳을 찾아가려면 무니치피오 광장 앞에 있는 '보행자 터널 입구'를 찾을 것. 이 보행자 터널로 쭉 들어가서 엘리베이터를 타면 전망대로 갈 수 있다. 보행자 터널은 옆 마을 아트라니(Atrani)와 주차장(Lunarossa)과도 이어지는 길이니 이들 표지판을 따라가는 것도 도움이 된다. 단, 출입 시간 외에는 묘지문을 잠그니 내려올 때를 위해 묘지와 엘리베이터 운영 시간을 알아두고 움직이자.

Ⓖ JJM4+X2 아말피
ADD Salita S. Lorenzo del Piano
OPEN 묘지 08:00~12:00, 15:00~17:00(5~9월 07:00~19:00, 일요일 08:00~12:00)/엘리베이터(Ascensori Cimiterali) 08:00~20:00(유동적)
CLOSE 묘지 화·목요일
PRICE 엘리베이터 3€
WALK SITA 버스 정류장에서 무니치피오 광장(Piazza del Municipio)까지 도보 2분, 오른쪽에 보이는 보행자 터널로 들어가 엘리베이터를 타고 올라간다. 터널 입구까지 전체 도보 3분

화려한 마졸리카 양식의 종탑

날씨가 좋으면 노천카페들이
광장 가득 테이블과 의자를 내놓는다.

바다 전망을 즐길 수
있는 레스토랑

아말피 해변을 바라보고
왼쪽으로 이어지는 산책로

전망대에서 바라본 풍경

마을 동쪽 언덕 위에 있다.

보행자 터널 입구

보행자 터널. 직진하면
엘리베이터로 가는 길이다.

델리치아 알 리모네

조개 모양의
스폴랴텔라 리치아

19세기 인테리어를
고스란히 간직하고 있다.

아말피 여행자들의 필수 코스

◉ 안드레아 판사
Pasticceria Andrea Pansa

19세기 예술가들이 사랑한 디저트 카페. 1830년 문을 연 이래 노르웨이 극작가 입센, 미국 시인 롱펠로우, 독일 음악가 바그너 등 세계적인 예술가들이 이곳을 찾았다. 시그니처 메뉴는 하얀 레몬 크림을 바른 동그란 케이크 델리치아 알 리모네(Delizia al Limone). 와사삭 부서지는 페이스트리 안에 리코타 크림과 설탕에 조린 오렌지 껍질을 넣은 스폴랴텔라 리치아(Sfogliatella Riccia)도 추천 메뉴다.

Ⓖ JJM3+M4 아말피
ADD Piazza Duomo, 40
OPEN 07:30~23:00 **CLOSE** 1월~2월 초
MENU 델리치아 알 리모네 7€, 스폴랴텔라 리치아 6€, 커피 4€~
WALK 두오모 계단 바로 아래
WEB www.pasticceriapansa.it

MORE

아말피 특산물 리몬첼로 공장, 안티키 사포리 다말피 Antichi Sapori d'Amalfi

아말피의 특산물인 레몬을 이용해 전통적인 방법으로 술과 사탕, 초콜릿 등을 만들어 파는 가게. 레몬으로 만든 이탈리아 전통 술 '리몬첼로'를 추천한다. 리몬첼로는 알코올 농도가 40°인 증류주로, 차게 마시면 더 맛있다. 부드럽고 달콤한 레몬 크림 리큐어(Crema di Limone)도 좋다.

Ⓖ JJM2+PV 아말피
ADD Via Supportico Gaetano Afeltra, 4
OPEN 09:30~22:00
(11~3월 브레이크 타임 13:30~16:00)
CLOSE 11~3월 목요일
WALK 두오모에서 도보 1분

젬마 할머니의
특급 소스가 일품이다.

젬마 할머니의 특급 레시피

다 젬마
Da Gemma

1872년 문을 연 앤티크한 레스토랑이다. 오랜 시간 끓여내는 걸쭉한 고기소스로 유명한 젬마 할머니의 레시피를 140년간 유지하고 있다. 강력 추천하는 대표 메뉴는 젬마 할머니의 특급 고기소스를 얹은 튜브 모양의 파스타(La Genovese , 24€). 파스타를 가득 채운 고기소스의 풍미가 대단하다. 푸짐한 해산물 스튜(La Zuppa di Pesce, 100€)도 인기 만점! 성인 2명이 먹어도 넉넉한 양으로, 큼직한 생선과 홍합, 새우에서 우러난 국물이 진국이다.

JJM2+RV 아말피
ADD Via Fra Gerardo Sasso, 11
OPEN 12:00~14:30, 19:00~22:00(비수기에는 단축 운영)
MENU 제1요리(파스타, 리소토) 24~25€, 제2요리(해산물, 육류) 30~50€, 자릿세 4€/1인
WALK 두오모 계단 아래에서 도보 2분
WEB www.trattoriadagemma.com

홈메이드 해산물 파스타

오물오물 싱싱한 해산물 탐닉

다 마리아
Da Maria

두오모 광장 근처에서 오랫동안 자리를 지켜온 레스토랑이다. 새우나 생선구이, 튀김 등 이 지역 토박이 주인이 엄선한 싱싱한 해산물 요리가 대표 메뉴. 가벼운 점심 식사로는 홍합·조개 등을 넣은 홈메이드 해산물 파스타(Scialatielli con Frutti di Mare)를 추천한다. 도톰한 면발과 풍성한 해산물의 조합은 언제나 옳다. 나무 화덕에서 구워내는 피자도 평이 좋으며, 다른 곳에서는 최소 2인부터 주문 가능한 해산물 리소토도 1인분씩 판매한다.

JJM2+VX 아말피
ADD Via Lorenzo D'Amalfi, 14
OPEN 12:00~15:00, 18:30~22:00(겨울철에는 단축 운영)
MENU 제1요리 14~20€, 피자 7~15€, 제2요리 16~35€, 자릿세 2€/1인
WALK 두오모 계단에서 도보 1분

빵 가격은 자릿세에
포함된다.

해산물 스파게티

화덕에서 구운 피자

바다 전망에 맛까지 다 잡았다

로 스메랄디노
Lo Smeraldino

풍경 좋은 바닷가에 자리한 이탈리아 전통 해산물 요리 전문점. 우리 입맛에 특히 잘 맞는 해산물 파스타(Scialatielli ai Frutti di Mare, 18€)는 짭조름한 해산물의 감칠맛과 마늘 향이 올리브유와 함께 면발에 스며들어 풍미가 좋다. 해산물 요리 외에 피자 맛집으로도 소문났으니 원하는 토핑을 골라서 피자도 한번 먹어보자. 자연 발효한 반죽을 나무 화덕에 구워내 도우 맛이 고소하고 쫄깃하며, 토핑된 달콤한 가지와 피망도 별미다.

JHJX+R4 아말피
ADD Piazzale dei Protontini, 1
OPEN 12:00~22:30
MENU 전채 12~30€ , 제1요리 18~30€, 제2요리 23~40€, 피자 8~18€, 자릿세 2€/1인
WALK 아말피 항구에서 도보 8분

◇ 라벨로 Ravello

아말피에서 버스로 20분 거리에 있는 작은 마을. 목가적인 풍경과 탁 트인 바다 전망을 자랑한다. 마을 전체가 잘 꾸며놓은 정원처럼 아기자기하고 예쁜데, 바그너가 여기에서 영감을 얻어 '파르시팔(Parsifal)'을 작곡한 이후 '음악의 도시'라는 애칭을 갖게 됐다. 매년 7~10월에 이탈리아에서 가장 큰 음악 축제인 라벨로 페스티발(Ravello Festival)이 열린다.

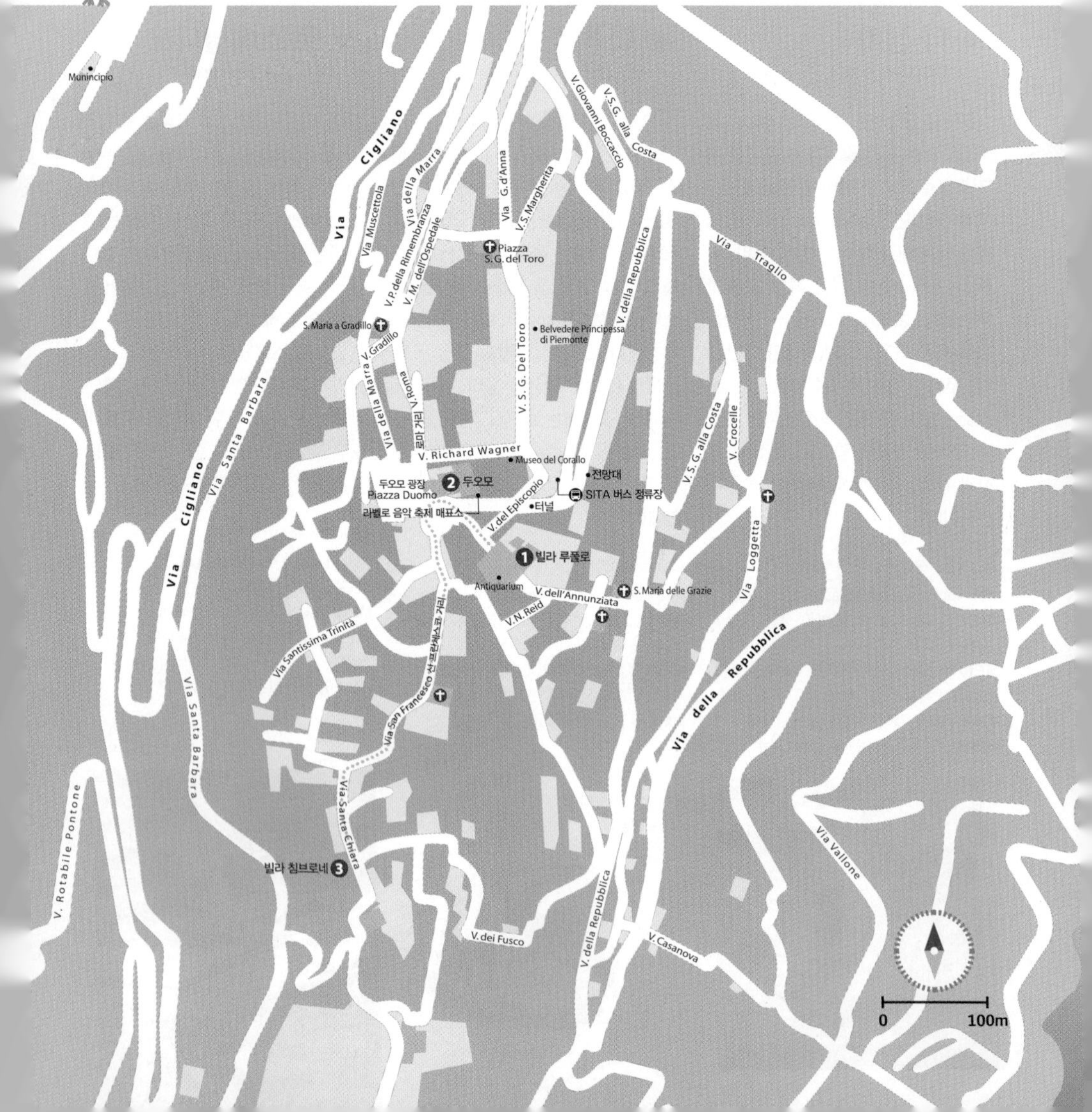

#CHECK

라벨로 실용 정보

◈ 아말피의 라벨로행 SITA 버스 정류장

라벨로로 가는 버스는 아말피에서만 운행한다. 아말피의 정류장은 SITA 버스 정류장에서 바다를 바라보고 왼쪽 제방 쪽에 따로 있다. 라벨로 마을에서는 승차권을 판매하는 타바키를 찾기 힘드니 아말피에서 SITA 버스 정류장 근처의 매표소나 티켓 판매원에게 왕복 티켓을 미리 사거나 스마트폰 앱(Unico Campania)를 사용할 수 있도록 준비해두자. 요금은 편도 1.50€.

라벨로행 SITA 버스 정류장. 버스 앞에 표시한 행선지 'Ravello'를 확인하자.

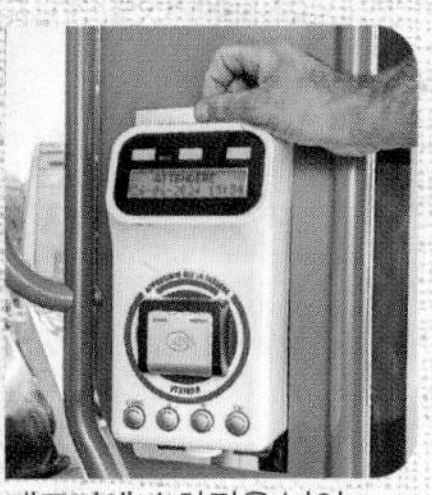

개표기에 승차권을 넣어 탑승일시를 각인한다.

◈ 라벨로의 SITA 버스 정류장

시내로 들어가는 터널 입구에 버스 정류장이 있다. 버스 운행 시간이 시즌에 따라 변경되니 시내로 들어가기 전에 시간표를 꼭 확인하자. 아말피로 돌아가는 버스 역시 같은 자리에서 탄다.

라벨로의 SITA 버스 정류장

터널로 들어가 2분 정도 걸어간다.

버스 정류장 앞도 멋진 전망 포인트!

◈ 라벨로 음악 축제 매표소

매년 여름에 열리는 음악 축제의 주 공연장은 빌라 루폴라에 마련된다. 저녁이나 밤 시간대에 공연이 많다. 요금은 20~25€로, 홈페이지와 라벨로 음악 축제 매표소 등에서 예약할 수 있다.

Ⓖ JJX6+MV 라벨로

OPEN 10:30~14:30, 15:30~19:30 (월요일 15:30~19:30)/축제 기간에만 오픈

WALK SITA 버스에서 내려 터널을 통과하면 바로 오른쪽에 있다. 도보 2분

WEB www.ravellofestival.com
www.ravelloarts.org

★
SITA 버스

WEB www.sitasudtrasporti.it

★
라벨로의 쇼핑 거리

라벨로의 주요 쇼핑 거리는 두오모 광장에서 북쪽으로 이어지는 로마 거리(Via Roma)와 빌라 침브로네로 향하는 산 프란체스코 거리(Via San Francesco)다. 와인, 패브릭 제품, 타일 기념품 등을 판매하는 상점이 옹기종기 모여 있는데, 감각적인 디자인 부티크 숍도 종종 눈에 띈다. 상점마다 가격과 디자인이 다르므로 시간을 충분히 두고 둘러보는 것이 좋다.

자석 기념품

저렴한 현지 와인. 라벨로는 유명한 와인 산지다.

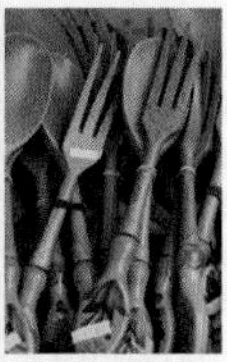

나무로 만든 주방용품

여름 패션의 완성! 포인트가 돋보이는 샌들

벨베데레의 전망대에서 내려다본 라벨로의 바다

01 바그너가 감탄한 바로 그 정원 빌라 루폴로 Villa Rufolo

<데카메론>에 등장하는 라벨로의 대표적인 가문인 루폴로 가문의 저택. 안에는 예쁘고 아담한 수도원(Il Chiostro) 정원이 있다. 갖가지 색의 꽃이 만발한 2층 규모의 이 정원을 본 바그너는 "클링조르(오페라 파르시팔에 나오는 마법사)의 마법 정원이다"라며 작업 중이던 오페라 <파르시팔>의 무대 세팅을 위한 영감을 얻었다고 한다. 또 30m 높이의 마조레 탑(La Torre Maggiore)에 오르면 라벨로의 멋진 풍경을 내려다볼 수 있다.
빌라 루폴로의 입구는 길죽한 사각형의 탑(La Torre d'Ingresso)을 이용한다. 고딕 양식에서 영향을 받은 뾰족한 아치형 입구로 들어가면 매표소가 있는데, 정원 구조도를 나눠주니 꼭 챙겨 가자.

Ⓖ JJX6+JR 라벨로
ADD Piazza Duomo, 1
OPEN 09:00~17:00(여름철 ~20:00)/폐장 30분 전까지 입장
PRICE 8€, 5~12세·65세 이상 6€/ 캄파니아 아르테카드
WALK SITA 버스에서 내려 터널을 지나 왼쪽에 보이는 사각형 탑 안으로 들어가면 매표소가 보인다. 도보 3분
WEB www.villarufolo.it

빌라 루폴로의 입구

음악 축제를 위한 공연장

MORE

수도원 Il Chiostro

수도원으로 이용되던 건물은 극장(Teatro)과 식당(Sala da Pranzo)으로 연결된다. 아래에는 대형 모빌이 보이는 안뜰이 있는데, 일 년 내내 비발디의 음악을 들을 수 있다.

아래로 내려가면 안뜰이 있다.

벨베데레 Il Belvedere

정원 2층에 있는 전망대. 매년 7월 무대와 관중석을 설치해 라벨로 음악 축제를 개최한다.

여름에는 관중석으로 개조한다.

두오모 광장

최고의 전망, 인피니토 테라스 (Terrazza dell'Infinito)

02 조반니 안젤로의 '대천사 미카엘'이 있는 곳
두오모
Duomo

초라한 외관과 다르게 화려한 미술품이 꽤 많이 전시된 박물관이다. 대표적인 전시품은 ❶ 조반니 안젤로의 '대천사 미카엘'(1583). 성서 속에서 천사들의 지휘관이자, 악마를 무찌르는 역할로 묘사되는 대천사 미카엘이 이 그림에서도 화려한 날개를 펄럭이며 악마를 밟고 서 있다. 한쪽 손에는 영혼을 심판하는 저울을 들고 있는데, 천국행이 결정된 영혼은 하늘에 감사 기도를 드리고 있고, 지옥행이 결정된 영혼은 귀를 감싸며 좌절에 빠져 있다. 선과 악의 대결에서는 언제나 선이 승리한다는 내용을 담은 그림이다. 두오모는 11세기에 지은 건축물이며, 지금의 모습은 17세기에 완성됐다.

JJX6+PP 라벨로
ADD Piazza Duomo
OPEN 09:00~12:00, 17:30~19:00, 박물관 09:00~19:00(4월 11:30~17:30)
CLOSE 박물관 11~3월
PRICE 성당 무료, 박물관 3€/ 캄파니아 아르테카드
WALK SITA 버스에서 내려 터널을 지나 도보 3분

03 푸른 지중해와 하얀 조각상의 만남
빌라 침브로네
Villa Cimbrone

라벨로의 황금시기라 할 수 있는 11세기에 지어진 저택. 14세기 중반까지 피렌체의 피티 가문과 나폴리의 아콘차조코 가문의 소유였다가, 20세기 초 영국의 철도 재벌 3세였던 베켓(Ernest Beckett)이 사들여 대대적인 보수를 한 후 살바도르 달리와 버지니아 울프, 윈스턴 처칠 등 유명한 예술가와 정치가 등이 방문하면서 유명세가 더해졌다.
현재는 5성급 호텔로 사용되고 있지만 바다 전망과 정원이 워낙 아름다워 일반에게도 입장료를 받고 개방하고 있다. 특히 11세기에 제작된 조각들이 맑은 날 바다와 어우러지는 모습이 눈부시게 아름답다.

JJV6+MC 라벨로
ADD Via Santa Chiara, 26
OPEN 09:00~해 질 녘
PRICE 10€
WALK 두오모에서 도보 10분
WEB www.villacimbrone.com

FIRENZE

피렌체
(영어명 : 플로렌스 FLORENCE)

르네상스 시대를 연 도시 피렌체. 이 작지만 매혹적인 도시에는 지금도 미켈란젤로와 라파엘로 같은 위대한 예술가의 작품이 고스란히 남아 전 세계 여행자들에게 손짓한다.

해 질 무렵 두오모 지붕에 오르면 붉은 벽돌 건물이 물결을 이루는 도시 풍경과 저 멀리 언덕에서부터 내려앉은 오렌지빛 노을이 수채화처럼 펼쳐지는 곳. 영화 〈냉정과 열정 사이〉의 주인공 준세이와 아오이처럼, 피렌체는 언젠가 꼭 한번 사랑하는 이와 함께 찾고 싶은 낭만의 도시다.

CEV

¤ 피렌체~주요 도시 간 소요 시간

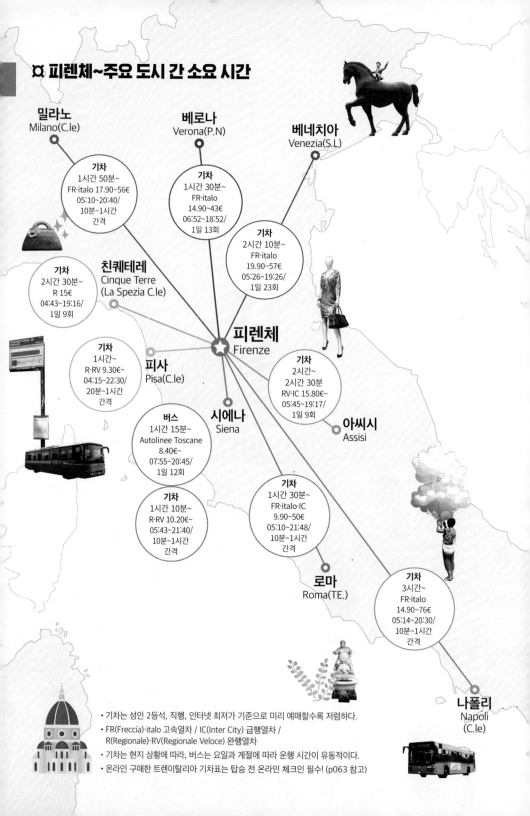

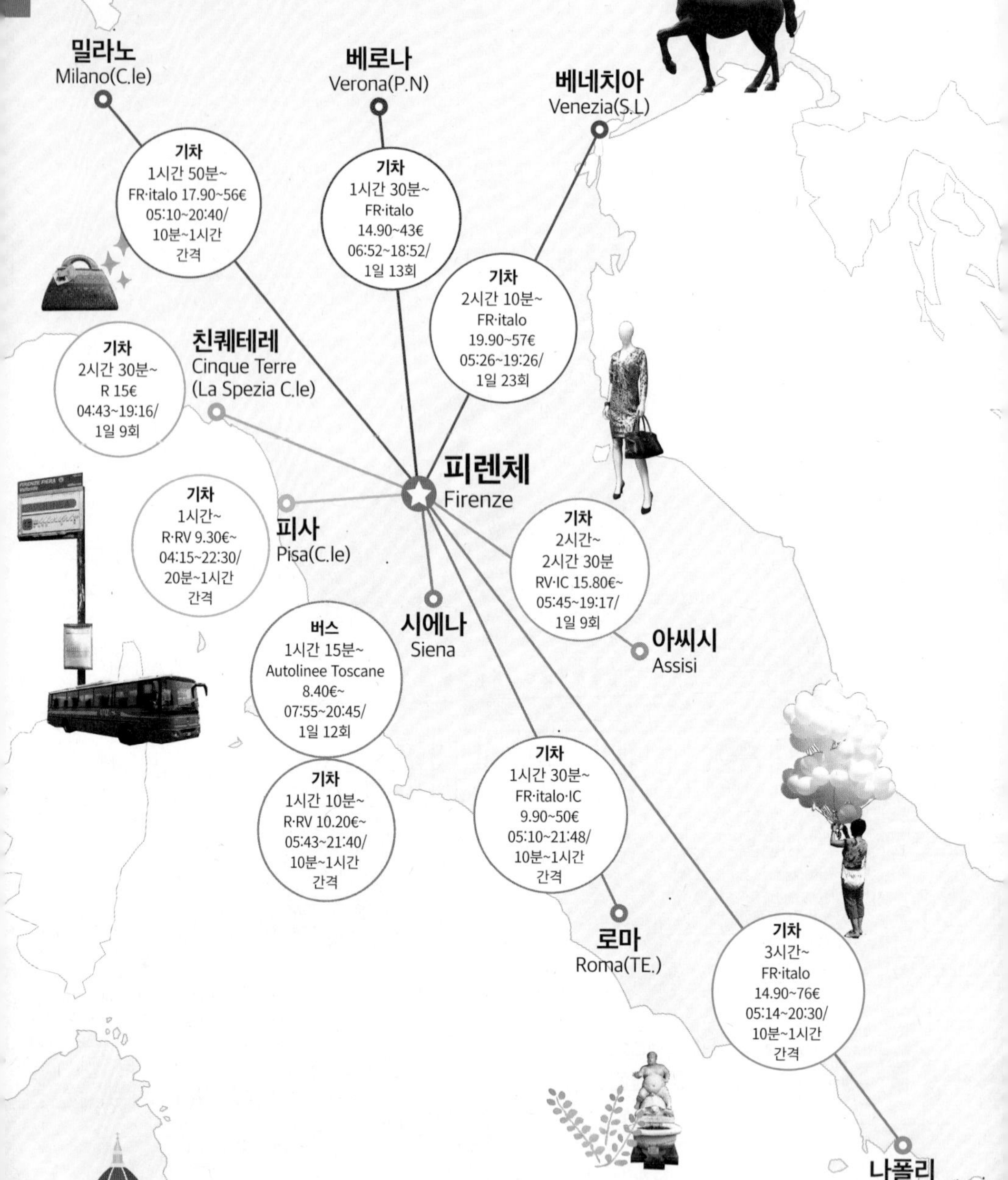

- 기차는 성인 2등석, 직행, 인터넷 최저가 기준으로 미리 예매할수록 저렴하다.
- FR(Freccia)·italo 고속열차 / IC(Inter City) 급행열차 / R(Regionale)·RV(Regionale Veloce) 완행열차
- 기차는 현지 상황에 따라, 버스는 요일과 계절에 따라 운행 시간이 유동적이다.
- 온라인 구매한 트렌이탈리아 기차표는 탑승 전 온라인 체크인 필수! (p063 참고)

피렌체 가기

피렌체는 로마, 베네치아, 밀라노를 잇는 Y자 철도 노선의 가운데에 있으며, 각 도시를 관통하는 기차가 10분~1시간 간격으로 운행한다. 다른 교통수단보다 기차를 이용하는 것이 가장 편리하다.

1. 기차

피렌체의 중앙역인 산타 마리아 노벨라역은 'Firenze S. M. Novella'라고 표기한다. '피렌체'라는 지명이 들어가는 기차역이 여러 개이므로 기차표를 예매할 때 주의하자. 만약 'Firenze Rifredi'역이나 'Firenze Campo di Marte'역에 내렸다면 산타 마리아 노벨라역으로 가는 완행열차(Regionale)로 갈아타자.

◆ 피렌체 산타 마리아 노벨라역 Stazione di Firenze S.M.N.

대기실, 수하물 보관소 등 있어야 할 것을 모두 갖춘 제법 큰 역이다. 플랫폼 입구에 차단문을 설치해 필요에 따라 승객들의 출입 방향을 통제한다.
기차에서 내려 차단문을 지나 중앙 출구 방향으로 나가면 중앙홀에 기차 매표소가 있다. 여기에서 오른쪽으로 나가면 택시 승차장이 나오고, 정문을 통과해 계단으로 내려가면 중앙차로에 시내버스 정류장이 있다.

피렌체 산타 마리아 노벨라역

트렌이탈리아 매표소

이탈로 매표소

2. 항공

피렌체와 다른 도시를 연결하는 항공 노선 수가 적고 그나마도 저비용 항공이 아닌, 요금이 비싼 국적기가 주로 취항한다. 따라서 이탈리아 내에서 이동할 때는 기차나 버스를 이용하는 것이 효율적이다.

★
피렌체에 도착하는 요일에 주의하자!

피렌체는 우피치 미술관을 포함해 월요일에 휴관하는 미술관이 많으며, 일요일에 두오모 행사가 있으면 쿠폴라 개방 시간이 유동적으로 바뀐다. 따라서 피렌체에서 짧게 머물 여행자는 월요일과 일요일, 특히 일요일에 이곳을 찾아 월요일에 나오는 일정은 피하자.

★
트렌이탈리아

WEB www.trenitalia.com

고속열차 이탈로

WEB www.italotreno.it

★
수하물 보관소

OPEN 07:00~21:00
PRICE 6€/4시간, 4시간 초과 시 1€/1시간, 12시간 초과 시 0.50€/1시간
WALK 16번 플랫폼 근처에 있다. 발폰다거리(Via Valfonda) 쪽에도 입구가 있다.

★
화장실

OPEN 07:00~20:00
PRICE 1€
WALK 5번 플랫폼 옆에 있다.

★
피렌체 공항

WEB www.aeroporto.firenze.it

★
트램 운행 정보

요금 1회권 1.70€(개찰 후 90분 간 유효)
운행 시간 05:00~다음 날 00:30(금·토요일 ~다음 날 02:00)/4~18분 간격
WEB www.gestramvia.com

택시 운행 정보

요금 06:00~22:00 22€(토·일요일·공휴일 24€, 심야 25.30€,
추가요금 가방 1€/1개, 4번째 승객부터 1€/1명, 공항에서 출발 시 2.70€

저렴하고 길 막힐 염려가 없는 트램 T2

영수증 형태의 승차권은 세로로 접어서 'CONVALIDA(확인)' 부분을 개찰기에 넣고 탑승일시를 각인하자.

◆ 피렌체 공항 Aeroporto di Firenze(FLR)

피렌체 시내 중심에서 북서쪽으로 약 4.8km 떨어진 곳에 있으며, 활주로가 하나밖에 없는 작은 공항이다. 페레톨라 공항(Peretola Aeroporto) 또는 아메리고 베스푸치 공항(Amerigo Vespucci Aeroporto)이라고도 한다.

▶ 공항에서 시내까지, 시내에서 공항까지

공항과 산타 마리아 노벨라역을 한 번에 연결하는 트램(T2 노선)을 이용해 피렌체 시내까지 저렴하고 편리하게 이동할 수 있다. 공항청사 밖으로 나와 주차장을 바라보고 왼쪽에 있는 페레톨라 아에로포르토(Peretola Aeroporto)역에서 트램을 타면 산타 마리아 노벨라역 바로 옆에 있는 알라만니(Alamanni-Stazione SMN)역까지 20분이면 닿는다. 종점인 우니타(Unità)역은 산타 마리아 노벨라 성당 옆에 있다. 티켓은 트램역에 있는 자동판매기에서 구매한다(피렌체 시내버스와 공용, 90분 내 환승 가능).
택시는 입국장에서 오른쪽 출구로 나가면 보이는 승차장에서 이용할 수 있다.

3. 시외버스

여행자가 자주 이용하는 시외버스는 피렌체와 시에나 사이를 오가는 노선이다. 시에나까지 아우토리네 토스카네(Autolinee Toscane) 버스가 운행하며, 기차역 옆에 있는 산타 카테리나 버스 터미널(Autostazione (Via) Santa Caterina)을 이용한다.
주의할 점은 버스 노선과 출발 시각에 따라 터미널 안의 플랫폼뿐만 아니라 터미널 북서쪽에 있는 오르티 오리첼라리 거리(Via degli Orti Oricellari) 정류장에서도 버스가 출발한다는 것이다. 터미널 안에서 정류장까지 이어지는 연결통로가 있지만 눈에 잘 띄지 않아 자세히 보지 않으면 지나치기 쉽다. 매표소에서 승차권을 구매할 때 플랫폼의 위치를 다시 한번 확인하자.
그 외 피렌체 인근 소도시를 연결하는 버스나 플릭스버스(Flixbus) 일부 노선, 그리고 더몰행 직행버스는 시내 관광지와 비교적 멀리 떨어진 비토리오 베네토 터미널(Hub di Vittorio Veneto)이나 몬테룽고 정류장(Fermata Montelungo) 등을 이용한다.
파격적인 요금으로 유럽에서 큰 인기를 끌고 있는 플릭스버스나 이탈리아 전역을 운행하는 신생 버스회사 이타부스(Itabus) 등 장거리 버스를 이용해 피렌체로 들어오는 여행자도 있다. 단, 장거리 버스는 주로 시내에서 멀리 떨어진 터미널(빌라 코스탄차 터미널 등)을 이용하며, 출발·도착지의 위치가 자주 바뀌는 편이므로 티켓을 예매할 때뿐만 아니라 이용 당일에도 정류장 위치를 꼭 확인해야 한다.

◆ 산타 카테리나(또는 아우토리네 토스카네) 버스 터미널 Autostazione (Via) Santa Caterina/Autostazione Autolinee Toscane

산타 마리아 노벨라역 정면을 바라보고 왼쪽 길 건너편에 보이는 건물 안에 들어와 있다. 입구는 까르푸 익스프레스 옆, 'AUTOSTAZIONE(버스 터미널)' 또는 'BIGLIETTERIA(매표소)'라고 쓴 간판을 찾을 것. 터미널 안에는 매표소, 유료 화장실(1€) 등이 있다.

Q6GW+5J 피렌체 **MAP** ⑥-A
OPEN 05:30~20:40(토·일요일·공휴일 06:15~20:00)
CLOSE 1월 1일, 부활절, 5월 1일, 12월 25일

★
아우토리네 토스카네

WEB www.at-bus.it

플릭스버스

WEB www.flixbus.it

이타부스

WEB www.itabus.it

✚ 피렌체~주요 도시 간 시외버스 운행 정보(직행버스 기준)

도시	편도 요금	소요 시간	운행 시간	정류장
더몰 The Mall	8€(왕복 15€) *온라인 예매 또는 버스기사에게 구매	50분~	**피렌체 → 더몰** 08:50~17:00/1일 11회 **더몰 → 피렌체** 09:45~19:20/1일 10회	몬테룽고 정류장 (Fermata Montelungo)
시에나 Siena	8.40€	1시간 15분~	**피렌체 → 시에나**(131R 기준) 월~금 06:25~20:10 15분~1시간 간격 토 06:45~20:15/1일 15회, 일 09:10~19:10/1일 7회 **시에나 → 피렌체**(131R 기준) 월~금 06:15~20:45/15분~1시간 간격 토 06:20~ 19:10/1일 15회 일 11:10~19:10/1일 8회	산타 카테리나 버스 터미널의 4·5·6번 플랫폼 또는 오르티 오리첼라리 거리 정류장

*더몰행 버스 운행 시간은 시즌에 따라 유동적이다. 홈페이지(www.themall.busitaliashop.it)에서 확인 후 예매 가능

산타 카테리나 버스 터미널과 입구

산타 카테리나 버스 터미널 내부

★

피렌체의 버스 터미널 & 정류장에서 산타 마리아 노벨라역까지 가는 방법

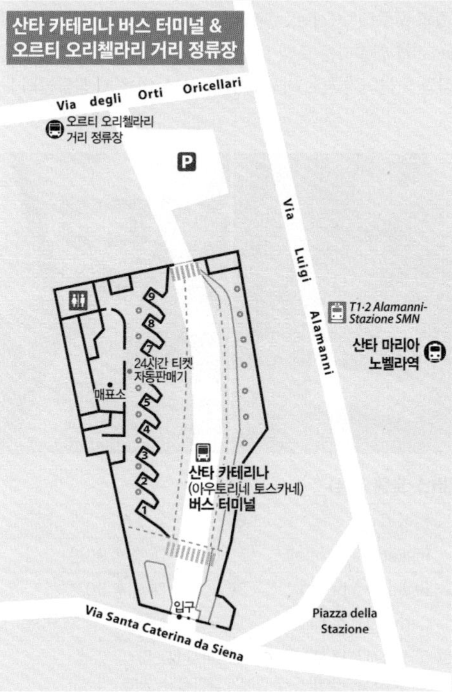

▪산타 카테리나 버스 터미널 Autostazione Santa Caterina
Q6GW+5J 피렌체
WALK 산타 마리아 노벨라역 앞까지 도보 2분

▪오르티 오리첼라리 거리 정류장 Fermata via degli Orti Oricellari
Q6GW+C3 피렌체
WALK 산타 마리아 노벨라역 앞까지 도보 3분

▪몬테룽고 정류장 Fermata Montelungo (Piazzale Montelungo Bus Terminal)
Q6JW+7J 피렌체
WALK 산타 마리아 노벨라역의 16번 플랫폼 방향 출구까지 도보 6분

▪비토리오 베네토 터미널 Hub di Vittorio Veneto
1. Terminal Vittorio Veneto
Q6GP+CW 피렌체
2. Vittorio Veneto Lato Cascine
Q6GM+JW 피렌체
TRAM 도보 4분 거리의 포르타 알 프라토(Porta al Prato-Leopolda)역 또는 카시네(Cascine)역에서 T1선을 타고 알라만니(Alamanni-Stazione SMN, 1정거장)역 하차

▪빌라 코스탄차 터미널 Villa Costanza
Q54F+32 스칸디치
TRAM 터미널 앞에서 T1선 이용, 알라만니(Alamanni-Stazione SMN, 13정거장)역 하차

정류장에 붙여 놓은 버스 시간표

★

피렌체 시내 교통 정보

WEB www.at-bus.it

기차역 앞 중앙차로의 시내버스 정류장

피렌체 버스·트램 앱, at bus

★

기차역에서 시내버스 승차권 구매하기

산타 마리아 노벨라역의 타바키에서는 승차권을 판매하지 않는다. 기차역 플랫폼에서 트램역으로 나가는 출구 쪽 또는 반대편 맥도날드 방향으로 나가는 출구 쪽에 승차권 자동판매기가 있다. 기차역 바로 옆에 있는 알라만니(Alamanni) 트램역의 자동판매기에서도 구매할 수 있다.

기차역 안의 승차권 자동판매기

피렌체 시내 교통

피렌체의 주요 볼거리는 두오모를 중심으로 반경 2km 안에 모여 있어 걸어서 충분히 돌아볼 수 있다. 피에솔레나 미켈란젤로 광장을 갈 때는 버스를 이용하며, 공항이나 외곽 지역을 오갈 때는 주로 트램을 이용한다. 버스와 트램은 아우토리네 토스카네(Autolinee Toscane) 사에서 운영해 같은 승차권을 사용하며, 유효시간 90분 안에 서로 환승할 수 있다.

1. 버스 Autobus

시내에서 탈 일은 많지 않지만 피에솔레(7번 버스)나 미켈란젤로 광장(12번·13번 버스)을 오갈 때 편하게 이용할 수 있다. 승차권은 트램역에 설치된 자동판매기나 '아우토리네 토스카네(Autolinee Toscane)' 로고 표시가 있는 매표소와 가게 등에서 구매할 수 있다. 전용 앱(at bus)을 설치해 회원가입(문자인증 필요) 후 온라인으로 구매하면 더욱 편리하다.

종이 승차권은 버스에 탑승하자마자 노란색 개찰기에 밀어 넣어 탑승일시를 각인한다. 전용 앱으로 승차권을 구매했다면 버스 탑승 전에 활성화시킨다. 앱에서 남은 유효시간을 확인할 수 있다. 승차권은 처음 탑승할 때만 개찰하며, 유효시간(개찰 후 90분) 내에 환승할 때는 운전기사에게 보여주기만 하면 된다. 개찰기가 고장 나거나 매표소가 문을 닫았더라도 검표원을 만났을 때 개찰한 승차권이 없거나 유효시간이 지났다면 꼼짝없이 벌금을 내야 하니 주의한다.

산타 마리아 노벨라역 근처의 포르테차(Fortezza)역과 아카데미아 미술관 근처의 산 마르코 광장(Piazza San Marco)을 연결하는 트램 노선 건설 공사로 인해 해당 구간을 지나는 일부 버스의 정류장과 노선이 수시로 바뀌고 있다. 버스 이용 시 정류장의 노선표를 반드시 확인하자.

종이 승차권은 버스 안의 노란색 개찰기에 넣어 탑승일시를 각인한다.

✚ 피렌체 시내 교통 요금(버스·트램 공통)

종류	원어 표기	요금	유효시간
1회권	Biglietto a tempo	1.70€	개찰 후 90분
1회권(기사에게 구매)	Biglietto a bordo	3€	개찰 후 90분
10회권(1회권 10장 묶음)	Carnet 10 biglietti	15.50€	1회당 개찰 후 90분

*티켓은 처음 사용할 때만 각인하고 유효시간 내 환승할 때는 각인하지 않는다.

*코로나 방역, 잔돈 부족 등 상황에 따라 1회권의 버스 내 판매가 중단될 수 있다.

2. 트램 Tramvia

교통 체증이 없어서 빠르고 편리하지만 주요 관광지는 트램이 다니지 않는 구도심에 모여 있어 여행자가 이용할 일은 많지 않다. T1과 T2 2개 노선이 시 외곽의 버스 터미널·공항과 시내 중심을 연결하며, 산타 마리아 노벨라역 바로 옆의 알라만니(Alamanni-Stazione SMN)역에서 교차한다. 배차 간격은 4~10분이며, 심야(23:30~다음 날 00:30, 금·토요일 00:30~다음 날 02:00)에는 16~25분 간격으로 운행한다. 산 마르코 광장을 허브로 하는 T3 노선 신설과 T2 노선 연장 등 추가 노선 공사도 한창 진행 중이다.

T1선은 플릭스버스와 이타버스 등이 정차하는 서쪽의 빌라 코스탄차(Villa Costanza)역에서 산타 마리아 노벨라역이 있는 알라만니역까지 약 22분 소요된다. T2선은 피렌체 공항이 있는 북쪽의 페레톨라 아에로포르토(Peretola Aeroporto)역에서 남쪽 종점인 산타 마리아 노벨라 성당 옆의 우니타(Unità)역까지 약 20분 소요된다. 승차권은 각 정류장의 자동판매기(카드 결제 가능)나 전용 앱(at bus)에서 구매한다. 유효시간 90분 내에 자유롭게 환승 가능. 종이 승차권은 트램 안에 설치된 노란색 개찰기에 넣어 각인하고, 앱에서 구매한 온라인 승차권은 탑승 전 활성화한다.

피렌체 트램

트램역마다 티켓 자동판매기가 있다.

트램에 탑승하자마자 개찰기에 티켓을 각인한다.

깔끔한 트램 내부

피렌체 트램 노선도

2. 택시 Taxi

산타 마리아 노벨라역 앞의 승차장을 이용하거나 숙소에 요청하면 택시를 불러준다. 요금은 우리나라보다 2배 정도 비싸며, 미터기로 계산한다.

✚ 피렌체 택시 요금

기본 요금	평일 3.80€(최소 요금 5.80€), 야간(22:00~다음 날 06:00) 7.70€(최소 요금 9.70€), 일요일·공휴일 6.10€(최소 요금 8.10€)
주행 요금	시속과 요금 구간에 따라 1.10~2.10€/1km *평일·야간·휴일별 요금 구간이 다름
추가 요금	가방 1.20€/1개, 3인 초과 1.20€/1인, 호출비 2.50€~, 공항 출발 3.10€

역 앞 택시 승차장

★

피렌체 카드

72시간 동안 두오모를 제외한 대부분의 명소를 한 번씩 무료 입장할 수 있는 카드다. 단, 콜센터나 지정 매표소를 통해 예약하는 등 명소마다 다른 이용 방법을 꼭 숙지해야 한다. 피렌체 대표 명소인 두오모 입장권이 포함되지 않는 데다 가격이 만만치 않으므로 피렌체에 3박 이상 머물며 최대한 다양한 곳을 방문할 때 구매하는 것이 좋다.

요금 85€(개시 후 72시간 유효)
혜택 우피치 미술관, 아카데미아 미술관, 피티 궁전, 바르젤로 국립 미술관 등 60곳 입장
구매 홈페이지, 관광 안내소, 산타 마리아 노벨라 성당·우피치 미술관·베키오 궁전·피티 궁전 등의 매표소
콜센터(예약) +39(055)294883(08:30~18:30, 토요일 ~12:30, 일요일·공휴일 휴무)
WEB www.firenzecard.it

피렌체 카드 리스타트
Firenzecard Restart

피렌체 카드를 구매하면 무료로 제공하는 '48시간 추가권'. 피렌체 카드 구매 후 12개월 이내에 홈페이지를 통해 발급받으면 피렌체 카드 앱(스마트폰, 태블릿 등)을 통해 사용할 수 있다. 피렌체 카드 번호, 온라인으로 구매한 이메일 주소 또는 오프라인으로 구매한 날짜를 입력해야 하니 꼭 기억해두자.

피렌체 실용 정보

피렌체의 주요 편의 시설은 산타 마리아 노벨라역 근처에 모여 있다. 여행자들이 제일 궁금해하는 두오모 쿠폴라 입장 관련 정보는 두오모 근처의 티켓 오피스에 문의하는 것이 가장 정확하다.

❶ 산타 마리아 노벨라역 앞 관광 안내소
Informazioni Turistiche

역에서 가까워 여행자가 가장 많이 찾는 관광 안내소. 무료 지도 및 관광 안내를 제공한다. 그 외 카부르 거리(메디치 리카르디 궁전 바로 옆, Via Cavour 1R), 피에솔레(고고학 유적지 입구 오른쪽, Via Portigiani, 3) 등에도 있다. 입장하자마자 번호표부터 뽑는다.

Q6GX+3H 피렌체 MAP ❻-A

ADD Piazza Stazione, 4 **OPEN** 09:00~19:00(일요일 ~14:00) **CLOSE** 1월 1일, 12월 25일
WALK 산타 마리아 노벨라 성당 뒤쪽에 입구가 있다. 입구가 작아 지나치기 쉬우니 성당 벽면에 붙어 있는 표지판을 찾자.
WEB feelflorence.it

❷ 두오모 티켓 오피스 Duomo Ticket Office

성당(무료)을 제외한 쿠폴라, 조토의 종탑, 세례당, 두오모 오페라 박물관, 산타 레파라타에 입장하려면 통합권을 구매해야 한다. 각각 30분~1시간 단위로 정해진 인원만 입장할 수 있으므로 홈페이지에서 미리 예매한다. 통합권은 쿠폴라와 조토의 종탑 입장 여부에 따라 브루넬레스키 패스, 조토 패스, 기베르티 패스 총 3가지가 있다(자세한 내용은 p348 참고). 비수기에는 현장 매표소에서 운 좋게 예매 잔여분을 구매할 수 있지만 주말이나 성수기에는 매진되어 발길을 돌리는 경우가 많다. 매표소 앞 대기 줄도 긴 편이니 일정이 확정되면 통합권 예매를 서두르자. 두오모 남쪽의 브루넬레스키 동상이 있는 건물 1층의 브루넬레스키 티켓 오피스(메인 오피스) 외에 산 조반니 세례당 북쪽 건너편의 안티카 카노니카(Antica Canonica) 티켓 오피스가 있다.

Q7F4+2J 피렌체 MAP ❻-B

ADD 메인 오피스 Piazza Duomo 14/A,
안티카 카노니카 티켓 오피스 Piazza di San Giovanni 7
OPEN 메인 오피스 08:00~19:15(일요일 10:00~17:45),
안티카 카노니카 티켓 오피스 09:00~16:45
WEB duomo.firenze.it

❸ 코나드 시티 Conad City : 슈퍼마켓

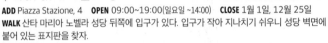

산타 마리아 노벨라역에서 비교적 가깝다. 상품 품질이 좋고 가격도 적당해 이용할 만하다.

Q7G2+F2 피렌체 MAP ❻-A

ADD Largo Fratelli Alinari, 6/7 **OPEN** 07:30~21:00
WALK 산타 마리아 노벨라역에서 도보 2분

#CHECK

두오모 홈페이지에서 통합권 예매하기

❶ 두오모 홈페이지 메인 화면 왼쪽 하단의 깃발 모양 버튼을 눌러 영어 화면으로 전환 후 'TICKET'을 누른다.

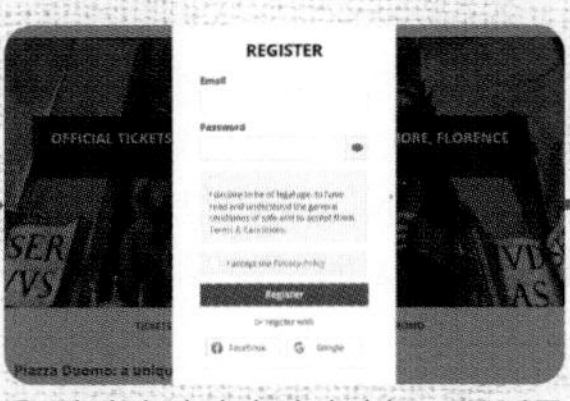

❷ 화면이 바뀌면 상단의 'Register'를 눌러 동의 항목에 체크하고 이메일 주소와 패스워드를 입력한다.

❸ 화면 하단에서 원하는 입장권의 종류를 고른 후 'View details'를 클릭한다.

❹ 오른쪽 상단의 'Valid from' 아래에 보이는 캘린더 모양의 버튼을 눌러 원하는 날짜를 선택한다. 예매는 최대 1년 전부터 가능하다.

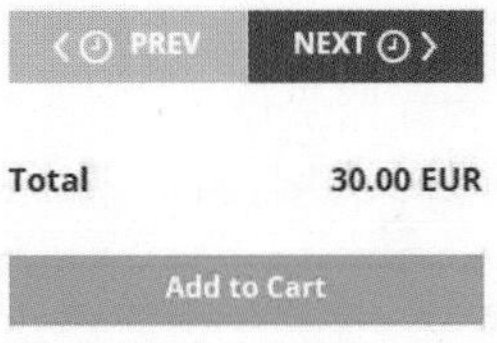

❺ 성인/7~14세/0~6세 각각의 인원 수와 쿠폴라 입장 시각을 선택한다. 'NEXT'를 누르면 다음 시간대를 볼 수 있다. 선택을 완료하면 화면 하단의 'Add to Cart'를 클릭한다.

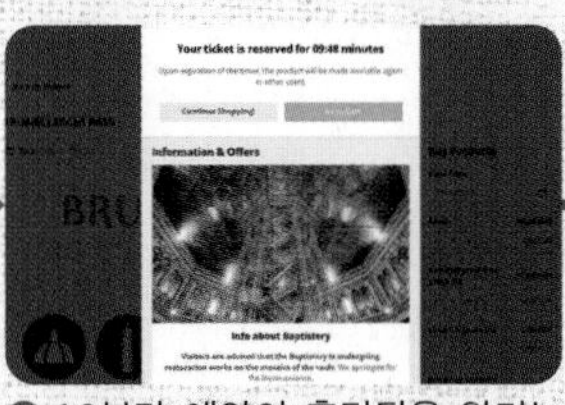

❻ 10분간 예약이 홀딩됨을 알리는 팝업창이 뜨면 'Go to Cart' 클릭

❼ 예약 변경은 불가하니 날짜와 인원 수 등을 다시 한번 확인하고 'Go to checkout'을 클릭한다.

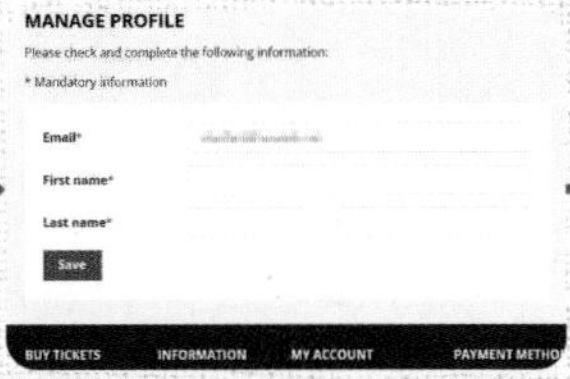

❽ 이메일을 확인하고 이름, 성을 입력한 후 'Save' 클릭

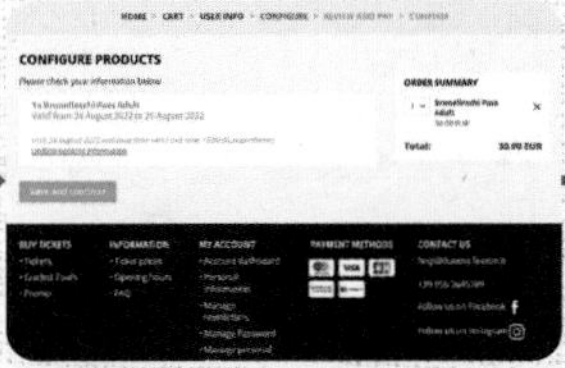

❾ 통합권의 종류와 유효기간, 요금 등을 확인한 후 'Save and continue' 클릭

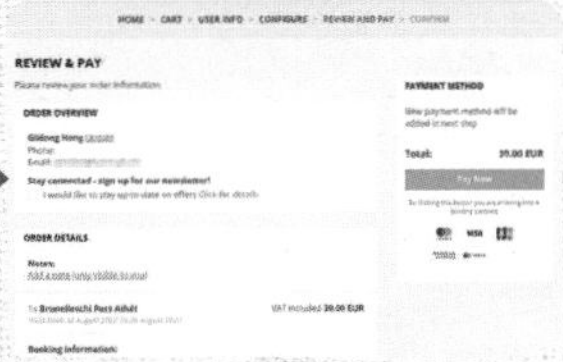

❿ 마지막 확인 페이지. 예약 내역서와 개인 정보(이메일 등)를 확인하고 'Pay Now' 클릭

⓫ 'USE PAYMENT CARD(카드 결제)' 선택

⓬ 해외 결제가 가능한 카드 정보를 입력해 결제한 후 이메일로 도착한 이티켓을 저장·출력한다.

*이티켓은 출력하지 않고 스마트폰이나 태블릿에 저장해도 된다. 단, 휴대폰 분실 등 비상시에 대비해 1장 출력해 가는 것이 좋다.

*바코드가 스마트폰 상단에 위치하도록 이티켓을 캡처해두면 편리하다. 입장권 바코드 리더기의 입구가 좁아서 가로 사이즈가 큰 기기는 잘 들어가지 않으니 참고하자.

DAY PLANS

피렌체에서의 일정은 우피치 미술관의 예약 여부에 따라 결정된다.
우피치 미술관을 예약했다면 예약 시간에 맞춰 섹션 A·B의 순서를 결정하는 것이 좋다.
섹션 A는 반나절, 섹션 B는 7~8시간이 소요되는데, 명소 대부분이 피렌체 중심부에 모여 있어
우피치 미술관을 관람하지 않는다면 두 섹션을 모두 둘러보는 데 하루면 충분하다.
피렌체에서 머무는 시간이 길거나 하루 정도 시간이 남는다면
버스나 기차를 이용해 피렌체 주변의 개성 있는 작은 마을을 다녀오는 것을 추천한다.

알찬 일정을 위해 준비해두세요

섹션 A 두오모 쿠폴라 입장 시각 예약, 아카데미아 미술관 예약

섹션 B 우피치 미술관 예약

피렌체 옵션 A 피에솔레 왕복을 위해 시내버스 1회권 2장 구매

피렌체 옵션 B 피사의 사탑 예약

Section A p342
두오모 주변

❶ **산타 마리아 노벨라역**
↓ 도보 4분
❷ **산타 마리아 노벨라 성당**
↓ 도보 5분
❸ **산 로렌초 성당**
Option ❹ **메디치 리카르디 궁전**
↓ 도보 2분
❺ **두오모**
❻ **조토의 종탑**
❼ **산 조반니 세례당**
❽ **두오모 오페라 박물관**
↓ 도보 6분
❾ **산티시마 안눈치아타 광장**
↓ 도보 3분
❿ **아카데미아 미술관**

Section B p362
우피치 미술관 주변

❶ **산타 마리아 노벨라역**
↓ 도보 15분
⓫ **우피치 미술관**
↓ 도보 5분
Option ⓬ **베키오 궁전**
↓ 도보 1분
⓭ **시뇨리아 광장**
Option ⓮ **바르젤로 국립 박물관**
Option ⓯ **단테의 집**
↓ 도보 3분
⓰ **베키오 다리**
Option ⓱ **피티 궁전**
↓ 도보 10분
⓲ **산타 크로체 성당**
↓ 도보 25분
⓳ **미켈란젤로 광장**

Firenze Option A p390
피에솔레

산타 마리아 노벨라역
↓ 시내버스 7번 25분 소요
● **피에솔레**

Firenze Option B p396
피사

산타 마리아 노벨라역
↓ 기차 50분~1시간 30분 소요
● **피사**

Firenze Option C p404
시에나

산타 마리아 노벨라역
↓ 버스 1시간 15분 또는
기차 1시간 30분 소요
● **시에나**

Firenze Option D p422
친퀘테레

산타 마리아 노벨라역
↓ 기차 2~3시간 소요
● **친퀘테레**

Firenze Option E p438
볼로냐

산타 마리아 노벨라역
↓ 기차 33분~1시간 45분 소요
● **볼로냐**

★
피렌체 관광세 알아두세요!
피렌체에서 숙박하는 여행자는 숙소 등급에 따라 최대 7박까지 1인 1박당 3.50~8€(12세 이하는 제외)의 관광세를 내야 한다. 에어비앤비 같은 숙박 공유 서비스 이용자들 역시 관광세 부과 대상이다.

5

11

Fortezza da Basso
몬테룽고 정류장
(Fermata Montelungo)
T1 Fortezza
T2 Rosselli
Giardino dei Semplici
Basilica di San Marco
Piazza di S. Marco
Giardino di Palazzo Capponi
산타 마리아 노벨라역
SANTA MARIA NOVELLA
(FIRENZE S.N.M.)
피에솔레행 7번 버스 정류장
(Stazione Piazza Adua)
T1 Valfonda-Stazione SMN
T2 Alamanni-Stazione SMN
1 산타 마리아 노벨라역
달로 스태
오르티 오리첼라리 거리 정류장
(Stazione Orti Oricellari)
산타 카테리나 버스 터미널
맥도날드
피에솔레행 7번 버스 정류장
(Stazione Nazionale)
Piazza della Stazione
T2 Unità
중앙시장
Piazza del Mercato Centrale
아카데미아 미술관 10
산티시마 안눈치아타 광장 9
Piazza della Santissima Annunziata
2 산타 마리아 노벨라 성당
S 산타 마리아 노벨라 화장품
산 로렌초 성당 3
Piazza di S. Lorenzo
4 메디치 리카르디 궁전
Piazza Filippo Brunelleschi
Piazza di S. Maria Novella
산 조반니 세례당 7
5 두오모 (산타 마리아 델 피오레 성당)
8 두오모 오페라 박물관
조토의 종탑 6
Piazza del Duomo
Chiesa di Sant'Egidio
Teatro Della Pergola
Palazzo Strozzi
Piazza della Repubblica
비냐 누오바 거리
토르나부오니 거리
15 단테의 집
14 바르젤로 국립 박물관
13 시뇨리아 광장
12 베키오 궁전
로자 데이 란치
우피치 미술관 11
16 베키오 다리
젤라테리아 라 카라이아
Piazza di S. Croce
18 산타 크로체 성당
S. Spirito
Piazza S. Spirito
Section A p342
Piazza dei Pitti
17 피티 궁전
Giardino Bardini
Giardino Vegni
Forte di Belvedere
보볼리 정원
Giardino di Boboli
Section B p362
미켈란젤로 광장 19
Piazzale Michelangiolo
0
200m

유리천장이 덮인 중앙통로

01 피렌체의 중앙역
산타 마리아 노벨라역
Stazione di Santa Maria Novella

피렌체에 있는 여러 역 중 가장 대표적인 역으로, 피렌체의 관문 역할을 한다. 지금의 역은 1932년 토스카나 출신의 유명 건축가 조반니 미켈루치(Giovanni Michelucci)가 디자인한 것으로, 역 근처 고딕 양식 건물인 산타 마리아 노벨라 성당(p343)과 대조적으로 실용성을 강조한 모던 양식이 특징이다. 무솔리니의 파시즘을 상징하는 과장된 철근 구조물이며, 중앙홀의 높은 유리 천장 덕분에 역 안으로 들어가면 시원하게 느껴진다.

역 앞에 산타 마리아 노벨라 성당이 있어 산타 마리아 노벨라역이라고 하며, 피렌체의 주요 명소가 역을 중심으로 모여 있어 길을 찾을 때 지도에서 기준점이 되는 곳이기도 하다. 로마의 테르미니역보다는 작지만 제법 규모가 크며, 각종 편의 시설이 근처에 밀집해 있는 교통의 중심지라 언제나 여행자들로 붐빈다.

Q6GX+M5 피렌체 MAP 6-A
ADD Piazza della Stazione

기차역 바로 옆, 알라만니 트램역

매표소가 있는 중앙 홀

역 앞 택시 승차장

SECTION
A
두오모 주변

❶ 산타 마리아 노벨라역 → 도보 4분 → ❷ 산타 마리아 노벨라 성당 → 도보 5분 → ❸ 산 로렌초 성당 [Option ❹ 메디치 리카르디 궁전] → 도보 2분 → ❺ 두오모 → ❻ 조토의 종탑 → ❼ 산 조반니 세례당 → 도보 3분 → ❽ 두오모 오페라 박물관 → 도보 6분 → ❾ 산티시마 안눈치아타 광장 → 도보 3분 → ❿ 아카데미아 미술관

본당 회중석의 일정한 간격 때문에 성당이 더 길어 보인다.

❶ 예수 양옆에는 성모 마리아와 성 요한, 그리고 바깥에는 그림을 주문한 사람의 이름이 적혀 있다.

02 르네상스의 문을 연 보물들이 한자리에
산타 마리아 노벨라 성당
Basilica di Santa Maria Novella

1279~1357년에 도미니크 수도회 사람들이 지은 성당. 정면의 기하학적인 패턴과 아치형 입구, 뾰족한 창문과 내부의 화려한 스테인드글라스 등 로마네스크와 고딕 양식이 조화를 이루고 있다.

건축학적인 특징 이외에 놓치지 말아야 할 것은 성당 안에 걸려 있는 ❶ 마사초의 '삼위일체'(1427)다. 삼위일체, 즉 '신은 성부(하느님), 성자(예수), 성령(신성한 영)으로 구분되지만 본질은 하나다'라는 기독교의 교리를 담고 있는 이 작품은 체계적인 투시 원근법을 도입한 최초의 회화로 꼽힌다. 이 작품에서 마사초는 그림 속 상단과 하단의 배경에 나오는 선을 연장하면 하나의 소실점으로 이어지는 투시 원근법을 사용했다. 기도하는 인물에서 마리아와 요한을 거쳐 예수에 이르고, 최종적으로는 하느님에게 닿는 인물의 위치에 따라 원근감과 공간감이 느껴지는 것을 알 수 있다.

그밖에 ❷ 필리포 스트로치 예배당(Cappella di Filipo Strozzi)의 성 필립보의 생애와 성 요한을 주제로 한 필리피노 리피의 프레스코화, 스페인 예배당(Cappella Spagnola)에 있는 구원과 저주를 주제로 한 프레스코화, ❸ 토르나부오니(Tornabuoni) 예배당의 ❹ 기를란다요가 그린 '세례 요한의 생애'가 볼만하다. 성당 왼쪽으로 연결된 ❺ 수도원에는 우첼로(Uccello)와 그의 문하생들이 그린 프레스코화가 남아 있다.

❷

❸

❹

Ⓖ 산타 마리아 노벨라 성당 Ⓜ **MAP** ❻-A

ADD Piazza Santa Maria Novella 18
OPEN 09:30~17:30(금요일 11:00~, 일요일 13:00~(7~9월 12:00~))/폐장 1시간 전까지 입장
CLOSE 1월 1일, 1월 6일, 8월 15일, 11월 1일, 12월 8일, 12월 25일, 부활절
PRICE 7.50€, 11~18세 5€, 10세 이하 무료/특별전 진행 시 입장료 추가
WALK 산타 마리아 노벨라역 플랫폼을 등지고 왼쪽 출구로 나가면 오른쪽 광장 너머로 보인다.
WEB smn.it

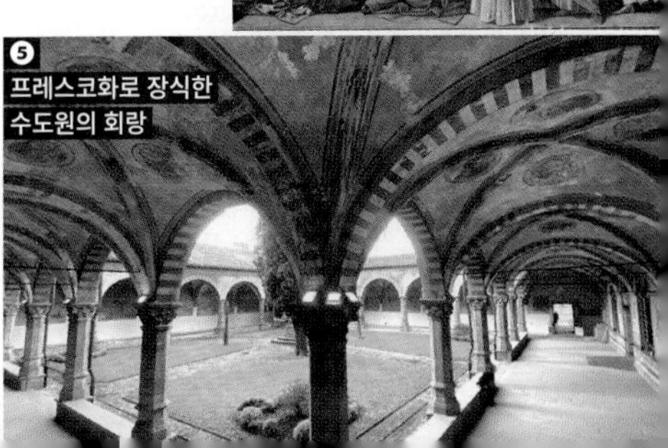
❺ 프레스코화로 장식한 수도원의 회랑

돔의 천장화가
아름다운 성당 내부

①

②

③

©Richard Morte

④
미켈란젤로가 만든
메디치 가문의 무덤.
신성구실에 있다.

03 메디치 가문을 들여다보다
산 로렌초 성당 Basilica di San Lorenzo

메디치 리카르디 궁전(Palazzo Medici Riccardi) 가까이에 있는 메디치 가문의 성당. 두오모의 쿠폴라를 설계한 브루넬레스키가 1460년에 건축한 전형적인 르네상스식 건물이다. 브루넬레스키가 갑작스럽게 사망하면서 ❶ 성당 정면 부분을 완성하지 못해 지금까지 미완성인 채로 남게 됐다. 내부에는 미켈란젤로, 도나텔로, 브루넬레스키 등 르네상스 대가들의 작품이 남아 있다.

중앙 정원을 둘러싼 공회당 2층에는 1524년 메디치 가문의 많은 원고를 보관하기 위해 미켈란젤로가 설계한 ❷ 라우렌치아나 도서관이 있다. 도서관 내부는 환하고 질서정연한 반면 도서관으로 이어지는 ❸ '라우렌치아나의 계단'은 의도적으로 어둡고 불안정하게 설계했다. 여기에는 어둠으로 비유되는 '어리석음'에서 벗어나 밝음으로 비유되는 '지혜의 세계'로 들어서기 위해 부지런히 계단을 밟고 도서관으로 들어서야 한다는 미켈란젤로의 의도가 숨어 있다.

성당 뒤쪽의 붉은색 쿠폴라가 있는 건물은 메디치 가문의 예배당(Cappelle Medicee)으로, 코시모 1세부터 ❹ 묘지와 장례 예배당으로 사용돼왔다. 1422년에 지은 지하는 현재 메디치가의 소장품을 전시하는 박물관으로 쓰인다.

Ⓖ 산로렌초 성당 Ⓜ MAP ❻-B

WALK 산타 마리아 노벨라역에서 플랫폼을 등지고 왼쪽 출구로 나가 도보 6분/산타 마리아 노벨라 성당에서 도보 6분

성당

ADD Piazza San Lorenzo 9
OPEN 10:00~17:30/폐장 1시간 전까지 입장
CLOSE 일요일, 1월 1일, 1월 6일, 8월 10일
PRICE 9€, 12세 이하 무료
WEB sanlorenzofirenze.it

라우렌치아나 도서관

ADD Piazza San Lorenzo 9
OPEN 10:00~13:30/폐장 30분전까지 입장
CLOSE 토·일요일, 보수 공사로 인한 부정기 휴무
PRICE 5€
WEB www.bmlonline.it

메디치 예배당

ADD Piazza di Madonna degli Aldobrandini, 6
OPEN 08:15~18:50/폐장 40분 전까지 입장
CLOSE 화요일, 12월 25일
PRICE 9€, 25세 이하 2€
WEB bargellomusei.beniculturali.it/musei/2/medicee

Zoom In & Out

산 로렌초 성당

◆ 성당

❶ **도나텔로의 '설교단'** 르네상스 조각의 시대를 연 도나텔로가 74세였던 1460년 본당의 마지막 두 기둥 사이에 마주 보게 세운 청동 설교단이다. 예수의 고난과 부활을 묘사하고 있으며, 깊이의 변화가 큰 입체 부조로 당시에는 획기적이었다.

❷ **필리포 리피의 '수태고지'**(1440) 아치와 건물, 주랑에 원근법을 적용해 매우 훌륭하게 표현했다.

❸ **구(舊)성구실 Sagrestia Vecchia**(1421~1426) 르네상스의 아버지 브루넬레스키가 설계한 것. 정확한 비례와 계산으로 경쾌하고 조화롭게 만들었다. 내부 장식은 도나텔로가 맡았다.

◆ 라우렌치아나 도서관 Biblioteca Laurenziana

성당 정면 왼쪽의 작은 문으로 들어갈 수 있다.

❹ **도서관 전실 Vestibolo** 도서관 전실은 미켈란젤로의 '라우렌치아나의 계단'으로 유명하다. 디딤판의 폭을 밑으로 내려갈수록 넓게 만들어 마치 폭포수가 흘러내리는 것 같은 느낌이 들도록 설계했다. 설계는 미켈란젤로가 했지만 공사는 1599년 암만나티(Ammannati)가 했다.

❺ **열람실 Sala di Lettura** 약 1만 권의 책을 소장한 열람실로, 그중엔 레오나르도 다 빈치의 노트와 메디치 가문 출신의 프랑스 왕비 카테리나 데 메디치(Caterina de Medici)가 미켈란젤로에게 보낸 서신, 마키아벨리의 필사본 등이 있다. 열람실의 천장과 책상도 미켈란젤로가 만든 것이다.

❻ 왕자 예배당의 돔 천장

❻ 메디치가의 소장품

◆ 메디치가의 예배당 Cappelle Medicee

❻ **왕자 예배당 Cappella dei Principi** 1570년 시에나와 벌인 전쟁에서 승리해 토스카나 대공국을 이룩한 코시모 1세는 자신과 가문의 영광에 걸맞은 무덤을 만들고자 했다. 1605년 마테오 니제티(Matteo Nigetti)가 피렌체에서는 보기 드문 바로크 양식으로 건립했으며, 내부 장식은 19세기에 완성됐다. 코시모 1세부터 메디치 가문의 마지막 인물인 안나 마리아 루이사까지 메디치가 사람들이 안장돼 있다.

❼ **신(新)성구실 Sagrestia Nuova** 메디치가 사람들의 시신을 안치하기 위해 만든 장례 예배당이다. 1520년 메디치가의 일원인 추기경 줄리아노(훗날 교황 클레멘트 7세가 됨)가 미켈란젤로에게 의뢰한 것으로, 미켈란젤로 최초의 건축 작품이다. 왕자 예배당에서 나와 왼쪽의 작은 통로를 통해 들어갈 수 있다.

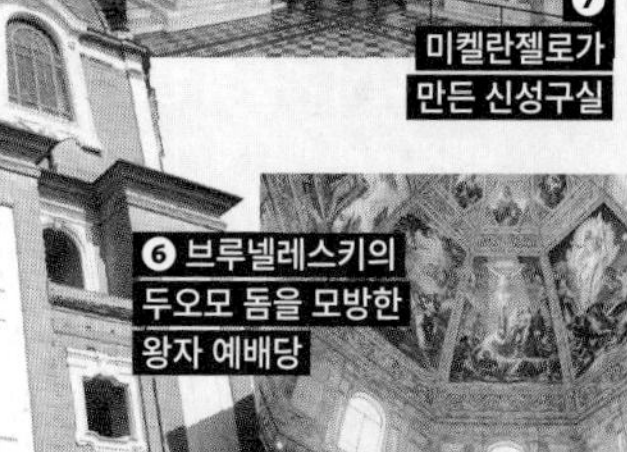
❼ 미켈란젤로가 만든 신성구실

❺ 2층에 있는 열람실

❻ 브루넬레스키의 두오모 돔을 모방한 왕자 예배당

진정한 르네상스의 후원자

메디치 가문

메디치 가문의 기반을 닦은 조반니 디 비치

시인이자 정치가였던 로렌초 대제

토스카나 대공국을 지배한 코시모 1세

14세기경 금융업과 지중해 무역, 뛰어난 외교술로 부와 권력을 쌓은 메디치 가문은 피렌체를 중심으로 한 토스카나 주의 실질적 지도자였다. 무려 4명의 교황을 배출한 명문가로 이탈리아는 물론 유럽을 좌지우지하던 실세였지만 권력자로서 군림하지 않고 수많은 예술가를 후원하며 두루두루 존경받았다. 과거 예술가와 귀족 가문과의 관계는 지금의 스포츠 스타와 기업과의 관계와 비슷했는데, 예술가는 귀족의 후원으로 창작 활동에 전념할 수 있었고, 귀족은 이를 통해 사회적 명성을 얻을 수 있었다. 메디치가는 일회성이 아닌 지속적인 후원을 통해 미켈란젤로나 라파엘로와 같은 예술가들이 피렌체를 중심으로 한 세계적인 천재 예술가로 활동하는 데 이바지했다. '인류 문화의 꽃'이라는 르네상스 시대가 피렌체에서 열린 일은 결코 우연이 아니었던 것이다.

예술가에 대한 메디치가의 진심 어린 우정과 존경심이 전해지는 일례로는 도나텔로를 들 수 있다. 메디치가는 도나텔로가 말년에 더 이상 조각을 할 수 없을 때까지 작품을 계속 주문했는데, 이는 도나텔로가 품위 있게 여생을 보내기를 바란 메디치가의 배려였다고 한다. 이 때문에 서로 관련 없는 이종이 결합해 폭발적인 아이디어와 생산성을 끌어내는 현상을 가리켜 현대에서는 '메디치 효과'라고 부른다.

❖ 메디치 가문의 주요 인물과 예술가들의 관계

- 조반니 디 비치 Giovanni di Bicci(1360~1428년)
  - 코시모 Cosimo (1389~1464년) ··· 도나텔로
    - 피에로 Piero (1416~1469년) ··· 미켈란젤로
      - 로렌초 대제 Lorenzo (1449~1492년)
        - 피에로 2세 Piero II (1472~1503년) ··· 보티첼리
          - 로렌초 2세 Lorenzo II (1492~1519년)
            - 카테리나 Caterina(1519~1589년) 프랑스 왕비(앙리 2세와 결혼)
        - 조반니 Giovanni(1475~1521년) 교황 레오 10세 ··· 라파엘로
  - 로렌초 Lorenzo di Giovanni (1395~1440년)
    - 코시모 1세 Cosimo I (1519~1574년) ··· 바사리 ··· 크리벨리
      - 안나 마리아 루이사 Anna Maria Luisa (1667~1743년) 메디치가의 마지막 직계 후손

메디치 가문을 상징하는 6개의 구슬

❖ 메디치 가문의 상징

6개의 구슬 메디치 가문의 문장. 맨 위에 있는 파란색 구슬과 5개의 붉은 구슬이 기본이며 구슬 수와 색깔, 위치를 변형한 다양한 문장이 남아 있다.
관련 명소 베키오 궁전, 피티 궁전, 메디치 리카르디 궁전, 산 로렌초 성당 등

다이아몬드 메디치 가문의 상징 중 하나. 메디치 가문이 다이아몬드처럼 견고하고 빛나며 영원히 지속될 것이라는 의미가 있다.
관련 명소 산 로렌초 성당의 피에로와 조반니 묘소

거북 메디치 가문의 또 다른 상징. "급할수록 신중하라(Festina Lente)"는 격언을 거북으로 시각화했다.
관련 명소 산 로렌초 성당의 피에로와 조반니 묘소, 피티 궁전의 보볼리 정원

Option 04
메디치 가문의 개인 저택
메디치 리카르디 궁전
Palazzo Medici Riccardi

1444년부터 메디치 가문이 궁전으로 사용했던 곳. 미켈로초가 1460년에 설계하여 개조했고, 1659년 리카르디 가문으로 소유권이 넘어갔다. 지금은 피렌체 관광청 소유로, 일부 방을 공개해 벽화와 메디치 가문의 초상화를 전시하는 박물관으로 이용하고 있다.

카펠라 데이 마지(Cappella dei Magi)에는 1459년부터 1460년까지 베노초 고촐리(Benozzo Gozzoli)가 그린 프레스코화 ❶ '동방박사의 행렬(Procession of the Magi)'이 전시돼 있다. 이 그림 속 주인공은 메디치 가문의 로렌초와 코시모 등을 묘사한 것으로, 당시 예술가들에게 후원이 얼마나 중요했는지 짐작할 수 있다. 루카 조르다노의 방(Salla di Luca Giordano)에는 루카 조르다노가 1683년 바로크 양식으로 그린 ❷ '메디치 가문의 신격화(Apotheosis of the Medici)'가 소장돼 있다. 메디치 가문 코시모의 후원을 받은 도나텔로의 다비드 상도 원래 여기에 있었지만 지금은 바르젤로 박물관으로 옮겼고 그 자리에는 반디넬리(Bandinelli)의 조각상 '오르페우스(Orpheus)'가 있다. 궁전 외벽에는 당시 ❸ 말을 묶는 데 쓰던 쇠고리, 횃불을 놓는 받침대와 메디치 가문이 시민을 위해 설치한 돌의자가 남아 있다. 궁전 자체는 다른 유럽 왕가의 것처럼 화려하진 않다.

Ⓖ 메디치 리카르디 궁전 Ⓜ MAP ❻-B
ADD Via Camillo Cavour, 3
OPEN 09:00~19:00(1월 1일 14:00~)/폐장 1시간 전까지 입장
CLOSE 수요일, 12월 25일
PRICE 10€(18~25세 7€), 17세 이하 무료
WALK 산 로렌초 광장(Piazza San Lorenzo)을 사이에 두고 산 로렌초 성당의 대각선 방향에 있다.
WEB palazzomediciriccardi.it

05 우리 사랑, 이대로 영원히!
두오모(산타 마리아 델 피오레 성당)
Cattedrale di Santa Maria del Fiore

연인과 함께 쿠폴라(돔)에 오르면 사랑이 이루어진다는 전설 때문에 '연인의 성지'라고도 한다. 영화 <냉정과 열정 사이>에서 준세이와 아오이가 10년 만에 다시 만난 장소이기도 하다. 판테온의 디자인을 응용해 만들어진 ❶ 쿠폴라는 로마의 재현을 꿈꾸던 초기 르네상스 건축의 걸작으로 꼽힌다. 산 피에트로 대성당의 쿠폴라를 설계해달라고 의뢰받은 미켈란젤로가 "피렌체의 두오모보다 더 크게 지어드릴 수는 있지만 더 아름답게는 해드릴 수는 없습니다"라고 답했을 정도. 1296년 아르놀포 디 캄비오가 설계해 착공했지만 지름 42m의 거대한 공간을 무너지지 않게 지탱하며 쌓는 방법을 찾기까지는 150여 년이 걸렸다. 1437년 르네상스 건축의 아버지 브루넬레스키가 비로소 완성한 두오모는 바닥 크기 153mX90m, 천장까지의 높이 90m로 완공 당시 세계에서 가장 큰 성당에 이름을 올리기도 했다. 쿠폴라 안쪽을 장식한 화려한 천장화 ❷ '최후의 심판'은 조르소 바사리와 페데리코 주카리가 8년여에 걸쳐 완성한 대작이다. 쿠폴라에 오르는 도중에 가까이서 감상할 수 있다. 성당 내부는 짧은 치마나 반바지, 민소매 등 노출이 심한 차림으로는 입장할 수 없으니 주의하자.

Ⓖ 피렌체 대성당 Ⓜ MAP ❻-B
ADD Piazza del Duomo
OPEN 성당 10:15~15:45, 쿠폴라 08:15~18:45(토요일 ~16:30, 일요일·공휴일 12:45~16:30)/성당의 행사·축일·공휴일 등에는 단축 운영 또는 폐장(방문 전 홈페이지에서 확인)
CLOSE 성당 일요일·공휴일, 쿠폴라 1월 1일·12월 25일
PRICE 성당 무료, 쿠폴라 브루넬레스키 패스
WALK 산 로렌초 광장(Piazza San Lorenzo)에서 산 로렌초 성당 정면을 등지고 오른쪽으로 도보 2분, 길 끝까지 가면 산 조반니 세례당이 보인다.
WEB 예매 duomo.firenze.it

브루넬레스키의 쿠폴라
두오모의 뒤쪽에는 브루넬레스키가 만든 최초의 르네상스 양식 건물인 쿠폴라가 있다. 그는 고딕 성당의 높은 벽을 지탱해주는 부벽 없이 높이 106m의 쿠폴라를 세우기 위해 기중기와 호이스트를 직접 발명했고, 15년 만에 세계에서 가장 큰 석조 쿠폴라를 만들었다. 두오모 정문을 바라보고 왼쪽으로 돌아가면 쿠폴라 앞쪽에 입구가 있다. 15분가량 463개의 계단을 오르게 되는데, 전망대는 매우 작지만 피렌체 시내를 360° 파노라마로 조망할 수 있다.

1887년 조토의 종탑을 모방해 고딕양식으로 만든 두오모 정면

두오모 후면

❷

★
두오모 통합권
기베르티 패스(Ghiberti Pass: 세례당+두오모 오페라 박물관+산타 레파라타) 15€, 7~14세 5€
조토 패스(Giotto Pass: 기베르티 패스에 조토의 종탑 추가) 20€, 7~14세 7€
브루넬레스키 패스(Brunelleschi Pass: 조토 패스에 쿠폴라 추가) 30€, 7~14세 12€
*개시한 날부터 3일 간 유효, 각 명소를 1번씩 입장 가능, 6세 이하 무료
*산타 레파라타(Santa Reparata)는 현재의 두오모 자리에 6세기경 건립된 성당으로, 지하 유적이 남아있다.
*브루넬레스키 패스 구매 시 쿠폴라 방문 날짜와 입장 시각을 정해야 하며 변경은 불가능하다. 쿠폴라 방문을 선택한 날짜부터 패스의 유효기간이 시작된다. 예약한 쿠폴라 입장 시각에서 5분만 지나도 입장할 수 없으니 여유 있게 입구에 도착하자.

❶ 조토의 종탑에서 바라본 쿠폴라와 피렌체

자신이 완공한 쿠폴라를 올려다보는 브루넬레스키의 석상

쿠폴라에서 내려다본 조토의 종탑 ❸

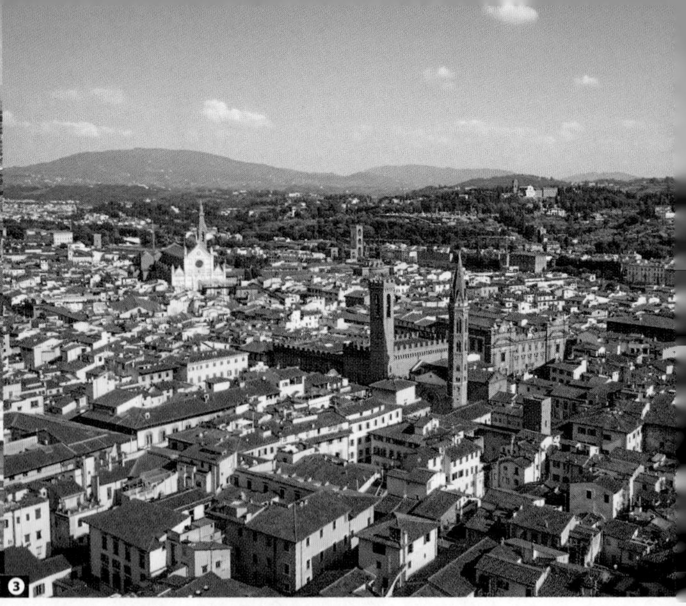

★

조토 디 본도네(1266~1337년)

이탈리아 피렌체 출신의 화가이자 건축가. 관념적인 평면 회화를 극복하고 입체감과 실제감을 표현한 피렌체파 회화를 창시했다. 대표작으로 '성 프란체스코전', '장엄한 성모', '이집트로의 탈출' 등이 있다.

06

쿠폴라를 너 예쁘게 보는 방법

조토의 종탑 Campanile di Giotto

서양 회화의 아버지로 불리는 조토(Giotto di Bondone)가 설계한 종탑. 1334년 제작을 시작해 조토가 죽은 후 제자 안드레아 피사노와 탈렌티가 1359년 완성했다. 높이 85m(두오모의 쿠폴라보다 6m 정도 낮음)의 반듯한 사각형 모양의 종탑은 흰색, 분홍색, 녹색의 대리석으로 장식되었고, 하늘을 향해 곧게 뻗은 직선의 아름다움을 느낄 수 있다. 종탑 아래 육각기둥 부조 장식은 조토의 작품으로, '인간의 창조'와 '인간의 노동'을 묘사하고 있다. ❶ 기둥 사이의 벽을 장식한 부조 패널은 피사노와 그의 제자의 작품이다(❷ 진품은 두오모 오페라 박물관에 소장). 동쪽의 입구를 따라 총 414개의 밟고 계단을 올라가면 우아한 두오모의 쿠폴라와 어우러진 ❸ 피렌체 시내 전경을 내려다볼 수 있다. 피렌체에서 가장 아름다운 건축물인 두오모의 쿠폴라를 눈과 사진에 담기 위해 많은 사람이 오른다. 단, 전망대에 철망이 설치돼 있어서 사진을 찍기에는 조금 불편하다. 쿠폴라와는 달리 입장 시각을 지정해 예약할 수 없기 때문에 종탑 입구에서부터 대기 줄이 길게 이어질 때가 많다.

종탑 꼭대기의 종

Ⓖ 조토의 종탑 Ⓜ MAP ❻-B

ADD Piazza del Duomo

OPEN 08:15~18:45

CLOSE 1월 1일, 12월 25일

PRICE 브루넬레스키 패스 조토 패스 (p348 참고)

WALK 두오모 정문을 바라보고 오른쪽에 있다.

WEB duomo.firenze.it

종탑은 흰색과 녹색, 분홍색의 토스카나 대리석으로 만들어졌다.

❶ 종탑 밑부분, 얇은 부조로 장식한 테라코타 벽은 피사노의 작품

❷

종탑에서 바라본 쿠폴라 전망대

철망이 시야를 방해하지만 전망만큼은 최고다.

조토 종탑의 내부

❶

❷ 기베르티의 '천국의 문'

07 감동을 선물할 '천국의 문'
산 조반니 세례당 Battistero di San Giovanni

11~13세기 피렌체의 수호성인 성 요한(세례 요한)의 이름에서 따온 팔각형의 세례당. 두오모 앞에 있다. 피렌체에서 가장 오래된 종교 건축물로 로마시대에 세운 마르스 신전에서 기원한다. 현재의 세례당은 4세기경에 지은 소성당을 재건한 팔각형의 바실리카 형식의 건축물이다. 내부 장식은 조토가 맡았으며, ❶ 세례당의 천장은 최후의 심판의 심판자인 예수를 중심으로 한 <구약성서>와 <신약성서>의 이야기와 예수·성모·성 요한의 생애 등이 13세기 비잔틴풍 모자이크로 표현돼 있다.

15세기 기베르티의 작품인 ❷ 세례당 동쪽의 청동 문(일명 '천국의 문'. 신품은 두오모 오페라 박물관에 소장)이 특히 유명하다. 아담과 이브의 추방부터 솔로몬과 시바 여왕의 만남에 이르는 <구약성서> 이야기를 10칸으로 나누어 채웠으며, 기베르티는 이 문에 자신의 모습을 새겨 넣는 재치를 발휘하기도 했다. ❸ 세례당 북쪽 문 역시 기베르티의 작품으로, '천국의 문'보다 1년 앞서 제작됐다. 단테와 조토를 비롯해 토스카나 지방의 르네상스를 빛낸 거장들은 이곳 세례당 안에 있는 ❹ 세례반의 물로 세례를 받았다.

① 에덴에서 추방당하는 아담과 이브
② 카인이 동생 아벨을 살해하다
③ 술 취한 노아
④ 아브라함이 이삭을 제물로 바치다
⑤ 에서와 야곱이 태어나다
⑥ 요셉이 노예로 팔리다
⑦ 모세가 십계명을 받다
⑧ 이스라엘 민족이 요단 강을 건너다
⑨ 다윗이 골리앗을 죽이다
⑩ 솔로몬과 시바 여왕

G 산 조반니 세례당 피렌체
M MAP ❻-B
ADD Piazza San Giovanni
OPEN 08:30~19:30(매월 첫째 일요일 ~13:30)
CLOSE 일요일(매월 첫째 일요일 제외), 1월 1일, 12월 25일, 10~11월
PRICE 브루넬레스키 패스 조토 패스 기베르티 패스 (p348 참고)
WALK 두오모 정문 맞은편에 있다.

조토의 종탑에서 내려다본 세례당

세례당의 제단

❷ 두오모 오페라 박물관에 보관된 진품 청동 부조

❹

❸

❶

❶ 기마상과 두오모를 배경으로 찰칵!

08 도나텔로의 '마리아 막달레나'
두오모 오페라 박물관
Museo dell' Opera di Santa Maria del Fiore

두오모의 미술품을 보호하기 위해 건립한 박물관이다. 두오모, 조토의 종탑, 세례당에 있는 미술품들은 모두 모조품이며, 진품은 여기서만 볼 수 있다.

많은 작품 중 ❶ 도나텔로의 '마리아 막달레나'(1455)를 눈여겨보자. 예수의 유일한 여제자인 마리아 막달레나는 여러 작품에서 향유 단지를 들고 있는 아름다운 모습으로 그려지는데, 이 작품에서 막달레나는 덥수룩하고 초췌한 모습으로 표현됐다. 성 노동자인 그녀는 예수를 만나 회개했고 예수가 십자가형을 당한 후 사막에서 금욕적인 삶을 산 것으로 전해지는데, 작품 속 막달레나의 모습은 이 때 모습을 형상화한 것이다. ❷ 미켈란젤로의 '피에타'도 전시돼 있다.

❷

Ⓖ Q7F5+74 피렌체 Ⓜ MAP ❻-B
ADD Piazza del Duomo, 9
OPEN 08:30~19:00
CLOSE 1월 1일, 12월 25일
PRICE 브루넬레스키 패스 조토 패스 기베르티 패스 (p348 참고)
WALK 두오모 정문에서 오른쪽으로 돌아가면 나오는 쿠폴라 뒤쪽, 길 맞은편 노란색 건물이다.
WEB duomo.firenze.it

09 <냉정과 열정 사이>의 그곳
산티시마 안눈치아타 광장
Piazza della Santissima Annunziata

규칙적인 아치형 주랑으로 둘러싸인 광장. 전형적인 르네상스 양식의 광장으로, 조화롭고 아담한 느낌이 든다. 광장 정면에는 산티시마 안눈치아타 성당이, 오른쪽에는 유럽 최초의 고아원이 있다. 고아원 건물은 두오모의 쿠폴라를 설계한 브루넬레스키가 1445년에 지은 것으로, 아기 문양이 새겨져 있다. 광장 안에는 ❶ 페르디난도 데 메디치 기마상과 ❷ 쌍둥이 분수가 있다. 기마상 주변은 영화 <냉정과 열정 사이>의 주요 촬영지로 영화 속 한 장면을 연출하려는 여행자들이 많이 찾는다.

Ⓖ 산티시마 안눈치아타광장 Ⓜ MAP ❻-B
ADD Piazza della Santissima Annunziata
WALK 두오모 오페라 박물관에서 도보 6분/두오모 쿠폴라 입구에서 도보 5분

왼쪽은 산티시마 안눈치아타 성당, 오른쪽은 유럽 최초의 고아원

❷

1

10 미켈란젤로의 '다비드' 상을 직접 볼 수 있는 기회
아카데미아 미술관
Galleria dell'Accademia

매년 150만 명의 여행자가 찾는 미술관. 1563년 드로잉, 조각 등을 가르치기 위해 세운 유럽의 첫 번째 학교로 지어졌다가 훗날 미술관으로 개조됐다.

이 미술관이 유명해진 이유는 피에타, '모세' 상과 더불어 미켈란젤로의 3대 조각상으로 불리는 ❶ '다비드' 상 때문이다. 다비드 상은 미켈란젤로가 피렌체 시의 의뢰로 만든 것으로, 높이만 5m가 넘는 대리석 조각이다. 이 작품으로 미켈란젤로는 29세의 나이에 최고 조각가로서의 명예를 누리게 됐다. 처음에는 두오모 지붕 위에 세울 계획이었으나 아름다운 모습을 많은 사람이 쉽게 감상할 수 있는 곳을 찾다 시뇨리아 광장 가운데에 놓게 됐다. 이를 위해 레오나르도 다빈치와 보티첼리가 포함된 위원회를 조직하기도 했다. 이후 1873년 작품 손상을 막기 위해 아카데미아 미술관 실내로 옮겼으며, 현재 시뇨리아 광장과 미켈란젤로 광장에 있는 것은 복제품이다.

그밖에 프라 안젤리코(Fra Angelico), 프라 바르톨롬메오(Fra Bartolommeo), 리돌포 델 기를란다요(Ridolfo del Ghirlandajo), 보나귀다(Buonaguida), 스케자(Scheggia), 보티첼리 등의 작품이 전시돼 있다.

Ⓖ 아카데미아 미술관 Ⓜ MAP ❻-B
ADD Via Ricasoli, 58
OPEN 08:15~18:50/폐장 30분 전 까시 입장
CLOSE 월요일, 1월 1일, 12월 25일
PRICE 16€(특별전 진행 시 2~6€ 추가)/예약비 4€/예약 권장/폐장 30분 전부터 무료입장
WALK 두오모 정문에서 도보 6분/산티시마 안눈치아타 광장에서 도보 3분
WEB www.galleriaaccademiafirenze.it

미켈란젤로의 '팔레스트리나 피에타' (1550)

보나귀다의 '생명의 나무'(1330)

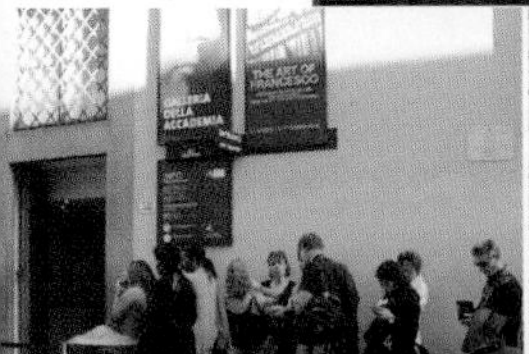
아카데미아 미술관 입구

예약 티켓 수령 사무실

피렌체의 상징, 다비드

다비드(다윗)는 <구약성서>에 나오는 인물로, 몸집이 거대한 적장 골리앗을 돌로 쓰러뜨린 소년 영웅이다. 그림이나 조각에서 골리앗의 머리를 발밑에 두고 손에 칼을 쥔 청년의 모습으로 묘사되곤 한다.

이탈리아가 통일되기 전인 15세기 초, 밀라노 공국이 상대적으로 규모가 작은 피렌체 공국을 공격하려 했으나 밀라노 통치자의 급작스러운 죽음으로 무산된 일이 있었다. 피렌체 사람들은 이를 신의 뜻에 따른 승리라고 여겼고 피렌체를 다비드에, 밀라노를 골리앗에 비유했다. 이때 거둔 승리를 기념하기 위해 다비드 상을 조각해 도시 곳곳에 세워놓았다.

신선한 트러플을 눈앞에서 쓱쓱

치즈에 버무려주는 쿠킹쇼에 시선 집중

치즈에 문질문질~ 트러플을 솔솔~

◉ 오스테리아 파스텔라
Osteria Pastella

테이블 옆에서 펼치는 요리 퍼포먼스로 소문난 가성식 레스토랑. 바퀴 모양의 커다란 치즈 덩어리 윗면에 화르르 불꽃을 피워 녹인 다음 뜨끈한 파스타를 문질문질하고, 촉촉하게 녹은 치즈를 휘감아 꾸덕꾸덕해진 면에다 감칠맛의 대명사 트러플까지 쓱쓱 대패질해서 올리면, 이 집의 대표 메뉴인 트러플 치즈 파스타 탈랴텔레 플람베 알 타르투포(Tagliatelle Flambé al Tartufo in Crosta di Grana Padano, 27€)가 완성된다. 트러플 대신 숭어알 보타르가(어란)를 사용해 독특한 바다향을 살린 파스타(Tagliatelle Flambé alla Bottarga di Muggine in Crosta di Grana Padano, 25€)도 인기. 트러플 허브오일과 카프리노 치즈를 곁들인 라사녜(Lasagne al Ragù di Manzo, Vitello e Maiale, Caprino al Tartufo e Olio alle Erbe, 17€)도 콤비로 좋다. 언제나 대기 줄이 길어서 예약은 필수다.

Ⓖ 오스테리아 파스텔라 Ⓜ MAP ❻-A
ADD Via della Scala, 17 R
OPEN 12:00~14:30, 19:00~22:30
MENU 전채 15~18€, 파스타 17~27€, 메인 요리 25~26€, 자릿세 3€/1인
WALK 산타 마리아 노벨라 성당에서 도보 3분
WEB www.osteriapastella.it

MORE
이탈리아 부엌의 일등 공신 그라나 파다노 치즈 Grana Padano

파스타의 풍미를 한껏 더해주는 그라나 파다노 치즈는 반탈지 우유를 가열 압착해서 9개월 이상 숙성한 경성 치즈다. 고급 치즈의 대명사 파르미자노 레자노와 풍미가 비슷하면서도 훨씬 저렴해 이탈리아 가정식에 빠지지 않는다. 파르미자노 레자노의 사촌 격이다.

혼자라도 스테이크는 먹고 싶어!

달로스테

Dall'Oste

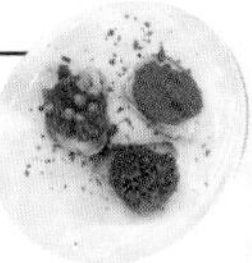

기본 주문량이 많아 티본스테이크가 부담스러운 나홀로 여행자에게 반가운 가게다. 12:00~18:00 한정으로 주문할 수 있는 프로모션 세트 메뉴는 작은 갈비뼈가 한쪽에 붙은 립아이 스테이크가 450~550g가량 나와 1인분으로 적당하다. 구운 감자 또는 샐러드, 물까지 세트로 구성돼 푸짐하게 즐길 수 있는 솔로 비스테카(Solo Bistecca), 여기에 토스카나식 라비올리가 포함된 토스카노(Toscano) 등이 있다. 특정 사이트로 예약하면 정통 피렌체식 티본스테이크(Bistecca alla Fiorentina)를 최대 30% 할인해주는 이벤트도 자주 진행하니 체크!

저렴한 세트 메뉴용 립아이 스테이크 (Bistecca Parte Costola)

Ⓖ 달오스떼 본점 Ⓜ MAP ❻-A
ADD Via Luigi Alamanni, 3/5r
OPEN 12:00~22:30
MENU 솔로 비스테카 24.80€, 토스카노 34.80€, 티본스테이크 69.80€~/1kg, 자릿세 3.80€/1인
WALK 산타 마리아 노벨라역에서 플랫폼을 등지고 오른쪽 출구로 나가면 길 건너에 보인다.
WEB trattoriadalloste.com

홍합과 새우, 오징어가 든 해산물 스파게티 (Spaghetti al Frutti di Mare, 22€)

티본스케이크계의 절대강자

부카 마리오

Buca Mario

브루스게타

약속이라도 한 듯 모두가 주문하는 티본스테이크

피렌체 최고의 티본스테이크집. 저녁에만 문을 여는 이곳은 오픈 30분 전부터 골목 바깥까지 줄이 늘어선다. 이 집의 티본스테이크(Classica Bistecca alla Fiorentina)는 무게가 아닌 인분 단위로 주문하는데, 1인분이 살코기로만 700g에 육박하므로 인원 수대로 시켰다가는 접시 가득 올려진 스테이크를 보고 난감할 수 있다. 2인이라면 티본스테이크 1인분에 파스타와 채소를 곁들여보자. 겉면은 바짝 익히지만 속은 거의 날고기에 가까운 정통 조리방식을 고수하므로 웰던, 미디움 등의 요청은 받지 않는다. 고가의 레스토랑임에도 서비스에 대한 불만이 끊이지 않는다는 점이 아쉽다.

Ⓖ 부카마리오 Ⓜ MAP ❻-A
ADD Piazza degli Ottaviani, 16r
OPEN 19:00~24:00(마지막 주문 22:00)
CLOSE 일요일
MENU 전채 11~22€, 제1요리 15~33€, 제2요리 18~48€, 티본스테이크 56€/1인, 자릿세 5€/1인
WALK 산타 마리아 노벨라 성당 앞 광장에서 도보 3분
WEB www.bucamario.com

샤퀴테리가 빵 안으로 쏙

◉ 라 보이테
La Boite

신선한 재료와 빵의 하모니, 조이

피렌체에서 한 달 살기를 한다면 무조건 단골이 됐을 가게. 관광지 식당과는 비교할 수 없을 정도로 훌륭한 식재료와 합리적인 가격이 매력이다. 대표 메뉴는 토스카나 전통대로 올리브유와 소금을 넣어 납작하게 굽는 빵 스키아차타(Schiacciata)로 만든 샌드위치. 미국 시트콤 <프렌즈>의 배역대로 재료 맛의 조합을 골라 추천 메뉴를 만들어 놓았는데, 모차렐라 치즈와 생햄, 신선한 토마토가 어우러진 조이(Joey, 6€)나 모르타델라 햄과 훈제 모차렐라 치즈에다 무청 소스와 스파이시소스로 맛을 낸 모니카(Monica)가 인기다. 원하는 재료를 골라 니만의 샌드위치를 만드는 것도 가능! 매일 굽는 기본 빵이 워낙 맛있어서 뭘 골라 넣어도 평균 이상이다. 제대로 차린 햄 치즈 플레이트에 와인 한 잔으로 피렌체의 여유를 즐겨보자.

G Q6FX+64 피렌체 **M MAP** ❻-A
ADD Via Palazzuolo, 17R
OPEN 16:00~24:00
MENU 샌드위치 6€~, 와인 3€/1잔~
WALK 산타 마리아 노벨라 성당에서 도보 4분

속이 확 풀리는 '오짬' 한 그릇

◉ 레 소르젠티
Le Sorgenti

카레볶음밥과 탕수육

싱싱한 새우와 홍합, 오징어가 든 해물면(짬뽕)

이탈리아에서 꽤 높은 수준의 맛을 자랑하는 중식당이다. 정식 메뉴에는 없지만 한국인이 '짬뽕'을 주문하면 고추기름과 고춧가루로 매운맛을 낸 해물면(Zuppa Tagliarini di Frutti Mare)을 내준다. 간이 심심하면 테이블의 고추기름으로 매운맛을 보태 보자. 저렴하게 즐길 수 있는 밥이나 국수 중에서는 웍에 잘 볶아낸 볶음밥 종류를 추천. 요리로 마파두부나 탕수육(Maiale in Salsa Agrodolce)를 추가해도 좋다. 테이크아웃도 가능하다.

G Q7G3+W6 피렌체
ADD Via Chiara, 6
OPEN 12:00~15:00, 17:30~23:00
CLOSE 화요일 런치
MENU 짬뽕 7.50€, 새우볶음밥 5€, 마파두부 4.80€, 소룡포 3.20€, 자릿세 1.80€/1인
WALK 중앙시장 북쪽에서 도보 1분

다양한 음식으로 한 끼를 해결할 수 있다.

프로슈토와 스트라치노 치즈를 곁들인 토스카나 전통 튀김 간식, 코콜리(Coccoli)

슈크림을 채운 토스카나 전통 도넛 봄볼로니(Bomboloni)

먹을 게 너무 많아 고민입니다

◉ 중앙시장
Mercato Centrale di Firenze

산 로렌초 시장(Mercato di San Lorenzo)이라고도 불리는 피렌체 중앙시장. 개장 140주년을 기념해 위층에 오픈한 대형 푸드코트가 현지인뿐 아니라 여행자들에게도 인기가 높다. 즉석에서 굽는 피자와 생면을 뽑아 만든 파스타를 맛보면서 술이나 커피도 다양하게 즐길 수 있는데, 자릿세나 서비스료가 없어 부담이 적다. 빵과 빵 사이에 소 곱창을 썰어 넣고 칠리소스로 양념한 파니노 람프레도토(Panino Lampredotto, 일명 곱창 버거) 같은 피렌체 대표 길거리 간식부터 트러플 파스타, 스테이크, 해산물 튀김, 수제 버거, 딤섬 등 다양한 음식이 모였다. 최고 맛집은 아닐지라도 토스카나 대표 음식을 조금씩 맛보는 재미가 있는 곳이다.

Ⓖ 피렌체 중앙시장 Ⓜ MAP ❻-A
ADD Piazza Mercato Centrale, 1
OPEN 2층 푸드코트 09:00~24:00 (상점마다 조금씩 다름)
MENU 파니노 람프레도토 5€, 치킨구이 12€, 트러플 리소토(Il Tartufo에서 판매) 22€~
WALK 산 로렌초 성당 정문에서 도보 4분
WEB mercatocentrale.it/firenze

다 네르보네(Da Nerbone)에서 선보이는 피렌체의 명물 간식, 곱창 버거

라구소스를 넣은 아란치니

중앙시장의 정문

피렌체의 #맛스타그램

◉ 트라토리아 자자
Trattoria Zà Zà

현지인과 여행자 모두에게 인기 있는 식당이다. 티본스테이크의 고향 피렌체를 찾은 여행자들은 너도나도 티본스테이크(Bistecca alla Fiorentina)를 주문하는데, 단골들은 오히려 저렴하면서도 종류가 다양한 파스타 종류를 추천한다. 우리 입맛에 잘 맞는 새우 스파게티(Spaghettino sui Gamberi, 16€)도 인기. 트러플 크림소스를 얹은 라비올리(Ravioli alla Crema di Tartufo, 11€)는 느끼하면서도 은근히 구미를 당기는 맛이다.

Q7G3+GQ 피렌체 **M MAP** ❻-B
ADD Piazza del Mercato Centrale, 26r
OPEN 11:00~23:00
MENU 전채 7~12€, 파스타 8~22€, 티본스테이크 55€~/1kg, 자릿세 2.50€/1인
WALK 메디치 예배당에서 도보 2분
WEB www.trattoriazaza.it

안에는 근사한 분위기의 테이블이 마련돼 있다.

마리오 씨 아내의 주특기는 역시 '이것'

◉ 트라토리아 마리오
Trattoria Mario

1953년 로메오-아멜리아 부부가 아들 마리오의 이름을 내걸고 시작한 와인 바가 아들 부부의 손에 레스토랑으로 재탄생했다. 주메뉴는 아내의 특기인 스테이크. 티본스테이크(Bistecca alla Fiorentina)는 피렌체 전통 방식대로 알 산구에(al sangue, 피가 보일 정도)로 구워 나온다. 스테이크가 부담스러울 때는 감자로 속을 채운 토르텔리(Tortelli di Patate al Ragu, 9.50€)도 괜찮은 선택이다. 그밖에 시즌에 따라 조금씩 바뀌는 토스카나 가정식 메뉴도 맛볼 수 있다. 넓지 않고 소박한 공간이라 합석은 기본이니 참고하자.

Q7G3+JR 피렌체 **M MAP** ❻-B
ADD Via Rosina, 2
OPEN 12:00~15:00(목·금요일 12:00~15:00, 19:30~22:00)
CLOSE 일요일, 공휴일
MENU 파스타 7.50€~, 티본스테이크 55€/1kg, 자릿세 1.50€/1인
WALK 메디치 예배당에서 도보 2분
WEB trattoriamario.com

290년 전통의 베이커리 겸 카페

카페 질리
Caffè Gilli

메디치가의 후손인 질리 가족이 1733년 문을 연 베이커리 겸 카페. 맛있는 빵과 케이크로 피렌체 귀족들의 사랑을 한몸에 받았다. 벨에포크(Belle Époque)풍의 아름다운 인테리어와 변함없는 맛으로 피렌체를 대표하는 카페로 손꼽히며, 작가와 화가들에게 무수한 영감을 준 카페로도 유명하다. 시그니처 디저트는 바닐라 샹티이 크림이 가득한 이탈리아식 밀푀유 밀레폴리에(Millefoglie, 4€). 단, 테이블에 앉으면 바에서 먹는 것보다 2~4배 비싸다.

Q7C3+QM 피렌체 MAP 6-B
ADD Via Roma, 1r
OPEN 08:00~24:00
MENU 커피 1.30€~(테이블 4.50€~)
WALK 두오모 정문에서 도보 2분

고풍스러운 실내. 자릿세가 비싼 만큼 특유의 운치가 있다.

밀레폴리에. 3겹의 퍼프 페이스트리가 부서지기 쉬운 제형이라서 포크를 수직으로 세워서 잘라야 한다.

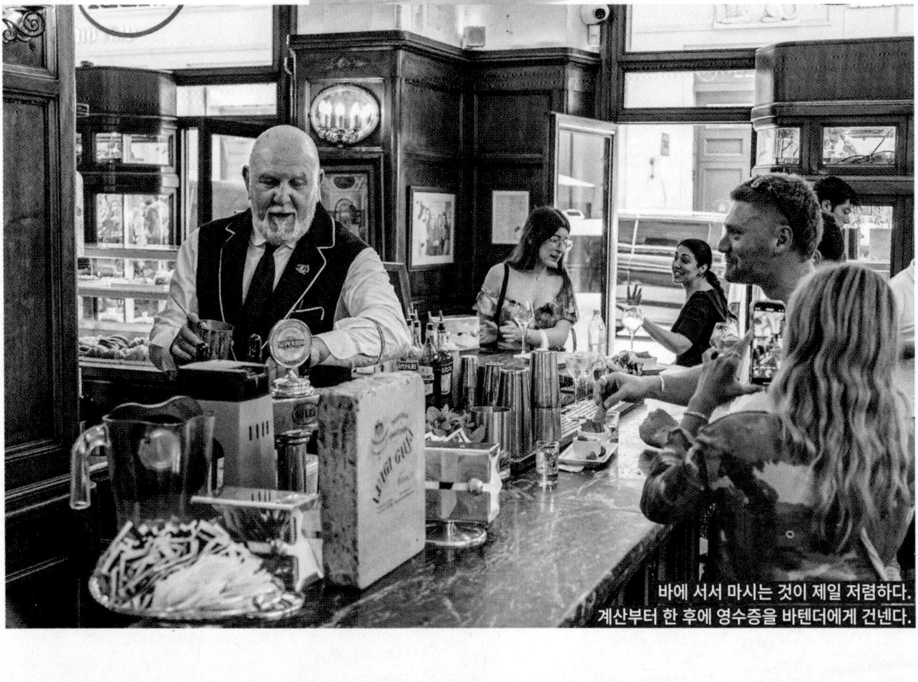
바에 서서 마시는 것이 제일 저렴하다. 계산부터 한 후에 영수증을 바텐더에게 건넨다.

피렌체 쇼핑은 이걸로 정했다!

쇼핑 아이템

실용적인 가죽 제품은 여기!

❖ 중앙시장 주변 가판점 & 포르첼리노 시장

중앙시장 주변에는 아리엔토 거리(Via dell'Ariento)를 중심으로 각종 생활잡화를 비롯해 다양한 색상의 가죽 핸드백과 소품을 파는 가판들이 모여 있어 '피렌체 가죽시장'으로 불린다. 피렌체의 다른 가죽 제품 상점보다 저렴한 것도 많지만 여행자에게 바가지를 씌우는 경우가 많으므로 여러 곳에서 가격을 비교한 후 구매하는 것이 좋다. 지나치게 싼 물건은 저가의 중국산으로 질이 낮을 수 있으니 주의하자. 시장 전체를 둘러보면서 비교해보면 어느 정도 감을 잡을 수 있다. 20~30% 이상 깎아야 제 가격에 사는 거라고 생각하면 된다.

시뇨리아 광장 서쪽의 포르첼리노 시장(Mercato del Porcellino)에도 가죽 제품을 판매하는 가판이 많아 여행자가 많이 찾는다. 가죽 제품의 종류와 가격은 중앙시장 주변과 비슷하지만 흥정이 잘 되면 중앙시장 주변보다 좀 더 저렴할 수 있으니 두 곳 모두 들려서 비교 후 구매해보자.

중앙시장 주변

ADD Via dell'Ariento
OPEN 09:00~19:00
CLOSE 일요일
WALK 산 로렌초 성당 정면을 바라보고 성당 오른쪽 측면을 따라가면 정면에 보이는 아리엔토 거리(Via dell'Ariento)를 따라 중앙시장까지 형성돼 있다.

포르첼리노 시장

ADD Piazza del Mercato Nuovo
OPEN 09:00~18:30
WALK 시뇨리아 광장에서 베키오 궁전을 등지고 정면의 골목을 통과한다. 도보 3분

MORE
피렌체 가죽 전문점

고대 로마시대부터 질 좋은 가죽 생산지로 이름을 떨친 피렌체. 섬세한 가죽 기술과 염색 기술, 100% 수작업만 고집하는 장인 정신으로 피렌체 가죽은 예나 지금이나 세계 최고로 꼽힌다.

장인의 가죽 공장에서 만든 제품을 판매하는 전문점은 피렌체 시내 곳곳에서 볼 수 있다. 매장마다 디자인과 가격이 다르므로 여러 곳을 둘러보고 구매해야 한다. 중앙시장 근처와 산타 크로체 광장에 특히 많이 몰려 있다.

MORE
피렌체의 트레비 분수?

포르첼리노 시장 남쪽에는 청동 멧돼지 상이 있는 작은 분수(새끼 멧돼지 분수 Fontana del Porcellino)가 있다. 멧돼지 입에 동전을 넣어 바로 아래 통으로 쏙 들어가면 소원이 이루어진다는 속설로 유명한 분수다. 단, 실패한 동전을 다시 주워 올리는 건 금기다. 멧돼지 코를 문지르면 피렌체를 다시 찾을 수 있다는 소문이 번지면서 코를 만지며 기념 촬영을 하는 사람도 많다.

운이 좋으면 마블링 과정을 볼 수 있다.

귀족의 응접실 같은 매장 내부

마블링으로 탄생한 고급 종이 문구

❖ 일 파피로 Il Papiro

1976년에 문을 열어 피렌체의 전통을 잇는 수제 지류와 종이 문구류를 선보이는 곳. 미술 기법 중 하나인 마블링으로 만든 종이로 다이어리, 편지지 등 다양한 문구류를 제작한다. 제품 하나하나가 고급스러운 예술품처럼 느껴진다. 특히 편지지, 카드, 다이어리는 고마운 지인을 위한 선물용으로 여행자에게 인기가 높다. 피렌체에 4곳의 지점을 두고 있다.

Ⓖ Q7G4+GQ 피렌체 Ⓜ MAP ❻-B
ADD Via Camillo Cavour, 49(본점)
OPEN 10:30~19:00
CLOSE 일요일
WALK 메디치 리카르디 궁전에서 도보 2분
WEB ilpapirofirenze.it

수도사들의 비법 화장품

❖ 산타 마리아 노벨라 화장품 Officina di Santa Maria Novella

수도사들의 특별한 비법과 고대부터 내려오는 제법으로 만든 뷰티 제품을 400년 간 같은 자리에서 판매 중이다. 1221년 피렌체 도미니크회 수도사들은 건강을 위해 수도원 정원에서 약초를 재배했는데, 이때 약제 신부들이 개발한 약이 산타 마리아 노벨라 화장품의 효시다. 당시 이 약의 효능은 이탈리아는 물론이고 러시아, 인도, 심지어 중국으로까지 퍼져나갈 정도로 명성이 자자했다. 매장에서는 향수와 비누, 에센스, 방향제, 보디 용품 등 다양한 화장품과 꿀, 티, 허브, 시럽을 판매한다. 154.94€ 이상 구매 시 세금환급을 받을 수 있다. 반드시 구매 당일 신청하고 여권을 소지해야 한다.

Ⓖ Q6FX+M3 피렌체 Ⓜ MAP ❻-A
ADD Via della Scala, 16
OPEN 09:30~20:00
CLOSE 1월 1일, 부활절, 5월 1일, 12월 25·26일
WALK 산타 마리아 노벨라 성당에서 도보 2분
WEB www.smnovella.com

옛날에 사용하던 전통 장비들

마블링 커버 무지 노트

★

산타 마리아 노벨라 약국의 인기 품목 Top 4

크레마 이드랄리아(Crema Idralia) 수분 크림. 인기 no.1
크레마 폴리네(Crema Polline) 재생 크림. 어른들께 선물로 좋다.
아쿠아 디 로사(Acqua di Rosa) 장미수. 피부 진정 효과가 탁월하다.
사포니(Saponi) 비누. 피부 타입과 기능별로 다양한 종류가 있다.

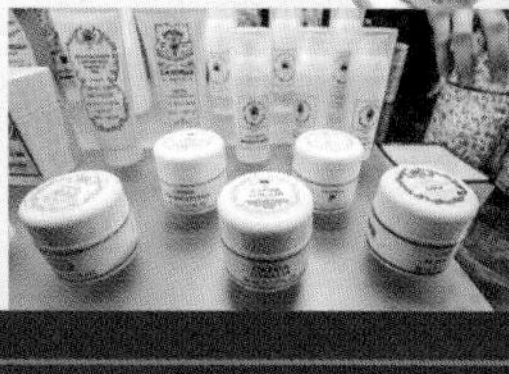

SECTION

B

우피치 미술관 주변

❶ **산타 마리아 노벨라역** → 도보 15분 → ⓫ **우피치 미술관** [Option ⓬ 베키오 궁전] → 도보 1분 → ⓭ **시뇨리아 광장** [Option ⓮ 바르젤로 국립 박물관 → Option ⓯ 단테의 집] → 도보 3분 → ⓰ **베키오 다리** [Option ⓱ 피티 궁전] → 도보 10분 → ⓲ **산타 크로체 성당** → 도보 25분 → ⓳ **미켈란젤로 광장**

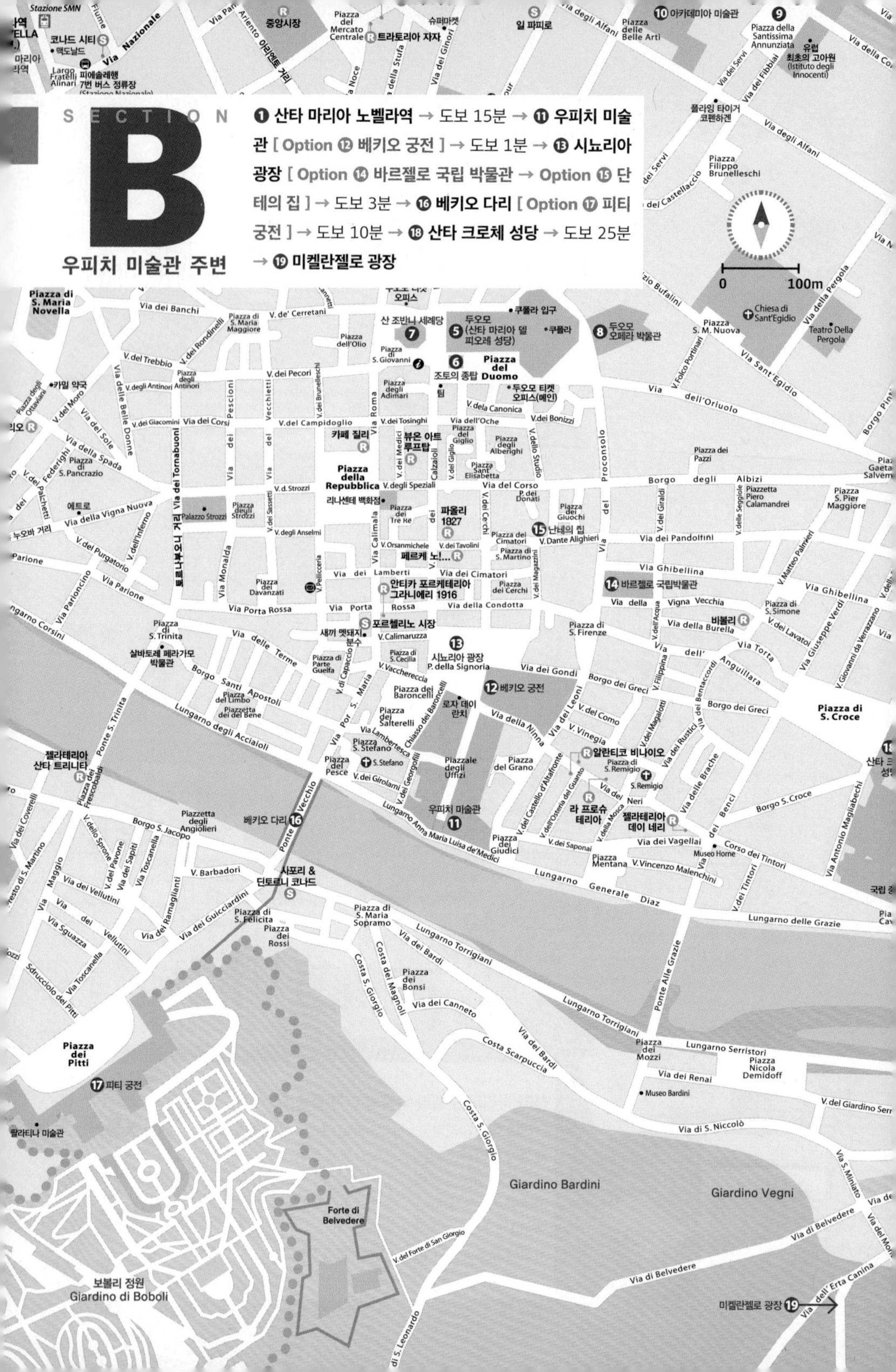

11 르네상스 대표작, 여기 다 있다! 우피치 미술관 Galleria degli Uffizi

메디치 가문의 방대한 수집품을 소장한 곳으로, 오늘날 미술관 작품 배치의 원칙을 세운 곳이자 관람객을 위해 작품에 이름표를 단 최초의 미술관이기도 하다. 르네상스의 문을 연 조토부터 르네상스의 꽃을 피운 레오나르도 다빈치, 미켈란젤로, 라파엘로, 르네상스를 종결짓고 새로운 화풍을 정립한 카라바조 등 당대 최고 화가들의 작품을 소장하고 있다. 1581년 프란체스코 1세가 처음 이곳에 보관하기 시작했으며, 이후 1737년 메디치 가문의 마지막 상속녀 안나 마리아 루이사가 피렌체 시민에게 기증했다. 워낙 많은 작품을 소장한 탓에 일부 대표작 외엔 돌아가며 전시하는 방식이므로 보고 싶은 작품을 못 볼 수도 있다. 주말과 공휴일은 예약 필수!

Ⓖ 우피치 미술관 Ⓜ MAP ❻-D
ADD Piazzale degli Uffizi 6
OPEN 08:15~18:30/폐장 1시간 전까지 입장
CLOSE 월요일, 1월 1일, 12월 25일
PRICE 25€(11~2월 비수기 12€, 특별전 진행 시 요금 추가), 17세 이하 무료/예약비 4€/토·일요일·공휴일은 온라인 또는 전화(+39 055 294 883)로 예약 필수/매월 첫째 일요일 무료입장
WALK 두오모 정문을 바라보고 오른쪽으로 도보 5분. 시뇨리아 광장과 연결된다.
WEB 예약 www.uffizi.it/gli-uffizi

MORE
우피치 미술관의 건축 이야기

우피치 미술관은 본래 메디치가 코시모 1세의 사무실로 지은 건물이었다. 그는 시에나 공화국을 정복해 광대한 지역을 통치하게 되자 정부의 권위를 높이고 행정의 효율성을 살리기 위해 당시 화가이자 건축가였던 조르조 바사리에게 새로운 관청(Ufiizi는 '관청'을 뜻함) 설립을 맡겼다. 바사리가 건물의 완공을 보지 못하고 죽자 뒤를 이어 베르나르도 부온탈렌티(Bernardo Buontalenti)가 바사리의 설계에 따라 우피치를 완성했다.

미술관의 바깥 회랑에 늘어선 이탈리아 위인들의 대리석상

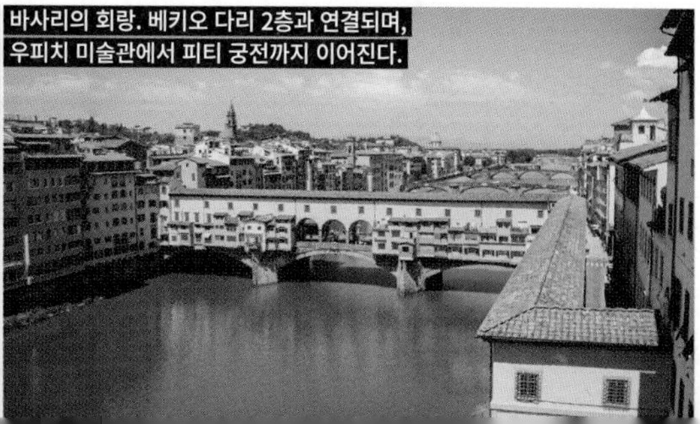
바사리의 회랑. 베키오 다리 2층과 연결되며, 우피치 미술관에서 피티 궁전까지 이어진다.

Zoom In & Out
우피치 미술관

우피치 미술관은 'ㄷ' 자 모양의 3층 건물이며, 보티첼리의 작품은 3층(이탈리아식 2층)에 있다. 3층부터 연결된 방을 따라 방 번호 순서대로 관람한 후 2층으로 내려가면 된다. 각 층은 방이 이어져 있는 구조라서 보고 싶은 작품을 찾아다니면 오히려 시간이 더 많이 걸린다. 시간이 없는 여행자는 방 순서에 따라 대표작 위주로 감상하고 그 외의 작품은 지나치듯 보면서 가자. 작품마다 시간을 두고 충분히 감상하면 하루도 부족하지만 대표작 위주로 감상하면 반나절 정도면 충분하다.

❖ 우피치 미술관을 제대로 둘러보기 위한 팁

❶ 줄서기 싫다면 예약은 필수! 예약하지 못했다면 아침 일찍 가자.

성수기에 예약하지 못하고 방문한다면 최소 2~3시간은 줄을 서서 기다려야 입장할 수 있다. 비수기에는 오전 8시 이전이나 오후 4시 이후에 줄을 서면 30분 내로 입장할 수 있다. 작품을 제대로 감상하려면 오후보다는 오전 시간 추천!

❷ 토·일요일·공휴일에는 예약 필수!

평일에는 예약이 선택 사항이지만 토·일요일·공휴일은 예약 필수다. 전화 또는 온라인으로 예약해야 하며, 예약 수수료 4€가 부과된다. 전화보다는 홈페이지에서 회원가입 후 진행하는 온라인 예약이 훨씬 쉽고 간편하다.

예약 콜센터
TEL +39 055 294 883
OPEN 08:30~18:30(토요일 ~12:30)/현지 시간 기준
CLOSE 일요일

온라인 예약
WEB www.uffizi.it/gli-uffizi
*홈페이지 오른쪽 상단의 'English'를 눌러 영어 화면으로 전환한 후 바로 아래 'Tickets'을 클릭한다. 'Gli Uffizi' 하단의 'Buy online'을 누르면 예약 화면으로 넘어간다.

❸ 현장에서 실물 티켓 교환하기

예약을 완료하면 이메일로 예약 확인 바우처를 보내준다. 이를 출력하거나 스마트폰에 저장해서 예약자 전용 매표창구(Porta 3)에 제시하고 실물 티켓으로 교환한 후 예약자 전용 입구를 통해 입장한다. 예약일시 변경은 불가능하며, 예약 시각 15분 전까지 티켓 교환을 마쳐야 한다.

❹ 입장 시 주의 사항

가방 검사가 엄격한 편이다. 칼, 삼각대 등 날카롭거나 뾰족한 물건은 반입을 금지한다.

❺ 카페테리아

3층 관람이 끝나고 A42번 방을 지나면 나오는 2층으로 내려가는 계단 바로 옆에 있다. 넓은 야외 테라스에서 간단한 음식과 음료를 먹을 수 있다.

무료 입장일의 대기줄

우피치 미술관 안내소

❖ 3층 구조도

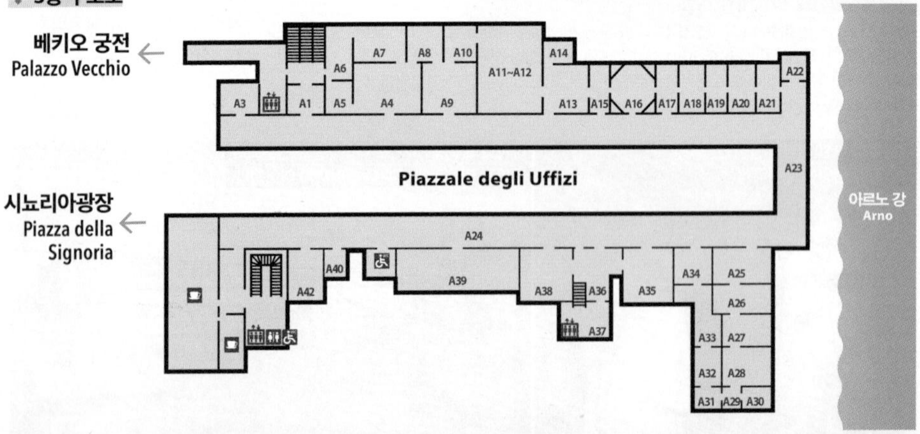

MORE
미술관 기념품점

명화가 담긴 아기자기한 기념품이 많다. 가격이 저렴한 수첩, 달력, 퍼즐 카드는 선물용으로도 좋다. 1층, 관람을 끝내고 내려오는 계단 부근에 있다.

라 프리마베라 수첩

퍼즐 카드

비너스의 탄생 자석

◆ 3층(이탈리아식 2층)

* 미술관 공사와 작품 복원, 특별전 등으로 작품의 전시 위치가 자주 변경되니 현장에서 안내 지도를 받아 확인하며 다니자.

- **A4실** **치마부에의 '산타 트리니타의 성모'**(1280), **조토의 '오니산티 마돈나'**(1290) 서양 회화의 아버지, 조토는 처음으로 자연스러운 인물 묘사를 시도한 화가다.
- **A9실** **파올로 우첼로의 '산 로마노 전투'**(1440) 본격적인 선 원근법은 르네상스 시대에 시작됐다.
  피에로 델라 프란체스카의 '우르비노의 초상화'(1446) 귀족 부부의 초상화. 아내는 희고 잡티 없는 피부로 여성적인 면을, 남편은 거칠고 억센 피부로 남성적인 면을 강조했다.
- **A11실** **보티첼리의 '라 프리마베라'**(1482) p366
- **A12실** **보티첼리의 '비너스의 탄생'**(1485) p367
- **A38실** **미켈란젤로의 '성가족'**(1507) 차갑고 이지적인 매력이 돋보이는 미켈란젤로의 초기 작품. 성모 마리아와 예수, 그리고 성 요셉을 그린 그림이다.
  라파엘로의 '검은 방울새의 성모'(1506) 성모 마리아, 예수(오른쪽), 성 요한(왼쪽)을 그린 그림. 성 요한이 손에 쥔 검은 방울새는 예수의 수난을 상징한다.
- **A39실** **레오나르도 다빈치의 '수태고지'**(1472) 천사 가브리엘이 성모 마리아에게 예수의 잉태를 예고하는 장면이다.

조토의 '오니산티 마돈나'

파올로 우첼로의 '산 로마노 전투'

피에로 델라 프란체스카의 '우르비노의 초상화'

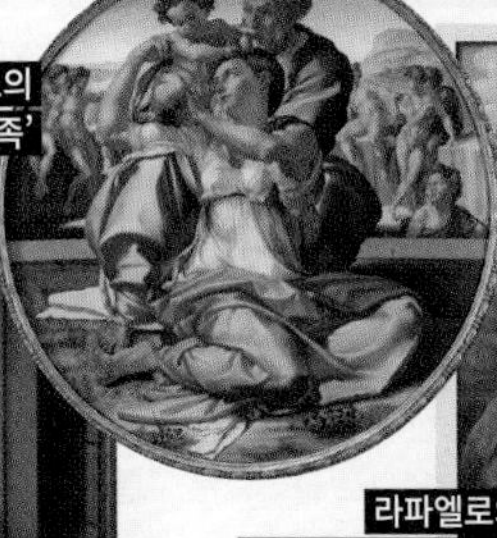
미켈란젤로의 '성가족'

라파엘로의 '검은 방울새의 성모'

레오나르도 다빈치의 '수태고지'

◆ 2층(이탈리아식 1층)

파르미자니노의 '목이 긴 성모'

카라바조의 '메두사의 머리'

- **D8실 파르미자니노의 '목이 긴 성모'**(1540) 매너리즘의 대표작. 우아함을 강조하기 위해 인위적으로 목과 허리를 길게 그렸다.
- **D22실 티치아노의 '우르비노의 비너스'**(1528) p368
- **D29실 아르테미시아 젠틸레스키의 '홀로페르네스의 목을 베는 유디트'**(1602)
- **D31실 카라바조의 '바쿠스'**(1594), **'메두사의 머리'**(1598)
- **D34실 렘브란트의 '노인의 초상(늙은 랍비)'**(1665) 렘브란트의 외모와 비슷해 그의 자화상으로 알려졌으나, 유대교의 지도자인 랍비의 초상으로 확인되었다.

❖ 보티첼리의 '라 프리마베라'(1482) 3층 A11실

보티첼리가 신화적 주제로 그린 최초의 그림으로 '라 프리마베라'는 이탈리아어로 봄을 뜻한다. 미의 여신인 비너스, 꽃의 여신인 플로라, 사랑의 신인 큐피드가 꽃이 흐드러지게 핀 정원에서 즐겁게 노닐고 있다. 봄바람의 따뜻함, 그리고 향긋한 꽃향기까지 느껴지는 이 작품은 제목 그대로 봄을 묘사하고 있다.

우아함의 극치를 보여주는 이 작품은 피렌체의 문화·정치·경제 부활을 상징하며 피렌체 르네상스의 서막을 알리는 작품으로 꼽힌다. 하지만 우아하고 아름다운 작품 이면에 당시의 복잡한 도시국가의 권력 구도를 표현했다는 해석이 제기되면서 최근 새롭게 주목받고 있다.

보티첼리가 신화적 주제로 그린 최초의 그림으로, 신을 인간과 닮은 모습으로 묘사했다.

❶ **비너스** 미의 여신 비너스가 손짓으로 관람자를 정원으로 초대한다.

❷ **플로라** 클로리스가 변한 꽃의 여신. 정원에 꽃을 뿌리며 봄이 왔음을 알린다.

❸ **클로리스** 플로라로 변하기 전의 모습. 제피로스에게 납치당해 결혼한 후 꽃을 다스리는 능력을 얻고 꽃의 여신으로 신격화된다. 그림 속에서는 생식력을 지닌 여성을 상징한다.

❹ **삼미신** 미의 여신 3명이 손을 잡고 춤을 추고 있다. 각각 아름다움, 욕망, 만족을 의미한다. 이 감정들이 돌고 돌아 그 자리로 돌아옴을 뜻한다

❺ **메르쿠리우스** 무역의 신이자 전령의 신. 날개 달린 모자와 카르케이온(뱀과 독수리가 달린 지팡이)이 상징이다. 이곳에서는 사랑의 수호자로 정원으로 몰려오는 구름을 흩뜨리고 있다.

❻ **큐피드** 비너스와 메르쿠리우스의 아들, 사랑의 신이다.

❼ **제피로스** 서풍의 신이다. 서양에서 봄은 서풍을 따라온다는 말이 있는데, 제피로스의 입이 잔뜩 부풀어 있다. 즉 이곳에는 아직 바람이 불어오지 않았고 곧 봄이 옴을 뜻한다.

조개는 중세의 가톨릭 정신을 상징한다. 즉 이 작품은 르네상스 시대의 잉태와 탄생을 비유하고 있다.

❖ 보티첼리의 '비너스의 탄생'(1485) 3층 A12실

그리스 신화에서 미의 여신인 비너스(아프로디테)는 바다의 물거품에서 탄생하는데, 이 작품은 비너스가 바다에서 탄생해 육지에 도착하는 순간을 묘사하고 있다. 작품 속 비너스는 바다의 신, 넵튠이 내준 거대한 조개 배를 타고 수줍게 얼굴을 붉히고 있다. 오른쪽에는 계절의 여신 호라이가 비너스를 가릴 옷을 들고 있다. 왼쪽에는 서풍의 신 제피로스와 클로리스가 바람을 일으켜 비너스를 육지로 밀어내고 있으며, 그 바람결에 비너스를 상징하는 장미꽃이 흩날리고 있다.

이 그림은 르네상스 시대 최초의 누드이자 순수하면서도 매혹적인 비너스의 자태를 가장 잘 표현했다는 평가를 받는다.

❖ 아르테미시아 젠틸레스키의 '홀로페르네스의 목을 베는 유디트'(1602) 2층 D29실

직업 화가로는 최초의 여성 화가인 아르테미시아는 아버지 오라치오 젠틸레스키와 함께 바로크 시대의 대표적인 화가로 꼽힌다. 유디트가 조국을 구하기 위해 적장 홀로페르네스를 유혹해 목을 베는 장면을 그린 이 그림은 여자의 몸으로 적장의 목을 베는 무표정한 얼굴에서는 적장에 대한 차가운 분노를, 거친 팔근육에서는 증오로 가득 찬 작가의 거친 호흡이 느껴진다.

유디트를 주제로 한 미술 작품은 많지만 대개 유디트를 연약하고 아름다운 모습으로 그린 데 반해 아르테미시아는 유디트를 '승리를 쟁취한 능동적이고 강한 여성'으로 묘사했다. 이 같은 페미니즘적인 그림을 그린 것은 아르테미시아 자신이 어린 나이에 아버지의 친구이자 스승인 타시에게 성폭행을 당했고, 그 때문에 평생 부도덕한 여자라는 질시를 받아야 했지만 연약한 과거를 극복하고 강해지고 싶다는 마음을 투영한 것으로 해석된다.

"나는 여자가 무엇을 할 수 있는지 보여줄 것입니다. 당신은 카이사르의 용기를 가진 한 여자의 영혼을 볼 수 있을 것입니다."
-아르테미시아의 편지 중

MORE

같은 주제로 그린 대표적인 작품

티치아노의 '홀로페르네스의 목을 든 유디트'(피렌체, 피티 궁전)
티치아노의 '홀로페르네스의 목을 든 유디트'(로마, 도리아 팜필리 미술관)
크리스토파노의 '유디트와 홀로페르네스'(피렌체, 피티 궁전)
카라바조의 '홀로페르네스의 목을 든 유디트'(로마, 국립 미술관)
클림트의 '유디트'(빈, 오스트리아 미술관)
오라치오 젠틸레스키의 '홀로페르네스의 목을 베는 유디트'(로마, 바티칸 박물관)
루카스 크라나흐의 '홀로페르네스의 목을 든 유디트'(빈, 미술사 박물관)

❖ **티치아노의 '우르비노의 비너스'**(1538) 2층 D22실

터키 궁정에서 일하던 궁녀를 '오달리스크'라고 하는데, 앵그르가 '오달리스크'를 주제로 여성 누드화를 즐겨 그리면서 이후 기대거나 누워 있는 여성 누드를 그린 그림을 '오달리스크'라고 하게 됐다. 기독교가 지배한 중세에는 여성의 누드를 그린다는 것은 상상도 할 수 없었다. 르네상스 시대가 되면서 어느 정도 표현의 자유가 생기자 화가들은 '금기'된 주제에 매력을 느꼈고 이전의 그림을 모방하면서 점점 대담하고 파격적인 시도를 했다.
성(性)의 상품화라는 비난을 받기도 하지만 지금과는 다른 시대적 상황에서 표현의 자유를 얻기 위한 예술가들의 도전이었다고 보는 시각도 있다. 대표적인 작품들을 통해 그 시대적 흐름을 짚어보자.

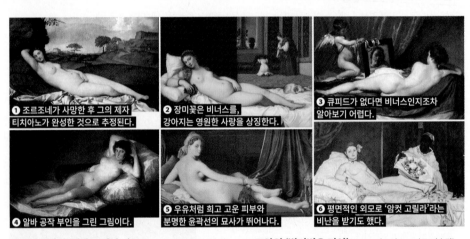

❶ 조르조네가 사망한 후 그의 제자 티치아노가 완성한 것으로 추정된다.

❷ 장미꽃은 비너스를, 강아지는 영원한 사랑을 상징한다.

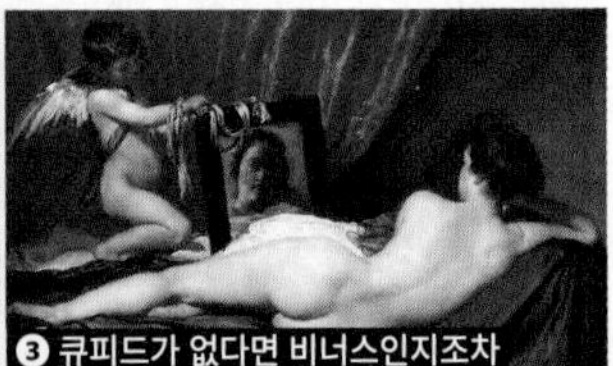
❸ 큐피드가 없다면 비너스인지조차 알아보기 어렵다.

❹ 알바 공작 부인을 그린 그림이다.

❺ 우유처럼 희고 고운 피부와 분명한 윤곽선의 묘사가 뛰어나다.

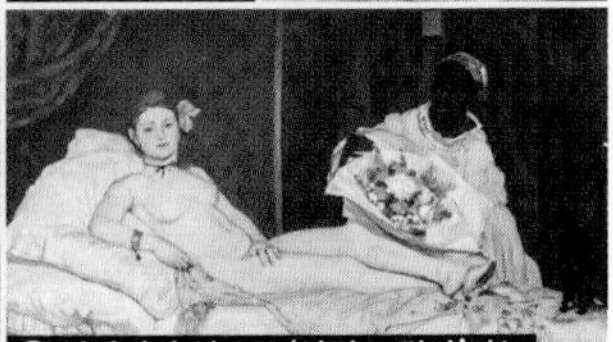
❻ 평면적인 외모로 '암컷 고릴라'라는 비난을 받기도 했다.

❶ **조르조네의 '잠자는 비너스'**(1510, 독일 드레스덴 미술관)

15세기 초에 그린 작품으로, 미의 여신인 비너스가 목가적인 자연을 배경으로 잠들어 있다. 당시에는 신화적인 주제가 아닌 일반 여성의 누드화는 그릴 수 없었기 때문에 비너스를 대상으로 한 누드화가 많았다. 이 작품은 성적으로 좀 더 자극적이라는 이유로 시도하지 못하던, 여성이 누워 있는 모습을 표현한 최초의 작품이라는 점에서 의미가 있다.

❷ **티치아노의 '우르비노의 비너스'**(1538)

조르조네의 작품과 같은 주제로 그린 작품이지만 배경이 실내로 바뀌었다. 잠에서 깨어난 비너스가 자신의 매력을 한껏 발산하고 있다. 가장 완벽한 여성의 아름다움을 표현한 그림으로 꼽히며 앵그르, 마네 등 후대 화가들에게 직접적인 영향을 미쳤다.

❸ **벨라스케스의 '거울을 보는 비너스'**
(1650, 런던 내셔널 갤러리)

관능미를 강조한 작품. 비너스가 거울을 바라보며 자신의 아름다움에 도취돼 있다.

❹ **고야의 '벌거벗은 마야'**(1798, 마드리드 프라도 미술관)

일반인을 그린 누드와 도발적인 시선으로 종교재판에서 외설 판정을 받았다.

❺ **앵그르의 '대 오달리스크'**(1814, 파리 루브르 박물관)

여성 누드에 심취한 앵그르의 대표작. 관능적인 우아함을 강조하기 위해 의도적으로 인체를 왜곡해서 그렸는데, 이 때문에 비평가들에게 거센 비난을 받았다.

❻ **마네의 '올랭피아'**(1863, 파리 오르세 미술관)

성적으로 타락했으면서도 위선적인 모습을 보이는 이들에게 '나는 다 알고 있어요'라는 듯 무덤덤하게 바라보는 시선이 인상적인 작품. 당시 여성 누드의 시선은 수줍게 표현하는 것이 관례인데, 그러한 관례를 과감히 깸으로써 참신하다는 평가와 동시에 평단의 거센 비난을 받기도 했다. 그림을 훼손하려는 사람들 때문에 사람들의 손이 닿지 않는 높은 곳에 전시해야 했다고 한다.

500인실

바사리의 벽화가 있는 중정

Option

12 메디치 가문의 옛 궁전 베키오 궁전 Palazzo Vecchio

시뇨리아 광장에 서면 가장 먼저 눈에 들어오는 건물. 13세기 피렌체의 시의회로 쓰기 위해 건립됐다. 처음 설계는 두오모를 담당한 아르놀포 디 캄비오가 맡았으며, 14세기에 종탑을 추가해 전형적인 중세 고딕 건물로 완성했다. 16세기 메디치 가문의 코시모 1세가 여기에 머물면서 내부를 확장했으며, 나중에 강 맞은편에 있는 피티 궁전으로 이사하면서 이탈리아어로 옛(Vecchio) 궁전이라는 뜻이 담긴 현재의 모습으로 바뀌었다. 지금도 피렌체 시의회 청사로 사용하며, 돌고래를 안은 동자(푸토) 분수가 있는 첫 번째 중정까지는 무료입장할 수 있다. 중정의 벽을 장식한 프레스코화는 코시모 1세의 장남과 합스부르크 공주 요안나의 결혼을 축하하며 1565년 바시리가 그린 오스트리아의 도시들이다.

Ⓖ 베키오궁 Ⓜ MAP ⑥-D

ADD Piazza della Signoria

OPEN 박물관 09:00~19:00(목요일 ~14:00), 탑 09:00~17:00(목요일 ~14:00, 우천 시 입장 불가, 5세 이하 입장 불가, 17세 이하 성인 동반 필수)/폐장 1시간 전까지 입장

CLOSE 12월 25일, 시청 행사 진행 시

PRICE 박물관 12.50€(18~25세 10€), 탑 12.50€(18~25세 10€)/17세 이하 무료/예약비 1€

WALK 우피치 미술관에서 도보 1분(시뇨리아 광장 안)

WEB 예약 ticketsmuseums.comune.fi.it

MORE

500인실 Salone dei Cinquecento

15세기, 행정에 참여하는 지도자 500명이 회의를 하는 장소였으나 메디치가가 집권하면서 접견실과 연회실로 사용했다. 피렌체와 코시모 1세의 영광을 새긴 격자 무늬 천장은 바사리의 작품이며, 양쪽 벽은 피렌체의 시에나와 피사의 전투 장면을 담은 거대한 프레스코화로 장식했다. 벽 주위를 따라 전시된 조각상들 중에는 미켈란젤로가 교황 율리우스 2세를 위해 만든 미완성작 '승리'가 있는데, 미켈란젤로의 조카가 이를 코시모 1세에게 주는 바람에 메디치 가문의 소유가 됐다.

MORE

서재 Studiolo

500인실 한쪽에는 프란체스코 1세의 서재가 있다. 해가 들지 않아 어두운 작은 공간을 피렌체의 매너리즘 화가들이 그린 패널이 화려하게 장식하고 있다. 방의 맨 끝과 입구 위에는 프란체스코 1세의 아버지인 코시모 1세와 어머니 톨레도의 엘레오노라를 그린 2개의 초상화가 있다.

엘레오노라 예배당 Capella di Eleonora

<구약성서>에 등장하는 모세 이야기를 그린 브론치노의 작품으로 장식돼 있다. 코시모와 엘레오노라의 장녀를 모델로 한 '수태고지'도 놓치지 말자.

백합실 Sala dei Gigli

베키오 궁전에서 가장 아름다운 방으로, 벽을 장식한 파란 배경의 황금색 백합에서 이름이 유래했다. 이는 당시 피렌체 공화국과 친선 조약을 맺은 프랑스 왕의 문장이다. 황금색과 푸른색의 격자무늬 천장은 마이아노(Guiliano da Maiano)의 작품이며, 도나텔로의 조각상 '유디트와 홀로페르네스'도 볼 수 있다.

❹ 현재 아카데미아 미술관에 있는 미켈란젤로의 '다비드' 상은 1872년까지 이 자리에 있었다.

13 광장에서 즐기는 야외 미술관
시뇨리아 광장 Piazza della Signoria

우피치 미술관과 베키오 궁전 앞에 있는 광장. 한때 피렌체의 정치 중심지였던 곳으로, 광장 곳곳에는 피렌체의 역사적 사건과 관련한 동상이 서 있다. 베키오 궁전을 정면으로 보고 맨 왼쪽의 기마상은 메디치 가문을 되살려낸 ❶ 코시모 1세(1519~1574)의 기마상이며, 그 오른쪽에는 코시모 1세가 아들 프란체스코 1세와 합스부르크 왕가의 공주 요안나의 결혼을 축하하기 위해 암만난티에게 의뢰해 제작한 ❷ 바다의 신 넵튠의 분수가 있다. 그 외 ❸ 도나텔로의 '유디트와 홀로페르네스'와 마르조코(Marzocco, 피렌체의 문장을 발로 세우고 있는 사자 상), ❹ 미켈란젤로의 다비드 상과 헤라클레스 상 등이 있지만 아쉽게도 모두 복제품이다.
우피치 미술관 바로 옆이어서인지 광장 주변에는 유난히 거리의 예술가들이 많이 모여 있다. 화가가 그려주는 초상화는 대개 30€, 예술가와 함께 사진을 찍으려면 1~2€ 정도를 준비하는 게 좋다.

Ⓖ 시뇨리아 광장 Ⓜ **MAP** ❻-B·D
ADD Piazza della Signoria
WALK 베키오 궁전 바로 앞/두오모에서 도보 5분

가짜 화가에 속지 마세요

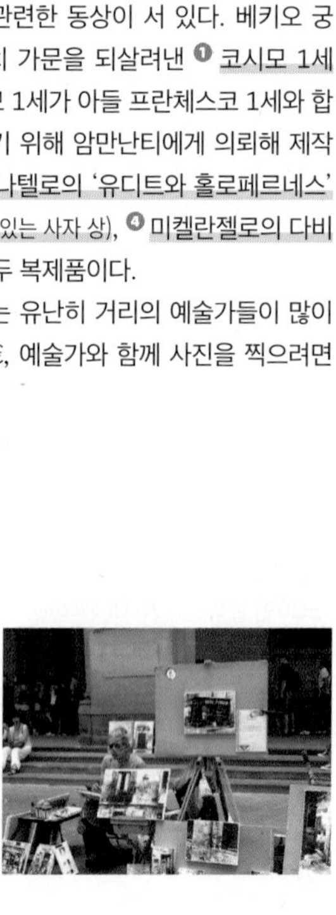

두오모와 시뇨리아 광장 주변에는 거리 화가가 많다. 저마다 직접 그린 그림이라며 피렌체 시에서 발행한 인증서를 걸어놓은 화가도 많지만 반 이상은 가짜라고 생각하면 된다. 특히 풍경화만 걸어 놓고 오랫동안 그림을 그리지 않는 화가는 가짜일 확률이 99%다. 게다가 그림도 아닌, 종이나 천에 프린트한 뒤 대충 물감을 덧바른 것도 있다.

Zoom In & Out

시뇨리아 광장

❖ 로자 데이 란치 Loggia dei Lanzi – 15개의 조각상이 있는 회랑

시뇨리아 광장에 있는 회랑으로, 15개의 조각상이 들어서 있어 쉽게 눈에 띈다. 전시된 조각상 모두 유명 작품의 복제품이거나 무명 작품인 데다 별다른 관리를 받지 못한 채 늘어서 있지만 꽤 퀄리티가 높아서 볼 만하다. 이 중 '겁탈당한 사비나 여인'은 사방에서 볼 수 있게 제작한 르네상스 최초의 작품으로, 플랑드르(지금의 벨기에 지방) 출신의 조각가 잠볼로냐가 만들었다.

좌우에서 입구를 지키고 있는 사자 조각상. 사자는 피렌체의 상징이다.

'메두사의 목을 들고 있는 페르세우스'. 원본은 바르젤로 국립 미술관에 있다.

'폴릭세나의 약탈'

고대 로마 여인들의 조각상

'파트로클로스의 시체를 찾아오는 메넬라오스'

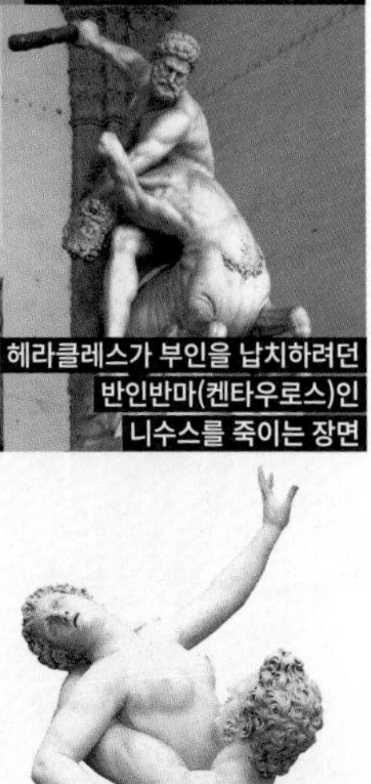

헤라클레스가 부인을 납치하려던 반인반마(켄타우로스)인 니수스를 죽이는 장면

로자 데이 란치의 조각상으로 보는 그리스·로마 신화

페르세우스 그리스 신화에 나오는 영웅. 주신(主神) 제우스와 아르고스의 왕녀 다나에 사이에서 태어났다.

폴릭세네 아킬레우스를 유혹한 트로이의 공주. 아킬레우스는 트로이의 목마에 타지 않고 애인을 위해 휴전하고자 했으나 죽음을 맞았다. 목마에는 아킬레우스의 아들 네오프톨레모스가 대신 탔으며, 폴릭세네는 전쟁 후 아킬레우스의 무덤에 제물로 바쳐졌다.

메넬라오스 트로이 전쟁의 원인이 됐던 헬레나의 남편. 아킬레우스가 전투에 참가하지 않자 아킬레우스의 절친 파트로클로스는 그의 갑옷을 입고 싸움에 나섰다. 파트로클로스는 자신을 아킬레우스로 오인하고 두려움에 떨며 퇴각하는 트로이군을 추격했는데, 트로이 최고의 용사 헥토르와 대적해 창에 찔려 전사하고 만다. 파트로클로스의 시체를 둘러싼 전투가 계속되는 동안 메넬라오스가 시체를 찾아오게 되고, 아킬레우스는 전투에 복귀해 헥토르를 죽여 복수했다. 이후 메넬라오스는 트로이 전쟁의 영웅으로 추앙받았다.

겁탈당한 사비나 여인 로마 건국 신화의 아버지 로물루스는 자신이 건설한 새 국가를 위해 노예든 방랑자든 원하는 모든 사람을 로마 시민으로 받아들였다. 이후 인구 불균형으로 여자가 부족해지자 결혼 적령기의 남자들을 위해 축제를 열고 이웃의 사비나족을 초청한 후 군인을 동원해 축제에 온 여자들을 겁탈하고 남자들을 쫓아버렸다. 이 여자들은 어쩔 수 없이 로마의 남자들과 결혼 후 로마에서 살게 됐고, 로물루스 자신도 사비나 여인과 결혼해 후에 사비나의 왕까지 겸하게 됐다.

'겁탈당한 사비나 여인'

조각상을 스케치하는 학생이 많다.

산 조반니의 '밥티스타'(1450~1455)

도나텔로의 '성 조르조'(1416~1417)

Option

14 르네상스 조각의 전당
바르젤로 국립 박물관
Museo Nazionale del Bargello

시뇨리아 광장 동쪽, 우피치 미술관과 두오모의 중간에 자리한 박물관. 1261년 지어진, 피렌체에서 가장 오래된 관청사로 1574년부터 경찰 본부로 사용되면서 '경찰'을 뜻하는 '바르젤로'로 불렸다. 1865년 국립 박물관으로 재단장한 후부터는 우피치 미술관에서 옮겨 온 이탈리아 중세 조각·공예품과 르네상스부터 바로크 시대에 이르는 이름난 조각품과 회화를 전시하고 있다. 특히 유명한 작품으로는 ❶ 도나텔로의 '다비드', '성 조르조'와 미켈란젤로의 '미완의 다비드', ❷ '바쿠스', 산 조반니 세례당의 청동문 제작을 두고 기베르티와 경쟁했던 작품인 브루넬레스키의 '이사크의 희생', 베로키오의 '다비드'가 있다.

Q7C5+56 피렌체 MAP ❻-B

ADD Via del Proconsolo 4
OPEN 08:15~13:50(토요일 ~18:50)
CLOSE 화요일, 매월 둘째·넷째 월요일, 12월 25일
PRICE 10€(특별전에 따라 다름), 17세 이하 무료/예약비 3€
WALK 시뇨리아 광장에서 도보 2분
WEB museodelbargello.it

❶ 고전 시대 이후 최초의 누드 상으로 평가받는 도나텔로의 '다비드'(1440). 초기에는 애국자의 상징으로 여겨졌으나, 후에 미켈란젤로의 '다비드'에 가려 빛을 보지 못했다.

❷ 미켈란젤로의 초기작, '바쿠스'(1496~1497)

도나텔로(1386~1466)

피렌체 출신의 르네상스 시대의 조각가. 본명은 도나토 디 니콜 베토 바르디(Donato di Niccol di Betto Bardi)다. 로마에서 고대 조각을 연구했고, 사실적이고 세련된 기법으로 일찍이 명성을 얻으며 브루넬레스키, 기베르티와 함께 '르네상스 초기의 3대 조각가'로 꼽힌다. 근대 조각의 토대를 마련했으며, 베로키오와 미켈란젤로에게 큰 영향을 끼쳤다.

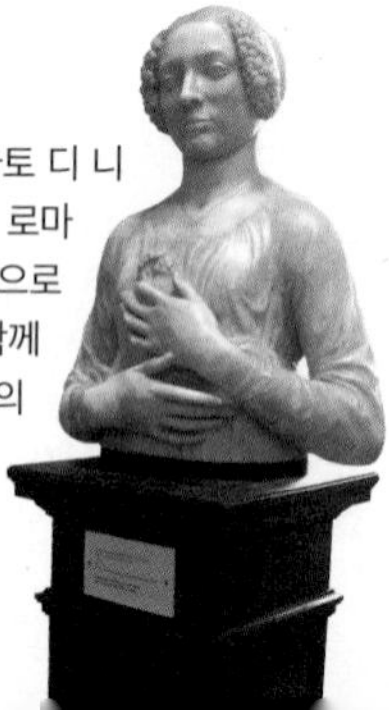

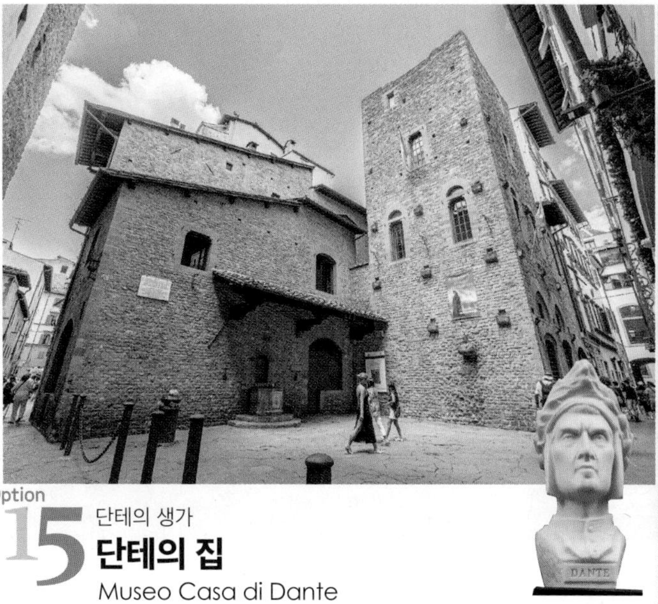

산타 크로체 성당 앞에 있는 단테의 조각상

Option
15 단테의 생가 **단테의 집**
Museo Casa di Dante

피렌체가 낳은 세계적인 문학가, 단테의 생가를 복원해놓았다. 내부에는 단테의 침실과 서재 그리고 그의 일생과 작품을 묘사한 그림(복제품)과 공예품이 있다.

Q7C4+CR 피렌체 MAP ⑥-B
ADD Via Santa Margherita, 1
OPEN 10:00~18:00(11~3월 ~17:00(토·일요일 ~18:00))
CLOSE 11~3월 월요일, 12월 24·25일
PRICE 8€
WALK 시뇨리아 광장에서 도보 3분
WEB www.museocasadidante.it

단테의 집 내부

아르노 강변을 배경으로 한 헨리 홀리데이의 '단테와 베아트리체의 만남'(1861)

★
단테 Dante(1265~1321년)

<신곡>의 저자 단테는 이탈리아를 대표하는 시인으로, 피렌체에서 태어났으며, 이탈리아어로 많은 작품을 남겨 현대 이탈리아어의 기틀을 마련했다고 평가받는다. 불후의 명작 중의 하나로 꼽히는 <신곡>은 사후 세계를 상상 속의 여행기 형식으로 쓴 서사시로, '지옥', '연옥', '천국'의 3편으로 돼 있다. 중세의 모든 학문·신화·역사를 총체적으로 풀어낸 대작으로 미켈란젤로가 '최후의 심판'을 그릴 당시 <신곡>에서 묘사한 지옥에서 영감을 받아 작품을 완성했다고 한다. 정치적인 이유로 피렌체에서 추방당해 라벤나에서 살다가 1321년 56세의 나이로 쓸쓸히 생을 마감했다.

MORE
피렌체의 유명 인사

과거 부유한 도시였던 피렌체에는 이곳을 주무대로 활동한 유명 인사가 무척 많다. 피렌체가 고향은 아니지만 주무대로 활동한 화가로는 미켈란젤로, 레오나르도 다빈치, 라파엘로가 있고, 피사에서 태어나 피렌체에서 활동하며 지동설을 주장한 천문학자 갈릴레이가 있다. <신곡>의 작가 단테와 <군주론>의 작가 마키아벨리도 피렌체 태생이다.

대표적인 르네상스 양식 건축물인 피티 궁전

보티첼리, 필리포 리피 등의
그림이 전시된 프로메테우스 방

16 오래된 다리 위에 보석이 반짝! 베키오 다리 Ponte Vecchio

1345년 지어진, 피렌체에서 가장 오래된 다리. 이름도 '오래된 다리'라는 뜻이다. 제2차 세계대전 중 피렌체에서 파괴되지 않은 유일한 다리로, 우피치 미술관과 피티 궁전을 잇는다. 본래 다리 위에는 푸줏간, 대장간, 가죽 처리장 등이 있었으나, 1593년 코시모가 악취를 이유로 이들을 내쫓은 뒤 보석상이 들어서기 시작했다(지금도 이 다리에서는 고기를 팔 수 없다). 보석상에서는 르네상스 예술가의 후예인 보석 세공사들이 직접 디자인한 보석들을 판매하는데, 가격은 비싸지만 섬세한 세공과 뛰어난 디자인이 눈을 떼지 못하게 한다. 귀고리는 보통 50€부터, 팔찌나 목걸이는 150€부터다.

Q793+57 피렌체 MAP ❻-C
ADD Ponte Vecchio
WALK 시뇨리아 광장에서 도보 2분/산타 크로체 성당에서 도보 10분

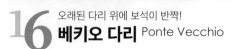

베키오 다리 주변 아르노강 풍경

Option

17 피렌체 정치·행정의 중심지 피티 궁전 Palazzo Pitti

피티 가문이 1458년에 지은 것으로, 피렌체이 있는 궁전 중 가장 규모가 크다. 1549년 엘레아노르가 사서 남편 코시모 1세에게 선물한 이후 피렌체의 정치·행정의 중심지가 됐다. 1919년 국유화되어 미술관과 정원으로 일반에 공개되고 있다.

매표소는 피티 궁전으로 들어가기 전 광장에서 정문을 바라보고 오른쪽 건물에 있다. 피티 궁전 입장권으로 팔라티나 미술관(Galleria Palatina), 현대미술관(Galleria d'arte Moderna), 의상 미술관(Galleria del Costume), 은 박물관(Museo degli Argenti) 등을 돌아볼 수 있으며, 보볼리 정원(Giardino di Boboli) 입장권은 도자기 박물관(Museo delle Porcellane)과 바르디니 정원(Giardino Bardini)을 포함한다.

Q782+32 피렌체 MAP ❻-C
ADD Piazza de'Pitti, 1
OPEN 피티 궁전 08:15~18:30/17:30까지 입장, 보볼리 정원 08:15~18:30(11~2월 ~16:30, 3·10월 ~17:30, 6~8월 ~19:10)/폐장 1시간 전까지 입장
CLOSE 피티 궁전 월요일, 1월 1일, 12월 25일/ 보볼리 정원 매월 첫째·마지막 월요일, 12월 25일
PRICE 피티 궁전 16€(11~2월 비수기 10€)
보볼리 정원 10€(11~2월 비수기 6€)
피티 궁전+보볼리 정원 통합권 22€(11~2월 비수기 14€)
WALK 시뇨리아 광장에서 도보 8분
WEB www.uffizi.it/palazzo-pitti

Zoom In & Out

피티 궁전

● 팔라티나 미술관 Galleria Palatina 본관 2층

널리 알려지지는 않았으나 소장품의 수량이나 수준 면에서 우피치 미술관에 견줄 만한 곳이다. 특히 라파엘로와 티치아노의 대표작이 다수 전시돼 있으므로 두 화가에 관심이 많은 여행자라면 꼭 들러보는 것이 좋다. 대표적인 작품은 라파엘로의 '의자의 성모'(1513)다. 레오나르도 다빈치의 '모나리자'를 닮은 오묘한 미소와 미켈란젤로의 '성가족'을 연상시키는 안정적인 구도, 그리고 라파엘로 특유의 부드러운 색감으로 성모 마리아와 아기 예수를 그린 그림 중 가장 큰 감동과 위안을 주는 작품으로 평가받고 있다. 이외에도 라파엘로의 '대공의 성모', 티치아노가 그린 '아름다운 여자', '막달라 마리아', '어느 귀인의 초상' 등이 전시돼 있다.

*피렌체의 미술관과 박물관은 소규모 특별전을 진행하더라도 정가의 거의 두 배에 가까운 입장료를 받는 경우가 많으므로 예산을 넉넉히 잡아 방문해야 한다.

티치아노, 틴토레토, 루벤스의 회화가 있는 비너스 방. 천장 장식은 피에트로 다 코르토나의 작품이다.

❶ 라파엘로의 '의자의 성모'(1514)

나폴레옹의 징발위원회가 피렌체를 정복한 후 징발 1호로 꼽을 정도로 아름다운 작품이다. 작품 속의 여인은 라파엘로의 연인이었던 라 포르나리나를 많이 닮았다. 그래서인지 미술관에서 가장 인기 있는 작품이다.

❶ 8세에 어머니를 잃은 라파엘로가 어머니에 대한 그리움을 예술로 승화한 작품이다.

❷ 라파엘로의 '대공의 성모'(1505~1506)

라파엘로의 성모는 유럽 화단에서 가장 완벽한 여성상의 전형으로 평가될 만큼 아름답기로 유명하다. '대공의 성모'라는 작품명은 1799년 나폴레옹에게 쫓겨난 페르디난도 대공이 망명 중에 자신의 부하를 통해 피렌체에서 이 작품을 구매한 데서 유래한다.
라파엘로는 이 작품에서 스승 페루지노에게 배운 자연스러운 인물 표현 기법으로 우아하고 섬세하게 성 모자의 모습을 묘사했다.

❷

❸

❸ 티치아노의 '막달라 마리아'(1532)

티치아노 자신과 그의 동료 화가들이 무수히 복제한 작품으로 음탕하고 관능적인 성녀의 모습 때문에 당시 많은 논란을 불러일으켰다. 티치아노는 색채를 다루는 솜씨가 뛰어난 인물로, 전통적인 구도의 법칙을 과감히 무시하고 색채의 힘으로 화면의 통일성을 이루어낸 것으로 유명하다.

● 보볼리 정원 Giardino di Boboli

메디치 가문의 코시모 1세가 아내 엘레오노라를 위해 만든 이탈리아식 정원. 공원에 들어서면 좌우로 길게 뻗은 잔디가 싱그러운 느낌을 주는데, 좌우대칭의 균형 있는 구도로 이루어져서 안정감이 든다.
정원이라기에는 꽤 넓은 공간에 수백여 점의 조각과 분수, 연못이 자연스러운 조화를 이뤄 아내를 위해 이같이 아름다운 정원을 꾸민 코시모 1세의 마음이 어떠했는지를 짐작할 수 있다. 정원 한쪽에는 피렌체 시가지를 한눈에 내려다볼 수 있는 작은 구릉이 있으며, 여름에는 시민을 위한 무료 야외 오페라도 열린다.

바쿠스(디오니소스)의 분수

미켈란젤로의 '4명의 죄수들'이 있는 대동굴

Q796+CW 피렌체

MAP 6-D

ADD Piazza Santa Croce, 16
OPEN 09:30~17:30(일요일, 1월 6일, 8월 15일, 11월 1일, 12월 8일 12:30~17:45)/17:00까지 입장
CLOSE 1월 1일, 부활절, 6월 13일, 10월 4일, 12월 25·26일
PRICE 8€(박물관 포함), 11~17세 6€/예약비 1€/예약 권장
WALK 시뇨리아 광장에서 도보 5분. 성당 매표소와 출입구는 정문을 바라보고 왼쪽 골목 안에 있다.
WEB www.santacroceopera.it

18

미켈란젤로, 갈릴레이, 단테, 마키아벨리가 묻힌 곳

산타 크로체 성당
Basilica di Santa Croce

1385년에 완공한 웅장한 고딕 건축물로, 피렌체를 빛낸 300여 명의 인사가 잠들어 있다. 여행자의 발길이 가장 많이 머무는 곳은 르네상스를 대표하는 예술가 ❶ 미켈란젤로와 지동설을 주장한 ❷ 갈릴레이, <군주론>을 집필한 마키아벨리, <피렌체 찬가>를 저술한 15세기 피렌체의 인문주의자 ❸ 레오나르도 브루니의 무덤과 단테의 기념비 앞이다. 단테는 라벤나에서 생을 마감해 묘지 대신 기념비를 세웠다. 그밖에 아씨시의 대성당에 그림을 그린 조토의 '성 프란체스코의 생애'(1320)와 바르디 예배당(Capella Bardi, 2024년 상반기까지 내부 수리를 위해 폐쇄)에 있는 도나텔로의 '십자가에 못 박힌 예수', 1966년 피렌체 홍수로 크게 손상된 ❹ 치마부에의 '십자가에 못 박힌 예수'도 전시돼 있다. 성당과 통합된 수도원 쪽에는 브루넬레스키가 1430년에 설계한 르네상스 건축의 걸작인 ❺ 파치 예배당(Capella de' Pazzi)이 있다. 광장 주변에는 독특한 디자인의 가죽 제품을 파는 상점이 늘어서 있으니 가죽 제품에 관심이 있는 여행자라면 가볍게 들러보자.

성당 안 양쪽으로 유명 인사들의 무덤이 늘어서 있다.

❹

❶ 미켈란젤로의 무덤. 3명의 여자 조각상은 각각 회화·조각·건축을 상징한다.

❷ 갈릴레이의 무덤

❸ 사실적 묘사가 뛰어난 레오나르도 브루니의 무덤

❺ 파치 예배당의 천장

19 피렌체에서 가장 높은 곳에 자리한 광장
미켈란젤로 광장
Piazzale Michelangelo

피렌체 시가지가 한눈에 들어오는 광장. '미켈란젤로 언덕'이라고도 불린다. 1860년 주세페 포지(Giuseppe Poggi)가 조성했으며, 광장 가운데 미켈란젤로의 다비드 상이 모조품으로 서 있다. 노을이 지는 아르노 강의 풍경은 여행이 끝나고 일상으로 돌아간 후에도 영화 속 한 장면처럼 선명하게 남는다. 여름에는 저녁 9시가 넘어야 해넘이가 시작되고, 겨울에는 오후 5~6시쯤 가면 된다.

Ⓖ 미켈란젤로 광장 Ⓜ MAP ❻-D

ADD Piazzale Michelangelo
WALK 베키오 다리를 건너 도보 25분
BUS 기차역에서 서쪽으로 약 600m 떨어진 일 프라토 바르베티(Il Prato Barbetti) 정류장 또는 베키오 다리에서 북쪽으로 약 800m 떨어진 피아지 도니산티(Piazza d'Ognissanti) 정류장에서 시내버스 12번 탑승, 피아찰레 미켈란젤로(Piazzale Michelangelo) 정류장에서 하차한다.

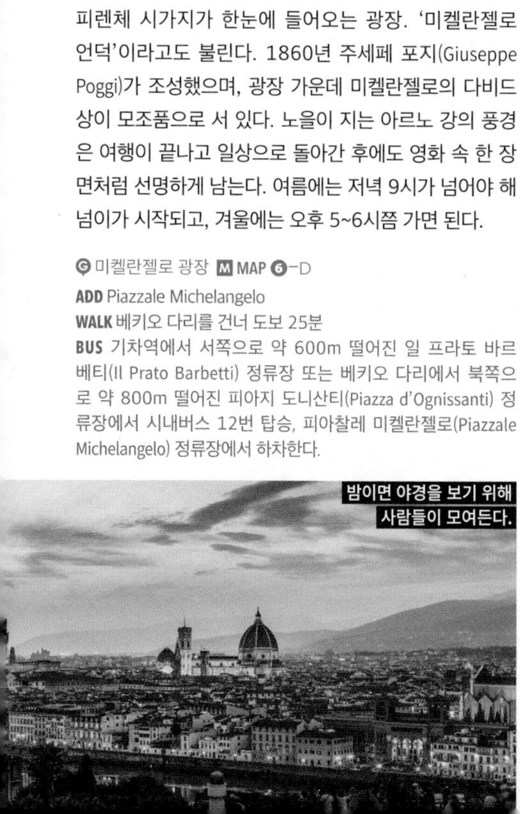

밤이면 야경을 보기 위해 사람들이 모여든다.

MORE
기차역~미켈란젤로 광장 왕복 노하우

대부분 여행자들이 광장으로 올라갈 때는 버스를 탔다가 내려갈 때는 걸어가지만 산타 마리아 노벨라역 주변에서 미켈란젤로 광장까지 가는 버스는 멀리 돌아가기 때문에 시간이 오래 걸린다. 걸어가도 시간은 비슷하게 걸리니 천천히 걸어 올라가는 것도 좋은 선택이다. 걸어 올라갈 땐 아르노 강변 동쪽으로 'Piazzale Michelangelo'라고 쓴 이정표를 따라 천천히 걷는 방법을 추천. 경사가 완만해 기분 좋게 오를 수 있다. 내려올 때도 강변을 따라 돌아오는 게 길을 찾기 쉽다.
버스를 이용한다면, 광장 정류장 근처에는 매표소가 없으니 올라갈 때 미리 1회권 2장을 준비해 기차역에서 약 600m 떨어진 정류장에서 12번 버스를 탄다.
12번 버스와 반대 방향으로 순환하는 13번 버스는 시간이 조금 더 오래 걸린다. 내려올 때는 올라갈 때 내린 정류장에서 12번 버스를 탄다. 13번 버스보다 조금 더 오래 걸리지만 산타 마리아 노벨라역 바로 앞에서 내릴 수 있어 길을 찾기 쉽다. 배차 간격이 뜸할 때는 길 건너에서 13번을 타는 것도 좋다. 단, 13번 버스는 산타 마리아 노벨라역에서 서쪽으로 600m가량 떨어진 정류장(Rotonda Barbetti)에서 내려야 한다. 승차권을 각인하지 않아 벌금을 내는 여행자가 유난히 많은 구간이니 주의할 것!

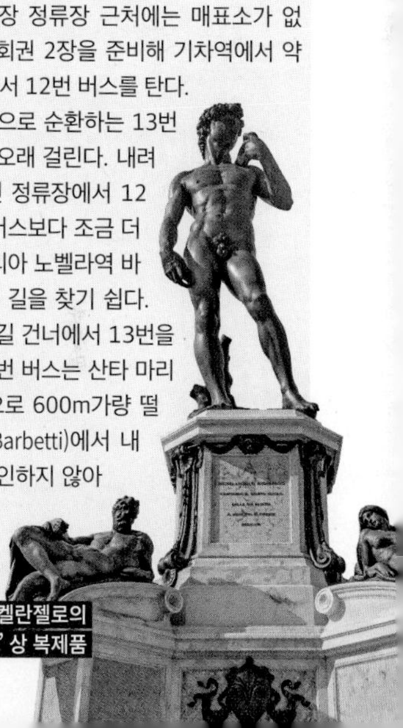

미켈란젤로의 '다비드' 상 복제품

구찌와 페라가모의 본거지

토르나부오니 거리 Via de'Tornabuoni

피렌체의 대표적인 명품 거리인 토르나부오니 거리에는 구찌와 페라가모 본점이 있다. 본점답게 다른 매장과는 비교할 수 없을 만큼 다양한 제품이 진열돼 있으니 평소 관심이 많은 여행자라면 꼭 한번 들러보자. 이외에도 막스마라, 프라다 등 패션 아이콘이라 할 수 있는 브랜드점이 길게 늘어서 있다.

ADD Via de' Tornabuoni
OPEN 10:00~19:30(상점에 따라 다름)
WALK 산타 마리아 노벨라역에서 도보 10분

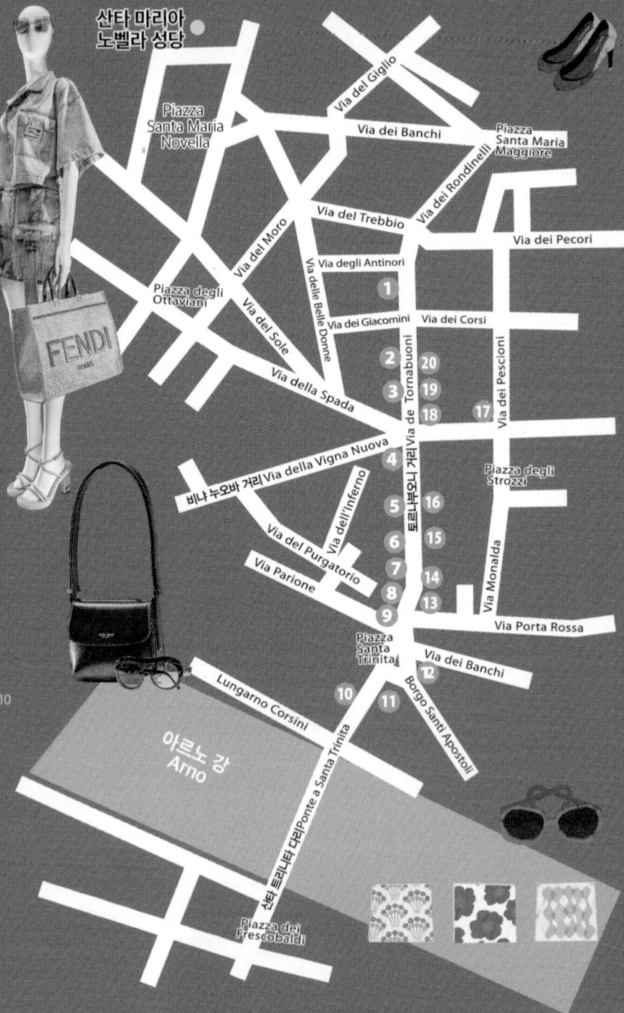

① 에르메스 Hermès
② 호간 Hogan
③ 조르지오 아르마니 Giorgio Armani
④ 구찌 Gucci
⑤ 프라다 Prada
⑥ 발렌시아가 Balenciaga
⑦ 티파니 Tiffany
⑧ 버버리 Burberry
⑨ 오메가 Omega
⑩ 디올 Dior
⑪ 살바토레 페라가모 Salvatore Ferragamo
⑫ 쟈딕앤볼테르 Zadig&Voltaire
⑬ 몽블랑 Montblanc
⑭ 셀린 Celine
⑮ 펜디 Fendi
⑯ 생로랑 Saint Laurent
⑰ 까르띠에 Cartier
⑱ 불가리 Bvlgari
⑲ 토즈 Tod's
⑳ 막스마라 Max Mara

③ 본점 구찌 Gucci 전 세계에서 가장 핫한 명품 브랜드

100년의 전통을 자랑하는 명품 브랜드, 구찌. 제2차 세계대전이 끝나고 부족한 가죽 대신 'GG 캔버스(GG 문양이 들어간 천)'로 만든 핸드백이 큰 인기를 얻은 후 전통과 현대의 조화를 추구한 구찌만의 스타일로 세계 패션의 흐름을 주도하고 있다.
본점답게 넓은 매장과 다양한 제품 라인이 장점으로, 최근에는 중국인들이 주 구매층으로 급부상하면서 동양적인 패턴이나 자수 기법을 사용한 라인이 크게 늘었다. 클래식한 라인을 찾는다면 피렌체 근교의 아웃렛을 찾는 것도 좋다.

⑨ 본점 살바토레 페라가모 Salvatore Ferragamo 명품 구두의 대명사

장인 정신이 깃든 명품 구두 브랜드. 창립자 살바토레 페라가모는 '신어서 편한 구두, 오래 신어도 변함없는 구두'를 만들기 위해 대학에서 해부학을 따로 공부할 만큼 구두 만들기에 온 힘을 쏟았다. 핵심 공정은 여전히 수작업을 고집해 구두 하나만큼은 정말 제대로 만든다는 평을 듣는다.
페라가모 특유의 금장 로고가 달린 가방도 인기 아이템으로, 이곳에서는 아시아 시장에 선보이지 않는 유럽 전용 에디션을 만날 수 있다. 담당 직원에 따라 매장 전시품 외에 스페셜 에디션을 보여주기도 한다. 본점 3층에는 창립자 살바토레 페라가모의 작품을 전시한 박물관이 있다.

살바토레 페라가모 박물관
G Q792+WF 피렌체
M MAP ⑥-A
ADD Piazza di Santa Trinita 5R
OPEN 10:30~19:30
CLOSE 1월 1일, 5월 1일, 8월 15일, 12월 25일
PRICE 8€, 17세 이하 무료

오래된 궁전 같은 건물이 인상적이다.

MORE
또 다른 명품 거리, 비냐 누오바 거리 Via della Vigna Nuova

토르나부오니 거리의 구찌 매장에서 서쪽으로 이어지는 거리. 에트로, 발렌티노, 아르마니, 돌체앤가바나 등 명품 브랜드와 젊은 층이 선호하는 브랜드 매장이 늘어서 있다. 토르나부오니 거리 못지않게 패셔니스타들이 즐겨 찾는 거리다.

아담하고 분위기 있는 야외 테이블

루콜라와 그라나 파다노 치즈를 곁들인 등심 스테이크(Controfiletto di Manzo con Rucola e Grana, 26.80€)

트러플을 곁들인 카르보나라 (Carbonara al Tartufo, 23.80€)

파스타 돌돌 말아, 스테이크도 한 입

파올리 1827

Antico Ristorante Paoli 1827

옛 귀족의 저택을 개조한 고풍스러운 분위기의 레스토랑. 예능 프로그램 <알쓸신잡>의 촬영지로 등장했다. 한글 메뉴판도 있고 한국인 대응에 익숙한 직원이 많아서 다른 현지인 위주 식당보다 서비스 불만이 적은 편. 육류 요리 전문점답게 피렌체 전통 티본스테이크가 대표 메뉴지만 파스타까지 두루 잘하는 집이니 2인이라면 면 요리와 고기 요리를 하나씩 맛보자. kg 단위 주문이 부담스러운 여행자도 만족할 수 있도록 스테이크 옵션도 잘 갖췄고 스테이크와 잘 어울리는 하프보틀 와인(16€~)도 다양하다. 단, 자릿세가 꽤 비싼 식당이니 홈페이지나 식당 예약 앱(The fork)의 할인 프로모션을 적극 활용하자.

Q7C4+98 피렌체 MAP 6-B

ADD Via dei Tavolini, 12/R

OPEN 12:00~22:30

MENU 전채 8~17€, 파스타 18~26€, 스테이크 27~40€, 티본스테이크 70~188€/1Kg, 자릿세 6€/1인

WALK 시뇨리아 광장에서 도보 4분

WEB ristorantepaoli.com

우피치 미술관 다음 코스!

◉ 알란티코 비나이오
All'Antico Vinaio

피렌체를 대표하는 스키아차타 샌드위치 전문점. 골목을 사이에 두고 여러 매장을 열면서 규모를 확장했는데도 항상 긴 줄이 늘어선다. 맛이 최고인지 묻는다면 잠시 망설이게 되지만 이탈리아 '빵지순례'에서는 빼놓을 수 없는 곳. 프로슈토나 살라미 같은 햄 종류를 선택하고 원하는 치즈와 소스, 채소 등을 고르면 즉석에서 샌드위치를 만들어준다. 재료 선택이 맛의 성패를 좌우하는데, 한국인 입맛에는 숙성 치즈보다는 모차렐라 같은 생치즈류가 잘 맞는다. 매콤한 살라미(Salame Piccante)나 부드러운 모르타델라(Mortadella) 햄에 스파이시 크림(Crema Piccante)과 가지구이(Melanzane Piccante) 등을 조합해보자. '가게 추천 조합 메뉴 Top 5'는 현지인 매출 기준이어서 우리 입맛에는 짠 편이다.

Ⓖ Q794+9X 피렌체 Ⓜ MAP ❻-D
ADD Via dei Neri, 65r
OPEN 10:00~22:00
MENU 스키아차타 샌드위치 7~10€
WALK 베키오 궁전과 우피치 미술관 사이 골목으로 도보 2분
WEB www.allanticovinaio.com

원하는 대로 만들어 먹는 것이 포인트!
이 집 역시 스키아차타 빵을 사용한다.

대부분 테이크아웃해
길가에 앉아서 먹는다.

한 골목에 매장이 여러 곳.
바 석을 갖춘 곳도 있다.

MORE
단품 메뉴Piatto Unico 또는 곁들임 음식으로 좋은 토스카나 전통 음식 3

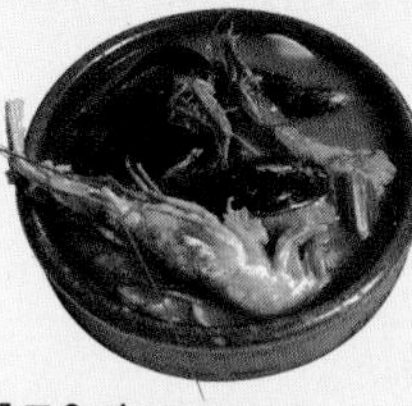

- **카추코 Cacciucco**
5가지 이상의 조개와 생선에 토마토 소스를 넣어 끓인 해산물 스튜

- **람프레도토 알라 피오렌티나 Lampredotto alla Fiorentina**
소 곱창과 양을 넣고 토마토소스에 졸인 수프

- **판자넬라 Panzanella**
오래된 빵, 토마토, 적양파, 바질 등을 섞고 올리브오일, 식초, 소금으로 맛을 낸 샐러드

샌드위치가 이렇게 맛있는 거였다니

◉ 라 프로슈테리아
La Prosciutteria

비나이오 바로 옆에 야심 차게 문을 연 샌드위치집. 진짜 이탈리아 음식을 선보이겠다는 창업 모토에 따라 키안티 시골풍 요리 레시피를 추구한다. 매일 아침 만든 사워도우의 고소한 맛과 쫄깃한 식감이 매력인 스키아차타를 반으로 갈라 햄, 치즈 등 고객이 고른 재료로 샌드위치를 만들어준다. 생햄 특유의 풍미에 익숙지 않다면 토스카나식 바비큐인 키안티 포르케타(Porchetta del Chianti)나 매콤한 살라미를 추천. 피스타치오 페스토(1.50€)를 더하고 키안티 와인까지 곁들이면 금상첨화다.

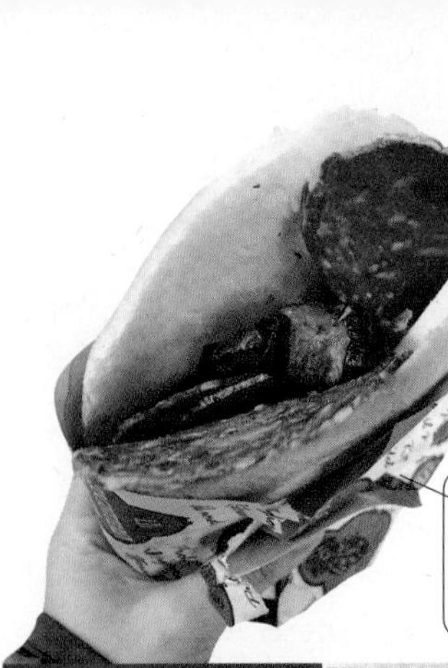

포카차보다 살짝 얇은 스키아차타 빵. 조그만 바에 앉아 먹고 갈 수 있다.

키안티 와인과 찰떡궁합!

테이크아웃해 가게 앞에서 먹는 사람도 많다.

Ⓖ Q795+84 피렌체 Ⓜ MAP ❻-D
ADD Via dei Neri, 54r
OPEN 11:45~23:30
MENU 스키아차타 샌드위치 6,50~9€, 햄 & 치즈 플레이트 10.90~15.90€/1인, 와인 5€~/1잔
WALK 베키오 궁전 또는 우피치 미술관에서 각각 도보 3분
WEB www.laprosciutteria.com/ristorante-firenze/

싸고 든든한 한 끼

◉ 안티카 포르케테리아 그라니에리 1916
Antica Porchetteria Granieri 1916

일명 '수육 버거'로 유명한 피렌체의 노포. 내장과 뼈를 제거한 통돼지 속에 허브와 향신료 등을 채운 후 장작불 위에서 회전시키며 오랜 시간 천천히 구워 만든 토스카나식 통돼지 바비큐 포르케타(Porchetta)를 샌드위치로 맛볼 수 있다. 차갑게 식힌 담백한 포르케타를 따끈하게 구운 빵 사이에 넣고 바질소스나 매콤한 피칸테 소스를 곁들여 주는데, 이 매운 소스가 기름이 쭉 빠진 수육의 밋밋함을 잡아주는 킥이다. 테이크아웃만 할 수 있다.

카포치아. 피칸테소스는 0.50€ 추가

통째 굽는 포르케타

'멧돼지 시장'이라고 불리는 포르첼리노 시장의 명물 식당!

Ⓖ Q7C3+2R 피렌체 Ⓜ MAP ❻-B
ADD Via Porta Rossa, 27/29 Rosso
OPEN 10:30~21:30(토·일요일 10:00~22:00)
MENU 카포치아(Capoccia) 6€, 포르케타 샌드위치 6~11€
WALK 포르첼리노 시장 바로 옆/ 시뇨리아 광장에서 도보 3분
WEB anticaporchetteriagranieri.it

쿠폴라를 향해 건배~

전망이 다 했네, 다 했어!

뷰온 아트 루프탑

View on Art Rooftop Cocktail Bar

쿠폴라에 올라가고, 쿠폴라를 바라보고! 여행의 모든 순간마다 쿠폴라가 중심에 있는 피렌체의 뷰 맛집으로, 조토의 종탑 계단 414개를 오르기 힘든 이들이 들르기 좋은 휴식 장소다. 계단 대신 편안하게 엘리베이터를 타고 올라가서 자리를 잡고 앉으면 큼직한 쿠폴라가 눈앞에 딱! 가리는 철조망도 없이 탁 트인 루프탑이라 날씨만 좋으면 인생 사진을 건질 수 있다. 벽돌색 지붕과의 색감을 생각해 알록달록한 칵테일을 고른다면 사진 소품으로도 안성맞춤. 오렌지색이 선명한 스프리츠는 태그 없이도 이탈리아에 있다는 티가 절로 나는 선택이다. 단, 좋은 자리는 예약 우선이고 서비스 관련 불만이 있는 편이다.

Q7C3+RW 피렌체 MAP 6-B
ADD Via dei Medici, 6
OPEN 11:00~23:30
MENU 칵테일 13€~
WALK 두오모 광장에서 도보 3분
WEB viewonart.it

두오모 전망이 아닌 쪽은 한적하다.

리코타 & 피스타치오 젤라토(2.50€)

우린 여기 젤라토만 먹거든요

젤라테리아 데이 네리
Gelateria dei Neri

젤라토 맛 좀 아는 피렌체 사람들이 첫손가락에 꼽는 젤라토 가게다. 관광 동선에서는 벗어나 있어서 현지인이 더 즐겨 찾는다. 한입 베어 물면 극강의 고소함이 입안 가득 퍼지는 피스타치오 젤라토나 진한 피스타치오 맛이 조금 순화된 리코타 & 피스타치오(Cremino Ricotta e Pistacchio) 맛을 추천한다. 말린 무화과가 촉촉하게 씹히는 리코타 & 무화과(Ricotta e Fichi) 젤라토와 단골들의 사랑을 독차지하는 초콜릿 젤라토도 놓치기 아쉽다.

Q795+4J 피렌체 MAP 6-D
ADD Via dei Neri, 9/11r
OPEN 10:30~24:00(금·토요일 ~다음 날 01:00)
CLOSE 월요일/비수기 부정기 휴무
MENU 젤라토 컵 2.50~7€/콘 2.50~6€
WALK 베키오 궁전과 우피치 미술관 사이 골목으로 도보 4분

뭘 고르든 흑임자 젤라토는 필수!

돌아서면 또 생각나! 흑임자 젤라토

젤라테리아 산타 트리니타
Gelateria Santa Trinita

일명 '흑임자 아이스크림'으로 통하는 검은깨(Sesamo Nero) 젤라토로 인기를 얻은 젤라테리아다. 저렴한 가격에 양도 푸짐해서 더욱 마음에 든다. 카운터에서 원하는 크기를 선택해 계산한 뒤 직원에게 영수증을 보여주고 맛을 고르면 된다. 검은깨 젤라토에 딸기나 망고 맛을 추가하면 2배는 맛있어지니 참고! 명품가 토르나부오니 거리에서 미켈란젤로 언덕이나 피티 궁전으로 넘어갈 때 들르기 좋은 위치다.

Q69X+9W 피렌체 MAP 6-C
ADD Piazza de' Frescobaldi, 11/red
OPEN 11:30~23:00
CLOSE 비수기 부정기 휴무
MENU 젤라토 컵 2.50~7.50€/콘 2.50~5.50€
WALK 우피치 미술관에서 베키오 다리를 건너 도보 3분
WEB www.gelateriasantatrinita.it

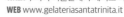

산타 트리니타 다리 바로 건너편에 있다.

블랙체리 & 치즈케이크 젤라토

강변 남쪽은 우리가 책임진다!

◉ 젤라테리아 라 카라이아
Gelateria La Carraia

아르노 강 남쪽, 젤라테리아 산타 트리니타와 쌍벽을 이루는 젤라테리아다. 관광 동선에서는 살짝 벗어나 있지만 한 번쯤 들러볼 만하다. 초콜릿, 쿠키, 케이크 등 클래식한 맛이 주력 메뉴로 그중에서도 치즈 무스의 진한 맛을 그대로 담은 치즈케이크(Torta con Formaggio) 젤라토가 인기다. 단골들의 선택은 밀크 젤라토에 체리소스를 섞어 군데군데 체리가 씹히는 블랙체리(Amarena) 젤라토. 계산부터 한 뒤 원하는 맛을 선택한다.

Q69W+RM 피렌체 **MAP** 6-C
ADD Piazza Nazario Sauro, 25/r
OPEN 11:00~22:00(금~일요일 22:30)
MENU 젤라토 컵 2.50~7€, 콘 2.50~7€
WALK 베키오 다리에서 서쪽으로 2번째 다리인 카라이아 다리(Ponte alla Carraia) 건너 오른쪽 코너에 있다.
WEB www.lacarraiagroup.eu

가게 앞은 언제나 대기 줄이 길다.

인기 메뉴인 크림 맛 젤라토

피렌체에서 가장 오래된 젤라테리아

◉ 비볼리
Vivoli

외관과 내부 모두 평범하고 소박하지만 피렌체에서 가장 전통 있는 젤라테리아로 꼽히는 곳이다. 창업 연도는 1932년! 젤라토의 본고장 피렌체의 최고령 젤라테리아답게 천연 재료로 직접 만든 젤라토에는 투박하지만 전통의 맛을 지키려는 고집이 담겨 있다. 부드럽고 고소한 크림(Crema) 젤라토는 현지인들의 사랑을 듬뿍 받는 오랜 인기 메뉴다. 여행자는 딸기(Fragola)나 쌀(Riso) 젤라토도 많이 주문한다. 다만, 젤라토의 양이 적고 불친절하다는 손님들의 불만이 끊임 없이 터져 나와 신뢰를 많이 잃었다.

Q796+X2 피렌체 **MAP** 6-B
ADD Via Isola delle Stinche, 7r
OPEN 08:30~18:00(일요일 09:30~)
CLOSE 월요일/비수기 부정기 휴무
MENU 젤라토 2.50€~
WALK 산타 크로체 성당에서 도보 3분
WEB www.vivoli.it

꿀, 참깨, 호박 젤라토

젤라토에 참깨를 넣으면 '왜 안 돼?'

◉ 페르케 노!...
Perché No!...

제철 재료를 사용해 시즌마다 독창적인 추천 메뉴를 선보이는 젤라테리아. '왜 안 돼?'라는 뜻의 도전적인 가게 이름이 재미있다. 하루에 팔 수 있는 양만큼만 만들어 남다른 신선함을 유지하는 것이 인기의 비결. 가게 벽면에는 주문을 돕는 한글 안내판이 있어 편리하다. 우리나라 여행자들에게는 고소하게 튀긴 참깨와 달달한 꿀맛이 조화로운 미엘레 & 세사모(Miele e Sesamo)가 특히 인기다. 여름에는 각종 생과일과 얼음을 갈아주는 시원한 그라니테(Granite)도 추천!

Q7C4+85 피렌체 **MAP** 6-B
ADD Via dei Tavolini, 19/R
OPEN 11:00~23:00
CLOSE 화요일/비수기 부정기 휴무
MENU 젤라토 3~12€, 프라페 5€, 그라니테 작은 컵(Piccola) 3.50€/큰 컵(Grande) 5€
WALK 두오모 정문에서 도보 3분
WEB www.percheno.firenze.it

수박 그라니테 (Granite di Cocomero)

득템 찬스!

피렌체 아웃렛

피렌체 근교에는 더몰, 프라다, 돌체앤가바나 등 다양한 아웃렛이 있다. 그중 가장 인기 있는 곳은 역시 더몰. 너무 많이 알려진 데다 일부 여행자의 높아진 수준을 따라가지 못한다는 불만이 있는 것도 사실이지만 접근성과 제품 종류, 저렴한 가격의 삼박자를 제대로 갖춘 곳임에 틀림없다.

여러 브랜드가 모여 있는 복합 아웃렛 센터다.

더몰행 직행버스

❶ 더몰 The Mall 가장 인기 있는 아웃렛

구찌, 프라다, 살바토레 페라가모, 몽클레어, 에트로, 보테가 베네타, 펜디, 아르마니 등 인기 명품 브랜드를 한곳에 모아놓았다. 브랜드마다 넓은 매장과 다양한 제품을 보유하고 있으며, 일반 매장보다 평균 30~40% 할인된 가격에 판매한다.
이탈리아 아웃렛 중 가장 인기가 많아 단체 관광객을 실은 버스가 쉴 새 없이 드나든다. 원하는 제품을 손에 넣고 싶다면 오전에, 조금 여유 있게 쇼핑하고 싶다면 사람들이 빠지는 오후에 가는 것이 좋다. 특히 성수기에는 마음에 드는 물건을 점찍어놓고 다른 곳에 들렀다 온 사이 팔리는 경우가 많으므로 꼭 갖고 싶은 물건이 있다면 그 자리에서 구매하는 것도 요령이다. 단, 환불이나 교환은 어렵다.
방문 시기에 따라 상품 디자인의 차이가 크며, 신상품 입고 일정은 구매 대행 전문가들조차 확신하지 못할 만큼 베일에 싸여 있다. 보통 계절이 바뀌는 시점에 다양한 상품이 들어온다는 후문이다. 매장에 따라 사진 촬영을 금지하는 경우가 종종 있으니 제품 촬영이 필요한 상황이라면 직원에게 문의하자.

대표 브랜드 구찌, 프라다, 펜디, 보테가 베네타, 몽클레어, 에트로, 페라가모 등

Ⓖ PF27+RM 피렌체

ADD Via Europa, 8 Leccio Reggello
OPEN 10:00~19:30
CLOSE 1월 1일, 부활절, 12월 25·26일
BUS 더몰행 직행버스가 산타 마리아 노벨라역 16번 출구에서 북쪽으로 도보 6분 거리에 있는 몬테룽고 정류장(Fermata Montelungo, 트램 1선 Fortezza 정류장 근처)에서 출발해 구찌 매장 앞의 버스 정류장에 도착한다. 50분~1시간 소요. 승차권은 홈페이지(themall.busitaliashop.it/en/)에서 예매하거나 운전기사에게 구매한다. 왕복권 구매 시 승차권(영수증 형태)을 잘 보관하자. 버스에서 내리기 전 피렌체 시내로 돌아오는 버스의 탑승 위치를 기사에게 확인하자.
WEB firenze.themall.it

✚ 더몰행 직행버스 운행 정보

정류장 & 요금	운행 시간	
편도 8€, 왕복 15€	**피렌체 → 더몰**	08:50, 09:10, 09:30, 10:00 11:00, 12:00, 13:00, 14:00, 15:30, 16:00, 17:00
	더몰 → 피렌체	09:45, 10:10, 13:00, 14:00, 14:30, 15:00, 16:00, 17:00, 18:00, 19:20

*현지 사정에 따라 변동 가능

프라다 단독 매장의 규모가 제일 크다.

줄 서는 사람이 제일 많은 구찌 매장

할인율이 높아서 인기 있는 몽클레어 매장

❖ 더몰 이용 팁

❶ 아웃렛 개점 시간 전부터 미리 줄을 서 있는 사람들로 직행버스는 오전 첫차부터 붐빈다. 보통 구찌, 프라다 매장부터 줄을 서기 시작해 보테가 베네타, 토즈, 버버리 등의 매장에도 대기 줄이 늘어선다. 구찌 매장 안에서도 인기가 급상승한 구찌 스니커즈가 있는 신발 구역은 따로 줄을 서서 들어가야 한다.

❷ 더몰에 입점한 브랜드 합산이 아닌, 한 군데 매장에서 154.95€ 이상 구매하면 상품 종류와 구매한 금액에 따라 부가가치세를 환급받을 수 있다. 보통 구매한 금액이 8000€ 이상일 때는 15%, 5000~8000€는 15%, 3000~5000€는 14%, 1700~3000€는 13.2~14.1%, 1700€ 미만은 11.6~13.2% 정도 환급된다. 정확한 금액은 직원에게 문의하거나 세금 환급 대행사의 계산기(www.innovataxfree.com/en/refund-calculator/)를 이용해보자. 세금 환급 서류는 계산 시 매장 직원이 작성해주며, 이때 여권이 꼭 필요하다.

❸ 매장에 따라 현금 사용 한도가 있을 수 있다. 또한 본인 명의의 신용카드만 이용 가능하다. 결제 통화는 반드시 유로화를 선택할 것!

❹ 돌아오는 직행버스의 배차 간격이 긴 만큼, 피렌체행 버스 시간에 맞춰 쇼핑하자. 내리기 전 기사에게 돌아가는 시간과 정류장을 다시 한번 확인한다.

❺ 어느 브랜드나 무채색 계열의 기본 컬러는 제일 먼저 품절된다. 여행자가 가장 많이 찾는 프라다 가방과 지갑류, 구찌 가방 역시 역시 독특한 색깔일수록 재고가 많다. 같은 라인의 제품이라도 색깔 선호도에 따라서 할인율이 달라진다. 특히 마니아층이 두터운 토즈 드라이빙 슈즈나 로퍼 종류는 특이한 색깔의 할인율이 상당히 높다. 보기와 달리 의외로 어울릴 수 있으니 일단 신어보고 득템하자.

❻ 보테가 베네타의 남성용 지갑은 선물용으로 인기가 높다. 가죽 품질이 좋고 톤 다운된 색상의 고급스러운 디자인이 많기 때문. 클래식한 디자인을 좋아한다면 몽블랑 지갑이나 머니클립도 추천할 만하다. 아버지를 위한 선물로는 구찌 넥타이나 지갑류, 어머니나 여동생을 위한 선물로는 구찌 스니커즈와 반지갑, 프라다 반지갑과 카드지갑이 제일 인기! 친지에게 드릴 선물로는 버버리와 구찌의 쁘띠스카프가 좋고, 할인율이 높은 구찌의 실크 스카프나 울 소재 머플러 종류도 두루두루 무난하다. 가벼운 기념품이라면 미우미우나 구찌의 액세서리 종류를 집중 공략해보자.

MORE

더몰의 편의 시설

구찌 매장 건너편에 인포메이션 센터와 화장실, ATM 등이 있다. 현금으로 바로 세금 환급을 받고 싶다면 아웃렛 제일 안쪽 건물에 있는 택스 프리 라운지(Tax Free Lounge)로 간다. 출국 시 세금 환급 서류를 처리하지 않을 경우 부과되는 벌금용으로 신용카드가 반드시 필요하며, 환급 후 9일 이내에 EU국가 공항에서 한국으로 출국해야 한다(밀라노·로마·베네치아 공항은 14일 이내 출국). 영수증마다 수수료가 부과되니 한 브랜드에서는 가능한 한 번에 계산하는 것이 요령. 인포메이션 센터에서도 상황에 따라 세금 환급 처리를 해주기도 한다.

인포메이션 센터

PRADA

MORE

상품 선택은 신중하게!

규모가 큰 매장에서는 고객이 선택한 상품을 점원에게 맡겨두었다가 계산대에서 번호표나 고객카드를 보여주고 한꺼번에 정산하는 방식을 따른다. 하지만 물건을 무조건 맡겨두었다가 계산할 때 취소하는 경우가 많아지면서 최종 계산까지 맡아주는 시간을 짧게 줄이거나 구매 의사가 확실하지 않으면 보관해주지 않는 등 여러 가지 제한이 생겼다. 신중하게 고르며 다른 고객도 배려하는 매너를 지키자.

더몰 구찌 매장의 번호표

❷ 프라다 스페이스 아웃렛 Prada Space Outlet 프라다 아웃렛 중 최대 규모

프라다 아웃렛 중 규모가 가장 큰 곳. 창고처럼 생겨서 프라다라는 이미지만 생각하고 매장을 찾는다면 헤맬 수 있다. 프라다, 미우미우, 질 샌더 등 프라다 그룹의 산하 브랜드가 모두 있으며, 평균 30~50%를 할인해준다. 번호표에 따라 입장 순서를 정하기 때문에 도착하자마자 입구에서 번호표를 뽑아야 한다. 매장 안에서 물건을 고른 후 직원에게 번호표를 보여주면 직원이 계산대로 물건을 가져간다. 나올 때 계산대에서 번호표를 보여주고 맡긴 물건을 계산하면 된다. 제품에 따라 차이는 있지만 예산은 핸드백 230~370€, 반지갑 120€, 장지갑 150€, 니트류 60~160€로 잡으면 된다.

대표 브랜드 프라다, 미우미우, 질 샌더 등

Ⓖ GH6X+RC 몬테바르키

ADD Via della Lama 33, Montevarchi

OPEN 10:30~19:00

CLOSE 1월 1일, 부활절, 4월 25일, 5월 1일, 8월 15일, 12월 25·26일

TRAIN 산타 마리아 노벨라역에서 기차를 타고 몬테바르키(Montevarchi)역에서 하차(35분~1시간 소요, 6.90€) 후 역 앞에서 택시를 탄다(15~20분 소요, 요금 15€~)/
더몰에서 가려면 택시(10~15분 소요, 12~15€)를 타고 리냐노(Rignano sull'Arno-Reggello)역으로 가서 기차 탑승, 몬테바르키역으로 이동(22분 소요, 3.90€) 후 택시를 탄다.

SPECIAL PAGE

이탈리아 와인의 색다른 변신

슈퍼 투스칸 Super Tuscans

슈퍼 투스칸이란?

일정 수준 이상의 와인을 생산하기 위해 이탈리아의 각 지역에서는 제조 표준을 정해 이에 따르도록 하고 있다. 이탈리아 와인 등급을 나타내는 DOC(Denominaziione di' Origine Controllata)가 대표적인 예인데 'DOC'가 붙은 와인은 고급 와인, 'DOCG'가 인쇄된 와인은 최고급 와인으로 분류된다.
'슈퍼 투스칸'이라는 와인은 이러한 제조 표준에서 벗어난 방법으로 만든 와인을 말하는데, 좀 더 정확히 표현하자면 와인에 들어가는 포도 품종과 혼합 비율을 달리해서 새로운 맛을 낸 와인을 가리킨다. 따라서 슈퍼 투스칸 와인은 '해당 지역에 허용된 포도만 사용'하는 와인에만 부여하는 'DOC' 등급을 붙일 수 없으며, 전통적인 와인 매장에서는 판매하지 않는 경우가 많다. 하지만 맛이 좋고 기존의 틀에서 벗어난 신선함 때문에 슈퍼 투스칸을 찾는 사람은 계속 늘고 있다. 슈퍼 투스칸은 보르도 와인보다 숙성이 빨라 쉽게 즐길 수 있고 친숙한 맛을 자랑한다.

MORE

슈퍼 투스칸의 시작

슈퍼 투스칸은 로체타 가문의 후작이 보르도의 최고급 와인으로 유명한 라피트 로실드 가문에서 포도 묘목을 얻어와 만든 사시카이아 와인에서 시작됐다. 그 후 1968년에 선보인 사시카이아 1967 빈티지가 높은 평가를 받고 1971년에 안티노리 가문에서 출시한 티냐넬로가 제2의 슈퍼 투스칸 붐을 일으켰지만 DOC 등급 규정을 따르지 않았기 때문에 최하위 등급인 VDT(Vino da Tavola)로 표기·판매되었다. DOCG의 품질을 훌쩍 넘어서는 슈퍼 투스칸에 자극받은 토스카나 와이너리들은 불이익을 감수하고 DOC 규정에서 벗어난 와인을 본격적으로 생산하기 시작했고, 솔라이아, 오르넬라이아(Ornellaia) 등의 슈퍼 투스칸 와인을 선보이며 와인 애호가들에게 혁신과 창조의 산물이라는 찬사를 받고 있다.

❖ 사시카이아 Sassicaia

1968년에 선보인 최초의 슈퍼 투스칸. 특히 1985년산 와인은 와인 평론의 대가로 불리는 로버트 파커에게 100점 만점에 100점을 받았다. 풍부한 과일 향과 견고한 타닌 성분이 입안에서 오랫동안 지속된다.

❖ 티냐넬로 Tignanello

한 대기업 CEO가 임원들에게 선물했다는 소문이 돌면서 우리나라에서도 유명해진 와인이다. 입안을 가득 채우는 부드러운 맛으로 젊은 여성들에게 특히 인기 있다. 체리·딸기 등 잘 익은 과일 향에 비단결 같은 부드러운 질감을 느낄 수 있다.

❖ 솔라이아 Solaia

2000년 이탈리아 와인 역사상 최초로 <와인 스펙터(Wine Spector)>가 선정한 세계 100대 와인 중 1위를 차지했다. 풍부한 과일과 아로마 향이 나며, 복잡하면서도 밸런스가 뛰어난 것이 특징이다.

01

TOSCANA

피에솔레

FIESOLE

피렌체 중앙역에서 버스로 25분 거리. 언덕 위에 자리한 작은 마을 피에솔레에서 피렌체의 역사는 시작된다. 피에솔레는 기원전 6~7세기경 에트루리아인이 적의 침입을 막기 위해 언덕 위에 요새처럼 세운 도시다. 반면 피렌체는 기원전 2세기경 피에솔레의 식민 도시로 건설된 것으로 알려졌다.

피렌체가 시작된 곳이라는 의미도 있지만 여행자가 이곳을 찾는 이유는 번잡한 피렌체에서 벗어나 여유로움을 누릴 수 있기 때문이다. 피렌체와 달리 깨끗하고 아담한 정원 같은 느낌이 드는 피에솔레는 유럽의 소박한 시골 마을을 연상케 하며, 특히 여기서 바라보는 피렌체의 전경은 가슴이 시원하게 뚫리는 듯한 느낌을 준다.

피에솔레 가기

산타 마리아 노벨라역 근처에서 7번 버스를 타면 빌라가 늘어선 시골길을 지나 종점인 피에솔레 미노 광장까지 25분 정도 걸린다. 아침 이른 시각부터 버스가 다니기 때문에 일정이 빠듯하더라도 가볍게 여행하기 좋은 곳이다. 반나절이면 둘러볼 만큼 작은 마을이므로 소풍 가는 기분으로 다녀오자.

피렌체 Firenze
↓
버스 시내버스 7번 25분~, 1.70€, 05:45~다음 날 00:41 (토 05:54~00:40, 일 05:42~00:37)/15~30분 간격
↓
피에솔레 Fiesole

*피에솔레 → 피렌체 시내버스는 05:22~다음 날 01:00(토 05:30~다음 날 01:05, 일 06:04~다음 날 01:05) 운행/15~30분 간격

*요일과 시즌에 따라 운행 시간이 유동적이니 스마트폰 앱(at bus)이나 홈페이지에서 미리 확인하자.

버스

피에솔레는 피렌체에서 시내버스로 다녀올 수 있다. 산타 마리아 노벨라역 앞 광장의 동쪽(기차역을 바라보고 오른쪽에 보이는 맥도날드 근처)에 있는 정류장(Stazione Nazionale 또는 Stazione Piazza Adua)에서 7번 버스를 타고 종점(Fiesole Piazza Mino)에서 내린다. 돌아올 때는 내린 곳에서 버스를 타면 된다.

승차권은 산타 마리아 노벨라역 출구 쪽이나 트램역에 있는 자동판매기에서 구매한다. 90분간 유효한 1회권은 1.70€. 돌아올 때를 위해 1회권 2장을 구매해 두자. 스마트폰 앱(at bus)을 설치해 회원가입(문자 인증 필요) 후 온라인으로 구매하면 더욱 편리하다. 종이 승차권은 버스 안의 개찰기에 넣어 탑승 일시를 각인하고, 스마트폰 앱은 승차권을 활성화한 후 탑승한다.

at

피렌체 버스·트램 앱,
at bus

★
아우토리네 토스카네
WEB www.at-bus.it

OPTION A 피에솔레

미노 광장 7번 버스 종점 → 도보 5분 → ❶ **산 프란체스코 거리 전망대** → 도보 1분 → ❷ **산 프란체스코 수도원** → 도보 5분 → **치미테로 길** → 도보 5분 → ❸ **고고학 유적지**

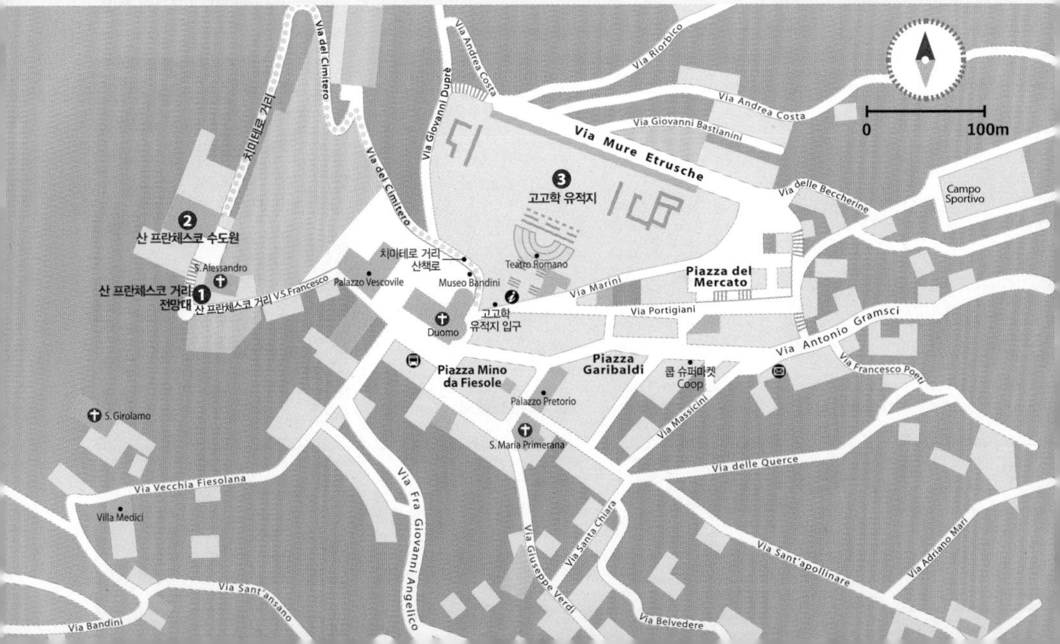

수도원으로 가기 직전, 근사한 전망이 펼쳐지는 전망대

01 탁 트인 전망이 일품인 곳
산 프란체스코 거리 전망대
Panorama dalla Strada per S. Francesco

피렌체에서 북쪽으로 8km 떨어진 피에솔레는 15세기부터 이탈리아인의 피서지로 인기가 높았다. 미노 다 피에솔레 광장(Piazza Mino da Fiesole)에서 산 프란체스코 수도원으로 향하는 프란체스코 거리를 따라 걷다 보면 수도원으로 오르는 돌계단 앞쪽에 벤치 몇 개가 놓인 전망대가 있다. 전망대 아래로 펼쳐지는 멋진 풍경은 그냥 지나치기에는 아까울 정도. 아무 말 없이 그저 바라만 보고 있어도 '여행 오길 잘했다'는 마음이 들 만큼 행복한 기분에 젖어 들게 한다. 피렌체의 미켈란젤로 언덕보다 여기에서 보는 경치가 더 운치 있고 아름답다고 평하는 이들도 있다. 특히 해 질 무렵이면 분위기가 확 살아나는 선셋 포인트!

R74Q+VX 피에솔레

WALK 피에솔레 피아차 미노(Fiesole Piazza Mino) 정류장에서 시계탑이 있는 피에솔레 성당을 바라보고 왼쪽 골목으로 들어간 후 프란체스코 거리(Via Francesco)로 걸어 올라가면 왼쪽에 있다. 도보 5분

피렌체의 두오모가 보인다.

피렌체가 한눈에 내려다보이는 벤치

MORE
피에솔레의 또 다른 전망 명소

전망대 아래에는 조각상과 기념비가 있는 작은 추모 공원(Parco della Rimembranza)이 있다. 조용하게 쉬어가기 좋은 소박한 느낌으로 편히 앉아서 전망을 감상할 수 있는 벤치가 군데군데 놓여 있다.

외관이 아담한 성당

기원전 1세기경에 건설한 고대 로마 극장

신전이 있던 흔적만 남아있다.

02 목가적인 분위기의 성당
산 프란체스코 수도원
Convento di San Francesco

산 프란체스코 수도원은 프란체스코 수도회가 1399년에 세운 것을 1907년에 복원한 건물로, 피에솔레의 목가적인 분위기를 닮은 아담한 건물이다. 예배당 건물은 자그마하지만 수도원에 박물관과 무덤까지 딸려 있어 둘러보면 의외로 볼거리가 많다. 성당을 둘러싼 아름다운 풍경도 피렌체와는 또 다른 피에솔레만의 아늑함을 느끼게 한다. 성당을 등지고 정면의 계단을 따라 내려가면 숲 사이로 산책로가 이어진다.

G R75Q+5X 피에솔레
ADD Via San Francesco, 13
OPEN 09:00~17:00/미사 진행 시 일부 입장 제한
PRICE 무료
WALK 산 프란체스코 거리 전망대 옆

성 프란체스코를 묘사한 스테인드글라스

03 고대 유적지에 펼쳐지는 낭만
고고학 유적지
Area Archeologica

기원전에 에트루리아인이 쌓은 성벽의 흔적과 유물, 고대 로마 유적이 수목에 둘러싸여 있다. 들어가자마자 정면에 지금도 오페라 무대로 사용하고 있는 고대 로마 극장이 보이고, 오른쪽은 청동기 시대부터 내려오는 청동 제품·도자기·보석을 소장한 고고학 박물관, 왼쪽에는 신전 터가 남아 있다. 특별히 눈길을 끌 만한 것은 없지만 그냥 지나치기에는 아쉬운 곳이니 꼭 한번 들러보자.

G R75V+4F 피에솔레
ADD Via Portigiani, 1
OPEN 09:00~19:00(3·10월 10:00~18:00, 11~2월 10:00~15:00)/폐장 30분 전까지 입장
CLOSE 12월 25일, 반디니 박물관 연중 월~목요일, 유적지와 고고학 박물관 11~2월 화요일
PRICE 7€, 유적지+고고학 박물관 10€, 유적지+고고학 박물관+반디니 박물관 12€/6세 이하 무료
WALK 피에솔레 피아차 미노(Fiesole Piazza Mino) 정류장에서 시계탑이 있는 피에솔레 성당을 바라보고 오른쪽 골목으로 들어가면 갈림길 모퉁이에 입구가 있다.
WEB www.museidifiesole.it

MORE
피에솔레 산책로에 들어서기 전 참고하세요!

피에솔레의 산책로에는 화장실이 없다. 화장실을 이용하려면 버스에서 내린 피에솔레 미노 광장까지 다시 내려와야 하므로 산책로에 진입하기 전에 반드시 화장실을 다녀오는 것이 좋다. 화장실은 광장 내 카페나 박물관에서 이용할 수 있다. 고고학 유적지 입구 왼쪽에도 카페와 화장실이 있으니 참고하자.

SPECIAL PAGE

중세로 가는 마법의 문

토스카나의 축제 Festa di Tuscana

❖ 칼초 축제 Calcio – 피렌체

칼초 인 코스투메(Calcio in Costume), 즉 전통 의상을 입고 하는 중세 축구 경기. 피렌체의 수호성인 성 세자 요한의 축일(6월 24일)을 기념하는 성 요한 축제(La Festa di San Giovanni a Firenze)의 가장 큰 행사다. 전통 의상을 입고 진행하는 화려한 퍼레이드를 시작으로 6월 19·24·28일에 보통 우피치 미술관 근처의 산타 크로체 광장에서 열린다. 축구와 럭비를 혼합한 경기로 27명으로 구성된 4팀이 경기를 하며, 각 팀은 중세의 각 도시 지역을 대표한다.

지금의 축구와 달리 손과 발을 자유롭게 사용해 골을 넣을 수 있기 때문에 격렬한 몸싸움을 벌이기도 하며, 열정적인 응원도 볼거리 중 하나다. 중세 로마군인과 귀족이 하던 공놀이에서 유래한 경기로, 우승한 팀에게는 엄청난 양의 스테이크를 제공한다. 관람은 무료지만 많은 사람이 모이므로 좋은 위치에서 보려면 서둘러 가는 것이 좋다. 이탈리아인의 축구에 대한 열정을 느끼고 싶다면 놓치지 말아야 할 축제다.

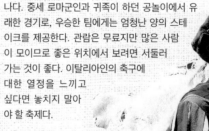

❖ 팔리오 축제 Palio – 시에나

16세기 말 마을 대항 경마로 시작해 600년간 이어져 오면서 토스카나에서 가장 유명한 축제가 되었다. 매년 2번, 7월 2일과 8월 16일 캄포 광장에서 열린다. 캄포 광장을 도는 독특한 말 경주로 중세에 시에나를 구성하던 17개 독립 지치구인 '콘트라나'를 상징하는 17명의 주자가 경주를 벌이며 우승자에게는 팔리오(일종의 세로형 현수막)를 수여한다. 시에나의 좁은 골목과 캄포 광장을 도는 화려한 중세 복장의 행렬, 눈앞에서 펼쳐지는 짜릿한 승부 때문에 팔리오 축제 기간에는 이탈리아와 세계 각지에서 몰려든 관광객으로 붐빈다. 이 기간 시에나를 찾은 여행자라면 꼭 한번 즐겨봐야 할 축제다.

❖ 조코 델 폰테 축제 Gioco del Ponte – 피사

6월의 마지막 일요일에는 피사에서 조코 델 폰테(다리 위의 경기)가 열린다. 아르노 강 북쪽과 남쪽에 사는 피사의 주민이 르네상스식 전통 의상을 입고 양 팀으로 나뉘어 수레를 밀어 두 지역을 가르는 다리를 넘는 경기다. 이 축제는 르네상스 이전까지 정규 군인이 없어서 모든 국민이 전투 훈련을 받으며 전쟁 준비를 한 것에 기원을 두고 있다. 17세기 군복을 입은 화려한 퍼레이드를 보려고 축제 당일 강둑에는 수천 명의 관광객이 모여든다. 아르노 강 변의 산 마테오 국립 박물관(Museo Nazionale di San Matteo)에서는 축제 때 쓰는 전통 갑옷과 방패를 전시한다.

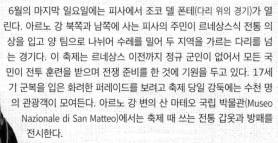

02

TOSCANA

피사

PISA

금방이라도 쓰러질 듯 기울어진 '피사의 사탑'을 눈앞에서 직접 볼 수 있는 도시, 피사. 사탑 주변으로 주요 명소가 모여 있고, 반나절이면 충분히 둘러볼 수 있는 작은 곳이기 때문에 피렌체에서 친퀘테레로 가거나 로마에서 피렌체로 가는 길에 들르기 좋은 여행지다.

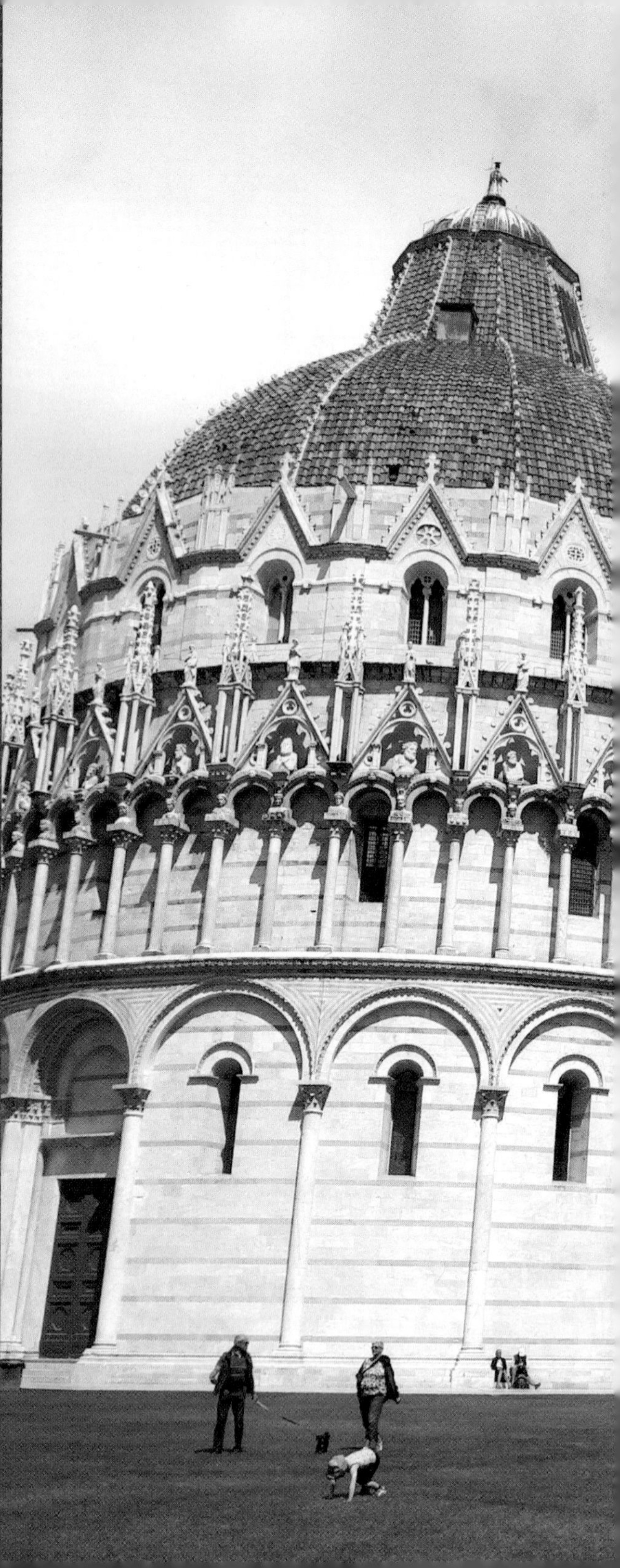

피렌체 Firenze(S.M.N)
↓
기차 1시간~,
9.30~10.80€(R·RV),
04:30~다음 날 00:40/
5분~1시간 30분 간격

로마 Roma(TE.)
↓
기차 2시간 20분~,
13.90~55€(R·RV·IC·FR),
06:12~20:23/
1일 15회

라 스페치아 La Spezia(C.le)
↓
기차 기차 40분~
8.40~15.50€(FR·IC·R),
04:43~22:26/
10분~1시간 간격

피사 Pisa(C.)

*FR(고속열차) / IC(급행열차) R·RV(완행열차)

*운행 시간은 시즌·요일에 따라 유동적

*피사 → 피렌체 기차는 04:15~01:12/10분~2시간 40분 간격

*온라인 구매한 트렌이탈리아 기차표는 탑승 전 온라인 체크인 필수!

★
피사 중앙역 수하물 보관소

1번 플랫폼에서 중앙역 건물을 바라보고 'Deposito Bagagli' 표지판을 따라 오른쪽으로 가면 별도의 건물 안에 있다. 기차역의 수하물 보관소가 문을 닫거나 빈칸이 없을 땐 근처의 사설 보관소를 이용해보자.

Stow Your Bags(사설)

ADD Via Cristoforo Colombo, 6
WALK 피사 중앙역에서 도보 3분

피사 가기

로마 테르미니역에서 레조날레 기차로 3시간, 피렌체 산타 마리아 노벨라역에서 1시간 정도 걸린다. 피사의 사탑만 둘러본다면 2시간, 두오모나 박물관까지 관람한다면 4~6시간 걸린다. 성수기나 주말에는 피사의 사탑을 오르기 전에 홈페이지를 통해 미리 예약하는 것이 좋다.

기차

로마와 피렌체에서 피사 중앙역(Pisa Centrale)까지 수시로 기차를 운행한다. 혹은 피렌체(S.M.N.)에서 레조날레(R)를 타고 피사의 사탑이 있는 두오모 광장에서 가까운 피사 산 로소레(Pisa San Rossore)역까지 갈 수 있다. 로마~피사 구간 기차는 비수기에도 좌석이 없을 때가 많으므로 미리 예약해두는 것이 안전하다.

피사 중앙역

▶ 피사 중앙역에서 피사의 사탑 가기

피사 중앙역 앞에서 버스(1회권 1.70€)를 타면 피사의 사탑까지 간다. 중앙역 정문을 등지고 오른쪽에 보이는 정류장에서 '람로사(LAM Rossa)/1+'라고 적힌 정류장에서 피에트라산티나 파크(Park Pietrasantina)행 1+번 버스를 탄다. 상황에 따라 왼쪽의 정류장을 이용하기도 하니 행선지를 잘 보고 탄다. 내리는 정류장은 미라콜리 광장(Piazza dei Miracoli/Torre 1)으로, 산타 마리아 문이 있는 마닌 광장(Piazza Manin)에 있다. 돌아올 때는 내린 곳 길 건너편의 정류장(주소 Via Bonanno, 113)에서 버스를 탄다. 승차권은 기차역 밖의 자동판매기나 중앙 홀 양옆에 있는 타바키·신문 판매소에서 구매한다. 왕복할 예정이라면 1회권 2장을 미리 구매해 둘 것. 피렌체와 마찬가지로 스마트폰 앱(at bus)을 사용하면 편리하다. 구매 시 카테고리를 'Urbano Capoluogo-Pisa-Urbano Capoluogo a Tempo(1회권)'로 선택하고, 탑승 전 활성화한다. 종이 승차권은 버스 탑승 후 개찰기에 넣어 탑승일시를 각인한다. 검표원의 불심검문이 잦은 구간이니 개찰을 까먹거나 유효시간(개찰 후 70분 이내)을 초과하지 않도록 주의한다.

중앙역에서 피사의 사탑까지 걸어서 간다면 25~30분 걸린다. 역 광장에서 정면으로 보이는 길을 따라 걷다 보면 비토리오 에마누엘레 2세 광장이 나온다. 이 광장에서 표지판을 따라 20분 정도 걸으면 된다. 큰길을 따라 사람들이 걸어가는 방향대로 가면 쉽게 찾을 수 있다. 버스를 타든 걸어서 가든 이 구간은 소매치기가 많으므로 각별히 주의해야 한다.

피사의 사탑 근처로 가는 람로사 1+번 버스

람로사 버스 정류장

중앙역으로 돌아올 때 이용하는 정류장

활성화한 앱의 QR코드

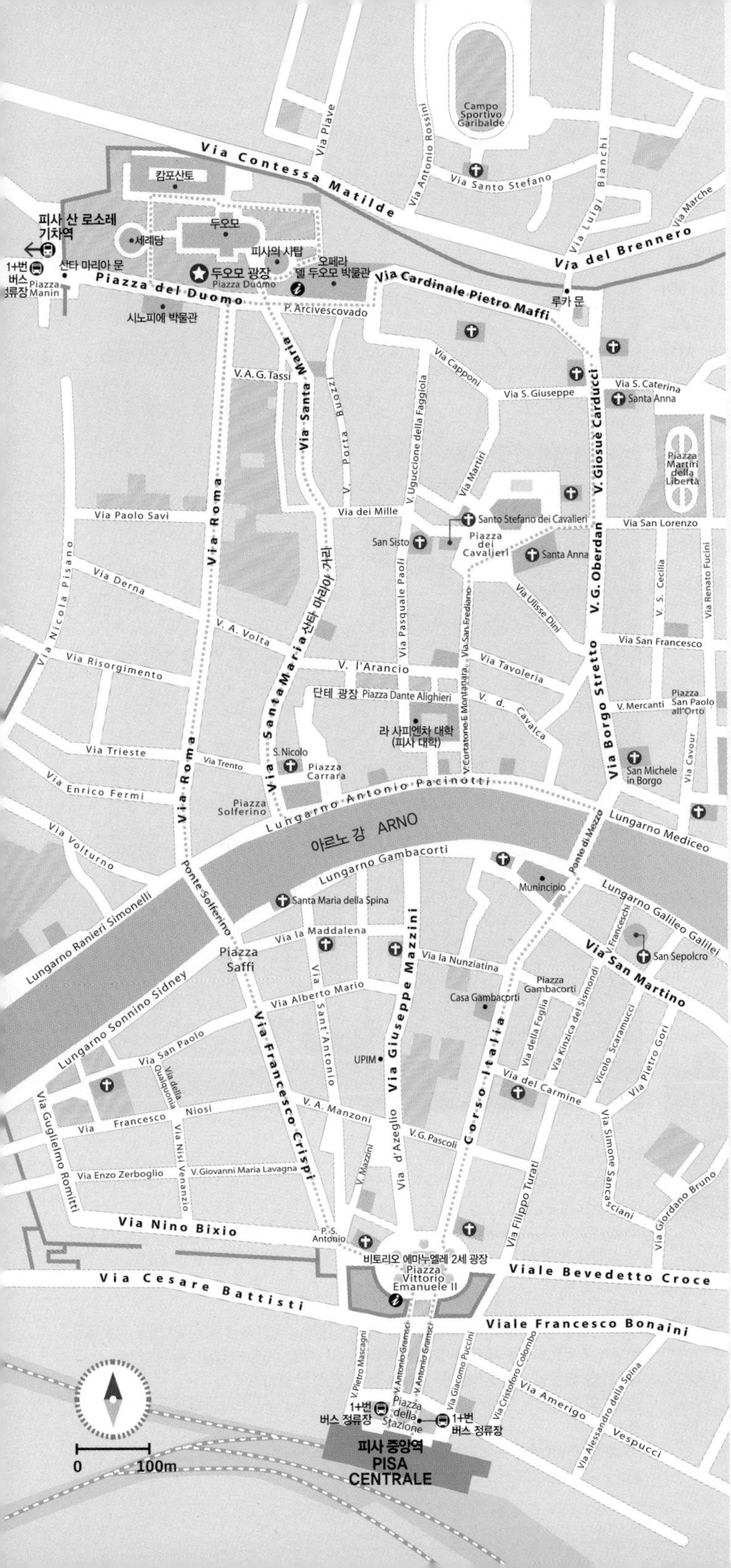

OPTION

B

피 사

피사 중앙역 → 도보 25~30분 → **두오모 광장** → 도보 12분 → **아르노 강 주변**

★

피사의 사탑과 가까운 기차역, 피사 산 로소레
Pisa San Rossore

피사의 사탑이 있는 두오모 광장 서쪽 약 500m 지점에 피사 산 로소레역이 있다. 레조날레(R) 기차만 정차하는 작은 역으로, 피렌체(S.M.N.)에서 1시간 20분 소요된다. 편도 요금은 9.30€.
역에서 플랫폼 아래의 지하통로를 지나 '피사의 사탑(Torre Pendente)' 방향 출구로 나간 다음 철로를 따라 직진, 공터가 있는 막다른 길에서 안드레아 피사노 거리(Via Andrea Pisano)로 좌회전해 계속 가다 정면에 보이는 산타 마리아 성문을 통과하면 된다. 도보 8분 소요. 단, 인적이 드문 길이니 소지품 관리에 특히 신경 쓰자.

피사의 모든 볼거리가 여기 있다구

두오모 광장

Piazza Duomo

피사의 명소가 모두 모여 있는 광장. 기적의 광장이라는 뜻의 '피아차 데이 미라콜리(Piazza dei Miracoli)'라고도 한다. 11~13세기에 이탈리아는 서부 지중해의 주도권을 바탕으로 스페인, 북아프리카와 무역을 했는데, 이는 피사의 두오모, 세례당, 종루 등의 건축물에 많은 영향을 끼쳤다. 대부분 여행자들이 피사의 사탑만 둘러보고 돌아가기 바쁘지만 두오모와 세례당도 눈여겨볼 가치가 충분하다.

피사의 사탑이 있는 광장에는 총 6개의 건축물이 있는데, 모두 이탈리아 로마네스크 양식의 특징을 잘 보여준다. '로마적인' 또는 '로마다운'이라는 뜻의 로마네스크 양식은 10~13세기에 유행한 건축 양식이다. 고대 로마의 바실리카를 본뜬 건축 양식으로, 십자가 형태로 된 평면과 아치 장식이 특징이다. 하지만 사탑을 세운 시기에는 이민족의 잦은 침범으로 두꺼운 외벽에 창문을 작게 만들어 견고한 요새처럼 지었다는 점에서 고대 로마 건축물과 뚜렷한 차이를 보인다.

피사 산 로소레역에서 걸어가면 만나게 되는 산타 마리아 성문

★

똑바로 선 피사의 사탑

피사의 사탑이 기울어진 남쪽이나 반대쪽인 북쪽에서 피사의 사탑을 바라보면 탑이 똑바로 서 있는 듯이 보인다. 착시 효과 때문이지만 똑바로 선 피사의 사탑과 사진을 찍고 싶다면 놓치지 말자.

Ⓖ P9FV+7V 피사

ADD Piazza Duomo

OPEN 09:00~20:00(3월 10:00~18:00, 4·10월 ~19:00, 6월 중순~8월 ~22:00, 11~2월 10:00~17:00/두오모 10:00~, 일요일과 종교 공휴일은 유동적)/폐장 30분 전까지 입장/보수공사나 행사 진행 시 유동적으로 폐장 또는 연장/탑은 17세 이하는 성인 동반 필수, 7세 이하 입장 불가

CLOSE 매년 유동적(홈페이지 참고)

PRICE 두오모 무료(현장 매표소에서 구매 시 입장 시각을 지정한 한정 수량 패스 발급, 다른 입장권 구매 시 입장 시각을 지정하지 않은 프리패스 발급), 사탑 20€, 사탑을 제외한 명소(오른쪽 지도의 ❸~❻번 명소) 1곳 8€/4곳 11€, 사탑 포함 전체 통합권 27€

BUS 중앙역 앞에서 람로사 버스(LAM Rossa) 탑승, 마닌 광장(Piazza di Manin)의 Torre 1 정류장 하차

WALK 중앙역에서 도보 25~30분

WEB www.opapisa.it

Zoom In & Out

두오모 광장

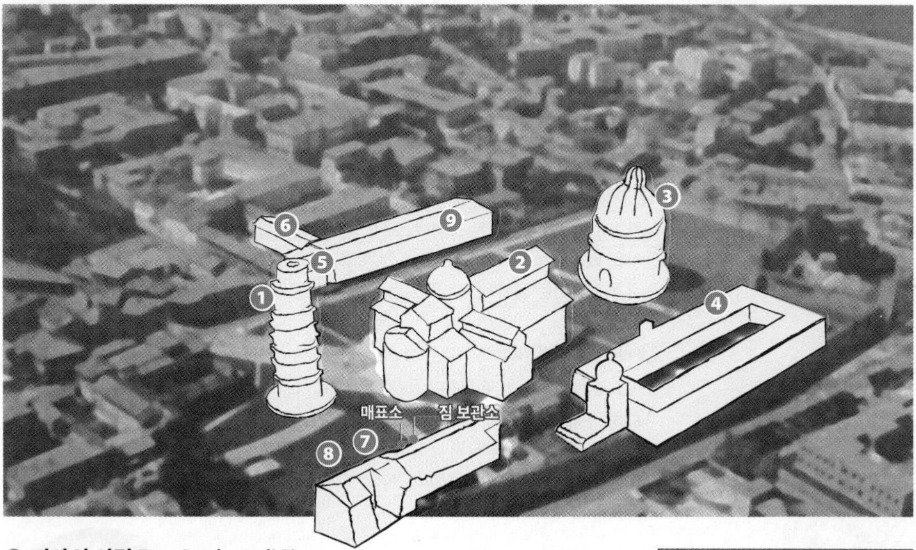

❶ 피사의 사탑 Torre Pendente di Pissa

갈릴레이의 자유낙하 실험 배경으로 유명한 피사의 사탑은 '이게 정말 서 있을 수 있나' 하는 생각이 들 정도로 심하게 기울었다. 1173~1372년에 지은 사탑은 60m에 이르는 거대한 높이에 비해 하층부를 좁게 설계했고, 설상가상으로 지반이 약해 탑이 완성되기 전부터 조금씩 기울어졌다. 이후 기울어지는 것을 막기 위해 갖은 노력을 다했음에도 성과를 거두지 못했는데 1990년, 결국 출입을 통제해야 할 만큼 기울어져버렸다. 이때부터 10여 년에 걸친 보수공사를 통해 기울어지는 현상이 완전히 멈췄고, 2001년부터 일반인의 출입이 가능해졌다. 단, 다시 탑이 기울어지는 것을 방지하기 위해 매 시간 오르는 인원을 제한하고 있다.

피사의 전경이 내려다보이는 종탑

★

피사의 사탑 오르기

피사의 사탑에 오르려면 사탑 전용 입장권 또는 전체 통합권을 구매해야 한다. 또 시간당 오르는 인원을 제한하는데, 전광판에 시간대별로 신청 가능한 인원수가 표시되므로 이를 확인한 후 구매한다. 단, 허용 인원수에 비해 오르고자 하는 여행자가 많기 때문에 성수기에 피사의 사탑에 오르려면 미리 예매하는 것이 안전하다. 예매는 방문 3개월 전부터 홈페이지에서 가능하며, 예매 수수료는 없다.

탑에 오를 때는 카메라와 지갑 등 손에 들 수 있는 작은 짐 외에는 들고 갈 수 없다. 짐은 매표소 옆의 짐 보관소(Cloakroom)에서 사탑 티켓을 보여주면 무료로 맡아준다. 단, 탑에 오르는 시간 15분 전부터 보관할 수 있다.

④ 캄포산토

② 두오모 Duomo

1063~1350년에 건립된 로마네스크 양식의 성당. 십자가형 내부 구조와 우아한 아치로 장식된 외관이 특징이다. 내부에는 벽을 따라 양쪽으로 그림이 늘어서 있는데, 그중에는 순결을 상징하는 성녀 아녜스의 그림이 눈길을 끈다.

③ 세례당 Battistero

1153~1206년에 지은 세례당. 내부를 음향이 메아리치도록 특수하게 설계했다. 매일 수차례 직접 소리가 퍼져 나가는 것을 재현하는데, 1000년 전의 기술로 지었다고 하기에는 믿기지 않을 만큼 작은 소리가 세례당 안에 은은하게 울려 퍼진다. 재현 시간은 세례당 앞에 공지하는데, 그 외의 시간에는 세례당을 찾아 소리가 울리는 것을 확인하려는 사람들의 소리로 시끄럽기만 하다.

④ 캄포산토 Camposanto

두오모와 세례당 사이에 있는 기다란 건물로, 우리나라의 납골당에 해당한다. 정원은 팔레스타인의 성지에서 가져온 흙으로 조경했다.

두오모 내부

1260년 니콜라 피사노가 예수의 생애를 조각한 설교단

세례당 내부

② 규칙적이고 우아한 아치 장식이 아름다운 두오모

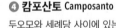

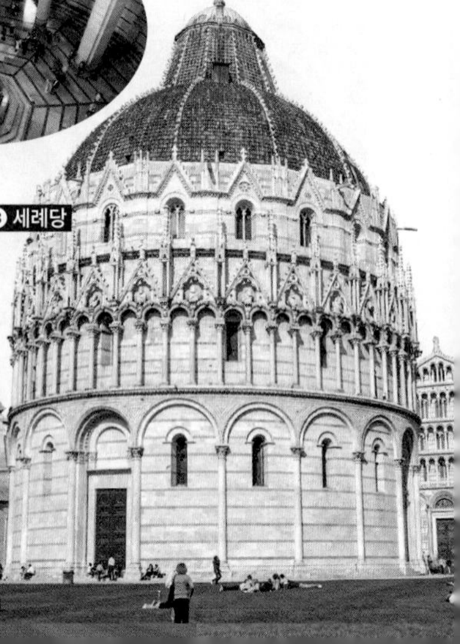

③ 세례당

❺ 시노피에 박물관

❺ 시노피에 박물관 Museo delle Sinopie

외관이 아름다운 시노피에 박물관은 1944년 폭격을 당한 곳이다. 두오모 부속 미술관과 세례당에서 발견된 유물을 전시하고 있다.

❻ 오페라 델 두오모 박물관 Museo dell'Opera del Duomo

1986년 일반인에게 공개된 건물로, 12~13세기 로마와 이슬람의 건축 양식이 남아 있는 곳이다. 두오모와 세례당의 유물을 전시하고 있으며, 피사를 고딕 조각의 중심지로 만든 풀리아(Puglia) 출신의 조각가 니콜라 피사노(Nicola Pisano)와 그의 아들 조반니 피사노(Giovanni Pisano)의 작품과 두오모에 있던 보물을 볼 수 있다.

❼ 사진 찍기 좋은 뷰 포인트

매표소 앞 잔디밭 부근에 서면 피사의 사탑이 더 많이 기울어져 보인다. 사람도 적기 때문에 사진 찍기에도 편하다.

❽ 로물루스와 레무스 형제 조각상

로마를 건국한 로물루스와 그의 쌍둥이 동생 레무스의 조각상. 신화 속 이야기처럼 형제가 늑대의 젖을 먹고 있는 모습을 표현했다.

❾ 기념품 상점

두오모, 피사의 사탑과 관련한 기념품을 판매한다.

❼ 피사의 사탑을 밀거나 받치는 자세로 사진을 찍는 여행자가 많다.

❾

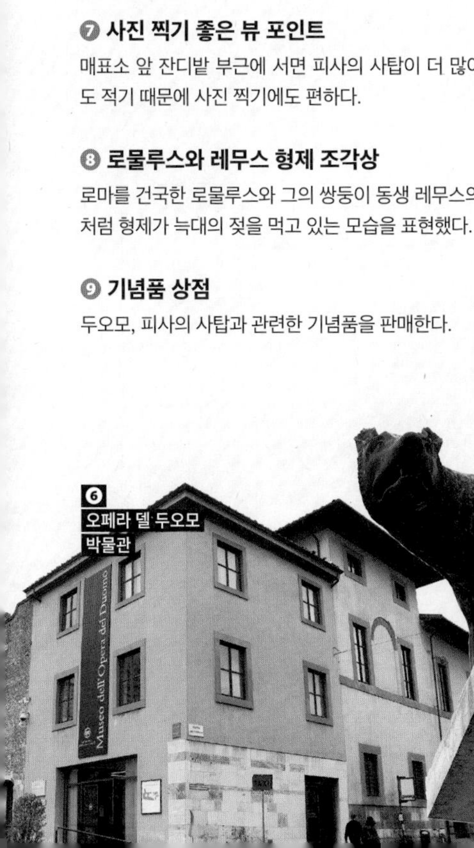

❻ 오페라 델 두오모 박물관

❽ 광장 안에 세운 로물루스와 레무스 형제 조각상

03

TOSCANA

시에나

SIENA

시에나를 물들이는 붉은 빛깔은 뜨거운 정열을 상징하지 않는다. 그것은 오랜 세월을 거치면서 낡고 닳아 편안함이 묻어나는 붉은 빛깔이다. 중세 도시가 주는 예스러운 멋, 골목 사이사이마다 비추는 묘한 분위기, 이탈리아의 도시답지 않은 깨끗함까지 겸비한 곳. 시에나가 왜 이탈리아에서 가장 살기 좋은 도시로 꼽히는지는 직접 가보면 알 수 있다. 피렌체에서 버스로 1시간 15분 정도면 갈 수 있는 곳이어서 더욱 반가운 여행지다

시에나 가기

피렌체에서 가까운 편이라 대부분 피렌체에서 하루 코스로 시에나를 다녀온다. 소요 시간은 버스와 기차 모두 비슷한데, 기차는 역에서 내려 버스로 갈아타야 한다. 마을 규모는 작지만 둘러볼 곳이 많으므로 일정을 여유롭게 짜는 것이 좋다. 매년 여름에 열리는 팔리오 축제를 보고 싶다면 3개월 전에는 숙소를 예약해야 한다.

1. 버스

산타 마리아 노벨라역 옆에 있는 버스 터미널(Autostazione (Via) Santa Caterina 또는 Autostazione Autolinee Toscane)에서 시에나행 131R번 급행버스(131 RAPIDA)를 이용한다. 완행버스도 있으나 요금이 같으니 급행버스를 타도록 하자. 출발 시각에 따라 터미널 밖 오르티 오리첼라리 거리(Via degli Orti Oricellari) 정류장을 이용하기도 한다. 터미널과 정류장은 통로로 연결돼 있다. 매표소에서 승차권을 구매할 때 정류장 위치를 다시 한번 확인할 것!

주의할 점은 버스 탑승 전 승차권을 터미널 안에 있는 개찰기에 넣어 각인해야 한다는 것. 영수증 형태의 종이 승차권을 세로로 반을 접은 다음 'CONVALIDA(확인)'라고 적힌 부분을 개찰기에 넣으면 개찰일시가 찍혀 나온다. 버스 안에도 개찰기가 있지만 제대로 작동하지 않는 경우가 많은데, 이유 불문하고 불시검문을 통해 제대로 각인하지 않은 승차권이 적발되면 고액의 벌금을 물어야 한다.

버스는 시에나 시내 중심에 있는 그람시 광장(Piazza A. Gramsci)에 도착한다. 하차 후 마테오티 광장(Piazza G. Matteotti)을 지나 피아니자니 거리(Via Pianigiani)와 반키 디 소프라 거리(Via Banchi di Sopra)를 따라 5분 정도 걸으면 캄포 광장에 닿는다(총 8~10분 소요).

로마~아씨시~시에나~피렌체 순으로 일정을 계획하는 여행자도 많은데, 아씨시에서는 시에나로 가는 직행열차가 없으므로 플릭스버스를 이용해야 한다. 단, 아씨시 신시가에서 출발하는 데다, 대개 하루 1대뿐이라서 일정을 맞추기가 쉽지 않다.

그람시 광장의 정류장

그람시 광장의 버스 승차권 자동판매기

▶ 시에나에서 피렌체 가기

그람시 광장 중앙의 정류장을 이용한다. 승차권은 광장 지하의 매표소 또는 정류장의 자동판매기에서 구매할 수 있다. 정류장에 설치된 전광판에서 버스 번호와 출발 시각, 플랫폼을 한번 더 확인하고 탑승하자.

피렌체 Firenze
↓
Autolinee Toscane 버스
1시간 15분~, 8.40€~,
평일 06:25~20:10/15분~1시간 간격, 토 06:45~20:15 1일 15회, 일 09:10~19:10 1일 7회(131R 기준)
또는
기차 1시간 10분, 10.20€(R), 06:20~21:38/1일 15회

아씨시 Assisi
↓
Flixbus 버스
1시간 45분~, 10.99€~,
10:01/1일 1회

시에나 Siena

*R–Regionale(완행열차)
*운행 시간은 시즌·요일에 따라 유동적이다.
*온라인 구매한 트렌이탈리아 기차표는 탑승 전 온라인 체크인 필수!

★
아우토리네 토스카네 버스
WEB www.at-bus.it

플릭스버스
WEB www.flixbus.it

개찰기에 티켓 각인을 잊지 말자!

★
그람시 광장 지하의 편의 시설
그람시 광장 지하의 버스 매표소 주변으로 유료 화장실과 음료 자동판매기 등 편의 시설이 갖춰져 있다. 화장실이 급할 때는 광장으로 내려가는 계단을 찾아보자.

시에나역

버스 승차권을 판매하는 타바키

2. 기차

피렌체의 산타 마리아 노벨라역에서 시에나역까지 20분~1시간 간격으로 기차가 운행한다.

◆ 시에나역 Stazione di Siena

역에서 내리면 왼쪽에는 기차 매표소와 버스 회사 사무실, 오른쪽에는 시내버스 승차권을 파는 타바키가 있다. 역 안에 수하물 보관소는 없다.

▶ 시에나역에서 구시가까지

시에나역에서 구시가지는 거리가 멀고 오르막길이라 시내버스를 이용하는 것이 좋다. 타바키에서 승차권(1.70€)을 구매한 뒤 역 밖으로 나가 맞은편 건물의 지하 버스 정류장으로 내려가자. 붉은색 건물 왼쪽 입구로 들어가 'Bus Urbani–Centro'라는 표지판을 따라가면 된다. 토치 거리(Via Tozzi)행 0S9번 버스를 타고 토치 거리 정류장에서 내리거나 살레 광장(Piazza del Sale)행 0S4번 버스를 타고 살레 광장에서 하차한다.

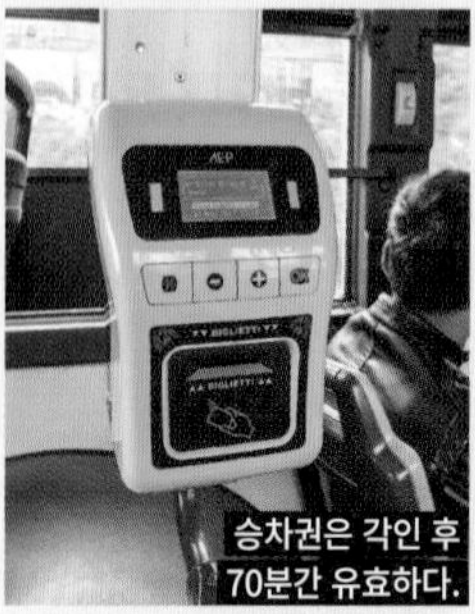

승차권은 각인 후 70분간 유효하다.

지하에 있는 시내버스 정류장

전광판. 버스 도착 시각을 알려준다.

★

시에나 숙소 정보

시에나를 찾는 여행자에 비해 숙소는 많이 부족한 편이다. 그나마 구시가 중심에 위치한 호텔은 대부분 비싸고, 저렴한 호텔은 기차역이나 버스 정류장에서 멀리 떨어져 있어 이용하기 불편하다.

● 관광 안내소 Tourist Office

캄포 광장에 있다. 각종 여행 정보와 지도 제공, 호텔 및 인근 지방으로 가는 버스편 안내 등 다양한 서비스를 제공한다.

889J+4H 시에나
ADD Il Campo, 7
OPEN 09:00~18:00
CLOSE 11월 1일~7월 19일 일요일·공휴일
WALK 캄포 광장 안에 있다.
WEB www.visitsienaofficial.it/en

시에나 두오모 지붕 전망대에서 바라본 풍경

OPTION

C

시에나

그람시 광장 → 도보 10분 → ❶ **캄포 광장** → 도보 1분 → ❷ **푸블리코 궁전** → 도보 7분 → ❸ **두오모** → 도보 1분 → ❹ **두오모 오페라 박물관** → 도보 7분 → ❺ **성녀 카테리나의 집** → 도보 3분 → ❻ **산 도메니코 성당**

만자의 탑에서 내려다본 광장

❶ 이탈리아어로 '행복한 분수'라는 뜻의 가이아 분수. 가장 왼쪽에 아담을 창조하는 순간을 묘사한 부조 장식이 있다.

❶ 만자의 탑에서 본 가이아 분수

분수 옆에서 식수를 받자.

01 부채꼴 모양의 중심 광장
캄포 광장 Piazza del Campo

우아한 고딕 건물인 푸블리코 궁전을 중심으로 펼쳐진 부채꼴 모양의 아름다운 광장. 광장은 총 9부분으로 나뉘는데, 중세에 시에나를 다스린 '9인의 위원회'를 상징하는 것으로 알려져 있다. 광장 한쪽에 있는 ❶ 야코포 델라 퀘르차의 가이아 분수(Fonte Gaia)는 13세기부터 500년 동안 시민에게 물을 공급해왔다. 현재 캄포 광장에 있는 것은 모조품이며, 진품은 시립 박물관에 전시돼 있다.
캄포 광장은 해마다 7월 2일과 8월 16일에 팔리오 경기가 열리는 곳으로도 유명하다. 팔리오 경기를 보기 위해서는 적어도 3개월 전에는 티켓과 숙박을 예약해야 할 만큼 인기가 대단하다. 경기가 열리는 기간에는 넓은 광장이 중세 복장을 한 사람과 여행자로 가득 찬다.

Ⓖ 889J+9M 시에나
ADD Piazza del Campo
WALK 그람시 광장(Piazza A. Gramsci)에서 도보 10분

땅의 여신, 가이아

게(Ge)라고도 불리는 만물의 어머니. 땅을 인격화한 신이다. 천지창조와 신의 계보에 따르면 최초로 '무한한 공간'인 카오스가 생기고, 뒤를 이어 '가슴이 넓은' 땅 가이아와 '영혼을 순화하는' 사랑 큐피드가 나타났다고 한다. 가이아는 홀로 땅에 산맥의 신 오레(Ore)를 만들고 바다의 신 폰투스(Pontus)와 하늘의 신 우라누스(Uranus)를 낳았다. 가이아는 모든 신과 인간이 시작되는 신으로서 고대 그리스인이 제우스를 제일가는 신으로 받들기 이전에 숭배하던 모신이었다. 로마신화에 나오는 땅의 여신 텔루스와 동일시되기도 한다.

02 시에나는 여기서 내려다봐야 제맛
푸블리코 궁전 Palazzo Pubblico

광장에 우뚝 솟은 붉은색 건물. 시에나의 대표 명소 가운데 하나인 이곳에 들렀다면 반드시 ❶ 만자의 탑(Torre Del Mangia)에 오르고, 시립 박물관(Museo Civio)에서 암브로조 로렌체티(Ambrogio Lorenzetti, 1290~1348년)의 '선한 정부, 악한 정부'를 감상하자. 높이 102m의 만자의 탑은 시에나의 자치권을 확립한 것을 기념하기 위해 1297년에 완성됐다. 위로 올라갈수록 좁게 지어 마지막 부분은 한 사람이 겨우 지나갈 수 있을 만큼 좁기 때문에 성수기에는 긴 줄이 늘어서기도 한다. 400개가 넘는 계단을 오르는 것은 힘들지만 ❷ 정상에서 바라보는 시에나 전경은 많은 사람이 왜 시에나를 '색으로 기억되는 도시'라고 말하는지 단박에 알 수 있게 한다.

시립 박물관의 주 회의실은 14세기 초 암브로조 로렌체티가 그린 세계지도에서 이름을 따와 ❸ '세계지도의 방(Sala del Mappamondo)'으로 불리며, 시모네 마르티니(Simone Martini)가 그린 마에스타와 귀도리초 다 폴랴노의 프레스코화가 있다. 2층 평화의 방에는 암브로조 로렌체티의 유명한 '선한 정부, 악한 정부'가 전시돼 있다.

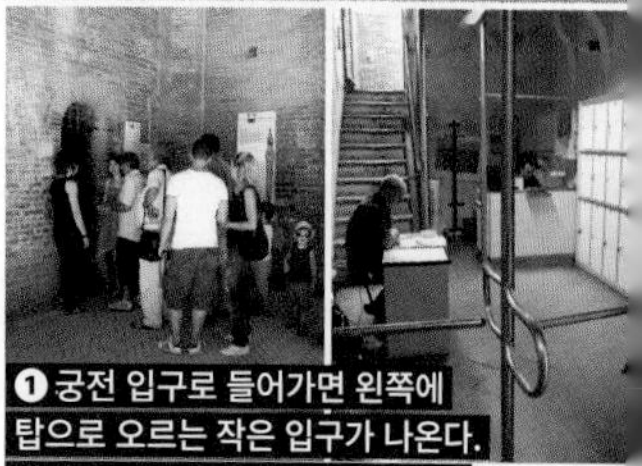

❶ 궁전 입구로 들어가면 왼쪽에 탑으로 오르는 작은 입구가 나온다. 가방은 무조건 매표소의 사물함에 보관해야 한다.

❸

Ⓖ 889J+5R 시에나

ADD Il Campo 1

OPEN 만자의 탑 10:00~13:45, 14:30~19:00(11~2월 10:00~13.00, 13:45~16:00)
시립 박물관 10:00~19:00(11~2월 ~18:00, 12월 31일 12:00~18:00)/
만자의 탑·시립 박물관 모두 폐장 45분 전까지 입장

CLOSE 12월 25일

PRICE 만자의 탑 10€, 시립 박물관 6€, 만자의 탑+시립 박물관 15€, 만자의 탑+시립 박물관+산타마리아 델라 스칼라 20€(통합권은 2일간 유효)

WALK 캄포 광장 안

❷

Zoom In & Out

시립 박물관

❖ 암브로조 로렌체티의 '선한 정부, 악한 정부'(1338~1340)

시립 박물관 평화의 방에 전시된 이 작품은 제목처럼 선한 정부와 악한 정부가 도시와 시골에 각각 어떤 영향을 미치는지를 보여주고 있다. 악한 정부를 묘사한 그림에서는 폭력, 무질서, 질병 등의 장면을 그린 반면, 선한 정부를 묘사한 그림에서는 14세기의 일상을 생기 넘치게 표현했다. 이 작품이 주목받는 이유는 시에나를 '선한 정부'로 묘사했기 때문인데 이를 통해 당시 시에나가 얼마나 풍족한 도시였는지를, 그리고 그 당시 시에나의 자부심이 어느 정도였는지를 가늠해볼 수 있다.

두오모의 돔과 종탑이
그려져 있다.
도시가 번영해
건축 공사가
활발하다.
각자의 직업에 충실한 시민이
서로 조화를 이룬다.

중세 시대의 모습을 그대로 간직하고 있는 시립 박물관 내부

'선한 정부, 악한 정부'가 전시된 평화의 방

❖ 시모네 마르티니의 '몬테마시 성을 포위한 귀도리초 다 폴랴노'(1328~1330)

암브로조 로렌체티와 동시대에 활동한 시모네 마르티니의 '몬테마시 성을 포위한 귀도리초 다 폴랴노(Guidoriccio da Fogliano all'Assedio di Montemassi, 프레스코화)'는 시립 박물관에서 주목할 만한 또 다른 작품이다. 귀도리초 다 폴랴노는 시에나 인근 지역의 반란을 진압한 군인으로, 이 작품은 종교적 성인이 아닌 사람을 풍경과 함께 담은 최초의 그림이다. 또한 이탈리아 회화의 선구자로 손꼽히는 시모네 마르티니의 대표작이다. 이외에 평의원실(Sala del Consiglio)에 소장돼 있는 시모네 마르티니의 중요한 중세 회화인 '마에스타(Maesta)'도 놓치면 아까운 작품이다.

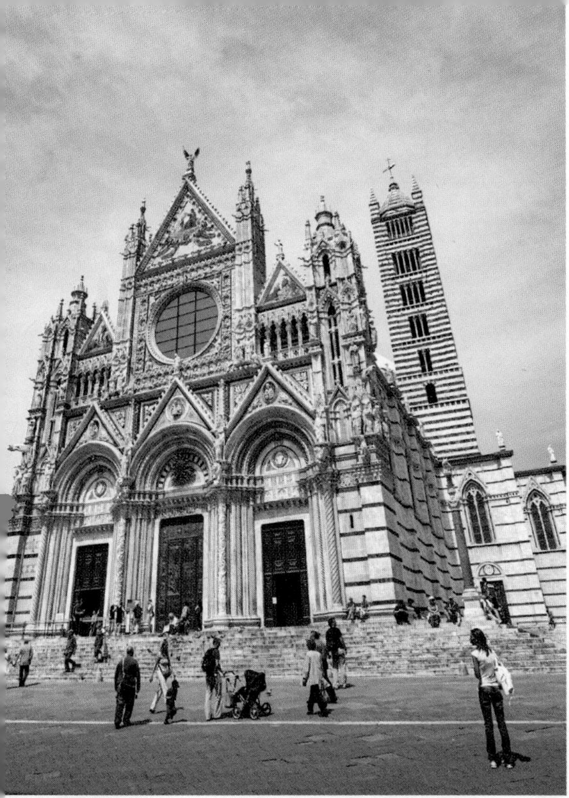

①

② 파사드 조각의 대부분은 복사본이며, 진품은 두오모 오페라 박물관에 있다.

③

외관만큼 아름다운 두오모 내부

03 예쁜 성당엔 볼거리도 많지 두오모 Duomo di Siena

이탈리아를 대표하는 아름다운 성당 중 하나. 이탈리아에서 가장 큰 성당을 만들 계획으로 1339년에 남쪽에 본당 회중석을 더 짓는 공사에 착수했으나, 흑사병이 창궐해 완성하지 못했다. 지금도 ❶ 성당의 동쪽에 미완성한 본당 회중석의 기둥 자국과 벽이 남아 있다. 정면은 토스카나 고딕 양식을 정립한 ❷ 조반니 피사로의 조각이 있는 로마네스크식 하단과 19세기의 모자이크로 장식된 고딕 양식의 상부로 구성돼 있고, 전쟁을 중단하기 원하는 시에나의 성 베르나르디노가 부활한 예수의 상징 아래서 사람들을 결집하고자 만든 ❸ 태양 심벌이 정문 위에 있다.

안으로 들어가면 성서 이야기를 아로새긴 대리석 바닥이 눈에 들어온다. 성당 가운데에 니콜라 피사로의 팔각형 설교단과 도나텔로의 '성 세례 요한의 청동상', 베르니니의 '성 히에로니무스와 막달라 마리아' 상도 있다. 또 성당 북측 측랑에 위치한 피콜로미니 도서관에는 핀투리키오(Pinturicchio)가 그린 아름다운 프레스코화가 있으며, 성당 뒤쪽에도 15세기의 프레스코화로 화려하게 장식돼 있다. 로렌초 기베르티와 도나텔로의 조각이 있는 세례당도 있다. 본당뿐 아니라 도서관, 두오모 오페라 박물관, 세례당 등을 모두 둘러보고 싶다면 통합권을 구매하자.

두오모 정면을 등지고 왼쪽 앞에는 유럽 최초의 병원으로 건물 안에 담긴 역사와 예술을 감상할 수 있는 산타 마리아 델라 스칼라 박물관이 있고, 그 옆에는 두오모 매표소가 있다.

Ⓖ 889H+3H 시에나

ADD Piazza del Duomo 8

OPEN 10:00~19:00(일요일·공휴일 13:30~18:00, 5월~18:00, 11~3월 10:30~17:30, 12월 1일 ~15:00, 12월 26일~1월 7일 ~19:00)/
대리석 바닥 공개 기간: 6월 말~7월·8월 중순~10월 중순(매년 날짜가 바뀜) 10:00~19:00(일요일·공휴일 09:30~18:00)/천국의 문 공개 기간: 3월 1일~1월 6일

PRICE 두오모 통합권(OPA SI PASS, 두오모+도서관+오페라 박물관+지하 유적+세례당, 3일간 유효) 14€(대리석 바닥 공개 기간에는 16€)/두오모 통합권+천국의 문(Porta del Cielo: 대성당 지붕) 21€(1월 초~2월은 판매 안 함)/6세 이하 무료

WALK 캄포 광장에서 도보 7분

WEB operaduomo.siena.it

Zoom In & Out

두오모

❶ 흰색과 검은색 줄무늬의 대리석 기둥이 아름다운 내부. 흰색과 검은색은 시에나 시의 문장을 상징한다.

❷ 성서 이야기를 아로새긴 바닥의 모자이크 장식은 40명의 예술가가 200년에 걸쳐 완성했다.

❸ 교황 피우스 2세가 에네아 실비오 피콜로미니(Enea Silvio Piccolomini)의 장서를 보관하기 위해 건립한 피콜로미니 도서관(Piccolomini Library). 도서관 벽에는 피우스 2세의 생애를 표현한 핀투리키오의 프레스코화(1509)가 있다.

❹ 도나텔로의 작품인 '성 요한의 청동상'(1457)

❺ 베르니니의 '성 히에로니무스와 막달라 마리아' 상

❻ 성당의 중심 돔은 파란색 바탕에 100개의 별이 중심에서 바깥쪽으로 5열로 장식돼 있다. 맨 꼭대기에 베르니니가 제작한 금빛 채광창은 미관뿐만 아니라 내부를 환하게 밝히고 바람이 잘 통하게 하는 기능도 있다.

❼ 1265~1268년에 니콜라 피사노가 그의 아들 조반니 피사노와 함께 만든 '팔각형의 설교단'

❽ '팔각형 설교단' 옆 바닥에 아로새긴 '헤롯 왕의 유아 학살(The Massacre of the Innocents)'과 연금술과 점성술을 주제로 한 대리석 바닥 조각. 1년에 약 3달간 공개된다.

❾ 도나텔로가 만든 페치(Pecci) 주교의 무덤 조각

❿ 페루치(Baldassare Peruzzi)가 만든 중앙 제단

⓫ 성당 정면의 장미창은 시에나파 회화의 창시자인 두초 디 부오닌세냐(Duccio di Buoninsegna)의 작품이며, 스테인드글라스로 표현한 '최후의 만찬'은 파스토리노 데 파스토리니(Pastorino de'Pastorini)의 작품이다.

❶

❷

❸

❹

❺

❻

❼

❽

❽

❾

❿

⓫

①

이탈리어로
'창문'을 뜻하는
피네스트라(Finestra)

②

예수와
그 제자들의 모습

04 두초 디 부오닌세냐의 '마에스타'
두오모 오페라 박물관
Museo dell'Opera del Duomo

두오모를 장식한 유물이 전시된 박물관. 아직 완성되지 않은 두오모의 측면 복도에 있다. 조각품 대부분은 두오모 외벽에 있던 조반니 피사노의 작품으로, 수백 년에 걸친 비바람에도 거의 손상되지 않고 비교적 잘 보존돼 있다.

작품 중에는 시에나 화풍의 창시자로 꼽히는 두초 디 부오닌세냐(Duccio di Buoninsegna)의 1311년 작품인 ① '마에스타'(Maesta)를 놓치지 말아야 한다. 몬타페르티 전투(1260년)에서 거둔 승리를 기념하기 위해 성모 마리아에게 도시를 바친다는 내용이다. 작품이 완성되어 두오모로 옮기는 날 모든 시민이 촛불을 들고 작품이 가는 길을 밝혀주었다는 일화가 있을 만큼 시에나 시민의 사랑을 듬뿍 받았다. 원래는 59개의 장면을 양면에 그렸으나 현재 중심 부분만 여기에 보관하고 나머지는 영국의 내셔널 갤러리 등 세계 각지의 박물관에 흩어져 있다.

금과 화려한 색으로 장식한 그림의 앞면은 3부분으로 나뉘며, 아기 예수를 안고 있는 성모 마리아를 중심으로 양옆에는 값비싼 비단옷을 입은 천사와 성인의 모습이 표현돼 있다. 작품 전체를 휘감고 있는 황금빛 광채와 더불어 섬세하고 우아한 인물의 내면 묘사가 뛰어나다. 원래 아랫부분에는 예수의 어린 시절에 일어난 7가지 에피소드를 그린 제단 장식대가, 위에는 성모 마리아의 생애를 다룬 작은 뾰족탑이 있었지만 지금은 없다. 그림 뒷면에는 예수의 생애를 그린 그림이 있다. 이외에도 ② 피에트로 로렌체티의 '성모 마리아의 탄생'(1342)과 두초 디 부오닌세냐의 다른 작품이 전시돼 있다.

★
마에스타 Maesta

존엄, 장엄을 뜻하는 이탈리아어. 미술에서는 성모 마리아가 아기 예수를 품에 안고 천사들이 이를 둘러싸는 구성을 뜻한다. 단, 똑같은 구성이라도 규모가 작을 때는 마에스타라고 하지 않는다.

Ⓖ 889H+3H 시에나
ADD Piazza del Duomo, 8
OPEN 3~10월 09:30~19:30, 11~3월 10:30~17:30
PRICE 두오모 통합권(OPA SI PASS) 시즌에 따라 13~15€(p411 참고)
WALK 두오모 정문을 바라보고 오른쪽 뒤편에 있는 건물이다. 도보 1분

외벽에 있던
피사노의 조각들

성녀 카테리나의 무덤

05 성녀 카테리나의 생가
성녀 카테리나의 집
Casa di Santa Caterina

성녀 카테리나가 시에나의 부유한 염색업자의 딸로 태어나 카테리나 베닌카사라는 이름으로 16세까지 살던 집이다. 25명의 형제자매 가운데 막내딸이었던 그녀는 발랄한 성격에 부모의 간섭을 싫어한 것으로 전해진다. 그녀가 15세 때 결혼 명령에 반항하기 위해 긴 머리카락을 자르고 기도와 단식에만 전념했다는 일화는 유명하다. 16세에 부모의 허락으로 도미니크 수도회의 수녀가 된 그녀는 예수와 성모 마리아, 성인에 대한 환시를 자주 경험하고 피사 성당에서 미사를 드리던 중 공중 부양해 성흔을 받았다고 한다. 또한 지혜와 말솜씨가 뛰어나 아비뇽에 유배되어 있던 교황을 설득해 돌아오게 함으로써 로마에 교황권을 되찾아준 일화가 유명하다.

이 집은 1466년 성지로 지정되었다. 작은 벽돌로 된 안뜰이 인상적이며, 부엌을 개조해서 만든 작은 예배당은 일 포마란초, 일 리초, 프란체스코 반니 등 시에나 출신 화가들이 그녀의 삶을 주제로 그린 16~19세기 회화로 장식돼 있다.

G 88CH+2G 시에나
ADD Costa Sant'Antonio, 6
OPEN 09:30~17:00
PRICE 무료
WALK 캄포 광장에서 도보 5분/두오모에서 도보 7분
WEB www.caterinati.org

06 성녀 카테리나, 이곳에 잠들다
산 도메니코 성당
Basilica di San Domenico

아비뇽 유수를 종식한 시에나의 수호성인, 성녀 카테리나의 유해가 안치돼 있는 곳. 성녀 카테리나는 시에나에서 태어났으나 로마에서 생을 마감해 로마의 '산타 마리아 소프라 미네르바'에 유해가 안치돼 있었다. 이에 그녀의 시신을 두고 로마와 시에나 사이에 쟁탈전이 벌어졌고, 황당하게도 그녀의 머리만 고향인 시에나로 돌아왔다.

성당 벽면에는 안드레아 디 반니의 '시에나의 성녀 카테리나' 등 그녀의 삶을 주제로 한 그림이 그려져 있다. 성당 내부 촬영은 금지되므로 각별히 주의해야 한다.

G 889G+VJ 시에나
ADD Piazza di San Domenico 1
OPEN 07:00~18:30(11~2월 08:30~17:30)/종교행사 시 입장 제한
WALK 성녀 카테리나의 집에서 도보 3분

성당 내부

바로 앞에서 저며 주기 때문에 트러플 향이 강하다.

성문으로 나가기 직전, 오른쪽 성벽에 입구가 있다.

멧돼지고기 소스를 얹은 카카오 파스타(Tagliatelle al Cacao e Ragu di Cinghiale cotto nel Latte, 14€). 야생 고기의 냄새가 강하다.

트러플 향에 빠진 설로인 스테이크

타베르나 디 산 주세페
Taverna di San Giuseppe

시에나 사람들이 특별한 날에 찾는 레스토랑. 가격대가 비싼 편인데도 예약 없이는 테이블 잡기 어렵다. 얇게 저민 트러플을 잔뜩 얹은 설로인 스테이크(Tagliata di Manzo al Tartufo Fresco, 26€)가 대표 메뉴로, 트러플 향과 즐길 수 있게 담백하게 구워 나오니 함께 나온 소금과 후추 등으로 간을 맞추자. 트러플 파스타(Tagliolini al Tartufo Fresco)나 트러플 뇨끼도 강력 추천.

888J+4M 시에나
ADD Via Giovanni Duprè, 132
OPEN 12:00~14:30, 19:00~21:30
CLOSE 일요일(시즌에 따라 유동적)
MENU 전채 10~15€, 제1요리 13~16€, 제2요리 15~24€, 서비스 요금 10%
WALK 캄포 광장에서 도보 5분
WEB www.tavernasangiuseppe.it

커피 덕후님, 한 봉지 담아가세요

카페 피오렐라 토레파치오네
Caffé Fiorella Torrefazione

황금비율의 원두 배합과 최적의 로스팅 기술로 이탈리아인이 가장 좋아하는 커피 맛을 만들어내는 카페. 카페라기보다는 커피 원두 로스터리에 가깝지만 간단한 샌드위치도 판다. 평소에 드립 커피를 즐겨 마신다면 주인장이 추천하는 원두를 구매해 가자. 이 집만의 노하우로 블렌딩 한 원두가 1kg에 24€ 정도로 저렴하다.

889J+G9 시에나
ADD Via di Città, 13
OPEN 07:00~19:00
CLOSE 일요일
MENU 커피 1.10€~, 블렌딩 원두 24€~/1kg
WALK 캄포 광장에서 도보 1분
WEB www.caffefiorella.it

샌드위치 2~3€

커피는 바에서 마셔야 한다.

이탈리아인의 소울 푸드

프레토
Prètto Prosciutteria

다향살이하는 이탈리아인이 가장 그리워한다는 고향 음식 살루메(Salume, 절인 고기를 숙성·건조시켜 만든 전통 햄) 전문점이다. 절인 고기와 소시지가 진열장에 가득한 곳. 여행자들 사이에서는 간단한 이탈리아식 샌드위치 파니니가 인기다. 점심에는 파니니에 와인 한잔으로 가볍게 식사를 해결하고, 저녁에는 햄 & 치즈 플레이트를 시켜놓고 친구들과 어울리는 동네 사랑방이다.

889J+M8 시에나
ADD Via dei Termini, 4
OPEN 12:00~15:00, 19:00~21:00(금·토요일 21:30)
CLOSE 일요일 저녁
PRICE 파니니 4~7€, 햄 & 치즈 플레이트 18€~, 와인 4€/1잔~, 자릿세 2€/1인
WALK 캄포 광장에서 도보 2분
WEB www.prettoprosciutteria.it

프로슈토와 치즈를 넣은 파니니

쇼핑의 즐거움이 팡팡!

시에나의 쇼핑가, 치타 거리

캄포 광장을 둘러싼 둥그런 길인 '치타 거리(Via di Citta)'에는 다양하고 수준 높은 상점이 많이 모여 있다. 가죽 제품 전문점은 물론 와인과 미술 재료를 파는 곳도 있어 비교적 다양한 형태의 쇼핑을 즐길 수 있다.

① 안티카 드로게리아
② 쿠오이에리아 피오렌티나
③ 카펠레리아 베르타키
④ 카르피사
⑤ 난니니 콘카도로

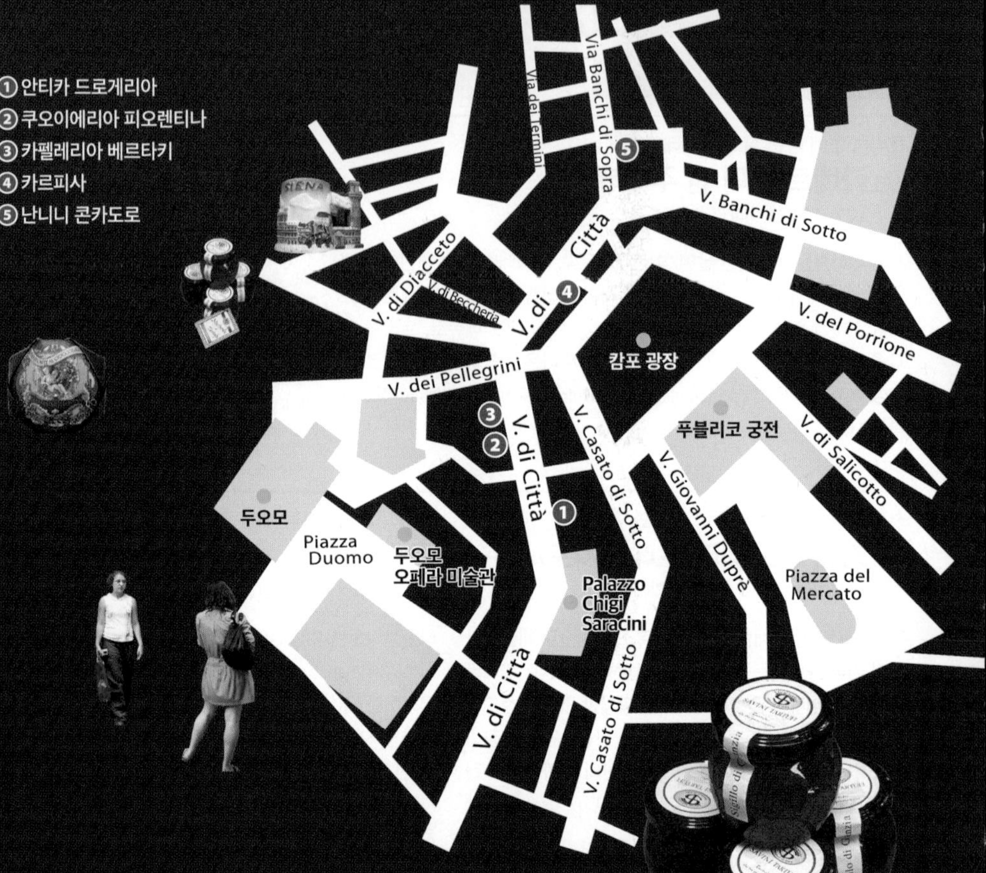

① 안티카 드로게리아 1879 Antica Drogheria Manganelli 1879 식자재

1879년부터 영업해온 토스카나 와인 전문 가게, 비교적 최상급 와인만을 판매해 전체적으로 가격이 높은 편이다. 어른에게 선물하거나 제대로 된 와인이나 판포르테(시에나 전통 디저트) 등을 구매하고 싶다면 들러보자.

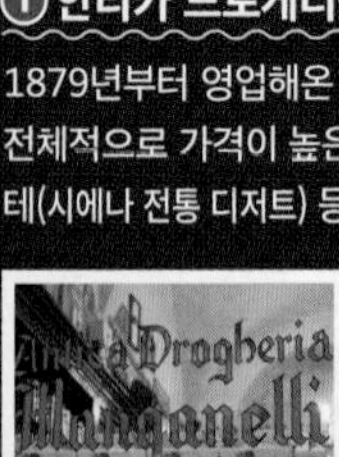

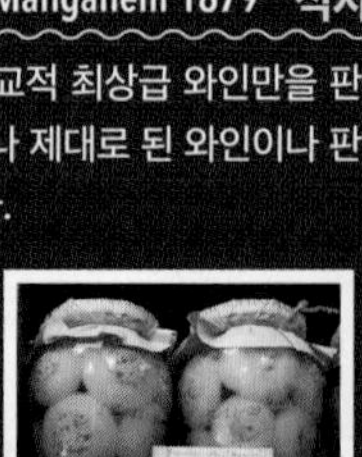

시에나 전통 디저트, 판포르테

② 쿠오이에리아 피오렌티나 Cuoieria Fiorentina S.R.L. 가방 & 신발 & 액세서리

오바마 전 대통령의 부인 미쉘 오바마가 쇼핑한 가게로 명성을 얻었다. 가방과 클러치, 지갑 등 다양한 가죽제품을 판매하며, 제품에 새겨 넣은 큼직한 꽃문양이 특징이다.

③ 카펠레리아 베르타키 Cappelleria Bertacchi 모자

이탈리아 분위기가 물씬 나는 토스카나 전통의 밀짚모자를 살 수 있다. 토스카나에서 17세기부터 이어져 온 방식 그대로 장인들이 한 땀 한 땀 엮어 만드는 이 집의 모자는 공장에서 찍어 낸 저가 제품과는 차원이 다르다.

④ 카르피사 Carpisa 의류 & 액세서리

이탈리아 신세대 브랜드 중 하나. 거북이 모양의 로고가 깜찍하다. 알록달록한 컬러 조합이 돋보이는 토트백이 인기.

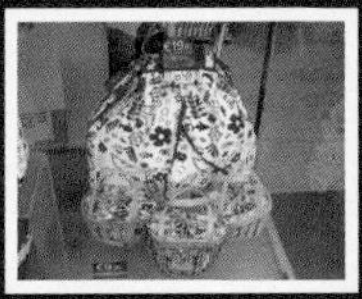

⑤ 난니니 콘카도로 Nannini Conca d'Oro 전통 카페

20세기 초에 발간한 가이드북에도 언급될 만큼 오랜 역사를 자랑하는 곳. 달콤한 꿀과 말린 과일, 견과류를 넣고 구운 시에나 전통 디저트 판포르테(Panforte)와 판페파토(Panpepato), 카발루치(Cavallucci)는 쫀득쫀득하면서도 견과류의 오독오독 씹히는 맛이 일품이다. 다만 강한 향신료 때문에 호불호가 갈리니 우선 샘플러(Piatto Degustazione)를 주문해 먹어보길 권한다. 아몬드가 듬뿍 든 비스킷 리차렐리(Ricciarelli)와 바삭한 비스코티인 칸투치(Cantucci)가 우리 입맛에는 더 잘 맞을 수 있다.

시에나 전통과자 샘플러 (Piatto Degustazione)

바에 서서 먹으면 음식값이 저렴하다.

선물용으로 좋은 리차렐리

포장이 다양해 선물을 사기에도 좋다.

SECRET CITY

탑이 숲을 이룬 마을

산 지미냐노 San Gimignano

'탑의 도시' 산 지미냐노는 해발 334m 높은 지대에 자리 잡은 중세풍 마을이다. 기원전 3세기 역사에 처음 등장해 프랑스에서 바티칸으로 가는 성지순례 길인 프란치제나 길(Via Francigena)에 자리 잡았고 중세에 이르러 염색업을 중심으로 한 상업이 크게 발달했다. 귀족들은 염색한 천을 말리기 위한 탑을 경쟁하듯 높이 쌓아 부를 과시했는데, 한때 72개나 되는 탑이 도시를 뒤덮을 정도였다고 한다. 그러나 1348년 흑사병이 덮쳐 인구가 반으로 줄면서 산 지미냐노는 급격히 쇠락해 피렌체의 식민지가 되고 만다. 지금은 14개의 탑이 남아 과거의 영광을 비추고 있다.

■ 산 지미냐노 가기

피렌체에서 남쪽으로 약 56km, 시에나에서 북서쪽으로 약 28km 떨어진 산 지미냐노에는 기차역이 없어 인근의 포지본시 기차역에서 130번 버스를 타고 들어가야 한다. 피렌체나 시에나에서 시외버스를 이용할 때에도 포지본시 기차역에서 내려 130번으로 갈아타고 간다. 하루 4회는 토치 거리(via Tozzi)에서 출발한 130번 버스가 포지본시 기차역을 거쳐 산 지미냐노까지 한 번에 가니 일정을 잘 조절해보자.

▶ 포지본시역 Poggibonsi F.S.

산 지미냐노 동쪽 약 8km 지점에 있으며, 작은 간이역이라 편의 시설이 거의 없다. 역 안의 타바키에서 산 지미냐노로 가는 버스 승차권(2.60€)을 구매한 후 기차역 정문 앞쪽에 있는 정류장에서 산 지미냐노행 130번 버스에 탑승한다.

★

버스 시간표 확인!

2021년 토스카나 지역 전체의 대중교통체계 개편 이후 노선이 자주 바뀌면서 토스카나 지역을 대중교통을 이용해 여행하기가 매우 불편해졌다. 130번 버스의 경우 주중·주말·요일은 물론이고 시간대에 따라 노선이 달라져 여행 일정에 차질이 생길 수 있다. 따라서 포지본시나 시에나에서 산 지미냐노행 버스를 탈 예정이라면 아우토리네 토스카네 버스 홈페이지나 현지에서 버스 출발 시각을 미리 확인하고 떠나자.

▶ 버스 정류장에서 중심가까지

130번 버스는 산 지미냐노의 대문인 산 조반니 성문(Porta San Giovanni) 앞 마르티리 몬테마조 광장(Piazzale Martiri Montemaggio)에 정차한다. 성문을 통과해 산 조반니 거리(Via San Giovanni)를 따라가면 치스테르나 광장(Piazza della Cisterna)이 나온다. 여기서 계속 직진하면 구시가의 중심인 두오모 광장(Piazza Duomo)에 닿는다. 도보 10분 소요.

마르티리 몬테마조 광장

산 조반니 성문

치스테르나 광장

피렌체 Firenze
↓
기차 1시간 5분, 8.40€(R), 06:20~20:10/ 1시간 간격
또는
Autolinee Toscane 131번 버스
50분~, 6.20€, 06:10~18:40/ 약 1시간 간격
↓
포지본시 Poggibonsi F.S.
↓
Autolinee Toscane 130번 버스
25분~, 2.60€, 07:05~21:15/ 1시간~2시간 30분 간격

시에나 Siena
↓
Autolinee Toscane 130번 버스
1시간 20분~, 6.20€, 07:05·12:10·13:10·15:20

↓

산 지미냐노 San Gimignano

*R–Regionale(완행열차)
*운행 시간은 시즌·요일에 따라 유동적이다

★

아우토리네 토스카네 버스

WEB www.at–bus.it

구시가의 중심, 두오모 광장

두오모 광장에서 바라본
포폴로 궁전(왼쪽)과 토레 그로사(가운데),
두오모(오른쪽)

리포 멤미의
'대 전하'

토레 그로사에서 내려다본
산 지미냐노 풍경

홍해가 갈라지는 장면

❶ 포폴로 궁전(시청) Palazzo del Popolo

산 지미냐노의 전망 명소인 토레 그로사를 품은 궁전. 13세기 이후 시청으로 쓰였다가 현재 시립 박물관(Musei Civici)으로 사용되고 있다. 토레 그로사뿐 아니라 안뜰을 둘러보는 일도 잊지 말 것. 무료입장이며, 야외 미술관을 방불케 하는 안뜰에서는 시의 문장과 프레스코화를 볼 수 있다.

ADD Piazza Duomo, 2
OPEN 10:00~19:30(10~3월 11:00~17:30, 1월 1일 12:30~17:30)
CLOSE 12월 25일
PRICE 9€, 두오모+포폴로 궁전+토레 그로사 통합권 13€,5세 이하 무료
WALK 산 조반니 성문을 통과해 도보 10분
WEB www.sangimignanomusei.it

❷ 토레 그로사 Torre Grossa

산 지미냐노에서 가장 높은 탑. 내부 계단을 따라 꼭대기로 올라가면 주변의 평원이 한눈에 들어오는 전망에 가슴이 탁 트인다. 1310년 완성 당시 높이는 64m였으나 일부가 무너져 54m만 남았다. 11~14세기 염색업이 번창한 산 지미냐노는 염색한 천을 말릴 공간이 부족해 한때 72개에 이르는 탑이 경쟁적으로 생겨났다. 귀족들은 보다 많은 햇빛을 차지하기 위해 탑을 더 높이 쌓았고, 위험한 상황이 벌어지자 토레 그로사보다 더 높은 탑은 지을 수 없는 규제가 생겨났다. 덕분에 지금까지 토레 그로사는 산 지미냐노에서 가장 높은 건축물로 남게 됐다. 탑 꼭대기까지는 계단과 좁은 사다리를 올라야해 위험하니 편안한 신발을 신고 가자.

❸ 두오모 Duomo

1148년 지은 두오모는 단조로운 외관과 달리 내부가 14세기 프레스코화로 빼곡하다. 중앙에는 '최후의 심판'과 지옥의 형상, 기둥 바깥쪽 통로에는 성서 이야기가 그려져 있다. 왼쪽 통로에는 구약성서의 내용이 담겼는데, 아랫단 중앙의 홍해가 갈라지는 장면을 유심히 살펴보자. 물에 빠져 괴로워하는 이집트 병사들과 태평하게 고기를 잡는 어부들을 대비시킨 화가의 재치가 돋보인다. 오른쪽 통로에 있는 예수의 생애 중 '유다의 키스'에서는 유다와 예수, 주변 인물들의 긴박한 표정이 잘 드러난다. 그 외 두오모에서 14세기부터 사용하던 성구와 조각, 그림 등도 전시돼 있다.

ADD Piazza Duomo, 2
OPEN 4~10월 10:00~19:30(토요일 ~17:00, 일요일 12:30~), 11~3월 10:00~17:00(일요일 12:30~17:00)/폐장 30분 전까지 입장
CLOSE 1월 1·16~31일, 3월 12일, 11월 15~30일, 12월 25일
PRICE 두오모 5€, 두오모+포폴로 궁전+토레 그로사 통합권 13€, 5세 이하 무료
WALK 포폴로 궁전 바로 옆
WEB www.duomosangimignano.it

MORE

시립 박물관 Museo Civico

시의회로 쓰였던 공간에 프레스코화가 남아있다. 단테 홀(Sala di Dante)의 '대 전하(Grande Maesta)'는 14세기 화가 리포 멤미의 작품으로, 성모 마리아와 성인들이 담겨 있다. 최고 행정관인 포데스타의 방(Camera del Podesta)에는 리포 멤미 아버지의 작품 '결혼 초야'가 있다.

성 아우구스티노의 생애

④ 산타고스티노 수도원
Convento Sant'Agostino

1298년 완공한 산타고스티노 수도원은 작지만 수많은 프레스코화로 장식돼 있는 보물 상자 같은 공간이다. 중앙 제단의 '성모 마리아 대관식'을 시작으로 곳곳에 성인과 성서 속 장면을 그린 프레스코화가 가득하다. 특히 중앙 제단 뒤와 양옆으로 마련된 작은 기도실에는 사방의 벽과 천장까지 온통 그림으로 장식돼 있어 마치 그림 상자 속에 들어간 듯하다. 4세기에 활동한 성 아우구스티노의 생애를 담고 있는데, 토론을 통해 교리를 설파한 그의 생애와 사상은 중세 교회에 많은 영향을 미쳤다.

ADD Piazza Sant'Agostino, 10
OPEN 10:00~12:00, 15:00~19:00(11~3월 09:00~12:00, 15:00~18:00, 11~3월 일요일 10:30~12:00, 15:00~18:00)
WALK 두오모 광장에서 도보 6분

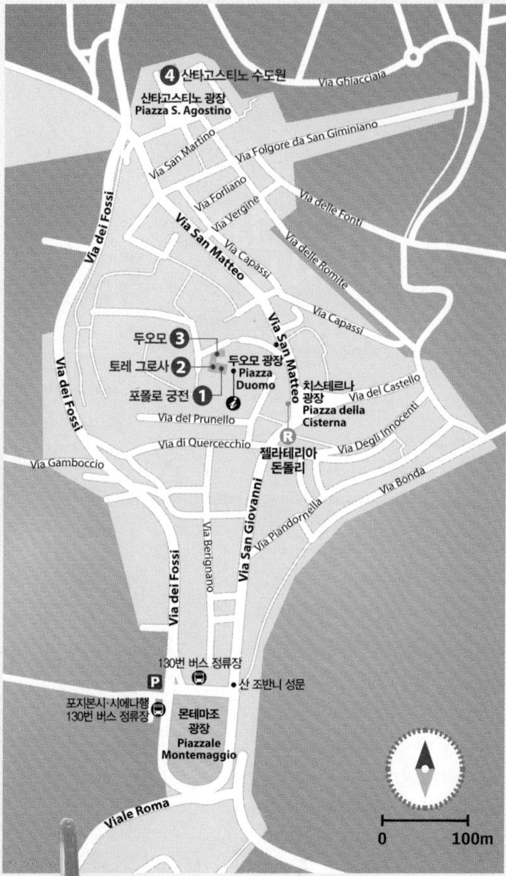

Ⓡ 젤라테리아 돈돌리 Gelateria Dondoli

2006~2009년 젤라토 월드 챔피언 연속 수상에 빛나는 젤라테리아다. 유기농 우유와 엄선된 부재료만을 고집하는 명장 세르지오의 뚝심이 담긴 돈돌리의 젤라토는 토레 그로사와 함께 산 지미냐노의 명물로 통한다. 젤라토 종류가 종종 바뀌는데, 과일·크림·초콜릿을 베이스로 갖가지 부재료를 추가해 쫀득한 식감이 남다른 창의적인 젤라토를 선보인다. 부재료가 뭔지는 젤라토 위에 올려놓았으니 보면서 골라보자. 늘 긴 줄이 이어지니 시간에 여유를 두고 찾아가자.

ADD Piazza Cisterna, 4
OPEN 09:00~18:00(여름철 성수기 ~23:00)
CLOSE 겨울철 비정기 휴무
MENU 젤라토 3.50~9€
WALK 두오모 광장에서 도보 1분
WEB www.gelateriadondoli.com

벽에 빼곡히 걸린 상장과 기념 사진들

04

LIGURIA

친퀘테레

CINQUE TERRE

피렌체에서 기차로 3시간 거리, 해안가 절벽 위에 자리 잡은 5개의 작은 마을이 있다. '친퀘(Cinque, 숫자 5) 테레(Terre, 땅·마을)'라고 불리는 이곳은 남부의 아말피 해안과 함께 이탈리아의 숨은 보석으로 여겨진다.
작고 아담한 집들이 늘어선 좁다란 골목을 걷다 보면 어디에선가 갓 구운 피자 냄새와 진한 레몬 향이 퍼져 나오고, 이따금씩 들려오는 떠들썩한 상인의 목소리가 이방인의 경계심을 무너뜨리는 곳. 친퀘테레는 수많은 여행자들이 꿈꿔왔던 아름다운 유럽의 모습 그대로를 간직하고 있다.

친퀘테레 가기

친퀘테레의 관문인 라 스페치아 중앙역까지는 피렌체에서 2~3시간, 밀라노에서는 약 3시간 소요된다. 라 스페치아에서 친퀘테레의 마지막 마을인 몬테로소역까지는 기차로 22~24분 걸리며, 1시간에 2~4회 운행한다. 라 스페치아에 도착하면 우선 역 안의 관광 안내소에서 기차 시간표를 챙기고 일정에 맞는 친퀘테레 카드나 기차표를 구매하자. 온라인 구매한 트렌이탈리아 기차표는 탑승 전 온라인 체크인 필수!

기차

이탈리아어로 '5개의 마을'이란 뜻의 친퀘테레는 정식 지명이 아니다. 따라서 '친퀘테레역'을 찾는 것은 의미가 없다. 이 다섯 마을로 가기 위해선 먼저 친퀘테레의 관문인 라 스페치아 중앙역(La Spezia Centrale)으로 이동해야 한다. 피렌체에서는 라 스페치아까지 가는 직행편이 있고, 피사 중앙역(Pisa C.le) 등에서 갈아타는 노선도 있다. 밀라노에서는 라 스페치아뿐만 아니라 마지막 마을인 몬테로소로 가는 직행편도 있으므로 밀라노를 기점으로 여행 일정을 짜는 것도 좋다.

라 스페치아 중앙역에 도착하면 다시 5개 마을로 가는 기차를 탄다. 앞선 4개 마을에서 차례로 정차해 마지막 몬테로소(Monterosso) 마을까지 가는 기차는 성수기(3월 중순~11월 초) 기준 1시간에 3~4회 운행한다. 저녁 이후에는 기차 운행 간격이 길어지고 비수기에는 운행 횟수가 크게 줄어드니 당일 여행자라면 돌아가는 기차 시간을 미리 알아두고 이동하는 것이 좋다.

성수기(3월 중순~11월 초)에는 라 스페치아 중앙역과 5개 마을 사이 어디에서 내리든 요금이 같지만, 방문하는 달과 요일에 따라 편도 5~10€로 격차가 크다. 비수기에는 거리에 따라 편도 2.70~3.40€. 소요 시간은 첫 번째 마을인 리오마조레까지 7~8분, 마지막 마을인 몬테로소까지 22~24분이다. 기차를 타고 이동할 예정이라면 기차를 무제한으로 이용할 수 있는 친퀘테레 트레노 카드(p424)를 구매하는 게 경제적이다.

◆ 라 스페치아 중앙역
Stazione di la Spezia Centrale

친퀘테레 여행의 출발점. 매표소에 사람이 없을 때는 기차표 자동판매기를 이용한다. 관광 안내소와 수하물 보관소 등이 있다.

라 스페치아 중앙역

● 친퀘테레 웰컴 센터 Welcome Center 5T : 관광 안내소

친퀘테레 카드를 판매하며, 무료 지도와 기차 시간표를 받을 수 있다. 친퀘테레의 각 기차역에도 웰컴 센터가 있지만 출발 지점에서 구매해 알뜰하게 사용하자.

Ⓖ 4R68+MG 라스페치아
WALK 라 스페치아 중앙역에서 5분
OPEN 09:00~13:30, 14:00~17:30(성수기에는 연장 운영)
WEB www.parconazionale5terre.it

피렌체 Firenze(S.M.N)
↓
기차 2시간 30분~, 15€(R·RV)
06:08~15:53/1일 8회

밀라노(Milano C.le)
↓
기차 3시간 10분~, 9.90~36€(IC·FR)
06:10~21:10/1일 9회

피사 Pisa(C.le)
↓
기차 50분~, 8.40~19€ (FR·IC·R), 05:26~22:53/ 10분~1시간 간격

라 스페치아 La Spezia(C.le)
↓
기차 7~8분, 5~10€
(R, 시즌 및 요일에 따라 다름)
05:00~22:22/
20~30분 간격(성수기 기준)

친퀘테레 리오마조레 Riomaggiore
↓
기차 22~24분, 2.70~10€(R)

친퀘테레 몬테로소 Monterosso

밀라노(Milano C.le)
↓
기차 3시간 10분~, 9.90~36€(IC·FR)
06:10~21:10/1일 9회

친퀘테레 몬테로소 Monterosso

*FR–Freccia(고속열차)
IC–Inter City(급행열차)
RV·R–Regionale(완행열차)

*시즌에 따라 운행 시간이 유동적이니 홈페이지에서 미리 확인하자.

*몬테로소 → 라 스페치아행 기차는 05:05~23:33/20~30분 간격 운행(성수기 기준)

#CHECK

친퀘테레를 제대로 즐기기 위한 팁!

❶ 용도에 맞는 친퀘테레 카드 Cinque Terre Card를 구매하자.

친퀘테레 카드는 기차 이용 여부에 따라 2가지로 나뉜다. 하나는 기차를 제외하고 산책로와 마을버스, 일부 역의 화장실, 와이파이 등을 자유롭게 이용할 수 있는 친퀘테레 트레킹 카드(Cinque Terre Trekking Card). 주로 산책로를 따라 도보로 이동할 때 선택한다. 다만, 폭우 등으로 손상된 산책로가 종종 폐쇄되면서 사용 빈도가 낮아졌고, 리오마조레와 마나놀라를 잇는 사랑의 길(Via dell'Amore) 구간 입장료는 별도다. 여행자가 주로 구매하는 카드는 트레킹 카드에 기차 패스 기능을 추가한 친퀘테레 트레노 카드(Cinque Terre Treno MS Card)다. 라 스페치아에서 친퀘테레 5개 마을와 레반토(Levanto) 사이를 오가는 완행열차(R) 2등석을 마음껏 이용할 수 있어 활용도가 높다.

✚ 친퀘테레 카드 요금(시즌 및 요일에 따라 다름)

종류	트레노 카드 (비수기/준성수기/성수기/최성수기)	트레킹 카드
1일권	14.80€/19.50€/27€/32.50€	7.50€
2일권	26.50€/34€/48.50€/59€	14.50€
3일권	31.50€/46.50€/65.50€/78.50€	21€

*3세 이하 무료, 12세 이하·70세 이상은 할인, 종료일 24:00까지 사용 가능

*2024년 시즌 구분: 비수기(2024년 11월 초~2025년 3월 중순), 준성수기(3월 중순 이후·4월·5월·10월 평일), 성수기(3~5월·10~11월 지정일, 6월·9월 평일), 최성수기(3월 말·4월·5월 지정일, 6월·9월 주말, 7·8월 매일)

친퀘테레 트레노 카드. 이름을 쓰고 사용한다.

❷ 친퀘테레 트레노 카드 vs 기차표

라 스페치아~리오마조레~마나롤라~코르닐랴~베르나차~몬테로소를 오가는 완행열차(R)는 성수기(3월 중순~11월 초)에는 모든 구간의 요금이 같으며(시즌과 요일에 따라 편도 5~10€), 비수기에는 구간에 따라 2.70~3.40€다. 5개 마을 중에서 2곳만 둘러본다면 친퀘테레 트레노 카드 1일권 보다 편도 기차표 3장을 구매하는 것이 더 저렴하다. 단, 기차를 탈 때마다 매표소나 자동판매기에 줄을 서서 구매하고 각인하는 것이 꽤 번거롭다. 역에 따라 매표소가 일찍 문을 닫거나 자동판매기가 없는 경우도 있다.

마나롤라의 석양

★

친퀘테레 카드

라 스페치아 중앙역과 친퀘테레 각 역 안에 있는 웰컴 센터 또는 홈페이지에서 구매할 수 있다. 출발 지점인 라 스페치아 중앙역은 성수기에 대기 줄이 길게 늘어서니 온라인 예매를 추천한다(이메일에 첨부된 PDF를 출력하거나 스마트폰에 저장해서 사용). 친퀘테레 트레노 카드를 구매했다면 기차를 다기 전 가드에 이름을 직는다. 간혹 검표원이 카드에 적은 이름과 여권을 대조할 때도 있으니 여권을 꼭 지참하자.

WEB www.parconazionale5terre.it
예약 card.parconazionale5terre.it

트레노 카드 시즌 및 요금 확인

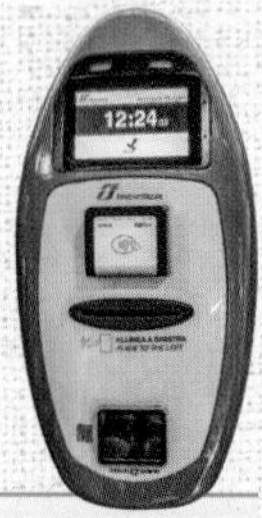

기차표를 반드시 각인한 후 탑승한다.

★

내가 탈 기차의 플랫폼 찾는 법

기차역에 도착하면 전광판에서 플랫폼(Binario, 줄여서 Bin) 번호부터 확인하자. 라 스페치아 → 리오마조레 → 마나롤라 → 코르닐랴 → 베르나차 → 몬테로소 방향은 'Sestri Levante'행을, 반대 방향은 'La Spezia'행을 찾는다.

❸ 5개 마을의 여행 순서를 짜는 것이 관건!

라 스페치아를 거점 삼아 하루 동안 5개 마을을 모두 둘러보는 여행자는 대개 가장 멀리 있는 몬테로소에서 여행을 시작해 4개의 마을을 차례로 거슬러 내려온다. 친퀘테레 하면 떠오르는 절벽 사이의 작은 마을부터 만나고 싶다면 라 스페치아에서 제일 가까우면서도 절벽의 풍경이 아름다운 리오마조레부터 여행을 시작해 차차 올라가는 것도 좋다. 사랑의 길(Via dell'Amore)도 리오마조레에서 출발해 마나롤라 쪽으로 한 방향으로 걸어야 한다.
여유 있는 일정을 원한다면 마음에 드는 2~3개 마을만 들러보자. 그 날의 날씨와 취향에 따라 다를 순 있지만 여행자들의 만족도는 마나롤라가 가장 높고, 다음으로 베르나차, 리오마조레 순이다. 비좁은 마을에 워낙 많은 여행자가 몰려들다 보니 상대적으로 넓은 해변이 펼쳐지는 몬테로소가 좋다는 이들도 있다. 해 질 무렵에는 노을이 예쁘기로 소문난 마나롤라에서 시간을 보내길 바란다.

❹ 돌아가는 시간은 여유 있게 잡는다.

기차로 5개의 마을을 이동하는 것은 생각보다 시간이 오래 걸린다. 친퀘테레를 운행하는 기차는 연착도 잦은 편. 돌아가는 기차 시간은 여유 있게 예매해 두고 기차 시간보다 조금 일찍 도착해 기다리는 것이 좋다. 라 스페치아 중앙역 1번 플랫폼에서 출구를 바라보고 왼쪽에는 간단히 요기할 수 있는 햄버거 가게와 카페가 있다. 운영 시간은 06:00~21:00.

라 스페치아 중앙역 안의 햄버거 가게와 카페. 샌드위치와 과일 샐러드도 판매한다.

❺ 산책로에서 마실 물을 준비해 가자.

산책로에는 화장실과 매점이 없다. 여름철에는 갈증으로 고생할 수 있으니 마실 물을 꼭 준비해가자.

❻ 화장실은 식당에서 미리 해결하자.

친퀘테레 카드 소지자는 리오마조레, 코르닐랴 등 기차역의 화장실을 무료로 사용할 수 있다. 하지만 성수기에는 대기 줄이 매우 길게 이어지니 식당이나 카페 이용 시 미리 화장실에 다녀오도록 하자.

리오마조레역의 화장실

바닷가를 따라 기찻길이 나 있다.

★
바다에서 감상하는 친퀘테레

라 스페치아에서 출발하는 페리를 이용해 각 마을을 돌아보는 방법도 있다. 원하는 마을에서 내려 숙박하거나 1시간쯤 기다렸다 다음 페리를 타고 이동하는 등 활용법이 다양하니 아래 홈페이지를 참고하자. 단, 페리는 주로 4~10월에만 운항하고, 날씨에 따라 운항 시각이 변경되거나 중지되는 일이 종종 있다.

친퀘테레 페리
WEB
www.navigazionegolfodeipoeti.it

OPTION

D 친퀘테레

라 스페치아 중앙역 → 기차 7분 → ❶ **리오마조레** → 기차 2분 → ❷ **마나롤라** → 기차 2분 → ❸ **코르닐랴** → 기차 4분 → ❹ **베르나차** → 기차 4분 → ❺ **몬테로소**

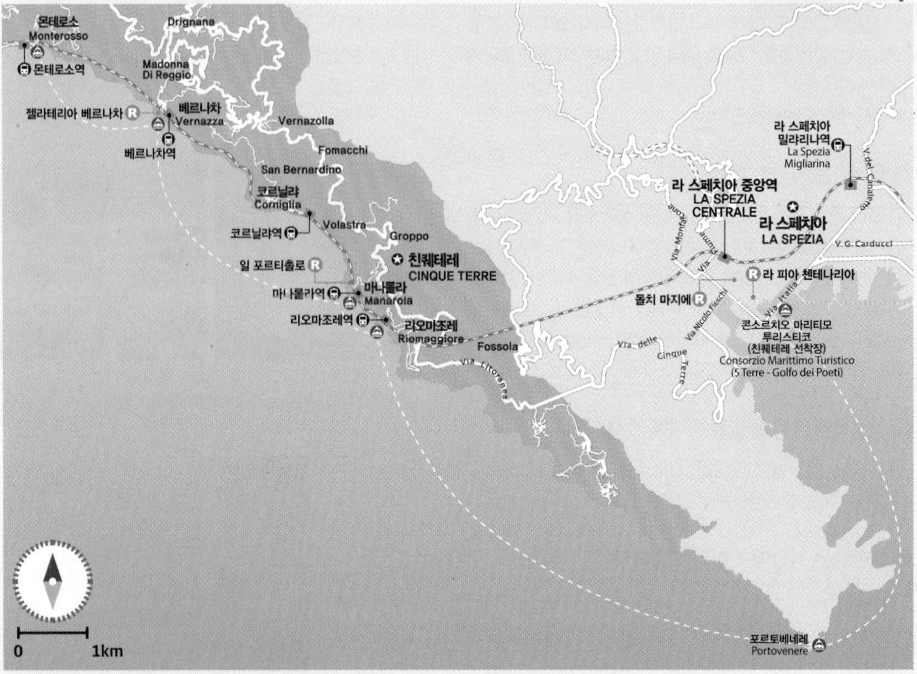

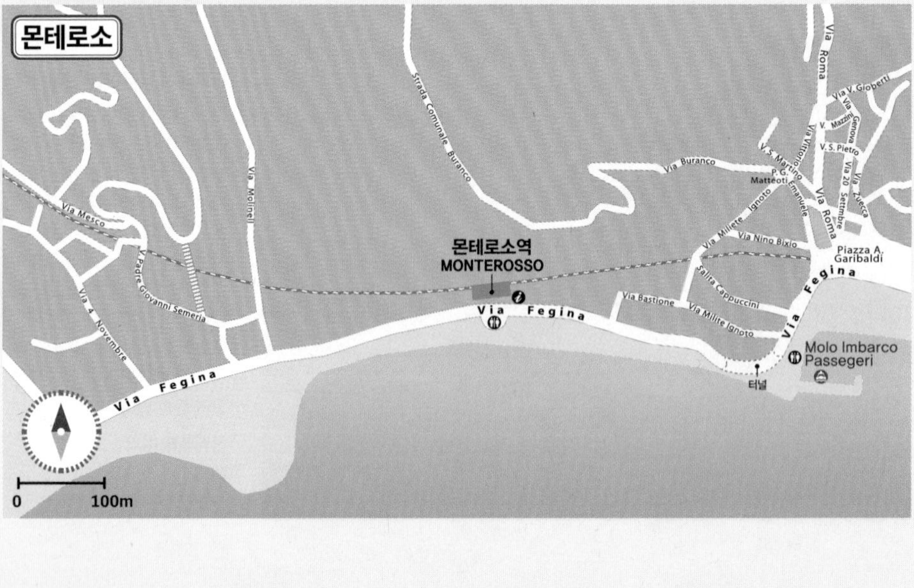

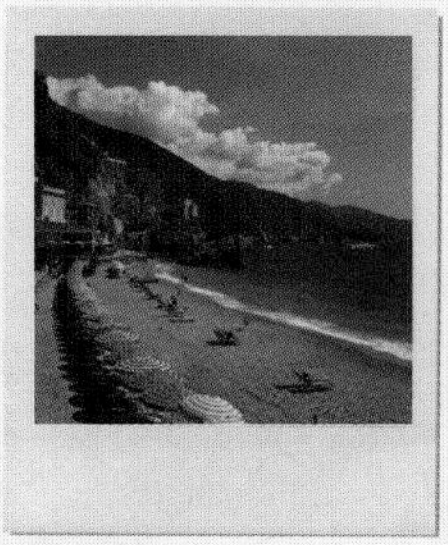

라 스페치아 → ① → **리오마조레** Riomaggiore → ② → **마나롤라** Manarola → ③ → **코르닐랴** Corniglia → ④ → **베르나차** Vernazza → ⑤ → **몬테로소** Monterosso

✚ 마을 간 이동 정보

구간	기차 소요 시간	하이킹 소요 시간 & 난이도			페리 소요 시간, 편도 요금
①	7분				1시간 20분, 22€
②	2분	25분	★	② 해안산책로(사랑의 길)는 리오마조레→마나롤라 방향만 가능.	10분, 10€
③	2분	1시간 10분~	★★	③ 산책로는 당분간 폐쇄, 대신 산길을 이용할 수 있지만 힘들다.	코르닐랴 정박 안함, ③+④ 25분, 15€
④	4분	1시간 30분~	★★★★	걷기 난이도 상급의 난코스	
⑤	4분	2시간~	★★★★★	경치가 가장 좋지만 가장 힘들다.	20분, 10€

* 지진과 산사태 등에 따라 산책로 폐쇄는 유동적이다.

A 걷기 싫은 당신을 위한 5개 마을 기차 탐방

5개 마을 모두 기차로 이동하는 방법. 편하게 돌아볼 수 있다는 점이 장점이지만 기차를 기다리는 시간이 의외로 길 수 있으므로 기차 운행 시각을 잘 맞춰 이동해야 한다. 역마다 기차표를 구매하고 각인하는 데 들이는 시간과 수고를 생각하면 친퀘테레 트레노 카드를 구매하는 편이 더 낫다.

B 걷고 싶은 당신이라면 하이킹에 도전!

쉽지 않은 코스지만 친퀘테레의 매력을 온몸으로 느낄 수 있다. 현재 출입 가능한 산책로를 홈페이지에서 확인한 후 코스를 짜도록 한다. 보통 몬테로소까지 기차로 이동한 뒤 몬테로소~베르나차 구간을 걷는 것이 일반적이다. 몸은 힘들지만 베르나차 항구를 내려다보는 근사한 전망이 보상처럼 펼쳐진다. 베르나차~코르닐랴 구간을 걸을 예정이라면 베르나차에서 출발해야 높은 계단 등반을 피할 수 있다.

산책로 출입 확인 홈페이지 mappe.parconazionale5terre.it/plus/index2.html

C 페리와 기차를 타고 즐기는 친퀘테레

4~10월에 간다면 페리를 타는 것도 좋다. 그림 같은 마을 풍경은 사실 바다에서 바라볼 때 그 진가가 드러나는 것. 실제로 라 스페치아에서 출발해 각 마을을 돌아보는 페리 여행자가 많아졌다. 라 스페치아 출발 1일권, 친퀘테레 1일권 등을 구매해 전 구간을 페리로 이동하거나 기차와 적절히 섞어 구간별로 편도로 이용할 수 있다. 다만, 코르닐랴에는 정박하지 않고 성수기에도 운항 횟수가 많지 않다는 게 단점이다. 보통은 리오마조레~몬테로소 또는 라 스페치아~몬테로소 구간을 편도로 타고 나머지는 기차로 이동한다.

B

라 스페치아 중앙역 → 기차 22분 → 몬테로소 → 하이킹 2시간 → 베르나차 → 하이킹 1시간 30분 → 코르닐랴

* 하루에 다 걷기에는 체력적으로 부담이 클 수 있다. 걷기 편한 신발과 생수를 챙겨가자.
* 라 스페치아~몬테로소 기차 요금은 편도 3.40~10€, 친퀘테레 트레킹 카드 7.50€

C

라 스페치아 항구 → 페리 1시간 20분 → 몬테로소 → 기차 4분 → 베르나차 → 기차 4분 → 코르닐랴 → 기차 2분 → 마나롤라 → 기차 2분 → 리오마조레 → 기차 7분 → 라 스페치아 중앙역

* 전 구간에서 페리를 이용한다면 친퀘테레 1일 왕복권(41€, 14:00 이후 28€, 6~11세 15€) 또는 중간에 승하선이 가능한 편도권(30€, 6~11세 15€)을 구매한다.

페리를 타고 가면 마을 전체가 한눈에 들어온다.

01 첫 번째 마을 리오마조레 Riomaggiore

친퀘테레의 첫 번째 마을로, 절벽 틈새에 자리한 항구의 수려한 풍광이 압도적이다. 라 스페치아 중앙역에서 가장 가까워 늘 북적이고 활기찬 분위기. 절벽 위에 자리 잡아 물놀이를 즐길 만한 모래사장은 없지만 항구에서 산 자코모 거리(Via San Giacomo)를 따라 걷다 보면 나오는 조그만 자갈해변(Spiagga del Paese)이 해안가 기분을 내준다.

마을의 하이라이트는 두 번째 마을로 가는 1km 남짓의 산책로인 ❶ '사랑의 길'이다. 2012년 산사태로 폐쇄됐다가 12년 만에 재개장해 여행자들의 관심을 끌고 있다. 길 위의 '연인의 동상'과 사랑의 자물쇠는 친퀘테레를 소개하는 단골 피사체. 단, 재개장한 후에도 날씨 등 현지 상황에 따라 자주 폐쇄하니 방문 전 홈페이지 확인 필수! 시간당 400명으로 입장 인원을 제한하며, 예약자만 리오마조레에서 마나롤라까지 한 방향으로 걸을 수 있다. 사랑의 길 입구인 전망대는 역에서 나가 왼쪽 계단을 오르면 닿을 수 있다.

항구에서 바다를 바라보고 왼쪽 언덕으로 올라가면 근사한 사진을 담을 수 있다.

기차역 밖으로 나가 오른쪽의 터널을 지나면 마을로 갈 수 있다.

'사랑의 길'로 올라가는 계단

❶ 연인들의 산책 코스, 사랑의 길 Via dell'Amore

첫 번째 마을인 리오마조레와 두 번째 마을인 마나롤라를 연결하는 산책길. 도중에 '사랑의 길'이 있는데, 이름과 달리 집안의 반대를 극복하지 못한 연인이 바다에 뛰어들어 하늘나라에서 사랑을 이루었다는 이야기가 전해진다.

사랑의 길에 있는 '연인의 동상' 주변에는 수많은 자물쇠가 채워져 있다. 자물쇠를 걸고 그 열쇠를 바닷속에 던지면 영원히 이별하지 않는다는 이야기가 전해져 내려온다.

OPEN 4월~10월 중순 08:00~21:30, 10월 하순~11월초 08:30~18:00, 11월초~3월 09:30~17:00(현지 상황에 따라 변동 가능)
PRICE 10€, 4~11세 8€, 3세 이하 무료
WEB www.viadellamore.info(예약)

❶

02 두 번째 마을
마나롤라
Manarola

친퀘테레를 대표하는 청명한 바다와 파스텔톤 건물이 어우러진 예쁜 마을이다. 12세기에 외부의 침입을 막기 위해 계획적으로 만든 곳이었으나 오늘날에는 석양이 아름답기로 유명하다. 기차역 왼쪽의 터널을 통과하면 항구(Marina)가 있는 마을과 이어지고, 역 오른쪽으로 올라가면 리오마조레와 연결되는 '사랑의 길' 입구인 전망대가 나타난다. 해안 절벽과 마을을 한꺼번에 담을 수 있는 촬영 포인트를 찾는다면 항구에서 오른쪽으로 이어지는 코르닐랴 거리(Via di Corniglia)을 따라 언덕 위로 올라가 보자.

마나롤라의 석양

'사랑의 길'의 종착점인 전망대로 가는 길

리오마조레의 반대편인 이곳에도 자물쇠가 걸려 있다.

페리를 타고 가면 볼 수 있는
절벽 위 마을 모습

산책로 입구의 전망대에서
내려다본 마을 풍경

03 세 번째 마을 코르닐랴 Corniglia

5개 마을 중 가장 작은 마을로, 절벽 위 중심부는 10분이면 다 둘러볼 수 있다. 마을 이름은 이 지역에 정착해 포도를 재배하던 지주 코르넬리우스의 어머니, 코르넬리아에서 유래했다고 한다. 화산 폭발로 폐허가 된 폼페이에서 코르넬리아 와인이라고 쓴 포도주 항아리가 발견될 만큼 오래전부터 와인으로 유명한 곳이다.

역에서 마을까지는 걸어서 20분 정도 걸리고, 365개의 계단까지 올라야 하니 이곳에는 숙소를 정하지 않는 것이 좋다. 계단을 오르내리기가 부담스럽다면 기차역 출구 앞에서 대기 중인 마을버스(07:00~19:15)를 이용하자. 요금은 편도 1.50€(관광안내소 구매, 승차 후 구매 시 2.50€, 친퀘테레 트레노·트레킹 카드 소지자 무료).

계단 끝에서 'Centro'라고 쓴 이정표를 따라가면 조그만 마을의 중심 광장이 나오고, 광장 남쪽의 피에스키 거리(Via Fieschi)를 따라가면 절벽 끝 전망대에 닿는다.

마을 광장과 기차역을
잇는 마을버스

기차역에서 마을로 가려면
까마득한 계단을 올라야 한다.

04 네 번째 마을 베르나차 Vernazza

파스텔톤 집들이 작은 항구를 둘러싼 베르나차. 바다에 접근하기 쉬운 위치 탓에 한때는 제노바와 피사의 무역선을 공격하는 해적들이 모여드는 곳으로 악명 높았다. 제일 경치가 좋은 항구 주변에 식당과 카페가 모여 있는데, 돌계단에 앉아 여유 있는 시간을 보내는 것도 좋다.

마을의 대표 풍경을 담고 싶다면 베르나차-몬테로소 구간의 산책로 입구에 있는 전망대까지 올라간다. 친퀘테레 체크포인트를 통과해야 하므로 친퀘테레 카드가 필수다. 항구로 가는 중심거리와 수직으로 교차하는 좁은 계단 길(Via E. Vernazza)을 따라 5분 정도 올라가는 길의 골목 풍경도 예쁘다. 해변 옆에 팔각형 종탑이 있는 산타 마르게리타 안티오키아 성당과 도리아 성도 들러볼 만하다.

피체리아 왼쪽 계단 길로
올라가면 전망 포인트가 나온다.

전망대

05 다섯 번째 마을 몬테로소 Monterosso

친퀘테레에서 가장 큰 마을. 여행자들을 위한 숙소와 식당, 상점이 한데 모인 활기찬 곳이다. 마을 입구에 있는 작은 광장에서 축제가 열리는 날이면 싱그러운 레몬 향과 음악 소리, 웃음소리로 한층 떠들썩해진다. 5개 마을 중 물놀이를 하기에도 가장 좋아 여름철 해수욕 명소로 손꼽히는 곳. 다만 해안 절벽이 웅장한 다른 마을에 비해 휴양지 분위기가 강해 실망하는 사람도 있다. 역에서 나가 근사한 해안 산책로를 따라 왼쪽으로 가다 터널을 지나면 마을 입구가 나온다.

MORE

몬테로소의 레몬 축제

몬테로소의 대표적인 특산품 중 하나는 레몬이다. 몬테로소를 둘러싼 산에 레몬 나무를 심어 레몬 수확철뿐 아니라 수시로 마을 입구의 광장에서 레몬 축제가 열린다. 상큼한 레몬을 시식할 수도 있고 통째로 갈아 만든 레몬주스를 맛볼 수도 있다. 레몬으로 만든 비누, 초콜릿 등도 판매한다.

★

친퀘테레 숙소 정보

친퀘테레는 몰려드는 여행자 수에 비해 숙박 사정이 그리 좋지 않다. 각 마을의 규모 자체가 그다지 크지 않아 성수기에는 좋은 숙소를 예약하기가 힘들고 비수기에는 문을 닫는 곳도 많다. 숙박료도 다른 도시보다 비싼 편이다.

다섯 개 마을 중에서는 몬테로소에 비교적 숙소가 많다. 가격 대비 만족도를 생각한다면 라 스페치아에 묵는 것도 좋다. 다섯 마을을 오가는 기차가 늦은 시간까지 운행하고 이동시간도 짧은 편이라 베이스캠프로 삼기에 편리하다.

즉석에서 갈아 만든 레몬주스

푸른 바다가 펼쳐지는 해안 산책로 풍경

페리에서 바라본 몬테로소 풍경

크고 둥근 팬을 화덕에 넣어서 굽는다.

이탈리아식 병아리콩전 챌린지!

◉ 라 피아 첸테나리아
La Pia Centenaria

고르곤졸라를 얹은 파리나타(5€)

병아리콩으로 만드는 팬케이크 '파리나타(Farinata)'로 유명한 음식점이다. 파리나타는 구수하고 담백한 맛이 특징으로 질감은 기름을 넉넉히 두르고 부친 콩전과 비슷하다. 반죽 자체는 심심한 맛이므로 양파를 섞어서 굽거나(Farinata con Cipolle) 치즈를 올려 먹는다. 화덕에서 바로 구워낸 파리나타는 화덕 옆에서 서서 먹거나 안쪽 테이블에 앉아서 먹을 수 있다. 대단한 맛은 아니지만 가격이 워낙 저렴하니 현지 음식 체험 삼아 들러보자.

왼쪽은 테이크아웃 전용, 오른쪽으로 들어가면 테이블 좌석이다.

Ⓖ 4R3C+W5 라스페치아
ADD Corso Camillo Benso di Cavour, 207/209(라 스페치아)
OPEN 11:00~22:00
CLOSE 일요일
MENU 파리나타 2.50€~, 페스토 추가 1.50€, 치즈 추가 2.50€~, 자릿세 1€/1인
WALK 라 스페치아 중앙역에서 도보 12분
WEB www.lapia.it

달콤한 마법을 부린 코르네토

◉ 돌치 마지에
Dolci Magie

코르네토와 카푸치노로
완벽한 아침을~

라 스페치아 사람이라면 모르는 이가 없는 카페. 한입 베어 물면 행복한 미소가 절로 퍼지는 최고의 코르네토(이탈리아식 크루아상)을 만날 수 있다. 기본 코르네토도 맛있지만 빵과 크림의 황금비율을 선보이는 크림 코르네토가 인기다. 특히 시칠리아식 리코타 코르네토(Cornetti con Ricotta Siciliana, 1.50€)는 은은하게 달콤하면서 향긋한 크림이 매력 만점. 달콤한 시럽이 발린 얇은 껍질 속으로 부드럽고 촉촉한 속살이 겹겹이 쌓여 있다. 여기에 우유거품을 가득 올린 카푸치노까지 곁들이면 완벽한 이탈리아식 아침 식사 완성!

'돌치 마지에'는 이탈리아어로 '달콤한 마법'이라는 뜻이다.

Ⓖ 4R48+Q4 라스페치아
ADD Corso Camillo Benso di Cavour, 207/209(라 스페치아)
OPEN 07:00~13:30, 15:30~19:00(일·월요일 ~13:00, 금요일 07:00~19:00)
MENU 코르네토 1.50€, 카푸치노 1.50€
WALK 라 스페치아 중앙역에서 도보 8분

해산물 스파게티

진하고 달콤한 크림 종류가 이 집의 특기!

푸른 바다가 펼쳐지는 가게 앞 테라스

저녁에는 여기로 집합!

◉ 일 포르티촐로
Il Porticciolo

갈만한 식당이 그리 많지 않은 마나롤라에서 우리나라 여행자가 즐겨 찾는 레스토랑이다. 저녁에도 문을 여는 몇 안 되는 식당 중 하나. 새우, 홍합, 오징어, 조개 등의 해산물이나 흰살 생선, 오징어 먹물 등으로 만든 파스타류는 약간 짭짤하지만 해산물의 감칠맛을 잘 살렸다. 우리 입맛에 잘 맞는 해산물 튀김(22€~) 종류를 곁들여도 무난하다.

Ⓖ 4P4H+P3 마나롤라
ADD Via Renato Birolli, 98(마나롤라)
OPEN 12:00~21:30
CLOSE 1~3월 비수기 휴무
MENU 전채 16~48€, 파스타 18.80~58€, 메인 요리 20~28€, 자릿세 2€/1인
WALK 마나롤라역에서 도보 5분
WEB ilporticciolo.metro.bar

1972년에 문을 연, 마나롤라의 터줏대감

크림에 푸욱~ 빠져볼까?

◉ 젤라테리아 베르나차
Gelateria Vernazza

진하고 달콤한 크림 계열 젤라토가 특기인 젤라테리아다. 다른 지역에서 맛볼 수 없는 특별한 맛을 찾는다면 크레마 베르나차(Crema Vernazza)부터 맛보자. 부드러운 마스카르포네 젤라토에 바닐라 화이트 초콜릿과 과일 시럽을 섞었다. 자바이오네 크림 젤라토에 친퀘테레산 스위트 와인을 넣은 크레마 친퀘테레(Crema Cinque Terre)도 신선한 조합이다. 그 외에도 리코타 & 무화과(Ricotta e Fichi), 배 & 초콜릿(Pere e Cioccolato), 땅콩 & 누텔라(Peanut & Nutella) 등 시즌에 따라 창의적인 젤라토를 선보인다.

Ⓖ 4MMM+WF 베르나차
ADD Via Roma, 13(베르나차)
OPEN 10:00~23:30
MENU 젤라토 3.80~7€
WALK 베르나차역에서 로마 거리(Via Roma)로 들어서 항구 쪽으로 도보 1분
WEB www.gelateriavernazza.it

MORE
전망 좋은 기차역 간이식당

몬테로소 기차역 2층의 간이식당 '바 다 스타지운(Bar Da Stasiun)'에서 바라보는 바다 전망도 아주 근사하다. 카푸치노 2.50€~, 음료 3€~ 등 가격도 저렴해 가성비 최고다. 본격적인 식사보단 기차를 기다리며 커피나 맥주 한잔하고 싶을 때 좋다.

SECRET CITY

헐리우드 스타들은 어디로 여행갈까?

포르토피노 Portofino

19세기 말엔 유럽 귀족들이 남몰래 찾던 지중해의 고급 휴양지였고, 이제는 할리우드 스타와 부호들의 밀회 장소로 유명한 곳. 흰 돛을 올린 요트에선 근사한 파티가 열리고, 언덕 곳곳에는 유명 인사들의 별장이 숨어있으니 길을 걷다 우연히 조지 클루니와 마주칠 지 모를 일이다.

■ 포르토피노 가기

포르토피노에는 기차역이 없어 인근 마을인 산타 마르게리타 리구레-포르토피노역(줄여서 포르토피노역)에서 버스로 갈아타고 가야 한다. 가장 빠른 기차 기준 몬테로소에서 약 40분, 라 스페치아에서 약 1시간, 밀라노에서 약 2시간 소요되므로 조금만 서두르면 당일치기 여행도 가능하다.

● 기차

밀라노 중앙역에서 포르토피노역까지 인터시티(IC)와 레조날레(RV)가 운행한다. 소요 시간과 요금을 고려하면 레조날레의 가성비가 훨씬 높지만 프로모션 기간에 트렌이탈리아 홈페이지에서 인터시티를 예매하면 고정 요금제로 운행하는 레조날레(16.65€)보다 저렴하게 기차표를 살 수 있다. 직행뿐만 아니라 한두 차례 환승하는 경유 노선까지 포함하면 밀라노에서 이동하기가 더욱더 수월해진다.

라 스페치아와 몬테로소에서 포르토피노역까지는 1시간 남짓 걸리는 가까운 거리이므로 인터시티만큼 빠르면서 요금이 저렴한 레조날레 벨로체(RV)를 추천한다. 피렌체에서는 라 스페치아 또는 피사에서 기차를 갈아타고 간다. 라 스페치아에서 약 23분, 피사에서 약 2시간 소요.

기차 운행 정보

밀라노(Milano C.le) 출발 2시간 4분~2시간 39분 소요, 12.90~23.50€(IC·RV), 06:10~ 18:05/1일 6회

라 스페치아(La Spezia C.le) 출발 54분~1시간 23분 소요, 8~10€(IC·RV·R), 04:56~ 19:45/1일 16회

몬테로소(Monterosso) 출발 39~58분 소요, 9~9.10€(IC·RV·R), 05:14~20:05/1일 12회

WEB www.trenitalia.com

▶ 산타 마르게리타 리구레-포르토피노역
Stazione di Santa Margherita Ligure-Portofino

포르토피노 여행의 출발점이 되는 작은 역으로, 매표소와 화장실 외에 특별한 시설은 없다. 역 건물 바로 오른쪽에 있는 바 겸 신문 판매소가 짐 보관소 역할을 한다. 요금은 짐 1개당 4€~, 성수기 기준 19:00까지 짐을 맡아준다(현지 상황에 따라 변경 가능). 포르토피노행 버스 승차권도 판매하니 돌아올 때 것까지 왕복으로 사두자.

산타 마르게리타 리구레역

기차역의 바 겸 신문 판매소. 짐을 보관해주며, 버스 승차권도 판매한다.

▶ 산타 마르게리타 리구레-포르토피노역에서 포르토피노까지

15~30분 간격으로 운행하는 포르토피노행 782번 버스를 타고 약 30분 후 종점에서 내린다. 정류장은 포르토피노역 정문을 등지고 오른쪽으로 조금만 가면 있다. 정류장에 설치된 운행 시간표대로 버스가 출발하지 않으니 근처에서 대기하고 있는 782번 버스 기사에게 출발 시각을 문의하자. 버스 승차권은 기차역의 신문 판매소에서 구매하며, 버스 탑승 후 개찰기에 승차권을 각인하는 것을 잊지 말자. 돌아갈 때도 내린 곳에서 버스를 타면 되는데, 정류장에 승차권 자동판매기가 있지만 고장 난 경우가 많다. 이 때에는 길 건너편에 있는 타바키에서 승차권을 구매한다.

종점에서 내리면 포르토피노 시청 바로 앞의 리베르타 광장(Piazza della Libertà)이다. 정류장을 등지고 왼쪽으로 3분 정도 걸어 내려가면 포르토피노 여행의 하이라이트인 항구가 제일 먼저 여행자를 반긴다.

버스 운행 정보

운행 시간 05:58~23:07(7·8월 ~다음 날 01:07, 시기별로 유동적)/30분 소요

요금 편도 3.50€

포르토피노행 782번 버스

버스 탑승 후 개찰 필수!

포르토피노 마을의 버스 정류장

승차권을 판매하는
포르토피노 마을의 타바키

★

포르토피노를 거쳐 친퀘테레로!

포르토피노역에서 친퀘테레의 몬테로소역이나 라 스페치아역까지 기차가 자주 운행한다. 여름철에는 밀라노에서 아침 일찍 서두르면 포르토피노와 친퀘테레 마을 한두 곳을 하루에 돌아보는 것도 가능하다. 밤늦은 시간까지 기차가 운행하므로 밀라노에서 출발해 포르토피노를 보고 친퀘테레의 숙소로 이동하는 코스를 계획하는 것도 좋다. 이 경우 포르토피노역의 짐 보관소가 아주 유용하다.

승차권 자동판매기.
고장이 잦다.

MORE

포르토피노의 황금기를 기억하는 노래

주위에 돌고래가 많아서 돌고래 항구(Portus Delphini)라 불리던 어촌 마을 포르토피노는 1950년대, 처칠 같은 고위 인사와 험프리 보가트, 소피아 로렌, 그레이스 켈리 등 할리우드 스타들이 모여들며 황금기를 맞았다. 이런 분위기를 틈타 나온 노래가 프랑스 가수 달리다의 <러브 인 포르토피노(Love in Portofino)>다. 2012년 포르토피노 항구에서 열린 공연에서 안드레아 보첼리가 이 곡을 불러 다시 한번 유명해졌다. 항구 주변의 아름다운 풍경을 고스란히 담아낸 공연 실황 영상이 명작이다.

브라운 성에서 안드레아 보첼리의
콘서트 장면을 볼 수 있다.

물가 비싼 포르토피노에서 휴식은 젤라토로~

물가가 비싼 휴양지 포르토피노에서는 카페에 들어가기도 부담스럽다. 잠시 쉬어갈 곳이 필요하다면 제피 포르토피노(Gepi Portofino)에서 젤라토(4€~)와 함께하자. 대표 메뉴는 부드럽고 향긋한 포르토피노 특산 리큐어의 맛을 살린 크레마 디 포르토피노(Crema di Portofino). 커피도 판매한다.

ADD Piazzetta della Magnolia, 2
OPEN 08:00~20:30
WALK 버스 정류장을 등지고 왼쪽 내리막길을 따라 도보 1분. 왼쪽의 커다란 나무 안쪽에 있다.

마르티리 델 올리베타 광장

★
항구 주위 셀카 금지!

인증샷을 찍기 위해 오랫동안 머무는 관광객을 막기 위해 촬영을 제한하는 '레드 존(Red Zone)'이 생겼다. 북쪽으로 마르티리 델 올리베타 광장과 칼라타 마르코니 부둣가(Calata Marconi Quay) 지역, 남쪽으로 움베르토 1세 부두(Umberto I pier)와 공중화장실 사이로, 항구를 둘러싼 광장과 부두 전체라고 보면 된다. 성수기 10:30~18:00에 사진을 찍기 위해 휴대폰을 들고 레드 존을 배회하거나 명소 앞에서 대기하다 적발 시 벌금을 부과한다.

❖ 포르토피노 항구 Marina di Portofino

부드럽게 파고든 해안선을 따라 알록달록한 집들이 벽을 이루고, 파란 바닷물에는 흰 돛을 올린 요트들이 정박해 있다. 미국의 유니버셜 올랜도 리조트나 일본의 도쿄 디즈니 씨에 고스란히 재현해 놓았을 정도로 아름다운 포르토피노 항구다. 이곳을 더욱 생기있게 빛내는 건 항구 바로 앞에 자리한 마르티리 델 올리베타 광장(Piazza Martiri dell'Olivetta). 짙푸른 숲 아래 해안선을 따라 들어선 예쁘장한 가게와 그 앞에 오밀조밀 놓인 야외 테이블은 그 자체로 영화의 한 장면이다. 영화 <비욘드 더 클라우드>에서 존 말코비치가 소피 마르소에게 운명처럼 사랑에 빠진 가게도 이 광장에 있다. 찰랑이며 노면을 넘나드는 투명한 바닷물을 바라보다 보면 영화처럼 이곳과 사랑에 빠지게 된다.

WALK 리베르타 광장(Piazza della Libertà)에서 버스 정류장을 등지고 왼쪽 내리막길을 따라 도보 3분

❖ 산 조르조 성당 Chiesa di San Giorgio

아름다운 항구를 배경으로 근사한 사진을 남기려면 언덕 위로 조금만 올라가 보자. 마을을 포근하게 둘러싼 남쪽 언덕에는 푸른 바다와 잘 어울리는 노란 색의 예배당이 하나 서 있다. 성당 내부는 소박하나, 풍경이 워낙 압도적인 곳이라 여행자들은 대부분 성당 앞의 전망 테라스(Terrazza San Giorgio)에서 사진 찍기 삼매경이다. 하지만 포르토피노의 수호성인인 산 조르조의 성물을 모시는 성당인 만큼 마을 사람들에게는 각별한 존재다. 제2차 세계대전 동안 공습으로 폐허가 된 성당 주변을 복구하기 위해 이 작은 마을 주민들이 십시일반 돈을 모아 전쟁 전의 모습으로 고스란히 돌려놓았을 정도로 애착이 가득한 곳이다.

ADD Salita S. Giorgio
PRICE 무료
OPEN 종교행사에 따라 유동적
WALK 항구에서 바다를 바라보고 오른쪽, 언덕을 향해 난 산 조르지오 거리(Salita S. Giorgio)에 있다. 도보 5분

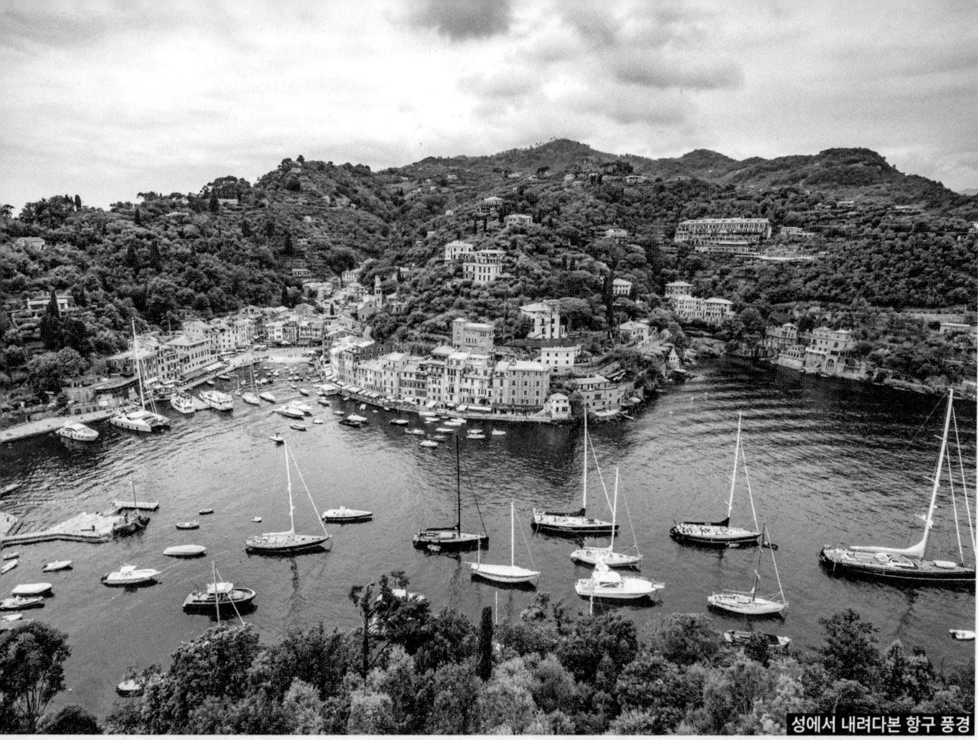
성에서 내려다본 항구 풍경

❖ 브라운 성 Castello Brown

포르토피노를 유럽에서 가장 매력적인 은신처로 만들어 준 일등 공신. 버려진 성을 개조해 거주했던 영국 영사 몬터규 브라운의 성을 따 이름 붙인 저택이다. 영국 작가 엘리자베스 폰아님이 이곳에 머물렀던 경험을 바탕으로 쓴 <4월의 유혹>(1922)이 베스트셀러가 되자, 소설 속 4명의 여주인공처럼 자유를 만끽하며 새로운 사랑을 찾고픈 이들이 로망을 품고 포르토피노를 찾게 된 것. 입장료가 있지만 전망 테라스에서 내려다보는 항구의 전경이 그 값어치를 한다. 박물관에서는 이곳을 방문한 유명인사들의 사진과 관련 자료를 볼 수 있다. 2012년 안드레아 보첼리의 공연 영상으로 방을 가득 채우는 3층 전시실도 놓치지 말자.

ADD Via alla Penisola, 13
OPEN 10:00~18:00(7·8월 ~20:00, 3~6월 ~19:00, 11~2월 ~16:00)
PRICE 5€, 11세 이하 무료
WALK 항구에서 도보 10분/산 조르조 성당에서 도보 4분
WEB www.castellobrown.com

박물관으로 쓰이는 성채 건물.
소박한 저택 같다.

알 파로(al Faro)
표지판을 따라간다.

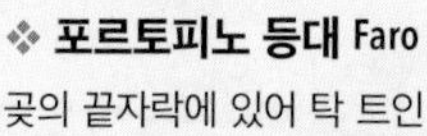

❖ 포르토피노 등대 Faro di Portofino

곶의 끝자락에 있어 탁 트인 망망대해를 볼 수 있고, 운이 좋으면 돌고래도 볼 수 있다. 등대 안에는 카페 겸 바가 있다.

ADD Via alla Penisola
OPEN 10:00~22:00(비수기 또는 악천후에는 휴무)
WALK 브라운 성에서 도보 10분

05

EMILIA-ROMAGNA

볼로냐

BOLOGNA

유럽에서 현존하는 가장 오래된 대학을 품은 현자들(Dotta)의 도시이자, 오래된 적색 벽돌 건물 위에 온통 붉은 기와를 얹은 빨강(Rossa) 도시, 압도적으로 미식 문화가 발달한 뚱보들(Grassa)의 도시 볼로냐. 볼로냐 대학에 온 유럽 귀족 자제들을 위한 숙소를 거리까지 확장해 우후죽순 지으면서부터는 비 한 방울 맞지 않고 길을 걸을 수 있는 회랑(Portico)의 도시로도 유명해졌다. 오늘날에도 다양한 색깔을 도시에 입히면서 새로운 별명을 만들어내고 있는, 여느 도시인보다 색다르고 주체적인 볼로냐 사람들을 만나러 가보자.

볼로냐 가기

볼로냐는 이탈리아 북부 지역의 교통 허브를 담당한다. 유럽의 항공사들이 취항하는 국제공항(Guglielmo Marconi Airport)도 있고, 이탈리아 각 도시를 연결하는 기차도 수시로 운행한다. 특히 고속철도 이탈로의 중심지라 더욱 편리하게 이동할 수 있다. 온라인 구매한 트렌이탈리아 기차표는 탑승 전 온라인 체크인을 잊지 말자.

기차

로마~밀라노 노선의 중간이라 연결 편수가 많다. 피렌체에서는 고속열차(FR·Italo)나 레조날레(R)를 타고 30분~1시간 30분 정도 소요되며 당일치기도 충분히 가능하다. 대신 통학·통근의 수요도 많은 곳이라 이동거리 치고는 프로모션 할인 폭이 크지 않고 좋은 시간대는 매진도 빠르다. 당일치기 여행자라도 예매는 필수다.

◆ 볼로냐 중앙역 Bologna Centrale

지상에서는 평범해보이지만 지하 4층까지 플랫폼이 이어지는 대형 역이다. 역의 내부 구조가 복잡하고 플랫폼 연결 통로를 따라 이동 거리가 상당하니 여유 시간을 넉넉하게 잡아야 한다.

볼로냐 중앙역

끝없이 이어지는 플랫폼 연결 통로

피렌체 Firenze(S.M.N)
↓
기차 33분~1시간 45분, 7.90~29€(FR·Italo·R), 04:43~22:25/ 10분~2시간 간격

밀라노(Milano C.le)
↓
기차 1시간~2시간 50분, 9.90~48€(FR·Italo·R), 05:10~21:50/ 5분~30분 간격

베네치아 Venezia(S.L)
↓
기차 1시간 30분~2시간 15분, 8.90~36€(FR·Italo·R), 05:26~22:31/ 15분~40분 간격

로마(Roma Termini)
↓
기차 2시간~2시간 30분, 11.09~62€(FR·Italo), 05:10~22:35/ 5분~1시간 간격

↓

볼로냐 중앙역 Bologna Centrale

*FR(Freccia)·italo(고속열차) R–Regionale(완행열차)

*운행 시간은 시즌·요일에 따라 유동적이다.

★
트렌이탈리아
WEB www.trenitalia.com
이탈로
WEB www.italotreno.it

볼로냐 시내 교통

볼로냐 중앙역에서 시내까지는 버스로 오갈 수 있다. 볼로냐의 명소들이 모여 있는 마조레 광장은 중앙역에서 도보 20분 정도 거리. 짐이 많지 않다면 굳이 시내버스를 타지 않아도 건물 회랑을 따라 쾌적하게 걸을 수 있다.

볼로냐 중앙역 정문 바로 앞에 시내버스 정류장과 택시 정류장이 있다. 버스 번호에 따라 정류장이 나뉘어져 있으니 버스 번호를 잘 확인하고 대기한다. 25번, 30번 등이 기차역 정문에서 마조레 광장 방향으로 간다. 버스 티켓은 역 안 신문 가판대와 시내 슈퍼마켓 등에서 살 수 있고 1회권 1.50€(75분 이내 환승 가능). 버스 안에 동전만 사용 가능한 자동판매기가 설치돼 있지만 잔돈이 나오지 않는 데다 종종 고장이나 오류가 있기 때문에 미리 구매하고 탑승하는 게 좋다.

중앙역 버스 정류장

중앙역 택시 정류장

★
수하물 보관소 Ki-point
다른 도시로 이동하는 중간에 잠시 들를 때 유용하다. 7ovest 플랫폼 옆.

OPEN 07:00~21:00
PRICE 5시간 6€, 5시간 초과 시 1€/1시간, 12시간 초과 시 0.50€/1시간, 패스트 라인 12€~

OPTION E 볼로냐

볼로냐 중앙역 → 도보 20분 → ❶ 마조레 광장 → 도보 1분 → ❷ 산 페트로니오 성당 [Option ❸ 아르키진나시오 궁전 도서관] → 도보 1분 → ❹ 옛 생선가게 거리 → 도보 3분 → ❺ 두 개의 탑 → 도보 8분 → ❻ 볼로냐 대학 & 포지 궁전 박물관 [Option ❼ 운하의 창]

★

주말에는 자동차 진입 금지!

주말과 공휴일(08:00~22:00)에는 마조레 광장 앞쪽의 도로들이 모두 보행자거리로 변신한다. 'T-day'라는 이름으로 시내 중심도로를 보행자와 자전거 이용자에게만 개방해 버스킹, 벼룩시장 가판대가 거리를 채운다. Via Rizzoli, Via Ugo Bassi, Via Independenza, Via Calzorelie 등 여행자 동선 대부분이 포함되니 주말에 중앙역을 오갈 땐 무조건 걷는다고 생각하자.

❶ 산 페트로니오 성당. 왼쪽에 보이는 건물이 반키 궁전이다.

01 어디로 향하든 여기가 중심
마조레 광장 Piazza Maggiore

중세 시대부터 볼로냐의 역사를 함께해온 심장부. 광장 남쪽에는 신앙심의 산실인 ❶ 산 페트로니오 성당(Basilica di San Petronio), 서쪽에는 ❷ 시청사(Palazzo d'Accursio), 북쪽에는 ❸ 레 엔초 궁전(Palazzo Re Enzo), 동쪽에는 은행과 시장이 자리한 ❹ 반키 궁전(Palazzo dei Banchi)이 있어 동서남북으로 에워싼 건물이 전부 역사적 장소다.

북쪽 진입로에서 눈길을 사로잡는 넵튠 분수(Fontana del Nettuno)는 16세기 중반 완성된 이래 볼로냐 사람들이 즐겨 찾는 만남의 장소다. 세계에서 제일 오래된 대학 도시답게 시험을 잘 보려면 분수 주위를 시계 방향으로 두 바퀴 돌아야 한다는 재미있는 전통도 있는 곳. 아마도 분수 바로 앞의 살라보르사 도서관(Biblioteca Salaborsa)에서 열심히 공부하라는 뜻이었을 테지만 큰 시험을 앞뒀다면 믿거나 말거나 분수 주위를 돌아보자.

Ⓖ F8VV+G6 볼로냐
ADD Piazza Maggiore
WALK 볼로냐 중앙역에서 도보 20분

❷

❸

시청 시계탑(8€)에서 바라본 광장. 가운데 건물이 반키 궁전으로, 예전에 환전상들이 있던 자리다. 좁고 복잡한 시장 풍경을 가리기 위해 단정하고 우아한 르네상스 양식으로 16세기에 지어졌다.

❹

❸ 궁전의 입구. 건물 북쪽에 있다.

반항심 또는 19금, 넵튠 동상의 비밀

넵튠 동상은 보로메오 추기경이 교황(비오 4세)이 된 삼촌을 축하하며 조각가 잠볼로냐(Giambologna)에게 의뢰한 작품이다. 작업 도중 성직자들은 잠볼로냐에게 조각상의 성기 부분을 줄여달라고 요구했는데, 잠볼로냐는 조각상의 왼손을 사용해 착시효과를 만들어냄으로써 이에 반발했다는 설이 있다. 일명 '부끄러운 돌(Pietra della Vergogna)'이라고 불리는 착시효과 관찰 지점은 동상의 오른쪽 어깨 뒤. 살라보르사 도서관 계단 앞쪽에 주위보다 어두운 돌로 표시돼 있다.

넵튠의 삼지창. 볼로냐에서
탄생한 마세라티 사의
로고로도 쓰였다.

MORE

벽에 숨겨진 중세 무선 전화기

광장 북쪽의 건물 회랑 아치에는 벽에 대고 작게 말해도 아치를 타고 반대쪽 모퉁이에 선 사람에게는 선명하게 들리는 일명 '무선 전화기(Telefono Senza Fili)'가 있다. 이는 아치 천장의 교차 볼트(Voltone del Podestà) 탓에 생긴 현상으로, 전염병 환자들이 사제에게 고해성사할 때 쓰이기도 했다. 기둥에 서서 벽을 바라보고 이야기하는 사람이 있다면 바로 그곳! 볼로냐의 7가지 보물 중 하나이니, 근처를 지나면 유난히 거무스레하게 때가 탄 벽돌을 찾아보자.

02 과학을 품은 미완성의 성전
산 페트로니오 성당
San Petronio

마조레 광장을 아우르는 거대한 규모와 독특한 외관이 눈길을 사로잡는 볼로냐 대표 성당. 착공한 지 300여 년이 지난 1663년에야 대중에게 공개됐으니 그간 여러 건축가의 손을 거친 것은 당연지사. 최초의 건축가 빈첸초(Antonio Di Vincenzo)는 밀라노 두오모에서 아이디어를 얻어 정삼각형을 건물 정면에 반영했으나, 그의 사망 후 최초의 설계도는 사라졌고 여러 우여곡절 끝에 오늘날의 모습이 됐다. ❶ 성당 앞면(파사드)은 반으로 자른 것처럼 아래쪽은 흰색과 장미색 대리석의 고딕 양식, 위쪽은 진갈색 벽돌의 토스카나-피렌체 양식이다. 미완성 상태로 남겨진 외관을 완성하려는 수많은 프로젝트가 등장했는데, 2020년에는 위쪽을 나무숲으로 꾸미자는 제안까지 나왔다.

Ⓖ 산 페트로니오 성당
ADD Piazza Maggiore
OPEN 08:30~13:00, 14:30~18:00/
박물관 루트(Percorso Museale) 09:00~12:30, 14:30~17:30
PRICE 성당 무료/사진 촬영 2€(성당 안 서점)/성당의 8가지 보물은 별도 5€(11~18세·65세 이상 3€, 10세 이하 무료)
WALK 마조레 광장에서 도보 1분
WEB www.basilicadisanpetronio.org

❶ 여전히 끝나지 않은 미완의 스토리로 여행자의 호기심을 자극한다.

볼로냐의 수호 성인 산 페트로니오(오른쪽). 볼로냐 시를 들고 있다.

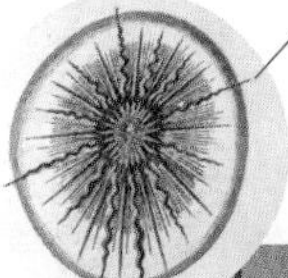
성당 벽에 뚫린 구멍

성당 바닥의 해시계

푸코의 진자

푸코의 진자가 성당에?

산 페트로니오 성당에는 유럽의 인재가 다 모였던 학문의 도시답게 과학 유산도 많다. 볼로냐 대학 교수 시절 <푸코의 진자>를 쓴 움베르토 에코가 2005년 재연한 '푸코의 진자'가 성당 왼편 제일 앞쪽의 산 미켈레 예배당(Cappella di San Michele)에 있고, 성당 정문 왼쪽 바닥에 새겨진 길이 66.8m의 자오선(Meridian Line)은 볼로냐 천문학자 카시니가 1655년에 만든 것이다. 성당 벽(높이 27.07m)에 뚫린 구멍(지름 27.07mm)으로 들어오는 태양광이 정오마다 정확히 자오선에 떨어지는데, 매일 변하는 태양광의 위치에 따라 태양의 고도를 확인하며 춘분과 동지의 시기를 계산하고 '케플러의 법칙'도 최초로 실증했다.

볼로냐 대학에서 유학했던 유럽 명문가의 문장이 장식돼 있다.

진열대를 구경하는 재미가 쏠쏠

Option

03 세계 최초의 해부학 강의실 아르키진나시오 궁전 도서관

Biblioteca Comunale dell'Archiginnasio

볼로냐 대학의 본체였던 아르키진나시오 궁전 2층에 자리한 해부학 강의실. 해부 장면을 생생하게 지켜보기 위한 원형극장식 좌석 배치 때문에 '해부 극장(Teatro Anatomico)'이라고 불렸다. 강의실 중앙 무대에는 아직도 옛 수술대가 보존돼 있다. 극장식 좌석에 앉아서 해부 테이블을 바라보고 있으면 타임슬립을 하는 듯 압도적인 분위기를 느낄 수 있다.

F8RV+Q9 볼로냐
ADD Piazza Galvani, 1
OPEN 10:00~18:00(12월 26일, 1월 6일 ~14:00)
CLOSE 일요일, 12월 24·25·31일, 1월 1·7일
PRICE 3€
WALK 마조레 광장에서 도보 4분
WEB www.archiginnasio.it/palazzo-dell-archiginnasio

궁전 앞 동상의 정체

17세기까지 실크 시장이 있던 궁전 앞 갈바니 광장에는 개구리 뒷다리에 전기가 흐르는 금속이 닿으면 경련을 일으키는 것을 발견한 해부학자 루이지 갈바니(Luigi Aloisio Galvani, 1737~1798)의 동상이 있다. 그의 이론은 SF 장르의 시초인 <프랑켄슈타인>뿐만 아니라 심장 박동을 회복시키는 전기 충격 요법에도 큰 영향을 주었고, 알레산드로 볼타가 볼타 전지를 만든 계기가 되기도 했다.

04 술과 안주가 흐르는 골목 옛 생선가게 거리

Via Pescherie Vecchie

마조레 광장 동쪽, 이탈리아 미식가들의 천국 같은 먹자골목. 1583년 수산시장이 이곳으로 옮겨오면서 '새로운 생선가게 거리(Via delle Pescherie Nuove)'란 뜻의 이름이 붙었는데, 그로부터 200여 년이 지나 '새로운(Nuove)' 대신 '옛(Vecchie)'으로 이름이 바뀌었다. 지금은 수산시장의 흔적을 거의 찾을 수 없지만 식재료 장인들의 가게와 식당, 술집들이 영역을 넓히면서 볼로냐에서 가장 북적거리는 거리가 됐다. 골목에 놓인 테이블마다 온갖 진미를 쌓아 놓고 술잔을 나누는 사람들을 보면 "이것이 볼로냐다!"란 탄성이 절로 나오는 곳. 여기에서 먹고, 쇼핑하고, 사람들을 구경하다 보면 몇 시간은 후딱 지나간다.

F8VV+FQ 볼로냐
ADD Via Pescherie Vecchie, 3e
WALK 마조레 광장에서 도보 2분

낮부터 사람들이 밀려드는 야외 테이블

오래된 술집의 성지, 라노키 골목(Vicolo Ranocchi)

조금 더 널찍하고 번화한 오레피치 골목(Via degli Orefici)

MORE

옛 생선가게 거리의 대표 가게

햄과 치즈의 전당, 살루메리아 시모니
Salumeria Simoni

볼로냐 최고 품질의 햄과 치즈를 파는 가게. 프로슈토는 물론이고 볼로냐 특산품인 모르타델라 햄과 다양한 살루미가 기다린다. 각양각색의 치즈들도 진공포장으로 구매 가능. 올리브유 절임과 피클 종류도 참 잘 만든다. 마조레 광장 가까운 쪽에 앉아 먹을 수 있는 매장이 있다(p448).

F8VW+C3 볼로냐
ADD Via Drapperie, 5/2a
OPEN 08:00~19:00(금·토요일 ~19:30, 일요일 09:00~)
WALK 마조레 광장에서 도보 2분
WEB www.salumeriasimoni.it

밀가루로 만든 모든 것, 파올로 앗티 & 필리 파니피초
Paolo Atti & Figli Panificio

150년 전통을 가진 빵집. 토르텔리니, 뇨끼, 파사텔리처럼 직접 만든 파스타 제품뿐 아니라 쌀 타르트(Torta di Riso)나 탈랴텔레 타르트(Tortine Bolognesi con le Tagliatelle) 같은 볼로냐 특산 과자도 다양하다. 빈티지 패키지에 담긴 파스타는 선물로도 제격이다.

F8VW+C4 볼로냐
ADD Via Drapperie, 6a
OPEN 07:30~19:15(금요일 ~19:30, 토요일 08:00~19:30)
CLOSE 일요일
WALK 마조레 광장에서 도보 2분
WEB www.paoloatti.com

05 천년의 세월, 쓰러지지 말아요
두 개의 탑
Le Due Torri

아찔하게 높고 아슬아슬하게 기운 볼로냐의 명물 탑. 12세기 후반 볼로냐는 귀족들이 세력을 과시하기 위해 무분별하게 쌓아 올린 탑이 100여 개에 달했는데, 무수한 전쟁과 낙뢰를 견뎌내고 남은 20여 개의 탑 중 나란히 선 이 두 개의 탑이 볼로냐의 랜드마크가 됐다. 둘 중 더 높은 97m 높이의 아시넬리 탑(Torre Asinelli)은 12세기 초 아시넬리 가문의 자금으로 지은 것. 아시넬리 탑과 같은 시기에 지은 가리센다 탑(Torre Garisenda)은 높이 47m로 짤막한데, 14세기부터 기울어지기 시작해 붕괴 위험 때문에 그 높이를 낮췄다. 단테가 <신곡>에서 기울어진 가리센다 탑을 언급한 구절이 현판에 새겨져 있으며, 18세기 <이탈리아 기행>을 쓴 괴테는 이 탑을 두고 "이런 미친 짓 같은 물건"이라고 말하기도 했다.

아시넬리 탑은 498개의 계단으로 꼭대기까지 오를 수 있었지만 2023년 말 가리센다 탑이 붕괴 위기에 처하면서 안전상의 이유로 주변 광장까지 무기한 폐쇄됐다. 당분간 마조레 광장의 시청사(Palazzo d'Accursio) 시계탑(Torre dell'Orologio, 시계탑+시립 미술관 10€)에 올라 아쉬움을 달래보자.

F8VW+MM 볼로냐
ADD Piazza di Porta Ravegnana
OPEN 임시휴업으로 입장 불가
WALK 마조레 광장에서 도보 5분/옛 생선가게 거리에서 도보 3분
WEB www.duetorribologna.com

볼로냐의 상징인 아시넬리 탑(오른쪽)과 가리센다 탑(왼쪽).
사진에 담으려면 탑만큼이나 몸을 잔뜩 기울여야 한다.

프렌디파르테 탑(Torre Prendiparte)에서 바라본 풍경

거실을 확장하다 보니 회랑이 생겼어요!

비가 와도 우산이 필요 없을 만큼 구시가를 굽이굽이 연결하는 회랑 덕분에 볼로냐는 '세계에서 가장 긴 회랑을 가진 도시'라고도 불린다. 과거 볼로냐 대학으로 몰려드는 유럽의 귀족 자제들을 유치하기 위해 건물주들이 앞다투어 건물 앞에 기둥을 심고 그 위로 객실을 확장한 것이 그 기원이다.

회랑(Portico) 지붕을 2층 높이로 만든 덕분에 걸으면서 답답하지 않다.

볼로냐의 중심 거리인 리졸리 거리

이곳저곳에 흩어진 볼로냐 대학 건물 중 가장 역사가 깊은 핵심 장소다.

해부학의 모든 것을 총망라한 전시물

06 볼로냐를 만든 지성
볼로냐 대학 & 포지 궁전 박물관
Museo di Palazzo Poggi

1088년 공식 문서에 처음 등장했으며, 1158년 신성로마제국의 황제 프리드리히 1세에게 특허장을 받아 왕립학교가 된 유럽 최초의 대학. 처음에는 교회법과 민법만 가르치다가 13세기 후반부터는 법학, 의학, 철학, 신학까지 과목이 늘었다. 포지 추기경이 지은 호화 저택을 1714년 의회가 사들여 실험과 연구, 과학 교육에 전념하는 최초의 공공과학기관으로 운영했는데, 나폴레옹 지배 시절(1800~1805) 아르키진나시오에 있던 단과 대학들이 옮겨오면서 유럽 대학의 모델이 됐다. 전시실은 대부분 2층에 있으며, 자연사, 물리, 화학, 지리학, 군사, 건축, 선박 등 학문 발전의 역사를 총망라한 다양한 주제의 컬렉션을 만나볼 수 있다. 특히 해부학과 산부인과 관련 컬렉션은 눈이 휘둥그레질 만큼 진귀한 전시품이 가득하다.

Ⓖ F9W2+QX 볼로냐
ADD Via Zamboni, 33
OPEN 10:00~16:00(토·일요일 ~18:00)
CLOSE 월요일, 1월 1일, 5월 1일, 8월 15일, 12월 24·25일
PRICE 5€
WALK 두 개의 탑에서 도보 8분/마조레 광장에서 도보 12분
WEB www.museopalazzopoggi.unibo.it

MORE
볼로냐의 대학로, 잠보니 거리
Via Zamboni

볼로냐 대학이 자리한 잠보니 거리에는 두툼한 책이나 과제물을 가슴에 품고 걷는 젊은이들이 많다. 주요 모임 장소는 주세페 베르디 광장(Piazza Giuseppe Verdi)이나 포지 궁전 박물관 건너편에 있는 경제학부 앞 광장(Piazza Antonino Scaravilli). 학생 식당이나 복사 가게 등이 거리에 흩어져 있다.

경제학부 앞 광장

Option
07 창을 열면 베네치아가 보여요!
운하의 창
Ventana al Canal/Finestra sul Canale

볼로냐 구시가지 안의 유일한 운하 전망 포인트. 운하의 다리 한쪽을 막고 있는 건물 창밖으로 '리틀 베네치아'라고 불리는 운하 풍경을 내려다볼 수 있다. 운하라고는 해도 개천 수준으로 흐릿하게 남아있는 탓에 베네치아와 비교하기에는 민망하지만 양옆의 집들이 컬러풀하게 배치돼 있어서 사진은 제법 그럴싸하게 나온다. 언제 가더라도 대기 줄이 길게 이어지니 최단 시간에 찍을 수 있도록 미리 구도를 잡아 놓는 게 팁이다.

Ⓖ F8XW+C3 볼로냐
ADD Via Piella, 16 **OPEN** 24시간
PRICE 무료 **WALK** 마조레 광장과 두 개의 탑에서 각각 도보 8분

이 가격에 이런 퀄리티의 햄이라니?
살루미 & 치즈 모둠(Taglière Royale, 24€)

햄과 잘 어울리는 사르데냐산 맥주 이크누사(Ichnusa, 3.50€/1잔)

볼로냐산 와인 람브루스코 스파클링(Rambrusco Emilia IGP, 4€/1잔)

마트에서 파는 햄은 잊어라

살루메리아 시모니 라보라토리오
Salumeria Simoni Laboratorio

햄과 치즈의 본고장 볼로냐에서도 첫손에 꼽히는 탈리에레(Taglière, 살루미 & 치즈 모둠) 절대 강자. 이탈리아 음식 이야기만 나오면 사진첩을 뒤져 보게 되는 마성의 가게다. '볼로냐 소시지'라는 별명을 가진 이 지역 특산품 모르타델라 햄부터 옆 동네 파르마의 특산 햄인 프로슈토, 파르미자노 레자노 치즈, 페코리노 치즈, 지방이 콕콕 박힌 살라미까지 나무 도마를 빈틈없이 채운 에밀리아로마냐산 햄과 치즈의 향연이 펼쳐진다. 달콤하고 톡 쏘는 발사믹 식초를 뿌린 치즈에 올리브유 절임 버섯, 따뜻한 빵까지 바구니 한가득 곁들여지니 식사로도 손색없다. 짭짤했다가, 달큼했다가, 쫀득했다가, 부드러웠다가! 와인 1잔이 2잔, 3잔으로 늘어나는 인생 안주를 만날 수 있는 곳. 야외 테이블에선 옛 생선가게 거리 분위기를 즐길 수 있고, 실내 테이블에선 햄 써는 모습을 보는 재미가 있다.

F8VV+FP 볼로냐
ADD Via Pescherie Vecchie, 3b
OPEN 11:00~23:00
MENU 햄 치즈 플레이트 16€~
WALK 마조레 광장에서 도보 2분
WEB www.salumeriasimoni.it

MORE
국화빵에 끼워서 냠냠

따끈따끈한 티겔리네(Tigelline, 3€~) 빵을 반으로 갈라 햄과 치즈를 쏙쏙 끼우거나 얹어 먹으면 볼로냐 스타일! 부드럽고 소박한 맛이라 모든 종류의 살루미와 잘 어울린다. 전용 팬에다가 앞뒤로 뒤집어가며 납작하게 굽는 모습이 영락없이 국화빵이다.

빵에 새겨진 모양은 다산의 상징인 보리지(Star-Flower)

디스 이즈 볼로녜세!

도나텔로
Donatello

‘이게 바로 볼로냐의 맛이구나’ 하고 고개가 끄덕여지는 곳. 적당한 크기로 다진 고기가 씹을수록 고소한 라구 알라 볼로녜세(Ragu alla Bolognese: 볼로냐식 라구)는 토마토와 고기의 감칠맛을 최대치로 끌어 올린 걸쭉한 소스를 직접 밀어 만든 두툼한 면발의 탈랴텔레(Tagliatelle al Ragù, 12€)에 비벼 먹는 게 정석이다. 라구를 듬뿍 넣고 살짝 그을린 치즈를 더한 라사녜(12€)도 훌륭한 선택. 우아하고 클래식한 인테리어와 나이 지긋한 웨이터들의 관록있는 서비스도 돋보인다.

5겹 라사녜.
입맛에 따라
파르미자노
치즈 가루를 솔솔~
탈랴텔레
알 라구

F8XV+MV 볼로냐
ADD Via Augusto Righi, 8
OPEN 12:30~14:30, 19:00~22:00
MENU 전채 9~13€, 파스타 12~16€, 메인 요리 19~60€, 자릿세 3€/1인
WALK 운하의 창에서 도보 1분
WEB www.ristorantedonatello.it

감각적인
애피타이저
한 입!

볼로냐산 감자를 곁들인
송아지 커틀릿.
발효 치즈와 고소한 튀김이
맥주를 부른다.

소박하지만은 않은 볼로녜세

라르침볼도
Ristorante l'Arcimboldo

품질 좋은 식재료와 정성 가득한 레시피, 섬세한 플레이팅으로 보통의 볼로냐 식당보다 한 단계 업그레이드된 요리를 선보이는 식당. 볼로녜세 파스타에 비해 잘 알려지지 않은 전통 요리 코톨레타 알라 볼로녜세(Cotoletta alla Bolognese, 26€)는 송아지 커틀릿 사이사이에 바삭하게 튀긴 볼로냐산 감자를 넣어 식감을 살렸는데, 그 위에 올리는 프로슈토와 치즈 소스도 질펀하지 않고 멋스럽다. 깐깐한 주인장을 닮아 직원들도 평균 이상으로 빠르게 움직인다.

G82V+45 볼로냐
ADD Via Galliera, 34/E
OPEN 12:30~14:30, 19:30~21:30
MENU 전채 14~22€, 파스타 16~20€, 메인 요리 25~29€, 자릿세 3€/1인
WALK 운하의 창에서 도보 4분
WEB www.ristorantelarcimboldo.it

토르텔리니 인 브로도

도나텔로와 비교해보자.
면발로 승부하는 탈랴텔레 알 라구(12€)

가격 좋고 맛 좋은, 수제 파스타 천국

◉ 스폴랴 리나
Sfoglia Rina

도나텔로가 농후한 라구소스에 승부를 건다면, 이곳은 부드럽고 쫀득한 면발에 승부를 건다. 볼로냐 특산 파스타 제조 과정을 오픈 키친을 통해 볼 수 있고, 파스타가 맛있었다면 양껏 사 갈 수도 있는 수제면 공방 스타일. 현지 단골들의 추천 메뉴는 토르텔리니와 토르텔로니로, 특히 팔팔 끓인 육수에 고기, 치즈, 달걀, 잎채소 등으로 속을 채운 토르텔리니를 퐁당 빠뜨린 토르텔리니 인 브로도(Tortellini in Brodo, 13.50€)는 뜨끈한 국물이 그리웠던 이들에게 반가운 메뉴다. 육수는 살짝 심심한 편인데, 짭조름한 토르텔리니를 곁들이면 간이 딱 알맞다.

Ⓖ F8VW+7G 볼로냐
ADD Via Castiglione, 5/b
OPEN 09:00~21:00
MENU 파스타 10~15€, 음료 3.50€~, 자릿세 없음
WALK 마조레 광장에서 도보 5분
WEB www.sfogliarina.it

토르텔리니

MORE
한 끗 차이! 토르텔로니 vs 토르텔리니
에밀리아로마냐산 특제 파스타 토르텔로니와 토르텔리니는 뇨끼와는 달리 밀가루 피를 사용해 우리나라의 만두와 비슷하다. 라비올리의 한 종류로, 조금 큰 것은 토르텔로니, 손가락 한 마디 정도로 작은 것은 토르텔리니라고 한다. 포르치니 버섯이나 호두, 아마레토 쿠키처럼 향이 강하거나 독특한 재료도 사용하니 주문 전 속 재료를 확인하자.

녹인 버터와 세이지 잎으로 맛을 낸 토르텔로니
(Tortelloni Burro e Salvia, 9.50€)

직선적이고 투박한 현지인 입맛

◉ 트라토리아 달 비아사노트
Trattoria dal Biassanot

예능 프로그램 <셰프끼리>에 등장해 유명해진 식당. 볼로냐에서의 첫 식사라면 토르텔리니, 라사녜, 탈랴텔레로 구성된 볼로냐 파스타 삼총사(Tris Bologna: Tortellini, Lasagne, Tagliatelle, 18.50€)를, 파스타가 살짝 지겹다면 송아지 뼈찜인 오소부코(Ossobuco di Vitello con Purè, 17.50€)를 맛보자. 밀가루를 묻혀 구운 송아지 정강이뼈를 약불에 푹 고아 골수까지 우려낸 육수가 별미로, 포크를 찍으면 살이 뼈에서 후루룩 분리될 만큼 부들부들하다. 서비스의 질은 높지 않은 편이다.

F8XW+C3 볼로냐
ADD Via Piella, 16
OPEN 12:00~14:15, 19:00~22:15
MENU 전채 10~15.5€, 파스타 13~18.50€, 메인 요리 16.50~22.50€, 자릿세 3€/인
WALK 운하의 창에서 도보 1분
WEB www.dalbiassanot.it

으깬 감자로 탄수화물 보충! 오소부코

푸근한 컨트리풍 인테리어

볼로냐 풍미로 꽉 찬 납작 빵

◉ 라 피아데이나
Piadineria la Piadeina

길거리 간식이나 술안주로 먹기 좋은 피아디나(Piadina) 전문점. 피아디나는 라드를 넣어 부드러워진 밀가루 반죽을 납작하게 구워서 특산 햄과 치즈를 채운 빵이다. 재료 조합에 따라 맛이 크게 바뀌며, 초보자용 모르타델라(Mortadella), 중급자용 살라메(Salame), 숙련자용 프로슈토 생햄(Prosciutto Crudo) 등 다양한 옵션이 있다. 혼자라 식당에서 햄 & 치즈 전체 주문이 부담스러웠다면 색다른 햄과 치즈에 과감하게 도전해 보자. 초딩 입맛을 위한 누텔라 버전도 있다.

F8VW+M4 볼로냐
ADD Via Calzolerie, 1c
OPEN 11:00~23:00
MENU 피아디나 4.50~8.50€
WALK 두 개의 탑에서 도보 1분
WEB www.facebook.com/piadineria.la.piadeina

한 손에 들고 먹기 좋은 피아디나

감자튀김 대용으로 먹는 튀긴 빵

길에서 대기하다 서서 먹는 테이크아웃 전문점

스푸만테(2.50€/1잔). 포장해온 피아디나로 저녁까지 한 번에 해결!

볼로냐 술꾼들이 오픈런하는 곳

◉ 오스테리아 델 솔레

Osteria del Sole

'술 마시지 않는 자는 들어오지도 말라'는 경고문이 호기심을 자극하는 주점. 1465년 문을 연 이래 많은 단골 좌파 지식인들이 체포된 역사의 현장이자 세대를 초월한 만남의 장소다. 매장에서 안주를 팔지 않는 것은 햄과 치즈가 널린 옛 생선가게 거리에 자리한 덕이랄까, 긴 테이블에 합석한 손님들은 각자 가져온 안주 봉투를 주섬주섬 펼치기에 바쁘다. 리얼 100% 현지 체험에 흥겨울 수도, 당황할 수도 있는 곳. 안쪽 정원에도 테이블이 있고, 붐빌 땐 가게 앞 골목까지 사교의 장이 열린다.

Ⓖ F8VV+HP 볼로냐

ADD Vicolo Ranocchi, 1/d

OPEN 11:00~21:30

MENU 와인·맥주 2.50€/1잔~, 칵테일 5€~

WALK 마조레 광장에서 도보 2분

WEB www.osteriadelsole.it

술을 아끼지 않은 진하고 독한 맛, 캄파리 스프리츠(5€)

벽면 가득 남은 역사의 흔적. 영상 촬영이나 SNS 업로드용 방문은 금지다.

초콜릿 커피 한잔하고 가세요

◉ 카페 테르치

Caffè Terzi Bologna

볼로냐의 아침을 깨우는 에스프레소 전문 바. 구시가지 내 유대인 지구에 자리한다. 추천 커피는 원두를 약하게 볶아서 산미와 고소함을 살린 카페 마키아토. 담백한 라테 마키아토와 카푸치노도 근처 볼로냐 대학생들의 단골 메뉴다. 달고 진한 커피 애호가라면 카페 마로키노(Caffè Marocchino, 3.50€)를 마셔보자. 잔 안에 코코아가루를 듬뿍 뿌리고 우유 거품과 에스프레소를 채운 다음 코코아가루를 한 번 더, 초콜릿까지 사샤샥~ 대패질한 이 음료는 달콤함의 정점!

Ⓖ F8WW+46 볼로냐

ADD Via Guglielmo Oberdan, 10d

OPEN 08:00~18:00(일요일 09:00~)

MENU 커피 1.50€~

WALK 두 개의 탑에서 도보 2분

WEB www.caffeterzi.it

'모로코 커피'라는 뜻의 카페 마로키노

시그니처 커피, 크레미노

뉴욕타임스가 반한 No.1 젤라토

◉ 라 소르베테리아 카스틸리오네
La Sorbetteria Castiglione

'볼로냐에서 제일 맛없는 젤라토도 다른 도시의 최고보다 낫다'라고 할 만큼 젤라토에 자부심이 강한 이 도시의 No.1 젤라테리아. 크림 계열이든 과일 계열이든 모두 맛있지만 특히 부드러우면서도 쫀쫀하게 밀도가 높은 크림 젤라토가 특기다. 시그니처 메뉴인 돌체 엠마(Dolce Emma)는 리코타 크림 베이스에 꿀에 절인 무화과가 듬뿍 들었는데, 쌉쌀하고 상큼한 레몬껍질 향이 스치고 나면 노란 크림의 부드러움만 남는다.

Ⓖ F8QX+46 볼로냐
ADD Via Castiglione, 44d
OPEN 11:00~22:00, 시즌에 따라 유동적
MENU 젤라토 컵 2.80€~
WALK 마조레 광장에서 도보 13분
WEB www.lasorbetteria.it

폭신폭신, 사르르 녹는 젤라토

◉ 크레메리아 카부르
Cremeria Cavour

구름처럼 가벼운 질감의 젤라토 맛집. 시원한 에어컨이 나오는 널찍한 매장에 카부르 광장 옆이라 접근성도 좋다. 공기를 충분히 섞어서 폭신하고 부드럽게 만드는 젤라토 외에 진한 초콜릿으로도 유명한 집이라 향긋한 럼을 섞은 초콜릿 젤라토(Cioccolato e Rhum)나 튀긴 쌀이 바삭하게 씹히는 화이트초콜릿 젤라토(I Portici)의 인기가 높다. 복숭아, 딸기, 자몽, 멜론 등 과일 본연의 맛을 그대로 살린 신선한 제철 과일 젤라토는 기분 좋은 달콤함 그 자체!

Ⓖ F8RV+FM 볼로냐
ADD Piazza Cavour, 1d
OPEN 11:00~23:30
MENU 젤라토 컵 2.70€~
WALK 마조레 광장에서 도보 5분
WEB www.cremeriacavour.it

5초만에 혀끝에서 순삭!

◉ 크레메리아 산토 스테파노
Cremeria Santo Stefano

타임지가 '세계에서 제일 맛있는 젤라토'라고 선언해 여행자들의 성지가 된 젤라테리아. 튀르키예산 보스포러스 소금을 더해 은은한 짠맛이 나는 피스타치오 젤라토(Pistacchio Salato del Bosforo), 레몬 껍질 풍미가 고급스러운 레몬 크림 젤라토(Crema con Scorze di Limone) 등이 인기다. 좀 더 특별한 조합이 궁금하다면 한 달에 한 번 선보이는 '이달의 젤라토(Gusto del Mese)'에 도전! 입속으로 사라지는 순간순간이 너무 아쉬울 정도로 맛있지만 먼 걸음한 게 서운할 만큼 양이 적다.

Ⓖ F9Q2+7V 볼로냐
ADD Via Santo Stefano, 70c
OPEN 11:00~22:00
CLOSE 월요일
MENU 젤라토 컵 2.50€~
WALK 마조레 광장에서 도보 14분

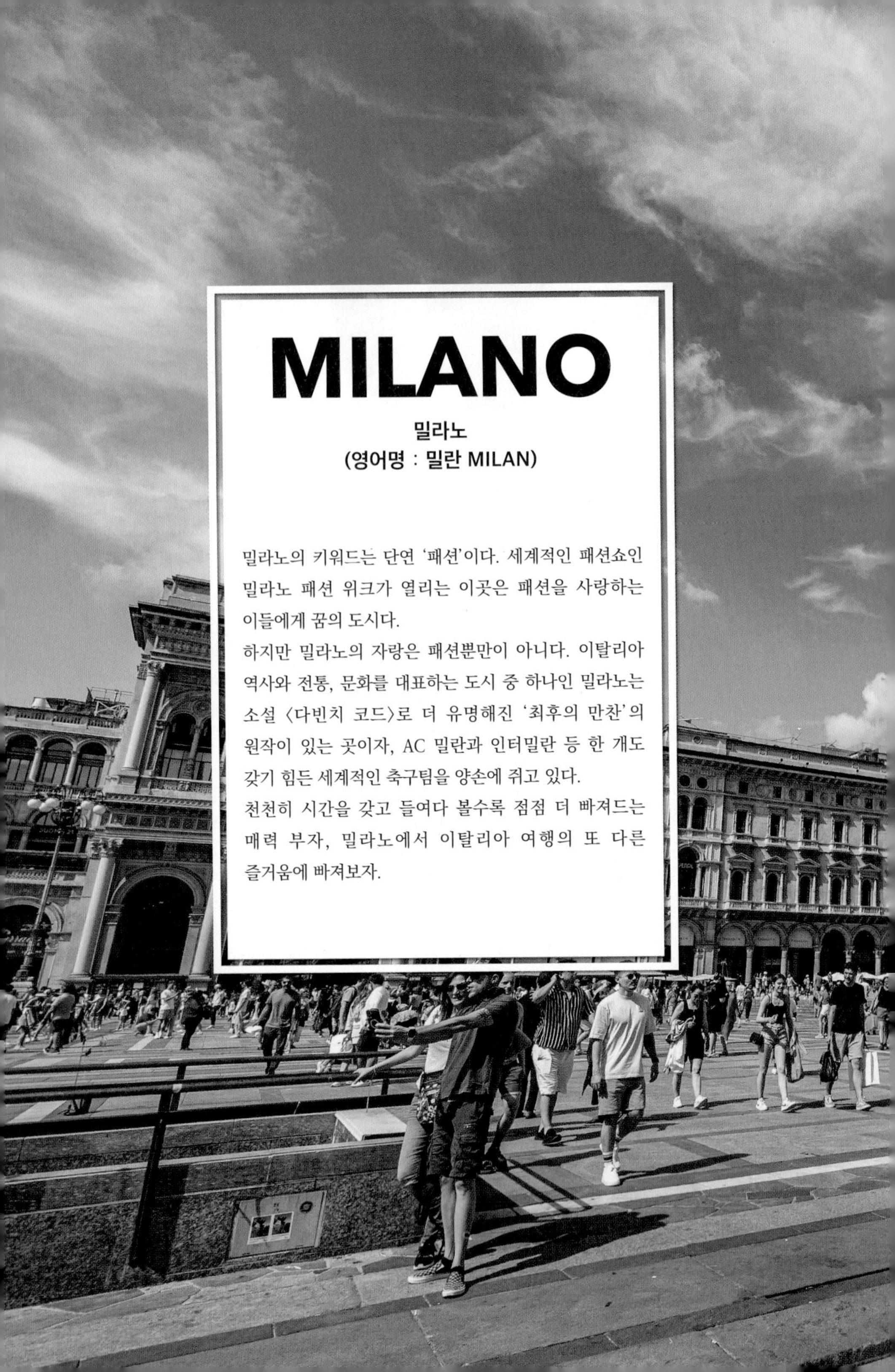

MILANO

밀라노
(영어명 : 밀란 MILAN)

밀라노의 키워드는 단연 '패션'이다. 세계적인 패션쇼인 밀라노 패션 위크가 열리는 이곳은 패션을 사랑하는 이들에게 꿈의 도시다.
하지만 밀라노의 자랑은 패션뿐만이 아니다. 이탈리아 역사와 전통, 문화를 대표하는 도시 중 하나인 밀라노는 소설 〈다빈치 코드〉로 더 유명해진 '최후의 만찬'의 원작이 있는 곳이자, AC 밀란과 인터밀란 등 한 개도 갖기 힘든 세계적인 축구팀을 양손에 쥐고 있다.
천천히 시간을 갖고 들여다 볼수록 점점 더 빠져드는 매력 부자, 밀라노에서 이탈리아 여행의 또 다른 즐거움에 빠져보자.

M
infopoint
Area B
Area C

¤ 밀라노~주요 도시 간 소요 시간

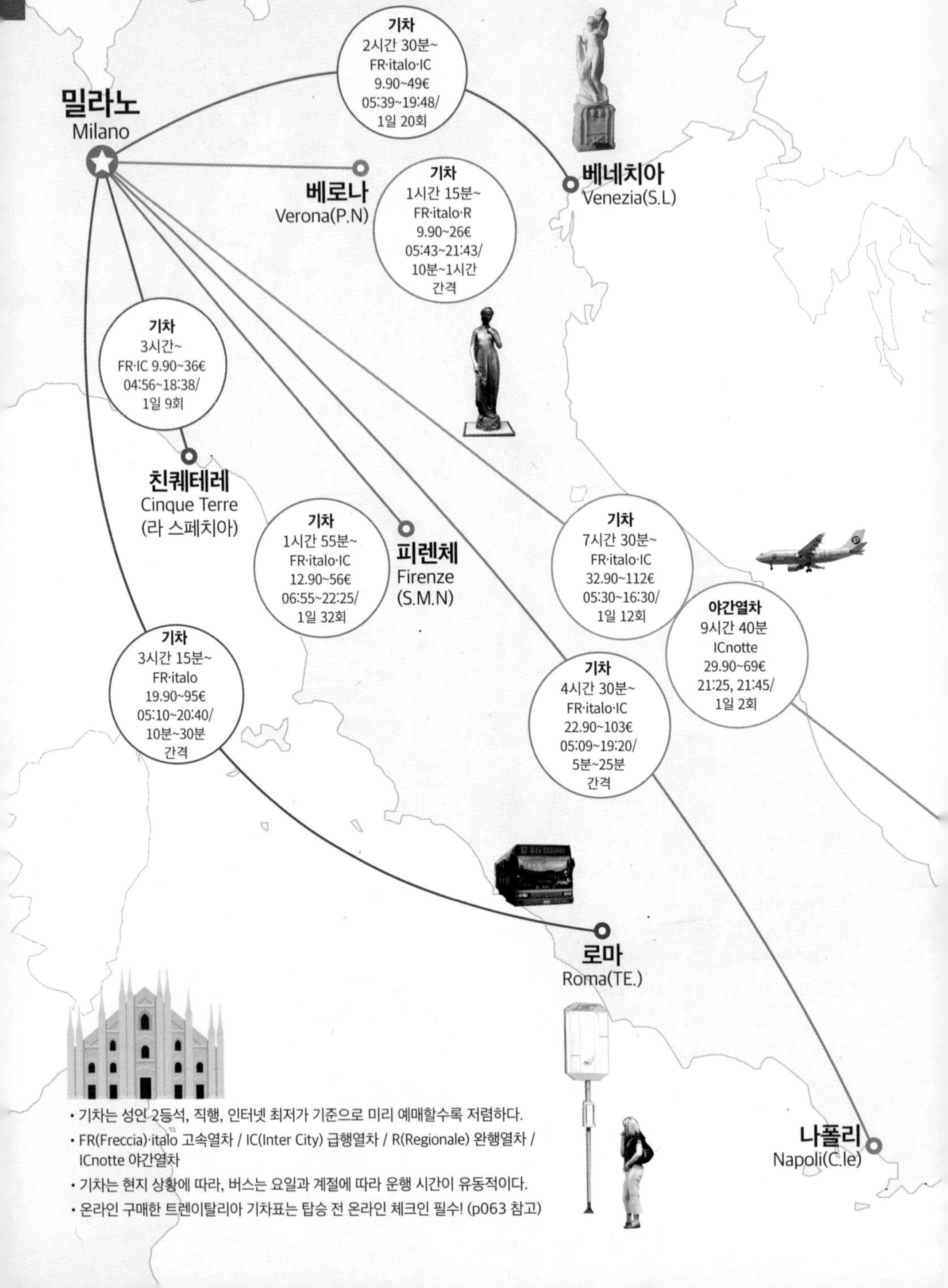

- 기차는 성인 2등석, 직행, 인터넷 최저가 기준으로 미리 예매할수록 저렴하다.
- FR(Freccia)·italo 고속열차 / IC(Inter City) 급행열차 / R(Regionale) 완행열차 / ICnotte 야간열차
- 기차는 현지 상황에 따라, 버스는 요일과 계절에 따라 운행 시간이 유동적이다.
- 온라인 구매한 트렌이탈리아 기차표는 탑승 전 온라인 체크인 필수! (p063 참고)

★
트렌이탈리아
WEB www.trenitalia.com

이탈로
WEB www.italotreno.it

밀라노 가기

이탈리아의 주요 도시는 물론 유럽 각국을 오가는 교통편이 잘 발달해 있다. 우리나라 항공사도 밀라노행 직항 및 경유편을 운항한다. 유럽 내 노선은 저비용 항공의 이용이 활발하다.

1. 기차

밀라노 중앙역은 이탈리아의 관문 역할을 한다. 로마와 베네치아, 피렌체 등 이탈리아의 주요 도시는 물론, 파리와 취리히, 제네바, 뮌헨 등 유럽 주요 도시를 오가는 기차들로 붐빈다. 기차역은 지하철 M2·M3선의 첸트랄레역(Centrale FS)과 연결되며, 밀라노 관광의 중심지인 두오모까지 지하철로 4정거장이다.

◆ 밀라노 중앙역 Stazione di Milano Centrale(Milano C.le)

밀라노 도심에서 가장 크고 가장 많은 기차가 발착하는 밀라노 중앙역은 기차역 자체가 하나의 예술작품처럼 우아하다. 중앙역의 플랫폼은 2층에 있어 중심가로 가려면 일단 1층으로 내려와야 한다. 현지 상황에 따라 플랫폼 입구에 설치한 차단문에서 검표하거나 출입 방향을 통제하기도 한다. 이때에는 '출구(USCITA-EXIT)'라고 표시된 문을 찾아 나간다.
문을 통과해서 나가면 지상 1층으로 내려가는 계단과 에스컬레이터가 있다. 에스컬레이터는 Gate B와 D의 앞에 있으며, 1층과 2층 사이에 중간층이 있어서 에스컬레이터를 갈아타며 내려가야 한다. 1층 중앙홀의 안쪽에는 매표소와 자동판매기, 수하물 보관소, 카페 등이 있다. 지하철역으로 가려면 'Metro' 또는 빨간색 바탕의 'M'자 표시를 따라 건물 앞 아케이드로 나간 뒤 에스컬레이터를 타고 내려간다.
공항버스 정류장과 택시 승차장은 건물의 양옆 바깥쪽에 있다. 말펜사 공항행은 역을 등지고 오른쪽 출구로, 리나테와 오리오 알 세리오 공항행은 왼쪽 출구로 나간다. 승차권은 정류장으로 가는 길에 있는 매표소나 버스 앞에 서 있는 직원에게 구매한다.

★
초고속 열차, 이탈로 italo

페라리가 투자해 '명품 초고속 열차'로 불리는 이탈로는 밀라노에서 볼로냐, 피렌체, 로마, 나폴리 등 이탈리아 남북 주요 도시와 베네치아를 연결하는 민영철도회사다. 최신 시설과 무료 Wi-Fi 등의 서비스를 제공하고 티켓 예매 방법도 간편하다. 이탈로 홈페이지에서 공개하는 프로모션 코드도 적극 활용해 보자. 날짜별·좌석 등급별로 대폭 할인한 티켓을 한정 판매한다.

밀라노 중앙역.
'밀라노 첸트랄레'라고 부른다.

차단문이 설치된 플랫폼 입구

밀라노 중앙역 플랫폼

지하철역으로 내려가는 에스컬레이터

Zoom in 밀라노 중앙역

1

❶ 예약·발권·변경이 가능한 자동판매기

2

3

4

5

6

7

화장실은 2층의 21번 플랫폼 옆 통로에 있다. 1€, 06:00~24:00

❶ 트렌이탈리아 매표소

각종 예약 및 발권 업무를 처리할 수 있다. 간단한 업무는 매표소 안팎과 플랫폼 주위에 있는 자동판매기를 이용하자.

OPEN 05:45~22:15
WALK 중앙역의 지상 층(Piano Terra)인 1층 중앙홀의 안쪽

❷ 이탈로 매표소

이탈로 열차의 예약과 발권 업무를 처리할 수 있다. 매표소 안팎과 플랫폼 주위에도 자동판매기가 많이 설치돼 있다.

OPEN 06:05~20:30(토·일요일 06:35~)
WALK 트렌이탈리아 매표소를 바라보고 바로 왼쪽

❸ 수하물 보관소 Ki Point

언제나 줄이 길다. 기차 시간에 빠듯하게 움직이면 낭패를 볼 수 있으니 주의.

OPEN 07:00~21:00
PRICE 6€/4시간, 4시간 초과 시 1€/1시간, 12시간 초과 시 0.50€/1시간
WALK 트렌이탈리아 매표소를 바라보고 오른쪽, 'Deposito bagagli'라고 적힌 이정표를 따라간다.

❹ 팀 Tim

OPEN 08:00~20:00
WALK 트렌이탈리아 매표소 맞은편

❺ 보다폰 Vodafone

OPEN 08:00~20:00
WALK 기차가 출발·도착하는 플랫폼에서 한 층 내려가 택시 정류장으로 나가는 길목에 있다.

❻ 키코 Kiko

밀라노에서 탄생한 메이크업 전문 브랜드 키코가 중앙역에도 입점해 있다. 출발 직전의 마지막 쇼핑 찬스를 놓치지 말자.

OPEN 08:00~21:00
WALK 트렌이탈리아 매표소를 바라보고 바로 오른쪽

❼ 스폰티니 Spontini

밀라노의 명물 피자인 스폰티니(p487)의 중앙역 지점.

OPEN 08:00~23:00
WALK 기차가 출발·도착하는 2층(Piano Binari)에서 플랫폼을 등지고 제일 오른쪽 끝, 3번 플랫폼 앞에 있다.

2. 항공

밀라노행 경유 노선이 늘면서 로마 대신 밀라노로 입국하는 여행자도 많아졌다. 인천국제공항에서 출발하는 국제선은 밀라노 말펜사 공항(MXP)에 도착하며, 직항편으로 약 14시간, 경유편으로 15시간 이상 소요된다. 대한항공은 밀라노 직항 노선을 주 4회 운항한다. 저비용 항공인 이지젯(EasyJet)은 말펜사 공항(MXP)과 리나테 공항(LIN)을, 라이언에어는 오리오 알 세리오 공항(BGY)을 주로 이용하니 도착하는 공항을 확인한다.

◆ 밀라노 말펜사 공항 Aeroporto di Milano-Malpensa(MXP)

밀라노의 대표 공항으로, 시내에서 북서쪽으로 50km 떨어져 있다. 제1터미널(T1)은 주로 국제선 항공이, 제2터미널(T2)은 주로 저비용 항공이 이용한다. 시내에서 공항까지 버스를 타고 갈 경우 제2터미널을 지나 종점인 제1터미널에서 내린다.

★
말펜사 공항
WEB www.milanomalpensa-airport.com

밀라노 말펜사 공항

▶ 밀라노 말펜사 공항에서 시내까지 : 공항버스

밀라노 중앙역까지 공항버스를 가장 많이 이용한다. 제1터미널 도착층 4번 출구로 나가면 중앙차로에 버스 정류장이 있다. 승차권은 공항버스 정류장에 나와 있는 직원이나 운전기사에게 구매한다. 카드 결제도 가능하다.

✚ 밀라노 중앙역행 공항버스 운행 정보(T1 기준)

요금	편도 10€/버스 회사에 따라 조금씩 다름
소요 시간	50분~
운행 시간	05:30~다음 날 01:40/20~45분 간격/버스 회사에 따라 조금씩 다름/항공기 운항 상황과 시즌에 따라 유동적

공항버스 정류장. 제1터미널 4번 출구로 나가면 정면에 보인다.

말펜사 익스프레스 매표소와 자동판매기

▶ 밀라노 말펜사 공항에서 시내까지 : 말펜사 익스프레스

공항철도인 말펜사 익스프레스(Malpensa Express)를 이용하면 교통 체증 걱정 없이 빠르게 시내로 들어갈 수 있다. 제1터미널의 지하 1층 또는 제2터미널의 도착층에서 기차 모양의 표지판을 따라가면 말펜사 익스프레스를 운영하는 트레노르드(TRENORD) 매표소와 자동판매기가 보인다. 트레노르드의 승차권은 전자칩 내장형이다. 전용 리더기에 태그해서 개찰한 후 한 층 더 내려가면 플랫폼이 나온다.

말펜사 익스프레스는 2개 노선이 있는데, '밀라노 첸트랄레(Milano Centrale)'행을 타면 밀라노 가리발디역을 거쳐 밀라노 중앙역에 도착한다. 밀라노 시내에 도착해 바로 관광에 나설 계획이라면 '밀라노 카도르나역(Milano Cadorna)'행을 타고 종점에서 내리는 것이 더 빠르고 관광지에서도 가까워 효율적이다. 기차표를 온라인으로 구매했다면 탑승 전 온라인 체크인을 잊지 말자(p063 참고).

★
말펜사 익스프레스

WEB www.malpensaexpress.it

★
자동판매기 이용은 신용카드로!

매표소가 문을 닫았을 때는 자동판매기를 이용해야 한다. 자동판매기에 따라서 현금 결제를 할 수 없거나 잔돈이 부족할 때가 있으니 신용카드를 준비해 가는 것이 좋다.

전자칩 내장형 기차표는 녹색 리더기에 태그해서 개찰한다.

말펜사 익스프레스

캐리어는 좌석 위쪽 선반에

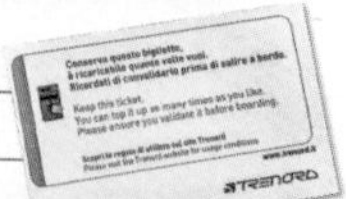
충전해서 재사용 가능한 트레노르드 기차표

✚ 말펜사 익스프레스 운행 정보(T1 기준)

출발지	말펜사 공항 제1터미널역(Malpensa Aeroporto, Terminal 1)	
요금	편도 13€, 왕복 20€	
도착지	밀라노 중앙역(가리발디역 경유)	카도르나역
소요 시간	54분	37분
운행 시간	05:43~22:43/30분 간격	05:26~다음 날 00:26/30분 간격

공항버스는 'Terminal Bus' 표지판을 따라간다.

▶ 시내에서 밀라노 말펜사 공항까지 : 공항버스 & 말펜사 익스프레스

밀라노 중앙역에서 출발하는 공항버스 정류장은 역을 등지고 오른쪽 출구로 나가면 건물 밖에 있다. 승차권은 정류장에 나와 있는 직원이나 운전기사에게 구매한다. 카드 결제 가능. 시내에서 공항으로 가는 말펜사 익스프레스는 밀라노 중앙역 1~2번 플랫폼(카도르나역은 1번 플랫폼)에서 출발한다. 기차표는 매표소와 트레노르드·트렌이탈리아의 자동판매기에서 구매한다.

말펜사 공항행 버스 정류장

정류장에서 티켓을 구매할 수 있다.

✚ 밀라노 중앙역 출발 말펜사 공항행 공항버스 & 말펜사 익스프레스 운행 정보

구분	공항버스	말펜사 익스프레스
요금	편도 10€	편도 13€, 왕복 20€
소요 시간	50분~	50분~
운행 시간	03:50~23:00/20~30분 간격	05:25~23:25/30분 간격

*카도르나역 → 제1터미널 04:57~23:27 운행

트레노르드 자동판매기

중앙역 제일 안쪽에 있는 1~2번 플랫폼. 이동 거리가 꽤 길다.

말펜사 익스프레스 내부

◆ 밀라노 리나테 공항 Aeroporto di Milano-Linate(LIN)

말펜사 공항과 함께 밀라노의 관문 역할을 하는 주요 공항으로, 밀라노 시내에서 동쪽으로 7km 떨어져 있다. 국내선과 중·단거리 유럽 노선이 주로 취항하며, 영국항공, 루프트한자, 이지젯 등 유럽 기반의 항공사가 이용한다. 특히 ITA(구 알이탈리아) 항공의 이용비중이 높은 편. 말펜사와 리나테 모두 취항하는 항공사가 많으니 예약할 때 공항 코드를 확인하자.

★
리나테 공항
WEB www.milanolinate-airport.com

▶ 공항에서 시내까지, 시내에서 공항까지

리나테 공항과 밀라노 중앙역을 공항버스가 연결한다. 밀라노 중앙역의 공항버스 정류장은 역을 등지고 왼쪽 출구로 나가면 택시 승강장 뒤쪽에 있다. 승차권은 정류장에 나와 있는 직원이나 운전기사에게 구매한다.

밀라노 중앙역에 대기 중인 리나테행 공항버스

✚ 리나테 공항 공항버스 운행 정보

요금	편도 5€~	**소요 시간**	25분~
운행 시간	**리나테 공항 → 밀라노 중앙역**	09:00~22:30/1~2시간 간격	
	밀라노 중앙역 → 리나테 공항	07:30~21:00/1~2시간 간격	

◆ 카라바조 공항 Aeroporto Il Caravaggio(BGY)

라이언에어 등 저비용 항공사가 주로 이용하는 공항. 밀라노 중앙역에서 버스로 1시간 거리에 있다. 오리오 알 세리오 공항(Aeroporto di Orio al Serio) 또는 베르가모 공항(Aeroporto di Bergamo)이라고도 부른다.

★
카라바조 공항
WEB milanbergamoairport.it

▶ 공항에서 시내까지, 시내에서 공항까지

카라바조 공항과 밀라노 중앙역을 공항버스가 연결한다. 밀라노 중앙역의 공항버스 정류장은 역을 등지고 왼쪽 출구로 나가면 택시 승강장 뒤쪽에 있다. 승차권은 정류장에 나와 있는 직원이나 운전기사에게 구매한다.

카라바조 공항

카라바조행 공항버스

✚ 카라바조 공항 공항버스 운행 정보

요금	편도 10~12€	**소요 시간**	1시간~
운행 시간	**카라바조 공항 → 밀라노 중앙역**	05:20~다음 날 01:40/30~45분 간격	
	밀라노 중앙역 → 카라바조 공항	03:50~23:20/30분 간격	

*항공기 운항 상황과 시즌에 따라 자주 변동된다.

★
공항버스 이용 정보

공항버스는 거의 매달 운행 시간이 바뀔 정도로 변동이 크니 새벽이나 심야에 이용하려면 버스 회사의 홈페이지에서 운행 여부를 확인하는 것이 필수다. 홈페이지에서 예약하면 약간의 할인 혜택도 받을 수 있다. 현장에서도 정류장에 나와 있는 직원이나 운전기사에게 손쉽게 구매할 수 있다. 카드 결제 가능.

말펜사 공항	리나테 공항	카라바조 공항
에어포트 버스 익스프레스 www.airportbusexpress.it	**에어포트 버스 익스프레스** www.airportbusexpress.it	**에어포트 버스 익스프레스** www.airportbusexpress.it
말펜사 셔틀 www.malpensashuttle.it	**리나테 셔틀** www.milano-aeroporti.it/linate-shuttle/	**오리오 셔틀** www.orioshuttle.com
테라비전 www.terravision.eu		**테라비전** www.terravision.eu

밀라노 중앙역에서 공항행 버스를 탈 땐 비행기 표시가 있는 안내판을 따라간다.

★
밀라노 시내 교통 정보

WEB www.atm.it

지하철을 이용할 때는 노선 번호와 진행 방향의 종점명이 적힌 표지판을 따라간다.

★
주의! 개찰 오류도 벌금 부과!

컨택리스 카드 사용 시 기계 고장이나 카드 결제 지연 등 이유 불문하고 제대로 개찰 되지 않으면 검표원이 벌금을 부과한다. 잉크 부족 같은 종이 승차권의 개찰기 고장도 마찬가지! 시스템 오류라도 마땅히 증명할 방법이 없으니 주의하자.

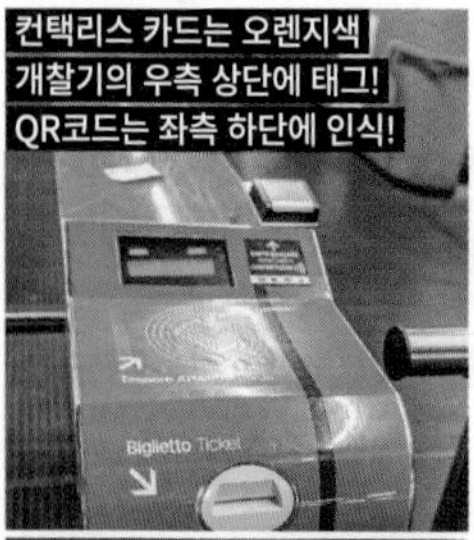

컨택리스 카드는 오렌지색 개찰기의 우측 상단에 태그! QR코드는 좌측 하단에 인식!

밀라노 시내 교통

밀라노는 이탈리아에서 지하철이 가장 발달한 도시다. 버스와 트램이 운행하지만 4개의 지하철 노선이 밀라노의 주요 명소와 근교를 연결하고 있어 대부분의 여행자가 지하철을 이용한다.

1. 지하철 Metro

M1·M2·M3·M5의 4개 노선이 밀라노의 주요 명소를 연결하고 있다. 서울의 지하철 5호선처럼 중간에 분개되는 노선이 많아 주의가 필요하며, 다른 노선으로 환승할 때는 갈아탈 노선 색깔로 구분된 표지판을 따라가면 된다.

승차권은 지하철과 버스, 트램에서 공통으로 사용할 수 있다. 밀라노 요금 체계는 시내 중심부터 교외까지 9개 구역(Mi1~Mi9)으로 나뉘며, 구역에 따라 요금이 다르다. 관광지의 대부분은 기본요금 구간인 3구역(3Zone Mi1~Mi3) 안에 있으니 신경 쓰지 않고 다녀도 된다. 지하철 노선으로는 M2 노선의 일부 구간(Cernusco S.N. ⇄ Gessate)을 제외한 M1, M3, M5 노선의 모든 역이 기본요금 구역이다.

여행자가 주로 이용하는 승차권은 기본요금 구역의 1회권(2.20€)과 1일권(7.60€)이다. 1회권은 개찰 후 90분 동안 지하철, 버스, 트램을 갈아탈 수 있으며, 1일권은 개찰 후 24시간 동안 이용할 수 있다. 승차권은 지하철 매표소나 자동판매기, 전용 앱(ATM Milano) 등에서 구매할 수 있다. 종이 승차권으로 타는 방법은 우리나라 지하철과 같다. 앱 사용 시에는 QR코드를 전용 개찰기에 인식시킨다.

컨택리스 카드는 별도의 신청 절차 없이 바로 교통카드처럼 사용할 수 있다. 1일 내 사용횟수에 따라 1회권 요금(2.20€)부터 최대 1일권 요금(7.60€)까지 최저가로 자동 계산된다. 승·하차 시 컨택리스 전용 개찰기에 태그하는 것을 잊지 말자.

지하철 내 안내 모니터

✚ 밀라노 지하철 운행 정보

노선	서쪽 종점	동쪽 종점	여행자들에게 유용한 역
M1	Rho/ Bisceglie	Sesto 1° Maggio FS	Duomo(두오모), Cairoli(스포르체스코 성), Cadorna FN(산타 마리아 델레 그라치에 성당)
M2	Cologno Nord/ Gessate	Assago/ P. Za Abbiategrasso	Centrale FS(밀라노 중앙역), Cadorna FN(산타 마리아 델레 그라치에 성당)
M3	Comasima	S. Donato	Centrale FS(밀라노 중앙역), Duomo(두오모), Montenapoleone(몬테나폴레오네 거리)
M5	San Siro	Bignami	San Siro(산 시로 축구 경기장)

*운행 시간 06:00~24:00(노선에 따라 조금씩 다름)

✚ 밀라노 대중교통 기본요금

종류	이탈리아어 표기	요금	유효시간
1회권	Biglietto Ordinario Mi1-Mi3	2.20€	개찰 후 90분
1일권	Biglietto Giornaliero	7.60€	개찰 후 24시간
3일권	Biglietto 3 Giorni	15.50€	개찰 후 3일째 막차까지
10회권	Carnet 10 Biglietti	19.50€	1회당 개찰 후 90분

정식 매표소

주요 역에는 대기 줄이 길다.

'Biglietti' 표시가 있는 가게에서도 승차권을 판매한다.

Ⓜ 밀라노 지하철 노선도

M2 Gessate
- Cascina Antonietta
- Gorgonzola
- Villa Pompea
- Bussero
- Cascina de'Pecchi
- Villa Fiorita
- Cernusco S. N.
- Cascina Burrona
- Vimodrone

M1 Sesto 1° Maggio FS
- Sesto Rondò
- Sesto Marelli
- Villa San Giovanni
- Precotto
- Gorla
- Turro
- Rovereto
- Pasteur
- Loreto

Cologno Nord M2
- Cologno Centro
- Cologno Sud

M5 Bignami
- Ponale
- Bicocca
- Ca'Grana
- Istria
- Marche
- Zara
- Sondrio

M3 Comasina
- Affori FN
- Affori Centro
- Dergano
- Maciachini
- Isola
- Zara

M1 RHO
Fieramilano
- Pero
- Molino Dorino
- San Leonardo
- Bonola
- Uruguay
- Lampugnano
- QT.8

Domodossola FN
Gerusalemme
Garibaldi F.S. 가리발디역
Tre Torri
Cenisio Monumentale
Gioia
Portello
Moscova

Centrale F.S. 밀라노 중앙역
- Repubblica
- Lima
- Porta Venezia
- Palestro
- San Babila

Caiazzo
Piola
Lambrate F.S.

Cascina Gobba
Crescenzago
Cimiano
Udine

San Siro Stadio
M5
San Siro Ippodromo
Segesta
Lotto
Amendola
Buonarroti
Pagano Conciliazione
Lanza
Montenapoleone
Turati

Wagner
De Angeli
Gambara
Bande Nere
Primaticciot
Inganni

Cadorna FN 카도르나역
Sant'Ambrogio
Sant'Agostino
Cairoli
Cordusio

Duomo 두오모

Missori
Crocetta
Porta Romana
Lodi TIBB
Brenta
Corvetto
Porto di Mare

S. Donato M3

Porta Genova F.S.

Bisceglie M1

Romolo
Famagosta

Assago Milanofiori Nord
Assago Milanofiori Forum **M2**

P.ZA Abbiategrasso Chiesa Rossa **M2**

Rogoredo F.S.

Ⓜ
- ▬▬ **M1** 밀라노 메트로
- ◯ 환승역
- 🚇 기차역 연결 역
- 🚌 시외버스 연결 역
- ✕ 말펜사 익스프레스 연결 역
- ℹ 정식 매표소(ATM POINT)

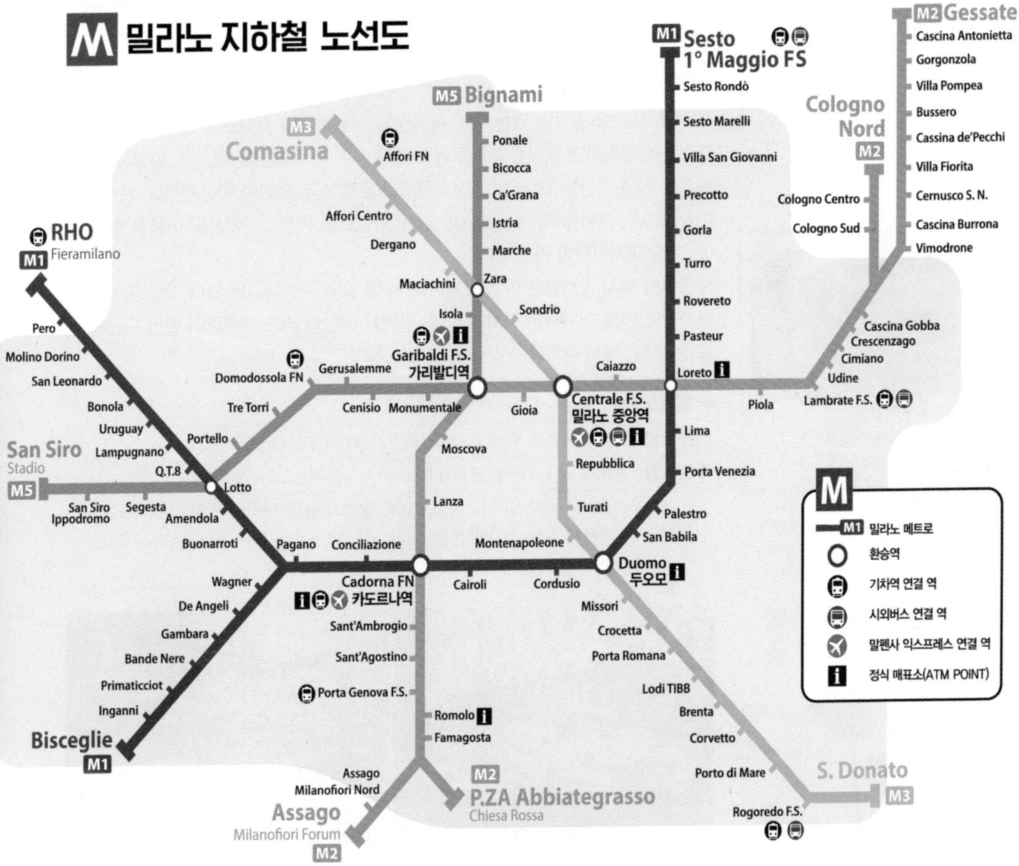

2. 버스 & 트램 Autobus & Tram

'ATM'이라고 쓴 표지판이 있는 버스 정류장에서 이용할 수 있다. 정류장마다 노선도가 있지만 도로 사정이 복잡하고 안내 방송이 없기 때문에 지하철을 이용하는 것이 편리하다.

승차권은 지하철과 공용이며, 지하철 매표소, 자동판매기, 전용 앱 등에서 구매하거나 컨택리스 카드를 이용한다. 버스나 트램에 오르면 승차권 형태에 따라 전용 개찰기를 이용하며, 유효시간 내에 환승할 경우 개찰 없이 탑승한다. 유효하지 않은 승차권 소지 시 부정 이용으로 간주해 벌금(50€)을 물 수 있다.

우리나라에서는 볼 수 없는 트램(노면전차). 신형과 구형이 같이 운행한다.

버스 정류장

3. 택시 Taxi

중앙역, 두오모 광장에 있는 택시 승차장을 이용하거나 전화로 부를 수 있다. 호텔 프런트에 부탁하면 택시를 불러주기도 한다. 미터기로 요금을 매기며, 말펜사 공항-밀라노 시내 구간은 104€의 고정요금으로 운행한다. 로마와 마찬가지로 '프리나우(Free Now)', '우버블랙(Uber Black)' 같은 차량호출 애플리케이션도 이용할 수 있는데, 호출 대기시간이 긴 편이다.

중앙역의 택시 승차장은 역을 등지고 왼쪽 끝 출입구로 나가면 있다. 중앙역의 메인 승차장인 만큼 대기하는 택시도 많다. 말펜사 공항행 버스 정류장이 있는 오른쪽 끝 출입구에도 택시 승차장이 있는데, 규모는 작다.

이탈리아의 공유 자전거. BikeMe, Lime, RideMovi 등 다양한 회사에서 운영한다.

✚ 밀라노 택시 요금

기본요금	평일 3.90€, 휴일 6.40€, 야간(21:00~다음 날 06:00) 7.60€
주행요금	1km 당 1.28~1.91€(시속 50km 이상일 때는 2.17€/km)
고정요금	말펜사 공항-밀라노 시내 110€, 말펜사 공항-밀라노 전시장(Rho) 92€, 말펜사 공항-리나테 공항 124€, 리나테 공항-밀라노 전시장(Rho) 64€, 카라바조 공항(베르가모 공항)-밀라노 시내 122€

중앙역의 메인 택시 승차장

밀라노 실용 정보

주요 편의 시설은 밀라노 중앙역과 두오모 부근에 밀집해 있다. 숙소가 밀라노 중앙역 근처에 있다면 먼저 체크인한 뒤 역 근처에서 필요한 것을 준비하고 두오모까지 지하철로 이동하자.

① 밀라노 인포포인트

① 예스밀라노

❶ 밀라노 인포포인트 InfoPoint : 관광 안내소

인포포인트와 예스밀라노는 밀라노 관광청 공인 안내소다. 두 군데 모두 두오모 근처에 위치해 찾아가기 쉽다.

인포밀라노 INFOMILANO

F57R+8J 밀라노 M MAP ⑩-D

ADD Piazza del Duomo 14 **TEL** (02)8845 5555
OPEN 10:00~18:00(토·일요일·공휴일 ~14:00)
CLOSE 1월 1일, 12월 25일
WALK 두오모 정문에서 도보 1분
WEB yesmilano.it

예스밀라노 YESMILANO Tourism Space

F58Q+32 밀라노 M MAP ⑩-D

ADD Via dei Mercanti 8
OPEN 10:00~18:00(토·일요일·공휴일 13:30~)
WALK 두오모 정문에서 도보 4분

②

❷ 밀란 비지터 센터 Milan Visitor Center : 관광 안내소

시티 투어와 아웃렛행 셔틀버스 등을 예약할 수 있다.

F59M+G7 밀라노 M MAP ⑩-A

ADD Largo Cairoli 18(스포르체스코 성 근처)
OPEN 09:00~18:30 **CLOSE** 1월 1일, 5월 1일, 12월 25일
METRO M1선 카이롤리(Cairoli)역 밖으로 나오면 동쪽에 보인다. **WEB** www.zaniviaggi.com

③ 반가운 초밥 도시락

❸ 사포리 & 딘토르니 코나드 Sapori & Dintorni Conad : 슈퍼마켓

중앙역 지하에 있는 대형 슈퍼마켓으로, 365일 문을 연다. 마비스 치약과 포켓 커피 등 다양한 상품이 있으며, 포장 음식도 판매한다. 식사할 수 있는 공간도 있다.

F6P3+9P 밀라노 M MAP ❽

OPEN 07:00~21:00
WALK 매표소가 있는 지상 층에서 지하(-1층, Piano Interrato)로 내려가면 오른쪽 끝에 있다.

④

❹ 팜 Pam : 슈퍼마켓

중앙역 근처의 슈퍼마켓. 규모는 크지 않지만 간편 식품을 다양하게 갖추고 있어서 인근 숙소에 머물 때 유용하다.

F6M5+C6 밀라노 M MAP ❽

ADD Via Luigi Settembrini, 46
OPEN 08:00~22:00(일요일 09:00~)
WALK 중앙역을 등지고 왼쪽 출구로 나가 도보 4분

⑤

❺ 카르푸 익스프레스 Carrefour Express : 슈퍼마켓

스포르체스코 성 근처, 카도르나역 앞 광장 바로 건너편에 있다. 규모는 작지만 밤늦게까지 문을 연다.

F59G+38 밀라노 M MAP ⑩-A

ADD Piazzale Luigi Cadorna, 13 **OPEN** 07:00~24:00(일요일 08:00~)
WALK 카도르나역 정문으로 나가면 역 앞 광장의 길 건너편에 있다.

DAY PLANS

밀라노에 하루만 머물 계획이라면 섹션 A를 선택하자. 두오모 광장을 중심으로 돌아보는 데 2~3시간이면 충분하다. 일정에 여유가 있다면 '최후의 만찬'이 있는 산타 마리아 델레 그라치에 성당을 비롯해 다양한 박물관을 둘러보자. 넉넉히 6~7시간이면 충분하다. 그림에 관심이 없는 여행자는 산 시로 축구장이나 명품 아웃렛을 둘러보거나, 근교 도시로 소풍을 다녀와도 좋다. 옵션 A·B·C는 꼬박 하루가 소요되는 일정이다.

알찬 일정을 위해 준비해두세요

섹션 A 오페라 관람을 원하는 여행자는 홈페이지에서 예약해두자.
산타 마리아 델레 그라치에 성당과 브레라 미술관은 일정이 정해졌다면 예약 필수!
두오모(특히 지붕)는 예약 필수는 아니지만 시간대별 입장객 수를 제한하므로 온라인으로 예약하고 가는 것이 좋다.

Tip. 섹션 A를 하루 안에 전부 소화하려면 1일 승차권을 구매하자.

Section A p470
두오모 & 미술관 탐방

❶ 밀라노 중앙역
↓ 지하철 3선 Duomo 하차
❷ 두오모
↓ 도보 1분
❸ 비토리오 에마누엘레 2세 갈레리아
↓ 도보 1분
❹ 스칼라 극장
Option **❺ 암브로시아나 미술관**
Option **❻ 폴디 페촐리 박물관**
↓ 도보 8분
❼ 브레라 미술관
↓ 지하철 1·2선 Cadorna 하차 또는 도보 25분
❽ 산타 마리아 델레 그라치에 성당
↓ 도보 15분
❾ 스포르체스코 성
Option **❿ 가에 아울렌티 광장**
Option **⓫ 나빌리오 그란데**

Milano Option A p496
코모 호수

밀라노 중앙역
↓ 기차로 35분~1시간 소요
● 코모 호수

Milano Option B p502
베로나

밀라노 중앙역
↓ 기차로 1시간 15분~2시간 소요
● 베로나

Milano Option C p517
시르미오네

밀라노 중앙역
↓ 2시간~2시간 30분 소요
● 시르미오네

2

3

4

8

9

11

밀라노 중앙역
MILANO CENTRALE
밀라노 중앙역 1
Centrale F.S.
0 200m
밀라노 포르타 가리발디역
Milano Porta Garibaldi
Garibaldi F.S.
Monumentale
10 가에 아울렌티 광장
Via C. Farini
Via G. C. Procaccini
Via Ceresio
Via Alessio di Tocqueville
Corso Como
코르소 코모
Via Malchiorre Gioia
Viale d. Liberazione
Via Fabio Filzi
Via V. Pisani
Via Paolo Sarpi
Via Bramante
Viale Pasubio
Viale Crispi
Viale Monte Grappa
Bastioni di Porta Nuova
Repubblica
Piazza della Repubblica
← 산 시로·주세페 메아차 축구 경기장
Via Melzi d'Eril
Via A. Volta
Piazza Lega Lombarda
Moscova
Corso di Porta Nuova
Via Andrea Appiani
Via Lazzaretto
Bastioni di Porta Venezia
Corso Sempione
Via Bertani
Arena
Via Solferino
Via Moscova
Via Turati
Corso Garibaldi
Via d. Statuto
V. M.Pagano
Viale Malta
Via Legnano
Via Montebello
Via Manin
인드로 몬타넬리 정원
GIARDINI PUBBLICI
INDRO MONTANELLI
Via S. Marco
Via Cernaia
Turati
Via Fatebenefratelli
Via Palestro
Galleria d'Arte Moderna
Via Pontaccio
Lanza
Via Gadio
Via Brera
7 브레라 미술관
Via Borgonuovo
V. dei Giardini
Via Alessandro Manzoni
Via Senato
Via Mercato
9 스포르체스코 성
Piazza Castello
Montenapoleone
V. M. Napoleone
Corso Venezia
밀라노 카도르나역
Milano Cadorna
Cadorna FN
Piazzale Cadorna
Foro Buonaparte
V. Cusani
Via dell'Orso
Cairoli
Via Filodrammatici
6 폴디 페촐리 박물관
Via Sant'Andrea
Via Boccaccio
Via Dante
Via Broletto
4 스칼라 극장
Corso Giacomo Matteotti
San Babila
Corso Monforte
V. sul Muro
8 산타 마리아 델레 그라치에 성당
Corso Magenta
Via Meravigli
Cordusio
3 비토리오 에마누엘레 2세 갈레리아
C. Vittorio Emanuele II
V. S. Porta V. S. Fulcorina
Via Olona
Duomo
Piazza del Duomo
2 두오모
Corso Europa
Via U. Visconti
암브로시아나 미술관 5
Via Sant'Orsola
Via San Vittore
Via Mazzini
Via Francesco Pecorari
Via Verziere
Via Filippo Corridoni
Corso di Porta Vittoria
Via Torino
Via Larga
Sant'Ambrogio
Missori
Piazza Missori
Via Sant'Antonio
Università Statale (밀라노 대학)
Francesco Sforza
Via Carducci
C. d. Porta Romana
11 나빌리오 그란데
R 방코
Section A p470~471

미술관처럼 멋진 기차역 내부

01 세계적으로 손꼽히는 아름다운 역
밀라노 중앙역
Stazione di Milano Centrale

로마의 테르미니(Termini)역과 같이 밀라노 여행의 시작점이 되는 곳. 지하철 M2선, M3선이 교차하는데, 지하철역 이름은 'Centrale FS'로 표기한다. M3선을 타고 4정거장 이동하면 두오모를 볼 수 있다.

유럽 기차 노선의 허브 역 중 하나로, 1864년에 기차 운행을 시작했다. 1906년 환승역에서 정식 기차역으로 승격됐고, 1912년 울리세 스타키니(Ulisse Stacchini)가 건축 공모전에 당선되어 재건축했는데, 이는 후에 워싱턴 D.C. 등 세계 유수 도시의 기차역 모델이 됐다. 경제 위기를 겪으면서 공사는 더디게 진행됐고, 무솔리니 시대에 파시스트 정권의 권력을 선전하는 수단으로 이용되어 처음 계획했을 때보다 더 거대하고 복잡한 역으로 완공됐다.

1931년 준공 당시 밀라노역은 총면적 6만6500㎡, 총길이 340m, 정면 길이 200m, 높이 72m, 24개의 플랫폼, 수송 인원 33만 명에 달하는 거대한 역으로 재탄생했다. 딱히 어느 양식이라고 규정하기는 어려우나 근대 건축의 3대 거장 중 하나로 불리는 미국의 프랭크 로이드 라이트가 뉴욕의 그랜드 센트럴 터미널과 함께 세계에서 아름다운 역 중 하나로 손꼽을 정도로 건축학적 의미가 깊은 건물이다.

2006년부터 1억 유로를 들여 최신 설비를 갖춘 현대적인 역사로 탈바꿈하기 위한 공사가 시작됐으며, 그중 2000만 유로를 예술적 가치를 높이는 데 사용하면서 큰 관심을 모았다. 공사가 마무리된 이후 현대적인 시설과 편의 시설 등을 다양하게 갖춰 이용이 더욱 편리해졌다.

Ⓖ 밀라노 첸트랄레역 Ⓜ MAP ❽
METRO M2·3선 첸트랄레(Centrale FS)역

MORE
저렴이 메이크업 전문 브랜드 키코 Kiko

밀라노에서 탄생한 코스메틱 브랜드. 우리나라 여행자들에게는 '이탈리아의 미샤'라고 불린다. 저렴한 가격대에 놀라운 퀄리티를 선보이며 전 세계 여성 여행자들에게 인기 몰이 중. 베이스 제품부터 립, 매니큐어까지 모든 메이크업 제품을 취급한다. 중앙역을 비롯해 밀라노 곳곳에 매장이 있다.

SECTION

A

두오모 & 미술관 탐방

❶ **밀라노 중앙역** → M3선 두오모(Duomo)역 → ❷ **두오모** → ❸ **비토리오 에마누엘레 2세 갈레리아** → 도보 1분 → ❹ **스칼라 극장** [Option ❺ 암브로시아나 미술관 → ❻ 폴디 페촐리 박물관] → 도보 8분 → ❼ **브레라 미술관** → M1·M2선 카도르나(Cadorna)역 또는 도보 25분 → ❽ **산타 마리아 델레 그라치에 성당** → 도보 15분 → ❾ **스포르체스코 성** [Option ❿ 가에 아울렌티 광장 또는 ⓫ 나빌리오 그란데] → M2선 첸트랄레 FS(Centrale FS)역 → ❶ **밀라노 중앙역**

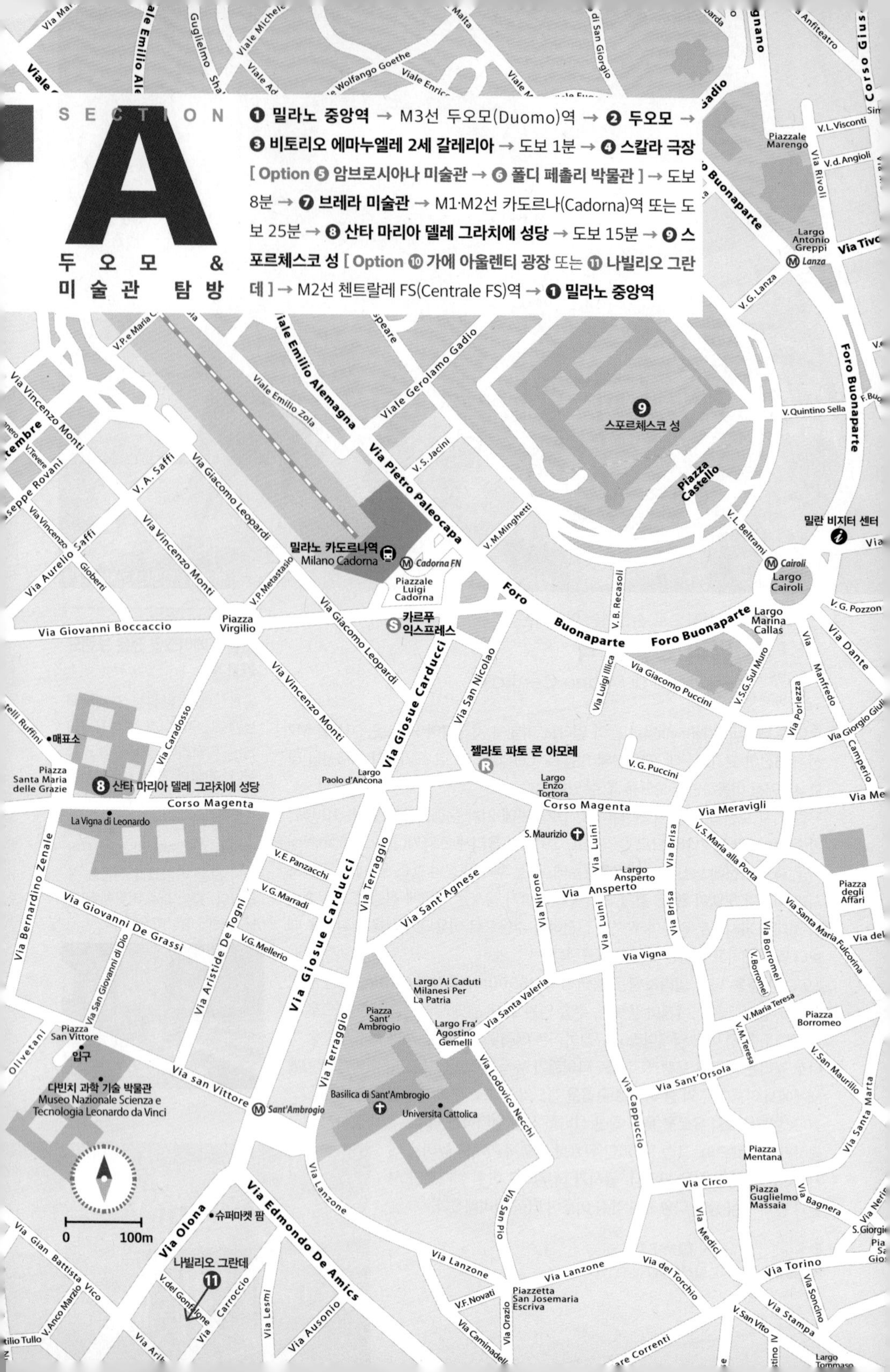

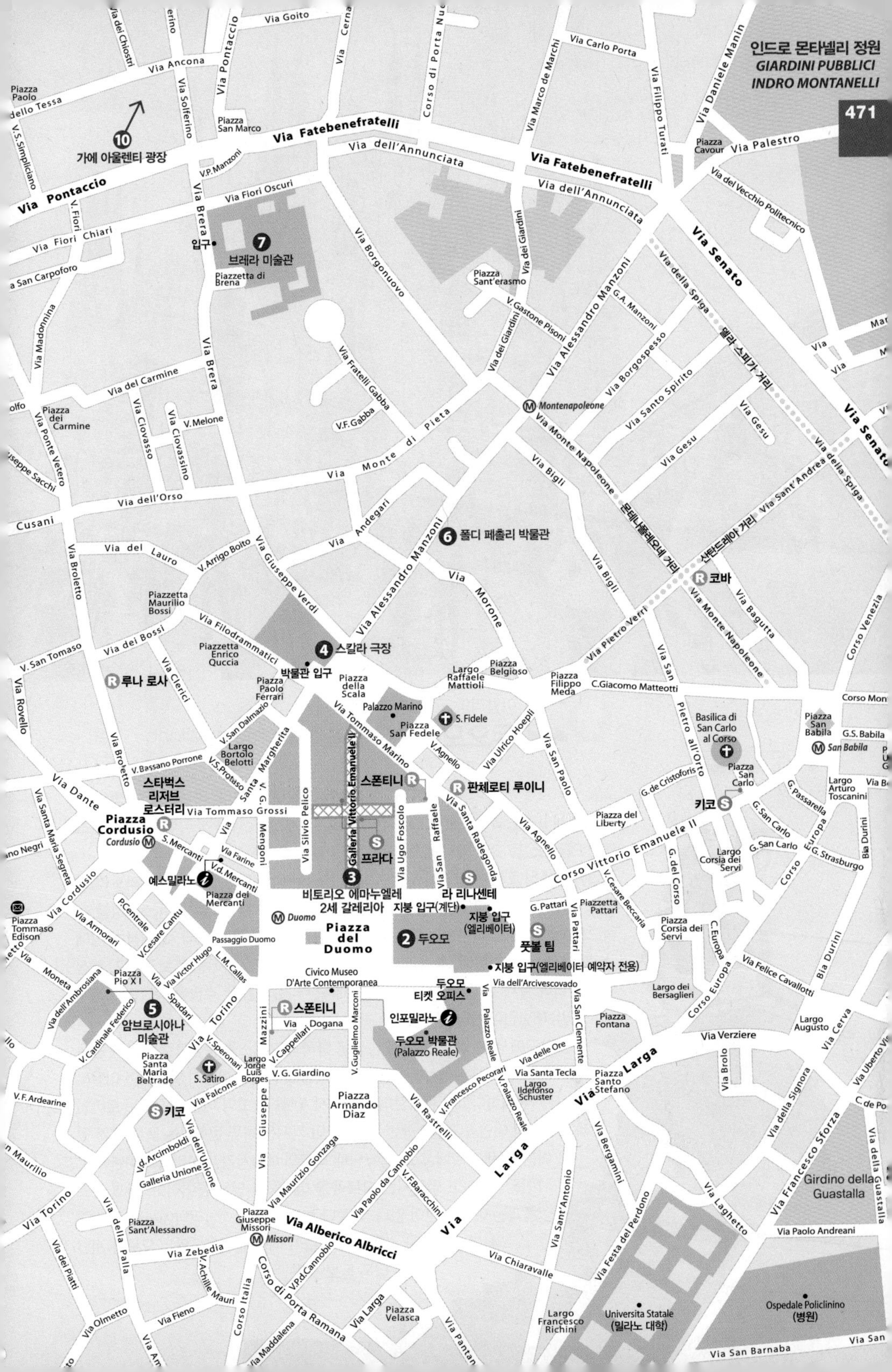
인드로 몬타넬리 정원
GIARDINI PUBBLICI
INDRO MONTANELLI
Via dei Chiostri
Via Goito
Via Ancona
Via Pontaccio
Via Solferino
Corso di Porta Nuova
Via Carlo Porta
Via Marco de Marchi
Via Filippo Turati
Via Daniele Manin
Piazza Paolo
dello Tessa
V.S.Simpliciano
10
가에 아울렌티 광장
Piazza San Marco
Via Fatebenefratelli
Via dell'Annunciata
Piazza Cavour
Via Palestro
Via del Vecchio Politecnico
V.P.Manzoni
Via Pontaccio
V. Fiori
Via Fiori Oscuri
Via Brera
Via Fiori Chiari
입구
7
브레라 미술관
Piazzetta di Brena
Via Borgonuovo
Via dei Giardini
Piazza Sant'erasmo
Via Senato
Via della Spiga
Via San Carpoforo
Via Madonnina
V. Gastone Pisoni
G.A. Manzoni
Via Alessandro Manzoni
Via Borgospesso
델라 스피가 거리
Via Fratelli Gabba
Via del Carmine
Piazza dei Carmine
Via Ponte Vetero
Via Ciovasso
Via Clovassino
V.Melone
V.F.Gabba
Montenapoleone
Via Santo Spirito
Via Gesu
Via Monte Napoleone
Via Monte di Pieta
Via Bigli
Via dell'Orso
Cusani
Via Andegari
6
폴디 페촐리 박물관
몬테나폴레오네 거리
산탄드레아 거리
Via Sant'Andrea
Via Broletto
Via del Lauro
V. Arrigo Boito
Via Giuseppe Verdi
Via Morone
R 코바
Via Bagutta
Corso Venezia
Piazzetta Maurilio Bossi
Via Filodrammatici
Via Pietro Verri
Via dei Bossi
Piazzetta Enrico Quccia
4 스칼라 극장
박물관 입구
V. San Tomaso
Via Clerici
R 루나 로사
Piazza Paolo Ferrari
Piazza della Scala
Largo Raffaele Mattioli
Piazza Belgioso
Piazza Filippo Meda
C.Giacomo Matteotti
Corso Monforte
Via Rovello
V.San Dalmazio
Palazzo Marino
Piazza San Fedele
S.Fidele
Via Tommaso Marino
Basilica di San Carlo al Corso
Piazza San Babila
G.S.Babila
San Babila
Via Broletto
V.Bassano Porrone
Largo Bortolo Belotti
V.S.Protaso
Santa Margherita
Galleria Vittorio Emanuele II
V.Agnello
Via Ulrico Hoepli
Via San Paolo
Via San Pietro all'Orto
Piazza San Carlo
G. de Cristoforis
Largo Arturo Toscanini
Via Dante
스타벅스 리저브 로스터리
스폰티니
R 판체로티 루이니
Via Santa Maria Segreta
Via Tommaso Grossi
Piazza Cordusio
Cordusio
Via Silvio Pelico
Via Ugo Foscolo
Via San Raffaele
Via Santa Radegonda
Via Agnello
Piazza del Liberty
키코
G.Passarella
G.San Carlo
Largo Corsia dei Servi
Via Durini
Via Meravigli
S.Mercanti
Via Farine
V.d.Mercanti
예스밀라노
Piazza dei Mercanti
V.G.Mengoni
프라다
3
비토리오 에마누엘레 2세 갈레리아
라 리나센테
지붕 입구(계단)
Corso Vittorio Emanuele II
V.Cesare Beccaria
G.del Corso
G.Strasburgo
Corso Europa
Via Cordusio
Via Armorari
P.Centrale
V.Cesare Cantu
Duomo
Piazza del Duomo
지붕 입구 (엘리베이터)
2 두오모
G. Pattari
Piazzetta Pattari
Via Pattari
Piazza Corsia dei Servi
C.Europa
풋볼 팀
Piazza Tommaso Edison
Via Moneta
Passaggio Duomo
L.M.Callas
Via Victor Hugo
지붕 입구(엘리베이터 예약자 전용)
Via Felice Cavallotti
Bia Durini
Piazza Pio XI
Via dell'Ambrosiana
Via Cardinale Federico
Via Spadari
Civico Museo D'Arte Contemporanea
두오모 티켓 오피스
Via dell'Arcivescovado
Largo dei Bersaglieri
5
암브로시아나 미술관
Via Torino
Via Mazzini
스폰티니
Via Dogana
Via Guglielmo Marconi
인포밀라노
두오모 박물관 (Palazzo Reale)
Via Palazzo Reale
Via San Clemente
Piazza Fontana
Via Verziere
Largo Augusto
Via Cerva
Piazza Santa Maria Beltrade
S.Satiro
V.Speronari
Largo Jorge Luis Borges
V.Cappellari
V. G. Giardino
Via delle Ore
Via Santa Tecla
Largo Ildefonso Schuster
Piazza Santo Stefano
Via Larga
Via Brolo
Via Uberto Visconti
Via Falcone
V.F.Ardearine
S 키코
Piazza Armando Diaz
Via Rastrelli
V.Francesco Pecorari
V.Palazzo Reale
Via Bergamini
Via della Signora
C. de Porta
Via Giuseppe
Via Francesco Sforza
Via della Guastalla
Girdino della Guastalla
Via Maurilio
V.d.Arcimboldi
Via dell'Unione
Galleria Unione
Via Maurizio Gonzaga
Via Paolo da Cannobio
V.F.Baracchini
Via Sant'Antonio
Via Laghetto
Via Festa del Perdono
Via Paolo Andreani
Via Torino
Via della Palla
Piazza Sant'Alessandro
Piazza Giuseppe Missori
Missori
Via Alberico Albricci
Via Zebedia
Via dei Piatti
V.Achille Mauri
Corso di Porta Romana
V.P.d.Cannobio
Via Chiaravalle
Universita Statale (밀라노 대학)
Ospedale Policlinino (병원)
Via Olmetto
Via Fieno
Corso Italia
Piazza Velasca
Via Larga
Via Pantano
Largo Francesco Richini
Via Maddalena
Via San Barnaba

02 이탈리아 고딕 양식의 결정체
두오모(밀라노 대성당) Duomo di Milano

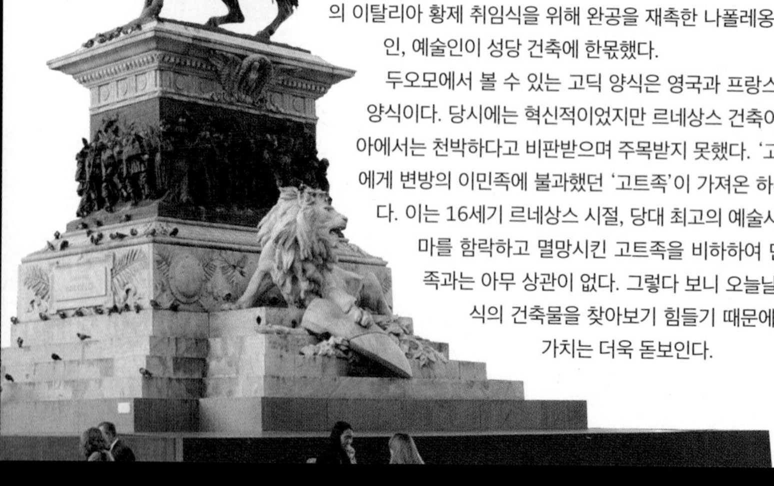

고딕 양식으로 지은 가톨릭 성당 중 세계에서 가장 큰 규모다. 하늘을 향해 뻗어 있는 135개의 첨탑과 3159개의 조각상, 세로로 길쭉한 모양의 첨두 아치, 화려한 스테인드글라스 등 고딕 양식의 특징을 고루 갖춘 두오모는 밀라노를 상징한다.

1387년 첫 삽을 뜨기 시작해 500년 후에 완공한 이 성당은 그야말로 밀라노의 역사라 할 수 있다. 두오모 건축을 지시한 밀라노의 군주 잔 갈레아초 비스콘티를 시작으로 레오나르도 다빈치의 후원자였던 루도비코 스포르차 공작, 르네상스 시대 건축가 도나토 브라만테, 추기경이자 후에 성인 반열에 오른 카를로 보로메오, 자신의 이탈리아 황제 취임식을 위해 완공을 재촉한 나폴레옹 등 수많은 종교인과 정치인, 예술인이 성당 건축에 한몫했다.

두오모에서 볼 수 있는 고딕 양식은 영국과 프랑스를 중심으로 발달한 건축 양식이다. 당시에는 혁신적이었지만 르네상스 건축이 황금기를 누리던 이탈리아에서는 천박하다고 비판받으며 주목받지 못했다. '고딕'이란 명칭에는 로마인에게 변방의 이민족에 불과했던 '고트족'이 가져온 하류 문화라는 뜻이 담겨 있다. 이는 16세기 르네상스 시절, 당대 최고의 예술사가 바사리가 410년에 로마를 함락하고 멸망시킨 고트족을 비하하여 만든 용어이며, 실제 고트족과는 아무 상관이 없다. 그렇다 보니 오늘날 이탈리아에서는 고딕 양식의 건축물을 찾아보기 힘들기 때문에 밀라노의 두오모가 지닌 가치는 더욱 돋보인다.

시원하게 뚫려 있어 이탈리아의 성당 중 가장 넓은 느낌이다.

중앙 제단

16세기 이탈리아 조각가 마르코 다그라테의 '가죽이 벗겨진 성 바르톨로메오'(1562)

두오모 지붕에서 내려다본 두오모 광장. 해가 지기 전에 올라 노을을 감상하는 것 추천!

G 밀라노 대성당 **M MAP** ⑩-D

ADD Piazza del Duomo
OPEN 두오모·지붕·지하 유적 09:00~19:00(지붕은 날씨에 따라 부분 또는 전체 폐장)/ 마지막 입장 18:10, 박물관 10:00~18:00
CLOSE 12월 25일(그 외 행사에 따라 단축 운영), 박물관 매주 수요일
METRO M1·3선 두오모(Duomo)역 하차 후 'Duomo' 표지판을 따라간다.
WEB 예약 www.duomomilano.it

입장권 종류

두오모 입장권은 지붕, 두오모 박물관, 지하 유적 등을 묶어 판매하기 때문에 가격이 비싸다. 그중 지붕이 포함된 입장권은 지붕까지 오르는 방법에 따라 계단(총 250개), 엘리베이터(Lift)의 2가지로 나뉜다. 단, 엘리베이터를 타고 올라가도 내려올 땐 계단을 이용해야 한다. 6~18세는 할인되며, 5세 이하는 무료다.

- **두오모+두오모 박물관** 10€/두오모 박물관이 문 닫는 수요일에 두오모(성당)만 입장 8€
- **두오모+두오모 박물관+지하 유적** 14€
- **지붕(루프탑)** 엘리베이터 이용 16€/계단 이용 14€
- **두오모+두오모 박물관+지붕** 지붕까지 계단 이용 20€, 엘리베이터 이용 25€
- **두오모+지붕(계단)+박물관+지하 유적+암브로시아나 미술관** 34€
- **온라인 예약비** 0.50~1.50€

복장 및 반입 제한 규정

성당 안은 무릎이 드러나는 짧은 치마나 반바지, 민소매 등의 차림으로는 입장할 수 없다. 큰 가방과 액체·음식류도 반입할 수 없으니 주의하자.

★

예약 방법 & 매표소 위치

두오모와 부대시설은 시간대별 입장객 수를 제한하고 있어 입장권이 조기 마감될 수 있으니 홈페이지에서 예약하고 가는 것이 좋다. 예약할 때 방문 시간대를 선택해야 한다. 그래도 방문객이 워낙 많으니 여행자가 몰리는 성수기나 주말에 지붕에 오르려면 여유 있게 도착하자. 5세 이하 어린이는 무료지만 보호자가 예약할 경우 어린이도 예약(수수료 0.50€)해야 함께 입장할 수 있다는 것도 참고. 현장에서 입장권 구매 시 두오모 정문을 바라보고 오른쪽 건물에 있는 매표소나 창구 왼쪽의 자동판매기(신용·체크카드만 사용 가능)를 이용한다.

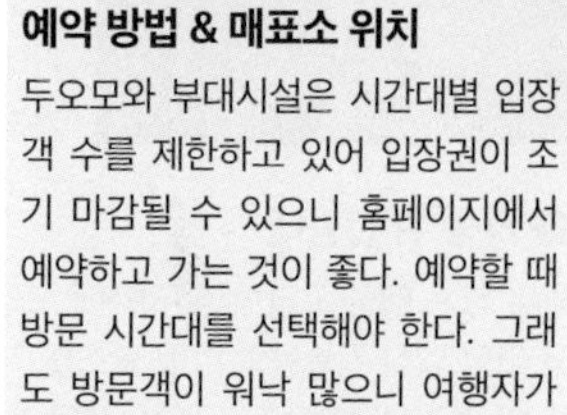

두오모 매표소

Zoom In & Out

두오모

❶ 성당 중앙의 청동 문

성당 정면에 있는 5개의 청동 문은 19~20세기에 제작한 것으로, 각종 부조 패널로 장식돼 있다. 그중 중앙의 청동 문은 루도비코 폴리가기(Ludovico Poligaghi)의 1906년 작품이다. 작품 속 '예수 태형' 부조가 행운을 가져다 준다는 소문 때문에 사람들이 한 번씩 만져보아 닳아서 반지르르하다.

루도비코 폴리가기의 '예수 태형' 부조

❷ 성당 내부

52개의 기둥으로 5등분된 거대한 십자가 구조의 성당 안은 시원하게 뚫려 있어 더욱 장대해 보인다. 가운데 복도의 가장 높은 부분은 약 45m(18층 아파트 높이)로 현재까지 완성한 고딕 양식 성당 중 가장 높다. 육중한 건축물 무게를 지탱하는 벽면을 스테인드글라스로 장식한 것은 고딕 건축의 전형적인 모습이다.

성당 안쪽 중앙 문 밑의 계단을 통해 내려가면 성당 유적이 나온다. 두오모 광장 끝까지 이어지는 이 거대한 유적의 역사는 무려 4세기경까지 거슬러 올라간다.

❸ 두오모 박물관 Museo del Duomo

두오모를 바라보고 오른쪽 건물(Palazzo Reale)에 박물관이 있다. 두오모와 따로 떨어져 있어 그냥 지나치는 사람이 많지만 여유가 있다면 잊지 말고 들러보자. 성당을 장식하던 진품 조각상을 만나볼 수 있다.

박물관 정문

❹ 지붕 위 전망대

돔이 없는 대신 고딕 양식 지붕에 오를 수 있다. 버팀벽, 작은 첨탑 등 고딕 양식 건축물의 각종 요소를 가까이에서 볼 수 있어 살아 있는 야외 전시장이라고도 한다. 성당 정면을 바라보고 왼쪽으로 돌면 지붕으로 올라갈 수 있는 계단 입구와 엘리베이터 입구가 차례로 나온다. 총 254개의 계단을 타고 올라가는 길은 힘들지만 첨탑 사이로 보이는 밀라노의 전경은 고생한 보람을 느낄 만큼 인상적이다.

살아 있는 야외 고딕 양식 전시장이라 불리는 두오보의 지붕 위 전망대

★

두오모 지붕 감상 포인트

두오모 바로 옆, 라 리나센테(La Rinascente) 백화점 꼭대기 층에는 두오모 지붕이 예쁘게 보이는 테라스 바와 레스토랑들이 있다. 음료값은 비싼 편이지만 전망을 즐기려는 사람들로 종일 붐빈다. 한 바퀴 둘러보고 전망이 맘에 드는 곳에 자리를 잡자.

천장의 유리 돔

황소 모자이크

03 판타스틱! 감성 쇼핑 아케이드
비토리오 에마누엘레 2세 갈레리아
Galleria Vittorio Emanuele II

1877년 완공한 아케이드형 쇼핑센터. 유리 돔으로 뒤덮인 높은 천장이 분위기를 압도한다. 내부에는 프라다 본점과 루이비통, 구찌 등 내로라하는 명품 브랜드가 입점해 있으며, 서점과 음반 전문 매장, 맥도날드, 레스토랑, 카페도 들어서 있다. 중앙 십자로 바닥에는 로물루스·백합·빨간색 십자가·황소가 모자이크로 새겨져 있는데, 각각 로마, 피렌체, 밀라노, 토리노를 나타내는 문장이다. 특히 토리노의 문장인 황소 모자이크의 고환 부분을 오른발 뒤꿈치로 밟고 3바퀴를 돌면 행운이 찾아온다는 설이 있어서, 이 문장을 밟고 도는 사람들을 심심치 않게 볼 수 있다. 벽면에는 유럽·아시아·아프리카·아메리카를 상징하는 4대륙 벽화가 그려져 있다.

F58Q+8X 밀라노 **MAP** ⑩-D
ADD Piazza del Duomo
WALK 두오모 정면을 바라보고 왼쪽

MORE
프라다 Prada
아케이드 안 중앙 십자로에 있는 프라다 본점. 프라다의 인기를 짐작게 하듯 아케이드의 입점 매장 중 가장 붐빈다. 매장에는 실험적인 소재와 디자인의 가방과 잡화가 가득한데, 우리나라는 물론 유럽에서도 쉽게 찾아볼 수 없는 디자인이 많다.

MORE
라 리나센테 La Rinascente
이탈리아에서 가장 큰 백화점. 우리나라와 비슷한 구조로 여성복, 남성복은 물론 화장품과 인테리어용품까지 다양하게 취급한다. 여행자가 가장 많이 찾는 곳은 식품관이 있는 7층이다. 두오모의 뾰족한 첨탑을 바라보며 식사할 수 있는 테라스 바와 레스토랑들이 인기!

F57R+XP 밀라노 **MAP** ⑩-D
ADD Piazza del Duomo
OPEN 10:00~21:00(금·토요일~22:00), 푸드홀 09:00~24:00(일요일 10:00~)
WALK 두오모 정면을 바라보고 왼쪽에 있다.
WEB rinascente.it/en/store-milano

1913년 처음 문을 연 프라다 본점

3층 박스석에서 바라본 무대

특별전도 자주 열린다.
사진은 세계적인 소프라노
마리아 칼라스의 무대복

04 카리스마 넘치는 감동의 오페라
스칼라 극장
Teatro alla Scala

성악 전공자들에게는 '꿈의 무대'로 여겨지는 유럽 최고의 오페라 극장이다. 베르디와 푸치니 등 세계적인 오페라 작곡가들의 작품을 초연한 곳이며, 이탈리아를 대표하는 지휘자 토스카니니가 음악 감독으로 있던 곳이다.

세계적인 명성에 걸맞게 관람 매너가 엄격한 것으로도 유명하다. 공연 시작 후에는 객석에 들어가 앉을 수 없고, 앙코르를 요청할 수 없으며, 여성은 모자를 쓰고 입장할 수 없다. 또한 언제라도 냉소적으로 돌변할 수 있는, 까다로운 오페라 애호가들이 찾기 때문에 관중의 야유에 공연을 중단하고 뛰쳐나간 성악가도 여럿 있다.

스칼라 극장의 명성을 확인하기 위해서는 공연을 직접 관람하는 것이 가장 좋겠지만 일정상 힘들다면 ❶ 박물관(Museo Teatro Alla Scala)을 방문해 보자. 스칼라 극장을 빛낸 음악가들에 관련된 다양한 전시품을 만날 수 있다. 리허설이나 행사가 없을 때는 3층 박스석에서 극장을 내려다보는 것도 가능하다.

Ⓖ F58Q+XR 밀라노 Ⓜ MAP ⑩-B

ADD Via Filodrammatici, 2

OPEN 박물관 09:30~17:30/폐장 30분 전까지 입장

CLOSE 1월 1일, 부활절, 5월 1일, 8월 15일, 12월 7·25·26일, 12월 24·31일(오후)

PRICE 박물관 12€, 11세 이하 무료/
온라인 예약비 0.48~0.96€(회원 가입 필수)

WALK 두오모 광장에서 두오모를 등지고 오른쪽 비토리오 에마누엘레 2세 갈레리아를 통과해 왼쪽으로 도보 1분

WEB www.teatroallascala.org I museoscala.org(박물관)

★

스칼라 극장에서 공연 관람하기

예약은 홈페이지에서 가능하며, 매표소(Biglietteria)는 정문을 바라보고 건물 왼쪽에 있다.

드레스 코드는 매우 엄격하다. 남성은 양복과 넥타이를, 여성은 드레스를 준비해야 한다. 입석 관람객도 최대한 단정하게 입고 가야 한다. 관람석은 6층까지 있는데, 3층 이상은 배우들의 얼굴이 잘 안보니 공연용 망원경을 준비하는 것도 좋다.

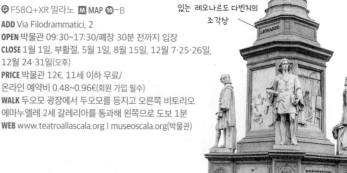

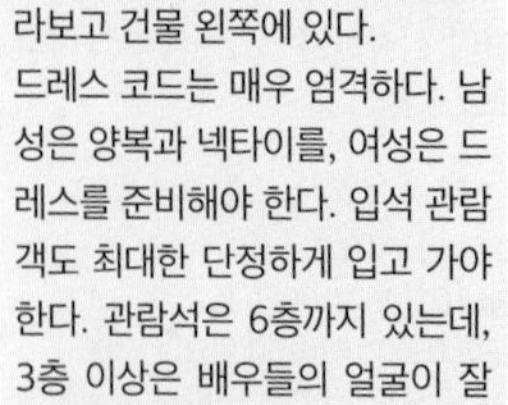

스칼라 극장 앞 공원에 있는 레오나르도 다빈치의 조각상

14~17세기 이탈리아 상류층의 문화를 볼 수 있는 전시품이 많다.

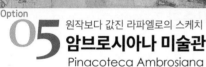

Option

05 원작보다 값진 라파엘로의 스케치 암브로시아나 미술관 Pinacoteca Ambrosiana

브레라 미술관, 폴디 페촐리 박물관과 함께 밀라노의 3대 미술관으로 꼽히는 곳. 1618년 밀라노 대주교이자 가톨릭 교회의 추기경이던였던 카를로 보로메오(Carlo Borromeo)가 유산으로 남긴 건물이다. 14세기부터 19세기 초반의 다양한 작품을 소장하고 있는데, 완성품뿐 아니라 밑그림 작업으로 그린 스케치화도 함께 전시한 것이 특징이다. 캔버스화 중에는 ❶ 레오나르도 다빈치의 '음악가의 초상'과 그의 제자 암브로조 데 프레디스의 '젊은 여인의 초상'이 있고, 스케치화로는 레오나르도 다빈치가 남긴 1700여 점의 스케치와 ❷ 라파엘로의 '아테네 학당'(로마 바티칸 박물관 소장) 스케치 등이 있다. 그밖에 카라바조의 '과일 바구니'와 보티첼리의 '파빌리온의 마돈나(Madonna del Padiglione)'(1493) 등도 중요한 작품으로 꼽힌다. 또 대주교 보로메오의 3만 권에 달하는 필사본을 보관한 거대한 도서관에서는 <일리아드>, <단테의 신곡> 등의 초판본을 볼 수 있다.

F57P+98 밀라노 MAP ⑩-D
ADD Piazza Pio XI, 2
OPEN 10:00~18:00(매표소는 ~17:30)
CLOSE 수요일
PRICE 15€(특별전 진행 시 요금 추가), 5세 이하 무료/예약비 1.50€
WALK 두오모 광장에서 도보 5분
WEB www.ambrosiana.eu

Option

06 '미알못'도 재미난 박물관 폴디 페촐리 박물관 Museo Poldi Pezzoli

폴디 페촐리 가문의 수집품을 전시한 19세기 박물관. 그림, 조각에서부터 보석, 카펫, 나침반, 갑옷과 무기 등 수집품의 종류가 다양하고 방대해서 미술에 큰 관심이 없어도 남녀노소 두루두루 즐길 수 있는 볼거리다 많다. 회화·조각 등 주요 소장품은 2층에 전시돼 있으며, 페르시아 카펫과 중세 서적, 중세 갑옷과 무기는 1층에 전시돼 있다.

2층에는 롬바르디아 화파의 작품이 주로 전시돼 있으며, 골든 홀에는 '밀라노의 모나리자'라 불리는 ❶ '바르디 가문 여인의 초상화'(안토니오 델 폴라이우올로 作)가 있다. 그밖에 루카스 크라나흐(Lucas Cranach)의 '마르틴 루터 부부의 초상화'를 비롯해 보티첼리의 '십자가에서 내림', '성 모자', 그리고 조반니 벨리니, 만테냐, 필리포 리피, 피에라 델라 프란체스카 등 이탈리아 중·북부 거장들의 수준 높은 작품도 다수 있다.

F59R+CM 밀라노 MAP ⑩-B
ADD Via Alessandro Manzoni, 12
OPEN 10:00~18:00
CLOSE 화요일, 1월 1일, 부활절, 4월 25일, 5월 1일, 8월 15일, 11월 1일, 12월 8·25일
PRICE 14€, 11~18세·26세 이하 학생 6€, 9세 이하 무료/예약비 1.50€
WALK 스칼라 극장에서 도보 5분
WEB www.museopoldipezzoli.it

나폴레옹을 묘사한
카노바의 청동상
(1809). 미술관
안뜰에 있다.

브레라 미술관이 있는 건물 입구

2층 브레라 미술관 입구

미술관 안뜰

조반니와 젠틸레 벨리니 형제의
'알렉산드리아에서 설교하는 성 마르코'(1504~1507).
가로 770cm, 세로 347cm의 대작이다.

07 밀라노를 대표하는 미술관
브레라 미술관 Pinacoteca di Brera

피렌체에 우피치 미술관이 있다면 밀라노에는 브레라 미술관이 있다. 르네상스 시대부터 18세기까지 밀라노를 중심으로 활동한 화가들의 작품이 주로 전시돼 있다. 스페인 출신의 피카소와 미래주의 창시자로 꼽히는 움베르토 보초니 등 근대 화가들의 작품도 있어 그림을 잘 모르는 이들도 지루하지 않게 작품을 감상할 수 있다.

놓치지 말아야 할 작품은 만테냐의 '죽은 그리스도'. 작가가 직접 발끝에 서서 내려다본 듯 원근의 효과를 통해 현장감을 극대화한 이 작품은 예수의 발과 손등의 못 자국과 기진맥진한 예수의 표정을 사실적으로 표현했다. 예수를 전지전능한 신의 모습이 아닌 처연한 인간의 모습으로 표현해 보는 이로 하여금 숙연한 마음에 절로 고개를 숙이게 한다. 이외에도 ❶ 라파엘로의 '성 처녀의 결혼(1504)'과 ❷ 카라바조의 '엠마오에서의 저녁 식사(1606)', 보초니의 '아케이드에서의 싸움', 피카소의 '황소의 머리' 등이 방문객들의 시선을 끈다.

다른 미술관과 달리 건물 전체가 미술관이 아니라서 미술관을 찾는 데 헤매는 여행자가 많다. 미술관이 있는 건물은 브레라 미술 대학이고, 2층에 미술관이 있다.

G F5CQ+Q4 밀라노 M MAP ⑩-B
ADD Via Brera, 28
OPEN 08:30~19:15(18:00까지 입장, 매월 셋째 목요일 ~22:20(21:00까지 입장, 겨울철 일부 기간 제외))
CLOSE 월요일, 1월 1일, 5월 1일, 12월 25일
PRICE 15€, 17세 이하 무료, 화·수요일 65세 이상 1€, 매월 첫째 일요일 상설전 무료입장/예약 필수(무료입장 포함)
WALK 스칼라 극장에서 도보 8분. 정문으로 들어가 중정을 통과한 후 2층으로 올라간다.
WEB pinacotecabrera.org
예약 brerabooking.org

❶

❷

★
매월 첫째 일요일은 무료지만 예약은 필수!

브레라 미술관은 혼잡을 최소화하기 위해 온라인 예약 방식으로 입장을 허용한다. 15분 단위로 예약 가능하며, 예약 가능 날짜와 시간, 인원수를 누르고 회원가입 후 결재하면 예약이 완료된다. 주의할 점은 무료 오픈하는 매월 첫째 일요일에도 예약해야 한다는 것! 영어 홈페이지에서 무료입장 예약이 안 될 땐 이탈리아어 홈페이지를 이용한다.

Zoom In & Out

브레라 미술관

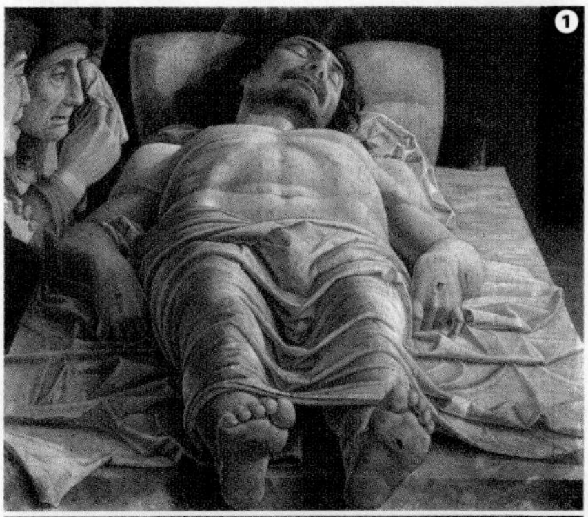

❶ 안드레아 만테냐의 '죽은 그리스도'(1483)

인체에 원근법을 적용한 최초의 그림. 안드레아 만테냐의 가장 위대한 걸작으로 알려져 있다.

❷ 조반니 벨리니의 '피에타'(1460)

작품 가운데에 '부어 오른 눈에서 비애가 솟구칠 때, 벨리니의 그림도 눈물을 흘리리'라는 서명이 새겨져 있다.

❸ 움베르토 보초니의 '아케이드에서의 싸움'(1910)

이탈리아 조각가이자 화가로, '미래주의 선언'에 참가해 과거의 전통에서 벗어나 기계 문명과 폭력·감각적 세계를 표현했다.

❹ 틴토레토의 '성 마르코의 유해 발견'(1562~1566)

인공적인 빛과 그림자, 과장된 원근법을 사용해 극적이고 순간의 강렬한 감정을 표현했다.

❺ 카를로 크리벨리의 '마돈나 델라 칸델레타'(1488~1490)

베네치아파 특유의 화풍인 화려한 장식과 섬세한 세부 묘사를 구사한 르네상스 시대의 화가로, 제단화와 성 모자상을 즐겨 그렸다.

❻ 아마데오 모딜리아니의 '모이세 키슬링의 초상'(1915)

모딜리아니의 초상화. 아프리카 조각에 대한 그의 관심이 나타나 있다.

❼ 라파엘로의 '성 처녀의 결혼'(1504)

제단 장식화로, 1504년에 제작됐다. 다각형의 사원이 원근법에 따라 축소되어 화면이 깊고 넓게 느껴진다. 원형의 신전 위에 작가의 이름이 쓰여 있다.

❽ 프란체스코 하이에츠의 '키스'(1859)

이탈리아의 19세기 작품 중에 가장 뛰어난 것으로 평가받는 작품. 이탈리아 통일에 대한 낙관을 상징한다.

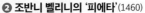

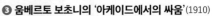

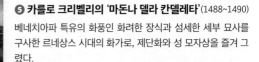

★

'최후의 만찬' 예약하기

'최후의 만찬'은 보존을 위해 한 번에 35명씩 15분 동안만 공개된다. 공식 웹사이트에서 3개월 단위로 예약할 수 있도록 예약 창이 열리는데, 오픈과 동시에 3개월분 예약이 초고속 마감된다. 따라서 웹사이트의 메인 화면 하단에서 공지된 예약 오픈일(예: 12월 19일 12:00부터 2024년 2~4월 입장권 판매)을 체크하고 티켓팅을 준비해야 한다. 조금만 늦어도 가이드 투어나 워크숍이 추가된 비싼 입장권이나 일부 비선호 날짜와 시간대만 남게 된다. 무료입장할 수 있는 매월 첫째 일요일에도 예약이 필수며, 전주 수요일부터 예약할 수 있다.

관람 당일에는 예약 시간 30분 전까지 매표소에 도착해 이메일로 받은 예약 확인증(영수증)과 신분증을 제시한 후 티켓을 발권받아 들어간다. 예약한 시간에 조금이라도 늦으면 제한 관람의 특성상 입장이 불가하므로 주의해야 한다. 예약 완료 후 방문일 변경이나 환불도 안 된다. 부피가 큰 가방은 매표소의 사물함에 보관하고 들어간다.

PRICE 입장권 15€, 입장권+영어 또는 이탈리아어 가이드 투어 24€, 입장권+가이드 투어+워크숍 30€/예약비 2€

WEB www.cenacolovinciano.org

성당 정문을 등지고 30m 앞 오른쪽에 매표소가 있다.

'최후의 만찬' 관람객은 성당 왼쪽에 있는 노란색 건물로 입장한다.

08 레오나르도 다빈치의 '최후의 만찬' 산타 마리아 델레 그라치에 성당

Chiesa di Santa Maria delle Grazie

15세기 르네상스 양식으로 지은 건물. 댄 브라운의 소설 <다빈치 코드>로 다시 한 번 전 세계의 주목을 받은 레오나르도 다빈치의 '최후의 만찬(L'Ultima Cena)'이 부속 수도원에 있다. '최후의 만찬'에는 예수가 12제자 중 한 명이 자신을 배반할 것이라고 이야기하는 순간('요한복음' 제13장 22~30절 내용)이 그려져 있다. 다빈치는 자신이 예수의 성체를 완성할 만한 자격이 없다고 생각해 미완성으로 남겼지만 오늘날 12제자의 심리와 성격을 가장 완벽하게 묘사한 작품으로 평가받고 있다.

'최후의 만찬'이 그려진 공간은 과거 수도사들의 식당 벽면으로, 작품 속 배경이 식당과 연결되는 것처럼 느껴지는 완벽한 원근법, 실물 크기의 인물들과 사실적인 묘사가 돋보인다. 전형적인 프레스코화 기법 대신 마른 벽에 템페라 기법을 사용해 색채 심미성 또한 뛰어나다. 다만 보존에 취약해 1999년 복원 작업을 마치고 재공개되었다.

'최후의 만찬'을 관람한 후에는 성당 건물로 들어가보자. 벽면의 기하학적인 문양과 현대적인 감각의 회화들이 이색적이며, 브라만테가 설계한 작은 수도원 회랑을 엿볼 수 있다. 수도원 안에는 쉴 만한 작은 정원이 딸려 있다.

Ⓖ F58C+99 밀라노 Ⓜ MAP ⑩-C

ADD Piazza Santa Maria delle Grazie, 2

OPEN 최후의 만찬 08:15~18:45(일요일 14:00~)/예약 필수(무료입장객 포함),
성당 09:00~12:20, 15:30~17:50(일요일·공휴일 16:00~17:50)

CLOSE 최후의 만찬 월요일, 1월 1일, 5월 1일, 12월 25일

PRICE 최후의 만찬 15€, 17세 이하 무료/예약비 2€/매월 첫째 일요일 무료, 성당 무료

METRO M1·2선 카도르나(Cadorna)역에서 카르두치 거리(Via G. Carducci) 방향 출구로 나가 도보 8분

Zoom In & Out
최후의 만찬

★
'최후의 만찬'과 예수의 12제자

'최후의 만찬'은 예수가 12제자(또는 12사도) 중 한 명이 자신을 배반할 것이라고 이야기하는 순간을 그린 작품이다. 작품 속에 나오는 12제자는 서양화에 자주 등장하는 인물이므로 한 사람씩 짚어보자. 다른 회화나 조각 등 작품을 감상할 때 도움이 될 것이다.

❶ **바르톨로메오(바돌로매)** 예수의 말에 크게 놀라 두 팔로 테이블을 짚은 채 예수를 바라보고 있다. 바르톨로메오는 산 채로 피부가 벗겨진 채 십자가에서 순교했기 때문에 다른 작품 속에서는 벗겨낸 살가죽, 칼을 들고 있는 모습으로 그려진다.

❷ **작은 야고보** 한쪽 팔을 유다의 어깨에 올리고 있다. 예수와 외모가 가장 닮았고, 12제자 중 기도를 가장 많이 한 제자이기도 하다. 방망이에 맞아 순교해 다른 작품에서는 한 손에는 복음서를, 한 손에는 곤봉 또는 방망이를 들고 있다.

❸ **안드레아(안드레)** 놀란 듯 양 손바닥이 보이도록 팔을 들고 있다. 베드로의 친동생으로 성실하고 신중한 성격을 지녔다. 긴 수염과 외투, 맨발로 그려지며 'X'자형 십자가에서 순교해 다른 작품 속에서 'X'자형 십자가를 들고 있다.

❹ **유다** 예수를 배반한 유다(가롯 유다)는 배신의 대가로 받은 은화 주머니를 움켜쥐고 혼자 몸을 앞으로 숙이고 있다. 숙인 그의 얼굴에는 그림자가 서려 있다. 유다는 적 앞에서 입맞춤을 통해 예수의 신분을 노출시키지만 이후 자책감에 자살했다. 그의 상징물은 은화 주머니다. 다빈치는 예수와 유다의 모델을 찾느라 고심했는데, 성당에서 기도하고 나오는 한 청년의 모습을 보고 예수를 그렸고 이후 술 취한 주정뱅이를 보고 유다를 그렸는데, 나중에 알고 보니 동일 인물이었다는 일화가 전해진다.

❺ **베드로** 예수 이후 첫 번째 성당의 수장이 되는 인물. 한 손에 칼을 들고 있는데, 유다를 밀쳐내고 요한에게 다가가 누가 배반할 것인지 예수에게 여쭙자고 한다. 다른 작품에서 베드로는 천국의 열쇠를 쥔 모습 또는 거꾸로 십자가에 매달린 모습으로 그려진다.

❻ **요한** <요한계시록(묵시록)>의 저자이자 예수의 사랑을 가장 많이 받은 제자로, 어두운 유다의 얼굴과는 달리 밝게 그려져 있다. 복음서에 따르면 곧, 예수에게 "주님, 그가 누구입니까?"라고 물을 것이다. 다른 작품에서 수염 없는 얼굴에 독수리와 함께 복음서를 집필하는 모습으로 그려진다.

❼ **토마스(도마)** 토마스는 예수가 부활하자 이를 믿지 못하고 창에 찔린 예수의 옆구리에 손가락을 직접 넣어 확인한 제자다. 집게손가락을 세워 위를 가리키는데, 이는 의심을 가리키는 동작이다. 다른 작품에서 토마스는 목공의 직각자, 책과 칼 또는 창, 돌 등을 들고 있다.

❽ **큰 야고보** 성 요한의 형으로, 두 팔을 벌리며 놀란 모습을 하고 있다. 12제자 중 최초로 순교한 인물로, 참수당했기 때문에 다른 작품에서는 긴 칼과 책을 든 모습으로 그려진다. 때로는 지팡이나 자루, 모자 등을 지닌 순례자의 모습으로 묘사되기도 한다.

❾ **필립보(빌립)** 자신의 결백을 증명하듯 예수를 쳐다보고 있다. 바르톨로메오를 예수에게 인도한 제자로, 십자가, 용 등이 상징이다.

❿ **마태오(마태)** 믿기 어려운 듯 뒤돌아 시몬에게 물어보는 모습이다. 4대 복음서의 저자 중 한 명으로, 다른 작품 속에서는 책과 칼 또는 도끼창을 들고 있는 모습으로 그려진다.

⓫ **타대오(다대오)** 시몬과 같은 모습을 하고 있다. 타대오는 도끼에 목이 잘려 순교해 도끼가 그의 상징물이다.

⓬ **시몬** 믿을 수 없는 상황에서 냉정을 찾고자 한다. 페르시아에서 타대오와 함께 톱에 잘려 순교했는데, 톱을 든 모습 또는 유다와 함께 있는 모습으로도 그려진다.

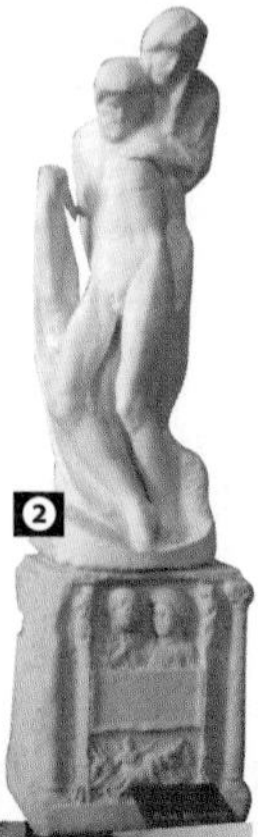

09 근대식 성채의 재발견
스포르체스코 성
Castello Sforzesco

밀라노의 영주 프란체스코 스포르차의 명에 의해 15세기에 지어진 성이다. 근대 성채의 모범이라고 할 만큼 웅장하고 아름답다. 레오나르도 다빈치가 설계에 직접 참여했으며, 피렌체의 두오모를 만든 브루넬레스키, 브라만테 등 르네상스 시대의 유명한 예술가들도 함께했다. 오래된 성벽에서는 고풍스러운 분위기가 풍기며, 정원에는 깨끗한 호수와 잔디밭이 있다. (1) 성채를 개조해 만든 박물관들은 통합권 1장으로 모두 돌아볼 수 있다. 특히 피에타 론다니니 예술관(Museo Pieta Rondanini)에는 미켈란젤로가 죽기 3일 전까지 작업한 (2) '론다니니의 피에타(1564)'가 있다. 미완의 작품이지만 미켈란젤로가 스스로를 위해 만든 유일한 작품이기에 그의 일생을 집약한 걸작으로 꼽힌다.

G F5CH+5P 밀라노 M MAP ⑩-A
ADD Piazza Castello
OPEN 성 07:00~19:30, 박물관 10:00~17:30/16:30까지 티켓 구매, 17:00까지 입장
CLOSE 월요일(박물관만), 1월 1일, 부활절, 12월 25일
PRICE 공원 무료, 박물관 5€, 매월 첫째·셋째 화요일 14:00 이후 무료
METRO M1선 카이롤리(Cairoli)역 하차 후 캄페리오 거리(Via Camperio) 방향으로 나가면 입구가 보인다.

Option
10 가리발디 신도시의 밀라노 핫플
가에 아울렌티 광장
Piazza Gae Aulenti

전통을 우선시하는 이탈리아에 '첨단 도시'란 새로운 이미지를 가져다준 주역. 광장 주변의 개성 있는 맛집과 상점들이 트렌드세터들의 발길을 모은다. 광장 이름은 파리 오르세 미술관을 혁명적으로 변화시킨 건축가 가에 아울렌티의 이름을 딴 것으로, 아르헨티나 건축가 세자르 펠리(César Pelli)가 설계했다. 이탈리아에서 제일 높은 건축물인 ❶ 유니크레딧 타워 등 유려한 곡선미를 뽐내는 초고층 건물들이 둘러싼 광장은 다목적 공간인 ❷ IBM 스튜디오와 함께 각종 미디어와 행사의 배경이 되면서 현대 밀라노의 상징이 됐다. 광장 가운데에 자리한 3개의 분수는 점심에는 인근 직장인들의 휴식처, 여름에는 더위를 식히는 아이들의 놀이터 역할을 톡톡히 한다. 패션 위크나 크리스마스 같은 행사 기간에는 화려한 장식물들이 설치돼 분위기를 돋운다.

G F5MQ+CQ 밀라노 M MAP ❾
ADD Piazza Gae Aulenti, 1785
METRO M2·5선 가리발디(Garibaldi FS)역에서 도보 4분

❶ 유니크레딧 타워(UniCredit Tower)

❷ 나무와 콘크리트의 이색적인 조화, IBM 스튜디오

MORE
밀라노의 성수동, 코르소 코모 Corso Como

광장에서 남쪽의 가리발디 문(Porta Garibaldi)까지 이어지는 넓은 보행자 전용 거리 코르소 코모는 안목 높은 밀라노 사람들의 취향을 저격한 핫플레이스다. 세련된 가게들이 포진한 포르타 가리발디 지역의 중심지로, 옆 동네 포르타 누오바 지역과 함께 젊은이와 예술인의 사랑을 듬뿍 받는다.

G F5JP+HV 밀라노 M MAP ❾
ADD Corso Como
METRO M2·5선 가리발디(Garibaldi FS)역에서 도보 2분, 가에 아울렌티 광장에서 도보 4분

MORE
CG 아님 주의!
수직의 숲, 보스코 베르티칼레 Bosco Verticale

'세워진(Verticale) 숲(Bosco)'이라는 뜻을 지닌 건물 보스코 베르티칼레는 밀라노의 신흥 랜드마크다. 롬바르디아주에서 서식하는 2000여 종의 크고 작은 나무와 관목으로 외관을 구성해 마치 도심 속 숲처럼 보인다. 2014년 완공 후 '세계에서 가장 아름답고 혁신적인 초고층 건물'로 인정받으며 각종 건축상을 휩쓸었다.

G F5PR+65 밀라노 M MAP ❾
ADD Via Gaetano de Castillia, 11
METRO M2·5선 가리발디(Garibaldi FS)역에서 도보 4분, 가에 아울렌티 광장에서 도보 2분

❷ 시인 알다 메리니에게 헌정된 알다 메리니 다리. 난간에 사랑의 자물쇠가 걸려 있다.

Option 11

밀라노 데이트 코스의 정석

나빌리오 그란데/나빌리 지구

Naviglio Grande/I Navigli

이탈리아 특유의 식전주 문화 아페리티보를 밀라노 스타일로 체험할 수 있는 지역. 주말이면 운하로 향하는 길목마다 사람이 미어지는 밀라노 최고의 데이트 코스이자 가족 나들이 명소다. '대운하'라는 뜻의 이름이 쑥스러울 만큼 아담한 물길이지만 이래 봬도 중세 시대엔 바다도 강도 닿지 않는 밀라노가 물자와 병력 이동을 위해 야심 차게 기획한 인공운하였다. 밀라노 두오모를 화려하게 장식한 대리석과 석재들 역시 이 운하를 통해 실어 날랐을 정도. 지금은 운하 양옆으로 늘어선 낭만적인 분위기의 바들이 현대인을 유혹하고 있는데, '운하 지구'라는 뜻을 지닌 나빌리오 그란데와 ❶ 나빌리오 파베제(Naviglio Pavese)가 만나는 부채꼴 모양의 나빌리 지구가 아페리티보의 성지다. 특히 나빌리오 그란데의 첫 번째 다리인 ❷ 알다 메리니 다리(Ponte Alda Merini) 주변이 핵심. 달콤쌉쌀한 식전주로 감정을 돋운 다음 다리에 자물쇠를 걸면 밀라노식 사랑이 완성된다.

Ⓖ F52F+JG 밀라노(알다 메리니 다리)
ADD Ripa di Porta Ticinese, 37
OPEN 24시간
METRO M2선 포르타 제노바(P.TA Genova FS)역에서 도보 6분

MORE

중세 시대 최대의 운하 프로젝트

스위스 티치노 지역에서 밀라노 시내까지 이어지는 대운하는 곡괭이와 삽만으로 땅을 파던 시절인 1177년부터 죄수들까지 동원한 난공사를 통해 1258년 비로소 완공했다. 1272년부터는 운하 바닥을 깊고 넓게 파서 배가 드나들게 됐고, 15세기 말 레오나르도 다빈치가 참여해 운하 수송량을 증가시키면서 19세기에는 한 해 8300척의 선박이 오갔을 정도로 번성했다. 제2차 세계대전 때에는 파괴된 도로와 철도의 대체 운송수단으로 각광받았지만 점차 철도와의 경쟁에서 밀리고 위생 문제까지 불거지면서 운하는 복개 공사로 덮였고 수송도 멈췄다. 최근에는 '스위스에서 바다로'라는 이름으로 밀라노를 거쳐 베네치아까지 가는 장거리 수로의 일부로 운하 복원을 추진하고 있다.

❶ 나빌리오 파베제

나빌리오 그란데의 야경

파파델라 치아

코톨레타 알라 밀라네세.
레몬만 뿌려 먹는 게 밀라노 스타일

웨이터 할아버지가
추천하는 홈메이드
밀푀유(7€)

뼈째 튀겨 먹는 리얼 비프커틀릿

달라 치아

Dalla Zia

송아지 갈비 부위를 뼈째 튀긴 압도적인 비주얼의 밀라노 대표 요리, 코톨레타 알라 밀라네세(Cotoletta alla Milanese, 22€) 맛집이다. 이름부터 '밀라노식'인 이 요리는 비프커틀릿과 비슷한 맛이면서도 식감이 다른데, '밀-계-빵'이라는 튀김 원칙 대신 밑간을 한 고기에 바로 달걀물을 입히고 빵가루를 눌러 입히며, 식용유가 아닌 정제 버터에 튀겨낸다. 또 다른 추천 메뉴는 넓적한 면이 눅진한 소스를 잔뜩 머금은 파파델라 치아(Pappadella "Zia", 13€). 브리 치즈의 고소함과 신선한 새우, 토마토의 감칠맛이 일품! 같이 나오는 '진짜' 파르메자노 치즈는 꿈꿈한 발효 향이 강해서 취향에 따라 뿌려 먹는다. 나이 지긋한 웨이터들의 노련한 서비스와 아늑한 인테리어도 편안한 식사 분위기를 만드는 일등 공신이다.

F5MX+36 밀라노 **M** **MAP** 8

ADD Via Gustavo Fara, 12

OPEN 12:00~14:30, 19:00~23:00

MENU 자릿세 3€/1인, 물 3€~, 와인 5€~/1잔

METRO 중앙역에서 도보 10분

MORE

코톨레타 vs 비너 슈니첼

비너 슈니첼

우리에겐 돈까스로 익숙한 고기요리 코톨레타는 최소 1134년까지 거슬러 올라가는 이탈리아 전통 요리다. 밀라노의 성 암브로조 교회의 연회에서 탄생했다는 설이 제일 유력. 비엔나의 비너 슈니첼(Wiener Schnitzel)과도 자주 비교되는데, 코톨레타는 뼈가 붙은 부위를 버터에 튀기고 슈니첼은 뼈가 없는 부위를 라드(돼지기름)에 튀긴다.

초콜릿·과일·견과류 등을 넣은 디저트용 판체로티(Panzerotti Dolce)도 인기!

이것은 피자인가, 만두인가!

◉ 판체로티 루이니

Panzerotti Luini

1949년에 창업한 판체로티 전문점. 밀라노 유학파에게는 오랜 추억의 장소로 여겨진다. 남부 풀리아 지방의 전통 음식인 판체로티는 도우 속에 각종 재료를 넣고 바삭하게 튀겨 낸 만두 모양 피자. 고향의 할아버지에게 전수받은 풀리아 레시피를 밀라노에 선보이면서 선풍적인 인기를 끌었다. 대표 메뉴는 토마토, 모차렐라 치즈, 햄 등 짭짤한 재료를 넣고 튀긴 판체로티 프리티(Panzerotti Fritti)로, 재료명이 영어로도 적혀 있으니 진열장을 살펴보고 고르자.

Ⓖ F58R+8J 밀라노 Ⓜ MAP ⑩-D
ADD Via Santa Radegonda, 16
OPEN 10:00~20:00
CLOSE 일요일(크리스마스는 오픈), 8월 중 휴가
MENU 판체로티 2.70~3€/1개
WALK 두오모에서 도보 2분
WEB www.luini.it

판체로티 프리티

피스타치오 크림을 넣은 브리오슈 (Brioche con Pistachio)

로컬들의 달콤한 아침 식사

◉ 로비다

Bar Pasticceria Rovida

할머니와 딸, 손녀까지 3대가 함께 운영하는 카페. 단골들 틈에 섞여 향긋한 커피와 갓 구운 빵으로 기분 좋은 이탈리아식 아침 식사를 즐길 수 있다. 이 집의 인기 비결은 고소하고 진한 홈메이드 견과류 크림. 특히 달콤한 피스타치오 크림을 잔뜩 채운 크루아상은 조금만 늦어도 품절이다. 푹신하고 부드러운 브리오슈(2€)에도 초콜릿이나 피스타치오 크림을 넣어서 맛을 업그레이드! 자릿세 없이 편하게 앉는 테이블도 넉넉해 아침이 더욱 여유롭다.

Ⓖ F6M5+C5 밀라노 Ⓜ MAP ⑧
ADD Via Domenico Scarlatti, 21
OPEN 07:00~22:00(토요일 07:30~, 일요일 07:30~13:00)
MENU 커피 1.70€~ 크루아상 2€~
WALK 밀라노 중앙역을 등지고 제일 왼쪽 출구로 나가 도보 3분
WEB pasticceriarovida.it

아몬드·헤이즐넛·피스타치오 크림을 입맛대로, 크루아상
진한 초콜릿이 주르륵, 초콜릿 브리오슈

고소한 향이 코끝을 간질간질

◉ 스폰티니

Spontini

보통 피자의 2배는 될 거대한 조각 피자로 유명해진 밀라노 대표 피체리아. 도우가 빵처럼 두툼해 1조각만으로도 한 끼가 해결된다. 토마토소스에 모차렐라 치즈를 듬뿍 올린 마르게리타 피자는 불멸의 클래식. 여기에 짭조름한 멸치젓 엔초비까지 더한 스폰티니 1953은 현지 입맛의 클래식이다. 신선한 루콜라, 프로슈토, 버섯, 아티초크 등 다양한 토핑을 추가하며 세월의 변화를 따라잡고 있으며, 단골들에게는 라사녜도 인기다. 본점보다는 두오모 지점이 찾아가기 쉽다.

Ⓖ F6J7+Q8 밀라노 Ⓜ MAP ⑧ & ⑩-D
ADD Via Gaspare Spontini, 4(본점), Via Santa Radegonda, 11(두오모 근처)
OPEN 11:00~22:00
MENU 피자 6~8€/1조각, 라사녜 7.80€
WEB www.spontinimilano.com

마르게리타 피자

토핑 듬뿍 얹은 반반 피자

◉ 루나 로사
Luna Rossa

두오모 주변의 직장인들이 찜한 가성비 좋은 레스토랑. 감탄이 절로 날 만큼 푸짐하게 토핑을 올린 피자는 일반 모차렐라 치즈가 아닌 버팔로 모차렐라를 올린 피자(Bufala, 10€)를 주문해도 부담 없는 가격이다. 생햄과 치즈 맛을 좀 안다면 프로슈토와 브리 치즈를 얹은 피자(Prosciutto e Brie, 8.50€)도 추천한다. 토핑은 반반씩 선택할 수 있고, 도우를 반으로 접어서 굽는 칼초네(Calzone)와 일반 피자를 반씩 섞을 수도 있다. 알파벳 순으로 이름을 정리할 만큼 종류가 다양하니 입맛대로 골라보자.

Ⓖ F58P+V9 밀라노 Ⓜ MAP ⑩-D
ADD Via Broletto, 26
OPEN 11:30~15:00, 18:00~23:00
CLOSE 월·화요일 저녁, 일요일
PRICE 피자 6~10€, 메인 요리 12~20€, 자릿세 1.50€/1인
WALK 두오모 광장에서 도보 7분, 메트로 1선 코르두시오(Cordusio)역에서 도보 4분

바삭한 도우가 매력적인 칼초네.
신선한 오픈형 피자를 한입 가득!

통통한 새우와 홍합, 오징어가 듬뿍! 해산물 리소토 (Risotto ai Frutti di Mare, 13€)

달콤함이 뿜뿜, 망고 젤라토

더위를 날려 버리는 극강의 상큼함, 레몬 젤라토

젤라토를 사랑해준 마니아 층을 위해

◉ 젤라토 파토 콘 아모레
Gelato Fatto con Amore

진지한 표정으로 젤라토를 고르는 아저씨들이 포진한 젤라토 맛집. 주변에 상권도 명소도 없지만 젤라토 마니아들의 두터운 지지 덕분에 성업 중이다. 친절한 주인아저씨가 훌륭한 재료들로 최고의 젤라토를 만들어내는데, 가게 이름도 '사랑으로 만든다'는 뜻. 카카오 원두에 진심인 주인의 원픽은 진하디 진한 초콜릿 풍미의 엑스트라 오로(Extra Oro)이고, 고소한 피스타치오나 달콤함이 퍼지는 망고는 누구에게라도 권할 수 있는 맛이다. 생강 향이 가득한 진저 크림도 색다른 조합이다.

Ⓖ F58G+CX 밀라노 Ⓜ MAP ⑩-C
ADD Corso Magenta, 30
OPEN 12:00~21:00
CLOSE 월요일
MENU 젤라토 2스쿱 3.20€, 3스쿱 3.70€
WALK 산타 마리아 델라 그라치에 성당에서 도보 10분

사케라토(Caffè Shakerato, 7€)

입구 쪽 바에 서서 마실 수도 있다.

명품 거리에선 명품 베이커리를

◉ 코바
Pasticceria Cova

스칼라 극장 옆에 처음 문을 연 1817년 이후 명품거리 한복판으로 자리를 옮긴 1950년대까지 유럽 상류층의 아지트 역할을 해온 카페다. 헤밍웨이의 <무기여 잘 있거라>에서 주인공이 연인 캐서린에게 줄 초콜릿을 사는 곳으로 등장한 밀라노 베이커리의 대명사. 바에서 마시는 가격은 여느 카페와 다르지 않지만 비싸더라도 테이블에 앉아 커피 한 잔과 함께 디저트로 품격 있는 서비스를 즐기길 추천한다. 시그니처 메뉴는 커스터드 크림에 휘핑크림, 베리를 올린 이탈리아식 파르페 코파 코바(Coppa cova)와 클래식한 티라미수다.

G F59W+75 밀라노 M MAP ⑩-B
ADD Via Monte Napoleone, 8
OPEN 08:30~20:00
CLOSE 일요일, 8월 중순 약 10일간
MENU 커피 5~10€(테이블 기준), 코파 코바 13€, 케이크 8~10€/1조각, 미니 페이스트리 모둠(8개) 16€, 티라미수 13€
WALK 스칼라 극장에서 도보 8분

이탈리아에 최초로 입성한 스타벅스

◉ 스타벅스 리저브 로스터리
Starbucks Reserve Roastery

에스프레소의 본고장 이탈리아에 최초로 문을 연 스타벅스. 두오모 근처 코르두시오 광장(Piazza Cordusio)의 옛 우체국 건물을 그대로 살린 고풍스러운 외관, 원두를 자동으로 옮겨서 볶는 거대한 로스팅 장치가 설치된 700평 규모의 화려한 내부, 궁전 정원 같은 야외 테이블 등이 화제가 되면서 인기 관광지가 됐다. 전통을 고수하는 이탈리아 사람들을 공략하기 위해 프라푸치노와 블렌디드 음료는 판매하지 않는 대신 스프리츠 같은 이탈리아 고유의 칵테일을 비롯해 페이스트리, 피자 등도 선보이며, 눈앞에서 로스팅 과정을 볼 수 있다. 매장 혼잡도를 낮추기 위해 입구에서 줄을 서서 대기하다가 나오는 인원만큼 입장한다.

G F57P+XF 밀라노 M MAP ⑩-D
ADD Piazza Cordusio, 3
OPEN 07:30~22:00
MENU 콜드브루 아란치아 로사 5.50€~, 니트로 카페라테 6.50€~, 스프리츠 10€
WALK 두오모 정문에서 도보 4분
WEB www.starbucksreserve.com

찬반 격론에 휩싸였던 실험적인 커피, 올리브유를 넣은 콜드브루.
쌉쌀한 커피 칵테일, 오렌지 사우어

에스프레소 더블샷(6€)

편집숍의 시조새

◉ 10 코르소 코모

10 Corso Como

옷가게도 음식점도 아닌, 정체불명의 편집숍을 유행시킨 장본인. 가게명은 '코르소 코모 거리 10번지'라는 뜻이다. 식물원이나 미술관처럼 널찍하고 여유로운 분위기 속에 진열된 독특한 디자인 제품들은 패션의 중심지 밀라노에서도 특별히 엄선한 컬렉션뿐! 디자인 전공자라면 눈이 휘둥그레질 만큼 멋진 레퍼런스가 이곳저곳 가득하지만 에코백 하나도 예상 가격보다 '0' 하나는 더 붙을 정도로 가격대가 높다. 값비싼 디자인 제품들로 실컷 눈 호강을 하고 나면 시중의 2배 정도인 카페 메뉴가 차라리 합리적인 것처럼 느껴질 정도. 조그만 쿠키 트레이까지 근사하게 차려지는 밀라노식 럭셔리를 4€로 체험해보자.

G F5JQ+Q2 밀라노 M MAP 9

ADD Corso Como, 10

OPEN 매장 10:30~19:30,
카페 11:00~24:00(금·토요일 ~01:00)

MENU 커피 4€~, 주스 5€~,
에코백 380€~

WALK 가리발디 기차역에서 도보 4분

WEB www.10corsocomo.com

이탈리아인의 요리 자부심 끝판왕

이탈리
Eataly

현지인과 여행자 모두가 즐겨 찾는 이탈리아식 레스토랑 겸 식료품점. 백화점처럼 화려한 건물 안에 들어서면 이탈리아 요리 레시피 북과 프로슈토가 주렁주렁 매달린 천장, 커다란 와인 오크통이 반겨준다. 가장 큰 매력은 파스타 면과 모차렐라 치즈 등 이탈리아 본고장의 다양한 식재료를 구매하고 이를 활용한 요리를 현장에서 맛볼 수 있다는 것. 예쁘게 포장한 선물용 가공식품도 많아서 구경하는 재미가 쏠쏠하다.

F5JQ+65 밀라노 **M MAP 9**
ADD Piazza Venticinque Aprile, 10
OPEN 08:30~23:00
WALK 가리발디 기차역에서 도보 5분
WEB www.eataly.net

커다란 오크통에 든 와인을 병에 담아 저렴하게 판매한다.

운하 구경, 사람 구경

방코
Banco

운하를 오가는 사람들을 구경하며 느긋하게 한잔하기 좋은 칵테일 바. 밀라노 최고의 명당이어서 가격이 비싼데도 운하를 마주하는 테이블은 비워지기가 무섭게 채워진다. 식사보다는 가벼운 음료로 분위기만 느껴보고 싶은 이들에게 권하는 곳. 큼직한 잔에 채워주는 이탈리아식 칵테일 아페롤 스프리츠를 현지인처럼 즐겨도 좋고, 부드러운 거품에 탄산이 좋아 아페리티보로 제격인 포레티(Porreti) 생맥주를 즐겨도 좋다.

F52C+GP 밀라노
ADD Alzaia Naviglio Grande, 46
OPEN 16:00~01:00
CLOSE 토·일요일
MENU 스프리츠 10€, 맥주 7€~
METRO M2선 포르타 제노바(P.TA Genova FS)역에서 도보 8분

감자칩+올리브+과자 구성의 간단한 안주 포함!

SPECIAL PAGE

패션의 도시, 밀라노의

명품 거리 도장 깨기

파리, 뉴욕과 더불어 세계 3대 패션의 도시라 불리는 밀라노. 명품 거리 역시 이탈리아에서 가장 큰 규모를 자랑한다. 대표적인 명품 거리로는 몬테나폴레오네 거리(Via Monte-napoleone), 산탄드레아 거리(Via Sant'Andrea), 스피가 거리(Via della Spiga)가 있다. 3군데 모두 두오모를 주변으로 반경 300m 안에 몰려 있으니 두오모와 함께 들러보자. 거리를 활보하는 패션 피플들의 스트리트 룩과 개성 넘치는 매장 디스플레이를 보는 즐거움을 느낄 수 있다.

1 보스 Boss
2 루이비통 Louis Vuitton
3 돌체앤가바나 Dolce & Gabbana
4 생로랑 Saint-Laurent
5 프라다 Prada
6 버버리 Burberry
7 에르메스 Hermès
8 몽클레르 Moncler
9 까르띠에 Cartier
10 발렌티노 Valentino
12 26 살바토레 페라가모 Salvatore Ferragamo
11 보테가 베네타 Bottega Veneta
13 롤렉스 Rolex
14 마르니 Marni
15 제냐 Zegna
16 몽블랑 Montblanc
17 셀린 Celine
18 발렌시아가 Balenciaga
19 로에베 Loewe
20 베르사체 Versace
21 오메가 Omega
22 골든 구스 Golden Goose
23 구찌 Gucci
24 호간 Hogan
25 펜디 Fendi
27 미쏘니 Missoni
28 조르지오 아르마니 Giorgio Armani
29 지방시 Givenchy
30 보테가 베네타 Bottega Veneta
31 샤넬 Chanel
32 티파니 Tiffany
33 마이클 코어스 Michael Kors
34 랄프 로렌 Ralph Lauren
35 아르마니/카사 Armani/Casa

ADD Via Monte Napoleone, Via Sant'Andrea, Via della Spiga
OPEN 10:00~19:30(일요일 11:00~19:00, 상점마다 조금씩 다름)
WALK 스칼라 극장에서 도보 5분
METRO M3선 몬테나폴레오네(Montenapoleone) 역 하차

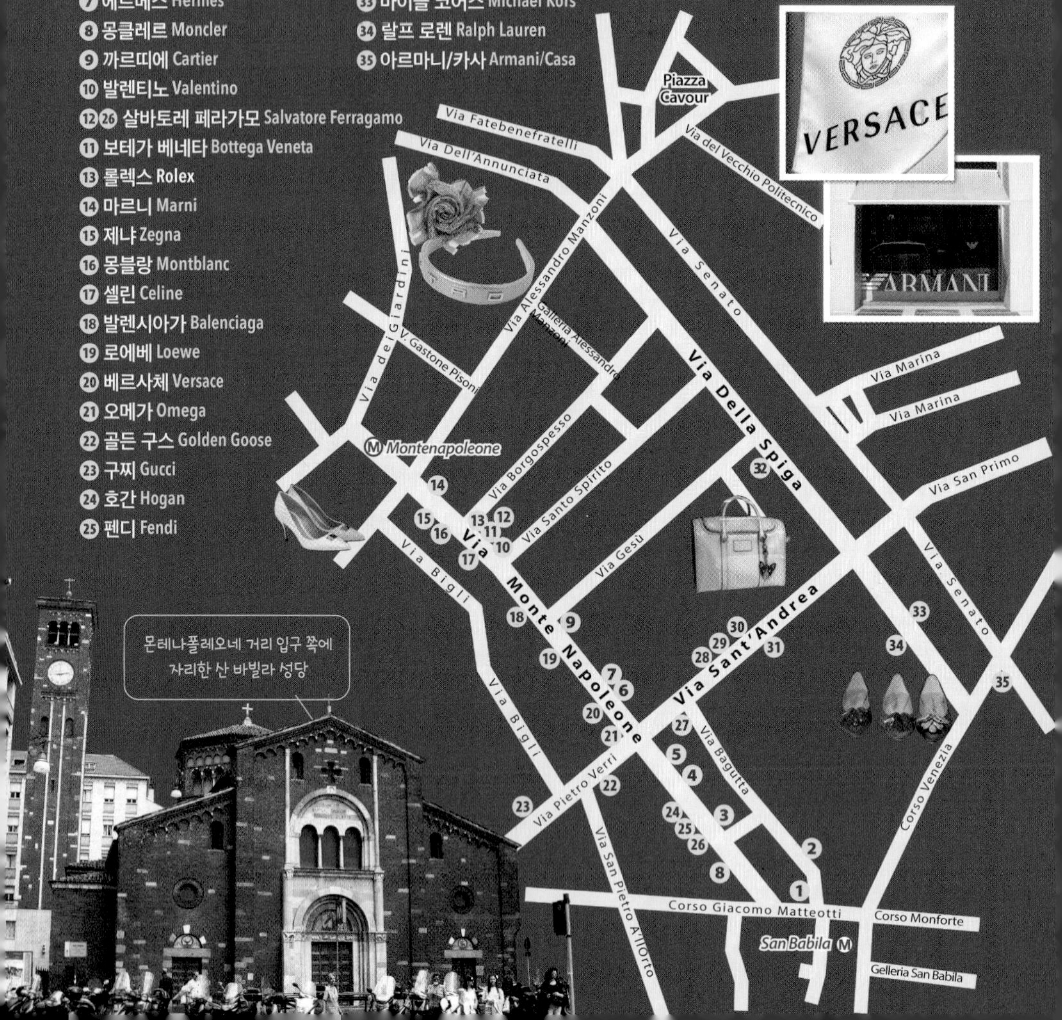

테마파크 같은 아웃렛

세라발레 아웃렛 Serravalle Designer Outlets

★

택스 프리를 확인하자!

브랜드 매장마다 택스 프리 가능 여부가 다르므로 매장 입구에 택스 프리 마크가 붙어 있는지 확인하는 것이 좋다. 한 매장에서 154.95€ 이상 물건을 샀을 때 택스 프리 신청이 가능하며, 이 경우엔 귀국할 때 10~14%에 달하는 세금을 돌려받을 수 있으니 꼭 기억하자.

피렌체의 '더몰'을 이미 다녀와서 새로운 아웃렛을 찾는 여행자에게 인기 있는 아웃렛. 전 세계 26개 아웃렛을 보유하고 있는 맥아더글렌 그룹이 운영한다. 명품 브랜드 수는 적지만 신진 디자이너 브랜드를 비롯해 젊은 여성이 선호하는 캐주얼 브랜드와 노티카, 휴고 보스 등 남성이 선호하는 브랜드까지 다양하게 입점해 있다. 의류뿐만 아니라 신발·선글라스 등 패션 잡화와 화장품·식기 등 생활용품까지 빠짐없이 갖춰놓은 복합 매장이다. 유럽 최대 아웃렛인 만큼 브랜드와 제품 종류 면에서 다른 아웃렛을 압도한다. 또한, 평소에는 20~50%, 7월 중순~8월 중순과 크리스마스 시기를 즈음해서 다음 해 1월 중순까지 1개월 동안은 50~80%의 할인율을 자랑한다. 모든 매장에서 카드 결제가 가능하지만 일부 품목에 한해 현금만 받으니 어느 정도 현금을 준비해 가는 것이 좋다. 한 매장에서 154.95€ 이상 구매하면 세금 환급(구매 금액의 10~14%)을 받을 수 있다.

대표 브랜드 불가리, 돌체앤가바나, 에트로, 프라다, 베르사체, 만다리나 덕, 아.테스토니, 휴고 보스, 시슬리 등

Ⓖ PRPP+FG Serravalle Scrivia

ADD Via della Moda, 1 **OPEN** 10:00~20:00 **CLOSE** 1월 1일, 부활절, 12월 25·26일
TRAIN 밀라노 중앙역에서 기차를 타고 아르콰타 스크리비아(Arquata Scrivia)역에서 내린다. 요금은 편도 9.80€, 소요 시간은 1시간 20분 정도다.
직행편이 없을 땐 환승편을 이용해야 하니 운행 시간과 환승역을 잘 확인하자. 역에서 나가 세라발레 아웃렛 전용 버스(08:03~21:03(일 09:03~21:03)/1시간 간격 운행, 15분 소요, 왕복 4€)를 탄다. 승차권은 운전 기사에게 구매한다. 버스 배차 가격이 긴 편이니 홈페이지에서 운행 시간표를 미리 확인하고 출발 시각을 계획한다.
WEB www.mcarthurglen.it/serravalle

MORE

투어버스로 편하게 왕복하기!

밀라노 시내에서 세라발레 아웃렛까지 환승 없이 편하게 투어버스를 이용할 수 있다. 왕복 요금은 25€로, 대중교통을 이용하는 것과 비슷한 가격이다. 승차권을 살 때 밀라노 시내와 아웃렛 출발 시각을 각각 지정해야 하는데, 시즌에 따라 스케줄이 변경될 수 있으니 각 버스회사 홈페이지에서 시간표와 정류장 위치를 확인하고 일정에 맞는 것을 선택하자. 아웃렛까지 소요 시간은 약 1시간 30분이다.

▪자니 비아지 Zani Viaggi 버스

밀란 비지터 센터 또는 홈페이지에서 예약한다.

WEB www.zaniviaggi.it

❶ 밀라노 중앙역 근처 정류장 Ⓖ F6M3+Q2F 밀라노

위치 Piazza Duca d'Aosta(역 앞 도로 건너편)

운행 시간 중앙역 출발: 09:00부터 1일 약 4회,
세라발레 출발: 16:15부터 1일 약 4회(시즌·요일마다 다름)

❷ 스포르체스코 성 근처 정류장 Ⓖ F59M+F6X 밀라노

위치 Largo Cairoli 18(밀란 비지터 센터)

운행 시간 밀란 비지터 센터 출발: 09:30부터 1일 약 4회,
세라발레 출발: 16:15부터 1일 약 4회

▪프리게리오 비아지 Frigerio Viaggi 버스

홈페이지에서 예약한다.

WEB www.frigerioilgruppo.com

❶ 밀라노 중앙역 근처 정류장 Ⓖ F6P2+GV 밀라노

위치 Piazza IV Novembre(Hotel Excelsior Gallia 옆)

운행 시간 중앙역 출발: 10:00, 12:00,
세라발레 출발: 18:30, 20:30

❷ 브레라 미술관 근처 정류장 Ⓖ F5FQ+6F3 밀라노

위치 Via Fatebenefratelli, 4(브레라 미술관에서 도보 3분)

운행 시간 브레라 미술관 근처 출발: 10:20, 12:20,
세라발레 출발: 18:30, 20:30

AC 밀란과 인터밀란의 홈 경기장

산 시로·주세페 메아차 축구 경기장

Stadio San Siro–Giuseppe Meazza

이탈리아의 프로축구 리그 세리에 A(Serie A). 밀라노에는 세리에 A를 대표하는 두 팀, 인테르나치오날레 밀라노(Internazionale Milano, 줄여서 인터밀란)와 AC 밀란(AC Milan)의 홈 경기장이 있다. 8만5000명을 수용할 수 있으며 인터밀란과 AC 밀란이 공동 홈 구장으로 사용한다. 경기장이 밀라노 시의 소유이기 때문에 밀라노를 연고지로 하는 두 팀이 하나의 경기장을 홈 구장으로 사용하는 것이다.

라이벌인 두 팀이 같은 구장을 사용하고 있는 것도 아이러니하지만 이름 또한 서로 다르게 표현하고 있어 경기장 얘기를 하는 것만 들어도 어느 팀을 응원하는지 단번에 알 수 있다. AC 밀란이 경기할 때는 산 시로(San Siro), 인터밀란이 경기할 때는 인터밀란의 레전드 이름을 딴 주세페 메아차(Giuseppe Meazza)라고 한다. 2개 모두 공식 명칭이다. 라이벌인 두 팀이 경기하는 '밀라노 더비'가 있는 날이면 제3차 세계대전을 방불케하는, 이탈리아인이 온몸으로 표현하는 축구 사랑을 느낄 수 있다. 주세페 메아차는 1930년대 인터밀란에서 활약하며 365경기에서 242골을 넣었고 1934년과 1938년 월드컵에서 이탈리아를 연속 우승으로 이끌었다.

F4HF+6H 밀라노

ADD Via dei Piccolomini, 5

METRO M5선 산 시로 스타디오(San Siro Stadio)역 하차 후 도보 5분

TRAM 두오모 광장에서 산 시로 스타디오(San Siro Stadio)행 16번을 타고 종점 하차 후 도보 1분

WEB AC 밀란 www.acmilan.com
인터밀란 www.inter.it

경기장 투어

가이드를 동반해 경기장 내부와 박물관을 관람할 수 있다. 박물관 내에는 AC 밀란과 인터밀란의 역대 기록과 사진, 선수들의 유니폼 등 다양한 볼거리가 있다. 경기장 8번 게이트로 입장한다.

OPEN 09:30~18:00(경기 당일, 특별 행사 시 부정기 휴무)
PRICE 투어+박물관 30€, 6~14세·65세 이상 23€, 5세 이하 무료
WEB sansirostadium.com

입장권 구매

AC 밀란 vs 인터밀란, 유벤투스, AS 로마와 같은 빅팀과의 경기는 불가능에 가깝지만 나머지 팀과의 경기는 당일 경기장에서도 살 수 있다. 밀라노 일정이 여유롭다면 호텔 리셉션에 입장권 판매처를 문의해서 구한다. 가격은 14~385€로 천차만별! 30~50€ 정도면 그럭저럭 OK다.

경기 관람 시 주의할 점

1. 입장권을 살 때는 물론 입장할 때도 여권이 필요하다. 입장 시 경찰이 입장권에 적은 이름과 여권을 확인한다.
2. 서포터즈의 응원석(골대 뒤쪽)은 삼간다.
3. 소지품 검사를 한다. 페트병을 비롯해 무기가 될 만한 물건은 반입할 수 없다.
4. 홈팀 경기장에서 원정 팀 응원 금지! 흥분한 응원단이 과격한 돌발 행동을 할 수 있다.

2022년, AC 밀란의 11년 만의 리그 우승 당시 두오모 광장에 모인 서포터즈

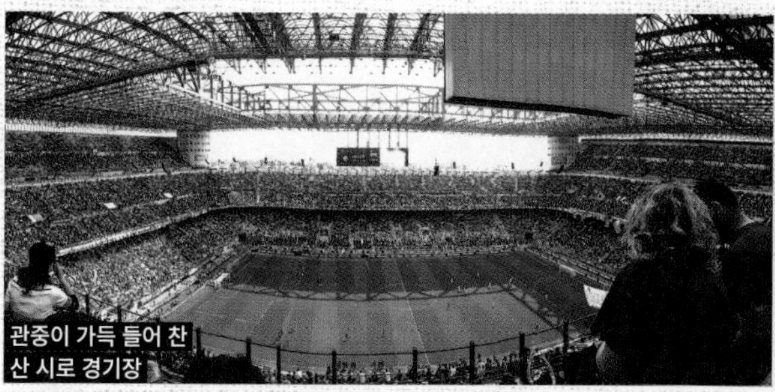
관중이 가득 들어 찬 산 시로 경기장

MORE

'해축' 팬들이 이곳을 좋아합니다, 풋볼 팀 Football Team

AC 밀란, 인터밀란 등 세계적인 축구 클럽팀의 굿즈 판매점. 오리지널 유니폼은 물론 축구공, 축구화 등 축구용품과 열쇠고리나 시계, 컵 등 액세서리로 가득 찬 매장은 세계 각지에서 몰려든 축구 마니아로 북적인다. 여행자들이 제일 많이 찾는 제품은 응원하는 선수의 등 번호와 이름을 새긴 유니폼 종류다. 저지 70~110€, 열쇠고리 10€~, 컵 9€~.

Ⓖ F57V+P5 밀라노 Ⓜ **MAP** ⑩-D
ADD Piazza del Duomo, 20
OPEN 11:00~19:00(월요일 14:00~)
CLOSE 일요일
WALK 두오모 뒤쪽, 엘리베이터 타는 곳 맞은편에 있다.
WEB www.footballteam.it

01

LOMBARDIA

코모 호수

LAGO DI COMO

(영어명 : LAKE COMO)

밀라노에서 기차로 30분만 달려가면 만날 수 있는 도시, 코모. 유럽인이 즐겨 찾는 휴양지로, 때묻지 않은 자연이 주는 깨끗함과 상쾌함을 느낄 수 있어 밀라노를 찾은 여행자에게도 인기가 높다. 특히, 코모 호수를 둘러싼 아름다운 자연 풍광은 이미 그 명성이 자자한데다, 번잡한 대도시를 벗어나 가벼운 소풍을 떠나기에도 더 없이 좋은 곳이다.

코모 호수 가기

여행자 대부분은 밀라노에서 당일 코스로 가거나 스위스에서 이탈리아로 넘어가는 길에 들른다. 밀라노에서는 중앙역과 카도르나역, 포르타 가리발디역에서 기차를 이용한다. 코모에 도착하면 호수가 있는 카부르 광장 쪽으로 걸어가며 1~2시간 산책할 수 있다. 등산열차를 타면 반나절 정도, 유람선을 타면 하루가 소요된다.

기차

밀라노 중앙역, 카도르나역, 포르타 가리발디(Milano Porta Garibaldi)역에서 기차를 이용한다. 밀라노 중앙역에서는 코모에서 제일 큰 역인 코모 산 조반니(Como S. Giovanni)역으로 가는 레조날레(Regionale)와 에우로시티(EC) 열차가 출발한다. 일부 시간대를 제외하면 직행열차의 운행 간격이 긴 편이므로 시간표를 미리 확인하는 것이 좋다. 포르타 가리발디역에서는 코모 산 조반니역까지 레조날레만 운행한다.
밀라노 카도르나역에서는 코모 호수 바로 옆에 있는 코모 라고(Como Lago)역까지 레조날레 트레노르드 직행열차(Regionale Trenord)가 출발한다. 일부 시간대를 제외하고 30분 간격으로 정기노선을 촘촘하게 운행한다. 단, 중앙역에서 출발하는 열차보다 운행 시간은 조금 더 걸린다.

밀라노 카도르나역

밀라노 포르타 가리발디역

◆ 코모 산 조반니역 Stazione di Como San Giovanni

코모에서는 가장 크지만 규모가 작은 역. 수하물 보관소는 없다. 매표소가 문을 닫거나 자동판매기가 고장났을 땐 매표소를 등지고 오른쪽에 있는 카페(Como Caffè, 05:30~20:30)에서 승차권을 살 수 있다. 단, 거스름돈을 제대로 주지 않거나 운행 정보에 오류가 많아 여행자들의 불만이 많은 곳이니 재확인하자.

▶ 코모 산 조반니역에서 카부르 광장까지

역 밖 정면의 계단으로 내려가 계속 직진한다. 가리발디 거리(Via Garibaldi)를 지나 동상이 있는 볼타 광장(Piazza Alessandro Volta)에서 도메니코 폰타나 거리(Via Domenico Fontana)로 진입하면 잔디밭과 분수가 펼쳐진 카부르 광장(Piazza Cavour)이 나온다.

밀라노 중앙역 Milano(C.le)
↓
기차 37~43분,
5.20~10.90€(R·EC),
06:43~21:43/
22분~1시간 간격(직행 기준)
↓
코모 산 조반니
Como S. Giovanni

밀라노 카도르나
Milano Cadorna
↓
기차 1시간~1시간 12분,
5.20€(R),
06:13~22:43/
30분 간격(직행 기준)
↓
코모 라고
Como Lago

* R-Regionale(완행열차)
  EC-Euro City(급행열차)
* 운행 시간은 시즌·요일에 따라 유동적이다.
* 온라인 구매한 트렌이탈리아 기차표는 탑승 전 온라인 체크인 필수!

★
트렌이탈리아
WEB www.trenitalia.com
트레노르드
WEB www.trenord.it

★
코모 라고역
기차에서 내려 역 건물로 나가지 말고 플랫폼 끝 출구로 나가면 길 건너에 바로 호수가 있다.

코모 라고역
플랫폼 끝에 있는 출구

O P T I O N

A

코 모 호 수

코모 산 조반니역 → 도보 10분 → **❶ 카부르 광장** → 도보 5분 → **❷ 호수 길** → 도보 5분 → **❸ 유람선 승선장** [**Option ❹ 등산열차 타고 브루나테 산에 오르기**] → 도보 10분 → **❺ 코모 두오모**

★

관광 안내소 Infopoint

ADD Via Giocondo Albertolli, 7
OPEN 09:00~18:00
WALK 카부르 광장에서 도보 2분/ 코모 산 조반니역 안에도 관광 안내소가 있다(09:00~17:00).
WEB www.visitcomo.eu

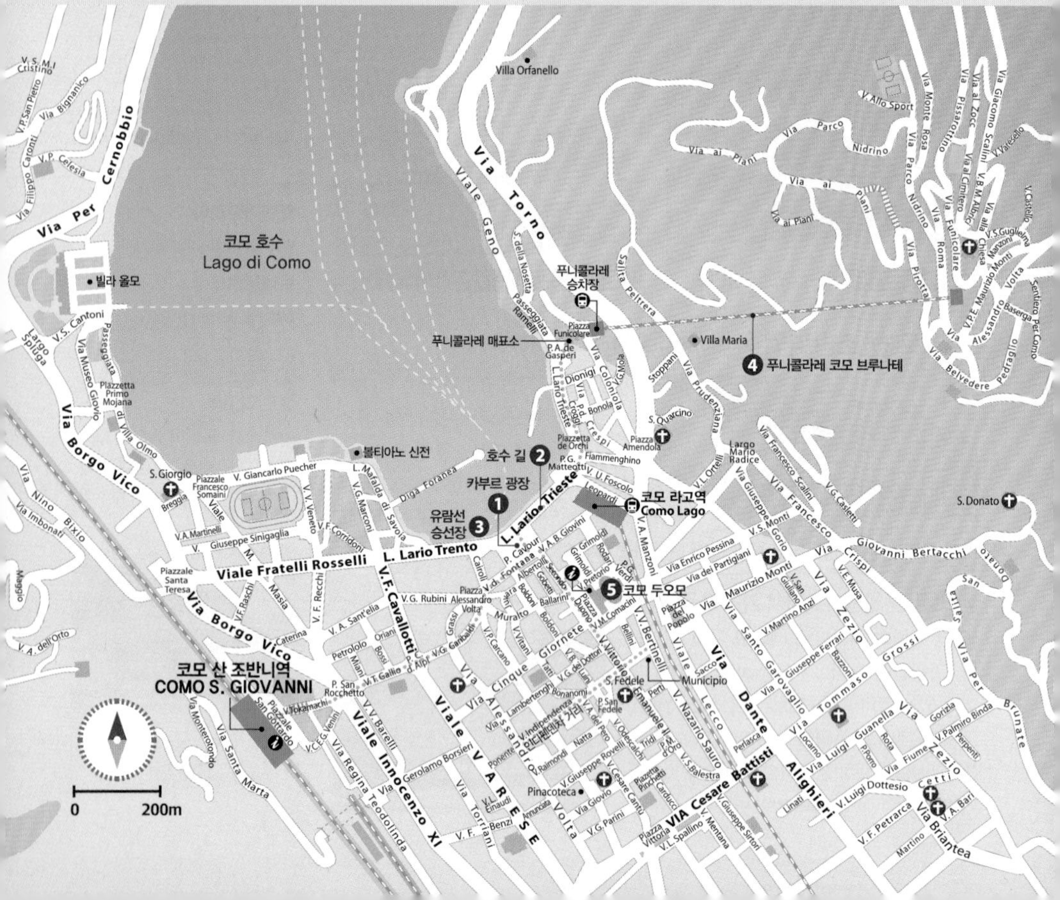

볼티아노 신전에서 바라본 카부르 광장과 항구 풍경

01 코모 여행의 중심점
카부르 광장
Piazza Cavour

코모 시의 중심부에 위치한 전형적 유럽형 광장으로, 코모 여행의 출발점이 되는 곳이다. 알파벳 'Y'를 뒤집어놓은 모양의 코모 호수는 너비 4.5km, 길이 45km에 달하는 거대한 호수로 북이탈리아 최고의 휴양지로 꼽히는 곳이다. 코모의 호수 산책과 유람선 승선은 도시의 복잡함과 다른 한적함과 편안함을 느끼고 싶은 여행자에게 안성맞춤이다.

R37J+65 코모
ADD Piazza Cavour
WALK 코모 산 조반니역에서 도보 10분

18세기에 지은 빌라 올모

볼티아노 신전. 전압의 단위인 '볼트'의 기원이 된 알레산드로 볼타를 기념하는 박물관이다.

02 호숫가 산책로
호수 길
Lungo Lario Trieste

코모 호수를 따라 조성한 산책로. 호수를 바라본 채 오른쪽으로 걸어가면 푸니콜라레 승차장이 있고, 왼쪽으로 걸어가면 화학전지를 발명한 코모 출신 물리학자 알레산드로 볼타를 기리는 전시관(Tempio Voltiano)과 빌라 올모(Villa Olmo)가 있다. 산책로를 따라 걸어보고 싶은 마음이 생긴다면 20여 분 거리에 있는 '빌라 올모'까지 걸어보자. 18세기에 지은 별장인데, 별장 자체도 예쁘지만 이곳에서 바라보는 코모 호수의 경관도 아름답다.

ADD Lungo Lario Trieste
WALK 카부르 광장과 호수 사이에 있는 대로가 룽고 라리오 트리에스테(Lungo Lario Trieste)다.

03 유람선을 타고 즐기는 코모의 숨은 매력
유람선 승선장
Navigazione Largo di Como

코모를 찾은 여행자의 대부분은 코모 호수만 보고 훌쩍 돌아가버리는데, 그렇게 하면 코모가 지닌 매력의 채 절반도 보지 못하는 셈이다. 코모 호수 주변에는 작은 집들이 옹기종기 모여 마을을 이루고 있으며, 마을 자체에서 풍기는 느낌이 아기자기하고 정겨워 여행자들의 발길이 늘고 있다.

가장 많은 인기를 누리고 있는 곳은 '벨라조(Bellagio)'와 '네소(Nesso)'. 코모에서 쾌속 유람선으로 편도 1시간 30분~2시간(정규선은 편도 4시간 이상) 거리에 있는 벨라조는 만만치 않은 거리임에도 가는 내내 이어지는 빼어난 풍경과 친절한 마을 사람들의 미소 때문에 코모에서 가장 아름답고 가고 싶은 마을로 꼽힌다. 오가는 데 걸리는 시간 때문인지 관광객들의 발길이 뜸하다는 것도 벨라조가 지닌 매력 중 하나다. 반면, 네소는 벨라조에 비해 마을 규모도 작고 마을이 주는 느낌도 크지 않지만 코모에서 편도 1시간 거리에 있어 벨라조를 찾지 못하는 사람들이 아쉬움을 달래기 위해 많이 찾는다.

벨라조를 다녀오는 쾌속 유람선은 시즌에 따라 하루 3~6대 정도 운항하며, 겨울철 비수기에는 운항을 단축하거나 중단한다. 코모~벨라조 구간의 왕복 요금은 20.80€(4~11세 10.40€). 코모~콜리코(Colico) 구간을 운항하는 배편 중 하루 4~5대 정도가 네소에도 정박한다. 네소까지의 요금은 편도 6.90€~. 유람선 승선장 안에 있는 매표소에서 승선권을 구매하고 승선권에 표시된 번호의 승선장으로 가 유람선에 오르면 된다.

R37H+9W 코모

ADD Lungo Lario Trieste
OPEN 06:00~23:35(일요일 06:50~23:15)
WALK 카부르 광장에서 도보 1분
WEB www.navigazionelaghi.it

유람선 티켓 매표소

코모에서 가장 아름다운 마을, 벨라조

Option

04 알프스의 테라스 푸니콜라레 코모 브루나테 Funicolare Como Brunate

코모 호수의 아름다움을 제대로 느낄 수 있는 또 하나의 방법. 가스페리 광장(Piazza de Gasperi)에서 출발하는 등산열차, 푸니콜라레(Funicolare)를 타고 브루나테 산 정상으로 올라가자. 5분 정도면 정상에 도착하는데, 왜 이곳을 '알프스의 테라스'라고 하는지 그 이유를 온몸으로 느낄 수 있다. 다만 1894년부터 운행을 시작한 푸니콜라레는 탑승 정원이 80여 명에 불과하다. 성수기와 주말에는 대기 시간이 길어 1시간 넘게 줄을 서기도 하니 가능한 평일에 방문하자.

Ⓖ R39M+34 코모
ADD Piazza Alcide de Gasperi, 4
OPEN 06:00~22:30(여름철 ~24:00)/15~30분 간격 운행, 겨울철에는 보수 공사로 운행하지 않거나 단축 운행
PRICE 왕복 6.60€, 편도 3.60€ (12세 이하 왕복 3.90€, 편도 2.40€)
WALK 카부르 광장에서 도보 10분
WEB www.funicolarecomo.it

05 다양한 양식이 혼합된 건축물 코모 두오모 Duomo di Como

끊임없는 개축 공사로 로마네스크·고딕·르네상스·바로크 양식이 모두 혼합된 독특한 건축물이다. 정면에는 과거 코모를 다스리던 플리니(Pliny) 형제의 조각상 부조가 있으며, 내부에는 금으로 화려하게 장식한 돔과 ❶ 고딕 양식의 스테인드글라스가 있다. 마을 규모에 비해 두오모의 외관과 내부 모두 화려한 것이 조금 겉돈다는 느낌을 받을 수도 있다.

두오모 앞 광장에서 이어지는 길은 코모의 중심 상업가인 비토리오 에마누엘레 2세 거리(Via Vittorio Emanuele II)로, 이국적인 느낌의 예쁜 카페와 식당이 곳곳에 가득한 인디펜덴차 거리(Via Indipendenza)와 교차한다. 인디펜덴차 거리를 따라 그냥 발길 가는 대로 무작정 걷다가 마음에 드는 카페에 들어가 커피 한잔 마시면 보물이라도 찾은 것처럼 기분이 좋아진다.

Ⓖ R36M+M7 코모
ADD Piazza di Duomo
OPEN 10:30~17:30(토요일 10:45~16:30, 일요일 13:00~16:30)
PRICE 무료(약간의 헌금)
WALK 카부르 광장에서 호수 반대편 길을 따라 도보 2분

❶

02

VENETO

베로나

VERONA

'어느 거리에서나 말버로의 민요가 들려오고 여기저기서 덜시머와 바이올린 소리도 들린다. … (중략) … 감정으로 충만한 베로나식 생활은 가난한 삶에도 부드러운 분위기를 드리워준다.'

-<괴테의 이탈리아 기행>(푸른숲)의 '베로나'(9월 17일자) 중

베로나 가기

이탈리아뿐만 아니라 국제선 열차의 중간 정차역으로, 피렌체, 밀라노, 베네치아 어디서든 기차로 쉽게 다녀올 수 있다. 이들 도시 간에 이동할 때 잠깐 둘러보고 싶어 하는 여행자가 많지만 베로나는 생각보다 규모가 큰 도시이므로 시간을 넉넉히 잡고 여행 계획을 세워야 한다.

기차

밀라노에서 베로나 포르타 누오바역까지 가는 기차가 10분~1시간 간격으로 운행한다. 완행열차인 레조날레 트레노르드(Regionale Trenord)는 운행 횟수가 적은 편. 이탈로 고속열차를 일찍 예매하면 완행열차보다 더 저렴한 경우도 있다.
피렌체에서는 산타 마리아 노벨라역에서 트렌이탈리아의 고속열차(FR)나 이탈로(italo)를 이용하는 것이 제일 빠르고 편하다. 베로나까지 직행 노선을 하루 13회 정도 운행하니 저렴한 프로모션 요금으로 예매해 놓자.

◆ 베로나 포르타 누오바역 Stazione di Verona Porta Nuova

시내에서 조금 떨어진 곳에 위치한다. 역 밖으로 나가면 정면에 버스 정류장이 있고, 택시 승차장은 역 정문을 등지고 서서 오른쪽 입구에 있다.

언제나 사람들로 붐비는 베로나 포르타 누오바역

베로나 포르타 누오바역 플랫폼

▶ 베로나 포르타 누오바역에서 브라 광장까지

포르타 누오바역에서 베로나 여행의 중심인 브라 광장까지 가려면 코르소 포르타 누오바(Corso Porta Nuova)행 11·12·13번 시내버스를 이용한다. 요금은 1.50€(버스 기사에게 구매 시 2€), 소요 시간은 6~8분이다. 택시 요금은 10~12€다. 걸어간다면 20분 정도 걸린다.

포르타 누오바 성문

브라 광장의 입구인 브라 문

밀라노 중앙역 Milano(C.le)
↓
기차 1시간 15분~2시간,
12.75~26€(R·FR·EC)
06:25~22:55/
10분~1시간 간격

피렌체 Firenze(S.M.N)
↓
기차 1시간 30분~,
7.90~43€(FR·italo)
08:36~21:05/1일 13회

베네치아 Venezia(S.L)
↓
기차 1시간 10분~
7.90~29€(R·FR·italo)
05:04~21:10/
5분~50분 간격

베로나 포르타 누오바
Verona Porta Nuova

*FR-Freccia(고속열차)
IC-Inter City(급행열차)
R-Regionale(완행열차)
italo(이탈로 고속열차)

*시즌·요일에 따라 운행 시간이 유동적이니 홈페이지에서 미리 확인하자.

*온라인 구매한 트렌이탈리아 기차표는 탑승 전 온라인 체크인 필수!

★
트렌이탈리아
WEB www.trenitalia.com

이탈로
WEB www.italotreno.it

★
수하물 보관소 Kipoint
OPEN 08:00~20:00
PRICE 6€/4시간, 4시간 초과 시 1€/1시간, 12시간 초과 시 0.50€/1시간
WALK 기차역 중앙홀의 트렌이탈리아 매표소를 바라보고 오른쪽 끝 출구 옆에 있다.

● 관광 안내소 IAT Verona-Palazzo Barbieri

베로나 관광청에서 운영하는 공식 안내소. 베로나 카드를 구매할 수 있다.

CXQV+7M 베로나
ADD Palazzo Barbieri-Via Leoncino, 61
OPEN 09:00~18:00(11~2월 ~17:00, 7·8월 ~19:00), 일요일·공휴일 10:00~17:00(11~2월 ~16:00, 7·8월 ~18:00)/12월 25일·1월 1일 휴무/오페라 축제 기간에는 유동적
WALK 브라 광장에 있는 바르비에리 궁전(시청) 건물 오른쪽 코너
WEB www.visitverona.it

● 팜 Pam : 슈퍼마켓

브라 광장과 가까운 대형 체인 슈퍼마켓.

CXQR+56 베로나
ADD Via dei Mutilati, 3
OPEN 08:00~21:00(일요일 09:00~13:30, 16:00~20:00)
WALK 브라 광장에서 도보 3분

★
베로나 카드 Verona Card

베로나의 시내 교통과 아레나(원형 극장), 줄리엣의 집(예약 필수)을 포함한 20개 명소를 무료로 이용·입장할 수 있고 그 외 명소 입장권이나 오페라 축제의 공연 티켓 등을 할인받을 수 있는 카드다. 아레나, 줄리엣의 집, 줄리엣의 무덤 등 4곳 이상의 명소를 관람할 예정이라면 구매하자.

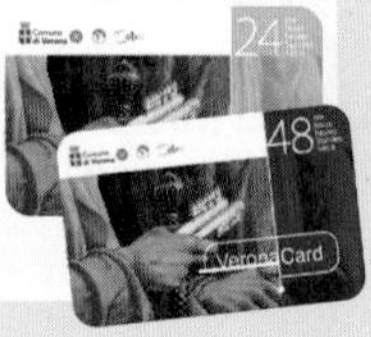

PRICE 24시간 27€, 48시간 32€
WEB www.museiverona.com
줄리엣의 집 예약 verona.midaticket.it

★
오페라 축제 기간 중 베로나 기차역에서 하룻밤 보내기

오페라 공연은 보통 새벽 1시 무렵에 끝난다. 베로나에서 더 머무를 예정이라면 숙소를 정하는 것이 좋지만 축제 기간에 베로나에서 저렴한 숙소를 구하는 것은 쉽지 않다. 그래서인지 생각보다 많은 여행자가 기차역에서 하룻밤을 보낸다. 베로나역은 규모도 크고 깨끗한 편이며, 축제 기간에는 사람이 많아 안전한 편이다. 단, 새벽에는 기온이 떨어지므로 담요나 겉옷을 준비해 가는 것이 좋다. 축제 기간에는 아레나 극장 앞 카페들도 새벽 3시까지 문을 여는 곳이 많으니 참고하자.

★
오페라 관람 시 알아둘 점

- 의자가 설치된 플래티넘~2등석은 스마트 캐주얼(깔끔한 평상복)이나 그 이상의 드레스 코드를 권장한다. 반바지, 탱크탑(여자), 슬리퍼(남자) 차림은 출입이 금지된다.
- 계단석(베르디석~6등석)은 오래 앉아 있기에 불편할 수 있으니 입구에서 방석(5€)을 구매하는 것도 좋다.
- 무대 좌우에 영어 자막이 제공된다.
- 악천후일 경우 주최 측은 150분까지 기다릴 권리가 있다. 공연이 시작되면 환불이 불가능하다. 단, 1막 종료 전에 중단되면 다른 공연을 50% 할인가에 예약할 수 있다.

★
베로나 숙소 정보

소박하고 아담한 도시의 느낌과 달리 베로나의 숙소 사정은 그리 좋은 편이 아니다. 세계적인 오페라가 열리는 도시답게 4성 이상의 고급 호텔이 주를 이루고, 간혹 보이는 저가 숙소도 다른 도시보다 비싼 편이다. 따라서 베로나는 밀라노나 베네치아에 머무르며 하루 일정으로 다녀오는 것이 낫다.
만약 오페라 관람도 하고 베로나에서 숙박하려 한다면 예약을 서두르자. 오페라 축제가 시작되기 2~3개월 전에 요금이 저렴한 호텔부터 예약이 마감된다.

OPTION

B

베 로 나

포르타 누오바역 → 도보 20분 → **❶ 브라 광장** → 도보 1분 → **❷ 아레나** → 도보 6분 → **❸ 줄리엣의 집** → 도보 1분 → **❹ 에르베 광장** → **❺ 시뇨리 광장** → 도보 15분 → **❻ 산타 아나스타시아 성당** → 도보 5분 → **❼ 베로나 두오모** → 도보 2분 → **❽ 피에트라 다리** [**Option ❾ 줄리엣의 무덤** → **Option ❿ 카스텔베키오 박물관**]

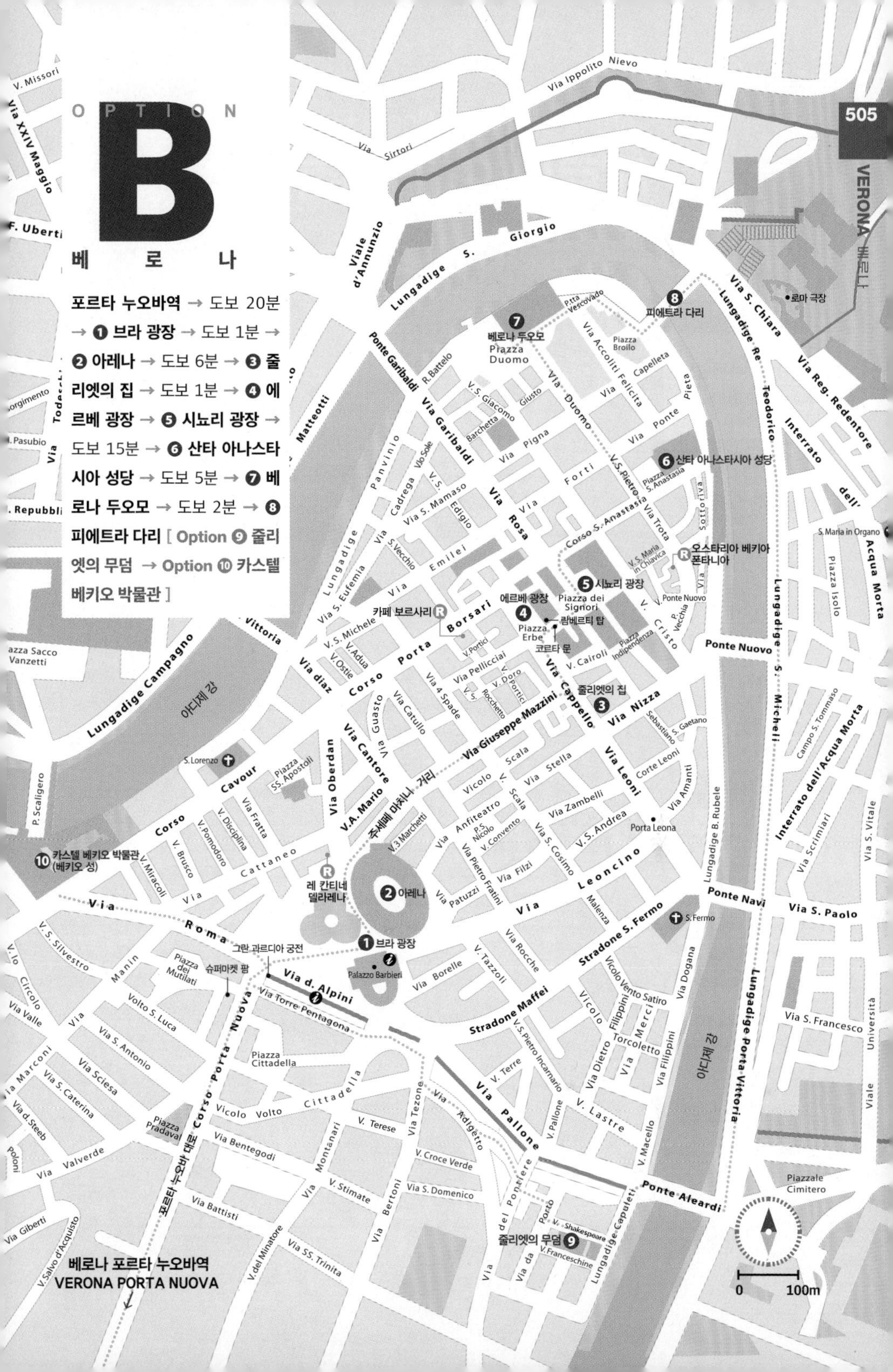

Arena di Verona Opera Festival

베로나 오페라 축제

매년 여름, 아레나 원형경기장에서 오페라가 상연되면 베로나라는 작은 도시는 오페라의 열기로 후끈 달아오른다. 전 세계 수많은 사람이 단지 여름 오페라를 감상하기 위해 이 도시를 찾고, 주변의 다른 도시를 여행하던 사람들도 일정을 바꿔 몰려드는 등 베로나는 매년 흥겨운 잔치가 펼쳐진다.

★
베로나 오페라 예매처
TEL (045)800 5151
WEB www.arena.it

기간 6월 셋째 금요일~9월 초

첫 작품 아레나에서 맨 처음 무대에 오른 오페라는 베르디 탄생 100주년을 기념한 <아이다>(1913년 8월 10일)였다. 그 뒤로 100년 넘게 마리아 칼라스, 플라시도 도밍고, 루치아노 파바로티, 호세 카레라스 등 세계적인 성악가들이 성대한 오페라를 공연해 왔으며, 항상 세계인의 사랑을 받고 있다.

기간 베로나의 오페라 축제는 매년 6월 셋째 주 주말에 시작해 9월 초에 끝난다. 월·화요일에는 공연이 없고 수요일에도 쉬는 때가 많다.

상연작 <카르멘>, <토스카>, <나비 부인>, <라트라비아타>, <일트로바토레>, <나부코>, <세빌리아의 이발사>, <투란도트> 등 대작 4~5개를 돌아가면서 연일 공연한다.

요금 가장 저렴한 번호 없는 계단석(6등석)은 평일 32~35€면 구매할 수 있다. 가장 비싼 플래티넘석은 270~330€ 정도며, 세계적인 성악가가 출연하는 갈라(Gala) 공연은 티켓을 구하기도 힘들다.

*Poltrana 이하 등급의 좌석은 66세 이상·29세 이하 할인됨(약 25%)

예매 좋은 좌석에서 공연을 보려면 몇 개월 전 예약은 필수다. 반면 가장 저렴한 좌석은 공연 당일 현장 구매도 가능하다. 하지만 예약 관람객과 현장 구매 관람객은 입장하는 순서가 다르므로 가능하면 예약하는 것이 좋다. 공연은 21:00에 시작하는데, 19:00경부터 인터넷으로 예매한 사람들이 먼저 입장하고, 20:00 이후에 현장 구매 관객이 입장한다. 유명 배우가 나오는 날에는 매진 가능성이 높고 현장 매표소도 매우 혼잡하니 참고!

예매는 아레나 홈페이지에서 할 수 있다. 먼저 공연 날짜와 좌석 위치, 티켓 수를 선택하고 로그인 단계로 넘어가면 신용카드, 주소, 전화번호, 이메일 주소를 입력한다. 예약을 마치면 이메일로 발송해주는 티켓을 출력해서 가져가거나 브라 광장 티켓 오피스에서 스마트폰에 저장한 이미지를 보여주고 입장권으로 교환한다.

- Poltronissima 플래티넘
- 1등석 베르디
- Poltronissima 골드
- 2등석 푸치니
- Poltronissima 실버
- 3등석 로시니
- Poltronissima
- Poltrona
- 4~5등석(번호 있는 계단석)
- 5등석(번호 있는 계단석)
- 6등석(번호 있는 계단석)

*시즌과 공연에 조금씩 따라 다름

여행자가 아레나에서 가장 많이 보는 오페라 Best 3

❶ <아이다 Aida> 슬프고도 아름다운 사랑

작곡 베르디(1871년, 전 4막)

대표곡 제1막 '청아한 아이다, 이기고 돌아오라', 제2막 '개선 행진곡', 제3막 '오! 나의 조국이여', 제4막 '이 땅이여 안녕'

줄거리 에티오피아 공주 아이다와 이집트 장군 라다메스의 이루어질 수 없는 사랑 이야기.
아이다는 궁전을 나왔다가 이집트 군사들에게 사로잡힌다. 이집트로 끌려간 아이다는 자신이 공주라는 신분을 숨긴 덕분에 죽지 않고 이집트 공주 암네리스의 시종이 된다. 외로웠던 아이다는 적국의 장군이자 암네리스의 짝사랑 상대인 라다메스에게 조금씩 의지하게 되고 서로 사랑하는 사이가 된다. 아이다의 신분을 몰랐던 라다메스는 에티오피아를 멸망시켰고 아이다의 아버지인 에티오피아의 왕을 노예로 잡아왔다. 괴로워하던 아이다는 아버지의 명으로 라다메스를 이용해 아버지의 탈출을 돕는다. 결국 모든 사실이 들통나고 라다메스는 아이다와 그녀의 아버지를 탈출시킨 뒤 암네리스에게 사로잡힌다. 라다메스는 암네리스와 결혼하면 모든 죄를 용서받을 수 있었지만 사랑을 지키기 위해 이를 거절하고 돌무덤에 갇혀 죽게 되는 벌을 받는다. 혼자 쓸쓸히 돌무덤으로 들어가던 라다메스. 그러나 그곳에는 아이다가 기다리고 있었고, 두 사람은 함께 죽음을 맞이한다.

❷ <카르멘 Carmen> 열정적인 사랑 그리고 어리석은 결말

작곡 비제(1878년, 전 4막)

대표곡 제1막 '하바레나', 제2막 '집시의 노래', '투우사의 노래', '꽃노래', 제3막 '미카엘라의 아리아', 제4막 '카르멘과 호세의 2중창'

줄거리 정열적인 집시 여인 카르멘과 순진하고 고지식한 군인 돈 호세의 비극적인 사랑 이야기.
돈 호세는 사랑하는 카르멘을 위해 그녀가 지은 죄를 대신해서 감옥 생활을 하고 그녀와의 사랑을 방해하는 상관을 죽이기까지 한다. 결국 카르멘과 돈 호세는 산속으로 들어가 도피 생활을 하지만 그 생활은 오래가지 못한다. 돈 호세는 떠돌이 생활에 적응할 수 없었고, 카르멘은 그런 돈 호세에게 싫증을 내고 투우사 에스카밀리오를 사랑하게 된다. 돈 호세는 카르멘의 마음이 변한 것을 알고 함께 미국으로 가서 새로운 생활을 시작하자고 그녀를 설득한다. 하지만 그녀가 끝내 거부하자, 화가 나서 그만 그녀를 죽이고 만다.

❸ <토스카 Tosca> 사랑, 질투, 증오 그리고 죽음…. 모든 것이 '허무'다.

작곡 푸치니(1900년, 전 3막)

대표곡 제1막 '오묘한 조화', 제2막 '노래에 살고 사랑에 살고', 제3막 '별은 빛나건만'

줄거리 오페라 가수 토스카와 화가 카바라토시의 사랑, 그리고 로마 총독 스카르피아의 질투를 그린 이야기.
토스카와 카바라토시는 서로 사랑하는 사이였고, 욕심 많은 총독은 그녀를 탐내며 둘 사이를 이간질한다. 그러던 어느 날 카바라토시가 정치적인 이유로 사형을 선고 받게 되자, 총독은 그녀에게 자신과 함께 하룻밤을 보내면 연인을 살려주겠다는 제안을 한다. 그녀가 어쩔 수 없이 제안을 받아들이는 척 하자, 총독은 카바라토시를 향한 총에서 총알을 빼내라는 명령을 내린다. 토스카는 그녀를 범하려는 총독을 죽이고 카바라토시에게 달려가지만 그는 끝내 사형당하고 만다. 총독은 애초에 그를 살릴 생각이 없었던 것이다. 연인의 죽음을 보고 오열하던 토스카는 경찰들이 몰려오자 총독을 저주하며 절벽 아래로 몸을 던진다.

오페라 축제 기간이면
브라 광장을 비롯한
베로나 곳곳에
조형물이 설치된다.

01 아름다운 중세 유럽의 광장 브라 광장 Piazza di Bra

포르타 누오바 성문을 지나 10분 정도 걷다 보면 시계가 있는 성문이 보인다. 그 성문을 지나면 새로운 세계에 온 것 같은 착각이 들 정도로 멋진 모습의 브라 광장이 나온다. 어느 도시의 광장과 비교해봐도 전혀 손색없는 베로나의 명소다. 넓은 광장 중앙에 우뚝 선 아레나에서 오페라가 열리면 광장에는 발 디딜 틈 없이 많은 사람으로 북적인다. 광장을 따라 카페가 늘어서 있고, 평소에는 광장 곳곳에서 거리의 예술가들이 연주하는 노랫소리와 갖가지 공연이 열리는 소박한 모습이지만 오페라 축제가 시작되면 어느 도시보다 화려한 모습으로 바뀐다.

Ⓖ CXQV+C8 베로나
ADD Piazza Bra
BUS 베로나 포르타 누오바역에서 코르소 포르타 누오바(Corso Porta Nuova)행 11·12·13번 버스를 타고 6~8분
WALK 포르타 누오바역에서 도보 20분

1848년 주세페 바르비에리가 설계한
바르비에리 궁전(Giuseppe Barbieri).
현재 시청사로 사용되고 있다.

아레나에서
바라본 브라 광장

이탈리아의 통일을 이룩한
이탈리아 초대 국왕
비토리오 에마누엘레 2세의 동상

건물 2층에 유명한 줄리엣의 발코니가 있다.

02 2000년 전에 지은 원형 극장
아레나
Arena di Verona

2000년 전에 지은 원형경기장. 로마 시대 '아레나'에서는 로마의 콜로세움처럼 검투사 경기나 맹수 시합이 열렸다. 경기 도중 검투사나 맹수가 흘린 피로 바닥이 붉게 물들고 냄새가 고약해지면 로마인은 바닥에 모래를 깔고 경기가 끝날 때마다 새로운 모래로 교체해 경기장의 청결을 유지했다. 그래서 라틴어로 '모래'라는 뜻인 아레나는 '모래를 깔아놓은 경기장'이란 뜻도 포함돼 있다.

베로나의 아레나는 2000년 전에 지었다고 하기에는 믿기지 않을 만큼 보존 상태가 좋다. 더욱 놀라운 사실은 해마다 6월 셋째 주부터 9월 초까지 이곳에서 열리는 '베로나 오페라 축제' 기간에 확인할 수 있다. 작은 소리조차 극장의 구석 자리까지 전달되도록 지었기 때문에 지금도 음향 설비 없이 오페라가 공연된다는 사실. 고대 로마인의 뛰어난 기술과 지혜를 새삼 깨닫게 된다.

G CXQV+HP 베로나
ADD Piazza Bra
OPEN 09:00~15:00(시즌마다 변경, 홈페이지 참고)
CLOSE 월요일(시즌마다 변경, 홈페이지 참고), 1월 1일, 12월 25일
PRICE 12€, 18~25세 학생 3€, 17세 이하 무료, 11~3월 첫째 일요일1€/ 베로나 카드
WALK 브라 광장 가운데 있다.
WEB 공연 정보 및 예매 www.arena.it
경기장 입장 verona.midaticket.it

03 로미오가 사랑의 세레나데를 부른 곳
줄리엣의 집
Casa di Giulietta

셰익스피어의 작품 <로미오와 줄리엣>에서 로미오가 줄리엣을 향해 사랑의 세레나데를 부른 그 발코니와 마당이 있는 곳이다. 하지만 애석하게도 여기가 몬태규 집안의 원수이자 줄리엣의 가문인 캐풀렛이 살았다는 증거는 어느 곳에도 남아 있지 않다. 1905년 베로나 시에서 줄리엣의 집으로 일방적으로 정한 것이다.

마당 안에는 줄리엣의 동상이 있는데, 줄리엣 동상의 가슴을 만지면 사랑이 이루어진다는 전설 때문에 그녀의 가슴은 민망할 정도로 닳아 있다. 전설 때문인지 조금은 쑥스러운 표정으로 줄리엣의 가슴에 손을 대는 엉큼한 여행자는 여전히 줄지 않는다. 이곳에서는 줄리엣 동상과 사진 촬영은 필수이니 민망하다고 그냥 지나치지 말자.

G CXRX+QF 베로나
ADD Via Cappello, 23
OPEN 09:00~19:00/폐장 30분 전까지 입장
CLOSE 10~5월 월요일
PRICE 12€, 18~25세 학생 3€, 11~3월 첫째 일요일 1€, 17세 이하 무료/ 베로나 카드 소지자 예약 필수/ 베로나 카드
WALK 브라 광장에서 도보 7분
WEB 예매 verona.midaticket.it

줄리엣 동상

오전에는 기념품과 먹거리가
가득한 시장이 열린다.

04 약초 시장이 있던 광장
에르베 광장 Piazza Erbe

이탈리아 시인
베르토 바르바라니
(Berto Barbarani,
1872~1945년)의 동상

과거 로마 시대부터 현재까지 베로나의 중심지로, 카페와 의상실, 보석 가게 등이 들어서 있는 번화가다. 에르베는 '약초'라는 뜻인데, 과거 약초 시장이 열렸기 때문에 이런 이름이 붙었다고 한다. 매일 오전에 시장이 열리며, 과일과 음료, 여행자를 위한 간단한 기념품을 판매한다. 광장에는 14세기에 제작한 ❶ '베로나의 마돈나' 상 분수가 있는데, 바라만 봐도 더위가 달아나는 느낌이 든다.

광장 한쪽 끝에 높다랗게 서 있는 ❷ 성 마르코(마가)의 사자상은 베네치아에 있는 사자상과 똑같이 생겼는데, 과거에 베로나가 베네치아의 지배를 받은 증거다. 에르베 광장에서 코르타 문(Arco della Corta)을 통해 오른쪽 건물 안으로 들어가면 자연스럽게 시뇨리 광장에 들어서게 된다.

Ⓖ CXVW+6V 베로나
ADD Piazza Erbe
WALK 브라 광장의 아레나에서 도보 7분/줄리엣의 집에서 도보 1분

❶

❷ 팔라초 마페이 앞
성 마르코의 사자상

❶

람베르티 탑 아래에
있는 코스타 문

람베르티 탑에서
바라본 베로나 시내.
에르베 광장이
한눈에 들어온다.

05 베로나의 안방 역할을 하는 작은 광장
시뇨리 광장 Piazza dei Signori

에르베 광장과 문 하나를 두고 이어진 아담한 크기의 광장. 밝고 활기찬 느낌의 에르베 광장과 달리 시뇨리 광장은 차분하고 여성적인 기운이 느껴진다. 광장 안에는 베로나의 대표적 가문인 스칼라가의 건물과 피렌체의 외교사절로 베로나에 왔던 ❶ 단테의 동상이 세워져 있다.

광장 안에 들어서면 오른쪽에 12세기에 지은 시청사가 있고, 그 안에 높이 84m의 람베르티 탑(Torre dei Lamberti, 베로나 카드 무료입장)이 있다. 이곳에 오르면 베로나 시내가 한눈에 내려다보여 베로나를 오래 추억할 수 있는 사진을 담을 수 있다. 그리 높아 보이지 않지만 생각보다는 시간이 걸리므로 더운 여름에는 리프트(엘리베이터)를 이용한다. 단, 고장이 잦으니 안내문을 꼼꼼히 읽어보자.

시청사와 아치를 사이에 두고 나란히 서 있는 건물은 '군주의 저택'이라는 뜻의 카피타노 궁(Palazzo del Capitano)으로, 시청사보다 조금 늦은 14세기에 완공됐다. 단테의 동상을 사이에 두고 이들 건물과 마주 보고 있는 회랑이 있는 건물은 '콘실료의 로자(Loggia del Consiglio)'라고 하며, 여기에서 공식적인 회담과 의식 및 축제를 열었다. 이처럼 베로나의 시뇨리 광장은 여러 면에서 피렌체의 시뇨리아 광장이 연상되는 곳이다.

Ⓖ CXVX+C7 베로나

ADD Piazza dei Signori

OPEN 람베르티 탑 10:00~18:00(토·일요일 11:00~19:00)

PRICE 람베르티 탑 6€, 14~30세 학생·8~14세 4.50€, 7세 이하 무료/ 베로나 카드

WALK 에르베 광장에서 코스타 문(Arco della Corta)으로 들어가면 시뇨리 광장이다.

06 피사넬로의 대표작을 소장한 곳
산타 아나스타시아 성당
Basilica di Santa Anastasia

1290년에 지은 성당으로, 이탈리아에서는 보기 드문 고딕 양식이다. 안으로 들어가면 보이는 하늘로 뻗어 올라갈 듯 위로 솟은 기둥들은 그 규모가 웅장하다. ❶ 입구 쪽 기둥 양옆에 성수반을 등에 지고 힘겨운 듯 하늘을 쳐다보는 조각상과 예배당 왼쪽 벽면에 성 베드로의 삶을 주제로 만든 컬러풀한 조각상이 눈길을 끈다.
중앙 제단 오른쪽에 있는 펠레그리니 예배당(Cappella Pellegrini)의 벽면을 장식하는 ❷ 피사넬로의 '성 조르조와 공주'(1428)는 놓치지 말아야 할 중요한 작품이다. 화려한 색채, 서정적인 세부 묘사, 호화로운 도금 기법 등 당시 유행한 국제 고딕 회화 양식의 특징을 고스란히 담고 있어 미술사적 가치가 높은 것으로 평가받는다. 원근법을 따르지 않아 비현실적으로 보이지만 오히려 몽환적인 느낌이 매력적이다.

CXWX+3V 베로나
ADD Piazza Santa Anastasia
OPEN 10:00~17:00(토요일 09:30~18:00, 일요일·공휴일 13:00~17:30)
PRICE 4€/ 베로나 카드
WALK 시뇨리 광장에서 에르베 광장 반대쪽 아치문을 통과한 후 도보 3분
WEB www.chieseverona.it

성 조르조 San Giorgio
조지 혹은 게오르그(George), 제오르주스(Georgius)라고 불리는 성인. 유럽의 여러 도시에 그에 관한 전설이 내려오고 있다. 3~4세기 무렵 유럽에는 무서운 용이 살았는데, 인간을 산 채로 바치지 않으면 나라를 쑥대밭으로 만들어놓곤 했다. 제물로 바칠 수 있는 사람이 더 이상 없자, 왕은 결국 공주를 용의 제물로 바친다. 이때 '성 조르조'가 나타나 마을 사람을 기독교로 개종시킨 후 용을 무찔렀다. 그는 후에 이어진 기독교도에 대한 박해로 체포 되어 참수형을 당하고 성인의 반열에 오른다. 이 전설 때문에 작품 속에서 성 조르조는 칼 또는 창으로 용을 찌르는 모습으로 그려지며, 때로는 공주와 함께 그려지기도 한다.

성당 왼쪽 예배당에 성 베드로의 삶을 주제로 만든 조각상

두오모보다 큰 규모의 산타 아나스타시아 성당

❶

❷

성당 곳곳에 사용된 베로나의 대리석과 조화가 뛰어난 중앙 본당의 천장 장식

07 티치아노의 제단화가 있는 곳
베로나 두오모
Duomo di Verona(Cattedrale di Santa Maria Matricolare)

1139년 처음 짓기 시작한 베로나의 두오모는 다른 도시에 비해 규모는 크지 않다. 하지만 과거 이탈리아의 교통, 상업의 중심지였던 도시의 명성답게 외관은 화려하다. 두오모 내부로 들어가면 왼쪽 첫 번째 예배당에 ❶ 티치아노의 '성모 마리아의 승천' 제단화가 있다. 1535~1540년에 그린 것으로, 비교적 보관 상태가 양호하다. 중앙 세단의 돔을 장식하고 있는 ❷ 돔 프레스코화도 찾아보자. 사람과 배경의 묘사가 입체적으로 보이게 표현되어 그림이라고는 믿기지 않을 정도다. 이 또한 성모 마리아의 승천을 주제로 하고 있으며, 실제로 사람이나 조각상이 매달려 있는 듯하다.

Ⓖ CXWW+WR 베로나
ADD Piazza Duomo, 21
OPEN 11:00~17:00(토요일 ~15:30, 일요일·공휴일 13:30~17:30)
PRICE 4€/ **베로나 카드**
WALK 산타 아나스타시아 성당에서 두오모 거리(Via Duomo)로 도보 5분

❶

❷

08 아디제 강의 운치
피에트라 다리
Ponte Pietra

두오모에서 도보 2분 거리에 있는 오래된 다리. 특별한 역사적 의미도 없고 건축학적으로도 빼어난 미를 자랑하는 것도 아니지만 사람들이 이곳을 찾는 이유는 다리에서서 바라보는 풍경이 아름답기 때문이다. 특히 석양이 질 무렵 다리 위의 피에트라 성과 다리 아래로 흐르는 아디제 강을 바라보면 떠나온 집이 생각날 만큼 감성에 젖는다.

아디제 강 건너 나무에 둘러싸인 곳은 기원전 1세기에 건축한 로마 극장(Teatro Romano)이다. 지금은 폐허가 됐지만 둥글게 남아 있는 관중석 위에 올라 내려다보면 아디제 강과 베로나 시내 모습이 한눈에 들어온다.

Ⓖ C2X2+42 베로나
ADD Ponte Pietra
WALK 두오모 뒤쪽으로 강을 따라 도보 2분

강 건너 언덕 위에서
바라본 풍경

© comune.verona.it

Option

09 '로미오와 줄리엣'의 비극적 결말
줄리엣의 무덤
Tomba di Giulietta

줄리엣의 무덤으로 불리는 이곳은 앞서 나온 '줄리엣의 집'처럼 허구를 바탕으로 한 공간이다. 실제로는 프란체스코 수도사들이 은신처로 사용한 곳이었는데, 지금은 줄리엣을 위한 작은 박물관처럼 꾸몄다. 그럼에도 많은 사람이 이곳을 줄리엣의 무덤이라고 생각하는 것은 13~14세기 베로나를 비롯한 이탈리아 전역이 신성로마제국의 황제를 지지하는 기벨린 파와 교황을 지지하는 겔프 당의 투쟁으로 매우 혼란스러웠는데, 이때 셰익스피어가 바로 이 투쟁을 배경으로 베로나에 실제로 존재한 카풀레티 가문을 줄리엣 집안의 모델로 삼았기 때문이다. 이곳은 당시 카풀레티(캐풀렛)의 무덤이었던 것으로 추정된다. 막상 이곳에 가보면 좁은 공간에 텅 빈 석관 하나가 놓여 있는 것을 보고 실망하는 사람이 많은데, <로미오와 줄리엣>에 깊은 감동을 받지 않았다면 굳이 시간을 내서 찾아갈 필요는 없다.

CXMX+F3 베로나

ADD Via Luigi da Porto, 5
OPEN 10:00~18:00/폐장 30분 전까지 입장
CLOSE 월요일
PRICE 6€, 18~25세 2€, 17세 이하 무료, 11~3월 첫째 일요일 1€ / 베로나 카드
WALK 브라 광장에서 도보 10분/피에트라 다리에서 도보 20분

카스텔베키오 다리와 아디제 강

Option

10 아디제 강과 어우러진 절경
카스텔베키오 박물관
Museo di Castelvecchio

아디제 강변에 지은 베키오 성은 13~14세기 베로나의 영주였던 스칼리제리(Scaligeri)가의 권위를 상징하는 성이다. 5대 영주로서 스칼리제리 가문의 황금기를 누린 폭군 칸그란데(Cangrande) 2세의 명령으로 14세기 중반에 20년 동안 축성됐다. 멋스러운 외관과 더불어 내부에는 아름다운 작품으로 가득 차서, 현재 박물관으로 사용되고 있다.

전시 작품 대부분이 르네상스와 그 이전의 회화이며, 전시품의 수가 생각보다 많다. 또한 티에폴로, 조르조네 등 유명 화가의 작품도 다수 소장하고 있다. 그밖에 대대로 성주들이 사용한 유물과 보석, 갑옷, 접시 등도 전시돼 있다. 전시품도 아름답지만 베키오 성의 가장 큰 매력은 아디제 강과 어우러진 시원스러운 경치에 있으니 강 건너에서 꼭 한번 감상하길 바란다.

CXQQ+V4 베로나

ADD Corso Castelvecchio, 2
OPEN 10:00~18:00/폐장 30분 전까지 입장
CLOSE 월요일
PRICE 미술관 9€, 18~25세 2€, 17세 이하 무료, 11~3월 첫째 일요일 1€/ 베로나 카드
WALK 브라 광장에서 도보 4분, 아디제 강변에 위치
WEB museodicastelvecchio.comune.verona.it

파스티사 콘 폴렌타

말고기 요리가 궁금하다면 여기로!

◉ 오스타리아 베키아 폰타니나
Hostaria Vecchia Fontanina

베로나의 이색 음식인 말고기 요리를 다양하게 맛볼 수 있는 레스토랑. 시뇨리아 광장에서 멀지 않아 여행자들이 많이 찾는다. 오랜 시간 끓여내는 옥수수죽 폴렌타에 말고기 스튜를 얹은 파스티사 콘 폴렌타(Pastissa con Polenta, 14€)는 짭짤하니 식전 빵과 간이 맞아 말고기를 처음 접하는 사람도 부담 없이 즐길 수 있다. 잡냄새 없이 깔끔하게 요리하지만 그래도 진입장벽이 높게 느껴진다면 와인을 곁들여보자. 말고기 스튜와 베로나의 유명 와인 레초토 로소(Recioto Rosso)가 달콤하게 잘 어울린다. 홈페이지에서 예약 가능.

베네토 지방의 와인을 다양하게 갖추고 있다.

G CXVX+HX 베로나
ADD Piazzetta Chiavica, 5
OPEN 12:00~14:30, 19:00~24:00
CLOSE 일~수요일 저녁(시즌에 따라 유동적)
MENU 전채 9€~, 제2요리 12~18€, 디저트 4.50€~, 자릿세 2€/1인
WALK 시뇨리 광장에서 도보 2분
WEB hostarialavecchiafontanina.it

베로나에서 가장 맛있는 커피

◉ 카페 보르사리
Caffè Borsari

로마의 '타차도로'만큼 베로나에서 커피가 맛있기로 유명한 집이다. 해외 유명 여행서나 잡지에 여러 번 소개되기도 했다. 좁은 카페 안은 하루 종일 몰려드는 사람들로 북적인다. 하지만 이 모든 불편함을 감수하고도 남을 만큼 커피가 맛있다. 커피 원두만 별도로 판매하니 맛에 반했다면 선물용으로 하나 구매해 가자.

G CXVW+68 베로나
ADD Corso Porta Borsari, 15D
OPEN 07:30~19:00
MENU 커피 1.30€~, 원두 36€~/1kg
WALK 에르베 광장에서 도보 3분

베로나의 명품 쇼핑가

주세페 마치니 거리 Via Giuseppe Mazzini

베로나의 대표적인 쇼핑 거리는 브라 광장에서 에르베 광장까지 450m가량 이어진 주세페 마치니 거리다. 루이비통, 구찌, 불가리 등 명품에서부터 패션 잡화에 이르기까지 비교적 다양한 제품을 갖추고 있다. 또한 '로미오와 줄리엣'의 도시답게 '로미오와 줄리엣'을 테마로 한 아기자기한 기념품 상점이 많다. 특히 '줄리엣의 집'에 있는 선물 가게가 볼거리로 괜찮은데, 휴대폰 줄, 열쇠고리, 자, 라이터, 볼펜 등 생활용품의 가격대도 다양하고 디자인도 우수해 선물용으로 그만이다.
와인을 구매하고 싶다면 시뇨리 광장에서 산타 아나스타시아 성당으로 가는 골목인 산타나스타시아 거리(Corso Sant'Anastasia)에 있는 와인 상점 살루메리아(Salumeria)를 찾아가자. 산토 토르볼리 와인(Vino Santo Torboli)이라는 달콤하고 진한 과일 향이 느껴지는 와인이 유명한데, 와인에 익숙지 않더라도 쉽게 즐길 수 있는 맛이다. 차게 해서 마시면 더욱 좋다.

주세페 마치니 거리 한쪽을 장식하고 있는 부조. 로마 건국 신화를 상징한다.

현지인이 추천하는 산토 토르볼리 와인 (Vino Santo Torboli)

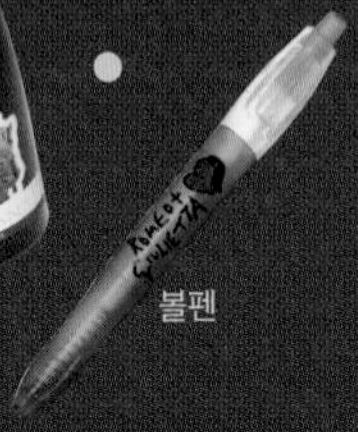
볼펜

열쇠고리

라이터

이탈리아의 대표적인 화이트 와인 소아베(Soave)

브라 광장에서 에르베 광장까지 이어지는 주세페 마치니 거리

03

LOMBARDIA

시르미오네

SIRMIONE

이탈리아에서 가장 큰 가르다 호수(Lago di Garda)의 남쪽, 세로로 가늘고 길게 뻗은 반도 끝에 자리한 아름다운 중세 마을이다. 일찌감치 시르미오네의 매력을 알아본 로마 시대의 서정시인 카툴루스가 남긴 시구를 따라 괴테, 릴케, 제임스 조이스, 바이런 같은 문호들이 줄지어 방문한 곳이자, 세기의 오페라 가수 마리아 칼라스도 평생을 두고 그리워한 이탈리아 최고의 온천 휴양지. 별빛이 부서지는 호수를 바라보며 따뜻한 온천에 몸을 담그면 비로소 시르미오네의 진면목이 펼쳐진다.

시르미오네 가기

베로나 서쪽, 드넓은 가르다 호수에 자리 잡은 시르미오네까지는 기차를 타고 데센차노 델 가르다역에서 내려 버스나 페리로 갈아타고 간다. 베로나에서는 직행버스도 운행한다. 밀라노나 베로나에서 당일치기 여행도 가능하다.

밀라노 Milano(C.le)
↓
기차 50분~1시간 25분
10~26€(FR·R·italo)
06:25~22:25/10분~1시간 간격

베네치아 Venezia(S.L)
↓
기차 1시간 35분~2시간 5분,
7.90~35€(FR·italo·R)
05:39~19:48/1일 14회

베로나 Verona(P.N)
↓
기차 19~26분,
4.65~15€(FR·R·italo),
05:43~22:49/5~40분 간격

데센차노 델 가르다역
Desenzano del Garda
↓
버스 25분(직행 기준), 2.20€~,
06:10~19:05, 40분~1시간 간격(일·공휴일 06:35~19:05, 1시간~1시간 30분 간격)
또는
페리 13~22분, 3€~
4~9월 08:00~18:05/
1일 16~18회
(3·10월 08:50~17:05)
5~11회/시즌에 따라 변동
↓
시르미오네
Sirmione

베로나 Verona(P.N)
↓
버스 1시간(직행 기준),
4.20€~, 07:10~20:00,
30분~1시간 간격(일·공휴일 단축 운행, 1시간~1시간 30분 간격)
↓
시르미오네
Sirmione

*FR-Freccia(고속열차)
R-Regionale(완행열차)
italo(이탈로 고속열차)

*운행 시간은 시즌·요일에 따라 유동적이이니 미리 확인한다.

기차 + 버스 또는 페리

기차를 탄다면 시르미오네에서 가장 가까운 데센차노 델 가르다(Desenzano del Garda, 줄여서 데센차노)역에서 내려 버스나 페리로 갈아타야 한다. 데센차노역은 밀라노와 베네치아 사이를 연결하는 노선의 중간역이라 운행 편수가 많은 편이다.
밀라노 중앙역에서는 고속열차(FR·italo)나 레조날레 트레노르드(R)로 50분~1시간 25분 소요된다. 거리가 멀지 않기 때문에 여행자들은 고속열차의 반값도 안 되면서 매시간 정기적으로 출발하는 레조날레를 주로 이용한다. 프로모션 혜택이 큰 이탈로(italo)는 하루 3편뿐이라 이용하기가 쉽지 않다.
베네치아에서는 밀라노 방향 고속열차를 이용한다. 저렴한 레조날레(R)는 하루 1편만 운행하므로 고속열차를 최대한 서둘러 프로모션 요금으로 예약해야 비교적 저렴하게 이용할 수 있다. 참고로 운행 편수가 많은 트렌이탈리아보다 하루 3편 운행하는 이탈로가 더 저렴하고 할인 폭도 크다.
베로나에서는 레조날레(R)가 약 1시간 간격으로 운행한다. 고정요금(4.65€)으로 운행하기 때문에 따로 예약하지 않아도 된다. 짧은 거리라 소요 시간은 비슷하지만 고속열차를 프로모션 요금으로 예약하면 레조날레 요금으로 이용할 수도 있다. 온라인 구매한 트렌이탈리아 기차표는 탑승 전 온라인 체크인을 잊지 말자.

베네치아에서 갈 때는 이탈로 추천!

레조날레 기차

◆ 데센차노 델 가르다역 Stazione di Desenzano del Garda

매표소와 관광 안내소, 카페 정도만 갖춘 작은 역. 역 안에 관광 안내소가 있어 시르미오네행 페리 정보와 인근 지역 관광 정보 등을 문의할 수 있다.

데센차노역

역내 관광 안내소

▶ 데센차노 델 가르다역에서 시르미오네까지: LN026번 버스

기차를 타고 데센차노역에 내렸다면 정문으로 나와 오른쪽 길 건너편에 있는 정류장에서 베로나행 LN026번 버스를 탄다. 승차권은 스마트폰 앱(Arriva MyPay)이나 역 안 카페에서 구매한다. 2.20€(기사에게 구매 시 3.70€). 'Porto' 정류장에서 내려 바로 앞에 보이는 성벽 아래 문으로 들어가면 바로 시르미오네 여행이 시작된다.

베로나에서는 브레시아(Brescia)행 LN026번 버스를 타고 시르미오네 마을 입구까지 곧장 갈 수 있다. 베로나 시내에서 LN026번 버스를 탈 수 있는 곳은 몇 군데 있지만 그중 브라 광장과 가까운 포르타 누오바 대로(Corso Porta Nuova)의 정류장이 제일 편하다. 브라 광장에서 성문 밖으로 나와 베로나 포르타 누오바역 쪽으로 3분 정도 가면 왼쪽에 보이는 오스티나티 카페(Corso Porta Nuova, 37) 근처에 'LN026' 노선도가 붙은 정류장이 있다. 승차권은 전용 앱에서 구매(4.20€, 활성화 후 버스 내 개찰기에 QR 스캔)해서 사용하는 것이 편리하다. 버스 기사에게 구매하면 5.70€.

★
LN026번 버스
WEB brescia.arriva.it/en/

★
LN026번 버스 탈 때 주의!
LN026번 버스는 브레시아-데센차노-시르미오네(또는 콜롬바레)-베로나를 양방향으로 운행한다. 버스에 노선 번호가 적혀있지 않아 행선지를 보고 탑승해야 한다. 데센차노역에서 시르미오네로 갈 때는 베로나(Verona)행을, 시르미오네에서 데센차노역으로 가거나 베로나에서 시르미오네로 갈 때는 브레시아(Brescia)행을 탄다. 버스에 탑승하면서 기사에게 한 번 더 확인하도록 하자.

MORE
4~9월에는 셔틀버스로 갈아타고 간다!

성수기인 4~9월(해마다 조금씩 다름)에는 LN026번 버스가 시르미오네 반도 입구의 콜롬바레(Colombare) 마을까지만 운행하므로 셔틀버스(Bus Navetta Sirmione, LN026번 버스 승차권으로 이용 가능)로 갈아타고 가야 한다. 운전기사가 환승 방법을 잘 안내해주기 때문에 크게 어렵진 않다. 시르미오네 마을에서 나갈 때는 구시가 입구의 4번 정류장(Centro Storico)에서 셔틀버스를 타고 9번 정류장(Via Roma)에서 환승한다.

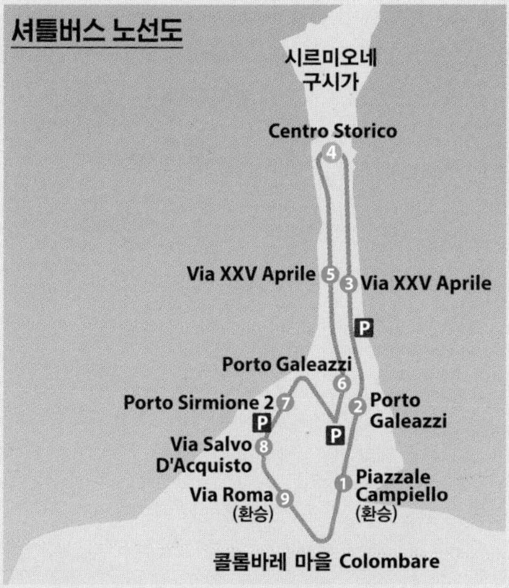

데센차노역 앞 버스 정류장. 'VERONA'라고 적혀 있다.

셔틀버스. 'SHUTTLE SIRMIONE'라고 적혀 있다.

버스앱(Arriva MyPay) 티켓 활성화 후 개찰기 QR 스캔!

★
셔틀버스 운행 정보
요금 셔틀버스만 이용 시 1.50€(기사에게 구매 시 2€), 데센차노역까지 가는 환승권 2.20€(기사에게 구매 시 3.70€)
운행 4월 초~9월 초 06:00~다음 날 01:00/15~20분 간격

▶ 데센차노 항구에서 시르미오네까지: 페리

3월~11월 초(매년 조금씩 다름)에는 데센차노 항구에서 시르미오네까지 페리가 다닌다. 데센차노역에서 항구까지는 조금 걸어야 하지만 시르미오네 마을 한가운데에 있는 페리 선착장에 바로 도착하는 데다 도중에 멋진 호수 풍경도 감상할 수 있어 장점이 더 많다. 데센차노역 정문을 등지고 정면으로 뻗은 카부르 거리(Viale Cavour)를 따라 길 끝까지 가면 항구가 나온다. 1km 정도 걸어야 하지만 내리막길이라 크게 힘들지 않다. 반대로 돌아올 때는 조금 힘드니 참고하자. 요금은 편도 3€.

시내 중심부의 길 끝에서 항구로 가는 지름길(Via Gen A Papa). 건물 아래에 통로가 있다.

데센차노 페리 매표소 & 선착장.
성수기에는 대기 줄이 길다.

시르미오네 페리 선착장.
주변 풍경도 아름답다.

● 관광 안내소 Informazioni Turistiche-IAT

시르미오네 지도나 간단한 여행 정보를 무료로 얻을 수 있다. 관광 안내소 왼쪽에 공중화장실(0.50€)이 있다.

ADD Viale Guglielmo Marconi, 8
OPEN 성수기 금~일요일 11:00~15:00(시즌에 따라 유동적)
WALK 시르미오네 마을 입구의 버스 정류장에서 성 방향으로 가면 왼쪽에 있다. 도보 1분

OPTION C 시르미오네

마을 입구의 버스 정류장 → 도보 3분 → **❶ 스칼리제로 성** → 도보 1분 → **❷ 시르미오네 구시가** → 도보 4분 → **❸ 시르미오네 온천장** → 도보 10분 → **❹ 카툴루스 유적**

● 데센차노 페리 선착장 Porto di Desenzano

가르다 호수를 따라 이어지는 항구 산책로에 페리 선착장과 매표소가 있다. 매표소에 운항 시간표를 붙여 놓았으니 확인하고 탑승한다. 요금이 비싼 유람선이나 패스를 사라며 호객행위를 하는 직원은 패스할 것. 페리 안에서도 티켓을 살 수 있는데, 정상 요금보다 2€ 정도 더 비싸지만 시간이 촉박하거나 매표소가 문을 닫았을 때 유용하다.

● 시르미오네 페리 선착장 Imbarcadero di Sirmione

시르미오네의 페리 선착장은 마을의 중심인 조수에 카르두치 광장(Piazza Giosuè Carducci)에 있다. 배에서 내리면 바로 시르미오네 여행이 시작되는 셈이다. 매표소는 선착장을 등지고 오른쪽에 있다.

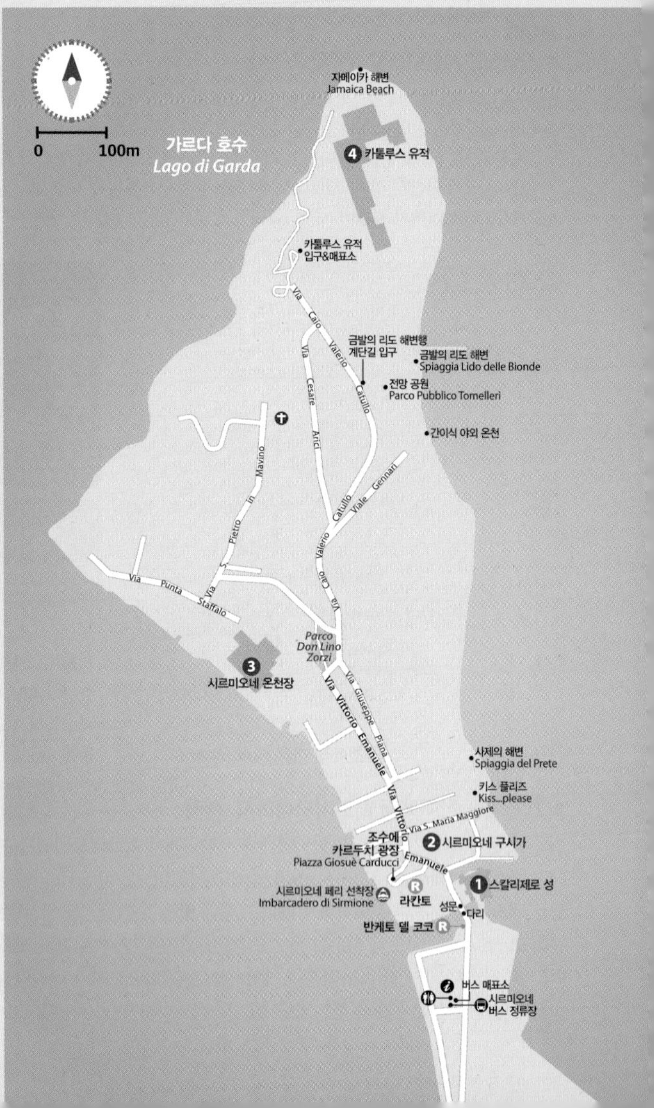

❶ 성벽으로 둘러싸인 도크.
통행로와 망루 외에 특별한 시설은 없다.

❷

01 시르미오네의 절대적인 아름다움
스칼리제로 성 Castello Scaligero

호수 위에 둥둥 떠 있는 듯한 성채의 풍경에 '가르다 호수의 보석'이란 별명을 얻었다. 중세 시절의 모습을 잘 보존한 요새 중 하나로, 13세기 중반 베로나의 영주였던 스칼라 가문이 건설해 '로카 스칼리제라(Rocca Scaligera)' 또는 '카스텔로 스칼리제로'라고 불린다. 성벽 주변에 깊이 파 놓은 해자 덕분에 성 입구로 이어지는 도개교만 올리면 성채가 온통 물에 둘러싸이는 구조다. 여기에 ❶ 도크(Dock)를 둘러싼 높은 성벽으로 완벽한 방어를 꾀했다. 매표소를 지나 지붕이 있는 문을 지나면 3개의 탑과 성벽으로 둘러싸인 중정으로 이어진다. 오른쪽 성벽 아래에는 포로를 가두는 감옥이 남아 있고, 그 건너편 탑에는 ❷ 성벽 위로 올라가는 계단을 설치해 놓았다. 계단을 오르면 ❸ 흉벽을 따라 한 바퀴 돌며 아름다운 호수를 감상할 수 있다. 베로나 함대가 피난처로 사용했던 도크를 둘러보려면 별도의 입장권을 구매해야 한다. 토·일요일 지정된 시간에 관리인과 함께 들어갈 수 있으며, 호수와 가장 가까운 망루 위까지 올라가 볼 수 있다.

FJR5+W9 시르미오네
ADD Piazza Castello, 34
OPEN 08:30~19:15(일요일 ~13:30, 월요일 13:45~17:30)/폐장 45분 전까지 입장
PRICE 7€/매월 첫째 일요일 성과 도크 무료/토요일 10:30·11:30·15:30·16:30 & 일요일 10:30·11:30 도크 입장 시 2€(매월 첫째 일요일 제외)
WALK 버스 정류장에 내리자마자 보이는 성벽 아래의 문으로 들어가면 오른쪽에 입구가 있다. 도보 3분

MORE
폭풍이 치면 나타나는 유령

옛날 옛적, 연인 아리체와 행복하게 살던 에벤가르도는 폭풍우 치는 밤 찾아온 펠트리노의 후작 엘라베르토를 따뜻하게 맞아주었다. 하지만 아리체의 미모에 반한 엘라베르토는 그녀의 침실에 몰래 숨어 들어가 폭행하려 했고, 반항하며 소리 지르는 아리체를 찔러 죽이고 만다. 에벤가르도는 분노에 휩싸여 엘라베르토를 죽이고 아리체를 따라 저승길로 향한다. 그날 이후 폭풍우가 치는 밤이면 아리체를 못 지킨 한을 품은 에벤가르도의 영혼이 아리체를 찾아온 성안을 떠돈다고 한다.

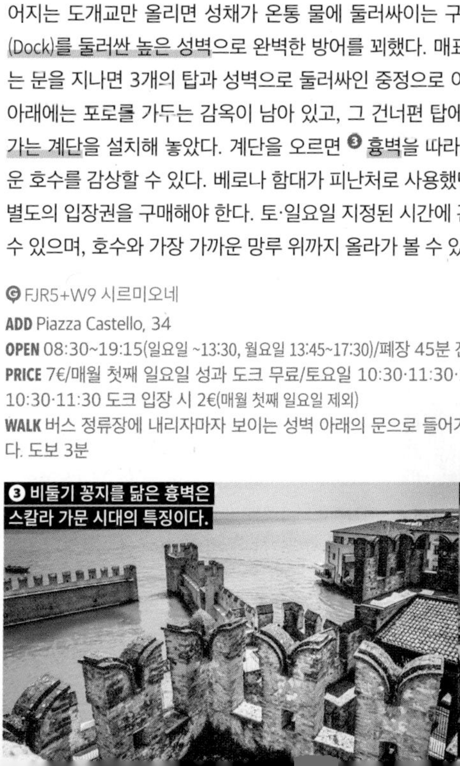
❸ 비둘기 꽁지를 닮은 흉벽은 스칼라 가문 시대의 특징이다.

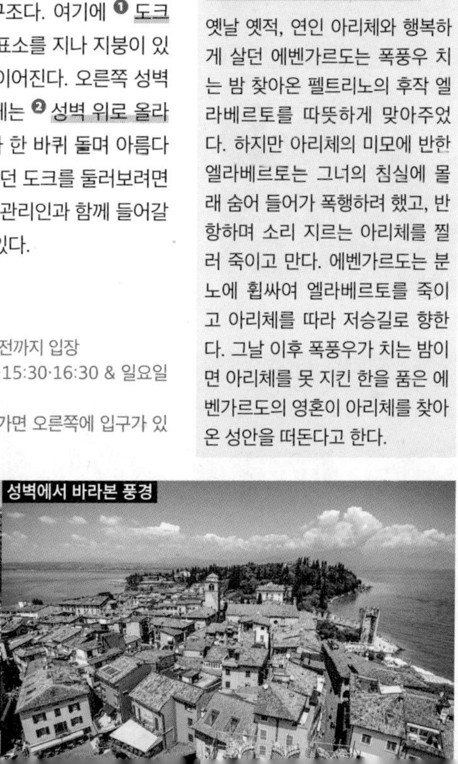
성벽에서 바라본 풍경

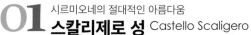

구시가로 들어가는 다리.
마을로 가는 유일한 통로다.

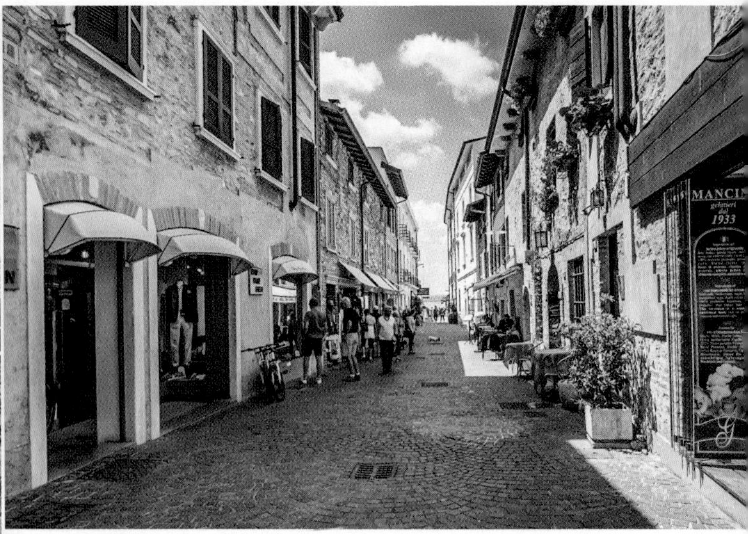

❶ 구시가 안에서는
거주자 차량만 다닐 수 있어 한산하다.

구시가의 거리 풍경

구시가의 집들

02 시인이 사랑한 중세 마을
시르미오네 구시가 Centro Storico

육지와의 유일한 연결고리인 짤막한 다리를 건너면 중세 모습을 고스란히 간직한 구시가가 모습을 드러낸다. 구시가 탐방은 스칼리제로 성 바로 앞에서 이어지는 마을의 중심 거리 ❶ 비토리오 에마누엘레 거리(Via Vittorio Emanuele)에서 시작해보자. 거리를 따라가다가 처음 나오는 왼쪽 골목으로 들어서면 ❷ 조수에 카르두치 광장(Piazza Giosuè Carducci)이 나온다. 광장에는 마을을 대표하는 맛집과 술집이 모여 있고, 가르다 호수의 마을들을 연결하는 페리가 정박한다. 광장 구경을 마치고 다시 비토리오 에마누엘레 거리를 따라가면 건물 아래 아치 통로와 담쟁이가 우거진 예쁜 집들을 지나 마을 끝까지 갈 수 있다. 스칼리제로 성에서 거리 끝까지는 걸어서 5분 정도 걸리지만 거리 곳곳에 발길을 붙잡는 볼거리가 많아 실제로는 이보다 더 오래 걸린다.

FJV4+2X 시르미오네
ADD Piazza Flaminia, 8
WALK 스칼리제로 성에서 도보 1분

❷

반도의 보석, 시르미오네

"반짝이는 호수의 웃음 속에 있는 푸른 시르미오네, 이 작은 반도의 꽃봉오리 … (중략) … 이 작은 반도의 보석."

이탈리아인 최초로 노벨문학상을 수상한 국민 시인 조수에 카르두치(Giosue Carducci)가 묘사한 시르미오네다. 그의 찬사에 대한 감사의 의미인지, 시르미오네 중심 광장 이름은 그의 이름에서 따 왔다.

선베드가 놓인 야외 마사지 풀

①

유적 너머로 호수 전망이 근사하게 펼쳐진다.

03 따끈따끈 온천에서 힐링 타임
시르미오네 온천장
Aquaria Thermal Spa (Terme di Sirmione)

시르미오네의 호수 바닥에서 뿜어져 나오는 온천수에는 유황 성분이 함유돼 호흡기 질환이나 류머티즘, 피부 질환에 효과가 있다고 알려졌다. 1889년, 70℃의 온천수가 나오는 지점이 정확하게 밝혀지면서 본격적인 스파 호텔과 온천장이 지어지기 시작했고, 합리적인 가격으로 온천 시설을 체험할 수 있는 온천장도 여럿 문을 열었다. 온천장에는 온천수를 이용한 실내 및 야외 마사지 풀, 사우나 등의 시설이 마련돼 있으며, 선베드와 테라스가 있는 야외 마사지 풀이 가장 인기 있다.

Ⓖ FJW3+3P 시르미오네

ADD Piazza Don A. Piatti, 1
OPEN 09:00~22:00(금·토요일 ~24:00)
PRICE 5시간 44€(토·일요일·공휴일 43€), 1일권 86€(토·일요일·공휴일 제외)/예약 필수
WALK 비토리오 에마누엘레 거리(Via Vittorio Emanuele)를 따라 북쪽 끝까지 가면 나오는 공원 왼쪽에 있다. 도보 5분
WEB www.termedisirmione.com

04 키스를 부르는 풍경
카툴루스 유적
Grotte di Catullo

로마 시대의 서정시인 카툴루스 집안의 별장 등이 있던 기원전 1세기경의 유적이다. 2000년 전 사람들이 남긴 오래된 흔적과 변함없이 아름다운 자연 경관이 극적인 대비를 이룬다. 오늘날에는 영화 <콜 미 바이 유어 네임>의 촬영지로 더 많이 알려졌다. 높은 입장료에 비해 볼거리는 많지 않지만 반도 끝에 위치한 덕에 전망이 매우 뛰어나다. 호수가 워낙 거대해서 얼핏 바다로 보이는 호숫가 북쪽의 자메이카 해변(Jamaica Beach)과 유적 남쪽의 ① 금발의 리도 해변(Spiaggia Lido delle Bionde) 풍경을 놓치지 말자. 돌아올 땐 금발의 리도 해변부터 구시가까지 연결된 호반 산책로를 따라 여유로운 산책을 즐겨보자.

Ⓖ GJ24+HJ 시르미오네

ADD Piazzale Orti Manara, 4
OPEN 08:30~19:30(일요일 ~14:00)/폐장 50분 전까지 입장
CLOSE 월요일, 1월 1일, 12월 25일
PRICE 8€, 17세 이하 무료
WALK 구시가에서 도보 15분/온천장 매표소에서 도보 10분

MORE
온천장 이용 팁

수영 모자와 타월은 기본요금에 포함돼 있지만 수영복과 슬리퍼는 대여해주지 않는다. 그 외 샤워가운 등은 요금에 따라 다르다. 물에 들어갈 때는 수영 모자를 쓰고, 사우나에선 타월을 깔고 앉도록 하자. 은과 금속 제품은 변색되니 미리 빼놓을 것.

온천장에서 꼬마기차 타고 3분!

해변에서 구시가로 올라가는 계단 중간에 있는 '키스 플리즈' 표지판!

VENEZIA

베네치아
(영어명 : 베니스 VENICE)

베네치아는 '물의 도시'로 불리는 아름다운 항구 도시다. 베네치아의 역사는 4~6세기경 게르만족과 훈족을 피해 이주해온 피난민이 더 이상 도망갈 곳이 없자 갯벌에 수백만 개의 말뚝과 돌을 박아 섬을 만들면서 시작됐다. 그 후 이 지역에 정착한 피난민은 수세기에 걸쳐 땅을 넓히고 그 사이에 바닷길과 다리를 만들어 오늘날의 모습을 완성했다.

바다와 맞닿은 베네치아는 지리적 이점을 이용한 동서 무역으로 10세기 무렵부터 큰 부를 쌓을 수 있었고, 부유해진 베네치아의 귀족은 성당과 궁전을 짓고 예술가를 후원해 산 마르코 대성당의 황금빛 모자이크와 '황금의 제단(Pala d'Oro)', 색채의 마술사 티치아노의 '성모 승천', 전 세계에서 가장 큰 유화 틴토레토의 '천국' 같은 걸작이 탄생했다.

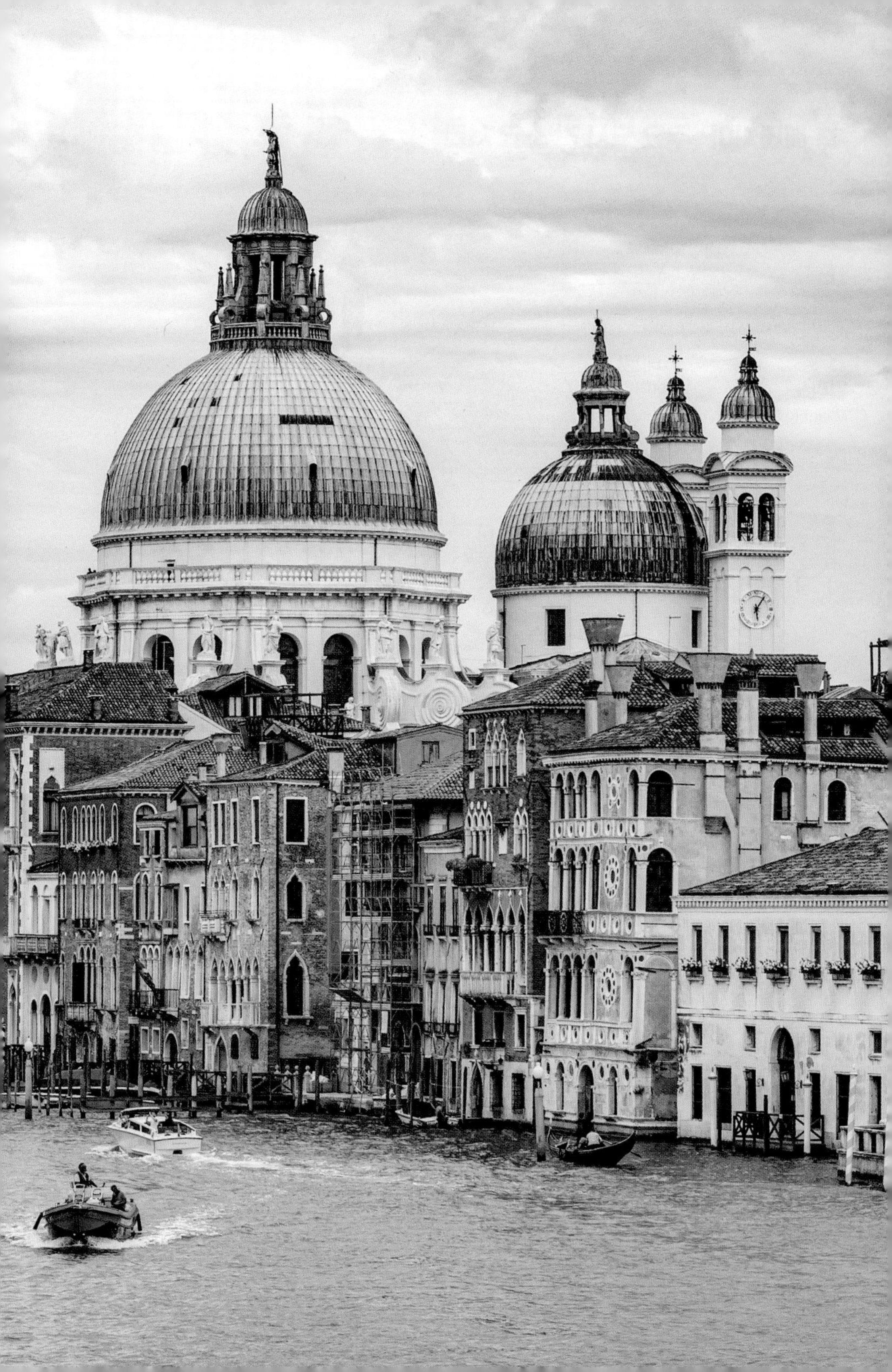

¤ 베네치아~주요 도시 간 소요 시간

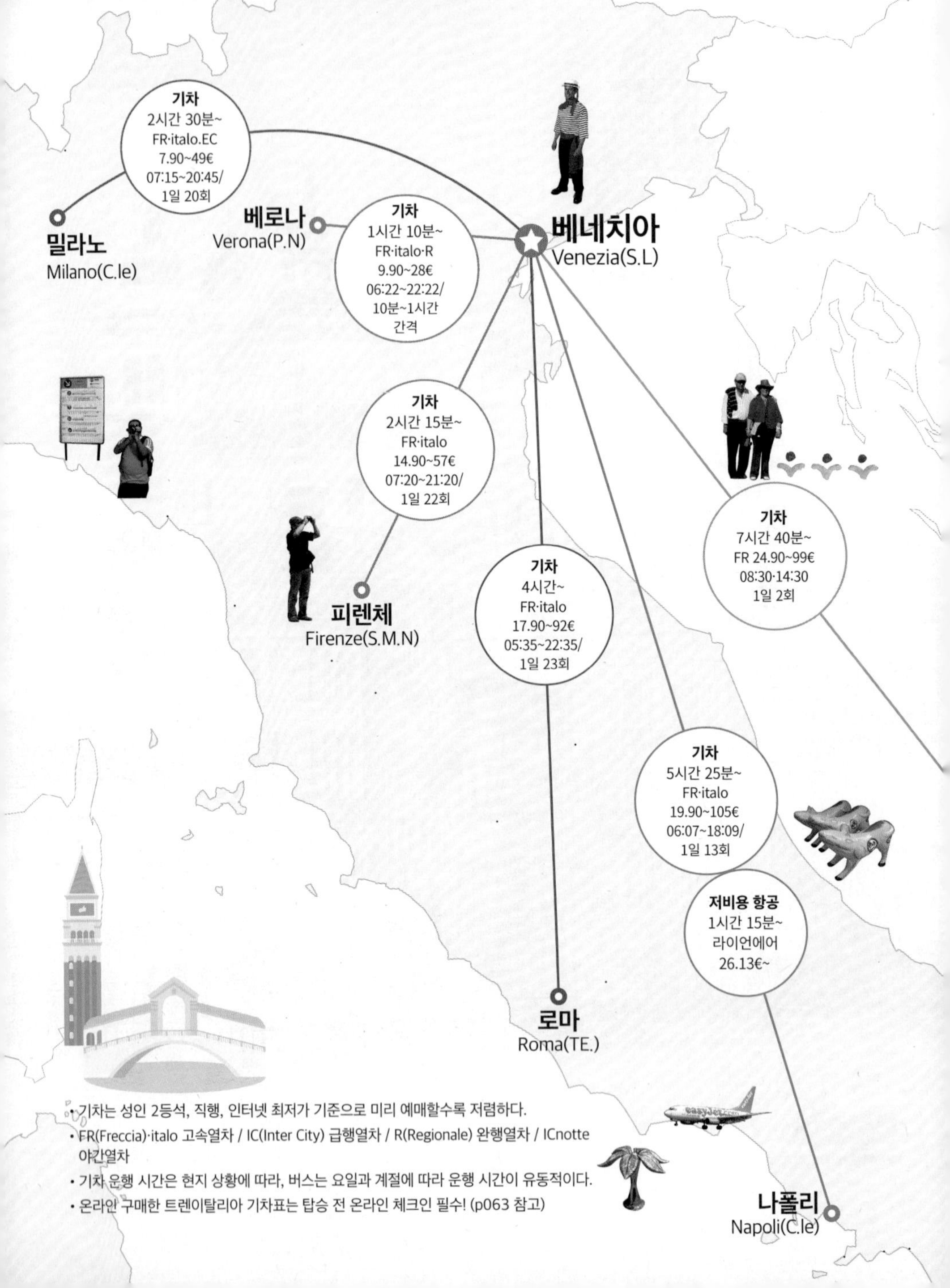

- 기차는 성인 2등석, 직행, 인터넷 최저가 기준으로 미리 예매할수록 저렴하다.
- FR(Freccia)·italo 고속열차 / IC(Inter City) 급행열차 / R(Regionale) 완행열차 / ICnotte 야간열차
- 기차 운행 시간은 현지 상황에 따라, 버스는 요일과 계절에 따라 운행 시간이 유동적이다.
- 온라인 구매한 트렌이탈리아 기차표는 탑승 전 온라인 체크인 필수! (p063 참고)

★
트렌이탈리아
WEB www.trenitalia.com
이탈로
WEB www.italotreno.it

★
실수로 메스트레 Mestre 역에 내렸다면!
메스트레역에서 내렸다고 당황하지 말자. 다시 기차를 타고 종점인 산타 루치아역까지 이동하면 된다. 메스트레역에서는 산타 루치아역행 기차가 4~30분 간격으로 출발한다. 소요 시간은 약 10분. 반대로 메스트레역에 내려야한다면 생각보다 정차 시간이 길지 않으니 미리 준비하고 있어야 한다.

★
예약 필수! 베네치아 본섬 입장료!
2024년 관광 성수기에 시범적으로 운영했던 베네치아 본섬 입장료가 2025년에도 시행될 예정이다. 2025년 4월부터 방문 시점에 따라 1인당 5~10€를 차등적으로 부과할 것으로 예상되니 예약 사이트에서 꼭 확인할 것!
2024년엔 베네치아시가 지정한 성수기 특정일(주말과 공휴일 등)과 시간대에 본섬을 방문하는 여행자에게 입장료를 부과했으며, 여행자는 예약 후 발급된 QR코드와 여권을 항상 소지해야 했다. 2025년에도 베네치아(메스트레 지역 포함)에서 숙박할 경우 예약 사이트에서 면제 사유와 숙박 날짜 등을 입력하고 면제 바우처(Exemptions)를 발급받으면 입장료가 면제될 전망이다.
WEB cda.ve.it/en/(예약)

바리
Bari(C.le)

베네치아 가기

국내선은 물론 다양한 국제선 열차가 유럽의 주요 도시와 베네치아를 연결한다. 고속철도가 보편화되면서 밀라노에서 2시간, 로마에서 3시간 정도면 닿을 수 있는 일일생활권이 되었다. 덕분에 로마나 밀라노 공항으로 입국하자마자 바로 베네치아로 이동해 관광을 시작하는 여행자도 많다.

1. 기차

베네치아에는 '베네치아(Venezia)'라는 이름이 들어간 역이 5개나 있다. 그중 여행자들이 자주 이용하는 역은 산타 루치아(Santa Lucia)역과 메스트레(Mestre)역이다. 일반적으로 베네치아역이라고 하면 종착역인 산타 루치아역을 말한다.

◆ 베네치아 산타 루치아역 Stazione di Venezia Santa Lucia

베네치아 본섬에 있는 기차역. 역 안에는 관광 안내소, 수하물 보관소, 식당과 카페 등의 편의 시설을 잘 갖추고 있다. 역 밖으로 나가면 바포레토(Vaporetto, 수상 버스) 승선장이 있다. 역 앞 바포레토 승선장 이름은 '페로비아(Ferrovia)'로 표기한다.

산타 루치아역

기차역 밖의 바포레토 매표소

산타 루치아역 바로 앞, 페로비아 승선장

관광 안내소 산타 루치아역 지점

❶ 관광 안내소 Venezia IAT

베네치아 운송회사 ACTV가 운영하는 관광 안내소로, 로마 광장에도 동일한 안내소가 있다. 우니카 교통 티켓을 판매하며, 여행 정보와 투어 예약 서비스 등을 제공한다. 기차역 옆에 위치해 붐비므로 우니카에서 발행하는 교통 티켓이나 각종 패스는 창구가 많은 기차역 밖의 바포레토 매표소에서 구매하는 것이 훨씬 빠르다.

OPEN 07:00~20:00
WALK 산타 루치아역 지점: 역에서 나와 바로 왼쪽 코너/로마 광장 지점: 역에서 나와 오른쪽으로 가서 다리를 건너 오른쪽. 도보 5분

❷ 수하물 보관소 KiPoint

당일치기 여행자의 필수 코스지만 서비스 불만이 높은 지점이다. 역 바깥의 관광안내소 바로 옆에도 사설 짐보관소(5~8€/1일)가 있으니 참고하자. 1번 플랫폼 옆.

OPEN 07:00~23:00 **PRICE** 6€/4시간, 4시간 초과 시 1€/1시간, 12시간 초과 시 0.50€/1시간

★
마르코 폴로 공항
WEB www.veniceairport.it

마르코 폴로 공항 안의 대중교통 매표소 © www.atvo.it

2. 항공

팬데믹 이전 아시아나항공이 인천–베네치아 직항 노선을 운항했지만 2020년부터 무기한 운휴 중이며, 운항 재개 시점은 미지수다. 보다 효율적인 일정을 위해 국적기 직항이 아니라 경유편이더라도 이탈리아 반도의 중심인 로마와 북쪽의 베네치아를 각각 인·아웃 도시로 정하는 것도 좋다.

저비용 항공사인 이지젯·라이언에어와 유럽 각국의 일반 항공사도 베네치아를 오간다. 대부분 항공사가 마르코 폴로 공항(VCE)를 이용하며, 라이언에어는 트레비소 공항(TSF)을 주로 이용한다. 소요 시간은 나폴리(NAP)에서 1시간 15분~, 파리(CDG/OLY)에서 1시간 35분~.

▶ 베네치아 마르코 폴로 공항 Aeroporto di Venezia Marco Polo(VCE)

베네치아 본섬에서 북서쪽으로 약 13km 떨어져 있다. 국제공항이라기에는 아담한 규모로 1층 입국장 안의 대중교통 매표소(Public Transport Tickets Office)에서 시내로 가는 공항버스(ATVO)와 수상 버스(Alialaguna) 티겟을 구매할 수 있다.

© www.veniceairport.it

ATVO 공항버스

▶ 마르코 폴로 공항에서 시내까지

로마 광장(Piazzale Roma)행 공항버스(ATVO)를 이용한다. 버스 정류장은 입국장 출구 앞에 있다. 티켓은 공항 안의 매표소나 버스 정류장에 있는 자동판매기에서 구매한다. 버스를 탈 때는 베네치아 직행(Venezia Diretta)인지 확인한 후 이용한다. 소요 시간은 20분~. 공항과 시내를 잇는 수상 버스(Alilaguna, 편도 15€/왕복 27€)는 요금이 비싸고 시간도 오래 걸려서 이용하는 사람이 많지 않다.

로마 광장은 베네치아 육상 교통수단의 최종 정류장으로, 여기서부터는 수상 버스인 바포레토를 이용해야 한다. 바포레토는 로마 광장 앞의 피아찰레 로마(Piazzale Roma) 승선장에서 탈 수 있다. 광장과 연결된 코스티투치오네 다리(Ponte della Costituzione)를 건너면 산타 루치아역과 페로비아(Ferrovia) 승선장으로 바로 이어진다.

로마 광장의 바포레토 매표소와 관광 안내소

로마 광장과 산타 루치아역을 연결하는 코스티투치오네 다리

로마 광장 앞의 바포레토 승선장

✚ 마르코폴로 공항–로마 광장 공항버스 운행 정보

요금	편도 10€, 왕복 18€
운행 시간	**공항→로마 광장** 06:00~다음 날 01:10/30~50분 간격 **로마 광장→공항** 04:20~00:40/30분~1시간 20분 간격(시즌에 따라 단축 운행)
홈페이지	www.atvo.it

▶ 시내에서 마르코 폴로 공항까지

시내에서 공항으로 갈 때 역시 비싸고 시간이 오래 걸리는 수상 버스보다는 로마 광장에서 출발하는 공항버스(ATVO)를 타고 간다. 산타 루치아역에서 코스티투치오네 다리를 건너면 정면에 버스 정류장이 있다. ATVO 매표소는 광장 서쪽의 길 건너편에 있으며, 버스 앞에 매표원이 나와 있을 때도 있다. 04:20부터 다음 날 00:40까지 30분~1시간 20분 간격(시즌에 따라 단축 운행)으로 운행하며, 요금은 공항 출발편과 같다.

◆ 베네치아 트레비소 공항
Aeroporto di Venezia Treviso A. Canova(TSF)

카노바 공항이라고도 하며, 주로 저비용 항공이 이용한다. 입국장을 나가면 로마 광장으로 가는 공항버스(ATVO) 정류장이 바로 보인다.

✚ 트레비소 공항 공항버스 운행 정보

요금	편도 12€, 왕복 22€
소요 시간	1시간 10분~
운행 시간	**트레비소 공항 → 로마 광장** 07:30~22:20/45분~2시간 간격 **로마 광장 → 트레비소 공항** 04:30~18:30/30분~2시간 간격

*운행 시간은 요일·시즌에 따라 다름

규모가 작은 트레비소 공항 © www.atvo.it

로마 광장의 공항버스 정류장

★
이탈리아에서 5번째 규모! 노벤타 디 피아베 디자이너 아웃렛(노벤타 아웃렛)
Noventa di Piave Designer Outlet

베네치아 본섬에서 북동쪽으로 약 42km(버스 기준) 떨어진 피아베 강 유역에 위치한 아웃렛. 프라다, 구찌, 돌체앤가바나, 보테가 베네타, 펜디, 버버리, 폴로 랄프로렌, 나이키 등 160여 개의 명품 브랜드와 중고가 브랜드들이 골고루 입점해 있다. 피렌체 더 몰이나 밀라노 세라발레 아웃렛보다 인기는 덜하지만 덕분에 더 여유로운 쇼핑을 즐길 수 있다. 붐비는 아웃렛에서는 매진되기 일쑤인 인기 색상과 사이즈의 제품을 득템할 확률이 높다는 것도 장점. 아웃렛까지는 로마 광장, 메스트레 기차역, 마르코 폴로 국제공항 등에서 ATVO 셔틀버스를 이용해 갈 수 있다. 로마 광장에서 아웃렛까지 요금은 편도 5€/왕복 9€, 소요 시간은 약 1시간 30분이다.

ADD Via Marco Polo 1
OPEN 10:00~20:00
BUS ATVO 셔틀버스: 로마 광장 출발 08:25~18:45, 하루 7~11회/아웃렛 출발 10:15~19:39, 하루 6~11/요일·시즌에 따라 변동
WEB www.mcarthurglen.com/ko/ (셔틀버스 예약 가능)

Ira Lichi / Shutterstock.com

★
ATVO
WEB www.atvo.it

★
트레비소 공항
WEB www.trevisoairport.it

로마 광장의 ATVO 공항버스 매표소
매표소 앞 자동판매기에서도 구매할 수 있다.

★
버스 터미널이 트론케토 섬이라면!

일부 장거리 버스는 로마 광장이 아닌 트론케토(Tronchetto) 섬의 버스 터미널을 이용한다. 트론케토 섬까지는 로마 광장에서 모노레일 '피플 무버(People Mover)'를 타고 이동한다. 요금은 1회권 1.50€(75분 내 버스·트램 환승 가능). 또는 로마 광장, 산 마르코 광장, 리알토, 페로비아(산타 루치아역) 등에서 바포레토 2번선을 타고 버스 터미널과 도보 3분 거리인 트론케토(Tronchetto) 승선장에 내린다.

트론케토 버스 터미널. 표지판만 있는 황량한 공터다.

모노레일, 피플 무버

★

베네치아 교통정보

ACTV

WEB www.actv.it

베네치아 우니카

WEB www.veneziaunica.it

★

현지인이 우선!

현지인이 많이 이용하는 승선장에는 '베네치아인 우대 개찰구(Priority Veneziaunica)'가 따로 있다. 여행자는 통과 불가! 바포레토가 도착하면 이 개찰구를 통과해 대기한 사람 먼저 탑승한다. 연간 2천만 명이 넘는 관광객에게 점점 밀려나는 6만여 현지인을 위한 조치다.

현지인 전용 분홍색 개찰구

베네치아 시내 교통

'물의 도시'라는 명성답게 본섬에는 버스나 지하철 등 지상으로 다니는 대중교통수단이 없다. 대신 바포레토(수상 버스)로 대표되는 여러 수상 교통수단이 있는데, 일반적인 지상 교통수단보다 요금이 훨씬 더 비싸다. 따라서 미리 계획을 세우고 동선에 맞는 교통권을 구매하는 것이 중요하다. 거리가 먼 곳은 바포레토를 이용하고 가까운 곳은 걸어서 돌아보자.

1. 바포레토(수상 버스) Vaporetto

가장 저렴하고 대표적인 대중교통수단이지만 1회 이용 요금이 무려 9.50€다. 보통 여름 시즌(4~10월)과 겨울 시즌(11~3월)으로 나누어 노선과 운행 시간을 크게 변경한다. 그 외 조수가 상승(주로 가을·겨울철)하거나 날씨가 좋지 않을 때도 운항을 중단하거나 우회 운항하니 현지에서 확인 후 이용한다.

20개 이상의 노선이 운항하는데, 여행자들이 가장 많이 이용하는 노선은 공항버스가 정차하는 로마 광장 승선장에서 시작해 산타 루치아역 앞 페로비아 승선장, 리알토 다리, 아카데미아 미술관, 산 마르코 광장을 거쳐 리도 섬까지 연결하는 1번선이다. 로마 광장에서 종점인 리도까지 1시간 정도 소요된다.

바포레토 이용 시 짐은 일정 크기 3개(가로+세로+높이 총합 150cm 미만 1개+120cm 미만 2개)까지만 허용되며, 초과 시 짐 1개당 1회권 금액을 내야 한다. 요금은 p534 참고.

바포레토 1번선

✚ 1번선 운항 정보(여름 시즌 기준)

운항 시간	05:01~23:55(로마 광장 승선장 출발 기준)/ 12~20분 간격 운항
여행자들에게 유용한 승선장	**Piazzale Roma** 로마 광장(공항버스) **Ferrovia** 산타 루치아 기차역 **Rialto Mercato** 또는 **Rialto** 리알토 다리 **Accademia** 아카데미아 미술관 **S. Marco Vallaresso** 산 마르코 광장 **S. Zaccaria** 두칼레 궁전 **Lido(S.M.E.)** 리도 섬

★

베네치아에서 길 찾기

바포레토 요금이 비싼 베네치아에서는 많이 걷게 되는데, 가급적 큰길로만 걸어 다니는 것이 좋다. 골목들이 거미줄처럼 얽혀 있어 길을 잃기 쉽고, 막다른 길이 많기 때문이다. 다행히 베네치아의 큰길은 모두 산 마르코 광장, 리알토 다리와 연결돼 있고, 어느 골목이든 표지판 안내가 잘돼 있다. 산 마크로 광장 쪽으로 들어갈 때는 'Per S. Marco', 리알토 다리 쪽으로 빠져나올 때는 'Per Rialto' 표지판을 따라가자.

✚ 그밖에 주요 바포레토 노선

2번선 산 마르코(S. Zaccaria "B")-산 조르조 섬-주데카 섬-트론케토-로마 광장-페로비아*-리알토*-아카데미아*-산 마르코(Giardinetti)*
(*는 시간대에 따라 운항이 제외되는 구간임)

2/번선 로마 광장-페로비아-리알토

3번선 로마 광장-페로비아-무라노

6번선 로마 광장-리도(급행)

12번선 폰타멘테 노베-무라노-부라노

14번선 산 마르코(San Zaccaria "A")–리도–부라노(푼타 사비오니행은 부라노 안 감)

*주요 승선장만 대략적으로 표시함/모든 노선은 양방향으로 운항

*비엔날레, 카니발, 영화제 등의 기간 및 시즌에 따라 운행 시간과 노선, 종점 등이 유동적이다.

#CHECK

바포레토를 이용하자!

❶ 승선권을 구매하자.

바포레토 승선장 주변에 있는 매표소를 이용한다. 단, 이용자가 적은 승선장 주변에는 매표소가 없거나 운영시간이 짧으니 매표소가 보일 때 미리 승선권을 구매해두자.

❶ 산타 루치아역 앞 페로비아 승선장에 있는 매표소

자동판매기가 있는 승선장도 있다(영어 화면 지원).

❷ 바포레토 승선장을 찾아가자.

로마 광장, 페로비아(산타 루치아역), 리알토, 산 마르코 등 규모가 큰 승선장은 노선과 방향에 따라 승선장이 여러 개로 나뉘어 있다. 승선장 이름은 알파벳 A, B, C 등으로 표기하며, 거리가 100m가량 떨어진 곳도 있다. 승선장 입구마다 승선장 이름과 이용 가능한 바포레토 번호가 적혀 있다.

❷ 운하를 따라 노란색 바포레토 승선장이 떠 있다.

노선 번호와 방향에 따라 승선장이 다르다.

❸ 노선도를 확인하자.

승선장 앞에서 노선도를 확인하자. 노선별로 지나가는 승선장 이름, 운항 시간 등이 표시돼 있다.

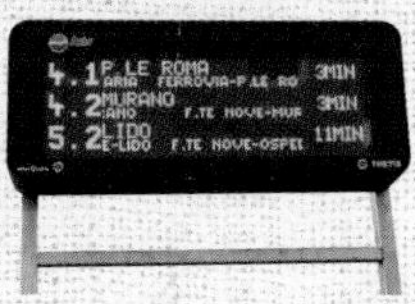

❸ 바포레토 노선별 목적지와 도착 시각을 안내하는 전광판

❹ 승선권을 태그하자.

우리나라의 교통카드와 마찬가지로 승선장 입구의 단말기에 승선권을 태그하면 자동으로 인식한다. 전용 앱(AVM Venezia)을 통해 구매했다면 승선하기 전에 활성화한다. 배 안에서 승무원이 수시로 승선권을 검사하니 주의할 것. 승선권에는 따로 개시 시각이 기록되지 않기 때문에 언제 처음 사용했는지를 잘 기억해두고 유효시간을 넘기지 않도록 주의한다.

❹ 하단의 컨택리스 마크 부분에 승선권을 대면 기계음과 함께 초록색 불이 들어오고 개찰구가 열린다.

배 안에서 승선권을 검사하는 승무원

❺ 바포레토에 오르자.

바포레토가 도착하면 내리는 사람이 모두 나온 후에 바포레토에 오른다. 승선장마다 많은 사람이 타고 내리니 통로를 막지 않도록 노란색 안전선 뒤에 서도록 한다.

❺ 하차가 완료될 때까지 노란색 안전선 뒤에서 대기한다. 바포레토에 오르면 간이식 난간이나 밧줄 근처는 피해서 자리를 잡는다.

❻ 바포레토에서 내리자.

승무원이 큰 소리로 승선장 이름을 외치니 잘 듣도록 한다. 배에 따라 안내 방송이 나오는 경우도 있다.

2. 수상 택시 Taxi Acquei

수상 택시는 바포레토보다 빠르고 편리하지만 요금이 비싼 것이 단점이다. 단, 목적지에 따라 정찰제로 운항하며, 최대 10명까지 승선할 수 있으므로 일행이 많다면 이용할 만하다. 수상 택시 승선장은 산타 루치아역, 산 마르코 광장 등 주요 명소 부근에 있으며, 승선장 앞에 'Taxi'라고 쓴 표지판이 있다.
회사에 따라 요금과 승선장 위치가 조금씩 다르며, 홈페이지에서 종종 할인 프로모션도 진행한다. 그밖에 다양한 투어 프로그램도 운영한다.

수상 택시 전용 승선장에서 대기한다.

✚ 수상 택시 요금

기본요금	4인 기준 산타 루치아역~산 마르코 광장(시티 센터) 69€~, 마르코 폴로 공항~산 마르코 광장 135€~/1인당 짐 1개 무료
추가 요금	5명 이상 탑승 시 10€/1인(최대 10명까지), 짐 추가 5€/1개, 심야 할증(22:00~07:00) 15~20€

3. 트라게토 Traghetto

곤돌라와 비슷하게 생겼으며, 운하를 건널 때만 이용하는 교통수단이다. 최대 탑승 인원은 15명으로 'Traghetto'라고 쓴 승선장에서 이용할 수 있다. 1회권은 구간에 따라 2~5€를 현금으로 내며, 큰 짐은 갖고 탈 수 없다. 대운하에서는 산 토마(S. Toma)를 비롯한 7곳의 승선장만 운영하는데, 멀리 다리를 건너 돌아가는 대신 이용하면 꽤 유용하다. 일요일에 쉬거나 날씨와 시즌에 따라 운항하지 않는 때가 많으니 이용하려면 안내문을 잘 확인한다.

트라게토 승선장

색다른 교통수단, 트라게토

★
베네치아 수상 택시

베니스 워터 택시
WEB www.venicewatertaxi.it

콘소르치오 모토스카피
WEB www.motoscafivenezia.it

★
수상 택시에도 교통 규칙이 있다?

육지도 아닌 수상에서 교통 규칙이 있다는 것이 낯설지만 좁은 운하에서 교통 규칙은 필수다. 수상 택시는 고속으로 달리면서 물결이 출렁거리게 해 다른 배들을 흔들리게 하거나 운하에 인접한 건물에 피해를 주면 안 되는 등의 교통 규칙을 준수해야 한다. 운하 내에서는 저속 운항을 하던 수상 택시들이 넓은 바다에만 들어서면 속도를 내는 건 바로 이런 이유 때문이다.

베네치아에서 가장 빠른 교통수단

★
곤돌라 대신 트라게토

비싼 요금 때문에 곤돌라를 타지 못한다면 트라게토를 이용해보자. 운하 양쪽을 연결해주는 교통수단인 트라게토는 곤돌라와 비슷하게 생겨 여행자들에게는 곤돌라 못지않게 인기가 높다. 트라게토를 탈 때는 반드시 서서 탔다는 베네치아 사람들의 오랜 전통과는 달리, 현재는 여행자들의 안전을 위해 모두 앉도록 지시한다. 운하를 가로지르기 때문에 출렁임이 심하니 이동 중에는 움직임을 자제하자.

#CHECK

꼭 알아두어야 할 베네치아의 거리 이름

이탈리아에서는 거리를 '비아(Via)'나 '코르소(Corso)', 광장을 '피아차(Piazza)'라고 하는데, 베네치아에서는 자신들만의 독특한 이름으로 표현한다. 또 여행자가 많이 사용하는 구글 맵스와 표기가 다른 곳이 많다. 단어의 스펠링이 비슷하면 눈치껏 찾으면 되지만 전혀 다른 곳도 있으므로 'Per San Marco(산 마르코 광장 방향)' 등 주요 명소를 안내하는 표지판이나 현재 위치를 중심으로 길을 찾는 것이 좋다.

❶ **캄포 Campo** 산 마르코 광장 이외의 광장을 일컫는 말이다. 참고로, 산 마르코 광장은 'Piazza San Marco'로 표기한다.

❷ **캄피엘로 Campiello** 산 마르코 소광장(Piazzetta San Marco) 이외의 작은 광장을 일컫는 말이다.

❸ **칼레 Calle** 일반적인 거리를 뜻하는 말. '비아(Via)'를 대신한다.

❹ **살리자다 Salizada** '칼레(Calle)'보다 넓은 거리를 뜻한다.

❺ **라모 Ramo·칼레타 Caletta** '칼레(Calle)'보다 좁은 거리.

❻ **폰다멘타 Fondamenta** 작은 운하를 따라 난 거리를 뜻한다.

❼ **리오 테라 Rio Terà** 매립지를 메워 만든 거리를 뜻한다.

❽ **폰테 Ponte** 다리. 이 단어는 다른 도시와 다르지 않다.

❾ **리오 Rio** 섬과 섬 사이를 흐르는 작은 물길. 도시의 물이 고여 썩지 않도록 바닷물의 흐름을 유지하는 중요한 역할을 한다.

❿ **카날 Canal** 운하 또는 대운하. 도시 가운데를 가르는 큰 물길을 말한다.

⓫ **리바 Riva** 대운하를 따라 난 거리를 일컫는다.

⓬ **소토 포르테고 Sotto Portego** 건물 아래로 난 터널 같은 길이다.

❶ 산 폴로 광장

❷ 콜롬비나 소광장

❸ 세콘다 데이 사오네리 거리

❹ 피오 X 거리

❺ 콜롬비나 거리

❻ 폰테 스토르토 거리

❼ 리오 테라

❽ 산 폴로 다리

#CHECK

베네치아 교통권 & 할인 패스

베네치아에는 다른 도시에서는 보기 드물 정도로 많은 종류의 할인 패스가 있다. 흔히 볼 수 있는 교통권은 물론 미술관과 박물관, 심지어 성당 입장료까지 하나로 묶어 마치 홈쇼핑에서 '1+1' 행사를 하듯 판매해 역시 '상인의 도시 베네치아는 다르긴 다르구나'라는 생각이 절로 들게 한다.
종류가 많다 보니 고민되겠지만 결론적으로 일반 여행자는 바포레토 승선이 가능한 교통권만 구매하면 된다. 미술 작품에는 관심이 적고 걷는 것에 자신이 있다면 그마저 구매하지 않아도 된다. 반대로 미술에 관심이 많거나 눈여겨봐 둔 박물관이 있다면 다음의 카드별 상세 설명을 보고 자신에게 맞는 것을 고르자. 단, 혜택에 너무 욕심을 내 필요 이상으로 지출하고 후회하는 경우가 많으니 조금 부족한 듯 선택하는 것이 좋다. 각종 교통권과 할인 패스는 베네치아 운송회사 ACTV의 전자 발권 시스템인 베네치아 우니카(Venezia Unica)에서 발행하며, 우니카 홈페이지와 전용 앱(AVM)에서도 구매할 수 있다.

★
베네치아 우니카
WEB www.veneziaunica.it

바포레토 승선권

❖ 베네치아 교통권

바포레토는 물론 시내버스와 트램 같은 지상 대중교통을 이용할 수 있는 교통권. 마르코 폴로 공항을 연결하는 공항버스나 수상버스 이용권, 로마 광장 주차권 등 그 종류가 다양하다. 유효기간이 길수록 할인율이 높으니 머무르는 기간만큼의 정기권을 구매하는 것이 경제적이다. 반나절 산 마르코 광장과 주요 명소만 돌아볼 계획이라면 구매하지 않아도 되지만 조금 많이 걷는 것은 각오해야 한다. 우니카 홈페이지에서 구매할 경우 'BOOK IN ADVANCE AND SAVE' 또는 'PUBLIC TRANSPORT IN VENICE'에서 원하는 교통카드를 선택한 후 구매하면 된다.

✚ 베네치아 대표 교통권 요금(5세 이하 무료)

종류	원어 표기	요금	유효시간	이용 범위
1회권	Biglietto Ordinario 75' Rete Unica	9.50€	개시 후 75분	바포레토, 시내버스, 트램, 피플무버
1일권	Biglietto integrato AVM/ Actv Venezia-Trenitalia(1 giorno)	25€	개시 후 24시간	1회권 이용 범위+베네치아 지역 내 레조날레 기차(R/RV)
2일권	Biglietto 2 giorni(48 ore)	35€	개시 후 48시간	1회권과 동일
3일권	Biglietto 3 giorni(72 ore)	45€	개시 후 72시간	1회권과 동일
롤링 베니스 +3일권	Rolling Venice +Biglietto 3 Giorni	6€+27€	롤링 베니스 카드는 1년, 72시간권은 개시 후 72시간	1회권과 동일

*16번선, 19번선, 카지노선, 공항-시내 노선 이용 불가. 단, 1~3일권 구매 시 공항버스 이용권 추가 가능(편도 7€/왕복 13€ 추가)

❖ 롤링 베니스(롤링 베니스 카드) Rolling Venice

6~29세 여행자에게 관광지, 교통권, 식당, 숙소 등에 대한 할인 혜택을 주는 제도. 바포레토 3일권을 27€에 구매할 수 있다는 점이 제일 큰 매력적이다. 가입비 6€를 더한다 해도 바포레토 2일권(35€)보다 저렴하다. 두칼레 궁전이나 시계탑 같은 명소 외에도 롤링 베니스 가맹점(식당·카페·호텔·쇼핑센터 등)에서 할인받을 수 있다. 승선장 매표소나 우니카 티켓 오피스, 우니카 홈페이지에서 구매할 수 있다(여권 지참 필수).
매표소에서 구매하면 바포레토 3일권과 함께 영수증을 주는데, 카드에 오류가 났을 때 필요하니 잘 보관한다. 유효기간은 발행일로부터 1년이다. 우니카 홈페이지에서 구매할 경우 'PUBLIC TRANSPORT IN VENICE'를 누른 후 'ACTV-TIME-LIMITED TICKETS'에서 'ACTV 3 day Transport+Rolling VENICE(discounted ticket)'을 선택한다.

❖ 베네치아 시립 박물관 패스 Fondazione Musei Civici di Venezia

두칼레 궁전을 포함해 시내 박물관 12곳에 입장할 수 있는 박물관 패스(Museum Pass)와 산 마르코 광장의 박물관 4곳(두칼레 궁전·코레르 박물관·고고학 박물관·국립 마르차나 도서관)을 12:00~18:00 사이에 입장할 수 있는 산 마르코 광장 박물관 패스(St. Mark's Square Museums)가 대표적이다. 우니카 홈페이지에서 구매할 경우 'MUSEUMS AND CHURCHES'를 눌러 'FONDAZIONE MUSEI CIVICI DI VENEZIA'에서 선택한다.

✚ 베네치아 시립 박물관 인기 패스와 요금

종류	영어 표기	요금
박물관 패스	Museum Pass	40€(25세 이하 학생·롤링 베니스 소지자·65세 이상 22€)
산 마르코 광장 박물관 패스	St. Mark's Square Museums	30€(25세 이하 학생·롤링 베니스 소지자·65세 이상 15€)

*유효기간 내 한 번씩만 입장 가능

★

시립 박물관 패스 구매 시 고려할 점

❶ 두칼레 궁전은 패스 종류와 상관없이 12:00~18:00(11~3월 17:00)에만 입장할 수 있다. 산 마르코 광장 박물관 패스의 경우 패스를 살 때 지정한 날짜에만 궁전에 입장할 수 있으며, 변경은 안 된다.

❷ 여행자가 많이 찾는 산 마르코 광장의 종탑, 페기 구겐하임 미술관, 아카데미아 미술관 등은 제외돼 있다.

❸ 여행자의 필수 방문 코스인 산 조르조 마조레 성당, 산타 마리아 델라 살루테 성당 등은 입장료를 받지 않는다.

❖ 베니스 시티 패스 VENICE City Pass

시내 박물관과 성당, 투어를 다양하게 결합한 패스다. 우니카 티켓 오피스나 관광 안내소, 우니카 홈페이지('CITY PASS BEST DEALS'에서 선택)에서 구매할 수 있다.

✚ 베니스 시티 패스 종류와 요금

종류	영어 표기	요금	요금
산 마르코 시티 패스	San Marco City Pass	38.90€, 6~29세·65세 이상 23.90€	산 마르코 광장의 박물관 4곳과 성당 3곳
산 마르코 시티 패스 +페니체	San Marco City Pass+Fenice	49.90€, 6~29세·65세 이상 31.90€	산 마르코 시티 패스 혜택에 라 페니체 극장 오디오가이드 투어 추가
올 베니스	All Venice	52.90€, 6~29세·65세 이상 31.90€	두칼레 궁전을 포함해 박물관 12곳과 성당 16곳
올 베니스+페니체	All Venice +Fenice	63.90€, 6~29세·65세 이상 39.90€	올 베니스 혜택에 라 페니체 극장 오디오가이드 투어 추가

*유효기간 내 1번씩만 입장 가능(두칼레 궁전은 패스 종류에 상관없이 12:00~18:00에만 입장 가능)

❖ 성당 방문 패스 Churches of the Chorus Circuit

산타 마리아 델 로사리오 성당, 산 스타에 성당, 산타 마리아 델 미라콜리 성당 등을 포함한 18곳의 성당을 입장할 수 있다. 하지만 산 마르코 대성당, 산타 마리아 글로리오사 데이 프라리 성당 등 여행자가 많이 찾는 성당은 포함되지 않고 무료입장인 곳도 많으므로 신중히 구매하는 것이 좋다. 패스 사용이 가능한 성당 중 4곳 이상 방문할 계획이라면 구매하는 것이 이득이다. 개시 후 1년간 유효하며, 각 한 번씩만 입장할 수 있다. 요금은 14€(29세 이하 학생 10€). 우니카 홈페이지에서 구매할 경우 'MUSEUMS AND CHURCHES'에서 'CHURCHES OF THE CHORUS CIRCUIT'을 선택한다.

★

베네치아 우니카 홈페이지의 인터넷 할인을 이용하자!

베네치아 우니카는 홈페이지를 통해 시즌별 다양한 할인 이벤트를 진행한다. 홈페이지에 접속해 메인 페이지를 영어 화면으로 전환한 후 'PURCHASE THE CITY PASS'를 누르면 각종 패스와 교통권 목록이 나온다. 오른쪽 'MY CARD' 아래의 '+ ADD CARD'를 클릭해 이름과 성을 입력한 후 'Create Card'를 눌러 카드를 만들고 원하는 할인 패스나 교통권을 선택해 신용카드로 결제하면 이메일로 바우처를 받을 수 있다. 바우처의 PNR 예약 코드를 출력하거나 스마트폰에 저장한 후 현지에서 ACTV 자동판매기에 입력하거나 매표소에 제시하고 교통권으로 교환하면 바포레토를 이용할 수 있다. 박물관이나 성당 등에서는 입구에서 바우처를 제시하고 입장하면 된다.

베네치아 실용 정보

베네치아 여행의 도우미라 할 수 있는 관광 안내소는 산타 루치아역 근처와 산 마르코 광장에 있다. 산타 루치아역에서 리알토 다리까지 이어지는 큰길에는 여러 곳의 슈퍼마켓이 있다.

❶ 산 마르코 광장 관광 안내소 Venezia Unica IAT Piazza San Marco : 관광 안내소

유료 지도(3€) 판매 및 투어 예약 서비스 등을 제공하며, 롤링 베니스 카드나 시티 패스도 판매한다. 가이드 투어 상담이 주 업무이므로 일반적인 여행 정보는 간략하게만 제공한다.

ADD Piazza San Marco, 71B
OPEN 09:00~19:00 **CLOSE** 1월 1일, 12월 25일
WALK 산 마르코 광장에서 산 마르코 대성당을 등지고 정면 끝까지 걸어가면 광장을 빠져나가는 왼쪽 출구에 있다. 도보 2분
WEB www.veneziaunica.it

❷ 쿱 Coop : 슈퍼마켓

구시가에서 제일 크고 찾기 쉬운 슈퍼마켓. 조리 식품과 베이커리류도 판매한다.

ADD Via Cannaregio, Ponte S. Felice, 3660
OPEN 08:00~21:00
VAPORETTO 1번선 카 도로(Ca' d'Oro) 승선장에서 도보 3분

❸ 테아트로 이탈리아(데스파) Teatro Italia(Despar) : 슈퍼마켓

극장 건물을 그대로 사용한 인테리어가 독특한 슈퍼마켓. 필요한 생필품을 구매하는 김에 천장의 프레스코화와 아르누보 장식 등 1900년대 초반의 베네치아 고딕 건축 양식을 구경하는 재미가 있다.

ADD Campiello de L'Anconeta, 1944
OPEN 08:30~20:30
WALK 산타 루치아역에서 도보 10분. 안코네타 다리(Ponte Anconeta)를 건너기 직전 왼쪽

❹ 팀 Tim : 통신사 대리점

ADD Ruga degli Spezier, 385
OPEN 09:30~13:00, 15:00~19:30, 일요일 휴무
VAPORETTO 1번선 리알토 메르카토(Rialto Mercato) 승선장에서 도보 1분
WEB www.tim.it

★

베네치아 숙소 정보

베네치아의 호텔은 규모가 작고 요금이 비싼 편이다. 특히 카니발 기간과 여름 성수기에는 숙소를 구하기 힘들 뿐 아니라 바가지에 가까운 비싼 숙박료를 물어야 한다.

★

베네치아 여행의 불청객, 모기

여행자를 기죽게 하는 베네치아의 물가만큼이나 악명 높은 것은 바로 모기다. 날씨가 더워지는 5월부터 더위가 한풀 꺾이는 10월까지 종횡무진 베네치아를 누비고 다니며 여행자를 괴롭힌다. 숙소마다 방충망과 모기향을 준비해뒀지만 모기를 쫓는 데는 역부족이다. 특별한 대비책이 없기 때문에 그냥 참거나 별도의 방지책을 준비해 가는 것이 좋다. 번거롭더라도 피부에 바르는 모기퇴치제나 모기 스프레이와 물파스를 꼭 챙겨 가자.

SPECIAL PAGE

물의 도시 베네치아의 상징

곤돌라

'흔들리다'라는 뜻의 곤돌라는 물의 도시 베네치아에만 있는 독특한 교통수단으로, 한때 그 수가 1만 척이 넘을 정도로 인기를 누렸다. 아쉽게도 지금은 예전의 영광을 찾아볼 수 없지만 베네치아를 찾는 이들에게는 여전히 '베네치아의 낭만'을 느끼게 하는 동경의 대상이다.

베네치아의 상징, 곤돌라.
최대 5명까지 승선할 수 있다.

❶ 손으로 깎아 만든 곤돌라

곤돌라는 길이 11m, 무게 600kg이며, 8종의 나무로 만든 280개의 조각으로 이루어져 있다. 배 앞뒤의 장식을 제외한 모든 부분이 나무로, 아직도 수작업으로만 제작한다. 곤돌라 한 척을 완성하는 데는 대략 1년이 걸린다고 한다.

❷ 곤돌라의 사공, 곤돌리에르

곤돌라를 운전하는 사공을 곤돌리에르(Gondolier)라고 한다. 곤돌리에르가 되려면 일종의 자격시험을 치러야 하는데, 곤돌라 조정 능력뿐 아니라 영어·역사·문화 등 다방면에 걸친 기준을 통과해야 하고, 관광객을 매료시킬 노래 실력도 필수다. 이처럼 곤돌리에르 자격시험이 까다로운 이유는 곤돌리에르가 '문화 전도사'라는 자부심과 그에 못지않은 수입이 보장되기 때문이다.

좁은 운하를 운항하기에
제격인 곤돌라

❸ 곤돌라의 화려한 변신

'베네치아 전통 곤돌라 경주(Regata Storica di Venezia al Canal Grande)'

과거 베네치아의 귀족들은 자신들이 소유한 곤돌라를 화려하게 치장해 부를 과시했다. 그러나 점점 그 도가 지나치면서 1562년 베네치아 의회에서는 곤돌라를 검은색으로 통일한다는 법령을 내렸고, 이에 따라 베네치아의 곤돌라는 오늘날까지 모두 검은색이다. 검은색 곤돌라는 1년에 한 번, 매년 9월 첫째 일요일에 화려한 변신을 한다. 이날에는 산타 루치아역과 산 마르코 광장으로 이어지는 대운하에서 곤돌라 경주가 열리는데, 2~3일 전부터 다채로운 행사가 펼쳐진다. 대회 날에는 15세기 복장을 한 사람들이 각양각색으로 치장한 곤돌라로 퍼레이드를 펼치고, 퍼레이드가 끝나면 박진감 넘치는 곤돌라 경주가 이어진다. 경주를 보기 위해 따로 예약해야 하거나 비용을 지불해야 하는 것은 아니지만 이 시기에는 숙박료가 오르고 숙소를 예약하기 어려워진다.

매년 9월 첫째 일요일에
열리는 곤돌라 경주 대회

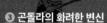

✚ 곤돌라 요금

주간(08:00~19:00)	기본 30분 80€
야간(19:00~다음 날 08:00)	기본 30분 100€

* 최대 승선 인원은 5명이다. 정가제로 운영하므로 사람이 많을수록 1인당 부담하는 요금이 적어진다.
* 승선 시간은 보통 25~30분 정도며, 해가 완전히 진 뒤에는 생각보다 분위기가 별로라 추천하지 않는다.

DAY PLANS

베네치아는 117개의 섬, 177개의 크고 작은 운하, 400여 개의 다리로 이루어져 있다.
따라서 웬만큼 정보를 갖추지 못하고 여행을 하면 알맹이를 빠트리기 일쑤다. 또한 매번 바포레토를 타고
기차역과 산 마르코 광장을 오가기 번거롭고 요금도 비싸므로 일정 계획을 잘 세워야 한다.
섹션 A는 리알토 다리와 산 마르코 광장 등 베네치아의 대표적인 명소를 돌아보는 일정이다.
산 조르조 마조레 성당을 포기한다면 도보로만 이동할 수 있으며, 6~8시간 소요된다.
섹션 B는 일정이 여유롭고 미술을 좋아하는 여행자를 위한 추천 코스다. 미술관을 모두 둘러보려면 하루는 족히 소요된다.
그림에 관심이 없다면 무라노나 리도 등 근교 섬으로 떠나보자.

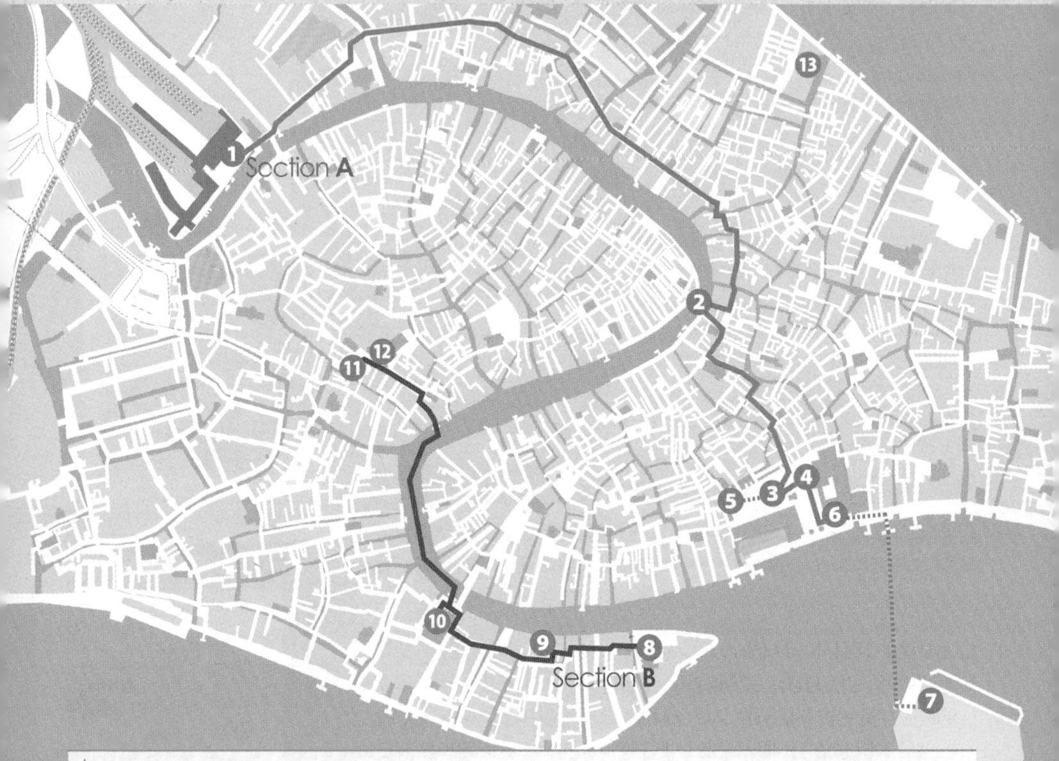

★
아름다운 베네치아를 위하여 #Enjoy Respect Venezia

연간 2천만 명이라는 엄청난 수의 관광객을 수용하느라 몸살을 앓던 베네치아가 지속 가능한 관광도시로 거듭나기 위해 강력한 벌금제도를 도입했다. '#Enjoy Respect Venezia' 티셔츠를 입은 순찰대가 수시로 감시 중이며, 아래 내용을 어길 시 최소 50€에서 최대 7000€까지 어마어마한 벌금을 내야 하니 꼭 숙지하자.

- 산 마르코 광장 등 지정되지 않은 곳에서 식음료 섭취 금지
- 관광 명소에서 지정되지 않은 곳에 앉지 말기
- 비둘기나 갈매기에게 먹이 주지 않기
- 좁은 길은 우측통행, 다리에서 멈춰 서지 않기
- 운하에 발을 담그거나 수영이나 다이빙하지 않기
- 벌거벗거나 수영복을 입은 채로 다니지 않기
- 자전거를 타거나 끄는 행위 금지
- 낙서, 노상 방뇨, 쓰레기 투척, 캠핑 금지
- 다리에 채우는 기념 자물쇠 금지
- 불법 노점상에게 짝퉁 상품 구매 금지(최고의 벌금 부과)

알찬 일정을 위해 준비해두세요

섹션 A 바포레토 승선을 포함한 교통권(1일권)을 구매하자. 승선권 유효시간 안에 산 조르조 마조레 성당과 무라노 & 부라노를 다녀오는 일정을 잡으면 효율적이다.

베네치아 옵션 A 리도 섬에서 해수욕을 즐기려면 비치 용품을 준비해 가자.

Section A p542
산 마르코 광장 주변

❶ 산타 루치아역

↓ 도보 30분 또는
V 1번선 리알토 승선장

❷ 리알토 다리

↓ 도보 10분

❸ 산 마르코 광장

❹ 산 마르코 대성당

Option **❺ 코레르 박물관**

↓ 도보 1분

❻ 두칼레 궁전

↓ V 2번선 산 조르조 승선장

Option **❼ 산 조르조 마조레 성당**

Section B p568
미술관 투어

❶ 산타 루치아역

↓ V 1번선 살루테 승선장

❽ 산타 마리아 델라 살루테 성당

↓ 도보 5분

❾ 페기 구겐하임 미술관

↓ 도보 5분

❿ 아카데미아 미술관

↓ V 1번선 산 토마 승선장
하차 후 도보 3분

Option **⓫ 산 로코 학교**

↓ 도보 1분

⓬ 산타 마리아 글로리오사 데이 프라리 성당

Option **⓭ 산타 마리아 아순타 데타 이 제수이티 성당**

Venezia Option A p587
무라노 & 부라노 & 리도

본섬

↓ V 12번선 약 45분 소요

❶ 부라노

↓ V 12번선 약 35분 소요

❷ 무라노

↓ V 4.1번선, 4.2번선, 12번선
약 20분 소요

본섬 폰다멘테 노베 승선장

↓ V 5.1번선 약 30분 소요

❸ 리도

베네치아 광역도

토레파지오네 칸나레조
Guglie
테아트로 이탈리아
CPL. O Anconeta
PTE. Guglie
Rio Tera S. Leonardo
Campo S. Leonardo
Rio Tera Madda
FDTA. Priuli
C. do Corti
C. Rielo
CPO. S. Geremia
FDTA. de Ca Labia
산 제레미아 성당
Calle Carmelitani
C. Priuli ai Cavalletti
리스타 디 스파냐 거리 Rio Tera Lista di Spagna
S. Marcuola
Canal Grande
수하물 보관소
Riva de Biasio
Riva di Biasio
베네치아 산타 루치아역
VENEZIA SANTA LUCIA
산타 마리아 디 나자레스 성당 (스칼치 성당)
스칼치 다리 PTE. d. Scalzi
1 베네치아 산타 루치아역
FDTA. S. Lucia
Ferrovia
C. Longa Chiovenette
Rio Tera S. Ca Zusto
Lista Vecchia dei Bari
CPO. S. Simeon Grande
CPO. Santo
S. Simon Picolo
C.S. Simeone
C. Bergamaschi
CPO. N. Sauro
CPO. dei Tedeschi
CPO. S. Giacomo dell'Orio
C. Tintor
FDTA. del Megio
SLZDA S. Stae
S. Stae
FDTA. Rimpetto
FDTA. Grue
Chiara
FDTA. S. Chiara
Piazzale Roma
Canal Grande
FDTA. de la Croce
Corte Case Nuove
Corte Canal
CPL.O Strope
FDTA. Rio Marin
Rio Tera Primo
트론케토 섬
Tronchetto
코스티투치오네 다리
Ponte della Costituzione
공항버스(ATVO) 매표소
피플 무버 로마 광장역
Piazzale Roma
로마 광장
Piazzale Roma
공항버스 정류장
Rio Terà Sant'Andrea
FDTA. Papadopoli
FDTA. Tolentini
CPO. Lana
Calle della la Laca
C. dell'Olio
C. de Ca'Amai
C. de Mezo
C. Archivio
CPO. S. Stin
C. Ca'Dona
Rio Tera S. Toma
CP L. Albrizzi
C. Tazzacchi
FDTA. S. Andrea
Tre Ponti
바카레토 다 렐레
Section B p568
C. Corner
CPO. S. Polo
FDTA. Tabacchi
FDTA. de le Burchiele
리오 노보
C. Pensieri
Rio Tera dei Pensieri
C. Burchiele
FDTA. Minotto
S. S. Pantalon
C. Vinanti
산타 마리아 글로리오사 데이 프라리 성당
CPO. S. Rocco
CPO. dei Frari
11 산 로코 학교
12
Rio Tera Amalteo
S. S. Polo
C. Saoneri
CPL. Mosca
C. Preti
CRS. S. Pantalon
CPO. S. Toma
C. d. Campanile
CPO. S. Maria Maggiore
FDTA. de Ca Rizzi
FDTA. S. Maria Maggiore
FDTA. de le Procuratie
FDTA. del Rio Nuovo
CPO. S. Pantalon
C. Larga Foscari
S. Angelo
S. Tomà
C. Madona
FDTA. Madona
FDTA. dei Cereri
C. Nova
FDTA. d. Malcanton
Corte de l'Albero
PTE. Novo S. Marta
C. dei Guardiani
FDTA. Rossa
C. dei Ragusei
C. Magazen
Canal Grande
FDTA. Arzere
FDTA. Foscarini
CPO. Santa Margherita
Corte del Magazen
S. S. Samuele
CPO. Carmini
C. Vida
Rio Tera Canal
C. Bernardo
C. de le Carrozze
C. de le Botteghe
Corte Maggiore
FDTA. Briati
San Samuele
Cà Rezzonico
Fond. Alberti
CPO. S. Stefano
FDTA. Gherardini
CPO. S. Barnaba
C. Traghetto
C. Piova
C. Lunga de San Barnaba
PTE. Malpaga
Stazione Marittima
C. Avogaria
C. Colonete
CPO. Pisani
Rio Tera Ognissanti
A번 승선장 (산 마르코행) Accademia
CPO. S. Vidal
PTE. Accademia
S. S. Basilio
FDTA. Ognissanti
CPO. S. Basilio
CPO. Ognissanti
C. Occhialera
C. d. Chiesa
FDTA. Toffetti
FDTA. Priuli
CPO. de la Carita
Rio Tera de la Carita
10 아카데미아 미술관
C번 승선장 (리알토·페로비아행) Accademia
Canale della Giudecca
S. Basilio
C. Trevisan
FDTA. Bontini
CPO. S. Trovaso
FDTA. Nani
Rio Tera Antonio Foscarini
FDTA. Venier
FDTA. Bragadin
CPO. S. Vio
페기 구겐하임 미술관 9
FDTA. Venier
FDTA. Ospedalet
Canal della Giudecca
Zattere Ai Gesuati
CPO. S. Agnese
Zattere
Rio Tera S. Vio

0 100m
Section A p542
CPO. da Calcio
C. Marco Foscari
FDTA. Nove
F.te Nove(A)
Canale de le Fondamente Nove
S. dei Spechieri
⑬ 산타 마리아 아순타 데타 이 제수이티 성당
CPO. dei Gesuiti
F.te Nove(B)
F.te Nove(C)
F.te Nove(D)
CPO. de l'Abazia
Canale de la Misericordia
C. Lunga S. Caterina
CPO. Misericordia
C. d. Racchetta
C. Zanardi
Via V. Emanuelle
프루랄라 (간이주점)
C. Venier
CPL.O Pieta
C. Priuli
CPO. S. Felice
Corte Pali Testori
필론
C. d. Vele
C. Cristo
Rio Tera Barba Frutariol
Rio Tera Franceschi
Rio Tera SS. Apostoli
C. Stella
C. del Squero
Rio Mendicanti
FDTA. Nove
Ospedale
C. Cà d'Oro
Strada Nuova
CPO. S. Sofia
Cà d'Oro
C. Verdi
CPL.O Cason
CPO. SS. Apostoli
Riva de l'Ogio
C. del Campanile
C. del Botteri
CPO. Pescaria
S. S. Canzian
C. de la Testa
CPO. Beccarie
Ruga Speziali
Rialto Mercato
C. Boldù
Canal Grande
FDTA. Preson
Ruga dei Orefici
Rialto Nuovo
S. S. Giovanni
CPO. San Giovanni e Paolo
C. de le Cappuccine
Rio S. Giustina
FDTA. S. Giustina
Barbaria delle Tole
C. Cafetier
CPO. S. Marina
C. Scaleta
S. F. Tedeschi
② 리알토 다리
PTE. di Rialto
Salizz. Pio X
CPO. S. Giustina
CPO. S. Francesco de la Vigna
CPO. Aponal
CPO. S. Giustina
CPO. Confraternita
CPO. S. Silvestro
Rialto
Riva del Ferro
Riva del Vin
C. Stagneri
C. Larga Mazzini
C. S. Maria Formosa
CPO. S. Maria Formosa
S. S. Lio
C. S. Lorenzo
Borgoloco S. Lorenzo
CPO. S. Lorenzo
S. Silvestro
Riva del Carbon
Marzaria S. Salvador
C. Bembo
C. S. Antonio
S. S. Lio
C. Bande
PTE. Bande
FDTA. S. Severo
FDTA. S. Giorgio
C. Guerra
C. d. Ballotte
C. Fabbri
FDTA. Rimedio
C. Rimedio
CPO. S. Luca
C. Fuseri
CPO. Manin
C. Mezo
FDTA. Osmarin
라 멜라 베르데
PTE. Corona
C. Cortesia
C. Mandola
Calle Frubera
Merzerie dell'Orologio
C. Larga S. Marco
S. S. Provolo
S. S. Antonin
S. Pignater
CPO. S. Gallo
C. Cappello
Piazzetta Leoni
시계탑
④ 산 마르코 대성당
CPO. Filippo Giacomo
CPO. S. Zaccaria
Bandiera e Moro
C. Pieta
CPO. Bragora
Frutariol
③ 산 마르코 광장 Piazza S. Marco
•대종루
Calle dei
CPL. la Fenice
CPO. S. Fantin
CPO. S. Fantin
C. Bognolo
Frezzaria
⑤ 코레르 박물관
산 마르코 소광장 Piazzetta S. Marco
⑥ 두칼레 궁전
Riva Schiavoni
Riva Schiavoni
Riva Schiavoni
CPL.O Piovan
CPL.O Pescaria
S. Zaccaria
S. S. Moise
CPO. S. Moise
C. Larga X X II Marzo
C. Vallaresso
Bacino di S. Marco
CPO. S. Maria del Giglio
FDTA. Fontegheto
S. Marco (Giardinetti)
S. Marco (Vallaresso)
CPO. Traghetto
Bacino di S. Marco
Giglio
Canal Grande
Salute
CPO. Salute
FDTA. Dogana
Campo S. Gregorio
⑧ 산타 마리아 델라 살루테 성당
FDTA. Dogana e la Salute
FDTA. Ca' Sala
Rio Tera A
산 조르조 마조레 성당
S. Giorgio
⑦

SECTION

A

산 마르코 광장 주변

❶ **베네치아 산타 루치아역** → 도보 30분 → ❷ **리알토 다리** → 도보 10분 → ❸ **산 마르코 광장** → ❹ **산 마르코 대성당** [**Option** ❺ **코레르 박물관**] → 도보 1분 → ❻ **두칼레 궁전** → V 2번선 산 조르조(S. Giorgio) 승선장 → [**Option** ❼ **산 조르조 마조레 성당**]

스칼치 다리(Ponte degli Scalzi) 위에서 바라본
산타 루치아역과 산타 마리아 디 나자레스 성당

01 헛둘셋! 베네치아 여행의 출발점

베네치아 산타 루치아역

Stazione Venezia Santa Lucia

베네치아 여행의 출발점이자, 빼어난 경치를 자랑하는 역. 산타 루치아 성당이 있던 자리에 현대식 건물로 지어진 데서 이름이 유래했다. 역 앞에 있는 운하는 물의 도시 베네치아를 대표하는 대운하 카날 그란데(Canal Grande)다. 역 밖으로 나오면 바로 5개의 바포레토 승선장과 수상 택시가 보이며, 밤에는 야간열차를 기다리는 배낭여행자들로 북새통을 이룬다. 맞은편에는 대운하의 다리 3개 중 하나인 ❶ 스칼치 다리(Ponte degli Scalzi)가 보인다. 역을 등지고 섰을 때 왼쪽의 ❷ 리스타 디 스파냐 거리(Rio Terà Lista di Spagna)는 다양한 숙소와 편의 시설이 몰려 있는 여행자의 집합소다. 이 길로 들어서 30분 정도 걸어가면 산 마르코 광장이 나온다.

Ⓖ 베네치아 산타 루치아역 Ⓜ MAP ⓬-A
ADD Stazione di Santa Lucia
VAPORETTO 1번·2번·3번·4.1번·4.2번·5.1번·5.2번·12번·13번·N번선 페로비아(Ferrovia) 승선장 하선

❷ 전 세계에서 몰려든 여행자들로
하루 종일 북새통을 이루는
리스타 디 스파냐 거리

❶ 역 앞의 스칼치 다리

자박자박

베네치아 걷기 여행

베네치아 산타 루치아역에서 산 마르코 광장까지 이르는 길은 여행 중 한 번쯤은 꼭 걷게 된다. 다리, 성당, 광장 등 주요 명소는 물론, 슈퍼마켓, 식당, 카페, 기념품점 등 여행자가 가고 싶은 모든 곳이 있기 때문이다. 산타 루치아역을 등지고 왼쪽으로 'Per Rialto' 표지판을 따라 30분 정도 걸어간 후 리알토 다리부터는 'Per S. Marco' 표지판을 따라가면 된다. 도중에 갈림길도 많고 다리도 몇 번 건너야 하지만 표지판 안내가 잘돼 있어 베네치아를 처음 찾는 사람도 쉽게 찾아갈 수 있다.

⑩ 산 마르코 광장

❶ 산타 마리아 디 나자레스 성당 Chiesa di Santa Maria di Nazareth

베네치아에서 유일하게 카라라(Carrara) 대리석으로 지은 건축물. 푸른빛이 도는 흰색의 카라라 대리석은 대리석 중에서 가장 품질이 뛰어나다는 평가를 받는다. 미켈란젤로, 베르니니 같은 조각가도 이 대리석을 즐겨 사용했다.

❶ 성당을 바라보고 오른쪽!

❷ 리스타 디 스파냐 거리 Rio Tera Lista di Spagna

2~3성급 호텔과 식당들이 모여 있는 거리. 산타 루치아역에서 가까워 언제나 많은 여행자로 북적인다.

❷ 짐이 무거운 여행자는 이 거리에 호텔을 잡으면 좋다. 단, 다른 곳에 있는 호텔보다 숙박료가 비싸다.

❸ 산 제레미아 성당 Chiesa di San Geremia

로마네스크 양식으로 지은 종탑이 유달리 눈에 띄는 성당. 11세기에 지었으며 내부에는 성녀 루치아의 유해가 안치돼 있다. 성녀 루치아에게 기도하면 눈과 관련된 병이 치유된다는 전설이 있다.

❸ 산 제레미아 성당 앞에 모처럼 넓은 광장이 펼쳐진다.

❹ 니콜로 파스콸리고 다리 Ponte Nicolò Pasqualigo

산 제레미아 성당 앞 광장 끝의 오른쪽 좁은 골목으로 들어간 후 다리를 건너 계속 간다. 통신사 팀이 있는 사거리에서 오른쪽 피스토르 거리(Calle del Pistor)를 따라간다. 여기까지 오는 중에 있는 다리들에서 바라보는 소운하의 풍경이 기대 이상으로 아름답다.

❹ 니콜로 파스콸리고 다리 위에서 바라본 운하 풍경

❺ 노바 거리 Strada Nova

베네치아에서 가장 번화한 곳. 각종 숍, 슈퍼마켓, 맥도날드, 젤라테리아, 빵집이 모여 있다.

❺ 노바 거리의 맥도날드. 패스트푸드점이라기보다 카페 같다.

❻ 산티 아포스톨리 성당 Chiesa di Santi Apostoli

흙갈색의 소박한 성당. 1672년에 세운 종탑이 거리의 이정표 역할을 한다.

❻ 성당 앞 운하에 곤돌라 선착장이 있다.

❼ 산 조반니 크리소스토모 거리 Salizada San Giovanni Crisostomo

유리 공예점, 가면 공예점 등 다양한 기념품 상점이 모여 있으며, 의류 브랜드점과 화장품 가게, 식료품 가게도 들어서 있다.

❼ 산 조반니 크리소스토모 거리 입구의 운하

❽ 리알토 다리 Ponte de Rialto

베네치아를 대표하는 다리로, 수많은 광고와 영화의 배경지로 등장했다. 여기서부터는 'Per S. Marco' 표지판을 따라가자.

❽ 다리 위에는 언제나 전 세계에서 모여든 여행자들로 북적인다.

❾ 메르체리에 델로롤로조 거리 Mercerie dell'Orologio

베네치아의 대표적인 쇼핑가. 도보로 10분 정도 소요되는 짧은 거리지만 쇼핑을 즐기는 여행자는 지나가는 데 1~2시간이 걸리기도 한다.

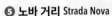

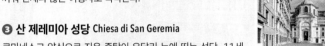

❾ 유명 브랜드 상점이 늘어서있다.

❿ 산 마르코 광장 Piazza San Marco

나폴레옹이 "세상에서 가장 아름다운 응접실"이라 칭한 곳. 베네치아의 중심이라고 할 수 있을 만큼 수많은 사람과 흥겨운 음악 소리가 넓은 광장을 채우고 있다. 비둘기가 유난히 많으니 조심하자.

02 어느 각도에서 바라봐도 예쁨 ♡
리알토 다리 Ponte di Rialto

베네치아에 왔다면 빼놓지 말아야 할 명소. 다리 자체도 아름답지만 주변 경치와 절묘하게 조화를 이루면서 만들어내는 이국적인 분위기 때문에 영화나 CF에 단골로 등장한다.
최초의 리알토 다리는 12세기경 나무로 만들어졌다. 운하를 건너는 사람들의 수를 배로 감당할 수 없게 되자 임시로 건설된 후 16세기까지 사용됐다. 이후 다리 재건을 위한 공개 입찰에서 미켈란젤로, 산소비노, 팔라디오 등 당대 유명 예술가들이 참가했지만 최종 건설권을 따낸 안토니오 다 폰테(Antonio da Ponte)가 금화 25만 냥의 건축 비용을 들여 1588년 대리석으로 재건했다. 1854년 아카데미아 다리를 만들기 전까지 베네치아 대운하의 유일한 다리였다.
너비 26m, 길이 48m에 이르는 우아한 아치 모양의 리알토 다리 위와 그 주변에는 기념품, 귀금속, 가죽 제품을 파는 상점이 늘어서서 언제나 많은 여행자로 북적거린다. 단, 소매치기가 많으니 각별히 주의하자. 리알토 다리 위에서 바포레토 승선장을 바라보고 왼쪽은 산 마르코 광장, 오른쪽은 어시장 방향이다. 리알토 다리 아래에서 어시장과 이어지는 길에는 가면이나 마도로스 모자, 곤돌라 모형, 유리공예품 등 기념품 노점상이 줄지어 있다.

Ⓖ 리알토 다리 Ⓜ MAP ⑫-D
VAPORETTO 1번·2/번·2번선 리알토(Rialto) 승선장 하선

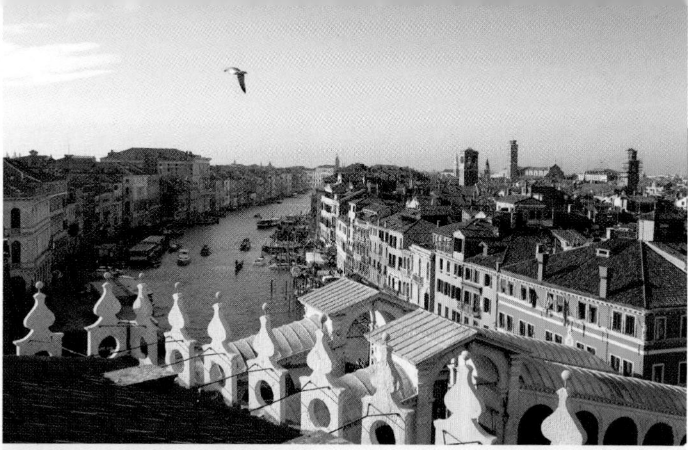

MORE

공짜로 보는 베네치아 전망

비싼 입장료를 내야 하는 산 마르코 광장의 종탑 대신 알뜰한 여행자에게 추천하는 무료 전망대. 리알토 다리 근처의 'T 폰다코 면세점' 옥상에 있다. 에스컬레이터를 타고 4층으로 올라가면 작은 문을 통해 야외 전망대로 이어지며 운하가 한눈에 내려다보이는 근사한 전망이 펼쳐진다. 단, 방문 전 예약은 필수! 15분 단위로 정확하게 방문 시간을 제한하니 예약한 시간보다 조금 일찍 대기하자. 예약은 최대 21일 전에 오픈되며, 성수기에는 예약하기가 쉽지 않으니 미리 확인해 두자. 기상 상황 등에 따라 예고 없이 폐쇄 가능. 깨끗한 무료 화장실도 이용할 수 있다.

T 폰다코 면세점 옥상
T Fondaco dei Tedeschi Rooftop Terrace

ADD Calle del Fontego dei Tedeschi
OPEN 10:15~18:00
VAPORETTO 1·2/번·2번선 리알토(Rialto) 승선장 하선. 승선장을 바라보고 오른쪽으로 가서 리알토 다리를 지나(건너지 말고) 계단을 내려가면 정면에 보이는 건물 전체
WEB dfs.com/en/venice/service/rooftop-terrace

한 번에 40명까지 입장할 수 있는 작은 규모다.

리알토 다리 위 양쪽과 주변에 기념품 상점이 늘어서 있다.

마도로스 모자와 곤돌라 모형도 인기 만점!

★

베네치아 최고의 포토 스폿!

베네치아를 사진으로 남기고 싶다면 리알토 다리를 배경으로 찍어보자. 바포레토의 맨 앞이나 뒷자리에 앉아서 사진을 찍으면 더욱 멋진 결과물을 얻을 수 있다. 리알토 다리에서 바라보는 야경도 잊지말고 남겨보자.

03 베네치아인들의 휴식 모먼트
산 마르코 광장
Piazza San Marco

베네치아 사람들이 가장 아끼는 광장. 다른 광장과 구분하기 위해 오직 산 마르코 광장에만 '피아차(Piazza)'라는 단어를 허락하는 것만 봐도 이곳에 대한 남다른 애정을 느낄 수 있다.
바포레토에서 내려 ❶ 베네치아의 관문인 2개의 거대한 기둥을 통과해 두칼레 궁전을 오른쪽에 끼고 ❷ 산 마르코 소광장(Piazetta San Marco)을 지나면 긴 대종루와 함께 산 마르코 광장이 눈에 들어온다. 해상 무역 공화국으로서 전성기를 누리던 시절엔 이곳에서 행진과 축제 예식이 거행됐고, 행사가 없는 날에는 두칼레 궁전 앞에 길게 이어진 선착장을 통해 끝없이 드나드는 외국인과 베네치아 상인으로 광장이 가득 찼다.
나폴레옹이 "세상에서 가장 아름다운 응접실"이라고 극찬한 것처럼 광장을 둘러싼 대리석 회랑과 산 마르코 대성당이 조화를 이룬 모습은 마치 화려한 야외 연회장을 보는 듯하다. 광장 양쪽에는 300년이 넘은 찻집과 살롱, 레스토랑, 각종 기념품 상점이 있어 구경만 하기에도 시간이 모자란다. 이른 아침과 늦은 저녁이면 노을로 물드는 산 마르코 광장의 황홀한 풍경도 놓치지 말자.

Ⓖ 산마르코 광장 Ⓜ MAP ⑬-B
WALK 리알토 다리에서 'Per S. Marco' 표지판을 따라 도보 10분
VAPORETTO 1번·2번선 산 마르코 승선장 하선 후 도보 3분/V 4.1번·5.1번선 산 자카리아(S. Zaccaria) 승선장 하선 후 도보 3분

대종루에서 내려다본 산 마르코 광장

MORE
알라 나폴레오니카 Ala Napoleonica

산 마르코 광장은 양쪽에 수많은 아치로 장식한 신·구 행정 관사와 정면에 '나폴레옹의 날개'라고 불리는 알라 나폴레오니카(Ala Napoleonica) 건물이 있다. 이 건물은 건축될 당시 무도회장으로 쓰였는데, 한때 나폴레옹이 거주하기도 했다. 지금은 코레르 박물관으로 쓰인다.

❶ 산 마르코 소광장 입구에 있는 2개의 기둥

❷ 두칼레 궁전 앞의 산 마르코 소광장

산 마르코 대성당에서 바라본 광장 풍경.
왼쪽이 산 마르코 대성당 행정관을 위한
주택이었던 신 행정 관사,
가운데는 '나폴레옹의 날개'로 불렸던
무도회장(현재 코레르 박물관),
오른쪽은 구 행정 관사다.

산 마르코 광장의 야경

Zoom In & Out
산 마르코 광장

❶ 시계탑 Torre dell'Orologio

산 마르코 광장의 명물. 시계탑 꼭대기의 청동상이 매시 정각에 종을 쳐서 시각을 알려주는데, 멀리서 보면 진짜 사람이 종을 치는 것처럼 보인다.

눈여겨볼 것은 성 마르코를 상징하는 날개 달린 사자 조각상과 태양(시침), 달(분침), 12궁도(시각 눈금)로 이루어진 대형 시계로, 12시마다 태양과 달이 일직선을 이루는 모습을 볼 수 있다. 가이드 투어로 내부를 볼 수 있고, 산 마르코 광장이 한눈에 들어오는 꼭대기에도 오를 수 있다. 영어 투어는 하루 1~3회 실시되는데, 회당 정원이 12명뿐이라서 홈페이지에서 티켓을 예매해야 한다. 입장 시각 5분 전에 코레르 박물관 매표소 앞에 모여 가이드와 함께 들어간다. 시계탑 입장권으로 코레르 박물관(Museo Correr), 고고학 박물관(Museo Archeologico Nazionale), 국립 마르차나 도서관(Biblioteca Nazionale Marciana)도 입장할 수 있다.

OPEN 가이드 투어로만 입장(영어 투어 월요일 11:00·14:00, 화·수요일 12:00·14:00, 목요일 12:00, 금요일 11:00·14:00·16:00, 토요일 14:00·16:00, 일요일 11:00)
CLOSE 1월 1일, 12월 25일, 그 외 부정기 휴일은 홈페이지에서 확인
PRICE 14€, 6~14세 어린이·15~25세 학생·롤링 베니스 카드·산 마르코 광장 박물관 패스·박물관 패스 소지자 11€/예약 필수/예약비 1€/6세 이상만 입장 가능
WALK 산 마르코 대성당 정면을 바라보고 왼쪽에 있다.
WEB torreorologio.visitmuve.it

황금빛과 푸른빛 에나멜을 칠한 대형 시계

날개 달린 사자 조각상

❷ 대종루 Campanile

등대 역할을 겸하는 높이 96m의 종탑. 10세기 초 원래 있던 종탑을 허물고 1514년에 다시 세웠으나 1902년 재해로 부서져 1912년 재건축한 것이다. 비싼 입장료가 부담스럽긴 하지만 정상에 오르면 돈이 아깝지 않을 만큼의 감동을 느낄 수 있다. 산 마르코 광장뿐 아니라 베네치아 전체가 시야에 들어오며, 날씨가 좋은 날은 알프스 산맥까지 보일 만큼 탁 트인 전망을 보장한다. 전망대까지는 매표소에서 입장권을 구매한 후 엘리베이터를 타고 올라가는데, 입장 가능 인원이 한정적이라 성수기에는 대기시간이 길다. 산 마르코 대성당 예약 홈페이지에서 미리 예약(예약비 2€ 추가)하면 줄을 서지 않고 입장할 수 있다.

OPEN 09:30~21:15(겨울철에는 보수공사로 입장이 제한될 수 있다.)
PRICE 10€, 6세 이하 무료 **WALK** 산 마르코 대성당 정면 맞은편에 있다.
WEB basilicasanmarco.skiperformance.com

대종루에서 내려다본 베네치아 전경

산 마르코 광장의 명물, 카페 플로리안(p563)

04 성 마르코의 유해가 이곳에
산 마르코 대성당 Basilica di San Marco

마르코(마가) 복음의 저자 성 마르코의 유해가 안치된 곳. 성 마르코의 유해는 9세기경 이집트 알렉산드리아의 한 성당에서 발견됐는데, 베네치아 상인들이 베네치아로 몰래 옮겨 왔다. 그 후 성 마르코를 베네치아의 수호성인으로 삼고 유해를 안치하기 위해 이 성당을 지었다고 전해진다. 성 마르코의 유해는 성당 안으로 들어가 정면으로 걸어가면 오른쪽(교황만이 예배를 집전할 수 있는 발다키노 옆)에 있다.

산 마르코 대성당은 830년경 공사를 시작했으며 3번에 걸친 재건축 끝에 1060년 완성한, 이탈리아를 대표하는 비잔틴 양식 건축물이다. 건물 외관은 고딕 양식, 로마네스크 양식, 비잔틴 양식의 특징을 골고루 지녔지만 안으로 들어서면 비잔틴 양식의 특징인 ❶ 황금빛 모자이크가 눈길을 사로잡는다. 성당은 정 십자가 모양의 구조에, ❷ 중심 돔 하나와 십자가의 네 부분마다 돔이 하나씩 있는 특이한 형태를 하고 있다. 성당 안의 ❸ '황금의 제단(Pala d'Oro)'은 황금·에메랄드·진주·자수정·루비 등 각종 보석으로 장식되어 화려함의 극치를 보여준다. 황금의 제단을 가까이에서 보려면 성당 입장료와 별도로 5€를 내야 한다. 성당 안에서는 촬영이 금지되며, 어깨와 무릎이 드러나는 옷이나 슬리퍼 차림으로는 입장할 수 없다. 조금 비싸지만 온라인 예매 시 줄 서지 않고 별도 출입구로 입장한다.

Ⓖ 산마르코 대성당 Ⓜ MAP ⑬-B

ADD Piazza San Marco

OPEN 09:30~17:15(일요일·공휴일 14:00~/로자 데이 카발리 박물관은 09:30~)/폐장 30분 전까지 입장/행사와 보수공사 등으로 입장이 제한될 수 있다.

PRICE 성당 3€, 황금의 제단 5€, 로자 데이 카발리 박물관 7€, 6세 이하 무료/온라인 예매(별도 출입구로 입장, 예약비 포함) 시 성당 6€, 성당+황금의 제단 12€, 성당+황금의 제단+박물관 20€

WALK 산 마르코 광장 안

WEB www.basilicasanmarco.it, 예약 basilicasanmarco.skiperformance.com

❶ 대성당 내부의 황금 돔

❷ 대종루에서 바라본 산 마르코 대성당의 돔

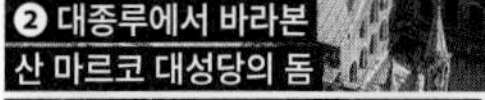

❸ 10세기부터 약 400년에 걸쳐 역대 도제(총독)들이 치장했다.

Zoom In & Out
산 마르코 대성당

❖ 산 마르코 대성당 정면을 장식한 모자이크의 내용

❶ 돼지고기 냄새를 맡고 피하는 이슬람교도의 모습
❷ 성 마르코의 유해를 싣고 지중해를 건너는 배
❸ 움직이지 않는 성 마르코의 유해
❹ 산 마르코 대성당으로 옮겨지는 성 마르코의 유해

MORE

우여곡절 끝에 산 마르코 대성당에 도착한 성 마르코의 유해

이집트의 알렉산드리아에서 선교 활동을 하던 성 마르코가 이교도들에게 살해당하자, 기독교도들은 그가 세운 알렉산드리아의 성당에 묻어주었다. 9세기 경 이 지역을 다스리던 이슬람교의 칼리프(이슬람교의 수장)가 궁전을 세우려해 성 마르코의 무덤이 훼손될 위험에 처했으나, 마침 이곳에 있던 베네치아의 상인들이 이 사실을 알고 성 마르코의 유해를 옮길 계획을 세웠다. 다행히 성 마르코의 유해를 옮기는 날 비바람이 거세게 불어 이슬람교도들이 집 밖으로 나오지 않아 유해를 몰래 옮겨 갈 수 있었다. 그 다음엔 유해를 상자에 담고, 이슬람교도들이 혐오하는 돼지고기로 덮어 항구 세관을 무사히 통과할 수 있었다.

성 마르코의 유해가 베네치아에 도착하자 총독은 욕심이 생겨 유해를 총독의 궁전에 안치하기로 했다. 그러자 멀쩡하던 유해가 꿈쩍도 하지 않았다. 겁에 질린 총독이 경의를 표하고 이 자리에 성당을 짓겠다고 맹세하자 그제야 유해가 움직였다고 한다.

성 마르코 유해 발굴 과정을 그린 틴토레토의 '성 마르코의 유해 발견' (1566, 밀라노, 브레라 미술관)

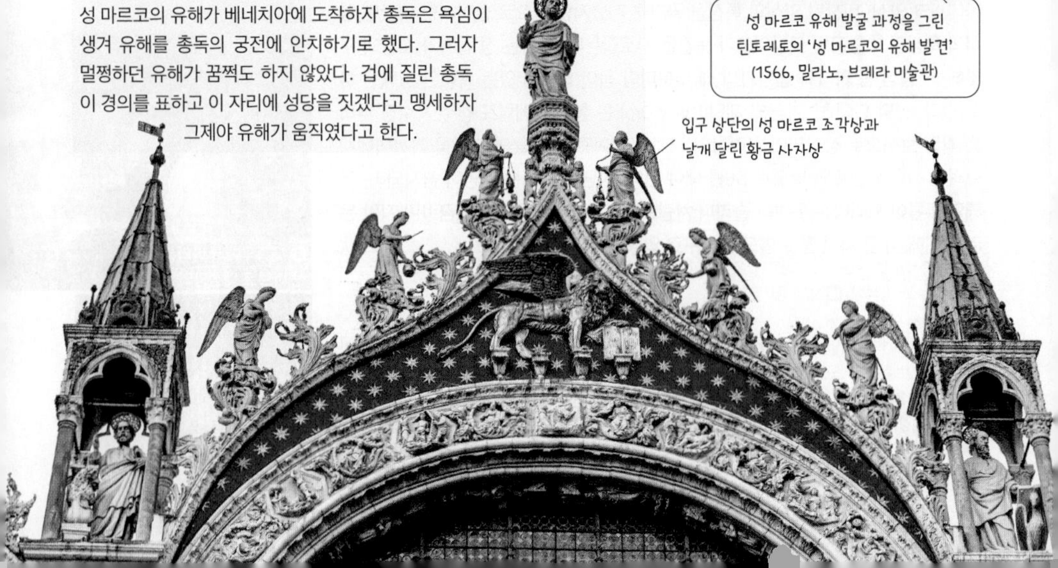

입구 상단의 성 마르코 조각상과 날개 달린 황금 사자상

❖ 산 마르코 대성당의 천장 모자이크와 제작 연도

■ 아트리움 Atrio

❶ 천지창조(13~15세기)
❷ 최후의 심판(13세기)
❸ 아브라함(13세기)
❹~❻ 요셉(13세기)
❼ 모세(13세기)

■ 성당 안

❽ 계시록
❾ 성령 강림과 사도의 순교(13세기)
❿ 예수의 승천(13세기)
⓫ 예수와 예언자(12~13세기). 성가대석은 복음사가 중 1명인 성 마르코의 일대기로 장식돼 있다(13세기)
⓬ 복음서 저자 성 요한의 일생(13세기 초)
⓭ 성 레오나르도, 성 니콜라스, 블레즈, 클레멘트, 레오나르드(13세기)

■ 첸 예배당 Capella Zen

⓮ 성 마르코의 이야기(13~15세기)

■ 세례당 Battistero

⓯ 보좌 위에 앉은 예수와 9명의 천사(14세기)
⓰ 개종자에게 세례를 주는 사도와 예언자(14세기)
⓱ 헤롯의 축제, 춤추는 살로메(14세기)

■ 마스콜리 예배당 Capella dei Mascoli

⓲ 성모 마리아의 일생

■ 성 이시도로 예배당 Capella di San Isidoro

⓳ 성 이시도로의 일생

■ 성구실 Sacrestia

⓴ 예언자와 사도들

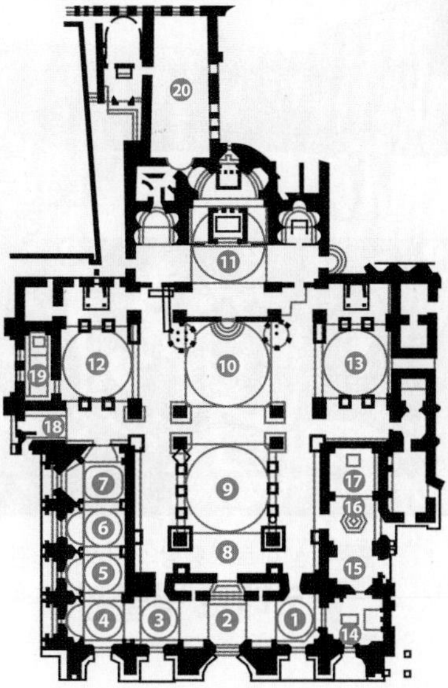

> ★
> **성당에 입장하기 전 짐부터 해결하자!**
> 산 마르코 대성당은 백팩이나 캐리어, 큰 숄더백을 가지고 입장할 수 없다. 큰 짐이 있다면 수하물 보관소에 짐을 맡긴 후 줄을 서야 한다. 구글맵에서 'san marco luggage storage'라 검색한 후 평점이 높은 가까운 곳을 이용하자.

❖ 로자 데이 카발리 박물관 Museo e Loggia dei Cavalli

황금의 제단을 본 후에는 2층의 박물관도 가보자. 아쉽게도 유료(7€)지만 천장의 모자이크를 가까이에서 볼 수 있고, 산 마르코 대성당의 또 다른 명물 청동 말을 볼 수 있다. 이 청동 말은 선한 눈빛과 힘찬 발길질을 생생하게 표현해낸 걸작으로 꼽히지만 작품의 완성도보다는 나폴레옹이 이탈리아를 침략했을 때 이 청동 말을 프랑스로 가져가 튈르리 정원에 있는 카루젤 개선문 위에 올려 장식했다가 1815년에 반환한 일화 덕분에 더 유명해졌다.

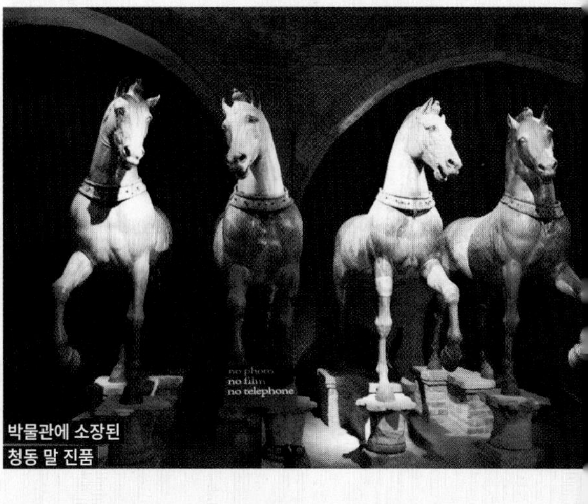

박물관에 소장된
청동 말 진품

광장을 둘러싸고 있는 'ㄷ'자 모양의 건물 중 가운데에 있다.

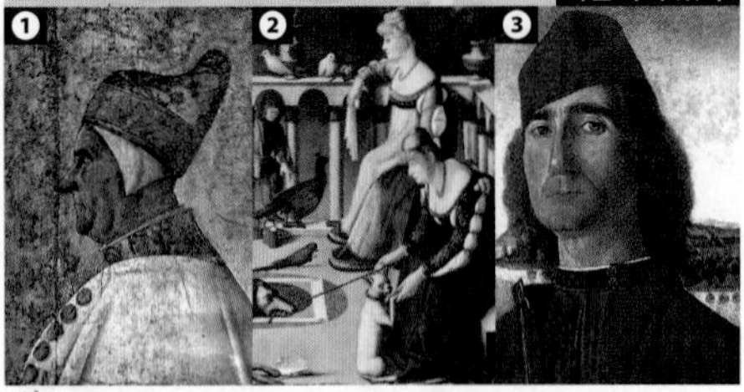

Option

05 산 마르코 광장의 시립 미술관
코레르 박물관
Museo Correr

산 마르코 대성당 맞은편에 있는 시립 미술관. 과거 나폴레옹이 머물렀던 곳으로, '나폴레옹의 날개'라고도 불렸다. 2층에는 옛 베네치아의 지도와 동전, 고문서가 전시돼 있어 14~18세기에 이르는 베네치아의 문화와 역사 등을 엿볼 수 있다. 3층 회화실에는 ❶ 벨리니의 '도제 조반니 모체니고의 초상화'(1480), ❷ 카르파초(Vittore Carpaccio)의 '2명의 궁정 여인'(1490), ❸ '빨간 베레모를 쓴 남자의 초상화'(1493) 등 베네치아 출신 화가들의 그림들이 전시돼 있다. 소장품 수는 적지만 실속 있는 볼거리가 많은 곳. 코레르 박물관 앞에서 넓은 산 마르코 광장과 우뚝 솟은 대종루를 배경으로 기념사진을 찍어보자.

Ⓖ 코레르 박물관 Ⓜ MAP ⓭-B

ADD Piazza San Marco, 52
OPEN 10:00~18:00(11~3월 ~17:00)/폐장 1시간 전까지 입장/폐장 30분 전부터 퇴장 시작
CLOSE 1월 1일, 12월 25일
PRICE 산 마르코 광장 박물관 통합권(두칼레 궁전+코레르 박물관+ 고고학 박물관+국립 마르차나 도서관) 30€, 6~14세 어린이·15~25세 학생·롤링 베니스 카드 소지자 15€
WALK 산 마르코 광장을 사이에 두고 산 마르코 대성당 맞은편에 있다.

비토레 카르파초(1464~1526년)

초기 르네상스의 베네치아파 화가로, 조반니 벨리니의 제자다. 종교와 전설에 관한 작품 등 서사가 강한 그림을 주로 그렸다. 대표작으로는 '성녀 우르슬라의 꿈'(1490~1495) 연작, '성 히에로니무스', '성모전' 등이 있으며, 모두 베네치아의 여러 스쿠올라(p574)를 장식하기 위해 그린 것이다.

06 베네치아 공화국 최고 통치자의 궁전
두칼레 궁전
Palazzo Ducale

베네치아 공화국의 최고 통치자였던 '도제(Doge, 총독 정도의 지위)'의 공식 관저로 사용되던 곳으로, '도제의 궁(Doge's Palace)'이라고도 한다. 1340년 공화국 대의원 회의실로 짓기 시작해 시청, 법정, 도제의 관저 등을 차례로 지었으나 1577년 화재로 처음의 모습은 많이 사라졌다. 재건축할 때 후기 르네상스 양식을 도입했고 타버린 작품들은 16세기 베네치아 거장들의 작품으로 대체됐다. 도제는 귀족들의 투표로 선출되었으며, 최고 통치자라고는 하지만 입법부와 사법부가 별도로 있었기에 권한은 그리 크지 않았다. 하지만 도제가 사용하는 청사는 왕궁 못지않게 화려했다. 제대로 둘러보려면 2시간은 족히 걸린다.

Ⓖ 두칼레 궁전 Ⓜ MAP ⓭-B

ADD Piazza San Marco, 1
OPEN 09:00~19:00(11~3월 ~18:00)/폐장 1시간 전까지 입장/폐장 30분 전부터 퇴장 시작
CLOSE 1월 1일, 12월 25일
PRICE 산 마르코 광장 박물관 통합권(두칼레 궁전+코레르 박물관+ 고고학 박물관+국립 마르차나 도서관) 30€, 6~14세 어린이·15~25세 학생·롤링 베니스 카드 소지자 15€
WALK 산 마르코 대성당 정면을 바라보고 오른쪽에 있는 건물이다. 입구는 대운하 방향에 있다. 도보 2분
WEB www.visitmuve.it

Zoom In & Out

두칼레 궁전

바포레토를 타고 궁전 앞 산 자카리아(S. Zaccaria) 승선장에 내려 맨 처음 눈에 들어오는 남쪽의 모습이 두칼레 궁전에서 가장 오래된 부분이다. 흰색의 아케이드와 풍부하게 장식한 조각 기둥머리, 붉은 분홍색 대리석과 흰색의 이스트리아 대리석을 교차해 만든 궁전의 모습은 밝고 화려해 베네치아 공화국의 번영을 상징하는 듯하다.

①

① 안뜰 Cortile

삼면이 회랑으로 둘러싸인 안뜰. 1층 회랑의 기둥은 아치 모양으로, 2층 회랑의 기둥은 첨두 아치 모양으로 건축됐다. 두칼레 궁전 관람을 시작하는 곳으로, 입구에 서서 오른쪽 건물의 2층으로 올라가면 된다.

과거 산 자카리아(San Zaccaria) 수녀원의 식물 정원이었기 때문에 브롤료(Broglio,식물원)라고도 하는 이곳은 공직자, 평의원, 정부 관료가 담소를 나누던 곳이었다. 불법 거래도 빈번했는데, 오늘날 이탈리아에서 부정직한 거래를 '브롤료'라고 하는 것도 여기서 유래했다.

② 거인의 계단

안뜰 정면에서 본 모습

헤르메스와 포세이돈

② 거인의 계단 Scala dei Giganti

입구를 지나 안뜰로 들어오면 정면에 보인다. 거인 2명은 무역의 신 헤르메스(머큐리)와 바다의 신 포세이돈(넵튠)이다. 가운데 아치 위의 사자상은 베네치아 국가의 수호성인 성 마르코를 상징한다. 거인의 계단은 총독의 장엄한 취임식을 위한 세트였다.

안뜰과 연결되는 카르타 문(Porta della Carta). 프란체스코 포스카리 도제가 1438년에 추가한 것이다. 지금은 출구로 이용되고 있다.

★
도제란?

도제(Doge)는 라틴어 '둑스(Dux)'에서 유래한 말로 '군주'를 뜻하는 영어 '듀크(Duke)'와 유사하다. 다른 나라 군주들과는 달리 정치적 협의회를 운영하는 역할을 하는 정도의 제한적인 권력을 행사하며 베니스의 번영을 이끌었다. 베니스 귀족들 중에 선출하였으며, 726부터 1797년까지 1000년 넘게 유지되었다.

③ '사자의 입'은 악한 일이나 사람을 비유한다.

카르타 문 위의 사자상은 베네치아의 상징이다.

③ 사자의 입 Bocca del Leone

2층 회랑 안에 있는 사자 모양의 조각상. 중세에 다른 사람의 죄를 익명으로 고발하는 투고함으로 이용됐다.

❹ 황금의 계단 Scala d'Oro

2층 회랑에서 궁전 안으로 이어지는 계단. 금빛으로 장식한 천장이 화려하다 못해 사치스럽게 느껴진다. 문 왼쪽 위에는 헤라클레스, 오른쪽 위에는 아틀라스의 조각상이 있다. 계단을 오르면 표지판이 있는데, 'Appartmento del Doge' 라고 표시한 방향으로 걸어가자.

❹ 황금의 계단 천장

황금의 계단을 장식하고 있는 헤라클레스와 아틀라스의 조각상

❺ 10인 평의원실

❺ 10인 위원회실 Sala del Consiglio dei Dieci

도제를 감시하기 위해 대평의회에서 선발한 귀족 10명으로 구성된 10인 위원회의 방으로, 궁전 내에서 오가는 모든 문서를 검열했다고 한다.

❻ 대의원 회의실 Sala del Maggiore Consiglio

일종의 국회의원실로, 귀족 남성은 25세가 넘으면 이 방에 들어와 투표할 수 있었다. 베로네세의 그림 '베네치아의 승리'가 있었으나 화재로 소실되고 그 자리에 틴토레토가 '천국(Paradiso, 1594)'을 그렸다. 이 그림은 세계에서 가장 큰 유화(22x7m)로, 대의원 회의실 한쪽 면을 완전히 덮고 있다. 700여 명에 이르는 천사의 계보가 상세하게 묘사되어 보는 이를 압도한다.

❻ 대의원 회의실

틴토레토의 '천국'(1594)
국가의 모든 문제를 종교적으로 해결하고자 하는 열망이 담겨 있다.

❼ 감옥과 고문실 Sala dei Inquisitori

궁전 내부에서 'Sale Istituzionali Armeria Prigioni'라고 쓴 표지판을 따라가면 입법부, 감옥과 고문실, 무기고가 나온다. 이곳에 있는 감옥은 죄수가 재판을 받기 전에 임시로 머물던 곳으로, 유죄를 선고받은 죄수는 탄식의 다리를 지나 두칼레 궁전 옆에 있는 감옥으로 가야 했다.

❼ 감옥과 고문실

❽ 탄식의 다리 Ponte dei Sospiri

두칼레 궁전과 궁전 옆에 있는 감옥을 연결하는 다리, 즉 재판에서 유죄를 선고받은 죄수가 감옥으로 갈 때 건너는 다리다. 다리 안에는 작은 창문이 있는데, 죄수가 창문 너머 풍경을 보고 '언제 다시 나갈 수 있을까'라는 생각에 탄식을 내뱉었다고 해서 붙여진 이름이다. 전설적인 바람둥이로 알려진 베네치아 출신의 카사노바도 이 다리를 건넜다고 한다.

카사노바도 '신성모독죄'로 유죄를 선고받고 이 다리를 건넜다.

Option 07 영원히 간직하고픈 인생 석양

산 조르조 마조레 성당

Chiesa di San Giorgio Maggiore

두칼레 궁전 맞은편 산 조르조 마조레 섬에 있는 성당. 982년 베네딕트회의 수도사들이 이 섬에 자리를 잡은 후, 이탈리아에 있는 베네딕트회 수도원의 중심이 됐다. 1109년에는 산 스테파노의 유물을 옮겨 오면서 베네치아의 성탄절 행사에서 가장 중요한 장소가 됐다.

산 조르조 마조레 성당은 건축가 팔라디오가 멀리서도 잘 보이도록 설계해 16세기에 완공했다. 성당 내부에는 ❶ '최후의 만찬', '성모 마리아의 집회' 등 틴토레토의 걸작들을 소장해 작은 박물관을 연상케 한다. 특히 '매너리즘 미술'의 대표작으로 꼽히는 '최후의 만찬'은 예수가 십자가에 못 박히기 전날 자신의 운명을 예언하는 장면을 그린 작품이다. 사선으로 가로지르는 배치와 필요 이상으로 많은 인물을 등장시킴으로써 의도적인 불안정함을 갖게 해 곧 다가올 불안한 미래를 암시하는 작품으로, 레오나르도 다빈치의 '최후의 만찬'과 비교해서 보면 좀 더 깊게 이해할 수 있다.

성당의 인지도를 훌쩍 앞지른 전망 명소인 ❷ 종탑의 매표소는 중앙 제단을 바라보고 왼쪽 문으로 나가면 통로 끝에 있다. 매표소에 가기 직전, 오른쪽 문으로 들어가면 '최후의 만찬'을 훨씬 가까이에서 볼 수 있는 중앙 제단 뒤쪽으로 이어진다.

Ⓖ 산 조르조 마조레 성당 Ⓜ MAP ⑬-D

ADD Isola di San Giorgio Maggiore

OPEN 09:00~18:00/ 종탑은 폐장 15분 전까지 입장

PRICE 무료, 종탑 8€/현금만 가능

VAPORETTO 2번선 산 조르조(S. Giorgio) 승선장에서 하차

❶

MORE
매너리즘(Mannerism)의 유래

현상 유지에 급급한 자세를 가리켜 '매너리즘에 빠졌다'라고 한다. 매너리즘(Mannerism)은 본래 르네상스 시대 이후 바로크 시대가 도래하기까지, 즉 16세기 후반의 서양 미술을 가리키는 말이다. 이 시기의 화가는 새로운 기법을 시도하기보다는 르네상스 화풍을 모방하면서 약간의 기교를 더해 불안정한 구도와 인체의 변형, 명암의 강렬한 대비 등으로 극적인 상황을 표현하는 데 주력했다.

현실에 안주한 매너리즘은 18세기 무렵부터 혹독한 비난을 받게 되었는데, "르네상스 화가들의 그림 솜씨에 미치지 못했고, 바로크 미술과 같은 새로운 양식을 창조해내지도 못했다"고 평가받는다. 심지어 당시 미술비평가들은 매너리즘을 '천박한' 또는 '한물간' 미술이라며 매도했고, 이때부터 '매너리즘'은 '현실에 안주하는'이란 의미로 사용됐다. 20세기에 이르러 '독특하게 변형된 르네상스 후기 양식'으로 재조명받고 있다.

관련 작품

파르미자니노의 '긴 목의 마돈나'(1540, 피렌체, 우피치 미술관)

산 마르코 광장의 대종루에서 바라본 산 조르조 마조레 성당

❷ 운하 너머 산 마르코 광장을 바라 볼 수 있는 귀한 전망 포인트!

SPECIAL PAGE

구불구불
대운하 산책

도시 한가운데를 S자형으로 흐르는 대운하(Canal Grande)는 산타 루치아역에서 리알토 다리를 지나 산 마르코 광장까지 이어진다. 운하의 길이만 38km에 달하고 가장 넓은 곳의 너비는 70m에 이른다.
바포레토나 곤돌라를 타면 대운하를 따라 멋진 풍경이 이어지는데, 운하 양옆으로는 과거 베네치아의 귀족들이 지은 화려한 건축물이 남아 있어 보는 재미가 쏠쏠하다. 바포레토를 타고 대운하를 둘러보려면 산타 루치아역 앞 승선장에서 산 마르코 광장행 바포레토 1번선을 타면 된다. 바포레토의 앞좌석이나 뒷좌석에 앉아야만 대운하 양쪽에 있는 건축물을 모두 감상할 수 있는데, 성수기에는 경쟁이 매우 치열하다.

*방향은 산타 루치아역에서 산 마르코 광장행 바포레토 탑승 기준

① 우 산 시메오네 피콜로 성당
Chiesa di San Simeone Piccolo

산타 루치아역 맞은편에 있는 성당. 로마 판테온의 영향을 받은 커다란 돔(둥근 지붕)이 특징이다. 건물의 크기가 작다 보니 상대적으로 돔이 더 커 보인다.

② 스칼치 다리 Ponte degli Scalzi

산타 루치아역에서 가장 가까운 다리. 주변에 숙소가 많아 밤늦게까지 야경을 즐기려는 여행자들로 북적인다.

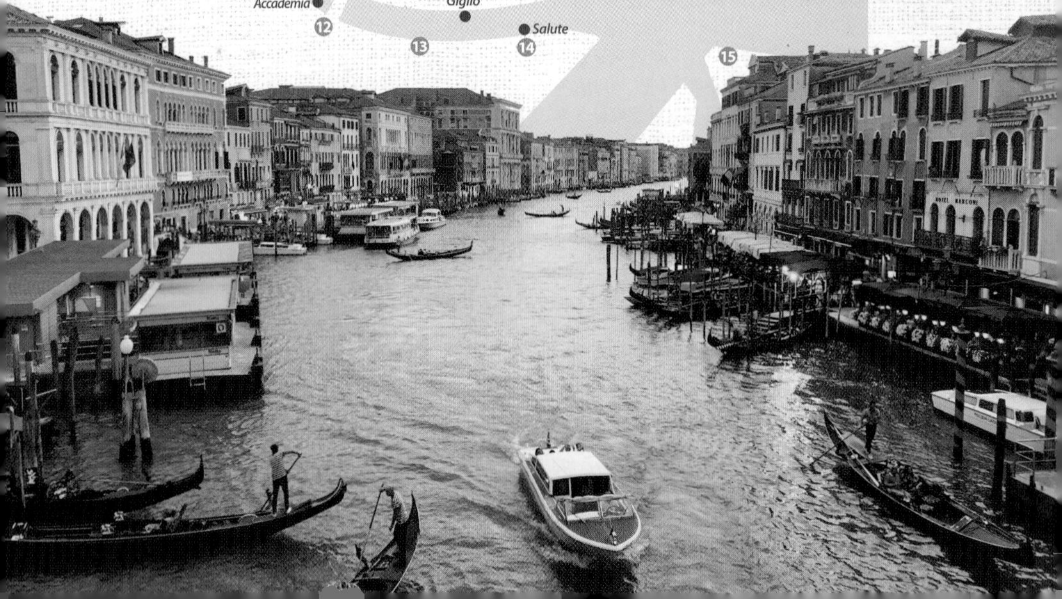

❸ 좌 산타 마리아 디 나자렛 성당
Chiesa di Santa Maria di Nazareth

맨발의 가르멜 수도회의 성당이다. 이 수도회는 성녀 테레사가 설립한 수도회로, 기도·절식·침묵 등 엄격한 규율을 강조한다. 또한 기적을 경험하고 증언한 수도사를 많이 배출해 가톨릭 신비주의 사상 형성에 큰 영향을 미쳤다. 스칼치(Scalzi) 성당이라고도 불린다.

❹ 좌 산 제레미아 에 루치아 성당 Chiesa di San Geremia e Lucia

아름다운 돔과 종탑이 있는 성당. 미국 인상주의 화가 존 싱어 사전트가 이 성당의 모습을 담은 풍경화를 그려 더 유명해졌다.

존 싱어 사전트의
'산 제레미아 성당의 종탑과
라비아 궁전'(1913)

❺ 우 터키 상인 본부 Fondaco dei Turchi

13세기에 지은 건축물로, 17세기부터 터키 상인 본부로 이용됐다. 반복된 아치 모양의 장식으로 대운하에서 화려한 건축물 중 하나로 꼽힌다. 양쪽의 두 탑은 19세기에 덧붙인 것이다.

❻ 우 산 스타에 성당 Chiesa di San Stae

화려한 바로크 양식의 건축물. 성당 정면의 대리석 장식이 볼만하다. 내부에는 티에폴로를 비롯한 18세기 베네치아 출신 화가들의 그림을 소장하고 있다. 요즘은 각종 공연과 연주회가 개최된다.

❼ 우 카 페사로 Ca' Pesaro

페사로 가문이 지은 궁전. 지금은 국립 현대미술관과 동양 박물관으로 이용되고 있다. 국립 현대미술관은 클림트, 칸딘스키와 같은 대표적인 현대 화가의 작품을 소장하고 있다.

❽ 좌 카 도로 Ca' d'Oro

'황금의 집'이란 뜻. 건물을 지은 15세기 무렵에는 건물 외벽이 금박이었다. 베네치아에서 가장 화려한 건축물로 꼽혔으나 지금은 그 모습이 남아 있지 않다.

❾ 우 어시장 Pescheria

오전에 가면 지중해에서 잡은 신선한 해산물을 구경할 수 있다.

❿ 리알토 다리 p546

⓫ 좌 카 포스카리 Ca' Foscari

14세기에 지은 고딕 양식 건축물. 지금은 베네치아 대학의 본관으로 이용된다.

⓬ 우 아카데미아 미술관 p571

⓭ 우 페기 구겐하임 미술관 p570

⓮ 좌 산타 마리아 델라 살루테 성당 p569

⓯ 우 산 조르조 마조레 성당 p557

⓰ 좌 두칼레 궁전 p554

Eating & Drinking

말린 토마토+프로슈토, 고추+살라미는 맛없없 조합!

치케티에 무르익는 와인 타임

알라르코
All'Arco

베네치아의 일상을 엿볼 수 있는 치케티(Cicchetti) 바. 어시장에서 일하는 상인들이 와인 한 잔과 함께 가벼운 한 끼를 때우는 사랑방 같은 곳이다. 전 세계 음식 다큐의 성지일 만큼 유명한데도 현지 색을 잃지 않는 것이 매력이다. 그날 들어온 식재료에 따라 다채롭게 바뀌는 치케티는 한입 베어 무는 순간 눈이 번쩍 뜨일 만큼 감칠맛이 폭발하고, 드라이한 스파클링 와인인 프로세코와도 찰떡궁합이다. 처마 아래 내놓은 간이 테이블 몇 개가 전부라 서서 먹는 수고를 감내해야 하지만 한 손엔 프로세코, 한 손엔 치케티를 들고 도란도란 이야기를 나누는 현지인들의 기분 좋은 일상 속으로 풍덩 빠져볼 수 있다.

C8QM+HJ 베니스 MAP ⑫-D
ADD San Polo, 436
OPEN 10:00~14:30
CLOSE 수요일
MENU 치케티 2~3€, 와인 3€~, 스프리츠 4€~
VAPORETTO Rialto 승선장에서 도보 5분

짭조름한 바다향이 살아 있는 오징어 먹물 파스타

해산물 모듬 튀김(Fritto Misto) 9€~

따뜻한 카푸치노에 달콤한 브리오슈는 이탈리아식 아침 식사 국룰!

600년간 어시장 뒷골목을 지켜온 맛

◉ 칸티나 도 스파데
Cantina do Spade

카사노바가 한때 그의 여자친구들과 어울려 놀았다는 600년 된 선술집. 어시장 깊숙한 골목에서 여관 겸 술저장고를 겸하던 유서 깊은 치케티 바를 오스테리아 형태로 확장했다. 한때는 흑사병 치료제라는 헛소문이 돌며 인기를 누렸다는 베네치아의 전통 음식 오징어 먹물 파스타(Spaghetti al Nero di Sepia, 15€)가 이 집의 대표 메뉴다. 얇게 썰어 바싹 구운 바게트 위에 오징어나 문어, 새우, 정어리 같은 해산물을 올린 치케티(Cicchetti)를 몇 개 골라 가볍게 술잔을 기울이는 이도 많다.

Ⓖ C8QM+M9 베니스 Ⓜ MAP ⑫-D
ADD San Polo, 859
OPEN 10:00~15:00, 18:00~22:00
MENU 치케티 1.80~3€, 전채 14~15€, 메인 요리 15~24€, 자릿세 2€/1인
VAPORETTO Rialto 승선장에서 도보 5분
WEB cantinadospade.com

베네치아식 오징어 순대와 야들야들한 오징어튀김은 인기 치케티

바사삭, 튀김과 옥수수죽

◉ 아쿠아 에 마이스
Acqua e Mais

베네치아의 전통 길거리 음식을 맛볼 수 있는 테이크아웃 전문점. '물과 옥수수'라는 이름 그대로 옥수숫가루를 끓여 만든 폴렌타(Polenta)를 선보인다. 폴렌타는 저렴하면서도 포만감이 큰 덕분에 과거 부두 노동자들의 단골 점심 메뉴였다. 지금은 걸쭉한 옥수수죽 대신 바삭하게 튀긴 폴렌타 프리타(Poleta Fritta)를 해산물 튀김과 곁들여 작은 고깔(9€)이나 종이 상자(12€)에 담아준다. 다진 고기나 연어, 참치를 둥글둥글 뭉쳐 튀긴 폴페테(Polpette, 1.80€~/1개)나 해산물 꼬치구이(Spiedo, 3€~/1개)도 인기. 폴페테 역시 남은 식재료로 만들던 서민 음식이다.

Ⓖ C8PJ+WG 베니스 Ⓜ MAP ⑫-D
ADD Campiello dei Meloni, 1411~1412
OPEN 09:30~20:00
MENU 해산물 모듬 튀김 9~12€, 해산물 꼬치구이 3€/1개, 폴페테 1.80€~/1개
VAPORETTO Rialto 승선장에서 도보 8분

이 세상 맛난 빵들 다 모여라

◉ 파리니
Farini

베네치아 젊은이들이 애정해 마지않는 베이커리 카페. 갓 뽑은 커피와 따끈하게 구워낸 빵 맛이 수준급이며, 크루아상부터 조각 피자, 포카차, 샌드위치, 미니 케이크까지, 그야말로 없는 것 없이 다 갖췄다. 햄과 치즈 듬뿍 올린 포카차나 먹음직한 피자 한 조각 골라서 간단히 요기하기 좋다. 인기에 힘입어 확장한 지점 4곳 중 리알토 다리 근처가 가장 찾기 쉽다.

Ⓖ C8QM+8H 베니스 Ⓜ MAP ⑫-D
ADD Ruga Rialto, 655
OPEN 08:30~21:00(금~일요일 08:00~22:00)
MENU 에스프레소 1.30€, 카푸치노 1.80€, 브리오슈 2.30€~, 피자 4.20€~, 샐러드 8.50€~
VAPORETTO Rialto 승선장에서 도보 5분
WEB www.farini.com

요기가 될 만한 간단한 식사거리도 있다.

솔티드 캐러멜+패션프루트(3€)

마넷 & 솔티드
캐러멜을 섞은 땅콩,
2가지 맛 젤라토

줄 서서 먹는 달콤 상큼 젤라토

◉ 젤라테리아 갈로네토
Gelateria Gallonetto

고품질의 신선한 젤라토를 푸짐하게 맛볼 수 있는 가게. 산 마르코 광장 뒷골목에서 긴 줄이 늘어선 젤라테리아를 발견했다면 묻지도 따지지도 말고 대기 줄에 합류해보자. 제철 재료에 따라 그날그날 만드는 젤라토가 다르지만 고소하면서도 달콤 짭짤한 캐러멜이 잔뜩 씹히는 솔티드 캐러멜 젤라토(Caramello Salato)는 영원한 베스트셀러. 달콤한 과육을 품은 망고 젤라토(Mango Alfonso)나 무더위를 상큼하게 날려주는 패션프루트 젤라토도 인기다. 직원들의 대응이 빠르고 친절한 것도 장점.

Ⓖ C8PQ+VP 베니스 Ⓜ MAP ⓭-B
ADD Salizada S. Lio, 5727
OPEN 10:30~22:00(금요일 11:30~22:30, 토요일 ~22:30)
MENU 젤라토 1스쿱 1.80€, 2스쿱 3€, 3스쿱 4€
WALK 리알토 다리와 산마르코 광장에서 각각 도보 5분

'단짠단짠'함이 폭발한다!

◉ 수소
Suso

베네치아 사람들이 입을 모아 최고로 꼽는 젤라토 가게. 조금 더 비싼 스페셜리티 종류는 독특한 재료 조합에 그야말로 눈이 번쩍 뜨이는 맛. '단짠'의 진수를 보여주는 마넷(Manet)이 이 집의 시그니처로 짭짤한 소금이 씹히는 피스타치오와 달콤한 헤이즐넛 초콜릿의 조합이 환상적이다. 솔티드 캐러멜을 섞은 땅콩 젤라토(Bagigi Peanut & Caramello al Sale)는 진하고 고소한 맛으로 사랑받는다. 인기에 힘입어 메인 도로에도 분점을 냈다(10:30~22:30).

Ⓖ 수소 젤라또 Ⓜ MAP ⓬-D
ADD Sotoportego de la Bissa, 5453
OPEN 10:30~19:30(목·금요일 ~22:30, 토요일 10:00~23:00)
MENU 젤라토 1가지 맛 2.50~3€
VAPORETTO Rialto 승선장에서 도보 3분
WEB www.suso.gelatoteca.it

본점

본점

'민초파'를 위한 300년 전통 카페

카페 플로리안
Caffé Florian

산 마르코 광장이 채 완공되기도 전인 1720년에 문을 열고 300여 년간 광장의 역사를 함께한 카페. 괴테, 골도니, 바이런 등 유럽의 문호들이 즐겨 찾았던 곳이자, 카사노바가 선수 기질을 유감없이 발휘한 곳이다. 대표 메뉴는 창업 초반부터 이어온 레시피로 만든 핫초코. 살짝 쌉쌀하면서 진한 카카오 맛이 일품이다. 카사노바의 이름을 딴 카사노바 핫초코(Cioccolata Casanova, 16€)는 민트와 초콜릿 쉐이빙을 얹은 민트 초콜릿 음료로, 상쾌하고 달콤한 맛이 무척 조화롭다. 일반 카페에 비하면 가격이 만만치 않지만 대체 불가능한 역사성과 격조 있는 분위기를 만끽하는 값이라고 생각하자.

G 카페 플로리안 M MAP ⑫-B
ADD Piazza San Marco, 57
OPEN 09:00~23:00
MENU 커피 7~20€, 핫초코 13~16€
*야외에 앉으면 별도의 연주비와 자릿세(1인당 6€)가 추가된다.
WALK 산 마르코 광장 안에 있다.
WEB www.caffeflorian.com

★
모두를 위한 선물, 광장의 라이브 음악

해 질 무렵 산마르코 광장을 가득 채우는 라이브 음악은 베네치아 여행을 특별하게 만들어준다. 라이브 연주비가 포함된 음료를 주문해 제대로 기분을 내봐도 좋지만 광장의 아케이드를 천천히 거닐며 귀동냥으로 들어도 분위기 만점이다.
카페 플로리안과 함께 광장의 라이브를 이끄는 양대 산맥은 광장 건너편의 카페 콰드리(Caffè Quadri)다. 19세기 베네치아를 점령한 오스트리아인들이 즐겨 갔던 카페란 이유로 베네치아 토박이들은 반대편 카페 플로리안만 노골적으로 선호한 과거가 있지만 오늘날은 라이브 연주 시간을 조정해가며 제법 사이좋게 지낸다.

회랑 안쪽 카페 플로리안 입구

카페 플로리안 실내

유대인 게토 지역의 로스터리 카페

토레파치오네 칸나레조

Torrefazione Cannaregio

베네치아에서 가장 맛있는 커피를 맛볼 수 있는 로스터리 카페. 1930년부터 대를 이어온 가게다. 카카오 가루를 듬뿍 뿌려 풍미를 더한 베네치안 클라시코(Venexian Classico)가 이 집의 대표 메뉴이며, 원두의 산미를 살린 샤케라토(Shakerato) 역시 훌륭하다. 관광지에서는 벗어나 있지만 찾아가는 길에 세계 최초의 유대인 게토 지역이 이어져 분위기가 색다르다. 바에서 마시는 가격과 테이블에서 마시는 가격의 차이가 크지 않으니 가게 앞 테이블에서 운하 주변 경치를 바라보며 여유롭게 쉬어가자.

C8WH+75 베니스 **MAP** p540
ADD Fondamenta dei Ormesini, 2804
OPEN 08:00~13:00(토요일 ~15:00, 일요일 09:00~16:00)
CLOSE 일요일
MENU 에스프레소 1.30~1.70€(테이블 1.70~2.40€), 베네치안 클라시코 2.60€(테이블 3€), 샤케라토 4.50~5€
VAPORETTO 4.1번·4.2번·5.1번·5.2번선 Guglie 승선장에서 도보 4분
WEB www.orrefazionecannaregio.it

커피를 첨가한 파스타면

달달한 젤라토에 골목 산책은 덤

라 멜라 베르데

La Mela Verde

재료 좋고 맛도 좋은 젤라토 전문점. 중심부에서는 다소 떨어져 있지만 좁다란 운하를 따라 구불구불 이어지는 골목 풍경도 감상할 겸, 여행자들의 발길이 끊이지 않는다. 초콜릿을 좋아하면 스트라차텔라(Stracciatela)를 선택해보자. 두툼한 초콜릿을 큼직하게 부숴 젤라토에 섞어주는데 우둑우둑 씹히는 식감과 많이 달지 않고 고소한 맛이 제대로다. 한여름에서 초가을까지만 맛볼 수 있는 풋사과(La Mela Verde) 젤라토도 상큼해서 인기다.

C8PV+6J 베니스 **MAP** ⑪
ADD Fondamenta de l'Osmarin, 4977/A
OPEN 12:30~20:00(성수기에는 연장 영업)
MENU 젤라토 1가지 맛 2.50€~, 2가지 맛 4.50€~
WALK 두칼레 궁전 입구에서 도보 8분

알록달록한 과일들이 대기 중!

망설이면 품절 각! 베네치아 일등 티라미수

◉ 이 트레 메르칸티
I Tre Mercanti

가게 이름 그대로 '3명의 상인'이 합심해 제대로 된 티라미수를 선보이는 곳. '그때그때 만들어 판다'는 소신이 있어서 원하는 맛의 티라미수가 나올 동안 다소 기다려야 하고 품절도 빠르지만 에스프레소에 적신 쿠키와 달콤한 크림을 켜켜이 쌓아가면서 수백 개의 티라미수를 만드는 과정을 지켜보는 일이 꿀잼이다. 친근한 피스타치오 맛부터 살구, 감초, 스프리츠 맛까지 신제품을 줄기차게 만들어내는데, 코코아파우더를 소복하게 뿌린 클래식 티라미수는 언제나, 모두의 원픽!

Ⓖ 이 트레 메르칸티 Ⓜ MAP ⑬-B
ADD Calle al Ponte de la Guerra, 5364
OPEN 12:00~19:00
MENU 티라미수 4.50€~
WALK 산마르코 광장에서 도보 3분
WEB www.itremercanti.it

가게 앞 다리 주변이 테이크아웃 명당

낮엔 스무디, 밤엔 칵테일

◉ 프루랄라
Frulalà

따끈하게 데워주는 상그리아 칼도

오래된 골목에 젊은 기운을 불어넣는 트렌디한 가게다. 낮에는 마음에 드는 과일과 부재료를 골라 건강한 스무디나 주스를 즐길 수 있고, 밤이 되면 알코올을 듬뿍 담은 칵테일 바로 변신해 낮보다 더한 인기를 누린다. 겨울에는 뜨겁게 데워주는 상그리아 칼도(Sangria Calda, 8€~)를 추천. 와인과 보드카의 기운이 온몸에 퍼져 체온이 1℃쯤은 올라가는 기분이다. 카 도로 근처 큰길가에서 운영하는 간이주점도 늦은 시간까지 사람들이 끊이지 않는 핫플레이스다.

Ⓖ C8QP+WP 베니스 Ⓜ MAP ⑪
간이주점: C8VJ+3W 베니스 Ⓜ MAP ⑪
ADD Calle Dolfin, 5620/
간이주점–Cannaregio, Fronte Civico, 2292
OPEN 09:00~다음 날 02:00
(금요일 ~20:30, 토요일 22:30~)
MENU 스무디 7€~, 주스 6~8€,
아사이볼 8€~, 핫칵테일 8€~
VAPORETTO Rialto 승선장에서 도보 5분
간이주점: 1번·N번선 Ca d'Oro 승선장에서 도보 5분

작은 광장의 모퉁이에 있다.

밤에는 큰길가의 간이주점도 인기

베네치아 사람들의 와인 주유소

◈ 비네리에 다 텔레로
Vinerie da Tellero

빈 병만 가져가면 신선한 와인을 찰랑찰랑 한가득 담아주는 와인 가게. 베네치아 사람들이 구멍가게 들르듯 매일의 식탁에 올릴 와인을 사러 가는 곳으로, 한동네에서 대를 이어 운영하고 있다. 커다란 나무통에 달린 호스로 주유하듯이 와인을 채워주며, 리터 단위로 원하는 양만큼 구매할 수 있다. 매일 마셔도 부담 없는 테이블 등급의 베네토 지역 와인을 주로 판매하고, 레드 또는 화이트, 드라이 또는 스위트 정도의 입맛을 말해주면 적합한 품종으로 추천도 해준다. 베네치아 사람들의 최애 품종은 해산물에도 생햄에도 두루두루 어울리는 드라이한 스파클링 와인 프로세코다. 일회용 페트병(2L 0.40€, 3L 1€)도 판매하고 와인 통마다 종류와 가격을 적어 놓아서 여행자도 편하게 살 수 있으며, 일반적인 병입 와인도 판매한다. 단, 새로운 장소로 이전하면서 구글 지도와 위치가 다르니 주의. 간판도 없다.

Ⓖ C8RQ+F2J 베니스 Ⓜ **MAP** ⑫-B
ADD Rio Tera Santi Apostoli Cannaregio 4657
OPEN 09:30~13:00, 16:30~19:30
CLOSE 일요일
MENU 와인 2.40€~/1L
WALK 산마르코 광장에서 도보 14분, 폰다멘테 노베 선착장에서 도보 6분

MORE
우리 동네에도 이런 와인 가게가 있다면!

이탈리아 출신 방송인 알베르토가 TV 프로그램에서 소개해 유명해진 와인 가게. 세월의 흔적이 고스란히 느껴지는 낡고 비좁은 가게로, 본섬의 메인 도로에 있어서 오가며 들르기 쉽다. 커다란 와인 통에 호스를 연결해 따라 주는 베네치아 전통 스타일. 단, 와인 품종이나 가격이 명확하게 표시돼 있지 않아서 외국인 여행자에게는 구매 방법이 까다로울 수 있다.

나베 데 오로 Nave de Oro
Ⓖ C8VH+G2 베네치아 Ⓜ **MAP** ⑫-A
ADD Cannaregio, 1370
OPEN 08:00~13:00, 16:30~19:30
CLOSE 일요일
MENU 와인 2€~/1L
WALK 산타 루치아역에서 도보 9분

스텔라 폴라레(Stella Polare)가 있는 3거리의 모퉁이에 있다.

전통 수공예품부터 명품까지 싹 다 모인

베네치아 쇼핑 거리

리알토 다리에서 산 마르코 광장을 향해 난 길은 베네치아를 대표하는 쇼핑 거리로, 막스마라, 만다리나 덕, 빅토리아 시크릿, 훌라, 오이쇼, 스와로브스키 등 브랜드점뿐 아니라 베네치아 가면과 유리, 레이스 제품 등 전통 공예품 상점이 모여 있다. 가격은 부라노 섬이나 무라노 섬의 상점보다는 비싸고, 산 마르코 광장 안의 상점보다는 저렴한 편이다. 고급 브랜드점은 규모가 작고 상품 수도 적지만 로마나 밀라노보다 가격이 저렴하고 다른 도시에서 품절된 제품이 남아 있는 경우도 있다. 평소 점찍어둔 상품을 놓친 여행자라면 의외의 행운을 누릴 수도 있다.

ADD Mercerie dell'Orologio
OPEN 10:00~19:30(일요일 11:00~19:00)/상점마다 조금씩 다름

영화 <아이즈 와이드 셧>의 마스크를 제작한 유명 가면 공방

❖ 화려한 베네치아의 가면

화려함의 극치인 베네치아 가면을 판매하는 숍이 곳곳에 있다. 베네치아의 가면은 흙을 빚어 틀을 만든 후 양털이 섞인 질긴 종이를 덧발라 그 위에 장식을 하는데, 장식이 얼마나 화려한가에 따라 가격이 결정된다. 숍마다 가격이 천차만별이니 여러 곳을 돌아본 후 구매하는게 좋다.

❖ 베네치아산 레이스 제품

베네치아 근교에서 만든 레이스 & 실크 제품은 기념품으로 인기가 높다. 실크 제품으로는 넥타이·스카프 등이 있는데, 원단이 좋고 디자인도 고급스럽다. 레이스 제품은 손으로 짠 부분이 얼마나 되느냐에 따라 가격이 달라진다. 100% 기계로 만든 것, 모서리 부분만 손으로 짠 것, 100% 손으로 짠 것 순서로 비싸지는데, 특히 부라노에서 만든 것은 더 비싸다.

SECTION

B

미술관 투어

❽ 산타 마리아 델라 살루테 성당 → 도보 5분 → **❾ 페기 구겐하임 미술관** → 도보 5분 → **❿ 아카데미아 미술관** → V 1번선 산 토마(San Toma) 승선장 하선 후 도보 3분 → **[Option ⓫ 산 로코 학교]** → 도보 1분 → **⓬ 산타 마리아 글로리오사 데이 프라리 성당** → V 폰다멘테 노베(F.te Nove) 승선장 → **[Option ⓭ 산타 마리아 아순타 데타 이 제수이티 성당]**

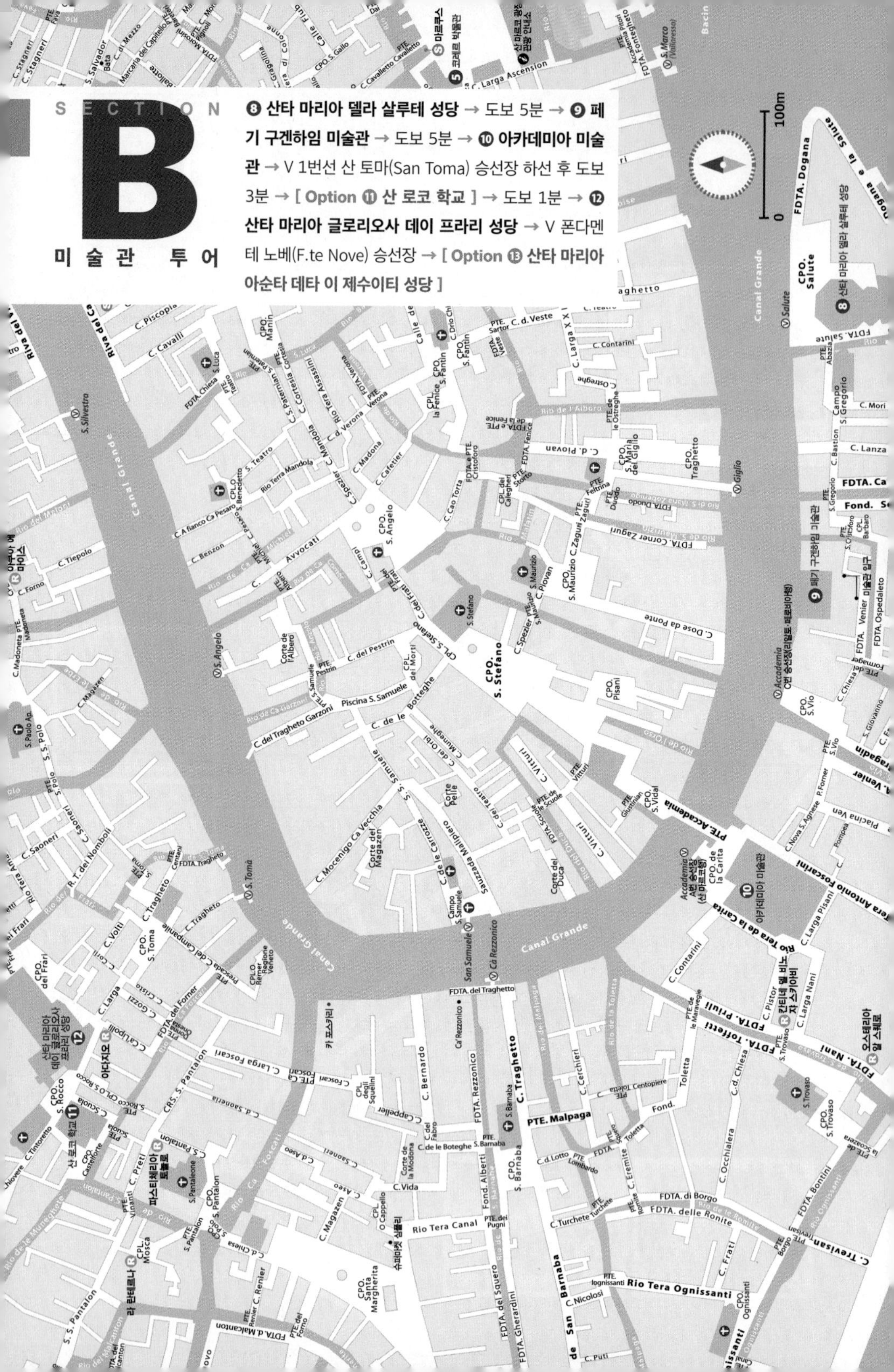

소용돌이 모양의 받침대를 딛고 서 있는 조각이 매우 아름답다.

빈틈없이 꾸민 성당 내부

08 티치아노의 '카인과 아벨' 산타 마리아 델라 살루테 성당

Basilica di Santa Maria della Salute

대운하의 끝자락에 있는 바로크 양식의 성당으로, 당대 최고의 건축가 롱게나가 설계했다. 정면을 장식한 정교한 대리석 조각상과 웅장한 스케일 덕에 베네치아에서 가장 아름다운 건축물 중 하나로 꼽힌다. 이름에 건강을 의미하는 '살루테(Salute)'라는 단어가 들어 있는 것이 독특한데, 이는 1630년 흑사병이 물러난 것을 기념하기 위해 성당을 지었기 때문이다.

티치아노의 작품들을 소장하고 있는 내부 성물실(Sacrestia)도 놓칠 수 없다. 제단을 바라보고 왼쪽 입구로 들어가면 천장화 '다비드와 골리앗', '이삭의 희생', '카인과 아벨'이 이어진다. 그중 티치아노의 명작으로 손꼽히는 ❶ '카인과 아벨'(1544)은 하느님이 아벨을 더 사랑한다고 느낀 카인이 질투에 눈이 멀어 동생 아벨을 살해하는 순간을 담고 있다. 그밖에 ❷ 틴토레토의 '가나의 혼인(Le Nozze di Cana)'(1561) 등 40여 점의 작품이 벽을 따라 전시돼 있다.

산타 마리아 델라 살루테 성당은 동쪽에서 산 마르코를 향해 들어오는 바포레토를 타고 서서히 물 위로 떠오르는 성당의 모습을 바라볼 때 가장 아름다우니 일정을 짤 때 참고하자.

❶ 그림 속 먹구름은 카인의 죄를, 번개는 죄의 대가를 암시한다.

❷

Ⓖ 산타 마리아 델라 살루테 성당 Ⓜ MAP ⑬-D

ADD Dorsoduro, 1

OPEN 성당 09:00~12:00, 15:00~17:30

성물실 10:00~12:30·14:00~15:30·16:40~17:30(토요일 10:00~12:30·14:00~17:30, 일요일 10:00~10:30·14:00~17:30)

CLOSE 성물실 월요일 및 화요일 오전

PRICE 성당 무료, 성물실 6€, 돔 8€, 갤러리+성물실 10€

VAPORETTO 1번선 살루테(Salute) 승선장 하선 후 바로

WEB www.basilicasalutevenezia.it

★

발다사레 롱게나 Baldassare Longhena(1598~1682년)

베네치아 바로크 건축가로, 산타 마리아 델라 살루테 성당을 장식하는 작품을 만드는 데 일생의 대부분을 바쳤다. 웅장한 규모와 극적인 구조, 풍부한 질감으로 대표되는 표면 건축 표현이 특징이다.

페기 구겐하임 미술관의
포토 포인트 조각상

치리코의 '붉은 탑'

샤갈의 '비'

입구가 작으니
지나치지 않도록
주의하자.

09

현대미술 거장들의 작품 전시장

페기 구겐하임 미술관

Collezione Peggy Guggenheim

미술에 관심이 없어도 한 번쯤은 들어봤을 이름, 페기 구겐하임. 알래스카 금광 사업으로 미국에서 큰 돈을 번 구겐하임 가문의 후손으로 막대한 유산을 상속 받은 페기 구겐하임은 탁월한 안목을 지닌 '전설의 콜렉터'로 이름을 날렸다. 그녀는 1951년 뉴욕에 아방가르드 아트 갤러리를 열었다가 점점 불어나는 예술품을 전시할 공간이 모자라자 1976년 베네치아에 페기 구겐하임 미술관을 세웠다. 평소 유명 화가와 조각가를 후원하며 그들과 두터운 친분을 쌓았던 그녀였기에 이곳에는 폴록, 에른스트, 피카소, 샤갈, 달리, 몬드리안 등의 작품이 다수 소장돼 있다. 뉴욕, 빌바오, 베를린 등에 있는 다른 구겐하임 미술관보다는 소박한 느낌이지만 나름의 멋이 있는 곳. 조각이 있는 조그만 야외 테라스에서 대운하의 경치를 감상하는 것도 잊지 말자.

Ⓖ 페기 구겐하임 컬렉션 Ⓜ MAP ⓭-C
ADD Dorsoduro, 701-704
OPEN 10:00~18:00/폐장 1시간 전까지 입장
CLOSE 화요일, 12월 25일
PRICE 16€, 10~26세 학생 9€, 9세 이하 무료
VAPORETTO 1번선 살루테(Salute) 승선장에서 도보 5분
WEB www.guggenheim-venice.it

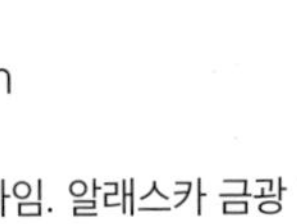

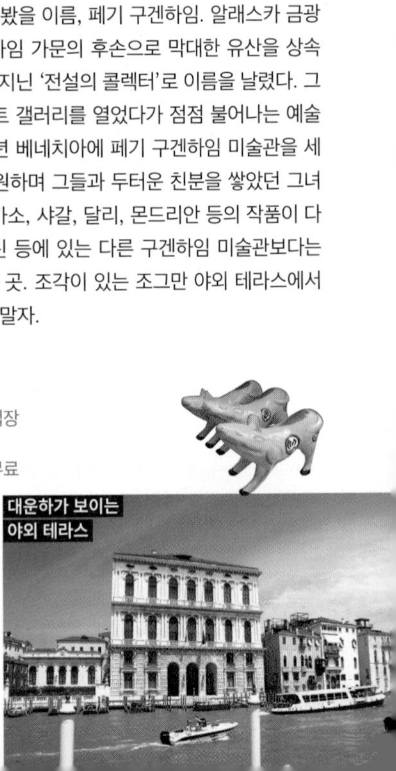

대운하가 보이는
야외 테라스

화려한 천장 장식도 눈길을 끈다.

❶ 용을 무찌르고 복음을 전파한 성인 성 조르조를 그린 그림이다.

10 베네치아를 대표하는 미술관
아카데미아 미술관
Galleria dell' Accademia

14~18세기 베네치아파 회화 중 가장 뛰어난 작품들을 감상할 수 있는 곳이다. 과거 학교와 성당, 수도원 등이 들어섰던 3채의 건물을 나폴레옹이 통합해 순수 예술 학교를 들여놓으면서 지금의 아카데미아가 만들어졌다. 소장품은 나폴레옹이 베네치아에 있는 수백 개의 성당, 수도원, 종교 단체에서 가져온 것으로, 여기에 베네치아 귀족들이 자신들의 소장품을 기증하면서 더욱더 방대한 컬렉션을 갖추게 됐다. 대표적인 소장품으로 ❶ 만테냐의 '성 조르조'(1460)와 ❷ 티치아노의 마지막 그림인 '피에타'(1576)를 꼽을 수 있지만 대표작 위주의 감상보다는 베네치아 화풍의 전체적인 특징과 흐름을 눈여겨보자. 베네치아의 화가들은 화려하고 관능적인 색채를 즐겨 사용했고 사물의 윤곽선을 희미하게 처리해 색채가 부드럽게 퍼지는 효과를 연출했다. 대표적인 화가로는 조반니 벨리니, 만테냐, 티치아노, 조르조네, 틴토레토, 베로네세 등이 있다.
미술관 관람은 2층에서부터 시작되며, 그림은 연대순으로 전시돼 있다. 각 방 입구에는 영문 팸플릿이 있으니 참고하자. 가방은 매표소 오른쪽에 있는 코인 라커(보증금 1€)에 맡기고 입장한다.

Ⓖ 아카데미아 미술관 베니스 Ⓜ MAP ⑬-C
ADD Campo della Carita, 1050
OPEN 08:15~19:15(월요일 ~14:00)/폐장 1시간 전까지 입장
CLOSE 1월 1일, 12월 25일
PRICE 15€, 18~25세 2€, 17세 이하 무료/특별전 진행 시 요금 추가
VAPORETTO 1번선 아카데미아(Accademia) A번 승선장에서 도보 3분
WALK 페기 구겐하임 미술관에서 도보 5분
WEB www.gallerieaccademia.it

❷ 예수의 매장을 돕는 니고데모(오른쪽)는 화가의 자화상이다.

미술관 입구

천장부터 벽 구석구석까지 작품으로 가득하다. 문 위의 작품은 티치아노의 '성전에서 마리아의 봉헌'

Zoom In & Out
아카데미아 미술관

15세기 베네치아에서는 '베네치아 화파'라는 새로운 화풍이 형성됐다. 베네치아 사람들은 동부 지중해 무역으로 동방이나 북유럽의 문화를 손쉽게 접할 수 있었는데, 이러한 요소가 14세기 피렌체에서 처음 발생한 르네상스와 융합해 독특한 미술 양식으로 나타난 것이다. 베네치아 화파의 가장 큰 특징은 '화려한 색채'다. 베네치아 화파의 그림을 제대로 보려면 작품이 무엇을 묘사했는지 자세히 살피기 전에 한 발짝 떨어져서 풍요롭고 원숙한 색채미부터 감상하는 것이 좋다.

'산 조베의 제단화'

● **조반니 벨리니 Giovanni Bellini**(1430~1516년)

선과 윤곽을 없애고 오로지 색과 빛의 조화만으로 표현함으로써 베네치아파 특유의 화풍을 만들어내는 데 가장 큰 업적을 남겼다.

'산 마르코 광장의 행렬'

● **젠틸레 벨리니 Gentile Bellini**(1429~1507년)

장엄한 행진 의식을 담은 스펙터클한 그림을 많이 남겼다. 조반니 벨리니의 형이다.

● **틴토레토 Tintoretto**(1518~1594년)

'미켈란젤로의 소묘와 티치아노의 채색'을 지향했다. 티치아노보다 한발 더 나아가 거친 붓 칠과 임파스토 기법(물감을 두껍게 칠하는 방식)을 확립했다.

'성 마르코의 유해 이동'

'폭풍우'

● **조르조네 Giorgione**(1477~1510년)

처음으로 경치 자체를 등장인물과 대등한 위치에 올려놓았다.

'레위가의 향연'

● **베로네세** Veronese(1528~1588년)

후기 르네상스 시대를 대표하는 화가. 티치아노, 틴토레토와 함께 베네치아파의 거장으로 손꼽힌다. 값비싼 옷감, 보석 등의 빛나는 색채를 탁월하게 묘사함으로써 색을 통해 그림의 전체 구도에 놀랄 만한 효과를 주는 방법을 개발해냈다. 종교화에 개, 구경꾼 등 풍속적인 요소를 포함시켜 이단 혐의를 받기도 했다.

'성전에서 마리아의 봉헌'

● **티치아노** Tiziano Vecellio(1488~1576년)

색채를 다루는 솜씨가 미켈란젤로의 자유자재로운 소묘 솜씨에 비견될 만큼 뛰어나다고 평가받는다. 전통적인 구도의 법칙을 무시하고 색채의 힘만으로 전체의 전경을 조화롭게 만드는 데 천부적인 재능이 있었다. 후기 작품에서는 엷은 색채로 대상의 윤곽을 흐릿하게 처리했는데, 이때 붓 대신 손가락을 사용하기도 했다고 전해진다.

'십자가와 성 헬레나의 고양'

● **티에폴로**
Giovanni Battista Tiepolo
(1696~1770년)

치장 벽토 작업과 대형 프레스코 기술이 뛰어났다. 어떤 궁전이나 수도원의 내부도 연극 무대처럼 화려하게 변화시켰다.

MORE

아카데미아 다리 Ponte dell' Accademia

대운하를 가로지르는 4개의 다리 중 하나. 운하 주변을 감상할 수 있는 전망 포인트로 유명하다. 1854년 철제다리로 지어졌다가 증기선 통행을 위해 돌다리로 바꾸게 됐는데, 공사 도중 석재가 도착하지 않아 1933년 임시로 만든 나무 다리가 현재까지 남아 있다.

길이 48m의 아카데미아 다리

아카데미아 다리 위에서 바라본 대운하 풍경

계단도 온통 틴토레토의 그림으로 치장돼 있다.

왼쪽이 산 로코 학교, 오른쪽은 산 로코 성당이다.

황금빛 장식이 아름다운 2층 슈페리오레 방

Option 11

틴토레토의 예술혼과 마주하다

산 로코 학교

Scuola Grande di San Rocco

Ⓖ C8PG+M4 베니스
Ⓜ MAP ⑬-A & ⑫-C
ADD San Polo, 3054, a
OPEN 09:30~17:30/폐장 30분 전까지 입장
CLOSE 1월 1일, 12월 25일
PRICE 5€, 25세 이하·65세 이상 8€, 17세 이하(보호자 1인 동반 시) 무료
VAPORETTO 1번선 산 토마(S. Tomà) 승선장에서 도보 3분
WEB www.scuolagrandesanrocco.it

틴토레토가 1564년부터 24년 동안 자신의 모든 역량을 쏟아부어 작품을 완성한 곳이다. 사이는 좋지 않았지만 스승 티치아노의 살아 있는 듯한 색감을 살리려고 혼신의 힘을 다했고, 미켈란젤로의 정밀한 묘사를 따라 하기 위해 부단히 노력했던 틴토레토. 그는 미켈란젤로가 '천지창조'를 완성한 것처럼 일생을 바쳐 작품 활동에 매달렸지만 아쉽게도 신은 그에게 천부적인 재능을 주지 않았고, 세간의 평은 냉정했다. 그래서인지 이곳의 작품들을 바라볼 때면 자신의 한계를 극복하려고 노력한 그에게 연민의 정이 느껴진다.

3개의 홀의 벽면과 천장에 그린 56점의 그림은 예수와 성모 마리아의 일생을 담고 있다. 대표작으로는 ❶ '십자가에 못 박힘', '목자의 경배', ❷ '수태고지(1583~1587)', '마리아 마리아' 등이 있다. 전체 제작 기간이 긴 만큼 화가의 작품 세계가 변하는 과정을 눈으로 볼 수 있는데, 초기 작품에는 사실적인 묘사와 차분한 구성이 주를 이루지만 뒤로 갈수록 과장되고 불안정한 매너리즘의 색채가 강해진다.

알베르고의 방 한쪽 벽 전체를 차지한 틴토레토의 '십자가에 못 박힘'(1565)

❶

❷

★
스쿠올라란?

스쿠올라(Scuola)는 평신도가 중심이 된 종교 공동체의 학교로, 과거 베네치아에는 200여 개의 스쿠올라가 있었다. 이들은 시민 계급으로 정치에 참여했으며, 막대한 부를 바탕으로 유명 예술가들을 불러 스쿠올라를 꾸미기도 했다.

신고전주의 조각의 대가인
카노바의 무덤

12 티치아노의 걸작 '성모 승천'
산타 마리아 글로리오사 데이 프라리 성당
Basilica di Santa Maria Gloriosa dei Frari

성 프란체스코가 교단을 설립한 직후인 1222년, 프란체스코회의 탁발 수도사들이 베네치아에 도착해 지은 성당. 1250년에 건축을 시작해 증축을 거쳐 1445년에 베네치아에서 가장 큰 성당 중 하나로 완성됐다. 소박해 보이는 외관과 달리 내부는 성인의 조각상, 스테인드글라스로 화려하게 장식돼 있고 색채의 마술사로 불리는 티치아노의 대표작 ❶ '성모 승천'(1518)이 소장돼 있다. '성모 승천'은 성모 마리아가 삶을 마치고 하늘로 오르는 모습을 담은 그림으로, 강렬한 색채와 자연스러운 인물 묘사가 돋보인다. 이탈리아의 미술비평가 로도비코 돌체는 "미켈란젤로의 위대함과 경이로움, 라파엘로의 즐거움과 우아함, 자연의 진정한 색채가 있다"라고 평했다.

해 질 무렵이면 중앙 제단 뒤쪽으로 난 정교한 문양의 2단짜리 창문으로부터 들어온 햇살이 아름다운 빛의 향연을 펼친다. 중앙 제단 오른쪽 벽에는 베네치아에서 가장 유능하고 강력한 도제였던 프란체스코 포스카리의 무덤이 있다. 그밖에 종교적 수장과 부유한 가문에서 기증받은 수많은 예술품을 통해 당시 이 성당을 세운 프란체스코회 수도사들의 인기를 실감할 수 있다.

❶

성당의 작은 창문으로 들어오는 자연 채광에 의존하는 이 그림은 해 질 무렵에 보는 것이 가장 아름답다.

Ⓖ C8PG+QJ 베니스 Ⓜ MAP ⓭-A & ⓬-C
ADD San Polo, 3072
OPEN 09:00~18:00(일요일 13:00~)/폐장 30분 전까지 입장
PRICE 5€, 29세 이하 학생 2€, 11세 이하 무료
WALK 산 로코 학교에서 도보 1분
VAPORETTO 1번선 산 토마(S. Tomà) 승선장에서 도보 3분
WEB www.basilicadeifrari.it

성당 주변 풍경

❶ 티치아노의
'성 라우렌티우스의 순교'

❷ 틴토레토의
'성모 승천'

Option 13

티치아노의 '성 라우렌티우스의 순교'

산타 마리아 아순타 데타 이 제수이티 성당

Chiesa di Santa Maria Assunta detta I Gesuiti

색채의 마술사로 불리는 티치아노의 기량을 잘 보여주는 작품 ❶ '성 라우렌티우스의 순교'(1559)가 있는 곳이다. 성 라우렌티우스는 뜨거운 석쇠 위에서 고문을 당하다 순교했는데, 고문당하는 중에도 황제에게 "보아라. 한쪽은 잘 구워졌으니 다른 쪽도 잘 구워서 먹어라!"고 외친 일화로 유명하다. 이 작품은 무자비한 고문을 당하면서도 죽는 순간까지 당당했던 성인의 모습을 강인하게 묘사하고 있다. 어두운 밤을 배경으로 하다 보니 검은색이 대부분을 차지하고 있는데, 검은색을 다루는 티치아노의 화법에서 왜 그가 '색채의 마술사'로 불리는지 확인할 수 있다. 티치아노의 그림을 감상하고 나면 성경 속 장면으로 화려하게 장식한 천장도 구경해보자. 중앙제단 왼쪽에는 틴토레토가 그린 ❷ '성모 승천'(1555)이 있다. 무라노, 부라노 섬으로 향하는 배가 드나드는 폰다멘테 노베(F.te Nove) 승선장 근처에 있으니 이들 섬과 함께 둘러보는 일정으로 방문하는 것이 좋다.

화려한 성당 내부

Ⓖ C8VQ+8M 베니스 Ⓜ MAP ⓫
ADD Salizada de la Spechiera, 4877
OPEN 10:00~12:00, 15:30~17:30/미사 중 입장 제한
CLOSE 상황에 따라 공지 없이 휴무
PRICE 1€
VAPORETTO 4.1번·5.1번·12번·13번·22번·B번·N번선 폰다멘테 노베(F.te Nove)에서 하선

성 라우렌티우스(225~258년)

성 라우렌티우스(Laurentius, 현대 이탈리아어로는 로렌초 Lorenzo)는 식스토 2세 교황이 임명한 최초의 부제 7명 중 한 명으로, 발레리안 황제의 박해로 식스토 2세 및 동료 부제 6명과 함께 처형당했다. 가난한 사람들에게 교회의 물건을 나눠주는 일을 맡았기 때문에 미술 작품에서는 종종 석쇠나 구호품을 들고 등장한다.

파스타에 랍스터가 통째로

리오 노보
Rio Novo

운하 바로 옆 야외 테라스에 앉아 랍스터를 올린 파스타로 호사를 부릴 수 있는 식당. 이탈리아 전통 스타일보다는 조금 더 달큼하게 관광객 입맛에 맞춘 음식을 선보여 호평받는다. 압도적인 비주얼과 감칠맛을 자랑하는 시그니처 메뉴는 큼직한 랍스터 반 마리를 올린 해산물 탈랴텔레(Tagliatelle All'astice con Frutti di Mare, 30€). 익숙한 맛의 로제소스에 오징어와 조개도 듬뿍 들어가서 한국인 여행자들의 만족도가 높다. 야들야들한 오징어 튀김(Calamari Fritti con Salsa 'Rio Novo', 18€)을 소스에 푹 찍어서 맥주에 곁들여도 금상첨화. 무엇보다 이 집 음식의 최고 양념은 트레 폰티(Tre Ponti) 다리를 바라보는 테라스인데, 그만큼 자리 확보 경쟁이 치열하니 서둘러 선점해야 한다. 실내 좌석은 대부분 비어 있다.

특제 소스를 곁들인 오징어 튀김은 미니 사이즈라 더 부드럽다.

G C8P9+MX 베네치아 M MAP ⑫-C
ADD Santa Croce, 278
OPEN 11:00~22:00
MENU 전채 10~21€, 파스타 16~30€, 메인 요리 18~50€, 봉사료 12%,
WALK 산타 루치아역에서 도보 10분, 산타 마리아 글로리오사 데이 프라리 성당에서 도보 10분
WEB rionovoseafood.com

운하 전망 테이블이 줄지어 늘어선 본섬 최고의 관광식당 스폿

해산물을 곁들인 랍스터 탈랴텔레.
큼직한 집게다리는 망치로 깨서 먹는다.

쌉쌀한 샐러리와 새콤한 레몬으로 맛을 내는
문어샐러드(Insalata di Piovra, 14€). 프로세코와 잘 어울린다.

선주문 후계산 시스템. 진열대 앞에 서서 먹는다.

선물용으로 좋은 이탈리아
유명 가게의 사탕을 엄선했다.

베네치안 해산물 러버의 단골집

◉ 라 란테르나
La Lanterna da Gas

관광객이 드문 곳에 자리해 여유롭고 친절한 현지인 단골 식당. 홍합과 새우, 미니가재 등 제철 해산물로 만든 베네치아 전통 스타일 스파게티(Spaghetti La Lanterna, 16€)가 대표 메뉴다. 바닥에 깔린 소스에 잘 묻혀 먹으면 해산물 수프처럼 진한 풍미가 우러나고, 프로세코를 한잔 곁들이면 해산물 요리 맛이 업그레이드! 현지인 추천 메뉴는 그때그때 바뀌는 해산물 모둠 전채(19€). 우리 입맛엔 큼직한 멜론을 얹은 프로슈토(12€)도 가격 대비 만족스럽다.

Ⓖ C8PF+CG 베네치아 Ⓜ **MAP** ⑫-C
ADD Campiello Mosca, 22
OPEN 12:00~22:30
MENU 전채 12~19€, 파스타 13~21€, 메인 요리 17~35€, 자릿세 2€/1인
WALK 산타 마리아 글로리오사 데이 프라리 성당에서 도보 4분

달콤한 페이스트리로, 본 죠르노 베네치아!

◉ 파스티체리아 토놀로
Pasticceria Tonolo

베네치아 사람들이 입을 모아 첫손에 꼽는 빵집. 커스터드든 자바이오네든 크림 종류로 명성을 떨치는 곳답게 보기만 해도 달콤함이 꿀처럼 뚝뚝 떨어지는 페이스트리가 진열장에 가득하다. 유서 깊은 동네 맛집이라 오랜 단골과 이방인 사이에 온도 차가 있긴 하지만 페이스트리만큼은 기가 막히게 잘 만든다. 씹으면 바사삭, 속은 달콤한 피스타치오 크림으로 채운 크루아상은 인기 조식 메뉴. 여기에 카푸치노 한 잔을 곁들이면 베네치아의 아침이 근사하게 시작된다.

Ⓖ C8PG+93 베네치아 Ⓜ **MAP** ⑫-C & ⑬-A
ADD Calle S. Pantalon, 3764
OPEN 07:30~19:00(일요일 ~13:00)
CLOSE 월요일
MENU 페이스트리 1.40€~, 카푸치노 1.60€
WALK 산타 마리아 글로리오사 데이 프라리 성당에서 도보 1분
WEB pasticceria-tonolo-venezia.business.site

'단짠 쌉쌀'한 반칙 조합

◉ 아다지오
Adagio

베네치아 본섬에서 제일 예쁜 동네, 산타 마리아 글로리오사 데이 프라리 성당 주변 골목의 낭만적인 분위기를 만끽할 수 있는 치케티 바. 바람 솔솔 불어오는 야외 테이블에 앉아 치케티에 칵테일 한 잔을 곁들이면 세상만사가 평화롭다. 브리 치즈에 블루베리잼, 살라미에 사워크림 같은 극강의 조합을 찾아내는 치케티는 가격도 합리적! 베네치아 젊은이들의 핫플레이스답게 스프리츠 종류도 많아서 달콤쌉쌀한 아페롤부터 허브향 가득한 치나르(Cynar)까지 취향껏 골라 마실 수 있다. 여기에 베네치아의 명물 칵테일 벨리니까지 원조 가게인 해리스 바의 4분의 1 가격으로 마실 수 있으니 이 어찌 행복하지 않겠는가.

G C8PG+HG 베네치아
M MAP ⑫-C & ⑬-A
ADD Calle Stretta Lipoli, 3027
OPEN 07:30~24:00
CLOSE 일요일
MENU 치케티 2€~, 스프리츠 4~5€, 벨리니 6€, 커피 1.20€
WALK 산타 마리아 글로리오사 데이 프라리 성당에서 도보 1분

복숭아 퓌레+프로세코=
달콤한 벨리니(6€)

레몬 향 솔솔~ 상큼 쌉쌀한
리몬첼로 스프리츠(5€)

오랜 전통의 치케티 바

◉ 칸티네 델 비노 쟈 스키아비
Cantine del Vino già Schiavi

베네치아 특유의 치케티 문화를 생생하게 체험할 수 있는 올드 바. 소금에 절인 대구(Baccala)를 올린 치케티가 유명하지만 절인 생선에 익숙하지 않다면 새우나 문어, 생선 알, 연성 치즈 등으로 만든 치케티를 선택하자. 로비올라 치즈와 철갑상어 알을 올린 치케티(Robiola e Uova di Storione)도 좋고, 달걀·트러플·버섯 치케티(Eggs, Troufles & Mushrooms)도 무난한 선택이다. 해산물을 올린 치케티에는 화이트 스파클링 와인인 프로세코가 잘 어울린다. 플라스틱 잔에 담아주는 와인과 함께 테이크아웃해서 가게 앞 운하를 바라보며 즐겨보자. 단, 달려드는 갈매기 주의!

Ⓖ C8JG+9M 베니스 Ⓜ MAP ⑬-C
ADD Fondamenta Nani, 992
OPEN 08:30~14:00, 16:00~20:30
CLOSE 일요일
MENU 치케티 1.50€~/1개,
와인 1.20€~/1잔
WALK 아카데미아 미술관에서 도보 2분
WEB www.cantinaschiavi.com

프로세코 한 잔에
치케티 서너 개면 완벽!

서서 먹는 테이블이 전부. 와인마다
잔과 병 단위의 가격이 붙어 있다.

천막으로 가려져 간판이
눈에 잘 띄지 않는다.

큼직한 올리브가 들어간 스프리츠

치케티의 단짝, 스프리츠

◉ 오스테리아 알 스퀘로
Osteria al Squero

외국인 여행자들도 편안하게 어울릴 수 있는 아늑한 분위기의 치케티 바. 엄선된 재료로 만든 치케티는 우리 입맛에도 잘 맞는다. 치케티와 더불어 꼭 맛봐야 할 것은 깜짝 놀랄 만큼 저렴한 칵테일 스프리츠(Spritz). 쌉쌀한 아페롤과 상큼한 프로세코 스파클링 와인이 어우러진 달콤 쌉쌀한 맛이 특징이다.

Ⓖ C8JG+2F 베니스 Ⓜ MAP ⑬-C
ADD Dorsoduro, 943-944
OPEN 10:00~20:30(토요일 09:00~15:00)
CLOSE 일요일
MENU 치케티 2€/1개, 스프리츠 3.50€~/1잔
WALK 아카데미아 미술관에서 도보 3분
WEB www.osteriaalsquero.wordpress.com

가게 앞이 바로 운하.
은근 명당자리다.

옴브라(Ombra: '작은 잔'을 뜻하는 베네치아 방언)에 담아주는 와인(1€~), 튼실한 안줏거리가 돼주는 햄 치즈 플레이트(1.90€)

베네치아 최저가 아페리티보

◉ 바카레토 다 렐레
Bacareto da Lele

베네치아식 식전주 문화인 아페리티보를 확실하게 체험할 수 있는 곳. 1968년부터 노동자와 대학생의 아지트였던 베네치아 바카로(Bacaro, 와인을 파는 선술집)의 대명사다. 건물 귀퉁이에 자리 잡은 가게는 발 디딜 틈 없이 북적이는데, 입구(Entrata)와 출구(Uscita) 중 입구 쪽으로 줄을 선다. 작은 빵에 햄과 치즈, 토마토나 버섯 올리브유 절임 등을 끼운 각종 샌드위치는 매진되면 끝. 오후에는 단돈 1.90€짜리 햄 치즈 플레이트에 와인을 홀짝이는 사람들이 운하 계단과 광장까지 가득하다.

Ⓖ C8QC+2G 베네치아 Ⓜ MAP ⑫-C
ADD Fondamenta dei Tolentini, 183
OPEN 06:00~20:00(토요일 ~14:00)
CLOSE 일요일
MENU 와인 1€/1잔~, 미니 샌드위치 1.20€~
WALK 산타 루치아역에서 도보 9분, 산타 마리아 글로리오사 데이 프라리 성당에서 도보 8분

❷ 베네치아 국제 영화제 Mostra Internazionale D'Arte Cinematografica

세계 3대 국제 영화제

1935년부터 시작된 국제 영화제. 매년 8월 마지막 주부터 9월 첫째 주까지 리도 섬에 있는 팔라초 델 치네마(Palazzo del Cinema)를 비롯해 섬 곳곳에 있는 상영관에서 예선을 통과한 각국의 영화가 상영된다. 간혹 야간 무료 상영을 개최하기도 하니 홈페이지나 정보지를 유심히 살펴보자. 정보지는 관광 안내소에서 받을 수 있으며, 영화 상영 일정, 장소, 요금 등이 안내돼 있다.

입장권은 홈페이지를 통해 온라인으로만 구매할 수 있다. 일별 프로그램은 보통 8월 중순 경에 오픈하며, 일정 공개 후에 티켓 판매를 시작한다.

영화 상영 외에도 각국의 배우·감독·프로듀서 등이 참가하는 기자회견, 시상식 등 다채로운 행사가 열린다. 시상식에서는 상영작 중 최우수 작품을 선정해 황금사자상을 수여하고, 여우주연상, 남우주연상 등 부문별로 시상을 한다. 우리나라는 1985년 임권택 감독의 <씨받이>로 강수연이 최우수 여우주연상을 수상한 이래 2012년 김기덕 감독이 <피에타>로 황금사자상의 영예를 안았다.

PRICE 장소에 따라 8~50€
VAPORETTO 리도(Lido) 하차 후 도보 20분
WEB www.labiennale.org(Cinema 메뉴)

MORE

베네치아의 예술제

잘 알려진 비엔날레, 영화제 외에도 건축, 음악, 춤 등을 주제로 다양한 시상식과 축제가 이어진다. 비엔날레 홈페이지에서 개최 기간을 알아보고 여행 일정과 맞다면 즐겨보자.

© www.labiennale.org

피에트로 론기의 '코뿔소'.
카니발에서 코뿔소를 구경하는
18세기 사람들의 모습을 그렸다.

❸ 베네치아 카니발 Carnevale di Venezia 베네치아 가면 축제

재의 수요일(Ash Wednesday) 전 열흘가량 열리는 가면 축제다. 12세기에 시작된 것으로 추정되며, 보통 2월 초에서 3월 사이에 열리는데, 베네치아 사람들은 이 축제를 위해 1년을 기다린다는 말이 있을 만큼 도시 전체가 화려한 가면을 쓴 사람들로 넘친다. 수백 명의 메이크업 아티스트가 여행자의 얼굴에 분장을 해주고, 거리 곳곳에 베네치아 전통 과자를 파는 노점상이 여행자를 유혹한다.
다른 영화제나 축제처럼 지정된 개최 장소가 있는 것은 아니며 베네치아 도시 구석구석에서 퍼레이드와 공연을 펼친다. 행사 개최지나 이벤트 정보 등은 카니발 공식 홈페이지에서 확인할 수 있다.

WEB www.carnevale.venezia.it

MORE
가면을 쓰는 풍습의 유래

가면을 쓰는 풍습은 중세에 서민이 가면을 쓰고 귀족 놀이를 하며 기분을 달래던 것에서 유래했다. 그러나 중세 이후부터 귀족에게까지 퍼져, 신분을 숨기기 위해 1년 내내 가면을 쓰고 다니는 사람이 있을 정도로 가면의 인기가 높았다.
여행자에게 가장 많이 알려진 가면은 '페스트(흑사병) 의사'와 '카사노바 가면'. '카사노바 가면'은 카사노바만 썼던 가면은 아니고 남자들이 즐겨 쓴 가면이다. 진짜 이름은 '바우타'인데, 당시 사람들은 이 가면을 쓰면 매력적인 남성으로 변한다고 믿었다.
주둥이가 새 부리처럼 튀어나온 '페스트 의사'는 실제로 페스트가 유행했을 때 의사들이 사용한 가면이다. 당시 의사들은 주둥이 부분에 향신료를 채워 넣은 가면을 쓰고 있으면 페스트를 예방할 수 있다고 믿었다.

MORE
재의 수요일 개최일 계산법

매년 부활절을 기준으로 46일 전에 해당하는 날이다. 부활절은 춘분 이후 첫 보름 다음에 오는 첫 번째 일요일로, 보통 3월 말에서 4월 말 사이에 놓인다. 따라서 재의 수요일은 보통 2월 초에서 3월 말이 된다.

카사노바의 복장
'바우타'

페스트 의사
가면

01

VENEZIA

부라노 무라노 리도

BURANO MURANO LIDO

알록달록 무지개색 주택들과 레이스 장식품으로 유명한 부라노, 세계 최고로 꼽히는 베네치아 유리의 생산지인 무라노, 고급 해변 휴양지이자 베니스 영화제 개최지인 리도는 베네치아의 숨은 보석이다. 운하와 도시 풍경이 아름답게 조화를 이룬 것이 본섬의 매력이라면 이들 섬은 작은 바닷마을만이 가질 수 있는 낭만과 사랑스러움을 한껏 보여준다. 3곳 모두 본섬에서 바포레토로 30~50분이면 갈 수 있다.

부라노·무라노·리도 가기

부라노는 본섬에서 바포레토로 약 45분 거리에 있으며, 부라노행 바포레토는 대부분 본섬 북쪽에 있는 폰다멘테 노베(Fondamente Nove) 승선장에서 출발한다. 무라노까지 가는 바포레토는 기차역 앞의 페로비아(Ferrovia) 승선장 또는 폰다멘테 노베 승선장에서 출발하며, 리도까지 가는 바포레토는 출발 지점과 이용 노선에 따라 소요 시간이 크게 차이 난다.

1. 부라노

바포레토 12번선이 베네치아 본섬 북쪽에 있는 폰다멘테 노베(Fondamente Nove, 줄여서 F.te Nove) A번 승선장에서 출발한다. 산타 루치아역 앞의 페로비아(Ferrovia) D번 승선장에서 4.2번·5.2번선을 타고 각각 폰다멘테 노베 B번과 D번 승선장에 도착 후 내린 곳에서 바다를 바라보고 왼쪽 다리를 건너면 폰다멘테 노베 A번 승선장이 나온다.

무라노에서 갈 때는 무라노 파로(Murano Faro) 승선장에서 12번선을 탄다. 산 마르코 광장에서는 산 자카리아(S. Zaccaria) A번 승선장에서 14번선이 부라노까지 간다. 단, 운항 간격이 넓은 편이니 시간표를 미리 확인하자.

본섬 북쪽의 교통중심지,
폰다멘테 노베 승선장

폰다멘테 노베 승선장 주변 풍경

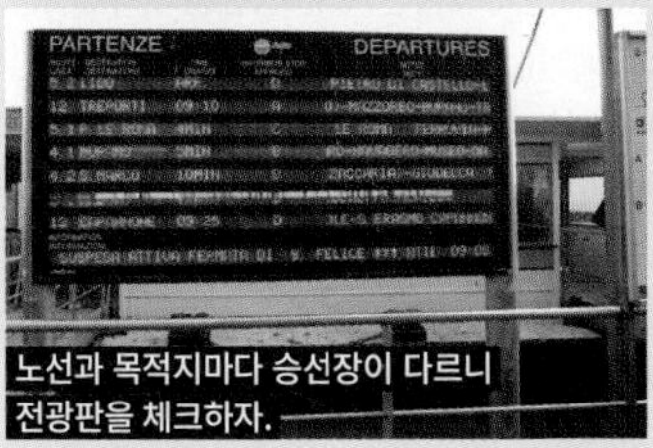

노선과 목적지마다 승선장이 다르니
전광판을 체크하자.

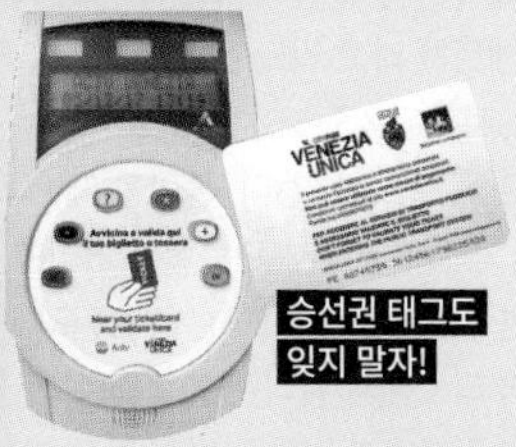

승선권 태그도
잊지 말자!

새로 단장해 깔끔한
부라노 승선장

*바포레토는 시즌과 요일에 따라 운항이 유동적이고 노선이 자주 변경된다. 현지 도착 후 반드시 확인하고 이용한다.

페로비아 Ferrovia
(산타 루치아역 앞)
↓
바포레토 4.2번·5.2번선, 25분
↓
폰다멘테 노베 F.te Nove
↓
바포레토 12번선, 45분

산 자카리아 S. Zaccaria
(산 마르코 광장)
↓
바포레토 14번선, 약 1시간 10분

부라노 Burano

페로비아 Ferrovia
↓
바포레토 3번·4.2번선,
25~45분

폰다멘테 노베 F.te Nove
↓
바포레토 12번·13번·4.2번선,
10~15분

무라노 Murano
(Colonna/Museo/Faro)

부라노 Burano
↓
바포레토 12번선, 35분

무라노 Murano(Faro)

로마 광장 P.le Roma
↓
바포레토 6번선, 30~35분

페로비아 Ferrovia
↓
바포레토 5.1번·5.2번선,
45~55분

산 자카리아 S. Zaccaria
↓
바포레토 14번선, 15분

리도 Lido

2. 무라노

무라노 섬에는 운하를 따라 여러 개의 승선장이 있다. 노선에 따라 정박하는 순서와 내리는 승선장이 다르니 주의한다. 유리 박물관과 가장 가까운 승선장은 무라노 무세오(Murano Museo) 승선장이며, 무라노 콜론나(Murano Colonna)나 무라노 파로(Murano Faro) 승선장에서도 운하를 따라 걸어서 갈 수 있다.

본섬에서 무라노로 향하는 바포레토는 산타 루치아역 앞의 페로비아 승선장과 본섬 북쪽의 폰다멘테 노베 승선장 등에서 출발한다. 페로비아에서 출발할 경우 D번 승선장에서 무라노 무세오 승선장까지 직행 3번선으로 약 25분, 완행 4.2번선으로 약 45분 소요된다. 폰다멘테 노베에서는 B번 승선장에서 13번선으로 약 10분(무라노 파로 도착), 4.1번·4.2번선으로 약 15분(무라노 무세오 도착), A번 승선장에서 12번선으로 약 10분(무라노 파로 도착) 소요된다. 4~10월 경에는 산 마르코 광장 근처의 산 자카리아(S. Zaccaria) D번 승선장에서 7번선이 운항한다. 부라노에서는 C번 승선장에서 12번선을 타면 무라노 파로 승선장까지 35분 정도 소요된다.

본섬~무라노~부라노를 연결하는 12번선이 이용하는 파로 승선장, '파로(Faro)'는 등대라는 뜻이다.

유리 박물관과 가까운
무라노 무세오 승선장

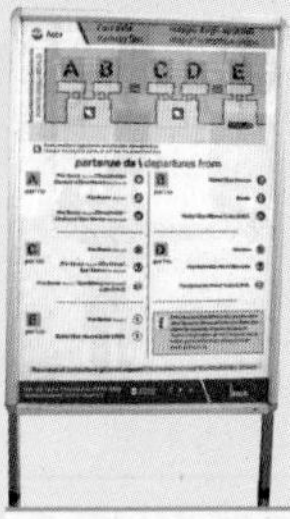

★
무라노에서 돌아오기

무라노 섬에서 출발하는 4.1번선과 4.2번선은 무라노 섬 안의 운하를 각각 반시계, 시계 방향으로 돌아나간다. 본섬 주변을 운항할 때도 4.1번선은 기차역과 로마 광장을 지나 반시계 방향으로, 4.2번선은 산 마르코 광장을 향해 시계 방향으로 운항한다. 목적지에 따라 빨리 가는 노선으로 골라서 타자. 두 노선 모두 폰다멘테 노베 승선장에 들렀다 간다.

3. 리도

산타 루치아역 바로 앞의 페로비아 C번 승선장에서 5.1번선, D번 승선장에서 5.2번선 바포레토를 타고 리도 산타 마리아 엘리자베타(Lido S.M.E.) 승선장에서 내리면 된다. 소요 시간은 45~55분. 페로비아 승선장 기준으로, 갈 때는 본섬 주위를 반시계 방향으로 도는 5.1번선이, 돌아올 때는 시계방향으로 도는 5.2번선이 조금 더 빠르다. 산타 루치아역에서 도보 5분 거리인 로마 광장(P.le Roma) 승선장에서 6번선을 이용하면 리도까지 30~35분 소요된다.

무라노·부라노에서 간다면 본섬 북쪽의 폰다멘테 노베 D번 승선장에서 5.2번선 바포레토로 갈아타고 가는 방법이 가장 빠르다. 약 25분 소요.

산 마르코 광장에서는 산 자카리아(S. Zaccaria) A번 승선장에서 14번선을 이용한다. 약 15분 소요.

페로비아 C번 승선장

바포레토에서 바라본
리도 산타 마리아 엘리자베타 승선장

★
리도행 해변 왕복권

바포레토 1~3일권을 사지 않고 리도 섬만 다녀올 예정이라면 리도행 14번선 바포레토만 왕복으로 이용할 수 있는 '해변 왕복권(Biglietto Navigazione Andata e Ritorno Spiagge, 16€)'을 구매한다. 산 자카리아-리도 산타 마리아 엘리자베타(Lido S.M.E.)-푼타 사비오니(Punta Sabbioni) 구간을 오가는 14번·15번선 1일 왕복권(11번선은 제외)과 리도 섬 내 버스 이용을 포함한다.

OPTION A
부라노 무라노 리도

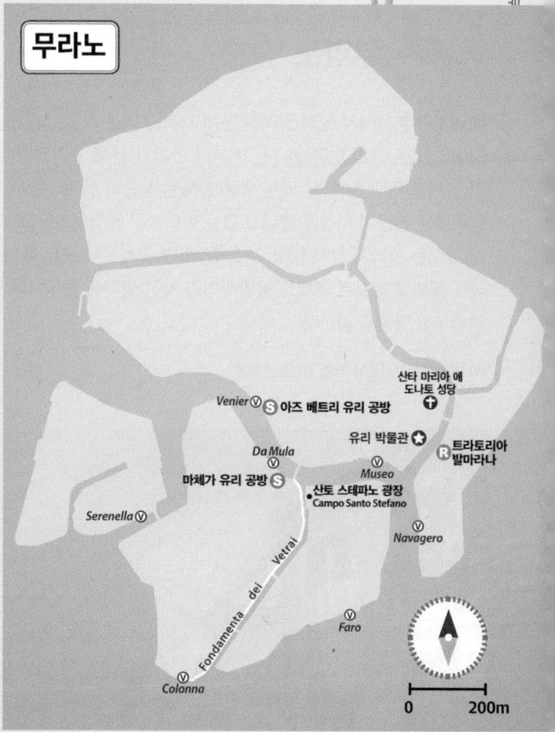
무라노
Venier
아즈 베트리 유리 공방
산타 마리아 에 도나토 성당
유리 박물관
Da Mula
트라토리아 발마라나
Museo
마체가 유리 공방
산토 스테파노 광장
Campo Santo Stefano
Serenella
Navagero
Fondamenta dei Vetrai
Faro
Colonna
0 200m

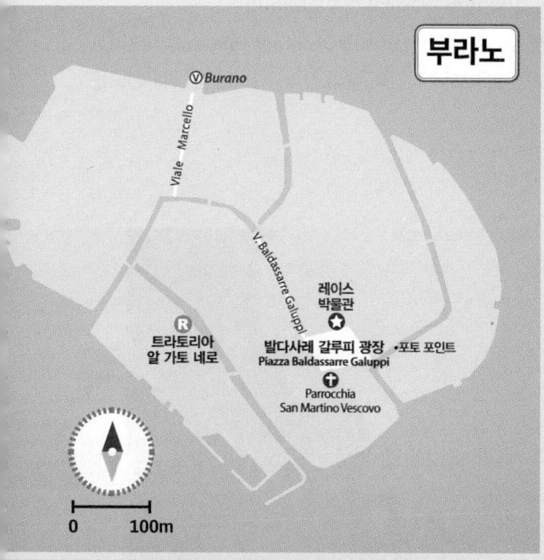
부라노
Burano
Viale Marcello
V. Baldassarre Galuppi
레이스 박물관
트라토리아 알 가토 네로
발다사레 갈루피 광장
Piazza Baldassarre Galuppi
•포토 포인트
Parrocchia San Martino Vescovo
0 100m

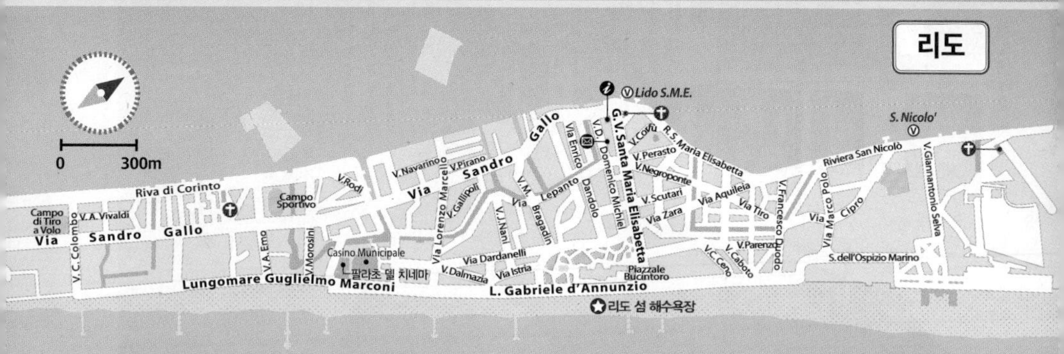
리도
0 300m
Lido S.M.E.
S. Nicolo'
G.V. Santa Maria Elisabetta
V.Corfù
R.S. Maria Elisabetta
Via Enrico
V.D. Domenico Michiel
Gallo
V.Perasto
V.Negroponte
V.Scutari
Via Aquileia
Via Tiro
Via Zara
Riviera San Nicolò
V.Giannantonio Selva
V.Francesco Duodo
Via Marco Polo
Via Cipro
V.Navarino
V.Pirano
Sandro
Via
V.Rodi
V.Gallipoli
Via Lorenzo Marcello
V.M. Lepanto
Via Bragadin
V.J.Nani
Dandolo
Riva di Corinto
Campo Sportivo
Campo di Tiro a Volo
V.A. Vivaldi
Via Sandro Gallo
V.C. Colombo
V.A. Emo
V.Morosini
Casino Municipale
팔라초 델 치네마
Via Dardanelli
V.Dalmazia
Via Istria
Piazzale Bucintoro
V.Parenzo
V.C. Ceno
V. Caboto
S.dell'Ospizio Marino
Lungomare Guglielmo Marconi
L. Gabriele d'Annunzio
리도 섬 해수욕장

감성을 자극하는
색감으로 가득하다.

01 이토록 '인스타그래머블'한 풍경이라니
부라노 Burano

베네치아 본섬에서 한참 떨어진 곳에 자리한 어촌 마을. 남자들은 어업을 하고 여자들은 레이스 수공업을 하며 생활을 이어나갔던 곳이다. 이 일대는 예부터 안개가 심해 고기잡이를 마치고 돌아올 때 집을 찾기 어려웠는데, 이를 해결하기 위해 집마다 눈에 잘 띄는 색을 칠하는 풍습이 생겨나면서 현재의 알록달록한 모습이 갖춰졌다. 좁은 수로를 따라 앙증맞은 집들이 어깨를 맞대고 있는 평화로운 풍경을 보러 해마다 전 세계 관광객이 이곳을 찾는다.
섬 규모는 그다지 크지 않아 2~3시간이면 구석구석 모두 돌아볼 수 있다. 다만, 온 마을이 커다란 야외 스튜디오라고 해도 무방할 정도로 예쁘고 낭만적이라 사진 찍기에 몰두하다 보면 생각보다 시간이 빨리 간다. 최소한 반나절 정도는 비워두고 가기를 권한다.

WALK 바포레토에서 하차 후 도보 6분

◆ 레이스 박물관 Museo del Merletto

부라노의 남자들이 고기를 잡으러 나간 동안 여자들이 손으로 짠 레이스는 점차 유명세를 타기 시작하면서 베네치아를 대표하는 특산물이 됐다. 19세기 중순부터 1970년대까지는 레이스 공예를 가르치는 학교가 설립되어 레이스 장인을 체계적으로 육성하기도 했다.

레이스 학교가 있던 자리에 설립한 부라노 레이스 박물관은 아름답고 희귀한 레이스 공예품과 관련 자료를 다수 전시하고 있다. 시대별, 지역별, 재료별 등 다양한 레이스의 문양과 변천사 등을 볼 수 있다. 각종 의상이나 가정용 소품 등에 사용된 아름다운 레이스를 보는 재미가 제법 쏠쏠한 곳이다.

Ⓖ 레이스 박물관

ADD Piazza Baldassarre Galuppi, 18
OPEN 10:00~16:00/폐장 30분 전까지 입장, 폐장 20분 전부터 퇴장 시작
CLOSE 월요일, 1월 1일, 5월 1일, 12월 25일
PRICE 5€, 6~14세·25세 이하 학생·롤링 베니스 소지자 3.50€/레이스 박물관+무라노 유리 박물관 통합권 12€, 6~14세·25세 이하 학생·롤링 베니스 소지자 8€/5세 이하 무료/온라인 예약비 1€
WALK 발다사레 갈루피 광장(Piazza Baldassarre Galuppi)의 성당 맞은편에 있다.
WEB museomerletto.visitmuve.it

레이스 박물관

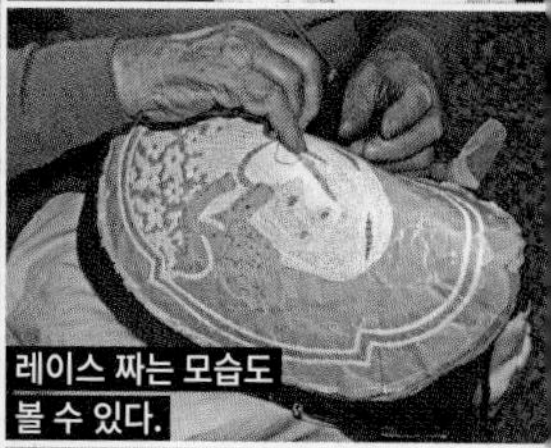

레이스 짜는 모습도 볼 수 있다.

무라노 섬 안쪽에
흐르는 운하

운하를 가로지르는 다리는
사진 찍기 좋은 포인트다.

무라노 파로 승선장이 있는 섬 북쪽의
산토 스테파노 광장. 시계탑 앞에서
대형 유리 작품이 종종 전시된다.

❶

❷

02 베네치아 유리의 역사가 한눈에
무라노 Murano

무라노는 세계 최고로 꼽히는 베네치아 유리의 생산지이다. 1291년 베네치아 정부가 유리 제작 기술이 외부로 유출되는 것을 막기 위해 본섬의 유리 공장을 모두 무라노 섬으로 옮기면서, 유리 생산지로서의 섬 역사가 시작되었다. 평생을 섬에 갇힌 듯 살면서 유리 기술을 이어온 장인들 덕에 무라노 섬은 1000년 가까이 세계 최고의 유리를 생산한다는 명성을 유지할 수 있었다.

섬 남쪽의 무라노 콜론나 승선장에서 북동쪽으로 이어지는 작은 운하를 따라 산책하기 좋은 운하길, ❶ 폰다멘타 데이 베트라이(Fondamenta dei Vetrai)가 이어진다. 거리에 늘어선 유리 공예품점에는 베네치아 본섬에서 보기 힘든 다양한 디자인의 공예품이 가득하다. 단, 유리 생산지라고 해서 가격이 딱히 저렴하지는 않다.

운하길 끝에서 다리를 건너 오른쪽으로 조금 더 가면 유리 박물관과 그 옆의 작은 성당 ❷ 산타 마리아 에 도나토 성당(Basilica dei S.S. Maria e Donato)으로 이어진다. 성당 제단 위를 수놓은 ❸ '성모 마리아의 기도'는 화려한 황금빛 모자이크와 대비되는 푸른 옷의 성모 마리아를 묘사한 작품으로, 산 마르코 대성당의 '황금의 제단'과 함께 베네치아 비잔틴 양식을 대표한다.

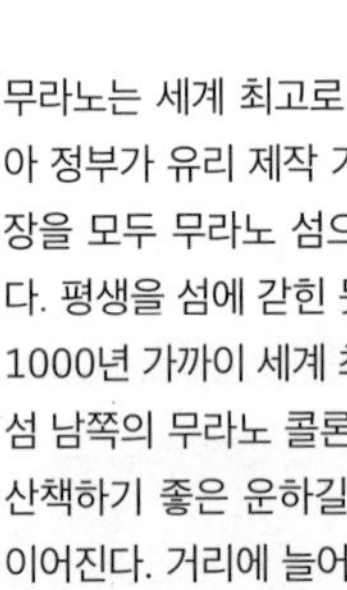

❸

VAPORETTO 유리 박물관에서 제일 가까운 바포레토 승선장은 무라노 무세오(Murano Museo)로, 섬 중간을 가로지르는 운하에 있다./무라노 콜론나(Murano Colonna) 승선장에서 도보 15분/무라노 파로(Murano Faro) 승선장에서 도보 10분

MORE
유리 박물관 Museo del Vetro

베네치아 유리의 역사를 한눈에 살펴볼 수 있는 곳. 전통 제작 도구와 중세부터 현대에 이르는 다양한 유리 공예품이 전시돼 있다. 일반 상점에서는 보기 어려운 고가의 공예품도 많다. 관람하기 전 핸드백과 큰 짐은 보관소(박물관 입구로 들어가자마자 왼쪽)에 맡겨야 한다. 박물관을 둘러본 후에는 1층의 정원에서 형형색색의 유리 조형물을 만나볼 수 있다.

ADD Fondamenta Marco Giustinan, 8
OPEN 10:00~17:00/폐장 1시간 전까지 입장, 폐장 20분 전부터 퇴장 시작
CLOSE 1월 1일, 5월 1일, 12월 25일
PRICE 10€, 6~14세·25세 이하 학생·롤링 베니스 소지자 7.50€/레이스 박물관+무라노 유리 박물관 통합권 12€, 6~14세·25세 이하 학생·롤링 베니스 소지자 8€/온라인 예약비 1€
WALK 무라노 무세오 승선장에서 도보 2분

SPECIAL PAGE

흔치 않은 기회!

유리 공방 견학하기

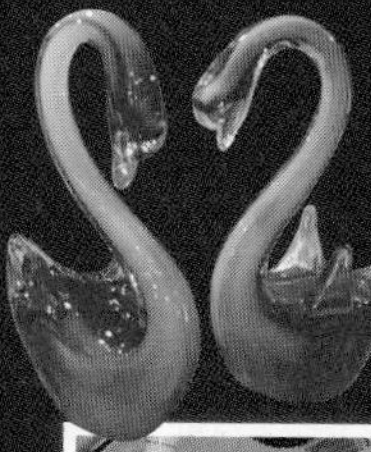

무라노에는 170여 개의 유리 공방이 있으며, 보통 1~3명의 장인이 전통 기법으로 작업을 한다. 뜨거운 유리에 '칸네'라고 하는 긴 대롱을 이용해 입김을 불어넣고 집게를 이용해 눈 깜짝할 사이에 작품을 만들어내는데, 그 빠르고 정확한 솜씨가 보는 이로 하여금 탄성을 자아내게 한다. 견학은 대부분 무료지만 상점을 겸하기 때문에 작은 기념품이라도 하나 구매해야 할 것 같아 눈치가 보이기도 한다. 하지만 반드시 구매할 필요는 없다.

본인의 이름을 걸고 작품 활동을 하는 장인의 지위에 오르기 위해서는 15년 이상 소요된다.

유리 공예품 제작은 100% 수작업으로 진행된다.

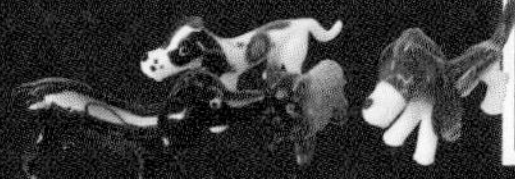

❖ 마체가 유리 공방 Mazzega Glass Factory

비교적 큰 축에 드는 공방. 공방이 상점 안쪽에 있기 때문에 둘러보려면 종업원들에게 먼저 양해를 구해야 한다. 1층에서는 목걸이나 액세서리 같은 작은 기념품을 판매하며, 2층에서는 1000€가 넘는 고가의 유리 공예품, 샹들리에, 식기를 판매한다. 그러다 보니 1층은 자유롭게 출입할 수 있지만 2층은 손님이 구경하고 싶다는 의사를 밝혀야 종업원이 직접 안내해준다.

피카소의 작품을 유리로 표현했다(1만5000€~).

Ⓖ F942+7V 베니스
ADD Fondamenta da Mula, 147
OPEN 09:00~17:30
WALK 무라노 콜론나(Murano Colonna) 승선장에서 도보 8분
WEB www.mazzega.it

목걸이, 귀고리 등 작은 액세서리(15€~)

❖ 아즈 베트리 유리 공방 Az Vetri Artistica

관광지에서 조금 벗어나 있는 작은 공방. 규모는 작지만 부담 없이 둘러볼 수 있어 좋다. 유리를 불어 만드는 시연을 무료로 볼 수 있고, 컵이나 장신구 같은 소품들을 합리적인 가격대에 구매할 수 있다.

Ⓖ F952+66 베니스
ADD Fondamenta Venier, 38
OPEN 09:00~17:00
WALK 유리 박물관 입구에서 오른쪽으로 운하를 따라 도보 8분, 오른쪽에 있다.
WEB azvetrimurano.com

파라솔+선베드는
바닷가 1열이 최고가!
14:00 이후 빈 자리를
할인가로 이용할 수 있다.

03 베네치아의 푸른 바닷물에 풍덩~
리도 Lido

세계 3대 영화제 중 하나인 베네치아 국제 영화제가 열리는 곳으로 유명한 섬. 남북으로 길쭉한 모양이라 본섬과 달리 도로도 널찍하고 시내버스도 다닌다. 평소에는 조용하고 느긋한 분위기지만 영화제가 열리는 8월 말부터 9월 초가 되면 전 세계 영화인의 축제 현장으로 변신하며 뜨겁게 달아오른다.

베네치아인이 즐겨 찾는 리도 해수욕장(Spiaggia di Lido)은 비교적 고운 모래가 깔려 있어 해수욕을 즐기기 좋다. 카프리 섬 같은 쪽빛 물빛을 기대한다면 실망할 수 있지만 반나절 정도 여유롭게 시간을 보내기 좋다. 단, 탈의실이나 파라솔 등 부대 시설 이용료가 꽤 비싼 편이다. 성수기에 좋은 자리를 맡고 싶다면 홈페이지에서 예약하고 가자. 비수기나 날씨가 좋지 않을 때는 물빛도 우중충하고 분위기도 썰렁해진다.

OPEN 3~9월 09:30~19:00
PRICE 해수욕 입장 무료, 블루문 해변 기준 파라솔+선베드 2개 25~30€(시즌과 위치에 따라 다름)/해변마다 조금씩 다름
VAPORETTO 5.1번·5.2번선, 6번선, 14번선 리도 산타 마리아 엘리자베타(Lido S.M.E.) 승선장에서 하선 후 도보 10분
WEB www.veneziaspiagge.it

바포레토를 타고 가면 보이는 섬 풍경. 긴 섬 모양이 마치 수평선 위에 맺힌 신기루 같다.

오두막(Capanne)은 주간~시즌 단위로 대여할 수 있다.

바포레토에서 보는 석양이 멋지기로도 유명하다.

부라노식 리소토

고소한 오징어 튀김
(Calamari Fritti, 18€)

Eating & Drinking

제이미 올리버의 '원픽' 레스토랑

◉ 트라토리아 알 가토 네로
Trattoria Al Gatto Nero

해산물 요리로 유명한 부라노 맛집. 가게 이름은 이탈리아어로 '검은 고양이'라는 뜻이다. 영국의 스타 셰프 제이미 올리버가 자신이 세계에서 가장 좋아하는 레스토랑 몇 곳을 꼽을 때 이 집을 거론한 적도 있다. 모든 메뉴가 다 수준급인데, 특히 부라노식 리소토(Risotto alla Buranella, 26€, 2인분 이상 주문 가능)는 이탈리아 전역에서도 내로라하는 맛을 자랑한다. 심지어 주방장에게 '리소토 킹'이라는 별명이 붙을 정도. 예약은 필수다.

Ⓖ FCM8+WF 베니스
ADD Fondamenta della Giudecca, 88 (부라노)
OPEN 12:30~15:00, 19:30~21:00 (수·목·일요일 ~15:00)
CLOSE 월요일, 11월 둘째 주~12월 첫째 주
MENU 전채 22~42€, 제1요리 18~32€, 제2요리 20~38€, 디저트 6~12€, 자릿세 4€/1인
WALK 발다사레 갈루피 광장에서 도보 3분
WEB www.gattonero.com

MORE
부라노에서 점심 먹기

부라노의 발다사레 갈루피 거리(Via Baldassarre Galuppi)에는 주로 관광객을 상대로 영업하는 식당이 모여있다. 잠시 들렀다 가는 뜨내기 손님을 상대로 하기 때문에 호객행위는 열심히 하지만 음식에 대한 정성은 부족한 편이다. 부라노에 관광객이 급증하면서 서비스와 요금 관련 불만도 느는 중. 특히 현금만 받는 식당이 많으니 참고하자.

야외 테라스의 멋과 맛

◉ 트라토리아 발마라나
Trattoria Valmarana

무라노 유리 박물관 맞은편에 있는 레스토랑. 박물관 구경 후 잠시 쉬어가기 좋으며, 근사한 운하 풍경을 코앞에서 바라보며 식사할 수 있는 야외 테라스가 특히 인기다. 베스트 메뉴는 해산물을 넣은 파스타나 해산물 모둠 튀김. 좋은 테이블에 앉으려면 예약해야 한다.

Ⓖ F944+HW 베니스
ADD Fondamenta Navagero, 31(무라노)
OPEN 08:00~16:00(목~토요일 08:00~16:00, 19:00~21:00)
CLOSE 월요일
MENU 전채 12~18€ 제1요리 14~19€, 제2요리 20~30€, 자릿세 4€/1인
WALK 유리 박물관 옆 운하 건너편에 있다.
WEB www.trattoriavalmarana.it

MORE
무라노 음식 정보

폰다멘타 데이 베트라이(F.ta dei Vetrai) 산책로에는 유리 공예점만큼이나 많은 식당이 모여 있다. 음식 맛은 베네치아 본섬과 비슷하지만 , 무라노섬의 운하를 바라보는 야외 테이블만의 정취가 좋다.

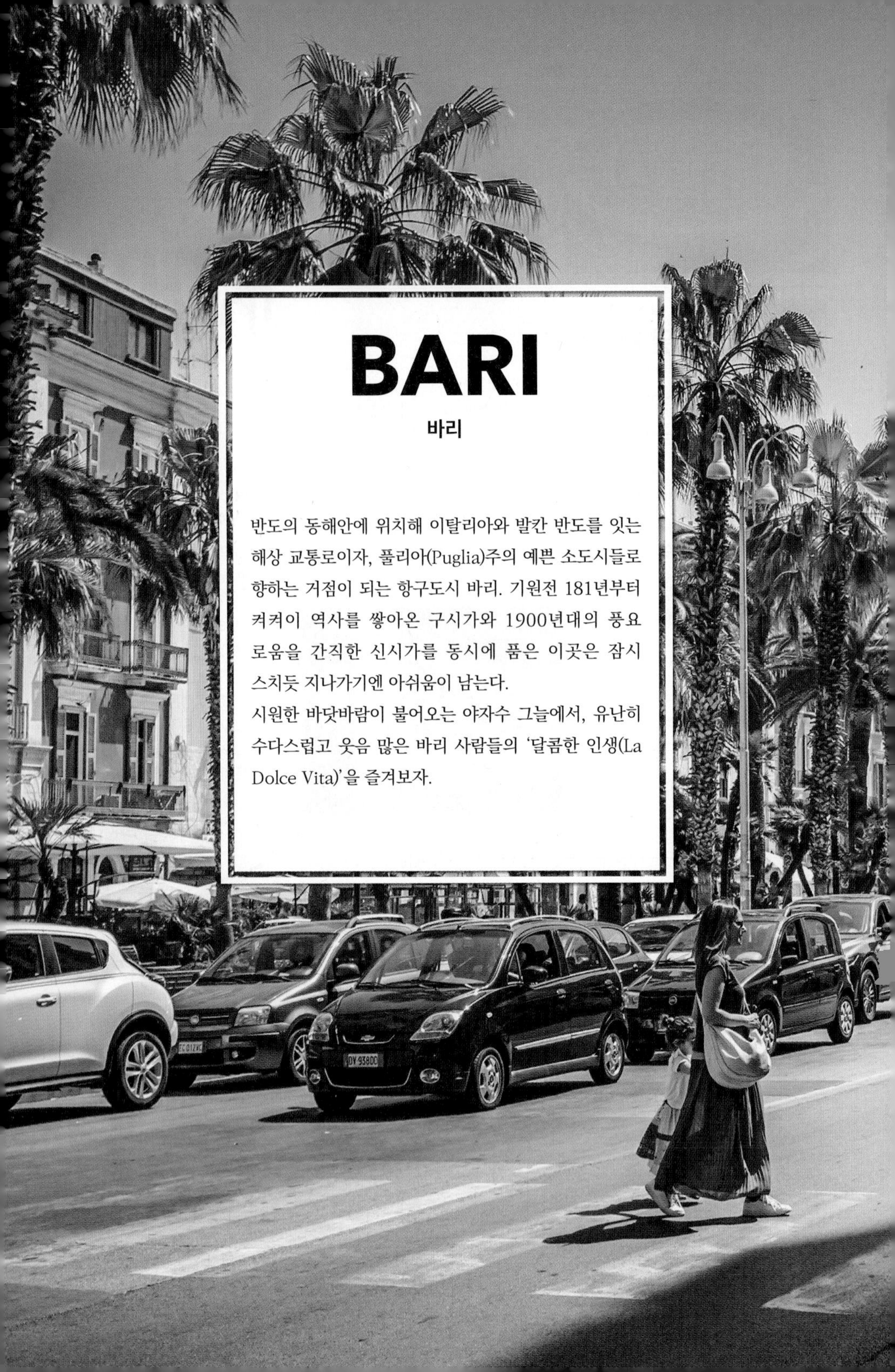

BARI

바리

반도의 동해안에 위치해 이탈리아와 발칸 반도를 잇는 해상 교통로이자, 풀리아(Puglia)주의 예쁜 소도시들로 향하는 거점이 되는 항구도시 바리. 기원전 181년부터 켜켜이 역사를 쌓아온 구시가와 1900년대의 풍요로움을 간직한 신시가를 동시에 품은 이곳은 잠시 스치듯 지나가기엔 아쉬움이 남는다.

시원한 바닷바람이 불어오는 야자수 그늘에서, 유난히 수다스럽고 웃음 많은 바리 사람들의 '달콤한 인생(La Dolce Vita)'을 즐겨보자.

CARABINIERI
località BARI S Nicola
telefono 5245960
P
LA GAZZETTA
MEZZOGIORNO

¤ 바리~주요 도시 간 소요 시간

밀라노
Milano(C.le)

기차
7시간 20분~
FR·italo·IC
27.90~112€
06:10~16:05/
1일 10회

야간열차
9시간 45분~
ICnotte 29.90~69€
21:15·21:50
1일 2회

베네치아
Venezia(S.L)

기차
7시간 30분~
FR 24.90~99€
06:53/
1일 1회

피렌체
Firenze(S.M.N)

기차
6시간~
FR·italo
21.90~81€
08:14, 09:43, 15:43/
1일 3회

로마
Roma(TE.)

기차
4시간~
FR·italo·IC
9.90~61€
07:28~18:05/
1일 10회

야간열차
6시간 30분
ICnotte 19.90~45€
금 23:58/주1회

나폴리
Napoli

버스
3시간~
Marino·Flix
4.99~11.99€
07:45~19:10/
각 1일
6회·11회

바리
Bari

마테라
Matera

기차
1시간 20분~
1시간 50분
FAL 6€
월~토요일
05:46~21:19/
1일 17회

버스
1시간 35분~2시간
FAL 5.60€
월~토요일
06:10~16:50/1일 9회
일 10:25~21:00/
1일 7회

레체
Lecce

기차
1시간 25분~
FR·IC·R·RV
7.90~22.50€
05:00~21:17/
10분~1시간
간격

- 기차는 성인 2등석, 직행, 인터넷 최저가 기준으로 미리 예매할 수록 저렴하다.
- FR(Freccia) 고속열차 / IC(Inter City) 급행열차 / R(Regionale)·RV(Regionale Veloce) 완행열차 / ICnotte 야간열차
- 기차는 현지 상황에 따라, 버스는 요일과 계절에 따라 운행 시간이 유동적이다.
- 온라인 구매한 트렌이탈리아 기차표는 탑승 전 온라인 체크인 필수! (p063 참고)

바리 가기

바리는 이탈리아 주요 도시와 항공, 기차, 버스 등 다양한 교통편으로 연결되는 이탈리아 동남부 지역 교통의 요지다. 대부분의 교통수단이 바리 중앙역을 중심으로 출발·도착하므로 이곳을 거점으로 삼아 시내 어디든 편리하게 이동할 수 있다. 크로아티아와 그리스를 오가는 야간 페리도 바리에서 취항한다.

1. 기차

이탈리아 국철인 트렌이탈리아와 고속철도 이탈로, 바리 공항을 오가는 바리 북부 지역 철도 FNB(Ferrovie del Nord Barese), 알베로벨로를 연결하는 남동부 지역 철도 FSE(Ferrovie del Sud Est), 마테라를 연결하는 지역 철도 FAL(Ferrovie Appulo Lucane)이 바리를 연결한다. 역명은 다 같은 '바리 첸트랄레(Bari Centrale)'지만 FNB와 FAL 기차역은 다른 건물을 사용하니 주의해야 한다. 대신 근거리에 모여 있어 쉽게 오갈 수 있다.

로마, 밀라노, 피렌체, 베네치아 등 주요 도시에서 바리 중앙역까지 고속열차(FR·italo)가 운행한다. 장거리 구간이라서 운행 횟수가 적고 정상 요금은 비싼 편이므로 일정이 확정되면 저렴한 프로모션 할인 티켓부터 서둘러 예약하자. 원하는 출발 시간대를 찾으려면 로마나 볼로냐에서 갈아타는 노선도 고려해보자. 효율적인 일정을 위해 로마와 밀라노에서 출발하는 야간열차(ICnotte)도 이용할 수 있다.

레체에서는 고속열차(FR)는 물론, 바리행 레조날레(R, RV) 기차도 자주 다닌다. 바리-레체 구간은 고속열차의 수퍼 이코노미 요금이 레조날레와 큰 차이가 없다.

◆ 트렌이탈리아 바리 중앙역 Stazione di Bari Centrale

규모도 크고 이용객 수도 많은 바리 교통의 중심이다. 기차표는 1층 중앙 로비에 있는 트렌이탈리아 매표소와 자동판매기에서 살 수 있다. 플랫폼은 지하에 모여있고, '1~5 Ovest' 플랫폼은 1번 플랫폼의 오른쪽 끝에 별도로 분리된 공간에 마련돼 있다. 역 안에 카페와 스낵 바 등을 갖췄으며, 화장실과 수하물 보관소는 1번 플랫폼을 바라보고 왼쪽 끝에 있다.

트렌이탈리아 바리 중앙역

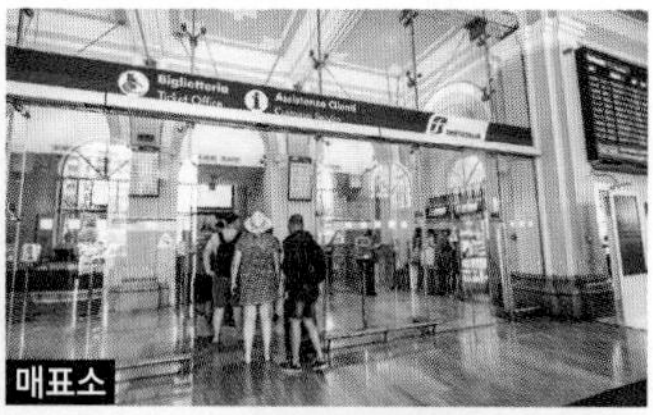

매표소

영수증 형태의 기차표.
탑승 전 개찰 필수!

수하물 보관소

★

트렌이탈리아

WEB www.trenitalia.com

FSE(바리~알베로벨로)

WEB www.fseonline.it

FAL(바리~마테라)

WEB ferrovieappulolucane.it/

★

나폴리에서는 버스로 이동하자!

나폴리에서 바리까지는 기차보다 버스를 타는 것이 시간과 비용이 적게 든다. 버스는 마리노(Marino) 버스, 플릭스(Flix) 버스 등이 있으며, 나폴리 중앙역 남쪽의 버스터미널(Metropark Napoli Centrale)에서 출발해 바리 중앙역 뒤쪽에 도착한다. 조만간 나폴리에서 바리까지 직행 고속열차가 개통될 예정이다(시기는 미정).

★

레조날레 기차표는 타바키에서 구매하자!

바리 중앙역은 인근 소도시로 가는 베이스캠프답게 매표소와 자동판매기 앞에 항상 줄이 길게 늘어서 있다. 레조날레 기차표는 역 안 타바키에서도 판매하는데, 폴리냐노 아 마레 같은 인기 지역행 기차표는 미리 영수증 형태의 티켓을 출력해서 팔기 때문에 줄이 금세 줄어든다.

역 안 타바키

★

수하물 보관소 Kipoint

OPEN 08:00~20:00

PRICE 6€/4시간, 4시간 초과 시 1€/1시간, 12시간 초과 시 0.50€/1시간

2. 항공

로마나 밀라노 등 국내선 노선을 이용하면 바리-카롤 보이티와 공항까지 1시간~1시간 30분 소요된다. 국내선뿐 아니라 프라하, 런던, 바르셀로나 등 유럽 주요 도시를 잇는 국제선도 바리 공항을 연결한다.

◆ 바리-카롤 보이티와 공항 Aeroporto Internazionale di Bari-Karol Wojtyla(BRI)

바리 시내 중심에서 서쪽으로 약 9km 떨어져 있다. 폴란드 출생인 교황 요한 바오로 2세의 본명을 따라 명명한 공항으로, 밀라노와 로마발 항공 노선이 가장 많고 ITA(구 알이탈리아)항공과 라이언에어가 두 도시를 활발하게 잇는다. 이지젯은 밀라노와 베네치아를, 볼로테아(Volotea)는 베네치아와 베로나를 각각 바리와 연결하는 정기 노선을 운항한다.

▶ 공항에서 시내까지

바리 공항에서 시내까지는 지역 철도와 공항버스를 이용한다. 바리 북부 지역 철도(Ferrovie del Nord Barese, FNB) FM2·FR2선이 바리 공항의 아에로포르토역(Aeroporto)과 바리 중앙역(Bari Centrale)을 약 20분만에 연결한다. 기차표는 역 안 매표소나 자동판매기에서 구매한다. 공항버스(Tempesta)는 공항 청사 밖으로 나와 기차역 입구 오른쪽에 보이는 버스 정류장에서 탑승하며, 바리 중앙역이 있는 알도 모로 광장(Piazza Aldo Moro)까지 약 30분 소요된다. 승차권은 기사에게 구매한다.

◆ 바리 북부 지역 철도 바리 중앙역 Stazione di Bari Centrale(Ferrovie del Nord Barese)

바리 공항을 연결하는 기차가 드나드는 역으로, 트렌이탈리아 바리 중앙역 앞 광장에 있다. 트렌이탈리아 중앙역 정문을 등지고 왼쪽 두 번째 건물이다. 플랫폼은 지하에 있으며, 전광판에서 노선과 탑승 위치를 확인한 후 탑승한다.

3. 페리

바리 항구(Porto di Bari)는 크로아티아나 그리스에서 이탈리아로 들어오는 주요 관문이다. 크로아티아의 두브로브니크 항구나 그리스의 파트라스 항구 등에서 저녁에 출발하는 야간 페리를 타면 아침에 바리 항구에 도착한다. 바리 항구에서 구시가 중심까지는 도보 10~15분 거리다. 바리 중앙역까지는 여객선 터미널 앞 버스 정류장에서 시내버스 50번(요금 1€)을 타고 중앙역 앞 알도 모로 광장(Piazza Aldo Moro)에서 내린다.

바리 항구의 여객선 터미널 (Car Ferry Terminal)

★
바리-카롤 보이티와 공항
(Aeroporto K.W.로도 표기)
WEB aeroportidipuglia.it

Emilio Pastor de Miguel / Shutterstock.com

★
공항→시내 바리 북부 지역 철도(FNB) 운행 정보
요금 5.30€
소요 시간 19~21분
운행 시간 05:01~23:33/ 30분~1시간 간격
WEB ferrovienordbarese.it

공항버스 운행 정보
요금 5€
소요 시간 30분
운행 시간 07:30~24:10/ 35분~2시간 40분 간격
WEB autoservizitempesta.it

지하 화장실. 기차표를 스캔한 뒤 무료로 이용할 수 있다.

★
야드로리냐 페리
WEB www.jadrolinija.hr

수퍼패스트 페리
WEB www.superfast.com

여객선 터미널 앞의 버스 정류장

바리 실용 정보

바리의 중심지인 트렌이탈리아 바리 중앙역 앞 광장 주변으로 대부분 편의 시설이 모여있다. 기차역이나 버스 정류장을 오가는 길에 편리하게 이용하자.

❶ 마르게리타 극장 앞 관광 안내소 Infopoint Turistico Bari

바리 공식 관광 안내소. 마르게리타 극장 앞, 바리 신시가에 있다.

Ⓖ 4VGC+GR 바리
ADD Piazza del Ferrarese, 29
OPEN 10:00~18:00(비수기 ~13:00)
WALK 마르게리타 극장을 등지고 바로 오른쪽 페라레세 광장(Piazza del Ferrarese) 입구에 있다.

❷ 데스파르 Despar : 슈퍼마켓

트렌이탈리아 바리 중앙역에 있는 제법 큰 슈퍼마켓. 1번 플랫폼과 바로 연결된다. 물이나 음료, 신선한 샐러드, 샌드위치 등을 저렴하게 판매하며, 과일이나 채소의 상태도 신선한 편이다.

Ⓖ 4V9C+67 바리
OPEN 08:00~20:00
WALK 트렌이탈리아 바리 중앙역 1층. 알도 모로 광장에서 중앙역 정문을 바라보고 왼쪽에 있다.

❸ 독 슈퍼마켓 dok Supermercati : 슈퍼마켓

남동부 지역 철도 FSE 버스 정류장 근처에 있어 알베로벨로를 오가는 길에 들르기에 편하다. 규모가 크진 않지만 소포장 과일을 살 수 있다.

Ⓖ 4V8C+Q9 바리
OPEN 08:00~20:30
CLOSE 일요일
WALK 트렌이탈리아 바리 중앙역 뒤쪽, FSE 버스 정류장 근처

★
바리 시내버스 amtab

바리에서는 주로 바리 항구나 공항, 신시가 동쪽의 파네 에 포모도로 해변(Spiaggia Pane e Pomodoro)에 갈 때 시내버스를 이용한다. 트렌이탈리아 바리 중앙역 바로 앞에 있는 알도 모로 광장(Piazza Aldo Moro)은 바리의 모든 시내버스가 모여드는 기·종점이므로 모든 버스를 이곳에서 탈 수 있다. 바리 항구는 50번, 공항은 16번, 파네 에 포모도로 해변은 12번 버스가 연결한다. 매표소는 트렌이탈리아 중앙역을 등지고 광장 중앙의 분수 왼쪽에 있다. 요금은 공항을 제외한 바리 시내 전 구간 1회권이 1€로 동일하다(기사에게 구매 시 1.50€). 그 외 90분 환승권은 1.20€, 1일권은 2.50€다. 버스 탑승 후 개찰기에 승차권을 넣어 꼭 개찰해야 한다.

WEB www.amtab.it

알도 모로 광장의 시내버스 터미널

버스 안의 개찰기

SECTION

A 바리

바리 중앙역 → 도보 12분 → **❶ 바리 신시가** → 도보 5분 → **❷ 바리 구시가** → 도보 3분 → [**Option ❸ 바리 옛 항구**] → 도보 6분 → **❹ 산 니콜라 성당** → 도보 7분 → [**Option ❺ 바리 스베보 성**] → 도보 1분 → **❻ 아르코 바소**

★

좁은 골목 산책 에티켓

풀리아(Puglia) 지방을 여행하다 보면 레이스 천을 드리운 문을 유난히 자주 만나게 된다. 바람은 통하게 하고 지나가는 사람의 시선을 가리기 위함이니 함부로 기웃거리지 않는 게 여행자의 에티켓이다.

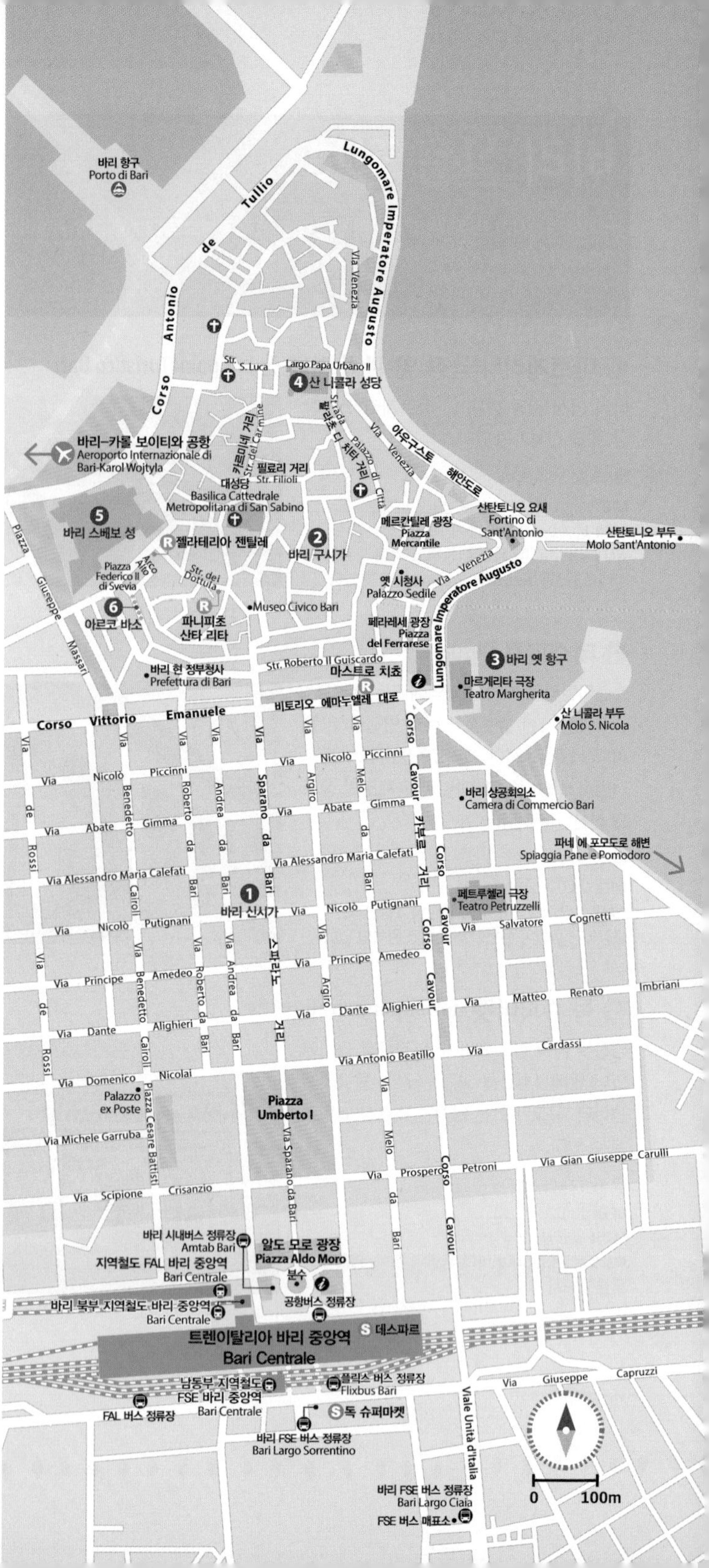

❶ 약 500m에 걸친 보행자전용 도로에 명품숍이 늘어서 있다.

01 위풍당당 야자수 거리엔 볼거리도 많지
바리 신시가 Bari Nuova

바리의 시가지는 구시가 '바리 베키아(Bari Vecchia)'와 신시가 '바리 누오바(Bari Nuova)'로 나뉜다. 신시가는 나폴레옹의 신임을 등에 업고 나폴리 왕위에 오른 조아생 뮈라가 조성했는데, 신시가라고 해도 1800년대 초에 만들어져 클래식한 정취가 담뿍 느껴진다.

반듯하게 구획된 신시가에서는 동서남북을 관통하는 도로 3곳만 알아두면 된다. 첫 번째는 ❶ 스파라노 거리(Via Sparano da Bari). 중앙역에서 바리 교통의 중심지라 할 수 있는 알도 모로 광장과 움베르토 1세 광장을 지나 일직선으로 이어지는 바리 최대의 쇼핑가다. 스파라노 거리가 끝나면 바리의 중심 대로인 ❷ 비토리오 에마누엘레 대로(Corso Vittorio Emanuele)가 양쪽으로 펼쳐진다. 야자수가 높이 솟은 비토리오 에마누엘레 대로를 따라 동쪽 끝까지 가면 마르게리타 극장(Teatro Margherita)과 바리 만남의 장소인 페라레세 광장(Piazza del Ferrarese)이 나온다. 여기서 우회전하면 세 번째 주요 거리인 ❸ 카부르 대로(Corso Cavour)다. 상공회의소와 이탈리아 은행을 비롯해 1900년대 초에 지어진 건물이 이어진다. 밀라노의 스칼라 극장, 팔레르모의 마시모 극장, 나폴리 산 카를로 극장과 함께 이탈리아 4대 극장으로 거론될 만큼 규모가 큰 ❹ 페트루첼리 극장(Teatro Petruzzelli)도 이 거리에 있다.

4VF9+8RV 바리

WALK 중앙역 앞 알도 모로 광장(Piazza Aldo Moro)에서 정면에 보이는 스파라노 거리(Via Sparano da Bari)를 따라 비토리오 에마누엘레 대로(Corso Vittorio Emanuele)까지 도보 12분

❷

중앙역 앞 알도 모로 광장

❸

❹ 1991년 대형 화재로 소실됐다가 2009년 재개관했다.

❶ 시계탑이 있는 건물은 1446년에 지은 옛 시청사(Palazzo Sedile)다.

❷ 여행자가 주로 이용하는 길로, 기념품 상점이 많다.

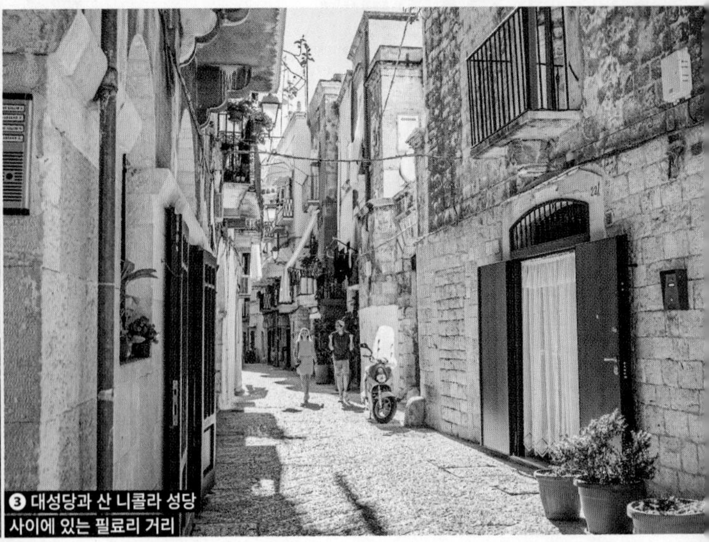
❸ 대성당과 산 니콜라 성당 사이에 있는 필료리 거리

❹ 12세기에 재건한 대성당

대성당의 지하예배당

02 오래된 골목을 거니는 기쁨과 환희
바리 구시가
Bari Vecchia

해안가에 자리 잡은 구시가는 바리에서 제일가는 걷기 명소다. 구불구불하고 예쁜 골목 구석구석을 마음 가는 대로 걷다 보면 어디선가 유서 깊은 성당과 저택이 나타나고, 아늑한 쉼터가 돼줄 카페와 광장이 나타나곤 한다. 워낙 작은 동네라서 맘껏 돌아다녀도 헤맬 걱정이 없다.

구시가 산책의 시작은 옛 항구 근처에 자리한 ❶ 메르칸틸레 광장(Piazza Mercantile)부터다. 신시가의 페라레세 광장에서 북쪽으로 조금 들어가면 나오는 이 광장은 중세부터 여러 도시국가의 상인들이 모여들던 입지 좋은 곳으로, 시청과 시장, 극장이 한데 모인 상업과 행정의 중심지였다. 이곳에서 산 니콜라 성당까지 팔라초 디 치타 거리(Strada Palazzo di Città)를 따라 걷다가 ❷ 카르미네 거리(Str. del Carmine)와 ❸ 필료리 거리(Strada Filioli)를 거쳐 ❹ 대성당(Basilica Cattedrale Metropolitana di San Sabino)까지 가면 구시가에서도 예쁘기로 소문난 골목은 대충 둘러본 셈이다.

Ⓖ 4VHC+53Q 바리

WALK 바리 신시가에서 비토리오 에마누엘레 대로를 건너면 페라레세 광장(Piazza del Ferrarese)을 지나 메르칸틸레 광장부터 시작된다. 바리 중앙역에서 도보 17분

기념품 가게의 인기 품목, 바리 특산 파스타

팔라초 디 치타 거리 중간의 예배당 (Chiesa del Santissimo Nome di Gesù)

풀리아식 로마네스크 건축의
가장 훌륭한 예로 손꼽히는 성당

본당 내부

지하 성당에 있는
성 니콜라스의 무덤

Option

03 역사는 사라져도 낭만은 남아서 바리 옛 항구 Porto Vecchio di Bari

항해술이 발달하지 않았던 시절, 지중해를 오가던 배들이 거쳐 갔던 바리의 옛 항구다. 부르봉 왕가의 페르디난도 2세가 19세기 후반 도시 북쪽에 새로운 항구를 짓기 전까지 오랜 시간 도시의 관문 역할을 해왔다. 옛 항구 중심에는 마치 바다에 떠 있는 듯 우아한 자태를 뽐내는 ❶ 마르게리타 극장(Teatro Margherita)이 있다. 바다에 기둥을 세워 토대를 만든 덕분에 삼면이 바다에 둘러싸인 멋진 포토존이다. 마르게리타 극장 북쪽에는 산탄토니오 부두(Molo Sant'Antonio)가, 남쪽으로는 산 니콜라 부두(Molo S. Nicola)가 앞바다를 감싸듯 자리 잡았다. 산탄토니오 부두 뒤쪽에는 옛 모습 그대로 남아 있는 ❷ 산탄토니오 요새(Fortino di Sant'Antonio)가 여행자를 맞는다.

4VGF+76 바리

ADD Teatro Margherita, Piazza IV Novembre
WALK 비토리오 에마누엘레 대로의 동쪽 끝에 있는 마르게리타 극장 양옆에 있는 항구. 바리 중앙역에서 도보 15분

MORE
바리 동쪽 해안도로 산책

산탄토니오 요새를 감싸고 이어지는 아우구스토 해안도로(Lungomare Imperatore Augusto)는 이탈리아에서도 손꼽히는 긴 해안산책로다. 성벽과 방파제 사이로 조성한 길이 3km가량 이어진다. 성벽 곳곳에 난 여러 개의 아치문을 통해 해안과 구시가를 넘나들 수 있다.

04 산타클로스의 성지 산 니콜라 성당 Basilica San Nicola

산타클로스의 유래로 알려진 성 니콜라스의 유해를 모시는 성당이다. 튀르키예(터키)에서 태어난 성 니콜라스는 막대한 유산을 자선활동에 바치는 등 무수한 선행을 베풀어 수호성인으로 숭배됐다. 당시 성 니콜라스는 뱃사람들을 지키는 수호성인이라고도 여겨졌는데, 이 때문에 바리 선원들은 1087년 그의 유해를 도둑질해 이곳 지중해 너머에 안장했다. 비록 훔쳐 왔지만 성자의 유해를 훌륭히 모시고 싶어 한 선원들의 요청으로 100년 이상의 공사 끝에 이곳 산 니콜라 성당이 완성됐다. 덕분에 당시 크게 추앙받던 성 니콜라스를 찾는 순교자의 행렬이 항구에서 성당까지 끊이지 않았다고 한다.

4VJC+43 바리

ADD Largo Abate Elia, 13
OPEN 06:30~20:30
PRICE 무료
WALK 바리 옛 항구에서 도보 10분

성당 앞 광장에 세워진
성 니콜라스의 동상. 이 동상 옆의
아치(Arco Angioino)를 지나면
성인의 축복을 받는다고 믿는다.

① 해자 위 다리를 건너면 입구다.

②

③

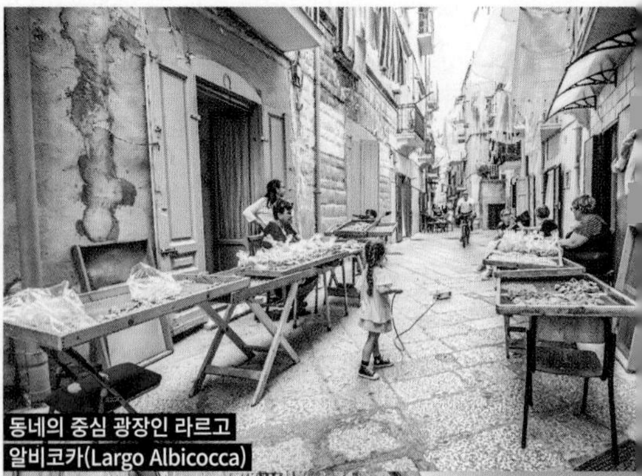

동네의 중심 광장인 라르고 알비코카(Largo Albicocca)

노란색 낮은 아치가 동네 입구다.

Option

05 구석구석 숨은 돌 조각 찾기 바리 스베보 성 Castello Svevo di Bari

노르만 세력이 바리를 통치하던 1131년경, 성의 코너마다 탑을 세워 만든 사다리꼴 요새가 처음 세워졌다. 그 후 이 도시를 거쳐 간 왕조마다 끊임없이 성을 증·개축하면서 여러 건축양식이 뒤섞인 독특한 성채로 남았다. 과거에는 성채 한쪽 면이 바다와 맞닿아 있었고, 성을 둘러싼 3면을 따라 깊이 파인 ① 해자 역시 물로 가득 차 있었다고. ② 기둥머리와 아치 위를 수놓은 화려한 돌조각은 이 성의 시그니처로, 창틀과 문틀까지 빼곡히 채운 조각들만 구경해도 본전은 건질 수 있다. 풀리아 지역의 중세 건축물에서 수집한 장식조각을 전시하는 ③ 기둥 박물관(Polo Museale della Puglia)도 흥미롭다. 그밖에 르네상스식 중정과 계단 주변으로 도자기 전시실 등이 있다.

Ⓖ 4VH8+5H 바리
ADD Piazza Federico II di Svevia
OPEN 09:00~19:00(일 ~13:30) /폐장 1시간 전까지 입장
CLOSE 월요일
PRICE 10€
WALK 산 니콜라 성당에서 도보 7분

발톱에 먹이를 움켜진 독수리는 성주의 힘을 상징한다.

06 한 땀 한 땀 파스타 뽑는 골목 아르코 바소 Arco Basso

사람 냄새가 풀풀 나는 정겨운 골목. 집집마다 좌판을 내놓고 할머니부터 손녀딸까지 모여 앉아 바리의 특선 파스타인 오레키에테(Orecchiette alla Barese)를 만드는 골목으로 유명하다. 스베보 성 입구를 등지고 마을을 바라봤을 때 보이는 두 개의 아치 중 더 낮은 아치와 연결되는 골목이 아르코 바소다. 짧은 골목이지만 동네 맛집도 많이 모여 있다.

Ⓖ 4VG8+XR 바리
WALK 바리 스베보 성 입구를 등지고 낮은 아치와 연결되는 골목으로 들어간다.

MORE

바리의 명물 파스타, 오레키에테 Orecchiette

이탈리아어로는 '작은 귀'라는 뜻의 오레키에테는 작게 자른 반죽을 눌러 밀어 옴폭 파인 귀 모양으로 만든 파스타다. 잘 만든 생면일수록 가운데가 얇으면서도 오목하게 패여 소스를 충분히 머금을 수 있다고 한다. 무청을 볶아 만든 소스를 곁들이는 게 이 지역 전통 요리법. 풀리아 지역에서는 이처럼 무청소스를 활용한 다양한 음식을 만날 수 있다.

마늘을 넣고 저온 조리한 문어를 올린 샐러드(Arrizzà, 10€)

샌드위치는 진열대에서 보고 고를 수도 있다.

군침이 싹 도는 풀리아식 샌드위치

◉ 마스트로 치초
Mastro Ciccio

길거리 음식 스타일 튀김!

폭발적인 인기를 자랑하는 풀리아식 샌드위치 가게다. 매일 직접 만든 빵에 풀리아 지역의 특산물을 아낌없이 채워 진열대 가득 각양각색의 샌드위치를 펼쳐 놓는다. 항구도시답게 큼직한 문어나 훈제연어를 아낌없이 넣은 샌드위치가 대표 메뉴. 빵을 곁들여 식사 대용으로도 훌륭한 샐러드 역시 문어나 연어, 참치를 올린 것이 인기다. 다양한 속재료를 넣은 판체로토(Panzerotto)처럼 간단한 튀김 종류도 추천! 가격대가 적당하고 셀프서비스라 자릿세 부담이 없어 식사 시간대면 실내와 야외 테이블이 가득 찬다.

4VGC+GF 바리
ADD Corso Vittorio Emanuele II, 15
OPEN 10:00~23:00(금~일요일 ~24:00)
MENU 샌드위치 10~11€, 판체로토 3~6.50€
WALK 마르게리타 극장을 등지고 정면의 길을 따라 약 150m 가면 오른쪽에 있다.
WEB www.mastrociccio.it

입구에서 번호표를 뽑고 주문한다.

나만 아직 못 먹어본 포카차

◉ 파니피초 산타 리타
Panificio Santa Rita

토마토와 올리브를 올린 심플한 포카차로 이탈리아인들의 입맛을 사로잡은 곳. 입구에서 뽑은 번호표 순서대로 주문을 받는다. 방금 오븐에서 나온 포카차를 나무 도마에 올려 쓱쓱 잘라 내주는데, 포카차 한 개(Uno)를 주문하면 4조각으로 자른 포카차 한 판이 나오니 주의하자. 한 명이 들고 먹을 조각 피자 정도 크기는 1/4조각, '운 콰르토(Un Quarto)'라고 주문해야 한다.

포카차 1/4조각. 음료는 냉장고에서 직접 꺼내서 계산한다.

4VH9+2F 바리
ADD Str. dei Dottula, 8
OPEN 08:50~14:00, 18:15~21:15
CLOSE 일요일
MENU 포카차 1/4조각 1€, 포카차 1판(지름 약 25cm) 3.50€
WALK 스베보 성 입구에서 도보 3분

방금 나온 포카차를 바로바로 잘라준다.

입구에서 번호표부터 뽑을 것!

140년 전통의 수제 젤라토

◉ 젤라테리아 젠틸레
Gelateria Gentile

1880년부터 5대째 대를 이어 가문의 레시피를 지켜 온 젤라테리아. 순수한 우유 맛을 느낄 수 있는 피오르 디 라테(Fior di Latte), 얼린 딸기를 갈아낸 듯 향긋한 딸기(Fragola) 등 클래식한 맛이 인기다. 단, 뚜껑이 덮여 있어 이탈리아어 메뉴만 보고 주문해야 하니 원하는 맛을 미리 생각해 두자.

4VH9+62 바리
ADD Piazza Federico II di Svevia, 33
OPEN 11:00~24:00(토요일 ~00:30)
MENU 젤라토 컵(Coppa) 2.50~4.50€
WALK 스베보 성 입구를 등지고 길 건너편 왼쪽 1층에 있다.

01

PUGLIA

폴리냐노 아 마레

POLIGNANO A MARE

절벽 틈새로 찰랑거리는 에메랄드빛 해변 사진 한 장으로 전 세계 여행자를 불러 모으는 휴양 도시다. 절벽 위 요새처럼 올려진 구시가의 새하얀 집들과 그 아래 펼쳐진 투명한 바다로 '아드리아해의 진주'라는 별명을 가진 곳.
걷다가 여기저기 불쑥 나타나는 절벽 끝 아찔한 전망 테라스에서, 폴리냐노 아 마레의 사랑스러운 풍광을 두 눈 가득 담아보자.

폴리냐노 아 마레 가기

바리에서 동남쪽으로 약 30km, 트렌이탈리아의 레조날레 기차로 30분 정도면 닿는 거리에 있다. 레체와 오스투니에서는 직행과 환승 노선이 모두 있으니 확인 후 이용하자. 보통 모노폴리(Monopoli)에서 갈아타는 경우가 많다.

기차

바리에서 레조날레(R) 기차가 수시로 출발한다. 성수기에는 늘 사람들로 가득한 인기 노선이다. 레체와 오스투니에서는 직행편과 모노폴리(Monopoli) 환승편을 모두 탈 수 있는데, 요금은 같지만 환승편이 20분 정도 더 소요된다.

◆ 폴리냐노 아 마레역 Stazione di Polignano a Mare

매표소나 수하물 보관소도 없는 아주 작은 역이다. 기차표는 자동판매기에서 판매하지만 동전이나 신용카드만 받을 때가 많으니 바리에서 출발할 때 왕복권을 구매해두자. 레조날레 기차표는 탑승날짜 외에 출발 시각과 좌석이 따로 지정되지 않으며, 탑승 전에 플랫폼의 개찰기에 넣어 각인한다. 각 플랫폼은 지하통로로 연결된다.

폴리냐노 아 마레역

폴리냐노 아 마레행 레조날레 기차 내부

▶ 폴리냐노 아 마레역에서 구시가 가기

여행자들의 목적지인 라마 모나킬레 해변까지 역에서 도보로 10분 정도 걸린다. 역 정문으로 나와 정면에 보이는 도로(Viale delle Rimembranze)를 따라 400m 정도 직진하면 시내 중심인 알도 모로 광장(Piazza Aldo Moro)이 나온다. 이 광장을 끼고 좌회전해 250m 정도 더 직진하면 구시가의 입구인 후작의 문과 라마 모나킬레 다리를 차례로 만나게 된다.

● 인포포인트 Info-Point turistico

시내 지도와 여행 정보를 얻을 수 있다. 관광 안내소 건물 뒤로 돌아가면 공중화장실이 나오는데, 해변에는 공중화장실이나 탈의실이 따로 없어 해수욕을 즐길 여행자에게 아주 유용하다. 단, 샤워 시설은 없고 성수기에는 줄이 긴 편이다. 요금은 0.50€.

Ⓖ X6V9+XC Polignano a Mare
ADD Via Martiri di Dogali, 2
OPEN 09:30~13:30, 17:00~19:00(토요일 09:30~13:30, 18:00~20:00, 일요일 08:00~14:00)
CLOSE 일요일 오후
WALK 알도 모로 광장에서 서쪽으로 1블록 떨어진 경찰서 건물 안에 있다. 도보 2분

바리 Bari(C.le)
↓
기차 23~43분,
3€(R), 05:02~23:02/
15분~1시간 40분 간격

레체 Lecce(C.le)
↓
기차 1시간 14분~1시간 24분,
10.20€(R·RV),
05:00~21:17/1일 8회
(직행 기준)

폴리냐노 아 마레
Polignano a Mare

*R-Regionale(완행열차)
RV-Regionale Veloce(완행열차)

*시즌에 따라 운행 시간이 달라지니 홈페이지에서 미리 확인하자.

*온라인 구매한 트렌이탈리아 기차표는 탑승 전 온라인 체크인 필수!

시내 중심 광장인 알도 모로 광장.
방향을 잡는 이정표 역할을 해준다.

★
트렌이탈리아
WEB www.trenitalia.com

관광 안내소.
경찰서 건물의 1층에 있다.

공중화장실

OPTION

A

폴리냐노 아 마레

폴리냐노 아 마레 기차역 → 도보 10분 → ❶ **라마 모나킬레 해변** → 도보 5분 → ❷ **폴리냐노 아 마레 구시가**

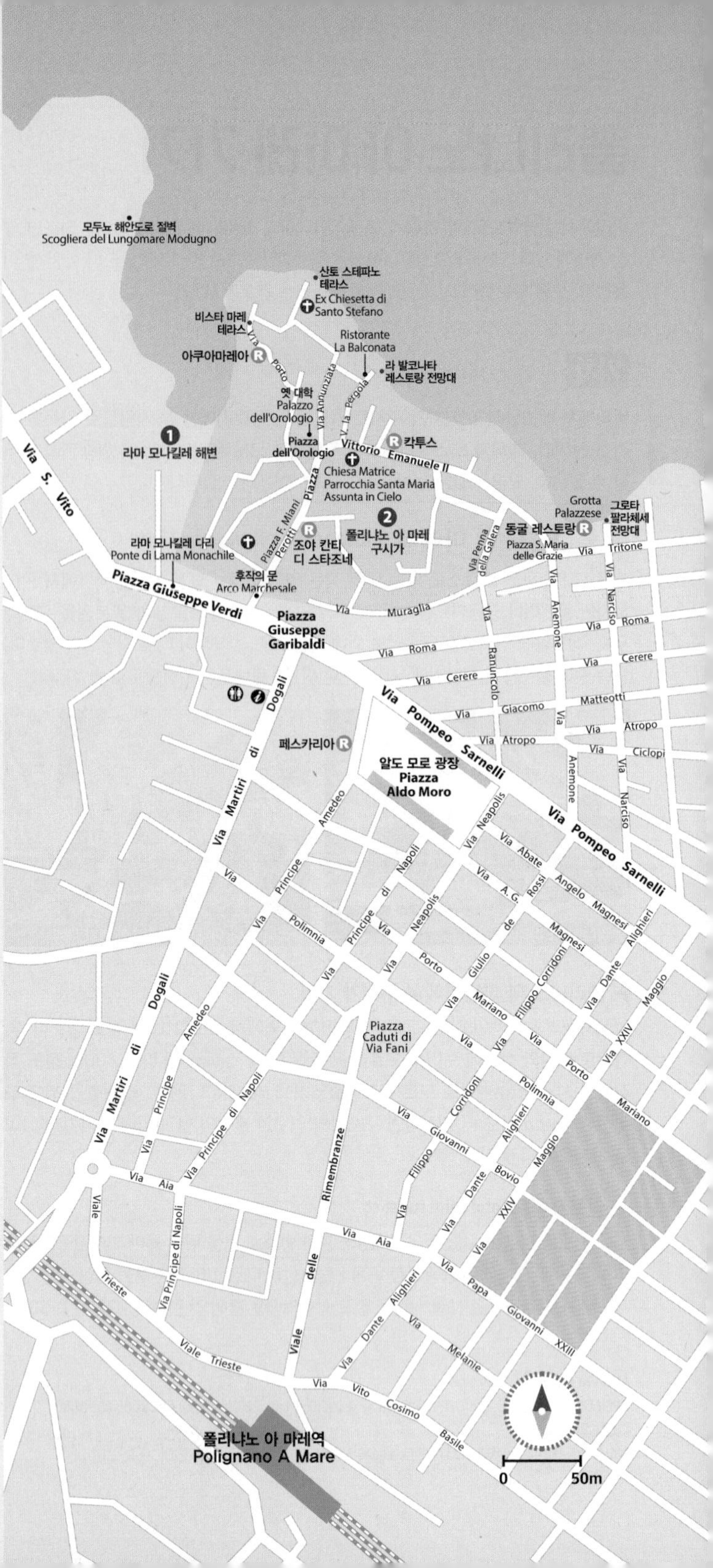

★

도메니코 모두뇨

모두뇨 해안도로 절벽으로 내려가는 계단 입구에는 바다를 배경으로 두 팔을 벌리고 하늘로 날아가는 듯한 동상이 우뚝 서 있다. 이 동상의 주인공은 바로 도메니코 모두뇨(Domenico Modugno). 그는 비영어권 노래로는 최초로 빌보드 싱글 차트 1위에 오른 <볼라레(Volare)>를 부른 이 지역 출신 싱어송라이터다.

① 다리 위가 포토 포인트!

반들반들한 자갈로 이루어진 해변. 비치 레스토랑에서 선베드를 빌릴 수 있다.

②

①

③

01 어머, 여긴 가야 해!
라마 모나킬레 해변
Lama Monachile

폴리냐노 아 마레에 온 여행자들이 가장 먼저 찾는 해변. 세계 최고의 다이버들이 모인다는 '레드불 클리프 다이빙' 대회가 열리는 절벽 다이빙 명소다.

① 라마 모나킬레 다리(Ponte di Lama Monachile) 위에 서면 아찔한 절벽과 그 틈새로 찰랑거리는 에메랄드빛 투명한 바다를 한눈에 내려다볼 수 있다. 해변으로 내려가고 싶다면 다리의 동쪽 끝에 있는 계단 출입구로 간다. 계단을 내려가 다리 뒤쪽의 작은 돌다리(Ponte Romano)를 건너면 해변까지 길이 이어진다. 공공해변이라 누구나 이용할 수 있지만 자갈 해변이라 매트가 없으면 불편하다. 라마 모나킬레 해변을 내려다보며 평평한 바위에서 선탠하려면 ② 모두뇨 해안도로 절벽(Scogliera del Lungomare Modugno)으로 가자.

Ⓖ X6W9+H7 Polignano a Mare
WALK 폴리냐노 아 마레역에서 도보 10분
WEB www.cliffdiving.redbull.com(레드불 클리프 다이빙)

02 사뿐사뿐 절벽 마을 산책
폴리냐노 아 마레 구시가
Centro storico di Polignano a Mare

라마 모나킬레 다리 바로 동쪽에 있는 ① 후작의 문(Arco Marchesale)으로 들어서면 절벽 위에 사뿐히 올라앉은 듯한 구시가가 펼쳐진다. 후작의 문은 폴리냐노 아 마레가 절벽 위 요새였던 시절, 구시가의 유일한 통로였다. 구시가의 중심에는 새하얀 건물로 둘러싸여 더욱 환히 빛나는 ② 비토리오 에마누엘레 2세 광장(Piazza Vittorio Emanuele II)이 있다. 광장 북쪽에 커다란 시계가 달린 옛 대학(Palazzo dell'Orologio)이 있어 '시계의 광장(Piazza dell'Orologio)'이라 불리기도 한다. 옛 대학 양옆으로 난 ③ 뒷골목에는 풀리아에서 가장 로맨틱한 마을이 자리 잡고 있다. 각설탕을 쌓아 올린 듯한 새하얀 벽에 달린 녹색 창문과 알록달록한 화분들이 감성을 한껏 자극한다.

Ⓖ X6W9+GJ Polignano a Mare
WALK 라마 모나킬레 다리에서 도보 2분

② 바람을 맞으며 휴식하기 좋다.

계단에 시인이 남긴 짤막한 시가 적혀 있다.

SPECIAL PAGE

놓칠 수 없다!

전망 테라스 Best 4

내 집 앞 계단이 이웃집 앞마당이 되는 정겨운 동네. 구시가의 구불구불한 골목에는 아드리아해가 한눈에 펼쳐지는 훌륭한 전망 테라스들이 숨어 있다.

Best 1

■ 비스타 마레 테라스
Terrazza Vista Mare

라마 모나킬레 다리 반대 방향에서 라마 모나킬레 해변을 감상할 수 있다. 레드불 클리프 다이빙 대회의 점프대도 이 테라스 옆에 설치된다.

↓

전망대를 등지고
왼쪽 골목으로 들어가
종이 달린 흰색 성당 건물
왼쪽으로 간다. 도보 1분

↓

Best 2

■ 산토 스테파노 테라스
Terrazza Santo Stefano

라마 모나킬레 해변은 보이지 않지만 대신 전망대 양쪽으로 근사한 해안 절벽의 풍경이 펼쳐진다.

↓

다시 골목으로 나와
왼쪽으로 도보 1분

↓

Best 3

■ 라 발코나타 레스토랑 Ristorante La Balconata 전망대

구불구불 이어지는 해안 절벽의 풍경은 여기가 최고! 유난히 시원한 바람이 불어오는 포인트다. 레스토랑 테이블이 온통 점령하고 있지만 전망 테라스는 누구나 이용할 수 있는 공공장소다.

↓

전망대를 등지고 나와 좌회전, 마을 광장을 지나 150m 정도 직진하다 사거리에서 좌회전, 왼쪽 첫 번째 골목으로 들어가 끝까지 간다. 도보 3분

↓

■ 그로타 팔라체세 전망대 Grotta Palazzese

'동굴 레스토랑'을 운영하는 그로타 팔라체세 호텔 옆에 마련된 전망대다. 테라스도 작고 풍경도 평범하지만 동굴 레스토랑을 이용하지 않는 여행자들이 호기심에 이곳을 찾는다.

Best 4

MORE

동굴 레스토랑 Il Ristorante Grotta Palazzese

'동굴 궁전'이란 뜻의 그로타 팔라체세(Grotta Palazzese) 호텔에 딸린 폴리냐노 아 마레의 명물 레스토랑. 바다 전망은 다른 곳과 비슷하지만 레스토랑 안에서만 볼 수 있는 바다와 동굴이 어우러진 풍경으로 유명해졌다. 단, 드레스 코드가 있는 파인 다이닝치고는 음식의 가성비가 상당히 떨어지는 편이니 비싼 가격은 온전히 풍경을 감상하는 값이라 생각하자. 홈페이지에서 방문 시간을 선택해 예약할 수 있으나, 절벽 쪽 테이블은 지정할 수 없다.

X6WC+9C Polignano a mare

ADD Via Narciso, 59

OPEN 18:00~다음 날 00:30

MENU 코스요리 195€/1인

WALK 그로타 팔라체세 전망대 바로 옆에 호텔 출입구가 있다.

WEB www.grottapalazzese.it

Eat ing & Drink ing

최고 인기 메뉴,
해산물 튀김

문어 튀김 파니니

넓고 감각적인 분위기의
인테리어

해산물 꼬마 파니니(Paninetti di Mare).
하루 준비한 양만큼만 판매한다.

오동통한 문어 튀김이 한 입 가득!

페스카리아
Pescaria

생선·새우 타르타르와 굽거나 튀긴 각종 해산물 요리까지, 멋진 바다에 딱 어울리는 해산물 패스트푸드 체인이다. 자릿세 없이 저렴한 가격과 푸짐한 양 또한 인기의 비결이다.

큼직한 빵 안에 300g짜리 문어 튀김을 통째로 넣은 파니니(Panini Polpo Frito, 10.50€)가 이 집의 시그니처 메뉴다. 좀 더 담백한 맛을 원하면 연어 타르타르나 살짝 데친 새우를 넣은 파니니를 추천. 요리로는 해산물 튀김(Friturra Mista, 11.50€/300g)이 인기다. 계산하고 테이블에 앉으면 영수증 번호를 부르면서 음식을 서빙하는데, 이탈리아어라 놓치기 쉬우니 귀를 기울이자.

X6V9+VQ Polignano a Mare
ADD Piazza Aldo Moro, 6/8
OPEN 11:00~24:00
MENU 해산물 파니니 9.50~11.50€, 해산물 튀김 7~30€, 해산물 샐러드 10~11.50€, 음료 2.50€~
WALK 후작의 문에서 도보 2분
WEB www.pescaria.it

시원한 칵테일(8€,
무알코올은 6€)

커피 한 잔 값에 이런 전망이라니

아쿠아마레아
Aquamarea

비스타 마레 테라스 전망대 바로 앞, 라마 모나킬레 해변이 한눈에 내려다보이는 명당에 자리 잡은 전망 카페다. 같은 이름의 호텔에 딸린 카페로, 커피 맛은 평범하니 차가운 커피나 얼음을 가득 넣은 칵테일 종류를 추천한다. 커피나 술 한 잔 값으로 편하게 앉아서 근사한 전망도 보고 화장실도 이용할 수 있으니 가성비는 최고다.

X6W9+PG Polignano a Mare
ADD Via Porto, 28/10
OPEN 10:00~22:30
MENU 커피 1.50~3.50€, 음료 3.50€~, 맥주 5€, 와인 6€/1잔, 칵테일 8€, 서비스 요금 10%
WALK 비토리오 에마누엘레 2세 광장에서 도보 2분
WEB www.aquamarea.it

차갑게 만든
샤케라토(3.50€)

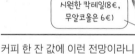

CACTUS

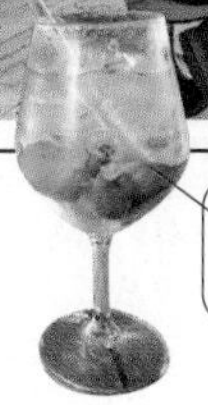
달콤산뜻한 칵테일,
휴고

뜨거운 한낮, 땀 부자들의 오아시스

칵투스
Cactus

한낮의 열기를 식힐 오아시스 같은 공간. 햇볕을 피해 반쯤 지하에 자리한 이곳에서 시원한 칵테일을 마시고 있노라면 더위가 싹 날아간다. 작은 볼에 담은 콜드 파스타(5€)나 과일(3€)은 가벼운 안줏거리로 제격이다.
추천 메뉴는 식전주로 즐겨 마시는 쌉쌀한 칵테일 스프리츠(Spritz)와 모히토처럼 상큼한 휴고(Hugo). 휴고는 이탈리아 북부 볼차노 지방에서 유래한 칵테일로, 프로세코 스파클링 와인에 엘더플라워 시럽과 민트를 넣어 향긋한 맛이 난다.

X6W9+GV Polignano a Mare
ADD Via S. Benedetto, 37
OPEN 12:00~다음 날 01:30(금~일요일 ~다음 날 02:00)
MENU 칵테일 7~8€
WALK 비토리오 에마누엘레 2세 광장에서 도보 1분
WEB cactuspolignanoamare.business.site

상큼 달달 요거트 아이스크림

조야 칸티 디 스타조네
Joya Canti di Stagione

꾸덕꾸덕한 젤라토가 살짝 물릴 때쯤, 상큼한 요거트 아이스크림으로 미각을 깨워보자. 한참을 들여다봐야 할 만큼 재미있는 조합으로 가득한 메뉴 중에서 취향대로 맛을 고르고 크기를 선택하면 된다.
새콤달콤한 모히토 아이스크림은 바카디 럼에 레몬과 애플민트를 섞은 오리지널 칵테일 레시피를 그대로 재현해 인기다. 부드럽고 쫄깃하게 구운 크레페에 딸기를 얹은 크레페도 별미. 가게 앞 테이블에 앉아 먹고 갈 수 있으며, 자릿세는 따로 없다.

X6W9+9J Polignano a Mare
ADD Piazza Vittorio Emanuele II
OPEN 09:30~다음 날 00:30
CLOSE 수요일, 겨울철 비정기 휴무
MENU 요거트 아이스크림 3~5€, 크레페 4€~, 스무디 5€~
WALK 후작의 문을 통과해 약 50m 가면 오른쪽 첫 번째 골목 안에 있다.

슈거 파우더를 솔솔 뿌린 딸기 크레페

요거트
아이스크림으로
느껴보는 모히토
칵테일 맛!

Joya

02

PUGLIA

알베로벨로

ALBEROBELLO

돌로 쌓은 둥근 벽에 석회를 바른 후 잿빛 돌을 얼기설기 쌓아 올린 지붕. 스머프가 살고 있을 것 같은 독특한 집들이 옹기종기 모인 마을이다. 영주의 뜻대로 집을 헐었다 지었다 해야 했던 서러운 세월을 반복하다 터득한 기술이 유네스코 세계문화유산으로 지정된 것은 역사의 아이러니. 게다가 둥근 천장 꼭대기에 구멍을 낸 구조는 유난히도 덥고 건조한 이 지역 기후에 딱 맞아떨어졌다.

알베로벨로 가기

알베로벨로는 바리에서 당일치기로 다녀오기 좋은 여행지다. 직행버스를 비롯해 버스+기차, 버스+버스 등 다양한 환승 노선이 있다. 일요일·공휴일에는 모든 버스와 기차가 FSE 직행버스로 대체 운행한다.

1. FSE 직행버스

바리에서 알베로벨로까지 남동부 지역 철도 FSE(Ferrovie Sud Est)에서 직행버스를 운행한다. 시즌에 따라 출발 시각과 운행 간격이 크게 바뀌는데, 여름철 성수기에는 월~토요일 1일 10회, 겨울철 비수기에는 1일 6회가량 운행하며, 1시간 5분 정도 소요된다. 일요일·공휴일에는 성수기 1일 13회, 비수기 1일 9회 정도 운행하며, 노선에 따라 1시간 5분~1시간 50분 소요되니 확인 후 이용한다.
바리에서 가는 버스는 물론, 돌아오는 오후 출발편 역시 여행자가 많이 몰린다. 자리 경쟁이 치열하니 정류장에 여유 있게 도착해 탑승에 유리한 자리를 선점하자. 사람이 많이 몰릴 땐 기차 또는 버스 환승으로 돌아오는 것도 각오하는 게 좋다.
FSE 버스는 출발 시각에 따라 출발 정류장과 바리로 돌아오는 버스의 도착 정류장 위치가 달라지므로 FSE 홈페이지나 매표소에서 미리 확인하자. 승차권은 트렌이탈리아 중앙역 안의 매표소와 자동판매기, 트렌이탈리아와 FSE 홈페이지, 버스 정류장 근처의 FSE 자동판매기나 지정 판매소에서 구매할 수 있다.

◆ 바리 라르고 소렌티노 정류장 Bari Largo Sorrentino

FSE 직행버스는 바리 중앙역 뒤쪽에 있는 바리 라르고 소렌티노(Bari Largo Sorrentino) 정류장(Map p600)에서 출발한다. 바리 중앙역 앞 광장과 주세페 카프루치 거리(Via Giuseppe Capruzzi)를 연결하는 지하통로나 바리 중앙역 안의 플랫폼들을 연결하는 지하통로로 들어가 '주세페 카프루치 거리 방향 출구(Uscita Via Giuseppe Capruzzi)'로 나와 횡단보도를 건너면 독 슈퍼마켓(dok Supermercati) 앞쪽에 정류장이 있다. 정류장 근처의 도로를 따라 FSE 버스가 여러 대 서 있으니 문의 후 탑승한다.

◆ 바리 라르고 차이아 정류장 Bari Largo Ciaia

일부 FSE 직행버스가 출발하는 정류장으로 중앙역에서 남쪽으로 500m 떨어져 있다. 정류장 근처에 FSE 매표소(주소 Largo Ignazio Ciaia, 24)와 티켓 자동판매기가 있다. 버스는 보통 매표소를 등지고 왼쪽의 대로변(Viale Unità d'Italia)에서 탑승한다. FSE 홈페이지에서 시간표를 검색할 때 '바리 첸트랄레'가 아니라 '바리 전체(tutte le stazioni)'를 검색해야 찾을 수 있다.

FSE 매표소와 자동판매기

바리 Bari
↓
직행버스 1시간 5분~1시간 50분, 4.80€(FSE)
월~토요일 08:00~22:00/1일 10회, 일요일·공휴일 08:00~22:00/1일 13회
*비수기에는 월~토 08:00~19:00/1일 6회, 일 08:30~21:00/1일 9회

바리 Bari
↓
버스 또는 기차
↓
푸티냐노 Putignano
↓
기차 또는 버스
1시간 55분~2시간 15분, 4.90~5.90€
05:00~21:21/1일 10회
(일요일 운행 없음)

↓

알베로벨로 Alberobello

*FSE-Ferrovie Sud Est(남동부 지역 철도)
*시즌에 따라 운행 시간이 달라지니 홈페이지에서 미리 확인하자.

★
남동부 지역 철도 FSE
WEB www.fseonline.it

★
노답 끝판왕, FSE 버스

FSE 버스는 비지정 좌석제로 운행하는데, 버스 출발 시각에 맞춰 한 번에 탑승할 수 있는 인원만큼만 예약을 받지 않는다. 따라서 정해진 시간에 버스를 예약했더라도 자리가 차면 영락없이 다음 버스를 기다려야 한다. 성수기에는 1~2시간 대기가 기본, 다음 버스가 곧 온다는 직원의 설명은 지켜지지 않을 때가 많다.
알베로벨로에서 돌아올 때도 문제다. 정류장이 수시로 바뀌는 데다 대기 줄도 명확하지 않아서 버스가 도착하면 우르르 몰려가 남은 좌석을 차지하려는 승객들로 아수라장이 된다. 심지어 앞선 정류장에서 좌석이 꽉 차면 약속된 시간에 나타나지 않기도 한다. 버스 기사에게 승차권을 살 수도 없고 왕복권도 팔지 않는데 매표소마저 문 닫을 때가 많으니 FSE 홈페이지나 트렌이탈리아 앱 등을 이용해 승차권을 구매할 수 있도록 만반의 준비를 하고 가자.

알베로벨로역의 매표소

◆ 알베로벨로 FSE 버스 정류장 Alberobello(FSE)

알베로벨로역에서 250m 정도 떨어진 카부르 거리(Via Cavour)에 정류장이 있다. 정류장이 워낙 자주 바뀌는 데다 명확한 안내판도 설치되어 있지 않으니 버스에서 내리기 전 기사에게 정류장 위치를 확인하도록 하자.
버스 승차권은 알베로벨로 기차역의 매표소에서 살 수 있지만 사정에 따라 문을 닫을 때가 많다. FSE 홈페이지나 트렌이탈리아 앱을 이용해 구매하는 것이 가장 확실하다.

FSE 기차

2. 기차 + 버스

바리에서 알베로벨로까지 한 번에 가는 직행기차는 없고, 남동부 지역 철도 FSE를 타고 푸티냐노(Putignano)역까지 가서 알베로벨로행 기차나 버스로 갈아타야 한다. 푸티냐노역 바로 앞에 FSE 버스 정류장이 있어서 환승은 어렵지 않다. 단, 기차 구간을 버스로, 버스 구간을 기차로 서로 바꿔서 운행하거나 전체 구간을 비스만 운행하는 등 변동이 잦으니 출발 전 FSE 홈페이지에서 확인하자. 일요일·공휴일에는 기차가 운행하지 않는다.
FSE 기차와 버스 승차권은 기차역의 매표소와 자동판매기, 트렌이탈리아와 FSE 홈페이지, 버스 정류장 근처의 FSE 자동판매기나 지정 판매소에서 살 수 있다. 공사 여부와 출발 시각에 따라 변수가 많으니 승차권을 살 때 탑승 장소를 꼼꼼히 확인한다.

FSE 기차 내부

환승역인 푸티냐노역

푸티냐노역 앞의 FSE 버스 정류장. 기차역을 등지고 오른쪽에 있다.

FSE 바리 중앙역 플랫폼

탑승 전 티켓 개찰 필수!

▶ FSE 바리 중앙역 Stazione FSE Bari Centrale

남동부 지역 철도 FSE는 트렌이탈리아 바리 중앙역의 남쪽 플랫폼을 사용한다. 정식 입구는 중앙역 뒤쪽의 주세페 카프루치 거리(Via Giuseppe Capruzzi)에 있으며, 트렌이탈리아 바리 중앙역 앞의 광장과 주세페 카프루치 거리를 연결하는 지하통로와도 연결된다. 또는 트렌이탈리아 바리 중앙역의 정문으로 들어가 오른쪽이나 왼쪽의 지하통로로 내려간 후 플랫폼 연결통로의 끝에서 계단을 올라가도 된다. 'Ferrovie Sud Est(FSE)' 표지판을 따라가는 게 제일 확실하며, 찾기 힘들 땐 역무원에게 문의하자.

'Ferrovie Sud Est(FSE)' 표지판을 따라간다.

FSE 승차권. 트렌이탈리아에서 발권한 승차권도 사용할 수 있다.

◆ 알베로벨로역 Stazione di Alberobello

매표소와 화장실 정도만 갖춘 작은 역으로, 알베로벨로 시내 북동쪽에 있다. 시청(Municipio Comune di Alberobello)이 있는 포폴로 광장(Piazza del Popolo)까지는 약 500m 거리. 역 정문을 등지고 섰을 때 정면에 보이는 두 갈래 길 중 왼쪽 길(Via Giuseppe Mazzini)을 따라 계속 직진하면 포폴로 광장이 나온다. 도보 약 5분 소요.

알베로벨로역

시내 중심인 시청 앞 포폴로 광장

OPTION B 알베로벨로

알베로벨로역 → 도보 10분 → **❶ 트룰리 마을** → 도보 8분 → **❷ 성 코스마와 성 다미아노 형제 성당** → 도보 2분 → **❸ 트룰로 소브라노**

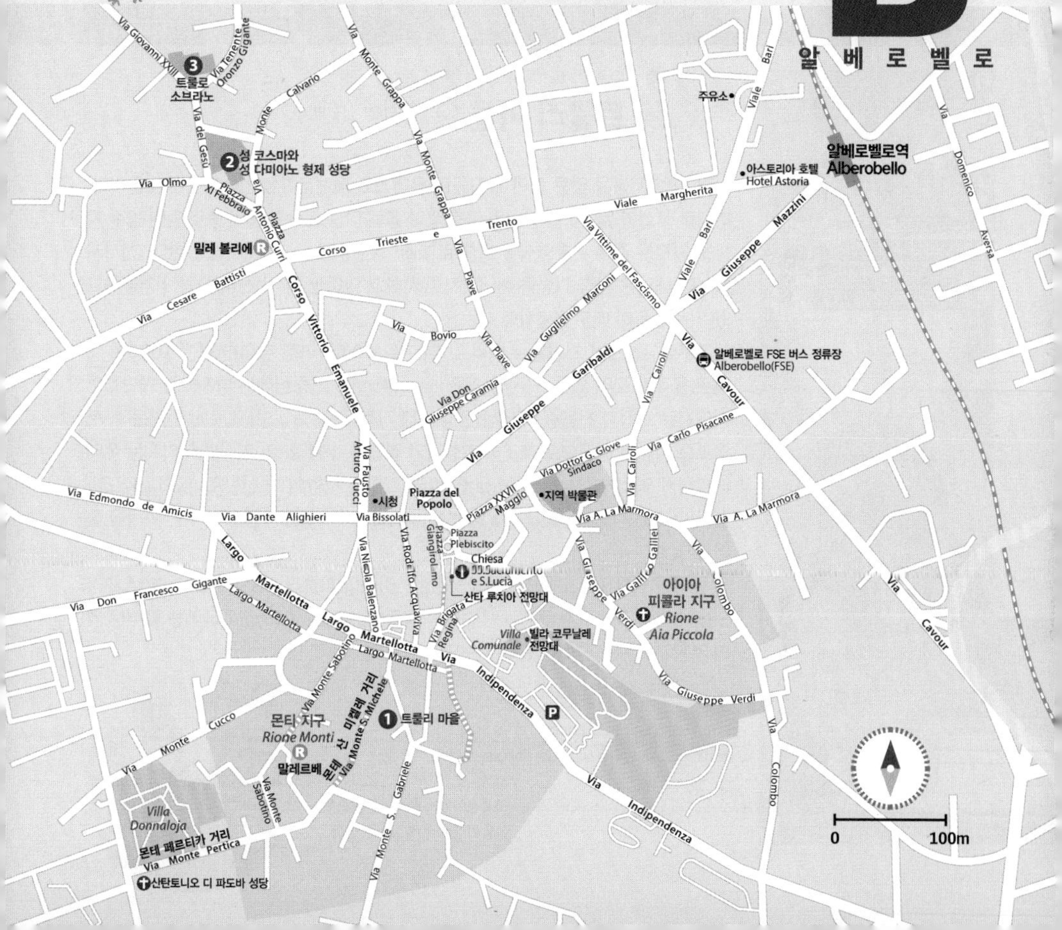

❶ 1000여 채의 트룰로가 있는 몬티 지구의 풍경

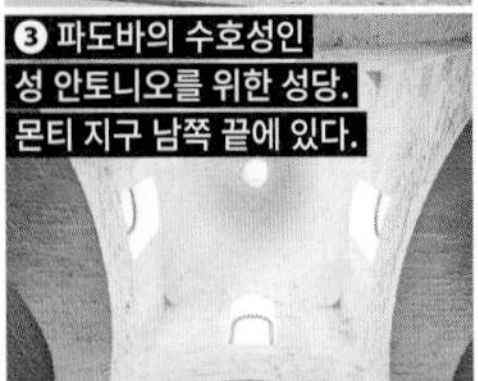

❸ 파도바의 수호성인 성 안토니오를 위한 성당. 몬티 지구 남쪽 끝에 있다.

01 트롤이 툭 튀어나올 것만 같네
트룰리 마을 Città dei Trulli

고깔 모양 지붕을 얹은 하얀 돌집들로 유네스코 세계문화유산에 지정된 마을이다. 이처럼 석회암 돌멩이를 동심원 꼴로 쌓아 올린 다음 납작한 잿빛 돌로 덮어 방수 지붕을 만드는 주택 건축양식을 트룰로(Trullo, 복수형은 트룰리 Trulli)라고 한다. 선사시대부터 내려온 건축 기술을 현대까지 유지하고 있다는 점, 여전히 사람이 거주하고 있다는 점 등이 매우 특별하다.

세계문화유산으로 지정된 트룰리 구역은 두 곳이다. 가장 유명한 곳은 1000여 채의 트룰로가 모여 있는 ❶ 몬티 지구(Rione Monti). 그 중심에는 나지막한 계단길이 이어지는 보행자 전용길 ❷ 몬테 산 미켈레 거리(Via Monte S. Michele)가 있는데, 트룰로를 기념품 상점으로 개조해 여행자가 접근하기 쉽다. 이 거리와 이어지는 몬테 페르티카 거리(Via Monte Pertica)를 따라 트룰로 모양의 ❸ 산탄토니오 디 파도바 성당(Chiesa a Trullo Parrocchia Sant'Antonio di Padova)까지 걸으며 주변 골목을 둘러보자.

두 번째 구역은 포폴로 광장 동쪽에 있는 ❹ 아이아 피콜라 지구(Rione Aia Piccola)다. 590여 채의 트룰로가 있지만 ❺ 지역 박물관(Museo del Territorio) 외에는 대부분 개인 주거지로 사용 중이라 몬티 지구만큼 볼거리가 많진 않다.

Q6JP+VV 알베로벨로

ADD Via Monte S. Michele

WALK 포폴로 광장(Piazza del Popolo)에서 도보 3분

트룰로의 구조를 보여주는 모형. 그 외 별다른 볼거리는 없다.

❷ 몬테 산 미켈레 거리

트룰리의 슬픈 유래

알베로벨로에서 돌을 쌓아 올려 집을 짓는 전통은 15세기, 주택에 세금을 부과하기 시작한 나폴리 왕국의 칙령 때문에 생겨났다. 영주들은 집마다 부과되는 세금을 피하고자 세금 조사원이 나올 때마다 주민들의 집을 철거하도록 했고, 집을 쉽게 부수기 위해서 회반죽과 같은 접착제 사용을 금했다. 접착제 없이 집을 짓기 위해 방마다 돔형 지붕을 올리면 다시 집을 지을 때도 철거할 때만큼이나 빠르게 지어 올릴 수 있었다. 주민들이 살던 집을 시시때때로 부수게 한 이런 횡포는 1797년 페르디난드 4세가 이 마을을 왕의 직속 도시로 승격시킬 때까지 계속됐다.

MORE

알베로벨로 전망 포인트

몬티 지구가 가장 잘 보이는 전망 포인트는 포폴로 광장 남쪽의 산타 루치아 분수를 지나면 바로 나오는 산타 루치아 전망대(Belvedere Santa Lucia, Map p617)다. 그 옆에 있는 빌라 코무날레 공원에도 전망대(Villa Comunale Belvedere, Map p617)가 있는데, 나무에 풍경이 살짝 가려진다.

산타 루치아 전망대에서 본 풍경

빌라 코무날레 전망대에서 본 풍경

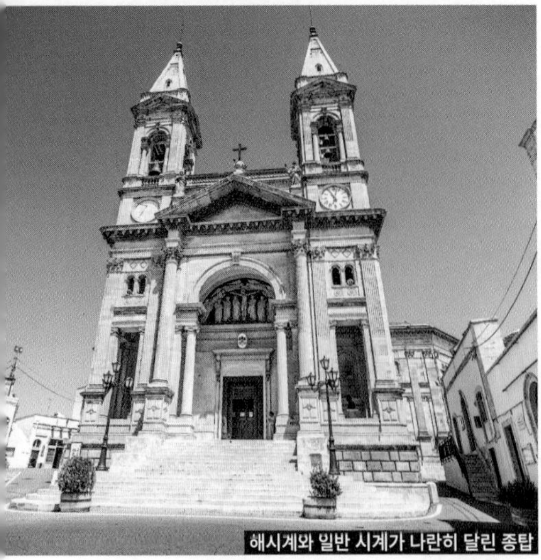

해시계와 일반 시계가 나란히 달린 종탑

현관 위의 창문 양옆으로 난 구멍은
유사시 총구를 내미는 구멍으로 사용됐다.

침실

주방

02 알베로벨로의 랜드마크
성 코스마와 성 다미아노 형제 성당
Chiesa dei Santi Medici Cosma e Damiano

알베로벨로에서 태어나 당대 최고의 건축가로 이름을 날린 안토리오 쿠리의 1885년 작품. 그리스·로마 시대의 신전을 본떠 기둥을 세우고 조각으로 장식했다. 알베로벨로의 잿빛 트룰리가 만든 나지막한 스카이라인을 뚫고 솟아오른 성당의 종탑은 마을 어디에서나 눈에 띄는 랜드마크다.

성당은 알베로벨로의 수호성인인 성 코스마와 성 다미아노 쌍둥이 형제의 유골을 성물로 모시고 있다. 의사와 약사의 수호성인이자 메디치가와 예수회의 수호성인으로 유명한 형제는 성당의 그림과 조각상에 ❶ 의료기기를 든 모습으로 묘사돼 있다. 매년 9월 26일에는 이곳에서 두 성인의 축일 행사가 열린다.

Q6PP+HC 알베로벨로
ADD Piazza Antonio Curri, 14
OPEN 06:30~21:00(시즌별로 유동적)
WALK 포폴로 광장에서 도보 4분

❶

18세기에 만든
두 성인의 나무 조각상.
중앙 제단 왼쪽에 있다.

03 트룰로의 일상 속으로!
트룰로 소브라노
Trullo Sovrano

'최고의 트룰로'라는 특별한 이름을 얻은 이곳은 영주의 규제를 따르지 않고 회반죽을 사용해 지은 첫 번째 트룰로이자, 이 지역의 유일한 2층 트룰로다. 사제 카탈도 페르타가 18세기 지었다고 알려졌으며, 알베로벨로의 수호성인인 성 코스마와 성 다미아노의 성물을 보관하는 장소로도 사용됐다.

총 12개의 고깔 지붕이 덮인 이곳에는 침실과 식당, 주방, 안뜰 등 과거 주거 형태가 복원돼 있다. 전시공간 자체는 크지 않으나, 당시의 일상을 설명하는 영어 안내문이 곳곳에 붙어있어 둘러볼 만하다. 안뜰에는 풀리아 지역의 와인을 테이스팅하고 살 수 있는 공간이 마련돼 있다.

Q6PP+W4 알베로벨로
ADD Piazza Sacramento
OPEN 10:00~12:45, 15:30~18:30(11~3월 ~18:00)
PRICE 2€
WALK 성 코스마와 성 다미아노 형제 성당에서 도보 1분
WEB www.trullosovrano.eu

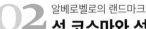

안뜰

Eating & Drinking

오직 맛으로 승부하는 젤라토

◉ 밀레 볼리에
Mille Voglie

할아버지의 무뚝뚝한 표정에서 오랜 전통의 자부심이 전해지는 젤라토 가게다. 절묘한 배합이 장기인 집이니 꼭 콤비네이션 젤라토를 주문할 것. 부드러운 리코타 치즈 젤라토에 달콤하게 절인 큼직막한 배를 넣은 리코타 에 페라(Ricotta e Pera)가 여행자들의 인기 메뉴다. 주인 추천 메뉴는 쌉쌀한 에콰도르산 천연 카카오의 맛이 그대로 느껴지는 카카오매스 젤라토(Massa di Cacao 100%). 단, 서비스에 대한 기대는 살짝 접어두고 가자.

Ⓖ Q6PP+C9 알베로벨로
ADD Piazza Antonio Curri, 31
OPEN 08:00~13:00, 15:30~22:30
CLOSE 월요일
MENU 2가지 맛 2.50€~
WALK 포폴로 광장에서 도보 3분

03

BASILICATA

마테라

MATERA

수천 년 역사의 동굴집들로 대표되는 마테라는 요즘 이탈리에서 가장 핫한 관광 도시다. 한때는 가난과 질병에 시달리던 떠돌이들의 소굴이 되어 '단테의 지옥'이라 불리던 곳이었지만 1990년대 초부터 추진된 도시재생사업과 주민들의 노력 끝에 1993년 유네스코 세계문화유산으로 지정됐고, 2019년에는 유럽 문화 수도로 당당히 선정되기에 이르렀다.
하루 이틀 정도의 짧은 여행으로는 너무나 아쉽다는 여행자들의 후기가 속출하는 도시, 마테라의 매력 속으로 성큼 다가가 보자.

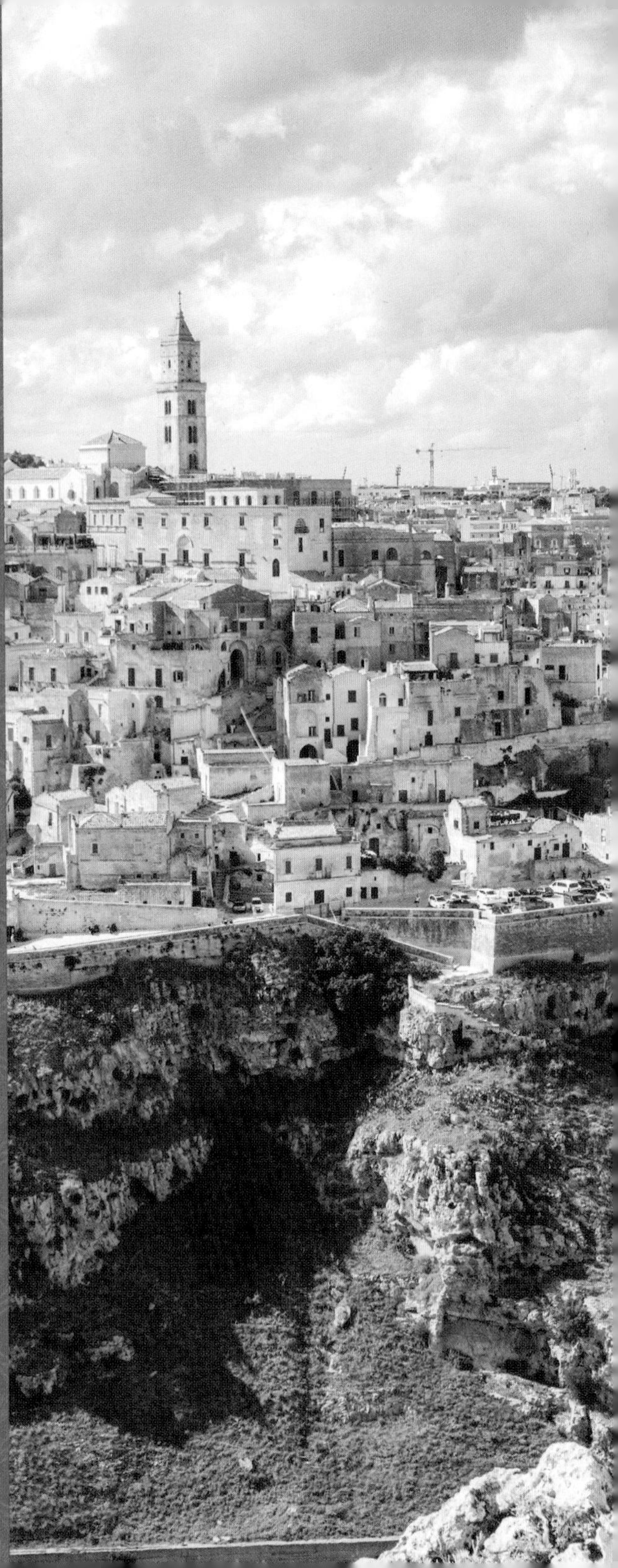

마테라 가기

마테라는 바리에서 다녀오는 게 가장 편하다. 21세기 들어 관광도시로 주목받으면서 이탈리아 주요 도시에서 출발하는 장거리 버스가 늘고 있다.

1. 지역 철도 FAL(Ferrovie Appulo Lucane)

바리에서 마테라까지 갈 때는 마테라가 있는 바실리카타(Basilicata)주와 바리가 있는 풀리아주를 연결하는 지역 철도 FAL을 이용하는 것이 제일 편하다. FAL 기차는 트렌이탈리아 바리 중앙역 정문을 등지고 왼쪽 끝에 있는 FAL 바리 중앙역(Bari Centrale FAL)에서 출발한다. FAL 중앙역에 도착하면 기차표를 사서 2층으로 올라가 자동 개찰구에 기차표의 QR코드를 스캔하고 플랫폼으로 입장한 후 전광판에서 '그란비나-마테라(Gravina-Matera)'행 기차를 찾아 탑승한다. 바리-마테라를 오가는 기차는 대부분 알타무라(Altamura)역에서 환승해야 하니 전광판에 표시되는 노선과 역명을 꼭 확인하도록 한다. 현지 상황에 따라 열차 대신 버스로 환승하기도 하는데, 이때는 역무원의 안내를 따라 정류장 위치를 확인하고 탑승하면 된다.

기차에서 내릴 때는 '마테라 중앙역(Matera Centrale)'을 꼭 확인하자. 'Matera'라는 이름이 들어간 역이 여러 개 있는데, 다른 역에 잘못 내리면 오가는 교통편이 마땅치 않아 시간 낭비가 심할 수 있으니 주의해야 한다.

FAL 바리 중앙역.
건물 2층에 플랫폼이 있다.

플랫폼 입구의 자동 개찰구

FAL 기차

깔끔한 기차 내부.
녹색 버튼을
누르면 문이 열린다.

★
일요일·공휴일 바리 출발 여행자는 주의!

일요일·공휴일에는 FAL 기차를 운행하지 않는 대신 FAL 버스가 마테라까지 간다. 단, 정류장이 자주 변경되니 현지에서 직원에게 문의하고 이용하자. 자세한 내용은 FAL 홈페이지(ferrovieappulolucane.it) 참고.

바리 Bari(C.le FAL)
↓
기차 1시간 20분~1시간 45분, 6€(FAL), 월~토요일 05:06~22:10/1일 16회(1회 환승)
또는
버스 1시간 35분~2시간, 5.60€(FAL), 월~토요일 06:25~19:05/1일 9회
일 08:00~21:05/1일 7회

로마 Roma(TE.)
↓
기차+버스
5시간 25분,
28.90~75€(FR+Freccialink)
12:00/1일 1회

피렌체 Firenze(S.M.N)
↓
기차+버스
7시간 7분,
59.80~99€(FR+Freccialink)
10:14/1일 1회

밀라노 Milano(C.le)
↓
기차+버스
9시간 11분, 51.80~126€
(FR+Freccialink)
8:10/1일 1회

나폴리 Napoli(C.le)
↓
기차+버스
3시간 56분,
25.80~41€(FR+Freccialink)
13:25/1일 1회

↓

마테라 중앙역
Matera(C.le)

*FR-Freccia-고속열차
Freccialink-트렌이탈리아 연계버스
*시즌에 따라 운행 시간이 달라지니 홈페이지에서 미리 확인하자.

★
지역 철도 FAL
WEB ferrovieappulolucane.it

◆ 마테라 중앙역 Stazione di Matera Centrale

마테오티 광장(Piazza G. Matteotti)에 있는 현대적인 역사. 플랫폼 외에 특별한 시설이 없으므로 승차권은 자동판매기에서 구매한다. 시내 중심인 비토리오 베네토 광장(Piazza Vittorio Veneto)까지 도보 6분 거리로, 옛 기차역 건물을 등지고 정면의 돈 조반니 민초니 거리(Via Don Giovanni Minzoni)를 따라 쭉 내려가면 길 끝 왼쪽에 광장이 있다.

빨간 색 옛 기차역이 있는 마테오티 광장. 마테라 교통의 중심지다.

마테라 중앙역

★
이탈로
WEB www.italotreno.it

★
트렌이탈리아
WEB www.trenitalia.com

2. 기차 + 연계버스

로마, 피렌체, 밀라노 등에서 갈 때는 트렌이탈리아 고속열차(FR)+연계버스(Freccia-link) 세트 승차권을 이용한다. 마테라까지는 고속열차가 운행하지 않기 때문에 살레르노(Salerno)역에서 연계버스로 갈아타고 가야 한다.
트렌이탈리아 연계버스 정류장은 살레르노역을 등지고 바로 오른쪽 앞에 있다. 살레르노역에서 갈아타는 방법이 어렵지 않고 버스 타고 가는 길의 주변 경치도 좋아 지루하지 않게 갈 수 있다.
세트 승차권은 트렌이탈리아 홈페이지·매표소·자동판매기에서 기차표와 동일한 방법으로 구하며, 예약을 서두르면 저렴한 프로모션 할인 티켓을 구할 수도 있다. 단, 살레르노-마테라 구간의 버스만 따로 예약할 수는 없다.

트렌이탈리아 고속열차

트렌이탈리아 연계버스 환승역인 살레르노역

트렌이탈리아 연계버스(Frecciolink). 승객 수에 따라 대형버스와 미니버스를 유동적으로 운행한다.

살레르노의 트렌이탈리아 연계버스 정류장

살레르노역을 등지고 바로 오른쪽 앞에 있다.

◆ 마테오티 광장의 버스 정류장 Fermata Bus Piazza G. Matteotti

바리 공항행 풀리아에어버스-마로치(Pugliairbus-Marozzi) 버스와 트렌이탈리아 연계버스는 마테라 옛 기차역 뒤쪽(현 마테라 중앙역 옆)에 정차한다. 버스회사나 매표소는 없고 벤치 몇 개만 있는 주차장 같은 곳이다. 구시가까지는 빨간색의 옛 기차역 정문을 등지고 정면의 돈 조반니 민초니 거리(Via Don Giovanni Minzoni)를 따라 6분 정도 걸어가면 된다.

마테오티 광장의 버스 정류장

★
장거리 직행버스 이용 시 주의사항

로마, 밀라노, 피렌체, 나폴리, 살레르노 등 주요 도시에서 출발하는 마테라행 장거리 직행버스도 늘어나고 있다. 다만, 나폴리 외에는 출발 정류장이 중앙역과 멀고, 마테라 도착 정류장(Via Don L.Sturzo)도 마테라 중앙역에서 북서쪽으로 2Km가량 떨어져 있어 불편하다. 구시가까지는 택시(10~15€) 외에는 마땅한 방법이 없는데, 대기하는 택시가 거의 없고 걸어가면 30분 이상 걸린다. 따라서 장거리 버스를 이용할 땐 각 회사의 홈페이지에서 정류장 위치를 반드시 확인해야 한다.

마리노(Marino) 버스
로마·나폴리·밀라노·피렌체 출발
WEB www.marinobus.it

미콜리스(Miccolis) 버스
나폴리·살레르노·레체 출발
WEB www.busmiccolis.it

마로치(Marozzi) 버스
로마·바리 공항 출발
WEB www.marozzivt.it

플릭스(Flix) 버스
로마·밀라노·나폴리·살레르노·바리 출발
WEB www.flixbus.it

★
바리 공항에서 마테라 가기

바리 공항에서 마테오티 광장의 버스 정류장까지 공항버스(Pugliairbus-Marozzi)가 운행한다. 바리 공항의 도착 로비에서 'STAZIONE FERROVIARIA'라고 적힌 기차 모양의 표지판을 따라 청사 밖으로 나가면 기차역 입구 오른쪽에 버스 정류장이 있다. 티켓은 기사에게 구매하며, 버스회사 홈페이지(www.marozzivt.it)에서도 예매할 수 있다. 바리에서 마테라까지 기차가 운행하지 않는 경우 바리 공항으로 가서 마테라행 공항버스를 타는 것도 좋은 방법이니 기억해두자.

요금 3.40~6€(구매처와 출발 시각에 따라 다름)
소요 시간 1시간 15분
운행 시간 **바리 공항 → 마테라** 09:15~24:30/1일 5회
마테라 → 바리 공항 04:55~20:35/1일 5회

*일부 버스회사는 시내 외곽에 위치한 정류장(Via Don L.Sturzo)을 이용하니 주의한다.

★
나폴리·살레르노~마테라 버스 운행 정보

▪나폴리 → 마테라
버스회사 미콜리스(Miccolis), 마리노(Marino) 버스
소요 시간 4시간 5분~4시간 55분
요금 14~23.40€
운행 시간 04:10~19:00/ 버스회사별 1일 2~5회

▪살레르노 → 마테라
버스회사 미콜리스(Miccolis)
소요 시간 3시간 10분~3시간 30분
요금 26.60€~
운행 시간 07:10·15:40

★
마테라의 슈퍼마켓

동굴 주거지인 사씨 지구에서는 슈퍼마켓을 찾기 힘들다. 마테라 중앙역과 비토리오 베네토 광장을 연결하는 페르시오 거리 중간에 있는 슈퍼마켓(Market Sacco)에서 미리 필요한 물과 음료 등을 챙겨가자. 물 0.60€~.

MJ84+H2 마테라
ADD Via Ascanio Persio, 36
OPEN 08:00~14:00, 17:00~21:00
CLOSE 일요일

OPTION

C

마 테 라

마테라역 → 도보 6분 → **❶ 마테라 구시가(비토리오 베네토 광장)** → 도보 1분 → [**Option ❷ 팔롬바로 룽고 지하저수조**] → 도보 7분 → **❸ 대성당** → 도보 8분 → **❹ 카사 그로타** → 도보 8분 → [**Option ❺ 국립 마테라 박물관-리돌라 본부**]

마테라 사씨 지구 Sassi di Matera

마테라의 바위산 동굴 주거지는 '암석'이라는 뜻의 '사씨(Sassi, 단수형은 사쏘 Sasso)'라고 부른다. 사씨는 수 천년 전부터 지금에 이르기까지 변함없이 주거지로 사용되고 있는, 인류의 소중한 문화유산이다. 사씨 지구는 크게 북서쪽의 사쏘 바리사노(Sasso Barisano)와 남동쪽의 사쏘 카베오소(Sasso Caveoso)로 나뉘며, 그 사이에 대성당과 귀족들의 저택이 자리 잡은 마을의 중심 요새, 치비타(Civitá) 지역이 있다.

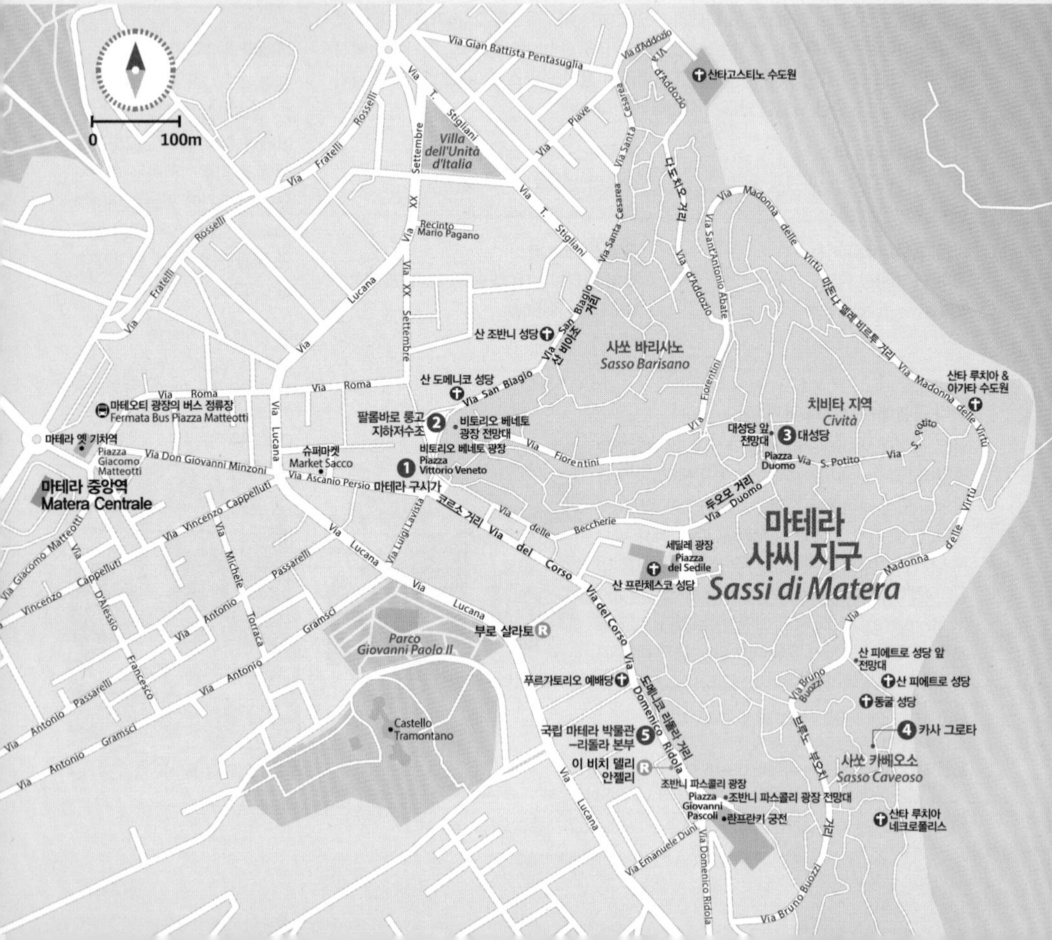

❶ 동네 어르신부터 꼬마들까지 모두 만날 수 있는 마테라의 중심 광장

01 사씨 지구를 내려다보는 중세도시
마테라 구시가 Centro Storico di Matera

2019년 복원한 옛 시립 영화관 건물

마테라 여행의 시작은 중세 분위기가 물씬 풍기는 구시가부터다. 반질반질한 돌길과 석조 건축물로 이루어진 구시가는 10여 년간의 복원과 재개발을 거쳐 바실리카타주의 중심 도시로서의 위용을 되찾았다.

마테라 구시가의 중심은 아침저녁으로 사람들이 모여드는 ❶ 비토리오 베네토 광장(Piazza Vittorio Veneto)이다. 광장 북동쪽 코너의 산 도메니코 성당 앞에서 ❷ 산 비아조 거리(Via San Biagio)를 따라가면 13세기 풀리아식 로마네스크 건축의 표본으로 불리는 ❸ 산 조반니 성당(Chiesa di San Giovanni Battista)과 만난다.

대성당으로 이어지는 ❹ 두오모 거리(Via Duomo) 주변도 영화 같은 풍경이 펼쳐진다. 현지인과 관광객이 한데 어우러진 세딜레 광장(Piazza del Sedile)과 광장에 잔뜩 모인 야외 레스토랑들은 저녁마다 흥겨운 분위기다.

마테라 구시가의 전성기였던 18세기 근세 풍경은 서쪽에 남아있다. 18세기의 대표 건축물인 ❺ 산 프란체스코 성당(Chiesa di San Francesco d'Assisi)에서부터 길 끝 광장까지 이어지는 ❻ 도메니코 리돌라 거리(Via Domenico Ridola)가 구시가 산책의 마침표를 찍는다.

❷

❸

Ⓖ MJ84+QF 마테라
WALK 마테라 중앙역에서 도보 6분

도메니코 리돌라 거리의 시작점인 푸르가토리오 예배당(Chiesa del Purgatorio). 연옥의 교회라는 뜻이다.

❹

❺ 이탈리아 은행 건물로 사용되다 신자들의 모금으로 복원했다.

❻

❶

Option

02 광장 아래 숨겨진 19세기 물탱크
팔롬바로 룽고 지하저수조
Palombaro Lungo

비토리오 베네토 광장 아래에 있는 커다란 지하 저수조. 맑은 물이 부족했던 마테라에서는 빗물을 모으는 대규모 저수조가 절실했는데, 1801년 만들기 시작해 1890년에야 공사를 마쳤다. 입구에서 보기에는 작아 보여도 5천 톤의 물을 저장할 수 있을 정도로 거대하다. 지금은 물을 채우던 공간에 철제로 이동 통로를 만들어 안쪽까지 들어갈 수 있게 했다. 시간별로 정해진 인원만 가이드와 함께 입장할 수 있으니 미리 티켓을 구매하자(관람 시간 15분).

Ⓖ MJ84+QJ 마테라
ADD Piazza Vittorio Veneto
OPEN 7~9월 10:00~13:00, 15:00~18:30(비수기에는 오후 시간 단축 운영)
PRICE 3€
WALK 비토리오 베네토 광장(Piazza Vittorio Veneto) 지하에 있다. 광장 중앙의 계단을 내려가면 매표소가 있다.

계단을 따라 광장 아래로 내려간다.

03 마테라의 수호성인 성모를 모신
대성당
Cattedrale di Maria Santissima della Bruna e Sant'Eustachio

마테라에서 가장 높은 요새 지역인 치비타(Cività)에 자리한 대성당. 대성당을 중심으로 귀족들의 저택이 방어막처럼 둘러싸고 있다. 13세기에 로마네스크 양식으로 지어진 성당 정문 위에는 수레를 타고 마테라에 나타났다가 조각상만 남기고 사라졌다는 전설 속 ❶ 성모 마리아의 조각이 있다. 대성당 중앙 제단 왼쪽에서는 교황 바오로 2세가 방문해 그 앞에서 무릎을 꿇고 기도한 것으로 유명한 성모의 프레스코화(Affresco della Madonna della Bruna)를 볼 수 있다.

대성당은 18세기에 바로크 양식으로 화려하게 재건됐는데, 금색 치장벽토와 대리석 조각 등 바로크 장식 아래에서 14세기 프레스코화 ❷ '최후의 심판(Giudizio Universale)'이 복원되기도 했다.

Ⓖ MJ86+P9 마테라
ADD Piazza Duomo
OPEN 09:00~17:30(일요일 09:00~10:30, 12:30~17:30) (종교행사 시 입장 제한)
PRICE 무료
WALK 비토리오 베네토 광장에서 도보 6분. 여행자는 정문이 아닌 남쪽 파사드의 출입문을 이용한다.

❷ 여행자용 출입문으로 들어가 제일 왼쪽 벽에 있다.

①

17세기 수도원 건물이 1911년 국립 고고학 박물관으로 재탄생했다.

①

04 18세기 동굴집 사람들의 일상 탐구
카사 그로타
Casa Grotta nei Sassi

1700년대 초부터 실제 사람이 살았던 동굴집을 복원해 마테라 농부의 일상을 재현해 놓은 곳이다. 침실과 부엌, 마구간 등으로 나뉜 내부는 바깥에서 본 것보다 꽤 널찍하다. 옥수수잎을 쌓아 만든 침대 매트리스와 린넨을 보관하던 장, 밤이면 매트리스를 깔아 아기 침대로 사용하던 서랍식 상자, 난로, 요강까지 당시의 생활상을 그려볼 수 있는 공간이다. 동굴집을 나오면 오른쪽으로 얼음 창고(Neviera)와 천연 동굴, ① 동굴 성당이 이어진다.

Ⓖ MJ76+GW 마테라
ADD Vico Solitario, 11
OPEN 09:30~18:00(토·일요일 ~19:00)
PRICE 5€, 대학생 3€, 10세 이하 무료
WALK 대성당에서 도보 10분

마테라의 전환점이 된 레지스탕스 문학의 걸작

반(反)파시즘 활동에 가담했다가 마테라 인근에 유배된 카를로 레비(Carlo Levi)는 이때의 체험을 바탕으로 <그리스도는 에볼리에 머물렀다>를 써서 마테라 주민들의 열악한 삶을 고발했다. 수도와 전기도 들어오지 않는 생활환경이 사회 이슈로 떠올랐고, 1954년 주민들은 현대적인 거주지로 이주하게 됐다.

Option

05 진귀한 고대 그리스의 암포라
국립 마테라 박물관 -리돌라 본부
Museo Nazionale di Matera – Sede Ridola

의사 겸 고고학자이자 상원의원이었던 도메니코 리돌라가 자신의 고고학 수집품을 모두 국가에 기증하면서 만들어진 박물관이다. 그 관대함에 보답하듯 그의 이름은 구시가에서 가장 아름다운 거리명으로 남아 후세에 널리 불리고 있다.

주요 소장품은 선사 시대와 고대 그리스의 유물이다. 특히 고대 그리스 시대에 지중해 연안에서 주로 사용하던 항아리 '암포라(Amphora)' 콜렉션이 이곳의 자랑. 암포라는 물과 기름, 와인, 곡식, 물고기 등 주로 식료품 저장에 사용됐지만 ① 제례나 의식에서 사용된 암포라는 화려한 장식이 돋보여 예술성이 높다.

Ⓖ MJ75+HP 마테라
ADD Via Domenico Ridola, 24
OPEN 09:00~20:00(월 14:00~)/폐장 1시간 전까지 입장
CLOSE 월요일 오전
PRICE 10€
WALK 비토리오 베네토 광장(Piazza Vittorio Veneto)에서 도보 5분

유네스코 세계문화유산

사씨 지구의 전망 포인트

깊은 협곡과 어우러진 해발 400m 고지대의 자연경관, 구석기시대에 형성된 인류 최초의 마을을 만나보자.
마테라에 찾아온 걸 절대 후회하지 않게 해줄 최고의 전망 포인트를 소개한다.
사진보다 눈으로 직접 바라봐야 압도적인 비주얼이 주는 감동을 생생하게 느낄 수 있다

■ **조반니 파스콜리 광장 전망대**
Belvedere di Piazza Giovanni Pascoli

구시가의 번화가인 조반니 파스콜리 광장(Piazza Giovanni Pascoli)에 마련된 전망대. 사쏘 카베오소 지구의 오래된 집들이 내려다보인다. 지나다니는 사람이 많은 거리라 야경을 즐기기에도 안전한 편이다.

■ **산타고스티노 수도원**
Monastero di Sant'Agostino 옆 전망대

마테라의 북쪽 끝에 있어 마을 전체의 풍경을 한눈에 볼 수 있다는 것이 장점이다. 높이 솟은 대성당의 종탑 주변으로 펼쳐진 마을 풍경을 사진 한 장에 모두 담을 수 있다. 마을 대표 사진도 주로 이곳에서 탄생한다.

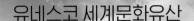

■ **대성당 Duomo 앞 전망대**

마테라에서 가장 높은 곳에 자리 잡은 전망대. 사쏘 바리사노 지구를 동쪽에서 서쪽으로 내려다본다. 해 질 무렵이 아름다운 석양 포인트인데, 아쉽게도 역광이라 인물 사진은 실루엣으로만 담을 수 있다. 두오모 거리 쪽 50m 아래 지점이 역광을 피할 수 있는 포토 포인트다.

■ 비토리오 베네토 광장 전망대
Belvedere Luigi Guerricchio

비토리오 베네토 광장(Piazza Vittorio Veneto)의 동쪽, 마테라 구시가에서 가장 가깝고 예쁜 전망대다. 사쏘 바리사노 지구가 내려다보이며, 멀리 대성당이 자리한 동쪽 언덕으로 물드는 해 질 무렵 노을빛이 아름답다.

■ 산타 루치아 & 아가타 수도원
Convento di Santa Lucia e Agata alla Civita 옆 전망대

마을 동쪽에 있는 협곡과 그 건너편의 오래된 동굴집, 동굴 성당 등을 볼 수 있다.

■ 산 피에트로 성당 Chiesa di San Pietro Caveoso 앞 전망대

정면으로는 협곡 건너편 풍경이, 왼쪽으로는 대성당이 있는 치비타(Cività) 지역의 모습이 보이고, 전망대 뒤쪽으로는 사쏘 카베오소까지 한 번에 둘러볼 수 있어 인기다. 바로 뒤에 보이는 동굴 성당(Chiesa Rupestre di Santa Maria di Idris)에도 꼭 올라가 볼 것. 특히 석양 때면 최고의 인기 전망대답게 사람들로 가득하다.

■ 산타 루치아 네크로폴리스
Necropoli di Santa Lucia alle Malve(Cimitero Barbarico)

암반을 파서 만든 산타 루치아 성당(Chiesa di Santa Lucia alle Malve)에 딸린 고대 공동묘지다. 얼핏 보면 평범한 바위 같지만 전망대 바닥에 오래된 무덤의 흔적이 흐릿하게 남아있다. 협곡 풍경을 감상하기에도 좋고, 전망대로 가는 길에 보이는 옛 마을의 분위기도 독특해서 들러볼 만하다.

MORE

그림 속을 거니는 듯 예쁜 거리 Best 3

❶ 다도치오 거리
Via d'Addozio

사쏘 바리사노와 사쏘 카베오소를 연결하는 핵심 거리. 산타고스티노 수도원에서 내려오는 길을 따라 내내 멋진 풍경이 펼쳐진다.

❷ 마돈나 델레 비르투 거리
Via Madonna delle Virtù

사씨 지구의 북동쪽 외곽을 따라 난 산책로. 길 한쪽에서는 협곡의 풍경을, 다른 한쪽에서는 언덕 바깥쪽에 자리 잡은 오래된 동굴집의 모습을 볼 수 있다.

❸ 브루노 부오치 거리
Via Bruno Buozzi

사쏘 카베오소의 중심 거리. 좌우로 동굴집들을 가까이에서 볼 수 있고, 동굴집을 개조한 분위기 좋은 식당 등 즐길 거리가 많다.

Eating & Drinking

시골에서 만난 고급 프렌치 요리

◉ 부로 살라토
Burro Salato

고급스러운 프렌치-이탈리안 퓨전 레스토랑이다. 관광지에서 살짝 떨어져 있지만 마을의 중심 광장에서는 가까운 편이라 오가는 길에 들르기 좋다. 제철 식재료 등 지역 특산물을 사용해 시즌마다 선보이는 파스타가 매력 만점. 마테라가 속한 바실리카타주 특산품인 말린 고추(Peperone Crusco)도 다양하게 쓰이는데, 소금에 절인 리코타 치즈나 꿀만 뿌려 내오는 과감한 전채부터 전통 소시지와 고추를 올린 갈레트까지, 바싹 말려 달큼해진 고추튀김의 진미를 만날 수 있다. 디저트로는 정통 프랑스 스타일의 솔티드버터 카라멜 크레페(Crêpe al Caramello al Burro Salato, 6€)를 추천! 우리나라와는 조금 다른 듯한 유럽풍 '단짠'의 진수를 맛볼 수 있다. 먼지 한톨 없이 깨끗한 화장실에 이탈리아 평균 이상으로 눈치 빠른 직원의 서비스는 기분 좋은 덤이다.

Ⓖ MJ75+X4 마테라
ADD Via Rocco Scotellaro, 7
OPEN 12:30~14:00, 19:30~22:00
CLOSE 수요일
MENU 전채 12~18€, 제1요리 16~18€, 제2요리 16~22€, 갈레트 8~14€, 크레페 6~9€, 자릿세 3€/1인
WALK 산 프란체스코 광장에서 도보 2분

솔티드버터 카라멜 크레페

★
사씨 모양의 마테라 전통 빵, 파네 티피코 디 마테라
Pane Tipico di Matera

동굴집에서 살던 사람들이 공동 오븐에서 구워내던 커다란 빵이다. 거친 밀가루와 이스트로 만들어 지하에 있는 항아리에 보관하면 일주일 이상 신선한 상태를 유지했다고 한다. 빵은 겉은 딱딱하지만 속은 촉촉하고 담백한 맛이다. 마을의 빵집에서 다양한 크기와 모양으로 판매하며, 보통 1kg에 3€ 정도다.

말려서 튀긴 고추, 페페로네 크루스코로 포인트를 준 파스타

젤라토 장인의 달콤한 실험실

◉ 이 비치 델리 안젤리
I Vizi degli Angeli

젤라토에 관해 둘째가라면 서러울 만큼 진지한 주인장의 젤라테리아. 뚜껑을 모두 덮어 놓아 맛을 고르기 어려운데, 이는 사르르 녹아 내리는 가벼운 질감을 내기 위해 최적의 보관온도를 유지하기 위함이다. 이 집에서 딱 하나만 고르라면 단연 라테 에 멘타(Latte e Menta)다. 상쾌한 민트와 어우러진 우유 맛이 은근히 중독성 있다. 무더운 날씨에는 파인애플 & 생강(Anana e Zinzero)에 도전해보자. 셔벗의 일종으로, 깔끔한 맛이 일품이다.

Ⓖ MJ75+CR 마테라
ADD Via Domenico Ridola, 36
OPEN 11:00~20:30(성수기에는 연장 영업)
CLOSE 수요일
MENU 젤라토 2가지 맛 2.50€~, 밀크셰이크 3€~
WALK 산 프란체스코 광장에서 도보 3분

MORE
숙소, 어디에 정할까?

마테라에서는 사씨 지구의 돌집을 개조한 숙소가 인기다. 독특한 정취를 만끽할 수 있어 좋지만 끝도 없이 이어지는 계단에서 캐리어의 바퀴는 무용지물일 뿐, 숙소까지 길 찾는 것이 고역이란 걸 알아두자. 한편, 구시가의 중심가에 있는 숙소는 찾아가기 쉬우면서도 사씨 지구에서 그리 멀지 않으니 장단점을 잘 따져보고 결정하자.

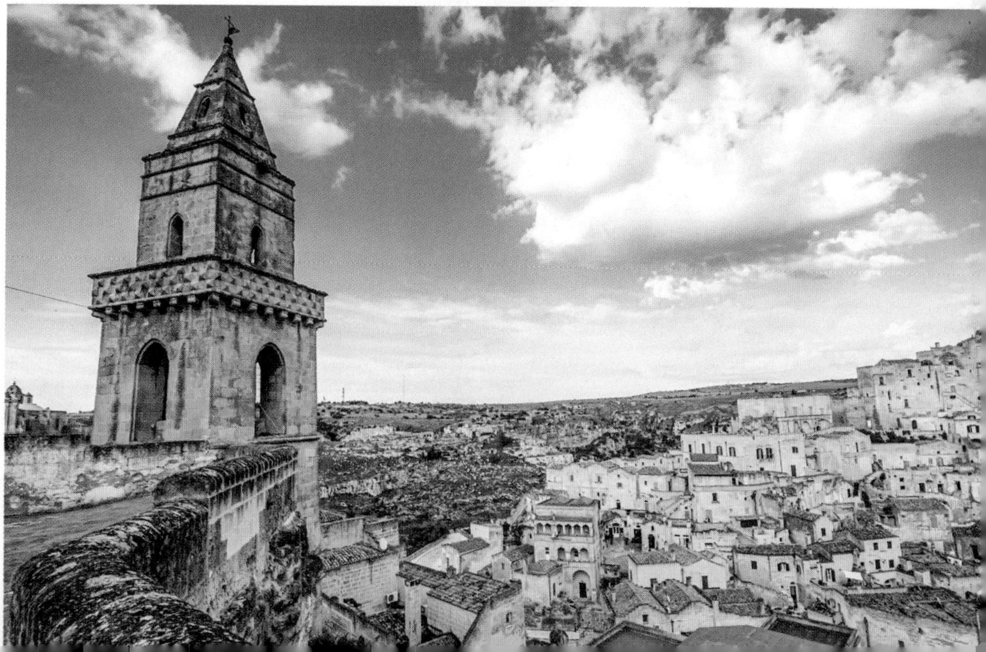

04

PUGLIA

레체

LECCE

17세기에 레체는 '남부의 피렌체', '바로크의 장미'라 불리며 전성기를 누렸다. 한때 '레체 바로크'라는 용어를 탄생시킬 만큼 화려했던 건축물들은 이제 본래의 색을 잃어버렸지만 추억이 아스라이 남은 옛 골목과 낡고 빛바랜 건축물들은 여전히 레체를 빛내주는 보석이다. 밤이 되면 반짝이는 불빛에 둘러싸이는 레체의 야경도 놓치면 아쉬운 풍경이다.

레체 가기

장화 모양 이탈리아 반도의 뒷굽에 해당하는 살렌토(Salento) 반도의 중심 도시, 레체는 공항이 없는 대신 로마, 밀라노, 베네치아 등 주요 도시에서 고속열차로 연결된다. 특히 밀라노나 로마에서 출발하는 레체행 야간열차는 매우 유용한 교통수단이다.

기차

로마, 밀라노, 베네치아 등에서 고속열차가 1일 2~5회 운행한다. 장거리 노선인 만큼 이동시간이 만만치 않고 요금이 비싸므로 최대한 서둘러 할인율이 높은 프로모션 티켓을 예약해두자.

피렌체에서는 직행열차가 하루 1대(FR 08:14, 7시간 35분 소요)뿐이라 로마나 볼로냐에서 갈아타는 환승편을 주로 이용한다. 나폴리에서는 기차보다는 중앙역 남쪽에서 출발해 레체의 시티 터미널로 도착하는 플릭스(Flix)·마리노(Marino)·미콜리스(Miccolis) 등의 버스를 이용하는 게 더 편리하다.

인터시티 야간열차(ICnotte)를 이용하면 좀 더 효율적인 일정을 짤 수 있다. 밀라노에서는 야간열차가 매일 출발하는 반면, 로마 출발편은 시즌에 따라 주 1회 정도만 드물게 운행하니 홈페이지에서 미리 확인하자. 베네치아에서는 볼로냐로 가서 야간열차로 환승한다.

바리에서는 고속열차가 운행하며, 레조날레(R·RV) 기차도 자주 다닌다. 예약 시점에 따라 고속열차의 수퍼 이코노미 할인가가 레조날레보다 더 저렴하니 참고하자.

온라인 구매한 트렌이탈리아 기차표는 탑승 전 온라인 체크인을 잊지 말자.

★

야간열차 이모저모

야간열차의 좌석은 일반 좌석과 쿠셋(Cucette, 영어로 Couchette), 침대칸(Sleeper)으로 나뉜다. 그중 간이침대로 이루어진 쿠셋은 1~4인실로 나뉘며, 일반 좌석보다 편하고 안전하면서 침대칸보다 요금이 저렴해 여행자가 많이 이용한다. 2등석 4인실 쿠셋(Cuccette C4 Comfort)의 경우 프로모션 요금으로 예약하면 일반 좌석과 비슷한 요금으로 이용할 수 있고, 시트 2장과 베개, 간식, 물, 컴포트 키트(멀미 봉투, 귀마개, 빗)가 기본으로 제공된다.

쿠셋의 객실은 여성 전용(Donna), 남성 전용(Uomo), 객실 전체(Intero) 등으로 구분되며, 침대는 위층(Alto)과 아래층(Basso)을 지정할 수 있다. 위층은 오르내리기 힘든 대신 앉았을 때 좀 더 편하게 공간을 활용할 수 있고, 짐을 안전하게 보관할 수 있다. 아래층은 짐을 놓거나 이동하기에 편리하나, 침대에 앉아 지내기는 불편하다. 야간열차는 도착이나 연착 등의 안내방송이 따로 없으므로 도착 시각을 기억하고 있다가 스스로 일어나 내려야 한다는 걸 명심하자.

2등석 4인실 쿠셋의 내부

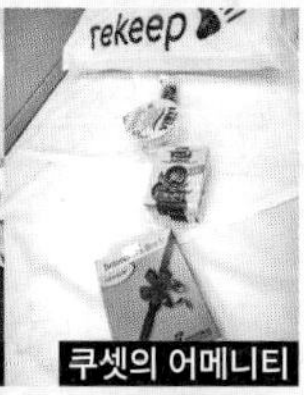

쿠셋의 어메니티

로마 Roma(TE.)
↓
기차 5시간 25분~,
FR 13.90~71€,
08:05~18:05/1일 5회
또는
야간열차 8시간 12분,
ICnotte 23.90~52.50€
금요일 23:58/주 1회

밀라노 Milano(C.le)
↓
기차 8시간 15분~,
FR·IC 29.90~119€
06:10~14:35/1일 5회
또는
야간열차 11시간 40분~,
ICnotte 29.90~74.50€
21:15·21:50/1일 2회

베네치아 Venezia(S.L)
↓
기차 8시간 53분~,
FR 28.90~114€
06:53·14:52/1일 2회

나폴리 Terminal Bus Metropark(Staz.FS)
↓
버스 5시간 20분~,
Flix·Marino·Miccolis
13~30€, 08:45~다음 날 01:20/1일 9회

바리 Bari(C.le)
↓
기차 1시간 20분~
FR·IC·R·RV 12.70~22.50€
05:02~23:02/30분~1시간 간격

↓

레체 Lecce

*FR(Freccia)–고속열차 / IC(Inter City)–급행열차 / R(Regionale)·RV(Regionale Veloce)–완행열차 / ICnotte–야간열차 / FSE(Ferrovie Sud Est)–남동부 지역 철도

*시즌에 따라 운행 시간이 달라지니 홈페이지에서 미리 확인하자.

★
트렌이탈리아
WEB www.trenitalia.com

★
마리노 버스
WEB www.marinobus.it

플릭스 버스
WEB www.flixbus.com

미콜리스 버스
WEB www.busmiccolis.it/en/

고속열차 내부

고속열차에는 1인석도 있다.

★
레체행 야간열차(ICnotte) 쿠셋 요금(Economy 기준)

▪ **로마-레체**
4인실 쿠셋 58.90~87.50€

▪ **밀라노-레체**
4인실 쿠셋 69.90~107.20€

◆ 레체역 Stazione di Lecce(Stazione Centrale FS di Lecce)

매표소와 자동판매기, 화장실, 카페 정도의 기본적인 시설만 갖춘 작은 역이다. 레체는 인근 지역 여행의 거점 역할을 하는 도시라 성수기에는 매표소의 대기 시간이 긴 편이니 레체에서 기차를 탈 땐 조금 여유 있게 역에 도착하는 것이 좋다. 레체역은 조금 외딴 곳에 있으므로 나 홀로 여행자는 늦은 밤이나 컴컴한 새벽에 출발·도착하는 기차는 피하는 것이 좋다.

레체역

트렌이탈리아 자동판매기

역 안 카페 겸 매점. 여러 가지 빵(1.50€~)도 판매한다.

1번 플랫폼 끝에 위치한 화장실(1€)

▶ 레체역에서 시내까지

역에서 시내 중심인 산토론초 광장(Piazza Sant'Oronzo)까지 도보로 15분 정도 걸린다. 버스가 다니지 않으므로 구시가까지는 걷는 것 외에 다른 방법이 없다. 기차역을 등지고 정면에 보이는 길(Viale O. Quarta)을 따라 10분 정도 가면 길 끝에 대성당(Cattedrale di Santa Maria Assunta)이 나온다. 대성당 뒤쪽(오른쪽)으로 가서 식당이 모여 있는 골목(Via degli Ammirati)으로 바로 우회전 후 작은 공원 앞에서 좌회전해 2분 정도 가면 널따란 산토론초 광장이 나온다.

대성당 옆 종탑을 표지물 삼아 걸어간다.

레체의 중심, 산토론초 광장

★
레체에서 유심 또는 로밍은 필수!

구시가에 있는 숙소는 대부분 오래된 건물을 개조한 B&B다. 이들은 대개 프런트 데스크가 따로 없고 영어로 대화하기 힘든 곳이 많아 메일이나 문자로 소통해야 한다. 체크인·체크아웃 시간을 미리 확인하고 약속을 잡는 등 현지에서 연락할 일이 종종 있으므로 레체에서는 스마트폰을 현지 통화나 데이터 사용이 가능한 상태로 준비해두자.

OPTION

D

레체

레체역 → 도보 15분 → ❶ **산토론초 광장 & 로마 원형극장** → 도보 5분 → ❷ **두오모 광장** → 도보 1분 → **성모승천 대성당** → 도보 1분 → **세미나리오 궁전** → 도보 7분 → **산타 크로체 성당** → 도보 5분 → **산타 키아라 성당** → 도보 2분 → **산 마테오 성당**

★

레체 성당 인포포인트 LeccEcclesiae Info Point

레체 성당 통합권(LeccEcclesiae)을 판매하는 매표소 겸 안내소.

Ⓖ 9529+VC 레체

ADD Piazza del Duomo, 2
OPEN 09:00~21:00(10~3월 ~18:00)
WALK 두오모 광장(Piazza del Duomo)의 세미나리오 궁전 1층
WEB chieselecce.it

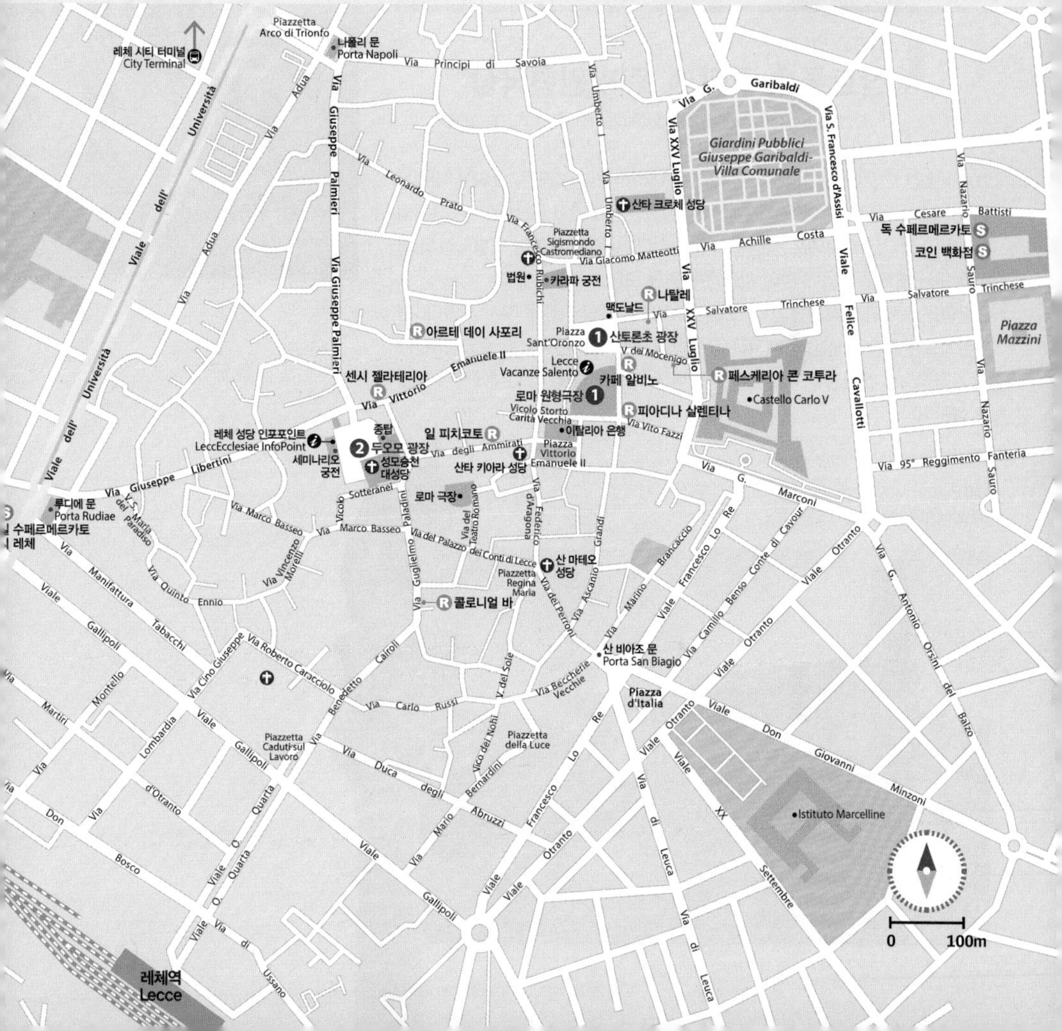

Eddy Galeotti / Shutterstock.com

01 시공을 넘나드는 기분! 산토론초 광장 & 로마 원형극장
Piazza Sant'Oronzo & Anfiteatro romano

2000년 전 ❶ 로마 원형극장이 발아래로 내려다보이는 광장. 로마 시대에는 2만5000여 명의 관중이 모여서 함성을 질렀던 장소였고, 오늘날에는 레체의 시민들이 밤낮으로 모여드는 생활의 중심지다. 세월이 흐르며 원형극장의 절반 정도는 새로운 건물에 덮여 지금은 반원형 모양으로만 남았다.

광장명은 레체의 수호성인인 성 오론치오(산토론초)의 이름을 따서 지었다. 성 오론치오는 바오로(바울)의 제자로 활동하다가 도끼로 처형당한 순교자로, 그가 기적적으로 전염병을 치유했다는 전설이 퍼질 만큼 레체 일대에서 추앙받는 성인이다.

953F+22 레체
ADD Piazza Sant'Oronzo
WALK 레체역에서 도보 15분

원형극장의 북쪽에 서 있는 성 오론치오의 조각 기둥

❶ 별도의 입장료 없이 광장에서 볼 수 있다.

02 17세기 레체 바로크의 아름다움
두오모 광장
Piazza del Duomo

이탈리아에서도 아름답기로 손꼽히는 광장. 좁은 골목을 통해 광장 입구로 들어서면 짧은 탄성이 터져 나올 정도로 매혹적이다. 17세기 레체 바로크 양식의 절정을 보이는 화려한 건물들이 광장의 4면을 가두고 있는 모습이 압도적이다. 광장 입구에서 봤을 때 정면은 ❶ 성모승천 대성당(Cattedrale di Santa Maria Assunta), 왼쪽은 살렌토 반도에서 제일 높은 54m 높이의 ❷ 종탑(Campanile), 그리고 오른쪽은 신학교인 세미나리오 궁전(Palazzo del Seminario)이다.

Ⓖ 9529+PM 레체
ADD Piazza del Duomo
PRICE 무료/대성당 & 세미나리오 입장은 유료
WALK 산토론초 광장의 서쪽으로 이어지는 비토리오 에마누엘레 2세 거리(Via Vittorio Emanuele II)를 따라 도보 3분

주교관(Episcopio). 레체 대주교의 거주지다.

❶ 화려하게 장식한 북쪽 파사드

❷ 17세기 말에 완공된 종탑

MORE
레체 성당 통합권

레체 바로크 양식의 건축물에 입장하려면 두오모 광장의 세미나리오 궁전 1층에 있는 레체 성당 인포포인트(p637)에서 대성당의 종탑을 포함해 레체 5대 성당 건축물(p640)에 모두 입장할 수 있는 통합권(LeccEcclesiae)이나 성당 1곳을 선택하는 개별 입장권을 사야 한다. 각 건물 입구에서 바코드를 스캔하고 입장한다.

OPEN 09:00~21:00(10~3월 ~18:00)/폐장 15분 전까지 입장/종교행사 시 입장 제한
PRICE 통합권 21€(12~17세 13€), 개별 입장권 11€(12~17세 5€), 11세 이하 무료
WEB www.chieselecce.it

레체의 진수를 맛보는

레체 바로크 건축기행 BEST 5

레체의 구시가 구석구석에는 화려했던 전성기의 흔적들이 건축물로 남아있다.
일명 레체 바로크 양식(Barocco Leccese)을 살펴볼 수 있는 대표 건축물 5곳을 소개한다

① 성모승천 대성당 Cattedrale di Santa Maria Assunta

레체 바로크 양식을 이끌었던 레체 출신의 유명 건축가 주세페 짐발로(Giuseppe Zimbalo)의 대표작이다. '성 오론치오의 기적'이라 불리는 전염병 치유를 기념하여 1659년 바로크 양식으로 재건했다. 대성당 옆의 종탑과 산토론초 광장의 조각 기둥 역시 그의 작품이다. 광장에서 보이는 북쪽 파사드를 돋보이게 하고자 서쪽의 정문보다 화려한 조각으로 장식했다고 한다.

WALK 두오모 광장 남쪽

정문인 서쪽 파사드

성당 내부. 금박으로 장식한 92개의 기둥이 늘어서 있다.

★

레체 바로크의 비밀, 레치주

레체에서 마치 밀가루 반죽으로 빚은 듯 섬세한 바로크 조각이 발달했던 건 이 지역의 석회석 '피에트라 레체제(Pietra Leccese)' 덕분이었다. 아주 부드럽고 다루기 쉬운 돌로, 살렌토 사투리로는 레치주라고 불린다.

② 세미나리오 궁전 Palazzo del Seminario

레체 귀족들의 기부로 지은 신학교다. 회랑으로 둘러싸인 안뜰이 아름답기로 유명하다. 2층은 디오체사노 성화 미술관(Museo Diocesano d'Arte Sacra)으로 사용되며, 3층에는 사제복이나 성배 등의 성물 전시실이 있다.

WALK 두오모 광장 서쪽

아름다운 장식의 우물이 있는 신학교 중정

디오체사노 미술관

파피에 마세(지점토)로 만든 '홀로페르네스의 머리를 들고 있는 유디트'. 라파엘레 카레타의 작품이다.

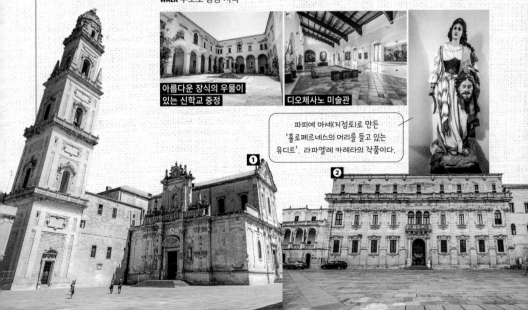

성당 내부의
화려한 대리석 기둥

③ 산타 크로체 성당 Basilica di Santa Croce

레체 바로크를 대표하는 성당의 정면 파사드를 비롯해 입이 떡 벌어질 만큼 화려하고 세밀한 조각으로 가득한 성당이다. 1549년부터 100년간 3명의 건축가가 바통을 이어받아 완성했다. 성당을 채운 조각들은 용과 그리핀 같은 상상 속 동물부터 인물, 동물, 열매, 식물 등으로 매우 다양하다.

ADD Via Umberto I, 1
WALK 산토론초 광장에서 도보 2분

④ 산타 키아라 성당 Chiesa di Santa Chiara

15세기 성당이 레체의 대표 건축가 주세페 치노(Giuseppe Cino)의 손을 거쳐 1687년 레체 바로크 양식의 걸작으로 재탄생했다. 양쪽에 성자상을 모신 팔각형의 대칭구조와 화려한 성자상 주변 조각 장식 모두 전형적인 레체 바로크 양식의 특징이다. 독특한 질감의 천장은 '파피에 마세(Papier-mâché)'로 장식했다. 파피에 마세는 물에 젖으면 무르지만 마르면 아주 단단해지는 지점토의 일종으로, 레체의 전통 공예품에 자주 사용됐다.

ADD Piazzetta Vittorio Emanuele II
WALK 산토론초 광장에서 도보 3분

파피에 마세로 마감한
천장. 가운데 황금
성배가 새겨져 있다.

⑤ 산 마테오 성당 Chiesa di San Matteo

입체적으로 둥글게 솟은 정면부터 예사롭지 않은 성당이다. 성당의 파사드를 올록볼록한 타원형으로 시공한 17세기 최고의 바로크 건축가 보로미니의 건축 기술이 로마에서부터 머나먼 레체까지 이어져, 타원형 배치에 딱 들어맞는 볼록한 1층 파사드와 오목한 2층 파사드가 탄생했다. 산 마테오의 나무조각상이 놓인 중앙 제단은 산 마테오 성당의 하이라이트다.

ADD Via dei Perroni, 29
WALK 구시가 남동쪽 입구인 산 비아조 문(Porta San Biagio)에서 도보 2분

SPECIAL PAGE

어쩌면 이곳은 꿈길!

레체 구시가 산책

레체는 남북이 직선거리로 1.5km에 불과한 작은 도시이지만 골목마다 분위기가 천차만별이다. 구시가의 입구인 3개의 문에서 두오모 광장, 산토론초 광장으로 이어지는 길을 중심 삼아 개성 넘치는 골목길을 탐방해보자.

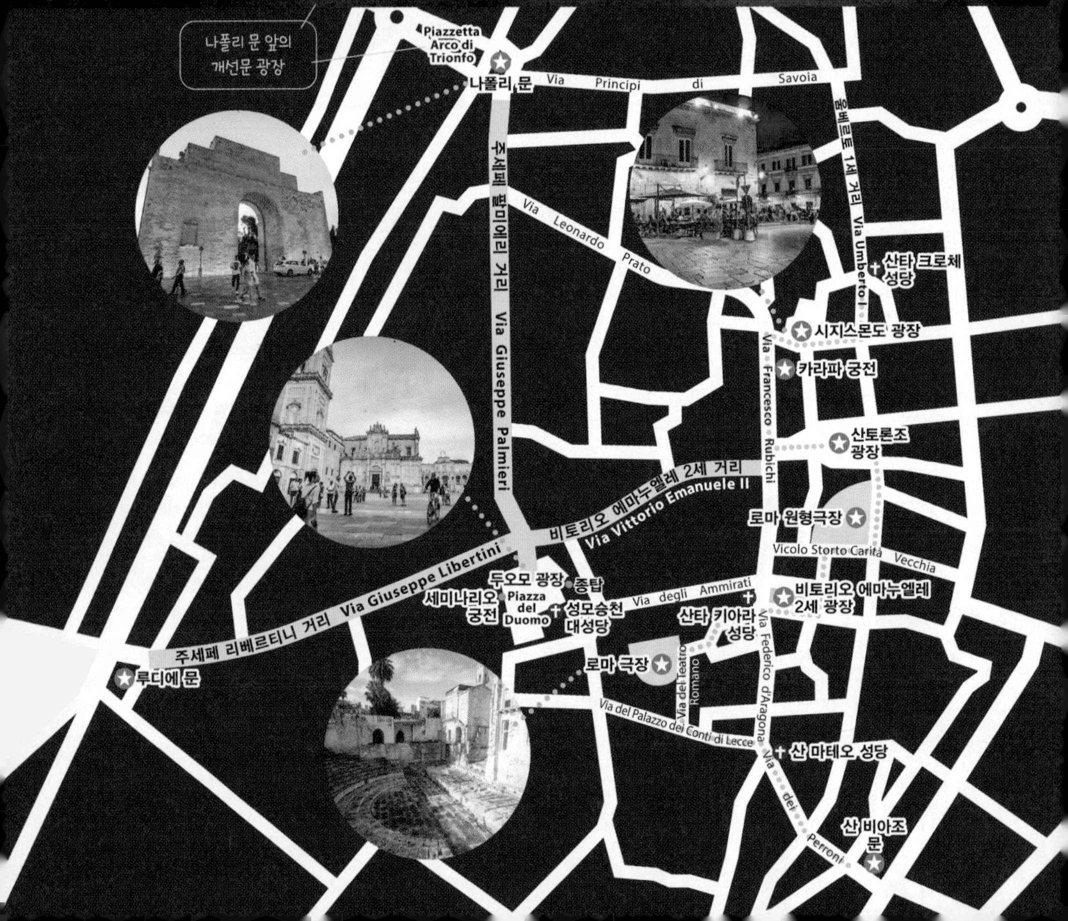

1

2

3

■ 구시가의 입구, 3개의 문

❶ 나폴리 문 Porta Napoli

구시가 북쪽 관문이다. 1548년 신성로마제국의 카를 5세(스페인의 카를로스 1세)가 방문한 것을 기념해 세운 것으로 당시에는 개선문(Arco di Trionfo)이라고 불렸다. 문 앞의 광장(Piazzetta Arco di Trionfo)은 시민의 휴식과 만남의 장소다.

❷ 루디에 문 Porta Rudiae

구시가 서쪽 관문으로 레체에서 가장 오래된 문이다. 바로크 양식 문 위에 우뚝 선 성 오론치오가 도시로 들어오는 사람들을 축복하고 있다. 좌우로는 산타 이레네와 산 마테오가 서 있다.

❸ 산 비아조 문 Porta San Biagio

구시가 남동쪽 관문. 중세에 있던 문을 대체해 1774년 바로크 양식으로 지었다.

■ 구시가 대표 거리

❶ 주세페 팔미에리 거리 Via Giuseppe Palmieri

나폴리 문에서 두오모 광장까지 이어지는 길. 현지인의 왕래가 잦은 거리라 단골 장사하는 레스토랑과 술집이 많다.

❷ 주세페 리베르티니 거리 Via Giuseppe Libertini

루디에 문에서 두오모 광장까지 이어지는 레체의 대표 거리. 루디에 문 바로 옆의 옛 시장을 포함해 오래전부터 상가로 번성했다. 와인을 파는 술집 겸 식당이 많고, 벼룩시장도 자주 열린다.

❸ 비토리오 에마누엘레 2세 거리 Via Vittorio Emanuele II

두오모 광장과 산토론초 광장을 잇는 길. 두 개 명소를 오가는 여행자의 주요 길목으로 기념품 가게와 레스토랑이 들어서 있다.

1

2

3

■ 구시가 뒷골목 산책 코스

❶ 산 비아조 문에서 산토론초 광장까지

중세의 뒷골목을 거니는 기분을 만끽할 수 있는 코스. 산 비아조 문에서 시작해 석조 건물들 사이로 이어지는 길을 걸으며 불쑥불쑥 나타나는 멋진 성당과 골목 사이에 숨겨진 옛 극장을 만나보자.

산 비아조 문 → 산 마테오 성당 → 로마 극장(Teatro Romano) → 산타 키아라 성당 → 비토리오 에마누엘레 2세 광장(Piazza Vittorio Emanuele II) → 산토론초 광장

로마 극장

산타 키아라 성당

비토리오 에마누엘레 2세 광장

❷ 산토론초 광장에서 산타 크로체 성당까지

산토론초 광장 북쪽, 영화에서나 봤을 법한 골목이 숨어 있다. 수도원이었던 카라파 궁전과 법원 사이에서 시지스몬도 광장과 움베르토 1세 거리로 이어지는 길은 중세시대 번화가의 모습을 닮았다.

산토론초 광장 → 카라파 궁전(Palazzo Carafa) → 시지스몬도 광장(Piazzetta Sigismondo Castromediano) → 움베르토 1세 거리(Via Umberto I) → 산타 크로체 성당

카라파 궁전

시지스몬도 광장

움베르토 1세 거리

MORE

밤마다 깨어나는 레체의 핫 플레이스

레체의 밤거리를 걸어보지 않았다면 레체의 절반은 놓친 것이다. 낮에는 쇠락한 옛 도시의 모습을 하고 있지만 어둠이 내려앉으면 마법에 걸린 듯 반짝이는 불빛으로 되살아난다. 나폴리 문에서 두오모 광장까지 현지인들의 먹자골목이 이어지고, 두오모 광장에서 루디에 문까지는 아페리티보 칵테일을 즐기는 사람들로 빼곡하다. 대성당 뒤에서 산타 키아라 성당으로 이어지는 좁은 뒷골목(Via degli Ammirati)과 산타 키아라 성당 앞 광장도 저녁만 되면 활기를 띠는 밤의 메카다.

레체가 속한 살렌토 지역 특산 홍합(Cozze)을 이용한 메뉴가 인기!

짭짤한 어란을 뿌린 봉골레 스파게티. 바닥의 오일까지 잘 섞어야 간이 딱 맞는다.

레체 스타일 해산물 요리

◉ 페스케리아 콘 코투라
Pescheria Con Cottura

현지인이 즐겨 찾는 해산물 전문 식당. 정해진 메뉴 없이 손님이 진열대에서 해산물을 고르면 우리나라의 수산시장처럼 시가에 따라 무게를 재서 가격을 매긴 후 원하는 대로 요리해준다. 생선 100g은 아주 작은 조기 정도의 크기라서 배불리 먹으려면 가격이 만만치 않다. 좀 더 저렴하게 먹고 싶다면 그날의 신선한 재료에 따라 정하는 단품 메뉴인 '오늘의 요리(Piatti del Giorno)'에서 골라 보자. 매일같이 칠판에 분필로 적어놓는다. 살렌토 지방의 특산물인 홍합을 이용한 홍합찜(Sauté di Cozze)이나 홍합 스파게티, 오징어튀김, 오징어구이는 와인과도 잘 어울린다.

Ⓖ 953F+4G 레체
ADD Via dei Mocenigo, 23
OPEN 19:30~23:00(토·일요일·공휴일 12:30~15:00, 19:30~23:30)
CLOSE 수요일
MENU 연어 세비체·타르타르 18€~, 홍합 전채 6€~, 해산물 샐러드 12€~, 참치 사시미 18€~, 자릿세 4€/1인
WALK 산토론초 광장에서 도보 1분
WEB www.pescheriaconcottura.it

레체 스타일의 연어 세비체(18€). 쌉쌀한 오크라와 양파를 잔뜩 넣어 먹는다.

아름드리 나무 그늘에서 쉬어가요

◉ 아르테 데이 사포리
Arte dei Sapori

바람이 솔솔 불어오는 나무 그늘에서 느긋하게 점심을 즐길 수 있는 곳. 중심가에서 딱 한 골목 벗어났을 뿐인데 무척이나 한가하고 평화롭다.
이 지역의 가정식이 궁금하다면 풀리아산 치즈 카초리코타를 듬뿍 넣은 풀리아식 마케론치니 파스타(Maccheroncini con Melanzane)를 추천. 제철 채소가 든 파스타도 저렴하다. 메뉴 선택이 어렵다면 해산물 파스타 중에서 고르자. 봉골레 스파게티(Spaghetti con Bottarga di Muggine e Vongole)는 소금에 절여 말린 보타르가(어란)의 풍미가 독특하다.

Ⓖ 9539+7V 레체
ADD Via Alami, 3
OPEN 12:30~15:00, 19:30~24:00
CLOSE 화요일
MENU 전채·파스타 10~25€, 제2요리 20~80€, 하우스 와인 3€~, 자릿세 2€/1인
WALK 산토론초 광장에서 도보 3분
WEB www.artedeisapori.com

가지와 토마토, 카초리코타로 맛을 낸 마케론치니 파스타

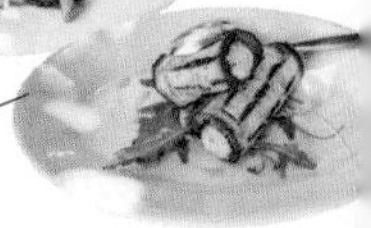

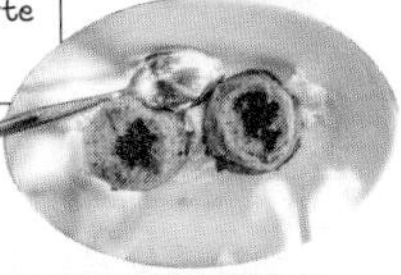
5가지 전채가 랜덤으로 나오는 전채 모둠(Antipasto Arte dei Sapori)

MORE
해산물 가격은 100g 기준!

식당의 해산물 가격표에서 흔히 볼 수 있는 이탈리아어 'all'etto'는 100g당 가격이라는 뜻이다(영어로 per hectogram). 이탈리아에서는 대부분 해산물 가격이 100g을 기준으로 매겨지는데, 적힌 가격을 요리 한 접시나 kg당 가격이라고 생각하면 예상치 못한 계산서를 받아들게 된다. 생선은 길이가 길어질수록 무게가 기하급수적으로 늘어나니 아래 기준을 참고하자.

20cm 100~200g
30cm 400~600g
40cm 1.2~1.5Kg
50cm 2Kg~

해산물마다 가격표가 붙어 있다.

보통 8~10가지 종류를 돌아가며 준비한다.

숭덩숭덩 잘라주는 조각 피자

◉ 일 피치코토
Il Pizzicotto

저녁마다 가게 앞 골목이 북새통을 이루는 레체 최고의 피체리아다. 간판의 가위 모형처럼 큼직한 가위로 원하는 피자를 원하는 만큼 잘라주며, 무게당 가격으로 계산한다. 손님이 워낙 많아 줄이 길지만 테이크아웃이라 금방 줄어든다. 현지인들은 이탈리아식 햄과 소시지를 선호하나, 우리 입맛에는 가지, 호박, 양파 같은 채소 토핑이 잘 맞는다. 특히 치즈와 어우러진 감자 & 버섯 피자는 고기 토핑도 부럽지 않을 맛이다.

952C+Q9 레체

ADD Via degli Ammirati, 14/D
OPEN 12:00~15:00, 19:00~24:00
MENU 피자 9.90~19.50€/1kg(자른 무게만큼 계산)
WALK 산타 키아라 성당 정문에서 도보 1분
WEB www.ilpizzicotto.eu

가게 앞에 음식을 먹을 수 있는 벤치가 놓여 있다.

연어+아보카도+호박 피아디나(10€)

감베로 로쏘가 픽한 No.1 스트리트 푸드

◉ 피아디나 살렌티나
Piadina Salentina

이탈리아의 미슐랭, 감베로 로쏘가 선정한 '2017년 최고의 스트리트 푸드'. 에밀리아 로마냐주의 전통 빵인 피아디나를 살짝 변형해 살렌토식 피아디나를 선보인다. 엑스트라 버진 올리브유를 사용해 납작한 빵을 만들고, 이 지역 재료만을 사용해 샌드위치를 만든다. 피아디나에 들어가는 재료를 고를 때 이 집의 특기인 아보카도 크림(Crema Avocado)은 절대 빠트리지 말 것. 연어+아보카도+호박의 '꿀조합'에 이곳 지역 맥주까지 곁들이면 더할 나위 없이 훌륭하다.

952F+W7 레체

ADD Via Vito Fazzi, 2
OPEN 12:30~15:30, 20:00~24:00(일요일 19:30~24:00)
CLOSE 월요일, 일요일 오전
MENU 피아디나 샌드위치 7~ 10 €, 음료 2.50€~, 맥주 3€~
WALK 로마 원형극장 바로 동쪽의 모퉁이

추천 메뉴는 칠판 주목! 음료는 냉장고에서 직접 꺼내 계산한다.

카푸치노와 파스티초토

나의 따뜻한 이탈리아식 아침

◉ 카페 알비노
Caffè Alvino

햇살이 깨어나는 아침, 따끈한 빵 하나에 고운 우유 거품을 얹은 카푸치노를 곁들여 이탈리아식 아침을 맞아보자. 로마 원형극장 바로 옆 야외 테이블에서 분주하게 하루를 시작하는 사람들을 구경하며 느긋한 시간을 보내기에 좋다. 짭조름한 맛을 좋아하면 모차렐라와 베사멜소스, 토마토소스를 넣은 페이스트리 루스티코 레체제(Rustico Leccese)가, 달콤한 맛이 좋다면 커스터드 크림과 초콜릿 크림을 넣고 바삭하게 구운 파스티초토(Pasticciotto)가 정답이다.

953F+57 레체

ADD Piazza Sant'Oronzo, 30
OPEN 07:00~다음 날 02:00
MENU 에스프레소 1.50€~, 카푸치노 2.20€~, 파스티초토 1.80€~,루스티코 레체제 2.50€
WALK 로마 원형극장 바로 동쪽

루스티코 레체제

파스티초토

새콤한
레몬 그라니타

달콤함이 한 가득, 레체 명물 파스티초토

◉ 나탈레
Natale

한번 발을 들이면 끊을 수 없는 마성의 디저트 가게다. 제과·제빵부터 초콜릿, 젤라토까지, 레체에서 둘째가라면 서러울 전통 디저트 강호. 할머니의 자부심을 담은 파스티초토는 바삭하고 기름진 쇼트 브레드 안을 꽉 채운 바닐라향 커스터드 크림이 압권이다. 오븐에서 방금 나온 따뜻한 파스티초토를 맛보면 엄지손가락이 절로 올라갈 것!

953F+89 레체
ADD Via Salvatore Trinchese, 7
OPEN 09:30~22:30(토요일 ~24:00)
MENU 파스티초토 2.40€~, 프루토네 3€~
WALK 산토론초 광장에서 도보 1분
WEB www.natalepasticceria.it

큼직한 무화과 절임이 든 젤라토

무화과 절임이 젤라토에 쏘옥~

◉ 센시 젤라테리아
Sensi Gelateria

두오모 광장 근처에서 제일 맛있는 젤라테리아다. 살렌토 지역에서 즐겨 먹는 아몬드 무화과 절임을 넣은 젤라토(Mandorle e Fichi Caramellati)는 기분 좋은 당 충전에 제격. 말린 무화과에 구운 아몬드를 채워 구운 뒤 설탕과 초콜릿, 럼에 재워 만드는데, 끈적하고 진한 달콤함이 밴 맛이 일품이다. 무화과를 좋아하지 않는다면 꿀과 호두를 넣은 요거트 젤라토(Yogurt Miele e Noci)를 추천한다.

9529+XM 레체
ADD Via Vittorio Emanuele II, 5/17
OPEN 09:30~24:00
CLOSE 겨울철 비정기 휴무
MENU 젤라토 2가지 맛 2.50~4€
WALK 두오모 광장에서 도보 1분

SECRET CITY

이탈리아의 산토리니

오스투니 Ostuni

'이탈리아의 산토리니'라 불리는 남부의 인기 도시. 제2차 포에니 전쟁 이후 그리스인들이 석회를 덧발라가며 도시를 재건한 덕에 그리스를 닮은 백색 도시(Città Bianca)가 탄생했다. 막다른 골목과 새로운 계단이 끊임없이 이어지는 구시가는 새하얀 건물 사이로 기분 좋은 설렘이 가득한 오스투니의 하이라이트. 미로 같은 골목길을 걷다 보면 짙푸른 올리브나무숲 저 너머로 파랗게 반짝이는 아드리아해가 모습을 보이곤 하니 지도를 접고 정처 없이 거닐어보자.

■ 오스투니 가기

레체와 바리 사이에 있는 작은 도시 오스투니까지 레체와 바리에서 트렌이탈리아 기차가 출발한다. 특히 저렴하면서 예약할 필요가 없는 레조날레(R·RV)가 자주 운행해 부담이 적다. 인터시티(IC)는 레조날레보다 10분 정도 빠른 대신 요금이 비싸다. 성수기에는 당일치기 여행자가 많아 레체와 바리 기차역의 매표소와 자동판매기 앞에 줄이 길게 늘어선다. 입석 운영하는 레조날레 기차의 빈자리를 찾기도 어려우니 기차역에 여유 있게 도착해 플랫폼에서 대기하는 것이 좋다.

오스투니역(Stazione di Ostuni)은 매표소와 자동판매기만 있는 아주 작은 역이다. 매표소가 문을 닫았을 때는 자동판매기나 역 안 카페에서 기차표를 구매한다. 카페에서는 버스 승차권도 판매한다. 오스투니 시내의 버스 정류장 근처에는 매표소가 없으니 이곳에서 버스 승차권 2장을 구매해두자.

기차 운행 정보

레체 → 오스투니 42~51분 소요, 6.80~11€(R·RV·IC), 05:00~21:17/30분~1시간 20분 간격

바리 → 오스투니 44~58분 소요, 6.80~11€(R·RV·IC), 05:02~23:02/30분~2시간 간격

*IC-Inter City(급행열차) / R·RV-Regionale·Regionale Veloce(완행열차)

*시즌에 따라 운행 시간이 달라지니 홈페이지에서 미리 확인하자.

기차가 정차한 후 버튼을 누르면 문이 열린다.

승차권을 판매하는 역 안 카페 (Bar La Stazione)

▶ 오스투니역에서 구시가 언덕 가기

오스투니역에서 구시가까지는 'Ostuni-Stazione'라고 적힌 버스를 이용한다. 기차역 정문 바로 앞에 정류장이 있다. 버스에 탑승할 때 기사에게 첸트로(Centro, 구시가)행인지 다시 한번 확인하자. 요금은 편도 1€(기사에게 구매 시 2€). 15~20분 후 '첸트로'라고 안내하는 곳에서 내리면 구시가의 관문인 리베르타 광장(Piazza della Libertà)까지 도보 4분 정도 걸린다. 리베르타 광장에는 시청과 약국, 상점 등의 편의 시설이 모여 있고, 여행자가 즐겨 찾는 구시가는 언덕 위쪽에 있다.

기차역으로 갈 때는 리베르타 광장에서 도보 5분 정도 떨어진 경찰서 앞의 버스 정류장을 이용한다. 건물과 주차장 입구에 'POLIZIA'라는 간판이 붙어 있는 곳을 찾으면 된다.

오스투니역

기차역 정문 앞에 버스가 선다.

버스 안의 개찰기에 승차권을 넣어 개찰한다.

★ **정류장 시간표는 참고만!**

정류장에 붙어 있는 시간표는 기점 기준이며, 배차시간을 정확하게 지키지 않으니 표시된 시간보다 20~30분 정도 더 기다릴 각오를 해야 한다. 시간표에서 'RITORNO DA STAZIONE'는 기차역 출발, 'ANDATA DA OSTUNI'는 오스투니 출발이며, 평일(FERIALI)과 일요일·공휴일(FESTIVI)의 운행 시간이 다르니 참고하자. 휴일에는 배차가 좀 더 줄어드니 여유 있게 움직이자.

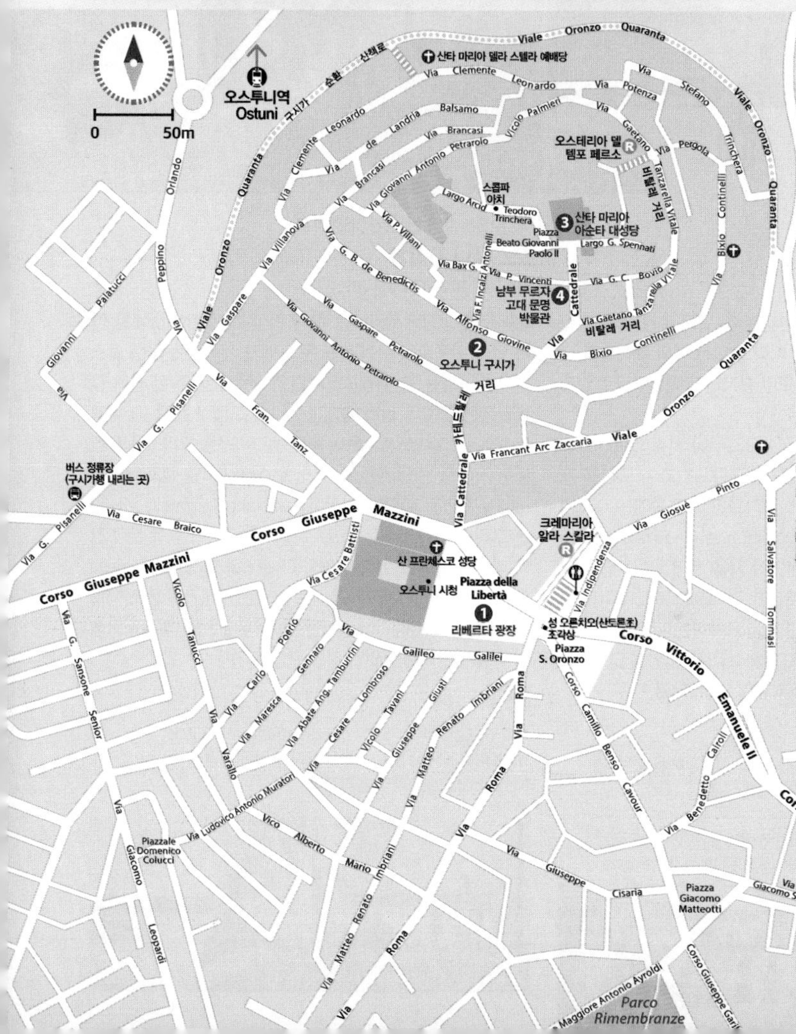

★ **화장실은 어디에?**

리베르타 광장 지하에 공중화장실이 있다. 시청을 등지고 왼쪽 길을 건너 테라스 아래쪽에 보이는 넓은 계단을 내려간 뒤 오른쪽으로 뒤돌면 화장실 입구가 있다(0.50€). 구시가 골목과 산책로 근처에서는 화장실을 찾기 힘드니 미리 해결하고 가자.

오스투니역으로 갈 때 이용하는 버스 정류장

광장 바닥에서 발굴한 유적터도 볼 수 있다.

'이탈리아의 산토리니'라고 불리는 비탈레 거리의 풍경

산 프란체스코 성당

오스투니 시청

오스투니 여행의 출발점

리베르타 광장
Piazza della Libertà

오스투니를 찾은 여행자가 만나는 첫 얼굴. 마을의 응접실 역할을 하던 곳으로, 그늘을 따라 늘어선 야외 테이블과 광장의 낮은 계단은 옹기종기 모인 현지인과 여행자들로 언제나 생기가 넘친다.
광장 서쪽의 시계 달린 건물은 오스투니 시청(Comune di Ostuni)이다. 14세기에 지은 산 프란체스코 수도원을 개조해 사용하고 있다. 시청을 바라보고 오른쪽에는 수도원의 일부였던 산 프란체스코 성당(Chiesa di San Francesco d'Assisi)이 남아 있다. 1304년에 처음 지어진 뒤 대지진으로 무너진 것을 18세기에 재건한 것. 1985년에 추가된 청동 문은 성 프란체스코의 일생을 묘사하는 부조로 장식돼 있다. 성당 정문 양쪽에 성 프란체스코(왼쪽)와 성 안토니오(오른쪽)의 조각상이 있다. 요금 무료.

Ⓖ PHJH+V5 Ostuni
WALK 오스투니 버스 정류장에서 도보 4분

광장 동쪽에는 레체 일대에서 떠받드는 성 오론치오(산토론초)의 조각상이 있다.

작은 골목길이 만드는 하얀 미로

오스투니 구시가
Centro Storico di Ostuni

리베르타 광장에서 카테드랄레 거리(Via Cattedrale)를 따라 언덕 위쪽으로 올라가면 온 동네가 새하얗게 물든 오스투니의 풍경을 볼 수 있다. 매년 석회로 덧바른 흰 벽에 알록달록한 꽃들이 한가득하다. 제2차 포에니 전쟁 때 파괴된 도시를 그리스 사람들이 재건했으니 온통 그리스풍의 집들이 지어진 건 당연한 일. 특히 오스테리아 델 템포 페르소(p651)가 있는 비탈레 거리(Via Gaetano Tanzarella Vitale)는 그리스를 가장 닮은 포토 스폿이다. 구시가 북쪽 끝의 산타 마리아 델라 스텔라 예배당(Chiesa di Santa Maria della Stella) 옆 계단을 내려가면 바로 나오는 구시가 순환 산책로(Viale Oronzo Quaranta)는 올리브나무숲 너머 아드리아해가 파랗게 반짝이는 멋진 전망 포인트다.

Ⓖ PHMH+P6 Ostuni
ADD Via Cattedrale & Via Gaetano Tanzarella Vitale
WALK 리베르타 광장의 시청을 등지고 왼쪽 언덕길(Via Cattedrale)을 따라 올라간다.

구시가 순환 산책로를 따라 성벽 주위를 반 바퀴 돌며 멋진 경관을 감상할 수 있다.

부드러운 곡선과 화려한 장식의 조화

산타 마리아 아순타 대성당
Duomo di Santa Maria Assunta

주변의 흰색 집들과 묘한 대비를 이루는 모래 빛깔의 대성당. 정면 파사드 위에 나뭇잎 모양으로 조각한 돌림띠 장식과 동물이나 사람을 모티브로 한 조각을 눈여겨보자. 석조 건물이라고 믿기 어려울 정도로 세밀하게 깎아낼 수 있었던 건 인근에서 나는 부드러운 석회암 덕분이었다. 13세기 초 로마네스크 양식으로 지었으나, 15세기 지진으로 무너진 것을 복구하는 과정에서 고딕 양식이 더해졌다. 커다란 장미창도 이때 만들어졌다. 성당 내부는 단아한 겉모습과 대비되는 화려한 장식의 목제 제단과 천장화가 눈길을 끈다. 대성당 앞에는 바로크풍의 스콥파 아치(Arco Scoppa)가 있어 운치를 더한다.

부드러운 곡선으로 만든 정면 파사드가 독특하다.

PHMH+MG Ostuni
ADD Largo Arcid Teodoro Trinchera, 29
OPEN 10:00~12:00, 15:00~18:00
PRICE 무료
WALK 리베르타 광장의 시청에서 도보 4분

스콥파 아치 주변의 야외 카페

신석기인의 무덤 유물

남부 무르자 고대 문명 박물관 Museo di Civiltà Preclassiche della Murgia Meridionale

대성당에 다다르기 직전, 화려한 로코코풍 파사드로 눈길을 사로잡는 성당은 현재 고대 문명 박물관으로 사용되는 산 비토 마르티레 성당(San Vito Martire)이다. 박물관은 이탈리아 반도 중 인류가 가장 먼저 정착한 지역으로 일려진 무르자(Murgia) 지역에서 발굴한 신석기 시대의 유물을 전시하고 있다. 본격적인 전시실은 중앙 제단의 오른쪽으로 연결되는 별도 공간에 있으며, 신석기 시대 임산부의 무덤 유적이 대표 소장품이다. 무덤을 재현한 디오라마 전시관에서 그녀의 유골로 유추해 낸 얼굴 영상도 볼 수 있다.

박물관으로 사용 중인 산 비토 마르티레 성당

전시실. 성당 시설을 그대로 사용한다.

PHMH+RM Ostuni
ADD Via Cattedrale, 15
OPEN 10:00~13:00(토·일요일 ~16:00)
PRICE 5€, 대학생(학생증 제시)·65세 이상 3€, 5세 이하 무료
WALK 리베르타 광장의 시청에서 도보 3분
WEB www.ostunimuseo.it

MORE

입안에서 살살 녹는 블랙 포크 립, 오스테리아 델 템포 페르소 Osteria del Tempo Perso

오스투니의 인기 만점 레스토랑. 오스투니에서 가장 예쁜 뒷골목에 있어 찾아가는 길 자체가 큰 즐거움이다. 새하얀 식당 안에 들어서면 동굴 같은 공간에 깔끔한 테이블이 세팅돼 있다. 추천 메뉴는 달콤짭짤한 꿀소스로 요리한 포크 립(Black Pork Rib with Honey Cream, 18€). 크림처럼 부드러운 비계가 진한 풍미를 살린다. 기름진 것이 부담스럽다면 파바빈(잠두) 퓌레를 곁들인 담백한 문어 요리도 좋다. 물과 와인은 기본으로 주문하는 분위기다.

얇게 썬 카사바 칩을 곁들인 포크 립

PHMH+RP Ostuni
ADD Via Gaetano Tanzarella Vitale, 47
OPEN 12:30~15:00, 19:30~23:00
CLOSE 9~6월 월요일, 겨울철 비정기 휴무
MENU 전채 12~20€, 파스타 16~20€, 제2요리 16~24€, 자릿세 4€/1인, 테라스에 앉을 경우 총 금액의 15% 추가
WALK 대성당에서 도보 2분
WEB www.osteriadeltempoperso.com

꽃으로 단장한 입구. 외관은 매년 석회로 하얗게 덧칠한다.

시원한 레스토랑 내부

Index

타

파

하

숫자, 알파벳

THIS IS

디스이즈이탈리아

ITALIA